国际电气工程先进技术译丛

电力系统动方

建模、稳定与控

［罗］米罗·伊瑞玛（Mircea Eremia）

［美］穆罕默德·谢罕德普（Mohammad Shahidehpour） 主编

李相俊　王上行　付兴贺　赵晋斌　赵　欣　译

机械工业出版社

本书共分为三部分，第 1 部分为电力系统建模与控制，介绍了同步发电机和感应电动机；传统发电厂主要部件的建模；风力发电；短路电流计算；有功功率和频率控制；电压和无功功率控制等方面内容。第 2 部分为电力系统稳定与保护，介绍了电力系统稳定性；小扰动功角稳定性和机电振荡阻尼；暂态稳定性；电压稳定性；电力系统继电保护等方面内容。第 3 部分为电网停电和恢复过程，介绍了电网主要停电事故的分析、分类及预防；大停电之后的恢复过程；电力系统暂态过程的计算机仿真等方面内容。

本书非常适合作为电气工程专业本科生与研究生阅读，也可作为电力系统运行与控制领域工程师、制造商以及科研人员的参考书。

图书在版编目（CIP）数据

电力系统动态：建模、稳定与控制/（罗）米罗·伊瑞玛，（美）穆罕默德·谢罕德普主编；李相俊等译. —北京：机械工业出版社，2021.11
（国际电气工程先进技术译丛）
书名原文：Handbook of Electrical Power System Dynamics：Modeling，Stability，and Control
ISBN 978-7-111-69168-6

Ⅰ.①电… Ⅱ.①米… ②穆… ③李… Ⅲ.①电力系统稳定－系统动态稳定 Ⅳ.①TM712

中国版本图书馆 CIP 数据核字（2021）第 191678 号

机械工业出版社（北京市百万庄大街 22 号　邮政编码 100037）
策划编辑：赵玲丽　责任编辑：赵玲丽
责任校对：孙洪峰　责任印制：单爱军
北京虎彩文化传播有限公司印刷
2022 年 1 月第 1 版第 1 次印刷
184mm×260mm · 47.25 印张 · 1142 千字
0001—1600 册
标准书号：ISBN 978-7-111-69168-6
定价：299.00 元

电话服务　　　　　　　　网络服务
客服电话：010-88361066　　机　工　官　网：www.cmpbook.com
　　　　　010-88379833　　机　工　官　博：weibo.com/cmp1952
　　　　　010-68326294　　金　书　网：www.golden-book.com
封底无防伪标均为盗版　　机工教育服务网：www.cmpedu.com

译 者 序

原书英文版由 John Wiley & Sons 公司出版，是电力系统建模、控制以及稳定性领域的经典著作，是由 Mircea Eremia 教授和 Mohammad Shahidehpour 教授主编的。

Mircea Eremia 是罗马尼亚布加勒斯特理工大学电力工程系教授，在职期间也担任过比利时蒙斯理工学院、瑞士联邦理工学院（洛桑）、希腊国立雅典理工大学、法国格勒诺布尔国立理工学院的特邀教授。他是 IEEE 高级成员、CIGRE 罗马尼亚委员会成员、电力系统部部长、能源领域教育和研究部认证主席。他在电力行业工作经验超过 30 年，期间出版了 10 本书，在国内外学术会议上发表论文 100 多篇，在行业领域享有很高的学术声誉。

Mohammad Shahidehpour 是美国伊利诺伊理工大学电气与计算机工程系杰出教授、罗伯特·W.加尔文电力创新中心主任以及 WISER 副所长。他是 IEEE 会士，并获得过 IEEE PES 配电自动化奖、IEEE PES 杰出电力工程教育家奖、IEEE PES 杰出讲师奖、IEEE PES 杰出导师奖、IEEE PES 杰出工程师奖各 1 项，IEEE PES 最佳论文奖 6 项，IEEE PES 杰出服务奖 8 项。他在美国伊利诺伊理工大学指导了 120 多名访问教师和研究生，合著了 6 本关于电力系统运行和规划的书籍，发表了 500 余篇论文，2016 年入选美国国家工程院院士。

本书共分为三部分，第 1 部分为电力系统建模与控制，共 6 章，介绍了同步发电机和感应电动机，传统发电厂主要部件的建模，风力发电，短路电流计算，有功功率和频率控制，电压和无功功率控制等方面内容。第 2 部分为电力系统稳定与保护，共 5 章，介绍了电力系统稳定性，小扰动功角稳定性和机电振荡阻尼，暂态稳定性，电压稳定性，电力系统继电保护等方面内容。第 3 部分为电网停电和恢复过程，共 3 章，介绍了电网主要停电事故的分析、分类及预防，大停电之后的恢复过程，电力系统暂态过程的计算机仿真等方面内容。

本书非常适合作为电气工程专业本科生与研究生的阅读，也可作为电力系统运行与控制领域工程师、制造商以及科研人员的参考书。

本书的翻译分工如下：李相俊教授级高级工程师负责本书第 1 章、第 3 章、第 13~15 章的翻译，付兴贺副教授负责第 2 章、第 4 章的翻译，赵晋斌教授负责第 5~7 章的翻译，赵欣博士负责第 8~10 章的翻译，王上行博士负责第 11 章和第 12 章的翻译。

中国电力科学研究院有限公司的李相俊对全书译稿在格式内容上进行了审核。同时，马锐、何宇婷、李跃、罗星岩、王丽君、于洋、毛子诚、于雷、孙玮泽也参与了本书部分内容的整理工作。

由于本书涉及了一个非常宽广的研究领域，而译者的学识有限，书中肯定有值得商讨之处，敬请广大读者批评指正。

李相俊

原书前言

电是现代世界的驱动因素。随着人们对生活质量的要求越来越高，人类对能源的需求也越来越多。现代文明的历史始于一个多世纪前，当时人们发明了发电和输电基础设施。现如今，随着电力需求的增加，电力系统的规模不断扩大，且变得更加复杂。因此，人们必须不断创新以创造更高效和可靠的电力系统组件。

最近，电力系统经历了一个放松管制的时代，电力市场的创建旨在刺激竞争，实现公平的电能价格，鼓励现代化和调试新电厂的投资等。然而，电力市场的直接影响是电力系统运行中额外存在的问题。

一方面，存在有限的传统能源和环境保护需求，另一方面实际强大的仿真硬件和软件工具的优势，鼓励人类开发风能、太阳能和其他非传统资源。过去几年，可再生能源发电的比例显著增加，大型风电场在陆上和近海被开发，导致发电模式发生重大变化，从而改变了电力潮流。此外，随着可再生能源发电量的增长，在 1h 内有时会发生电力潮流的变化。这个问题实际上需要一个较强的电力传输网络。

因此，电力系统运营商面临着比过去更大的挑战，如电力市场对发电资源的调度和处理受到限制，由于难以建设新的输电设施，输电网络的运行接近其技术限制，以及由于间歇性和可再生能源预测的不准确性，甚至由于地震和风暴等自然因素导致的发电不确定性。

过去几年经历的主要电网停电事件证明，电力系统基础设施管理和教育始终需要投资和创新。ENTSO-E 网络的操作手册已更新，以防止由于过去的宽松规则而发生重大事件。在强大互联的陆上电力系统中，因为是 ENTSO-E 网络，所以基于明确规则的电力系统运营商之间的协作至关重要。

作为对电力系统技术问题的反应，新概念还未发展起来。预计更多智能电网和陆上超级电网的创建的新想法可能会提高电力系统的安全性，同时满足客户对用电量和电能质量的需求。这可能被视为电力的新时代。

这本书集合了理论和应用，从动态分析建模，到稳定性评估方法和控制策略，最终帮助读者了解电力系统停电的原因和影响，一方面，使读者了解为什么需要一些预防行动，以确保适当的安全水平从而避免停电。本书作者来自学术界和工业界，是 CIGRE 和 IEEE-PES 活动的活跃专家。

André Morlin
国际大电网会议主席

致　谢

作者希望借此机会感谢所有在技术上直接或间接为本书编写提供帮助的人员和机构。

特别感谢 Kundur Power System Solutions 公司总裁 Prabha Kundur 教授的支持和鼓舞人心的建议。他的《电力系统稳定与控制》一书是该领域的经典著作，他对本书中提出的几个理论也具有启发作用。

对于某些章节，作者受益于某些机构或公司，这些机构或公司授予许可转载或调整其中的数字、方程或内容。特别感谢美国电气电子工程师学会（IEEE）、国际电工技术委员会（IEC）、国际大电网会议（CIGRE）以及 John Wiley&Sons 公司的转载许可和支持。对施耐德电气公司授予许可转载部分内容表示致谢。

作者对 Ronald Harley 教授（Georgia Tech）授予许可在第 2 章转载一些内容表示感谢。在第 2 章中提出的理论归功于 Eugeniu Potolea 教授（布加勒斯特理工大学），作者想特别感谢他。同时对 Mihaela Morega 教授的建议表示感谢，对于第 3 章向 Florin Alexe 教授表示感谢（两人均来自布加勒斯特理工大学）。

对 Daniel Roye 教授和 Seddik Bacha 教授（INP Grenoble）授予第 4 章中一些图片的转载许可以及提供有价值的建议也表示诚挚的致谢。

在第 5 章中，Nicolae Golovanov 教授（布加勒斯特理工大学）提供了他的专业知识，作者对此表示感谢。在与 AMEC 公司顾问 Jay C. Das 博士合作之后，第 5 章使用了有价值的观点。

感谢 Wilson Xu（阿尔伯塔大学）授予第 11 章中的一些内容转载许可。感谢 Mrinal K. Pal 博士（MKPalConsulting 的独立顾问）授予第 11 章中的一些观点的引用。第 11 章中介绍的一些理论也是与 Thierry Van Cutsem 教授和名誉教授 Jacques Trecat 合作之后的结果。

第 13 章的作者对 Dmitry N. Efimov（俄罗斯科学院能源研究所，伊尔库茨克）和 INP Grenoble 博士 Lu wei 博士的宝贵贡献表示感谢。

编写一本书是一项复杂的工作。再此，作者要感谢 Mircea Scutariu 博士（格拉斯哥），Constantin Surdu 博士（法国电力集团），Valentin Ilea 博士，Ioana Pisică 博士，Petre Răzuşi 博士，Florin Cătălin Ionescu 博士和博士生 Cristian Virgil Cristea、Alexandru Mandiş 和 Valeriu Iulian Presadă（布加勒斯特理工大学）在绘图、编辑文本和方程方面的帮助。

作者对与 John Wiley & Sons 公司 IEEE 出版社的杰出合作表示感谢，特别感谢 Taisuke Sode、Mary Hatcher、San Chari Sil 和 Danielle Lacourciere，她们在出版过程中表现得耐心和专业。

Mircea Eremia

Mohammad Shahidehpour

撰 稿 人

Alberto Berizzi, Dipartimento di Elettrotecnica, Politecnico di Milano, Piazza Leonardo da Vinci, 32, 20133 Milano, Italy

Yvon Besanger, INP Grenoble, LEG, 961 rue de la Houille Blanche, 38402 Saint Martin d'Heres, Cedex, France

Alberto Borghetti, Department of Electrical Engineering, University of Bologna, Viale Risorgimento 2, 40136 Bologna, Italy

Klaus-Peter Brand, Power Systems, ABB Switzerland Ltd., 72 Bruggerstrasse, CH-5400 Baden, Switzerland

Constantin Bulac, Department of Electrical Power Systems, University "Politehnica" of Bucharest, 313, Spl. Independenţei, 060042 Bucharest, Romania

Sandro Corsi, CESI, Via Rubattino 54, 20134 Milano, Italy

Mircea Eremia, Department of Electrical Power Systems, University "Politehnica" of Bucharest, 313, Spl. Independenţei, 060042 Bucharest, Romania

Feng Gao, Technische Universität Berlin, Einsteinnufer 11 (EMH-1), D-10587 Berlin, Germany

Nouredine Hadjsaid, INP Grenoble, LEG, 961 rue de la Houille Blanche, 38402 Saint Martin d'Heres, Cedex, France

Roberto Marconato, Dipartimento di Elettrotecnica, Politecnico di Milano, Piazza Leonardo da Vinci, 32, 20133 Milano, Italy

Ivan De Mesmaeker, Power Systems, ABB Switzerland Ltd., 72 Bruggerstrasse, CH-5400 Baden, Switzerland

Carlo Alberto Nucci, Department of Electrical Engineering, University of Bologna, Viale Risorgimento 2, 40136 Bologna, Italy

Mario Paolone, Department of Electrical Engineering, University of Bologna, Viale Risorgimento 2, 40136 Bologna, Italy

Les Pereira, Northern California Power Agency, 180 Cirby Way, Roseville, CA 95678, USA

Mohammad Shahidehpour, Electrical and Computer Engineering Department, Illinois Institute of Technology, 3301 South Dearborn Street, Chicago, IL 60616-3793, USA

Kai Strunz, Technische Universität Berlin, Einsteinnufer 11 (EMH-1), D-10587 Berlin, Germany

Lucian Toma, Department of Electrical Power Systems, University "Politehnica" of Bucharest, 313, Spl. Independenţei, 060042 Bucharest, Romania

Ion Triştiu, Department of Electrical Power Systems, University "Politehnica" of Bucharest, 313, Spl. Independenţei, 060042 Bucharest, Romania

S S (Mani) Venkata, Alstom Grid, 10865 Willows Road, NE, Redmond, WA 98052-2502, USA

Nikolai Voropai, Siberian Branch of the Russian Academy of Sciences, Energy Systems Institute, 130 Lermontov Street, Irkutsk 664033, Russia

目　录

第1章

概　述

Mircea Eremia 和 Mohammad Shahidehpour

莫托："千禧一代"也被称为网络一代，因为他们是离开网络就不能了解生活的第一代。

电力系统是人类所设计的最复杂的系统，电力传输网络可由上百个甚至数千个变电站组成，发电厂、线路、变压器及用户都可以与之相连。这些变电站通常分布在广阔的地理区域，可分为几十公里、数百公里甚至是数千公里。最后，这些网络中存在的发电源有时可以位于彼此很远的地方，但必须同步运行以持续平衡负载。

为了实现运行安全和经济效益，各级电力系统均已得到了扩展，并开发了连接邻电网络的互联线路，从地方到国家一级，从国家到欧洲大陆。

扩大电力系统的互联范围至关重要，这样才能将电能进行远距离传输，从一次能源地区传输到像城市和工业这样的大型用电区。实际的趋势是开发清洁能源，例如，风能和太阳能，从而改变通常的发电方式。强风和大功率风力机适用于北海近海地区、美国中部大西洋海岸，也成为设计大型发电项目中有吸引力的成分。对北非和澳大利亚的阳光充足的地带也给予了类似关注，从而建造了大型光伏发电厂。

然而，改变发电模式可能需要加强电网的部分功能，这可以通过增加输电容量，甚至当以新的清洁资源为基础的发电厂位于远离消费地区的地方时，通过开发新的传输通道来实现。工程师们认为，允许在长距离内传输大量电能，这样就可以设计出超级电网。在大多数情况下，由高压直流（HVDC）线路组成的信息高速公路是必需的。电力电子技术对电力系统运行具有重要意义，在交流输电系统中，FACTS 装置对控制状态参数和处理暂态过程有着重要的作用。

此外，先进的数字技术已经实现了保护和控制功能，能够预测、检测和纠正电力系统参数的变化。

最重要的是要意识到，虽然电力系统的所有升级都带来了显著的好处，但信息量却显著增加。这实际上是电力系统操作人员安全运行电力系统的最大挑战。此外，在规划和运行系统中，系统操作人员需要对电力系统的部件和现象进行精确的建模，并需要为稳态和动态分析提供强大的工具。

虽然电力系统互联有很多好处，但也记录了一些不利影响，包括系统不稳定的风险增加，特别是与电压、发电机角度和低频区际振荡有关的。

另一方面，开放接入电网的过渡和电力市场的发展，给电力系统的运行和当前的合作带来了更大的压力。互连电力系统中，物理路径与商业合同不匹配，"寄生虫"流可能会造成额外的问题。这些可能也解释了最近发生的大电网停电，甚至在美国、日本和欧洲等高度发达地区也是如此。由于这些原因，电力系统稳定性问题是电力系统工程师最关心的问题之一。

然而，电能是人类发展的"铁塔"之一。在保护环境的前提下，电力系统的稳定、经济运行是电力系统工程师们关注的主要问题，他们一直在寻找方法来改善电能质量，以提供给最终的消费者。其中包括随着电信、硬件和软件计算技术、功率电子学、传感器、计价系统、广域协调系统、新的电子技术材料、新一代技术等技术的进步，向更智能的网络升级。智能电网可能是我们希望创造机会，使更好的技术能够与自然和谐共存。

牛顿曾对自己说过："如果我比其他人看得更远，那是因为我站在巨人的肩膀上。"因此，我们有责任承认伟大的专家以前所做的工作，在大量的参考文献中也提到了这一点。在电力系统稳定领域，值得一提的是多年来出版的一些最重要的书籍：

Crary, S.B. *Power system stability*, 1947.

Kimbark, E.W. *Power system stability*, 1948, 1950, 1956. (reprinted in 1995)

Anderson, P.M. and Fouad, A.A. *Power system control and stability*, 1977 (2nd edition in 2003).

Taylor, C. *Power system voltage stability*, 1994.

Padyar, K.R. *Power system dynamics. Stability and control*, 1996.

Sauer, P., Pai, M.A. *Power system dynamics and stability*, 1998.

Marconato, R. *Electric power systems. Vol. III. Dynamic behaviour, stability and emergency controls*, 2008.

Zhdanov, P.S. – *Power system stability* (in Russian), 1948.

Venikov, V.A. *Transient phenomena in electric power systems*, 1965.

Kundur, P. *Power system stability and control*, 1994.

Pavella, M., Murthy, P.G. *Transient stability of power systems: Theory and practice*, 1994.

Machowschi, J., Bialek, J., Bumby, J. *Power system dynamics and stability*, 1997 (2nd edition in 2008).

Ilic, M., Zaborsky, J. *Dynamic and control in large electric power systems*, 2000.

Van Cutsem, T., Vournas, C.D. *Voltage stability of electric power systems*, 1998.

这本书的想法诞生于若干年前，在访问罗马尼亚后，受到了作为 IEEE 杰出讲师的普拉巴·昆都尔（Prabha Kundur）教授的鼓励。

这也是由于在 IEEE-PES 和 CIGRE 组织的大量活动以及在欧洲一级制定的项目或各种教育方案下，合作者之间在合作后建立紧密关系的结果。来自 7 个国家的几所学校也因此加入，与其他工程师分享知识。本书每一章主要反映了贡献者在电力系统动力学、稳定性和控制方面的传统和经验。

本书第 1 部分，包括第 2~7 章，致力于讨论"电力系统建模与控制"。

在第 2 章的 2.1 节中，给出了稳态同步发电机在动态特性和短路情况下的理论和模型。第一部分还介绍了各种励磁系统和电力系统稳定器的建模，因为它们是同步发电机稳定运行的重要组成部分。2.2 节是对负载中最重要的动态部件——感应电动机的研究。从电路方程的已知形式出发，建立了 *d-q* 坐标系下的基本方程，用于稳态和暂态运行研究。负荷建模的其他理论在第 11 章中给出。

第 3 章介绍了传统发电厂主要部件的建模，包括蒸汽、燃气和水轮机。第 1 部分给出了蒸汽系统的结构、相应的数学模型和调节系统。第 2 部分介绍了联合循环电厂的基本结构和模型框图。该章的最后一部分包括液压原动机和电力系统研究中使用的主要辅助控制系统的建模。

风力发电系统在电力系统中占有很重要的地位，因为在一些国家，风力发电产生的电能所占的比例很高，而且是持续不断地增长。从电力系统运行的角度，必须特别注意风力机系统，因为它们在发电过程中断断续续。第 4 章介绍了风能的提取和电能转化的理论，还提供了风力机系统的分类和发电机的类型。4.4 节介绍了双馈异步发电机和永磁同步发电机风力机系统的建模和矢量控制。最后描述了这些发电系统的故障穿越能力。

为了避免不理想但不可避免的干扰影响，电力系统元件及其保护系统的适当设计是非常重要的，例如，短路。第 5 章根据国际电工委员会标准 60900-1-4 的最新建议，重点介绍了电网和非网状网络中短路电流的计算方法。最后给出了三个应用程序，对三种不同的网络配置进行单相和对称三相短路电流的计算。这些可帮助读者理解执行这些计算所需的步骤。

电力系统确定电能的主要电量是频率和电压。由于负荷受两种量的变化的影响，适当的控制措施是非常重要的。将频率和电压保持在预定的范围内对电力系统的稳定性也是非常重要的。

第 6 章介绍了"有功功率和频率控制"的基本理论。在简要介绍了欧洲和美国的情况后，该章接着介绍了频率控制的基本特征，即系统动态学、惯性、下垂、管理和动态频率响应。为了了解电力系统的频率特性，对电厂调速器进行充分的建模是非常重要的。这里特别注意的是热调速器和液压调速器。在该章的 6.4 节介绍了一种新型的热调速器模型的开发。然后在此基础上，给出了孤立系统和多区域系统的区域生成控制理论。

第 7 章对"电压和无功率控制"进行了较为详尽的研究。该章讨论了直接聚焦电压和作用于无功功率来控制电压的原理和技术。首先给出了简单径向网络的方程，然后建立了更复杂的区域和国家两级电压控制模型，通常采用集中和协调的动作。后一种方法假设控制动作的层次化，类似于频率控制，这是详细发展起来的。在意大利经验的基础上，对二次电压调节系统给予了更多的关注。该章还包括一些电力系统(意大利和法国)已经在运行的分级电网电压控制系统的例子，以及在其他系统中的实施研究。

本书的第 2 部分，名为"电力系统的稳定与保护"，包括 8 章~12 章，主要内容是对不同形式的电力系统稳定性进行评估，并对电力系统所经历的复杂情况，以及可能的预防性或补救性解决方案进行分析。

第 8 章提供了"电力系统稳定的背景"作为下一章的序言。根据 IEEE 和 CIGRE 工作组的参考出版物，提供了电力系统稳定性类型的分类和每种类型的简短描述。在开始评估发电机或整个电力系统的稳定性之前，必须了解可能导致不稳定的问题的性质以及受影响最大的是什么量。

小扰动在电力系统的任何时刻都可能发生，因为负荷和发电厂都具有动态特性。互联电力系统的安全运行还假定所有发电机是相互关联的，即它们之间不相互振荡。第 9 章介绍了电力系统的"小扰动角稳定性和机电振荡阻尼"理论，其中所有的动力学模型都是由一个自动系统的观点发展而来的。这个观点适合于动态模拟。首先分析了机电振动的原因及影响振动阻尼的主要因素，然后提出了改善振动阻尼的方法。其中一个解决方案还包括电力系统稳定器的设计和参数的调整。为了更好地理解这一理论，本章介绍了各种应用。

第 10 章，"暂态稳定"讨论了大扰动情况下的角度稳定问题。一般来说，电力系统的行为，特别是同步发电机，是从简单到复杂的方向被评估的。暂态稳定分析从等面积准则和积分方法的经典理论出发，转向更复杂的李雅普诺夫方法，强调了俄罗斯学派在电力系统中对李雅普诺夫理论的数学分析与应用。本章还包括动态等效项，作为大型互联电力系统暂态稳定评估的工具。本文最后给出了在一个简单的电力系统上，用梯形法和龙格-库塔法相结合的等面积判据和摆动方程积分的教育练习。

小扰动和大扰动角稳定性与同步发电机有关。然而，如将电压控制在安全的运行范围内这样的电力系统的稳定性问题可能会因负荷而出现。第 11 章涉及电压稳定问题，并解释了网络、负载和控制系统之间的相互作用以及导致电压不稳定的机制。本文采用灵敏度分析、模态分析、最小奇异值、参与因子或分岔理论等方法和指标对电压稳定性进行了评价。当电力系统遇到欠电压问题时，将电压控制在安全范围内的方法，例如，有载分接开关或发电机励磁系统，有时会有相反的结果，从而使电压水平恶化。针对这些问题，最后提出了相应的对策。

除了对电力系统动态行为的任何评估之外，无论是作为一个整体，还是独立部件，在关键时刻，通过专门的保护系统，及时和正确的动作是必要的。第 12 章，题为"电力系统保护"，介绍了基于数字设备、先进电信基础设施和广域协调的现代电力系统保护系统的设想。本章会简单介绍新保护系统的优点，如可靠性、选择性、性能速度、统计分析记录和对电力系统条件的适应。

本书的第三部分探讨了"电网停电和恢复过程"的问题。电力系统不断受到重大事件或受力运行条件的影响，这可能会使系统超出安全极限。尽管这项技术在不断进步，但过去 20 年世界各地发生的重大电网停电事件表明电力系统仍然脆弱。可能是因为系统安全问题的新原因增加了，例如，传输基础设施还在老化、自然灾害的增加、电力市场造成的不确定性因素增加、间歇性可再生能源在网络运行中的快速变化、经营者的不充分训练，甚至是军事攻击。然而，其中许多原因可能存在于财政方面。

第 13 章"重大电网停电：分析、分类、预防"讨论了多年来在电力系统发生的最重要部分和总停电事件。一系列的电力系统条件和事件导致停电，也包括首次解释的重新同步化。对于人类来说，为了设计更好的机械或更好地培训辅助机械的工程师，从历史中学习是非常重要的，因为停电带来很大的经济和社会影响。

第 14 章"停电后的恢复过程"介绍了经个别发电厂通过他们的黑启动能力，使电力系统在停电后恢复供电的方式，重点分析了燃气轮机和联合循环电站在系统恢复过程中的动态建模。

第 15 章基于"电力系统规模桥瞬变的计算机模拟"对瞬态现象进行了更深入的评估。本章展示了从电磁过渡到机电暂态的各种尺度桥现象是如何被有效地模拟出来的。在此基础上，对一次停电进行了仿真。

这本书是以说教的风格来写的，适用于广大电力系统相关人员，从硕士和博士生到从事电力系统操作和设计、设备制造商、电信等领域的工程师。

第2章

同步发电机和感应电动机

Mircea Eremia 和 Constantin Bulac

2.1 同步发电机的理论与模型[⊖]

同步发电机是电力系统中的主要供电设备,它可以将水力、蒸汽、燃气或者风力机产生的机械能转化为电能。

2.1.1 设计与运行原理

同步发电机的主要部件如图 2.1 所示。

1)圆筒形定子固定不动,定子内表面等距开槽用来放置三相对称绕组(a、b 和 c 相),各相绕组相差 120°电角度。

2)定子内侧是可旋转的转子,转子包括流过直流电流的励磁绕组、阻尼绕组。阻尼绕组由导条组成,导条与端环连接形成笼型结构(稳定运行时无电流)。励磁绕组中的直流电流产生一个相对于转子静止的磁场,相对定子而言该磁场以转子速度旋转。因此,定子绕组中会产生相位相差 120°的交流电压,交流电压的频率由转子速度和磁极对数决定。

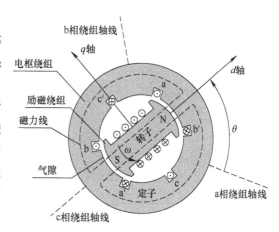

图 2.1　三相同步电机结构简图

电机的磁路主要由 5 个基本部分组成:气隙、定子齿、定子轭、带有极靴的转子磁极和转子轭(见图 2.7)。通过求取上述 5 部分的全电流可以发现,每极励磁对应的全电流(安匝)必然在电机气隙中产生一定的磁通。

在电机中所有绕组内的电流共同作用产生合成磁通。电机发挥的作用取决于电磁作用形成:一是磁通在绕组中感应电压,二是磁通与电流作用产生转矩。

图 2.1 为一对同步发电机的截面示意图[1]。

尽管磁通分布在整个电机内,但磁通的作用效果主要取决于气隙中的磁通密度分布情

⊖ 本章在一定程度上反映了 Prabha Kundur 博士的《电力系统稳定与控制》一书的理论[1]。

况。因此，关注重点应是气隙区域。在任意时刻，气隙中磁通密度（简称磁密）分布曲线可能是任何形式，不一定是正弦波。交流电机的主磁通由气隙磁密的基波分量决定，基波磁密最大值处的径向线称为磁通轴线。主磁通由幅值和方向清楚地界定[2]。

为了计算一个已知系统的电流产生的磁通，首先要确定电流所产生的磁动势（mmf）。图 2.2 是一个两极电机在 0 至 2π 范围内的展开图。图 2.2 所示的槽内线圈导体中的电流构成两个电流域，两个电流域对称地分布在 A 点与 B 点。

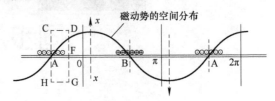

图 2.2　气隙圆周沿直线展开图和磁通密度的正弦基本波波形[2]

两个电流域的电流方向相反。已知电流分布后，沿闭合回路的磁动势便可确定，尤其是穿过气隙的回路的磁动势，比如 ACDFGH 回路。由于铁心磁导率较高，可以认为沿着闭合回路的磁动势集中在过 F 点的气隙中。由于电流分布的对称性，如果将 A 点的气隙磁密视为零，这一点一定位于电流域的中点。因此，可以画出任意绕组电流在气隙中产生的磁动势分布曲线。给定了电机磁动势的空间分布后，尽管可以利用闭合回路的线积分来计算磁动势，但计算结果与气隙圆周各个点是相关的。如果假定绕组定位在气隙圆周的各个点上，那么磁动势曲线会呈阶梯波形，由于对称分布的原因，A 点和 B 点的磁动势的基波分量为零，如图 2.2 所示。磁动势最大值所在位置处的径向直线（图 2.2 中 x-x）称为磁动势的轴线，上述结果与导体的空间分布有关，磁动势的轴线也是线圈的轴线。上述曲线描绘的是磁动势的瞬时值，大小且由电流的瞬时值决定。

磁动势曲线决定了磁密曲线：

1）如果电机气隙均匀，且忽略磁路饱和，各点处磁密正比于磁动势。

2）对于凸极电机，由于磁密与磁动势不成正比，需要将磁动势分解成直轴分量和交轴分量来计算磁通。

在每一个轴上，正弦磁动势会产生一个确定的磁密分布[2]。磁密波形是非正弦，但由于磁极的对称性，磁密的基波分量与产生磁密的磁动势同轴。因此，如果忽略高次谐波，交轴或直轴磁动势在各自轴线上产生一个与其成正比的正弦磁密，交轴与直轴的比例系数不同，利用这种方法，可以计算出任何电流所产生的交轴和直轴磁通分量。在不饱和的情况下，利用矢量合成方法可以得到总磁通和总磁密波形。

实际上，电枢绕组与隐极机的励磁绕组都分布在槽内，因此最终合成的磁动势和磁通波形在空间近似呈正弦分布。

为了在定子绕组中获得更加正弦的电动势，围绕转子圆周的电磁感应作用也应尽量正弦分布。在凸极电机中，通常利用调整磁极片的形状来达到上述目的，即保证电机具有不均匀的气隙，从磁极中心向两边气隙逐渐增加。

当发电机连接到电网时，定子绕组中的电流频率与电网频率相等。交流电流产生的旋转磁场与励磁电流所产生的磁场相互作用，进而产生电磁转矩（C_e）。在稳态条件下，电磁转矩与施加在转子上的机械转矩（C_m）相等。为了维持转矩恒定，定子磁场与转子磁场的旋转速度应保持一致（即同步）。

如果 $C_e \neq C_m$，转子的速度及转子旋转磁场的速度与定子旋转磁场的速度不等。因此，转子侧的阻尼绕组中会产生涡流，转子侧的实心钢材料中也会产生涡流（转子侧的实心钢材料可等效成阻尼绕组），涡流的频率等于转差频率。感应电流会产生另外一个磁场，根据楞次定律，这一磁场会阻碍引起感应电流的磁场的变化。因此，如果转子速度大于同步速度，感应电流会导致电磁转矩 C_e 增加，转子减速。否则，转子速度低于同步速度，感应电流会导致电磁转矩减小，转子加速。

磁极极数 P 决定了转子的机械速度 ω_m 和定子的电流的频率 f。极对数为 $p=P/2$，转子速度为 n（r/min），则感应电动势的频率 f 可表示为：

$$f = \frac{\omega(\text{rad/s})}{2\pi} = \frac{p\omega_m(\text{rad/s})}{2\pi} = \frac{(p2\pi n)/60}{2\pi} = p\frac{n}{60} = pf_m \qquad (2.1)$$

在稳态运行时，感应电动势的频率与供电系统的频率相等。

按照转子结构和旋转速度[⊖]，同步发电机分为两类：

1）隐极发电机或汽轮发电机：

① 转子为圆柱形；

② 由高速蒸汽机或汽轮机拖动（磁极通常为 1 对、至多 2 对）；

③ 励磁绕组安装在纵向槽内，气隙均匀。

2）凸极发电机或水轮发电机：

① 转子由几对沿着转轴圆周放置的凸极组成；

② 由低速水轮机拖动，通常极对数较多（$p \geqslant 3$）。

一般而言，角度以电气的角度或者弧度计算。一对极距对应的角度为 2π rad 或 360°电角度（见图 2.3）。

电压和电流的表达式中通常用电角度，而定子的位置通常用机械角度表示，为了建立电角度与机械角度之间的关系，（式 2.1）乘以 $2\pi t$ 后得

$$2\pi ft = p2\pi f_m t$$

或者

$$\omega t = p\omega_m t$$

进而

$$\theta_{el} = p\theta_{geom}$$

另一方面，弧度和电角度表达式间存在以下关系：

$$\frac{\delta(\text{rad})}{\delta(\text{el.deg.})} = \frac{2\pi f}{360f}$$

或

$$\delta(\text{rad}) = \frac{314}{360f}\delta(\text{el.deg.}) = \frac{\delta(\text{el.deg.})}{57.3}$$

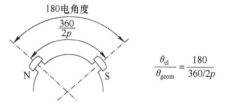

图 2.3　机械角度与电角度之间的关系

⊖ 同步机械速度取决于频率和极对数。在 50Hz 的频率下，一对极对应的同步速度为 3000 r/min，两对极为 1500 r/min，三对极为 1000 r/min。

2.1.2 同步发电机的机电模型：动力学方程

动力学方程是一组描述由电磁转矩与机械转矩之间的不平衡引起同步发电机和涡轮机（原动机）加速（减速）的微分方程：

$$J\frac{\mathrm{d}\omega_\mathrm{m}}{\mathrm{d}t} = C_\mathrm{a}^\mathrm{a} = C_\mathrm{m}^\mathrm{a} - C_\mathrm{e}^\mathrm{a} \tag{2.2}$$

式中，J 为旋转部分的全部转动惯量（kg·m²）；ω_m 为转子机械角速度（rad/s）；C_a^a 为加速转矩（N·m）；C_m^a 为机械转矩（N·m）；C_e^a 为电磁转矩（N·m）；t 为时间（s）。

微分方程（2.2）也可用标幺值来规范化表示。按照发电机惯例（发电机基值 S_b，VA），用惯量常数 H 表示存储在旋转体内的转子动能（$J=Ws$），则 H 可表示为

$$H = \frac{1}{2}\frac{J\omega_\mathrm{0m}^2}{S_\mathrm{b}} \quad \text{(s)} \tag{2.3}$$

式中，ω_0m 为转子额定机械角速度（rad/s）。

从式（2.3）中可以得到转动惯量 J：

$$J = \frac{2HS_\mathrm{b}}{\omega_\mathrm{0m}^2}$$

将 J 代入式（2.2）中得

$$\frac{2H}{\omega_\mathrm{0m}^2}S_\mathrm{b}\frac{\mathrm{d}\omega_\mathrm{m}}{\mathrm{d}t} = C_\mathrm{m}^\mathrm{a} - C_\mathrm{e}^\mathrm{a}$$

或

$$2H\frac{\mathrm{d}}{\mathrm{d}t}\left(\frac{\omega_\mathrm{m}}{\omega_\mathrm{0m}}\right) = \frac{C_\mathrm{m}^\mathrm{a} - C_\mathrm{e}^\mathrm{a}}{S_\mathrm{b}/\omega_\mathrm{0m}} \tag{2.4}$$

对于等式（2.4）左边，考虑如下关系

$$\frac{\omega_\mathrm{m}}{\omega_\mathrm{0m}} = \frac{\omega_\mathrm{r}/p}{\omega_0/p} = \frac{\omega_\mathrm{r}}{\omega_0}$$

式中，ω_r 为转子电角速度（rad/s）；ω_0 为转子额定电角速度（rad/s）；p 为同步发电机的极对数。

等式（2.4）右边是用标幺值表示的机械转矩与电磁转矩的差值，它近似等于输入机械功率与输出电功率的差值：

$$\frac{C_\mathrm{m}^\mathrm{a} - C_\mathrm{e}^\mathrm{a}}{S_\mathrm{b}/\omega_\mathrm{0m}} = C_\mathrm{a} = C_\mathrm{m} - C_\mathrm{e} \approx P_\mathrm{m} - P_\mathrm{e} \tag{2.4a}$$

式中，C_m、C_e 分别为用标幺值表示的机械转矩与电磁转矩；P_m、P_e 分别为用标幺值表示的机械功率和电功率基值为 S_b；C_a 为用标幺值表示的加速转矩。

由式（2.4）可以得到

$$2H\frac{\mathrm{d}}{\mathrm{d}t}\left(\frac{\omega_\mathrm{r}}{\omega_0}\right) = C_\mathrm{a} = C_\mathrm{m} - C_\mathrm{e} \approx P_\mathrm{m} - P_\mathrm{e} \tag{2.4b}$$

另外有

$$\omega = \frac{\omega_\mathrm{r} - \omega_0}{\omega_0}\left(=\frac{\omega_\mathrm{r}}{\omega_0} - 1\right) \tag{2.5}$$

并且考虑到

$$\frac{\mathrm{d}\omega}{\mathrm{d}t} = \frac{\mathrm{d}}{\mathrm{d}t}\left(\frac{\omega_\mathrm{r}}{\omega_0}\right) \tag{2.5a}$$

由等式（2.4b）可以得到用标幺值表示的运动方程：

$$2H\frac{\mathrm{d}\omega}{\mathrm{d}t} = C_\mathrm{m} - C_\mathrm{e} \approx P_\mathrm{m} - P_\mathrm{e} \tag{2.6}$$

在同步旋转坐标系（旋转速度为 ω_0）下，用电角度 δ 表示 t 时刻的转子位置，用 δ_0 表示 $t=0$ 时刻的转子初始位置（见图 2.4a 和图 2.4b），则：

$$\delta = \omega_\mathrm{r}t + \delta_0 - \omega_0 t = (\omega_\mathrm{r} - \omega_0)t + \delta_0$$

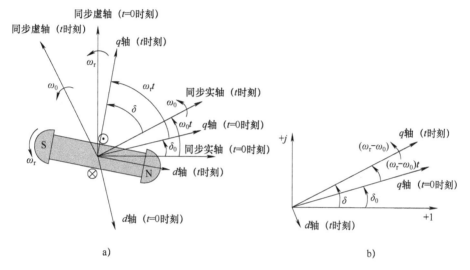

图 2.4　角度定义

计算得

$$\frac{\mathrm{d}\delta}{\mathrm{d}t} = \omega_\mathrm{r} - \omega_0 = \omega_0\frac{\omega_\mathrm{r} - \omega_0}{\omega_0} = \omega_0\omega \tag{2.7}$$

并且

$$\frac{\mathrm{d}^2\delta}{\mathrm{d}t^2} = \omega_0\frac{\mathrm{d}\omega}{\mathrm{d}t} = \frac{\omega_0}{2H}(C_\mathrm{m} - C_\mathrm{e})$$

因此，得到另一种形式的运动方程：

$$\frac{2H}{\omega_0}\frac{\mathrm{d}^2\delta}{\mathrm{d}t^2} = C_\mathrm{m} - C_\mathrm{e} \approx P_\mathrm{m} - P_\mathrm{e} \tag{2.8}$$

通常情况下，运动微分方程包含阻尼转矩分量。可分别在式（2.6）与式（2.8）中增加一个与转速偏差 ω 成正比的项：

$$2H\frac{\mathrm{d}\omega}{\mathrm{d}t} + D\omega = C_\mathrm{m} - C_\mathrm{e} \approx P_\mathrm{m} - P_\mathrm{e} \tag{2.9}$$

$$\frac{2H}{\omega_0}\frac{\mathrm{d}^2\delta}{\mathrm{d}t^2} + \frac{D}{\omega_0}\frac{\mathrm{d}\delta}{\mathrm{d}t} = C_\mathrm{m} - C_\mathrm{e} \approx P_\mathrm{m} - P_\mathrm{e} \tag{2.9a}$$

式中，D 为阻尼系数，可以根据设计数据或实验确定；D 由转矩标幺值/转速差标幺值决定。

当施加 $C_a = 1$（标幺值）的加速转矩时，同步发电机从静止加速到同步转速 ω_0 所用的时间定义为发电机的机械起动时间，用 M 表示[⊖]。

由等式（2.4b）我们可以得到：

$$\frac{\mathrm{d}}{\mathrm{d}t}\left(\frac{\omega_r}{\omega_0}\right) = \frac{C_a}{2H}$$

在时域内对上面等式求积分得：

$$\frac{\omega_r}{\omega_0} = \frac{1}{2H}\int_0^t C_a \mathrm{d}t$$

因此，对于 $\omega_r/\omega_0 = 1$，$C_a = 1$，并且初始值 $\omega_r/\omega_0 = 0$（电机处于静止状态），可以得到

$$1 = \frac{1}{2H}\int_0^M \mathrm{d}t = \frac{M}{2H}$$

从而可以得到发电机的机械起动时间（单位为 s）：

$$M = 2H$$

用标幺值表示的同步发电机的机电模型可由下面的微分方程描述，即动力学方程：

$$\left\| \begin{array}{l} M\dfrac{\mathrm{d}\omega}{\mathrm{d}t} + D\omega = C_m - C_e \approx P_m - P_e \\[2mm] \dfrac{\mathrm{d}\delta}{\mathrm{d}t} = \omega_0 \omega \end{array} \right. \tag{2.10}$$

或

$$\left\| \frac{M}{\omega_0}\frac{\mathrm{d}^2\delta}{\mathrm{d}t^2} + \frac{D}{\omega_0}\frac{\mathrm{d}\delta}{\mathrm{d}t} = C_m - C_e \approx P_m - P_e \right. \tag{2.10a}$$

在平衡点处，转子的转速 ω 达到稳定值，即 $\omega_r = \omega_0$，$\omega = 0$。因此，由式（2.10）和式（2.10a）可得：

$$\left.\frac{\mathrm{d}\delta}{\mathrm{d}t}\right|_{\delta=\delta_0} = 0 \ ; \quad \left.\frac{\mathrm{d}^2\delta}{\mathrm{d}t^2}\right|_{\delta=\delta_0} = 0$$

式中，δ_0 为平衡点处的转子角度。

考虑到上面两个方程，由式（2.10a）可得，在平衡点处：

$$P_m = P_e(\delta)$$

也就是机械功率与电功率相等。

用拉普拉斯算子 s 替代 $\mathrm{d}/\mathrm{d}t$，可以用框图来表示动力学方程，如图 2.5 所示。

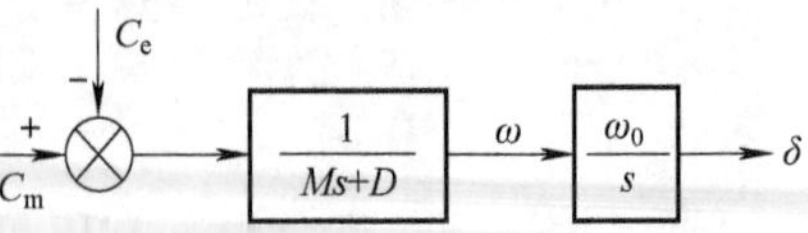

图 2.5　动力学方程框图

也可以用绝对值来表示动力学方程。由式（2.4a）、式（2.5）和式（2.5a），以及式（2.9）可得：

$$\frac{M}{\omega_0}\frac{\mathrm{d}\omega_r}{\mathrm{d}t} + D\frac{\omega_r - \omega_0}{\omega_0} = \frac{C_m^a - C_e^a}{S_b/\omega_0} \tag{2.11}$$

⊖ 在技术文献中，机械起动时间也用 T_a 表示。此符号将在以后的章节中使用。

整理得

$$\frac{\mathrm{d}\omega_{\mathrm{r}}}{\mathrm{d}t} + \frac{D}{M}(\omega_{\mathrm{r}} - \omega_0) = \frac{\omega_0}{MS_{\mathrm{b}}}(\omega_0 C_{\mathrm{m}}^{\mathrm{a}} - \omega_0 C_{\mathrm{e}}^{\mathrm{a}}) \tag{2.11a}$$

或

$$\frac{\mathrm{d}\omega_{\mathrm{r}}}{\mathrm{d}t} + \frac{D}{M}(\omega_{\mathrm{r}} - \omega_0) = \frac{\omega_0}{MS_{\mathrm{b}}}(P_{\mathrm{m}}^{\mathrm{a}} - P_{\mathrm{e}}^{\mathrm{a}}) \tag{2.11b}$$

式中，$P_{\mathrm{m}}^{\mathrm{a}}$、$P_{\mathrm{e}}^{\mathrm{a}}$ 分别为机械功率和电功率（MW）。

根据式（2.11b）和式（2.7），可得到用绝对值表示的同步发电机的机电模型：

$$\left\|\begin{array}{c} \dfrac{\mathrm{d}\omega_{\mathrm{r}}}{\mathrm{d}t} + \dfrac{D}{M}(\omega_{\mathrm{r}} - \omega_0) = \dfrac{\omega_0}{MS_{\mathrm{b}}}(P_{\mathrm{m}}^{\mathrm{a}} - P_{\mathrm{e}}^{\mathrm{a}}) \\ \dfrac{\mathrm{d}\delta}{\mathrm{d}t} = \omega_{\mathrm{r}} - \omega_0 \end{array}\right. \tag{2.12}$$

这个模型包含了两个一阶微分方程，因此可视为二阶模型。

2.1.3　同步发电机的电磁模型

2.1.3.1　基本方程式

当推导同步电机的基本方程时，做出以下假设[1]：

1）定子绕组沿气隙圆周正弦分布；

2）定子开槽对绕组电感没有影响；

3）忽略磁滞效应；

4）忽略磁路饱和的影响；假设电机工作在磁通-电流曲线的线性区。

为了分析电力系统中的运行情况，同步发电机常由若干个相互磁耦合的旋转的等效绕组来表示。

根据图 2.1，可以得到图 2.6 所示的电路：

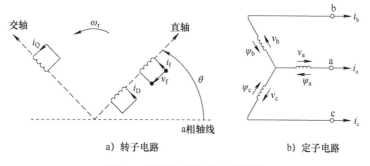

a）转子电路　　　　　　　　　b）定子电路

图 2.6　同步发电机的电路模型

1）定子电路。三相定子绕组 a-a′、b-b′ 以及 c-c′ 沿三角轮转方向相差 120°分布。定子绕组端电压分别为 v_{a}、v_{b} 和 v_{c}，三相电流分别为 i_{a}、i_{b} 和 i_{c}。按照发电机惯例，电流流出电机的方向定义为正方向。

2）转子电路。励磁绕组 f-f′ 轴线所在位置定义为直轴，简单地称为 d 轴。沿着旋转方向超前于直轴 90°的轴线定义为交轴，或 q 轴。通常称这种情况为 q 轴超前于 d 轴。可以任

意选取 q 轴正方向为参考方向。另外电机的阻尼绕组可以分解到 d 轴和 q 轴上，这些绕组的数量会影响发电机模型的精度。一般认为 d 轴和 q 轴各有一个阻尼绕组，分别称为 D 和 Q。阻尼绕组一直处于短路状态。

转子位置可以由实测的 d 轴与 a 相绕组轴线之间的电气夹角 θ（弧度）表示，$\theta = \omega_r t$。

为了建立同步发电机的运行状态方程，根据发电机惯例定义定子电路 a、b、c 相的电压和电流状态变量，根据负载惯例定义励磁电路 f 的状态变量。由于阻尼绕组始终处于短路状态，阻尼电路中电流变量的方向可以任意选择。

根据法拉第电磁感应定律，可以得到用标幺值表示的瞬态电压和磁通方程：

电压方程：

定子绕组：

$$v_a(t) = -R_a i_a(t) + \frac{d\psi_a(t)}{dt} \tag{2.13a}$$

$$v_b(t) = -R_b i_b(t) + \frac{d\psi_b(t)}{dt} \tag{2.13b}$$

$$v_c(t) = -R_c i_c(t) + \frac{d\psi_c(t)}{dt} \tag{2.13c}$$

式中，R_a、R_b 和 R_c 分别为 a、b 和 c 相的电阻；ψ 为定子三相绕组的磁链。

用矩阵形式描述上述方程：

$$[v_S] = -[R_S][i_S] + \frac{d}{dt}[\psi_S] \tag{2.14}$$

式中

$$[R_S] = \begin{bmatrix} R_a & & \\ & R_b & \\ & & R_c \end{bmatrix}$$

转子绕组：

$$v_f(t) = R_f i_f(t) + \frac{d\psi_f(t)}{dt} \tag{2.15a}$$

$$0 = R_D i_D(t) + \frac{d\psi_D(t)}{dt} \tag{2.15b}$$

$$0 = R_Q i_Q(t) + \frac{d\psi_Q(t)}{dt} \tag{2.15c}$$

矩阵形式：

$$[v_R] = [R_R][i_R] + \frac{d}{dt}[\psi_R] \tag{2.16}$$

式中

$$[R_R] = \begin{bmatrix} R_f & & \\ & R_D & \\ & & R_Q \end{bmatrix}$$

磁通方程：

a 相绕组的瞬时磁链方程为

$$\psi_{\mathrm{a}}(t) = -l_{\mathrm{aa}}i_{\mathrm{a}} - l_{\mathrm{ab}}i_{\mathrm{b}} - l_{\mathrm{ac}}i_{\mathrm{c}} + l_{\mathrm{af}}i_{\mathrm{f}} + l_{\mathrm{aD}}i_{\mathrm{D}} + l_{\mathrm{aQ}}i_{\mathrm{Q}}$$

b 相与 c 相绕组的磁链表达式与上面方程类似，同步发电机的其他绕组也可以仿照上式写出磁链方程：

$$
\begin{bmatrix} \psi_{\mathrm{a}}(t) \\ \psi_{\mathrm{b}}(t) \\ \psi_{\mathrm{c}}(t) \\ \psi_{\mathrm{f}}(t) \\ \psi_{\mathrm{D}}(t) \\ \psi_{\mathrm{Q}}(t) \end{bmatrix} =
\left[
\begin{array}{ccc|ccc}
l_{\mathrm{aa}} & l_{\mathrm{ab}} & l_{\mathrm{ac}} & l_{\mathrm{af}} & l_{\mathrm{aD}} & l_{\mathrm{aQ}} \\
l_{\mathrm{ba}} & l_{\mathrm{bb}} & l_{\mathrm{bc}} & l_{\mathrm{bf}} & l_{\mathrm{bD}} & l_{\mathrm{aQ}} \\
l_{\mathrm{ca}} & l_{\mathrm{cb}} & l_{\mathrm{cc}} & l_{\mathrm{cf}} & l_{\mathrm{cD}} & l_{\mathrm{cQ}} \\
\hline
l_{\mathrm{fa}} & l_{\mathrm{fb}} & l_{\mathrm{fc}} & l_{\mathrm{ff}} & l_{\mathrm{fD}} & l_{\mathrm{fQ}} \\
l_{\mathrm{Da}} & l_{\mathrm{Db}} & l_{\mathrm{Dc}} & l_{\mathrm{Df}} & l_{\mathrm{DD}} & l_{\mathrm{Da}} \\
l_{\mathrm{Qa}} & l_{\mathrm{Qb}} & l_{\mathrm{Qc}} & l_{\mathrm{Qf}} & l_{\mathrm{QD}} & l_{\mathrm{QQ}}
\end{array}
\right]
\begin{bmatrix} -i_{\mathrm{a}} \\ -i_{\mathrm{b}} \\ -i_{\mathrm{c}} \\ i_{\mathrm{f}} \\ i_{\mathrm{D}} \\ i_{\mathrm{Q}} \end{bmatrix} =
\left[
\begin{array}{c|c}
L_{\mathrm{SS}} & L_{\mathrm{SR}} \\
\hline
L_{\mathrm{RS}} = L_{\mathrm{SR}}^{T} & L_{\mathrm{RR}}
\end{array}
\right]
\begin{bmatrix} -i_{\mathrm{a}} \\ -i_{\mathrm{b}} \\ -i_{\mathrm{c}} \\ i_{\mathrm{f}} \\ i_{\mathrm{D}} \\ i_{\mathrm{Q}} \end{bmatrix}
\tag{2.17}
$$

（上方标注：定子，转子）

需要指出的是，定子绕组电流之所以出现负号是因为所选用的参考方向定义（接收端原则，带有负号）。

在根据磁通方程计算自感和互感之前，需要增加几条补充说明。定子电路自感和互感随着转子位置和磁路磁导（P）的变化而变化。

定子绕组产生的磁通依次经过定子铁心、气隙和转子铁心，然后通过气隙回到定子铁心，如图 2.7 所示。

由于转子外围不均匀，定子与转子之间的气隙出现波动，这一点在凸极发电机中更为明显。由于转子位置时刻变化，磁路的磁导率也不断变化。将实际变化曲线进行傅里叶级数分解，得到恒定分量和变化的谐波分量。因为每相绕组 N 极和 S 极的影响是对称的，所以磁导呈现二次谐波变化特性。在实际计算中，只考虑基值项，高次谐波分量相对较小，可忽略不计。因此，磁导可以写成[1]：

$$P = P_0 + P_2 \cos 2\alpha$$

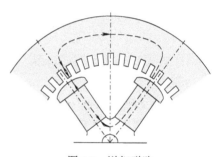

图 2.7　详细磁路

式中，α 为转子外围某点与 d 轴之间的实测位置角，如图 2.8 所示。

1）定子绕组的自感。当忽略其他电流的影响时，定子 a 相绕组的自感 l_{aa} 等于 a 相绕组的磁链与 a 相电流 i_{a} 之比。当绕组轴线与 d 轴重合时，即位置角 $\theta = 0°$ 时，绕组自感最大。当位置角 $\theta = 90°$ 时，绕组自感最小。当位置角 $\theta = 180°$ 时，绕组自感重新达到最大值，以此类推如图 2.9 所示。电感恰好正比于两倍频变化的磁导。

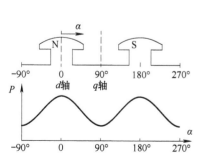

图 2.8　磁导随转子位置的变化曲线

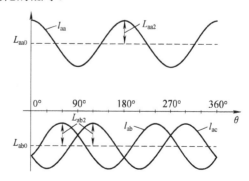

图 2.9　定子 a 相绕组的自感 l_{aa} 与互感 l_{ab}, l_{ac} 随位置角 θ 的变化曲线

与气隙磁通相关的 a 相绕组的自感 l_{gaa} 可表示为[1]

$$l_{gaa} = L_{g0} + L_{aa2}\cos2\theta$$

为了计算自感 l_{aa}，应该在上式的基础上添加由漏磁通（没有通过气隙）产生的定子漏电感 L_{a1}，即

$$l_{aa} = L_{a1} + L_{gaa} = L_{a1} + L_{g0} + L_{aa2}\cos2\theta = L_{aa0} + L_{aa2}\cos2\theta \quad (2.18a)$$

同样，其他两相的自感可表示为

$$l_{bb} = L_{bb0} + L_{bb2}\cos2\left(\theta - \frac{2\pi}{3}\right)$$

$$l_{cc} = L_{cc0} + L_{cc2}\cos2\left(\theta + \frac{2\pi}{3}\right)$$

因为 b 相和 c 相绕组的设计与 a 相绕组完全相同，只不过是空间位置上与 a 相绕组分别错开 120°和 240°，可以认为 $L_{aa0} = L_{bb0} = L_{cc0}$，并且 $L_{aa2} = L_{bb2} = L_{cc2}$，从而得到

$$l_{bb} = L_{aa0} + L_{aa2}\cos2\left(\theta - \frac{2\pi}{3}\right) \quad (2.18b)$$

$$l_{cc} = L_{aa0} + L_{aa2}\cos2\left(\theta + \frac{2\pi}{3}\right) \quad (2.18c)$$

在式（2.18a）、式（2.18b）和式（2.18c）中，定子自感由恒定分量和二次谐波分量组成，高次谐波分量被忽略。

2）定子绕组互感。任意两相定子绕组之间的互感通常为负值，并且包含一个由转子形状引起的二次谐波分量。当直轴与各相绕组轴线夹角的等分线重合时，互感最大。因此，当位置角 $\theta = -30°$或 $\theta = 150°$时，互感 l_{ab} 的绝对值最大。a 相与 b 相的互感以及 a 相与 c 相的互感随位置角 θ 的变化如图 2.9 所示。

因此，定子绕组互感可表示为

$$l_{ab} = l_{ba} = -L_{ab0} + L_{ab2}\cos\left(2\theta - \frac{2\pi}{3}\right) \quad (2.19a)$$

$$= -L_{ab0} - L_{ab2}\cos\left(2\theta + \frac{2\pi}{3}\right)$$

$$l_{bc} = l_{cb} = -L_{ab0} - L_{ab2}\cos(2\theta - \pi) \quad (2.19b)$$

$$l_{ca} = l_{ac} = -L_{ab0} - L_{ab2}\cos\left(2\theta - \frac{\pi}{3}\right) \quad (2.19c)$$

注意：$L_{ab2} = L_{aa2}$，并且 $L_{ab0} \approx L_{aa2}/2$。

3）定子与转子绕组之间的互感。忽略走子开槽的影响，随着气隙的变化，转子磁路的磁导可视为恒值（即磁导不存在波动）。但是，由于绕组间的相对运动，互感会发生变化。当定子绕组与转子绕组正交时，绕组间不存在耦合，互感为零；当定子绕组与转子绕组对齐时，绕组间的耦合最强，互感最大。假定磁动势和磁通呈正弦分布，故

$$l_{af} = l_{fa} = L_{md}\cos\theta \quad (2.20a)$$

$$l_{aD} = l_{Da} = L_{mD}\cos\theta \quad (2.20b)$$

$$l_{aQ} = l_{Qa} = L_{mQ}\cos\left(\theta + \frac{\pi}{2}\right) = -L_{mQ}\sin\theta \tag{2.20c}$$

将 θ 替换为 $(\theta - 2\pi/3)$ 可以得到 b 相绕组与转子侧的互感，同样将 θ 替换为 $(\theta + 2\pi/3)$ 可以得到 c 相绕组与转子侧的互感。

4）转子自感。由于忽略了定子开槽和磁路饱和的影响，所有转子自感都是定值，可用简单的下角标表示和区分：

$l_{ff} = L_{ff} = L_f$ 表示转子绕组自感；

$l_{DD} = L_{DD} = L_D$ 表示 D 轴阻尼绕组的自感；

$l_{QQ} = L_{QQ} = L_Q$ 表示 Q 轴阻尼绕组的自感。

另外，因为 d 轴与 q 轴互相垂直，所以 d 轴和 q 轴绕组间的互感为零，所以：

$l_{fD} = l_{Df} = L_{fD}$ 表示 d 轴阻尼绕组 D 与励磁绕组 f 之间的互感；

$l_{fQ} = l_{Qf} = 0$ 表示阻尼绕组 Q 与励磁绕组 f 之间的互感为 0；

$l_{DQ} = l_{QD} = 0$。

将上述电感的表达式代入式（2.17）中，得

$$\psi_a = -i_a(L_{aa0} + L_{aa2}\cos 2\theta) + i_b\left[L_{ab0} + L_{aa2}\cos\left(2\theta + \frac{\pi}{3}\right)\right] \tag{2.21a}$$
$$+ i_c\left[L_{ab0} + L_{aa2}\cos\left(2\theta - \frac{\pi}{3}\right)\right] + i_f L_{md}\cos\theta + i_D L_{mD}\cos\theta - i_Q L_{mQ}\sin\theta$$

$$\psi_b = i_a\left[L_{ab0} + L_{aa2}\cos\left(2\theta + \frac{\pi}{3}\right)\right] - i_b\left[L_{aa0} + L_{aa2}\cos 2\left(\theta - \frac{2\pi}{3}\right)\right]$$
$$+ i_c\left[L_{ab0} + L_{aa2}\cos(2\theta - \pi)\right] + i_f L_{md}\cos\left(\theta - \frac{2\pi}{3}\right) \tag{2.21b}$$
$$+ i_D L_{mD}\cos\left(\theta - \frac{2\pi}{3}\right) - i_Q L_{mQ}\sin\left(\theta - \frac{2\pi}{3}\right)$$

$$\psi_c = i_a\left[L_{ab0} + L_{aa2}\cos\left(2\theta - \frac{\pi}{3}\right)\right] + i_b[L_{ab0} + L_{aa2}\cos(2\theta - \pi)]$$
$$- i_c\left[L_{aa0} + L_{aa2}\cos 2\left(\theta + \frac{2\pi}{3}\right)\right] + i_f L_{md}\cos\left(\theta + \frac{2\pi}{3}\right) \tag{2.21c}$$
$$+ i_D L_{mD}\cos\left(\theta + \frac{2\pi}{3}\right) - i_Q L_{mQ}\sin\left(\theta + \frac{2\pi}{3}\right)$$

同样的，转子磁链方程为

$$\psi_f = L_f i_f + L_{fD}i_D - L_{md}\left[i_a\cos\theta + i_b\cos\left(\theta - \frac{2\pi}{3}\right) + i_c\cos\left(\theta + \frac{2\pi}{3}\right)\right] \tag{2.22a}$$

$$\psi_D = L_{Df}i_f + L_{DD}i_D - L_{mD}\left[i_a\cos\theta + i_b\cos\left(\theta - \frac{2\pi}{3}\right) + i_c\cos\left(\theta + \frac{2\pi}{3}\right)\right] \tag{2.22b}$$

$$\psi_Q = L_{QQ}i_Q + L_{mQ}\left[i_a\sin\theta + i_b\sin\left(\theta - \frac{2\pi}{3}\right) + i_c\sin\left(\theta + \frac{2\pi}{3}\right)\right] \tag{2.22c}$$

将磁链方程（2.21）和（2.22）写成矩阵形式：

$$
\begin{bmatrix} \psi_a \\ \psi_b \\ \psi_c \\ \hline \psi_f \\ \psi_D \\ \psi_Q \end{bmatrix} =
\left[\begin{array}{c|c} [L_{SS}(\theta)] & [L_{SR}(\theta)] \\ \hline [L_{RS}(\theta)] = [L_{SR}(\theta)]^T & [L_{RR}] \end{array} \right]
\begin{bmatrix} -i_a \\ -i_b \\ -i_c \\ i_f \\ i_D \\ i_Q \end{bmatrix}
\tag{2.23a}
$$

或

$$
\begin{bmatrix} \psi_S(\theta) \\ \psi_R(\theta) \end{bmatrix} =
\begin{bmatrix} [L_{SS}(\theta)] & [L_{SR}(\theta)] \\ [L_{SR}(\theta)]^T & [L_{RR}] \end{bmatrix}
\begin{bmatrix} [i_S] \\ [i_R] \end{bmatrix}
\tag{2.23b}
$$

式中，θ 代表转子位置角，按照惯例定义为转子 d 轴与定子 a 相轴线之间的夹角。

最后，由式（2.23）可得电感矩阵：

$$
[L_{SS}] = \begin{bmatrix}
L_{aa0} + L_{aa2}\cos(2\theta) & -L_{ab0} - L_{ab2}\cos\left(2\theta + \dfrac{2\pi}{3}\right) & -L_{ab0} - L_{ab2}\cos\left(2\theta - \dfrac{\pi}{3}\right) \\
-L_{ab0} - L_{ab2}\cos\left(2\theta + \dfrac{2\pi}{3}\right) & L_{aa0} + L_{aa2}\cos\left(2\theta - \dfrac{2\pi}{3}\right) & -L_{ab0} - L_{ab2}\cos(2\theta - \pi) \\
-L_{ab0} - L_{ab2}\cos\left(2\theta - \dfrac{\pi}{3}\right) & -L_{ab0} - L_{ab2}\cos(2\theta - \pi) & L_{aa0} + L_{aa2}\cos\left(2\theta + \dfrac{2\pi}{3}\right)
\end{bmatrix}
$$

$$
[L_{SR}] = [L_{SR}]^T = \begin{bmatrix}
L_{md}\cos\theta & L_{mD}\cos\theta & -L_{mQ}\sin\theta \\
L_{md}\cos\left(\theta - \dfrac{2\pi}{3}\right) & L_{mD}\cos\left(\theta - \dfrac{2\pi}{3}\right) & -L_{mQ}\sin\left(\theta - \dfrac{2\pi}{3}\right) \\
L_{md}\cos\left(\theta + \dfrac{2\pi}{3}\right) & L_{mD}\cos\left(\theta + \dfrac{2\pi}{3}\right) & -L_{mQ}\sin\left(2\theta + \dfrac{2\pi}{3}\right)
\end{bmatrix}
$$

$$
[L_{RR}] = \begin{bmatrix}
L_{ff} & L_{fD} & 0 \\
L_{fd} & L_{DD} & 0 \\
0 & 0 & L_{QQ}
\end{bmatrix}
$$

对于上述电感矩阵公式，有如下等式成立：$L_{aa0} = L_{bb0} = L_{cc0}$；$L_{ab2} = L_{aa2}$，并且 $L_{ab0} \approx L_{aa0}/2$。

需要指出的是，电感矩阵 $L_{SS}(\theta)$ 与 $L_{SR}(\theta)$ 与转子位置有关，即与位置角 θ 有关，而电感矩阵 L_{RR} 为恒值。位置角 θ 可由转子角速度 ω_r 表示，即 $\theta = \omega_r t$，所以 $L_{SS}(\theta)$ 和 $L_{SR}(\theta)$ 是周期性时变函数。

利用式（2.23b）的矩阵方程研究同步发电机的运行状态需要复杂的微积分计算，一种有效的方法是用新变量替代原来定子侧的变量，如 i_a、i_b、i_c、u_a、u_b、u_c 等，这种必不可少的变换称之为 Park 变换。

2.1.3.2　Park 变换

最初由 Blondel 建立了双反应理论[3]，后来，Doherty 和 Nickle 对其进行了概念扩展[4]，在上述成果的基础上，Park 提出了 Park 变换。

最初于 1929 年提出的 Park 变换[5]旨在用虚拟的转子 $dq0$ 坐标系上的 d、q、0 绕组替换定子侧三相 a、b、c 绕组，如图 2.10 所示：

1）d 轴和 q 轴绕组随转子一起旋转，它们之间不存在耦合；

2）仅在不平衡条件下 0 轴中才会出现零序电流，0 轴与 d 轴和 q 轴相互独立。

Park 变换的最大优点是图 2.10 中的所有绕组都保持相对静止，绕组的瞬时自感和互感都为恒值，这种观察方法使得用 d、q、0 分量表示的方程比用 a、b、c 相量表示的方程大为简化。

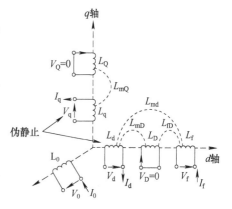

图 2.10　Park 变换后的同步发电机绕组

转子绕组的磁链方程式（2.21）可写为

$$\psi_f = L_f i_f + L_{fD} i_D - L_{md}\left[i_a \cos\theta + i_b \cos\left(\theta - \frac{2\pi}{3}\right) + i_c \cos\left(\theta + \frac{2\pi}{3}\right)\right]$$

$$\psi_D = L_{Df} i_f + L_{DD} i_D - L_{mD}\left[i_a \cos\theta + i_b \cos\left(\theta - \frac{2\pi}{3}\right) + i_c \cos\left(\theta + \frac{2\pi}{3}\right)\right]$$

$$\psi_Q = L_{QQ} i_Q + L_{mQ}\left[i_a \sin\theta + i_b \sin\left(\theta - \frac{2\pi}{3}\right) + i_c \sin\left(\theta + \frac{2\pi}{3}\right)\right]$$

可以看出，在每个轴上定子电流的作用形式相同，这说明可以将定子相电流变换成新的状态变量。因此，d、q 轴电流可以表示为[1]

$$I_d = k_d\left[i_a \cos\theta + i_b \cos\left(\theta - \frac{2\pi}{3}\right) + i_c \cos\left(\theta + \frac{2\pi}{3}\right)\right] \tag{2.24a}$$

$$I_q = -k_q\left[i_a \sin\theta + i_b \sin\left(\theta - \frac{2\pi}{3}\right) + i_c \sin\left(\theta + \frac{2\pi}{3}\right)\right] \tag{2.24b}$$

为了简化电流表达式，引入了 k_d 和 k_q 项，虽然令两个变量等于 $\sqrt{2/3}$ 可以简化表达式，但通常令其为 2/3。

在三相平衡条件下，定子电流的表达式为

$$\begin{aligned}
i_a &= I_m \sin(\omega_s t) \\
i_b &= I_m \sin\left(\omega_s t - \frac{2\pi}{3}\right) \\
i_c &= I_m \sin\left(\omega_s t + \frac{2\pi}{3}\right)
\end{aligned} \tag{2.25}$$

式中，$\omega_s = 2\pi f$ 为定子电流的电角速度（rad/s）；I_m 为定子电流的峰值。

将式（2.25）代入式（2.24a）得

$$\begin{aligned}
I_d &= k_d\left[I_m \sin(\omega_s t)\cos\theta + I_m \sin\left(\omega_s t - \frac{2\pi}{3}\right)\cos\left(\theta - \frac{2\pi}{3}\right) + I_m \sin\left(\omega_s t + \frac{2\pi}{3}\right)\cos\left(\theta + \frac{2\pi}{3}\right)\right] \\
&= k_d I_m\left\{ \sin(\omega_s t)\cos\theta + \left[\sin(\omega_s t)\cos\frac{2\pi}{3} - \sin\frac{2\pi}{3}\cos(\omega_s t)\right]\left[\cos\theta\cos\frac{2\pi}{3} + \sin\theta\sin\frac{2\pi}{3}\right]\right.
\end{aligned}$$

$$+\left[\sin(\omega_s t)\cos\frac{2\pi}{3}+\cos(\omega_s t)\sin\frac{2\pi}{3}\right]\left[\cos\theta\cos\frac{2\pi}{3}-\sin\theta\sin\frac{2\pi}{3}\right]\Bigg\}$$

经过适当的计算与简化可得：

$$I_d=k_d I_m\left\{\sin(\omega_s t)\cos\theta\left[1+2\cos^2\left(\frac{2\pi}{3}\right)\right]-2\cos(\omega_s t)\sin\theta\sin^2\left(\frac{2\pi}{3}\right)\right\}$$

$$=\frac{3}{2}k_d I_m[\sin(\omega_s t)\cos\theta-\cos(\omega_s t)\sin\theta]$$

或

$$I_d=\frac{3}{2}k_d I_m\sin(\omega_s t-\theta)\tag{2.26a}$$

令 $k_d=2/3$，保证电流 I_d 和 I_m 的峰值相等。

对于对称负载，方程式（2.24b）有如下表示：

$$I_q=-k_q\frac{3}{2}I_m\cos(\omega_s t-\theta)\tag{2.26b}$$

同样，令 $k_q=2/3$，保证 q 轴电流 I_q 与定子电流 I_m 峰值相等。

I_d 和 I_q 两个电流共同作用产生的磁场与原来的三相电流 i_a、i_b 和 i_c 产生的磁场完全相同。因此，第三个电流 I_0 对气隙中产生的磁动势没有贡献。电流 I_0 是对称分量法中的零序电流，电流 I_0 的计算方法如下：

$$I_0=\frac{1}{3}(i_a+i_b+i_c)$$

当称运行时，$i_a+i_b+i_c=0$，则

$$I_0=0\tag{2.26c}$$

需要指出的是，I_0 为瞬时电流值，可以随时间任意变化。

从 a、b、c 坐标系变换到 d、q、0 坐标系的 Park 变换如下：

$$\begin{bmatrix}I_d\\I_q\\I_0\end{bmatrix}=\frac{2}{3}\begin{bmatrix}\cos\theta & \cos\left(\theta-\frac{2\pi}{3}\right) & \cos\left(\theta+\frac{2\pi}{3}\right)\\-\sin\theta & -\sin\left(\theta-\frac{2\pi}{3}\right) & -\sin\left(\theta+\frac{2\pi}{3}\right)\\\frac{1}{2} & \frac{1}{2} & \frac{1}{2}\end{bmatrix}\begin{bmatrix}i_a\\i_b\\i_c\end{bmatrix}=[P]\begin{bmatrix}i_a\\i_b\\i_c\end{bmatrix}\tag{2.27}$$

同样，从 d、q、0 坐标系变换到 a、b、c 坐标系的 Park 逆变换如下：

$$\begin{bmatrix}i_a\\i_b\\i_c\end{bmatrix}=\begin{bmatrix}\cos\theta & -\sin\theta & 1\\\cos\left(\theta-\frac{2\pi}{3}\right) & -\sin\left(\theta-\frac{2\pi}{3}\right) & 1\\\cos\left(\theta+\frac{2\pi}{3}\right) & -\sin\left(\theta+\frac{2\pi}{3}\right) & 1\end{bmatrix}\begin{bmatrix}I_d\\I_q\\I_0\end{bmatrix}=[P]^{-1}\begin{bmatrix}I_d\\I_q\\I_0\end{bmatrix}\tag{2.27a}$$

为了简化表达式，Park 已经令系数分别等于 2/3 和 1/2（零轴分量）。需要指出的是，在选定这些值后，转换矩阵 $[P]$ 并非正交矩阵，即 $[P]^{-1}\neq[P]^T$。

2.1.3.3　同步发电机的 Park 方程

1. d、q、0 坐标系下的定子磁链方程

定子磁链和转子磁链的方程写成矩阵形式：

$$\begin{bmatrix} [\psi_S] \\ [\psi_R] \end{bmatrix} = \begin{bmatrix} [L_{SS}] & [L_{SR}] \\ [L_{SR}] & [L_{RR}] \end{bmatrix} \begin{bmatrix} [i_S] \\ [i_R] \end{bmatrix} \tag{2.23b}$$

对上式右边的定子电流进行 Park 逆变换，得到

$$\begin{bmatrix} [\psi_S] \\ [\psi_R] \end{bmatrix} = \begin{bmatrix} [L_{SS}] & [L_{SR}] \\ [L_{RS}] & [L_{RR}] \end{bmatrix} \begin{bmatrix} [P]^{-1} & 0 \\ 0 & [1] \end{bmatrix} \begin{bmatrix} [I_P] \\ [i_R] \end{bmatrix} \tag{2.28}$$

式中

$$[I_P]^T = \begin{bmatrix} I_d & I_q & I_0 \end{bmatrix}$$

对定子磁链进行 Park 变换，得

$$\begin{bmatrix} [\psi_P] \\ [\psi_R] \end{bmatrix} = \begin{bmatrix} [P] & 0 \\ 0 & [1] \end{bmatrix} \begin{bmatrix} [\psi_S] \\ [\psi_R] \end{bmatrix} \tag{2.29}$$

式中：

$$[\psi_P]^T = \begin{bmatrix} \psi_d & \psi_q & \psi_0 \end{bmatrix}$$

由式（2.28）和式（2.29）可以得到

$$\begin{bmatrix} [\psi_P] \\ [\psi_R] \end{bmatrix} = \begin{bmatrix} [P] & 0 \\ 0 & [1] \end{bmatrix} \begin{bmatrix} [\psi_S] \\ [\psi_R] \end{bmatrix} = \begin{bmatrix} [P] & 0 \\ 0 & [1] \end{bmatrix} \begin{bmatrix} [L_{SS}] & [L_{SR}] \\ [L_{RS}] & [L_{RR}] \end{bmatrix} \begin{bmatrix} [P]^{-1} & 0 \\ 0 & [1] \end{bmatrix} \begin{bmatrix} [I_P] \\ [i_R] \end{bmatrix}$$

$$= \begin{bmatrix} [P][L_{SS}] & [P][L_{SR}] \\ [L_{RS}] & [L_{RR}] \end{bmatrix} \begin{bmatrix} [P]^{-1} & 0 \\ 0 & [1] \end{bmatrix} \begin{bmatrix} [I_P] \\ [i_R] \end{bmatrix}$$

因此

$$\begin{bmatrix} [\psi_P] \\ [\psi_R] \end{bmatrix} = \begin{bmatrix} [P][L_{SS}][P]^{-1} & [P][L_{SR}] \\ [L_{RS}][P]^{-1} & [L_{RR}] \end{bmatrix} \begin{bmatrix} [I_P] \\ [i_R] \end{bmatrix} = \begin{bmatrix} [L'_{SS}] & [L'_{SR}] \\ [L'_{RS}] & [L_{RR}] \end{bmatrix} \begin{bmatrix} [I_P] \\ [i_R] \end{bmatrix} \tag{2.30}$$

经过适当替换和计算（包括三角变换），可得：

$$\psi_d = -\left(L_{aa0} + L_{ab0} + \frac{3}{2}L_{aa2} \right)I_d + L_{md}I_f + L_{mD}I_D$$

$$\psi_q = -\left(L_{aa0} + L_{ab0} - \frac{3}{2}L_{aa2} \right)I_q + L_{mQ}I_Q \tag{2.30a}$$

$$\psi_0 = -\left(L_{aa0} - 2L_{ab0} \right)I_0$$

需要注意的是，虽然没有对转子电流进行任何变换，但为了简化符号，分别用 I_f、I_D、I_Q 替换 i_f、i_D、i_Q。

定义新电感：

$$L_d = L_{aa0} + L_{ab0} + \frac{3}{2}L_{aa2}$$

$$L_q = L_{aa0} + L_{ab0} - \frac{3}{2}L_{aa2} \tag{2.31}$$

$$L_0 = L_{aa0} - 2L_{ab0}$$

或

$$[L'_{SS}] = \begin{bmatrix} L_d & 0 & 0 \\ 0 & L_q & 0 \\ 0 & 0 & L_0 \end{bmatrix} \tag{2.31a}$$

那么，在 d、q、0 轴坐标系下的磁链方程［式（2.30a）］可改写成

$$\psi_d = -L_d I_d + L_{md} I_f + L_{mD} I_D \tag{2.32a}$$

$$\psi_q = -L_q I_q + L_{mQ} I_Q \tag{2.32b}$$

$$\psi_0 = -L_0 I_0 \tag{2.32c}$$

进一步得到

$$[L'_{SR}] = [P][L_{SR}] = \begin{bmatrix} L_{md} & L_{mD} & 0 \\ 0 & 0 & L_{mQ} \\ 0 & 0 & 0 \end{bmatrix} \tag{2.33}$$

$$[L'_{RS}] = [L_{RS}] \cdot [P]^{-1} = \begin{bmatrix} \dfrac{3}{2} L_{md} & 0 & 0 \\ \dfrac{3}{2} L_{mD} & 0 & L_{mQ} \\ 0 & \dfrac{3}{2} L_{mQ} & 0 \end{bmatrix} \tag{2.33a}$$

反映定子磁链的 d、q、0 轴分量与定子及转子电流之间关系的电感是恒值的，这是 Park 变换的最大优势。

2. d、q、0 坐标系下的转子磁链方程

将式（2.24）中的电流 I_d 和 I_q 代入转子磁链方程式（2.22）中，则

$$\psi_f = L_f I_f + L_{fD} I_D - \frac{3}{2} L_{md} I_d \tag{2.34a}$$

$$\psi_D = L_{Df} I_f + L_{DD} I_D - \frac{3}{2} L_{mD} I_d \tag{2.34b}$$

$$\psi_Q = L_{QQ} I_Q - \frac{3}{2} L_{mQ} I_q \tag{2.34c}$$

Park 变换使定子和转子磁链方程中的电感为恒值，即电感不随着转子位置的变化而变化。但是，定子和转子之间的互感却不是对等的。从等式（2.34a）和（2.32a）可以看出，匝链励磁绕组的由定子 d 轴电流 I_d 产生的磁通所对应的互感包含系数 2/3，而匝链 d 轴绕组的由励磁电流 I_f 产生的磁通所对应的互感并不包含系数 2/3。通过对转子侧变量选取适当的标幺值，可以避免这一问题（见 2.1.3.4 节）。

以上分析均忽略了饱和的影响。另外，前面已经指出 I_0 不会在气隙中产生磁动势，因而不会在转子磁链方程中出现 I_0。

3. d、q、0 坐标系下的定子电压方程

将式（2.13a）、式（2.13b）和式（2.13c）三相定子电压方程式写成矩阵形式：

$$[v_\mathrm{S}] = -R[i_\mathrm{S}] + \frac{\mathrm{d}}{\mathrm{d}t}[\psi_\mathrm{S}] \tag{2.34}$$

式中，$R_\mathrm{a} = R_\mathrm{b} = R_\mathrm{c} = R$，为定子绕组电阻。

运用 Park 逆变换：

$$[P]^{-1}[V_\mathrm{P}] = -R[P]^{-1}[I_\mathrm{P}] + \frac{\mathrm{d}}{\mathrm{d}t}\left([P]^{-1}[\psi_\mathrm{P}]\right) \tag{2.35}$$

因为 $[P]^{-1}$ 是位置角 θ 的函数，所以上式右边最后一项可以写成

$$\frac{\mathrm{d}}{\mathrm{d}t}\left([P]^{-1}[\psi_\mathrm{P}]\right) = [P]^{-1}\frac{\mathrm{d}}{\mathrm{d}t}[\psi_\mathrm{P}] + \frac{\mathrm{d}\theta}{\mathrm{d}t}\left(\frac{\mathrm{d}}{\mathrm{d}\theta}[P]^{-1}\right)[\psi_\mathrm{P}] \tag{2.36}$$

这里：

$$\frac{\mathrm{d}[P]^{-1}}{\mathrm{d}\theta} = \frac{\mathrm{d}}{\mathrm{d}\theta}\begin{bmatrix} \cos\theta & -\sin\theta & 1 \\ \cos\left(\theta-\dfrac{2\pi}{3}\right) & -\sin\left(\theta-\dfrac{2\pi}{3}\right) & 1 \\ \cos\left(\theta+\dfrac{2\pi}{3}\right) & -\sin\left(\theta+\dfrac{2\pi}{3}\right) & 1 \end{bmatrix} = \begin{bmatrix} -\sin\theta & -\cos\theta & 0 \\ -\sin\left(\theta-\dfrac{2\pi}{3}\right) & -\cos\left(\theta-\dfrac{2\pi}{3}\right) & 0 \\ -\sin\left(\theta+\dfrac{2\pi}{3}\right) & -\cos\left(\theta+\dfrac{2\pi}{3}\right) & 0 \end{bmatrix}$$
$$\tag{2.37}$$
$$= \begin{bmatrix} \cos\theta & -\sin\theta & 1 \\ \cos\left(\theta-\dfrac{2\pi}{3}\right) & -\sin\left(\theta-\dfrac{2\pi}{3}\right) & 1 \\ \cos\left(\theta+\dfrac{2\pi}{3}\right) & -\sin\left(\theta+\dfrac{2\pi}{3}\right) & 1 \end{bmatrix}\underbrace{\begin{bmatrix} 0 & -1 & 0 \\ 1 & 0 & 0 \\ 0 & 0 & 0 \end{bmatrix}}_{[P_1]} = [P]^{-1}[P_1]$$

式中，$[P_1]$ 为 d-q 坐标系下 90° 旋转运算矩阵。

根据等式（2.36）和等式（2.37），等式（2.35）可以改写为

$$[P]^{-1}[V_\mathrm{P}] = -R[P]^{-1}[I_\mathrm{P}] + [P]^{-1}\frac{\mathrm{d}}{\mathrm{d}t}[\psi_\mathrm{P}] + \frac{\mathrm{d}\theta}{\mathrm{d}t}[P]^{-1}[P_1][\psi_\mathrm{P}]$$

上述方程两边同时左乘 $[P]$，可以得到

$$[V_\mathrm{P}] = -R[I_\mathrm{P}] + \frac{\mathrm{d}\theta}{\mathrm{d}t}[P_1][\psi_\mathrm{P}] + \frac{\mathrm{d}[\psi_\mathrm{P}]}{\mathrm{d}t} \tag{2.38}$$

式中

$$[P_1][\psi_\mathrm{P}] = \begin{bmatrix} 0 & -1 & 0 \\ 1 & 0 & 0 \\ 0 & 0 & 0 \end{bmatrix}\begin{bmatrix} \psi_\mathrm{d} \\ \psi_\mathrm{q} \\ \psi_0 \end{bmatrix} = \begin{bmatrix} -\psi_\mathrm{q} \\ \psi_\mathrm{d} \\ 0 \end{bmatrix}$$

展开等式（2.38），得

$$V_\mathrm{d} = -RI_\mathrm{d} - \psi_\mathrm{q}\frac{\mathrm{d}\theta}{\mathrm{d}t} + \frac{\mathrm{d}\psi_\mathrm{d}}{\mathrm{d}t} \tag{2.39a}$$

$$V_\mathrm{q} = -RI_\mathrm{q} + \psi_\mathrm{d}\frac{\mathrm{d}\theta}{\mathrm{d}t} + \frac{\mathrm{d}\psi_\mathrm{q}}{\mathrm{d}t} \tag{2.39b}$$

$$V_0 = -RI_0 + \frac{\mathrm{d}\psi_0}{\mathrm{d}t} \tag{2.39c}$$

式中，V_d 和 V_q 分别为 d 轴和 q 轴感应电压；I_d、I_q 分别为 d 轴和 q 轴电流；ψ_d、ψ_q 和 ψ_0 分别为 d 轴、q 轴和 0 轴上绕组的磁链；$\mathrm{d}\theta/\mathrm{d}t = \omega$ 为转子角速度；若 $f=50\mathrm{Hz}$，$p\theta = \omega = \omega_s = 314\mathrm{rad/s}$。

可以得到以下结论：

1）除了 $\psi_q(\mathrm{d}\theta/\mathrm{d}t)$ 和 $\psi_d(\mathrm{d}\theta/\mathrm{d}t)$ 两项之外，方程式（2.39）与静止线圈的特性类似。这两项称之为运动电压，是由励磁绕组旋转引起磁通在空间上变化所产生的。$\mathrm{d}\psi_d/\mathrm{d}t$ 和 $\mathrm{d}\psi_q/\mathrm{d}t$ 两项称为变压器电压，是由磁通随时间变化产生的。

2）一般来说，变压器电压可以忽略，运动电势是定子电压方程的主要部分。因此，可以认为 q 轴电压 V_q 由 d 轴磁通感应产生。这是因为我们已经假设 q 轴超前于 d 轴 90°。同理，d 轴电压 V_d 由 q 轴负方向（滞后于 d 轴 90°）的磁通产生[1]。

4. 转子电压方程

经过 Park 变换后，转子侧的电压方程保持不变，可表示为

$$V_f = R_f I_f + \frac{\mathrm{d}\psi_f}{\mathrm{d}t} \tag{2.40a}$$

$$0 = R_D I_D + \frac{\mathrm{d}\psi_D}{\mathrm{d}t} \tag{2.40b}$$

$$0 = R_Q I_Q + \frac{\mathrm{d}\psi_Q}{\mathrm{d}t} \tag{2.40c}$$

式中，V_f 为励磁绕组电压；R_f 为励磁绕组电阻；R_D、R_Q 分别为阻尼绕组的 d 轴和 q 轴电阻。

当对称运行时，可以不考虑零序电路。

重新分组：将电路 d、f 和 D 分为一组，将 q 和 Q 分为另一组，同步电机的运行方程可写成：

$$\begin{bmatrix} V_d \\ -V_f \\ 0 \end{bmatrix} = -\begin{bmatrix} R & 0 & 0 \\ 0 & R_f & 0 \\ 0 & 0 & R_D \end{bmatrix}\begin{bmatrix} I_d \\ I_f \\ I_D \end{bmatrix} - \begin{bmatrix} \psi_q\dfrac{\mathrm{d}\theta}{\mathrm{d}t} \\ 0 \\ 0 \end{bmatrix} + \begin{bmatrix} \dfrac{\mathrm{d}\psi_d}{\mathrm{d}t} \\ -\dfrac{\mathrm{d}\psi_f}{\mathrm{d}t} \\ \dfrac{\mathrm{d}\psi_D}{\mathrm{d}t} \end{bmatrix} \tag{2.41}$$

$$\begin{bmatrix} V_q \\ 0 \end{bmatrix} = \begin{bmatrix} R & 0 \\ 0 & R_Q \end{bmatrix}\begin{bmatrix} -I_q \\ I_Q \end{bmatrix} + \begin{bmatrix} \psi_d\dfrac{\mathrm{d}\theta}{\mathrm{d}t} \\ 0 \end{bmatrix} + \begin{bmatrix} \dfrac{\mathrm{d}\psi_q}{\mathrm{d}t} \\ \dfrac{\mathrm{d}\psi_Q}{\mathrm{d}t} \end{bmatrix} \tag{2.42}$$

磁链与电流之间的关系满足：

$$\begin{bmatrix} \psi_d \\ \psi_f \\ \psi_D \end{bmatrix} = \begin{bmatrix} L_d & L_{md} & L_{mD} \\ \dfrac{3}{2}L_{md} & L_f & L_{fD} \\ \dfrac{3}{2}L_{mD} & L_{Df} & L_{DD} \end{bmatrix}\begin{bmatrix} -I_d \\ I_f \\ I_D \end{bmatrix} \tag{2.43}$$

$$\begin{bmatrix} \psi_q \\ \psi_Q \end{bmatrix} = \begin{bmatrix} L_q & L_{mQ} \\ \dfrac{3}{2}L_{mQ} & L_{QQ} \end{bmatrix} \begin{bmatrix} -I_q \\ I_Q \end{bmatrix} \tag{2.44}$$

5. 电功率与转矩

电机定子侧三相瞬时功率的表达式为

$$P(t) = v_a i_a + v_b i_b + v_c i_c \tag{2.45}$$

将上式中 a、b、c 坐标系分量替换成 d、q、0 坐标系分量：

$$P(t) = \frac{3}{2}(V_d I_d + V_q I_q + 2V_0 I_0) \tag{2.45a}$$

将式（2.39）的电压方程代入等式（2.45a）中，得：

$$P(t) = \frac{3}{2}\left[\left(-RI_d - \omega_r \psi_q + \frac{\mathrm{d}\psi_d}{\mathrm{d}t}\right)I_d + \left(-RI_q + \omega_r \psi_d + \frac{\mathrm{d}\psi_q}{\mathrm{d}t}\right)I_q + 2\left(-RI_0 + \frac{\mathrm{d}\psi_0}{\mathrm{d}t}\right)I_0\right]$$

式中，转子角速度 $\omega_r = \mathrm{d}\theta / \mathrm{d}t$。

重新整理后得到

$$P(t) = \frac{3}{2}\left[\underbrace{\left(I_d \frac{\mathrm{d}\psi_d}{\mathrm{d}t} + I_q \frac{\mathrm{d}\psi_q}{\mathrm{d}t} + 2I_0 \frac{\mathrm{d}\psi_0}{\mathrm{d}t}\right)}_{\text{电枢磁能变化率}} + \underbrace{(\psi_d I_q - \psi_q I_d)\omega_r}_{\text{穿过气隙的转换功率}} - \underbrace{(I_d^2 + I_q^2 + 2I_0^2)R}_{\text{电枢绕组损耗}}\right] \tag{2.45b}$$

穿过气隙的转换功率除以转子机械转速（rad/s）得到气隙转矩 C_e：

$$C_e = \frac{3}{2}(\psi_d I_q - \psi_q I_d)\frac{\omega_r}{\omega_m} = \frac{3}{2}(\psi_d I_q - \psi_q I_d)\frac{p_f}{2} \tag{2.46}$$

6. 同步发电机的暂态过程

同步发电机具有如下暂态过程：

1）定子侧的暂态过程与变压器电压有关。系统状态发生突变后，变压器电压消失，运动电压成为系统响应的关键部分。例如，系统突然短路，变压器电势产生定子相电流的直流分量，由于电阻的存在，定子相电流很快衰减，相对于研究稳定性的时间尺度而言，衰减时间要短得多。因此，为了简化分析，可以忽略定子电压方程中的变压器电势。

2）转子侧的暂态过程与转子绕组电压方程中的 $\mathrm{d}\psi_f / \mathrm{d}t$，$\mathrm{d}\psi_D / \mathrm{d}t$ 及其他项相关。包含两种动态响应：

① 次暂态响应，与阻尼绕组和涡流有关；

② 暂态响应，与励磁绕组有关。

3）机械状态，与转轴运动相关。

2.1.3.4　同步发电机的标幺值方程

1. 标幺值系统定义

在电力系统分析中，通常优先使用标幺值表示电气参量，实现变量或系统参数的标准化，同时通过消除实际系统变量的单位而简化计算。在某些情况下，用标幺值表示电气参量有助于改善计算方法的收敛情况。

国际单位制（SI）中的某个变量 X 除以国际单位制的基值 X_b 进而转换成标幺值形式，且用下标*表示：

$$X_*(\mathrm{pu}) = \frac{X(\mathrm{SI})}{X_b(\mathrm{SI})}$$

将电气参量转换成标幺值时，只有部分基准值可以独立使用，可以根据电力系统各物理量的关系确定其他基准值。通常情况下，选择基准值的标准是使电力系统中主要物理量（通常是电压）的额定值转换成标幺值后等于1。

在同步发电机中，使用标幺值系统可以消除随机系数和简化数学表达式，更容易获取等效电路（EC）。按照上述目标，应遵循如下要求选择基准值[1]：

1）不同绕组间的互感标幺值要对等，例如，$L_{af*} = L_{fa*}$。满足这一要求时，可以用等效电路表示同步发电机模型。

2）转子和定子电路中，每个轴上的电感标幺值相等，例如，$L_{af*} = L_{aD*}$。

2. 定子参数标幺化

定子变量的基准值用下标 sb 指示，各参数如下：

1）独立基值

① 电压基值（V_{sb}）——额定相电压峰值，单位 V；

② 电流基值（I_{sb}）——额定电流峰值，单位 A；

③ 频率基值（f_b）——额定频率，单位 Hz（只有一个频率，故可省略下标 s）。

2）其余参数的基值根据以下规则选定

① 三相功率基值（S_{sb}）等于发电机的三相视在功率额定值，单位为 VA：

$$S_{sb} = S_{ng} = 3V_{sn}I_{sn} = 3\frac{V_{sb}}{\sqrt{2}} \times \frac{I_{sb}}{\sqrt{2}} = \frac{3}{2}V_{sb}I_{sb}$$

式中，V_{sn} 和 I_{sn} 分别为发电机的转子电压和电流。

② 阻抗基值（Z_{sb}）：

$$Z_{sb} = \frac{V_{sb}}{I_{sb}}$$

③ 电角速度基值（ω_b）：

$$\omega_b = 2\pi f_b (\mathrm{rad/s})$$

机械角速度基值（ω_{mb}）：

$$\omega_{mb} = \frac{1}{p}\omega_b (\mathrm{rad/s})$$

式中，p 为极对数。

· 电感基值（L_{sb}）：

$$L_{sb} = \frac{Z_{sb}}{\omega_{sb}} (\mathrm{H})$$

· 磁链基值（ψ_{sb}）：

$$\psi_{sb} = L_{sb}I_{sb} = \frac{V_{sb}}{\omega_{sb}} (\mathrm{Wb})$$

- 转矩基值（C_{sb}）：

$$C_{sb} = \frac{S_{sb}}{\omega_{sb}} = \frac{3}{2}\frac{V_{sb}I_{sb}}{\omega_{sb}}p = \frac{3}{2}p\psi_{sb}I_{sb}(\text{N}\cdot\text{m})$$

- 时间基值（t_b）定义为转子以同步速度旋转 1 个电角度所需要时间：

$$t_b = \frac{1}{\omega_b} = \frac{1}{2\pi f_b}$$

- 时间微分算子：

$$\frac{\text{d}(\cdot)}{\text{d}t_*} = \frac{1}{\omega_b}\frac{\text{d}(\cdot)}{\text{d}t}$$

3. 转子参量标幺化

为了用标幺值描述转子电压和穿过转子的磁通，励磁绕组（f）相关参数的基值用下标 f_b 表示，阻尼绕组 D 和 Q 相关参数的基值用下标 D_b 和 Q_b 表示。

4. 电压方程的标幺化

为了实现定子电压方程的标幺化，式（2.39）除以 V_{sb}，并将角速度 $\text{d}\theta/\text{d}t$ 替换成 ω_r。

例如，将式（2.39a）除以 V_{sb}：

$$V_d = -RI_d - \omega_r\psi_q + \frac{\text{d}\psi_d}{\text{d}t} \tag{2.39a}$$

并考虑

$$V_{sb} = I_{sb}Z_{sb} = \frac{\psi_{sb}}{L_{sb}}\omega_b L_{sb} = \omega_b\psi_{sb}$$

进一步，有得

$$\frac{V_d}{V_{sb}} = -\frac{R}{Z_{sb}}\frac{I_d}{I_{sb}} - \frac{\omega_r}{\omega_b}\frac{\psi_q}{\psi_{sb}} + \frac{\text{d}}{\text{d}t}\left(\frac{1}{\omega_b}\frac{\psi_d}{\psi_{sb}}\right)$$

或者使用标幺值表示：

$$V_{d*} = -R_*I_{d*} - \omega_{r*}\psi_{q*} + \frac{\text{d}\psi_{d*}}{\text{d}t_*} \tag{2.39aa}$$

同理

$$V_{q*} = -R_*I_{q*} + \omega_{s*}\psi_{d*} + \frac{\text{d}\psi_{q*}}{\text{d}t_*} \tag{2.39ab}$$

$$V_{0*} = -R_*I_{0*} + \frac{\text{d}\psi_{0*}}{\text{d}t_*} \tag{2.39ac}$$

需要说明的是，如果所有参数都采用标幺值的形式，那么定子方程（2.39aa）、（2.39ab）和（2.39ac）保持原来形式不变。

用同样方法，转子电压方程也可以用标幺值表示。参考方程（2.39aa）的推导方法，并考虑到 $V_{fb} = \omega_b\psi_{fb} = Z_{fb}I_{fb}$，方程（2.40a）可变为

$$V_{f*} = R_{f*}I_{f*} + \frac{\text{d}\psi_{f*}}{\text{d}t_*} \tag{2.40aa}$$

将式（2.40b）与式（2.40c）写成标幺值形式，可以得到

$$0 = R_{D*}I_{D*} + \frac{\mathrm{d}\psi_{D*}}{\mathrm{d}t_*} \tag{2.40ab}$$

$$0 = R_{Q*}I_{Q*} + \frac{\mathrm{d}\psi_{D*}}{\mathrm{d}t_*} \tag{2.40ac}$$

5. 磁链方程的标幺化

将式（2.32）的所有项除以磁链的基值 $\psi_{sb} = L_{sb}I_{sb}$，得到定子磁链的标幺值形式：

$$\psi_{d*} = -L_{d*}I_{d*} + L_{md*}I_{f*} + L_{mD*}I_{D*} \tag{2.32aa}$$

$$\psi_{q*} = -L_{q*}I_{q*} + L_{mQ*}I_{Q*} \tag{2.32ab}$$

$$\psi_{0*} = -L_{0*}I_{0*} \tag{2.32ac}$$

式中

$$L_{md*} = \frac{L_{md}I_{fb}}{L_{sb}I_{sb}}; \quad L_{mD*} = \frac{L_{mD}I_{Db}}{L_{sb}I_{sb}}; \quad L_{mQ*} = \frac{L_{mQ}I_{Qb}}{L_{sb}I_{sb}} \tag{2.47}$$

转子磁链方程式（2.34）中，所有项除以适当的磁链基值，得到标幺化形式为

$$\psi_{f*} = L_{f*}I_{f*} + L_{fD*}I_{D*} - L_{md*}'I_{d*} \tag{2.34aa}$$

$$\psi_{D*} = L_{Df*}I_{f*} + L_{D*}I_{D*} - L_{mD*}'I_{d*} \tag{2.34ab}$$

$$\psi_{Q*} = L_{Q*}I_{Q*} - L_{mQ*}'I_{q*} \tag{2.34ac}$$

式中

$$L_{fD*} = \frac{L_{fD}I_{Db}}{L_{fb}I_{fb}}; \quad L_{md*}' = \frac{3}{2}\frac{L_{md}I_{sb}}{L_{fb}I_{fb}}; \quad L_{Df*} = \frac{L_{Df}I_{fb}}{L_{Db}I_{Db}}$$

$$L_{mD*}' = \frac{3}{2}\frac{L_{mD}I_{sb}}{L_{Db}I_{Db}}; \quad L_{mQ*}' = \frac{3}{2}\frac{L_{mQ}I_{sb}}{L_{Qb}I_{Qb}} \tag{2.48}$$

假定转子两套绕组之间的互感是对等的，例如，式（2.48）中 $L_{fD*} = L_{Df*}$，可以得到

$$\frac{L_{fD}I_{Db}}{L_{fb}I_{fb}} = \frac{L_{Df}I_{fb}}{L_{Db}I_{Db}}$$

根据等式 $L_{fD} = L_{Df}$，有

$$L_{Db}I_{Db}^2 = L_{fb}I_{fb}^2$$

上式两边同乘以 ω_b，并考虑到 $\omega_b L_{Db}I_{Db} = V_{Db}$ 和 $\omega_b L_{fb}I_{fb} = V_{fb}$，可以得到

$$V_{Db}I_{Db} = V_{fb}I_{fb}$$

因此，只有上式成立的条件下，互感才是对等的。

除此之外，假定转子和定子每个轴上的互感是相等的，即 $L_{md*} = L_{md*}'$，可以得到

$$\frac{L_{md}I_{fb}}{L_{sb}I_{sb}} = \frac{3}{2}\frac{L_{md}I_{sb}}{L_{fb}I_{fb}} \Rightarrow L_{fb}I_{fb}^2 = \frac{3}{2}L_{sb}I_{sb}^2$$

等式两边同乘以 ω_b，并考虑到 $\omega_b L_{sb}I_{sb} = V_{sb}$，可以得到

$$V_{fb}I_{fb} = \frac{3}{2}V_{sb}I_{sb} = S_{sb}$$

因此，转子侧的视在功率基值必须等于定子侧的视在功率基值，同时等于同步发电机的额定视在功率。那么，转子各绕组上的电压基值与电流基值的乘积才能最终确定。

为了定义一个完整的标幺值系统，或者知道转子回路的电压标幺值，或者知道电流标幺值。与定子电流 I_d 与 I_q 产生的磁通相关的定子自感 L_{d*} 与 L_{q*} 分别由两部分组成：一部分不匝链任何转子回路的磁通产生的漏电感（L_1），另一部分是匝链转子回路的磁通产生的 d 轴互感（L_{ad}）或 q 轴互感（L_{aq}），即

$$L_{d*} = L_{1*} + L_{ad*}; \quad L_{q*} = L_{1*} + L_{aq*}$$

一种定义转子回路电路基值的方法是：以标幺值表示的每个轴上的绕组互感相等[1]。

那么，根据上文所述 $L_{ad*} = L_{md*} = L_{mD*}$，得到

$$I_{fb} = \frac{L_{ad}}{L_{md}} I_{sb}; \quad I_{Db} = \frac{L_{ad}}{L_{mD}} I_{sb}$$

考虑到 $L_{aq*} = L_{mQ*}$，有

$$L_{Qb} = \frac{L_{aq}}{L_{mQ}} I_{sb}$$

这样完整地确定了一个标幺值系统。

对于任意转子回路，当电压标幺值等于电感标幺值 L_{ad*} 时，对应的电流就是基准电流，即电压值等于三相对称的峰值电枢电流标幺值。在文献中，满足上述关系的标幺值系统被称为 L_{ad} 或 X_{ad} 基值对等标幺值系统[1]。

6. **标幺值化的电气方程回顾：dqfDQK 模型**⊖除了 d、q 和 f 轴电路外，列写完整的系统方程还需考虑 q 轴上的阻尼电路 Q 和 K 以及 d 轴上的阻尼电路 D。因此，完整的标幺值方程如下：

定子电压方程：

$$\left\|V_d = -RI_d - \omega_r \psi_q + \frac{\mathrm{d}\psi_d}{\mathrm{d}t}\right. \tag{2.39aa}$$

$$\left\|V_q = -RI_q - \omega_r \psi_d + \frac{\mathrm{d}\psi_q}{\mathrm{d}t}\right. \tag{2.39ab}$$

$$\left\|V_0 = -RI_0 + \frac{\mathrm{d}\psi_0}{\mathrm{d}t}\right. \tag{2.39ac}$$

转子电压方程：

$$\left\|V_f = R_f I_f + \frac{\mathrm{d}\psi_f}{\mathrm{d}t}\right. \tag{2.40aa}$$

$$\left\|0 = R_D I_D + \frac{\mathrm{d}\psi_D}{\mathrm{d}t}\right. \tag{2.40ab}$$

$$\left\|0 = R_Q I_Q + \frac{\mathrm{d}\psi_Q}{\mathrm{d}t}\right. \tag{2.40ac}$$

$$\left\|0 = R_K I_K + \frac{\mathrm{d}\psi_K}{\mathrm{d}t}\right. \tag{2.49}$$

定子磁链方程：

$$\left\|\psi_d = -(L_{md} + L_1)I_d + L_{md}I_f + L_{md}I_D\right. \tag{2.50}$$

⊖ 尽管所有变量都写成了标幺值形式，但为了简化，后面会略去*。

$$\|\psi_q = -(L_{mq} + L_1)I_q + L_{mq}I_Q + L_{mq}I_K \tag{2.51}$$

$$\|\psi_0 = -L_0 I_0 \tag{2.52}$$

转子磁链方程：

$$\|\psi_f = L_f I_f + L_{fD}I_D - L'_{md}I_d \tag{2.53}$$

$$\|\psi_D = L_{Df}I_f + L_{1D}I_D - L'_{mD}I_d \tag{2.54}$$

$$\|\psi_Q = L_{1Q}I_Q + L_{mq}I_K - L_{mq}I_q \tag{2.55a}$$

$$\|\psi_K = L_{mq}I_Q + L_{2K}I_K - L_{mq}I_q \tag{2.55b}$$

除了之前提到的系统方程，我们还增加了与 q 轴相关的绕组 K 的方程，分别是电压方程（2.49）、磁链方程（2.55b），还有方程（2.51）和方程（2.55a）的新增加项。

注意[1]：

1）只有当互感标幺值 L_{QK} 和 L_{mq} 相等时，即只有转子和定子 q 轴电路间存在互感 L_{mq} 时，等式（2.55a）和式（2.55b）才成立。

2）在电力系统稳态分析中，为了使表达式更简单无论是电机参数，还是电网参数都倾向于采用标幺值形式。时间参数 t 是个例外，仍以秒为单位。另外，方程（2.39a），（2.40a）和（2.49）中的 $\mathrm{d}\psi/\mathrm{d}t$ 用 $(1/\omega_b)(\mathrm{d}\psi/\mathrm{d}t)$ 代替。

（3）如果取频率基值等于定子变量的频率，由于角速度为单位速度，那么定子绕组的电抗标幺值等于电感标幺值。

2.1.3.5 d 轴和 q 轴上的等效电路

虽然利用方程式（2.39a）、式（2.40a）、式（2.49）～式（2.55）可以直接估算同步发电机的运行性能，但建立描述同步发电机的等效电路是一种常用方法。另外，对等标幺值系统也经常使用。

根据转子和定子 d 轴电路的磁链方程可以写出 d 轴等效电路：

$$\psi_d = -(L_{md} + L_1)I_d + L_{md}I_f + L_{md}I_D \tag{2.50}$$

$$\psi_f = L_f I_f + L_{fD}I_D - L'_{md}I_d \tag{2.53}$$

$$\psi_D = L_{Df}I_f + L_{1D}I_D - L'_{md}I_d \tag{2.54}$$

式中，L_1 和 L_{md} 分别为漏感和互感，$L_d = L_1 + L_{md}$，在标幺值系统中 $L_{md} = L_{mD} = L_{ad}$，$L_{Df} = L_{fD}$。同样，有 $L_q = L_1 + L_{mq}$，L_{mq} 是互感。

根据以上方程，建立描述 d 轴磁链和电流之间关系的等效电路如图 2.11 所示。

q 轴磁链与电流之间的关系可表示为

$$\psi_Q = L_{1Q}I_Q + L_{mq}I_K - L_{mq}I_q \tag{2.55a}$$

$$\psi_K = L_{mq}I_Q + L_{2K}I_K - L_{mq}I_q \tag{2.55b}$$

根据上面的表达式可以写出 q 轴的等效电路。

转子电路漏感标幺值可以写为

$$L_{fd} = L_f - L_{fD} \tag{2.56a}$$

$$L_D = L_{1D} - L_{fD} \tag{2.56b}$$

$$L_Q = L_{1Q} - L_{mq} \tag{2.56c}$$

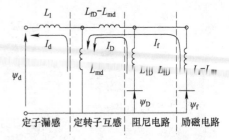

图 2.11 描述 d 轴 ψ-I 关系的等效电路

$$L_K = L_{2K} - L_{mq} \tag{2.56d}$$

同时，根据电压和磁链方程，得到描述全部特性的等效电路，如图 2.12 所示[1]。

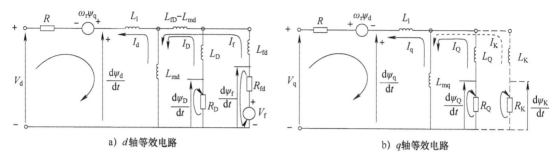

a) d 轴等效电路　　b) q 轴等效电路

图 2.12　d 轴和 q 轴等效电路

　　阻尼绕组放置在靠近气隙的槽内，因此与阻尼绕组匝链的磁通几乎与气隙中的磁通完全一致。如此，在 d 轴等效电路中，串联电感（$L_{fD}-L_{md}$）通常被忽略（见图 2.12b）。但是，对于短距阻尼绕组和实心转子铁心而言，这种近似不是严格有效。

　　由于阻尼器代表了 q 轴上的全部作用，所以在 q 轴等效电路中励磁绕组没有体现。因此，我们可以假设只存在转子和定子 q 轴互感 L_{mq}（见图 2.12b）。

　　图 2.13 所示的 d 轴和 q 轴等效电路不包含定子电阻与运动电势。

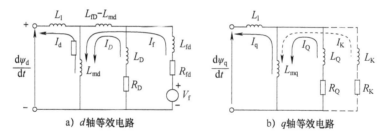

a) d 轴等效电路　　b) q 轴等效电路

图 2.13　简化等效电路[1]

　　IEEE Std.1110-2002[6]给出了一种只有一个阻尼绕组的 d 轴和 q 轴简化等效电路，如图 2.14 所示。其中，阻尼绕组如图 2.13a、b 所示。

　　图 2.14a 的等效电路说明了一个实际问题：如同变压器的一次侧与二次侧匝数不同一样，阻尼绕组与励磁绕组匝数也存在差异。变量 V_f' 和 I_f' 代表励磁绕组两端实测的励磁电压与励磁电流。变量 V_f 与 I_f 为利用直轴电枢绕组匝数比 N_{afd} 折算到电枢绕组侧的励磁电压和励磁电流。

　　采用标幺值而非实际值描述同步电机是比较普遍的做法。基值不同的选取方法决定了理想变压器的有无。无论是采用实际值还是标幺值，理想变压器一般不会出现在等效电路中，如图 2.14b 所示，其中，励磁电压与励磁电流已经折算到电枢绕组侧。励磁绕组基值的选择与等效电路 2.14a 中匝数比的选择是类似的。

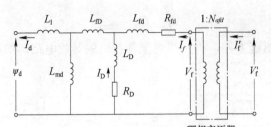

a) 包含理想变压器的只有一个阻尼绕组的d轴等效电路

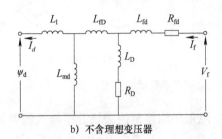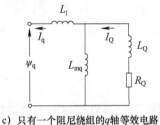

b) 不含理想变压器   c) 只有一个阻尼绕组的q轴等效电路

图 2.14 等效电路

2.1.3.6 同步发电机的稳态运行

在对称运行条件下，对定子电流进行 Park 变换（d，q，0）后得到直轴电流。同理，也可对定子电压和磁链进行 Park 变换。

当稳态运行时，转子侧的物理量是不变的，所有物理量对时间的导数为零，不含零轴分量，并且 $\omega_r = \omega_s = 1\,\mathrm{pu}$。根据方程：

$$0 = R_D I_D + \frac{\mathrm{d}\psi_D}{\mathrm{d}t} \tag{2.40ab}$$

$$0 = R_Q I_Q + \frac{\mathrm{d}\psi_D}{\mathrm{d}t} \tag{2.40ac}$$

可得 $R_D I_D = R_Q I_Q = 0$。因此，阻尼绕组中的电流 I_D 和 I_Q 为零。这一结果符合我们预期，因为在稳态运行中，定子电流产生的旋转磁场相对于转子静止。

1. 等效电路与相量图

根据上述分析，定子和转子的电压与磁链方程可以写为

$$V_d = -RI_d - \omega_r \psi_q = -RI_d + X_q I_q \tag{2.57a}$$

$$V_q = -RI_q + \omega_r \psi_d = -RI_q - X_d I_d + X_{md} I_f = -RI_q - X_d I_d + E_f \tag{2.57b}$$

$$V_f = R_f I_f \tag{2.40ba}$$

$$\psi_d = L_d I_d + L_{md} I_f; \quad \psi_q = -L_q I_q$$

$$\psi_f = L_{md} I_f - L_{md} I_d$$

$$\psi_D = -L_{md} I_f - L_{md} I_d; \quad \psi_Q = -L_{mQ} I_q$$

式中，$X_d = \omega_0 L_d$ 及 $X_q = \omega_0 L_q$ 分别为直轴和交轴同步电抗。

在空载情况下，同步发电机励磁电流 I_f 产生的感应电动势为

$$E_f = X_{md}I_f = \omega_0 L_{md}\frac{V_f}{R_f} \tag{2.58}$$

实际上，在空载情况下 $I_d = I_q = 0$，从式（2.57a）与式（2.57b）可以得到 $V_d = 0$，$V_q = E_f$。因此，相量 $\dot{E}_f$ 位于 q 轴上。

在电机相关的 d、q 坐标系下，重新改写稳态运行方程[式（2.57a、b）]。为了将上述方程应用到描述电力系统数学模型的代数微分方程中，需要进一步将这些方程转换到电网相关的（+1，+j）坐标系表示。两个坐标系之间的关系可表示为

$$\dot{A} = Ae^{j(\delta - \pi/2)}$$

发电机输出端的电压和电流矢量可以定义为

$$\dot{V} \triangleq V_d + jV_q$$

$$\dot{I} \triangleq I_d + jI_q$$

将等式（2.57a）和式（2.57b）中的 V_d 和 V_q 代入，得

$$\dot{V} = -R(I_d + jI_q) + jE_f + X_dI_q - jX_dI_d$$

考虑到 $jX_q\dot{I} = jX_q(I_d + jI_q)$，进一步有

$$\begin{aligned}\dot{V} &= -R\dot{I} + jE_f - jX_q\dot{I} + jX_q\dot{I} + X_qI_q - jX_dI_d \\ &= -(R + jX_q)\dot{I} + j[E_f - (X_d - X_q)I_d]\end{aligned} \tag{2.59}$$

最终，在 d, q 坐标系下，同步发电机的稳态方程可以写成

$$\dot{V} = \dot{E} - (R + jX_q)\dot{I} \tag{2.60}$$

式中

$$\dot{E} = 0 + jE_q = j[E_f - (X_d - X_q)I_d]$$

并且

$$E_q = E_f - (X_d - X_q)I_d \tag{2.61}$$

因为 $X_d > X_q$，所以 $E_f > E_q$。

根据两个坐标系之间的关系式，电压相量的表达式为

$$\dot{V} = Ve^{j(\delta - \pi/2)}$$

因此，将方程式（2.60）每项乘以 $e^{j(\delta - \pi/2)}$，得

$$\dot{V} = \dot{E} - (R + jX_q)\dot{I} \tag{2.60a}$$

根据方程（2.60a），得到同步发电机稳态运行时的等效电路，如图 2.15 所示。

假设 $R < X_q$，那么同步发电机的稳态方程可以用 q 轴上的感应电动势表示：

$$\dot{V} = \dot{E} - jX_q\dot{I} \tag{2.60b}$$

对于隐极式同步电机（圆形转子），$X_d = X_q = X_s$，由式（2.61）和式（2.58）可得：

$$E_q = E_f = X_{md}I_f \tag{2.61a}$$

根据方程式（2.60a）和图 2.15 所示的等效电路，对称

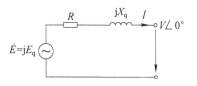

图 2.15　同步发电机等效电路图

稳态条件下同步发电机的相量图如图 2.16 所示，其中，δ_i（功率角）是电动势 E_q 和端电压 $\dot{V}$ 的相角之差，φ（功率因数角）是端电压 $\dot{V}$ 和负载电流 $\dot{I}$ 的相角之差。

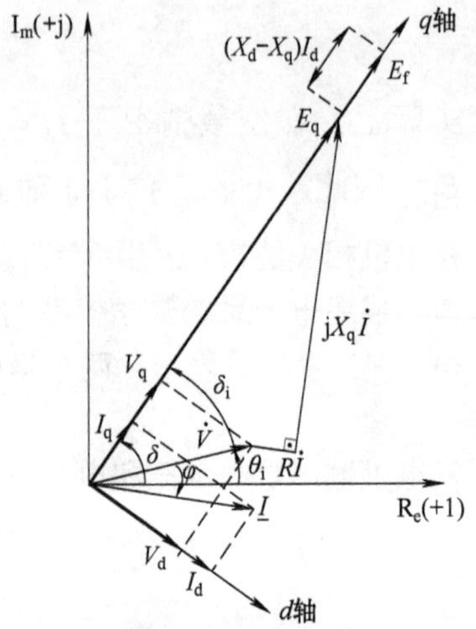

图 2.16　对称稳态条件下同步发电机相量图

2. 稳态参数计算

步骤 1：已知发电机的有功功率 P、无功功率 Q 和端电压 V，电流与功率因数角的计算公式如下：

$$\dot{I}=\left(\frac{\dot{S}_g}{\dot{V}}\right)^*=\frac{P-jQ}{V\mathrm{e}^{-j\theta_i}}=\frac{P-jQ}{V}\mathrm{e}^{j\theta_i}$$

或

$$I=\frac{\sqrt{P^2+Q^2}}{V};\quad \varphi=\arccos\left(\frac{P}{VI}\right) \tag{2.62}$$

步骤 2：功率角 δ_i 的计算

根据方程（2.60b），在通用（+1，+j）坐标系下电动势 $\dot{E}$ 以及转子位置可由下式计算：

$$\dot{E}=\dot{V}+jX_q\dot{I}=E_q\mathrm{e}^{j\delta_i} \tag{2-60c}$$

根据方程式（2.61），空载运行时同步发电机励磁电流产生的感应电动势 E_f 为

$$E_f=E_q+(X_d-X_q)I_d \tag{2.61b}$$

步骤 3：已知功率角 δ_i，定子电压和电流的各分量计算公式为

$$\begin{aligned}V_d=V\sin(\delta-\theta_i)=V\sin\delta_i;\quad V_q=V\cos(\delta-\theta_i)=V\cos\delta_i\\ I_d=I\sin(\delta_i+\varphi);\quad I_q=I\cos(\delta_i+\varphi)\end{aligned} \tag{2.63}$$

式中，$\delta_i=\delta-\theta_i$ 为功率角，是电动势 E_q 和电机端压 V 的相角之差。

步骤 4：其他物理量的计算公式如下：

因为 $\omega_r=1$：

根据方程（2.57b）

$$V_q=-RI_q+\omega_r\psi_d\Rightarrow\psi_d=V_q+RI_q$$

根据方程（2.57a）

$$V_d=-RI_d-\omega_r\psi_q\Rightarrow\psi_q=-V_d-RI_d$$

根据方程（2.57b）

$$\begin{aligned}&V_q=-RI_q-X_dI_d+X_{md}I_f\Rightarrow I_f=\left(V_q+RI_q+X_dI_d\right)/X_{md}\\&V_f=R_fI_f\\&C_e=P+RI^2\end{aligned}$$

3. 功率方程与凸极同步发电机特性

根据复数视在功率的表达式：

$$\dot{S} = \dot{V}\dot{I}^* = \dot{V}e^{j(\delta-\pi/2)}\dot{I}^*e^{-j(\delta-\pi/2)} = \dot{V}\dot{I}^*$$
$$= (V_d + jV_q)(I_d - jI_q) = P + jQ$$

分别写出实部和虚部的表达式：

$$P = V_d I_d + V_q I_q \tag{2.64a}$$

$$Q = V_q I_d - V_d I_q \tag{2.64b}$$

忽略方程式（2.57a）与式（2.57b）中的电枢电阻 R，得

$$I_q = \frac{V_d}{X_q} \tag{2.65a}$$

$$I_d = \frac{E_f - V_q}{X_d} \tag{2.65b}$$

$$V_d = V\sin\delta_i \tag{2.65c}$$

$$V_q = V\cos\delta_i \tag{2.65d}$$

将方程式（2.65a）、式（2.65b）、式（2.65c）和式（2.65d）代入方程式（2.64a）和式（2.64b）中，可以得到有功功率和无功功率的表达式：

$$P = \frac{E_f V}{X_d}\sin\delta_i + \frac{V^2}{2}\left(\frac{X_d - X_q}{X_d X_q}\right)\sin 2\delta_i \tag{2.66}$$

$$Q = \frac{E_f V}{X_d}\cos\delta_i - \left(\frac{\cos^2\delta_i}{X_d} + \frac{\sin^2\delta_i}{X_q}\right)V^2 \tag{2.67}$$

对于隐极电机，$X_d = X_q = X_s$，式（2.66）和式（2.67）的有功功率和无功功率表达式可简化为

$$P = \frac{E_f V}{X_s}\sin\delta_i \tag{2.68a}$$

$$Q = \frac{E_f V}{X_s}\cos\delta_i - \frac{V^2}{X_s} \tag{2.68b}$$

式（2.66）表明，凸极发电机的有功特性（见图 2.17）由一个基本正弦波分量和一个两倍频的二次谐波分量叠加而成。二次谐波分量的幅值正比于 d 轴和 q 轴同步电抗的差值，与电动势 E_f 无关。

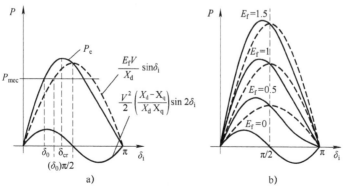

图 2.17　凸极发电机的功角特性

二次谐波改变了发电机功率特性最大值的位置，因此，凸极发电机最大功率点所对应的临界角 δ_{cr} 小于 $90°$。对于同样的机械功率，因为初始角 δ_0 会同步减小，因此最大值偏移不会降低稳态性能。相反，凸极发电机的电磁功率 P_e 将比具有同样的 E_f 及 X_d 值的隐极机略大。

需要指出的是，当基本电磁功率的幅值 $(E_f V / X_d)$ 与二次谐波即附加电磁功率的幅值 $[(V^2/2)(X_d - X_q)/(X_d X_q)]$ 的量级相当时，电动势 E_f 很小，凸极电机的电磁功率增幅较大。一般而言，当电动势 E_f 较大时，附加电磁功率的幅值低于电磁功率的 $10\%\sim15\%$，二次谐波电磁功率对功率特性幅值的影响很小（见图2.17b）。

因为：

展现凸极发电机（$X_d \neq X_q$）的特性需要大量的计算，在稳态分析中可忽略凸极效应，并认为等效电抗等于直轴同步电抗 X_d。基于这一假设，可以忽略功率特性中的二次谐波（即附加电磁功率）。

当把凸极电机视为隐极电机时，为了准确计算，必须考虑到凸极带来的影响。在随运行状态动态变化的隐极发电机模型中，引入虚拟电动势，可以使等效发电机的有功和无功功率高精度地反映实际凸极发电机的特性。为了正确求取角度 δ_i，令带有可变电动势的等效隐极发电机的同步电抗等于凸极发电机的 q 轴电抗 X_q。

2.1.3.7 同步发电机端部短路特性

1. 简单 R-L 电路端部短路

可以通过分析发电机出线端三相短路故障时的具体行为来展现同步发电机的电气暂态特性。这种分析可以实现同步发电机短路状态下的行为辨识和大尺度稳态分析所必需的物理量的估算。

因此，若已知同步发电机电路的电感特性，可以分析简单的交流电压源供电的 R-L 电路（见图2.18）的暂态过程，交流电压源的形式如下：

$$v(t) = V_m \sin(\omega t + \alpha)$$

式中，α 为故障发生时的电压波形的相位。

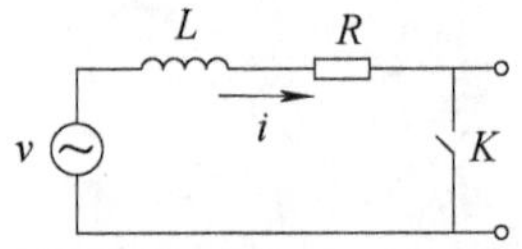

根据基尔霍夫第二定律，列写上述电路的瞬时值电压平衡方程：

图 2.18 交流电压源供电的最简化 R-L 电路

$$v = L\frac{\mathrm{d}i}{\mathrm{d}t} + Ri \tag{2.69}$$

通过积分，可得电流表达式：

$$i = \frac{V_m}{Z}\sin(\omega t + \alpha - \varphi) + C e^{-(R/L)t} \tag{2.70}$$

式中，$Z = \sqrt{R^2 + \omega^2 L^2}$ 为电路阻抗 $\dot{Z} = R + \mathrm{j}\omega L$ 的幅值；$\psi = \arctan(\omega L/R)$ 为电路阻抗的相位角。

积分常数 C 由初始条件决定。因此，在 $t_0 = 0$ 时刻，开关 K 闭合，电路的出线端发生短路，则

$$C = i_0 - \frac{V_m}{Z}\sin(\alpha - \varphi)$$

但是，在 $t_0 = 0$ 时刻，$i_0 = i(0) = 0$（开路），上述表达式可以写成

$$C = -\frac{V_m}{Z}\sin(\alpha - \varphi)$$

那么

$$i = I_m\sin(\omega t + \alpha - \varphi) - I_m\sin(\alpha - \varphi)e^{-(R/L)t} = i_{AC} + i_{DC} \tag{2.71}$$

式中，$I_m = V_m / Z$ 为最大稳态电流。若 X 远远大于 R，则 $\varphi \approx 90°$。

下面分析两种情况（见图 2.19）：

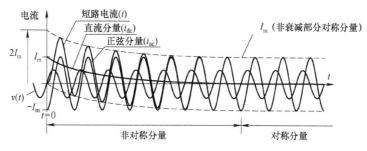

a）最大不对称的电流波形

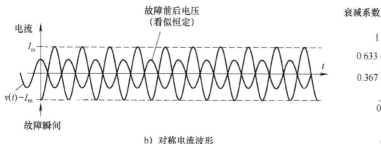

b）对称电流波形　　　　　　　　c）直流分量衰减时间常数[7]

图 2.19　短路时的暂态电流

第一种情况（见图 2.19a）：如果短路发生在电压瞬时为零时，即 $t = 0$ 时 $\alpha = 0$，瞬态短路电流由两部分组成：短路电流的交流分量，等式（2.71）的第一项；短路电流的瞬态分量又称为直流分量，等式（2.71）的第二项，直流分量的初始值与交流分量的幅值相等，但符号相反，直流分量按指数规律衰减。

因为 $\alpha = 0$，等式（2.71）改写为

$$i = I_m\sin(\omega t - \varphi) - I_{DC}\sin(-\varphi)e^{-(R/L)t} \tag{2.71a}$$

式中，初始值 $I_{DC} = I_m$。

在第一种情况下，当 $t_0 = 0$ 时，等式（2.71）所描述的电流包络线的最大值为 $2I_m$：

$$I_{env}^{max} = \left|I_m\sin(\omega t - \varphi)\right| + I_{DC}e^{-(R/L)t} = \left|I_m\sin(-90°)\right| + I_m e^0 = 2I_m$$

衰减分量按照指数规律衰减，衰减系数由系统发生短路后的时间常数决定。假定时间常数为 $\tau = L / R$，则式（2.71）的第二项变为 $I_{DC}e^{-t/\tau}$。经过上述时间常数所限定的时间后，电流约衰减至原来的 63.3%，即暂态分量减小了 0.367 倍（见图 2.19c）。

短路电流中直流分量的存在导致电流包络线不再关于零轴和波形轴线对称（见图 2.19b）。如

果短时间内直流分量衰减至零，那么短路电流波形将恢复为对称波形。

第二种情况（见图 2.19b）：如果短路发生在电压瞬时值最大时，即 $t=0$ 时 $\alpha=\pi/2$，则没有暂态分量，短路电流为

$$i = I_{m} \sin \omega t$$

其波形与稳态波形一致，峰值电流为 $I_{m}=V_{m}/Z$。

2. 同步发电机出线端发生三相短路

当分析同步发电机出线端三相短路时，做出如下假设[7]：

1）电网各组件（母线、变压器、电抗器）的阻抗不随时间变化。

2）旋转电机（发电机和电动机）为短路电流的主要来源。短路发生瞬间，匝链每个电枢绕组的磁通受限，然后磁通与电感 L 将以电机时间常数衰减。因此，还需考虑交流分量的衰减。需要注意的是，感应电机的衰减模式与同步电机不同。

3）理论上负载电流远小于短路电流，所以通常忽略负载电流。一般情况下，负载电流只占短路电流的一定比例，仅影响故障之前短路电源的有效电压。

4）控制系统，例如，励磁系统和涡轮调速器，主要影响短路后一定时间的瞬态过程。短路电流的持续时间主要取决于中性点接地方案和保护装置的性能。

5）在三相电力系统中，各相电压和电流相差 120°电角度。当发生三相对称短路时，同步发电机的瞬时短路电流如图 2.20 所示，任意时刻三相电流和为零，即 $i_{a}+i_{b}+i_{c}=0$。

根据交流电流波形的峰值点绘制包络线，并在上下包络线之间画出体现波形稳定性的点划线[2]。因此，从数学角度上讲，电流可以分成两部分：单向不对称部分和与电网同频率变化的对称部分。"不对称"描绘了交流波形相对于零轴的分布情况。

（1）三相短路时的定子电流 一般而言，如果短路发生在发电机的出线端或者靠近出线端的位置，则某相的定子电流波形图如图 2.21 所示。

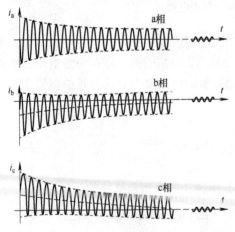

图 2.20　同步发电机出线端发生三相对称短路时的相电流波形

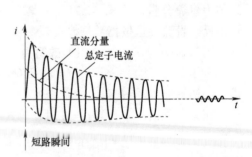

图 2.21　短路发生时的定子电流

当发电机出线端发生短路时，定子电流的波形包含两个分量：

1）交变分量，在前几个周期内交变分量快速衰减，然后在几秒内缓慢衰减直至达到稳态值。

2）直流分量，在几个周期内直流分量呈指数衰减。

电流的交流分量随时间变化，以 a 相为例，图 2.22 为 a 相电流的交流分量，该交流分量关于零轴对称。

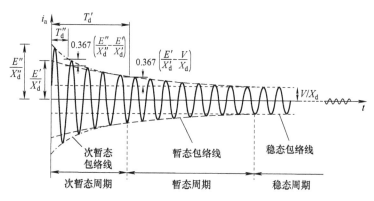

图 2.22　电枢短路电流的交流分量

故障发生后的过程可分为三个时间段：次暂态阶段、暂态阶段和稳态阶段。次暂态阶段持续 1～5 个周期（频率 60Hz），暂态阶段持续 5～200 个周期。通常情况下，如果短路发生在发电机出线端附近，保护系统使发电机脱离电网，所以短路无法持续到稳态。

由图 2.22 所示的包络线可以看出，短路电流呈指数规律衰减。短路电流衰减的原因在于：定子和转子绕组之间的耦合，定子和转子绕组、阻尼绕组及流过感应电流的转子结构与磁极等路径之间的耦合[8]。

在短路情况下，电枢电流有效值是时间 t 的函数，可以写成

$$I_{AC} = \left(\frac{E''}{X_d''} - \frac{E'}{X_d'}\right)\mathrm{e}^{-t/T_d''} + \left(\frac{E'}{X_d'} - \frac{V}{X_d}\right)\mathrm{e}^{-t/T_d'} + \frac{V}{X_d} \tag{2.72}$$

式中，$\left[(E''/X_d'')-(E'/X_d')\right]\mathrm{e}^{-t/T_d''}$ 为次暂态衰减分量；$\left[(E'/X_d')-(V/X_d)\right]\mathrm{e}^{-t/T_d'}$ 为暂态衰减分量；V/X_d 为稳态分量；E'' 和 E' 分别为直轴次暂态电抗 X_d'' 和直轴暂态电抗 X_d' 对应的发电机的内电势；T_d'' 和 T_d' 分别为直轴次暂态电抗 X_d'' 和直轴暂态电抗 X_d' 对应的时间常数。

与短路的三个阶段相对应，图 2.22 所示的电流 i_{AC} 可以分为三个部分：

1）次暂态分量由次暂态包络线与暂态包络线的差值决定，其初始值等于 $(E''/X_d'') - (E'/X_d')$，然后以直轴短路次暂态时间常数 T_d'' 衰减。时间常数 T_d'' 代表次暂态包络线与暂态包络线之间的差达到初始值的 $1/e = 0.367$ 对应的时间。

2）暂态分量由暂态包络线与稳态包络线的差值决定，其初始值等于 $(E'/X_d') - (V/X_d)$，然后以直轴短路暂态时间常数 T_d' 衰减。时间常数 T_d' 代表暂态包络线与稳态包络线之间的差达到初始值的 $1/e = 0.367$ 对应的时间。

3）稳态分量即短路电流的稳态值，等于 V/X_d。

直轴暂态电抗、次暂态电抗以及时间常数可以由短路电流波形图求得[2]。

除非短路发生在电流过零时刻，否则三相短路电流都包含一个与零轴错开且呈指数衰减的直流分量（见图 2.21）。直流分量的初始值取决于短路发生时刻（$t = 0$），最大值（与该相

初始交流分量的峰值一致）出现在次暂态电抗压降为零时。另一方面，如果短路发生在次暂态电抗压降最大时，则不存在直流分量。直流分量以直轴次暂态短路时间常数 T_d'' 衰减[8]。

当考虑短路情况下的直流（不对称）分量和交变分量时，电力系统的分析涉及庞大的计算工作。为了简化计算，通常情况下忽略或者单独处理直流分量[1]。

考虑到定子电压方程式（2.39aa）和式（2.39ab）中的磁链不随时间变化 $(\mathrm{d}\psi_d/\mathrm{d}t = 0,\ \mathrm{d}\psi_q/\mathrm{d}t = 0)$，可以忽略电枢电流中直流分量的影响。式中 $\mathrm{d}\psi/\mathrm{d}t$ 项称为变压器电势，表示定子暂态特性。在稳态情况下，变压器电压为零；一旦发生故障，其值立即增加。

（2）三相短路时的励磁电流　当短路发生在同步发电机的出线端时，转子磁通或者励磁电流都会受到影响。假定励磁电压恒定，励磁电流随时间变化曲线如图 2.23 所示。

在短路发生后，沿着励磁电流振荡曲线的极值画出包络线，并画出上下两条包络线之间的中线。励磁电流可以分为

1）交变分量，短路发生后瞬间达到最大，然后以阻尼振荡式衰减；通常可以认为大约 $4T_a$ 后开始衰减（ T_a 为电枢短路时间常数）；

2）单向分量，其初始值等于稳定值 i_{f0}，短路发生瞬间单向分量迅速增加，然后沿虚线最终恢复到稳定值。

上述有关同步发电机短路特性的分析建立在励磁电压恒定的基础上，实际上，自动电压调节器（AVR）会立即动作，使出线端电压回归到预设值。在某些极端条件下（例如短路情况），利用高动态响应电路迫使励磁电压在短时间内达到最大值（即峰值电压），发电机出线端电压可以快速恢复。因此，上述过程将导致短路电流增大。图 2.24 给出了空载情况下三相短路发生后同步发电机定子电流的变化过程，可以明显看到 AVR 对定子电流的影响[8]。

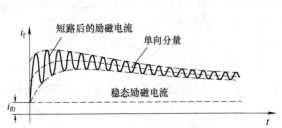

图 2.23　出线端发生三相短路时同步发电机的励磁电流　　　图 2.24　空载运行的发电机出线端发生三相短路时电压调节器（AVR）的影响

（3）负载情况下三相对称故障电流的处理方法　在实际中，发电机运行时最有可能遇到的故障就是出线端短路故障。下面介绍两种处理三相对称故障电流的方法[9]：

1）用内电抗压降描述同步发电机。在短路发生后，动态过程的不同阶段（次暂态、暂态以及稳态）的电压可由下列等式计算：

$$\dot{E}'' = \dot{V} + \mathrm{j}X_d''\dot{I}_g$$

$$\dot{E}' = \dot{V} + \mathrm{j}X_d'\dot{I}_g$$

$$\dot{E} = \dot{V} + \mathrm{j}X_d\dot{I}_g$$

式中，$\dot{E}''$、$\dot{E}'$ 和 $\dot{E}$ 分别为次暂态、暂态和稳态电压；X_d''、X_d' 和 X_d 分别为次暂态、暂态和稳态电抗；$\dot{V}$ 为出线端电压；$\dot{I}_g$ 为故障前发电机输出的负载电流。

2）应用戴维南定理和叠加定理。利用戴维南定理，可以计算空载时故障点的电压 $\dot{V}_{\mathrm{Th}}$ 和从故障点看进去的等效阻抗 $\dot{Z}_{\mathrm{Th}}$，两者之比即为故障电流，即 $\dot{I}_{\mathrm{fault}} = \dot{V}_{\mathrm{Th}} / \dot{Z}_{\mathrm{Th}}$。总电流等于故障电流 $\dot{I}_{\mathrm{fault}}$ 与负载电流 $\dot{I}_g$ 之和。

为了利用计算机程序模拟短路电流，需要建立数学模型，建立模型时需要做出如下假定：

3）利用电压源和阻抗组成的等效电路模拟发电机，阻抗和电源的选取需考虑故障发生后的最坏情况。

4）忽略发电机负载与速度变化的影响，并假定励磁恒定。

3. 故障时同步发电机的等效电路

用 d 轴和 q 轴等效电路描述凸极同步发电机短路故障有助于推导短路电流方程，模拟图 2.23 所示的交变分量的衰减过程。次暂态、暂态以及稳态的等效电路如图 2.25 所示。

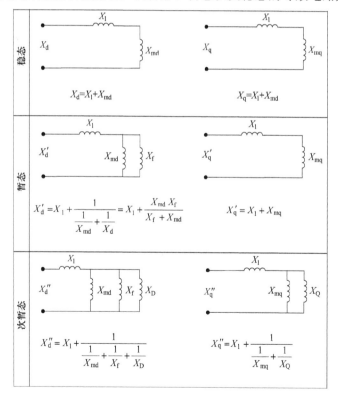

图 2.25　发生端部故障后同步发电机次暂态、暂态以及稳态等效电路

在扰动作用期间，同步发电机的电抗会发生变化，下面给出主要电抗的定义：

1）漏电抗 X_1：电枢漏电抗是用来表征没有穿过气隙与转子绕组交链的部分电枢磁通的参数。漏磁通由绕组端部漏磁通、槽漏磁通以及齿尖漏磁通组成。

2）次暂态电抗 X''_d：次暂态电抗与次暂态阶段相对应，次暂态电抗由漏磁电抗和电枢反应磁通穿过气隙达到转子侧的情况决定。

3）暂态电抗 X'_d：暂态电抗与暂态阶段相对应，在几个周期内（与次暂态时间有关），阻尼绕组电流与转子表面电流衰减至零。暂态电抗由漏磁通及透过转子与励磁绕组交链的电枢磁通决定。

4）同步电抗 X_d：同步电抗决定稳态电流。如果发生短路，当励磁绕组与阻尼电路的电流全部衰减后可以确定同步电抗。因此，同步电抗等于漏电抗与远大于漏电抗的虚拟交互电抗 X_{md} 之和。磁心饱和程度影响同步电抗的大小。在恒定励磁条件下，忽略电枢电阻的影响，饱和同步电抗等于开路实测电压与短路实测电枢电流的之比。不饱和同步电抗等于开路实测电压与短路实测电枢电流的之比（见图 2.32）。饱和同步电抗约占不饱和同步电抗的 60%～80%。

5）交轴电抗（X''_q、X'_q 和 X_q）：交轴电抗主要用于凸极发电机，因为要考虑凸极电机转子侧布置励磁绕组的结构特殊性。与隐极发电机不同，凸极发电机中磁密曲线峰值与磁动势密度曲线峰值相位不一致。

2.1.4 同步发电机参数

在 2.1.3 节同步发电机方程中使用的定子和转子电路的电感和电阻可视为基本参数。这些参数用来指代图 2.13a、b 和图 2.14a～c 中 d 轴和 q 轴等效电路的参数。为了表达紧凑清晰，用矢量形式表示这些参数，如下所示：

$$\theta_{EC} = [R_{fd}, R_D, R_Q, L_{fd}, L_D, L_Q, L_1, L_{md}, L_{mq}, L_{fD}, N_{afd}] \tag{2.73}$$

需要指出的是，上述矢量的最后一个参数 N_{afd} 为电枢绕组和励磁绕组的匝数比。这一参数反应了励磁绕组相关的变量（电压、电流、电阻和电感）的实际值与图 2.14 所示的相对于定子绕组的折算值之间的关系。式（2.73）中的某些参数，例如 N_{afd} 和漏感 L_1，不能根据同步发电机的实测响应唯一确定，只能在合适的测量条件下从输出端考察发电机的运行特性，从而获取派生参数[10]。

2.1.4.1 运行参数

通常，与定子和转子端物理量相关的运行参数决定了同步发电机的运行特性。

应用 $d\text{-}q$ 坐标变换，可以将发电机分解为两个独立的电网络，这两个网络分别是代表从发电机转子看去的 d 轴和 q 轴。在 d 轴网络所代表的结构中，电流产生磁通交链励磁绕组，在 q 轴网络所代表的结构中，电流所产生的磁通不交链励磁绕组。

图 2.26a 和图 2.26b 给出了两种电网络的示意图[11]。

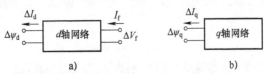

图 2.26 带有端口变量的 d 轴和 q 轴网络

d 轴网络有两个端口（终端对数）：励磁绕组端口的端部变量包括励磁电压 V_f 和励磁电流 I_f，d 轴线圈端口的端部变量包括磁链 ψ_d 和 d 轴电流 I_d。q 轴网络只有一个端口，端部变量包括励磁磁通 ψ_q 和电流 I_q。

经过 d-q 旋转坐标变换后，可以得到下列包含耦合的方程，该方程也可用于计算静止坐标系下电枢绕组的电压和电流：

$$V_d = -RI_d - \omega_r \psi_q + \frac{\mathrm{d}\psi_d}{\mathrm{d}t} \tag{2.39aa}$$

$$V_q = -RI_q + \omega_r \psi_d + \frac{\mathrm{d}\psi_q}{\mathrm{d}t} \tag{2.39ab}$$

耦合体现在运动电势 $\omega_r \psi_d$ 和 $\omega_r \psi_q$ 上。当定义 d 轴和 q 轴网络时，电枢电阻 R 被移出电网络。

假定可以用由线性电感和电阻组成的集总单元网络建立 d 轴和 q 轴的网络模型，这一模型适用于研究发电机在某些工作点附近摄动运行的情况。

图 2.27 所示的同步发电机 d 轴和 q 轴等效电路广泛用于稳态分析中。利用漏电感描述定子模型，利用励磁绕组和 1 个 d 轴阻尼绕组以及 1～2 个 q 轴阻尼绕组描述转子模型。定子与转子间的耦合则由互感 L_{md} 和 L_{mq} 表示。

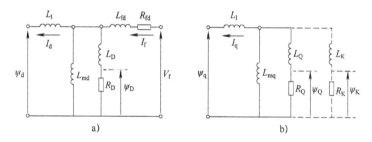

图 2.27　常用模型结构[1,10,11]

假定图 2.27 所描述的互感 L_{fD} 和 L_{md}（见图 2.11）相等，即 $L_{fD} - L_{md} = 0$。在这种条件下，d 轴的动态磁链方程式（2.50）、式（2.53）和式（2.54）可改写成[1]：

$$\psi_d(s) = -L_d I_d(s) + L_{md} I_f(s) + L_{md} I_D(s) \tag{2.74}$$

$$\psi_f(s) = -L_{md} I_d(s) + L_f I_f(s) + L_{md} I_D(s) \tag{2.75}$$

$$\psi_D(s) = -L_{md} I_d(s) + L_{md} I_f(s) + L_{1D} I_D(s) \tag{2.76}$$

d 轴网络含有两个端口，而 q 轴网络只有一个端口，这一事实非常重要[11]。

对于 q 轴等效电路的线性无源双端子网络（见图 2.27b），有下面的等式：

$$s\psi_q(s) = -Z_q(s)I_q \tag{2.77}$$

式中，$Z_q(s)$ 为 q 轴网络的输入阻抗：

$$Z_q(s) = sL_1 + \frac{sL_{mq}(R_Q + sL_Q)}{R_Q + s(L_{mq} + L_Q)} \tag{2.78}$$

q 轴只有一个阻尼绕组 Q。

因此，我们可以推出通用表达式：

$$\psi_q(s) = -L_q(s)I_q \tag{2.79}$$

式中，$L_q(s)$ 为所谓的 q 轴动态电感。

让我们考虑图 2.27a 中由两个输入 V_f、I_f 和两个输出 $s\psi_d$、I_d 组成的 d 轴网络的线性无源部分。

利用动态电抗列写四端子电网络方程：

$$\begin{bmatrix} s\psi_d(s) \\ V_f \end{bmatrix} = \begin{bmatrix} \dot{Z}_{11}(s) & \dot{Z}_{12}(s) \\ \dot{Z}_{21}(s) & \dot{Z}_{22}(s) \end{bmatrix} \begin{bmatrix} -I_d \\ I_f \end{bmatrix} \tag{2.80}$$

由于四端子电网络具有对称性，所以

$$\dot{Z}_{12}(s) = \dot{Z}_{21}(s) \tag{2.81}$$

需要指出的是，需要三个参数才能确定 d 轴网络的特性，三个参数分别为 $\dot{Z}_{11}(s)$、$\dot{Z}_{12}(s)$ 和 $\dot{Z}_{22}(s)$。此外，因为可以构成 T 形结构（见图 2.28），则：

$$\dot{Z}_{11}(s) = \dot{Z}_1(s) + \dot{Z}_3(s)$$
$$\dot{Z}_{22}(s) = \dot{Z}_2(s) + \dot{Z}_3(s) \tag{2.82}$$
$$\dot{Z}_{12}(s) = \dot{Z}_3(s)$$

式中

$$\dot{Z}_1(s) = sL_1; \ \dot{Z}_2(s) = R_{fd} + sL_{fd}; \ \dot{Z}_3(s) = \frac{sL_{md}(R_D + sL_D)}{R_D + s(L_{md} + L_D)} \tag{2.83}$$

我们一般不采用式（2.80），而采用如下的混合形式。混合形式的输入是定子电流的 d 轴分量和励磁电压，输出是定子磁通的 d 轴分量和励磁电流[11]：

$$\begin{bmatrix} \psi_d(s) \\ I_f \end{bmatrix} = \begin{bmatrix} L_d(s) & \dfrac{A(s)}{s} \\ -A(s) & \dfrac{1}{Z_{22}(s)} \end{bmatrix} \begin{bmatrix} -I_d \\ V_f \end{bmatrix} \tag{2-84}$$

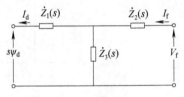

图 2.28 d 轴线性无源对称四端子 T 形网络

式中

$$L_d(s) \triangleq \frac{Z_{11}(s)Z_{22}(s) - Z_{12}^2(s)}{sZ_{22}(s)} \tag{2.85}$$

$$A(s) \triangleq \frac{Z_{12}(s)}{Z_{22}(s)} \tag{2.86}$$

推导 d 轴网络所使用的两个参数是 $L_d(s)$ 和 $A(s)$。对于等式（2.84），$A(s)$ 是感应励磁电流与 d 轴电枢电流（励磁绕组短路）的比值，$L_d(s)$ 为 d 轴动态电感。

因此，图 2.26 所示的端部变量满足：

$$\psi_d(s) = A(s)V_f(s) - L_d(s)I_d(s) \tag{2.87}$$
$$\psi_q(s) = -L_q(s)I_q \tag{2.79}$$

式中，$A(s)$ 为从定子到励磁侧的动态传递函数；$L_d(s)$ 为 d 轴动态电感；$L_q(s)$ 为 q 轴动态电感。

考虑到方程式（2.82）和式（2.83）以及式（2.85）和式（2.86），结合图 2.27a 的电路参量，得到两个 d 轴动态传递函数 $L_d(s)$ 和 $A(s)$ 的表达式如下[1]：

$$L_d(s) = L_d \frac{1 + (T_4 + T_5)s + T_4 T_6 s^2}{1 + (T_1 + T_2)s + T_1 T_3 s^2} \tag{2.88}$$

$$A(s) = A_0 \frac{1 + sT_{kd}}{1 + (T_1 + T_2)s + T_1 T_3 s^2} \tag{2.89}$$

式中

$$A_0 = \frac{L_{md}}{R_{fd}} \tag{2.90a}$$

$$T_{kd} = \frac{L_D}{R_D} \tag{2.90b}$$

$$T_1 = \frac{L_{md} + L_{fd}}{R_{fd}} \tag{2.91a}$$

$$T_2 = \frac{L_{md} + L_D}{R_D} \tag{2.91b}$$

$$T_3 = \frac{1}{R_D}\left(L_D + \frac{L_{md}L_{fd}}{L_{md} + L_{fd}}\right) \tag{2.91c}$$

$$T_4 = \frac{1}{R_{fd}}\left(L_{fd} + \frac{L_{md}L_1}{L_{md} + L_1}\right) \tag{2.91d}$$

$$T_5 = \frac{1}{R_D}\left(L_D + \frac{L_{md}L_1}{L_{md} + L_1}\right) \tag{2.91e}$$

$$T_6 = \frac{1}{R_D}\left(L_D + \frac{L_{md}L_{fd}L_1}{L_{md}L_{fd} + L_{md}L_1 + L_{fd}L_1}\right) \tag{2.91f}$$

需要注意的是，$L_d(s)$ 的分子与分母都是关于 s 的二次多项式。因此，分子分母各含两个实数根。由于等效电路中含有阻感支路，这些根应与时间常数有关。根据方程（2.88）和（2.89）可以得到更为常用的传递函数（因式分解形式）[1,12]：

$$L_d(s) = L_d \frac{(1 + sT_d')(1 + sT_d'')}{(1 + sT_{d0}')(1 + sT_{d0}'')} \tag{2.88a}$$

$$A(s) = \frac{L_{md}}{R_{fd}} \frac{1 + sT_{kd}}{(1 + sT_{d0}')(1 + sT_{d0}'')} \tag{2.89a}$$

考虑 d 轴与 q 轴等效电路的相似性，可以直接写出 q 轴动态电感的表达式：

$$L_q(s) = L_q \frac{(1 + sT_q')(1 + sT_q'')}{(1 + sT_{q0}')(1 + sT_{q0}'')} \tag{2.92}$$

图 2.27a 和 b 所示的模型与方程式（2.88a）、式（2.89a）和式（2.92）含有同样的三个电感和一个电阻，这些参数描绘了电机的稳态运行特性[10]：

1）L_1 是电枢漏电感：一般由制造商在设计阶段计算，在实际操作中，没有标准的测试方法测定其值（IEEE Std.115-1995）。

2）$L_d = L_{md}+L_1$，直轴同步电感：通过开路测试（IEEE Std.115-1995,10.3）和连续或稳态短路测试确定。

3）$L_q = L_{mq}+L_1$，交轴同步电感：通过转差实验（IEEE Std.115-1995,10.4.2）确定。

4）R_{fd} 是折算到定子侧的励磁电阻。

方程（2.73）中的参数矢量 θ_{EC} 的剩余参数，或 θ_{OI}（表示折算到定子侧等效电路中的动态电感），可以通过动态实验确定，具体信息可查阅 IEEE Std.1110-2002（7.2.2 节与 7.3 节）。Canay[13]介绍了一种解析方法，给出等效电路，可以计算任意阻尼绕组配置下的输入端动态电感 $L_d(s)$ 或 $L_q(s)$。

2.1.4.2　标准参数

标准参数用来表示同步电机的电气特性，主要包括从电机出线端看去的有效电感或电抗。电气特征还可以反应电机暂态与次暂态的运行情况，相应的时间常数决定了电压和电流的衰减速度。可以根据动态参数 $L_d(s)$、$L_q(s)$ 和 $A(s)$ 的表达式求取标准参数[1]。

1．d 轴时间常数的新公式

令方程式（2.88）和式（2.88a）的分子、分母分别相等可以确定同步电机的时间常数 T'_{d0}、T''_{d0}、T'_d 以及 T''_d，表达式如下：

$$(1+sT'_{d0})(1+sT''_{d0}) = 1+(T_1+T_2)s+T_1T_3s^2 \tag{2.93}$$

$$(1+sT'_d)(1+sT''_d) = 1+(T_4+T_5)s+T_4T_6s^2 \tag{2.94}$$

通过对方程式（2.93）和式（2.94）左右几项适当地整理，新地时间常数与 $T_1 \sim T_6$ 有关，具体表达式如下[1]：

$$\begin{array}{ll} T'_{d0}T''_{d0} = T_1T_3 & T'_dT''_d = T_4T_6 \\ T'_{d0}+T''_{d0} = T_1+T_2 & T'_d+T''_d = T_4+T_5 \end{array} \tag{2.95}$$

新的时间常数以及发电机的其他典型参数也可以通过适当的实验测试与获取[12]。利用式（2.95）中的 4 个方程得到的时间常数的表达式比较复杂。

为了简化方程式（2.93）和式（2.94）的求解过程，考虑到实际中 $R_D >> R_{fd}$，因此基于方程式（2.91a）～方程式（2.91f）可以得到下列不等式：

$$\begin{array}{ll} T_4 >> T_5; & T_1 >> T_2 \\ T_4 >> T_6; & T_1 >> T_3 \end{array} \tag{2.96}$$

因此，方程式（2.93）和方程式（2.94）的右边可以近似写成

$$1+(T_1+T_2)s+T_1T_3s^2 \approx (1+sT_1)(1+sT_3) \tag{2.97a}$$

$$1+(T_4+T_5)s+T_4T_6s^2 \approx (1+sT_4)(1+sT_6) \tag{2.97b}$$

比较等式（2.97a）式（2.97b）的右端项与 $I_d(s)$ 的分母和分子，可以得到下面结果[2]：

$$T'_{d0} \approx T_1; \quad T''_{d0} \approx T_3; \quad T'_d \approx T_4; \quad T''_d \approx T_6 \tag{2.98}$$

等式（2.91）中的参数 $T_1 \sim T_6$ 也可用标幺值（或者弧度）形式表示。将它们除以 $\omega_0 = 2\pi f$，则将单位转化为 s。

开路时间常数是指定子侧没有施加负载（$\Delta I_d = 0$）时的时间常数。因此，考虑到等式

（2.89a），式（2.87）中 d 轴磁链增量可写为[1]

$$\Delta\psi_d(s) = \frac{L_{md}}{R_{fd}} \frac{1+sT_{kd}}{(1+sT'_{d0})(1+sT''_{d0})} \Delta V_f \tag{2.99}$$

等式（2.99）表明，在开路情况下，励磁电压变化所导致的 d 轴定子磁通的瞬时响应取决于时间常数 T'_{d0} 和 T''_{d0}。考虑到 $R_D \gg R_{fd}$，则 $T_1 \gg T_3$ 以及 $T'_{d0} \gg T''_{d0}$。

同步电机的时间常数包括[7]：

1）d 轴开路次暂态时间常数 T''_{d0}：描绘了定子绕组开路时同步电机 d 轴变量在暂态过程中的初始衰减特性，这个时间常数特指扰动作用后的极短时间。在这段时间内，扰动对阻尼绕组的影响稍大，扰动对励磁绕组电阻的影响较小。

2）d 轴开路暂态时间常数 T'_{d0}：描绘了定子绕组开路时同步电机 d 轴变量的暂态衰减特性，这一过程介于次暂态和稳态之间。在这段时间内，忽略扰动对阻尼绕组的全部影响。

3）次暂态短路时间常数 T''_d：描绘了发电机发生三相端部短路时定子电流次暂态分量的衰减速度。

4）暂态短路时间常数 T'_d：描绘了发电机发生三相端部短路时定子电流暂态分量的衰减速度。

5）电枢时间常数 T_{ar}：描绘了发电机发生三相端部短路时定子电流直流分量的衰减速度。

2. 暂态、次暂态和同步电感

除了 T'_{d0}、T''_{d0}、T'_d 和 T''_d 几个时间常数之外，利用 d 轴和 q 轴动态电感 $L_d(s)$ 和 $L_q(s)$ 还可以确定其他典型参数。

假定次暂态过程中 $R_{fd} = R_D = 0$，暂态过程中 $R_D = R_K = \infty$，则次暂态、暂态和稳态电感 $L_d(s)$ 可以确定[1]。

在稳态时，$s = 0$，等式（2.88a）中的 d 轴动态电感可写为

$$L_d(0) = L_d \tag{2-100}$$

突变情况下，令 $s \to \infty$，$L_d(s)$ 趋向于：

$$L(\infty) = L''_d = L_d \frac{T'_d T''_d}{T'_{d0} T''_{d0}} \tag{2-101}$$

如果忽略阻尼绕组，可以得到 d 轴暂态电感：

$$L(\infty) = L'_d = L_d \frac{T'_d}{T'_{d0}} \tag{2-102}$$

将等式（2.91）和式（2.98）中的时间常数带入等式（2.101）和式（2.102）中，可以得到

$$L''_d = L_1 + \frac{L_{md}L_{fd}L_D}{L_{md}L_{fd} + L_{md}L_D + L_{fd}L_D} \tag{2.101a}$$

$$L'_d = L_1 + \frac{L_{md}L_{fd}}{L_{md} + L_{fd}} \tag{2.102a}$$

根据恒磁链定律，我们可以假定转子磁链不随扰动而变化，即 $\Delta\psi_f = 0$，$\Delta\psi_D = 0$，图 2.11 所示的 d 轴等效电路可以变为图 2.29 所示的电路[1]。

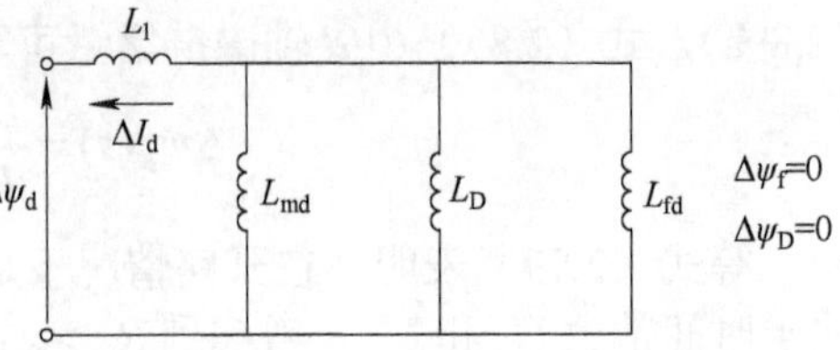

当计算图 2.29 所示电路的等效电感时，我们发现有效电感的表达式与式（2.101a）中 L_d'' 相同。当无阻尼绕组且 $L_D = \infty$ 时，电感又与式（2.102a）的电感 L_d' 形式一致。

基于 d 轴和 q 轴等效电路的相似性，q 轴开路暂态和次暂态时间常数可以按下式计算[1]

图 2.29 扰动作用瞬间增量形式的 d 轴等效电路

$$T_{q0}' = \frac{L_{md} + L_Q}{R_Q} \tag{2.103}$$

$$T_{q0}'' = \frac{1}{R_K}\left(L_K + \frac{L_{mq} L_Q}{L_{mq} + L_Q} \right) \tag{2.104}$$

式中，$L_Q = (L_{1Q} - L_{mq})$ 为阻尼绕组的 q 轴电感；$L_K = (L_{2K} - L_{mq})$ 为第二个阻尼绕组的 q 轴电感；R_K 为第二个阻尼绕组的电阻。

q 轴暂态和次暂态电感可按下述公式计算：

$$L_q'' = L_1 + \frac{L_{mq} L_Q L_K}{L_{mq} L_Q + L_{mq} L_K + L_Q L_K} \tag{2.105}$$

$$L_q' = L_1 + \frac{L_{mq} L_Q}{L_{mq} + L_Q} \tag{2.106}$$

在稳态时，$s = 0$，q 轴动态电感 $L_q(s)$ 可写为

$$L_q(0) = L_q \tag{2.107}$$

需要注意的是，T_{d0}' 和 T_{d0}'' 的精确值由 $L_d(s)$ 的极点确定，而 T_d' 和 T_d'' 的精确值由 $L_d(s)$ 的零点确定。标准参数的精确值和近似值如表 2.1 所示，这些公式适用于图 2.27 给出的等效电路所代表的同步电机模型，即考虑两个转子侧电路，且认为每轴间互感相等[1]。

表 2.1 同步电机标准参数的计算公式

参数	T_{d0}'	T_d''	T_{d0}''	T_d''	L_d'	L_d''
传统表示	T_1	T_4	T_3	T_6	$L_d\left(\dfrac{T_4}{T_1}\right)$	$L_d\left(\dfrac{T_4 T_6}{T_1 T_3}\right)$
精确表示	$T_1 + T_2$	$T_4 + T_5$	$T_3\left(\dfrac{T_1}{T_1 + T_2}\right)$	$T_6\left(\dfrac{T_4}{T_4 + T_5}\right)$	$L_d\left(\dfrac{T_4 + T_5}{T_1 + T_2}\right)$	$L_d\left(\dfrac{T_4 T_6}{T_1 T_3}\right)$

表 2.1 中 $T_1 \sim T_6$ 可以参考式（2.91a）~式（2.91f）来计算。

注意：

1）相似的表达式也适用于 q 轴参数计算；

2）所有参数用标幺值表示，假定所有 d 轴互感均相等；

3）将表 2.1 给出的标幺值除以 $\omega_0 = 2\pi f$ 得到以 s 为单位的时间常数。

3. 互感不等的影响

在上述参数推导过程中，我们假定 d 轴互感相等。然而，在实际情况中励磁绕组和阻尼绕组间的互感或许不同。电枢变量的计算精度不受影响，但励磁电流的计算误差会较大[1]。

考虑互感不等时，可以在 d 轴等效电路中增加一个串联电感 L_{p1}，如图 2.30 所示[14]。这个串联电感由两个互感之差决定，即 $L_{p1} = L_{fD} - L_{md}$。因此，串联电感也称为微分漏感，对应仅仅匝链励磁绕组和阻尼绕组的外围漏磁通（ϕ_{p1}）。这里，互感 L_{fD} 对应匝链励磁绕组和等效转子铁心磁路（或转子阻尼条回路）的磁通，互感 L_{md} 对应匝链励磁绕组和定子回路的磁通[1]。

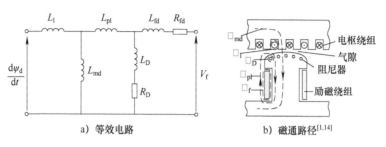

a) 等效电路 　　　　 b) 磁通路径[1,14]

图 2.30 　 d 轴互感不等的影响

再次假定在次暂态过程中 $R_{fd} = 0$，在暂态过程中 $R_D = \infty$，则标准参数变为

$$
\left\|
\begin{aligned}
&L_d = L_{md} + L_1 \\
&L_d' = L_1 + \frac{1}{(1/L_{md}) + 1/(L_{fd} + L_{p1})} = L_1 + \frac{L_{md}(L_{fd} + L_{p1})}{L_{md} + L_{fd} + L_{p1}} \\
&L_d'' = L_1 + \frac{L_D L_{fd} L_{md} + L_D L_{p1} L_{md} + L_{md} L_{fd} L_{p1}}{L_{md} L_{fd} + L_{md} L_D + L_D L_{fd} + L_D L_{p1} + L_{fd} L_{p1}}
\end{aligned}
\right.
\tag{2.107}
$$

$$
\left\|
\begin{aligned}
&T_{d0}' = \frac{L_{md} + L_{fd} + L_{p1}}{R_{fd}} \\
&T_{d0}'' = \frac{1}{R_D}\left(L_D + \frac{L_{fd}(L_{md} + L_{p1})}{L_{p1} + L_{fd} + L_{md}}\right) \\
&T_d' = \frac{1}{R_{fd}}\left(L_{fd} + L_{p1} + \frac{L_{md} L_1}{L_{md} + L_1}\right) \\
&T_d'' = \frac{1}{R_D}\left(L_D + \frac{L_{md} L_{p1} L_{fd} + L_1 L_{fd} L_{md} + L_1 L_{fd} L_{p1}}{L_{fd} L_{md} + L_{fd} L_1 + L_{p1} L_{md} + L_{p1} L_1 + L_{md} L_1}\right)
\end{aligned}
\right.
\tag{2.108}
$$

方程式（2.107）和方程式（2.108）是基于参数的传统定义近似得到的[1]。

4. 凸极电机参数

上文推导时，假设每个轴上都有两个转子电路，所以获得的标准参数表达式只适用于涡流发电机（隐极电机）。在通常情况下，水轮发电机（凸极电机）模型中只存在一个 q 轴阻尼电路，即 Q 电路。由于阻尼电路只与次暂态过程相关，因此这类电机中的暂态参数 L_d'（或 X_q'）和 T_{q0}' 无需说明。因此，凸极机的 q 轴参数表达式为[1]：

$$\left|\begin{array}{l} L_q = L_1 + L_{mq} \\[2mm] L_q'' = L_1 + \dfrac{L_{mq} L_Q}{L_{mq} + L_Q} \\[3mm] T_{q0}'' = \dfrac{L_{mq} + L_Q}{R_Q} \end{array}\right.$$ (2.109)

凸极电机与隐极电机中励磁绕组和阻尼绕组的 d 轴电路模型相同，所以前面推导的 d 轴表达式依然适用于凸极电机。

在标幺制中，阻抗值与其对应的电感值相等。因此，实际上通常将同步电机的参数归结为电抗。凸极电机与隐极电机的主要参数见表 2.2。阻抗标幺值的基值选为电机的额定值[15]。

表 2.2　同步发电机的典型参数值

参数			圆形转子发电机			凸极发电机	
			空气冷却	氢冷	氢/水冷	4 极	多极
同步电机	X_d	pu	2.0～2.8	2.1～2.4	2.1～2.6	1.75～3.0	1.4～1.9
	X_q	pu	1.8～2.7	1.9～2.4	2.0～2.5	0.9～1.5	0.8～1.0
暂态电抗	X_d'	pu	0.2～0.3	0.27～0.33	0.3～0.36	0.26～0.35	0.24～0.4
	X_q'	pu	—	—	—	0.3～1.0	
次暂态电抗	X_d''	pu	0.15～0.23	0.19～0.23	0.21～0.27	0.19～0.25	0.16～0.25
	X_q''	pu	0.16～0.25	0.19～0.23	0.21～0.28	0.19～0.35	0.18～0.24
暂态时间常数	T_d'	s	0.6～1.3	0.7～1.0	0.72～1.0	0.4～1.1	0.25～1
次暂态时间常数	T_d''	s	0.013～0.022	0.017～0.025	0.022～0.03	0.02～0.04	0.02～0.06
	T_q''	s	0.013～0.022	0.018～0.027	0.02～0.03	0.025～0.04	0.025～0.08
暂态开路时间常数	T_{d0}'	s	6～12	6～10	6～9.5	3～9	1.7～4.0
	T_{q0}'	s	—	—	—	0.5～2.0	
次暂态开路时间常数	T_{d0}''	s	0.018～0.03	0.025～0.032	0.025～0.035	0.035～0.06	0.03～0.1
	T_{q0}''	s	0.026～0.045	0.03—0.05	0.04—0.065	0.13～0.2	0.1～0.35
定子漏电抗	X_1	pu		0.1～0.2		0.1～0.2	
定子电阻	R_a	pu		0.002～0.02		0.0015～0.005	

注：工作在不饱和状态。

分析表 2.1 中的电机参数表达式，并由式（2.90a）和（2.90b）以及式（2.91a）～（2.91f）我们可以推断出[1]：

$$X_d \geqslant X_q > X_q' \geqslant X_d' > X_q'' > X_d''$$ (2.110)

$$T_{d0}' > T_d' > T_{d0}'' > T_d'' > T_{kd}$$
$$T_{q0}' > T_q' > T_{q0}'' > T_q''$$ (2.111)

由于短路时电枢电流中存在直流分量，所以电枢时间常数 T_{ar} 与电机的次暂态情况有关，它受次暂态电感 L_d'' 和 L_d' 的影响，用标幺值表示，电枢时间常数的计算公式为

$$T_{\mathrm{ar}} = \frac{1}{R_{\mathrm{a}}}\left(\frac{L_{\mathrm{d}}'' + L_{\mathrm{q}}''}{2}\right) \qquad (2.112)$$

电枢时间常数通常在 0.03～0.35s 之间。

获取同步电机参数的传统方法是在空载情况下进行短路测试，IEEE Std.115-1995 给出了具体的测试步骤[10]。测试参数包括 X_{d}、X_{q}、X_{d}'、X_{d}''、T_{d0}'、T_{d0}''、T_{d}' 和 T_{d}''，然而并不涉及 q 轴暂态和次暂态参数，也没有体现短路状态下励磁电路的测试以及励磁电路参数的辨识。

建立更准确的模型还可以用到其他的测试和分析方法，包括增强短路测试[16,17]、定子衰减测试[17-19]、频率响应测试[20-24]，更多的内容读者可以参考文献[1,10]。

2.1.5　磁路饱和

推导同步发电机基本方程和分析电机特性时忽略了定子和转子的饱和效应。然而，对于铁磁回路，饱和将引起许多非线性问题。因此，通常对于带有气隙的磁路，例如，同步发电机，磁通回路包含铁磁物质和气隙，磁链 ψ 和磁动势 v_{m} 的相互关系，如图 2.31 所示。

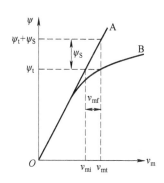

图 2.31　铁磁回路中磁链和磁动势的关系曲线

不饱和时，磁链和磁动势间的关系如直线 OA 所示，称之为气隙线或气隙特性，反映了克服气隙磁阻所需的励磁电流（或 mmf）。此时，磁路的磁阻主要由气隙磁阻决定。

实际上，磁动势越大，磁路越饱和。ψ-v_{m} 特性曲线从气隙线过渡到饱和曲线 OB。因此，为了获得所要求的总磁通 ψ_{t}，磁动势 v_{mt} 必须包括两部分：一部分对应气隙线的磁动势 v_{mi}，另一部分是对应铁心磁阻的 v_{mf}，即 $v_{\mathrm{mt}} = v_{\mathrm{mi}} + v_{\mathrm{mf}}$。

考虑上述内容后，可用饱和系数 K_{S} 衡量定子和转子铁心的饱和程度。饱和系数等于不饱和情况与饱和情况下获得所要求总磁通 ψ_{t} 所需的磁动势之比。因此，利用图 2.31 并根据三角形相似法则，可以得到

$$K_{\mathrm{S}} = \frac{v_{\mathrm{mi}}}{v_{\mathrm{mi}} + v_{\mathrm{mf}}} = \frac{\psi_{\mathrm{t}}}{\psi_{\mathrm{t}} + \psi_{\mathrm{S}}} = \frac{1}{1 + (\psi_{\mathrm{S}}/\psi_{\mathrm{t}})} = \frac{1}{1 + S} \qquad (2.113)$$

式中，S 是铁心饱和函数 $S = \psi_{\mathrm{S}}/\psi_{\mathrm{t}}$。

忽略磁路饱和，磁链与磁动势以及励磁电流间呈线性关系，这使得同步发电机分析与计算的工作量大大减少。相反，如果考虑铁心饱和以及大量的非线性，电力系统暂态分析会异常复杂。在这种情况下，从动态分析的角度来看，由于缺少合适的信息，无法充分表征同步电机的饱和特性。因此，实际中往往采用近似的方法描述磁饱和问题[1,25,26]。

2.1.5.1　开路特性与短路特性

对于同步发电机，利用实验测量的方法获得开路和短路特性曲线，基于这些曲线可以评价磁路饱和情况以及饱和对电机性价比的影响。

1）开路特性（OCC）是指在空载及额定转速条件下端电压 v 和励磁电流 I_{f} 之间的关系

曲线。空载条件下电枢电流为零，即 $I_d = I_q = 0$。根据同步发电机的基本方程可知

$$\psi_q = 0; \qquad v_d = 0$$
$$\psi_d = L_{md}I_f; \qquad v = v_q = E_f = X_{md}I_f \qquad (2.114)$$

式中，角速度用标幺值表示，即 $\omega_r = 1$。那么，磁链 ψ_d 与端电压 v 的标幺值相等。因此，开路特性既可看作端电压随励磁电流变化的曲线，又可看作磁链随励磁电流变化的曲线。

典型的开路特性如图 2.32 所示。可以看出，当端电压的标幺值小于 0.8 时，实际上不存在饱和，开路特性与气隙线一致，表明了克服气隙磁阻所需要的励磁电流。

但是，当端电压的标幺值大于 0.8 时，磁路趋于饱和，开路特性曲线偏离气隙线。开路时的等式（2.114）表明，开路特性的偏离程度反映出同步发电机 d 轴的饱和程度。

2）短路特性（SCC）是指发电机在额定频率稳态运行且电枢绕组端部短路的情况下，短路电流和励磁电流 I_f 之间的关系曲线，如图 2.32 所示。由于电枢反应的去磁效应，发电机工作在非饱和或低饱和区，所以 SCC 为一条直线[1]。

在短路条件下，如果忽略定子电阻（R），端电压为零，即 $v_d = v_q = 0$。由同步发电机的稳态方程可知感应电动势为

$$E_f = X_d I_{SC} \qquad (2.115)$$

因此，非饱和 d 轴同步电抗 $X_d = E_f / I_{SC}$ 恒为常数。

显然，如果出现饱和，比值（E_f / I_{SC}）不为常数，随着励磁电流的增加而减小，如图 2.33 所示。因此，同步发电机 d 轴同步电抗 X_d 不再是独立参数，在不同工作状态下取不同值。

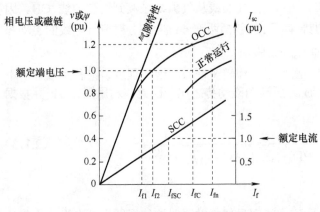

图 2.32 典型的开路特性与短路特性

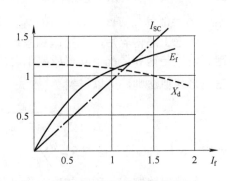

图 2.33 同步电抗的变化

如果不考虑电机凸极效应（$X_d = X_q = X_S$），感应电动势直接与励磁电流密度成正比，则等式（2.115）可以改写成：

$$KI_f = X_S I_{SC} \qquad (2.116)$$

在额定短路状态下，$I_{SC} = 1\text{pu}$，所对应的励磁电流 I_{fSC} 如图 2.32 所示。由等式（2.116）可得

$$KI_{fSC} = 1.0 X_{S,unsat} \qquad (2.117)$$

式中，$X_{S,unsat}$ 为不饱和同步电抗。

另一方面，在空载状态下发电机的端电压标幺值为 1。根据图 2.32，对应于该电压的励磁电流值为 I_{f1}，且在气隙线上，因此，$KI_{f1} = 1$。根据这一等式，由方程式（2.117）可得不饱和同步电抗：

$$X_{S,unsat} = \frac{I_{fSC}}{I_{f1}} \tag{2.118}$$

如果考虑饱和效应，根据图 2.32 所示，为获得标幺值大小为 1 的端电压（额定空载电压），所需的励磁电流值 $I_{f2} > I_{f1}$，则饱和同步电抗为

$$X_{S,sat} = \frac{I_{fSC}}{I_{f2}} < \frac{I_{fSC}}{I_{f1}} = X_{S,unsat} \tag{2.119}$$

总之，若考虑空载运行时非线性特性的影响，发电机正常工况稳态运行稳定性分析中所用到的同步电抗与短路试验中所获得的电抗 X_d 不能完全一致。但是，在上述条件下，X_d 随着励磁电流的增加而减小的特性仍然存在。

通常情况下，发电机同步电抗是指不饱和同步电抗。在稳态稳定性评估或计算功率特性时，这些值至少应减小 20%～30%。

对于具有均匀气隙的隐极发电机，磁路饱和对 d 轴和 q 轴同步电抗的影响几乎相同。对于凸极发电机，沿 q 轴的气隙较大，因此铁磁材料特性对 q 轴同步电抗的影响反而小，实际上 q 轴同步电抗与饱和关系不大。

短路比（SCR）是衡量转子（励磁）和定子安匝数相对强度的指标，它等于额定速度下开路时产生额定定子电压所需的励磁电流与短路时产生额定定子电流所需的励磁电流之比。非饱和短路比由 $SCR = I_{f1}/I_{fSC}$ 求得，是非饱和同步电抗标幺值的倒数。饱和短路比由 I_{f2}/I_{fSC} 求得，与同步电抗标幺值的倒数略有不同，可能会存在微小的偏差。

SCR 指标反映饱和程度，对于评估发电机的性能和成本具有实际意义。因此，饱和程度越低，SCR 值越小，最小值等于不饱和情况下电抗 $X_{S,unsat}$ 的倒数[1]。

2.1.5.2　考虑饱和时的稳定性分析

为了在稳定性分析中考虑磁场饱和的影响，引入式（2.113）所定义的饱和因子 K_s，并将其代入同步发电机的参数计算中。

为建立饱和模型，通常需做以下假设[27]：

1）通常一台电机的饱和数据源自它的开路特性。一般假设发电机负载运行时的 d 轴饱和特性与开路特性相同。在负载情况下，使用开路特性（OCC）时，为了确定工作点需要规定几个磁通等级。某些模型使用全部气隙，还有些模型使用次暂态电抗对应的电压。

2）通常假设隐极电机 d 轴和 q 轴具有相同的饱和特性。然而一些研究表明，隐极电机的 q 轴饱和比 d 轴严重，导致计算转子初始位置角和励磁变量时出现偏差。在理想情况下，考虑饱和的发电机模型中应该允许出现 d 轴和 q 轴的饱和差异。

3）可以用饱和函数描述饱和特性，包括分段直线、指数、非线性曲线和二次曲线，选择哪种对模型的准确性影响很小，通常选择易于实施的方法。

4）用耦合电路反映饱和问题，通常假设漏感与饱和程度无关，并且漏磁对铁心饱和没有太大影响。因此，只有磁化电抗 X_{md} 和 X_{mq} 与饱和相关，且其饱和程度由气隙磁链决定。

考虑饱和时的互感可由下式计算：

$$L_{md} = K_{Sd} L_{md,unsat}$$
$$L_{mq} = K_{Sq} L_{mq,unsat}$$

(2.120)

式中，K_{Sd} 和 K_{Sq} 分别为 d 轴和 q 轴的饱和程度；$L_{md,unsat}$ 与 $L_{mq,unsat}$ 分别为 L_{md} 和 L_{mq} 的不饱和值。

系数 K_{Sd} 可由开路特性（OCC）确定。假定图 2.34a 中开路特性曲线上 a 点为工作点，对应的励磁电流为 $I_{f,a}$，对应的磁通为 ψ_a。

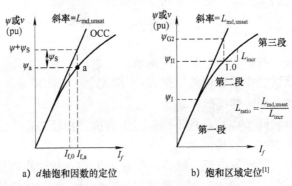

a) d 轴饱和因数的定位   b) 饱和区域定位[1]

图 2.34   用于评估负载运行时电机饱和效应的同步发电机开路特性

利用三角形的相似性，同时考虑等式（2.113）中的考虑饱和因子，则有：

$$K_{Sd} = \frac{\psi_a}{\psi_a + \psi_S} = \frac{I_{f,0}}{I_{f,a}}$$

(2.121)

为确定 q 轴的饱和程度，需要考虑以下问题：

1）对于凸极发电机（水轮发电机），由于 q 轴磁通穿过气隙，q 轴磁路饱和并不明显，因此所有负载情况下可近似认为 $K_{Sq} = 1$。

2）对于隐极发电机（涡轮发电机），q 轴存在磁路饱和，可以根据 q 轴空载饱和特性确定饱和因数 K_{Sq}。既然无法获得 q 轴空载饱和特性（d 轴磁化特性可由空载试验获得），则近似认为 $K_{Sq} = K_{Sd}$，其准确性尚可。这种近似与假设沿转子圆周气隙和磁路磁阻不均匀是等效的。

考虑到上述问题，得出结论：为了反映饱合的影响必须建立一个合适的数学函数，衡量开路特性偏离气隙线的程度。就这一点而言，开路特性可以分为三段部分（见图 2.34b）[1]：

1）第一段：对应于没有发生饱和的阶段，用低于阈值 ψ_I 的磁链值表示，通常取 0.8pu（标幺值）。在这种情况下，磁链为

$$\psi_S - 0$$

(2.122)

2）第二段：对应于磁心局部饱和的阶段，用高于 ψ_I 并低于 ψ_{II} 的磁链值表示。阈值 ψ_{II} 值略高于磁心完全饱和的情况，通常取 1.2pu（标幺值）。在这种情况下，ψ_S 由一个指数函数表示：

$$\psi_S = A_S e^{B_S(\psi_a - \psi_I)}$$

(2.123)

式中，常数 A_S 和 B_k 由第二段的饱和特性确定。当 $\psi_a = \psi_I$ 时，从方程式（2.123）可得

$\psi_\text{S} = A_\text{S}$。因此，这一表达式会导致第一段与第二段的衔接不连续。但是，A_S 通常很小，这一不连续性无关紧要。

3）第三段：对应于磁心完全饱和的阶段，用大于 ψ_II 的磁链值表示。在这种情况下，与气隙线的偏差可表示为

$$\psi_\text{S} = \psi_\text{G2} + L_\text{ratio}\left(\psi_\text{a} - \psi_\text{II}\right) - \psi_\text{a} \tag{2.124}$$

其中，$L_\text{ratio} = L_\text{md,unsat} / L_\text{incr}$，分子为气隙线的斜率，等于不饱和电感 $L_\text{md,unsat}$ 值，分母为开路特性第三部分的增量斜率。

于是，任意同步发电机的饱和特性都可由参数 ψ_I、ψ_II、ψ_G2、A_S、B_S 和 L_ratio 描述。

任意工况下的 K_Sd 可视为气隙磁链的函数，气隙磁链：

$$\psi_\text{a} = \sqrt{\psi_\text{md}^2 + \psi_\text{mq}^2} \tag{2.125}$$

式中，ψ_md 和 ψ_mq 分别为气隙或互感磁链的 d 轴和 q 轴分量，ψ_md 和 ψ_mq 这两部分的值分别为

$$\begin{aligned}\psi_\text{md} &= \psi_\text{d} + L_1 I_\text{d} \\ \psi_\text{mq} &= \psi_\text{q} + L_1 I_\text{q}\end{aligned} \tag{2.126}$$

式中，L_1 为漏电感。

等式（2.126）乘以 ω_r 并考虑定子方程：

$$\begin{aligned}V_\text{d} &= -R I_\text{d} - \omega_\text{r} \psi_\text{q} \\ V_\text{q} &= -R I_\text{q} + \omega_\text{r} \psi_\text{d}\end{aligned}$$

忽略等式（2.39a）和式（2.39b）中的变压器电压 $\mathrm{d}\psi_\text{d}/\mathrm{d}t$ 和 $\mathrm{d}\psi_\text{q}/\mathrm{d}t$，得

$$\begin{aligned}\omega_\text{r} \psi_\text{md} &= \omega_\text{r} \psi_\text{d} + \omega_\text{r} L_1 I_\text{d} = V_\text{q} + R I_\text{q} + \omega_\text{r} L_1 I_\text{d} = V_\text{mq} \\ \omega_\text{r} \psi_\text{mq} &= \omega_\text{r} \psi_\text{q} + \omega_\text{r} L_1 I_\text{q} = -V_\text{d} - R I_\text{d} + \omega_\text{r} L_1 I_\text{q} = -V_\text{md}\end{aligned} \tag{2.127}$$

进一步，有：

$$V_\text{md} + \mathrm{j}V_\text{mq} = V_\text{d} + \mathrm{j}V_\text{q} + R\left(I_\text{d} + \mathrm{j}I_\text{q}\right) + \mathrm{j}\omega_\text{r} L_1\left(I_\text{d} + \mathrm{j}I_\text{q}\right) \tag{2.128a}$$

和

$$\dot{V}_\text{a} = \dot{V} + \left(R + \mathrm{j}X_1\right)\dot{I} \tag{2.128b}$$

在标幺制系统中 $\omega_\text{r} = 1$，由方程式（2.127）和式（2.128）可知，磁链 ψ_a 与气隙电压幅值 V_a 相等。

在这些条件下，对于由端电压值 $\dot{V}$ 与电枢电流值 $\dot{I}$ 所反映的任意运行工况，饱和因数 K_Sd 和 K_Sq 的计算可遵循以下算法：

1）根据等式（2.128b）计算电动势 $\dot{V}_\text{a}$ 以及其分量 V_md 和 V_mq。

2）计算气隙磁链 $\psi_\text{a} = \sqrt{\psi^2_\text{md} + \psi^2_\text{mq}} = \sqrt{V^2_\text{md} + V^2_\text{mq}}$。

3）根据步骤 2 所得的 ψ_a，由等式（2.122）~式（2.124）可得与气隙线的偏差量 ψ_S。

4）使用等式（2.121）计算 K_Sd。

5）若为隐极发电机，则设置 $K_\text{Sq} = K_\text{Sd}$，若为凸极发电机，则设置 $K_\text{Sq} = 1$。

在具体电机建模时，涉及由互阻抗和漏阻抗表示的方程，仅需简单调整 X_{md} 和 X_{mq} 的值并按步骤计算即可，调整方程为

$$X_{md,S} = \frac{X_{md}}{1+K_{Sd}}; \quad X_{mq,S} = \frac{X_{mq}}{1+K_{Sq}}$$

交叉磁化现象 饱和同步电机的直轴和交轴之间存在磁耦合（又称为交叉耦合现象），认识磁耦合对于电机分析至关重要。磁耦合会影响合成磁动势所在磁路饱和情况的精确描述，会引起 d 轴和 q 轴磁链的变化。d 轴和 q 轴磁链的变化量可以由在相量图中 d 轴和 q 轴的电压降 E_{dq} 和 E_{qd} 来表示，该电压降分别与 d 轴和 q 轴的磁链成正比，称其为交叉磁化电压。交叉磁化电压是 d 轴和 q 轴励磁磁势的函数[28]。这种情况下，通过预测 d 轴和 q 轴上的漏抗与保梯电抗压降来确定饱和曲线上的工作点，进而确定 K_d 和 K_q 值，更多细节可见 IEEE Std. 1110-2002[[6]，6.2.3 节]。

2.1.6 动态模型

2.1.6.1 简化电磁模型

电力系统稳态分析通常基于以下假设：

1）忽略磁链随时间变化引起的变压器电压（$d\psi_d/dt$ 和 $d\psi_q/dt$）；

2）由于角速度偏差很小，假设转子转速 $\omega_r = d\theta/dt$ 等于 ω_0；

3）忽略较小的定子绕组电阻 R；

4）忽略磁路饱和。

1. 转子侧仅有励磁绕组的同步发电机

对于这种情况，假定转子上除了 d、q 轴上用于等效定子绕组的虚拟绕组外只有励磁绕组。因此，用标幺值表示的同步发电机的 Park 方程为

$$V_d \approx -\omega_0 \psi_q \tag{2.129a}$$

$$V_q \approx \omega_0 \psi_d \tag{2.129b}$$

$$\psi_d = -L_d I_d + L_{md} I_f \tag{2.130a}$$

$$\psi_q = -L_q I_q \tag{2.130b}$$

$$\psi_f = -L_{md} I_d + L_f I_f \tag{2.130c}$$

$$V_f = R_f I_f + \frac{d\psi_f}{dt} \quad \frac{d\psi_f}{dt} = V_f - R_f I_f \tag{2.131}$$

式中，L_d 和 L_q 分别为 d 轴和 q 轴的同步电感；L_f 为励磁电感；L_{md} 为励磁绕组 f 和 d 轴虚拟绕组之间的互感。

将磁链方程式（2.130a）和式（2.130b）代入（2.129a）和（2.129b）中，得

$$V_d \approx X_q I_q \tag{2.129aa}$$

$$V_q \approx -\omega_0 L_d I_d + \omega_0 L_{md} I_f = -X_d I_d + E_{1q} \tag{2.129ab}$$

$$E_{1q} = \omega_0 L_{md} I_f = X_{md} I_f \tag{2.132}$$

式中，$X_d = \omega_0 L_d$ 为 d 轴同步电抗；$X_q = \omega_0 L_q$ 为 q 轴同步电抗；E_{1q} 为正比于励磁电流的电

动势。

在空载情况下，$I_d = I_q = 0$，从（2.129ab）中可得 $V_q = E_{1q}$。因此，E_{1q} 称为开路电动势或者开路电压。

励磁电流 I_f 可由转子磁链表达式（2.130c）表示，将其代入 d 轴磁链方程（2.130a），得

$$\psi_d = -\left(L_d - \frac{L_{md}^2}{L_f}\right)I_d + \frac{L_{md}}{L_f}\psi_f = -L_d'I_d + \frac{L_{md}}{L_f}\psi_f \tag{2.133}$$

参考方程式（2.133），由式（2.129b）可得

$$V_q = -X_d'I_d + E_q' \tag{2.134}$$

式中，X_d' 为 d 轴暂态电抗：

$$X_d' = \omega_0 L_d' = \omega_0\left(L_d - \frac{L_{md}^2}{L_f}\right) \tag{2.135}$$

电动势 E_q' 与转子磁链或暂态电抗压降成正比：

$$E_q' = \omega_0 \frac{L_{md}}{L_f}\psi_f \tag{2.136}$$

可以看出，在简化模型中，因为 q 轴上无转子绕组，方程式（2.129a）保持不变。

令方程式（2.129ab）和（2.134）中的电压 V_q 相等，可得到 E_{1q} 和 E_q' 之间的关系：

$$-X_d I_d + E_{1q} = -X_d'I_d + E_q'$$

也即

$$E_{1q} = (X_d - X_d')I_d + E_q' \tag{2.137}$$

考虑方程式（2.131），得到式（2.136）给出的电压 E_q' 随时间变化的规律，即其微分形式为

$$\frac{dE_q'}{dt} = \omega_0 \frac{L_{md}}{L_f}\frac{d\psi_f}{dt} = \omega_0 \frac{L_{md}}{L_f}V_f - \omega_0 L_{md}\frac{R_f}{L_f}I_f \tag{2.138}$$

考虑到，在空载情况下励磁电流产生的感应电动势 E_f（详见"等效电路与相量图"章节）：

$$E_f = \omega_0 \frac{L_{md}}{R_f}V_f \tag{2.58}$$

以及 d 轴开路时间常数，即定子绕组开路时转子绕组上的时间常数：

$$T_{d0}' = \frac{L_f}{R_f} \tag{2.139}$$

微分方程式（2.138）变为

$$\frac{dE_q'}{dt} = \frac{\omega_0 L_{md}}{R_f}\frac{R_f}{L_f} - \omega_0 L_{md}\frac{R_f}{L_f}I_f = \frac{(\omega_0 L_{md}V_f)/R_f - \omega_0 L_{md}I_f}{L_f/R_f}$$

或

$$\frac{dE_q'}{dt} = \frac{E_f - E_{1q}}{T_{d0}'} \tag{2.140}$$

并且，从方程式（2.140）中可以得到 E_f 和 E_{1q} 之间的关系式：

$$E_f = E_{1q} + T'_{d0}\frac{\mathrm{d}E'_q}{\mathrm{d}t} \qquad (2.141)$$

将方程（2.137）中的电动势 E_{1q} 代入方程式（2.140）得

$$\frac{\mathrm{d}E'_q}{\mathrm{d}t} = \frac{1}{T'_{d0}}\left[-E'_q + E_f - (X_d - X'_d)I_d\right] \qquad (2.140a)$$

方程式（2.140）和式（2.140a）称为励磁磁通的阻尼方程，表示在励磁电压（E_f）和电枢反应（I_d）的影响下励磁磁通[见式（2.136）中 E'_q 表示的]的变化情况。

消除方程式（2.129ab）、式（2.134）与式（2.141）中的变量 E_{1q} 和 I_d，可得到另一种描述电动势 E'_q 随时间变化的差分方程。因此，将方程式（2.129ab）中的电流 I_d 代入方程式（2.134）中可得

$$V_q = -\frac{X'_d}{X_d}\left(E_{1q} - V_q\right) + E'_q \qquad (2.142)$$

将方程式（2.141）中的 E_{1q} 代入方程式（2.142）中可得

$$V_q = -\frac{X'_d}{X_d}E_f + T'_{d0}\frac{X'_d}{X_d}\frac{\mathrm{d}E'_q}{\mathrm{d}t} + \frac{X'_d}{X_d}V_q + E'_q$$

或

$$T'_d\frac{\mathrm{d}E'_q}{\mathrm{d}t} + E'_q = \frac{X'_d}{X_d}E_f + \frac{X_d - X'_d}{X_d}V_q \qquad (2.143)$$

式中，定子绕组短路时的短路暂态时间常数为

$$T'_d = T'_{d0}\frac{X'_d}{X_d} \qquad (2.144)$$

利用数值积分，由方程式（2.143）可得暂态条件下电动势 E'_q 随时间变化的规律。

为了画出暂态条件下忽略阻尼绕组（只有励磁绕组）的同步发电机的相量图（见图 2.35），需要用定子电压和电流的 d 轴和 q 轴分量表示电动势 E'_q、E_{1q} 和 E_q。

因此，如果方程式（2.129ab）乘以 j：

$$jE_{1q} = jV_q + jX_d I_d$$

或用相量表示法：

$$\dot{E}_{1q} = \dot{V}_q + jX_d\dot{I}_d \qquad (2.145)$$

将方程式（2.129ab）中的 E_{1q} 代入式（2.137）：

$$E'_q = E_{1q} - \left(X_d - X'_d\right)I_d = V_q + X'_d I_d$$

乘以 j 并用相量表示法：

$$\dot{E}'_q = \dot{V}_q + jX'_d\dot{I}_d \qquad (2.146)$$

由方程式（2.145）和方程式（2.146）可以看出，电动势相量 $\dot{E}_{1q}$ 和 $\dot{E}'_q$ 位于 q 轴上；前面已知电动势 $\dot{E}_q$ 也位于 q

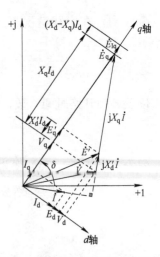

图 2.35 暂态条件下忽略阻尼绕组的
同步电机相量图

第 2 章　同步发电机和感应电动机

轴上。电压 $\dot{E}'_q$ 是电动势 $\dot{E}'$（对应电抗 X'_d）在 q 轴上的投影。

如果方程式（2.60）中：

$$\dot{E}_q = \mathrm{j}\left[X_{md}I_f - \left(X_d - X_q\right)I_d\right] \tag{2.60}$$

将方程式（2.132）中的 $E_{1q} = X_{md}I_f$ 代入方程（2.60），有：

$$\dot{E}_{1q} = \dot{E}_q + \mathrm{j}\left(X_d - X_q\right)\dot{I}_d \tag{2.147}$$

假设仅存在励磁绕组（不存在 d 轴和 q 轴阻尼电路）同步发电机的简化模型是一个三阶模型，常用来做小信号稳定的动态分析，很少用来做瞬态稳定性研究。这个简化模型包含以下方程：

a. 定义暂态电动势 E'_q 分量的微分方程：

$$\frac{\mathrm{d}E'_q}{\mathrm{d}t} = \frac{1}{T'_{d0}}\left[-E'_q + E_f - \left(X_d - X'_d\right)I_d\right] \tag{2.140a}$$

b. 定义变量 ω 和 δ 的动力学方程（2.10）和（2.10a）：

$$M\frac{\mathrm{d}\omega}{\mathrm{d}t} + D\omega \approx P_m - P_e \tag{2.10}$$

$$\frac{\mathrm{d}\delta}{\mathrm{d}t} = \omega_0\omega$$

或

$$\frac{M}{\omega_0}\frac{\mathrm{d}^2\delta}{\mathrm{d}t^2} + \frac{D}{\omega_0}\frac{\mathrm{d}\delta}{\mathrm{d}t} \approx P_m - P_e \tag{2.10a}$$

c. 代数方程：

$$I_d = \frac{E'_q - V_q}{X'_d} \tag{2.135a}$$

$$I_q \approx \frac{V_d}{X_q} \tag{2.129aa}$$

如果在分析动态特性时认为 $E'_q = \mathrm{ct}$，可以得到一种特殊形式的模型。

2. q 轴上含有阻尼绕组的同步发电机

上文给出一系列方程的同时，假设同步发电机不含阻尼绕组。但是，若含有阻尼绕组，需写出 q 轴上阻尼绕组 Q 的 Park 方程。

ψ_q 和 ψ_Q 的磁链方程：

$$\psi_q = -L_qI_q + L_{mQ}I_Q \tag{2.32ab}$$

$$\psi_Q = -L'_{mQ}I_q + L_QI_Q \tag{2.34ac}$$

式中，I_q 是电枢电流的 q 轴分量；I_Q 是阻尼电路中的电流。

端电压的 d 轴分量表达式为

$$V_d \approx -\omega_0\psi_q \tag{2.129a}$$

q 轴阻尼电路 Q 的电压方程:

$$0 = R_Q I_Q + \frac{\mathrm{d}\psi_Q}{\mathrm{d}t} \tag{2.40ac}$$

式中,R_Q 为阻尼电路的电阻。

重新整理方程式 (2.32ab)、式 (2.34ac)、式 (2.129a) 和式 (2.40ac) 得[1]:

$$V_d = X_q I_q + E_{1d} \tag{2.148}$$

$$V_d = X'_q I_q + E'_d \tag{2.149}$$

$$0 = E_{1d} + T'_{q0} \frac{\mathrm{d}E'_d}{\mathrm{d}t} \tag{2.150}$$

式中,$X_q = \omega_0 L_q$ 为 q 轴同步电抗;

q 轴暂态电抗:

$$X'_q = \omega_0 L'_q = \omega_0 \left[L_q - \left(L^2_{mq}/L_Q \right) \right] \tag{2.151}$$

与阻尼电路电流（q 轴）成比例的电压:

$$E_{1d} = -\omega_0 L_{mq} I_Q \tag{2.152}$$

与阻尼电路磁链（q 轴）成比例的电压:

$$E'_d = -\omega_0 \left(L_{mq}/L_Q \right) \psi_Q \tag{2.153}$$

q 轴阻尼绕组的开路时间常数:

$$T'_{q0} = L_Q/R_Q \tag{2.154}$$

为了消除变量 I_q 和 E_{1d},将式 (2.148) 中的电流 I_q 代入方程式 (2.149) 中,有:

$$V_d = \frac{X'_q}{X_q} (V_d - E_{1d}) + E'_d \tag{2.149a}$$

将式 (2.150) 中的 E_{1d} 代入式 (2.149a) 中,得到微分方程:

$$T'_q \frac{\mathrm{d}E'_d}{\mathrm{d}t} + E'_d = \left(\frac{X_q - X'_q}{X_q} \right) V_d \tag{2.155}$$

式中,q 轴阻尼绕组的短路时间常数为

$$T'_q = T'_{q0} \frac{X'_q}{X_q} \tag{2.156}$$

通过消除 V_d 可获得差分方程式 (2.155) 的另一种形式。因此,根据方程式 (2.149) 和式 (2.156) 可得

$$\frac{\mathrm{d}E'_d}{\mathrm{d}t} = \frac{1}{T'_{q0}} \left[E'_d + \left(X_q - X'_q \right) I_q \right] \tag{2.155a}$$

根据方程式 (2.155) 或者式 (2.155a) 利用数值积分法可获得暂态过程中 E'_d 随时间变化的规律。

方程式 (2.155a) 以及方程式 (2.140a) 和 (2.10) 构成了 q 轴含有阻尼绕组的同步发电机模型,是一个四阶模型:

$$\frac{\mathrm{d}E_{\mathrm{d}}'}{\mathrm{d}t}=\frac{1}{T_{\mathrm{q}0}'}\left[-E_{\mathrm{d}}'+\left(X_{\mathrm{q}}-X_{\mathrm{d}}'\right)I_{\mathrm{q}}\right] \tag{2.155a}$$

$$\frac{\mathrm{d}E_{\mathrm{q}}'}{\mathrm{d}t}=\frac{1}{T_{\mathrm{d}0}'}\left[-E_{\mathrm{q}}'+E_{\mathrm{f}}-\left(X_{\mathrm{d}}-X_{\mathrm{d}}'\right)I_{\mathrm{d}}\right] \tag{2.140a}$$

$$M\frac{\mathrm{d}\omega}{\mathrm{d}t}+D\omega\approx P_{\mathrm{m}}-P_{\mathrm{e}}$$

$$\frac{\mathrm{d}\delta}{\mathrm{d}t}=\omega_0\omega \tag{2.10}$$

或

$$\frac{M}{\omega_0}\frac{\mathrm{d}^2\delta}{\mathrm{d}t^2}+\frac{D}{\omega_0}\frac{\mathrm{d}\delta}{\mathrm{d}t}\approx P_{\mathrm{m}}-P_{\mathrm{e}} \tag{2.10a}$$

$$I_{\mathrm{d}}=\frac{E_{\mathrm{q}}'-V_{\mathrm{q}}}{X_{\mathrm{d}}'} \tag{2.135a}$$

$$I_{\mathrm{q}}=\frac{V_{\mathrm{d}}-E_{\mathrm{d}}'}{X_{\mathrm{q}}'} \tag{2.149b}$$

简化模型所对应的变量的相量图如图 2.36 所示。

在同步电机分析中，引入了特殊的相对于一般参考坐标系（+1，+j）以 ω 的速度旋转的 d-q 参考坐标系。

凸极发电机的有功功率的表达式为

$$\begin{aligned}P_{\mathrm{e}}&=\mathrm{Re}\left\{\dot{V}\cdot\dot{I}^*\right\}=V_{\mathrm{d}}I_{\mathrm{d}}+V_{\mathrm{q}}I_{\mathrm{q}}\\&=\frac{E_{\mathrm{q}}'V_{\mathrm{d}}}{X_{\mathrm{d}}'}-\frac{E_{\mathrm{d}}'V_{\mathrm{q}}}{X_{\mathrm{q}}'}+V_{\mathrm{d}}V_{\mathrm{q}}\left(\frac{1}{X_{\mathrm{q}}'}-\frac{1}{X_{\mathrm{d}}'}\right)\end{aligned} \tag{2.157}$$

3．具有 q 轴阻尼绕组且忽略暂态凸极效应（ $X_{\mathrm{q}}'=X_{\mathrm{d}}'$ ）的同步发电机

将方程式（2.149）和（2.134）中的 X_{q}' 替换为 X_{d}' ，可得到电压相量的表达式：

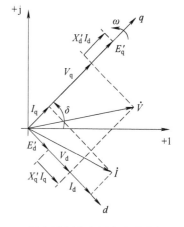

图 2.36　暂态过程中电压和电流的相量表示

$$\dot{V}=V_{\mathrm{d}}+\mathrm{j}V_{\mathrm{q}}=E_{\mathrm{d}}'+X_{\mathrm{d}}'I_{\mathrm{q}}+\mathrm{j}\left(E_{\mathrm{q}}'-X_{\mathrm{d}}'I_{\mathrm{d}}\right)=\dot{E}'-\mathrm{j}X_{\mathrm{d}}'\dot{I} \tag{2.158}$$

式中，d 轴暂态电抗 X_{d}' 对应的暂态电动势相量

$$\dot{E}'=E_{\mathrm{d}}'+\mathrm{j}E_{\mathrm{q}}' \tag{2.159}$$

前面相量 $\dot{E}'$ 的定义中包含两个分量：

$$E_{\mathrm{d}}'=-\omega_0\frac{L_{\mathrm{mq}}}{L_{\mathrm{Q}}}\psi_{\mathrm{Q}} \tag{2.153}$$

$$E_q' = \omega_0 \frac{L_{md}}{L_f} \psi_f \qquad\qquad (2.136)$$

在通常情况下，暂态稳定性计算要延续一定长的时间（几秒），期间首先需要判断电力系统稳定与否。在这一时间内，如果假设转子磁链 ψ_f 和 ψ_Q 近似为常数，且与扰动作用前相等，则同步发电机暂态稳定性分析（短期）使用的经典模型的假设成立。在这种情况下，根据方程式（2.136）和式（2.153），在每台同步发电机的 (d, q) 坐标系下，相量 $\dot{E}'$ 的分量 E_q' 和 E_d' 在暂态过程中恒定不变。即在以速度 ω 旋转的 (d, q) 坐标系下，相量 $\dot{E}'$ 具有不变的幅值和不变的相角。

由于简化了同步发电机与电网之间的相互作用过程，利用这一模型可以使得实时暂态仿真的计算工作大大简化。

利用同步发电机方程式（2.158）以及定义电网运行状态的节点电压代数方程（假设基于常数导纳建立负载模型），可以直接计算任意时刻 t_+ 的瞬态量。

在某一时刻的系统运行状态已知，为了获得变量 E_q' 和 E_d' 的动态响应，对方程式（2.143）和方程式（2.155）进行积分，并将 X_q' 换为 X_d'，则：

$$T_d' \frac{dE_q'}{dt} + E_q' = \frac{X_d'}{X_d} E_f + \frac{X_d - X_d'}{X_d} V_q \qquad\qquad (2.143)$$

$$T_q' \frac{dE_d'}{dt} + E_d' = \frac{X_q - X_q'}{X_q} V_d \qquad\qquad (2.155b)$$

$$M \frac{d\omega}{dt} + D\omega \approx P_m - P_e$$

$$\frac{d\delta}{dt} = \omega_0 \omega \qquad\qquad (2.10)$$

或

$$\frac{M}{\omega_0} \frac{d^2\delta}{dt^2} + \frac{D}{\omega_0} \frac{d\delta}{dt} \approx P_m - P_e \qquad\qquad (2.10a)$$

通过积分后得到同步发电机的 E_q' 和 E_d'，然后再次进行积分计算，进一步确定新的系统运行点，以此类推。

在这些条件下（$X_q' = X_d'$），同步发电机的有功功率的表达式（2.157）变为

$$P_e = \frac{E_q' V_d - E_d' V_q}{X_q'} \qquad\qquad (2.160)$$

当假设 $X_q' = X_d'$ 时，电压和电流的相量图以及同步发电机的暂态模型如图2.37所示。

当转子速度变化时，为了确定转子位置，一般坐标系（+1，+j）下相量 $\dot{E}'$ 的相角 δ 可用角度 δ' 替代。

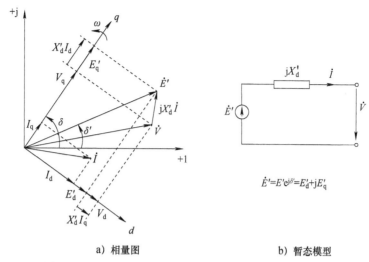

a) 相量图　　　　　　　　　　b) 暂态模型

图 2.37　假设 $X_q' = X_d'$ 时同步发电机的相量图和暂态模型

因此，用于暂态稳定性研究的经典模型包含两个机电微分方程和一个相量方程：

$$\frac{M}{\omega_0}\frac{\mathrm{d}^2\delta'}{\mathrm{d}t^2} + \frac{D}{\omega_0}\frac{\mathrm{d}\delta'}{\mathrm{d}t} \approx P_\mathrm{m} - P_\mathrm{e} \tag{2.161}$$

$$\frac{\mathrm{d}\delta'}{\mathrm{d}t} = \omega_0\omega \tag{2.162}$$

$$E' = E'\mathrm{e}^{\mathrm{j}\delta'} = \dot{V} + \mathrm{j}X_\mathrm{d}'\dot{I} \tag{2.163}$$

在暂态过程中，电动势 $\dot{E}'$ 的幅值恒为常数。

运用经典模型，同步发电机的有功功率为

$$P_\mathrm{e} = \frac{E'V}{X_\mathrm{d}'}\sin\delta' \tag{2.164}$$

2.1.6.2　动态详细模型

1. 电磁次暂态建模

为了追求暂态稳定计算的高精度，用基于 Park 变换的非线性微分方程来描述同步发电机模型，电机转子由 4 个等效绕组表示，分别为励磁绕组、d 轴阻尼电路、两个 q 轴阻尼电路。

基于以下假设建立上述模型：

1）在转子 d 轴中，存在励磁绕组（f）与阻尼绕组（D）；在转子 q 轴中，考虑两个阻尼电路（Q 和 K）的电磁影响。

2）忽略磁路饱和，在电压 V_d 和 V_q 的表达式中，忽略变压器电动势和电枢电阻（$R_\mathrm{a} = 0$）压降。

基于以上假设，在与转子同步旋转的（d，q）坐标系下，利用外部参数描述同步发电机暂态特性的动态方程包括：

端电压分量：

$$V_d \approx -\omega\psi_q \; ; \;\; V_q \approx \omega\psi_d$$

定子磁链分量：

$$\psi_d = A(s)V_f - L_d(s)I_d \tag{2.87}$$

$$\psi_q = -L_q(s)I_q \tag{2.79}$$

式中，s 为运算子 $\mathrm{d}/\mathrm{d}t$。

式（2.87）表明，定子磁链的 d 轴分量与励磁电压和电枢电流的 d 轴分量动态相关。并且，由式（2.79）中可以发现，定子磁链的 q 轴分量仅与电枢电流 q 轴分量相关。根据方程式（2.87）和式（2.79）可绘制通用动态模型，如图 2.38 所示[12]。

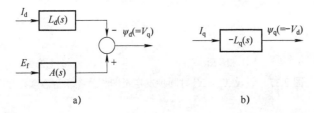

图 2.38　用来进行同步发电机电磁现象分析的通用动态模型

在六阶动态模型中，包括一个励磁电路，和一个作用在 d 轴上附加的转子电路，两个作用在 q 轴上附加的转子电路。$L_d(s)$、$L_q(s)$ 和 $A(s)$ 的传递函数如下[1,2,12,29]：

$$L_d(s) = L_d \frac{(1+sT_d')(1+sT_d'')}{(1+sT_{d0}')(1+sT_{d0}'')} \tag{2.88a}$$

$$L_q(s) = L_q \frac{(1+sT_q')(1+sT_q'')}{(1+sT_{q0}')(1+sT_{q0}'')} \tag{2.92}$$

$$A(s) = \frac{L_{md}}{R_f} \frac{(1+sT_{kd})}{(1+sT_{d0}')(1+sT_{d0}'')} \tag{2.89a}$$

将式（2.88a）、（2.92）和（2.89a）代入方程（2.87）和（2.79）中，定子电流 I_d 和 I_q 分量可由以下方程计算：

$$I_d = \frac{E_f}{X_d} \frac{(1+sT_{kd})}{(1+sT_d')(1+sT_d'')} - \frac{V_q}{X_d} \frac{(1+sT_{d0}')(1+sT_{d0}'')}{(1+sT_d')(1+sT_d'')} \tag{2.165}$$

$$I_q = \frac{V_d}{X_q} \frac{(1+sT_{q0}')(1+sT_{q0}'')}{(1+sT_q')(1+sT_q'')} \tag{2.166}$$

式中，$E_f = \omega(L_{md}/R_f)V_f$；$X_d = \omega L_d$；$X_q = \omega L_q$。

进一步可以建立同步发电机的数学模型。将定子电流分量的动态方程分解成简单的分数形式的微分方程，该方程也给出了 (d,q) 参考坐标系下暂态和次暂态电动势，最终得到由四个一阶微分方程组成的简单的同步发电机电磁暂态模型。

为了定义 d 轴次暂态电动势 E_d'' 与暂态电动势 E_d'，将动态方程式（2.166）改写成以下方程：

$$I_q = \frac{V_d}{X_q}\left[A_q + \frac{B_q}{1 + sT_q''} + \frac{C_q}{\left(1 + sT_q''\right)\left(1 + sT_q'\right)} \right] \qquad (2.167)$$

式中，常数 A_q、B_q 和 C_q 可由方程式（2.166）和式（2.167）求得，有下列条件：

$$A_q + B_q + C_q = 1$$
$$T_{q0}' + T_{q0}'' = A_q\left(T_q' + T_q''\right) + B_q T_q' \qquad (2.168)$$
$$T_{q0}' T_{q0}'' = A_q T_q' T_q''$$

从而可以得到

$$A_q = \frac{T_{q0}' T_{q0}''}{T_q' T_q''} \equiv \frac{X_q}{X_q''}$$
$$B_q = \frac{1}{T_q'}\left[\left(T_{q0}' + T_{q0}''\right) - \frac{X_q}{X_q''}\left(T_q' + T_q''\right) \right] \qquad (2.169)$$
$$C_q = 1 + \frac{X_q}{X_q''}\frac{T_q''}{T_q'} - \frac{T_{q0}' + T_{q0}''}{T_q'}$$

将式（2.169）中的常数 A_q 代入式（2.167）中：

$$I_q = \frac{V_d}{X_q''} + \frac{V_d}{X_q}\frac{1}{1 + sT_q''}\left(B_q + \frac{C_q}{1 + sT_q'} \right) \qquad (2.170)$$

则 d 轴次暂态电动势 E_d'' 可表示为

$$E_d'' = V_d - X_q'' I_q \qquad (2.171)$$

从而，我们得到

$$I_q = \frac{V_d - E_d''}{X_q''}$$

考虑方程式（2.170），则

$$E_d'' = -\frac{X_d''}{X_q}\frac{V_d}{1 + sT_q''}\left(B_q + \frac{C_q}{1 + sT_q'} \right) \qquad (2.171a)$$

d 轴暂态电动势 E_d' 可表示为

$$E_d' = -C_q \frac{V_d}{1 + sT_q'} \qquad (2.172)$$

动态方程式（2.171a）变为

$$E_d'' = -\frac{1}{1 + sT_q''}\frac{X_q''}{X_q}\left(B_q V_d - E_d' \right) \qquad (2.171b)$$

下面的一阶微分方程与动态方程（2.172）和（2.171b），是一致的：

$$T_q'\frac{dE_d'}{dt} + E_d' = -C_q V_d \qquad (2.173)$$

$$T_q''\frac{dE_d''}{dt} + E_d'' = -\frac{X_q''}{X_q}\left(B_q V_d - E_d' \right) \qquad (2.174)$$

引入式（2.156）所表示的 q 轴暂态电抗 X'_q，则

$$X'_q = X_q \frac{T'_q}{T'_{q0}}$$ (2.175)

由于次暂态时间的影响很小，故忽略次暂态时间，则常数 B_q 和 C_q 的近似值为

$$B_q \approx \frac{X_q}{X''_q} \frac{X''_q - X'_q}{X'_q}$$ (2.176a)

$$C_q \approx \frac{X'_q - X_q}{X'_q}$$ (2.176b)

因此，重新整理微分方程式（2.173）与式（2.174）得到以下方程：

$$T'_q \frac{dE'_d}{dt} + E'_d = \frac{X_q - X'_q}{X'_q} V_d$$ (2.177)

$$T''_q \frac{dE''_d}{dt} + E''_d = \frac{X''_q}{X_q} E'_d + \frac{X'_q - X''_q}{X'_q} V_d$$ (2.178)

对方程式（2.177）与式（2.178）进行积分，可得参数 E''_d 与 E'_d，用这两个参数来计算 q 轴电枢电流。

为了定义 q 轴次暂态电动势 E''_q 与暂态电动势 E'_q，将动态方程式（2.165）写成以下形式：

$$I_d = \frac{E_f}{X_d}\left[\frac{B'_d}{1+sT''_d} + \frac{C'_d}{(1+sT''_d)(1+sT'_d)}\right]$$
$$- \frac{V_q}{X_d}\left[A_d + \frac{B_d}{1+sT''_d} + \frac{C_d}{(1+sT''_d)(1+T'_d)}\right]$$ (2.179)

联立方程式（2.165）与式（2.179）并求解得

$$B'_d = \frac{T_Q}{T'_d} = \alpha \; ; \quad C'_d = (1-\alpha) \; ; \quad A_d = \frac{T'_{d0}T''_{d0}}{T'_d T''_d} \equiv \frac{X_d}{X''_d}$$

$$B_d = \frac{1}{T'_d}\left[(T'_{d0} + T''_{d0}) - \frac{X_d}{X''_d}(T'_d + T''_d)\right]$$ (2.180)

$$C_d = 1 + \frac{X_d}{X''_d}\frac{T''_d}{T'_d} - \frac{T'_{d0} + T''_{d0}}{T'_d}$$

将 A_d 的表达式代入式（2.179）中，得：

$$I_d = \frac{E_f}{X_d}\frac{1}{1+sT''_d}\left[B'_d + \frac{C'_d}{1+sT'_d}\right] - \frac{V_q}{X_d}\frac{1}{1+sT''_d}\left[B_d + \frac{C_d}{1+sT'_d}\right] - \frac{V_q}{X''_d}$$ (2.181)

次暂态电动势 E''_q 可表示为

$$E''_q = V_q + X''_d I_d$$ (2.182)

其中

$$I_d = \frac{E''_q - V_q}{X''_d}$$

将 I_d 的表达式代入方程式（2.181）可得

$$E_q'' = \frac{X_d''}{X_d} \frac{1}{1+sT_d''}\left[\left(B_d'E_f - B_d V_q\right) + \frac{1}{1+sT_d'}\left(C_d'E_f - C_d V_q\right)\right]$$

定义：

$$E_q' = \frac{1}{1+sT_d'}\left(C_d'E_f - C_d V_q\right) \tag{2.183}$$

因此

$$E_q'' = \frac{1}{1+sT_d''}\frac{X_d''}{X_d}\left[B_d'E_f - B_d V_q + E_q'\right] \tag{2.184}$$

对于动态方程式（2.183）和式（2.184），有与之对应的微分方程：

$$T_d'\frac{\mathrm{d}E_q'}{\mathrm{d}t} + E_q' = C_d'E_f - C_d V_q \tag{2.185}$$

$$T_d''\frac{\mathrm{d}E_q''}{\mathrm{d}t} + E_q'' = \frac{X_d''}{X_d}\left(B_d'E_f - B_d V_q - E_q'\right) \tag{2.186}$$

运用式（2.144）中 d 轴暂态电抗的表达式，并应用简化假设，可获得以下常数的近似表达式[29]：

$$B_d \cong \frac{X_d}{X_d''}\frac{X_d''-X_d'}{X_d'}\ ;\quad C_d \cong \frac{X_d'-X_d}{X_d'}$$
$$B_d' = \alpha\ ;\quad C_d' = (1-\alpha) \tag{2.187}$$

重新整理微分方程式（2.185）与式（2.186）可得以下方程：

$$T_d'\frac{\mathrm{d}E_q'}{\mathrm{d}t} + E_q' = (1-\alpha)E_f + \frac{X_d-X_d'}{X_d'}V_q \tag{2.188}$$

$$T_d''\frac{\mathrm{d}E_q''}{\mathrm{d}t} + E_q'' = \frac{X_d''}{X_d}\left(\alpha E_f + E_q'\right) + \frac{X_d'-X_d''}{X_d'}V_q \tag{2.189}$$

对微分方程式（2.188）和式（2.189）进行积分，求取变量 E_q' 和 E_q''，再用这两个变量计算 d 轴电枢电流。

考虑次暂态电磁影响时的电压相量图如图 2.39 所示。

2. 同步发电机并网

如前所述，同步发电机的 Park 方程建立在本地坐标系的基础上，每台独立电机的 (d,q) 参考坐标系以转子速度 ω_r 同步旋转。

同步发电机并网运行需要统一的参考相位，即使用统一的参考坐标系（+1,+j）或（Re，Im），并以同步速度 ω_0 旋转。因此，同步发电机的电气参数的旋转相量和 d、q 轴如图 2.40 所示。用 δ 表示转子 q 轴超前同步轴+1 的角度。

在稳态条件下，电动势 $\dot{E}_q$ 的相位角即为 δ；在动态条件下，δ 受转子速度影响随时间变化。

如图 2.40 所示，电网参考坐标系（+1,+j）逆时针旋转 $\delta-\pi/2$ 角度即为同步发电机参考坐标系（d,q）。因此，电压相量 $\dot{V}$ 具有两种表达方式[43]。

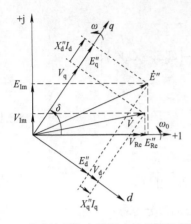 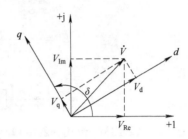

图 2.39　考虑次暂态电磁影响的电压相量图　　图 2.40　电网坐标系（+1,+j）与同步发电机坐标系（d,q）

1）用 V_d 与 V_q 分量表示：

$$\dot{V} = \left(V_d + jV_q\right)e^{j(\delta-\pi/2)} \tag{2.190}$$

2）用 V_{Re} 与 V_{Im} 分量表示：

$$\dot{V} = V_{Re} + jV_{Im} = Ve^{j\theta} \tag{2.191}$$

由此可得

$$V_{Re} + jV_{Im} = \left(V_d + jV_q\right)e^{j(\delta-\pi/2)} = \left(V_d + jV_q\right)\left[\cos\left(\delta-\pi/2\right) + j\sin\left(\delta-\pi/2\right)\right]$$

分别列写实部与虚部，从坐标系（d,q）变换到坐标系（+1,+j）的变换方程为

$$V_{Re} = V_d\cos\left(\delta-\pi/2\right) - V_q\sin\left(\delta-\pi/2\right) = V_d\sin\delta + V_q\cos\delta$$
$$V_{Im} = V_q\cos\left(\delta-\pi/2\right) + V_d\sin\left(\delta-\pi/2\right) = -V_d\cos\delta + V_q\sin\delta$$

写成矩阵形式：

$$\begin{bmatrix} V_{Re} \\ V_{Im} \end{bmatrix} = \begin{bmatrix} \sin\delta & \cos\delta \\ -\cos\delta & \sin\delta \end{bmatrix}\begin{bmatrix} V_d \\ V_q \end{bmatrix}$$

从坐标系（+1,+j）变换到坐标系（d,q）称为反变换，变换矩阵如下：

$$\begin{bmatrix} V_d \\ V_q \end{bmatrix} = \begin{bmatrix} \sin\delta & -\cos\delta \\ \cos\delta & \sin\delta \end{bmatrix}\begin{bmatrix} V_{Re} \\ V_{Im} \end{bmatrix}$$

可以利用下面的等式将（d,q）坐标系的相量 $\dot{E}''$ 变换得到坐标系（+1,+j），相量 $\dot{E}''$ 的实部 E_{Re}'' 与虚部 E_{Im}'' 分别为：

$$E_{Re}'' = E_d''\sin\delta + E_q''\cos\delta$$
$$E_{Im}'' = E_q''\sin\delta - E_d''\cos\delta \tag{2.192}$$

如果坐标系（d,q）下的电压方程为

$$V_d = X_q''I_q + E_d''$$
$$V_q = -X_d''I_d + E_q''$$

结合式（2.190）和式（2.192），将上述表达式转换到坐标系（+1,+j）上，得到以下矩阵方程：

$$\begin{bmatrix} V_{\mathrm{Re}} \\ V_{\mathrm{Im}} \end{bmatrix} = \begin{bmatrix} \left(X_{\mathrm{q}}'' - X_{\mathrm{d}}''\right)\sin\delta\cos\delta & X_{\mathrm{q}}''\sin^2\delta + X_{\mathrm{d}}''\cos^2\delta \\ -\left(X_{\mathrm{q}}''\cos^2\delta + X_{\mathrm{d}}''\sin^2\delta\right) & -\left(X_{\mathrm{q}}'' - X_{\mathrm{d}}''\right)\sin\delta\cos\delta \end{bmatrix}\begin{bmatrix} I_{\mathrm{Re}} \\ I_{\mathrm{Im}} \end{bmatrix} + \begin{bmatrix} E_{\mathrm{Re}}'' \\ E_{\mathrm{Im}}'' \end{bmatrix} \tag{2.193}$$

对于隐极发电机，忽略次暂态状态下的凸极效应，次暂态电抗相等，即 $X_{\mathrm{d}}'' = X_{\mathrm{q}}'' = X''$，方程式（2.93）变为

$$\begin{bmatrix} V_{\mathrm{Re}} \\ V_{\mathrm{Im}} \end{bmatrix} = \begin{bmatrix} 0 & X'' \\ -X'' & 0 \end{bmatrix}\begin{bmatrix} I_{\mathrm{Re}} \\ I_{\mathrm{Im}} \end{bmatrix} + \begin{bmatrix} E_{\mathrm{Re}}'' \\ E_{\mathrm{Im}}'' \end{bmatrix} \tag{2.194}$$

或

$$V_{\mathrm{Re}} = X''I_{\mathrm{Im}} + E_{\mathrm{Re}}''$$
$$V_{\mathrm{Im}} = -X''I_{\mathrm{Re}} + E_{\mathrm{Im}}''$$

最终可得

$$\dot{V} = V_{\mathrm{Re}} + \mathrm{j}V_{\mathrm{Im}} = \left(E_{\mathrm{Re}}'' + \mathrm{j}E_{\mathrm{Im}}''\right) - \mathrm{j}X''\left(I_{\mathrm{Re}} + \mathrm{j}I_{\mathrm{Im}}\right) = \dot{E}'' - \mathrm{j}X''\dot{I} \tag{2.195}$$

式中，相量 $\dot{E}''$ 为电抗 X'' 对应的次暂态电动势。

通常情况下，方程（2.193），则或者当 $X_{\mathrm{d}}'' = X_{\mathrm{q}}''$ 时式（2.195），适用于并网运行的同步发电机。因此，根据等式（2.193）可得同步发电机向电网注入的电流相量，该电流相量可由端电压相量与次暂态电动势相量来表示：

$$\begin{bmatrix} I_{\mathrm{Re}} \\ I_{\mathrm{Im}} \end{bmatrix} = \begin{bmatrix} \left(X_{\mathrm{q}}'' - X_{\mathrm{d}}''\right)\sin\delta\cos\delta & X_{\mathrm{q}}''\sin^2\delta + X_{\mathrm{d}}''\cos^2\delta \\ -\left(X_{\mathrm{q}}''\cos^2\delta + X_{\mathrm{d}}''\sin^2\delta\right) & -\left(X_{\mathrm{q}}'' - X_{\mathrm{d}}''\right)\sin\delta\cos\delta \end{bmatrix}^{-1}\left(\begin{bmatrix} V_{\mathrm{Re}} \\ V_{\mathrm{Im}} \end{bmatrix} - \begin{bmatrix} E_{\mathrm{Re}}'' \\ E_{\mathrm{Im}}'' \end{bmatrix}\right) \tag{2.196}$$

忽略次暂态状态下的凸极效应，得

$$I_{\mathrm{Re}} = \frac{1}{X''}\left(E_{\mathrm{Im}}'' - V_{\mathrm{Im}}\right)$$
$$I_{\mathrm{Im}} = \frac{1}{X''}\left(V_{\mathrm{Re}} - E_{\mathrm{Re}}''\right)$$

写成相量形式：

$$\dot{I} = \frac{E''}{\mathrm{j}X''} - \frac{1}{\mathrm{j}X''}\dot{V} \tag{2.197}$$

上述方程是从同步发电机出线端看去的诺顿等效形式。

因此，同步发电机可由图 2.41 所示的等效电路描述。

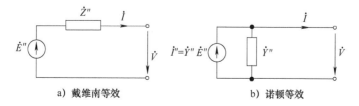

a) 戴维南等效　　　　　　　　　　b) 诺顿等效

图 2.41　忽略磁饱和时的同步发电机等效电路

2.1.7 无功容量范围

2.1.7.1 负载出力图

同步发电机是大规模电力系统中用于电压调节的主要设备，通过与电网交换无功功率，发电机维持端电压稳定在预设值。为了达到系统要求的电压，发电机需要发出或吸收大量的无功功率，这可能会超出发电机的容量限制。

同步发电机的无功容量取决于所采取的冷却方式和环境条件，例如：冷却剂（氢气）的压力或环境温度（随季节变化，夏季或冬季）。

我们从图 2.16 所示的平衡稳态条件下同步电机的相量图开始，探寻同步发电机的容量曲线。因为电阻远小于电抗值，故忽略电阻。同时，假设电机为隐极电机，即 $X_S = X_d = X_q$。另外，饱和的影响不大，故忽略饱和效应。就功率而言，我们会得到所谓的负载出力图，如图 2.42 所示[30]。

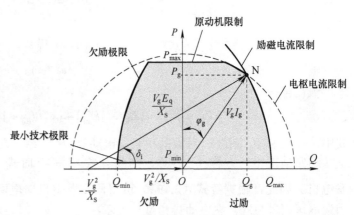

图 2.42 同步发电机的负载出力图[30]

下面，我们规定三个设计极限以约束发电机的无功功率输出：

（1）电枢电流限制 发电机输出的电流会导致定子绕组温度升高，如果不采取限制措施，可能会造成严重的损坏。因此，必须限制定子绕组电流小于某个固定值。在 P-Q 平面内，此限制是一个以原点为圆心、以额定视在功率为半径的圆（见图 2.42）。输出复功率可表示为

$$\underline{S} = P + jQ = \underline{V}_g \underline{I}_g^* = V_g I_g \left(\cos\varphi_g + j\sin\varphi_g \right)$$

假设在额定端电压、额定电枢电流以及标准冷却条件下，输出的视在功率包括有功功率与无功功率。根据限制条件，无功功率越大，则有功功率越低，反之亦然。

（2）励磁电流限制 转子绕组中的励磁电流也会引起发热，带来能量损耗，因此，定义第二个限制条件。在 P-Q 平面中，此限制是以 $(-V_g^2/X_S)$ 为圆心、以 $V_g E_q/X_S$ 为半径的一段圆弧。此圆弧的圆心与半径取决于发电机电抗的大小。将图 2.16 中的相量 V_g，$E_q(= X_{md}I_f)$ 和 $X_S I_g$ 乘以 V_g/X_S 得到此圆弧。因此，输出功率可表示为

$$P = V_g I_g \cos\varphi_g = \frac{E_q V_g}{X_S}\sin\delta_i \tag{2.198}$$

$$Q = V_g I_g \sin\varphi_g = \frac{E_q U_g}{X_S}\cos\delta_i - \frac{V_g^2}{X_S} \tag{2.199}$$

由图 2.42 可知，对励磁电流的限制比电枢电流的限制更为严格，两条曲线相交于 N 点。在某些情况下，N 点位于原动机的极限上，此时，励磁电流是发电机产生无功功率的唯

一限制。

（3）端部发热限制　如图 2.43 所示，当发电机工作在欠励状态时，端部漏磁通沿轴向（垂直）通过定子叠片产生涡流，从而在电枢端部引起局部过热[1]。端部发热限制了欠励运行时发出无功功率的大小。当发电机工作在过励状态时，较大的励磁电流使得定位环饱和，故端部漏磁通很小。

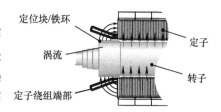

图 2.43　定子绕组端部示意图

这些限制对汽轮发电机的影响更严重，一般情况下，对同步发电机而言，欠励状态是比较苛刻的运行状态。因此，大部分热电厂与核电厂不必发出超前的无功功率。相反，水力发电机有能力运行在欠励状态，有时它们只提供无功功率输出，与同步调相机类似。

以上定义的无功出力限制对电机性能设计提出了要求。但是，不同端电压、不同冷却条件下，上述限制条件也会发生变化。图 2.44 给出了氢气压力对发电机性能的影响。

值得注意的是，图 2.44 中的 PSIG（也被称为 psi）表示每平方英寸[1⊖]的出力；在公制系统中，1bar（10^5 Pa）≈ 14.5psi。

无功出力范围也会受到稳定问题的影响。因此，在实际运行中，往往使用励磁调节器做进一步的约束。发电机工作在物理/稳定性极限附近会带来一定风险，因此在过励和欠励调节器中施加一定的运行约速比单纯的物理约束更为严格。

2.1.7.2　V 形曲线

输出视在功率或电枢电流与励磁电流之间的关系通常用 V 形图来表示，如图 2.45 所示[1,32]。图中实线是两种输出有功功率标幺值所对应的 V 型曲线，V 形曲线表明了额定端电压和额定转速时不同功率因数下输出视在功率或电枢电流的变化规律。图中虚线表示在恒定功率因数（pf）下视在功率与励磁电流之间的关系。

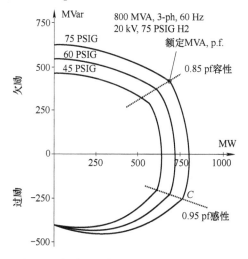

图 2.44　氢冷发电机（额定容量 800MVA）的无功出力曲线[31]

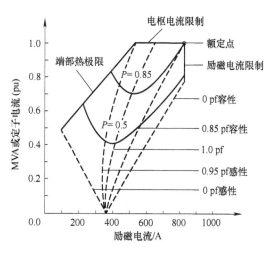

图 2.45　发电机电枢电压为额定值时的 V 形曲线与组合曲线

⊖ 1 英寸（in）=0.0254m。

2.1.8 励磁系统介绍与建模

2.1.8.1 励磁控制系统的组成与性能

一般的励磁控制系统的功能框图表现为反馈控制系统，包括同步发电机及其励磁系统，如图 2.46 所示。励磁系统是指为同步电机提供励磁电流的设备，包括电源、调节、控制和保护单元[33]。

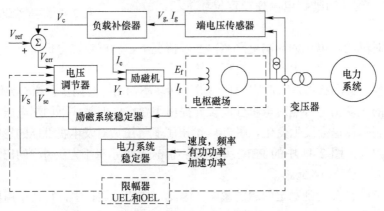

图 2.46 励磁控制系统功能框图

励磁系统主要分为以下几个子系统：

1）励磁机，一种附属机构，以快速变化的直流电压和电流的形式向同步发电机励磁绕组提供所需的功率。

2）电压调节器，将输入控制信号调理和放大成适合励磁机控制需求的等级和形式，既有调节功能也有稳定功能。电压调节器的作用是维持发电机端电压等于预定值或按照预定计划改变端电压。励磁系统稳定器是一个单元或一个单元组，通过串联或反馈补偿的形式调整前向信号，进而提高励磁控制系统的动态性能。

3）端电压传感器与负载补偿器，传感器的输出电压是励磁控制系统的主要信号，负载补偿器用于控制发电机内部或外部的电压。

4）电力系统稳定器（PSS），一种补偿电路，旨在通过励磁控制提供额外的阻尼转矩。

5）限幅器和保护电路，具有多种控制和保护功能，确保不超过励磁机和同步发电机的容量。

励磁电压的变化范围在几伏至 700V 之间，而大型汽轮发电机中直流励磁电流可能高达 8000A。

如果发电机的输出端连接至励磁系统为其供电，则当发电机侧发生短路时，发电机的端电压下降幅度较大，因此励磁电压将受到影响。对于上述以及其他情况，励磁系统必须具有强励能力，即在有限的时间内快速提供正向或负向的励磁电压。正向电压限幅是指预定条件下励磁系统能够输出的最大直流电压，约为额定直流励磁电压的 2~2.5 倍[33]。当电网发生较大扰动时，例如，发生短路导致电机端电压突然降落，正向强励要能够保持同步发电机稳定。如果突发扰动引起发电机端电压突然升高，直流励磁电压的极性快速改变，以实现去磁目的。负向电压限幅是指在有限时间内励磁系统可施加的最大反向电压，其幅值一般为额定直流励磁电压的 1.5~2.5 倍，负极性。

励磁响应时间应该足够小，以保证发电机受到电网扰动或瞬变时自动电压调节器能够及时控制发电机端电压。励磁系统电压响应时间是指，在特定情况下，励磁电压达到电压限幅与额定电压之差的 95% 所需的时间，一般以 s 计算。初始响应越快，越能产生较大的同步转矩以维持发电机稳定。随着电力电子技术的进步和静态励磁系统的发展，该响应时间大幅缩短。

2.1.8.2 励磁系统分类与建模

励磁机为同步发电机的励磁绕组提供励磁电流 I_f 或励磁电压 E_f ($=\omega L_{md} V_f / R_f$)。励磁电压的变化会导致励磁电流发生同样的变化，且与转子绕组的电阻成正比。过大的励磁电流会导致转子绕组发热，过小的励磁电流会减弱转子与定子之间的磁场耦合程度，严重时可导致发电机失步。在早期电力系统中，经常保持励磁电压 E_f 恒定，偶尔做手动调整。然而，目前常用反馈控制调整励磁电压，从而调节发电机的端电压。励磁系统分类标准有两种：ⓐ直流电压源 E_f 的特性；ⓑ反馈控制装置的特性[34]。

根据励磁电源的不同，IEEE Std.421.1—2007 给出了三种典型励磁系统[35,36]。

1）DC 励磁系统，在发电机转轴的一端安装带有换向器的直流发电机作为励磁电源。

2）AC 励磁系统，利用一台交流发电机和一个静止或旋转的整流器为同步电机的励磁绕组提供所需的直流电流。

3）ST 励磁系统，励磁功率由变压器或辅助发电机以及晶闸管整流器提供。

AC 与 ST 励磁系统只能为电机励磁绕组提供正向电流。然而，一些系统需要施加负向电压以使励磁电流降为零，这时需采取特殊措施来保证向同步电机供应负向励磁电流。

1．DC 励磁机

在 1920～1960 年，励磁系统主要使用直流励磁机，通过集电环直接为同步发电机励磁绕组提供励磁电流。最初的励磁系统利用机械装置通过改变一个可控变阻器来控制励磁机的磁场。但是，这一技术的响应时间较长。

（1）DC 发电机—换向器励磁器　IEEE Std.421.1—2007 定义了 4 种类型的 DC 发电机—换向器励磁器[33]：旋转放大器，静止放大器，带静止放大器的连续调节器，单独励磁的非连续阻尼调节器。

一种方法是通过直流换向器与集电环利用旋转放大器（交磁放大机）为励磁机提供励磁（见图 2.47）。通过一个辅助串联升压—降压电路改变励磁电流。

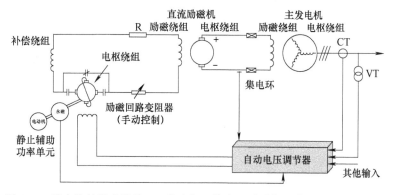

图 2.47　带有旋转放大器的 DC 发电机—换向器励磁机（摘自参考文献 33）

辅助励磁机（一台永磁发电机，PMG）以及放大器与直流电动机同轴，由直流电动机拖动。励磁机输出的部分电能供给自己完成自励。放大器可以根据电压调节器的指令改变励磁方向，从而维持发电机端电压等于预定值。如果放大调节器失效，可手动控制变阻器调节励磁电流。

（2）DC1A 励磁机模型[36]　如图 2.48 所示，该模型代表磁场可控型直流换向励磁机，包括连续可调式电压调节器、直接调节变阻器、旋转放大器和磁放大器。连续可调式电压调节器可以根据需要对电压进行微调。

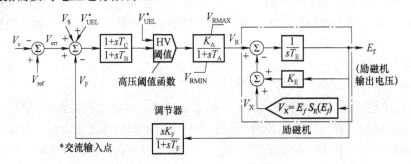

图 2.48　IEEE DC1A—DC 型换向器励磁机模型（来自参考文献[36]）

样本数据：自励直流励磁机。

$K_A=46$	$T_A=0.06$	$T_B=0;T_C=0$	$T_E=0.46$
$K_F=0.1$	$T_F=1.0$	$V_{RMAX}=1.0$	$V_{RMIN}=-0.9$
$S_E(E_{f1})=0.33$	$E_{f1}=3.1$	$S_E(E_{f2})=0.1$	$E_{f2}=2.3$

该模型的主要输入是端电压传感器和负载补偿模型的输出 V_c（见图 2.46 与图 2.61）。在求和节点处，参考点电压 V_{ref} 减去端电压传感器的输出 V_c。为了提高励磁系统的性能，使用负反馈单元对发电机的励磁电压进行了一系列调节；V_F 为励磁电压负反馈环节的输出[37]。电力系统稳定信号 V_S 也被引入以产生了一个误差电压，在正常运行条件下，它们为零。最终信号经过调节器被放大。

这些电压调节器所使用的电源一定不能受同步电机或附属母线短时电压突变的影响。时间常数 T_B 与 T_C 可用于表征电压调节器固有的等效时间常数，但是它们通常较小，可以忽略不计。故需要考虑该常数为零的情况。

与电压调节器相关的重要时间常数 T_A 和增益 K_A 与饱和或放大器电源容量等限幅合并在一起显示。电压调节器输出电压 V_R（如图 2.48 所示）负责控制励磁机，励磁机可选用他励也可选用自励方式（如图 2.49a、b 所示）[35]。最初 $V_R=0$，未接入负载补偿器，计算 K_E 的值[11]。

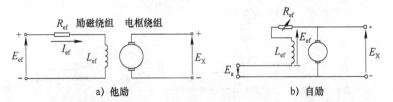

图 2.49　他励与自励直流励磁机模型（图来自参考文献[35]）

励磁机饱和函数 S_E 是励磁机输出电压 E_f 的非线性函数，它与 E_f 相乘，即 $V_X = E_f S_E(E_f)$。励磁电压信号经过增益为 K_F 和时间常数为 T_F 的速度反馈环节处理后，得到信号 V_F 用以保证励磁系统稳定。

首先，列写自励直流励磁机励磁电压的标幺值方程：

$$E_{ef} = E_a + E_X \tag{2.200}$$

得到直流励磁机模型的框图如图 2.50a 所示[35]。

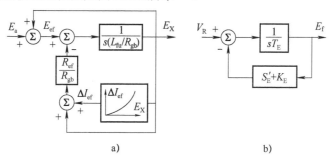

图 2.50　自励直流电机框图（图来自参考文献[35]）

由参考文献[35]可知，考虑到总电阻 R_{ef}（包含励磁绕组电阻以及励磁电路的其他电阻）以及励磁电路的增量电感 L_{ef}，可得：

$$V_R = K_E E_f + S_E' E_f + T_E \frac{\mathrm{d}E_f}{\mathrm{d}t} \tag{2.201}$$

图 2.50a 的框图可简化为图 2.50b 的励磁机模型（用于 DC1 和 DC2 励磁机），其中：

$$K_E = \frac{R_{ef}}{R_{gb}} - 1 \ ; \quad T_E = \frac{L_{efu}}{R_{gb}} \ ; \quad S_E' = \frac{R_{ef}}{R_{gb}} S_E \ ; \quad V_R = E_{ef} \ ; \quad E_f = E_X$$

$$L_{efu} = L_{ef} \left(\frac{\mathrm{d}I_{ef}}{\mathrm{d}E_X} \right) \Big|_{E_X = E_{X0}}$$

其中，E_{X0} 为工作点处的 E_X 值，I_{ef} 为励磁机电流。

采用标幺制，励磁机电阻的基值 $R_{gb} = R_g$。

可以发现，电阻 R_{ef} 的变化将影响包含饱和函数 S_E' 的反馈回路增益，但不影响前向通道的时间常数 T_E。

其余的直流励磁机模型可见参考文献[36]。其中，DC2A 类型励磁系统表示由发电机或者额外母线供电的带有连续可调电压调节器的励磁可控的直流换向器励磁机，DC3A 励磁系统常用来表示老式系统，特别是在连续可调电压调节器问世之前广泛应用的带有非连续调节器的直流换向器励磁机。

2. 交流发电机供电的整流励磁系统

这种励磁系统使用一台交流发电机和静止或旋转的整流器为发电机励磁绕组提供所需的直流电流。早期的交流励磁系统使用磁式和旋转功效相结合的调节器[38]，但是新系统一般使用电子放大器式调节器。

这种励磁机的负载效应很突出，将发电机的励磁电流作为模型的输入可以准确地反映这种效应。这种励磁系统不能提供反向电流，只有发电机搭配的可控整流的励磁系统（AC4A模型）才能提供反向励磁[33]。

（1）静止整流系统　为了改善同步发电机的动态性能与暂态稳定性，励磁系统应能够在端电压突变后短时间内提供较高的励磁电压。随着电力电子和整流系统的发展，励磁系统的性能显著提升。

图 2.51 是交流励磁机（交流发电机）通过静止整流桥为发电机提供励磁的系统结构示意图。励磁机与发电机同轴安装，由原动机拖动。由于为发电机提供励磁功率的整流桥不可控（由二极管构成），可以通过控制励磁机整流器调节励磁机的励磁，从而控制主发电机的励磁电流。

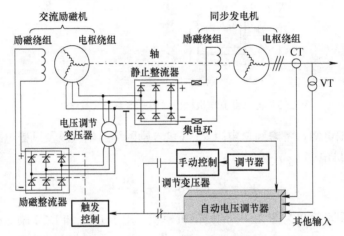

图 2.51　带有不可控静止整流器的交流发电机-整流器励磁机（图来自参考文献[33]）

励磁机没有采用自励方式，电压调节器的电源是不受外界干扰的独立电源。由于励磁二极管的固有特性，励磁机输出电压的下限为零[36]。

若交流发电机—整流器式励磁装置中静止整流器的二极管替换成晶闸管，则构成可控整流器，触发角由单独的驱动电路控制。同时，自动电压调节器控制整流器为主发电机提供励磁，而励磁机的磁场则由一个单独的调节器控制。

同步电机的励磁系统设有两个独立的控制系统：

1）自动调节器，根据发电机输出端电压和电流的测量值（通过一个电流互感器和一个电压互感器）以及其他辅助控制要求，自动调节器自动控制发电机的直流励磁电流。调节可控整流器的触发角，保持发电机端电压不受负载影响而保持在目标值。

2）手动调节器，当各种原因引起自动调节器失效时，通过手动设置的短时作用维持发电机励磁电压恒定。可以将调节器视为决定电机工作点的一种设备。

交流励磁机采用自励方式，通过电源变压器和电源电流互感器从励磁机出线端获取独立的交流输出，然后将其输入至励磁机整流器，为励磁机的励磁绕组提供直流电压。

AC1A 型励磁系统模型　AC1A 型励磁系统如图 2.52 所示，采用不可控整流和励磁电流反馈的交流发电机—整流器式励磁系统。

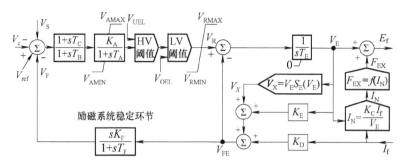

图 2.52 IEEE AC1A 型带有不可控整流器和励磁电流反馈的
交流发电机–整流器式励磁系统模型（图来自参考文献[36]）

样本数据：

K_A=400	T_A=0.02	T_B=0	T_C=0	K_F=0.03
T_F=1.0	K_E=1.0	T_E=0.80	K_D=0.38	K_C=0.20
V_{AMAX}=14.5	V_{AMIN}=-14.5	V_{RMAX}=6.03	V_{RMIN}=-5.43	
$S_E(V_{E1})$=0.10	V_{E1}=4.18	$S_E(V_{E2})$=0.03	V_{E2}=3.14	

负载励磁电流 I_f 对励磁机输出电压 V_E 动态特性的去磁效应可以通过在反馈回路中引入常数 K_D 来表示，常数 K_D 是交流励磁机的同步和暂态电抗的函数。整流器固有特性导致励磁机输出电压出现跌落，这一现象可以通过常路 K_C 来模拟，常数 K_C 是与换向电抗成正比的整流器负载因数。整流器的调节曲线所满足的函数关系为 $F_{EX} = f(I_N)$ [36]。

在此模型中，与励磁机的励磁电流成正比的信号 V_{FE} 来自两个信号的和，一个是励磁机输出电压信号 V_E 乘以 $K_E + S_E(V_E)$，另一个是 I_f 乘以退磁常数的 K_D。在某些模型中，将信号 V_F 作为励磁系统稳定环节的输入，其输出是 V_F。

（2）旋转整流器系统　旋转整流器式励磁机属于无刷励磁系统。既然交流发电机励磁机和二极管整流器随转轴旋转，故无需电刷和集电环，取消电刷和集电环降低了维护工作量。

基本的无刷励磁控制系统如图 2.53 所示。该系统包括一台交流发电机—整流器式主励磁机和一台 PMG 复励磁机，它们均由同步电机拖动，与二极管整流器和发电机励磁系统一起旋转[24]。但是，由于所有元件都旋转且无集电环连接，无法直接测量发电机的励磁参数。

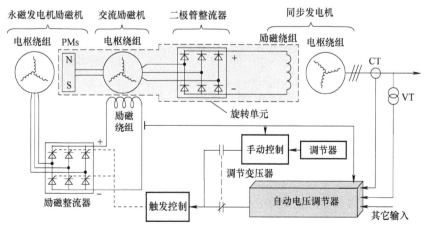

图 2.53 带有不可控旋转整流器的交流励磁机（无刷励磁控制系统）（图来自参考文献[24,33,36]）

电压调节器利用测量变压器测量发电机的端电压，并将其与内部恒定的参考量进行比较，其差值决定了励磁机整流器晶闸管的触发角。

永磁发电机作为复励磁机通过可控整流电路向交流励磁机提供直流励磁电压。进一步，交流励磁机通过二极管整流电路为主发电机提供励磁电压。

为了加快初始响应，当发电机的端电压降低时，励磁系统需产生强励作用以增强发电机的励磁磁场。强励是指施加到电机励磁绕组两端的电压超过给定工况下产生期望且额定输出所对应的励磁电压。

AC5A 励磁系统模型　AC5A 励磁系统模型如图 2.54 所示，代表了一种无刷励磁系统。调节器由不受系统扰动影响的永磁同步发电机供电，与其他交流模型不同，该模型使用带载而非空载的励磁机饱和数据，使用方式与直流模型的情况相同[36]。

读者可通过查阅 IEEE Std.421.5—2005 获得更多有关该模型以及其他励磁系统模型的信息[36]。

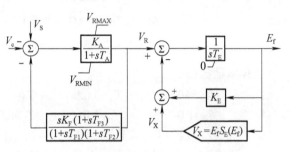

图 2.54　旋转整流器励磁系统的简化模型

3. 静态励磁系统

静态励磁系统没有运动部分，基本上由一台变压器、一套晶体管整流器和一台电压调节器组成。一个完整的系统包括控制、投励与退励电路。通常由发电机端电压或辅助电压母线经励磁变压器和晶闸管整流器变换获取励磁功率。在某些情况下，励磁功率还可以取自发电机的辅助绕组，从而无需变压器。

许多静态励磁系统的励磁电压上限很高。对于这种系统，需要额外的限流电路来保护励磁器和发电机的转子。

（1）带有可控整流器的电源—整流器式励磁机　这种励磁系统如图 2.55 所示，由发电机端电压经过一台电源变压器和一套可控整流器变换获取励磁功率。电压调节器通过控制脉冲触发单元调整晶闸管整流器的直流输出。

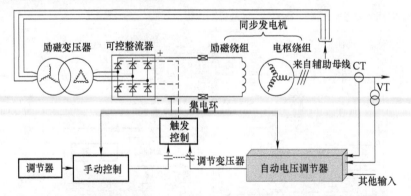

图 2.55　带有可控整流器的电源—整流器式励磁机（图来自参考文献[33]）

既然励磁功率取自发电机出线端，那么励磁电压的最大值（上限电压）与发电机端电压直接相关。因此，当发电机附近发生严重故障时，端电压受到影响，从而上限电压降低。这一问题主要通过加快励磁系统初始响应和提高强励能力来解决。当发电机与坚强电力系统相连时，使用此励磁系统能取得令人满意的效果。

在一个简化的配置中，励磁功率可取自发电机的辅助绕组，无需励磁变压器。

ST1A 型励磁系统模型　与电源–可控整流器式励磁系统（见图 2.55）相对应的 ST1A 型励磁系统模型如图 2.56 所示。

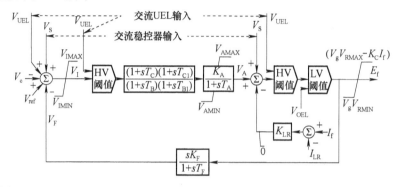

图 2.56　IEEE ST1A 型电源–可控整流器式励磁机模型（图来自参考文献[36]）

样本数据：励磁机与调节器

K_A=210	T_A=0	T_C=1.0	T_B=1.0	K_C=0.038
T_{C1}=0	T_{B1}=0 K_F=0	T_F=0	I_{LR}=4.4	K_{LR}=4.54
V_{RMAX}=6.43	V_{RMIN}=-6.0	V_{IMAX},V_{IMIN}		

V_{IMAX} 和 V_{IMIN} 是电压调节器的输入极限，V_{RMAX} 和 V_{RMIN} 是调节器输出电压的最大值与最小值。

该励磁系统的固有励磁时间常数非常小，可以不考虑励磁稳定问题。而且，出于其他方面考虑，总是希望减小系统的瞬态增益。对于该模型，可以采取多种降低瞬态增益的手段，既可以在前向通道中调节时间常数 T_B 和 T_C（在此情况下通常设置 K_F 为零），又可以在反馈通道中选择合适的反馈参数 K_F 和 T_F。用 K_A 和 T_A 分别表示电压调节器增益和任意固有励磁系统的时间常数。用时间常数 T_{C1} 与 T_{B1} 体现瞬态增益升高的影响，此时 T_{C1} 大于 T_{B1}。

在桥式整流电路中，器件的触发方式影响着输入和输出的关系。选择一个简单的增益 K_A，可将模型中的输入和输出描述成线性关系。在少数系统中，输入和输出呈非线性，近似一个正弦函数，其幅值取决于电源电压。通常情况下增益值设置较高，将这种特性线性化可以满足建模的目的。无论特性呈线性还是正弦特性，电压上限的表达式不变。

在多数情况下，可忽略 V_I 的本身限制，同步电机的端电压和励磁电流所决定的励磁电压限幅。考虑系统强励情况，有时采用励磁电流限幅器来保护发电机的转子和励磁机。发电机的励磁电流 I_f 受框图中 K_{LR}（励磁机输出电流限幅增益）和 I_{LR}（励磁机输出电流限幅基准）的限制。比例因子 K_{LR} 具有一定下限。为避免使用 K_{LR}，我们可将 K_{LR} 设置为零[36]。

（2）采用不可控整流器的复合源–整流器式励磁机　通过复合输入，可以在静态系统中实现非常快速的响应和大范围的励磁调节，因此励磁电压可以对发电机的负载电流和主发电机的端电压实现快速响应。这个系统属于自励系统，励磁机的输入来自发电机的输出：通过电压电力变压器（PPT）构建的电压源；通过可控饱和电流互感器（SCT）构建的电流源。通过可控整流器控制电流互感器的饱和程度调节发电机的励磁，具体结构如图 2.57 所示。在空载运行时，电压源发挥作用；在负载运行时，一部分励磁功率由发电机的负载电流提供。

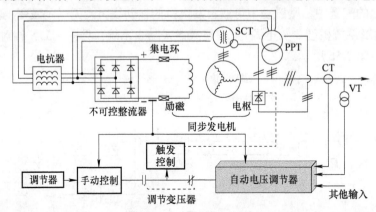

图 2.57　采用不可控整流器的复合源–整流器式励磁机（图来自参考文献[33]）

自励单元具有固有的缺点，即当励磁机试图改变低压状态的同时，交流输出电压较低。但是，将电压源和电流源相结合，即使发电机的线电压严重跌落，系统也能够提供全部励磁功率。这种特性在某些电力系统中尤为重要。

关于复合源–整流器式励磁机，不同公司给出了多种不同的配置方案。文献[33]中介绍了三种不同容量的复合式励磁系统。

ST2A 型励磁系统模型　图 2.58 所示的 ST2A 型励磁系统模型是复合源–整流器式励磁系统。利用端电压 $\underline{V}_g$ 与电流 $\underline{I}_g$ 相量组合构成励磁电源，有必要建立该电源的数学模型。T_E 是与控制绕组的电感相关的时间常数，E_{fMAX} 表示由于磁性元件饱和引起的励磁电压的限幅。

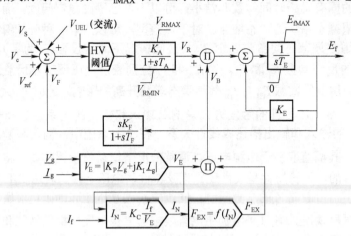

图 2.58　IEEE ST2A 型复合源–整流器式励磁机（图来自参考文献[36]）

样本数据：

T_R=0	T_E=0.5	K_E=1.0	K_A=120	K_F=0.05	V_{RMAX}=1.0
T_A=0.15	T_F=1.0	K_P=4.88	K_I=8.0	K_C=1.82	V_{RMIN}=0

电力电子技术的进步以及保护和控制系统的发展促进了各种静态励磁系统的设计。ST型励磁系统的其他模型可参阅文献[36]。

2.1.8.3　控制与保护功能

同步发电机的励磁系统包括很多重要的控制和保护功能（见图 2.59）。就励磁系统的结构而言，一些功能可以定制，一些功能可以去除。

1.　自动与手动调节器

励磁系统包括一个自动电压调节器和一个手动电压调节器。自动调节器旨在维持发电机端电压（AC）处于预定值。此动作涉及各种附加的控制和保护功能，如图 2.59 所示。当自动调节器不可用时，以及测试和发电机起动时，便采用手动调节器，手动调节器维持发电机励磁电压恒定。由于手动调节器（DC）的设定点仅可由操作员调整，故一定要保持发电机安全运行。

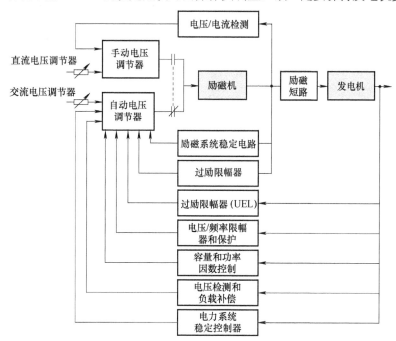

图 2.59　励磁系统控制与保护电路（来自参考文献[1]）

2.　励磁系统稳定电路

有些励磁系统存在较大的时间延迟，因此，在动态操作过程中表现不佳，这一问题体现在所有直流励磁机和部分交流励磁机上。当发电机空载运行时，端电压变化不明显，较高的调节器增益会导致励磁控制不稳定。因此，可以通过串联或反馈的形式引入励磁系统稳定电路，以改善励磁系统的动态性能。图 2.60 给出了反馈补偿响应的一个简单例子。

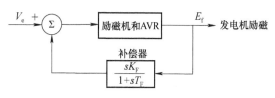

图 2.60　励磁系统稳定控制的微分反馈[1]

现代励磁系统采用固态技术和简单配置，具有快速的响应能力和良好的动态特性。

3. 端电压传感器与负载补偿

自动电压调节器维持发电机的端电压稳定在期望值。在某些情况下，需要负载补偿作用以实现上述目标。无功补偿是一种补偿方法，该方法不调节发电机的端电压，通过利用采取端电压、电流和可变补偿阻抗调整另外的综合电压。另外一种补偿方法称为线路压降补偿法，其电压调节节点在电机出线端之外。

补偿阻抗由可调电阻（R_c）和可调感性电抗（X_c）组成，位于发电机出线端和电压控制点之间。通常情况下，由于阻抗比 R/X 很低，故忽略电阻值。用补偿阻抗和实测电流计算一个电压降，叠加在实测端电压上，或从实测端电压中减去，得到一个补偿后的电压，其计算公式为

$$V_{c1} = \left| \dot{V}_g + ((R_c + jX_c)\dot{I}_g \right| \tag{2.202}$$

图 2.61a 为负载补偿电路，图 2.61b 为端电压传感器和负载补偿器的框图。

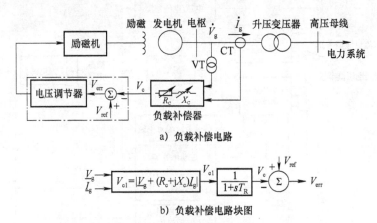

a) 负载补偿电路

b) 负载补偿电路块图

图 2.61　负载补偿电路及其框图[36]

考虑建模需要，用 T_R 表示与电压传感器相关的滤波时间常数。对于多数励磁系统而言，从检测到负载补偿的整个过程的时间常数都非常小，因此，上述时间常数很小，甚至可以设置为零。当考虑时间常数 T_R 时，可以得到一个补偿电压，将该补偿电压被送入电压调节器。

在励磁系统模型中，将补偿电压 V_c 与参考电压 V_{ref} 进行比较。根据闭环稳态方程，计算电压调节器的等效参考信号 V_{ref}。如果负载补偿无效或不存在，则励磁系统将维持由参考信号决定的端电压[36]。

无功电压补偿可选择以下两种方法：

1）当多台发电机共用一台升压变压器，并且它们之间没有连接阻抗时，它们的电压可能略有不同。因此，负载补偿器将在发电机之间产生人为的耦合阻抗，因此，它们基本会按照相同标准分担无功功率。在这种情况下，R_c 与 X_c 均为正值，对应的调节点在同步电机内的出现端以内。

2）当一台发电机通过大阻抗连接到电力系统时，或者两台及以上发电机通过单独的变压器连接到电力系统时，可将电压的调节点设置在电机的出线端之外。补偿阻抗通常约为变压器阻抗的 50%~80%，如此可在变压器上获得平衡的电压降，从而允许发电机并联。这种

情况下，R_c 与 X_c 将要出现负值。

当不采用负载补偿（$R_c = X_c = 0$）时，负载补偿电路退化为简单的检测电路和比较器。

4. 励磁限制

同步电机注入或吸收的无功功率和电压控制受到稳定性或热状态的限制。因此，励磁限幅器被用来确保发电机的正常运行（见图 2.62a、b），它是励磁系统电压调节器的一部分。

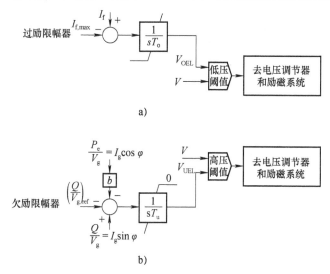

图 2.62　过励与欠励限幅器的框图[12]

出于稳定性考虑，安装在同步发电机上的大多数励磁系统都设计成具有强励功能，允许在有限时间内控制励磁电流处在最大连续电流与最大励磁电流之间。因此，过励限幅（OEL）的目的是保护发电机免于过热，故强励功能必须与限幅器配套使用。过去，在电力系统仿真中并未对 OEL 进行建模。如今电力系统负荷压力大，发动机经常长时间处于极限工作状态，这时 OEL 的合理建模显得格外重要。

为了符合稳态条件下转子限幅要求（见图 6.62a），励磁限幅器由一个积分器组成，其输出下限为零，增益为 $1/T_o$。采用这种配置时，应设置励磁电流的第二限幅值，允许其在短时间内大于 $I_{f,max}$。因此，只有积分器输出信号 V_{OEL} 为正时才会减小电压调节器的参考电压 V_{ref}。换句话说，该输出信号引起励磁电压下降，发送无功功率，即它使发电机发生去磁，使励磁电流 I_f 返回到极限值 $I_{f,max}$[12]。

一般而言，过励限幅器的输出信号 V_{OEL} 经过取最小值环节送至电压调节器，取最小值环节的输出等于输入的最低值。

欠励限幅器（UEL）　如图 2.62b 所示。当检测到励磁电压过低时，欠励限幅器（UEL）增大发电机的励磁。欠励限幅器是励磁系统中一种辅助的控制电路，用来约束电压调节器对发电机欠励无功电流（或无功功率）的要求。欠励限幅器通常用于防止破坏电机稳定性或定子端部局部过热的操作。

早期，欠励限幅器用于稳态控制，对于最初的暂态过程几乎没有作用。后来，随着励磁性能的提高，欠励限幅器又被应用到快速控制环节。

欠励限幅器通常将端电压和电流，或有功功率和无功功率作为触发信号，确定限制作用点并提供必要的反馈。通常情况下，限幅器的输出信号 V_{UEL} 经过取最大值环节或求和环节送至电压调节器，如各式励磁系统框图所示。取最大值环节的输出等于输入的最高值。

欠励限幅器包含一个增益为 $1/T_u$ 的积分器，其范围在 $0.1s^{-1}$ 内，也就是 $T_u \cong T_0 \cong 10s$，积分上限为零。因此，如果超过欠励限幅器的限定值，积分器的输入信号为负。从 V_{ref} 中减去负的输出信号 V_{UEL} 导致，励磁电压增加。换句话说，欠励限幅器促使发电机增加励磁，并返回到欠励限幅极限以内。在稳态运行时，积分器输入为零。

由于 $T_u \cong T_0 \cong 10s$，限幅器回路的动作较慢，主要控制慢变过程，例如，转子与定子的发热问题。例如，如果电力系统突然发生短路，超过转子温升限制可能会持续数秒钟。该功能有助于当电力系统发生干扰时保持机组的稳定性[12]。

V/Hz 限幅器和保护电路 V/Hz 限幅器和保护电路用来限定端电压和系统频率之比，进而保护发电机。比率高于 V/Hz 的额定值表示由过电压和（或）低频引起了大励磁。过励磁会导致磁心发热，并可能损害发电机和升压变压器。在稳定运行状态下，发电机的最大 V/Hz 为 105%～110%。当超过 V/Hz 极限时，励磁调节装置发挥作用，使 V/Hz 值保持在允许范围内。然而，由于同步电机可以在短时间内承受较大的励磁磁通，因此，在限幅器动作之前可以使用反时限延时。当低于 V/Hz 的 95% 时，电机降容运行，稳定余量也会减小。当电机非同步速度运行时，例如在起动期间或孤岛运行期间，V/Hz 限幅器具有重要作用。当电机与系统同步运行时，V/Hz 限幅器基本上作为反时限电压限制器使用[39]。

V/Hz 限幅器模型如图 2.63 所示。

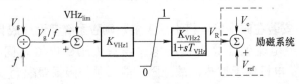

图 2.63 V/Hz 限幅器模型

当电压与频率之比 V/Hz 的标幺值超过预定值 VHz_{lim} 时，在励磁系统中会产生一个额外的负信号，迫使发电机励磁下降。将 V/Hz 乘以增益 K_{VHz1}，在进入励磁系统电压调节器的求和点之前，使用滞后函数调整 V/Hz 时间[40]。

值得一提的是[36]：

1）在大型电力系统分析中，励磁电流限幅器往往不出现；在采用快速限幅器的总线馈电静态系统中，励磁电流限幅器越来越重要；

2）在励磁系统建模时，端电压和 V/Hz 限幅器往往不出现。然而，在一些模型中，端电压限幅器的输出 V_{OEL} 经过"门函数"送至调节器回路。端电压限幅功能还可以用到辅助断续式励磁控制模型中。

5. 励磁短路电路[⊖]

对于 AC 和 ST 型励磁器（静态励磁器），励磁器提供的电流不能为负。在磁极滑动和系

⊖ 经参考文献[36]授权引用。

统短路的情况下，同步电机的励磁系统中可能会感应出负电流。如果不允许出现负电流，则可能在励磁电路上产生危险的高电压。在某些情况下，阻尼绕组或实心铁转子也许会限制励磁绕组和整流器所承受的这种高压。在其他情况下，通常配以专门电路旁路励磁器，为负电流提供通路。这些电路可以是"Crowbar"电路（励磁短路）或非线性电阻（压敏电阻）（见图 2.64a、b）[1,36]。

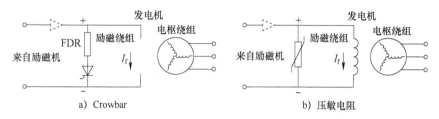

图 2.64　用于旁路负向励磁电流的电路（来自参考文献[36]）

就"Crowbar"电路而言，在同步电机励磁绕组两端串联连接放电电阻器（FDR）和晶闸管。当励磁电流反向而产生过电压时触发晶闸管，由励磁机输出端的整流器产生阻断效应。

压敏电阻是非线性电阻，连接在同步电机励磁绕组两端。在正常条件下，这种器件的电阻值非常大，几乎没有电流通过。随着两端电压升高并超过阈值，压敏电阻的电流迅速增加，从而限制励磁绕组上和励磁机整流器输出端的电压。

读者可以参考文献[1,36]了解更多细节。

6. 电力系统稳定器

通过励磁控制，电力系统稳定器可以提高电力系统振荡时的阻尼。出于经济和安全考虑，可以通过互连线扩展电网规模。但是，由于可能出现低频区域振荡（0.2.1Hz 的突发电磁振荡），这种扩展会带来小信号稳定问题。一组同步运行的发电机所产生的振荡可能对另一区域中的一组或多组发电机造成影响。电力系统内部还存在其他类型的振荡：局部振荡——一台同步电机发生振荡而影响同一电厂中的其他发电机或电力系统；次同步振荡——涡轮发电机轴系出现扭振。

当在稳态操作点（P_{nom}）周围出现小干扰时，区间振荡和局部振荡影响电力系统的稳定性。在稳态条件下，振荡体现可以在发电机的速度响应中。解决局部和区域间振荡问题的方法是添加一个对振荡敏感的控制回路，称为"电系统稳定器"，阻碍振荡。

在稳态情况下，电压调节器 AVR 可以增强电力系统的稳定性。在瞬态情况下，AVR 能力不足。另一方面，实际运行中由电压调节器控制的同步发电机的转矩不足以抵抗电力系统中出现的振荡。因此，随着电力系统互连的发展，互连线（尤其是高压线）上负荷增加，会导致系统出现不稳定。

为了应对振荡和不稳定问题，可以将 PSS 作为反应（校正）环节添加到电压调节器（AVR）中，该环节可以产生一个转矩以抵消发电机的轴系扭振。通常，输入是转轴速度、频率、加速功率和端电压[36]。在稳态运行条件下，PSS 的输出为零。这是提高小信号稳定性的非常有效的方法，PSS 的传递函数必须能够补偿励磁系统和电磁转矩之间存在的滞后相位。

下面给出的稳定器模型与励磁模型通常是一致的，一般用于研究 3Hz 以下不稳定的控制模态[36]。稳定器参数应与稳定器模型中指定的输入信号类型一致，具有不同输入信号的稳定器的参数可能看起来大不相同，但应该能够提供类似的阻尼特性。

对于带有泵升储能单元的系统，无论同步电机工作在发电模式还是泵升模式，稳定器都可发挥作用，但两种模式的参数不同。

（1）PSS 1A 型电力系统稳定器 图 2.65 给出了具有单输入的电力系统稳定器的通用形式。常见的稳定器输入信号（VSI）包括速度、频率和功率。

在图 2.65 中，T_6 为传感器时间常数；K_S 为稳定器增益；T_5 为信号洗出时间常数。另一个方框中，A_1 和 A_2 用来反映高频扭振滤波器的低频效应。如果无需考虑低频效应，该环节可用于协助调整稳定器的增益和相位特性。接下来的两个方框中，常数 $T_1 \sim T_4$ 用来设置两个阶段的超前—滞后补偿。

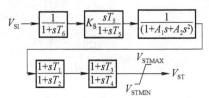

图 2.65 PSS1A 型单输入电力系统稳定器
（来自参考文献[36]）

可以采用多种方法对电力系统稳定器的输出进行限制。此模型仅有简单的稳定器输出限制，V_{STMAX} 与 V_{STMIN}。在某些系统中，遭遇严重故障后，稳定器的输出与调节器快速断开，以避免在第一个振荡周期中破坏调节器的作用。断开过程如图 2.66 所示，如果端电压 V_g 低于最小值 V_{gMIN}，则根据预定时间 T_{DR} 要求断开 PSS 的输出[36]。

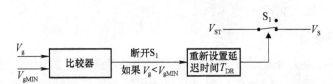

图 2.66 DEC3A 型非连续励磁控制器稳定信号的暂时中断模式（来自参考文献[36]）

在其他系统中，稳定器输出是发电机端电压的函数，进而受一定约束。

稳定器输出 V_{ST} 还是辅助非连续控制模块的输入，如若没有非连续控制模块，则 $V_S = V_{ST}$。

（2）PSS2B 型电力系统稳定器 图 2.67 给出了双输入的稳定器模型，输入信号包括功率和速度（或频率），输出是稳定信号。

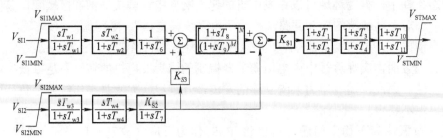

图 2.67 PSS2B 型双输入电力系统稳定器（来自参考文献[36]）

特别的是，此模型可用于表示两种不同类型的双输入稳定器，如下所示[36]:

a）在系统振荡频率范围内，稳定器用为电力输入稳定器，利用速度或频率信号产生等效的机械功率信号，使总信号对机械功率变化不敏感。

b）稳定器将速度（或频率）和电功率作为输入。这类系统通常直接使用速度信号，无需对相位超前补偿，并构建与电功率成正比的信号，以获得渴望的稳定信号。

虽然上述两种双输入稳定器可采用相同的模型，但用于等效稳定作用的模型参数差别很大。

在图 2.67 中，V_{SI1} 通常表示速度或频率，V_{SI2} 表示功率信号。每一路输入中包含两个洗出时间常数，即 $T_{w1} \sim T_{w4}$。随后便是传感器时间常数 T_6 和积分时间常数 T_7。洗出电路是一个高通滤波器，负责抑制因 PSS 动作所造成的频率、速度和功率的变化对励磁电压的影响。PSS 只在稳定信号发生瞬间变化时才发挥作用[41]。

对于第一种双输入稳定器，K_{S3} 通常设置为 1，K_{S2} 等于 $T_7/2H$，其中，H 为同步电机的惯性常数。这些电力系统稳定器常数决定了阻尼程度。

指数 N（整数，最大值为 4）和 M（整数，最大数为 5）用来表示"斜坡跟踪特性"或简单的滤波器特性，通常设置 $N=1$，$M=5$。通过在输入端对电功率信号进行积分，斜坡跟踪滤波器对斜坡变化的稳态误差为零。

两个超前—滞后或滞后—超前框图（$T_1 \sim T_4$）可以起到相位补偿的作用，超前-滞后与滞后-超前环节用以补偿励磁电压与电机转矩之间的相移。对于具有三个超前-滞后环节的稳定器建模，需要引入带有滞后时间常数 T_{11} 和超前时间常数 T_{10} 的附加环节。

注意：在许多研究中，通常选择带有合适参数的简单的单输入 PSS1A 型，而不是双输入 PSS2B 模型。

2.1.8.4　案例

为了说明动态方程的推导过程，我们简化励磁系统结构、端电压控制模块（VCB）以及 PSS。带有一个 PSS 输入的 IEEE ST1 型励磁机的结构如图 2.68a 所示：

V_C 为发电机端电压；K_A 为电压调节器增益；T_A 为电压调节器的时间常数；V_R 为电压调节器的输出；T_R 为调节器输入滤波器时间常数；K_F 为励磁控制系统稳定器增益；T_F 为励磁控制系统稳定器时间常数；K_S 为稳定器增益；T_W 为 PSS 洗出时间常数；T_i 为时间常数；V_i 为中间变量；ΔI_{input} 为输入信号。

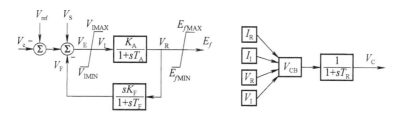

a）带有PSS输入V_s的ST1型励磁机　　　　　　b）端电压控制模块

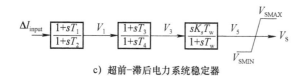

c）超前-滞后电力系统稳定器

图 2.68

控制方程如下：

$$
\begin{Vmatrix}
V_E = V_{ref} - V_C + V_S - V_F \\[4pt]
V_F = (K_F/T_F)V_R - V_{FL} \\[4pt]
\dot{V}_{FL} = V_F \\[4pt]
V_I = \begin{cases} V_{IMAX} & \text{如果 } V_E \geq V_{IMAX} \\ V_E & \text{如果 } V_{IMAX} > V_E > V_{IMIN} \\ V_{IMIN} & \text{如果 } V_E < V_{IMIN} \end{cases} \\[14pt]
\dot{V} = (K_A V_I - V_R)/T_A \\[4pt]
\dot{E}_f = \begin{cases} E_{fMAX} & \text{如果 } \dot{V}_R \geq E_{fMAX} \\ \dot{V} & \text{如果 } E_{fMAX} > \dot{V}_R > E_{fMIN} \\ E_{fMIN} & \text{如果 } \dot{V}_R < E_{fMIN} \end{cases}
\end{Vmatrix}
\tag{2.203}
$$

图 2.68b 中的端电压 V_C 是 d 轴和 q 轴电压的函数，其值取决于端电压（V_R，V_I）、电机节点的电流（I_R，I_I）以及从同步电机端部看去的阻抗（$R_C + jX_C$）的实部与虚部。电压 V_{CB} 的完整方程为

$$
\dot{V}_C = (V_{CB} - V_C)\frac{1}{T_R}
$$

$$
V_{CB} = \sqrt{(V_R + I_R X_C + I_I R_C)^2 + (V_I + I_R X_C + I_I R_C)^2}
\tag{2.204}
$$

$$
\begin{bmatrix} I_R \\ I_1 \end{bmatrix} = \begin{bmatrix} \sin\theta & \cos\theta \\ -\cos\theta & \sin\theta \end{bmatrix} \begin{bmatrix} I_R \\ I_q \end{bmatrix}
$$

式中，I_d 与 I_q 分别为 d 轴和 q 轴电流。

超前—滞后 PSS 结构如图 2.68c 所示。PSS 的控制方程为

$$
\begin{Vmatrix}
\Delta I_{input} = \begin{cases} \Delta\omega = \omega_n - \omega_0 \\ \text{或} \\ \Delta P_a = P_m - P_e \end{cases} \\[14pt]
\dot{V}_1 = (T_1/T_2)\Delta\dot{I}_{input} + (\Delta\dot{I}_{input} - V_1)/T_2 \\[4pt]
\dot{V}_3 = (T_3/T_4)\dot{V}_1 + (V_1 - V_3)/T_4 \\[4pt]
\dot{V}_5 = K_S\dot{V}_3 - (V_3/T_W) \\[4pt]
\dot{V}_S = \begin{cases} V_{SMAX} & \text{如果 } \dot{V}_5 \geq V_{SMAX} \\ \dot{V}_5 & \text{如果 } V_{SMAX} > \dot{V}_5 > V_{SMIN} \\ V_{SMIN} & \text{如果 } \dot{V}_5 < V_{SMIN} \end{cases}
\end{Vmatrix}
\tag{2.205}
$$

2.2 感应电动机的理论与建模

感应（异步）电动机是电力系统的主要负载，是电能的主要消耗者（电力系统 60%以上

能量被感应电机消耗）。因此，感应电动机的动态特性更能反映负载的性能与动态特性。

2.2.1　设计与运行问题

与同步发电机类似，感应电机的主要由定子和转子构成，定子与转子之间为气隙。定子是一个施感部件，由导磁铁心和绝缘绕组组成，绕组间隔 120°。转子与定子相似，呈对称结构，由导磁铁心和转子绕组组成，可视为受感部件。同步发电机的转子绕组（励磁绕组）直接与直流电源相连，与同步电机不同，感应电机的转子三相绕组呈 Y 形连接，且极对数 p 与定子绕组保持一致。对于绕线转子感应电机而言，转子绕组的出线端通过集电环连接到外部无源电路，对于单或双笼形结构感应而言，转子绕组在内部短接。

感应电机转子有两种结构：短路（笼型）结构与集电环结构。前一种结构简单、应用广泛，转子绕组是铜条或铝条做成的圆柱形笼子（所谓的"鼠笼"），铜条或铝条的端部由两个端环短接。制造转子绕组的方法包括两种，一种是将没有绝缘的铜条或铝条放置在转子槽内（见图 2.69a），另一种是将熔化后的铝倒进转子槽内铸造。

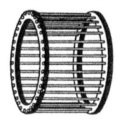
a）转子的笼型结构

b）笼型转子[42]

图 2.69　笼型转子感应电机

集电环结构转子，也称为绕线转子，由绝缘导线绕制而成（见图 2.70a）。在多数情况下三相绕组 Y 形连接，绕组的出线端与转子轴上的集电环连接。

与集电环接触的电刷将转子绕组与三相变阻器相连（见图 2.70b）。如此配置下的转子回路电阻可调，这将有利于电机的起动。

a）转子与集电环

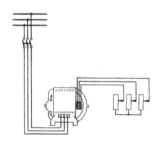
b）电机集电环与起动变阻器相连[42]

图 2.70　绕线转子感应电机

在一定程度上，异步电机与变压器类似，仅通过互感将能量从定子（一次）绕组传递到转子（二次）绕组。因此，异步电机通常也称为感应电机。

感应电机之所以能够运行是因为转子角速度与电网频率的比值随电机负载和供电特性的

变化而变化。感应电机可用作于电动机、发电机或异步制动器。

当感应电机与电网（可视为平衡三相电压源，频率为 f_s）相连时，定子绕组电流产生一个旋转磁场，其基波分量角频率与电网频率相等，即 $\omega_s = 2\pi f_s$，从而机械角速度为 $\omega_{ms} = \omega_s / p$（rad/s）。如果转子旋转的机械角速度 $\omega_{mr} = \omega_r / p$（rad/s）与旋转磁场的转速不同，则转子绕组会感应出的电动势，电动势频率 f_r 与相对速度 $\omega_s - \omega_r = p(\omega_{ms} - \omega_{mr})$ 成正比，从而在转子绕组中产生感应电流。

以同步速度为基值，转子的转差速率为

$$s = \frac{\omega_{ms} - \omega_{mr}}{\omega_{ms}} = \frac{(\omega_s / p) - (\omega_r / p)}{\omega_s / p} = \frac{\omega_s - \omega_r}{\omega_s} = 1 - \frac{\omega_r}{\omega_s} \tag{2.206}$$

因此，转子绕组中感应电动势和电流的频率与转差频率相等：

$$f_r = s f_s \tag{2.207}$$

转子电流等于感应电动势与相应的频率为 f_r 的转子绕组阻抗之比，转子电流产生的磁场与定子磁场相互作用产生转矩。为了获得正向转矩（电动机），感应电机的转差率应为正值，即 $\omega_s > \omega_r$。

在空载情况下，转差为正值且很小。在负载情况下，转子负载产生负载（反抗）转矩，则转子速度降低，转差率增加，导致感应电动势和电流增大，即电机转矩将增大。在这种情况下，感应电机作电动机运行。

当转子由一台速度大于旋转磁场速度的原动机拖动时，即 $\omega_s < \omega_r$，此时转差率为负值，因此感应电动势的极性相反，感应电机作发电机运行。

2.2.2 感应电机的一般方程

2.2.2.1 电路方程

采用与同步电机类似的方法建立感应电机的数学模型。首先，根据定子（a，b，c）相量与转子（A，B，C）相量写出感应电机的电路方程；然后，通过 Park 变换获得转子坐标系（d，q，0）上的方程。但是，应考虑感应电机的特殊问题[1,29]：

1）在选择 dq 参考坐标系时应考虑转子速度随负载变化而变化。

2）由于转子结构对称，d 轴与 q 轴上的等效电路相同。

3）定子与转子三相绕组的中性点相互隔离，因此，无需考虑零序分量。

4）由于转子绕组上无需施加励磁电源，转子电路的动态特性由转差率 s 确定，而不是由励磁控制系统确定。

此外，采用负载原则确定转子和定子电路中的电流方向（见图 2.71）；通常可以认为：

1）忽略磁路饱和；

2）气隙磁通呈正弦分布。

感应电机的电压方程为

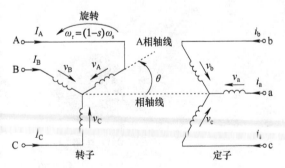

图 2.71　感应电机的定子与转子电路

定子电路:

$$v_a = R_s i_a + \frac{d\psi_a}{dt}$$

$$v_b = R_s i_b + \frac{d\psi_b}{dt} \qquad (2.208)$$

$$v_c = R_s i_c + \frac{d\psi_c}{dt}$$

转子电路:

$$v_A = R_r i_A + \frac{d\psi_A}{dt}$$

$$v_B = R_r i_B + \frac{d\psi_B}{dt} \qquad (2.209)$$

$$v_C = R_r i_C + \frac{d\psi_C}{dt}$$

方程(2.208)与(2.209)可写成矩阵形式:

$$[v_s] = R_s[i_s] + \left[\frac{d\psi_s}{dt}\right] \qquad (2.208a)$$

$$[v_r] = R_r[i_r] + \left[\frac{d\psi_r}{dt}\right] \qquad (2.209a)$$

式中,$[\psi_s] = [\psi_a, \psi_b, \psi_c]^t$ 是定子绕组磁链矢量;$[\psi_r] = [\psi_A, \psi_B, \psi_C]^t$ 是转子绕组磁链矢量;$[i_s] = [i_a, i_b, i_c]$ 是定子绕组电流矢量;$[i_r] = [i_A, i_B, i_C]$ 是转子绕组电流矢量;R_s 和 R_r 分别为定子与转子绕组电阻。

定义流入绕组的电流方向为正方向。

匝链两个绕组的磁链可以写成:

$$\left[\frac{[\psi_s]}{[\psi_r]}\right] = \left[\frac{[l_{ss}] \,\vdots\, [l_{sr}]}{[l_{sr}] \,\vdots\, [l_{rr}]}\right]\left[\frac{[i_s]}{[i_r]}\right] \qquad (2.210)$$

式中,$[l_{ss}]$ 为定子绕组的自感和互感矩阵;$[l_{sr}]$ 为定子绕组与转子绕组间的互感矩阵;$[l_{rr}]$ 为转子绕组的自感和互感矩阵。

考虑到转子结构的对称性,定子绕组的自感和互感,以及转子绕组的自感和互感,均为常数,而定子绕组与转子绕组之间的互感取决于转子位置角 θ (见图 2.72):

$$\theta = \omega_r t + \theta_0 \qquad (2.211)$$

式中,θ_0 为 $t=0$ 时 θ 的值。

将式(2.206)中的 ω_r 代入式(2.211)中,得到 θ 与转差率 s 及转子磁场电角速度 ω_s

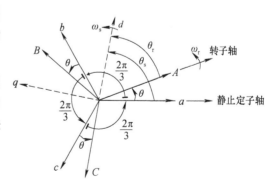

图 2.72　感应电机中坐标系与角度的定义

的关系：

$$\theta = (1-s)\omega_s t + \theta_0 \tag{2.212}$$

因此，定子侧 $l_{aa} = l_{bb} = l_{cc} = L_{aa}$，$l_{ab} = l_{bc} = l_{ca} = L_{ab}$，转子侧 $l_{AA} = l_{BB} = l_{CC} = L_{AA}$，$l_{AB} = l_{BC} = l_{CA} = L_{AB}$。进一步有

$$[l_{ss}] = \left[\begin{array}{c|c|c} L_{aa} & L_{ab} & L_{ab} \\ \hline L_{ab} & L_{aa} & L_{ab} \\ \hline L_{ab} & L_{ab} & L_{aa} \end{array} \right] \tag{2.213a}$$

$$[l_{rr}] = \left[\begin{array}{c|c|c} L_{AA} & L_{AB} & L_{AB} \\ \hline L_{AB} & L_{AA} & L_{AB} \\ \hline L_{AB} & L_{AB} & L_{AA} \end{array} \right] \tag{2.213b}$$

假设气隙中的磁场呈正弦分布，则定子绕组与转子绕组之间的互感与转子位置角 θ 相关，且呈正弦变化。因此，当定子绕组与转子绕组的轴线重合时，两个绕组之间的互感最大。随着角 θ 的增大，互感减小。当两个绕组的轴线垂直时，互感为零。然后，角 θ 继续增大，互感继续减小。当两轴线相反时，互感达到负的最大值。周而复始，重复上述过程。基于以上规律及图 2.72 所定义的角度，得到：

$$[l_{sr}] = \left[\begin{array}{c|c|c} L_{aA}\cos\theta & L_{aA}\cos(\theta+\frac{2\pi}{3}) & L_{aA}\cos(\theta-\frac{2\pi}{3}) \\ \hline L_{aA}\cos(\theta-\frac{2\pi}{3}) & L_{aA}\cos\theta & L_{aA}\cos(\theta+\frac{2\pi}{3}) \\ \hline L_{aA}\cos(\theta+\frac{2\pi}{3}) & L_{aA}\cos(\theta-\frac{2\pi}{3}) & L_{aA}\cos\theta \end{array} \right] \tag{2.213c}$$

$$[l_{rs}] = [l_{sr}]^t = \left[\begin{array}{c|c|c} L_{aA}\cos\theta & L_{aA}\cos(\theta-\frac{2\pi}{3}) & L_{aA}\cos(\theta+\frac{2\pi}{3}) \\ \hline L_{aA}\cos(\theta+\frac{2\pi}{3}) & L_{aA}\cos\theta & L_{aA}\cos(\theta-\frac{2\pi}{3}) \\ \hline L_{aA}\cos(\theta-\frac{2\pi}{3}) & L_{aA}\cos(\theta+\frac{2\pi}{3}) & L_{aA}\cos\theta \end{array} \right] \tag{2.213d}$$

式中，L_{aA} 为互感的最大值。

从方程（2.210）、（2.213a）、（2.213b）、（2.213c）及（2.213d），可以得到定子 a 相绕组与转子 A 相绕组磁链的表达式：

$$\psi_a = L_{aa}i_a + L_{ab}(i_b + i_c) + L_{aA}\left[i_A\cos\theta + i_B\cos(\theta+\frac{2\pi}{3}) + i_C\cos(\theta-\frac{2\pi}{3}) \right]$$

$$\psi_A = L_{AA}i_A + L_{AB}(i_B + i_C) + L_{aA}\left[i_a\cos\theta + i_b\cos(\theta-\frac{2\pi}{3}) + i_c\cos(\theta+\frac{2\pi}{3}) \right] \tag{2.214}$$

由于绕组连接方式或平衡条件，不存在中性点电流，从而

$$\begin{cases} i_a + i_b + i_c = 0 \\ i_A + i_B + i_C = 0 \end{cases} \tag{2.215}$$

则方程（2.214）变为

$$\psi_{\mathrm{a}} = L_{\mathrm{ss}}i_{\mathrm{a}} + L_{\mathrm{aA}}\left[i_{\mathrm{A}}\cos\theta + i_{\mathrm{B}}\cos\left(\theta + \frac{2\pi}{3}\right) + i_{\mathrm{C}}\cos\left(\theta - \frac{2\pi}{3}\right)\right]$$

$$\psi_{\mathrm{A}} = L_{\mathrm{rr}}i_{\mathrm{A}} + L_{\mathrm{aA}}\left[i_{\mathrm{a}}\cos\theta + i_{\mathrm{b}}\cos\left(\theta - \frac{2\pi}{3}\right) + i_{\mathrm{c}}\cos\left(\theta + \frac{2\pi}{3}\right)\right] \tag{2.216}$$

式中，$L_{\mathrm{ss}} = L_{\mathrm{aa}} - L_{\mathrm{ab}}$，$L_{\mathrm{rr}} = L_{\mathrm{AA}} - L_{\mathrm{AB}}$。

定子绕组 b 相和 c 相与转子绕组 B 相和 C 相的磁链方程与方程（2.216）类似。

2.2.2.2 *dq* 变换

与同步电机类似，通过变量替换可以简化感应电机的方程。在同步发电机中，选择与转子同步的 *dq* 坐标系。在感应电机中，采用以同步速度旋转的 *dq* 坐标系更为方便。假定 *q* 轴沿旋转方向超前 *d* 轴 $\pi/2$[1]（见图 2.72）。因此，需要两个 Park 变换矩阵：一个用来变换定子侧的变量与方程，另一个用来变换转子侧的变量与方程。

定义 θ_{s} 为任意 *t* 时刻下时，*d* 轴与固定的定子 a 相绕组轴线之间的夹角，θ_{r} 为同一时刻 *d* 轴与旋转的转子 A 相绕组轴线之间的夹角。选择三个轴（*d*、a 和 A）重合的时刻为参考时刻，令 $\theta_0 = 0$。根据方程（2.211）和图 2.72 可得：

$$\begin{cases} \theta = \omega_{\mathrm{r}}t \text{ ; } \theta_{\mathrm{s}} = \omega_{\mathrm{s}}t \\ \theta_{\mathrm{r}} = \theta_{\mathrm{s}} - \theta = (\omega_{\mathrm{s}} - \omega_{\mathrm{r}})t = s\omega_{\mathrm{s}}t \end{cases} \tag{2.217}$$

因此，将定子（a,b,c）和转子（A,B,C）侧的变量转换到（*d,q,*0）坐标系的变换矩阵，即感应电机的 Park 变换矩阵为

$$[P_{\mathrm{s}}] = \frac{2}{3}\left[\begin{array}{c|c|c} \cos\theta_{\mathrm{s}} & \cos\left(\theta_{\mathrm{s}} - \frac{2\pi}{3}\right) & \cos\left(\theta_{\mathrm{s}} + \frac{2\pi}{3}\right) \\ \hline -\sin\theta_{\mathrm{s}} & -\sin\left(\theta_{\mathrm{s}} - \frac{2\pi}{3}\right) & -\sin\left(\theta_{\mathrm{s}} + \frac{2\pi}{3}\right) \\ \hline \frac{1}{2} & \frac{1}{2} & \frac{1}{2} \end{array}\right] \tag{2.218}$$

与

$$[P_{\mathrm{r}}] = \frac{2}{3}\left[\begin{array}{c|c|c} \cos\theta_{\mathrm{r}} & \cos\left(\theta_{\mathrm{r}} - \frac{2\pi}{3}\right) & \cos\left(\theta_{\mathrm{r}} + \frac{2\pi}{3}\right) \\ \hline -\sin\theta_{\mathrm{s}} & -\sin\left(\theta_{\mathrm{r}} - \frac{2\pi}{3}\right) & -\sin\left(\theta_{\mathrm{r}} + \frac{2\pi}{3}\right) \\ \hline \frac{1}{2} & \frac{1}{2} & \frac{1}{2} \end{array}\right] \tag{2.218a}$$

以上两个矩阵类似，唯一的不同在于角 θ_{s} 与角 θ_{r}，分别为定子绕组和转子绕组与 *dq* 参考坐标系之间的相对位置角。

运用 Park 变换，可得到以同步速度 ω_{s} 旋转的参考坐标系下的感应电机的运行方程。因此，定子绕组与转子绕组之间的互感与时间无关，互感为常数。

2.2.2.3 *dq* 参考坐标系下的基本方程

在三相平衡条件下，将方程（2.208）与方程（2.209）进行 Park 变换，可以得到 *dq* 参考坐标系下的感应电机方程：

定子电压方程

$$v_{ds} = R_s i_{ds} + \frac{\mathrm{d}\psi_{ds}}{\mathrm{d}t} - \frac{\mathrm{d}\theta_s}{\mathrm{d}t}\psi_{qs} = R_s i_{ds} + \frac{\mathrm{d}\psi_{ds}}{\mathrm{d}t} - \omega_s\psi_{qs}$$

$$v_{qs} = R_s i_{qs} + \frac{\mathrm{d}\psi_{qs}}{\mathrm{d}t} + \frac{\mathrm{d}\theta_s}{\mathrm{d}t}\psi_{ds} = R_s i_{qs} + \frac{\mathrm{d}\psi_{qs}}{\mathrm{d}t} + \omega_s\psi_{ds}$$

(2.219)

转子电压方程

$$v_{dr} = R_r i_{dr} + \frac{\mathrm{d}\psi_{dr}}{\mathrm{d}t} - \frac{\mathrm{d}\theta_r}{\mathrm{d}t}\psi_{qr} = R_r i_{dr} + \frac{\mathrm{d}\psi_{dr}}{\mathrm{d}t} - s\omega_s\psi_{qr}$$

$$v_{qr} = R_r i_{qr} + \frac{\mathrm{d}\psi_{qr}}{\mathrm{d}t} + \frac{\mathrm{d}\theta_s}{\mathrm{d}t}\psi_{dr} = R_r i_{qr} + \frac{\mathrm{d}\psi_{qr}}{\mathrm{d}t} + s\omega_s\psi_{dr}$$

(2.220)

以上方程与同步发电机的定子方程类似。每个电压表达式包含三项：电阻压降 Ri、由于磁通变化产生的变压器电势 $\mathrm{d}\psi/\mathrm{d}t$ 以及运动电势。前两项均与静止线圈电压相关，第三项与特定情况相关。方程（2.219）中 $\omega_s\psi_{qs}$ 与 $\omega_s\psi_{ds}$ 是由同步旋转磁场在定子绕组中产生的感应电压。同样，方程（2.220）中的 $s\omega_s\psi_{qr}$ 与 $s\omega_s\psi_{dr}$ 是由同步旋转磁场在以转差速度 $s\omega_s$ 旋转的转子绕组中产生的感应电压[1]。

方程（2.219）与（2.220）中的电压、电流和磁通的 d-q 轴分量可由 Park 变换得到。

定子侧的变量：

$$\begin{bmatrix} d_s \\ q_s \\ 0_s \end{bmatrix} = [P_s]\begin{bmatrix} a \\ b \\ c \end{bmatrix} \text{ 或 } \begin{bmatrix} a \\ b \\ c \end{bmatrix} = [P_s]^{-1}\begin{bmatrix} d_s \\ q_s \\ 0_s \end{bmatrix}$$

(2.221)

转子侧的变量：

$$\begin{bmatrix} d_r \\ q_r \\ 0_r \end{bmatrix} = [P_r]\begin{bmatrix} A \\ B \\ C \end{bmatrix} \text{ 或 } \begin{bmatrix} A \\ B \\ C \end{bmatrix} = [P_r]^{-1}\begin{bmatrix} d_r \\ q_r \\ 0_r \end{bmatrix}$$

(2.222)

因此，采用式（2.221）对定子电流进行变换：

$$\begin{bmatrix} i_{ds} \\ i_{qs} \\ i_{0s} \end{bmatrix} = [P_s]\begin{bmatrix} i_a \\ i_b \\ i_c \end{bmatrix}$$

根据方程（2.218）中矩阵 $[P_s]$ 的定义，有：

$$i_{ds} = \frac{2}{3}\left[i_a\cos\theta_s + i_b\cos\left(\theta_s - \frac{2\pi}{3}\right) + i_c\cos\left(\theta_s + \frac{2\pi}{3}\right)\right]$$

$$i_{qs} = -\frac{2}{3}\left[i_a\sin\theta_s + i_b\sin\left(\theta_s - \frac{2\pi}{3}\right) + i_c\sin\left(\theta_s + \frac{2\pi}{3}\right)\right]$$

(2.223)

$$i_{0s} = \frac{1}{3}(i_a + i_b + i_c) = 0$$

逆变换为

$$i_a = i_{ds}\cos\theta_s - i_{qs}\sin\theta_s$$

$$i_b = i_{ds}\cos\left(\theta_s - \frac{2\pi}{3}\right) - i_{qs}\sin\left(\theta_s - \frac{2\pi}{3}\right) \tag{2.224}$$

$$i_c = i_{ds}\cos\left(\theta_s + \frac{2\pi}{3}\right) - i_{qs}\sin\left(\theta_s + \frac{2\pi}{3}\right)$$

分别对转子电压、电流和定子电压进行类似的变换。

为了确定磁通的 $(d, q, 0)$ 分量，根据矩阵方程（2.210）并考虑式（2.221）和式（2.222），通过 Park 变换可得用 $(d, q, 0)$ 分量表示的电流矢量为

$$[i_{Ps}] = [P_s][i_s] = [i_{ds}, i_{qs}, i_{0s}]^t \text{ 以及 } [i_{Pr}] = [P_r][i_r] = [i_{dr}, i_{qr}, i_{0r}]^t$$

从而

$$[i_s] = [P_s]^{-1}[i_{Ps}] \text{ 以及 } [i_r] = [P_r]^{-1}[i_{Pr}]$$

方程（2.210）变为

$$[\psi_s] = [l_{ss}][i_s] + [l_{sr}][i_r] = [l_{ss}][P_s]^{-1}[i_{Ps}] + [l_{sr}][P_r]^{-1}[i_{Pr}] \tag{2.225a}$$

$$[\psi_r] = [l_{rs}][i_s] + [l_{rr}][i_r] = [l_{rs}][P_s]^{-1}[i_{Ps}] + [l_{rr}][P_r]^{-1}[i_{Pr}] \tag{2.225b}$$

将方程（2.225a）的左边乘以 $[P_s]$，方程（2.225b）的左边乘以 $[P_r]$ 可得：

$$[\psi_{Ps}] = [\psi_{ds}, \psi_{qs}, \psi_{0s}]^t = [P_s][l_{ss}][P_s]^{-1}[i_{Ps}] + [P_s][l_{sr}][P_r]^{-1}[i_{Pr}] \tag{2.226a}$$

$$[\psi_{Pr}] = [\psi_{dr}, \psi_{qr}, \psi_{0r}]^t = [P_r][l_{rs}][P_s]^{-1}[i_{Ps}] + [P_r][l_{rr}][P_r]^{-1}[i_{Pr}] \tag{2.226b}$$

代入电感矩阵与 Park 变换矩阵可得定子与转子磁通的 dq 分量：

$$\begin{cases} \psi_{dr} = L'_{ss}i_{ds} + L'_m i_{qr} \\ \psi_{qr} = L_{ss}i_{qs} + L_m i_{qr} \\ \psi_{ds} = L_{rr}i_{dr} + L_m i_{ds} \\ \psi_{qr} = L_{rr}i_{qr} + L_m i_{qs} \end{cases} \tag{2.227}$$

式中，$L_m = 3/2 L_{aA}$，磁化电抗。

由方程（2.227）可以发现，在感应电机中，Park 变换实际上就是将定子和转子绕组替换成放置在 dq 轴上的两个虚拟绕组，ds 与 qs，dr 与 qr，dq 轴以由电网频率决定的同步速度 ω_s 旋转。

2.2.2.4　电功率与转矩

输入定子的瞬时功率为

$$p_s = v_a i_a + v_b i_b + v_c i_c \tag{2.228a}$$

以 dq 分量表示为

$$p_s = \frac{3}{2}(v_{ds}i_{ds} + v_{qs}i_{qs}) \tag{2.228b}$$

类似地，输入转子的瞬时功率为

$$p_s = \frac{3}{2}(v_{dr}i_{dr} + v_{qr}i_{qr}) \tag{2.229}$$

电磁转矩由与运动电势相关的功率除以机械角速度得到，该功率对应忽略转子绕组损耗和变压器电势时的转子瞬时功率。将方程（2.229）中的电压 v_{dr} 与 v_{qr} 分别替换成相应的运动电势 $-s\omega_s\psi_{qr}$ 和 $s\omega_s\psi_{dr}$，根据 dq 轴坐标系下转子角速度 $s\omega_s / p$，单位为 rad/s 可得电磁转矩

表达式:

$$C_e = \frac{3}{2}\frac{(-s\omega_s\psi_{qr}i_{dr} + s\omega_s\psi_{dr}i_{qr})}{s\omega_s/p} = \frac{3}{2}p(\psi_{dr}i_{qr} - \psi_{qr}i_{dr}) \tag{2.230}$$

式中,p 为极对数。

2.2.3 感应电机的稳态运行

在稳态运行中,变量对时间的导数为零。因此,将方程(2.227)、(2.219)和(2.220)中的磁链表达式分别替换,有:

定子电压方程:

$$v_{ds} = R_s i_{ds} - \omega_s\psi_{qs} = R_s i_{ds} - \omega_s L_{ss} i_{qs} - \omega_s L_m i_{qr}$$
$$v_{qs} = R_s i_{qs} + \omega_s\psi_{ds} = R_s i_{qs} + \omega_s L_{ss} i_{ds} + \omega_s L_m i_{dr} \tag{2.219a}$$

转子电压方程:

$$v_{dr} = R_r i_{dr} - s\omega_s\psi_{qr} = R_r i_{dr} - s\omega_s L_{rr} i_{qr} - s\omega_s L_m i_{qs}$$
$$v_{qr} = R_r i_{qr} + s\omega_s\psi_{dr} = R_r i_{qr} + s\omega_s L_{rr} i_{dr} + s\omega_s L_m i_{ds} \tag{2.220a}$$

另一方面,在平衡稳态条件下,定子电压方程又可写成:

$$v_a = V_m\cos(\omega_s t + \alpha) = \sqrt{2}V\cos(\omega_s t + \alpha) = \sqrt{2}\frac{U}{\sqrt{3}}\cos(\omega_s t + \alpha)$$

$$v_b = V_m\cos\left(\omega_s t + \alpha - \frac{2\pi}{3}\right) = \sqrt{2}V\cos\left(\omega_s t + \alpha - \frac{2\pi}{3}\right) = \sqrt{2}\frac{U}{\sqrt{3}}\cos\left(\omega_s t + \alpha - \frac{2\pi}{3}\right) \tag{2.231}$$

$$v_c = V_m\cos\left(\omega_s t + \alpha + \frac{2\pi}{3}\right) = \sqrt{2}V\cos\left(\omega_s t + \alpha + \frac{2\pi}{3}\right) = \sqrt{2}\frac{U}{\sqrt{3}}\cos\left(\omega_s t + \alpha + \frac{2\pi}{3}\right)$$

式中,V_m 与 V 分别为相对于中性点的每相电压峰值与有效值,$U = \sqrt{3}V$ 为线电压有效值,α 为 a 相电压 v_a 的初始相角。

将式(2.218)和式(2.221)定义的 Park 变换应用到方程(2.231)中,根据式(2.217),$\omega_s t = \theta_s$,可得:

$$v_{ds} = \frac{2}{3}V_m\left[\cos(\theta_s + \alpha)\cos\theta_s + \cos\left(\theta_s + \alpha - \frac{2\pi}{3}\right)\cos\left(\theta_s - \frac{2\pi}{3}\right)\right.$$
$$\left. + \cos\left(\theta_s + \alpha + \frac{2\pi}{3}\right)\cos\left(\theta_s + \frac{2\pi}{3}\right)\right] \tag{2.232a}$$

$$v_{ds} = \frac{2}{3}V_m\left[\cos(\theta_s + \alpha)\sin\theta_s + \cos\left(\theta_s + \alpha - \frac{2\pi}{3}\right)\sin\left(\theta_s - \frac{2\pi}{3}\right)\right.$$
$$\left. + \cos\left(\theta_s + \alpha + \frac{2\pi}{3}\right)\sin\left(\theta_s + \frac{2\pi}{3}\right)\right] \tag{2.232b}$$

$$v_{0s} = \frac{1}{3}V_m\left[\cos\theta_s + \cos\left(\theta_s - \frac{2\pi}{3}\right) + \cos\left(\theta_s + \frac{2\pi}{3}\right)\right] \tag{2.232c}$$

运用三角恒等式:

$$\cos x\cos y = \frac{1}{2}\left[\cos(x+y) + \cos(x-y)\right] \tag{2.233a}$$

$$\cos x \sin y = \frac{1}{2}\left[\sin(x+y) - \sin(x-y)\right] \tag{2.233b}$$

$$\cos x + \cos\left(x - \frac{2\pi}{3}\right) + \cos\left(x + \frac{2\pi}{3}\right) = 0 \tag{2.233c}$$

$$\sin x + \sin\left(x - \frac{2\pi}{3}\right) + \sin\left(x + \frac{2\pi}{3}\right) = 0 \tag{2.233d}$$

可重新列写：

$$\cos(\theta_s + \alpha)\cos\theta_s = \frac{1}{2}\left[\cos(2\theta_s + \alpha) + \cos\alpha\right] \tag{2.234a}$$

$$\cos\left(\theta_s + \alpha - \frac{2\pi}{3}\right)\cos\left(\theta_s - \frac{2\pi}{3}\right) = \frac{1}{2}\left[\cos\left(2\theta_s + \alpha - \frac{4\pi}{3}\right) + \cos\alpha\right]$$

$$= \frac{1}{2}\left[\cos\left(2\theta_s + \alpha + \frac{2\pi}{3}\right) + \cos\alpha\right] \tag{2.234b}$$

$$\cos\left(\theta_s + \alpha + \frac{2\pi}{3}\right)\cos\left(\theta_s + \frac{2\pi}{3}\right) = \frac{1}{2}\left[\cos\left(2\theta_s + \alpha + \frac{4\pi}{3}\right) + \cos\alpha\right]$$

$$= \frac{1}{2}\left[\cos\left(2\theta_s + \alpha - \frac{2\pi}{3}\right) + \cos\alpha\right] \tag{2.234c}$$

对方程（2.234）进行求和，且根据三角恒等式（2.233c）可得：

$$\cos(\theta_s + \alpha)\cos\theta_s + \cos\left(\theta_s + \alpha - \frac{2\pi}{3}\right)\cos\left(\theta_s - \frac{2\pi}{3}\right)$$

$$+ \cos\left(\theta_s + \alpha + \frac{2\pi}{3}\right) \cdot \cos\left(\theta_s + \frac{2\pi}{3}\right)$$

$$= \frac{3}{2}\cos\alpha + \frac{1}{2}\left[\cos(2\theta_s + \alpha) + \cos\left(2\theta_s + \alpha - \frac{2\pi}{3}\right) + \cos\left(2\theta_s + \alpha + \frac{2\pi}{3}\right)\right] = \frac{3}{2}\cos\alpha$$

因此，方程（2.232a）定义的定子电压 d 轴分量为

$$v_{ds} = \frac{2}{3}V_m \times \frac{3}{2}\cos\alpha = V_m\cos\alpha \tag{2.235}$$

类似地，根据三角恒等式（2.233b）可得定子电压的 q 轴分量：

$$\cos(\theta_s + \alpha)\sin\theta_s = \frac{1}{2}\left[\sin(2\theta_s + \alpha) - \sin\alpha\right] \tag{2.236a}$$

$$\cos\left(\theta_s + \alpha - \frac{2\pi}{3}\right)\sin\left(\theta_s - \frac{2\pi}{3}\right) = \frac{1}{2}\left[\sin\left(2\theta_s + \alpha - \frac{4\pi}{3}\right) - \sin\alpha\right]$$

$$= \frac{1}{2}\left[\sin\left(2\theta_s + \alpha + \frac{2\pi}{3}\right) - \sin\alpha\right] \tag{2.236b}$$

$$\cos\left(\theta_s + \alpha + \frac{2\pi}{3}\right)\sin\left(\theta_s + \frac{2\pi}{3}\right) = \frac{1}{2}\left[\sin\left(2\theta_s + \alpha + \frac{4\pi}{3}\right) - \sin\alpha\right]$$

$$= \frac{1}{2}\left[\sin\left(2\theta_s + \alpha - \frac{2\pi}{3}\right) - \sin\alpha\right] \tag{2.236c}$$

对方程（2.236）求和，并根据三角恒等式（2.233d）可得：

$$\cos(\theta_s+\alpha)\sin\theta_s+\cos\left(\theta_s+\alpha-\frac{2\pi}{3}\right)\sin\left(\theta_s-\frac{2\pi}{3}\right)$$
$$+\cos\left(\theta_s+\alpha+\frac{2\pi}{3}\right)\sin\left(\theta_s+\frac{2\pi}{3}\right)$$
$$=-\frac{3}{2}\sin\alpha+\frac{1}{2}\left[\sin(2\theta_s+\alpha)+\sin\left(2\theta_s+\alpha-\frac{2\pi}{3}\right)+\sin\left(2\theta_s+\alpha+\frac{2\pi}{3}\right)\right]=-\frac{3}{2}\sin\alpha$$

因此，方程（2.232b）变为

$$v_{qs}=-\frac{2}{3}V_m\times\left(-\frac{3}{2}\sin\alpha\right)=V_m\sin\alpha \tag{2.237}$$

另外，如果在列写等式（2.232c）时考虑三角恒等式（2.233c），则 v_{qs} 的方程变为

$$v_{0s}=0 \tag{2.238}$$

上文定义的定子电压分量可进一步写成：

$$v_{ds}=V_m\cos\alpha=\sqrt{2}V\cos\alpha=\sqrt{2}\frac{U}{\sqrt{3}}\cos\alpha$$
$$v_{qs}=V_m\sin\alpha=\sqrt{2}V\sin\alpha=\sqrt{2}\frac{U}{\sqrt{3}}\sin\alpha \tag{2.239}$$
$$v_{0s}=0$$

同样，对瞬时稳态定子电流进行 Park 变换：

$$i_a=I_m\cos(\omega_s t+\beta)=\sqrt{2}I\cos(\omega_s t+\beta)$$
$$i_b=I_m\cos\left(\omega_s t+\beta-\frac{2\pi}{3}\right)=\sqrt{2}I\cos\left(\omega_s t+\beta-\frac{2\pi}{3}\right) \tag{2.240}$$
$$i_c=I_m\cos\left(\omega_s t+\beta+\frac{2\pi}{3}\right)=\sqrt{2}I\cos\left(\omega_s t+\beta+\frac{2\pi}{3}\right)$$

且根据三角恒等式（2.233），可得到以下方程：

$$i_{ds}=I_m\cos\beta=\sqrt{2}I\cos\beta$$
$$i_{qs}=I_m\sin\beta=\sqrt{2}I\sin\beta \tag{2.241}$$
$$i_{0s}=0$$

式中，I_m 与 I 分别为电流峰值与电流有效值；β 为 a 相电流 i_a 的初始相角。

由于已经考虑了平衡稳态条件，因此下面主要针对单相进行计算。

用相量形式描述各变量，并根据方程（2.239）与（2.241）可得：

$$\dot{V}_s=Ve^{j\alpha}=V\cos\alpha+jV\sin\alpha=\frac{v_{ds}+jv_{qs}}{\sqrt{2}}=V_{ds}+jV_{qs}$$
$$\dot{I}_s=Ie^{j\beta}=I\cos\beta+jI\sin\beta=\frac{i_{ds}+ji_{qs}}{\sqrt{2}}=I_{ds}+jI_{qs} \tag{2.242}$$

类似可得：

$$\dot{V}_r = (v_{dr} + jv_{qr})/\sqrt{2} = V_{dr} + jV_{qr}$$
$$\dot{I}_r = (i_{dr} + ji_{qr})/\sqrt{2} = I_{dr} + jI_{qr} \tag{2.243}$$

根据稳态定子电压方程（2.219a）可得：

$$
\begin{aligned}
v_{ds} + jv_{qs} &= R_s(i_{ds} + ji_{qs}) - \omega_s L_{ss} i_{qs} - \omega_s L_m i_{qr} + j(\omega_s L_{ss} i_{ds} + \omega_s L_m i_{dr}) \\
&= R_s(i_{ds} + ji_{qs}) + j\omega_s L_{ss}(i_{ds} + ji_{qs}) + j\omega_s L_m(i_{dr} + ji_{qr})
\end{aligned} \tag{2.244}
$$

将方程（2.244）除以 $\sqrt{2}$，根据方程（2.242）与（2.243）可得：

$$
\begin{aligned}
\dot{V}_s &= R_s \dot{I}_s + j\omega_s L_{ss} \dot{I}_s + j\omega_s L_m \dot{I}_r = R_s \dot{I}_s + j\omega_s(L_{ss} - L_m)\dot{I}_s + j\omega_s L_m(\dot{I}_s + \dot{I}_r) \\
&= R_s \dot{I}_s + jX_s \dot{I}_s + jX_m(\dot{I}_s + \dot{I}_r)
\end{aligned} \tag{2.244a}
$$

式中，定子漏电抗：

$$X_s = \omega_s(L_{ss} - L_m) \tag{2.245a}$$

同样地，根据转子方程 （2.220a）可得：

$$v_{dr} + jv_{qr} = R_s(i_{dr} + ji_{qr}) + js\omega_s L_{rr}(i_{dr} + ji_{qr}) + js\omega_s L_m(i_{ds} + ji_{qs}) \tag{2.246}$$

将方程（2.246）除以 $\sqrt{2}$，根据方程（2.242）与（2.243）可得：

$$
\begin{aligned}
\dot{V}_r &= R_r \dot{I}_r + js\omega_s L_{rr} \dot{I}_r + js\omega_s L_m \dot{I}_s = R_r \dot{I}_r + js\omega_s(L_{rr} - L_m)\dot{I}_r + js\omega_s L_m(\dot{I}_s + \dot{I}_r) \\
&= R_r \dot{I}_r + jsX_r \dot{I}_r + jsX_m(\dot{I}_s + \dot{I}_r)
\end{aligned} \tag{2.246a}
$$

式中，转子漏电抗：

$$X_r = \omega_s(L_{rr} - L_m) \tag{2.245b}$$

由于转子绕组不接电源（短路，或连接无源电路），所以有 $\dot{V}_r = (v_{dr} + jv_{qr})/\sqrt{2} = 0$。因此，方程（2.246a）也可写成：

$$\frac{R_r}{s}\dot{I}_r + jX_r \dot{I}_r + jX_m(\dot{I}_s + \dot{I}_r) = 0 \tag{2.247}$$

方程（2.244a）和（2.247）可以用图 2.73 所示的感应电机单相等效电路表示，其中所有变量都已折算到定子侧。

因此，穿过气隙传递到转子上的功率为

$$P_{ag} = \frac{R_r}{s}I_r^2 \tag{2.248}$$

转子电阻上的功率损耗为

$$\Delta P_r = R_r I_r^2 \tag{2.248a}$$

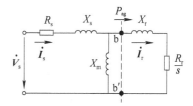

图 2.73　稳态运行时感应电动机的等效电路

因此，传递到轴上的机械功率为

$$P_{sh} = P_{ag} - \Delta P_r = \frac{R_r}{s}I_r^2 - R_r I_r^2 = \frac{1-s}{s}R_r I_r^2 \tag{2.249}$$

电机的电磁转矩为

$$C_e = \frac{P_{sh}}{\omega_{mr}} = \frac{pP_{sh}}{\omega_r} = \frac{p}{(1-s)\omega_s}\frac{(1-s)}{s}R_r I_r^2 = \frac{p}{s\omega_s}R_r I_r^2 \tag{2.250}$$

推导方程（2.250）时，有 $\omega_{mr} = \omega_r/p$，$\omega_r = (1-s)\omega_s$。

由于以上变量 P_{sh} 和 C_e 为单相变量，则三相电机的电磁转矩为

$$C_e = 3\frac{p}{s\omega_s} R_r I_r^2 \tag{2.250a}$$

由方程（2.250）与（2.250a）可以看出，电磁转矩取决于转差率 s。在分析转矩与转差率之间的关系时，可消去方程（2.250a）中的电流 I_r。因此，图 2.73 所示的电路节点 b-b'左侧的电路可根据戴维南定理进行等效代替。图 2.74 即为所得的等效简化电路，其中：

$$\dot{V}_{Th} = \frac{jX_m \dot{V}_s}{R_s + j(X_m + X_s)} \tag{2.251}$$

$$R_{Th} + jX_{Th} = \frac{jX_m(R_s + jX_s)}{R_s + j(X_m + X_s)}$$

由图 2.74 可知，转子电流为

$$\dot{I}_r = \frac{\dot{V}_{Th}}{(R_{Th} + (R_r/s)) + j(X_{Th} + X_r)} \tag{2.252}$$

式（2.250a）所表示的稳态三相电磁转矩可写为

$$C_e = 3\frac{p}{s\omega_s} R_r I_r^2 = 3\frac{p}{s\omega_s} R_r \dot{I}_r \dot{I}_r^* = 3\frac{p}{s\omega_s} \frac{R_r \dot{V}_{Th}^2}{(R_{Th} + (R_r/s))^2 + (X_{Th} + X_r)^2} \tag{2.253}$$

根据 $C_e = f(s)$，将式（2.251）中的变量 V_{Th}、R_{Th} 和 X_{Th} 代入方程（2.253）中，其中定子电压 V_s 为参量。电磁转矩与转差率/速度的典型关系如图 2.75 所示。

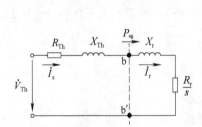

图 2.74 适用于分析转矩与转差率关系的等效电路[1]

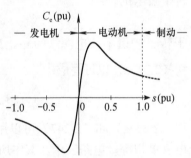

图 2.75 感应电机的转矩–转差率特性

2.2.4 感应电机的机电模型

机电方程或运动方程描述了感应电动机转子的运动状态，电机转子上受到电磁转矩 C_e 与机械转矩 C_m 的作用，C_e 是驱动转矩，C_m 是被动的负载转矩。当电机作为发电机运行时，两个转矩作用反过来，即由原动机产生的机械转矩 C_m 为驱动转矩，而施加在轴上的电磁转矩 C_e 为阻力矩。

根据机械学的基本定律，电机运行满足如下方程：

$$J\frac{d\omega_{mr}}{dt} = C_e - C_m \tag{2.254}$$

式中，J 为旋转部分（转子与驱动负载）的总惯量。

与同步发电机类似，惯性系数 H 定义为存储在旋转体内的动能除以功率基值，同步转速为 $\omega_{0,ms}$，则电机的视在功率为

$$H = \frac{(1/2)J\omega_{0,\mathrm{ms}}^2}{S_\mathrm{b}} \tag{2.255}$$

利用式（2.255）得到 J，并将其代入式（2.254）中，可得：

$$\frac{2HS_\mathrm{b}}{\omega_{0,\mathrm{ms}}^2}\frac{\mathrm{d}\omega_{\mathrm{mr}}}{\mathrm{d}t} = C_\mathrm{e} - C_\mathrm{m} \tag{2.256}$$

或

$$2H\frac{\mathrm{d}(\omega_{\mathrm{mr}}/\omega_{0,\mathrm{ms}})}{\mathrm{d}t} = \frac{C_\mathrm{e} - C_\mathrm{m}}{S_\mathrm{b}/\omega_{0,\mathrm{ms}}} = C_{\mathrm{e}*} - C_{\mathrm{m}*} \tag{2.256a}$$

式中，$C_{\mathrm{e}*}$ 与 $C_{\mathrm{m}*}$ 为转矩标幺值，转矩额定值为

$$C_\mathrm{n} = \frac{S_\mathrm{b}}{\omega_{0,\mathrm{ms}}} = \frac{S_\mathrm{n}}{\omega_{0,\mathrm{ms}}}$$

根据转差率方程（2.206），有 $\omega_{\mathrm{mr}}/\omega_{\mathrm{ms}} = 1 - s$，则运动方程（2.256a）变为

$$2H\frac{\mathrm{d}(1-s)}{\mathrm{d}t} = C_{\mathrm{e}*} - C_{\mathrm{m}*} \tag{2.257}$$

和

$$\left\| 2H\frac{\mathrm{d}s}{\mathrm{d}t} = -C_{\mathrm{e}*} + C_{\mathrm{m}*} \right. \tag{2.257a}$$

通常，机械转矩 C_m 取决于速度，即转差率。为了描述这一关系，可运用指数模型[1]：

$$\left\| C_\mathrm{m} = C_{\mathrm{m}0}\left(\frac{\omega_{\mathrm{mr}}}{\omega_{0,\mathrm{ms}}}\right)^m \right. \tag{2.258}$$

或者多项式模型：

$$\left\| C_\mathrm{m} = C_{\mathrm{m}0}\left[A\left(\frac{\omega_{\mathrm{mr}}}{\omega_{0,\mathrm{ms}}}\right)^2 + B\frac{\omega_{\mathrm{mr}}}{\omega_{0,\mathrm{ms}}} + C \right] \right. \tag{2.259}$$

式中，$C_{\mathrm{m}0}$ 代表同步转速下驱动机构的机械阻力矩，m、A、B 和 C 为与驱动方式有关的系数。

2.2.5 感应电机的电磁模型

为了推导感应电机的数学模型以便用于研究稳定性，与同步发电机类似，忽略定子暂态影响，即在（2.219）中有关变量对时间的导数为零。在此条件下，根据转子电压 $v_{\mathrm{dr}} = v_{\mathrm{qr}} = 0$，则暂态过程中感应电机的 Park 变换为

定子电压方程：

$$v_{\mathrm{ds}} = R_\mathrm{s}i_{\mathrm{ds}} - \omega_\mathrm{s}\psi_{\mathrm{qs}}$$
$$v_{\mathrm{qs}} = R_\mathrm{s}i_{\mathrm{qs}} + \omega_\mathrm{s}\psi_{\mathrm{ds}} \tag{2.219b}$$

转子电压方程：

$$0 = R_r i_{\mathrm{dr}} - s\omega_\mathrm{s}\psi_{\mathrm{qr}} + \frac{\mathrm{d}\psi_{\mathrm{dr}}}{\mathrm{d}t}$$
$$0 = R_\mathrm{r}i_{\mathrm{qr}} + s\omega_\mathrm{s}\psi_{\mathrm{dr}} + \frac{\mathrm{d}\psi_{\mathrm{qr}}}{\mathrm{d}t} \tag{2.260}$$

定子磁链方程：

$$\psi_{ds}=L_{ss}i_{ds}+L_m i_{dr}$$
$$\psi_{qs}=L_{ss}i_{qs}+L_m i_{qr}$$

（2.227a）

转子磁链方程：

$$\psi_{dr}=L_{rr}i_{dr}+L_m i_{ds}$$
$$\psi_{qr}=L_{rr}i_{qr}+L_m i_{qs}$$

（2.227b）

进一步，消去转子电流 i_{dr} 与 i_{qr}，探寻定子电流（$\dot{I}_s=(i_{ds}-ji_{qs})/\sqrt{2}$）与暂态电抗压降的关系。从而，根据方程（2.227b）可得转子电流：

$$i_{dr}=\frac{\psi_{ds}-L_m i_{ds}}{L_{rr}};\quad i_{qr}=\frac{\psi_{qs}-L_m i_{qs}}{L_{rr}}$$

（2.261）

将其代入式（2.227a）中可得：

$$\psi_{ds}=\frac{L_m}{L_{rr}}\psi_{dr}+(L_{rr}-\frac{L_m^2}{L_{rr}})i_{ds}$$
$$\psi_{qs}=\frac{L_m}{L_{rr}}\psi_{qr}+(L_{ss}-\frac{L_m^2}{L_{rr}})i_{qs}$$

（2.262）

将方程（2.262）中的定子磁链代入式（2.219b），得到：

$$v_{ds}=R_s i_{ds}-\omega_s\frac{L_m}{L_{rr}}\psi_{qr}-\omega_s L_{ss}' i_{qs}=R_s i_{ds}-X_s' i_{qs}+e_d'$$
$$v_{qs}=R_s i_{qs}+\omega_s\frac{L_m}{L_{rr}}\psi_{dr}+\omega_s L_{ss}' i_{ds}=R_s i_{qs}+X_s' i_{ds}+e_q'$$

（2.263）

式中，感应电机的暂态电抗为

$$X_s'=\omega_s\left(L_{ss}-\frac{L_m^2}{L_{rr}}\right)$$

（2.264）

d 轴暂态电动势为

$$e_d'=-\omega_s\frac{L_m}{L_{rr}}\psi_{qr}$$

（2.265a）

q 轴暂态电动势为

$$e_q'=\omega_s\frac{L_m}{L_{rr}}\psi_{dr}$$

（2.265b）

将方程（2.263）写为复数形式：

$$v_{ds}+jv_{qs}=R_s(i_{ds}+ji_{qs})+jX_s'(i_{ds}+ji_{qs})+e_d'+je_q'$$

除以 $\sqrt{2}$ 可得：

$$\dot{V}_s=(R_s+jX_s')\dot{I}_s+\dot{E}'$$

（2.266）

式中，$\dot{E}'=\frac{1}{\sqrt{2}}(e_d'+je_q')$。

方程（2.266）所对应的用于感应电机暂态研究的等效电路如图 2.76 所示。

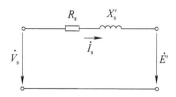

图 2.76   用于暂态研究的感应电机的等效电路

根据转子电压方程（2.260）可得暂态电压 $\dot{E}'$ 的时变分量 e'_d 与 e'_q，将式（2.261）中转子电流表达式代入其中，得：

$$
\begin{aligned}
\frac{\mathrm{d}\psi_\mathrm{dr}}{\mathrm{d}t} &= -R_\mathrm{r}\left(\frac{\psi_\mathrm{dr}}{L_\mathrm{rr}}-\frac{L_\mathrm{m}}{L_\mathrm{rr}}i_\mathrm{ds}\right)+s\omega_\mathrm{s}\psi_\mathrm{qr} \\
\frac{\mathrm{d}\psi_\mathrm{qr}}{\mathrm{d}t} &= -R_\mathrm{r}\left(\frac{\psi_\mathrm{qr}}{L_\mathrm{rr}}-\frac{L_\mathrm{m}}{L_\mathrm{rr}}i_\mathrm{qs}\right)-s\omega_\mathrm{s}\psi_\mathrm{qr}
\end{aligned}
\tag{2.267}
$$

另一方面，根据式（2.265a）和（2.265b）给出的电压 e'_d 和 e'_q 的定义，可得转子磁链方程：

$$
\psi_\mathrm{dr}=\frac{L_\mathrm{rr}}{\omega_\mathrm{s}L_\mathrm{m}}e'_\mathrm{q};\ \ \psi_\mathrm{qr}=-\frac{L_\mathrm{rr}}{\omega_\mathrm{s}L_\mathrm{m}}e'_\mathrm{d}
$$

将其代入方程（2.267）中，通过计算可得系统微分方程：

$$
\begin{aligned}
\frac{\mathrm{d}e'_\mathrm{d}}{\mathrm{d}t} &= -\frac{1}{T'_0}\left(e'_\mathrm{d}+\omega_\mathrm{s}\frac{L_\mathrm{m}^2}{L_\mathrm{rr}}i_\mathrm{qs}\right)+s\omega_\mathrm{s}e'_\mathrm{q} \\
\frac{\mathrm{d}e'_\mathrm{q}}{\mathrm{d}t} &= -\frac{1}{T'_0}\left(e'_\mathrm{q}-\omega_\mathrm{s}\frac{L_\mathrm{m}^2}{L_\mathrm{rr}}i_\mathrm{ds}\right)-s\omega_\mathrm{s}e'_\mathrm{d}
\end{aligned}
\tag{2.268}
$$

式中

$$
T'_0=\frac{L_\mathrm{rr}}{R_\mathrm{r}}
\tag{2.269}
$$

为感应电机的暂态开路时间常数（以弧度表示）。此方程描述了定子开路时转子的暂态衰减特性[1]。

从方程（2.245a）和（2.264）中减去电抗，得：

$$
\omega_\mathrm{s}\frac{L_\mathrm{m}^2}{L_\mathrm{rr}}=X_\mathrm{s}+X_\mathrm{m}-X'_\mathrm{s}
\tag{2.270}
$$

根据方程（2.270），微分方程（2.268）变为

$$
\left\|
\begin{aligned}
\frac{\mathrm{d}e'_\mathrm{d}}{\mathrm{d}t} &= -\frac{1}{T'_0}\left[e'_\mathrm{d}+(X_\mathrm{s}+X_\mathrm{m}-X'_\mathrm{s})i_\mathrm{qs}\right]+s\omega_\mathrm{s}e'_\mathrm{q} \\
\frac{\mathrm{d}e'_\mathrm{q}}{\mathrm{d}t} &= -\frac{1}{T'_0}\left[e'_\mathrm{q}-(X_\mathrm{s}+X_\mathrm{m}-X'_\mathrm{s})i_\mathrm{ds}\right]-s\omega_\mathrm{s}e'_\mathrm{d}
\end{aligned}
\right.
\tag{2.271}
$$

注意：

1）与同步发电机类似，感应电机方程也采用标幺制。在感应电机中，由于转子变量已折算到定子侧，故转子和定子采用相同的基值。因此，选择以下独立基值：

a）电压基值（V_b）—额定相电压峰值；

b）电流基值（I_b）—额定电流峰值；

c）频率基值（f_b）—额定频率。

使用与同步发电机类似的基值定义方法（见 2.1.3.4 节）。

2）在许多实际应用中，尤其是小型感应电动机，由于时间常数 T_0' 很小，故可忽略转子电路的暂态影响[1]。因此，对于感应电机，可采用稳态等效电路（见图 2.73）和方程（2.253）共同反映转矩—转差率的关系以及转子运动方程。

读者需知，同步电机的理论与性能分析可见其他参考书籍。（请参考文献[44,45,46]）

参 考 文 献

[1] Kundur, P. *Power system stability and control*, McGraw-Hill, Inc., New York, 1994.

[2] Adkins, B., Harley, R.G. *The general theory of alternating current machines: Application to practical problems*, Chapman and Hall, London, 1975.

[3] Blondel, A. The two-reaction method for study of oscillatory phenomena in coupled alternators, *Revue Generale de l'Electricité*, No. 13, pp. 235–251, Feb. 1923.

[4] Doherty, R.E., Nickle, C.A. Synchronous machines—Part I and II—An extension of Blondel's two reaction theory, *AIEE Trans.*, Vol. 45, pp. 912–942, 1926.

[5] Park, R.H. Two-reaction theory of synchronous machines. Generalized method of analysis. Part I, *AIEE Trans.*, Vol. 48, pp. 716–730, Jul. 1929.

[6] IEEE Standard 1110-2002, *IEEE Guide for synchronous generator modeling practices and applications in power system stability analysis.*

[7] Das, J.C. *Power system analysis. Short-circuit load flow and harmonics*, 2nd edition, CRC Press/Taylor & Francis Group, Boca Raton, London, New York, 2012.

[8] IET. *Power system protection. Volume 1: Principles and components.* Edited by The Electricity Training Association, IET London, Cambridge University Press, 1995.

[9] Saadat, H. *Power system analysis*, 3rd edition, PSA Publishing, 2010.

[10] ANSI/IEEE Standard 115-1995, *IEEE Guide: Test procedures for synchronous machines.*

[11] Umans, S.D., Mallick, J.A., Wilson, G.L. Modeling of solid rotor turbogenerators. Part I: Theory and techniques, *IEEE Trans. Power Apparatus Syst.*, Vol. PAS-97, No. 1, pp. 269–277, Jan./Feb. 1978.

[12] Marconato, R. *Electric power systems. Volume 2: Steady state behaviour, controls, shortcircuits and protection systems*, CEI—Italian Electrotechnical Committee, Milano, Italy, 2004.

[13] Canay, I.M. Determination of the model parameters of machines from the reactance operators $x_d(p)$, $x_q(p)$ (evaluation of standstill frequency response test), *IEEE Trans. Power Deliv.*, Vol. 8, No. 2, pp. 272–279, Jun. 1993.

[14] Salvatore, L., Savino, M. Exact relationship between parameters and test data for models of synchronous machines, *Electr. Mach. Power Syst.*, Vol. 8, pp. 169–184, 1983.

[15] Rush, P. (Coordinator), *Network Protection & Automation Guide*, Alstom, 2002.

[16] Takeda, Y., Adkins, B. Determination of synchronous machine parameters allowing for unequal mutual inductances, *Proc. IEE (London)*, Vol. 121, No. 12, pp. 1501–1504, Dec. 1974.

[17] Shackshaft, G., Poray, A.T. Implementation of new approach to determination of synchronous machine parameters from tests, *Proc. IEE (London)*, Vol. 124, No. 12, pp. 1170–1178, 1977.

[18] deMello, F.P., Ribeiro, J.R. Derivation of synchronous machine parameters from tests, *IEEE Trans.*, Vol. PAS-96, pp. 1211–1218, Jul./Aug. 1977.

[19] deMello, F.P., Hannett, L.N. Validation of synchronous machine models and determination of model parameters from tests, *IEEE Trans.*, Vol. PAS-100, pp. 662–672, Feb. 1981.

[20] EPRI Report EL-1424 *Determination of synchronous machine stability constants*, Vol. 2, prepared by Ontario Hydro, Dec. 1980.

[21] Coultes, M.E., Watson, W. Synchronous machine models by standstill frequency response tests, *IEEE Trans.*, Vol. PAS-100, pp. 1480–1489, Apr. 1981.

[22] Dandeno, P.L., Poray, A.T. Development of detailed turbogenerator equivalent circuits from standstill frequency response measurements, *IEEE Trans.*, Vol. PAS-100, pp. 1646–1653, Apr. 1981.

[23] IEEE Standard 115A-1984, *IEEE Trial use standard procedures for obtaining synchronous machine parameters by standstill frequency response testing.*

[24] Dillman, T.L., Keay, F.W., Raczkowski, C., Skooglund, J.W., South, W.H. Brushless excitation: today's high-initial-response brushless excitation systems offer improvements in turbine-generator performance and reliability, *IEEE Spectrum*, Vol. 9, No. 3, pp. 58–66, Mar. 1972.

[25] Anderson, P.M., Fouad, A.A. *Power system control and stability*, IEEE Press Power Engineering Series & Wiley-Interscience, 2003.

[26] Machowschi, J., Bialek, J., Bumby, J. *Power system dynamics and stability*, John Wiley & Sons, New York, 1997.

[27] Paserba, J. (convenor) *Analysis and control of power system oscillations*, CIGRE Study Committee 38, Task Force 07 of Advisory Group 01, Technical Brochure 111, Dec. 1996.

[28] El-Serafi, A.M., Demeter, E. Determination of the saturation curves in the intermediate axes of cylindrical-rotor synchronous machines, *Proceedings of the International Conference on Electrical Machines, Istanbul, Turkey*, Vol. 3, pp. 1060–1065, Sep. 2–4, 1998.

[29] Potolea, E. *Electric power system state calculations (in Romanian)*, Technical Publishing, Bucharest, 1977.

[30] Eremia, M. (editor), Song, Y.-H., Hatzyargyriou, N., et al. *Electric power systems. Volume I. Electric networks*, Publishing House of the Romanian Academy, Bucharest, 2006.

[31] Nilsson, N.E., Mercurio, J. Synchronous generator capability curve testing and evaluation, *IEEE Trans. Power Deliv.*, Vol. 9, No. 1, Jan. 1994.

[32] Klempner, G., Kerszenbaum, I. *Operation and maintenance of large turbo-generators*, IEEE & Wiley, New York, 2004.

[33] IEEE Standard 421.1-2007, *Standard definitions for excitation systems for synchronous machines.*

[34] Ilić, M., Zaborszky, J. *Dynamics and control of large electric power systems*, John Wiley & Sons, Inc., New York, 2000.

[35] Crenshaw, M.L. (Chairman) *Excitation system models for power system stability studies*, IEEE Committee Report prepared by the IEEE Working Group Computer Modeling of Excitation Systems, IEEE Trans., Vol. PAS-100, No. 2, pp. 494–509, Feb. 1981.

[36] IEEE Standard 421.5-2005, *IEEE Recommended practice for excitation system models for power system stability studies.*

[37] Wang, Xi-Fan, Song, Y.H., Irving, M. *Modern power systems analysis*, Springer Science, New York, 2008.

[38] Kimbark, E.W. *Power system stability. Volume III. Synchronous machines*, John Wiley & Sons, New York, 1956.

[39] Mummert, C.R. *Excitation system limiter models for use in system stability studies*, IEEE PES Winter Meeting, New York, pp. 187–192, Feb. 1999.

[40] Quiñonez-Varela, G., Cruden, A. *Experimental testing and model validation of a small-scale generator set for stability analysis*, Proceedings of 2003 IEEE Bologna PowerTech Conference, Bologna, Italy, 23–26 Jun. 2003.

[41] Pal, B., Chaudhuri, B. *Robust control in power systems*, Springer Science & Business Media, New York, 2005.

[42] Kasatkin, A., Perekalin, M. *Basic electrical engineering*, Mir Publishers, Moscow, 1970.

[43] Eremia, M., Trecat, J., Germond, A. Reseaux electriques. Aspects actuels, Technical Publishing, Bucharest, 2000.

[44] Concordia, C. *Synchronous machines. Theory and performance*, JohnWiley & Sons, New York, 1951.

[45] Adkins, B. *The general theory of electrical machines*, Chapman and Hall, London, 1957.

[46] Fitzgerald A.E., Kingsley, C. *Electric machinery*, 2nd Edition, McGraw-Hill, New York, 1961.

第 3 章

传统发电厂主要部件的建模

Mohammad Shahidehpour,Mircea Eremia 和 Lucian Toma

3.1 引言

电力企业提供的电能，其主要来源是水的动能和来自化石燃料和核裂变产生的热能。原动机将这些能量转化为机械能，同步发电机将这些机械能转换成电能。在过去 20 年里，特别是风力发电技术有了极大的进步。一般来说，风力发电机在机械和电气结构上与传统的大型热、核能及水力发电站差别很大，这些内容将在第 4 章中讨论。

图 3.1 显示了整个电力系统背景中，原动机系统的功能关系[1]。

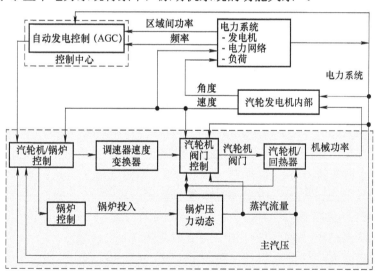

图 3.1　显示原动机系统控制与完整系统关系的功能框图[1]

电力系统的性能参数（电压、功率、频率等）受发电机动作、网络状况和负载行为的影响。原动机系统通过机械功率对发电机转子的转速和角度产生影响，进而与电气系统耦合。

原动机能量供应系统响应于来自手动或自动发电控制（AGC）和速度偏差产生的发电指令。影响机械功率的内部设备变量是汽轮机透平值和锅炉主蒸汽压力值。

应用在控制和截流阀（Ⅳ）上的汽轮机控制逻辑主要响应于速度偏差。主蒸汽压力（初始压力调节器）和电功率（功率负载不平衡、快动汽门等）可能会发生超控。自动发电控制系统决定所需的单元组成，并通过调速变速器或通过汽轮机-锅炉协调控制来进行控制[1]。

3.2 涡轮机类型

3.2.1 蒸汽轮机

蒸汽轮机一般由两个或多个汽缸组成，每个汽缸具有若干级，分别由高、中、低压蒸汽驱动，如图 3.2 所示。

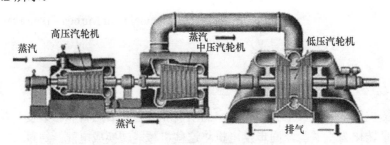

图 3.2　蒸汽轮机的结构

在高压（HP）和中压（IP）钢瓶汽缸之间，可能设置有再热器，在大机组中，低压（LP）汽缸通常被分向两个或多个流向。

根据汽缸的连接方式，可以分为以下两种汽轮机类型：

1）具有串联式混合动力轴的汽轮机，即所有汽轮机汽缸连接在单个轴上，发电机也连接在其上。这些汽轮机以 3000r/min（在 f=50Hz 的系统中）或 3500r/min（在 f=60Hz 的系统中）旋转。

2）蒸汽轮机中交叉有两根轴，每根轴上都连接有一台发电机。通常，二级轴的转速等于主轴转速的一半。

从内部观察，蒸汽轮机由排列的叶片组成，这些叶片用于获取蒸汽的热量和压力能，并将这些能量转化为机械能。为了实现这一目的，高压蒸汽通过一组控制阀（CV）进入蒸汽轮机，并在相对较低的压力和温度下通过汽轮机膨胀做功，最终通常被排出到冷凝器。

因此，对于从蒸汽中获取所有可能的能量并将其用于汽轮机转子和所连接的发电机的旋转机械工作，汽轮机叶片的类型和布置方式是非常重要的。

通常有两种类型的汽轮机叶片：脉冲叶片和反作用叶片（见图 3.3）[2]：

1）脉冲叶片：蒸汽通过喷嘴时，蒸汽膨胀，压力下降，使喷嘴处于高速状态。当蒸汽撞击运动的汽轮机叶片并推动它们前进时，该动能被转换成机械能。

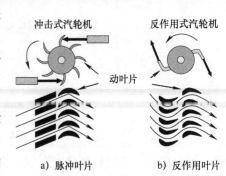

图 3.3　两种汽轮叶片

2）反作用叶片的原理不同。这里，蒸汽膨胀通过的"喷嘴"与轴一起移动，由于作用在叶片入口和排气面上的力不平衡而使轴具有转矩。

3.2.2　燃气轮机

燃气轮机装置是一种将存储在主要燃料中的化学能转换为机械能的热机械装置。在这种情况下使用的工作流体是气体（空气、二氧化碳、氦气等）。

现代燃气轮机基于效率较低的 Brayton（或焦耳）热力循环原理。理想的 Brayton 循环由 4 个完全不可逆的过程组成（见图 3.4）：1-2 等熵压缩、2-3 恒压加热、3-4 等熵膨胀和 4-1 恒压散热[3]。

图 3.5 显示了典型的内燃式燃气轮机动力装置布置（在开放循环中）。

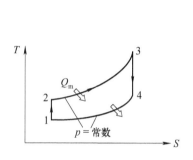

图 3.4　理想温度/熵图

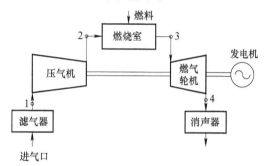

图 3.5　典型燃气轮机动力装置布置

空气通过过滤器吸入，消除了机械杂质，避免了压缩机叶片的侵蚀和损坏。然后通过压缩机内的恒熵绝热过程压缩空气（过程 1-2），通常是轴向压缩。在压缩阶段后，空气压力达到 13～20 倍大气压，适合在燃烧室（燃烧器）中助燃。

液体或气体的燃料与压缩空气混合，并在燃烧器中燃烧（过程 2-3），之后热气体通过汽轮机膨胀（过程 3-4），产生机械功。机械功一部分用于驱动汽轮机的叶片，进而驱动与其相连的同步发电机的轴，其余的部分用于驱动压缩机，压缩机安装在与燃气轮机相同的轴结构上。消声器用于减少从燃气轮机排出的气体进入大气中产生的噪声。

3.2.3　水轮机

水轮机有两种基本类型：脉冲式水轮机和反作用式水轮机[2]：

1）脉冲式水轮机或 Pelton 轮用在水头高度 15～1900m 的水电站中，虽然高于 300m 时水轮机的效率最高。装机功率可达单机 435MW。脉冲式水轮机安装在水平（见图 3.6）或垂直的轴上。通过将喷嘴上的强力水流引导到安装在汽轮机边缘上的一系列匙形铲斗上，进而利用高动量的水来驱动旋转水轮机叶轮。

通过调节针阀的流量可以控制水轮机的流量，针阀可以增加或减小喷嘴的开口。

水的总压力降发生在喷嘴中，所产生的水射流沿切向指向水轮机边缘的铲斗，在大气压力下对它们产生冲击力。

2）在反作用式水轮机中，水完全填充了流道所占据的空腔，并且在水通过水轮机时改变压力。顾名思义，水轮机是由于流体的压力或重量引起的反作用力转动的而不是直接冲击引起的。

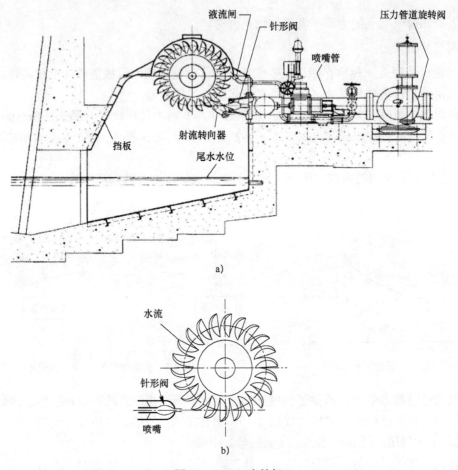

图 3.6　Pelton 水轮机

反作用式水轮机用于 30～700m 的水头，输出高达 700MW。但是，对于小于 30m 的水头，同样可以获得令人满意的效果。反作用式水轮机可以分为

1）径向流动，其中水垂直于轴流动；

2）轴向流动，其中固定叶片引导水平行于轴流动；

3）混合流动，径向和轴向流动的组合。

反作用式水轮机有两个主要的子类别，即 Francis 式和螺旋桨式。但是，James Francis 式是当今最常用的水轮机，它是径向向内流动的（见图 3.7）。

在应用 Francis 水轮机的水电站中，水通过围绕叶片的螺旋壳体向内流动，然后通过水轮机转轮对叶片施加压力，从而转动水轮机。然后将抽出水的引流管设计成允许水轮机转轮位于水流尾部上方的布置，减少排水时的动能损失。

发电机通常直接连接到水轮转轴上。垂直轴是反作用式水电站中最常见的装置。

反作用式水轮机通过所谓的"小门"，一种可移动导向的叶片进行控制，水通过该导向叶片从螺旋壳体流入流道。通过一个大的"换档环"，"小门"被同时打开/关闭。旋转门需要非常大的力量，因此该过程使用伺服电机。在反作用式水轮机中使用的第二控制装置是大型旁通阀，旁通阀由换档环驱动[2]。

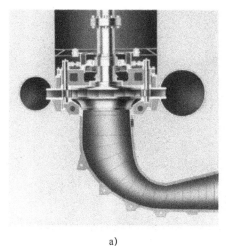

a) b)

图 3.7 一种典型的竖直轴反作用式水轮机装置

另一种广泛使用的反作用式水轮机是螺旋桨式水轮机。顾名思义，它采用具有可调叶片的螺旋桨式轮（见图 3.8）。Viktor Kaplan 将调整后的叶片与小门结合起来，在更大的流量和水位范围内创造出更高效的水轮机。Kaplan 水轮机在很大程度上采用了 Francis 水轮机的水流速度。在水头为 2～150m 的位置优选 Kaplan 水轮机。与 Francis 水轮机相比，Kaplan 水轮机对于给定的水头运行速度更高，通过水轮机的水速度更快，从而使涡轮快速旋转。因此，在 Kaplan 水轮机应用中，引流管设计很重要[2]。

目前使用水轮机有两种趋势：

1）欧洲的趋势倾向于在水头高度达 500m 时，使用 Francis 水轮机，其性能基本上高达 1%～2%；但在瀑布下使用这种类型的水轮机会引起机械问题。

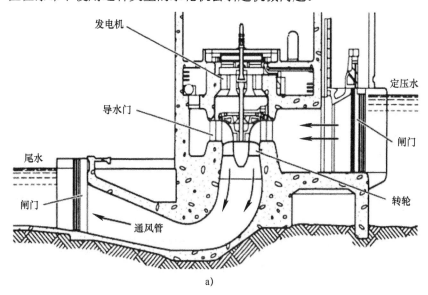

a)

图 3.8 Kaplan 螺旋桨式水轮机[4]

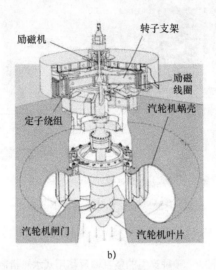

b)

图 3.8　Kaplan 螺旋桨式水轮机[4]（续）

2）考虑到在开发资源中的弹性操作，美国的趋势倾向于在任何超过 300m 的瀑布下，使用 Pelton 水轮机。但水轮机和发电机的成本会增加，因为在小瀑布下，水流速度低，Pelton 水轮机和发电机的直径均需增加。

3.3　热电厂

3.3.1　概论

汽轮机（原动机）产生的机械能是将传递到锅炉的水和蒸汽的热量转换成为涡轮叶片的蒸汽动能。水通过压缩和给水泵的提取，在低压加热器和脱气器（PRLP）中适度加热。发电机把旋转的动能转化为电能。提供蒸汽的锅炉的热源可以是化石燃料（煤、石油或天然气）或核反应堆燃烧。

图 3.9 显示了一个传统的蒸汽火力发电厂的示意图，其 IP 和 LP 假定为集中在一个汽缸（ILP）中[5]。

以朗肯循环为基础的汽水混合物经历了以下阶段[5]：

1）在高压加热器（PR_{HP}）、节能器和锅炉中以几乎恒定的压力加热水。

2）在锅炉蒸发器中以恒定的压力和温度蒸发水。

3）在锅炉中以等压压力 P_e 使蒸汽过热。

4）压力下降，一部分过热蒸汽在进气阀上，一部分过热蒸汽在汽轮机的高压缸中。

5）在锅炉中以等压压力 P_r 使蒸汽再热。

6）在汽轮机低压缸内蒸汽膨胀做功。

7）在冷凝器中在压力 P_0 下通过等温等压变化，将排出的蒸汽转化为水。

图 3.10 显示了原动机和能源供应系统的基本结构。

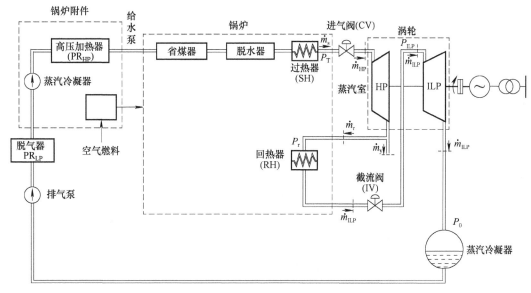

图 3.9　常规火力发电厂示意图

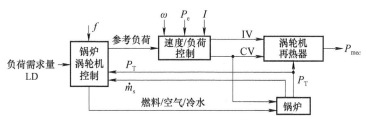

图 3.10　原动机和能源供应系统的要素[1]

1）"涡轮机/再热器"模块中，将机械功率定义为主蒸汽压力（P_T）、控制阀流量面积（CV）和截流阀流量面积（IV）的函数。

2）"锅炉"模块中，基于汽轮机控制阀流量面积（CV）和锅炉的基本能量输入（燃料、空气和给水）的函数，建立了锅炉主蒸汽压力（P_T）和蒸汽流量（$\dot{m}_s$）的模型。再热器的压力效应已经包括在汽轮机模型中。

3）"速度/负荷控制"模块中，通过初始压力调节器响应于速度/负载参考值（LR）、速度（ω）、主蒸汽压力（P_T）的变化来详细说明汽轮机控制逻辑，并且在快速阀可能应用的情况下，初始压力调节器还将响应于电功率（P_e）和发电机电流（I）的变化。

4）"锅炉涡轮机控制"模块中，根据响应于手动或通过 AGC 设置的负载需求（LD），开发了输入给速度/负荷控制操作的负载参数。根据所使用的协调控制的类型，控制逻辑的其他输入包括发电厂频率（f）、主蒸汽压力（P_T）和蒸汽流量（$\dot{m}_s$）。

在最简单的形式中，锅炉和汽轮机控制是解耦的，通过负载参数以及响应于蒸汽流量（$\dot{m}_s$）和压力（P_T）变化的锅炉控制信息，直接实现发电过程的变化。

3.3.2　锅炉和蒸汽室模型

图 3.11 是一个锅炉内的简化物理过程，它显示了一个等效的集总体积，该集总体积是在与过热器相连的具有内部压力标记的存储蒸汽的汽包，其中已包括蒸汽摩擦下降效应[1]。

a)

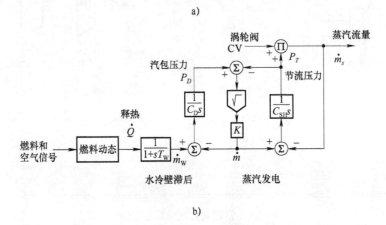

b)

图 3.11　锅炉压力效应模型（转载已获得参考文献 1 © 1991 的许可）

采样数据：

T_w=5～7s; C_D=90～300s; C_{SH}=5～15s; K=3.5; CV=1（满负载），0（空载）。

炉内释放的热量用于煮沸水冷壁中的水并将其转化成蒸汽（$\dot{m}_w$）。为了简化模拟，热力介质从水到蒸汽的转化过程由通过等效孔连接的两个集总存储容积近似，模拟由于管道中的摩擦引起的压降（见图 3.11a）。能量主要储存在水冷壁和汽包中。混合水蒸汽在汽包中分离出的饱和蒸汽被送入过热器，分离出的饱和液体沿着燃烧回路再循环。

图 3.11b 显示了一个低阶非线性模型，代表蒸汽流量 $\dot{m}_s$，该值是蒸汽阀位置 CV 和输入到锅炉的能量的函数。锅炉部分的非线性特性指的是，传输到汽轮机的蒸汽流量是控制阀的流动面积和节流压力 P_T 的乘积。

蒸汽流量 $\dot{m}_s$ 与节流压力 P_T 直接相关，而节流压力 P_T 又与过热器相关储气流量（$\dot{m}$）减去流量（$\dot{m}_s$）的积分成正比。节流压力的变化率由常数 C_{SH} 给出。流入过热器的相关储气流量，也就是流出汽包的相关储气流量 $\dot{m}$，与两个存储器之间的压力差的二次方根成正比。汽包压力 P_D 与蒸汽产生之初的流量（$\dot{m}_w$）和蒸汽流量（$\dot{m}$）之差的积分成正比。由于水冷壁中热传递的延迟，蒸汽产生之初的流量（$\dot{m}_w$）由炉中的热释放以时间延迟 T_w 给出。在发电机组启动或定期加载或卸载时，炉内产生和释放热量的过程受到燃料系统动力学的影响。对于燃油或燃气发电厂，这一过程相对较快，而对于燃煤机组，速度可能很慢。但是，它们与水力发电厂相比都比较慢。

蒸汽发电机组中，锅炉-汽轮机-发电机组件的控制通常是单体控制。在文献中定义了几种控制模式。如前所述，原动机系统和用于调节有功功率输出的控制方法代表了在锅炉跟随汽轮机模式下许多机组的工作方法（见图 3.12a）。

在这种控制模式下，任何一次调节都是由汽轮机阀门位置调节启动的，锅炉会对适当的压力和蒸汽流量进行响应。这种控制模式的缺点是需要良好的锅炉-汽轮机协调来避免稳定性方面存在的问题。

更传统的控制模式是汽轮机跟随锅炉模式（见图 3.12b），即调节汽轮机阀门位置以调节锅炉压力，并且通过调整锅炉的输入来调节发电量的变化。为了保持压力恒定，汽轮机阀控制器通过快速调节阀门位置来改变蒸汽流量。因此，输出到汽轮机的功率将紧密地跟随锅炉蒸汽产生的变化，这些变化是由于锅炉输入的变化引起的[1]。

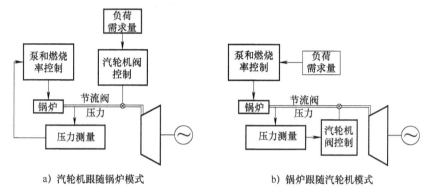

a) 汽轮机跟随锅炉模式   b) 锅炉跟随汽轮机模式

图 3-12   电厂控制模式

蒸汽室和高压管道。蒸汽通过汽轮机控制阀和入口管道进入高压汽缸。阀门位于蒸汽室内（见图 3.13a）。在大型机组的蒸汽室中包含一系列蒸汽阀。在汽轮机阀门位置调整中，高压汽缸中蒸汽流量的变化具有时间延迟特性，时间常数为 T_{CH}，如图 3.13b 所示。

在图 3.13[6]中使用了以下符号：

P_T 是节流压力；

P_{SG} 是锅炉内压；

P_{GV} 是门或阀出口的功率；

P_{T0} 是初始节流压力；

$\dot{m}_{T0}$ 是初始节流阀蒸汽流量；

T_{CH} 是蒸汽室时间常数；

$\dot{m}_{HP}$ 是高压汽缸蒸汽流量。

图 3.13c 框图描述了蒸汽室的线性模型，考虑到了锅炉管压降的影响。在研究区间内，压力 P_{SG} 假设是常数，而 P_T 假设为可变压力。用 K_{PD} 表示管道损失系数，调速器控制阀的蒸汽流量 $\dot{m}_{CV}$ 由参考文献[6]给出。

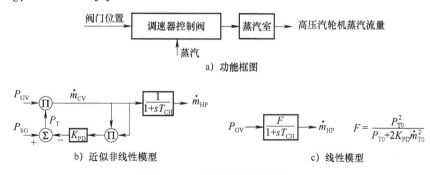

a) 功能框图

b) 近似非线性模型   c) 线性模型

图 3.13   蒸汽室和高压管道

$$\dot{m}_{CV} = P_{GV} \left[P_{SG} - K_{PD} \left(\dot{m}_{CV} \right)^2 \right]$$

调速器控制的有效增益降低至 F。如果忽略锅炉的管压降，F 是一致的。

3.3.3 蒸汽系统结构

根据压力循环次数，燃烧化石燃料的机组可能包括高压缸、中压缸和低压缸部分。在现代发电厂中，从高压缸排出的蒸汽被重新输送到锅炉侧，在那里再加热，然后驱动下一个汽缸。在进入下一个汽缸之前，增加蒸汽的温度可以提高朗肯循环的效率。因为存在多于一个再热阶段，这些过程并发，其产生的高成本可能无法证明朗肯循环效率的提高。中压缸排出的蒸汽通过一个交叉管进入低压缸。图 3.14 显示了一个单一再热的化石燃料机组的串联复合汽轮机配置。

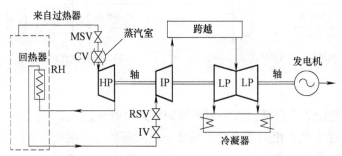

图 3.14　一个单一再热的化石燃料机组的串联复合汽轮机配置[7]

为了更好地了解基本蒸汽系统配置的运行情况，了解某些组件的位置和作用是很有用的[6]：

1）主蒸汽截止阀（MSV）设置在蒸汽室的上游，是在机组启动和关闭期间将蒸汽引入汽轮机的控制手段之一。它也被称为紧急阀，因为当汽轮机超速时，它可以迅速截止蒸汽流动，以防止汽轮机损坏。该单元可以自动或手动控制，但通常通过液压控制系统进行自动控制。为了控制系统的正常运行，它一般作为备用冗余的控制手段，通常不对截止阀建模。

2）调速阀或进气阀（也称为控制阀（CV））位于汽轮机蒸汽室中，控制蒸汽流向高压缸。调速阀的数量取决于机组大小。调速阀通过改变阀门位置来控制流向汽轮机的蒸汽量。高压缸产生的机械功率取决于通过阀门进入汽轮机的蒸汽流量。

3）在设计有再热器（RH）的火力发电厂中，位于高压缸和中压缸之间的蒸汽管路上，进入中压缸的管道设有两个阀门，功能类似于主蒸汽截止阀和控制阀：

① 再热截止阀（RSV），在机组发生停机的情况下，例如，在超速跳闸时为中压缸提供备用保护。

② 拦截阀（IV），对流至中压缸的流量节流，以防止在负载损失的情况下，汽轮机超速。

4）交叉管路是一个大的管道，通过该管道将从中压缸中排出的蒸汽在低压下输送到低压缸中，因此体积较大。通常，低压缸设计为双流或三流。

参考文献[6]中提出了 6 种常见的蒸汽系统配置和相应的数学模型，如图 3.15 所示。在框图中，时间常数 T_{CH}、T_{RH} 和 T_{CO} 分别表示蒸汽室和进气管道、再热器、交叉管道引起的延迟。分数 F_{VHP}、F_{HP}、F_{IP} 和 F_{LP} 表示在各种汽缸中产生的总轮机功率中的一部分。进入汽轮机的蒸汽流中的百分数必须满足以下条件：$F_{VHP}+F_{HP}+F_{IP}+F_{LP}=1$

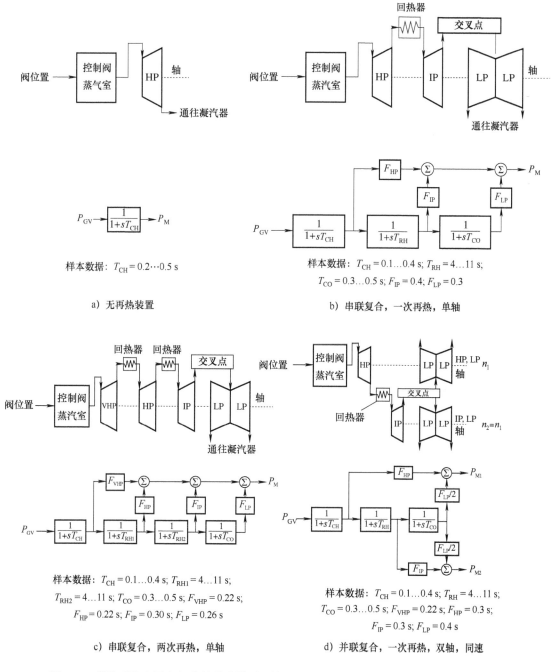

图3.15 蒸汽系统配置和相应的数学模型（转载已获得参考文献[6]© 1973 IEEE 的许可）

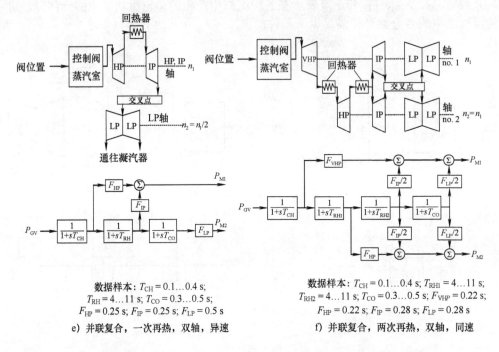

数据样本：$T_{CH} = 0.1...0.4$ s;
$T_{RH} = 4...11$ s; $T_{CO} = 0.3...0.5$ s;
$F_{HP} = 0.25$ s; $F_{IP} = 0.25$ s; $F_{LP} = 0.5$ s

e) 并联复合，一次再热，双轴，异速

数据样本：$T_{CH} = 0.1...0.4$ s; $T_{RH1} = 4...11$ s;
$T_{RH2} = 4...11$ s; $T_{CO} = 0.3...0.5$ s; $F_{VHP} = 0.22$ s;
$F_{HP} = 0.22$ s; $F_{IP} = 0.28$ s; $F_{LP} = 0.28$ s

f) 并联复合，两次再热，双轴，同速

图 3.15   蒸汽系统配置和相应的数学模型（转载已获得参考文献[6]© 1973 IEEE 的许可）（续）

每个汽轮机模型在入口处有一个功能模块，其作用是在阀门位置的调节瞬间和汽缸蒸汽流量变化的瞬间之间引入一个时间延迟。如前所述，也是在这个功能块中，进入高压缸的蒸汽的控制，是调速器改变控制阀位置，进而改变汽轮机在轴上所产生的机械功率来实现的。此外，拦截阀通过将蒸汽快速地向冷凝器排放，进而在非常短的时间内去除汽轮机负载，来帮助维持发电机组的稳定性。这个动作叫"快关"。

3.3.4 蒸汽系统通用模型

大多数发电厂中配置的是蒸汽驱动型汽轮机，因此，建立具有合适特征的蒸汽系统通用模型对于在计算机程序中实现控制操作更为方便。

适用于所有类型的蒸汽系统通用模型如图 3.16 所示[1]。系数 $K_1 \sim K_8$ 反映了汽轮机各部分的贡献值。它们是整个阶段效率和焓降的函数。反过来，焓降也就是整个阶段压力的函数。在串联复合机组的情况下，两个轴机械功率 P_{mechHP} 和 P_{mechLP} 可以合并成一个提供给同步机的单一机械功率，而对于交叉复合机组，这两个单独的轴机械功率必须精确建模。汽轮机的总响应时间取决于各部分的时间常数，即高压缸 T_4、再热器 T_5 和交叉管路 T_6。在双重再加热单元的情况下，该模型还考虑了一个时间常数 T_7。

图 3.16 中的模型考虑了锅炉压力的影响，但没有考虑截流阀的影响。控制阀的作用可以单独建模，因为它可以作为该通用模型的输入。对于设计再热器的发电机，图 3.17 显示了一种更全面的模型，解释了截流阀控制动作的效果，即引入了与再热压力相关的极限值 PR_{MAX} 以考虑安全阀动作的影响。

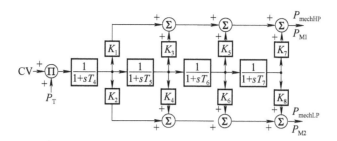

图 3.16　一般汽轮机模型（转载已获得参考文献[1] © 1991 IEEE 的许可）

在上述模型中，控制阀 CV 和截流阀 IV 假设为一片流动区域。假设控制信号和阀流动区域之间的任何非线性成分都包含在汽轮机控制逻辑模块中。

正常状态下，图 3.17 中描述的是正常工作的模型。在紧急情况下，例如，引入快关阀门，则需要更详细的描述模型。

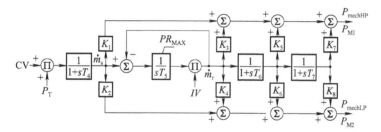

图 3.17　包含四种影响的一般汽轮机模型（转载已获得参考文献[1] © 1991 IEEE 的许可）

表 3.1 给出了每种汽轮机类型的时间常数和分数之间的对应关系[6]。

表 3.1　汽轮机通用模型的参数解释[6]

系统描述	时间常数				分数							
	T_4	T_5	T_6	T_7	K_1	K_2	K_3	K_4	K_5	K_6	K_7	K_8
非再热（见图 3.15a）	T_{CH}	—	—	—	1	0	0	0	0	0	0	0
串联一次再热（见图 3.15b）	T_{CH}	T_{RH}	T_{C0}	—	F_{HP}	0	F_{tp}	0	F_{LP}	0	0	0
串联复合二次再热（见图 3.15c）	T_{CH}	T_{RH1}	T_{RH2}	T_{C0}	T_{VHR}	0	F_{HP}	0	F_{IP}	0	F_{LP}	0
交叉复合式单再热器（见图 3.15d）	T_{CH}	T_{RH}	T_{C0}	—	F_{HP}	0	0	F_{tp}	$\dfrac{F_{LP}}{2}$	$\dfrac{F_{LP}}{2}$	0	0
交叉复合式单再热器（见图 3.15e）	T_{CH}	T_{RH}	T_{C0}	—	F_{HP}	0	F_{IP}	0	0	F_{LP}	0	0
交叉复合式双再热器（见图 3.15f）	T_{CH}	T_{RH1}	T_{RH2}	T_{C0}	T_{VHR}	0	0	F_{HP}	$\dfrac{F_{IP}}{2}$	$\dfrac{F_{IP}}{2}$	$\dfrac{F_{LP}}{2}$	$\dfrac{F_{LP}}{2}$
Hydro	0	$T_W/2$	—	—	−2	0	3	0	0	0	0	0

3.3.5　汽轮机调节系统

调节系统是汽轮发电机组输出功率和频率调节的重要组成部分。调速器设定值的调整目前是在各种需求模式下匹配发电负载的手段，或者仅仅使频率保持在期望值。

如果总发电量与总负载匹配，则电力系统频率保持恒定并等于期望值。当系统中出现由负载或发电量变化引起的功率不平衡时，系统频率偏离期望值。由于发电机转速与系统频率直接相关，频率的任何增加都会导致发电机转子速度的增加，反之亦然。为了响应转子转速的变化，调速器通过阀门控制，自动改变（适当增加或减少）原动机输出（转矩）。为了使同步发电机转子转速保持在期望值，需要由汽轮机产生的转矩根据发电机的系统负载所吸收的电流（功率）来计算。对于小的频率变化，调速器控制通过特定的控制逻辑来产生对应转矩所需的蒸汽流量。然而，如果电力系统中发生大的不平衡，则由自动发电控制系统接管控制，改变适当的时间延迟。调速器的速率和幅值对转速变化的响应，是根据发电机和电力系统的特性进行调整的。调速器控制逻辑的输入为速度、加速度、电功率、发电机电流等，而输出为 CV 和 IV 流动区域。

进入汽轮机的蒸汽流量由调速器控制，该调速器设定阀门的位置（行程），因此与转速成正比。将该行程与预设的参考位置进行机械比较，进而给出与速度误差成比例的位置误差。控制该位置误差的力很小，必须在力和行程之间进行放大。这就是两个放大器的目的，称这二者为速度继电器和伺服电机[2]。

蒸汽轮机控制的简化系统框图如图 3.18 所示。虽然调速器种类繁多，有机械液压式、电动液压式或数字电动液压式，它们均具有类似的稳态转速-输出特性，其应用原理（正常运行时）是相同的。

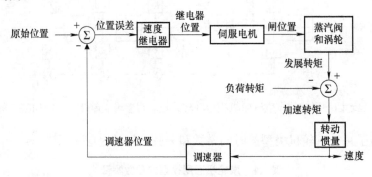

图 3.18 蒸汽轮机控制系统的框图[8]

正常的负载变化时，控制阀对速度误差进行简单的比例控制，而对于更为严重的干扰，超速限制需要使用控制阀 CVs 和截流阀 IVs。

汽轮机转速/负载控制模型通常仅限于常规的主速度控制和辅助负载控制（AGC）。对于涉及大加速度的问题，在特定设计中需要提供离散和非线性动作，那么速度/负载控制模块应由制造商定义。

参考文献[6]提出了典型机械液压（MHC）和电动液压（EHC）调速系统的近似数学模型。

3.3.5.1 机械液压控制（MHC）

调速器基本上是一种速度敏感的机械装置，它能感知轴的转速并将其转换为阀门参考位置（见图 3.19）。

机械调速器的操作类似于经典的离心装置或安装在弹簧臂上的参考飞行重量（flyballs）的飞球调速器。转子的转速信号（ω_R）是由离心力通过弹簧转换为线性位移。当轴速度降低时，飞球旋转速度变慢，

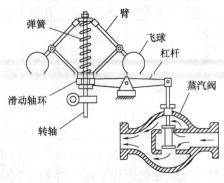

图 3.19 机械调速器[2]

它们导致阀门向上移动并允许更多的蒸汽流入流出，反之亦然。

图 3.20a 显示了由调速器、速度继电器、液压伺服电机和调速器控制阀组成的典型机械液压调速系统的模型[6, 7]。

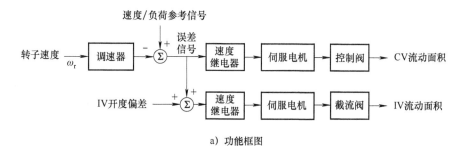

a）功能框图

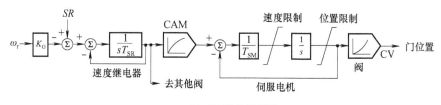

b）近似数学模型[6,7]

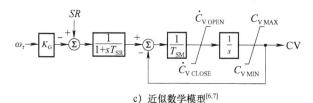

c）近似数学模型[6,7]

图 3.20　蒸汽轮机机械液压调速器

图 3.20 的采样数据：

$K_G = 20.0$；$T_{SR} = 0.1s$；$T_{SM} = 0.2 \sim 0.3s$；$\dot{C}_{VOPEN} = 0.1pu/s/$阀；$\dot{C}_{VCLOSE} = 0.1pu/s/$阀；

如图 3.20a 所示，将调速器输出与速度/负载参考信号进行比较，得到一个误差信号，用于确定控制阀 CV 的位置，适当确定由伺服电机设置的截流阀 IV 的位置。然而，在正常条件下，控制阀 CV 用于速度/负载控制，而截流阀 IV 通过偏置（IV 开路偏置）信号保持完全打开。在超速的情况下，出现大的误差信号，偏置被克服，伺服电机收到快速关闭截流阀 IV 的信号。一旦轴速度回到参考速度，误差信号恢复到小于偏差值，截流阀 IV 再次完全打开。

图 3.20b 所示是响应于轴速度变化，链式作用在控制阀上的近似非线性数学模型。速度调节器确定阀门位置，假设其与轴速度成线性关系，没有时间延迟。信号放大增益是 K_G、K_G 是调节或下降系数（R）的倒数，然后与从调速器变频器获得的信号 SR 进行比较（见图 3.1）。信号 SR 由 AGC 系统确定。

液压伺服系统称为速度继电器，它产生与负载参考信号成比例的输出，然后减去主速度控制增益（$1/R$）引起的速度偏差（$\Delta\omega$）的任何贡献值。速度继电器表示为一个时间常数

T_{SR} 和直接反馈的积分。在速度继电器和伺服电机之间显示的一个非线性的"CAM"用来补偿阀门的非线性。在大型汽轮机上，移动蒸汽阀所需的能量级的额外放大是通过液压伺服电动机实现的。伺服电机表示为一个时间常数 T_{SM} 和直接反馈的积分。当发生较大的快速偏差时可能需要伺服电动机限制速率。这些速率限制显示在表示伺服电机的积分器的输入端。同样显示的还有位置限制，它与全开阀或负载限制器设置值相对应。在电力系统研究中，速度控制机制中的非线性通常被忽略，只考虑速率限制和位置限制的值（见图 3.20c）[6]。

3.3.5.2 电动液压控制（EHC）

使用电子电路的电动液压速度控制系统比机械液压控制更灵活。

图 3.21a 显示了典型电动液压控制系统的功能框图。蒸汽流量（或第一级压力）反馈回路和伺服电机反馈回路改善了机械液压系统的线性度。图 3.21b 的框图显示了通用电动液压控制系统的调速功能与蒸汽流量反馈的近似数学模型。

与机械液压系统 MHC（第 3.3.5.1 节）相比，电动液压控制系统 EHC 设计有另外两个速度控制功能[1]：

1）触发系统启动，每当发生负载不平衡时，截流阀 IV 都快速关闭，导致截流伺服阀的误差信号大于 0.1pu。该速度误差表示的速度偏差是 $\Delta\omega > 0.05(LR)+0.002\text{pu}$。当触发系统被激活时，截流伺服阀的控制被阻塞 1s，之后截流伺服阀可以自由地响应于速度控制。

2）在卸载时，无论何时发生电源/负载不平衡，电源/负载继电器（PLU）都将快速关闭控制阀 CV 和截流阀 IV。

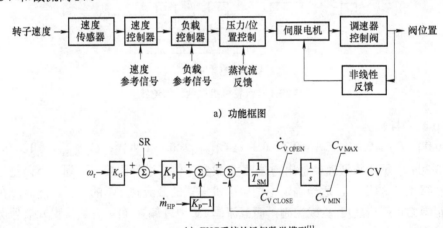

a）功能框图

b）EHC系统的近似数学模型[1]

图 3.21 蒸汽轮机电动液压调速器

图 3.21 的参数采样值：

$K_G = 20.0$；$K_P = 3.0$(有蒸汽流量反馈)；$K_P = 1.0$(无蒸汽流量反馈)；$T_{SM} = 0.1\text{s}$

速率限制：

$$\dot{C}_{VOPEN} = 0.1\text{pu}/\text{s}/\text{阀}；\quad \dot{C}_{VCLOSE} = 0.1\text{pu}/\text{s}/\text{阀}$$

图 3.22 所示的是一种通用电气设计的电动液压控制系统的框图[1]。

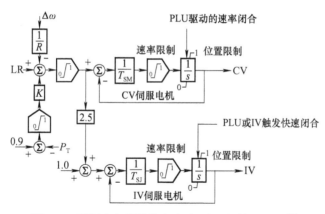

图 3.22 通用电气设计的电动液压控制系统的框图[1]

图 3.22 的采样数据：

$$R=0.05\text{pu}；\quad T_{SM}=0.1\sim0.2\text{s}；\quad T_{SJ}=0.1\sim0.2\text{s}；\quad 快关时间=0.15\text{s}；$$
$$速率限制CV=-0.2；0.1；\quad 速率限制IV=-0.2；0.1。$$

在正常运行中，控制阀 CV 的设定位置由负载参考信号与速度偏差的误差乘以增益 $1/R$ 决定。如果主蒸汽压力低于初始压力调节器设定点（0.9），控制阀 CV 的关闭时可能会有附加动作。截流阀 IV 以与 MHC 系统相同的方式响应超速。

3.3.5.3 数字电动液压控制（DEHC）

西屋公司设计的数字电动液压控制系统的正常速度控制功能框图如图 3.23 所示。

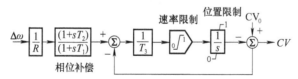

图 3.23 数字电动液压控制系统（西屋公司）[1]

除了正常的速度控制功能外，控制系统还具有超速保护功能[1,7]。

对于部分负载损失，为了提高发电机组的瞬态稳定性，基于汽轮机机械功率和电气负载之间的不匹配，有时需要提供一个关闭截止阀（CIV）功能。该功能类似于快关汽门。

对于完全负载损失，数字电动液压控制系统设计有两个超速保护组件：超速负载下降预报器（LDAO）和超速传感器。当汽轮机功率大于额定值的 30％时，LDOA 器关闭控制阀 CV 和截流阀 IV，而速度超过额定值的 103％时，超速传感器会关闭控制阀 CVs 和截流阀 LVs。

3.3.5.4 调速系统通用模型

图 3.24a 所示，是适用于表示汽轮机的机械液压系统或电动液压系统的通用调速器模型。

图 3.24 中使用了以下符号：

P_0 是初始机械功率；

P_{GV} 是门或阀出口的功率；

$\dot{P}_{UP}$ 和 $\dot{P}_{DOWN}$ 是控制阀速率限制器施加的功率变化率的限制值；

P_{MAX} 和 P_{MIN} 是阀门或门偏移施加的功率限制值。

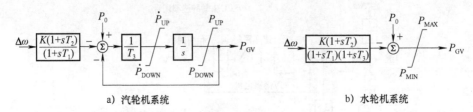

a）汽轮机系统   b）水轮机系统

图 3.24   调速系统的通用模型[6]

速率限制一般是 0.1pu/s，除了机械液压系统中 $\dot{P}_{DOWN}$ 是 1.0pu/s。一般，K=100（%稳态速度调节率）。

表 3.2 包含了图 3.24 框图的典型参数列表[6]。

图 3.23 的采样数据：

R=0.05pu；T_1 = 7.5s；T_2 = 2.8s；T_3 = 0.1s；速度限制=+0.5s（关）；-0.4s（开）

表 3.2   图 3.24a 使用的调速系统参数[6]

系统	时间常数/s		
	T_1	T_2	T_3
机械液压	0.2~0.3	0	0.1
	通用电气		
带蒸汽反馈[1]	0	0	0.025
不带蒸汽反馈	0	0	0.1
	西屋公司		
带蒸气反馈[1]	2.8[2]	1.0[2]	0.15
不带蒸汽反馈	0	0	0.1

① 蒸汽流量反馈包括使用图 3.24a 时必须修改的蒸汽箱时间常数 T_{CH}。

② 这些值可能因单位而不同。

3.4   联合循环电厂

3.4.1   概论

在过去的 20 年里，众多电力系统中，联合循环发电厂的发电量在总发电量中所占的份额有所增加。

基于 Brayton 循环的燃气轮机发电厂的最低温度与基于朗肯循环的传统蒸汽轮机发电厂的最高温度相同。因此，建立燃气-蒸汽联合循环热力学级联是可行的，其中高温段是燃气轮机回路，而低温段是蒸汽轮机回路。大量热量储存在从燃气轮机排出的气体中，这些气体通过热回收蒸汽发生器（HRSG）传递到汽轮机的工作流体中。因此，将这两个循环结合起来，总的效率比传统化石燃料电厂要大得多。效率更高是由于燃气轮机燃烧产生的总焓的利用率更大。一个典型的简单循环的传统化石燃料电厂的效率为 35%~43%，而联合循环发电厂的效率可以超过 58%[9]。但由于成本高，联合循环发电厂只在大型机组中可行。

一种典型的联合循环发电厂的布置如图 3.25 所示。

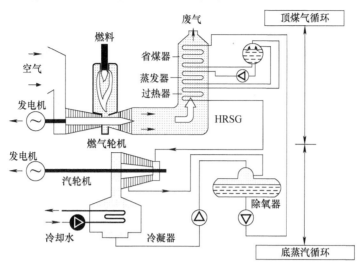

图 3.25 典型联合循环发电厂（来源：Alstom Power AG.）

在联合循环发电厂中，原动机的任务是在燃气/燃烧轮机和热回收蒸汽轮机之间进行分配，每个汽轮机为其自身的发电机供电。蒸汽循环中获得的电能严格取决于燃气轮机各部分的额定值。

3.4.2 联合循环电厂的设计

联合循环发电厂可以根据安装的功率不同进行多种设计。它们可以分为两大类[9]：

1）单轴发电厂：燃气轮机、汽轮机和发电机全部串联在一个旋转的机械轴上（见图 3.26a）。

2）多轴动力装置：其中一个或多个燃气轮机各自设计有自己的 HRSG，向单个蒸汽轮机供应蒸汽，所有燃气轮机安装在单独的发电机轴上（见图 3.26b）。

高温设备由轴流式压缩机、燃烧室和汽轮机组成。空气通过进气系统进入压缩机。压缩机将空气压力增加到燃烧室（燃烧器）的运行值。在发生燃烧过程的燃烧室中，压缩空气与燃料混合，然后热气体从燃烧室中排除，在燃气轮机中膨胀，产生机械能。机械能用于驱动压缩机和同步发电机。排气系统提供了从汽轮机排出气体的路径。此外，发电厂还设计了辅助设备和控制系统。

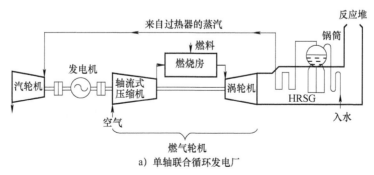

a）单轴联合循环发电厂

图 3.26 联合循环发电厂配置

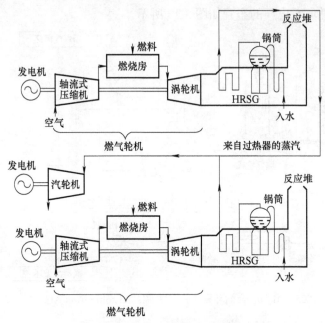

b) 带两个燃气轮机的多轴联合循环发电厂[9,10]

图 3.26 联合循环发电厂配置（续）

3.4.3 联合循环电厂模型框图

图 3.27 显示了联合循环发电厂的简化功能框图和子模型之间的耦合关系。主要的模块包括速度/负载控制、燃料和流量控制，燃气轮机和蒸汽轮机的热回收蒸汽发生器。这个模型可以以较高的准确度应用在电力系统的动态研究中[11]。

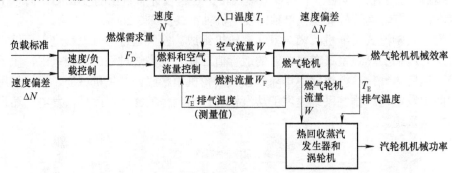

图 3.27 联合循环电厂的子系统图（转载已获得参考文献[11] © 1994 IEEE 的许可）

为了表示联合循环发电厂的部件之间的连接关系，需要强调一些特征值：

1）汽轮机产生的机械功率是燃气轮机排出气体流量和温度的函数。

2）燃气轮机产生的机械功率是燃料流量和气体流量的函数；根据排气温度和压缩机压力比的测量，通过调节燃料流量和气体流量来控制燃烧温度，将其保持在设计极限值以下。

3）燃气轮机的燃料需求是以负载参考信号和速度偏差 ΔN 来设定的。

4）在燃气轮机负载减轻时，通过减少气流获得较高的排气温度；气流是进气导叶

（IGV）的打开位置、大气温度和压力以及轴转速的函数。

燃气轮机有两种最广泛使用的模型，Rowen 模型和 IEEE 模型，分别适用于小扰动稳定性和大扰动稳定性研究。两个模型之间的主要区别在于维持高燃烧温度（汽轮机入口温度）所需的控制动作，这决定了低 NO_x 气体排放水平。

两种模型都使用图 3.28 所示的调速器模型。调速器的输入是负载需求 V_L 和速度偏差 ΔN。调速器根据输入变量和一些功能和设计特性来确定所需燃料流量 F_D。在图 3.28 中，W 代表增益值，X 代表调速器超前时间常数，Y 代表调速器滞后时间常数，Z 代表调速器工作模式（1=下降，0=同步）。

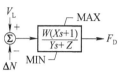

图 3.28　联合循环电厂速度负载控制[11]

图 3.29 所示的 Rowen 模型[12]包括了一个单循环重型燃气轮机中最重要的部分，没有热回收。假定它在环境温度（15℃）和常压（1.01bar⊖）下运行，转子速度在额定速度的95%～107%内保持相对恒定。

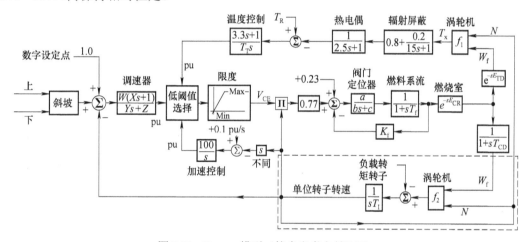

图 3.29　Rowen 模型（摘自参考文献[12]）

采样参数如下（采用英制单位[13]）：

$$W = 16.7; X = 0.6s; Y = 1.0s; Z = 1; MAX = 1.5pu; MIN = -0.1pu;$$

$$a = 1; b = 0.05; c = 1; T_f = 0.4s; K_f = 0; E_{CR} = 0.01s;$$

$$E_{TD} = 0.04s; T_R = 950(°F); T_T = 450(°F); T_{CD} = 0.2s; T_I = 15.64;$$

$$f_1 = T_X = T_R - 700(1 - W_f) + 550(1 - N); f_2 = 1.3(W_f - 0.23) + 0.5(1 - N)$$

该模型包括三个主要控制回路：速度/负载控制回路、加速度控制回路和温度控制回路。三个回路的输出进入一个低值选择模块，用于选择最少燃料需求量的值。

1）速度/负载回路与调速器相关。

2）加速控制回路的设计是为了限制转子起动时的燃料流量，以防在突然失去负载的情况下加速超过阈值。

⊖ 1 bar = 0.1 MPa，后同。

3）温度控制回路的设计是为了限制气体的排气温度，避免限速器的任何可能导致温度超出极限的动作。

适当地选择参数 a、b 和 c 以设定阀门位置。燃料系统以燃料时间控制常数 T_f 将燃料引入燃烧器，然后用延迟时间 E_{CR} 来表征燃烧反应。

0.23 的偏移量是考虑了空载、自保持条件时的最小燃料极限，这对维持压缩机运行至关重要。

在 Rowen 模型中，燃气轮机的输出由两个功能块 f_1 和 f_2 确定。函数 f_1 根据转子速度和燃料流量来确定汽轮机的输出温度。燃料流量 W_f 与汽轮机和排气延迟时间 E_{CR} 相关。输出温度也与汽轮机额定排气温度 T_R（°F）和温度控制器积分率 T_T（°F）相关。函数 f_2 根据转子转速和燃料流量来计算输出涡轮转矩，其中，压缩机排量容积的时间常数是给定的特定延迟 T_{CD}，转子的惯量为 $T_I = 2H$。

更详细的燃气轮机模型可能包括进气导叶 IGV 的动作，可以改变它的位置，进而调整压缩机中的气流。然而，如果频率变化低于参考值的 1%，并且燃气轮机的控制不会使输出温度超出其极限，那么图 3.29 中的模型可以简化为图 3.30[14, 15]所示的模型。

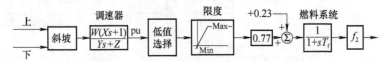

图 3.30　简化 Rowen 模型[14]

IEEE 模型分为两部分：一部分代表控制功能，另一部分模拟燃气轮机的热力过程。第一部分包括气流控制回路、燃料流量控制回路和温度控制回路。

1）燃气轮机燃料和空气控制如图 3.31 所示。

汽轮机排气温度可以通过在有限的范围内调节气流来控制。在降低燃气轮机负载时，保持较高的排气温度可以提高整体效率。在这种情况下，可以控制燃料流量和空气流量，以保持燃气轮机入口温度恒定，例如，保持在参考排气温度 T_R。

在额定条件下每单位绝对燃烧温度的参考排气温度用下面的表达式计算[2, 11]。

$$T_R = T_f \left[1 - (1 - \frac{1}{X}) \eta_T \right] \tag{3.1}$$

式中，T_R 是额定条件下，绝对燃烧温度时的单位参考排气温度；T_f 是燃气轮机单位设计入口温度；η_T 是汽轮机效率；X 是一个循环等熵压力比参数，由下式给出。

$$X = (P_R)^{(\gamma-1)/\gamma} \tag{3.2}$$

式中，$P_R = P_{R0}W$ 是等熵循环压力比；P_{R0} 是设计循环压力比；$\gamma = c_n/c_v$ 是比热容；W 是单位设计气流流量。

在给定的燃气轮机入口温度 T_f 的情况下，产生指定发电量所需的单位气流由汽轮机功率平衡方程给出[11]：

$$W = \frac{P_G K_0}{T_f[1 - (1/X)]\eta_T - T_i[(X-1)/\eta_C]} \text{pu} \tag{3.3}$$

其中，P_G 是单位额定设计功率输出。

$$K_0 = \frac{kW_0 \times 3413}{W_0 T_{f0} c_P} \qquad (3.4)$$

式中，kW_0 是单位基本净输出；W_0 是单位空气流量；T_{f0} 是设计绝对极限温度下的单位燃气轮机入口温度；c_P 是平均比热容；T_i 是单位绝对燃烧温度时的压缩机进口（环境）温度；η_C 是压缩机效率。

为了简化分析，在压缩机和汽轮机效率值 η_C 和 η_T 中包括了燃烧器压降、比热容变化和冷却流处理的影响。

根据期望的燃料值 F_D 和环境温度 T_i，在系统图的 A 框（见图 3.31）中，在气流设计范围内计算期望的空气流量 W_D 和期望的排气温度参考值 T_R。

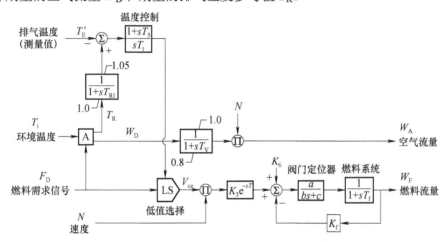

图 3.31 燃气轮机燃料和空气控制（转载已获得参考文献[11] © 1994 IEEE 的许可）

将测量的排气温度 T_E 与排气温度参考值 T_R 进行比较，把产生的误差作用在温度控制器上，该温度控制器通过"低值选择"模块设定燃料流量需求 V_{CE}。排气温度参考值以时间延迟 T_{R1} 输入到加法器中。实际的燃料流量 W_F 取决于阀门位置控制和燃料流量控制。

气流的叶片控制动作由时间常数 T_V 给出，该值无上限。如图所示，实际气流量 W_A 是期望气流量和轴速的乘积。

图 3.31 的采样数据：

$K_3 = 0.7; K_6 = 0.3; K_f = 1; T_f = 0.01; T_5 = 3.3; T_t = 0.45; T_V = 10; a = 10; b = 1; c = 0$

2）燃气轮机发电。燃气轮机机械能 P_{MG} 和排气温度 T_E 的计算如图 3.32 所示。

燃气轮机的净输出功率是汽轮机功率与压缩机功率的差值，由方程（3.3）确定，是汽轮机入口温度 T_f 和气流 W 的函数。汽轮机入口温度 T_f 可以由燃烧室热平衡关系[11]确定：

$$T_f = T_{CD} + \frac{W_f K_2}{W} = T_i\left(1 + \frac{X-1}{\eta_C}\right) + \frac{W_f K_2}{W} \qquad (3.5)$$

式中，$K_2 = \Delta T_0 / T_{f0}$ 是单位燃烧温度时的设计燃烧室温升；T_{CD} 是单位设计绝对燃烧温度时的压缩机排气温度；W_f 是对应于单位设计气流流量 W_0 的气流流量。

在式（3.1）中，可以用 T_E 代替 T_R 计算燃气轮机排气温度。由式（3.3）可以得到机械功率 P_{MG} 是比率 P_G/W 的函数。

框图还包括燃烧时间延迟的 E_{CR}、压缩机排气量的时间常数 T_{CD}、涡轮排气系统传输延迟 E_{TD}[11]。

3）蒸汽轮机发电。从气体回路传递到热回收蒸汽发生器系统中的蒸汽回路的热量取决于排气流量 W 和来自燃气轮机的排气温度 T_E。热量被输送到高压和低压蒸汽发生区。

理论上，压缩机（压缩）和汽轮机（膨胀）的热力学过程中是等熵的，没有热量交换。但是，实际上在这两个绝热过程中，效率并不高[3,16]。

在理想的压缩机循环中，温度变化范围是 T_{02}-T_{01}（图 3-4 中的 1-2），而在实际循环中，温度变化是 T'_{02}-T_{01}。因此，压缩机等熵效率定义如下：

$$\eta_C = \frac{c_p \Delta T'_0}{c_p \Delta T_0} = \frac{T'_{02} - T_{01}}{T_{02} - T_{01}} \tag{3.6}$$

式中，c_p 表示气体的平均比热容；T'_0 是实际温度；T_0 是理想过程的温度。

等式（3.6）可推导出：

$$T_{02} - T_{01} = \frac{1}{\eta_C}\left(T'_{02} - T_{01}\right) = \frac{T_{01}}{\eta_C}\left(\frac{T'_{02}}{T_{01}} - 1\right) \tag{3.6a}$$

循环压力比的变化与温度的变化成正比。所以，等式（3.6a）可以变为

$$T_{02} - T_{01} = \frac{T_{01}}{\eta_C}\left[\left(\frac{P_{02}}{P_{01}}\right)^{(\gamma-1)/\gamma} - 1\right] \tag{3.6b}$$

假定燃烧室中的加热过程是在恒定的压力下进行的（忽略燃烧室中的压力损失），当 P_{02} 等于 P_{03}（见图 3.5）时，压缩机压力比 P_{02}/P_{01} 等于循环压力比 X，即汽轮机进口压力除以环境压力的值。假定 T_{01} 是环境温度，则 T_{02}（压缩机排气温度 T_{CD}）可以写为

$$T_{02} = T_{01} + \frac{T_{01}}{\eta_C}(X - 1) \tag{3.6c}$$

图 3.32 的采样数据：

$$E_{CR} = 0.1; E_{TD} = 0.04; T_{CD} = 0.1; T_3 = 15; T_4 = 3; K_4 = 0.8; K_5 = 0.2$$

引入汽轮机等熵效率，式（3.1）可以类似地进行推导[16]。两个方程的详细推导见参考文献[3]。

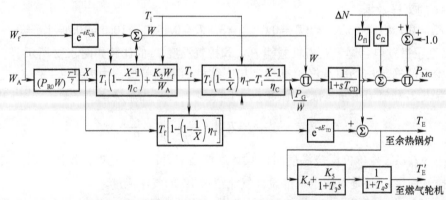

图 3.32　燃气轮机机械能和排气温度的模型（转载，已获得参考文献[11] © 1994 IEEE 的许可）

由高压缸和低压缸输送的千瓦功率可以根据参考文献[2]计算得到

$$kW_g = \frac{m_{HP}E_{HP} + m_{LP}E_{LP}}{3413} \qquad (3.7)$$

其中，E_{HP} 和 E_{LP} 是高压缸和低压缸中蒸汽实际可用的能量[11]。

蒸汽流量，m_{HP} 和 m_{LP} 可以根据参考文献[2]计算得到

$$m_{HP} = K_T P_{HP}$$

$$m_{HP} + m_{LP} = K' P_{LP}$$

式中，K_T 是截流阀流量系数；K' 是入口点流量系数；P_{HP} 是高压缸压力；P_{LP} 是低压缸压力。

在没有图 3.31 和图 3.32 所示模型所需信息的情况下，图 3.33 所示的简化蒸汽功率模型可以用于许多类型的研究中[11]。时间常数 T_M=5s；T_B =20s。

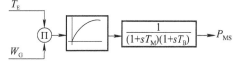

图 3.33　简化蒸汽功率响应模型[11]

3.5　核电厂

核电厂（NPP）由两大部分组成（见图 3.34）：

1）核岛（反应堆）：通过裂变过程将核能转化为热能；

2）发电厂的传统部分：将热能转化为机械能。

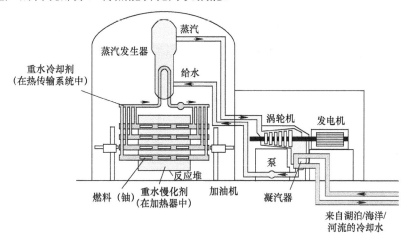

图 3.34　核电厂的传统结构

核反应堆的主要特征元素包括：

1）核燃料：天然铀、浓缩铀或钍。

2）冷却剂：将反应堆活性区裂变产生的热量带走，并将其转移到发电厂的传统部分。气体（He、CO_2），轻水，重水和液态金属（钠、钾）可用作冷却剂。

3）减速剂，将核裂变产生中子的速度减慢到有利于新的裂变反应发生的水平。在许多情况下，减速剂用来充当冷却剂。轻水（H_2O）、重水（D_2O）和石墨可用作减速剂。

核电厂也可以按照电路数量来分类：

1）单回路核电厂（见图 3.35a）。在这种情况下，反应堆的冷却剂也被用作发电厂传统部分的工作介质。大部分反应堆都可以纳入这一类，使用轻水作为减速剂和冷却剂，使用浓缩铀作为核燃料（如沸水反应堆，BWR）。

2）双回路核电厂（见图 3.35b）。其中主回路设计用于冷却反应堆，次回路在发电厂的传统部分运载工作介质。这一类别包括压水反应堆（PWR）和加压重水反应堆（PHWR）。

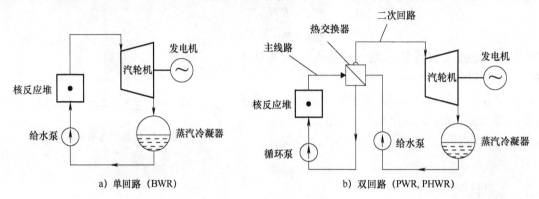

图 3.35　核电厂流程图

核电机组通常具有串联混合式汽轮机和发电机，两对电极以 1500r/min（50Hz）或 1800r/min（60Hz）运行。图 3.36 显示了特定用于 CANDU 型核电厂的双通量汽轮机结构。它由一个高压缸和三个低压缸组成。使用湿度分离器（MSR）来干燥离开高压缸的排汽，并在干蒸汽进入低压缸之前重新加热干蒸汽。加热所用蒸汽是高压蒸汽。

如图 3.36 所示，核电厂汽轮机可配备四套阀门：主入口截止阀（MSV）、控制阀、中间截止阀（ISV）和截流阀。主入口截止阀（MSV）和中间截止阀（ISV）仅在紧急情况下使用。控制阀在正常工作条件下进行调节，以响应正常的负载变化。控制阀和截流阀负责对突然失去电力负载造成的超速情况做出反应。

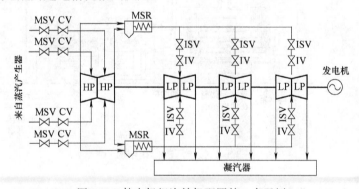

图 3.36　核电机组汽轮机配置的一个示例

3.6　水力发电厂

3.6.1　概论

水力发电厂由 4 个基本要素组成，这 4 个要素是从水中产生能量所必需的：创造水头的方法，输送水的管道，水轮机和发电机[17]。

大坝提供了推动水轮机所需的水头，确定了发电可用的蓄水量，为每日或每季的水流释放提供必要的供水。

水是一种介质，能量通过水输送到水轮机中，可以产生电能。因此，对水位或压力有一定的限制，即水处理系统的某些要素须被纳入水轮机控制的"被控过程"的范围内[17]。

图 3.37 是一种水处理系统的示意图，该系统从进水水库取水（或在河流水力发电厂的情况中，从河流中取水），提供给发电厂。

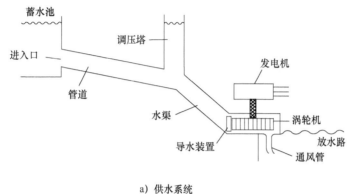

a) 供水系统

b) 压力管道

图 3.37　水力发电厂供水系统和压力管道的示意图

下面简要介绍水力发电厂水处理系统的主要组成部分[17]：

1）蓄水池是为水力发电厂提供能源的水头。水头库容量（非常大或没有库容）会影响水电机组对库水位的影响率。从水库将水从前池区域抽到一个大管道中，然后引入水轮机。在某些情况下，相对水平段的导管的设置是很有必要的，它的终点是水突然从压力管下降到水轮机的点。

2）水柱包括用于从水头向水轮机输送水的所有结构。水柱包括进水结构、压力管道、一个或多个调压井以及蜗壳。这些结构的复合水柱惯性和弹性有助于改善水锤效应对水轮机调速系统性能的影响。

3）导流管将水从水轮机的排放侧输送至尾水管。它通常属于电厂结构的一部分，其设计目的是最大限度地减少出口损失。导流管中的水的惯性会影响总的水的惯性，影响水轮机调节系统的性能。在某些情况中，这种影响非常显著（尾水和下水库）。

4）尾水池可以是一个开放的河流，一个下游工程的蓄水池，一条运河，或者地下厂房的隧道。尾水池的水位对水轮机产生背压。这将影响水轮机的功率输出。尾水池的大小影响水力发电机组对水位的影响率。脉冲式水轮机通常在空气中旋转，因此，尾水池水位不会影响发电机组的出力。尾水池也可称为尾水库或下水库。

5）水轮机将水的势能转化为机械能，从而带动发电机旋转。在压力作用下，水通过导叶进入水轮机，能量释放后通过导流管排出。水轮机能够产生的功率取决于水轮机上的水头、流经的水流量和水轮机效率。现代水轮机可以从几乎所有的水头和流量组合中产生动力。虽然水轮机种类很多，它们基本分为两个类别：脉冲式水轮机和反作用式水轮机。

水轮机的性能受水轮机的水柱特性的影响，水柱特性包括压力管道中，水的惯性、水的压缩性和管壁弹性。水惯性的影响是：导致水轮机流量变化滞后于水轮机门开度的变化。弹性的影响是：导致管道内产生压力和流量的行波，这种现象通常称为水锤效应[7]。

水锤是指水流流速突然变化引起的压力变化，高于或低于正常压力值。这导致压力波沿着压力管道传播，可能使管壁承受很大的应力。通常用来缓解正水锤和负水锤问题的装置是调压井，一般是安装在导流管和压力管道之间的大型水池[2]。

机械功率取决于进入水轮机的液压功率，该值可以通过调节水轮机的进水阀（导叶门）开度而改变。进水阀安装在压力管道的末端。实际上，通过调节阀门的开度可以控制进入水轮机的水流量。

3.6.2 水力发电机系统和控制系统的模型

3.6.2.1 一般框图

水轮机的动态特性取决于管道和导流管内水流的动态变化。汽轮机产生的机械功率由流量和水头之间的非动态关系来描述。在一些动态性能模拟中，需要考虑行波现象对压力管道中水压和流量的影响。然而，考虑行波现象对稳定性研究是没有必要的[6]。图 3.38 显示了水力发电机与电厂控制关系的一般框图[18]。

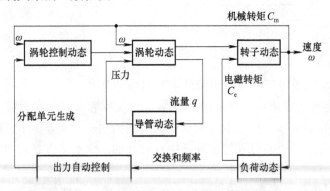

图 3.38 水力发电机与控制系统之间关系的功能图（转载，已获得参考文献[18] © 1992 的许可）

3.6.2.2 水轮机管道动力学模型[1]

一种刚性水柱的非线性模型。如图 3.39 所示，假设水头和尾水不受限制，包括压力管道的水轮机动态模拟框图如图 3.39 所示。该模型还考虑了任何尺寸的调压井的影响。假设压力管道中的流体不可压缩，刚性管道的长度为 L，横截面积为 A（见图 3.37b）[18]。

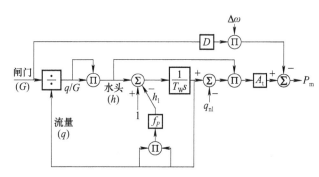

图 3.39　一种刚性水柱的非线性模型（转载，已获得参考文献[18] © 1992 的许可）

由水轮机产生的机械功率的动力学性能根据管道中水流量的变化率计算得到，正如参考文献[18]所描述的那样：

$$\frac{\mathrm{d}q}{\mathrm{d}t} = \left(h_0 - h - h_1\right)g\frac{A}{L} \tag{3.8}$$

式中，q 是涡轮流量（m^3/s）；A 是压力管道横截面积（m^2）；L 是管道长度（m）；g 是重力加速度（m/s^2）；h_0 是水轮机上方水柱的静态水头（m）；h 时候水轮机入口的水头（m）；h_1 是管道磨损引起的水头损失（m）。

压力管道的水头损失与流量二次方成正比，f_P 是水头损失系数，该系数通常忽略不计。

将 h_0 作为基础水头 h_{base}，用闸门全开时（闸门位置 $G=1$）的涡轮流量定义为 q_{base}，式（3.8）可用下式表示：

$$\frac{\mathrm{d}q_*}{\mathrm{d}t} = \frac{1 - h_* - h_{1*}}{T_{\mathrm{W}}} \tag{3.9}$$

式中，$h*$ 和 h_{1*} 分别是水轮机每单位水头值及水头损失；T_{W} 是压力管道中的水流时间常数，由下式给出：

$$T_{\mathrm{W}} = \left(\frac{L}{A}\right)\frac{q_{base}}{h_{base}g}(\mathrm{s}) \tag{3.10}$$

基础流量是基础水头和阀门位置的函数，$q = f(\text{gate}, \text{head})$。通过水轮机的单位水流量是：

$$q_* = G\sqrt{h_*} \tag{3.11}$$

理想水轮机所产生的机械功率等于流量和水头的乘积，再乘以适当的换算系数。但水轮机的实际效率并不是 100%，因此，考虑涡轮固定功率损失，需要从实际流量中减去空载流量。速度偏差阻尼效应是闸门开度的函数，它同样也影响机械功率。

因此，在发电机 MVA 值的基础上，单位水轮机功率 P_{m} 可以表示为

$$P_{\mathrm{m}} = A_t h_*(q_* - q_{nl*}) - GD\Delta\omega \tag{3.12}$$

式中，q_{nl*} 是单位空载流量；A_t 是一个比例系数。

比例系数假设为是一个常数，根据水轮机 MW 额定值和发电机 MVA 额定值来计算：

$$A_t = \frac{\text{水轮机 MW 额定值}}{(\text{发电机 MVA 额定值})h_{r*}(q_{r*} - q_{nl*})} \tag{3.13}$$

式中，h_{r*} 是额定流量下的单位水头；q_{r*} 是额定负载下的单位流量。

在一些稳定工况下，参数 A_t 也称为涡轮增益，用于将实际的闸门位置转换为有效的闸门位置处，即参考文献[7]中描述的 $A_t = 1/(g_{FL} - g_{NL})$。

线性模型。忽略压力管道中的摩擦损失，图 3.39 中的框图可以简化为图 3.40[18]。

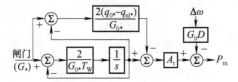

图 3.40　一种刚性水柱的线性模型（转载，已获得参考文献[18] © 1992 的许可）

根据图 3.40，机械功率输出的变化取决于闸门位置、速度偏差和构造参数：

$$\Delta P_m = \frac{A_t \left[1 - (q_{0*} - q_{nl*}) T_W s\right] \Delta G}{1 + \left((G_{0*} T_W)/2\right)s} - G_{0*} D \Delta \omega \qquad (3.14)$$

式中，G_{0*} 是单位闸门开度；q_{0*} 是工作点的单位稳态流量，其中，$G_{0*} = q_{0*}$。

忽略阻尼 $D=0$，可以得到类似经典压力管道/水轮机的线性传递函数的表达式：

$$\frac{\Delta P_{m*}}{\Delta G_*} = \frac{1 - G_{0*} T_W s}{1 + \left((G_{0*} T_W)/2\right)s} A_t \qquad (3.15)$$

式中，$G_{0*} T_W$ 是在工作点附近有小扰动时的有效时间常数的近似值。

图 3.40 所示的线性模型对于使用线性分析工具（频率响应、特征值分析等）研究控制系统调谐非常有帮助。

其他模型。上述两种模式并不总是适用的。因此，可以使用其他模型[18]：

1）行波模型。假设刚性水柱的模型适用于短至中等长度的压力管道。然而，对于长管道，压力和流动波的传播时间可能较长。因此，压力管道的钢的弹性和水的可压缩性产生不同的动力学特性。

2）包括调压井效应和刚性水柱的非线性模型。在供水管道较长的水力发电厂中，水锤效应会产生剧烈的压力波动，对水轮机造成损害。通常利用位于导流管与压力管道之间的调压井来解决这个问题，并尽可能地将其安装在靠近水轮机的位置上。在许多情况下，调压井包括一个节流孔，它能消耗液压振荡能量，产生阻尼。从数秒到数分钟的动态性能模拟均需要考虑调压井效应。

3）包括调压井效应和弹性水柱的非线性模型。在行波对压力管道有显著影响的情况下，由于该系统和调压井所产生的动力效应包括低频效应，因此，上压力管可以认为是刚性的，而高频响应分量则是下压力管由于闸门开度或流量面积的突变引起的。

3.6.3　水轮机调速器控制系统

由于水力发电厂的驱动介质是水，输出机械功率或电能的变化是通过改变通过水力设备的各种装置（例如，闸门、叶片、针或偏转器）的水的动力特性或参数来完成的。调速器根据比较原动机的反馈信号（实际速度）和设定点/参考值来控制转子速度，从而控制输出功率。其他参数的反馈也可以引入到调速器控制中。图 3.41 显示了一个基本的调速器控制系统[17]。

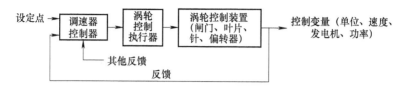

图 3.41　一个基本的调速器控制系统（转载已获得参考文献[17] © 2004 的许可）

调速器控制器将实际速度（过程输出）与参考速度（设定点输入）进行比较。根据计算到的速度误差，调速器将指令发送给执行器（第 3.6.3.2 节），然后执行机构作用于控制装置，例如，改变闸门位置。

3.6.3.1　定点控制器

根据水电机组的预期运行条件设置参考点或设定点。有两种策略用于响应电力系统频率的变化：降速法或永态转差法；调速法或功率下降法。

在永态转差法中，输出有功功率的闸门位置可以作为反馈信号。如果使用输出功率信号来作为永态转差的降速特征，则永态转差法通常称为调速法或功率下降法。

永态转差法。永态转差特性决定了为响应于单位速度的统一变化而设置的单元门位置的变化量。因此，永态转差通常定义为单位速度变化（以额定速度百分比表示）与调速器输出变化（闸门位置百分比）之比。永态转差率通常以百分比表示，因此该比例需要乘以 100。图 3.42 显示了连接到典型调速器控制器的永态转差环。

在永态转差反馈环路中，调速器根据图 3.43 所示的工作特性起作用，斜率是恒定的 b_p。永态转差率典型值为 5%，这意味着，当发电机连接到一个单独的负载时，每 20% 的负载变化（需要 20% 的闸门位置变化）导致 1% 的转子转速的变化（在 50Hz 系统上为 0.5Hz）。

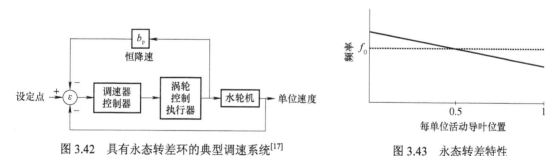

图 3.42　具有永态转差环的典型调速系统[17]　　　　　　图 3.43　永态转差特性

调速器命令执行器根据设定值控制汽轮机运行。通过调整设定值，发电机可以在输出功率不同的任何系统频率下运行。

调速法。与以闸门/执行机构位置作为反馈的永态转差调速系统相比，调速法也称为功率下降法，调节系统使用输出功率作为中间反馈来执行调速。输出功率与期望发电量（设定值）之间的误差与常数 R_s 相乘，然后加到调速器控制器设定点上。典型的调速控制系统图如图 3.44 所示。

除了使用"每单位功率输出"而不是水平轴上的"闸门位置"作为反馈之外，调速法特性类似于永态转差调速特性。功率下降特性的斜率由常数 R_s 确定。

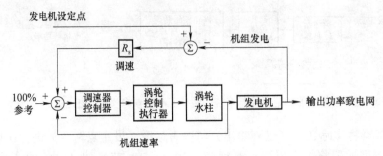

图 3.44　典型的调速控制系统（转载，已获得参考文献[17] © 2004 的许可）

在大型互联电力系统中，单一机组对电力系统频率的影响很小，通常采用调速控制系统。然而，基于速度调节的机组本质上不如永态转差调速稳定，因为来自水柱的附加动态影响包含在水轮机调节系统的主要反馈路径（发电功率）中[17]。

3.6.3.2　执行器

执行器是一个机械装置，用于控制/移动系统或机械结构，作为对来自控制器的命令的响应（见图 3.41）。例如，在水力发电机组中，待移动的机械结构有闸门系统，待控制的变量是闸门开度。

对于具有可调叶片的 Kaplan 或 bulb 式水轮机，通常使用单独的驱动器伺服电机来独立地控制闸门和导叶。在 Pelton 水轮机中，每个喷油器针阀都使用一个执行器来控制其流向涡轮的水流。此外，使用单独的驱动器伺服电机来控制偏转器，该偏转器的作用是使水流偏离涡轮转轮，比起使用较慢移动的针阀伺服电机，这样可以更快地减小涡轮产生的转矩[17]。传感器检测每个执行器的位置，并将信息发送给调速器。

有几种类型的执行器用于控制水轮机的运行参数，这些参数的基本功能相同[17]。

1）机械执行器。机械执行器通常将旋转运动（例如涡轮轴）转换为线性运动（例如机械位置），机械执行器是原始的执行器。随着更高效的执行器的出现，机械执行器现在仅用作小型发电机组的备用执行器。

2）机械液压执行器（见图 3.45）。机械液压执行器的特点是输入机械设定点位置，然后该信号通过驱动输出伺服电机[17]的液压放大器放大。

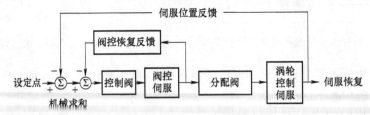

图 3.45　典型的机械液压执行器（转载已获得参考文献[17] © 2004 的许可）

执行器伺服电机设定汽轮机闸门联动装置的位置。流向闸门伺服电机的液压油由分配阀及伺服电机速率限制器控制。如需要，先导阀和分配阀可以放大设定点输入和伺服电机输出之间的位置误差（差异）信号。

3）机电执行器（见图 3.46）。机电执行器的机械动力是电动机（能量源）产生的。它使用滚珠丝杠或其他齿轮减速装置来传递执行器的机械动力，以驱动控制变量。

图 3.46　一种机电执行器的框图[17]

4）电动液压执行器（见图 3.47）。电动液压执行器使用电动设定值信号作为输入，利用电动液压放大器放大该设定值以确定输出液压伺服电机的位置。

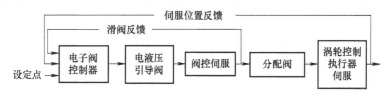

图 3.47　典型的电动液压执行器（转载已获得参考文献[17] © 2004 的许可）

电动液压执行器通常用于伺服阀需要液压油流速很高的大型水轮机上。尽管图 3.47 没有显示任何液压关闭阀，但这些阀常用于控制主阀输出，以保护机组[17]。

设计负载"执行器"的目的是控制发电机的电力负载，使发电机转子转速保持在所需转速。图 3.48 是电力负载执行器的框图。

通常这种类型的执行器仅用于小型水力发电机组。负载槽用于给发电机施加电力负载，反映在水轮机上，是机械负载。这个机械负载用于控制机组速度。负载槽可以是空冷式或水冷式。

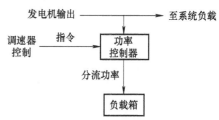

图 3.48　电力负载执行器[17]

参 考 文 献

[1] deMello, F.P. (Chairman) Dynamic models for fossil fueled steam units in power system studies, IEEE Working Group on Prime Mover and Energy Supply Models for System Dynamic Performance Studies, *IEEE Trans. Power Syst.*, Vol. 6, No. 2, pp. 753–761, May 1991.

[2] Anderson, P.M., Fouad, A.A. *Power system control and stability*, 2nd edition, IEEE Press Power Engineering Series, John Wiley & Sons, Piscataway, NJ, 2003.

[3] Cohen, H., Rogers, G., Saravanamuttoo, H. *Gas turbine theory*, 4th edition, Addison Wesley Longman, Reading, MA, 1996.

[4] Henry, P. *Turbomachines hydrauliques*, Presses Polytechniques et Universitaire Romandes, Lausanne, 1992.

[5] Marconato, R. *Electric power systems. Vol. 2. Steady-state behavior, controls, short-circuits and protection systems*, CEI-Italian Electrotechnical Committee, 2004

[6] Byerly, R.T. (Chairman) Dynamic models for steam and hydro turbines in power system studies, EEE Committee Report, Task Force on Overall Plant Response, *IEEE Trans.*, Vol. PAS-92, pp. 1904–1915, Nov.–Dec. 1973.

[7] Kundur, P. *Power system stability and control*, McGraw-Hill, Inc., New York, 1994.

[8] Eggenberger, M.A. A simplified analysis of the no-load stability of mechanical-hydraulic speed control systems for steam turbines, AMSE Paper 60-WA-34, Dec. 1960.

[9] Pourbeik, P. Modelling of combined-cycle power plants for power system studies, *IEEE Power Engineering Society General Meeting*, Vol. 3, July 13–17, 2003.

[10] Pourbeik, P. (Convenor) *Modeling of gas turbines and steam turbines in combined-cycle power plants*, CIGRE Task Force 38.02.25, 2003.

[11] deMello, F.P. (Chairman) Dynamic models for combined cycle plants in power system studies. IEEE Working Group on Prime mover and Energy supply models for system dynamic performance studies, *IEEE Trans. Power Syst.*, Vol. 9, No. 3, pp. 1698–1708, Aug. 1994.

[12] Rowen, W.I. Simplified mathematical representation of heavy-duty gas turbines, *Trans. ASME*, Vol. 105, No. 1, pp. 865–869, 1983.

[13] Hajagos, L.M., Bérubé, G.R. Utility experience with gas turbine testing and modeling, *IEEE PES Winter Meeting, Columbus, USA, 21 Jan.–1 Feb.* 2001.

[14] Rowen, W.I. Simplified mathematical representation of a single shaft gas turbines in mechanical drive service, International Gas Turbine and Aeroengine Congress and Exposition, Cologne, Germany, 1992.

[15] Yee, S.K., Milanovič, J.V., Hughes, F.M. Overview and comparative analysis of gas turbine models for power system stability studies, *IEEE Trans. Power Systems*, Vol. 23, No. 1, Feb. 2008.

[16] Cengel, Y.A., Boles, M.A. *Thermodynamics: An engineering approach*, McGraw-Hill, New York, 1994.

[17] Kornegay, D. (Chairman) *IEEE Guide for the application of turbine governing systems for hydroelectric generating units*, IEEE Standard 1207–2004, 2 Nov. 2004.

[18] deMello, F.P. (Chairman) Hydraulic turbine and turbine control models for system dynamic studies, Working Group on Prime Mover and Energy Supply Models for System Dynamic Performance Studies, *IEEE Trans. Power Sys.*, Vol. 7, No. 1, pp. 167–179, Feb. 1992.

[19] Ilić, M., Zaborszky, J. *Dynamics and control of large electric power systems*, John Wiley & Sons, Inc., New York, 2000.

[20] Machowschi, J., Bialek, J., Bumby, J. *Power system dynamics and stability*, John Wiley & Sons, New York, 1997.

[21] Bailie, R.C. *Energy conversion engineering*, Addison-Wesley, Reading, MA, 1978.

第4章

风力发电

Mohammad Shahidehpour 和 Mircea Eremia

4.1 引言

过去十年，风力发电份额显著增加，尤其是在电力系统中更为突出。因此，风力发电系统的精确建模对电力系统性能分析具有重要意义。

将风能转换为电能可以分为两个阶段（见图 4.1）：

1）风机吸收一部分风能并将其转换为机械能；

2）发电机将机械能转换为电能，然后电能被送入电网中。

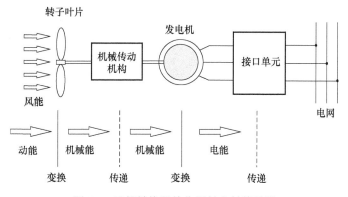

图 4.1 风能转换器的作用链和转换阶段

现代风机系统的主要部件有涡轮机、机舱和塔杆。对于水平轴风机，需要一个桨距控制系统和一个偏航系统应对风向的变化。

机舱内放置有发电机、冷却系统、变速箱以及用于控制各种定向机构和控制风机整体运行的电子设备。

随着离地高度增加风速增大，所以塔杆高度非常重要。

变速箱由低速轴和高速轴组成，低速轴放置在轮毂中，高速轴（1000～2000r/min）与发电机的转轴相连。它还配备了一个与发电机相连的机械盘式制动器和一个油冷却系统。变速箱不仅重量大，还存在诸多维护问题。一般而言，风机设计为三个叶片，这样能够更好地捕捉风能，并将风能传递到低速轴上。

桨距控制（电动机械）系统在某些条件下用来改变叶片相对于其纵向轴线的位置，从而控制机械耦合，限制机械功率。另外，叶片可以通过"切入速度"（垂直于风向）或者扭转叶片末端实现气动制动。桨距控制可以是被动式的，也可以是主动式的，因为叶片可以以固定角度固定在轮轴上，也可以随风而动以达到最高效率。失速控制系统通过改变转子叶片的空气动力学构型来控制风机的功率。在低风速时，失速控制的作用类似于桨距控制。在高风速时，稍微倾斜叶片，以取得跟桨距控制相反的效果。

偏航控制系统利用电动执行机构使机舱面向来风。位于机舱顶部的风速计和风向标负责提供所需要的数据，引导控制系统根据风速起动或停止风机。一些制造商尝试通过引入直驱系统来去除变速箱，这就需要一台特殊的能够以风机转速运行的发电机，也意味着发电机必须具有较多的极对数[1]。

图 4.2 是两种不同类型风机机舱内部的器件布置图。图 4.2a 是用于高速发电机的传统的齿轮传动系统设计方案。与图 4.2a 不同，图 4.2b 采用无齿轮结构，风机直接驱动发电机。

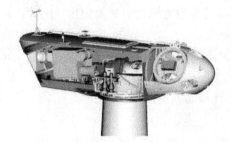

a）具有变速箱且高速运行（由General Electric提供）[2]　　　b）无变速箱风机（由Enercon提供）

图 4.2　风机机舱

风机系统可以配备感应发电机或者同步发电机。以转速为标准，一般而言，风机系统可以分为两类：定速和变速。较大的风机倾向于变速运行，而较小、较简单的风机倾向于定速运行。

4.2　风力发电的特点

1. 风机叶片的气动外形

图 4.3 给出了水平轴风机的总体结构以及叶片的气动外形。

图 4.3b 和图 4.3c 描绘了转子叶片的横截面和叶片上的作用力。根据风向，在牵引力或升力的作用下，风机转子旋转。升力（L）与相对风速（V_{ref}）方向垂直，而牵引力（D）与相对风速同向。相对风速由叶片的运动速度（V_{Blade}）和风速（V_w）合成。

作用在叶片表面上的风力也取决于转子叶片旋转平面与相对风速平面之间的入射角 φ（见图 4.3c）。入射角 φ 由风速 V_w 和叶片的转速 V_{Blade}（$= -\omega_t R$）决定。

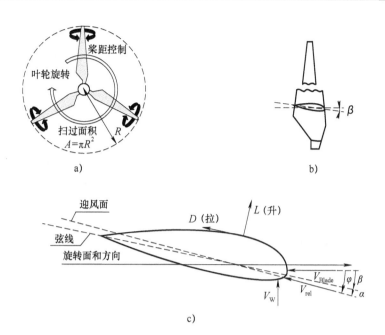

图 4.3　风机叶片的整体结构和截面图（给出了叶片转速（V_{Blade}）和风速（V_{w}））

如果叶尖速比 λ 被定义为叶片端部的旋转速度与实际风速的比值，那么

$$\lambda = \frac{\omega_t R}{V_{\text{w}}} \tag{4.1}$$

入射角可表示为

$$\varphi = a\tan\left(\frac{V_{\text{w}}}{\omega_t R}\right) = a\tan\left(\frac{1}{\lambda}\right)$$

其中，ω_t 是风机转子的机械角速度；R 是风机转子的半径。

现代风机利用伺服系统实现了桨距角 β 的控制。通过转动叶片，叶片的弦线与相对风速（V_{rel}）平面之间的攻角 α 将相应地改变[3]。早期简单的风机具有固定的叶片桨距角 β，这种被称作失速（或被动失速）控制。

2. 风机的机械功率

以速度 V_{w} 流过面积 A 的空气所具有的功率可表示为[3]：

$$P_{\text{W}} = \frac{1}{2}\rho A V_{\text{W}}^3 \ (\text{W}) \tag{4.2}$$

式中，ρ 是空气密度（kg/m^3）；A 是转子叶片所扫过的面积（m^3）$A = \pi R^2$；V_{W} 是穿过面 A 的平均风速（m/s）；R 是风机转子半径（m）。

对时间进行积分，可得到总的可利用的风能。风能通过风机转子转换为旋转的机械能。

然而，风机并不能完全捕获风能。风机能够获取的功率等于可利用功率 P_{W} 乘以捕获系数 C_{p}，即

$$P_{\text{T}} = C_{\text{p}}(\lambda, \beta)P_{\text{W}} = C_{\text{p}}(\lambda, \beta)\frac{1}{2}\rho A V_{\text{W}}^3 \tag{4.3}$$

式中，C_p 是捕获系数，其取决于叶片的气动性能；λ 是叶尖速比；β 是叶片的桨距角。

根据 Betz 定律[4]，理论上从风能中可获取的最大功率只有可利用功率的 59.3%，即

$$P_{\text{Betz}} = C_{\text{pBetz}} P_{\text{W}} = 0.59 \times \frac{1}{2} \rho A V_{\text{w}}^3 \tag{4.4}$$

在实际设计中，现代风机能达到的效率低于 40%。风机的效率是风速的函数，因此效率可能因情况而变化。

如果风机的转子转速低，则风机捕获的能量少。若转子速度非常高，叶片所构成的平面就像一堵墙，对风机是很危险的。

假设风机的直径 d=82m，当风速 V_{w}=12m/s 和捕获系数 C_p=0.4 时，风机能获取的最大功率是

$$P_{\text{T}} = C_p \times \frac{1}{2} \rho A V_{\text{w}}^3 = 0.4 \times \frac{1}{2} \times 1.225 \pi \times 41^2 \times 12^3 = 2.236 \text{MW}$$

3. 功率曲线

功率曲线描述了风机功率与切入风速和切出风速之间的风速值的关系（见图 4.4）。当风速低于切入风速和高于切出风速时，风机停止运行。

当风速在 12～16m/s（此值取决于每个风机的具体设计）之间时，风机达到额定容量。在额定风速以上，风机的输出功率被限制在额定值，因此，只有只利用了部分可捕获风能。上述过程可以通过桨距控制或失速控制来实现。

功率曲线受空气压力（随海拔高度而变化）、转子叶片空气动力学特性变化（可能受污垢或冰的影响）、遮挡或者尾流效应等的影响。

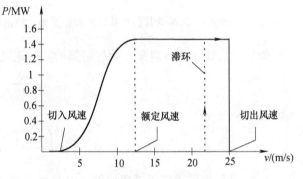

图 4.4　具有主动变桨距控制的 1.5MW（d=82m）风机的功率曲线[3,5]

如果风速超过切出风速（20～25m/s），风机将停止运行。然而，风速可能会先降低然后再次超过切出风速。由于这个原因，参照磁滞回线（见图 4.4），经过一个延时后风机再次起动。通常情况下，如果风速低于切出风速 3～4m/s，风机将会重新起动。

对于电力系统，关闭大量发电设备可能会产生重大问题。为了避免这种情况，当风速增大时，风机逐步降低功率，而不是突然切除。

4. 捕获系数

记为 C_p，表示风机从风中获取能量的效率。捕获系数与风速、风机转速和风机叶片参数（如攻角和桨距角）有关。通常，捕获系数可表示为叶尖速比 λ 和桨距角 β 的函数 $C_p(\lambda, \beta)$。图 4.5 显示了不同桨距角和叶尖速比时的捕获系数特性。对于某个特定的 λ，捕获系数达到峰值；之后随着 λ 的增加，捕获系数下降至零。

根据平均风速来设计或选择风机。一个好的风场可能有 7～10m/s 左右的平均风速，因此，所设计的风机捕获更多风能的合理速度范围应在 10～15m/s 之间。高风速的情况很少发生，因此使用超大风机可能不够经济。而且，高风速给风机带来很大的压力。如图 4.4 所示，如果风速超过额定风速，风机将恒功率运行，直到风速超过切出风速时风机停止运行。因此，当风速增加到额定风速以上时，需要设置控制机构来调节发电功率。这种控制可以通过两种方式来实现[3]：

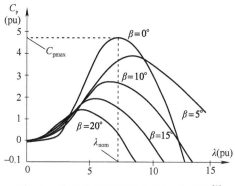

图 4.5　桨距角控制下的 $C_p(\lambda, \beta)$ 特性[1]

1）通常使用失速控制的固定速度设计。

2）通常使用动态桨距控制的变速设计。

5. 容量系数

容量系数与风机所处地点的风力分布直接相关，计算容量系数可以评估单个风机或一个风力发电厂的经济效率，容量系数可表示为

$$容量系数=\frac{每年实际产生的能量}{每年可以满负荷生产的能量}$$

当容量系数高于 0.25 时，风力发电的经济投资是合理的；当容量系数高于 0.3 时，可以认为有较高的经济效益。另一方面，离岸式风场比陆上风场具有更高的容量系数，离岸式风场的容量系数在 0.35～0.45 之间。

4.3　技术发展现状

4.3.1　发电机相关概念综述

在风机中可以使用三种类型的三相发电机，分类如下所示[3]。

感应（异步）发电机				同步发电机	
笼型感应发电机（SCIG）	绕线式感应发电机（WRIG）			永磁同步发电机（PMSG）	电励磁同步发电机（WRSG）
	动态转差控制感应发电机（DSIG）	双馈感应发电机（DFIG）			

以转速为标准，风力发电机（WTG）可以被分为两类：定速风力发电机（FWTG）和变速风力发电机（VWTG）。定速风力发电机设计简单，并且直接与电网相连，而变速风力发电机通过电力电子变流器连接到电网。

4.3.1.1　概述

1. 感应发电机

风力发电机中使用的最普遍的电机是感应发电机，因为它简单、可靠、重量轻而且便宜。感应发电机的主要缺点是需要一个无功励磁电流产生旋转磁场，一旦发电机连接到主电网，旋转磁场就可以建立。发电机一旦与电网相连，便可自励磁。无功功率最好由外部电源提供而不是从主电网获取，如电容器组。

转子角速度与发电机定子旋转磁场角速度的差值称为转速差或转差，感应发电机产生的有功功率与转差率成正比。

转子转速取决于风机产生的转矩。当风速非常低，低于切入风速时，风机不能产生足够的转矩，发电机的作用就像电动机一样吸收来自电网的电流。为了避免这种情况，这时风力发电机应与电网断开。

感应电机的转子可以分为两类：笼型转子和绕线转子。

（1）笼型转子　靠近笼型电机转子表面的槽中放置有金属导条，这些金属导条的端部被端环短接（见图 2.69b）。

SCIG 风力发电机直接连接到电网，并且它的有功功率、无功功率、端电压和转子转速之间遵循严格的关系。因为转子转速的最大变化范围在 2% 左右，所以发电机可视为定速运行。此外，随着风机产生越来越多的有功功率，发电机需要从外部源吸收更多的无功功率。由于风速不断变化，所以无功补偿必须是动态的。

由于结构简单笼型发电机应用广泛，即使在苛刻条件下也能牢固可靠运行。

（2）绕线转子　绕线转子电机由一个带有三相绕组（代替金属导条）的转子铁心组成，转子与定子具有相同的极对数。利用绕组代替金属导条的优点是，导线可以通过集电环和电刷或者通过电力电子变换器（可能需要也可能不需要集电环和电刷）引出并与外部连接，从而可以控制流过绕组的电流。

通过使用电力电子变换器，可以从转子电路中提取或注入功率，并且感应发电机可以从定子电路或转子电路获取磁化电流，还可以从转子回路中回收转差能量并将其馈送到定子的输出端。最常见的绕线转子发电机结构是 DSIG 和 DFIG[3]。

1）动态转差控制感应发电机（DSIG）是一种特殊结构的绕线转子感应发电机，转子绕组与外部可变电阻相连。这种结构使发电机具有可变转差，以便减少转矩和输出功率的波动，特别是在阵风的情况下。通过使用电力电子变换器改变转子总电阻，进而改变转差率。Vestas 公司的 OptiSlip 产品是一种动态转差控制感应发电机，转子轴上装有外部电阻和开关，控制信号通过光纤传输。

2）双馈感应发电机（DFIG）是另一种结构的绕线感应发电机，其转子单独控制。定子绕组直接连接到电网，转子绕组通过基于 IGBT 的双向背靠背电压源变流器（VSC）单独连接到电网。

（3）无功补偿　虽然无功功率不直接参与能量转换，但任何一种结构的感应发电机都需要无功励磁电流来建立磁场。在总电流中无功电流含量越高，功率因数越低。感应电机的励磁方式与同步电机不同，它需要从电网获取无功功率。图 4.6a 给出了感应发电机从电网吸收的无功功率的变化，图 4.6b 给出了主电网上的节点（POC）电压[5]。

图 4.6 考虑了两种情况：一个坚强电网（短路功率为 3600MVA）和一个脆弱电网（短路功率为 360MVA），传输线的 X/R 为 10。可以看出，随着转差率或有功功率的增加，发电机吸收的无功功率也增加。从电网中吸收大量无功功率导致传输线上的电压显著下降。随着转差率的增大，电网连接节点的电压减小（见图 4.6b）。

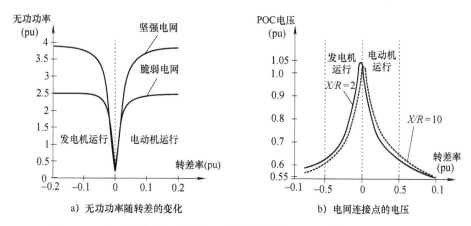

a) 无功功率随转差的变化   b) 电网连接点的电压

图 4.6 一台感应发电机吸收的无功功率与节点电压（转自参考文献 5）:

2. 同步发电机

现代风机中通常使用两种类型的同步发电机[3]:

1）电励磁同步发电机;

2）永磁同步发电机。

因为同步发电机的磁场可以由永磁体或传统的励磁绕组产生，所以不需要无功励磁电流。此外，如果发电机设计成多极，那么变速箱可以省掉。在这种情况下，发电机转速与风机转速相同。为了实现全功率控制，同步发电机通过电力电子变流器与电网连接。

目前，用于风力发电的同步发电机的功率范围在几 kW 到 7MW 之间。这个等级的传统结构的同步电机使用凸极转子，转子包括极靴、位于极靴下面的极身和励磁器绕组。定子由定子铁心和交流绕组构成。

无刷发电机的简化结构如图 4.7 所示[6]。转子由励磁机供电，励磁机包括定子励磁磁极、旋转的励磁绕组以及在轴端的整流桥。励磁机的励磁线圈由副励磁机供电。旋转外部永磁体在副励磁机的线圈中产生电流，通过电压控制器将副励磁机线圈中的电能馈送到主励磁机线圈中。这样，在励磁机的磁极中建立了必要的磁场，并穿过气隙到达励磁机的交流绕组[6]。

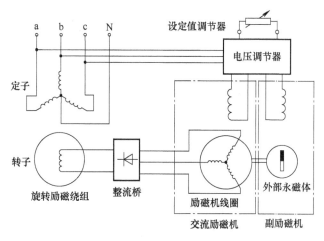

图 4.7 自调节无刷同步发电机的结构模型（由 AVK 提供）

这种结构更适合离网型电源。如果有电网可以为励磁机绕组供电，则不需要副励磁机。

在无刷电机中，励磁电流由励磁机的定子绕组提供，经过了励磁机的气隙和旋转整流器传送到转子上，旋转磁场匝链无刷电机的定子。

传统的电刷和集电环供电导致更高的摩擦损耗，电刷和集电环腐蚀，以及较高的维护成本等问题，因此需要追求更简单的电机结构，更快的动态特性。

4.3.1.2 笼型感应发电机

风机系统最简单的电气拓扑结构由定速风机和笼型感应发电机（SCIG）组成。风机系统的基本配置如图 4.8 所示[7]。

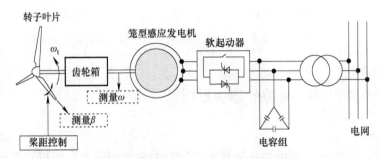

图 4.8　SCIG 风机系统的基本配置[7]

SCIG 风机系统的主要部件包括符合空气动力学性能的风机叶片、桨叶控制系统、机械传动系统、感应电机、无功补偿装置，耦合变压器，保护（尤其是欠电压保护）装置。

这种类型的风机直接连接到电网。因此，这种风机简单而便宜，也不需要同步装置。但是，因为电网频率决定了发电机的转速，风机必须以恒定速度运行。因此，需要一个特殊的机械结构，用来吸收风速不稳定引起的高机械应力。

感应发电机并网瞬间会产生突然磁化效应以及需要无功功率支撑，导致感应发电机起动电流较大。感应发电机并网时还会产生浪涌电流，其大小可达额定电流的 5~8 倍，这会对电力系统造成严重的电压扰动。使用软起动装置可以抑制浪涌电流，软起动装置由两个反向并联的晶闸管组成，在每相中发挥换流作用。在预定义的电网周期中，调节晶闸管的触发角度来辅助发电机并网。一旦实现风机切入，晶闸管就被开关短路。由电容器组向发电机提供无功功率。

SCIG 风机系统的主要特点如表 4.1 所示[7]。

表 4.1　SCIG 的优点和缺点

优点	缺点
• 具有较好鲁棒性的发电机	• 输出功率非最优
• 相对低的成本	• 需要齿轮箱维护
• 无需电力电子器件	• 不能控制无功功率
	• 需要电网提供励磁

4.3.1.3 动态转差控制绕线转子感应发电机

为了提高感应发电机的转矩–转差控制能力，将可变电阻 R_{C} 串联于转子电路中（见

图 4.9)[7]。外部电阻通过电力电子变换器与转子绕组连接，并且电流通过集电环在电阻和转子之间流动。这种方法被称为动态转差控制，能够确保速度在 1%～10% 的范围内变化。所设计的功率变换器适合低电压和大电流。作为一种备选方案，电阻和电子元件可以安装在转子上，省去集电环（Weir 设计）。电力电子装置的使用实现了转子电流的快速控制，使得即使在阵风条件下电机的输出功率也能保持恒定，并且可以帮助电机在电网扰动期间更好地运行。

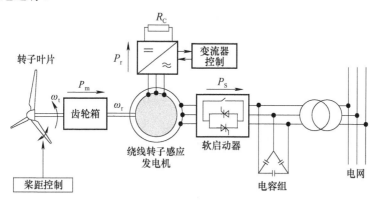

图 4.9　具有外部转子电阻器的变速风力发电机的基本结构

当风机在额定风速和额定功率以下运行时，WRIG 风机类似于定速风力发电机。然而，超过额定值后，通过控制电阻可以调节气隙转矩和转差率。除了可以显著提高从风中捕获的能量之外，还可以减少风力波动对发电机产生的有功功率的影响。因为速度与电阻大小有关，并且转差功率会消耗在电阻上[3,7]，因此速度变化范围往往不超过 10%。

表 4.2 给出了通过外部转子电阻控制转速的感应发电机的主要特性[7]。

表 4.2　WRIG 的主要优点和缺点

优点	缺点
● 变速（0～+10% $\omega_{synchronism}$） ● 鲁棒设计 ● 采用电力电子器件的成本低变流器	● 输出功率非最优 ● 需要齿轮箱维护 ● 不能控制无功功率 ● 需要电网提供励磁

这种方法与之前的笼型感应发电机具有相同的缺点。

4.3.1.4　双馈感应发电机

大多数现代风力发电系统选用双馈感应发电机（DFIG），电机定子直接连接到电网，这意味着电机在电网频率下同步运行，并且三相绕线转子通过背靠背式电压源变流器和变压器与电网连接，如图 4.10 所示[7]。

DFIG 的主要优点是：尽管转子转速变化，但电机仍然能够以恒定的电压和频率提供有功功率。由于 DFIG 的励磁可由转子电路提供，所以有功功率和无功功率可以分开控制，转子电路可以通过网侧变流器向定子提供无功功率。

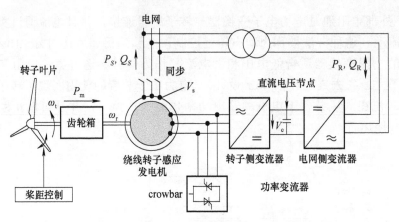

图 4.10　双馈感应发电机的基本结构（变速驱动）[7]

背靠背式变流器能够控制电机转矩和转子励磁。变流器的容量仅是发电机额定容量的一小部分，通常在 15%～30% 范围内。由于功率变流器是双向运行的，因此 DFIG 可以以次同步或超同步模式运行，变化量约为同步转速的±30%。

另一方面，在电网故障期间，当定子电流快速变化引起转子电路和背靠背式变流器过电流时，DFIG 可能会引起一些问题。在这种情况下，风机应与电网断开，避免损坏电气或机械部件。但是，面对由于无源系统稳定问题导致的短时电网扰动，上述方案是不可行的。因此，需要采用一些主动保护策略保持风机挂网运行，同时防止任何过电流情况。

一种解决方案是将一个 crowbar（见图 4.10）连接到转子端，用于旁路转子侧变流器。即为了避免转子侧变流器过电流以及 DC 母线电容器过电压，将转子电路短路。

图 4.11a 给出了由外部电阻和反并联晶闸管组成的 crowbar 结构。crowbar 也可以由二极管桥式电桥和一个晶闸管构成，如图 4.11 b 所示[8]。

在直流母线过电压或转子侧变流器过电流的情况下，接入 crowbar。由于技术限制，这两种结构的转子电流不会立即中断。此外，保持 crowbar 连接直到定子与电网断开。在目前的电网规范要求下，这是不可接受的。为了快速切除 crowbar，可以使用主动式 crowbar，在主动式 crowbar 中，GTO 晶闸管或 IGBT 取代了普通晶闸管（见图 4.11c）。

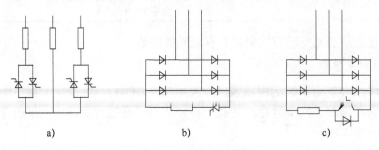

图 4.11　旁路器结构[8,9]

双馈感应发电机的主要优点和缺点如表 4.3 所示[7,10]。

表 4.3　DFIG 的主要优点和缺点

优点	缺点
• 为实现能量最佳利用而进行变速调节（±30% ω_{synch}）	• 需要齿轮箱维护
• 变流器功率为额定功率 P_n 的 30%	• 电力电子设备成本高
• 由变流器向电机提供无功功率	• 全部系统单元的控制命令复杂
• 标准异步电机	• 电刷和滑环磨损、需要维护
• 并网容易	

4.3.1.5　绕线转子同步发电机

绕线转子同步发电机（WRSG）的定子绕组通过一个双向电力电子变流器连接到电网，该双向电力电子变流器由两个背靠背连接的脉宽调制（PWM）式电压源变换器组成。发电机侧变换器调节电磁转矩，电网侧变换器调节产生的有功功率和无功功率。

利用集电环和电刷以及旋转整流器为转子绕组提供直流励磁电流，有时还采用无刷励磁方式。因此，不需要外部电源提供无功功率。定子侧电流的频率（Hz）由转子的机械速度（r/min）和极对数决定。

绕线转子同步发电机的主要优点如下：

1）因为全部定子电流都产生电磁转矩，所以电机的效率通常很高。

2）对于凸极式 WRSG，可以直接控制功率因数，在任何运行状态下可实现定子电流的无功分量最小。

3）有可能设计出具有小极距和多极对数的发电机，这对于低速直驱（无变速箱）方案是一个非常重要的优势。

然而，与永磁同步发电机相比，绕线转子同步发电机存在的缺点是转子侧存在励磁绕组。另外，为了能够调节发电机的有功功率和无功功率，变频器的容量一般为额定有功功率的 1.2 倍。

一些变速风机制造商，如 Enercon 和 Lagerwey，使用低速多极电机。这种电机的优点是消除了变速箱，但是价格很高且发电机很重，且还需要全功率变流器。另一个解决方案是 Made 所使用的 4 极（高速）绕线转子同步发电机，但这种电机需要配置变速箱。

4.3.1.6　永磁同步发电机

永磁体同步发电机的励磁由永磁体提供，因此，转子不需要绕组。与转子上带有励磁绕组的发电机相比，永磁电机具有转子损耗更低、转子尺寸更小、冷却回路更简单（转子不需要冷却）以及故障少的优点。然而，制造永磁体的成本非常高，并且由于永磁体对温度敏感，因此，需要适当的冷却系统。

需要使用全功率变流器将永磁发电机连接到电网，以便将发电机的端电压和频率调整为电力系统的电压和频率。此外，外部短路和风速变化可能会导致永磁电机性能不稳定。虽然使用变流器增加了成本，但是它使得发电机可以在任意速度运行，从而满足运行要求[3]。

转子上安装有永磁磁极，根据转速不同，可以是凸极的或隐极的。凸极转子在低速电机中更常见，更适合风力发电机。

最常见的永磁电机是径向磁场电机、轴向磁场电机（见图 4.12）和横向磁场电机[6]。在电机起动、同步和电压调整的过程中，永磁同步电机的同步特性可能会存在一些问题不容易维持电压恒定[3]。

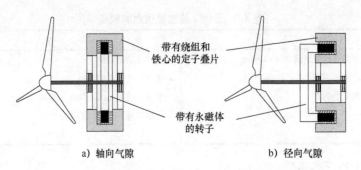

a) 轴向气隙   b) 径向气隙

图 4.12   具有双气隙设计的电机示意图（转自参考文献[6]）

1. 基于永磁发电机的风机结构

图 4.13 给出了通过变流器连接到电网的永磁发电机的结构，包括了三相二极管整流器（无源）、电压源型 PWM 逆变器和直流升压器。直流升压器用于调节直流母线电压，而网侧变换器控制发电机的运行。可根据图 4.33 所示的最大功率—速度特性对网侧变换器的参考功率进行优化。这种结构可以设置变速箱也可以不设置。

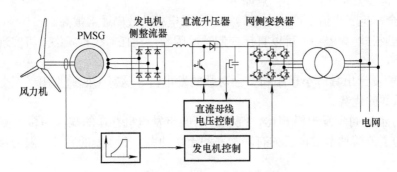

图 4.13   带升压斩波器的永磁同步发电机

这种结构的缺点在于二极管整流器增加了 PMSG 的谐波失真度和电流幅值。因此，这种结构往往用于小型风机系统（≤50kW）。用 PWM 整流器代替二极管整流器可以解决这个问题，如图 4.14 所示。

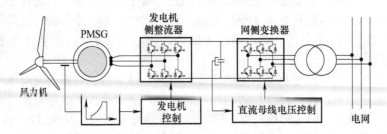

图 4.14   带有 PWM 变换器的永磁同步发电机[5]

采用可控 IGBT 后，发电机侧变换器可以控制发电机运行，而网侧变换器可以控制直流母线电压，从而控制输出到电网的有功功率和无功功率。

2. 从高速到低速发电机

大型风机通常采用极数少且高速的发电机，当频率为 50Hz 和 60Hz 时，转速分别高达 1500r/min 和 1800r/min。风机转速一般在 20～60r/min 之间，远低于发电机转速，所以需要在风机和发电机之间增设变速箱以匹配速度。为了消除由变速箱引起的问题（例如，高损耗和高噪声），如今使用低速发电机是发展趋势，低速发电机可以直接与风机相连。图 4.15 比较了常规风机和带有直驱发电机的风机传动系统[11]。

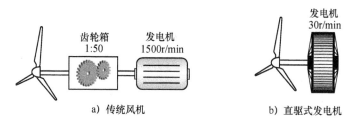

图 4.15 传动系统

发电机与风机的直接连接会在转子轴上产生非常高的转矩。例如，一台 500kW 转速为 30r/min 的直驱式发电机与 50MW 转速为 3000r/min 的汽轮发电机具有相同的额定转矩[5]。非常重要的一点：低速发电机的大小和损耗由额定转矩而不是额定功率决定。额定转矩大的直驱式发电机通常比传统发电机重且效率低。为了提高风机的效率，减小重量，这些发电机通常被设计为大转子直径和小极距（意味着更多的极数）。

3. 永磁式转子和绕线转子的对比

同步发电机是自励电机，励磁来自转子励磁，转子励磁有永磁体或载流绕组两种形式。

绕线转子同步发电机的励磁电流是可调的，因此可以独立于负载电流控制输出电压[5]。因此，在传统的发电机并网运行的发电厂中，电机转子选用绕线转子而不是永磁式转子。现代风机中的发电机通过一个灵活的电力电子装置连接到电网。因此，空载电压可控的优势并不重要。相反，与永磁式转子相比，绕线转子更重且损耗更高。

永磁励磁避免了绕线转子同步发电机和感应发电机所需的励磁电流或无功功率补偿装置，同时也消除了对集电环[12]。

表 4.4 列出了永磁同步发电机（PMSG）的主要优点和缺点[7]。随着风机转子直径的增加，永磁发电机似乎成为了风机制造商的首选。

表 4.4 PMSG 的主要优点和缺点

优点	缺点
• 变速运行（全速度范围内）	• 电机直径大
• 低风速时风能捕获最优	• 电力电子器件（按 100%额定功率考虑）和电机（非标准）的成本高
• 无需齿轮箱	• 功率变流器的损耗大
• 非常低的转子损耗	• 永磁体的高成本
• 转子结构简单无磨损	• 存在去磁可能
	• 缺乏建设和安装经验

4.3.2　风机相关概念综述

4.3.2.1　定速风机

早期的大型风机技术以定速发电机为基础，即不论风速如何，转子速度恒定，并且转子速度取决于电网频率、发电机特性和传动比。感应发电机（笼型或绕线转子）更适合定速运行，其定子可通过软起动器直接连接到电网（见图 4.8）。在使用笼型发电机的情况下，转差率和转子速度可以变化，但是变化非常小，因此，这种风机被视为定速系统。

感应发电机运行转速高，需要使用变速箱将具有空气动力学特性的低速转轴上的机械能传递到驱动发电机的高速轴上。由于尺寸和成本原因，感应发电机常以 1500r/min 的标准额定转速运行。在额定功率以下，变速箱必须提供约 30～100 的变速比。提高发电量的一种方法是设计一种笼型感应发电机，它能以两种不同的恒定速度运行。可以将定子极对数从低风速时的 8 极改为高风速时的 4-6 极。

4.3.2.2　变速风机

随着技术的成熟和进步，特别是发电机和用于并网的电力电子技术，风机已经可以设计成变速运行。其目的是从风中获取尽可能多的能量，因此，为了在较宽风速范围内使空气动力效率最大化，设计出了变速风机。

有两种变速风机的拓扑结构：基于双馈感应发电机的部分功率变流器风机（见图 4.16）和基于同步发电机或感应发电机的全功率变流器风机（FCWT）（见图 4.17）[13]。

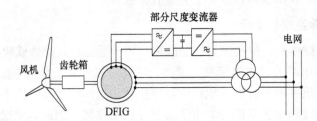

图 4.16　配置带有绕线转子的双馈感应发电机的部分变速风机系统[5,13]

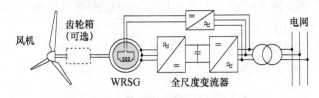

a）绕线式转子同步发电机

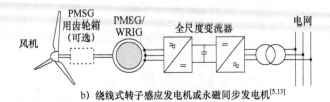

b）绕线式转子感应发电机或永磁同步发电机[5,13]

图 4.17　变速风机系统

风机变速运行使得转子转速可以根据风速 V_w 的变化连续地增加或降低，从而使得叶尖速度比λ可以维持在与最大功率系数相对应的最佳值。与定速系统相反，变速系统保持发电机转矩相对恒定，通过发电机转子速度的变化来匹配风速的变化。为了使风机能够变速运行，转子的机械速度和电网的电频率必须解耦。这意味着发电机的电频率可能随着风速的变化而变化，而电网的频率保持不变[5]。为此，变速风机通常通过功率变换器连接到电网，而功率变换器可以控制发电机的运行。

双馈感应发电机的转子（见图 4.16）通过一台部分功率变换器连接到电网，其功率只是风机额定功率的一小部分。通过这种方式，转子的机械频率和电频率被解耦，并且定子和转子的电频率可以独立地与转子机械速度匹配。

一种带有全功率变换器的典型风机结构如图 4.17 所示。发电机通过背靠背变换器连接到电网，变换器的功率为风机的额定功率，通过变换器将发电机频率与电网频率解耦。在这种风机中，可以采用很多种电机：感应发电机、绕线永磁同步电机、永磁式同步电机。根据所使用的发电机类型，确定风机系统是否选用变速箱。

在直驱（无齿轮）结构中，风机和发电机转子同轴安装。这意味着发电机要设计成大直径多极结构，电机可以低速运行。另一方面，具有较少极数的较小的发电机需要变速箱[14]。

电网规范对风机穿越电网故障的能力要求越来越严格。目前，变速结构和全功率电力电子变流器是风机制造商对大型风机的唯一选择。

与其他方案相比，全功率风机具有很多优点，例如[8]：

1）电网和发电机之间的解耦使电网故障对发电机的影响最小，因此具有更好的故障穿越能力；

2）发电机侧全功率变流器有利于风机在宽速度范围内运行，提高了风机的动力性能；

3）网侧全功率变流器增加了风机向电网提供无功功率的能力，特别是在电网故障期间。

然而，全功率风机也存在一些缺点：

1）所有的输出功率都要通过变流器，变流器的损耗比双馈风力发电机的损耗更高。

2）虽然全功率变流器的成本趋于下降，但其投资成本依然很高。

除了上述主要的风机系统外，还有一些其他的结构。

半变速风机　半变速风机通常配备一台感应发电机，通过增加一个由电力电子装置控制的外部电阻，实现感应电机转子总电阻可调（见图 4.9）。转子电阻的改变会导致发电机转矩—转速特性的变化。以这种方式，转子速度可以改变（减小）大约 10%。因此，以相对较低的成本实现了半变速的能力。

变速风机的主要优点在于，对于某个特定的风速区域，风机可以产生更多的电能。虽然电力电子变流器（变速运行时必不可少）的损耗导致效率降低，但是气动效率增加了。气动效率的增加可以超过电效率的损失，从而提高了系统的整体效率。此外，因为转子发挥飞轮（作为缓冲器暂时储存能量）的作用，所以机械应力减小，进一步降低了传动链转矩的变化。

变速发电系统的主要缺点是价格更贵。然而，使用变速发电系统也可大大省去风机的其他子系统，例如，海上风机更轻的基础设施，从而限制了总成本的增加 [13]。

4.3.3 功率控制相关概念综述

有时风机系统会经受高风速，从而导致作用在风机叶片上的气动力增加，并且导致转子速度升高。为了避免产生损坏，风机配备了各种系统以控制风机转子上的气动力[3]。在发电机侧，控制系统可以分为两个基本的功能等级（见图 4.18）：

1）调节系统、监控系统和相关的保护；

2）运行模式和保护设置的管理系统。

对于按照电网规范要求设计的风力发电厂，一般认为全部管理工作在第三级实现。根据运行条件，可以在两级变流器的任意一级以不同的方式控制传送至主电网的功率：

1）在风机层面，特别是限制强风期间产生的功率。

2）在发电机层面，特别是对于变速风机系统，最好在低风速或中风速下捕获能量。这就要求对影响发电机运行的参数（电流、速度）进行控制，或对系统的运行进行限制（直流母线电压、流过并网设备的电流）。

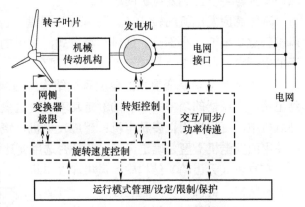

图 4.18　风机通用控制结构[7]

限制风机产生的机械功率不超过额定功率对风机而言是非常重要的。可以使用不同的方法达到上述目的，例如，桨距控制、被动失速控制或主动失速控制。后两种方法通常用于定速风机，第一种方法用于变速风机。

气动力的三个控制系统是[3]：

1）失速控制（被动控制）是最简单、最稳定和最经济的控制方法，其中风机叶片以固定角度连接到轮轴上。当风速超过一定水平时，转子叶片的气动外形将导致转子失速（抛弃过剩动力）[15]。当风速过高时，叶片的几何形状限制升力，并引起叶片的气动力逐渐释放，从而降低风机所捕获的功率。这种方法的优点是不需要任何机械或电气辅助系统，缺点是风机所捕获的功率只是风速和转速的函数，不能够调整桨距。失速控制引起的功率波动小于快速桨距角功率调节。然而，在低风速下，采用这种方法的风机效率较低，没有辅助起动。而且，由于空气密度和电网频率的变化，风机系统的最大稳态功率也会变化。

在失速控制的风机系统中，当电网发生故障时，如果风机捕获的能量不能传输到电网，则风机轴上必须有机械制动器（强制动转矩）以吸收风机的动能。制动器可以安装在转矩较小的变速箱后面，并且只能用作"停车"制动器。如果发电机配备用于能量回收的电阻电路，在紧急时刻，将电阻电路接入可变阻抗制动器，也可以实现紧急停车。

可利用风能 P_W 随风速的变化曲线如图 4.19a 所示[16]。

2）桨距角控制（主动控制）是指当风速过高时叶片转向背风方向，当风速降至额定值以下时，叶片转向迎风方向。这种控制实现了良好的功率调节，并且有助于起动和紧急停车。当风速在额定值以上时，采用失速控制，输出功率随着风速的增加而降低；与之相比，采用桨距角控制，输出功率能够在额定功率附近维持恒定（见图 4.19b）。

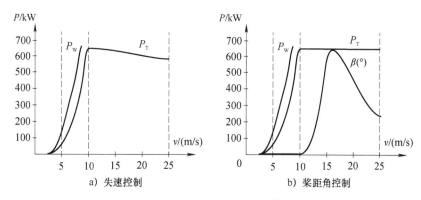

图 4.19 典型的功率特性[16]

通过电动装置或液压装置驱动叶片旋转，使桨距角 β 在 0°～25°之间变化（最高达 30°）[16]。如果将叶片转向背风侧，作用在叶片上的气动力可减小至可接受的范围。由于轴上的压力减小了，塔杆内部的工作量也减小。在变速系统中，这种优势更加明显：因为风速剧烈变化以至于叶片调节机构不能抵消由此带来的影响，利用转子惯性以及速度波动可以存储多余的能量（如果发电机可以接受这种能量），同时传输的功率维持不变。机械制动器成为停车制动器。当风速降至切入风速以下时，通过将叶片的桨距角定位在 90°，使风机不再输出功率[16]。这种用于旋转叶片的机构需要更高的成本和更多的维护工作。与失速控制情况相比，由于这一机构的速度有限，输出电功率的波动较大。

3）主动失速控制，也称为"辅助失速控制"或"组合失速控制"，是失速控制和桨距角控制的组合。在低风速下，叶片调节与桨距角控制类似[3]，目的在于获得最大效率。在高风速下，叶片控制倾向于失速控制，即与主动桨距角控制系统所采用的控制相反[17]。为此，主动失速控制有时称为反桨距角控制。

与桨距角控制系统相比，气动制动只需要约-20°的桨距角，所以桨距角机构的行程大大减小。此外，为了使输出功率恒定在额定值，叶片桨距角只需很小的变化[18]。

主动失速控制的风机能够抑制功率波动，并且能够补偿空气密度变化带来的影响。主动失速控制还有一个优点是有助于风机的紧急停车和起动。

图 4.20 给出了一个主动失速控制器框图。

测得的输出功率与参考值进行比较，该参考值等于最优功率或额定功率。参考功率与测量功率的差值输入到 PI 控制器以产生所需要的桨距角 β'。由于物理限制，需要通过桨距限幅器对实际值进行限幅，桨距限幅器产生 β''。然后将 β'' 输入到桨距角调

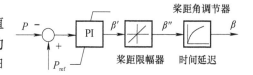

图 4.20 主动失速风机的桨距角控制[8]

节器。为了建立桨距角调节器的液压系统的模型，可以将调节器视为一阶时滞系统。

为了避免不必要的桨距角持续变化（这将导致桨距角机构磨损），只有在采样时刻特定周期，并且新、旧采样差值超过某个最小值时，桨距角调节机构才会调整叶片桨距角。然而，对于电力系统稳定性研究，建模过程可以不考虑该机构。

4.4 风力发电机建模

4.4.1 恒速风机模型

图 4.21 给出了恒速风机模型的简化结构。在这种风机的建模中，最重要的部分是风机转子、传动系统和发电机。风机模型的输入量是风速值 V_W，与电网模型有关的量是所产生的有功功率和无功功率以及作为风机模型参考值的电网的实际电压和频率。

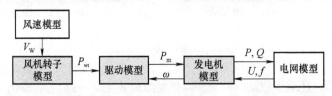

图 4.21　恒速风机模型的简化结构[3,19]

1. 风速模型

一种风速建模的方法是使用风电厂所在位置处实测风速的历史数据。风速可能变化非常大，并且可能在不同的时刻具有不同的特征。因此，只利用测得的"真实"历史数据进行建模具有一定的局限性[20]。如果要模拟风的全部特征，例如，强风或波动，可能需要额外的测量数据。

另一方面，可以根据用户所选择的特征来建立解析表达式以便对风进行建模，可以包括测量数据。实际风速的一般表达式由以下几部分构成[3,21]，在电力系统仿真中，该表达式具有很好的灵活性。

$$V_W(t)=V_{Wa}(t)+V_{Wr}(t)+V_{Wg}(t)+V_{Wt}(t) \tag{4.5}$$

式中，$V_W(t)$ 是 t 时刻的风速；$V_{Wa}(t)$ 是风速的平均值；$V_{Wr}(t)$ 是渐变风分量；$V_{Wg}(t)$ 是阵风分量；$V_{Wt}(t)$ 是湍流分量。

风速各分量的单位是 m/s，时间的单位是 s。

2. 风机转子模型

对于电气仿真，可以用大家熟知的风能捕获功率的代数方程来描述风机，代数方程给出了总的可利用风能与捕获系数之间的关系。在离线仿真中，可认为空气密度 ρ 和风机叶片扫过的面积恒定。风速值可从风速模型中得到，捕获系数是被控量，因为它是桨距角 β 和叶尖速比 λ 的函数。

3. 风机传动系统的模型

风机传动系统可以视为由惯性、角位置和角速度所构建的多质量系统。通过弹性系数和阻尼系数将所有质量相互耦合，恒速风机传动系统的三质量模型如图 4.22 所示。它由以下三种惯量组成[8]：

1）惯量 J_b，代表了叶片的柔性部分，可以通过桨距角控制灵活旋转。

2）惯量 J_h，代表与轮轴相连的叶片的刚性部分、风机轴、低速轴以及刚性连接至低速轴的变速箱的旋转部分。

3）惯量 J_g，代表发电机转子、带有盘式制动器的高速轴以及与高速轴刚性连接的变速箱的旋转部分。

在图 4.22 中，θ_b、θ_h 和 θ_g 分别表示叶片、轮轴和发电机的角位置；ω_b、ω_h 和 ω_g 分别对应于叶片、轮轴和发电机的角速度；H_b、H_h 和 H_g 分别为叶片、轮轴和发电机的惯性常数。

认为叶片和低速轴的弹簧是柔性的。相邻质量之间的弹性由弹性系数表示：K_{bh} 是有效的叶片刚度，K_{hg} 表示低速轴和高速轴的组合刚度。质量之间的阻尼由阻尼系数来表示：D_{bh} 是叶片和轮轴之间的阻尼系数，D_{hg} 是轮轴和发电机转子之间的阻尼系数[5,22]。

三质量模型的运动方程的标幺值形式可以写为[8,22]

$$
\left|
\begin{aligned}
&2H_b\frac{d\omega_b}{dt} = C_t - K_{bh}(\theta_b - \theta_h) - D_{bh}(\omega_b - \omega_h) \\
&2H_h\frac{d\omega_h}{dt} = K_{bh}(\theta_b - \theta_h) - K_{hg}(\theta_h - \theta_g) - D_{bh}(\omega_b - \omega_h) - D_{hg}(\omega_h - \omega_g) \\
&2H_g\frac{d\omega_g}{dt} = -C_e + K_{hg}(\theta_h - \theta_g) - D_{hg}(\omega_h - \omega_g) \\
&\frac{d\theta_b}{dt} = \omega_b;\frac{d\theta_h}{dt} = \omega_h;\frac{d\theta_g}{dt} = \omega_g
\end{aligned}
\right.
\tag{4.6}
$$

在式（4.6）中，C_t 是气动转矩，是风机捕获功率 P_T 和叶片速度 ω_b 的函数，即 $C_t = P_T/\omega_b$；C_e 代表发电机的电磁转矩。已忽略叶片的阻尼系数 D_b、轮轴的阻尼系数 D_h 和发电机的阻尼系数 D_g。

在电力系统动态仿真中，三质量模型占用大量的计算时间。为此，应该选择更简单的两质量模型。

在两质量模型中，风机的传动系统可视为由弹簧连接的两个惯量 J_t 和 J_g（见图 4.23）。弹簧表示传动轴系的刚度低。第一个质量代表叶片、轮轴和低速轴，第二个质量代表高速轴、变速箱和发电机转子。变速箱是轮轴弹性的一个主要来源[8,22,23]。

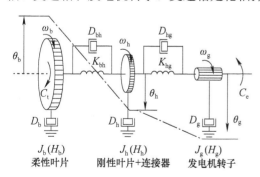

图 4.22　传动系统的三质量模型（改编自参考文献[8]）　　图 4.23　传动系统的两质量模型（改编自参考文献[8]）

两质量模型的运动方程的标幺值形式可以写为[8]

$$\left\| \begin{aligned} &2H_t\frac{d\omega_t}{dt} = C_t - K_s(\theta_t - \theta_g) - D_{tg}(\omega_t - \omega_g)\\ &2H_g\frac{d\omega_g}{dt} = -C_e + K_s(\theta_t - \theta_g) + D_{tg}(\omega_t - \omega_g)\\ &\frac{d\theta_t}{dt} = \omega_t;\frac{d\theta_g}{dt} = \omega_g \end{aligned} \right. \tag{4.7}$$

式中，H_t 和 H_g 分别是风机转子和发电机转子的惯量常数；ω_t 和 ω_g 分别是风机转子和发电机转子的角速度（r/min）；θ_t 和 θ_g 分别是风机转子和发电机转子的角位置，单位是机械角度；D_{tg} 是由转子速度与风机转轴速度不同导致的互阻尼；K_s 是轮轴刚度。

在这个模型中，忽略了代表风机叶片上的气动阻力的自阻尼 D_t 和代表机械摩擦及风阻的发电机自阻尼 D_g。

忽略轴刚度和质量之间的相互阻尼，传动系统模型可以简化为单质量模型。等效惯量是发电机转子惯量和风机惯量之和。因此，假设风机角速度和发电机转子角速度相等，则单质量传动系统模型的运动方程为

$$\left\| 2(H_t + H_g)\frac{d\omega_m}{dt} = C_t - C_e \right. \tag{4.8}$$

4. 笼型感应发电机模型

为了写出 $d\text{-}q$ 坐标系下感应发电机定子和转子的电压方程，利用感应电动机的方程式（2.219）和式（2.220），但是按照发电机惯例，电流流出电机为正，电流流入电机为负。因此，电压方程是[24]：

$$\left\| \begin{aligned} &u_{ds} = -R_s i_{ds} - \omega_s\psi_{qs} + \frac{d\psi_{ds}}{dt}\\ &u_{qs} = -R_s i_{qs} + \omega_s\psi_{ds} + \frac{d\psi_{qs}}{dt}\\ &u_{dr} = -R_r i_{dr} - s\omega_s\psi_{qr} + \frac{d\psi_{dr}}{dt}\\ &u_{qr} = -R_r i_{qr} + s\omega_s\psi_{dr} + \frac{d\psi_{qr}}{dt} \end{aligned} \right. \tag{4.9}$$

下标 d 和 q 分别代表直轴和交轴分量，下标 r 和 s 分别代表转子和定子。

转差率 s 定义为

$$s = 1 - \frac{p}{2}\frac{\omega_m}{\omega_s} \tag{4.10}$$

式中，p 是极对数；ω_m 是转子的机械角速度。

为了使电压等级和发电机额定值无关，阻抗用标幺值表示。按照发电机惯例，式（4.9）中的定子和转子磁链可由下式计算：

$$\left\| \begin{aligned} &\psi_{ds} = -L_{ss}i_{ds} - L_m i_{dr}\\ &\psi_{qs} = -L_{ss}i_{qs} - L_m i_{qr}\\ &\psi_{dr} = -L_{rr}i_{dr} - L_m i_{ds}\\ &\psi_{qr} = -L_{rr}i_{qr} - L_m i_{qs} \end{aligned} \right. \tag{4.11}$$

式中，ω_s 和 ω_r 分别是定子和转子的电角速度（rad/s）；L_{ss} 和 L_{rr} 分别是定子和转子自感；L_m 是定子和转子互感。

将方程（4.11）代入方程（4.9），忽略定子的瞬态变化，电压-电流的关系变为

$$\left\|\begin{array}{l} u_{ds} = -R_s i_{ds} + \omega_s(L_{ss} i_{qs} + L_m i_{qr}) \\ u_{qs} = -R_s i_{qs} - \omega_s(L_{ss} i_{ds} + L_m i_{dr}) \\ u_{dr} = 0 = -R_r i_{dr} + s\omega_s(L_{rr} i_{qr} + L_m i_{qs}) - \dfrac{\mathrm{d}}{\mathrm{d}t}(L_{rr} i_{dr} + L_m i_{ds}) \\ u_{qr} = 0 = -R_r i_{qr} - s\omega_s(L_{rr} i_{dr} + L_m i_{ds}) - \dfrac{\mathrm{d}}{\mathrm{d}t}(L_{rr} i_{qr} + L_m i_{qs}) \end{array}\right. \tag{4.12}$$

因为笼型感应发电机的鼠笼两端短路，所以其转子电压等于零。

电磁转矩 C_e 由下式给出：

$$C_e = \psi_{qr} i_{dr} - \psi_{dr} i_{qr} \tag{4.13}$$

并且发电机的运动方程为

$$\left\| \frac{\mathrm{d}\omega_m}{\mathrm{d}t} = \frac{1}{2H_m}(C_m - C_e) \right. \tag{4.14}$$

发出的有功功率 P 和消耗的无功功率 Q 为

$$\begin{array}{l} P_s = u_{ds} i_{ds} + u_{qs} i_{qs} \\ Q_s = u_{qs} i_{ds} - u_{ds} i_{qs} \end{array} \tag{4.15}$$

发电机仅通过定子输出端与电网交换有功功率和无功功率。由于转子未连接到电网，因此不需要考虑转子[3]。

4.4.2 双馈感应风力发电机建模

4.4.2.1 双馈感应发电机模型

双馈感应发电机是一种特殊设计的感应电机，其定子和转子都连接到电网。定子由 2~8 极的三相绕组组成，并通过变压器与电网连接。转子也设计有三相绕组，它们通过集电环和电刷连接到外部静止电路。这种结构使得转子可以与电网双向交换电力。DFIG 风机的总体控制框图如图 4.24 所示[8,25,26]。

DFIG 模型主要包括风机转子、传动系统、发电机、转子侧变换器、带有直流母线的电网侧变换器以及接口设备和电网的模型，其他模型代表着不同的控制方式，如桨距角控制、功率/速度控制、无功功率控制和风速模拟。

与变速驱动应用（感应电动机）类似，通过解耦实现双馈感应发电机的控制。任意同步旋转变量，如定子磁链，用旋转 *d-q* 坐标系表示。通过这种方式，实现了电机转矩与转子励磁电流之间的解耦控制。与笼型感应发电机相比，DFIG 转子的励磁是由转子变流器提供的[27]。

通过适当的 PWM 控制，可以控制转矩，从而控制发电机转子的转速。励磁频率随风速而变化，也随着发电机转子的机械速度而变化。

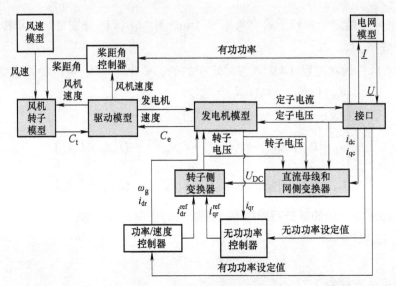

图 4.24   基于 DFIG 的风力发电机的控制框图（改编自参考文献[8]）

双馈感应发电机模型

为了更容易地对双馈感应发电机进行建模，选择 $d\text{-}q$ 坐标系。此外，考虑到发电机惯例，电流是由发电机流出而不是流入，有功功率和无功功率馈入电网时为正。

按照发电机惯例，我们再次得到以下定子和转子方程式[24]：

$$\begin{Vmatrix} u_{ds} = -R_s i_{ds} - \omega_s \psi_{qs} + \dfrac{d\psi_{ds}}{dt} \\[2mm] u_{qs} = -R_s i_{qs} + \omega_s \psi_{ds} + \dfrac{d\psi_{qs}}{dt} \\[2mm] u_{dr} = -R_r i_{dr} - s\omega_s \psi_{qr} + \dfrac{d\psi_{dr}}{dt} \\[2mm] u_{qr} = -R_r i_{qr} + s\omega_s \psi_{dr} + \dfrac{d\psi_{qr}}{dt} \end{Vmatrix} \tag{4.16}$$

并且磁链方程为

$$\begin{Vmatrix} \psi_{ds} = -L_{ss} i_{ds} - L_m i_{dr} \\[2mm] \psi_{qs} = -L_{ss} i_{qs} - L_m i_{qr} \\[2mm] \psi_{dr} = -L_{rr} i_{dr} - L_m i_{ds} \\[2mm] \psi_{qr} = -L_{rr} i_{qr} - L_m i_{qs} \end{Vmatrix} \tag{4.17}$$

由于变换器建模的复杂性以及对仿真计算速度的要求，有时会忽略转子磁通的瞬态变化。在忽略瞬态特性的前提下，可得到以下方程式：

$$\begin{Vmatrix} u_{ds} = -R_s i_{ds} + \omega_s (L_{ss} i_{qs} + L_m i_{qr}) \\[2mm] u_{qs} = -R_s i_{qs} - \omega_s (L_{ss} i_{ds} + L_m i_{dr}) \\[2mm] u_{dr} = -R_r i_{dr} + s\omega_s (L_{rr} i_{qr} + L_m i_{qs}) \\[2mm] u_{qr} = -R_r i_{qr} - s\omega_s (L_{rr} i_{dr} + L_m i_{ds}) \end{Vmatrix} \tag{4.18}$$

转子的电角速度 ω_r 为

$$\omega_r = \frac{p}{2}\omega_m \tag{4.19}$$

式中，p 是极对数；ω_m 是机械角速度（rad/s）。

发电机的电磁转矩由下式给出：

$$C_e = \psi_{ds}i_{qr} - \psi_{qs}i_{dr} \tag{4.20}$$

DFIG 与电网交换的总的有功功率和无功功率是定子和转子对应功率之和：

$$P = P_s + P_r \tag{4.21a}$$

$$Q = Q_s + Q_r \tag{4.21b}$$

定子有功功率和无功功率是：

$$P_s = u_{ds}i_{ds} + u_{qs}i_{qs} \tag{4.22a}$$

$$Q_s = u_{qs}i_{ds} - u_{ds}i_{qs} \tag{4.22b}$$

转子有功功率和无功功率是：

$$P_r = u_{dr}i_{dr} + u_{qr}i_{qr} \tag{4.23a}$$

$$Q_r = u_{qr}i_{dr} - u_{dr}i_{qr} \tag{4.23b}$$

式（4.23b）中的无功功率 Q 不一定等于发电机与电网交换的无功功率，其取决于为转子绕组供电的电网侧变流器的控制策略。因为变流器的效率被考虑在转子功率中，所以这对于有功功率是无效的[3]。

4.4.2.2 DFIG 的传动系统

对于定速风机，特别是在瞬态分析中，可能需要考虑详细的传动系统的动态特性。对于变速风机，由于电力电子变流器的解耦效应，传动系统特性对电网运行几乎没有影响。

基于 DFIG 的风机传动系统可以使用两质量模型进行建模[28]。尽管转轴的自然阻尼的影响很小，但更为重要的是，带有功率变流器的风机（例如，带有 DFIG 的风机）通常存在轴系扭振主动阻尼[8]。

描述轴系扭振模式的方程包括两个：

感应发电机的机械方程：

$$\left\| \begin{array}{l} 2H_g\dfrac{d\omega_g}{dt} = \omega_e(C_{shaft} - C_e) \\[2mm] \dfrac{d\theta_g}{dt} = \omega_g \end{array} \right. \tag{4.24}$$

风机的机械方程：

$$\left\| \begin{array}{l} 2H_t\dfrac{d\omega_t}{dt} = \omega_e(C_t - C_{shaft}) \\[2mm] \dfrac{d\theta_t}{dt} = \omega_t \end{array} \right. \tag{4.25}$$

从转轴上传递给感应发电机的输入转矩 C_{shaft} 包含两项：一项表示轴的弹性 $C_{torsion}$，另一项表示轴的阻尼转矩 $C_{damping}$：

$$C_{\text{shaft}} = C_{\text{torsion}} + C_{\text{damping}} = K_{\text{s}}(\theta_{\text{t}} - \theta_{\text{g}}) + D_{\text{tg}}(\omega_{\text{t}} - \omega_{\text{g}}) \qquad (4.26)$$

风机产生的机械转矩 C_{t} 通过多个轴传递给发电机以产生电磁转矩 C_{e}。

等效轴的特性可以用有效轴刚度 K_{s}（用标幺值表示转矩/rad）和阻尼转矩 D_{tg}（用标幺值表示 转矩/(rad/s)）表示。

在式（4.24）和式（4.25）中，感应发电机的速度 ω_{g} 和风机的速度 ω_{t} 的单位是 rad/s，电机的角位置 θ_{g} 和风机/轴的角位置 θ_{t} 的单位是弧度。另外，角速度基值为 $\omega_{\text{e}} = 2\pi f$，其中，$f$ 是电网频率，例如 50Hz。

基于式（4.24）和式（4.25），可以画出具有两质量模型的 DFIG 传动系统的扭振模型（见图 4.25）。

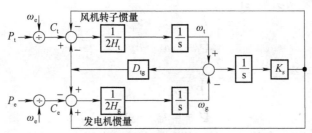

图 4.25　两质量扭振模型[1]

4.4.2.3　功率变流器

鉴于灵活控制特性，电力电子技术在电力系统中得到应用。一种背靠背式变流器将 DFIG 转子连接至电网，从而实现双向功率传输。这种背靠背式变流器由两个 VSC 和一个直流母线组成（见图 4.26）。

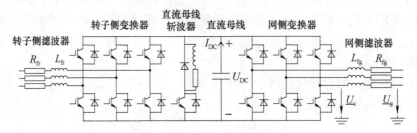

图 4.26　背靠背式变流器（改编自参考文献[8]）

图 4.26 所示的背靠背式四象限 PWM-VSC 在当今的风力发电系统中得到了广泛的应用。在基于电力电子技术的电力系统中，使用 IGBT 和 PWM 减小电流谐波是当前比较流行的方法，同时它也降低了电机的转矩脉动，提高了输出功率。还有一点很重要，利用 PWM 技术可以实现变流器两侧各种参数的灵活控制。通过 AC-DC-AC 变换，发电机转子频率与电网频率解耦。因此，这种变流器有时被称为变频器。

直流母线将两个电压源变流器分开，从而实现两个变流器独立控制。

变流器每一侧的 R-L 滤波器用于滤除开关谐波。直流斩波器是一种防止在电网故障期间直流母线过电压的保护电路，该装置由一个电阻和一个电子开关组成，通常是 IGBT。

发电机转子侧变换器控制电机的转子电流，从而控制电机的有功功率和无功功率，如式（4.23）所示。转子侧变换器的设计是为了实现最大转差功率和无功功率控制。

网侧变换器在转子侧变换器和电网之间传递功率。通常只控制直流母线电压。然而，在电网故障期间，网侧变换器可能用来提供无功支持，但是这种能力对变流器容量要求较高。

因为网侧变换器通常以单位功率因数运行，所以网侧变换器的额定功率主要由最大转差功率决定。

在稳定性研究中，可以忽略变流器的开关动态。另外，假定变流器能够提供足够大的需求[8]。

4.4.2.4 DFIG 的控制策略

由于 DFIG 风机的定子直接连接到电网，转子通过电力电子装置连接到电网，所以控制 DFIG 的唯一方法是控制转子的运行。由于 DFIG 既可以用作电动机也可以用作发电机，所以控制系统设计必须允许兼顾两种运行状态[29]。

DFIG 最常用的控制策略是在 d-q 坐标系下的电流矢量控制。根据控制量要求，d 轴与定子磁链矢量[30]或定子电压矢量[31]对齐。这样做的目的是为了实现有功功率和无功功率的解耦控制。

磁链幅值和相位控制（FMAC）是另一种控制策略，其目的是通过调整转子磁链的幅值和相位来控制发电机的转矩和端电压[32,33]。还可以添加辅助控制回路使得 FMAC 具有电力系统稳定、电压支撑和短期频率支撑的能力。

然而，传统的矢量控制和 FMAC 需要在转子和同步参考坐标系之间做相对复杂的转换。为了获得转子的速度和位置信息，需要使用精确的位置编码器，或者采用无传感器算法。这些方法增加了系统的复杂性。

参考文献[34]提出了直接功率控制（DPC）策略。利用适当的转子电压矢量，DPC 也可以实现有功功率和无功功率的解耦控制。但是，随着运行状态的变化，DPC 的开关频率不固定，导致转子侧功率变流器的滤波器设计困难。

最近，参考文献[35]提出了等效的同步电机模型和相应的控制方案，这种控制策略通过调节转子电压的大小和频率来控制定子电压和有功功率。在这种控制策略中，不需要坐标变换，也不需要转子电流、转子速度和位置信息，控制系统设计大大简化。

图 4.27 给出了 DFIG 风机的整体控制系统，包括发电机控制和风机控制。该系统主要采用转子电流矢量控制策略。

功率变流器两侧（a，b，c）坐标系下电流和电压的测量值被送到 DFIG 控制器，如图 4.27 所示。因为 DIFG 控制在 d-q 坐标系中完成，所以需要进行 $(a,b,c) \rightarrow (\alpha,\beta) \rightarrow (d,q)$ 的变换[29]。

1. 网侧变换器控制

网侧变换器器的通用模型如图 4.28 所示，包括电流可控电压源变换器、网侧滤波器和直流母线电容器[8]。滤波器包括一个电阻 R_{fg} 和一个电感 L_{fg}。

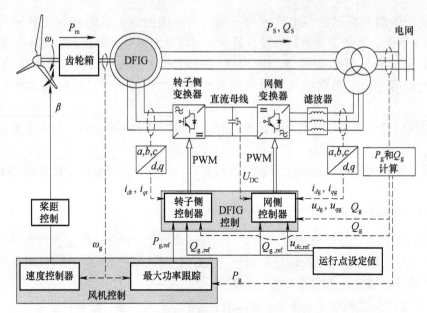

图 4.27 DFIG 风机的整体控制策略（改编自参考文献[10]）

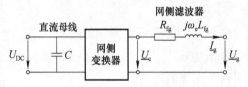

图 4.28 网侧变换器原理图

在 d-q 轴分量中，网侧滤波器的电压平衡方程可以写为[8]

$$u_{dg} - u_{dc} = R_{fg}i_{dg} + L_{fg}\frac{di_{dg}}{dt} - \omega_e L_{fg}i_{qg}$$
$$u_{qg} - u_{qc} = R_{fg}i_{qg} + L_{fg}\frac{di_{qg}}{dt} + \omega_e L_{fg}i_{dg}$$

（4.27）

式中， u_{dg} 和 u_{qg} 表示从电压 $\underline{U}_c$ 获得的电网侧电压矢量分量，而 u_{dc} 和 u_{qc} 是从电压 $\dot{U}_g$ 获得的变换器侧电压矢量分量。电网脉动频率 $\omega_e = 2\pi f$ ，其中 f 是电网频率。

可以将两个方程的最后一项视为对控制器的扰动，是两个方程的耦合项，这增加了两个电流 i_{dg} 和 i_{qg} 独立控制的难度。

为了实现对网侧变换器的解耦控制，假定参考坐标系的 d 轴与定子电压矢量对齐。在这些情况下， $u_{qg} = 0$ 和 $u_{dg} = u_s$ 。采用标幺值形式，网侧电压 u_g 等于定子电压 u_s 。

当 $u_{qg} = 0$ ，可以得到：

$$u_{dc} = -u'_{dg} + \omega_e L_{fg}i_{qg} + u_{dg}$$
$$u_{qc} = -u'_{qg} - \omega_e L_{fg}i_{dg}$$

（4.28）

其中

$$u'_{dg} = R_{fg}i_{dg} + L_{fg}\frac{\mathrm{d}i_{dg}}{\mathrm{d}t}$$

$$u'_{qg} = R_{fg}i_{qg} + L_{fg}\frac{\mathrm{d}i_{qg}}{\mathrm{d}t} \tag{4.29}$$

根据式（4.28），可以画出网侧变换器的控制框图。控制框图由两个串联回路组成，为变流器提供参考值 $u_{dc,ref}$ 和 $u_{qc,ref}$（见图 4.29）。通过控制网侧电流实现上述电压的控制。直流母线电压控制回路产生 d 轴参考电流，无功功率控制回路产生 q 轴参考电流。这两个回路分别由两个单元组成：一个较慢的控制单元（d 轴直流母线电压控制单元和 q 轴无功功率控制单元）和一个较快的控制单元（两个电流控制单元）。

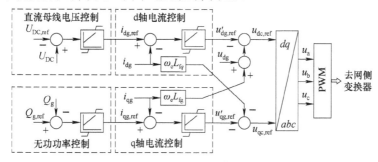

图 4.29　网侧变换器控制框图（改编自参考文献[10]）

在 d-q 轴坐标系下，通过转子输送到电网的有功功率和无功功率为

$$P_g = u_{dg}i_{dg} + u_{qg}i_{qg} \tag{4.30a}$$

$$Q_g = u_{qg}i_{dg} - u_{dg}i_{qg} \tag{4.30b}$$

因此，有功功率和无功功率分别与 i_{dg} 和 i_{qg} 成正比。

通常，发电机通过网侧变换器与电网交换的无功功率设置为零；因此，$i_{qg} = 0$。然而，根据式（4.30b），i_{qg} 的值也可能为正或负。

网侧变换器的主要目的是保持直流母线电压不变。假设变换器和直流母线没有损耗，则存储在直流母线中的能量为：

$$E_C = \int P\mathrm{d}t = \frac{1}{2}CU_{DC}^2 \tag{4.31}$$

式中，$P(= P_r - P_g)$ 是流入电容器的净有功功率；P_r 是流入电容器的转子有功功率；P_g 是流出电容器的网侧有功功率；C 是直流母线电容；U_{DC} 是电容器电压。

变换器的动态特性可描述为

$$C\frac{\mathrm{d}U_{DC}}{\mathrm{d}t} = \frac{P_r - P_g}{U_{DC}}$$

对于所考虑的控制策略，由于 $u_{qg} = 0$，通过转子传递给电网的有功功率 $P_g = u_{dg}i_{dg}$。因此，可以通过控制 d 轴电流分量 i_{dg} 来控制直流母线电压[10]。

2. 转子侧变换器控制

在转子侧变换器的矢量控制中，假定 d 轴在定子磁链矢量方向上。从电网运行的角度来看，由于定子电压的幅值、频率和相位几乎是恒定的，所以定子磁链几乎保持不变。

根据所选择的参考坐标系，$\psi_{qs} = 0$ 和 $d\psi_{qs}/dt = 0$。因此，由式（4.17）可以得到：

$$i_{qs} = -\frac{L_m}{L_{ss}} i_{qr} \qquad (4.32a)$$

d 轴定子电流变为

$$i_{ds} = -\frac{1}{L_{ss}}(\psi_{ds} + L_m i_{dr}) \qquad (4.32b)$$

由于定子磁链 ψ_{ds} 变化不大，可以忽略定子的瞬态变化，即 $d\psi_{ds}/dt = 0$。当 $\psi_{qs} = 0$，且忽略定子电阻 $R_s = 0$ 时，式（4.16）中给出的定子电压变为

$$\begin{aligned} u_{ds} &= 0 \\ u_{qs} &= \omega_s \psi_{ds} \end{aligned} \qquad (4.33)$$

将式（4.32a）和（4.32b）中的 d 和 q 轴定子电流代入式（4.22）中，定子侧传递的有功功率和无功功率的表达式变为

$$P_s = u_{qs} i_{qs} = -u_{qs}\frac{L_m}{L_{ss}} i_{qr} \qquad (4.34a)$$

$$Q_s = u_{qs} i_{ds} = -\frac{u_{qs}}{L_{ss}}(\psi_{ds} + L_m i_{dr}) = -\frac{u_{qs}^2}{\omega_s L_{ss}} - \frac{L_m u_{qs}}{L_{ss}} i_{dr} \qquad (4.34b)$$

定子功率的负号符合发电机惯例。

从上面的等式可以看出，采用磁场定向控制，通过调节 q 轴转子电流可以控制定子侧的有功功率，并且可以通过调节 d 轴转子电流控制无功功率（通常为 d 轴磁链）。

利用 PWM 技术控制电机一般是通过控制转子电压来实现。因此，转子电压间的解耦是需要的。

将式（4.17）中 d 轴转子磁链代入式（4.18）中 q 轴转子电压表达式，并考虑表达式（4.32b）和式（4.33），得到：

$$u_{qr} = -R_r i_{qr} + s\omega_s \psi_{dr} = -R_r i_{qr} - s\omega_s\left[\left(L_{rr} - \frac{L_m^2}{L_{ss}}\right)i_{dr} - \frac{L_m}{\omega_s L_{ss}}u_{qs}\right] \qquad (4.35)$$

类似地，将式（4.17）中 q 轴转子磁链代入式（4.18）中 d 轴转子电压表达式，并考虑式（4.32a），得到：

$$u_{dr} = -R_r i_{dr} + s\omega_s\left(L_{rr} - \frac{L_m^2}{L_{ss}}\right)i_{qr} \qquad (4.36)$$

式（4.35）和式（4.36）是转子电压解耦的必要条件。虽然转子电阻可以忽略不计，但可将剩余项作为补偿项加入到控制回路中。

图 4.30 为转子侧变流器的两个串联控制回路，它提供了 d 轴和 q 轴转子电压的参考值。

实现转子侧变流器的脉宽调制需要将转子电压从 d-q 坐标系变换到 abc 坐标。

q 轴控制回路的输入是从最大功率跟踪（MPT）控制器获得的有功功率参考值，而第二个控制回路的输入是端电压和功率因数控制所需的无功功率参考值。

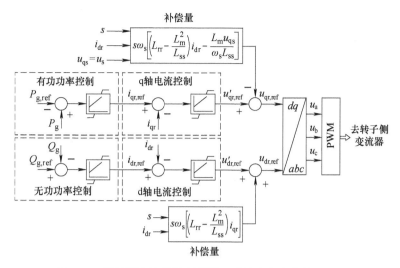

图 4.30 转子侧变流器控制框图（改编自参考文献[5,8]）

（1）**有功功率控制** 在正常运行中，最大功率跟踪控制器查询预定义的 $P-\omega$ 表格获得有功功率控制回路的有功功率参考值。这个表格给出了不同风速下的最大（最佳）捕获功率。对于高风速的情况，速度控制器会产生交叉耦合，从而确定

最佳的桨距角。图 4.31 给出了简化的有功功率控制框图。在一些情况下，控制转矩而不是有功功率。如果频率调节回路加入到风机控制框图中，在查表获得最优值的基础上，需要叠加一个额外的信号。

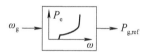

图 4.31 DFIG 功率控制框图

（2）**无功功率控制** 通过使用转子侧变换器控制 d 轴转子电流，无功功率控制回路实现了端子电压或功率因数的控制。无功功率控制也可以由网侧变换器执行，但是对于 DFIG 风机，转子侧变换器或许最优选择[5]。

4.4.2.5 气动模型和桨距角控制器

风机将风的动能转换为机械能，机械能通过风机轴以机械转矩的形式驱动发电机。风机产生的机械转矩由下式给出：

$$C_t = \frac{P_t}{\omega_t} = \frac{1}{2\omega_t}\rho V_w^3 A C_p(\lambda,\beta) \tag{4.37}$$

如果风速太高，电磁转矩不足以控制转子转速，可能损坏发电机。在高风速下风机叶片上的应力较大，可能损坏风机叶片。

当风速大于额定值时，改变桨距角 β 可以限制风机叶片上的作用力，但也减小了捕获系数 $C_p(\lambda,\beta)$ [17]。可通过液压驱动或电驱动的形式实现叶片围绕转轴旋转。因此，桨距角控制器模型（见图 4.32）必须集成在风机系统模型中[8]。

由于风速不能精确测量，控制器的输入可以选择有功功率和转子速度。桨距角控制器如图 4.32 所示，下面环节是转速控制器，上面环节是气动功率限幅器。

DFIG 风能捕获控制 转子侧变换器负责控制机械转矩以及定子端电压或功率因数。因为功率变流器将转子机械速度与电力系统电气频率解耦，DFIG 可以变速运行。实现转子速

度调节还有利于优化风机捕获功率[26,36]。图 4.33 给出了各种风速下的机械功率特性曲线，在某一特定发电机转速下，这些特性曲线具有最大值。

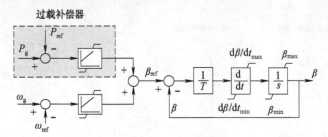

图 4.32 桨距角控制器模型[8]

DFIG 的控制策略旨在从风中捕获最大功率。为了达到这个目的，将有功功率设定为跟随最大功率曲线，P_{opt}（见图 4.33）。

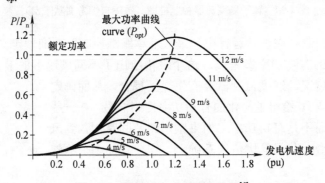

图 4.33 风机最大功率捕获特性[6]

可以根据所产生的机械功率随风速变化的特性曲线（见图 4.34a），也可以根据电功率随发电机转子转速变化的特性曲线（见图 4.34b）制定控制策略，可根据实测风机气动数据来确定两种曲线。

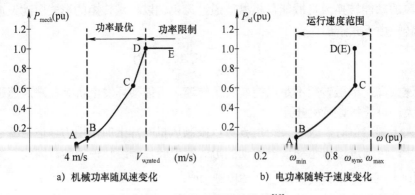

a) 机械功率随风速变化 b) 电功率随转子速度变化

图 4.34 风机系统特性曲线[10]

在不同风速下，风机侧的机械功率的最优特性曲线如图 4.34a 所示，发电机侧的电功率随转子转速的变化规律如图 4.34b 所示。发电机转速范围限制在最小转速 ω_{min} 和最大转速

$\omega_{\max}$ 之间。

最优捕获功率曲线 P_{opt} 由下式定义：

$$P_{\text{opt}} = K_{\text{opt}}\omega_r^3 \tag{4.38}$$

并且，最优转矩由下式给出：

$$C_{\text{opt}} = K_{\text{opt}}\omega_r^2 \tag{4.38a}$$

式中，K_{opt} 是风机的气动性能参数。

如图 4.34 所示，最优功率曲线被分为几个区域[8]：

1）低速运行区（区域 A-B）。当转子频率较低时，IGBT 功率变流器承受较高的热应力，所以在低风速下维持风机运行是不实际的。因此，在控制策略中引入切入风速作为功率特性曲线左侧的限制。在这个区域，风机几乎以低于同步转速 50％左右的恒转速运行。

2）最佳运行区（区域 B-C）。在这种涵盖低速到中速的运行范围内，风机转子变速运行，采用式（4.38）给出的最大捕获功率控制策略。然而，在湍流风况下，工作点可能会偏离最佳特性。在这个区域，风机没有达到额定功率，转子侧变换器对发电机转速进行控制。这种策略也被称为"风力驱动模式"。

3）最大速度—部分负载运行区（区域 C-D）。在低于额定风速的情况下，通过特殊设计发电机转速可以达到额定角速度（同步速度）。在这个区域，尽管发电机的功率低于额定值，但是发电机转速保持在额定转速附近。在湍流风况下，转子转速可能会增加到同步转速以上。但由于功率变流器的限制，转速不能超过同步转速的 15％～20％，仍然只能由转子侧变换器来控制。

4）最大速度—满载运行区（区域 D-E）。如果风速增加到额定值以上，则转子侧变换器不能够继续控制转矩，而是由桨距角调节器进行控制。通过调整叶片角度，调节器限制气动输入功率，使得转矩和转子速度可以保持恒定值。对于非常高的风速，桨距角控制将调节输入功率，直到达到极限风速。

由于一些运行限制，例如，发电机的尺寸和效率或可接受的噪声排放，在正常运行条件下，风机转速必须被限制在最小转速 $\omega_{\min}$ 和额定转速 ω_{sync} 之间。然而，当出现一阵强风时，转子速度可能会增加到额定转速以上。在短时间内这是允许的，但必须将转子速度限制在高于额定速度的某个最大值 $\omega_{\max}$。因此，DFIG 的控制策略有两种：功率优化策略和功率限制策略[10]。

4.4.2.6　运行模式

可以根据超过同步转速度后转子的相对速度和通过功率变流器的功率流向来区分 DFIG 的运行模式，包括超同步运行、同步运行和次同步运行（见图 4.35）。

在低风速下，DFIG 以低于同步速度的转速运行，即转差率为正值，并且转子通过功率变流器从电网吸收功率（见图 4.35a）。在区域 C-D 中，当发电机以同步速度运行时，发电机转差为零，功率变流器没有功率通过（见图 4.35b）。在强风期间，转子速度可能超过同步转速，并且转差变为负值。在这种情况下，来自转轴的机械功率被分成两部分：大部分功率流向定子，小部分功率流过转子（见图 4.35c）。

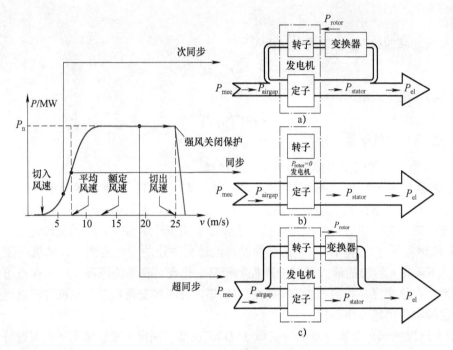

图 4.35 DFIG 的运行模式

4.4.3 全功率变流器风机

4.4.3.1 总体模型

采用直驱式同步发电机的变速风机的总体结构如图 4.36 所示。当发电机通过基于电力电子器件的全功率变流器（变频器）连接到电网时，发电机的频率可以有别于电网频率（50Hz 或 60Hz），且是可变的。与 DFIG（部分功率变流器风机）相比，发电机的无功功率、电压和频率全部由变流器决定，而有功功率取决于电机运行情况。

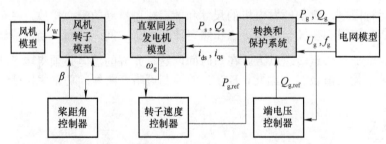

图 4.36 采用直驱式同步发电机的变速风机的总体结构[3]

全功率变流器风机可以采用绕线转子同步发电机或永磁同步发电机，可以用或不用变速箱。在所有情况下，变流器的控制原理都是相似的。

需要做出以下声明[3]：

1）风速模型与恒速运行风机的风速模型相同。

2）与双馈感应发电机相比，转子模型、转子速度和桨距角控制器相同。

3）与直驱同步发电机相比，DFIG 风机的变流器和保护系统不同。

考虑到以上内容，下面仅讨论发电机模型和控制系统。

4.4.3.2　采用同步发电机的直驱式风机模型

1. 绕线转子同步发电机模型

第 2 章论述了绕线转子同步发电机的模型，根据式（2.39），在 $d\text{-}q$ 坐标系下，定子电压方程为

$$\begin{Vmatrix} u_{ds} = -R_s i_{ds} - \omega_e \psi_{qs} + \dfrac{\mathrm{d}\psi_{ds}}{\mathrm{d}t} \\[2mm] u_{qs} = -R_s i_{qs} + \omega_e \psi_{ds} + \dfrac{\mathrm{d}\psi_{qs}}{\mathrm{d}t} \end{Vmatrix} \tag{4.39}$$

另外，转子电压方程为

$$\begin{Vmatrix} u_f = R_f i_f + \dfrac{\mathrm{d}\psi_f}{\mathrm{d}t} \\[2mm] 0 = R_D i_D + \dfrac{\mathrm{d}\psi_D}{\mathrm{d}t} \\[2mm] 0 = R_Q i_Q + \dfrac{\mathrm{d}\psi_Q}{\mathrm{d}t} \end{Vmatrix} \tag{4.40}$$

为了完成整个模型，加入磁链方程：

$$\begin{Vmatrix} \psi_{ds} = -L_{ds} i_{ds} + L_{md} i_f \\ \psi_{qs} = -L_{qs} i_{qs} \\ \psi_f = L_f I_f \end{Vmatrix} \tag{4.41}$$

注意：式（4.39）～式（4.41）中所有量都采用标幺值。

与定子电压方程中的变压器电势 $\mathrm{d}\psi/\mathrm{d}t$（由于空间磁通变化产生）相关的时间常数很小，所以可以忽略变压器电势。因此，当正常运行时，风机控制所关注的电压方程变为

$$\begin{Vmatrix} u_{ds} = -R_s i_{ds} + \omega_e L_{qs} i_{qs} \\ u_{qs} = -R_s i_{qs} - \omega_e L_{ds} i_{ds} \\ u_f = R_f i_f + \dfrac{\mathrm{d}\psi_f}{\mathrm{d}t} \end{Vmatrix} \tag{4.42}$$

电磁转矩定义如下：

$$C_e = \psi_{ds} i_{qs} - \psi_{qs} i_{ds} \tag{4.43}$$

在转子速度控制器中，某些方案选择电磁转矩作为定子运行的设定值。然而，选择由最大功率数据表所决定的有功功率的做法更为普遍。

同步发电机发出的有功功率和无功功率由下式给出：

$$P_s = u_{ds} i_{ds} + u_{qs} i_{qs} \tag{4.44a}$$

$$Q_s = u_{qs} i_{ds} - u_{ds} i_{qs} \tag{4.44b}$$

由于变频器将发电机与电网完全解耦，因此，发电机运行不会影响功率因数，以及发出到/吸收自电网的无功功率。因此，当确定变流器容量时，参考式（4.44b）所描述的定子发

出/吸收的无功功率是有重要意义的,并且还能避免超过发电机的容量限制[3]。

2. 永磁同步发电机模型(PMSG)

在 PMSG 模型中,假定磁通沿着气隙呈正弦分布。类似于式(4.39),在平衡稳态条件下,定子电压方程为

$$
\left\| \begin{aligned}
u_{ds} &= -R_s i_{ds} - \omega_s \psi_{qs} + \frac{\mathrm{d}\psi_{ds}}{\mathrm{d}t} \\
u_{qs} &= -R_s i_{qs} + \omega_s \psi_{ds} + \frac{\mathrm{d}\psi_{qs}}{\mathrm{d}t}
\end{aligned} \right.
\tag{4.45}
$$

在 PMSG 中,励磁绕组被永磁体替代并且没有阻尼绕组。因此,式(4.40)和式(4.41)中涉及励磁绕组和阻尼绕组的项消失。此外,转子侧永磁体产生的与定子绕组耦合的磁链 ψ_{pm} 应当加入到 d 轴定子磁链表达式中。磁链计算公式如下:

$$
\left\| \begin{aligned}
\psi_{ds} &= -L_{ds} i_{ds} + \psi_{pm} \\
\psi_{qs} &= -L_{qs} i_{qs}
\end{aligned} \right.
\tag{4.46}
$$

式中, ψ_{pm} 是永磁磁链; L_{ds} 和 L_{qs} 是定子漏电感。

永磁同步电机的电磁转矩 C_e 由下式给出[16,37]:

$$
C_e = p \left[\left(L_{qs} - L_{ds} \right) i_{ds} + \psi_{pm} \right] i_{qs}
\tag{4.47}
$$

式中, p 是极对数。

对于隐极机,定子电感 L_{ds} 和 L_{qs} 大致相等。因此, d 轴定子电流 i_{ds} 不影响电磁转矩,并且方程(4.51)变为

$$
C_e = p \psi_{pm} i_{qs}
\tag{4.47a}
$$

风力发电系统的运动方程可描述为

$$
\frac{\mathrm{d}\omega_m}{\mathrm{d}t} = \frac{1}{2H}(C_m - C_e)
\tag{4.48}
$$

式中, H 是转子的惯性常数; C_m 和 C_e 分别是机械转矩和电磁转矩。

注意:定子电角速度有如下表示:

$$
\omega_s = p \omega_m
$$

式中, ω_m 是机械角速度(rad/s)。

4.4.3.3 全功率变流器风机的控制

全功率变流器风机(FCWT)的控制取决于变频器的配置和电机的控制策略,因而控制方法很多。这些方法的共性基础是,网侧变换器控制风机系统接入电网处的电压,发电机侧变换器控制定子电压。

在下文中,假定风机配备了永磁同步发电机,并且发电机侧变换器和电网侧变换器都采用 IGBT 器件和 PWM 方法(见图 4.37)。

这里给出的控制策略与 DFIG 风机的控制策略非常相似。不同之处在于,在正常情况下,电网运行不影响发电机的运行。

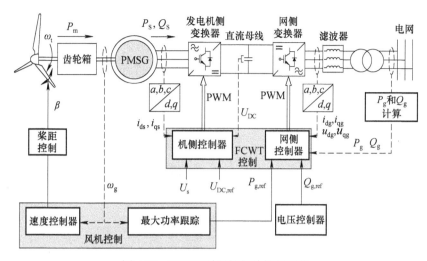

图 4.37　FCWT 系统的整体控制系统

1. 网侧变换器控制

网侧变换器控制的前提是假定 d 轴定位在电网电压矢量方向，即 $u_{qg} = 0$，因此电网电压只有一个 d 轴分量 u_{dg}。在风机系统电网一侧可以测量电压 u_g。

网侧的有功功率和无功功率表达式为

$$P_g = u_{dg}i_{dg} + u_{qg}i_{qg} \qquad (4.49a)$$

$$Q_g = u_{qg}i_{dg} - u_{dg}i_{qg} \qquad (4.49b)$$

基于以上假设，式（4.49）变为

$$P_g = u_{dg}i_{dg} \qquad (4.49aa)$$

$$Q_g = -u_{dg}i_{qg} \qquad (4.49ab)$$

上式表明，d 轴电网电流决定有功功率，q 轴电网电流决定无功功率，在功率变换器的网侧测量电流。

图 4.38 所示的网侧变换器控制器由两个串联回路组成，d 轴控制回路的输入是有功功率参考值，q 轴控制回路的输入是无功功率参考值。

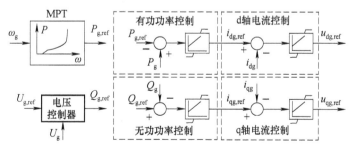

图 4.38　网侧变换器控制器[8.10]

有功功率控制的参考值来自于 MPT 特性，其目的是优化发电机运行，达到最高的效率，并提供尽可能多的有功功率。

在正常情况下，由于发电机通过变频器与电网解耦，发电机不需要发出/吸收无功功率。因此，无功功率参考值可以设置为零，即 $Q_{g,ref} = 0$。然而，当正常运行时风机系统需要电压支撑，或当电网发生故障时风机系统与电网之间需要进行无功功率交换，即 $Q_{g,ref} \neq 0$。可以设计一个电压调节器，通过网侧变换器提供适当的无功支撑来实现节点电压的控制。与其他电机一样，风机系统与电网交换的无功功率总量必须在变频器的额定容量以内[10]。

2. 发电机侧变换器控制

由式（4.45）的电压方程和式（4.46）的定子磁链方程可以看出，两轴之间存在交叉耦合。在稳态条件下，式（4.45）中的导数项变为零。在这个假设条件下，将式（4.46）中的定子磁链代入式（4.45）中，得到：

$$u_{ds} = -R_s i_{ds} + \omega_s L_{qs} i_{qs}$$
$$u_{qs} = -R_s i_{qs} - \omega_s (L_{ds} i_{ds} - \psi_{pm}) \tag{4.50}$$

可以看出，如果忽略定子电阻，d 轴定子电压取决于 q 轴定子电流，而 q 轴定子电压取决于 d 轴定子电流。为了实现两个坐标轴的独立控制，必须消除 q 轴对 d 轴分量的影响，反之亦然。通过将方程（4.50）右边的两项作为补偿项，可以将两个分量解耦（见图 4.39）。

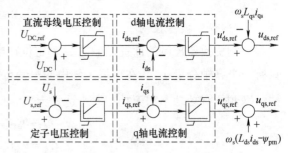

图 4.39　发电机侧变换器控制[10]

发电机侧变换器用于保持直流母线电压恒定，并将发电机定子电压控制在额定值，即 $U_{s,ref} = U_{s,rated}$。将定子电压控制在额定值的优点在于，功率变流器始终运行在所设计的最优额定电压下[10]。

直流母线电压控制回路的参考值可以由一个阻尼控制器提供，该控制器用来产生一个抑制速度振荡的转矩。

4.5　故障穿越能力

4.5.1　概述

电力系统有时会经受不可预知的扰动，例如，短路。发生在风机系统附近的短路会引起发电机端电压骤降，并导致有功功率下降[23,38]。过去，遇到这种扰动时风机可以从电网断开。随着风力发电在电力系统中所占份额的增加，现在的电网规范提出了更多风机脱网条件。图 4.40 给出了一个电压降落极限的例子，特别是在爱尔兰和罗马尼亚，超过此边界限制风机可能会从电网分离。

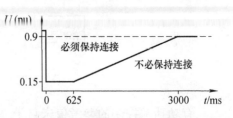

图 4.40　风机系统端电压降落的边界限制

根据图 4.40，对于曲线上方的电压值，风机系统必须保持与电网连接。如果出现较严重的故障，电压跌落至曲线下方，则允许风机系统从电网断开。

风力发电机端电压骤降会导致很高的瞬时转子电流，可能损坏转子变流器，并且也可能导致直流母线电容器过电压。

如果防护措施效率较低，则必须尽快清除故障。而且，发电机可能会加速以至于超过额定速度，导致运行不稳。

一些文献提出了各种用于故障穿越的方案，其中部分方案如下[8,39]：

（1）主动式 Crowbar　该方法通常用于采用双馈感应发电机的风机系统中。Crowbar 电阻阻值为转子电阻的 1～10 倍[9]。当需要快速衰减转子瞬态电流时，可以将 Crowbar 电阻设定为较高的电阻值。但是，过高的电阻值可能会导致变流器过电压，因此 Crowbar 电阻的大小需要在这两个因素之间折衷选择。

连接到直流母线电容器上的过电压保护装置和连接到转子侧的过电流保护装置负责检测影响风机系统的突发故障。触发保护后，封锁功率变流器的控制信号，投入 Crowbar。一旦瞬态变化得到抑制，解锁功率变流器，去除 Crowbar。接下来重新进行同步，并恢复到正常运行。

（2）切换定子电阻　断开故障线路会导致风力发电机端电压相位角突变，因此，导致很高瞬态电流。解决这个问题的方法之一是在定子电路中插入一个切换电阻，这个电阻会使定子和转子瞬态电流衰减得更快[40]。

（3）直流斩波器　斩波器由一个有源开关（IGBT）和与直流母线电容并联的串联电阻组成（见图 4.26）。根据实际电网规范规定，直流斩波器是优选的故障穿越装置，因为它有助于在电网故障期间保持风机系统与电网的连接。

直流斩波器的作用在于，当由电网故障引起的变流器中间环节出现功率波动时，保持直流母线电压平滑。当直流母线电压升高到阈值以上时，斩波器接通，多余的功率消耗在斩波电阻上。当直流母线电压降低到低临界阈值以下时，斩波器通过开关装置关断。

对于采用 DFIG 的风机系统，直流斩波器与 Crowbar 电阻组合使用；对于全功率变流器风机系统，故障穿越策略包括采用斩波器、桨距角控制器和阻尼控制器，采用斩波器是故障穿越策略之一。

4.5.2　故障穿越的桨距角控制

从电力系统的角度来看，风机系统的动态影响在很大程度上取决于所采用的技术，即定速风机系统、基于 DFIG 的风机系统和全功率变流器变速风机系统。

对于使用笼型感应发电机的定速风机系统，因为定子直接连接到电网，其自身具有抑制电力系统振荡的特性；而对于变速风机系统，电力电子装置有助于增强电力系统的暂态稳定性和电压稳定性。

下面介绍两种类型风力发电机组的故障穿越能力：

（1）主动失速控制风机[23]　主动失速控制通常用于采用直接连接到电网的笼型感应发电机的风机系统。因此，在发生瞬时故障的情况下，发电机端电压骤降，转子速度增加，并且发电机需要更多的无功功率，而当前的电网无法提供这些无功功率。这种发电机对无功功率的需求使得电压恢复缓慢。风机系统在传动链路中会产生速度振荡，这意味着有功功率和无功功率振荡，并由此引起电网电压振荡。

为抑制这种振荡，并防止发电机转子加速到危险速度，同时有助于电压恢复，可以设计一种控制器。在主动失速控制中，桨距角调节是控制风机输出功率的一种方式，因此，瞬时故障控制器就是桨距角控制器。一旦检测到电网故障，桨距角控制器以最大速率改变桨距角，从而将转子的气动功率降低到零。如果电网电压已恢复，并且发电机速度处于正常范围内，那么桨距角就会回到故障之前的值，发电机恢复正常运行。

（2）桨距角控制风机　桨距角控制用于变速风机系统，即基于双馈感应发电机的风机系统和配置全功率变流器的风机系统。对于采用 DFIG 的风机系统，定子直接连接到电网。所以，这两种风机系统的故障穿越过程是不同的[41]。

对于采用双馈感应发电机的风机系统，故障穿越过程涉及到两个方面：一方面是采取桨距角控制以防止超速，另一方面是投入 Crowbar 电阻以避免变流器出现过流，以及发电机转子和直流母线出现过压。在正常运行中，转子侧变流器调节有功功率和无功功率的输出，有功功率的参考值由 MPT 特性决定。当检测到电网故障时，有功功率参考值由阻尼控制器决定。由于定子直接接入电网，当电网发生故障时，发电机端电压下降，同时有功功率也下降。这会带来风机的机械功率和输出的电功率之间的不平衡，导致风机和发电机加速，并且传动系统开始振荡。叶片桨距角控制可以防止风机超速并抑制低频振荡，但不能抑制快速的扭转振荡。因此，在电网故障情况下，采用阻尼控制器来抑制传动系统的扭转振荡（见图 4.41）

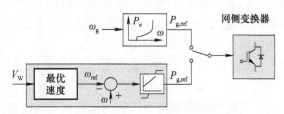

图 4.41　扭转振荡阻尼控制器[10]

通过全功率变频器连接到电网的风机系统可以很容易地穿越故障，因为同步发电机不直接连接到电网。此外，发电机侧变换器可以很容易地控制直流母线电压和定子电压，且不受电网扰动的影响。

多极 PSMG 没有固有的阻尼，除非采用阻尼控制器来抑制扭转振荡，否则任何小的速度扰动都可能使传动系统产生很大的机械应力，导致运行不稳定。在电网故障期间，网侧变换器不与电力系统交换有功功率，发电机产生的多余的有功功率消耗在斩波器的电阻中。另一方面，桨距角控制器快速地限制捕获功率，进而限制发电机产生的有功功率[41]。

参 考 文 献

[1] deMello, F.P. (Chairman) Dynamic models for fossil fueled steam units in power system studies, IEEE Working Group on Prime Mover and Energy Supply Models for System Dynamic Performance Studies, *IEEE Trans. Power Syst.*, Vol. 6, No. 2, pp. 753–761, May 1991.

[2] Anderson, P.M., Fouad, A.A. *Power system control and stability*, 2nd edition, IEEE Press Power Engineering Series, John Wiley & Sons, Piscataway, NJ, 2003.

[3] Cohen, H., Rogers, G., Saravanamuttoo, H. *Gas turbine theory*, 4th edition, Addison Wesley Longman, Reading, MA, 1996.

[4] Henry, P. *Turbomachines hydrauliques*, Presses Polytechniques et Universitaire Romandes, Lausanne, 1992.

[5] Marconato, R. *Electric power systems. Vol. 2. Steady-state behavior, controls, short-circuits and protection systems*, CEI-Italian Electrotechnical Committee, 2004

[6] Byerly, R.T. (Chairman) Dynamic models for steam and hydro turbines in power system studies, EEE Committee Report, Task Force on Overall Plant Response, *IEEE Trans.*, Vol. PAS-92, pp. 1904–1915, Nov.–Dec. 1973.

[7] Kundur, P. *Power system stability and control*, McGraw-Hill, Inc., New York, 1994.

[8] Eggenberger, M.A. A simplified analysis of the no-load stability of mechanical-hydraulic speed control systems for steam turbines, AMSE Paper 60-WA-34, Dec. 1960.

[9] Pourbeik, P. Modelling of combined-cycle power plants for power system studies, *IEEE Power Engineering Society General Meeting*, Vol. 3, July 13–17, 2003.

[10] Pourbeik, P. (Convenor) *Modeling of gas turbines and steam turbines in combined-cycle power plants*, CIGRE Task Force 38.02.25, 2003.

[11] deMello, F.P. (Chairman) Dynamic models for combined cycle plants in power system studies. IEEE Working Group on Prime mover and Energy supply models for system dynamic performance studies, *IEEE Trans. Power Syst.*, Vol. 9, No. 3, pp. 1698–1708, Aug. 1994.

[12] Rowen, W.I. Simplified mathematical representation of heavy-duty gas turbines, *Trans. ASME*, Vol. 105, No. 1, pp. 865–869, 1983.

[13] Hajagos, L.M., Bérubé, G.R. Utility experience with gas turbine testing and modeling, *IEEE PES Winter Meeting, Columbus, USA, 21 Jan.–1 Feb.* 2001.

[14] Rowen, W.I. Simplified mathematical representation of a single shaft gas turbines in mechanical drive service, International Gas Turbine and Aeroengine Congress and Exposition, Cologne, Germany, 1992.

[15] Yee, S.K., Milanovič, J.V., Hughes, F.M. Overview and comparative analysis of gas turbine models for power system stability studies, *IEEE Trans. Power Systems*, Vol. 23, No. 1, Feb. 2008.

[16] Cengel, Y.A., Boles, M.A. *Thermodynamics: An engineering approach*, McGraw-Hill, New York, 1994.

[17] Kornegay, D. (Chairman) *IEEE Guide for the application of turbine governing systems for hydroelectric generating units*, IEEE Standard 1207–2004, 2 Nov. 2004.

[18] deMello, F.P. (Chairman) Hydraulic turbine and turbine control models for system dynamic studies, Working Group on Prime Mover and Energy Supply Models for System Dynamic Performance Studies, *IEEE Trans. Power Sys.*, Vol. 7, No. 1, pp. 167–179, Feb. 1992.

[19] Ilić, M., Zaborszky, J. *Dynamics and control of large electric power systems*, John Wiley & Sons, Inc., New York, 2000.

[20] Machowschi, J., Bialek, J., Bumby, J. *Power system dynamics and stability*, John Wiley & Sons, New York, 1997.

[21] Bailie, R.C. *Energy conversion engineering*, Addison-Wesley, Reading, MA, 1978.

第 5 章

短路电流计算

Nouredine Hadjsaid，Ion Tristiu 和 Lucian Toma

5.1 概述

短路被定义为电力系统中电压不同的两点之间任何偶然直接接触或通过阻抗接触，例如，在线路或变压器的两相的导体之间，或在导体和地之间，或在导体与永久接地的组件之间。

对短路电流和相关电压以及功率流动的分析是非常有用的：

1）充分设置保护装置，检测故障，驱动故障元件（线路、变压器、发电机、电动机）的断路器，使短路造成的影响最小。

2）检查（确定）断路器的破断能力；

3）尽可能改变网络结构，使短路造成的后果不那么严重。

5.1.1 短路的主要类型

在电气装置中可能出现各种类型的短路[1]：

1）相与地（80%的故障）。

2）相与相（15%的故障）。这种类型的故障常常退化为三相故障。

3）三相（仅占初始故障的5%）。

这些不同类型的短路（异常连接）及其相应的电流如图 5.1[2]所示。短路的主要特点如下：

1）持续时间（自我消失、暂态和稳态）。

2）起源：

a．雷电或开关过电压；

b．由热、湿度或腐蚀性环境引起的绝缘损坏；

c．机械（导体中的断裂，两个导体之间通过异物，如工具或动物，发生的偶然电接触）。

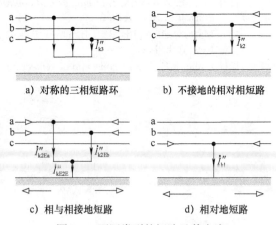

a）对称的三相短路环   b）不接地的相对相短路

c）相与相接地短路   d）相对地短路

图 5.1 不同类型的短路及其电流

   → 短路电流

   ⇒ 在导体和接地装置中的部分短路电流

d．位置（机器或配电板的内部或外部）。

在图 5.1 中，使用了以下符号：

I''_{k1} 是初始相对地短路电流；I''_{k2} 是初始相对相短路电流；I''_{k2Ea}，I''_{k2Eb} 分别是由 a 或 b 相向地流动的初始相对相短路电流；I''_{kE2E} 是流入地面的初始相短路电流；I''_{k3} 是初始三相短路电流。

注：必须区分短路位置的短路电流和网络任意点支路上的部分短路电流。

5.1.2　短路的后果

其后果取决于故障的类型和持续时间、发生故障的安装点和短路功率。根据 Schneider Electric 的工作[2]，结果包括：

1）在故障位置，电弧的存在，导致：绝缘损坏；导线焊接；火灾和生命危险；

2）关于故障电路：电动力造成：母线变形，电缆断开；过高的温升是由于焦耳损失增加，有损坏绝缘的危险；

3）在网络或网络附近的其他电路上：在清除故障所需的时间内，电压下降从几毫秒到几百毫秒不等；网络的一部分闭锁，该部分的闭锁程度取决于网络的设计和保护装置所提供的区分程度；动态不稳定/或电机失去同步；控制/监测电路中的干扰等等。

由于这些异常连接的后果，电力系统阻抗（或导纳）网络的结构突然发生变化，导致异常电流通过短路的事故连接处和不同的电力系统部分。这种电流称为短路电流[3]。

通常，在电力系统的各个部件中流动的最大电流是短路电流。这些电流，可能达到很高的值，对系统的不同组成部分（即不仅是那些直接涉及到故障）和系统本身的运行，具有特别不利的影响。在这些影响中，主要的影响（这解释了为什么应该知道短路电流）如下：

1）热效应，即由于焦耳效应增加损耗而提高导体的温度，这种效应明显取决于电流的强度和持续时间。

2）同一部件（线路、变压器、电动机、发电机）之间的电动力学应力也取决于它们的间距。

3）电网上潮流的变化，以及交流发电机产生的功率的变化，危害了系统的稳定性。实际上，短路意味着大扰动，这可能会导致一个或多个发电机失步脱网，并使电网分离为多个部分，以至于无法完全提供各部分负载需要的功率。

5.2　短路电流特征

如前文 2.1.3.7 节所示。短路电流包含次暂态、暂态电流和稳态电流。当故障发生在电压过零时（见图 2.18a），暂态过程中短路电流出现最大值，最小值发生在电压峰值时，在此情况下出现非周期分量消失。

在网络的三个阶段，短路电流的暂态和次暂态周期是不完全相同的。然而，三相稳定的短路电流在所有三个阶段的有效值是相同的。

短路电流的完整计算应该给出短路位置从短路起始到短路结束端的电流随时间的变化，对应于短路起始电压的瞬时值[1]。

如果三相发电机短路，直接或通过系统阻抗，这将导致通常以较高的峰值开始，但根据时间常数衰减到稳定值的短路。显示这一过程的曲线如图5.2a、b所示。

短路电流存在的暂态条件因故障位置与发电机之间的距离不同而不同。这种距离不一定是物理上的，但意味着发电机阻抗小于发电机与故障位置之间的连接阻抗[2]。

1）远离发电机的短路。短路期间，预期（可用）短路电流的对称交流分量基本上保持不变。

2）近发电机短路。短路至少有一个同步机提供初始对称的短路电流，超过机器额定电流的两倍与之同步或同步的短路异步电机的贡献超过没有电机的初始对称的 5%短路电流（I_k''）。

在远离发电机短路的情况下（见图5.2a），短路电流可视为两个分量之和：

1）在整个短路过程中具有恒定幅值的交流分量。

2）以初始值 A 衰减为零开始的非周期直流分量。

在接近发电机短路的情况下（见图5.2b），短路电流可视为下列两个分量的总和：

1）短路时振幅衰减的交流分量。

2）以初始值 A 衰减为零开始的非周期直流分量。

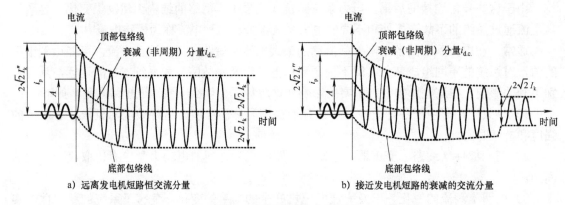

a）远离发电机短路恒交流分量　　　b）接近发电机短路的衰减的交流分量

图5.2　短路电流的典型波形

在实际应用中，下列具体数据引起了人们的极大兴趣：

1）初始短路电流 I_k''，是交流对称分量的有效值。用于计算峰值不对称短路电流 i_p 以及断路电流和容量。

2）峰值不对称短路电流 i_p 是该电流在初始短路条件下的最大瞬时值，并表示为峰值。除了交流分量外，它包括直流分量 $i_{d.c.}$，它发生在突然的短路过程中。i_p 值决定安装部件的动态应力以及开关设备所承载的载荷。

3）断路电流 I_b 是断路器触点分离瞬间短路电流交流分量的有效值；

4）作为初始对称短路功率 S_k''。虚拟值定义为初始短路电流 I_k'' 和额定系统电压

$$U_r　（S_k'' = \sqrt{3}U_rI_k''）。$$

5）短路电流的直流分量 $i_{d.c.}$ 及其初始值 A。

6) 稳态短路电流 I_k 是对称电流的有效值，在瞬态现象衰退之后仍然存在。它被引用为有效的值。

在大多数实际情况下，这样的决定是不必要的。根据结果的应用，了解对称交流分量和峰值 i_p 的方均根值是很有意义的。短路发生后短路电流的最高值 i_p 取决于衰减非周期分量的时间常数和频率 f，即短路阻抗的比率 R/X 或 X/R，即短路阻抗 $\dot{Z}_k$。如果短路从零电压开始，目前的 i_p 还取决于短路电流对称交流分量的衰减（见 5.4.2 节）。

在网状网络中，有几个直流时间常数。这就是为什么可以给出一个计算 i_p 和 $i_{d.c}$ 的简单方法的原因。具有充分精确性的 i_p 计算的特殊方法在标准 IEC 60909[1] 中给出了。在接近发电机端短路的情况下（见图 5.2b），发电机主阻抗的变化，会抑制短路电流。

由于短路引起的电源电压（电动势）的变化，使暂态电流发展条件变得复杂。为了简单起见，电动势假定为常数，机器的内部电抗是可变的[2]。

电抗的发展变化分为三个阶段：

1) 次暂态（故障的前 10~20ms）。

2) 暂态（高达 500ms）。

3) 稳态（或同步电抗）。

请注意，按所指示的顺序，电抗在每个阶段都得到一个较高的值，即次暂态电抗小于暂态电抗，其本身小于稳态电抗。三个电抗的连续效应导致短路电流逐渐减小，这是四个元件的总和（见图 5.3）：

1) 三种交替分量（次暂态、暂态和稳态）。

2) 由于电路中电流（电感）的发展变化而产生的非周期部分。

请注意，发电机电抗的下降速度快于非周期分量。这是一种罕见的情况，它会导致磁路饱和中断问题。因为发生在电流通过零的几个周期之前。

实际上，有关短路发展变化的信息并不重要：

1) 在低压电压装置中，当确定保护装置的断路容量和电动力时，由于断路器的速度，表示 I_k'' 的次暂态短路电流和最大不对称峰值 i_p 的值是足够的。

2) 然而，在低压配电和高压应用中，如果在稳态阶段之前发生断电，则通常使用暂态短路电流，在这种情况下，使用它变得很有用。I_b 表示短路断路电流，它决定了延时断路器的断路能力。I_b 是短路电流在有效中断下相互作用的瞬间值。也就是在短路后的时间 t 之后，其中 $t = t_{min}$。时间 t_{min}（最小时间延迟）是保护的最小工作

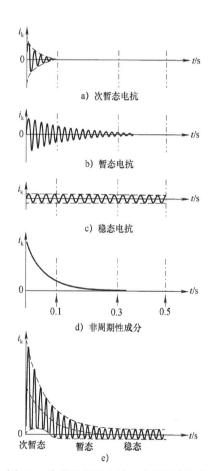

图 5.3 完整的短路电流 i_k 和其组成部分

时间总和，是继电器及相关断路器的最短开启时间，即从短路电流的出现到开关装置上极触点的初始分离之间的最短时间。

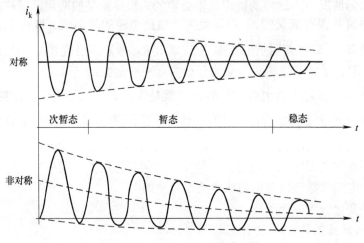

图 5.4　近发电机端短路电流[2]

图 5.4 显示了上面定义的短路的各种电流。在计算发电站单元和电动机（接近发电机/或接近电动机短路）供电系统中的短路电流时，我们不仅要了解初始短路电流 I_k'' 和峰值短路电流 i_p，还要了解对称短路开断电流 I_b 和稳态状态短路电流 I_k。在这种情况下，对称的短路开断电流 I_b 小于初始短路电流 I_k''。正常情况下，稳态短路电流 I_k 小于对称的短路开断电流 I_b。

对于初始短路电流 I_k''，对称短路开断电流 I_b 和短路位置的稳态短路电流 I_k 计算，可以通过网络还原将系统转换为从短路位置看到的等效短路阻抗 $\dot{Z}_k$。 这个程序在计算峰值短路电流 i^p 时不被允许；在这种情况下，有必要区分有和没有并行分支的网络。

当使用熔断器或限流断路器保护变电站时，首先要计算初始短路电流，就好像这些装置是不可用的。从计算了初始短路电流和熔断器或限流断路器的特性曲线，确定截止电流，即下游变电站的峰值短路电流。

5.3　短路电流计算方法

5.3.1　基本假设

为了简化短路电流计算，需要进行许多假设。这些假设对计算有效，便于理解物理现象，通常提供良好的近似，从而有助于短路电流计算。然而，它们仍保持完全可接受水平的准确性。

IEC 60909 适用于短路电流的计算[1]。

1）低压三相交流系统；

2）高压三相交流系统；

最高 550kV 及以上有长输电线路的系统需要特别考虑。

所使用的假设如下[1,2]：

1）在三相短路期间，短路电流，假定同时发生在所有三个阶段。

2）在短路过程中，所涉及的相位数不变，即三相故障仍为三相故障，而相对地故障仍为相对地故障。

3）在整个短路期间，电流流动和短路阻抗有关的电压没有明显的变化。

4）假定变压器调整器或抽头开关设置为中等位置（如果短路发生在远离发电机的地方，不考虑变压器调节器或抽头开关的实际位置）。

5）不考虑电弧电阻。

6）所有的线路电容都被忽略了。

7）负荷电流被忽略。

8）所有的零序都被考虑在内。

在计算不同电压水平的系统短路电流时，必须将阻抗值从一个电压水平转换到另一个电压水平，通常是那个要计算短路电流的电压水平。对于标幺制或其他类似的单元系统，如果这些系统是连贯的，那么就不需要进行转换，即对于系统中具有部分短路电流的每个变压器，$U_{rTHV}/U_{rTLV} = U_{nHV}/U_{nLV}$。$U_{rTHV}/U_{rTLV}$⊖通常不等于 U_{nHV}/U_{nLV}⊖[1]。

1）U_{rTHV} 和 U_{rTLV} 是变压器在高压或低压侧的额定电压；

2）U_{nTHV} 和 U_{nTLV} 是变压器在高压或低压侧的额定系统电压。

叠加或从属网络中设备的阻抗应除以或乘以额定转换比 N_r。电压和电流按额定转换比 N_r 转换。

5.3.2　等效电压源法

计算短路电流的一种方法是假设引入等效电路短路位置的电压源。等效电压源是唯一有效的电压源系统电压。所有网络馈线，同步和异步电机都是由内部阻抗代替。

在所有情况下，都可以用等效电压源确定短路位置 F 处的短路电流。运行数据和使用的负载，变压器的换向器位置，发电机的励磁等是不可缺少的；对短路瞬间，所有可能的潮流的额外计算都是多余的。

图 5.5 显示了短路时等效电压源的示例。电路位置 F 是由没有或带有载分接开关的变压器供电的系统的唯一有效电压。假设系统中的所有其他有效电压都是零。

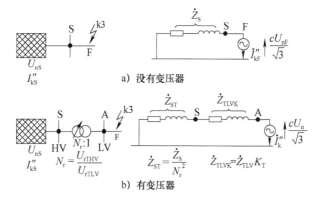

图 5.5　用于网络馈线的系统图和设备电路（来自 IEC60909[1]，已获许可）

⊖ U_r 表示额定相电压。

⊖ 正常系统电压（U_n）（相对相）是指定系统在某运行特性下的电压。

1）如果三相短路来自只知道馈线连接点 S 处初始短路电流 I''_{kS} 的网络（见图 5.5a），则等效冲击馈线连接点 S 处网络的 $\dot{Z}_S$（正序短路阻抗）应确定为

$$Z_S = \frac{cU_{nS}}{\sqrt{3}I''_{kS}} \tag{5.1}$$

如果已知 R_S / X_S，则 X_S 由下式确定：

$$X_S = \frac{Z_S}{\sqrt{1+(R_S/X_S)^2}} \tag{5.2}$$

2）如果短路由变压器（见图 5.5b）从中高压网络供电，其中仅在馈线连接点 S 处的初始短路电流 I''_{kS}。已知，则参考变压器低压侧的正序等效短路阻抗 Z_{ST} 将由下式确定：

$$Z_{ST} = \frac{cU_{nS}}{\sqrt{3}I''_{kS}} \cdot \frac{1}{N_r^2} \tag{5.3}$$

式中，U_{nS} 是馈线连接点 S 处的标称系统电压；I''_{kS} 是馈线连接点 S 处的初始短路电流；c 是电压 U_{nS} 的电压因数（见表 5.1）；N_r 是有载分接开关处于主位置的额定转换比。

3）对于标称电压高于 35kV 的高压馈线，由架空线路供电（见图 5.6），在许多情况下，等效阻抗 $\dot{Z}_S$ 可视为电抗，即 $\dot{Z}_S \approx jX_S$。在其他情况下，如果不知道网络馈线电阻 R_S 的准确值，我们用 $R_S = 0.1X_S$，其中，$X_S = 0.995Z_S$。

表 5.1 电压因数 c（来自 IEC60909-0[1]）

标称电压 U_n	计算时的电压因数 c	
	最大短路电流 c_{max}①	最小短路电流 c_{min}
低压：	1.05②	0.95
100～1000V	1.10③	
中压：1～35kV	1.10	1.00
高压④：>35kV		

① $c_{max}U_n$ 不应超过电力系统设备的最高电压 U_n。

② 对于低压系统耐受性为 6%，例如，系统从 380V 重定义为 400V。

③ 对于低压系统耐受性为 10%。

④ 如果没有定义标称电压，应该应用 $c_{max}U_n = U_m$ 或 $c_{min}U_n = 0.9U_m$。

变压器高压侧的初始短路电流 I''_{kSmax} 和 I''_{kSmin} 应由供电公司提供，或根据 IEC60909 标准进行充分计算。

在计算短路电流时不考虑并联导纳（例如线路电容和无源负载）（见图 5.6b）。

注：如果没有国家标准，根据表 5.1 选择电压系数 c 似乎就足够了，考虑到正常系统的最高平均电压没有差别，大约标称系统电压 U_n[1]5%以上（一些低压系统）或 10%（一些高压系统）以上。

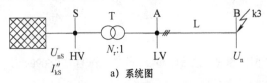

a) 系统图

图 5.6 根据等效电压源的步骤计算初始短路电流 $\dot{I}''_{kS}$

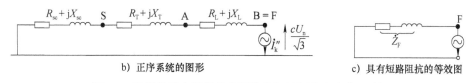

b）正序系统的图形　　　　　　　　　c）具有短路阻抗的等效图

图 5.6　根据等效电压源的步骤计算初始短路电流 i_{kS}''（续）

5.3.3　对称分量法

5.3.3.1　概述

在电力系统中，大多数故障不是对称的三相短路，而是发生在单相与地之间，或较少发生在两相之间的故障。它们也可能接触地面。此外，通常有一个有限的故障阻抗，而不是短路。因此，现在必须解决三相不平衡电路，而不是通过计算三相之一的电流来解决完全平衡的三相电路。这可以通过使用不平衡电流或电压系统的对称分量来实现[4]。

1918 年，美国电气工程师协会的一次会议上，C.L.Fortescue 讨论了处理不平衡多相电路的最有力工具之一[5]。对称分量方法可应用于包含任意数目相的任何多相系统，但三相系统是这里唯一感兴趣的系统。

根据 Fortescue 定理，三相系统的三个不平衡相位可分解为三个虚拟的相量平衡系统，称为原始系统的对称分量（见图 5.7）。

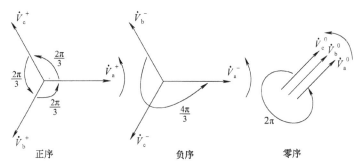

正序　　　　　　　　　　负序　　　　　　　　　　零序

图 5.7　构成不平衡相量的三组三相对称分量表示

三个平衡的阶段如下[6]：

1）由三个分量（电压或电流）相等的正序系统，彼此相移 $2\pi/3$，相位序与原相 a、b、c 相同。由 $\dot{I}_a^+$、$\dot{I}_b^+$、$\dot{I}_c^+$ 或 $\dot{V}_a^+$、$\dot{V}_b^+$、$\dot{V}_c^+$ 表示。

2）由三个分量（电压或电流）相等的负序系统，相移 $2\pi/3$，相位序与原相 a、b、c 相反。由 $\dot{I}_a^-$、$\dot{I}_b^-$、$\dot{I}_c^-$ 或 $\dot{V}_a^-$、$\dot{V}_b^-$、$\dot{V}_c^-$ 表示。

3）一个零序系统，由三个分量（电压或电流）组成，大小相等，相移为零，由 $\dot{I}_a^0$、$\dot{I}_b^0$、$\dot{I}_c^0$ 或 $\dot{V}_a^0$、$\dot{V}_b^0$、$\dot{V}_c^0$ 表示。

为了表示 $2\pi/3$ 在正序和负序系统各分量之间的相移，使用 a 表示的旋转算子是方便的。这种方式叫沿三角方向旋转 $2\pi/3$。它是一个单位幅值的复数，其角度为 $2\pi/3$，定义如下：

$$a = 1\angle 2\pi/3 = 1 \cdot {}^{\mathrm{ej}2\pi/3} = -\frac{1}{2} + j\frac{\sqrt{3}}{2}$$

如果运算符 a 被应用于连续两次旋转相量，则相量被旋转 $2\times2\pi/3$，相当于 $-2\pi/3$，以及

$$a^2 = 1\angle 4\pi/3 = -\frac{1}{2} - j\sqrt{\frac{3}{2}}$$

a 的三次连续应用将相量旋转 2π，从而

$$a^3 = 1\angle 2\pi = 1\angle 0° = 1$$

因此

$$1 + a + a^2 = 0$$

5.3.3.2 不对称相量的对称分量

由于每个原始不对称相量都是其分量之和，所以原始相量用它们的分量表示为[6]。

$$\dot{V}_a = \dot{V}_a^0 + \dot{V}_a^+ + \dot{V}_a^- \tag{5.4a}$$
$$\dot{V}_b = \dot{V}_b^0 + \dot{V}_b^+ + \dot{V}_b^- \tag{5.4b}$$
$$\dot{V}_c = \dot{V}_c^0 + \dot{V}_c^+ + \dot{V}_c^- \tag{5.4c}$$

为了将三个不对称相量（$\dot{V}_a$，$\dot{V}_b$，$\dot{V}_c$）分解为它们的对称分量，我们用 a 和 $\dot{V}_a$ 的组合表示 $\dot{V}_b$ 和 $\dot{V}_c$ 的每个分量，以减少未知量的数目。

通过图 5.7 的得出下列等式：

$$
\begin{array}{lll}
\dot{V}_a^0 = \dot{V}_a^0 & \dot{V}_a^+ = \dot{V}^+ & \dot{V}_a^- = \dot{V}^- \\
\dot{V}_b^0 = \dot{V}^0 & \dot{V}_b^+ = a^2\dot{V} & \dot{V}_b^- = a\dot{V} \\
\dot{V}_c^0 = \dot{V}^0 & \dot{V}_c^+ = a\dot{V}^+ & \dot{V}_c^- = a^2\dot{V}^-
\end{array}
\tag{5.5}
$$

将方程（5.5）代入方程（5.4）：

$$\dot{V}_a = \dot{V}^0 + \dot{V}^+ + \dot{V}^- \tag{5.6a}$$
$$\dot{V}_b^0 = \dot{V}^0 + a^2\dot{V}^+ + a\dot{V}^- \tag{5.6b}$$
$$\dot{V}_c^0 = \dot{V}^0 + a\dot{V}^+ + a^2\dot{V}^- \tag{5.6c}$$

或表示为矩阵形式

$$
\begin{bmatrix} \dot{V}_a \\ \dot{V}_b \\ \dot{V}_c \end{bmatrix} =
\begin{bmatrix} 1 & 1 & 1 \\ 1 & a^2 & a \\ 1 & a & a^2 \end{bmatrix}
\begin{bmatrix} \dot{V}^0 \\ \dot{V}^+ \\ \dot{V}^- \end{bmatrix}
\tag{5.7}
$$

图 5.8 显示了相位电压 $\dot{V}_a$、$\dot{V}_b$ 和 $\dot{V}_c$ 的结构，根据方程（5.5）和方程（5.6），用序分量 $\dot{V}^0$、$\dot{V}^+$ 和 $\dot{V}^-$ 表示。

$$
[\boldsymbol{T}] =
\begin{bmatrix} 1 & 1 & 1 \\ 1 & a^2 & a \\ 1 & a & a^2 \end{bmatrix}
\tag{5.8}
$$

具有常数（复数或实数）和独立时间系数的矩阵，它允许以对称分量形式表达不对称相量。以这种方式，每个不对称相位分量（电流或电压）可以表示为线性的正序、负序和零序组分的组合。

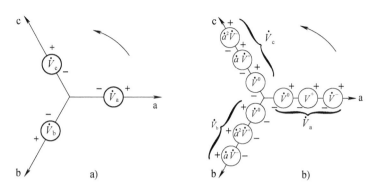

图 5.8　用序分量表示电压相量

因此，方程（5.7）可以写成如下形式：

$$[V_{abc}] = [T][V^{0+-}] \qquad (5.7a)$$

对称分量也可以用不对称分量来表示。可以很容易地证实

$$[T]^{-1} = \frac{1}{3}\begin{bmatrix} 1 & 1 & 1 \\ 1 & a & a^2 \\ 1 & a^2 & a \end{bmatrix} \qquad (5.8a)$$

将方程（5.7）的两边乘以 $[T]^{-1}$，得到

$$\begin{bmatrix} \dot{V}^0 \\ \dot{V}^+ \\ \dot{V}^- \end{bmatrix} = \frac{1}{3}\begin{bmatrix} 1 & 1 & 1 \\ 1 & a^2 & a \\ 1 & a & a^2 \end{bmatrix}\begin{bmatrix} \dot{V}_a \\ \dot{V}_b \\ \dot{V}_c \end{bmatrix} \qquad (5.9)$$

这个矩阵方程可以用普通的方式写成单独的方程：

$$\dot{V}^0 = \frac{1}{3}(\dot{V}_a + \dot{V}_b + \dot{V}_c) \qquad (5.10a)$$

$$\dot{V}^+ = \frac{1}{3}(\dot{V}_a + a\dot{V}_b + a^2\dot{V}_c) \qquad (5.10b)$$

$$\dot{V}^- = \frac{1}{3}(\dot{V}_a + a^2\dot{V}_b + a\dot{V}_c) \qquad (5.10c)$$

序分量 $\dot{V}_b^0$、$\dot{V}_b^+$、$\dot{V}_b^-$、$\dot{V}_c^0$、$\dot{V}_c^+$、$\dot{V}_c^-$，来自方程（5.5）。

方程（5.10a）表明，当不对称相量之和为零时，不存在零序分量。在完全对称和平衡的三相系统中，电压相量之和总零，并且不包含零序成分[6]。

类似于电压，电流相量可以用对称分量理论来解决。它们既可以用解析法表示，也可以用图形表示。因此相电流可以通过序分量和旋转算子表示为

$$\dot{I}_a = \dot{I}^0 + \dot{I}^+ + \dot{I}^- \qquad (5.11a)$$

$$\dot{I}_b = \dot{I}^0 + a^2\dot{I}^+ + a\dot{I}^- \qquad (5.11b)$$

$$\dot{I}_c = \dot{I}^0 + a\dot{I}^+ + a^2\dot{I}^- \qquad (5.11c)$$

或者

$$\dot{I}^0 = \frac{1}{3}(\dot{I}_{\mathrm{a}} + \dot{I}_{\mathrm{b}} + \dot{I}_{\mathrm{c}}) \tag{5.12a}$$

$$\dot{I}^+ = \frac{1}{3}(\dot{I}_{\mathrm{a}} + a\dot{I}_{\mathrm{b}} + a^2\dot{I}_{\mathrm{c}}) \tag{5.12b}$$

$$\dot{I}^- = \frac{1}{3}(\dot{I}_{\mathrm{a}} + a^2\dot{I}_{\mathrm{b}} + a\dot{I}_{\mathrm{c}}) \tag{5.12c}$$

如果将中性线加到三相系统中，则通过中性线返回的电流等于相电流之和，即

$$\dot{I}_{\mathrm{a}} + \dot{I}_{\mathrm{b}} + \dot{I}_{\mathrm{c}} = \dot{I}_{\mathrm{n}} \tag{5.13}$$

在式（5.12a）中代入式（5.13）得到：

$$\dot{I}_{\mathrm{n}} = 3\dot{I}^0$$

如果三相系统中不存在通过中性点的返回路径，则 $\dot{I}_{\mathrm{n}} = 0$，并且相位电流不包含零序分量。△联结的负载或变压器不提供返回路径。因此相电流不能包含零序分量。

去耦合序阻抗。 三相电力线上的电压和电流之间的关系可以写成[7,13]。

$$[\dot{V}_{\mathrm{abc}}] = [\dot{Z}_{\mathrm{abc}}][\dot{I}_{\mathrm{abc}}] \tag{5.14}$$

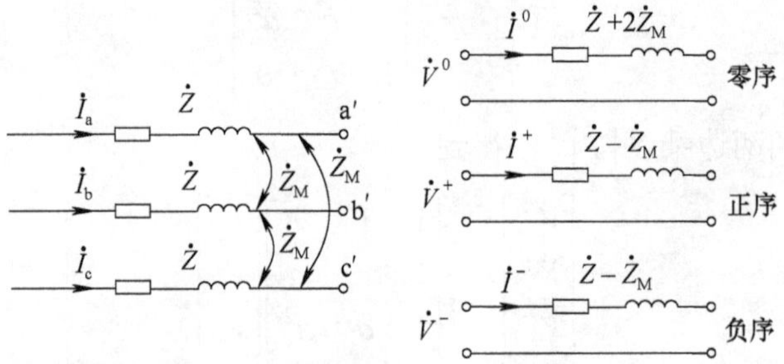

a) 具有相互耦合的相位分量模型   b) 序分量模型

图 5.9　电气线路的表示

$[\dot{Z}_{\mathrm{abc}}]$ 是直线的阻抗矩阵（见图 5.9a），如下所示：

$$[\dot{Z}_{\mathrm{abc}}] = \begin{bmatrix} \dot{Z}_{\mathrm{a}} & \dot{Z}_{\mathrm{ab}} & \dot{Z}_{\mathrm{ac}} \\ \dot{Z}_{\mathrm{ba}} & \dot{Z}_{\mathrm{b}} & \dot{Z}_{\mathrm{bc}} \\ \dot{Z}_{\mathrm{ca}} & \dot{Z}_{\mathrm{cb}} & \dot{Z}_{\mathrm{c}} \end{bmatrix} \tag{5.15}$$

其中，$\dot{Z}_{\mathrm{a}}$，$\dot{Z}_{\mathrm{b}}$ 和 $\dot{Z}_{\mathrm{c}}$ 分别是 a、b 和 c 相的自阻抗，而 $\dot{Z}_{\mathrm{ab}} = \dot{Z}_{\mathrm{ba}}$，$\dot{Z}_{\mathrm{ac}} = \dot{Z}_{\mathrm{ca}}$ 和 $\dot{Z}_{\mathrm{bc}} = \dot{Z}_{\mathrm{cb}}$ 是相之间的相互阻抗。

假定三相线是完全对称的，则自阻抗相等，即 $\dot{Z}_{\mathrm{a}} = \dot{Z}_{\mathrm{b}} = \dot{Z}_{\mathrm{c}} = \dot{Z}$，它们之间的相互阻抗相等，等于 $\dot{Z}_{\mathrm{M}}$。在这些条件下，阻抗矩阵变成

$$[\boldsymbol{Z}'_{\mathrm{abc}}] = \begin{bmatrix} \dot{Z} & \dot{Z}_{\mathrm{M}} & \dot{Z}_{\mathrm{M}} \\ \dot{Z}_{\mathrm{M}} & \dot{Z} & \dot{Z}_{\mathrm{M}} \\ \dot{Z}_{\mathrm{M}} & \dot{Z}_{\mathrm{M}} & \dot{Z} \end{bmatrix} \tag{5.15a}$$

上面的矩阵现在是完全对称的。为了简化计算，可以利用对称分量理论对式（5.15）的

相位分量阻抗矩阵进行解耦。因此，通过适当的变换，并考虑到表达式 $1+a+a^2=0$，得到序分量阻抗矩阵[7]：

$$
[\dot{\boldsymbol{Z}}^{0+-}] = \frac{1}{3}\begin{bmatrix} 1 & 1 & 1 \\ 1 & a & a^2 \\ 1 & a^2 & a \end{bmatrix}\begin{bmatrix} \dot{Z} & \dot{Z}_{\mathrm{M}} & \dot{Z}_{\mathrm{M}} \\ \dot{Z}_{\mathrm{M}} & \dot{Z} & \dot{Z}_{\mathrm{M}} \\ \dot{Z}_{\mathrm{M}} & \dot{Z}_{\mathrm{M}} & \dot{Z} \end{bmatrix}\begin{bmatrix} 1 & 1 & 1 \\ 1 & a^2 & a \\ 1 & a & a^2 \end{bmatrix} =
$$
$$
\begin{bmatrix} \dot{Z}+2\dot{Z}_{\mathrm{M}} & 0 & 0 \\ 0 & \dot{Z}-\dot{Z}_{\mathrm{M}} & 0 \\ 0 & 0 & \dot{Z}-\dot{Z}_{\mathrm{M}} \end{bmatrix}
\tag{5.16}
$$

因此，序分量阻抗矩阵是对角的，非对角线项等于零，从而使序分量解耦。图 5.9a 显示了三相组件中电线的表示。图 5.9b 说明了三个序网络，它们之间没有耦合。

假设原三相系统在不对称的情况下，即阻抗 $\dot{Z}_{\mathrm{a}}$、$\dot{Z}_{\mathrm{b}}$ 和 $\dot{Z}_{\mathrm{c}}$ 不相等，忽略了相位间的相互阻抗，阻抗矩阵（5.15）变成[7]。

$$
[\boldsymbol{Z}''_{\mathrm{abc}}] = \begin{bmatrix} \dot{Z}_{\mathrm{a}} & & \\ & \dot{Z}_{\mathrm{b}} & \\ & & \dot{Z}_{\mathrm{c}} \end{bmatrix}
\tag{5.17}
$$

在这些条件下，将序组件转换为：

$$
[\dot{\boldsymbol{Z}}^{0+-}] = \frac{1}{3}\begin{bmatrix} 1 & 1 & 1 \\ 1 & a & a^2 \\ 1 & a^2 & a \end{bmatrix}\begin{bmatrix} \dot{Z}_{\mathrm{a}} & & \\ & \dot{Z}_{\mathrm{b}} & \\ & & \dot{Z}_{\mathrm{c}} \end{bmatrix}\begin{bmatrix} 1 & 1 & 1 \\ 1 & a^2 & a \\ 1 & a & a^2 \end{bmatrix} =
$$
$$
\frac{1}{3}\begin{bmatrix} \dot{Z}_{\mathrm{a}}+\dot{Z}_{\mathrm{b}}+\dot{Z}_{\mathrm{c}} & \dot{Z}_{\mathrm{a}}+a^2\dot{Z}_{\mathrm{b}}+a\dot{Z}_{\mathrm{c}} & \dot{Z}_{\mathrm{a}}+a\dot{Z}_{\mathrm{b}}+a^2\dot{Z}_{\mathrm{c}} \\ \dot{Z}_{\mathrm{a}}+a\dot{Z}_{\mathrm{b}}+a^2\dot{Z}_{\mathrm{c}} & \dot{Z}_{\mathrm{a}}+\dot{Z}_{\mathrm{b}}+\dot{Z}_{\mathrm{c}} & \dot{Z}_{\mathrm{a}}+a^2\dot{Z}_{\mathrm{b}}+a\dot{Z}_{\mathrm{c}} \\ \dot{Z}_{\mathrm{a}}+a^2\dot{Z}_{\mathrm{b}}+a\dot{Z}_{\mathrm{c}} & \dot{Z}_{\mathrm{a}}+a\dot{Z}_{\mathrm{b}}+a^2\dot{Z}_{\mathrm{c}} & \dot{Z}_{\mathrm{a}}+\dot{Z}_{\mathrm{b}}+\dot{Z}_{\mathrm{c}} \end{bmatrix}
\tag{5.18}
$$

结果表明，在三相系统结构不对称的情况下，序矩阵不能解耦。由于网络不对称，三相上的电流不平衡。一般情况下，这种不对称程度很小，因此在实际计算中，原三相系统被认为是对称的。当电力系统发生故障时，对于对称故障，网络阻抗不再相等，电压和电流不平衡，最大不平衡发生在故障点[7]。

对称电压的特性。 考虑到图 5.7 和图 5.8 中的表示，序电压的特点如下[7]：

1）相量 $\dot{V}^0$ 被称为零序电压分量，在所有相（a、b、c）中大小相等，并且是同相的，即所有分量是共同变化的。

2）相量 $\dot{V}^+$ 被称为正序电压分量，在所有相位中都是相等的，并且形成一个与原三相系统相同的系统，即 b 相滞后 a 相 $2\pi/3$，c 相滞后 b 相，a 相滞后 c 相，正序也称为 abc 序。

3）相量 $\dot{V}^-$ 被称为负序电压分量，在每个相位中大小相等，并且偏移 $2\pi/3$；电压序相对于正序电压不同。即 b 相超前于 a 相，而 c 相滞后于 a 相；因此是 acba 的顺序。

4）电压分量的顺序对应于每个电压达到最大值的顺序；相量的旋转对所有三组序都是逆时针方向，如原始假设不平衡相量（见图 5.7）。

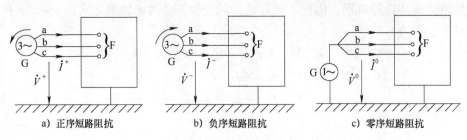

| a) 正序短路阻抗 | b) 负序短路阻抗 | c) 零序短路阻抗 |

图 5.10 三相交流系统表示短路电路中短路阻抗 F 的计算

这些序电流通过相应的序阻抗（$\dot{Z}^+$、$\dot{Z}^-$ 和 $\dot{Z}^0$）与序电压相关。

出于标准 IEC 60909 的目的，必须区分短路位置 F 处的短路阻抗和各自独立的电气设备的短路阻抗[1]。

1）当将正序电压对称系统应用于短路时，将所有的同步异步电机使用内部阻抗等效，即可得到短路位置 F 处的正序短路阻抗 $\dot{Z}^+$（见图 5.10a）：

$$\dot{Z}^+ = \frac{\dot{V}^+}{\dot{I}^+} \tag{5.19a}$$

2）当将负序相序电压对称系统应用于短路时，得到了短路位置 F 处的负序短路阻抗 $\dot{Z}^-$（见图 5.10b）：

$$\dot{Z}^- = \frac{\dot{V}^-}{\dot{I}^-} \tag{5.19b}$$

注：只有在旋转机械的情况下，$\dot{Z}^+$ 和 $\dot{Z}^-$ 阻抗的值有所区别。当计算远离发电机的短路时，一般允许采用 $\dot{Z}^+ = \dot{Z}^-$。

3）当三个短路相位导线和接头回路（如接地系统、中性导线、接地线、电缆护套、电缆铠装）之间施加交流电压时，在短路位置 F 处得到零序短路阻抗 $\dot{Z}^0$（见图 5.10c）：

$$\dot{Z}^0 = \frac{\dot{V}^0}{\dot{I}^0} \tag{5.19c}$$

注：低压电网架空线路和电缆的电容可忽略不计。

5.3.3.3　网络组件的序阻抗

解耦序阻抗，如方程（5.16）所示，使构造独立的序网络成为可能。序网络是单相等效电路，由序阻抗和最终的电压源组成。由序电流通过相应的序网络所引起的电压降，取决于该网络的等效阻抗[6]。不同序网络间阻抗可能会有所不同。阻抗的值取决于所分析的电气部分的设备类型，如输电线路、变压器、发电机等。

对于非旋转设备，如变压器，负序阻抗等于正序阻抗，而在设备旋转情况下，两个阻抗是不同的。一般来说，对于所有类型的设备，零序阻抗不同于正负序阻抗（见表 5.3）。使用任一设备数据计算序阻抗来自制造商或估计数据[7]。

1）序网络的构造定义了三种类型的序网络：正序、负序和零序。序网络是从故障或不平衡的角度来设计的，分别用 F，或 F^+、F^- 和 F^0 表示[7]。序电压从故障点到中性点，分别以 N 或 N^+、N^- 和 N^0 作为每个序网络的标号（见图 5.11）。每个网络都是以偶极子的形式设计的，序电流通过偶极子。

施加在网络终端上的电压被看作是相到中性线的电压。发电机的设计是为了提供平衡的电压。因此，感应电功势 E，仅在正序网络上表示。a 相电压作为参考电压，b 相和 c 相的电压用 a 相电压表示。序网络中电流的向外方向是正方向（见图 5.11）。只有当返回路径通过存在时，零序电流才会流过网络。

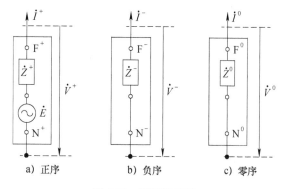

a）正序　　　b）负序　　　c）零序

图 5.11　序网络表示

承载序电流的序网络相互关联，以表示不平衡的故障条件[6]。

电压源 $\dot{E}$，即戴维南等值（见图 5.11a），仅在正序网络上表示。将电压基尔霍夫定律应用于每个序网络，我们可以得出：

$$\dot{V}^+ = \dot{E} - \dot{I}^+ \dot{Z}^+$$
$$\dot{V}^- = -\dot{I}^- \dot{Z}^-$$
$$\dot{V}^0 = -\dot{I}^0 \dot{Z}^0$$

（5.20）

或表示为矩阵形式

$$\begin{bmatrix} \dot{V}^0 \\ \dot{V}^+ \\ \dot{V}^- \end{bmatrix} = \begin{bmatrix} 0 \\ \dot{E} \\ 0 \end{bmatrix} - \begin{bmatrix} \dot{Z}^0 & 0 & 0 \\ 0 & \dot{Z}^+ & 0 \\ 0 & 0 & \dot{Z}^- \end{bmatrix} \begin{bmatrix} \dot{I}^0 \\ \dot{I}^+ \\ \dot{I}^- \end{bmatrix}$$

（5.21）

用方程（5.21）和描述故障位置条件的方程，根据 $\dot{E}$、$\dot{Z}^+$、$\dot{Z}^-$ 和 $\dot{Z}^0$ 推导出每种故障类型的 $\dot{I}^+$。

2）线路的顺序阻抗

① 正序和负序阻抗。电气线路是无源的元件。假设线路的三相是对称的，则施加相位电压的顺序，即 abc（正序）或 acb（负序）对产生的电压降没有影响。因此，对称三相电线 a 的正负序阻抗是相同的。它们的数值等于用于稳态计算的线路阻抗[8]。请注意，对于无相位换位的长输电线，相位阻抗以及序阻抗可能略有不同值。

② 零序阻抗。电气线路的零序阻抗因正序和负序阻抗而不同，因为它也涉及到通过地面的路径，因此，它被认为是占地和保护线（s）阻抗。流经三相电力线相间的零序电流是相等的，并且是相同的。它们的总和通过通往/穿过地面的路径返回。由零序电流产生的磁场不同于正负序电流产生的磁场，相位移 $2\pi/3$，返回电流是零。零序电流的结果是零序电抗比正序电抗大几倍，大约是一个常数[9]：

1）单线架空线，无接地线或钢接地线——3.5。

2）带铜或铝接地线的单回路架空线——2。

3）双回路架空线路，无接地线或钢制地线——5.5。

4）带铜或铝接地线的双回路架空线——3。

5）三相电缆——3～5。

6）单相电缆——1。

同样塔的并联电路之间的零序互阻抗，其至放置在同一条线路上的不同的塔上的零序相互阻抗也是一样重要的。由于接地阻抗取决于土壤类型，应作出简化假设。

3）变压器的顺序阻抗

① 正序阻抗和负序阻抗类似于传输线。变压器是无源元件，没有运动部件。假设变压器是对称的，则相序对绕组电抗没有影响。因此，正序网络和负序网络的等效电路和相关阻抗是相同的。对于故障分析，只考虑串联漏电阻抗。

② 零序阻抗、零序阻抗和等效电路取决于绕组接线、中性点接地方式等。

表 5.2 显示了用于不同绕组连接的双绕组和三绕组变压器的顺序电路。

表 5.2 不同联结方式变压器序等效电路

绕组联结方式	零序	正序或负序等效电路

（表中各单元格为变压器绕组联结方式示意图及其对应的零序、正序或负序等效电路图，涉及符号 $\dot{Z}_H^0$、$\dot{Z}_L^0$、$\dot{Z}_M^0$、$\dot{Z}_H$、$\dot{Z}_L$、$\dot{Z}_M$、$3Z_n$、Z_n、N^0、N^+ 或 N^-、Ref.、H、L、M 等。）

（续）

绕组联结方式	零序	正序或负序等效电路
（H—Y接地、M—△、L—△联结图）	$\dot{Z}_H^0$，$\dot{Z}_M^0$，$\dot{Z}_L^0$；→M，→L，N^0，Ref.	$\dot{Z}_H$，$\dot{Z}_M$，$\dot{Z}_L$；→M，L，N^+ 或 N^-，Ref.
（H—Y接地、M—Y接地、L—Y接地联结图）	H，$\dot{Z}_H^0$，$\dot{Z}_M^0$，$\dot{Z}_L^0$；→M，→L，N^0，Ref.	$\dot{Z}_H$，$\dot{Z}_M$，$\dot{Z}_L$；→M，L，N^+ 或 N^-，Ref.

接地阻抗在对称和平衡的条件下，变压器 Y 联结绕组的中性点既可以接地，也可以通过中性阻抗 $\dot{Z}_n$ 接地。中性点的电位为零，没有电流通过接地阻抗。但是，如果出现不对称或不平衡，则中性点的电位将不再是零，电流 $\dot{I}_n = 3\dot{I}^0$ 会流过阻抗 $\dot{Z}_n$，导致电压下降 $3\dot{Z}_n\dot{I}^0$，该电压被加到所有相对地电压中，从而增加到零序电压[10]。为了确定通过零序网络流动的零序电流 $\dot{I}^0$，必须在这个网络中加入一个阻抗 $3\dot{Z}_n$ 与变压器阻抗[9]串联。

让我们用 $\dot{Z}_T^0$ 将变压器阻抗定义为高（H）和低（L）电压绕组的连接电抗和电阻的每相的总和，即 $\dot{Z}_T^0 = \dot{Z}_H^0 + \dot{Z}_L^0$，它可能等于正序阻抗。如果 Y 联结的一次绕组的中性点通过阻抗 $\dot{Z}_n$ 接地，则从一次侧看到的总零序阻抗为 $\dot{Z}^0 + 3\dot{Z}_n$。由于△联结的绕组不提供零序电流在线路中流动的路径，从二次侧看到的阻抗是无限大的。

零序电流将流经变压器一侧的绕组，只有当回路中存在一个完整的电路时，才能进入连接线。另外，其他绕组中的相应电流的路径必须存在[11]。

在表 5.2 中提出的情况 1 下，在一次绕组侧，由 Y 联结的接地系统提供零序电流的返回路径，而在二次绕组端，一个闭合电路是由△联结提供的，用来平衡一次绕组中的电流。当然，没有零序电流会在连接到二次绕组的线路中流动。在零序网中，在△侧的线路和参考总线之间必须有一个开路。

如果一方的 Y 形绕组的中性点是不接地的，如表 5.2 中给出的情况 3 和情况 6，在零序网络中存在一个开路，在由变压器连接的系统的两个部分之间不存在零序电流。因此，从一次侧或二次侧看到的零序阻抗是无限大的。由于△联结不提供零序电流的返回路径，没有零序电流可以流入△-△网络中，如情况 4 所示，虽然它可以在△联结绕组内循环。具有中性点接地的 Y-Y 型变压器（情况 5）是一种零序电流可以在两个绕组中同时在变压器两侧流动的情况。在这种情况下，零序网络类似于正序网络。

表 5.2 中给出的情况 7-10 说明了三绕组的各序网络。三绕组的漏电抗和电阻的影响由 Y 联结的等效电路表示。这相当于一次侧、二次侧和三次侧终端的连接，参考总线（参考）取决于绕组的联结。

4）同步电机的序阻抗

正序阻抗。在第 2 章中讨论了适用于稳定性研究的正序网络中同步电机的详细表示形式。该表示形式也适用于整个研究期间的短路电流计算，包括次暂态、暂态和稳态条件。

图 5.12 说明了同步电机的简化正序网络。因此，在电机端子出现故障之后，电枢磁通

和电流发生变化。根据所关注的时间范围定义了三个正序电抗 X^+：次暂态、暂态和稳态。正序电阻 R^+ 是电枢电阻。

在电机对称构造的假设下，图 5.12 的顺序网络表示为单相电路。参考总线是发电机的零线。

忽略凸极效应，对于次暂态条件，正序电抗是：$X^+ = X_d''$；对于暂态条件 $X^+ = X_d'$；对于稳态条件，$X^+ = X_d$。

负序阻抗和零序阻抗由厂商指定，并由测试决定。

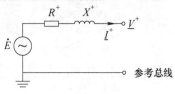

图 5.12 同步机的正序网络

同步电机的设计通常是产生正序电压和电流。当产生不平衡时，例如，由于发生在发电机附近的短路。对于单相负载或开路导体，在电枢绕组中流过负序电流，产生与转子绕组产生的正序磁场相反的磁场，并在与转子转速相关双同步转速下运行。因此，转子受到双频脉动[12]。负序电流的存在导致转子以热形式运行的损耗和微小的电枢损耗。负序电流产生的磁场交替穿过直轴和交轴，因此负序电抗为

$$X^- = X_d'' + X_q''/2$$

式中，X_d'' 和 X_q'' 是直轴和交轴的次暂态。

取决于阻尼绕组，负序电阻 R^- 大于正序电阻，因为在转子磁场和阻尼绕组中产生双频电流。

图 5.13 说明了适用于负序网络的同步电机的等效电路。没有电动势表示，因为同步电机只产生正序电压。等效电路的参考线是发电机的中性点。

当零序电流流过电枢时，其三相瞬时值相等，气隙磁通为零。因此，零序电抗近似等于漏抗。

三相和同步电机的中性点的零序电流的流动如图 5.14a 所示。零序等效电路如图 5.14b 所示。

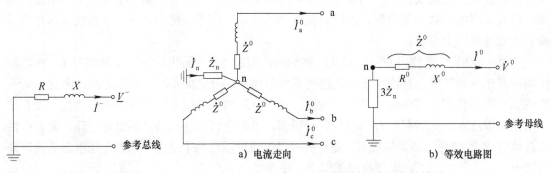

图 5.13 同步机的负序网络　　　　图 5.14 零序时同步机的结构图

零序电流流过三相并通过接地阻抗 Z_n 返回，故 $\dot{I}_n = \dot{I}_a^0 + \dot{I}_b^0 + \dot{I}_c^0 = 3\dot{I}_a^0$。这就是为什么在图 5.14b 所示的等效电路中引入了一个 $3\dot{Z}_n$。如果中性点与地面隔离，则 $Z_n = \infty$ 且 $\dot{I}_n = 0$。同步电机的接地阻抗不是正序或负序网络的一部分，因为无论是正序或负序电流都不能流过这个阻抗[6]。等效电路的参考总线是发电机的中性点接地。

因为一个三相系统的所有的中性点在通过平衡电流时具有相同的电势，当正序或负序电

流[9]流过时，所有的中性点都有相同的电势。

表 5.3 显示了电气网络中各种元件的零序特性。

表 5.3　电网中各元件的零序特性

元件	$\dot{Z}^0$
变压器（从二次绕组看去）	
无中性线	∞
Yyn 或 Zyn　自由通量	∞
强制通量	$(10\sim15)\,X^+$
Dyn 或 YNyn	X^+
D 或 Y+Zn	$(0.1\sim0.2)\,X^+$
电机	
同步	$\approx 0.5Z^+$
异步	≈ 0
电线	$\approx 3Z^+$

5.3.3.4　不对称故障计算

在 5.3.3.2 节和 5.3.3.3 节中，介绍了从故障点看电力系统元件特性的三个序网络的构造。对于非对称的故障电流计算，三个独立的网络可以以某种方式连接，这取决于故障的类型[7]。

以下情况下的故障可以定义，假设故障阻抗为零[12]：

1）单相接地（a 相接地）：

$$\dot{I}_b = 0$$
$$\dot{I}_c = 0 \tag{5.22}$$
$$\dot{V}_a = 0$$

2）b、c 两相短路：

$$\dot{I}_a = 0$$
$$\dot{I}_b = -\dot{I}_c \tag{5.23}$$
$$\dot{V}_b = \dot{V}_c$$

3）b、c 两相接地短路

$$\dot{I}_a = 0$$
$$\dot{V}_b = 0 \tag{5.24}$$
$$\dot{V}_c = 0$$

4）三相短路

$$\dot{I}_a + \dot{I}_b + \dot{I}_c = 0$$
$$\dot{V}_a = \dot{V}_b \tag{5.25}$$
$$\dot{V}_b = \dot{V}_c$$

5）单相开路（a 相开路）

$$\dot{I}_a = 0$$
$$\dot{V}_b = 0 \tag{5.26}$$
$$\dot{V}_c = 0$$

注意，从上面可以写出三个定义故障条件的方程。

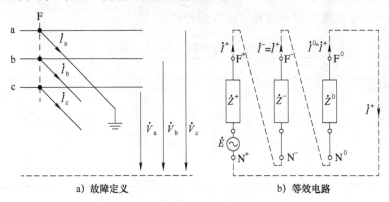

a) 故障定义　　　　　　　　　b) 等效电路

图 5.15　F 点单相接地故障

1）单相接地故障。考虑由式（5.22）定义，如图 5.15a 所示。
故障条件可由下式表述：

$$\dot{I}_b = 0 \qquad \dot{I}_c = 0 \qquad \dot{V}_a = 0$$

由于 $\dot{I}_b = 0, \dot{I}_c = 0$，电流的对称分量组成[见式（5.12a）、式（5.12b）、式（5.12c）]：

$$\begin{bmatrix} \dot{I}^0 \\ \dot{I}^+ \\ \dot{I}^- \end{bmatrix} = \frac{1}{3}\begin{bmatrix} 1 & 1 & 1 \\ 1 & a & a^2 \\ 1 & a^2 & a \end{bmatrix}\begin{bmatrix} \dot{I}_a \\ 0 \\ 0 \end{bmatrix} \tag{5.27}$$

所以，$\dot{I}^+$、$\dot{I}^-$ 和 $\dot{I}^0$ 都等于 $\dot{I}_a / 3$

$$\dot{I}^+ = \dot{I}^- = \dot{I}^0 = \frac{1}{3}\dot{I}_a \tag{5.28}$$

式（5.21）中 $\dot{I}^-$ 和 $\dot{I}^0$ 用 $\dot{I}^+$ 代替，我们可以得到：

$$\begin{bmatrix} \dot{V}^0 \\ \dot{V}^+ \\ \dot{V}^- \end{bmatrix} = \begin{bmatrix} 0 \\ \dot{E} \\ 0 \end{bmatrix} - \begin{bmatrix} \dot{Z}^0 & 0 & 0 \\ 0 & \dot{Z}^+ & 0 \\ 0 & 0 & \dot{Z}^- \end{bmatrix}\begin{bmatrix} \dot{I}^+ \\ \dot{I}^+ \\ \dot{I}^+ \end{bmatrix} \tag{5.29}$$

执行所指示的矩阵乘法和减法的等式为得到了两个列矩阵。两个列矩阵都乘以行矩阵[1 1 1]，给出

$$\dot{V}^0 + \dot{V}^+ + \dot{V}^- = -\dot{I}^-\dot{Z}^0 + \left(\dot{E} - \dot{I}^+\dot{Z}^+\right) - \dot{I}^+\dot{Z}^- \tag{5.30}$$

因为 $\dot{V}_a = \dot{V}^0 + \dot{V}^+ + \dot{V}^- = 0$，解出式（5.30），得到 $\dot{I}^+$：

$$\dot{I}^+ = \frac{\dot{E}}{\dot{Z}^+ + \dot{Z}^- + \dot{Z}^0} \tag{5.31}$$

方程（5.28）和方程（5.31）是一个单相接地故障的特殊方程。式（5.21）的使用和对称分量的关系，以确定故障时所有的电压和电流。

如果三个序网络串联连接（见图 5.15b），我们将看到由此产生的电流和电压满足上式，并且三个序阻抗与电压 E 串联。如此连接顺序网络，每个序网络上的电压就是该序电压 $\dot{E}$ 的对称分量。

如果发电机的中性点不接地，零序网络是开路的，$\dot{Z}$ 是无穷大的。因为方程（5.31）表明，当 $\dot{Z}^0$ 是无穷大时，$\dot{I}^+$ 为零，$\dot{I}^-$ 和 $\dot{I}^0$ 也必须为零。因此，由于 $\dot{I}_a$ 是其组成部分的和，所以在 a 相没有电流流过，所有这些都是零。

故障电流 $\dot{I}_a$ 为

$$\dot{I}_a = 3\dot{I}^0 = \frac{3\dot{E}}{\dot{Z}^+ + \dot{Z}^- + \dot{Z}^0} \tag{5.32}$$

故障条件下的 b 相电压为

$$\dot{V}_b = a^2\dot{V}^+ + a\dot{V}^- + \dot{V}^0 = \dot{V}_a \frac{\dot{Z}^-(a^2-a) + \dot{Z}^0(a^2-1)}{\dot{Z}^+ + \dot{Z}^- + \dot{Z}^0} \tag{5.33}$$

同样，可以计算 c 相的电压。

2）相相故障考虑由方程（5.23）和图 5.16 所定义的故障

故障条件由以下方程表示：

$$\dot{I}_a = 0 \qquad \dot{I}_b = -\dot{I}_c \qquad \dot{V}_b = \dot{V}_c$$

由于 $\dot{V}_b = \dot{V}_c$，从方程（5.9）的对称分量电压得出

$$\begin{bmatrix} \dot{V}^0 \\ \dot{V}^+ \\ \dot{V}^- \end{bmatrix} = \frac{1}{3} \begin{bmatrix} 1 & 1 & 1 \\ 1 & a & a^2 \\ 1 & a^2 & a \end{bmatrix} \begin{bmatrix} \dot{V}_a \\ \dot{V}_b \\ \dot{V}_b \end{bmatrix}$$

从此我们可以发现

$$\dot{V}^+ = \dot{V}^- \tag{5.34}$$

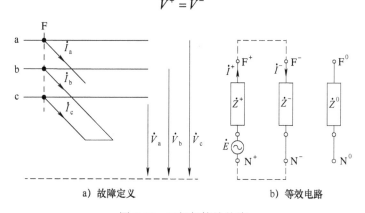

a）故障定义   b）等效电路

图 5.16 双相相接地故障

由于 $\dot{I}_b = -\dot{I}_c$ 和 $\dot{I}_a = 0$，根据电流的对称分量可得

$$\begin{bmatrix} \dot{I}^0 \\ \dot{I}^+ \\ \dot{I}^- \end{bmatrix} = \frac{1}{3} \begin{bmatrix} 1 & 1 & 1 \\ 1 & a & a^2 \\ 1 & a^2 & a \end{bmatrix} \begin{bmatrix} 0 \\ -\dot{I}_c \\ \dot{I}_c \end{bmatrix} = \frac{1}{3} \begin{bmatrix} 0 \\ -a+a^2 \\ a^2+a \end{bmatrix} [\dot{I}_c]$$

得

$$\dot{I}^0 = 0 \tag{5.35a}$$

$$\dot{I}^- = -\dot{I}^+ \tag{5.35b}$$

由于 $\dot{I}^0 = 0$

$$\dot{V}^0 = 0 \tag{5.36}$$

方程（5.29）可以用式（5.34）、式（5.35a）、式（5.35b）、式（5.36）代替得

$$\begin{bmatrix} 0 \\ \dot{V}^+ \\ \dot{V}^+ \end{bmatrix} = \begin{bmatrix} 0 \\ \dot{E} \\ 0 \end{bmatrix} - \begin{bmatrix} \dot{Z}^0 & 0 & 0 \\ 0 & \dot{Z}^+ & 0 \\ 0 & 0 & \dot{Z}^- \end{bmatrix} \begin{bmatrix} 0 \\ \dot{I}^+ \\ -\dot{I}^+ \end{bmatrix} \tag{5.37}$$

将矩阵进行乘法和减法的运算，得到了两个列矩阵。两个列矩阵都乘以行矩阵[1 1 −1]，得出

$$0 = \dot{E} - \dot{I}^+ \dot{Z}^+ - \dot{I}^+ \dot{Z}^-$$
$$\dot{E} = \dot{I}^+ (\dot{Z}^+ - \dot{Z}^-)$$

解出 $\dot{I}^+$

$$\dot{I}^+ = \frac{\dot{E}}{\dot{Z}^+ + \dot{Z}^-} \tag{5.38}$$

式（5.34）、式（5.35a）、式（5.35b）和式（5.38）是一个相相故障的特殊方程。它们使用方程（5.29）和对称分量关系，以确定所有的电压和电流的故障。由方程（5.11b）我们得出：

$$\dot{I}_b = a^2 \dot{I}^+ - a \dot{I}^+ = (a^2 - a) \dot{I}^+ = -j\sqrt{3}\dot{I}^+ \tag{5.39}$$

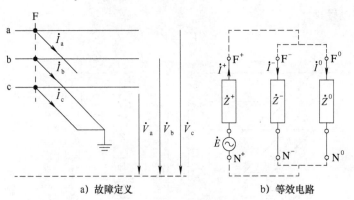

a) 故障定义   b) 等效电路

图 5.17　双相相接地故障

故障电流为

$$\dot{I}_b = -\dot{I}_c = \frac{-j\sqrt{3}\dot{E}}{\dot{Z}^+ + \dot{Z}^-} \tag{5.40}$$

式（5.35a）和式（5.34）所施加的约束表明，在等效电路中没有零序网络连接，正、负序网络是并联的。图 5.16b 显示了上述方程的等效电路。

3）单相接地故障。考虑由方程（5.24）和图 5.17 所定义的故障。

故障的条件由以下方程表示：

$$\dot{V}_b = 0 \qquad \dot{V}_c = 0 \qquad \dot{I}_a = 0$$

根据 $\dot{V}_b = 0$ 和 $\dot{V}_c = 0$，利用电压的对称分量得出

$$\begin{bmatrix} \dot{V}^0 \\ \dot{V}^+ \\ \dot{V}^- \end{bmatrix} = \frac{1}{3} \begin{bmatrix} 1 & 1 & 1 \\ 1 & a & a^2 \\ 1 & a^2 & a \end{bmatrix} \begin{bmatrix} \dot{V}_a \\ 0 \\ 0 \end{bmatrix}$$

所以 $\dot{V}^+$、$\dot{V}^-$ 和 $\dot{V}^0$ 都等于 $\dot{V}_a/3$，且

$$\dot{V}^+ = \dot{V}^- = \dot{V}^0 \tag{5.41}$$

用 $\dot{E} - \dot{I}^+ \dot{Z}^+$ 代替式（5.29）的 $\dot{V}^+$、$\dot{V}^-$ 和 $\dot{V}^0$，并两边同乘$[\boldsymbol{Z}]^{-1}$，其中

$$[\boldsymbol{Z}]^{-1} = \begin{bmatrix} \dot{Z}^0 & 0 & 0 \\ 0 & \dot{Z}^+ & 0 \\ 0 & 0 & \dot{Z}^- \end{bmatrix} = \begin{bmatrix} \dfrac{1}{\dot{Z}^0} & 0 & 0 \\ 0 & \dfrac{1}{\dot{Z}^+} & 0 \\ 0 & 0 & \dfrac{1}{\dot{Z}^-} \end{bmatrix}$$

得

$$\begin{bmatrix} \dfrac{1}{\dot{Z}^0} & 0 & 0 \\ 0 & \dfrac{1}{\dot{Z}^+} & 0 \\ 0 & 0 & \dfrac{1}{\dot{Z}^-} \end{bmatrix} \begin{bmatrix} \dot{E} - \dot{I}^+ \dot{Z}^+ \\ \dot{E} - \dot{I}^+ \dot{Z}^+ \\ \dot{E} - \dot{I}^+ \dot{Z}^+ \end{bmatrix} = \begin{bmatrix} \dfrac{1}{\dot{Z}^0} & 0 & 0 \\ 0 & \dfrac{1}{\dot{Z}^+} & 0 \\ 0 & 0 & \dfrac{1}{\dot{Z}^-} \end{bmatrix} \begin{bmatrix} 0 \\ \dot{E} \\ 0 \end{bmatrix} - \begin{bmatrix} \dot{I}^0 \\ \dot{I}^+ \\ \dot{I}^- \end{bmatrix} \tag{5.42}$$

式（5.42）两边同乘以矩阵[1 1 1]，考虑有 $\dot{I}^+ + \dot{I}^- + \dot{I}^0 = \dot{I}_a = 0$，我们可以得到

$$\frac{\dot{E}}{\dot{Z}^0} - \dot{I}^+ \frac{\dot{Z}^+}{\dot{Z}^0} + \frac{\dot{E}}{\dot{Z}^+} - \dot{I}^+ + \frac{\dot{E}}{\dot{Z}^-} - \dot{I}^+ \frac{\dot{Z}^+}{\dot{Z}^0} = \frac{\dot{E}}{\dot{Z}^+} \tag{5.43}$$

简化后我们得到

$$\dot{I}^+ \left(1 + \frac{\dot{Z}^+}{\dot{Z}^0} + \frac{\dot{Z}^+}{\dot{Z}^-}\right) = \frac{\dot{E}}{\dot{Z}^0} + \frac{\dot{E}}{\dot{Z}^-} = \frac{\dot{E}\left(\dot{Z}^- + \dot{Z}^0\right)}{\dot{Z}^- - \dot{Z}^0} \tag{5.44}$$

$$\dot{I}^+ = \frac{\dot{E}\left(\dot{Z}^- + \dot{Z}^0\right)}{\dot{Z}^+ \dot{Z}^- + \dot{Z}^+ \dot{Z}^0 + \dot{Z}^- \dot{Z}^0} = \frac{\dot{E}}{\dot{Z}^+ + \dot{Z}^- \dot{Z}^0 /\left(\dot{Z}^- + \dot{Z}^0\right)} \tag{5.45}$$

方程（5.41）和方程（5.45）是双相接地故障的特殊方程。利用它们与方程（5.29）和对称分量关系，以确定故障时所有的电压和电流。

方程（5.41）表明，因为正序、负序和零序电压是相等的故障，故序网络应并联（见图 5.17b）。图 5.17b 的检验表明，上述双相接地故障的所有条件都得到了这方面的满足。

网络连接图表明，正序电流 $\dot{I}^+$ 是由 $\dot{Z}^+$ 与和 $\dot{Z}^-$ 和 $\dot{Z}^0$ 的并联组合串联和电压 $\dot{E}$ 所决定的。同样的关系由方程（5.45）给出。

4）三相故障。考虑由式（5.25）和图 5.18 定义的对称的三相故障。

故障的条件由下列等式表示：

$$\dot{I}_a + \dot{I}_b + \dot{I}_c = 0$$
$$\dot{V}_a = \dot{V}_b = \dot{V}_c$$

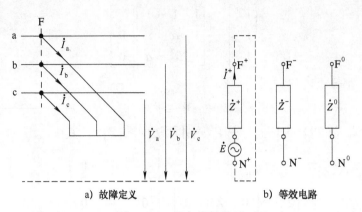

a) 故障定义 　　　　　　　　b) 等效电路

图 5.18　三相相接地故障

由对称分量法得：

$$\dot{I}^0 = 0 \tag{5.46}$$

$$\dot{V}^+ = \dot{V}^- = \dot{V}^0 = 0 \tag{5.47}$$

没有零序或负序的电动势值，故电压 $\dot{V}^0$ 和 $\dot{V}^-$ 在故障点 F 都等于零。因此，零序和负序电流不在系统中的任何地方流动。正如预期的那样，只有正序网络。通过短路故障点 F+和正序网络的参考总线 N+（见图 5.18b）对故障进行模拟。

（5）单相开路故障。单相开路故障如图 5.19 所示。$\dot{v}_a$、$\dot{v}_b$ 和 $\dot{v}_c$ 分别表示 F_1 和 F_2 在 a、b、c 相的相间串联电压下降。

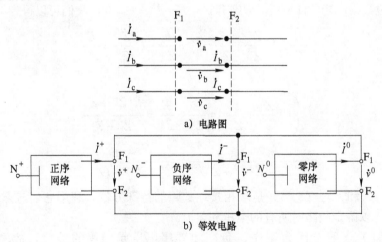

a) 电路图

b) 等效电路

图 5.19　a 相开路

在故障点处的边界条件为（见图 5.19a）[12]

$$\dot{I}_a = 0$$
$$\dot{V}_b = \dot{V}_c = 0 \tag{5.48}$$

因此，由式（5.9）得：

$$\dot{v_a}^0 = \frac{1}{3}\dot{v_a}$$

$$\dot{v_a}^+ = \frac{1}{3}\dot{v_a}$$

$$\dot{v_a}^- = \frac{1}{3}\dot{v_a}$$

从而

$$\dot{v_a}^+ = \dot{v_a}^- = \dot{v_a}^0 = \frac{1}{3}\dot{v_a} \tag{5.49}$$

从式（5.11a），得 $\dot{I_a}=0$

$$\dot{I_a} = \dot{I}^+ + \dot{I}^- + \dot{I}^0 = 0 \tag{5.50}$$

从式（5.49）可以得出各序网络并联连接，如图 5.19b 所示。

前几节所讨论的所有故障都是由两相之间的直接短路和由一相或两相到地直接短路造成的。大多数故障都是绝缘子闪络的结果，在这种情况下，相位和地之间的阻抗取决于电弧的电阻、塔本身的电阻，以及（如果不使用地线的话）塔的基础电阻。杆塔基础电阻是相地电阻的主要组成部分，取决于土壤条件[6]。

阻抗在故障中的作用是通过推导类似于那些通过零阻抗的故障的方程体现的。在图 5.20 中显示了通过阻抗故障连接的假设。

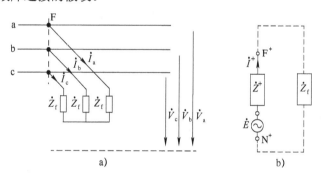

图 5.20　在 F 点模拟三相故障时序网络连接

平衡系统在发生三相故障后，在每一相和共同点之间具有相同的阻抗，保持对称，只有正序电流流过。

由于故障阻抗 $\dot{Z_f}$ 在三相（见图 5.20a）相等，在故障位置的电压是

$$\dot{V_a} = \dot{I_a}\dot{Z_f}$$

因为只有正序电流流过

$$\dot{V}^+ = \dot{I}^+\dot{Z_f} = \dot{V_f} - \dot{I}^+\dot{Z}^+$$

和

$$\dot{I}^+ = \frac{\dot{V_f}}{\dot{Z}^+ + \dot{Z_f}} \tag{5.51}$$

序网络连接如图 5.20b 所示。

通过图 5.21a、b[6]所示的阻抗，可以对单相接地和双相接地故障进行形式推导。

1）对于通过 $\dot{Z}_f$ 的单相接地故障（见图 5.21a）：

$$\dot{I}^+ = \dot{I}^- = \dot{I}^0$$

$$\dot{I}^+ = \frac{\dot{V}_f}{\dot{Z}^+ + \dot{Z}^- + \dot{Z}^0 + 3\dot{Z}_f} \tag{5.52}$$

2）对于两相通过阻抗 $\dot{Z}_f$ 接地故障（见图 5.21b）：

$$\dot{V}^+ = \dot{V}^-$$

$$\dot{I}^+ = \frac{\dot{V}_f}{\dot{Z}^+ + \dot{Z}^- \left(\dot{Z}^0 + 3\dot{Z}_f\right) \Big/ \left(\dot{Z}^- + \dot{Z}^0 + 3\dot{Z}_f\right)} \tag{5.53}$$

3）b、c 两相通过阻抗 $\dot{Z}_f$ 短路故障如图 5.22 所示。

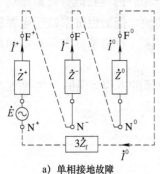

a) 单相接地故障　　　　　b) 双相接地故障

图 5.21　序网络连接

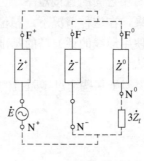

图 5.22　相间经阻抗短路时的序网图

故障点的条件：

$$\dot{I}_a = 0; \qquad \dot{I}_b = -\dot{I}_c; \qquad \dot{V}_c = \dot{V}_b - \dot{I}_b \dot{Z}_f$$

$\dot{I}_a$、$\dot{I}_b$ 和 $\dot{I}_c$ 之间的相互关系与无阻抗时和相间故障时相同。因此，$\dot{I}^+ = -\dot{I}^-$。
电压的序分量组成

$$\begin{bmatrix} \dot{V}^0 \\ \dot{V}^+ \\ \dot{V}^- \end{bmatrix} = \frac{1}{3} \begin{bmatrix} 1 & 1 & 1 \\ 1 & a & a^2 \\ 1 & a^2 & a \end{bmatrix} \begin{bmatrix} \dot{V}_a \\ \dot{V}_b \\ \dot{V}_b - \dot{I}_b \dot{Z}_f \end{bmatrix} \tag{5.54}$$

即

$$3\dot{V}^+ = \dot{V}_a + \left(a + a^2\right)\dot{V}_b - a^2 \dot{I}_b \dot{Z}_f \tag{5.55a}$$

$$3\dot{V}^- = \dot{V}_a + \left(a + a^2\right)\dot{V}_b - a\, \dot{I}_b \dot{Z}_f \tag{5.55b}$$

因此

$$3(\dot{V}^+ - \dot{V}^-) = (a - a^2)\dot{I}_b \dot{Z}_f = j\sqrt{3}\dot{I}_b \dot{Z}_f \tag{5.56}$$

由于

$$\dot{I}^+ = -\dot{I}^-$$

所以

$$\dot{I}_b = a^2\dot{I}^+ + a\dot{I}^- = (a^2 - a)I^+ - j\sqrt{3}\dot{I}^+$$

将上式代入式（5.56）的 $\dot{I}_b$，可以得到：

$$\dot{V}^+ - \dot{V}^- = \dot{I}^+\dot{Z}_f \tag{5.57}$$

方程（5.57）要求在正负序网络中的故障点之间插入 $\dot{Z}_f$，以满足故障所需的条件。

5.4　短路电流分量计算

5.4.1　初始对称短路电流 I_k''

考虑两种情况[1]：

在一般情况下，$\dot{Z}^0 > \dot{Z}^+ = \dot{Z}^-$ 时，三相短路的初始短路电流最高。

对于零序阻抗低的变压器附近的短路，$\dot{Z}^0$ 可能小于 $\dot{Z}^+$。在这种情况下，当 $\dot{Z}^-/\dot{Z}^+ = 1$ 和 $\dot{Z}^-/\dot{Z}^0 > 1$ 时，具有接地连接的相对相初使短路电流 I_{kE2E}'' 将出现最高值（见图 5.23）。此时，$\dot{Z}^- = \dot{Z}^+$。

5.4.1.1　三相短路

一般情况下，初始短路电流 $\dot{I}_k''$ 应在短路位置和短路阻抗 $\left(\dot{Z}_k = R_k + jX_k\right)$ 处用等效电压源 $\left(cU_n/\sqrt{3}\right)$ 的方程（5.58）计算。

$$I_k'' = \frac{cU_n}{\sqrt{3}Z_k} = \frac{1}{\sqrt{3}} \cdot \frac{cU_n}{\sqrt{R_k^2 + X_k^2}} \tag{5.58}$$

应在短路位置引入等效电压源（见图 5.6），其因数 c 如表 5.1 所示。

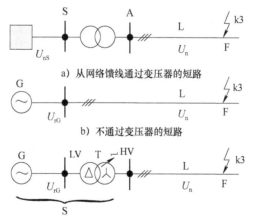

a）从网络馈线通过变压器的短路

b）不通过变压器的短路

c）通过一台带有或不带有有载分接开关的电站机组发电机和机组变压器的短路

图 5.23　单馈线短路（经 IEC60909[1]许可转载）

1）对单一电源馈电的远离发电机的短路电路而言（见图 5.23a），短路电流用方程（5.58）计算：

电力系统动态——建模、稳定与控制

$$R_{\mathrm{k}} = R_{\mathrm{St}} + R_{\mathrm{TK}} + R_{\mathrm{L}}$$
$$X_{\mathrm{k}} = X_{\mathrm{St}} + X_{\mathrm{Tk}} + X_{\mathrm{L}}$$

式中，R_{k} 和 X_{L} 是正序系统的串联电阻和电抗的总和（见图 5.23a）；R_{L} 是在计算最大短路电流时导体温度 20℃ 的线路电阻；$\dot{Z}_{\mathrm{Tk}} = \dot{R}_{\mathrm{Tk}} + \mathrm{j}\dot{X}_{\mathrm{Tk}} = K_{\mathrm{T}}\left(\dot{R}_{\mathrm{T}} + \mathrm{j}\dot{X}_{\mathrm{T}}\right)$ 是校正后的变压器阻抗；K_{T} 为阻抗修正系数，$K_{\mathrm{T}} = 0.95 \times \dfrac{c_{\max}}{1 + 0.6x_{\mathrm{T}}}$。$x_{\mathrm{T}}$ 是变压器的相对阻抗（标幺值），$x_{\mathrm{T}} = \dfrac{X_{\mathrm{T}}}{\left(U_{\mathrm{rT}}^2 / S_{\mathrm{rT}}\right)}$。

电阻 R_{k} 小于 $0.3X_{\mathrm{k}}$，相对于电抗值可能被忽略。网络馈线 $\dot{Z}_{\mathrm{Sk}} = R_{\mathrm{St}} \times \mathrm{j}X_{\mathrm{St}}$ 的阻抗被称为变压器侧连接到短路位置（F）的电压。

在图 5.23b、c 中的例子中，初始对称短路是用发电机的校正阻抗计算的，而发电站单元则用线阻抗 $\dot{Z}_{\mathrm{L}} = R_{\mathrm{L}} + \mathrm{j}X_{\mathrm{L}}$ 来计算。根据本标准（见 IEC60909-4），在短路点用等效电压源计算短路电流时，为发电机（G）、变压器（T）和发电站（S）的阻抗需分别与阻抗校正系数 KG、KT 和 Ks 相乘。这些例子的短路阻抗由下列等式给出：

$$\dot{Z}_{\mathrm{k}} = \dot{Z}_{\mathrm{Gk}} + \dot{Z}_{\mathrm{L}} = K_{\mathrm{G}}\left(\dot{R}_{\mathrm{G}} + \mathrm{j}X_{\mathrm{d}}''\right) + \dot{Z}_{\mathrm{L}} \quad \text{（见图 5.23b）} \tag{5.59a}$$

$$\dot{Z}_{\mathrm{k}} = \dot{Z}_{\mathrm{S}} + \dot{Z}_{\mathrm{L}} = K_{\mathrm{S}}\left(N_{\mathrm{r}}^2 \dot{Z}_{\mathrm{G}} + \dot{Z}_{\mathrm{THV}}\right) + \dot{Z}_{\mathrm{L}} \quad \text{（见图 5.23c）} \tag{5.59b}$$

其中，$\dot{Z}_{\mathrm{Gk}}$ 来自公式

$$\dot{Z}_{\mathrm{Gk}} = K_{\mathrm{G}}\dot{Z}_{\mathrm{G}} = K_{\mathrm{G}}(R_{\mathrm{G}} + \mathrm{j}X_{\mathrm{d}}'') \tag{5.60}$$

和

$$K_{\mathrm{G}} = \frac{U_{\mathrm{n}}}{U_{\mathrm{rG}}} \cdot \frac{c_{\max}}{1 + X_{\mathrm{d}}''\sin\varphi_{\mathrm{rG}}}$$

Z_{S} 来自公式：

$$\dot{Z}_{\mathrm{S}} = K_{\mathrm{S}}\left(N_{\mathrm{r}}^2 \dot{Z}_{\mathrm{G}} + \dot{Z}_{\mathrm{THV}}\right) \tag{5.61a}$$

$$\dot{Z}_{\mathrm{S0}} = K_{\mathrm{S0}}\left(N_{\mathrm{r}}^2 \dot{Z}_{\mathrm{G}} + \dot{Z}_{\mathrm{THV}}\right) \tag{5.61b}$$

和

$$K_{\mathrm{S}} = \frac{U_{\mathrm{nG}}^2}{U_{\mathrm{rG}}^2} \cdot \frac{U_{\mathrm{rTLV}}^2}{U_{\mathrm{rTHV}}^2} \cdot \frac{c_{\max}}{1 + \left|X_{\mathrm{d}}'' - X_{\mathrm{T}}\right|\sin\varphi_{\mathrm{rG}}} \tag{5.61b}$$

$$K_{\mathrm{S0}} = \frac{U_{\mathrm{nS}}}{U_{\mathrm{rG}}\left(1 + p_{\mathrm{G}}\right)} \cdot \frac{U_{\mathrm{rTLV}}}{U_{\mathrm{rTHV}}}\left(1 \pm p_{\mathrm{T}}\right)\frac{c_{\max}}{1 + X_{\mathrm{d}}''\sin\varphi_{\mathrm{rG}}} \tag{5.62b}$$

其中，p_{G} 是发电机电压调节范围，p_{T} 是变压器电压调节范围；$c_{\max}$ 是计算最大短路电流的电压因数。发电机阻抗应用额定转换比 N_{r} 转换到高压侧。单位变压器阻抗 $\dot{Z}_{\mathrm{THV}} = R_{\mathrm{THV}} + \mathrm{j}X_{\mathrm{THV}}$ 根据方程（5.63a）和方程（5.63b）（不使用 K_{T}）参考到高压侧：

$$Z_{\mathrm{T}} = \frac{u_{\mathrm{kr}}}{100\%} \cdot \frac{U_{\mathrm{rT}}^2}{S_{\mathrm{rT}}} \tag{5.63a}$$

$$R_{\mathrm{T}} = \frac{u_{\mathrm{Rr}}}{100\%} \cdot \frac{U_{\mathrm{rT}}^2}{S_{\mathrm{rT}}} \tag{5.63b}$$

$$X_{\mathrm{T}} = \sqrt{Z_{\mathrm{T}}^2 - R_{\mathrm{T}}^2} \tag{5.63c}$$

式中，u_{Kr} 是额定电流下的短路电压（以百分比计）；u_{Rr} 是短路电压的额定电阻分量（百分

比）；U_{rT} 是变压器在高压或低压侧的额定电压；S_{rT} 是变压器的额定视在功率。

　　2）由非网状网络馈电的短路电路

　　当有多个源对短路电流作出贡献时，且源是非网状连接时，如图 5.24 所示，初始短路电流 I_k'' 在短路位置 F 是单个支路短路电流之和。根据方程（5.58），每个支路短路电流可作为独立的单源三相短路电流计算。

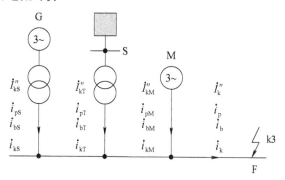

图 5.24　非网状网络示例

　　短路位置 F 处的初始短路电流是相量，它是单个部分短路电流的总和[1]：

$$I_k'' = \sum_i I_{ki}'' \tag{5.64}$$

　　短路位置 F 处的短路电流被认为是单个局部短路电流的绝对值之和，具有良好的准确性。

　　3）网状网络中的短路

　　在网状网络的短路中，如图 5.25 所示，通常需要使用电气设备的正序短路阻抗，通过网络还原（例如串联、并联和三角星变换）确定短路阻抗 $\dot{Z}_k = \dot{Z}^+$。

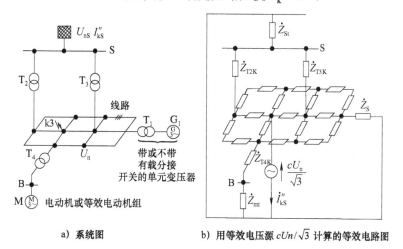

a）系统图　　　　　　b）用等效电压源 $cU_n/\sqrt{3}$ 计算的等效电路图

图 5.25　从多个来源馈送的网状网络（经 IEC60909[1]许可转载）

　　通过变压器与系统连接的系统中发生短路时，阻抗通过额定电压比的二次方进行换算。如果两个系统之间有几个额定电压比（N_{rT1}、N_{rT2}、N_{rTn}）稍有不同的变压器，则可以使用算术平均值。

初始短路电流应使用短路位置处的等效电压源 $cU_n/\sqrt{3}$，用方程（5.58）计算。

5.4.1.2 相间短路

如果发生相间短路，根据图 5.1b，初始短路电流应通过以下公式计算

$$I''_{k2} = \frac{cU_n}{\left|\dot{Z}^+ + \dot{Z}^-\right|} = \frac{cU_n}{2\left|\dot{Z}^+\right|}\frac{\sqrt{3}}{2}I''_k \tag{5.65}$$

在短路的初始阶段，负阻抗大约等于正序阻抗，与短路是靠近发电机还是远离发电机无关。因此，在方程式（5.65）中，可以引入 $\dot{Z}^- = \dot{Z}^+$。

只有在稳态阶段的次暂态阶段时，在发电机附近短路，短路阻抗 $\dot{Z}^-$ 不等于 $\dot{Z}^+$ [1]。

5.4.1.3 单相接地短路

为了计算初始短路电流，必须区分电流 I''_{k2Ea}、I''_{k2Eb} 和 I''_{kE2E}（见图 5.1c）。

对于远离发电机的短路，$\dot{Z}^-$ 近似等于 $\dot{Z}^+$。如果在这种情况下 $\dot{Z}^0$ 是小于 $\dot{Z}^-$，电流 I''_{kE2E} 在相到相短路与接地连接一般是最大的所有初始短路电流 I''_k、I''_{k2}、I''_{k2E} 和 I''_{k1}。

方程（5.66a）和方程（5.66b）给出了图 5.1c 中的 I''_{k2Ea} 和 I''_{k2Eb} 的计算：

$$I''_{k2Ea} = -jcU_n\frac{\dot{Z}^0 - a\dot{Z}^-}{\dot{Z}^+\dot{Z}^- + \dot{Z}^+\dot{Z}^0 + \dot{Z}^0\dot{Z}^-} \tag{5.66a}$$

$$I''_{k2Eb} = -jcU_n\frac{\dot{Z}^0 - a^2\dot{Z}^-}{\dot{Z}^+\dot{Z}^- + \dot{Z}^+\dot{Z}^0 + \dot{Z}^0\dot{Z}^-} \tag{5.66b}$$

流向大地或接地线的初始短路电流 I''_{kE2E}（见图 5.1c）通过以下公式计算：

$$I''_{kE2E} = -\frac{\sqrt{3}cU_n\dot{Z}^0}{\dot{Z}^+\dot{Z}^- + \dot{Z}^+\dot{Z}^0 + \dot{Z}^0\dot{Z}^-} \tag{5.66c}$$

对于 $\dot{Z}^- = \dot{Z}^+$ 的远离发电机的短路，这些方程式得出绝对值：

$$I''_{k2Ea} = cU_n\frac{\left|\dot{Z}^0/\dot{Z}^+ - a\right|}{\left|\dot{Z}^+ + 2\dot{Z}^0\right|} \tag{5.67a}$$

$$I''_{k2Eb} = cU_n\frac{\left|\dot{Z}^0/\dot{Z}^+ - a^2\right|}{\left|\dot{Z}^+ + 2\dot{Z}^0\right|} \tag{5.67a}$$

$$I''_{kE2E} = \frac{\sqrt{3}cU_n}{\left|\dot{Z}^+ + 2\dot{Z}^0\right|} \tag{5.67c}$$

5.4.1.4 相对地短路

图 5.1a 中的初始相对地短路电流 I''_{k1} 应通过以下公式计算：

$$I''_{k1} = \frac{\sqrt{3}cU_n}{\dot{Z}^+ + \dot{Z}^- + \dot{Z}^0} \tag{5.68}$$

对于 $\dot{Z}^- = \dot{Z}^+$-的远离发电机短路，绝对值的计算公式为

$$I''_{k1} = \frac{\sqrt{3}cU_n}{\left|2\dot{Z}^+ + \dot{Z}^0\right|} \tag{5.68a}$$

如果 $\dot{Z}^0$ 小于 $\dot{Z}^- = \dot{Z}^+$，则相对地初始短路电流 I''_{k1} 大于三相短路电流 I''_k，但小于 I''_{kE2E}，但是，如果 $1.0 > \dot{Z}^0 / \dot{Z}^+ > 0.23$ [1]，则 I''_{k1} 将是断路器中断的最大电流。

5.4.2 i_p 短路电流峰值

5.4.2.1 三相短路

1）非网状网络中的短路。如图 5.23 和图 5.24 所示，对于由非网状网络供电的三相短路，各支路对峰值短路电流的贡献可表示为

$$i_p = \kappa \sqrt{2} I''_k \tag{5.69}$$

X/R 或 R/X 的比率因子 κ 应从图 5.26 中获得，或由以下表达式 [1] 计算：

$$\kappa = 1.02 + 0.98 e^{-3R/X} \tag{5.70}$$

方程（5.69）和（5.70）则是假定短路开始于零电压，i_p 是在大约在半周期到达高峰。对于同步发电机，使用 R_{Gf}（在 U_{rG} 和 S_{rG} 的作用下，$R_{Gf} = (0.05...0.15)x''_d$）

短路位置 F 处的峰值短路电流 i_p，由非网状连接的电源供电（见图 5.24），是支路峰值短路电流的总和：

$$i_p = \sum_i i_{pi} \tag{5.71}$$

对于图 5.24 结果中的示例：

$$i_p = i_{pS} + i_{pT} + i_{pM} \tag{5.72}$$

2）当计算网状网络中的峰值短路电流 i_p 时，方程式（5.69）应与 κ 一起使用，并使用下列方法之一（a、b 或 c）确定 [1]。

a. X/R 或 R/X 均匀比率

对于本方法，系数 κ 由图 5.26 确定，取网络所有分支的 R/X 的最小比值或 X/R 的最大比值，在高压网络中的值介于 1.6～1.9 之间，在低压网络中的值介于 1.3～1.5 之间。

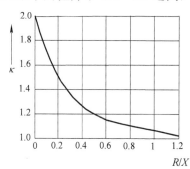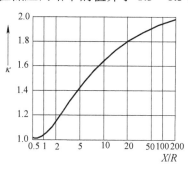

图 5.26　串联电路的系数 κ 是 R/X 或 X/R 的函数

只需选择在与短路位置对应的额定电压下承载部分短路电流的支路，以及与短路位置相邻的变压器的支路。任何分支都可以是几个阻抗一个系列组合。

b. 短路位置的 R/X 或 X/R 比

对于本方法，系数 κ 乘以系数 1.15，以覆盖由于使用约简的具有复杂阻抗网络的 R/X 比而引起的误差：

$$i_{\mathrm{p(b)}} = 1.15\kappa_{\mathrm{b}}\sqrt{2}I_{\mathrm{k}}'' \qquad (5.73)$$

只要所有分支的 R/X 都小于 0.3，就不需要使用因子 1.15。低压电网中的 $1.15\kappa_{\mathrm{b}}$ 不必超过 1.8，中高压电网中的 $1.15\kappa_{\mathrm{b}}$ 不必超过 2.0。

根据图 5.26 中短路阻抗 $\dot{Z}_{\mathrm{k}} = R_{\mathrm{k}} + jX_{\mathrm{k}}$ 在短路位置 F 处给出的比值 $R_{\mathrm{k}}/X_{\mathrm{k}}$，系数 κ_{b} 由频率 $f=500\mathrm{Hz}$（或 $60\mathrm{Hz}$）计算得出。

c. 等效频率 f_{c}

假设频率 $f_{\mathrm{c}}=20\mathrm{Hz}$（对于 $f=50\mathrm{Hz}$ 的标称频率）或 $f_{\mathrm{c}}=24\mathrm{Hz}$（对于 $f=60\mathrm{Hz}$ 的标称频率），计算从短路位置看到的系统等效阻抗 $\dot{Z}_{\mathrm{c}}$。然后根据方程式（5.74）确定 R/X 或 X/R 比：

$$\frac{R}{X} = \frac{R_{\mathrm{c}}}{X_{\mathrm{c}}} \cdot \frac{f_{\mathrm{c}}}{f} \qquad (5.74\mathrm{a})$$

$$\frac{X}{R} = \frac{X_{\mathrm{c}}}{R_{\mathrm{c}}} \cdot \frac{f}{f_{\mathrm{c}}} \qquad (5.74\mathrm{b})$$

其中，$\dot{Z}_{\mathrm{c}} = R_{\mathrm{c}} + jX_{\mathrm{c}}$ 是从假设频率 f_{c} 的短路位置看的系统等效阻抗；R_{c} 是 $\dot{Z}_{\mathrm{c}}$ 的实部（R_{c} 在额定频率下一般不等于 R）；X_{c} 是 $\dot{Z}_{\mathrm{c}}$ 的虚部（X_{c} 在额定频率下一般不等于 X）。

利用方程（5.74a）或方程（5.74b）中的 R/X 或 X/R，从图 5.26 中找到系数 κ。

短路电流分量的计算，在网状网络中推荐使用方法 c。在含有变压器、发电机和发电站的网状网络中使用该方法时，分别引入阻抗校正因子 K_{T}、K_{G}、K_{S}、K_{SO} 具有与 $50\mathrm{Hz}$（或 $60\mathrm{Hz}$）计算相同的值。

5.4.2.2 相间短路

对于相间短路，峰值短路电流可以表示为

$$i_{\mathrm{p2}} = \kappa\sqrt{2}I_{\mathrm{k2}}'' \qquad (5.75)$$

参数 κ 应根据系统的不同情况选择 5.4.2.1 节（情况 1）或 5.4.2.1 节（情况 2）来计算。为简化起见，可以使用与三相短路时相同的 κ 值。

当 $\dot{Z}^{+}=\dot{Z}^{-}$ 时，相间峰值短路电流 i_{p2} 小于三相峰值短路电流 i_{p}，它们之间的关系式如下：

$$i_{\mathrm{p2}} = \frac{\sqrt{3}}{2}i_{\mathrm{p}} \qquad (5.76)$$

5.4.2.3 接地的相间短路

对于接地的相间短路，峰值的短路电流如下所示：

$$i_{\mathrm{p2E}} = \kappa\sqrt{2}I_{\mathrm{k2E}}'' \qquad (5.77)$$

其中，参数 κ 应根据系统的不同情况选择 5.4.2.1 节（情况 1）或 5.4.2.1 节来计算。为简化起见，可以使用与三相短路时相同的 κ 值。

当 $\dot{Z}^{0}$ 远小于 $\dot{Z}^{+}$ 时（小于 $\frac{1}{4}\dot{Z}^{+}$），只需要计算 i_{p2E}[1]。

5.4.2.4 接地短路

对于接地短路，峰值短路电流可以表示为

$$i_{p1} = \kappa\sqrt{2}I_{k1}'' \tag{5.78}$$

其中，参数 κ 应根据系统的不同情况选择 5.4.2.1 节（情况 1）或 5.4.2.1 节（情况 2）来计算。为简化起见，可以使用与三相短路时相同的 κ 值。

5.4.3 短路电流的直流分量

如图 5.2a 和 5.2b 中所给出的，短路电流的最大衰减非周期分量 $i_{d.c.}$ 如下所示：

$$i_{d.c.} = \sqrt{2}I_k''e^{-2\pi ftR/X} \tag{5.79}$$

式中，I_k'' 是短路电流的初始对称值；f 是工频；t 是时间；R/X 是根据 5.4.2.1 节或方法 a 和 c 所确定的比例；

表 5.4 不同 $f{\times}t$ 值的等效和标称频率之比

$f{\times}t$	<1	<2.5	<5	<12.5
f_c/f	0.27	0.15	0.092	0.055

注意，应使用发电机电枢的电阻 R_G，而不是 R_{Gf}。

对于网状网络，比率 R/X 由 5.4.2.1 节中的方法 c 确定。参考表 5.4 中 f 与 t 的乘积，（其中，f 是频率，t 是时间），确定相应的等效频率 f_c[1]。

5.4.4 对称短路的断路电流 I_b

根据方程（5.79），在 t_{min} 时，短路位置处的断路电流通常包括对称电流 I_b 和非周期电流 $i_{d.c.}$。

注意：对于一些发生在发电机附近的短路情况，在 t_{min} 时的非周期电流 $i_{d.c.}$ 可能会超过对称电流 I_b 的峰值，这有可能导致当前零点的缺失。

5.4.4.1 发电机远端短路

对于远离发电机端的短路，其断路电流等于初始的短路电流[1]：

$$I_b = I_k'' \tag{5.80a}$$

$$I_{b2} = I_{k2} \tag{5.80b}$$

$$I_{b2E} = I_{k2E}'' \tag{5.80c}$$

$$I_{b1} = I_{k1}'' \tag{5.80d}$$

5.4.4.2 发电机近端短路

单馈三相短路　对于靠近发电机端的短路，如图 5.23b 和图 5.23c 中的单馈线路短路或图 5.24 中的非网状网络的短路，对称短路的断路电流的衰减应考虑到参数 μ [根据方程（5.82）]：

$$I_b = \mu I_k'' \tag{5.81}$$

参数 μ 取决于最小延迟时间 t_{min} 和 I_{kG}''/I_{rG} 的比值。其中，I_{rG} 与发电机电流有关。在式（5.82）中，参数 μ 的值适用于通过旋转励磁器或静态转换器励磁器励磁的同步电机（对于静态励磁机，最小的时间延时 t_{min} 小于 0.25s，且最大的励磁电压比旋转励磁机低 1.6 倍）。如果确切值未知，参数 μ 取 1。

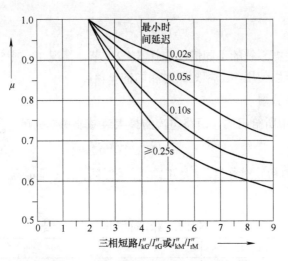

图 5.27　计算短路开断电流 I_b 的因数 μ [1]

当发电机和短路位置之间有变压器时，变压器高压侧的部分短路电流 I''_{kS}（见图 5.23c）应按额定电压比归算到发电机端 $I''_{kG} = N_r I''_{kS}$。在计算参数 μ 之前用下面的公式：

$$\mu = 0.84 + 0.26e^{-0.26 I''_{kG} / I_{rG}} \quad 当 t_{min} = 0.02s$$
$$\mu = 0.71 + 0.51e^{-0.30 I''_{kG} / I_{rG}} \quad 当 t_{min} = 0.05s$$
$$\mu = 0.62 + 0.72e^{-0.32 I''_{kG} / I_{rG}} \quad 当 t_{min} = 0.10s \tag{5.82}$$
$$\mu = 0.56 + 0.94e^{-0.38 I''_{kG} / I_{rG}} \quad 当 t_{min} \geqslant 0.05s$$

如果 I''_{kG} / I_{rG} 的比值比 2 小，则对于所有的 t_{min}，参数 μ 的值取 1。参数 μ 也可以从图 5.27 中获得。对于其他的最小延迟时间，可以采用曲线之间的线性插值。

5.4.5　稳态短路电流 I_k

稳态短路电流 I_k 的计算值不如初始短路电流 I''_k 的计算值精确。

5.4.5.1　单个发电机或发电厂的的三相短路

对于仅从一个同步发电机或一个发电站直接供电的发电机近端三相短路，根据图 5.23b 和图 5.23c，稳态短路电流 I_k 受到励磁系统和电压调节器的响应速度及饱和度的影响。

在终端有反馈的静态励磁器的同步电机（发电机、电动机或补偿器），在发电机端子短路的情况下对 I_k 没有影响，但如果端子和故障地之间存在阻抗的话就有影响了。在单个发电站的情况下，在变压器的高压侧发生短路，对 I_k 也有影响（见图 5.23c）。

最大稳态短路电流。 为了计算最大稳态短路电流，可以将同步发电机设置为最大励磁。

$$I_{kmax} = \lambda_{max} I_{rG} \tag{5.83}$$

对于在发电机端子有馈线的静态励磁系统和端子处的短路，励磁电压随端子电压崩溃而崩溃，因此在这种情况下取 $\lambda_{max} = \lambda_{min} = 0$。

1）对于圆柱形转子发电机或凸极发电机，λ_{max} 可从图 5 .28 或图 5.29 获得。饱和电抗 X_{dsat} 是饱和空载短路比的倒数。

2）第一组的 λ_{max} 曲线是能够承受的最大励磁电压。其取值一般为圆柱转子发电机在额定视在功率和功率因数下额定励磁电压的 1.3 倍（见图 5.28a）或凸极发电机额定励磁电压的 1.6 倍（见图 5.29a）。

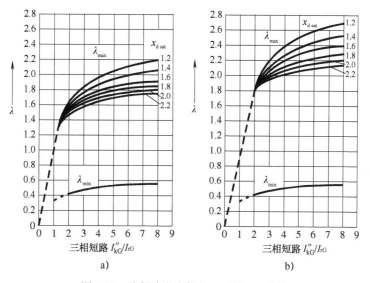

图 5.28 隐极式发电机的 $\lambda_{\min}$ 和 $\lambda_{\max}$ 系数

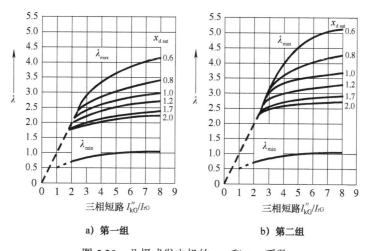

图 5.29 凸极式发电机的 $\lambda_{\min}$ 和 $\lambda_{\max}$ 系数

3）第二组的 $\lambda_{\max}$ 曲线是能够承受的最大励磁电压，其取值一般为圆柱转子发电机在额定视在功率和功率因数下额定励磁电压的 1.6 倍（见图 5.28b）或凸极发电机额定励磁电压的 2.0 倍（见图 5.29b）；

注意：在计算最大短路电流时，有必要介绍以下条件：

1）在没有国家标准的情况下，表 5.1 中的电压参数 $c_{\max}$ 可以用来计算最大短路电流。

2）当选择发电厂和网络馈线以最大方式运行的系统结构时，会导致短路位置的短路电流达到最大，此时可以将电力网络分块以控制短路电流。

3）当等效阻抗 $\dot{Z}_S$ 用于表示外部网络时，应使用最小等效短路阻抗，这对应于上面讲到的，即网络馈线的最大短路电流的作用。

4）电动机要包括在内。

5）架空线和电缆的电阻 R_L 在温度达到 20℃ 时应考虑在内。

最小稳态短路电流。根据图 5.23b 和图 5.23c，假设同步机为恒定空载励磁（电压调节器无效）时，单个发电机或发电站的单馈短路时的最小稳态短路电流如下所示：

$$I_{kmin} = \lambda_{min} I_{rG} \tag{5.84}$$

λ_{min} 可以从图 5.28 和图 5.29 中获得。在最小稳态短路的情况下，根据表 5.1 引入 $c = c_{min}$。

在近端短路时，通过一个或多个并行工作的复合励磁的发电机的最小稳态短路电流如下所示：

$$I_{kmin} = \frac{c_{min} U_n}{\sqrt{3}\sqrt{R_k^2 + X_k^2}} \tag{5.85}$$

对于发电机的阻抗，引入

$$X_{dP} = \frac{U_{rG}}{\sqrt{3} I_{kP}} \tag{5.86}$$

I_{kP} 为三相短路时发电机的稳态短路电流。该值应从制造厂商处获得。

注意：在计算最小短路电流时，有必要介绍以下条件：

1）必须根据表 5.1 得到用来计算最小短路电流的电压参数 c_{max}。

2）选择短路电流最小的系统，发电站和网络馈线的配置方式。

3）电动机应被忽略。

4）架空线、电缆以及线路导体和中性导体的电阻 R_L 应在温度较高时引入。

$$R_L = [1 + \alpha(\theta_e - 20℃)]R_{L20}$$

其中，R_{L20} 表示在 20℃ 时的电阻；θ_e 为在短路持续时间结束时的导体温度（℃）；α 等于 0.004/K，对于铜、铝和铝合金而言具有足够的准确度；第一组和第二组的 λ_{max} 曲线在特殊情况下可以应用于端馈静止励磁机，即短路处于电站变压器的高压侧或系统中，并且在短路时的最大励磁电压相对于发电机的端电压会造成部分击穿。

5.4.5.2 非网状网络中的三相短路

如图 5.24 所示，非网状网络中的三相短路情况下，短路位置处的稳态短路电流可通过单个稳态短路电流的总和来计算：

$$I_k = \sum I_{ki} \tag{5.87}$$

例如，从图 5.24 我们得到：

$$I_k = I_{kS} + I_{kT} + I_{kM} = \lambda I_{rGt} + I''_{kT} \tag{5.88}$$

其中，λ（λ_{max} 或 λ_{min}）可在图 5.28 和图 5.29 获得。I_{rGt} 是图 5.24 中流向机组变压器高压侧的发电机额定电流。

对于与网络馈线或与变压器串联的网络馈线（见图 5.24），$I_k = I''_k$（发电机远端短路时）。

5.4.5.3 网状网络中的三相短路

在有多个电源的网状网络中，稳态短路电流可近似计算为

$$I_{kmax} = I''_{kmax\,M} \qquad (5.89)$$

$$I_{kmin} = I''_{kmin} \qquad (5.90)$$

$I''_{kmax} = I''_k$ 这一结论可由式（5.89）得到，I''_{kmin} 根据式（5.90）得到。

式（5.89）和式（5.90）在发电机远端和近端短路的情况下成立。

5.4.5.4 不平衡短路

在所有情况下，对于稳态不平衡短路，不考虑发电机中的磁通损耗，应使用以下方程式：

$$I_{k2} = I''_{k2} \qquad (5.91a)$$

$$I_{k2E} = I''_{k2E} \qquad (5.91b)$$

$$I_{kE2E} = I''_{kE2E} \qquad (5.91c)$$

$$I_{k1} = I''_{k1} \qquad (5.91d)$$

在最小稳态短路情况下，根据表 5.1 引入 $c = c_{min}$。

5.4.6 实际应用

例 1：单馈短路

根据图 5.30 中的放射状电网，单电源供电，试确定由 k3 引起的对称三相故障的短路电流的方均根值和峰值。设备参数也如图 5.30 所示。

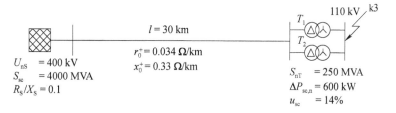

图 5.30   单电源供电的放射状电网

计算方法：

由于涉及三相故障，因此使用正序网络。图 5.31 是图 5.30 中网络的等效正序网络图。

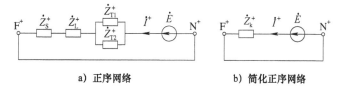

图 5.31   等效电路

可以用实际值或标幺值进行计算。

使用实际值计算：

所有参数均要参考发生故障的电网的额定电压，即 $U_{nK} = 110kV$。

1. 计算电网参数

1）网络馈线参数

$$X_S^+ = \frac{U_{nS}^2}{S_{sc}}\left(\frac{U_{nK}}{U_{nS}}\right)^2 = \frac{U_{nK}^2}{S_{sc}} = \frac{110^2}{4000} = 3.025\Omega$$

$$R_S^+ = \frac{R_S}{X_S}X_S^+ = 0.1 \times 3.025 = 0.3025\Omega$$

2）电气线路参数

$$R_L^+ = r_0^+ l\left(\frac{U_{nK}}{U_{nL}}\right)^2 = 0.034 \times 30 \times \left(\frac{110}{400}\right)^2 = 0.0771\Omega$$

$$X_L^+ = x_0^+ l\left(\frac{U_{nK}}{U_{nL}}\right)^2 = 0.33 \times 30 \times \left(\frac{110}{400}\right)^2 = 0.7487\Omega$$

3）变压器参数

$$R_{T1,2}^+ = \frac{\Delta P_{sc,n} \cdot U_{nK}^2}{S_{nT}^2} = \frac{600 \cdot 110^2}{250^2} \cdot 10^{-3} = 0.1162\Omega$$

$$Z_{T1,2}^+ = \frac{u_{sc}}{100} \cdot \frac{U_{nK}^2}{S_{nT}} = \frac{14}{100} \cdot \frac{110^2}{250} = 6.776\Omega$$

$$X_{T1,2}^+ = \sqrt{(Z_{T1,2}^+)^2 - (R_{T1,2}^+)^2} = \sqrt{6.776^2 - 0.1162^2} = 6.775\Omega$$

2. 计算短路阻抗

$$\dot{Z}_k^+ = \dot{Z}_S^+ + \dot{Z}_L^+ + \frac{\dot{Z}_{T1}^+ \dot{Z}_{T2}^+}{\dot{Z}_{T1}^+ + \dot{Z}_{T2}^+} = (0.3025 + j3.025) + (0.0771 + j0.7487) +$$

$$+ \frac{(0.1162 + j6.775) \times (0.1162 + j6.775)}{(0.1162 + j6.775) + (0.1162 + j6.775)} = (0.4377 + j7.1612)\Omega$$

$$Z_k^+ = \sqrt{(R_k^+)^2 + (X_k^+)^2} = \sqrt{0.4377^2 + 7.1612^2} = 7.1746\Omega$$

3. 计算初始短路电流 $I_k'' = I^+$ [式（5.58）]

$$I_k'' = \frac{cU_{nK}}{\sqrt{3}Z_k^+} = \frac{1.1 \times 110}{\sqrt{3} \times 7.1746} = 9.737\text{kA}$$

4. 计算峰值短路电流 i_p

1）因数 κ [见式（5.70）]

$$\kappa = 1.02 + 0.98e^{-3R_k/X_k} = 1.02 + 0.98e^{-3 \times \frac{0.4377}{7.1612}} = 1.836$$

2）峰值短路电流[见式（5.69）]

$$i_p = \kappa\sqrt{2}I_k'' = 1.836 \times \sqrt{2} \times 9.737 = 25.28\text{kA}$$

使用标幺值计算：

使用标幺值计算时，需要定义基准量：

1）基准电压（故障位置的网络额定电压）$U_b = U_{nK} = 110\text{kV}$。

2）基准视在功率 $S_b = 100\text{MVA}$。

基准电流和阻抗如下所示：

$$I_b = \frac{S_b}{\sqrt{3}U_b} = \frac{100}{\sqrt{3} \times 110} = 0.525\text{kA}$$

$$Z_b = \frac{U_b^2}{S_b} = \frac{110^2}{100} = 121\Omega$$

1. 计算电网参数

1）网络馈线参数

$$x_S^+ = \frac{S_b}{S_{sc}} = \frac{100}{4000} = 0.025\text{pu}$$

$$r_S^+ = \frac{R_S}{X_S}x_S^+ = 0.1 \times 0.025 = 0.0025\text{pu}$$

2）电气线路参数

$$r_L^+ = r_0^+ l\frac{S_b}{U_{nL}^2} = 0.034 \times 30 \times \frac{100}{400^2} = 0.00064\text{pu}$$

$$x_L^+ = x_0^+ l\frac{S_b}{U_{nL}^2} = 0.33 \times 30 \times \frac{100}{400^2} = 0.00619\text{pu}$$

3）变压器参数

$$r_{T1,2}^+ = \Delta P_{sc,n}\frac{S_b}{S_{nT}^2} \times 10^{-3} = 600 \times \frac{100}{250^2} \times 10^{-3} = 0.00096\text{pu}$$

$$z_{T1,2}^+ = \frac{u_{sc}}{100} \times \frac{S_b}{S_{nT}} = \frac{14}{100} \times \frac{100}{250} = 0.056\text{pu}$$

$$x_{T1,2}^+ = \sqrt{(z_{T1,2}^+)^2 - (r_{T1,2}^+)^2} = \sqrt{0.056^2 - 0.00096^2} = 0.05599\Omega$$

2. 计算短路阻抗

$$\dot{z}_k^+ = \dot{z}_S^+ + \dot{z}_L^+ + \frac{\dot{z}_{T1}^+ \dot{z}_{T2}^+}{\dot{z}_{T1}^+ + \dot{z}_{T2}^+} = (0.0025 + j0.025) + (0.00064 + j0.00619)$$

$$+ \frac{(0.00096 + j0.05599) \times (0.00096 + j0.05599)}{(0.00096 + j0.05599) + (0.00096 + j0.05599)} = (0.00362 + j0.05919)\text{pu}$$

$$z_k^+ = \sqrt{(r_k^+)^2 + (x_k^+)^2} = \sqrt{0.00362^2 + 0.05919^2} = 0.05929\Omega$$

3. 计算初始短路电流 $i_k'' = i^+$［见式（5.58）］

$$i_k'' = \frac{c}{z_k^+} = \frac{1.1}{0.05929} = 18.552\text{pu}$$

$$I_k'' = i_k'' I_b = 18.552 \times 0.525 = 9.737\text{kA}$$

4. 计算峰值短路电流 i_p

1）因数 κ [见式（5.70）]

$$\kappa = 1.02 + 0.98 e^{-3 r_k / x_k} = 1.02 + 0.98 e^{-3 \times \frac{0.00362}{0.05919}} = 1.836$$

2）峰值短路电流 [见（5.69）]

$$i_p = \kappa \times \sqrt{2} I_k'' = 1.836 \times \sqrt{2} \times 9.737 = 25.28 \text{kA}$$

例2：非网状网络短路供电

根据图 5.32 中给出的电网，确定由 k3 引起的对称三相故障短路电流的方均根值和峰值。设备参数如图 5.32 所示。

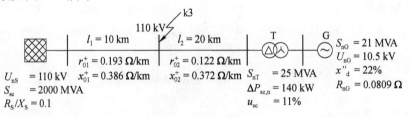

图 5.32 双端供电非网状网络

计算方法：

以实际值进行计算。因此，所有参数的计算均参考发生故障的电网的额定电压，即 $U_{nk} = 110 \text{kV}$。

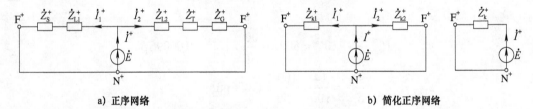

a）正序网络   b）简化正序网络

图 5.33 图 5.32 非网状网络的等效电路

1. 计算电网参数

1）网络馈线参数

$$X_S^+ = \frac{U_{nS}^2}{S_{sc}} \left(\frac{U_{nK}}{U_{nS}} \right)^2 = \frac{U_{nK}^2}{S_{sc}} = \frac{110^2}{2000} = 6.05\Omega$$

$$R_S^+ = \frac{R_S}{X_S} X_S^+ = 0.1 \times 6.05 = 0.605\Omega$$

2）发电机参数

$$R_G^+ = R_{nG} \left(\frac{U_{nK}}{U_{nG}} \right)^2 = 0.0809 \times \left(\frac{110}{10.5} \right)^2 = 8.8788\Omega$$

$$X_G^+ = \frac{X_d''}{100} \cdot \frac{U_{nK}^2}{S_{nG}} = \frac{22}{100} \times \frac{110^2}{21} = 126.7619\Omega$$

3）电力线路参数

$$R_{L1}^+ = r_{01}^+ \quad l_1 = 0.193 \times 10 = 1.93\Omega$$

$$X_{L1}^+ = x_{01}^+ \quad l_1 = 0.386 \times 10 = 3.86\Omega$$

$$R_{L2}^+ = r_{02}^+ \quad l_2 = 0.122 \times 20 = 2.44\Omega$$

$$X_{L2}^+ = x_{02}^+ \quad l_2 = 0.372 \times 20 = 7.44\Omega$$

4）变压器参数

$$R_T^+ = \frac{\Delta P_{sc,n} U_{nK}^2}{S_{nT}^2} = \frac{140 \times 110^2}{25^2} \times 10^{-3} = 2.7104\Omega$$

$$Z_T^+ = \frac{u_{sc}}{100} \cdot \frac{U_{nK}^2}{S_{nT}} = \frac{11}{100} \times \frac{110^2}{25} = 53.24\Omega$$

$$X_T^+ = \sqrt{(Z_T^+)^2 - (R_T^+)^2} = \sqrt{53.24^2 - 2.7104^2} = 53.171\Omega$$

2. 计算短路阻抗

$$\dot{Z}_{k1}^+ = \dot{Z}_S^+ + \dot{Z}_{L1}^+ = (0.605 + j6.05) + (1.93 + j3.86) = (2.535 + j9.91)\Omega$$

$$Z_{k1}^+ = \sqrt{(R_{k1}^+)^2 + (X_{k1}^+)^2} = \sqrt{2.535^2 + 9.91^2} = 10.2291\Omega$$

$$\dot{Z}_{k2}^+ = \dot{Z}_G^+ + \dot{Z}_r^+ + \dot{Z}_{L2}^+ = (8.8788 + j126.7619) + (2.7104 + j53.171) +$$
$$\qquad + (2.44 + j7.44) = (14.0292 + j187.3729)\Omega$$

$$\dot{Z}_{k2}^+ = \sqrt{(R_{k2}^+)^2 + (X_{k2}^+)^2} = \sqrt{14.0292^2 + 187.3729^2} = 187.8973\Omega$$

$$\dot{Z}_k^+ = \frac{\dot{Z}_{k1}^+ \dot{Z}_{k2}^+}{\dot{Z}_{k1}^+ + \dot{Z}_{k2}^+} = \frac{(2.535 + j9.91) \times (14.0292 + j187.3729)}{(2.535 + j9.91) + (14.0292 + j187.3729)} = (2.3209 + j9.4268)\Omega$$

$$Z_k^+ = \sqrt{(R_k^+)^2 + (X_k^+)^2} = \sqrt{2.3209^2 + 9.4268^2} = 9.7083\Omega$$

计算初始短路电流[见式（5.58）]：

$$I_{k1}'' = I_1^+ = \frac{cU_{nK}}{\sqrt{3}Z_{k1}^+} = \frac{1.1 \times 110}{\sqrt{3} \times 10.2291} = 6.829\text{kA}$$

$$I_{k2}'' = I_2^+ = \frac{cU_{nK}}{\sqrt{3}Z_{k2}^+} = \frac{1.1 \times 110}{\sqrt{3} \times 187.8973} = 0.372\text{kA}$$

$$I_k'' = I^+ = \frac{cU_{nK}}{\sqrt{3}Z_k^+} = \frac{1.1 \times 110}{\sqrt{3} \times 9.7083} = 7.196\text{kA}$$

计算峰值短路电流：

1）参数 κ [见式（5.70）]

$$\kappa_1 = 1.02 + 0.98e^{-3R_{k1}/X_{k1}} = 1.02 + 0.98e^{-3 \times \frac{2.535}{9.91}} = 1.475$$

$$\kappa_2 = 1.02 + 0.98e^{-3R_{k2}/X_{k2}} = 1.02 + 0.98e^{-3 \times \frac{14.0292}{187.3729}} = 1.803$$

2）峰值短路电流[见式（5.69）]

$$i_{p1} = \kappa_1 \times \sqrt{2}I_{k1}'' = 1.475 \times \sqrt{2} \times 6.829 = 14.245\text{kA}$$

$$i_{p2} = \kappa_2 \times \sqrt{2} \cdot I_{k2}'' = 1.803 \times \sqrt{2} \times 0.372 = 0.948\text{kA}$$

$$i_p = i_{p1} + i_{p2} = 9.616 + 0.67 = 15.193\text{kA}$$

例3：网状网络短路

根据图 5.34 中的网状电网，分别确定 k3 引起的对称三相故障和 k1 引起的单相故障的短路电流的方均根值和峰值。设备参数也如图 5.34 所示。

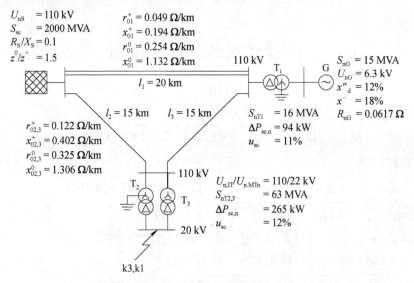

图 5.34 环形电网短路

计算方法：

图 5.35 是用于三相和单相短路电流计算的网状电网的正序、负序和零序网络。

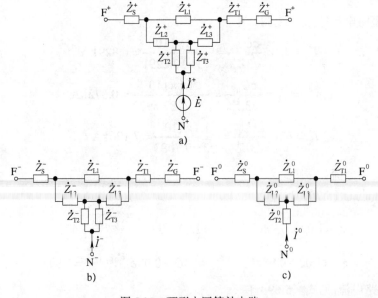

图 5.35 环形电网等效电路

以实际值进行计算。因此，所有参数的计算均参考发生故障的电网的额定电压，即 $U_{nK} = 110\text{kV}$。

1. 折算正序网络

图 5.36 为折算成等效正序网络的结构图。

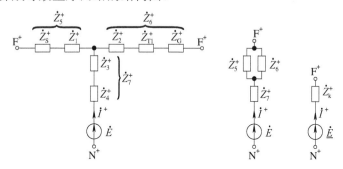

图 5.36　简化等效正序网络

（1）计算电网参数

① 馈线参数

$$X_S^+ = \frac{U_{nS}^2}{S_{sc}} \left(\frac{U_{nK}}{U_{nS}} \right)^2 = \frac{U_{nK}^2}{S_{sc}} = \frac{20^2}{2000} = 0.2\Omega$$

$$R_S^+ = \frac{R_S}{X_S} X_S^+ = 0.1 \times 0.2 = 0.02\Omega$$

② 发电机参数

$$R_G^+ = R_{nG} \left(\frac{U_{nk}}{U_{nG}} \right)^2 = 0.0617 \times \left(\frac{20}{10.5} \right)^2 = 0.2239\Omega$$

$$X_G^+ = \frac{X_d''}{100} \cdot \frac{U_{nK}^2}{S_{nG}} = \frac{12}{100} \times \frac{20^2}{15} = 3.2\Omega$$

③ 电力线路参数

$$R_{L1}^+ = r_{01}^+ l_1 \left(\frac{U_{nK}}{U_{nL1}} \right)^2 = 0.049 \times 10 \times \left(\frac{20}{110} \right)^2 = 0.0162\Omega$$

$$X_{L1}^+ = x_{01}^+ l_1 \left(\frac{U_{nK}}{U_{nL1}} \right)^2 = 0.194 \times 10 \times \left(\frac{20}{110} \right)^2 = 0.0641\Omega$$

$$R_{L2,3}^+ = r_{02,3}^+ l_{2,3} \left(\frac{U_{nK}}{U_{nL2,3}} \right)^2 = 0.122 \times 15 \times \left(\frac{20}{110} \right)^2 = 0.0605\Omega$$

$$X_{L2,3}^+ = x_{02,3}^+ l_{2,3} \left(\frac{U_{nK}}{U_{nL2,3}} \right)^2 = 0.402 \times 15 \times \left(\frac{20}{110} \right)^2 = 0.1993\Omega$$

④ 变压器参数

$$R_{\mathrm{T1}}^+ = \frac{\Delta P_{\mathrm{sc,n1}} U_{\mathrm{nK}}^2}{S_{\mathrm{nT1}}^2} = \frac{94 \times 20^2}{16^2} \times 10^{-3} = 0.1469\Omega$$

$$Z_{\mathrm{T1}}^+ = \frac{u_{\mathrm{sc1}}}{100} \cdot \frac{U_{\mathrm{nK}}^2}{S_{\mathrm{nT1}}} = \frac{11}{100} \times \frac{20^2}{16} = 2.75\Omega$$

$$X_{\mathrm{T1}}^+ = \sqrt{(Z_{\mathrm{T1}}^+)^2 - (R_{\mathrm{T1}}^+)^2} = \sqrt{2.75^2 - 0.1469^2} = 2.7461\Omega$$

$$R_{\mathrm{T2,3}}^+ = \frac{\Delta P_{\mathrm{sc,n2,3}} U_{\mathrm{nK}}^2}{S_{\mathrm{nT2,3}}^2} = \frac{265 \times 20^2}{63^2} \times 10^{-3} = 0.0267\Omega$$

$$Z_{\mathrm{T2,3}}^+ = \frac{u_{\mathrm{sc2,3}}}{100} \cdot \frac{U_{\mathrm{nK}}^2}{s_{\mathrm{nT2,3}}} = \frac{12}{100} \times \frac{20^2}{63} = 0.7619\Omega$$

$$X_{\mathrm{T2,3}}^+ = \sqrt{(2_{\mathrm{T2,3}}^+)^2 - (R_{\mathrm{T2,3}}^+)^2} = \sqrt{0.7619^2 - 0.0267^2} = 0.7614\Omega$$

（2）计算短路阻抗

$$\dot{Z}_1^+ = \frac{\dot{Z}_{\mathrm{L1}}^+ \dot{Z}_{\mathrm{L2}}^+}{\dot{Z}_{\mathrm{L1}}^+ + \dot{Z}_{\mathrm{L2}}^+ + \dot{Z}_{\mathrm{L3}}^+} = \frac{(0.0162 + \mathrm{j}0.0641) \times (0.0605 + \mathrm{j}0.1993)}{(0.0162 + \mathrm{j}0.0641) + (0.0605 + \mathrm{j}0.1993) + (0.0605 + \mathrm{j}0.1993)}$$
$$= (0.0072 + \mathrm{j}0.0276)\Omega$$

$$\dot{Z}_2^+ = \frac{\dot{Z}_{\mathrm{L1}}^+ \dot{Z}_{\mathrm{L3}}^+}{\dot{Z}_{\mathrm{L1}}^+ + \dot{Z}_{\mathrm{L2}}^+ + \dot{Z}_{\mathrm{L3}}^+} = \frac{(0.0162 + \mathrm{j}0.0641) \times (0.0605 + \mathrm{j}0.1993)}{(0.0162 + \mathrm{j}0.0641) + (0.0605 + \mathrm{j}0.1993) + (0.0605 + \mathrm{j}0.1993)}$$
$$= (0.0072 + \mathrm{j}0.0276)\Omega$$

$$\dot{Z}_3^+ = \frac{\dot{Z}_{\mathrm{L2}}^+ \dot{Z}_{\mathrm{L3}}^+}{\dot{Z}_{\mathrm{L1}}^+ + \dot{Z}_{\mathrm{L2}}^+ + \dot{Z}_{\mathrm{L3}}^+} = \frac{(0.0605 + \mathrm{j}0.1993) \times (0.0605 + \mathrm{j}0.1993)}{(0.0162 + \mathrm{j}0.0641) + (0.0605 + \mathrm{j}0.1993) + (0.0605 + \mathrm{j}0.1993)}$$
$$= (0.0267 + \mathrm{j}0.0859)\Omega$$

$$\dot{Z}_4^+ = \frac{\dot{Z}_{\mathrm{T2}}^+ \dot{Z}_{\mathrm{T3}}^+}{\dot{Z}_{\mathrm{T2}}^+ + \dot{Z}_{\mathrm{T3}}^+} = \frac{(0.0267 + \mathrm{j}0.7614) \times (0.0267 + \mathrm{j}0.7614)}{(0.0267 + \mathrm{j}0.7614) + (0.0267 + \mathrm{j}0.7614)} = (0.0134 + \mathrm{j}0.3807)\Omega$$

$$\dot{Z}_5^+ = \dot{Z}_{\mathrm{S}}^+ + \dot{Z}_1^+ = (0.02 + \mathrm{j}0.2) + (0.0072 + \mathrm{j}0.0276) = (0.0272 + \mathrm{j}0.2276)\Omega$$

$$\dot{Z}_6^+ = \dot{Z}_G^+ + \dot{Z}_{\mathrm{T1}}^+ + \dot{Z}_2^+ = (0.2239 + \mathrm{j}3.2) + (0.1469 + \mathrm{j}2.7461) + (0.0072 + j0.0276) =$$
$$= (0.3779 + \mathrm{j}5.9737)\Omega$$

$$\dot{Z}_7^+ = \dot{Z}_3^+ + \dot{Z}_4^+ = (0.0267 + \mathrm{j}0.0859) + (0.0134 + \mathrm{j}0.3807) = (0.04 + \mathrm{j}0.4666)\Omega$$

$$\dot{Z}_k^+ = \dot{Z}_7^+ + \frac{\dot{Z}_5^+ \dot{Z}_6^+}{\dot{Z}_5^+ + \dot{Z}_6^+} = (0.04 + \mathrm{j}0.4666) + \frac{(0.0272 + \mathrm{j}0.2276) \times (0.3779 + j5.9737)}{(0.0272 + j0.2276) + (0.3779 + j5.9737)} =$$
$$= (0.0657 + \mathrm{j}0.6859)\Omega$$

$$Z_k^+ = \sqrt{(R_k^+)^2 + (X_k^+)^2} = \sqrt{0.0657^2 + 0.6859^2} = 0.689\Omega$$

2. 负序网络

图 5.37 为折算成等效负序网络的结构图。

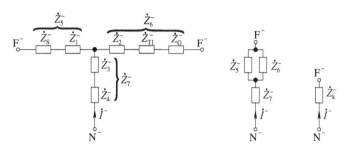

图 5.37　简化等效负序网络

（1）计算电网参数

① 馈线参数

$$R_S^- = R_S^+ = 0.02\Omega$$

$$X_S^- = X_S^+ = 0.2\Omega$$

② 发电机参数

$$R_G^- = R_G^+ = 0.2239\Omega$$

$$X_G^- = \frac{X^-}{100} \cdot \frac{U_{nK}^2}{S_{nG}} = \frac{18}{100} \times \frac{20^2}{15} = 4.8\Omega$$

③ 电力线路参数

$$R_{L1}^- = R_{L1}^+ = 0.0162\Omega$$

$$X_{L1}^- = X_{L1}^+ = 0.0641\Omega$$

$$R_{L2,3}^- = R_{L2,3}^+ = 0.0605\Omega$$

$$X_{L2,3}^- = X_{L2,3}^+ = 0.1993\Omega$$

④ 变压器参数

$$R_{T1}^- = P_{T1}^+ = 0.1469\Omega$$

$$X_{T1}^- = X_{T1}^+ = 2.7461\Omega$$

$$R_{T2,3}^- = P_{T2,3}^+ = 0.0267\Omega$$

$$X_{T2,3}^- = X_{T2,3}^+ = 0.7614\Omega$$

（2）计算短路阻抗

$$\dot{Z}_1^- = \frac{\dot{Z}_{L1}^- \dot{Z}_{L2}^-}{\dot{Z}_{L1}^- + \dot{Z}_{L2}^- + \dot{Z}_{L3}^-} = \frac{(0.0162 + j0.0641) \times (0.0605 + j0.1993)}{(0.0162 + j0.0641) + (0.0605 + j0.1993) + (0.0605 + j0.1993)} =$$

$$= (0.0072 + j0.0276)\Omega$$

$$\dot{Z}_2^- = \frac{\dot{Z}_{L1}^- \dot{Z}_{L3}^-}{\dot{Z}_{L1}^- + \dot{Z}_{L2}^- + \dot{Z}_{L3}^-} = \frac{(0.0162 + j0.0641) \times (0.0605 + j0.1993)}{(0.0162 + j0.0641) + (0.0605 + j0.1993) + (0.0605 + j0.1993)} =$$

$$= (0.0072 + j0.0276)\Omega$$

$$\dot{Z}_3^- = \frac{\dot{Z}_{L2}^- \dot{Z}_{L3}^-}{\dot{Z}_{L1}^- + \dot{Z}_{L2}^- + \dot{Z}_{L3}^-} = \frac{(0.0605 + j0.1993) \times (0.0605 + j0.1993)}{(0.0162 + j0.0641) + (0.0605 + j0.1993) + (0.0605 + j0.1993)} =$$

$$= (0.0267 + j0.0859)\Omega$$

$$\dot{Z}_4^- = \frac{\dot{Z}_{T2}^- \dot{Z}_{T3}^-}{\dot{Z}_{T2}^- + \dot{Z}_{T3}^-} = \frac{(0.0267 + j0.7614) \times (0.0267 + j0.7614)}{(0.0267 + j0.7614) + (0.0267 + j0.7614)} = (0.0134 + j0.3807)\Omega$$

$$\dot{Z}_5^- = \dot{Z}_S^- + \dot{Z}_1^- = (0.02 + j0.2) + (0.0072 + j0.0276) = (0.0272 + j0.2276)\Omega$$

$$\dot{Z}_6^- = \dot{Z}_G^- + \dot{Z}_{T1}^- + \dot{Z}_2^- = (0.2239 + j4.8) + (0.1469 + j2.7461) + (0.0072 + j0.0276) =$$
$$= (0.3779 + j7.5737)\Omega$$

$$\dot{Z}_7^+ = \dot{Z}_3^- + \dot{Z}_4^- = (0.0267 + j0.0859) + (0.0134 + j0.3807) = (0.04 + j0.4666)\Omega$$

$$\dot{Z}_k^- = \dot{Z}_7^- + \frac{\dot{Z}_5^- \dot{Z}_6^-}{\dot{Z}_5^- + \dot{Z}_6^-} = (0.04 + j0.4666) + \frac{(0.0272 + j0.2276) \times (0.3779 + j7.5737)}{(0.0272 + j0.2276) + (0.3779 + j7.5737)} =$$
$$= (0.0659 + j0.6859)\Omega$$

$$Z_k^- = \sqrt{(R_k^-)^2 + (X_k^-)^2} = \sqrt{0.0659^2 + 0.6876^2} = 0.6907\Omega$$

3. 零序网络

图 5.38 为折算成等效零序网络的结构图。

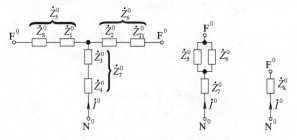

图 5.38　简化等效零序网络

（1）计算网络参数

1）馈线参数

$$R_S^0 = \frac{Z^0}{Z^+} R_S^+ = 1.5 \times 0.02 = 0.03\Omega$$

$$X_S^0 = \frac{Z^0}{Z^+} X_S^+ = 1.5 \times 0.2 = 0.3\Omega$$

2）发电机参数

$$X_G^0 = \infty; \quad R_G^0 = \infty$$

3）电力线路参数

$$R_{L1}^0 = r_{01}^0 l_1 \left(\frac{U_{nK}}{U_{nL1}}\right)^2 = 0.254 \times 10 \times \left(\frac{20}{110}\right)^2 = 0.084\Omega$$

$$X_{L1}^0 = x_{01}^0 l_1 \left(\frac{U_{nK}}{U_{nL1}}\right)^2 = 1.132 \times 10 \times \left(\frac{20}{110}\right)^2 = 0.3742\Omega$$

$$R_{L2,3}^0 = r_{02,3}^0 l_{2,3} \left(\frac{U_{nK}}{U_{nL2,3}}\right)^2 = 0.325 \times 15 \times \left(\frac{20}{110}\right)^2 = 0.1612\Omega$$

$$X_{\mathrm{L2,3}}^0 = x_{02,3}^0 l_{2,3}\left(\frac{U_{\mathrm{nK}}}{U_{\mathrm{nL2,3}}}\right)^2 = 1.306\times15\times\left(\frac{20}{110}\right)^2 = 0.6476\Omega$$

4）变压器参数

$$R_{\mathrm{T1}}^0 = R_{\mathrm{T1}}^+ = 0.1469\Omega \quad R_{\mathrm{T2}}^0 = R_{\mathrm{T2}}^+ = 0.0267\Omega \quad R_{\mathrm{T3}}^0 = \infty$$

$$X_{\mathrm{T1}}^0 = X_{\mathrm{T1}}^+ = 2.7461\Omega \quad X_{\mathrm{T2}}^0 = X_{\mathrm{T2}}^+ = 0.7614\Omega \quad X_{\mathrm{T3}}^0 = \infty$$

（2）计算短路阻抗

$$\dot{Z}_1^0 = \frac{\dot{Z}_{\mathrm{L1}}^0 \dot{Z}_{\mathrm{L2}}^0}{\dot{Z}_{\mathrm{L1}}^0 + \dot{Z}_{\mathrm{L2}}^0 + \dot{Z}_{\mathrm{L3}}^0} = \frac{(0.084+\mathrm{j}0.3741)\times(0.1612+\mathrm{j}0.6476)}{(0.084+\mathrm{j}0.3741)+(0.1612+\mathrm{j}0.6476)+(0.1612+\mathrm{j}0.6476)} =$$
$$= (0.0334+\mathrm{j}0.1452)\Omega$$

$$\dot{Z}_2^0 = \frac{\dot{Z}_{\mathrm{L1}}^0 \dot{Z}_{\mathrm{L3}}^0}{\dot{Z}_{\mathrm{L1}}^0 + \dot{Z}_{\mathrm{L2}}^0 + \dot{Z}_{\mathrm{L3}}^0} = \frac{(0.084+\mathrm{j}0.3741)\times(0.1612+\mathrm{j}0.6476)}{(0.084+\mathrm{j}0.3741)+(0.1612+\mathrm{j}0.6476)+(0.1612+\mathrm{j}0.6476)} =$$
$$= (0.0334+\mathrm{j}0.1452)\Omega$$

$$\dot{Z}_3^0 = \frac{\dot{Z}_{\mathrm{L2}}^0 \dot{Z}_{\mathrm{L3}}^0}{\dot{Z}_{\mathrm{L1}}^0 + \dot{Z}_{\mathrm{L2}}^0 + \dot{Z}_{\mathrm{L3}}^0} = \frac{(0.1612+\mathrm{j}0.6476)\times(0.1612+\mathrm{j}0.6476)}{(0.084+\mathrm{j}0.3741)+(0.1612+\mathrm{j}0.6476)+(0.1612+\mathrm{j}0.6476)} =$$
$$= (0.0639+\mathrm{j}0.2512)\Omega$$

$$\dot{Z}_4^0 = \dot{Z}_{\mathrm{T2}}^0 = (0.0267+\mathrm{j}0.7614)\Omega$$

$$\dot{Z}_5^0 = \dot{Z}_{\mathrm{S}}^0 + \dot{Z}_1^0 = (0.03+\mathrm{j}0.3)+(0.0334+\mathrm{j}0.1452)=(0.0634+\mathrm{j}0.4452)\Omega$$

$$\dot{Z}_6^0 = \dot{Z}_{\mathrm{T1}}^0 + \dot{Z}_2^0 = (0.1469+\mathrm{j}2.7461)+(0.0334+\mathrm{j}0.1452)=(0.1802+j2.8913)\Omega$$

$$\dot{Z}_7^0 = \dot{Z}_3^0 + \dot{Z}_4^0 = (0.0639+\mathrm{j}0.2512)+(0.0267+\mathrm{j}0.7614)=(0.0906+\mathrm{j}1.0126)\Omega$$

$$\dot{Z}_k^0 = \dot{Z}_7^0 + \frac{\dot{Z}_5^0 \dot{Z}_6^0}{\dot{Z}_5^0 + \dot{Z}_6^0} = (0.0906+\mathrm{j}1.0126)+\frac{(0.0634+\mathrm{j}0.4452)\times(0.1802+\mathrm{j}2.8913)}{(0.0634+\mathrm{j}0.4452)+(0.1802+\mathrm{j}2.8913)} =$$
$$= (0.1414+\mathrm{j}1.3987)\Omega$$

$$Z_k^0 = \sqrt{(R_k^0)^2+(X_k^0)^2} = \sqrt{0.1414^2+1.3987^2} = 1.4058\Omega$$

（3）计算短路电流初始值[见式（5.58）]

$$Z_{k3} = Z_k^+ = 0.689\Omega$$

$$I_{k3}'' = I^+ = \frac{cU_{\mathrm{nK}}}{\sqrt{3}Z_{k3}} = \frac{1.1\times20}{\sqrt{3}\times0.689} = 18.435\mathrm{kA}$$

$$\dot{Z}_{k1} = \dot{Z}_k^+ + \dot{Z}_k^- + \dot{Z}_k^0 = (0.0657+\mathrm{j}0.6859)+(0.0659+\mathrm{j}0.6876)+(0.1414+\mathrm{j}1.3987) =$$
$$= (0.27431+\mathrm{j}2.7722)\Omega$$

$$Z_{k1} = \sqrt{(R_{k1})^2+(X_{k1})^2} = \sqrt{0.2731^2+2.7722^2} = 2.7856\Omega$$

$$I^+ = I^- = I^0 = \frac{cU_{\mathrm{nK}}}{\sqrt{3}Z_{k1}} = \frac{1.1\times20}{\sqrt{3}\times2.7856} = 4.56\mathrm{kA}$$

$$I_{k1}'' = 3I^+ = 3\times4.56 = 13.679\mathrm{kA}$$

（4）计算峰值短路电流

1）参数 κ［见式（5.70）］

$$\kappa_{k3} = 1.02 + 0.98e^{-3R_{k3}/X_{k3}} = 1.02 + 0.98e^{-3\times\frac{0.0657}{0.6859}} = 1.755$$

$$\kappa_{k1} = 1.02 + 0.98e^{-3R_{k1}/X_{k1}} = 1.02 + 0.98e^{-3\times\frac{0.2731}{2.7722}} = 1.749$$

2）峰值短路电流［见式（5.69）］

$$i_{pk3} = \kappa_{k3}\times\sqrt{2}\quad I''_{k3} = 1.755\times\sqrt{2}\times18.435 = 45.757\text{kA}$$

$$i_{pk1} = \kappa_{k1}\times\sqrt{2}\quad I''_{k1} = 1.47\times\sqrt{2}\times13.679 = 33.841\text{kA}$$

参 考 文 献

[1] IEC 60909:0-4. *Short-circuit current calculation in three-phase AC systems*, 2002.

[2] de Metz-Noblat, B., Dumas, F., Poulain, C. – *Calculation of short-circuit currents*, Cahier technique No. 158, Schneider Electric, June 2000.

[3] Marconato, R. *Electric power systems*. Vol. 2, *Steady-state behaviour, controls, short-circuits and protection systems*, CEI-Italian Electrotechnical Committee, Milano, 2004.

[4] Guille, A.E., Paterson, W. *Electrical power system*, Vol. 1, 2nd edition (SI/Metric Units), Pergamon Press, 1979.

[5] Fortescue, C.L. Method of symmetrical coordinates applied to the solution of polyphase networks, *AIEE Trans.*, Vol. 37, pp. 1027–1140, 1918.

[6] Stevenson, W.D. *Elements of power system analysis*, 4th edition, McGraw-Hill, Inc., 1982.

[7] Das, J.C. *Power systems analysis: short-circuit load flow and harmonics*, CRC Press, New York, Basel, 2012.

[8] Eremia, M., et al. (editors). *Electric power systems. Vol. I. Electric networks*, Publishing House of the Romanian Academy, Bucharest, 2006.

[9] Kimbark, E.W. *Power system stability. Vol. I. Elements of stability calculations*, John Wiley & Sons, Inc., New York, London, 1961.

[10] Kundur, P. *Power system stability and control*, McGraw-Hill, Inc., New York, 1994.

[11] Anderson, P.M. *Analysis of faulted power systems*, Iowa State University Press, Ames, Iowa, 1973.

[12] Rush, P. (Coordinator) *Network protection & automation: Guide*, Alstom, 2002.

[13] Eremia, M., Crişciu, H., Ungureanu, B., Bulac, C. *Computer aided analysis of the electric power system states*, Technical Publisher, Bucharest, 1985. (in Romanian).

第6章

有功功率和频率控制

Les Perira

6.1 概述

全世界的电力系统基本上都是同步运行的互联系统,其中交流发电机通过输电系统并联在一起,以相同的频率为负载供电[⊖]。本章详细介绍了电力系统的"有功功率和频率控制"。这也称为"负载频率控制",特别是在前欧洲输电协调联盟(UCTE)[⊖][1]中,其在欧洲运营,为4.5亿多用户供电。

在每个时间点,发电量和负载(含损耗)都应匹配,否则互联系统中将出现频率偏差。如果不匹配较小(例如,随机负载波动),则偏差较小;如果不匹配较大(例如,大型发电机或工厂跳闸),则偏差较大。相对于标称频率的偏差为正偏差或负偏差,分别取决于互联系统中相对于负载(含损耗)的发电量是否过多或不足。

能量差存储在系统的旋转质量中,包括发电和动态负载(电动机)。通常,负载下降会产生多余的机械能。

来自原动机(涡轮机)的能量将被存储在发电机惯量中,并导致系统能量增加并增加频率。

为了了解负载频率和控制在实际的互联系统中的工作方式,有必要了解系统大小(大型或小型 MW 系统),发电惯性(H,以 MW-sec/MVA 为单位)之间的关系,以及引起频率偏差的干扰的性质和大小。将讨论两个大型的互联系统:欧洲的 UCTE 和美国的 NERC[⊖][2]互联。

但是,该讨论可以普遍适用于其他国家或地区的大型和小型系统。

前欧洲输电协调联盟(UCTE)系统是一个非常大的互联电力系统,如图 6.1 所示,峰值约为 600 000MWh,发电机每年通过高度互联的传输系统(包括 200 000km 的 400kV 和 220kV 线路)提供 2300TWh 的电力消耗。

相比之下,2005 年美国的电力消耗为 4055TWh[3],但由三个相互独立运行的互联系统供电,即西部电力协调委员会(WECC))[⊕]约为 16 万 MW 峰值[4]。得克萨斯州的 ERCOT

○ 传输系统主要是交流电或交流电。但是,在交流系统中也可能存在大型高压直流(HVDC)链路。
○ UCTE 以前是"欧洲输电协调联盟"[1]。注意:尽管 UCTE 已包含在新创建的 ENTSO-E(欧洲电力传输系统运营商网络)中,但我们仅指前 UCTE。
○ NERC 网站是 www.nerc.com。以前是北美电力可靠性委员会,现在是北美电力可靠性公司[2]
○ WECC 是西方电力协调委员会[4]

地区（约 70 000MW 峰值），其余地区包括东部互联（约 660 000MW 峰值）。

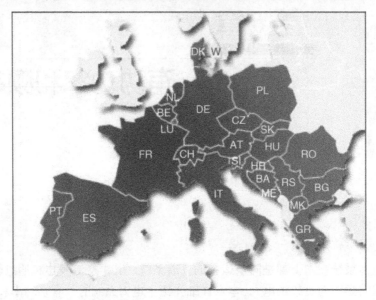

图 6-1　欧洲 VCTE 系统图

NERC 区域的图如图 6.2 所示。

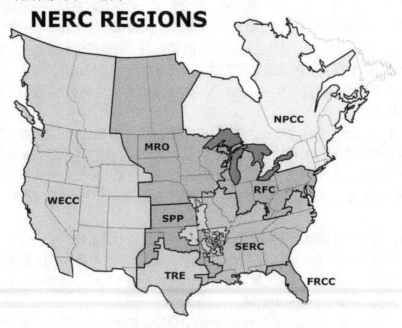

图 6.2　美国和加拿大 NERC 区域

美国电网在北部与加拿大电网连接，在南部与巴哈墨西哥电网连接，但此处提供的数据仅来自美国政府能源信息管理局（EIA），仅针对美国部分。

6.2　实际频率偏差

6.2.1　小扰动和偏差

前欧洲输电协调联盟（UCTE）系统中典型的小频率偏差如图 6.3[1]所示，说明在大约 4min 的间隔内，与额定 50Hz 运行的偏差已由负向正进行，即欠出力结束。

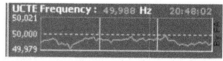

这些小的偏差可能是由于多种不匹配原因造成的，包括负载的随机差异，由于不正确的负载预测与系统调度而导致的不匹配，与负载偏差不同步的慢速或快速斜坡，AGC（自动发电控制）动作导致的差异等最终将得到纠正。

图 6.3　VCTE 中典型的小频率偏差响应

6.2.2　大扰动和偏差

较大的偏差可能归因于发电机跳闸或负载跳闸，补救系统动作（RAS），也称为特殊保护系统（SPS）动作，会导致发电机或负载跳闸等。

很明显，1000MW 的发电量跳闸在相对较小的系统（例如 ERCOT）中会产生非常大的频率偏差，但在西部电力协调委员会（WECC）中将会导致较小的频率偏差，在东部互连系统中的频率偏差甚至会更小。

西部电力协调委员会（WECC）中 1250MW 发电量跳闸和由此产生的频率偏差如图 6.4 所示；这些是西部电力协调委员会（WECC）为确定调速器响应和建模而进行的分阶段试验的结果，下面将在以下各节中详细讨论。需要注意的是，美国和加拿大的标准频率为 60Hz，而欧洲为 50Hz。

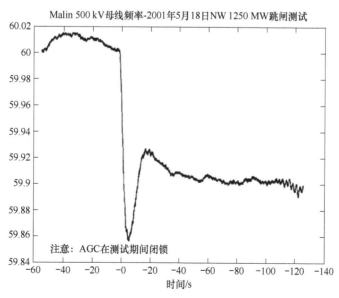

图 6.4　2001 年 5 月 18 日西部电力协调委员会（WECC）中 1250MW 发电量跳闸，导致了很大的频率响应误差

6.3 "有功功率和频率控制"或"负荷频率控制"的典型标准和政策

6.3.1 前欧洲输电协调联盟（UCTE）负荷频率控制

负荷频率控制（LFC）在"前欧洲输电协调联盟（UCTE）操作手册"中进行了描述，它是出于可靠性和经济运行的原因，必须进行的供应和需求之间的一种持续平衡。"前欧洲输电协调联盟（UCTE）操作手册"是一本手册，包括发电控制、性能监测和报告、储备、安全标准和特殊的操作措施。"操作手册"的基本目标是确保所有连接到同步区域的传输系统运营商（TSO）之间的互操作性。平衡质量可以从系统频率得出，从其 50Hz 的设定点开始应该不会有太大变化。LFC 分为以下 5 个控件：

1）一次控制；

2）二次控制；

3）三次控制；

4）时间控制；

5）紧急情况下的措施。

控制动作在不同的连续步骤中执行，每个步骤具有不同的特征，并且所有步骤相互依赖：

1）在所有任务的共同行动下，一次控制在几秒钟内开始；

2）二次控制会在几分钟后取代初步控制，并由负责的相关任务进行行动；

3）三次控制通过重新计划发电恢复二次控制储备，并由负责的相关任务进行行动；

4）时间控制需要所有任务共同行动，可以长期纠正同步时间的全局时间偏差。

6.3.1.1 调速器一次控制

一次控制的目标是在同步区域内使用涡轮转速或涡轮调速器，保持发电和消耗（需求）之间的平衡。实际上，从事件开始，执行一次控制操作的时间为几秒钟（尽管没有故意延迟调速器），但当储备量只占一次控制所有储备的 50%或比之更少时，它的部署时间最多为 15s，而储备量从 50%增加到 100%时，最大部署时间则会线性增加到 30s。

为避免在标准频率或接近标准频率的未受干扰的操作中调用一次控制，频率偏差不应超过±20mHz。这样可以减少由于过于频繁的操作而导致的调速器磨损，并且可以让操作超出调速器的死区。减载方案的启动频率为 49Hz 及以下；因此，瞬时频率不应低于 49.2Hz。最大动态频率不应超过 50.8Hz。每个控制区域都应该为一次控制储备服务。在美国，60Hz 系统存在类似的参数。

6.3.1.2 自动发电二次控制（AGC）

二次控制在考虑控制程序的情况下，应该保持每个控制区域/块内的产生和消耗（需求）以及同步区域内的系统频率之间的平衡，而不损害在同步区域内并行操作但以秒为间隔的一次控制。

二次控制利用集中式自动发电控制，可在几秒钟的时间内将典型的有功功率设定点/发电机组的调整时间调整为 15min。二次控制基于自动控制的二次控制储备。充分的二次控制取决于发电公司向传输系统运营商提供的发电资源。必须通过单个自动二次控制器在相应的控制中心执行二次控制，该二次控制器需要以在线和闭环方式运行。为了没有剩余误差，二次控制器必须是 PI（比例积分）类型。积分项必须是有限的，以便有一个非结束控制动作，能够在大的变化或区域控制误差（ACE）的符号变化时立即做出反应。在每个控制区/块内，单个区域控制误差（ACE）需要连续控制为零。区域控制误差（ACE）计算公式为功率控制误差和频率控制误差之和（$G = \Delta P + K \cdot \Delta f$）。

6.3.1.3　三次控制

三次控制使用三级储备（15min 储备），通常在激活二次控制后由 TSO 手动激活以释放二级储备。三次控制通常由 TSO 负责。

6.3.1.4　负载的自动调节

所有同步区域的负荷自动调节不能由法规强制执行。一般假设为 1%/Hz；这意味着在频率下降 1Hz 的情况下，负载下降 1%。

6.3.2　NERC（美国）标准

美国系统包括许多独立控制或通过 ISO（独立系统运营商）控制的控制区域（平衡机构 BAL）。因此，可靠性标准阐明了操作规则，而不是 UTCE 手册中详细的操作要求和程序。NERC 没有对"一次控制"和"二次控制"进行详细说明，但普遍认为调速器是一次控制，AGC（自动发电控制）系统是二次控制。NERC 要求调速器采用 5%的下垂特性。然而，正如第 6.4 节"调节器"中所述，作为主要控制装置的火电机组调节器的拾取性能正在逐渐下降，因为越来越多的机组目前在功率控制器下运行，导致扰动期间频率响应的延迟。西方电力协调委员会（WECC），特别是在调查发电机的响应延迟方面起了重要作用。这将在 6.5.5 节中进一步讨论。

相关的 NERC 功率和频率控制标准目前如下：

1）BAL-001 实际功率平衡控制。其目的是通过实时平衡实际电力需求和供电，将互联稳态频率保持在规定的范围内。

2）BAL-002 干扰控制标准（DCS）。这样做的目的是确保平衡管理系统能够利用其应急储备来平衡资源和需求，并在可报告的干扰之后在规定的限度内返回互连频率。由于发电机故障远比负载的重大损失更常见，并且由于应急储备激活通常不适用于负载损失，因此 DCS 的应用仅限于供电损失，不适用于负载损失。

3）BAL-003 频率响应和偏置。该标准提供了一种计算区域控制误差（ACE）频率偏差分量的一致方法。

4）BAL-004 时间误差校正。本标准的目的是确保以不会对互连可靠性产生不利影响的方式进行时间误差校正。

5）BAL-005 自动发电控制。该标准建立了平衡机构自动生成控制的要求，这是计算区域控制错误和定期部署调节储备所必需的。该标准还确保所有与互连电气同步的设施和负载都包含在平衡区域的计量边界内，以便实现资源和需求的平衡。

6.3.3 其他国家的标准

其他国家的标准通常遵循欧洲前欧洲输电协调联盟（UCTE）和美国 NERC 中规定的相同的规则和方法。当地的系统条件，特别是系统的相对规模，在确定其标准和强调一次和二次控制和备用等方面，起着很大的作用。

6.4 系统建模、惯性、下垂、调节和动态频率响应

为了理解负载频率控制问题，建立了使用调速器下垂运行的单台发电机的基本"摆动方程"，并将其推广到多台发电机并联的一个"区域"。建立了由联络线连接的两个区域的模型，并对每个区域都有并联发电机的两个区域模型进行了负荷频率控制。利用两区域模型描述了 AGC（自动发电控制）控制的基本形式。"系统惯性"、"系统下垂"和系统对波动频率响应的概念与"区域"模型有关。

6.4.1 系统动态和负载阻尼的框图

当系统中发生干扰且系统频率偏离时，每台发电机都会经历第 2 章和第 10 章以及参考文献[5,6]中所讨论[⊖]的加速或减速转矩 C_a。

如果考虑发电机的机电模型，在 2.1.2 节中内容可推导，由式（2.10）给出

$$2H\frac{\mathrm{d}\omega}{\mathrm{d}t}+D\omega=C_\mathrm{m}-C_\mathrm{e}\approx P_\mathrm{m}-P_\mathrm{e}$$

$$\frac{\mathrm{d}\delta}{\mathrm{d}t}=\omega_0\omega \tag{2.12}$$

式中，C_m 是发电机机械转矩；C_e 是电磁转矩；H 是惯性常数，$2H=M$，M 是机械起动时间。

注意：所有同步区域的负载（表示为 D）的自调节通常假设为 1%/Hz；这意味着在频率下降 1Hz 的情况下，负载会下降 1%。因此，如果采用负载阻尼，则等式中的 $D=1$。

系统动态和负载阻尼的框图如图 6.5 所示。

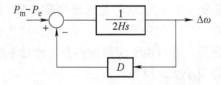

图 6.5 系统动态和负载阻尼的框图

简化框图，可以使用 $1/(2H_\mathrm{s}+D)$ 将两个块组合成单个正向块。

6.4.2 调速器下垂特性对调节的影响

设备的调节方式被定义为"下垂率"R，R 等于

$$R=\frac{\Delta\omega}{\Delta P} \tag{6.1}$$

⊖ 在实践中，发电机的惯性大于汽轮机的惯性。

下垂控制对频率调节的影响如图 6.6 的框图所示。

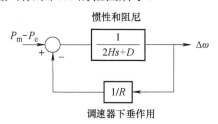

图 6.6　系统动态、负载阻尼和调速器下垂的框图

图 6.7 显示了在 50%和 100%频率下的带负载机组，具有 4%的下垂调节。然后，该机组将在零负载状态下，过频 2%运行，在 100%负载下，频率为 98%（欠频 2%运行）。

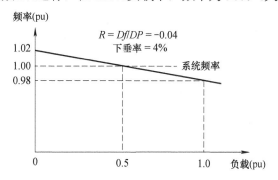

图 6.7　调速器以 100%的频率带 50%的负载下垂运行

6.4.3　通过调整原动机功率来增加负载

通过增加变速器设置（也称为负载参考设定点），机组将以 90%的更高输出负载，如图 6.8 所示，系统频率保持在 100%不变。

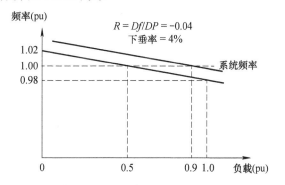

图 6.8　调速器以 100%的频率带 90%的负载下垂运行

6.4.4　多台发电机的并联运行

假设两台机组变速器的设置不同，且均在相同的 100%系统频率下运行，则机组将根据其设置承担负载，如图 6.9 所示。

如图 6.10 所示，对图 6.6 的框图进行了修改，以显示具有不同下垂率的并联运行发电机

R_1、R_2 和 R_3。因此，惯性常数 H、阻尼 D 代表了系统惯性和阻尼。

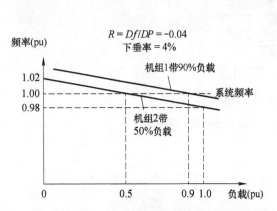

图 6.9　两个发电机并联运行，在 100% 系统频率下
具有不同的调速器设置

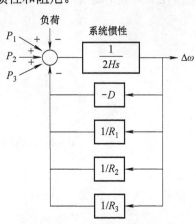

图 6.10　发电机的并联运行框图

具有零下垂率的等时操作对于互连操作是不可行的，因为下垂特性对于负载分配是必不可少的。但是，孤岛型系统可以具有等时操作。

具有不同的变频器设置和不同的下垂率的示例将使孤立系统中的发电机并联运行更加清晰。

案例 1[5]

额定功率为 500MVA、下垂率为 6% 和额定功率为 200MVA、下垂率为 4% 的两个发电机组在孤立系统中并行运行。它们以 100% 的系统频率共享 700MW 的负载。1 号机组提供 500MW，2 号机组提供 200MW。如果负载减少 80MW，找到每个机组的稳态频率和发电量。假设频率每变化 1%，负载变化 1%。

解决方案：

使用 1000MVA 作为功率基准值以及式（6.1），得出

　　下垂率：

$$R_1 = (0.06)/(500/1000) = 0.12\text{pu}$$
$$R_2 = (0.04)/(200/1000) = 0.2\text{pu}$$

　　单位负载变化：$\Delta P_L = -80/1000 = -0.08\text{pu}$

　　阻尼：$D = 1\text{pu}$

由于最终稳态运行，因此可以忽略由于 $2Hs$ 因素引起的瞬变。单个机组的下垂率由

$$R_1 - \frac{\Delta \omega}{\Delta P_1} \text{ 且 } R_2 - \frac{\Delta \omega}{\Delta P_2}$$

两个机组的频率变化相同。将上面的式子带入到下面的式子中，每个生成的拾取值总和等于负载变化：

$$\Delta P_1 + \Delta P_2 = \Delta P_L$$

并给出孤立系统的频率偏差，如下所示：

$$\frac{\Delta\omega}{R_1} + \frac{\Delta\omega}{R_2} = \boxed{\Delta P_L = \frac{\Delta\omega}{R_{sys}}}$$

其中，R_{sys} 是 "系统等效下垂率"，由下式给出

$$\frac{1}{R_{sys}} = \frac{1}{R_1} + \frac{1}{R_2}$$

如图 6.10 所示，加上负载阻尼 D 的影响，频率偏差为

$$\Delta\omega = \frac{\Delta P_L}{(1/R_1) + (1/R_2) + D} = \frac{-0.08}{(1/0.12) + (1/0.2) + 1.0} = -0.00558 \text{pu}$$

$$\Delta f = -0.00558 \text{pu} \times 60 \text{Hz} = -0.3349 \text{Hz}$$

在这些条件下，1 号机组的有功功率偏差为

$$\Delta P_1 = \frac{\Delta\omega}{R_1} \cdot 1000 = -46.51 \text{MW}$$

2 号机组的有功功率偏差为

$$\Delta P_2 = \frac{\Delta\omega}{R_2} \cdot 1000 = -27.91 \text{MW}$$

因此，在新条件下，1 号机组将提供 453.5MW，2 号机组将提供 172.1MW，新的工作频率为 59.6651Hz。

负载阻尼为 D=(−0.00558×1.0)×1000 = −5.58MW。

在初始负载下，等效系统下垂率为

$$R_{sys} = \frac{1}{(1/0.12) + (1/0.2) + 1} = 0.0697$$

而在发生负载偏差后，它增加到

$$R_{sys} = \frac{\Delta\omega}{\Delta P_L} = \frac{0.00558}{0.08} = 0.0725$$

使用机器基准值和下垂率，其拾取值[⊖]与公式 $\Delta P_1 = \Delta\omega / R_1$ 中的值相同，为

1 号机组　ΔP_1= −0.00558/0.06 · 500 = −46.51MW

2 号机组　ΔP_2= −0.0056/0.04 · 200 = −27.91MW

因此，由调速器在系统中产生的发电机拾取值与机器自身的基准值近似成线性比例，并且在给定的频率偏差下使用公式

$$\Delta P = \frac{\Delta\omega}{R}$$

6.4.5　孤岛区域的建模和响应

经过以上讨论，很明显，可以使用等效系统惯量 H（以 s 为单位）、等效系统下垂率 R_{sys} 和区域阻尼 D 的概念来近似建模隔离区域或互联。

上一节提出了下垂率 R_{sys} 的等效公式。H_{sys} 可以根据在发电机旋转质量之间分布的系统中存储的能量的第一原理类似地给出，并且可以简单地将所有发电机的输出有功功率之和除以发电机容量之和。系统惯性 H 值通常在 2～10s 的范围内。

⊖　任何细微的差异都是由于阻尼效应引起的，在计算中可以忽略不计。

因此，原则上可以在区域中使用图 6.11 改进图 6.6 的模型，该模型在定义上有一些变化，因为频率偏差是为整个互连定义的。适用于系统下垂率的公式为

$$\frac{1}{R_1} = \frac{1}{R_2} + \cdots = \frac{1}{R_{sys}}$$

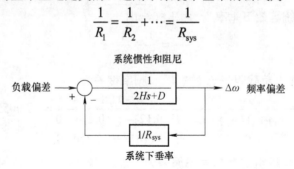

图 6.11 系统频率响应、惯性、下垂率和阻尼的框图

系统下垂率和系统惯量都可以从已知事件（例如大型发电机或工厂跳闸）后的干扰记录中近似估算得出。随着系统的发电量、负载和旋转备用容量的变化，这些参数的响应和值也将变化。在确定运行极限的研究中，系统惯性的值是在允许的运行传递容量列线图（SCIT）中要考虑的一个因素，例如，在南加州的西部电力协调委员会。

发电机大跳闸引起的系统频率响应和系统下垂的概念是在西部电力协调委员会中进行的系统跳闸测试的制定和分析的核心，从而开发出精确的"新型热调速器模型"（第 6.5.5 节）。这项工作包括在所有自动增益控制都闭锁的情况下进行系统测试，以便仅获得纯的调速器响应并导致精确的调速器建模，这现已成为西部电力协调委员会中新的频率响应储备标准和运行实践的基础。

第 6.6 节介绍了上述系统区域概念的扩展，其中包括用于自动增益控制的 PI 控制器，它描述了自动增益控制建模的基本概念。

6.5 调速器建模

如第 6.3 节所述，涡轮机调速器是互连系统中频率的"一次控制"，因此其性能和建模对于运行和计划研究至关重要。重要的是要了解互连中发电类型的混合情况，并因此了解在大的频率干扰期间每种类型的调速器的响应可以预期到什么。从美国整体情况来看，表 6.1 给出了美国能源信息署（EIA）[3]给出的 2005 年峰值发电容量的组合。

表 6.1 美国的发电容量

天然气	39%
煤炭	32%
核能	10%
水电	8%
抽水蓄能	2%
石油	6%
其他	3%

从系统反馈的记录中可以看出，水轮机调速器具有对频率偏差的最持久的响应。核能调速器受到阻塞，对频率没有响应。而煤和天然气机组在很大程度上不能以持续的方式对频率响应。由于后者占据的百分比最大，因此主要控制响应性能大大降低。这些问题在参考文献[6]中讨论过。新型的风能和太阳能发电也对频率没有响应。因此，AGC（自动发电控制）的"二次控制"在大规模发电跳闸之后越来越多地发挥发电机始动的作用。

然而，在西部电力协调委员会（WECC）中，发电组合却截然不同；包括抽水蓄能在内的水电站占装机容量的 31%左右，热电厂（煤和天然气）占 61%，核电占 5%。在 WECC中，水电站在西北地区占据主导地位，如后面第 6.5.5 节所示，并且在该系统的大规模发电跳闸之后，西部电力协调委员会（WECC）中的持续发电量首当其冲。

6.5.1　具有下垂的简易调速器模型的响应

在实现"摆动方程 $2H \times d_\omega/d_t = P_m - P_e$ 和下垂方程 $R = \Delta\omega/\Delta P$ 之后，基于图 6.5 和图 6.6中所示的模拟构建块发展了新模型（见图 6.12）。附加传递功能块具有简单的单一时间常数（0.5s），适用于汽轮机再热调节阀门。该模型的其他参数是惯性常数 $H = 5s$ 和阻尼 $D = 0.8$。模型中的载荷步长为20%。该模型假设在孤立系统中运行。

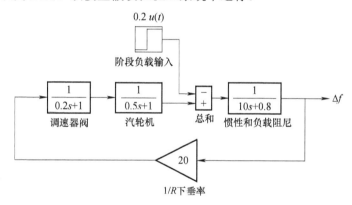

图 6.12　孤立运行的简易调速器下垂模型

在暂态消失 20%负载阶跃、5%下垂调速器和 0.8 阻尼之后的持续频率偏差也可以容易地计算，即 $\Delta\omega = \dfrac{\Delta P_L}{1/R_L + D} = \dfrac{-0.2}{1/0.5 + 0.8} = -0.0096\text{pu}$ 。

图 6.13 反应的是带有阶梯负荷的简单涡轮调速器运行 100s 内的模拟响应。

6.5.2　水轮机调速器建模[⊖]

6.5.2.1　水轮机

水轮机的模型可以从控制涡轮机行为[6-8]的流体动力学特性开始构建。该模型的框图如图 6.14 所示，值得注意的是该模型是非线性的（见图 3.39）。

图 6.14 中的变量定义如下：g 是调速器的门位置；A_t 将实际的涡轮门位置 g 转换为有效门位置 G；G 是有效的门位置；q_* 是水流量，取标幺值；q_{nl*} 是空载时的水流量，取标幺

[⊖] 更多信息见第 3 章第 3.6.2 节。

值；h_*是机头，取标幺值；h_{0*}是初始机头，取标幺值；T_w是水流开始时间；ω/ω_0是单位发电机转速；P_{rat}是涡轮机额定值与发电机额定值之比；C_m是单位发电机转矩。

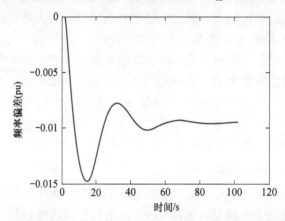

图 6.13　孤立运行的简易调速器下垂模型的频率响应

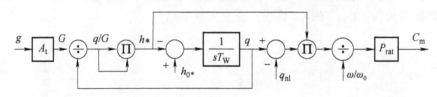

图 6.14　水轮机

实际门位置被转换为有效门位置，可通过下式表示

$$G = \frac{g}{g_{fl} - g_{nl}} = A_t g \qquad (6.2)$$

式中，g_{fl}是满载时的门位置；g_{nl}是空载时的门位置。

每个单位水轮机头h_*由下式给出

$$h_* = \left(\frac{q_*}{G}\right)^2 \qquad (6.3)$$

水流速度q_*是

$$\frac{\mathrm{d}q_*}{\mathrm{d}t} = -\frac{(h_* - h_{0*})}{T_W} \qquad (6.4)$$

水轮机输出功率为

$$P_m = (q_* - q_{nl*})h_* \qquad (6.5)$$

并且发电机转矩C_m是

$$C_m = \frac{P_m}{\omega/\omega_0} P_{rat} \qquad (6.6)$$

零负荷下的水流量来自

$$q_{nl*} = A_t g_{nl} \sqrt{h_{0*}} \qquad (6.7)$$

对于大多数水轮机而言，初始机头h_{0*}有季节性变化。在额定条件下，h_{0*}是统一的。系数

P_{rat} 将水轮机转矩转换为对应的发电机机组转矩。

6.5.2.2 水轮机调速器

图 6.15 的框图反映的是水轮机的典型机械调速器。来自门位置"g"的信号将输入图 6.14 所示的水轮机模型。变量定义在表 6.2 中。

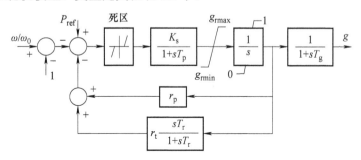

图 6.15 机械调速器

表 6.2 水轮机调速器的变量

参数	描述	典型值	范围
r_p	永态转差系数	0.05	0.04～0.06
r_t	暂态转差系数	0.3	0.2～1.0
T_r	重置时间	5	2.5～25.0
K_s	门伺服增益	5	2～8
T_p	先导伺服时间常数	0.04	0.03～0.05
g_{rmax}	门位置的最大变化率		
g_{rmin}	门位置的最小变化率		
T_g	门功率伺服时间常数	0.2	0.2～0.4
g	门位置		

通常，$T_r = 5T_w$ 并且 $r_t = 2.55T_w/2H$，其中 H 是发电机单元的惯性常数；$T_w = \sum LV_{water}/9.51h_*$ 是水惯性时间常数；L 是压力钢管的长度；V_{water} 是水流速度；h_* 是总压头，常数 9.81 表示重力加速度，单位为 m/s² [7,9]。

当发电机不与电力系统同步时，需要暂态转差系数（或速率反馈）来稳定涡轮机/调速器发电机系统。一旦发电机同步，某些机组可能会停止此控制。

6.5.2.3 水轮机模型

图 6.14 所示的模型用于详细的非线性模型，其中来自门位置 g 的信号馈入水轮机模型。然而，对于许多较小的水电站，非线性模型可以用更简单的模型代替，如图 6.16 所示[9]。输出是机械功率 P_{mech}，它是稳定程序中发电机模型的输入。

典型机械液压执行器的框图如图 3.45 所示。用于仿真的模型如图 6.16 所示，此模型可能未在细节上完全建模。

6.5.2.4 PID 调速器

PID 类型的调整控制器的主要阻尼调整是比例增益（K_p）、积分增益（K_i）和微分增益

（K_d）（见图 6.17）。比例增益的典型调整范围分别为 0~20，积分增益为 0~10s^{-1}，微分增益的典型调整范围是 0~5s。任何特定安装所需的实际调整范围可能与这些参考值不同。

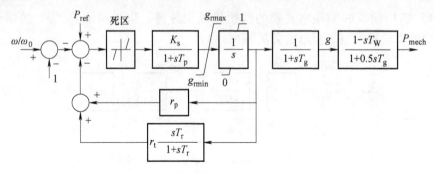

图 6.16　机械调速器和水轮机模型

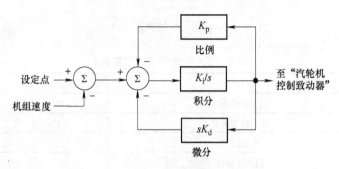

图 6.17　PID 调速器模型

6.5.3　变参数水轮机调速器性能

6.5.3.1　孤立系统调速器仿真

使用机械暂态转差系数水轮机调速器模型进行模拟，一次仅改变一个参数，以显示该参数对孤立系统中的水电机组的调速器响应的敏感[10]。

该模型中的孤立系统包括一个供应一个负载的发电机组。该模型包括暂态转差系数机械调速器（如图 6.18 所示）、水轮机发电系统和机组惯性。它不模拟发电机的发电效应。

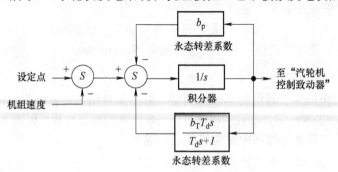

图 6.18　永态转差系数调速器

模拟中的模型基本参数示例如下：
1）永态转差系数 $b_p = 0.05$（5%）。

2）惯性常数 $H = 4.75$。

3）机械起动时间 $M = 2H = 9.5s$。

4）水惯性时间常数 $T_w = 1.24s$。

阻尼（复位）时间常数 $T_d = 5$ ⊖

暂态转差系数 $b_t = 0.27$（27%）⊖

图 6.19 显示了图 6.18 所示的暂态转差系数调速器的频率响应与时间的关系。

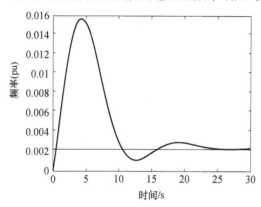

图 6.19　基本情况：5%负载变化阶跃的速度（频率）与时间响应

将惯性常数 H 从 4.75 减小到 3.0，频率响应的斜率更陡，对于更小的单位惯量，阻尼更小。在将 H 从 4.75 增加到 6 时，如图 6.20 所示，响应的斜率较小，阻尼较小。

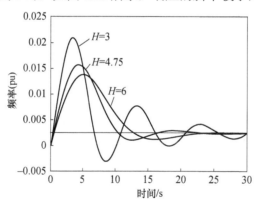

图 6.20　不同惯性常数 H 的影响

图 6.21 显示了不同 T_w 值的 5%负载变化的时间响应。

通过改变水惯性时间常数从 1.24～0.8s，暂态响应峰值以较小的 T_w 降低。当水惯性时间常数增加到 1.6s 时，会达到相反的效果。

图 6.22 显示了暂态转差系数 b_t 的不同值对 5%负载变化的时间响应。

将暂态转差系数从 27%减少到 12%会增加响应速度并增加振荡。暂态转差系数从 27%

⊖　经验公式为 $T_d = 4 \sim 5T_w$。

⊖　经验公式为 $b_t = 2 \sim 2.5 T_w/C_m$。

增加到 40% 会降低响应速度，改善阻尼并减少振荡。

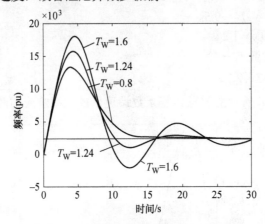

图 6.21　不同水惯性时间常数 T_W 的影响

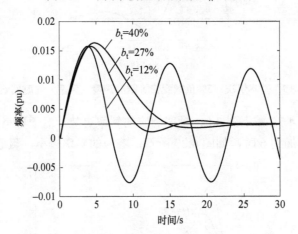

图 6.22　不同的暂态转差系数 b_t 的影响

图 6.23 显示了不同的阻尼时间常数 T_d 对 5% 负载变化的时间响应。

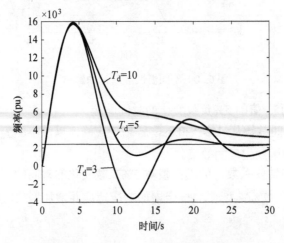

图 6.23　不同的 T_d 对阻尼常数的影响

将 T_d 从 5s 降低到 3s 会降低阻尼，而将 T_d 从 5s 增加到 10s 会增加阻尼。此时，T_d 的设置值被认为是最优的。但值得注意的是，速度的峰值在这三种模拟情况中保持不变，而阻尼会受影响。

图 6.24 显示了不同的永态转差系数 b_p 对 5%负载变化的时间响应。

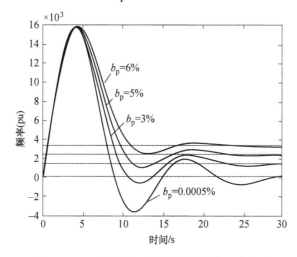

图 6.24　5%负载变化对永态转差系数 b_p 的影响

初始暂态效应衰减后的最终稳态频率偏差是永态转差系数和 5%负载变化的结果。对应 3% b_p 的永态转差系数是 0.15%，5% b_p 是 0.25%，6% b_p 是 0.3%。值得注意的是，最后一次响应是等时操作，其永态转差系数低至 0.0005%，导致最终频率偏差几乎为零。

6.5.3.2　互联系统调速器仿真

为了研究水力发电机组在互联系统中的调速器响应，在一个小型 2000MW 互联系统中的 120MW 机组上使用稳定程序进行了模拟（GE PSLF[11]）。通过两台 120MW 水力发电机组建立互联系统，利用双回线连接到代表系统的 2000MW 同步发电机。所有机器都采用 IEEE 模型来表示涡轮机、调速器、发电机和励磁系统。调速器采用类似于孤立系统案例的机械暂态转差系数水电机组调速器的模型建模。当水力发电厂连接的 100MW 负载被切断时，表示系统中 5%的负载跳闸（见图 6.25）。

每次只对一个参数进行仿真，用来显示该参数对水力发电机组互联系统性能的敏感性。

基本的涡轮机调速器模型参数如下：

1）永态转差系数 b_p =0.05（5%）。

2）惯性常数 H=4.75。

3）阻尼（复位）时间常数 T_d =5s。

4）暂态转差系数 b_t =0.27（27%）。

5）水惯性时间常数 T_w =1.24s。

根据转速下降特性，每台发电机的额定功率下降 5%，120MW 机组在最终稳定状态下下降 6MW。系统频率偏差为 0.25%（0.05×0.05×100）。

仿真结果如图 6.25 所示。值得注意的是，与第 6.5.3.1 节中的孤立系统情况相比，频率瞬变的第一个峰值幅值较小，互联系统中振荡行为更受阻尼影响。最终在 100s 的较长时间内实现 0.25%速度偏差的稳定频率。

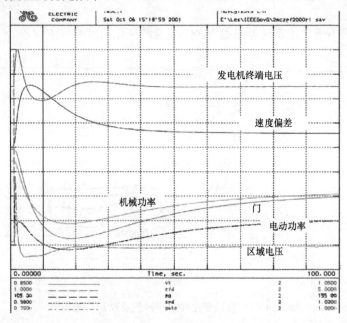

图 6.25　互联系统基本情况：速度（频率）对 5%负载阶跃变化的时间响应

图 6.26 显示了 2000MW 系统中 120MW 水电机组 5%阶跃负荷变化的响应，其中唯一的变化参数是暂态转差系数值，用来显示其对水电机组互联系统性能的敏感度。12%的暂态转差系数变化是机械功率响应中最快的响应，其响应会随暂态转差系数设置值的增加而变慢，且与单个机组孤立的系统模型响应相比，它是非振荡的。

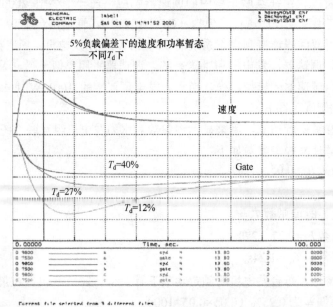

图 6.26　互联系统中 5%负载阶跃的速度和功率响应：显示不同暂态转差系数的影响

6.5.4　热调速器模型

6.5.4.1　蒸汽系统的一般模型

汽轮机的一般模型如图 6.27 所示（另请参见图 3.16），可在报告[7]中找到所使用参数和典型值的解释。

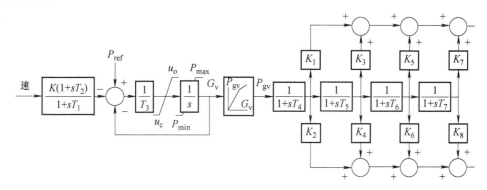

图 6.27　通用汽轮机模型

除机械液压系统外，调速器上限速度为 0.1pu/s，其闭锁速度为 1.0pu/s，栅极位置 G_v 与功率 P_v 之间的非线性增益通常采用多点输入，参数和说明见表 6.3。

表 6.3　图 6.27 中模型的参数

参数	描述
K	调速器增益（下垂的倒数），pu
T_1	调速器滞后时间常数，范围 0.2～0.3s
T_2	调速器超前时间常数，时间为 0s
T_3	阀门定位器时间常数，0.1s
U_o	最大阀门开启速度，pu/s
U_C	最大阀门闭锁速度，pu/s（<0）
P_{max}	最小阀门开度，pu 以 MWcap 为基准值的标幺值
P_{min}	最大阀门开度，pu 以 MWcap 为基准值的标幺值
K_1	第一次锅炉通过后 HP 轴功率的分数
K_2	第一次锅炉通过后 LP 轴功率的分数
T_5	第二次锅炉通过的时间常数，以 s 为单位
K_3	第二次锅炉通过后 HP 轴功率的分数
K_4	第二次锅炉通过后 LP 轴功率的分数
T_6	第三次锅炉通过的时间常数，以 s 为单位
K_5	第三锅炉通过后 HP 轴功率的分数
K_6	第四次锅炉通过的时间常数，以 s 为单位
T_7	第三锅炉通过后 LP 轴功率的分数
K_7	第四台锅炉通过后 HP 轴功率的分数
K_8	第四次锅炉通过后 LP 轴功率的分数

6.5.4.2 燃气轮机模型

图 6.28 所示的"ggov1 模型"是 GEPLSF 版权模型，在西部电力协调委员会（WECC）中被广泛用于主要模拟燃气轮机和单轴联合循环涡轮机。它也可以用来表示各种由 PID 调速器控制的原动机，如带有现代电子或数字调速器的柴油机。例如，它也适用于代表蒸汽涡轮机，在这种情况下，蒸汽是从一个大型锅炉汽包或一个大加热器提供的，其压力在研究阶段内基本上是恒定的。参数见表 6.4，以及其框图如图 6.28 所示。该模型的更多详细信息可从 GEPSLF 网站[11]获得。

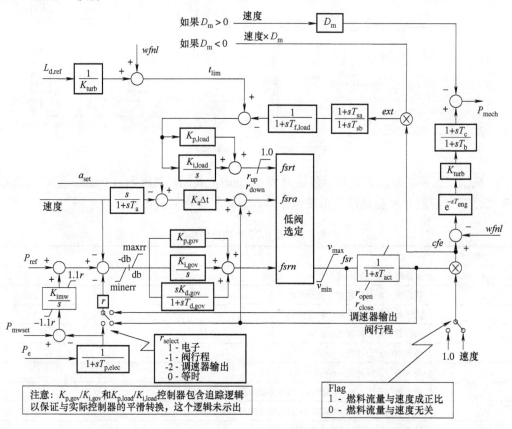

图 6.28　Ggov1（GE-PSLF 稳定程序）型汽轮机（第 6.5.5 节蒸汽和燃气轮机通用热轮机）调速器模型

表 6.4　图 6.28 中框图的参数

参数	默认值	描述
r	0.04	永态转差系数，pu
r_select	1	下降的反馈信号 =1 给定电力 =0 无（等时调速器） =−1 燃油阀行程（真正行程） =−2 调速器输出（要求行程）
T_pelee	1.0	电功率传感器时间常数，以 s 为单位
max_err	0.05	速度误差信号的最大值

（续）

参数	默认值	描述
min_err	−0.05	速度误差信号的最小值
K_pgov	10.0	调速器比例增益
K_igov	2.0	调速器积分增益
K_dgov	0.0	调速器微分增益
T_dgov	1.0	调速器微分控制器时间常数
V_max	1.0	最大阀门位置限制
V_min	0.15	最小阀门位置限制
T_act	0.5	执行器时间常数
K_turb	1.5	涡轮增益
wfln	0.2	无负载燃料流量，pu
T_b	0.5	涡轮滞后时间常数
T_c	0.0	涡轮超前时间常数
Flag	1.0	切换燃料源特性 =0 燃料流量与速度无关 =1 燃料流量与速度成正比
T_eng	0.0	柴油机的运输滞后时间常数
T_fload	3.0	负载限制器时间常数
K_pload	2.0	PI 控制器的负载限制器比例增益
K_iload	0.67	PI 控制器的负载限制器积分增益
L_dref	1.0	负载限制器参考值，pu
D_m	0.0	速度灵敏度系数，pu
r_open	0.10	最大阀门开启率，pu/s
r_close	−0.1	最大阀门闭锁率，pu/s
K_imw	0.002	功率控制器（复位）增益
P_mwest	80.0	功率控制器设定点，MW
a_sct	0.01	加速度限制器设定值，pu/s
K_a	10.0	加速度限制器增益
T_a	0.1	加速度限制器时间常数，以 s 为单位
d_b	0.0	调速器死区
T_sa	4.0	温度检测超前时间常数，以 s 为单位
T_sb	5.0	温度检测滞后时间常数，以 s 为单位
r_up	99.0	最大负载增加限制率
r_down	−99.0	最大负载降低限制率

参数在表 6.4 中给出，框图如图 6.28 所示。该模型的更多细节可以从 GE PSLF 网站获得[11]。

在第 6.5.5 节中详细描述了 "ggovl 模型" 在西部电力协调委员会（WECC）中的应用。

6.5.5 西部电力协调委员会（WECC）中新型热调速器模型的发展

6.5.5.1 新型热[⊖]调速器模型

这里详细描述了新型热调速器模型的发展[12,13]，因为人们认为该模型，其测试及其应用已经在美国以及加拿大的西部互联中取得了深远的影响和结果，并且提供对调速器反应的批判性理解其实际系统运行中缺乏的。

多年来，当大型发电机和工厂运行时，西部电力协调委员会（WECC）无法准确模拟西部互联中的频率响应。干扰监测记录与计算机模拟的比较表明，"初始暂态下降"和"稳态"频率都存在很大差异。初步计算显示非常高的"系统下垂"（见第 6.4.5 节的定义）表明调速器的高度无反应。第一次暂态下降的评估对于减载很重要，而随后的时间响应是"一次控制"（即涡轮机调速器）响应性的度量，持续稳定频率是衡量其有效性的指标。"二次控制"即系统中的 AGC（自动发电控制）。

为了进一步调查为什么调速器建模与实际系统性能不符。两个单独的发电量跳闸测试。西部电力协调委员会（WECC）于 2001 年 5 月 18 日进行。在发电量跳闸测试期间，所有 AGC（自动发电控制）都在整个西部电力协调委员会（WECC）中闭锁；因此，观察到的最终系统频率响应仅为调速器。

在第一次测试中，在西南部的胡佛电厂进行 750MW 跳闸测试。在进行干扰监测记录后，再次运行 AGC 以稳定频率，大约 20min 后，西北地区的三个发电厂以 1250MW 跳闸测试。图 6.29 显示了西北地区第二次 1250MW 测试的频率响应。

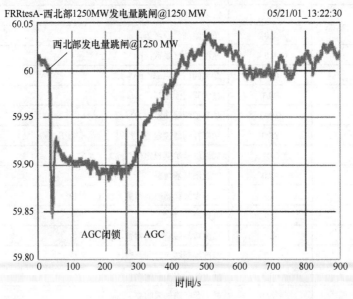

图 6.29 2001 年 5 月 18 日的西部电力协调委员会（WECC）西北部的 1250MW 发电量跳闸试验表明仅在闭锁 AGC（自动发电控制）时才能确定响应。注意在测试之后通过 AGC（自动发电控制）拾取系统频率。

⊖ 火力发电厂包括常规的燃烧蒸汽、核蒸汽、简易循环燃气轮机和组合循环燃气轮机发电厂。

图 6.30 是两个测试的复合图，显示了使用现有（不正确）调速器模型与测试的干扰记录以及现有调速器建模的不正确性的模拟结果的比较。

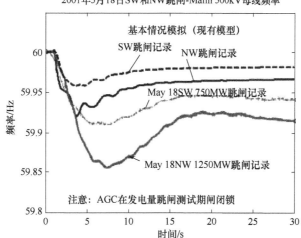

图 6.30　现有模型模拟与系统频率记录之间的差异（在测试期间闭锁了 AGC（自动发电控制））

使用下面的公式[12]的简单计算表明，在约 60～100s 的稳定时间内，只有约 40% 的调速器在实际系统中有效响应。如果所有调速器在 2001 年 5 月 18 日的 1250MW 发电量跳闸测试中都有响应，那么在测试过程中西部电力协调委员会（WECC）发电基础容量为 91 000MW 运行，计算出的发电拾取量在下垂率为 5%、频率偏差为 0.1Hz 时，将是 3185MW。由于实际拾取量仅为 1250MW，"响应"调速器的百分比仅为（1250/3185）或 39%。

选择了以下参数：

1）下垂（调节），$r = 0.05$pu。

2）阻尼，$D = 0$。

3）稳定频率偏差 = 0.105Hz。

频率偏差 $\Delta\omega = 0.105 / 60 = 0.00175$pu

发电量拾取值 $\Delta P = 91\,000$MW，基准值 = 3185MW，由以下公式计算：

$$\frac{\Delta\omega}{\Delta P} = \left(\frac{1}{1/r + D}\right)$$

需要注意的是，对于系统中机组的复杂响应，这种计算方法的第一种方法有些简单，因为负载阻尼和跳闸后系统中不同流动模式导致的再分配损失的影响被忽略了。但是，它确实对系统中的调速器响应提供了广泛的理解。

因此，这两个测试表明，系统中只有 40% 的预期调速器响应实际上是由初始发电量跳闸引起的，而现有的建模实践（如 2001 年）假定 100% 的调速器响应符合 5% 的速度下降调速器特性。这导致模拟结果与实际记录的系统响应有显著差异，如图 6.30 所示。

造成这种巨大差异的主要原因是，使用负载控制器（也称为 MW 功率控制器）运行的基本负载和负载限制发电机和机组没有正确建模。这些主要是"热"机组，包括常规燃烧蒸汽、核蒸汽、简单循环燃气轮机和组合循环燃气轮机。对测试记录的分析表明，水轮机调速器的响应能力很强。研究表明，非线性门运动、死区等效应对仿真结果有一定影响，但相对较小。在调速器的建模中，机组的"基础负载"和"负载控制器"运行显然是主导作用。

图 6.31 比较了"新"（正确）模型和"现有"（错误）模型的频率模拟。现有的（不正确的）模型假设 100%的调速器响应符合其 5%的速度下降调速器特性。这是与 2001 年 5 月 18 日系统测试期间的频率记录进行的比较。显然"新"模型非常准确。

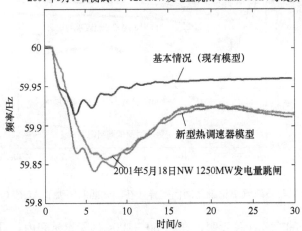

2001年5月18日测试NW 1250MW发电量跳闸-Malin 500kV母线频率

图 6.31　采用新型热调速器模型（ggovl）进行仿真，与 5 月 18 日相比，在 AGC（自动发电控制）闭锁的情况下，西北 1250MW 发电量跳闸测试的系统测试记录

6.5.5.2　试验数据分析：热电机组与水电机组

对 2001 年 5 月 18 日测试的 **SCADA** 和干扰监测器的测试数据和记录进行分析，结果表明，大部分水电机组对频率偏差的响应非常灵敏，因此得出的结论是，无响应主要是由于热电机组。图 6.32 为西部互联地区水力发电与热力发电的位置示意图。

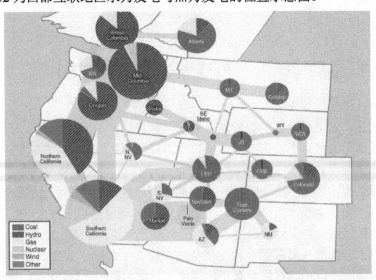

图 6.32　西部电力协调委员会（WECC）中水力发电和热力发电的位置

由于在 2001 年 5 月 18 日的测试中，西部电力协调委员会（WECC）总发电量为 9.1 万 MW，其中在线总发电量约为 6.7 万 MW，因此对测试数据的分析是一项巨大的工作。在测试期间，创建了一个潮流基本实例来专门模拟系统条件。

对 1100 个热调速器机组进行了分析，并给出了各自的编号。大约 60% 的热电发电机是"基础"负荷。T1 到 T3 的机组的典型响应如图 6.33 所示，以不同程度描述了调速器的"响应特性"。

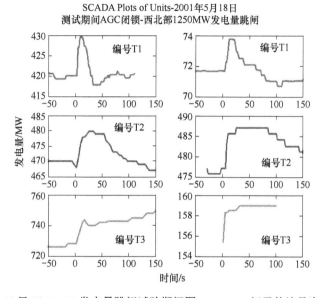

图 6.33 在 5 月 18 日 1250MW 发电量跳闸试验期间图，SCADA 记录的编号为 T1、T2 和 T3 的典型的热机组（分别表示快速、缓慢和持续）的调速器响应

蒸汽热机组编号为 T1 到 T3，相应的燃气轮机机组编号为 G1 和 G2，用于快速和慢速的控制器响应。编号 T1 表示基本加载的机组。编号 T3 机组是响应 5% 下垂度机组，编号 T2 机组仅在初始响应。

在某一特定机组没有 SCADA 数据的情况下，从业主/控制地区的调查中获得的关于其机组的基本负荷或反应能力的资料用于选择涡轮机-调速器编号。

热电厂调速器和控制系统的简单框图如图 6.34 所示[12,13]。调速器是一种比例-积分-微分（PID）类型，具有典型的永久性下垂反馈，通常为 5%。用一个典型的滞后超前传递函数来表示涡轮⊖。

在新的调速器模型中，通过设置限位器将涡轮功率限制在预设值来模拟"基础"负荷运行。一个额外的 MW 功率（负载）控制器包括模型编号为 T1-T3 和 G 1-G3 的机组。

这是一个简单的复位（PI）控制器，其增益（K_{imw}）通常为"快速"控制器的 0.01～0.02/单位，"慢速"控制器的 0.001～0.005/单位，以及空载控制器的 0（即完全响应 5% 下垂机组）。热调节器模型（ggov1）的详细框图及如图 6.35[12] 所示，显示了更加细节以及模型的参数。

⊖ 见 6.5.4 节。

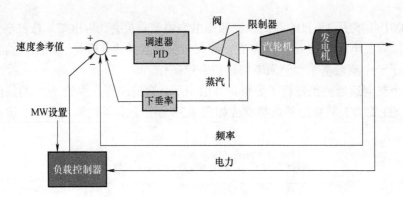

图 6.34　新的热力涡轮调速器的框图显示"基础"负载/限制器和 MW 负载控制器的特点

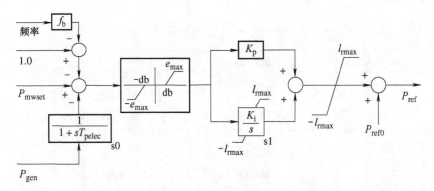

图 6.35　负载控制器模型 lcfbl lcfbl 框图

最终在选择每个机组的参数之前，进行了大量的敏感性研究，以确定动态数据库中不同参数的影响。GE 开发的用于西部电力协调委员会（WECC）研究的两个新模型是"ggovl"和"lcfbl"模型。"ggovl 模型"（见图 6.28）是一种通用的热调速器/涡轮模型，它结合了基础负荷和负荷控制器效应[12,13]。"ggovl 模型"的参数见 6.5.4 节。或者，热机组可以用 IEEE 委员会报告[7]中的通用热调速器模型来表示，如图 6.27 所示，负载控制器模型（icfbl）在图 6.35[13]中得到了增强。负载控制器模型是一个比例积分或 PI 控制器，在结构上类似于 ggovl 模型的负载控制器部分。如图 6.35 所示。注意，lcfbl 模型中的 K_i 对应于 ggovl 模型中的 K_{imw}，且给出相同的值。频率偏差，f_b 和 K_p 比例增益，保持为零。这个 PI 控制器模型可以简单地添加到现有的热调速器模型中，如图 6.27 所示。

初始化后，在 ggovl 和 lcfbl 模型中为基本负载机组和负载控制器分配 MW 设定值，该设定值等于潮流数据中指定的发电机分派值。机组输出以 ggovl 模型（或负荷控制器模型 lcfbl 中的 K_i）的增益 K_{imw} 值控制的速度复位到负荷控制器的 MW 设定值。

主要的验证工作是为每个机组选择正确的负载控制器特性，即确定增益 K_{imw}，使机组对频率偏差模拟的 MW 响应与测试过程中记录的 MW 响应相对应。并对参考文献[13]中描述的每个参数进行了敏感性研究。

设置 ggov 参数值如表 6.5 所示。

模型的主要参数如下：R 永久速度下降，取标幺值。T_b 为涡轮滞后时间常数（s）。T_c 为涡轮超前时间常数（s）。K_{pgov} 是调节器比例增益，取标幺值。K_{igov} 是调节器积分增益，取标幺值。K_{dgov}是调节器微分增益，取标幺值。K_{imw}是负载（功率）控制器增益，取标幺值。

表 6.5　新型热力涡轮调速器模型 ggov 各指定编号主要参数[12,13]

编号		r	T_b	T_c	P K_{pgov}	I K_{igov}	D K_{dgov}	K_{imw}
T1	快速负载控制器	0.05	10	2	10	2	0	0.005～0.02
T2	负载控制器	0.05	10	2	10	2	0	0.001～0.003
T3	无负载控制器	0.05	10	2	10	2	0	0
G1	带负载控制器	0.05	0.5	0	10	2	0	0.01～0.02
G2	无负载控制器	0.05	0.5	0	10	2	0	0

1. 利用 2001 年 5 月 18 日的试验数据进行模型验证

将"新"模型与干扰监测器的实时事件频率记录进行比较，用于验证和验证的仿真结果如图 6.36～图 6.42 所示。

文中还展示了用不正确的现有模型进行的仿真，以供比较。现有的（不正确的）模型假设 100%的调速器响应符合其 5%的速度下降调速器特性。SCADA 响应，或监测机组干扰，通过"记录"来识别。新的建模西部电力协调委员会（WECC）系统模型频率响应的准确性在图 6.36～图 6.38 中很明显，为 2001 年 5 月 18 日的跳闸测试。参考文献[12,13]中给出了更多的对比图。

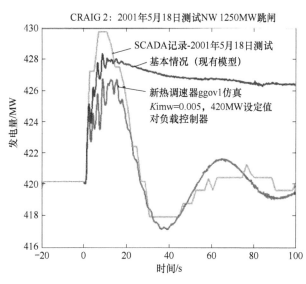

图 6.36　对比基于编号 T1 并采用"快速"负载控制器的热机组的新型汽轮机-调速器模型与
5 月 18 号的 SCADA 测试记录的仿真

2. 利用随机系统行程数据进行模型验证

图 6.39 和图 6.40⊖显示了两个典型的大型"随机"系统扰动的仿真，以验证新模型（图以

⊖ 图 6.40 中新模型仿真与扰动记录相差 20～30s 范围的原因是，因不充分的信息机组在带 AGC 时的拾取量未进行合适地建模。

"新型热调速器 ggovl 模拟" 标示）与扰动监测频率记录（图以单词 "recording" 标识）的比较。

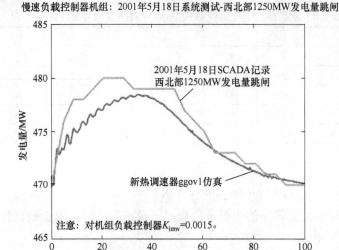

图 6.37　对比基于编号 T2 并采用"慢速"负载控制器的热机组与 5 月 18 日的 SCADA 测试记录的仿真

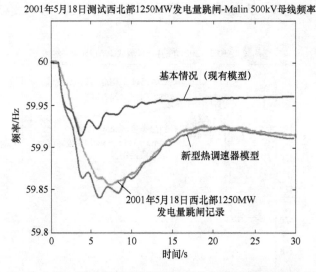

图 6.38　.与 5 月 18 日相比使用新的调速器模型进行系统频率响应仿真，
测试记录为西北部 1250MW 发电量跳闸，所有 AGC（自动发电控制）均闭锁

　　基本情况下仿真中会存在 5% 的不确定下降。还有更多的系统干扰被验证但是未在本节显示。需要注意为了获得可验证的仿真，需要使用能代表扰动事件期间系统现有条件的潮流基本情况。

　　新的调速器模型在西部电力协调委员会（WECC）中经过了严格的审批和验证过程。西部电力协调委员会（WECC）进行了广泛的协调工作，从发电厂那里获得"已验证"的调速器模型数据，用以取代从 2001 年 5 月 18 日的测试中创建的"发展"数据，以进行新的热调速器模型的验证研究。这项工作包括两个西部电力协调委员会（WECC）研讨会，发布了选择和验证新调速器模型的准则，用于模型验证的新技术和教程类型的建模程序以及用于协助选择模型参数和验证模型的方法。

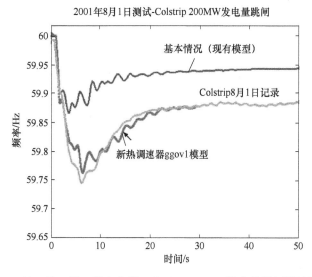

图 6.39　2001 年 8 月 1 日，蒙大拿州 Colstrip2000MW 发电量跳闸调速器模型验证

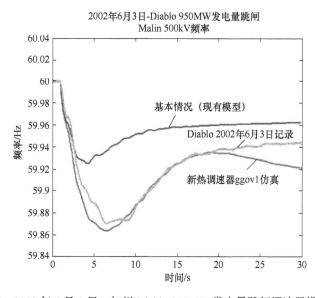

图 6.40　2002 年 6 月 3 日，加州 Diablo 950MW 发电量跳闸调速器模型验证

为了帮助选择适当的模型和调速器参数，鼓励发电厂根据图 6.41 中的机组响应图应对典型问题，通过扰动记录器或 SCADA 来更好地描述其机组的电功率响应。初始响应"AB"是"惯性的"，并且对于所有响应都是通用的。BC 响应将终止于基本负载、快速控制器、慢速控制器或机组的响应操作四个区域之一。

AGC（自动发电控制）的影响。对于 AGC 模型，应当进行周期的研究，例如系统振荡和动态电压稳定性研究。

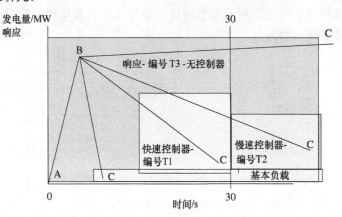

图 6.41　单元功率响应图及编号分类[13]

比较 2001 年 5 月 18 日测试的系统记录（当所有 AGC（自动发电控制）都闭锁时）和 2000 年 8 月 1 日 Colstrip 2000MW 电厂随机跳闸的系统记录，可以很明显的看到如图 6.42 所示，AGC（自动发电控制）确实改变了系统的频率响应。

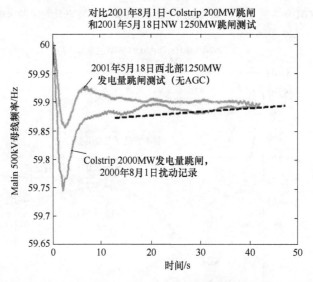

图 6.42　对比有 AGC（自动发电控制）和无 AGC（自动发电控制）两种实时干扰监测记录

改善水力发电厂的响应。 热"无响应性"对建模影响的一个重要发现是，水力建模的"响应性"越重要，对更准确的水力建模[14]的要求也就越大。热电厂响应建模的改进导致热电厂的拾取量减少，同时也导致响应频率"响应"水电厂的拾取量相应增加。图 6.43 显示了在 2001 年 5 月 18 日的测试模拟中，一台典型的带有更多拾取量的水轮发电机。由于 WECC 中火力发电厂主要位于南方，而水力发电主要是西北（见图 6.32），在系统中改进后的机组 MW 拾取量和潮流仿真，尤其是在西北和南部之间的互联电网潮流，对运行和规划研究至关重要。

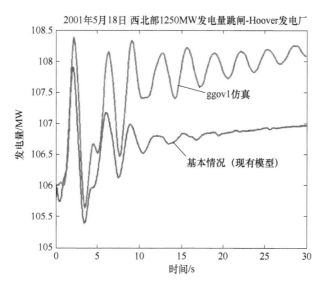

图 6.43　水力发电厂响应：对新的热调速器模型（gg0v1）的准确度的提高增加了一个典型的频率
"响应型"水电机组的发电机拾取量

系统仿真对新型调速器建模的影响。 实现机组的控制响应的正确建模对推动西部电力协调委员会（WECC）在几个方面的系统仿真改进至关重要。以下是新型热调速器建模对主系统运行和规划的一些重要影响：

1）对于大的发电机跳闸情况，系统频率可以更准确的预测。

2）通过调节器动作精确模拟机组是否启动；

3）实现了水力相对热力发电响应关系的改进建模；

4）改进了低频和减载研究，包括大发电机组跳闸和/或系统陷入孤岛模式；

5）对于响应式水力发电位于北部，而大部分火力发电位于南部的 WECC 系统，可获得更准确的临界电网潮流和动态限值预测。

6）提高了对系统振荡和阻尼的评估；

7）更准确地评估频率响应备用容量（FRR）和旋转备用容量，以帮助行业制定新的 FRR 标准；

8）大型发电机跳闸后，更精确的次暂态（"调速器"）潮流研究。

图 6.44 显示了新的热调速器模型在模拟暂态潮流振荡方面的改进。

更准确的次暂态（调速器）潮流研究。 在西部电力协调委员会（WECC）中，新的用于动态研究的热调速器建模方法的原理也在次暂态（或"调速器"）潮流研究中的基础负载发电机的"阻塞"中得到了实现。这对研究约束系统具有重要意义，在约束系统中，系统对大发电机组停电的发电响应可能引起电压稳定问题。在所有的次暂态潮流研究中，被指定为"基本负载"的机组在程序中被"屏蔽"，这样当发电机跳闸时，这些机组在潮流运行时就不会被捕获。

摘要和结论。 本章提出了一种基于改进基础负荷机组和负荷控制机组仿真的热力涡轮机调速器建模方法。该模型的开发经历了一个广泛的研究过程，包括对西方电力协调委员会

（WECC）系统测试的阶段性验证和对大量大型系统干扰的验证。在 WECC 中使用的模型获得批准使用，WECC 开展了密集的协调工作，从发电机生产商那里获取经过验证的调速器模型数据。新的热调速器建模方法目前正在应用于 WECC 的所有运行和规划研究中。

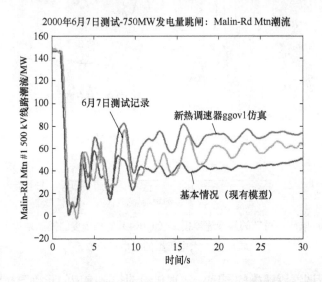

图 6.44　新调速器模型与现有模型在暂态潮流与功率振荡方面的差异

在其他互联系统的频率响应。虽然本节所述的 WECC 调速器建模工作组的重点是专门对与北美西部互联的 WECC 进行管理，但新热调速器方法的一般原则显然适用于不同规模的互联系统。

来自 IEEE 工作组的参考文献[15]指出，电力系统运行和规划人员越来越意识到这样一个事实，即电厂的调整速响应远远低于预期和计划[16]。早期在东部互连系统观测与 WECC 报告的类似，热单元似乎主要是无响应单元，正如后来在 WECC 中所证明的那样⊖。在更早的时候发起过 EPRI 项目的 NERC 运营委员会及其执行分委会就从运行方面解决了这个问题[17]。系统操作组件的人员进行由 NERC 操作小组分委会发起和协调的"规则测试"。委员会达成了广泛的共识，即在对记录的电力系统频率的分析中，约有 1/4 至 1/3 的预期管理响应。

任务组得到的结论是，调节是互联（和岛状）电力系统的最关键一个主要功能。目前在许多电力系统中，功率不平衡导致的实际系统频率响应与使用标准电力系统仿真工具预测的频率响存在差异。该报告致力于深入了解这种差异的原因，以及如何采用更精确的建模实践来弥合实际和模拟系统响应之间的这种差异。工作组还认为，在较小的系统中，实际和预期的主要管理之间的这种差距可能是灾难性的。应当补充指出，目前的趋势表明，主要的调节反应速度下降，如果这种下降趋势继续下去，所有相互联系最终将面临安全不足的危险。

西部电力协调委员会（WECC）在其新的热调速器模型中创建的方法在其他相互连接中的使用[12,13]。本节中描述的方法很容易被其他互联系统所采用。所以不需要重复 WECC 在

⊖ 证实东部的水轮机调速器比西部的"响应"更灵敏。

2001 年 5 月 18 日执行的系统跳闸测试（见第 6.5.5 节）来证明互联中的各个调速器在一次控制中是否有响应。

"系统"级别和"机组"级别的建议步骤如下：

1）记录在大的发电机组跳闸时互联系统频率响应，例如在容量为 100 000MW 级别的电力系统中发生 1 000MW 的容量缺失，或者更大的系统缺失更大的发电容量。通过与大规模稳定程序的仿真结果比较，可以看出该系统是否存在一般的建模问题。计算机需要运行大约 100s。

2）使用扰动记录仪或机组自身的数据记录系统（如 PI 或 SCADA 系统）记录单个发电机组在扰动过程中的实际响应。一个比较好的匹配采样间隔不应大于 2s[13]。

3）利用已有的动态模型对已知过程的系统进行大规模稳定程序建模，模拟单个发电机组对同一扰动的响应。

4）或者使用双机等效系统模拟响应，使用稳定性程序或 Matlab/Simulink 程序或等效程序将频率记录"复现"到参考文献[13]中描述的模型中。

5）将模拟响应与各发电机组在扰动过程中的实际响应进行比较。这将验证现有的动态模型和预期的调速器下垂响应是否正确。

6.6 自动发电控制（AGC）原理与建模

本节的目的是描述自动发电控制式 AGC（自动发电控制）的原理，在"前欧洲输电协调联盟（UCTE）操作手册"中称为"二次调频"。一篇文献综述表明，有许多关于 AGC（自动发电控制）的不同方面的出版物；然而，除了在许多教科书和已出版的材料中所给的基本介绍之外，并没有其他介绍[18-21]。

AGC（自动发电控制）作为一种"二次调频"方法已经使用了几十年，目的是保持或提高系统频率的准确性。二次调频的响应速度有意设定比由调速器控制的一次调频的响应速度慢。在任何情况下，主发电机跳闸后的频率下降和恢复的必须先由调速器控制完成。

当电力系统的自调节不足以建立稳定状态时，系统频率将继续衰减，直到自动低频减载系统启动。在避免系统崩溃需要在规定的时间约束内重新建立功率平衡。在美国系统中，初始的低频减载继电器设置通常为 59.3Hz，在前欧洲输电协调联盟（UCTE）中为 49Hz。请注意，从 2009 年 7 月开始，前欧洲输电协调联盟（UCTE）地区是新创建的 ENTSO-E（欧洲电力传输系统运营商网络）的一部分。

6.6.1 单区域（孤立）系统中的 AGC

对于较小的隔离系统，可能不需要 AGC（自动发电控制），因为在只有在手动控制提供备份的情况下，调速器控制也可以很好地工作。然而，对于下垂调速器，频率偏差将导致由公式 $R = \Delta\omega / \Delta P$ 给出的永久稳态偏差。扰动越大，稳态偏差越大。采用 PI 控制器的 AGC（自动发电控制），如图 6.45 所示，使稳态偏差为零。从图中可以看出，AGC（自动发电控制）信号与下垂信号一起馈入调速器再叠加。积分增益 K_i 必须调整为最佳响应。图 6.45 所示的示例取自参考文献[5]。孤立系统单区域模型的概念在第 6.4.5 节中进行了讨论。

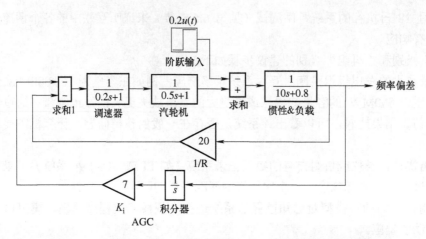

图 6.45　一个孤立或单一区域系统的 AGC（自动发电控制）框图

图 6.46 为孤立系统或单区域系统中 AGC（自动发电控制）系统的频率响应。

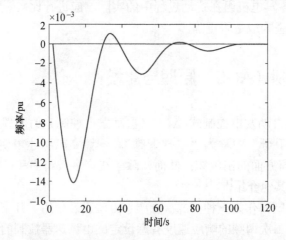

图 6.46　AGC（自动发电控制）在孤立或单区域系统中的频率响应

6.6.2　在两区域中，联络线控制和频率偏移中的 AGC

两区域系统的简单模型如图 6.47 所示。这两个区域的建模如图 6.45 所示，每个区域都有一个等效的系统惯性、下垂系数和阻尼，但是通过一条联络线连接在一起。为每个区域提供一个带 PI 控制器的 AGC（自动发电控制），使稳态偏差为零。如图中所示 AGC（自动发电控制）信号与下垂信号一起输入调速器叠加。调整每个 AGC（自动发电控制）的积分增益 K_i 以获得最佳响应。该模型的仿真如图 6.48 和 6.49 所示，模型来自于参考文献[5]。

主要方程如下：

1）摆动方程，与单区系统相同。

2）涡轮调速器模型，与单区系统相同。

3）下垂方程，与单区系统相同。

4）联络线的功率。

5）频率偏置因子。

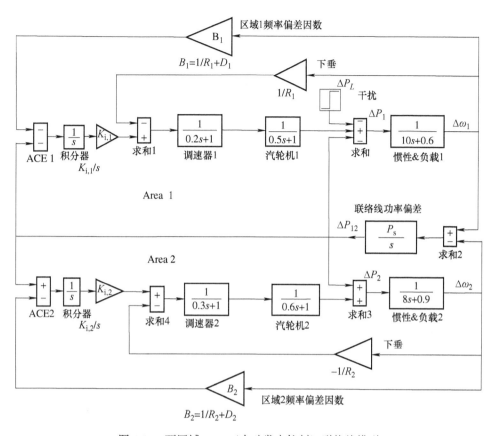

图 6.47　两区域 AGC（自动发电控制）联络线模型

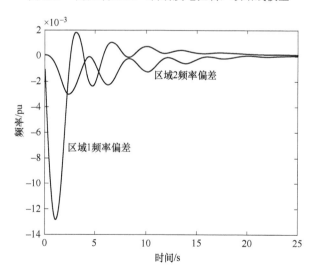

图 6.48　模拟两区域 AGC（自动发电控制）联络线模型的频率响应如图 6.47 所示

联络线的功率传递由同步功率 P_s 与相位角差的乘积给出，即 $\Delta P_{12} = P_s(\Delta\delta_1 - \Delta\delta_2)$。
注意，如果假设一个区域的 P_{12} 在一个方向上为正，那么另一个区域的的符号将相反。

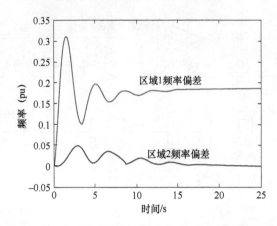

图 6.49　模拟两区域 AGC（自动发电控制）联络线模型的功率偏差响应如图 6.47 所示。

由下垂方程可知，$R = \Delta\omega / \Delta P$，区域 1 和区域 2 的机械功率为

$$\Delta P_1 = \frac{-\Delta\omega}{R_1} \text{ 且 } \Delta P_2 = \frac{-\Delta\omega}{R_2} \tag{6.8}$$

在每个地区，功率偏差应该平衡发电加输入和负载加输出。在这两个区域的图表中，这些是由转动惯量的机械能量、负荷阻尼以及干扰步骤组成的。

因此在区域 1 中

$$\Delta P_1 - \Delta P_{12} - \Delta P_{L1} = \Delta\omega \cdot D_1$$

在区域 2 中

$$\Delta P_2 + \Delta P_{12} = \Delta\omega \cdot D_2$$

将下垂方程（6.8）代入功率平衡方程，求解 $\Delta\omega$

$$\Delta\omega = \frac{-\Delta P_{L1}}{(1 + R_1 + D_1) + (1/R_2 + D_2)}$$

分母分别为区域 1 和区域 2 的"频率偏差因子"，定义如下：

$$B_1 = (1/R_1) + D_1$$
$$B_2 = (1/R_2) + D_2$$

从图 6.47 可以看出，每个区域的区域控制误差（ACE）包括该区域的总功率失配和偏差系数与频率的乘积：

$$ACE_1 = \Delta P_{12} + B_1\Delta\omega$$
$$ACE_2 = \Delta P_{21} + B_2\Delta\omega$$

从图 6.49 中可以看出，联络线偏置控制通过频率偏差及其偏差系数的作用，使存在扰动的区域满足自身功率与导致系统暂态状态的另一区域失配（扰动变化）。

6.6.3　多区域系统中的 AGC

基本方案原则上与每个控制区域的描述基本相同。每个区域都有自己的集中 AGC（自动发电控制）。在每个区域内，所需的遥测信息包括每个发电机的输出功率、每个联络线到相邻控制区的流量以及系统频率。AGC（自动发电控制）的输出被传输到每个选定的发电机组的调节器。并不是所有的机组都选择 AGC（自动发电控制）控制。

在 AGC（自动发电控制）中心控制中，测量频率与频率标准之间的差乘以控制区域的频率偏置因子。将该信号加到实际交汇处与计划交汇处的联络线之和和差值中，产生区域控制误差（ACE）或区域控制误差。将机组输出误差添加到区域控制误差（ACE）中，形成驱动整个控制系统逻辑的复合误差信号。

1. 区域控制误差（ACE）

在上一节中，简单的 Area 2 模型展示了区域控制误差（ACE）的功能。参考文献[18-21]对区域控制误差（ACE）在实际控制领域中的应用进行了较为详细的描述。文章在参考[21]中给出了 AGC（自动发电控制）和区域控制误差（ACE）的描述，对系统的实际实现有了很好的理解。

$$ACE = T_n - T_o - 10 \cdot B_n \cdot (f - f_o) + corr_n \tag{6.9}$$

式中，T_n 是实际的区域净交换（MW）；T_o 是预定区域净交换（MW）；B_n 是区域频率偏差（-MW/0.1Hz）；f 是系统频率（Hz）；f_o 是预定系统频率（Hz）；$corr_n$ 是纠正控制，如减少误交换。

该方程表明，该 AGC（自动发电控制）具有控制区域的外部或周界视图。控制是基于联络线遥测与其他控制区域的总和 T_n 的值，这种联络线遥测具有噪声、时延、包含互联系统干扰等特点，这些都成为发电控制的区域控制误差（ACE）信号的一部分。

2. 带处理后的区域控制误差（ACE）的 AGC（自动发电控制）

因此，AGC（自动发电控制）需要一个流程或过滤器来减少区域控制误差（ACE）噪声，从而延迟区域负载和交换计划 AGC（自动发电控制）响应。响应的缺乏成为互联系统中控制干扰的强加和来源。

各控制区域的功率平衡为

$$T_n - G_c + G_b - L_n \tag{6.10}$$

式中，G_b 是基本负载产生（MW）；L_n 是控制区域负荷（MW）；G_c 是在 AGC（自动发电控制）上生成的（MW）。

将式（6.10）代入式（6.9）中

$$ACE = G_c + G_b - L_n - T_o - 10 \cdot B_n \cdot (f - f_o) + corr_n$$

在不详细介绍的情况下，公式的进一步细化对于实际应用是必要的，并导致目前西部电力协调委员会（WECC）[22]推荐的区域控制误差（ACE）。其他互联和控制区域也有类似的派生。

在实际应用中，区域控制误差（ACE）信号不应过大。在西部电力协调委员会（WECC）中，区域控制误差（ACE）的绝对值不应超过控制区最大的可能功率或负载事故损失或区域控制误差（ACE）的绝对值大于 300MW 且系统频率偏差小于 0.025Hz。当区域控制误差（ACE）大于 300MW，系统频率偏差小于 0.025Hz 时，极有可能区域控制误差（ACE）数据不正确。在西部电力协调委员会（WECC）中，根据系统负载的不同，1000MW 的突然变化会导致大约 0.1Hz 的频率偏差。

3. 具有 AGC（自动发电控制）作用的发电量跳闸在西部电力协调委员会（WECC）中典型的频率时间响应

图 6.50 显示了西部电力协调委员会（WECC）中发电量跳闸之后的几个典型响应。

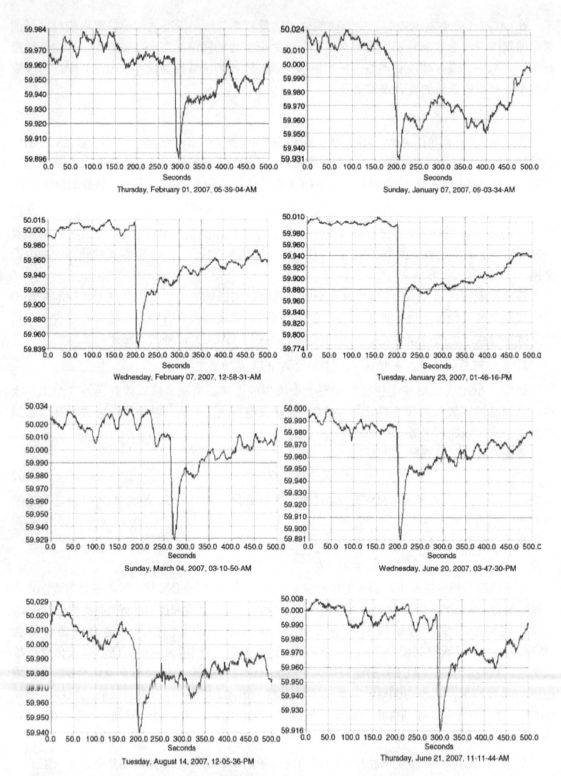

图 6.50　大型发电机组西部电力协调委员会（WECC）中的典型频率时间响应

根据不同的特定控制区域发生的扰动，控制区域内特殊的 AGC 控制动作，和通过频率偏置控制的保持不变的控制区域的 AGC，以及动作时刻系统当时的条件，包括惯性、负载大小、负载阻尼，等等。这些响应对跳闸有着不同的反应。一些控制区的发电量严重不足，而另一些控制区的发电量相对于负荷侧过剩。在大多数情况下，第一次摆动后的初始"下降"频率大约是最大初始倾角的一半，除非 AGC（自动发电控制）动作更快。AGC（自动发电控制）行动似乎普遍适用于 100s 内的大多数情况，在某些情况下更快。

　　4. 暂停 AGC（自动发电控制）

　　在许多控制领域，自动发电控制（AGC）由于频率偏差较大而处于暂停状态。西部电力协调委员会（WECC）的规则是，当存在某些情况时，包括 AGC（自动发电控制）可能会使系统状况恶化，或者区域控制误差（ACE）计算所需的数据错误或丢失，或者任何为 AGC 提供控制输入数据的设备丢失时，应该考虑 AGC 暂停。具有干扰的控制区域将保持在 AGC 上，并要求满足 NERC DCS（干扰控制标准）标准。如果 AGC 暂停，应在系统频率干扰缓解后立即恢复。

　　如果 AGC 的继续运行进一步加重了剩余传输设施的过载，那么关键传输设备的意外损失可能导致 AGC 暂停，已从其控制区分离出来的发电源可能会加剧系统恶化。

　　如果控制问题在没有明显原因的情况下出现，负责的调度程序有权暂停 AGC。这一决定是生成调度程序必须根据具体情况作出的。AGC 停运期间，机组应保持调速器控制或就地设定值控制。AGC 应在导致暂停运行的条件得到纠正或采取适当的缓解措施后尽快恢复服务。

6.7　其他与负荷频率控制相关的课题

　　下面就影响负载频率控制在正常运行和紧急情况下能否成功运行的若干问题进行简要讨论。

　　这些包括：

　　1）旋转备用。

　　2）低频减载。

　　3）断开系统互联的运行，使孤岛运行。

　　4）"黑启动"运行

6.7.1　旋转备用容备

　　旋转备用是指在大发电机组或电厂跳闸等扰动发生后，可在线提供并可在数秒或数分钟内提供电力的储备。这意味着"一次"或"二次"频率控制，即调速器或 AGC（自动发电控制）。还有一种对旋转备用容量，它在扰动的系统的实际用途，适用于市场合约。根据市场术语对旋转备用容量的日常理解，假设，例如，一台 200MW 发电机以 100MW 的速度运行，当发生扰动时，该机组立即可用的旋转储备为 100MW。这在技术上显然是不正确的，因为一个 200MW 的机组在 0.1Hz 的系统频率偏差下只能接收 6.6MW，假设有 5%的调速器动作。"可用"旋转备用的剩余部分只有在 AGC 信号被发送到机组时才能自动获得。此外，并不是所有具有旋转备用容量的机组都在 AGC 上。因此，只有在给定时刻 AGC 上选定的机组在技术上能够自动输送 100MW 的旋转备用。

考虑到对旋转用容量的宽松市场解释，很明显，根据当前的市场定义，控制区域内旋转响应的"计划可用性"（或控制区域外的"合同"旋转备用容量）显然总是倾向于过于乐观。如果期望发电机在级联或孤岛情况下的紧急关键时期突然提供旋转备用容量，而显然不能这样做，这可能导致潜在的严重后果。

6.7.2 孤岛条件下的低频减载和运行

自动低频减载（UFLS）的目的是通过降低足够的负载来匹配负载生成，从而帮助维护负载生成平衡。当频率下降时，在 NERC 区域，当频率达到 59.3Hz 或 59.5Hz 时，触发自动低频减载（UFLS）第一阶段。在前欧洲输电协调联盟（UCTE）中，第一阶段的设置为略低的 49Hz。由于在大型发电量跳闸后的 AGC 动作之前的几分钟内，频率的初始下降大约是建立频率的两倍，0.5Hz 频率偏差意味着在完全互连的西部电力协调委员会（WECC）中将发生 7500~12 500MW 的过程，具体取决于系统条件，如图 6.51 所示。

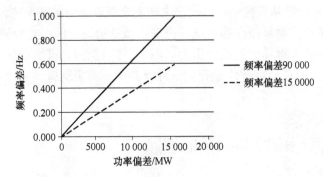

图 6.51 在西部电力协调委员会（WECC）不同的系统条件下，负载降低与频率偏差的关系

该说明式计算公式与第 6.5.5 节相同，不同之处是初始倾角为 5%下垂调速器下降频率的两倍：

$$\Delta P = \frac{\Delta \omega_{\mathrm{pk}}/2}{R} \quad （标幺值）$$

变为

$$\Delta P = \frac{\Delta \omega_{\mathrm{pk}}/2/60 \cdot 系统\_MVA}{R}$$

对于给定的频率偏差，可以计算功率偏差，反之亦然。

如果将此运用扩展到东部互联（见图 6.52），则很明显，自动低频减载（UFLS）跳闸在 59.3Hz 或 59.5Hz 的系统范围内的可能性很小，并且可能仅在孤岛之后（见图 6.52）。

孤岛问题对负载频率控制提出了完全不同的观点。应该清楚的是，在频率和功率出现大的系统偏差之后，AGC 将暂停。因此，任何基于 AGC 的策略在紧急情况下都是非常可疑的。然后，重点完全在于调速器的一次控制。

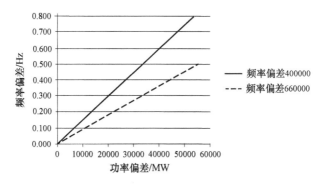

图 6.52　不同的东部互连系统条件下的负载减少与频率偏差——表明 59.3Hz 或 59.5Hz 时
系统范围的 UFLS 是不可能的

　　如果大量调速器在运行中对频率偏差没有响应，如第 6.5.5 节所讨论的由装置的负载控制器所规定，那么级联将导致孤岛会受到大量减载，这已成定局。并且最终更多的发电机脱落，因为发电机负载不匹配将一直持续，直到达到一个稳定点，使不匹配和频率调节最小化。在一些岛屿，过度发电导致高频甚至接近 63Hz。

　　在 2003 年 8 月 14 日的东部互联大停电中，至少 265 座发电厂和 500 多台机组闭锁。在不到 1h 的时间内，自动低频减载（UFLS）的减载能力约为 3 万 MW。在一天结束时，62 000MW 的负载被减载。恢复是另一个需要考虑的问题；此外，调速器响应的重要性对于恢复是至关重要的，因为发电机必须在每一段负载增加时在控制的频率下稳定运行。

参 考 文 献

[1] ENTSO-E, *UCTE Operation Handbook*, European Network of Transmission System Operators for Electricity 2004, www.entsoe.eu

[2] NERC, previously North American Electric Reliability Council, since 2006 North American Electric Reliability Corporation. Web site is www.nerc.com.

[3] EIA, US Government Energy Information Administration at www.eia.doe.gov.

[4] WECC, the Western Electricity Coordinating Council was formerly the WSCC (Western Systems Coordinating Council) is the Western Interconnection of the NERC regions in the USA and Canada.

[5] Sadaat, H. *Power System Analysis*, 2nd Edition, McGraw Hill, 2002.

[6] Kundur, P. *Power System Stability and Control*, McGraw-Hill, New York, 1994.

[7] IEEE Committee Governors, 1973.

[8] Rogers, G. *Cherry tree scientific software*, email: cherry@eagle.ca.

[9] Hovey, L.M. Optimum Adjustment of Governors on Manitoba Hydro System, *AIEE Trans*, Vol. PAS-81, pp. 581–587, 1962.

[10] IEEE *Guide for the Application of Turbine Governing Systems for Hydroelectric Generating Unit*s, IEEE Task Force report P1207, 2005.

[11] General Electric *PSLF Simulation program reference manual*, General Electric Company http://www.gepower.com/energyconsulting/en_us/pdf/pslf_manual.pdf.

[12] Pereira, L., Undrill, J., Kosterev, D., Davies, D., Patterson, S. A new thermal governor modeling

approach in the WECC, *IEEE Transactions on Power Systems*, Vol. 18, No. 2, pp. 819–829, May 2003.

[13] Pereira, L., Kosterev, D., Davies, D., Patterson, S. New thermal governor model selection and validation in the WECC, *IEEE Transactions on Power Systems*, Vol. 19, No. 1, pp. 517–523, Feb. 2004.

[14] Patterson, S. *Importance of hydro generation response resulting from the new thermal modeling—and required hydro modeling improvements*, IEEE-PES General Meeting, Denver, July, 2004.

[15] IEEE *Interconnected power system response to generation governing: present practice and outstanding concerns. Final Report*, Task Force on Large Interconnected Power Systems Response to Generation Governing, of the Power System Stability Subcommittee, of the Power System Dynamic Performance Committee, of the IEEE Power Engineering Society, April 2007.

[16] Schulz, R.P. Modeling of governing response in the Eastern Interconnection, *Proceedings of the IEEE PES Winter Meeting, Symposium on Frequency Control Requirements, Trends and Challenges in the New Utility Environment*, 1999.

[17] Virmani, S. *Impacts of governor response changes on the security of North American Interconnections*, EPRI Report no. TR-101080, October1992.

[18] Wood, A.J., Wollenberg, B.F. *Power generation, operation, and control*, 2nd edition, Wiley, New York, 1994.

[19] Elgerd, O.I., Fosha, C. Optimum megawatt-frequency control of multiarea electric energy systems, *IEEE Trans. Power App. Syst.*, Vol. PAS-89, No. 4, pp. 556–563, April 1970.

[20] Jaleeli, N., Ewart, D.N., Fink, L.H. Understanding automatic generation control, *IEEE Transaction on Power Systems*, Vol. 7, No. 3, pp. 1106–1122, Aug. 1992.

[21] Schulte, R.P. *Generation control for deregulated electric power systems*, IEEE Conference publications, Summer Power Meeting 2000, Seattle, WA, USA.

[22] WECC Operations Committee Handbook http://www.wecc.biz/documents/library/publications/OC/OC_Handbook_Complete.pdf.

[23] Grady, M. *Course notes*, University of Texas, Austin, TX. http://users.ece.utexas.edu/~grady/.

[24] NERC-DOE *Final Report on the August 14, 2003 Blackout in the United States and Canada: Causes and Recommendations*, U.S.-Canada Power System Outage Task Force, April 5, 2004. August 14, 2003 Blackout Report. https://reports.energy.gov/BlackoutFinal-Web.pdf.

第7章

电压和无功功率控制

Sandro corsi 和 Mircea Eremia

随着电网向发电、输电和配电企业开放接入以及产业转型发展，通过电压和无功功率调整维持电网稳定运行的压力越来越大。事实上，伴随着电力市场新的发展趋势和更为严苛的电网运行条件，电力系统正进入具有更高风险的运行状态。1980 年开始，对大型的复杂电力系统有效、自动的电压无功控制问题就开始受到重视，其解决方案要求系统工程师在定义和实现复杂的控制方案方面付出越来越大的努力，以提高系统的安全性和运行效率。公用事业单位和输电系统运营商（TSO）当然更希望通过投资最小的解决方案来提高系统可靠性、安全性和电能质量。但是，由于该主题的新颖性，他们还只是正在监视其他试图从首次进入现场的经验中获得好处的公司。这种过于谨慎的方法常常使决策陷入僵局，延迟了新的先进且已经可用的广域控制解决方案的应用。

无功功率-电压控制不管是在正常电力系统运行中还是紧急情况下都是必不可少的。在系统正常运行期间，它确保电能传输过程各节点电压稳定，满足负荷用电需求。在紧急情况下，电压控制可通过扩大相对于系统电压不稳定性限制的裕度，来增加系统安全性，从而确保运行运行的连续性和最大负荷时的运行状态。

在考虑输电和配电不同层面时，电压调节和无功功率补偿问题通常需要不同的方法。在输电层，高压（HV）网络受益于系统中容量最大发电机提供的电压无功功率支持，通过它控制整个电网；而在配电层，电压控制通常独立地在每个配电区域内调节：一个区域代表整个配电系统的一个小的独立部分。最后，不同的调度中心和操作员控制输电层和配电层，并且超高压（EHV）系统运行对配电区域电压影响巨大，反之亦然。此外，输电网络的特征是 $R \ll X$ 和大型发电机；但与之不同的是，配电网络具有高负载密度，采用放射结构且 $R < X$，以及具有少量的小型发电机。由于这些差异，$V\text{-}Q$ 控制的目标和模式在两个重叠网络中可以采用不同的方法，即使未来智能电网的分布式发电机数量增加，也是如此。

在输电网上，主要的电压控制目标如下：

1）持续保持适当的电压水平；

2）尽量减少电力系统损失；

3）增加系统电压稳定裕度。

为了实现这些目标，必须在输电层处理这两个目标：

a）足够的可控无功功率储备，以面对突发事件；

b）一种有效的、自动的、大范围电压控制系统。

在配电网上，主要的电压控制目标如下：

1）将消费端的电压保持在可接受的范围内；

2）尽量减少系统局部损失；

3）增加配电区域电压稳定裕度。

在每个配电区域实现这些目标需要：

a）本地输电网提供强大的电压支持（高电压并尽可能保持恒定值）；

b）有载分接开关（OLTC：Online Tap Changer），具有高压可控性的区域；

c）足够的补偿设备，位置优越，面向极端负载条件。

d）一个有效的自动配电区域电压管理系统，协调分布式发电机（如果可用）和有载分接开关（OLTC）仅在需要时控制和操作本地补偿设备——在切换时具有实际电压支持，最小化它们的动作次数。

考虑上述要点，输电和配电网络中的电压控制清楚地表现为独立实现的两个不同的解决方案。应该重视有效的输电网电压控制给配电区域电压调节带来的巨大优势，因为可以通过减少有载分接开关（OLTC）次数实现 MV 控制以及调动补偿设备处的数量。此外，在输电网电压自动控制的支持下，可以很容易地实现配电层面的损耗最小化，提高电压稳定性。

一般而言，由于电力系统以调度人员无法手动跟踪的方式连续变化，电力系统的实际运行状态对电压控制问题有巨大影响。实际上，电压降低时，操作员提高电压会有一些延迟，并且由于不协调，在某些情况下可自由选择的手动控制会有明显的困难。此外，在负载能力极限附近，尽量充分利用输电线的经济原则决定了系统电压将更加脆弱。

因此，使用能够在需要时协调所有控制变量和可用无功功率资源的自动电压控制系统，是在输电和配电层面上进行改进的方法。

到目前为止，所有给定的考虑都基于这样的假设：电力系统的主要目标是在所有可能的运行条件下供给负载。因此，在正常运行中不考虑电压控制带来的负载等效减少，而是仅考虑重负荷，以在真正的电压不稳定风险前保护和保存系统的一部分。

在实践中，这些考虑并没有类似的先例，因为通过减载这种讨巧的方法来控制电压，通常被认为是唯一可用的解决方案。除非出于保护设备等需要，否则作者反对这种反常的做法。人们完全同意 Charles Concordia [1, 2]关于这个主题的观点："电力系统工程师主要通过操作减载来控制电网电压的方法是很容易，但不专业！"

在能源市场自由化的推动下，世界各地的减载实践往往证明，系统运营商在没有评判的情况下适应了能源市场规则，而不是提高其电压控制系统使之保持最佳性能，从而最大限度地减小客户的停电事故。在大多数电力垄断制度中也忽略了这一目标，其中缺乏创新的电压控制也与此相关。

显然，电压控制策略受到电力系统中确定的操作规则和可用的控制结构以及供应商—消费者关系的强烈影响。因此：

1）在接近负载能力限制的情况下开发输电线的原则；

2）相邻系统之间互连线路不足；

3）客户不断增加的电能质量要求，

导致电压计划中的系统漏洞，即消费者的能源中断以及电能质量不符要求的可能性增加。

7.1　有功、无功功率与电压的关系

7.1.1　短线

为了建立有功和无功功率与电压之间的关系，以下是单线图和考虑了短线的相量图（见图 7.1）[3, 47]。在图 7.1 中，$\dot{V}_1$ 和 $\dot{V}_2$ 是相电压，而 $\dot{I}_1$ 和 $\dot{I}_2$ 是线端的电流。

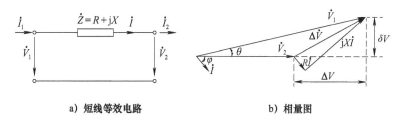

a）短线等效电路　　　　　　b）相量图

图 7.1　短线模型

没有并联导纳导致沿线的所有点 $\dot{I} = \dot{I}_1 = \dot{I}_2$。用 ψ 表示 $\dot{I}$ 和 $\dot{V}_2$ 之间的角度，然后 $\dot{I}_a = \dot{I}\cos\psi$ 和 $\dot{I}_r = \dot{I}\sin\psi$ 是电流 $\dot{I}$ 的有功和无功分量。假设电压 $\dot{V}_1$ 是常数而 $\dot{V}_2$ 的相位角为零，压降由两个组成部分：

$$\Delta V = RI_a + XI_r$$
$$\delta V = XI_a - RI_r \tag{7.1}$$

其中，$\dot{I} = \dot{I}_a - j\dot{I}_r$ 为感性负载，ΔV 和 δV 是压降的纵向和横向分量。

令 $\dot{S} = 3\dot{S}_0$ 且 $\dot{S}_0 = V_2(I_a + jI_r) = P_{02} + jQ_{02}$ 分别表示三相复数功率和单相复数功率。在式（7.1）中引入有功功率 P_{02} 和无功功率 Q_{02}，我们得到

$$\Delta V = \frac{RP_{02} + XQ_{02}}{V_2}$$
$$\delta V = \frac{XP_{02} - RQ_{02}}{V_2} \tag{7.2}$$

由于输电线一般是 $R \ll X$，所以得到：

$$\Delta V = \frac{XQ_{02}}{V_2}$$
$$\delta V = \frac{XP_{02}}{V_2} \tag{7.3}$$

因此，电压降 ΔV 主要是由线路上的无功功率产生，因此 V_1 和 V_2 之间的幅值差异主要取决于无功功率，而有功功率实质上是影响相位差。为了降低压降，应避免无功功率流过。实际上，这可以通过在无功消耗区域附近设置无功电源来实现。从式（7.3）开始，并考虑到 V_1/V_2 接近 1 的事实，我们可以写出

$$\frac{\Delta V}{V_2} \approx \frac{\Delta V}{V_1} \approx \frac{XQ_{02}}{V_1^2} \approx \frac{Q_{02}}{S_{02cc}} \qquad (7.4)$$

其中，$S_{02cc} = V_1^2 / X$ 是节点 2 的短路功率。

系统的特征 V-Q 由式（7.5）给出：

$$V_2 \approx V_1 \left(1 - \frac{Q_{02}}{S_{02cc}}\right) \qquad (7.5)$$

这意味着节点 2 处的电压取决于无功功率的大小以及节点的类型。

无功功率传输的最小化也是出于减少线路上的有功损耗的考虑。这些损耗由公式表示

$$\Delta P_j = 3RI^2 = 3R\frac{S_2^2}{(\sqrt{3}U_2)^2} = R\frac{P_2^2 + Q_2^2}{U_2^2} \qquad (7.6)$$

由于允许电流被定义为任何网络元件的热限制，无功功率输电还降低了有功功率输电的可能性。因此，损耗最小化问题与无功功率的补偿以及最高电压值下的系统运行情况有关。

从上述考虑，它清楚地表现如下：

1）电压幅度基本上由无功功率决定；

2）线路上的无功功率会降低母线上的电压；

3）线路上的无功功率使得损耗增加；

4）特定母线的短路功率越大，传送到该母线的无功功率就越小。

从负载电压的角度来看，需要进一步考虑。

参见图 7.2，图中展示了两种不同类型的无功负载，一种是电感型（$+jX$），另一种是电容型（$-jX$）。

考虑到感性负载（见图 7.2），我们有

$$\dot{V}_2 = jX(-jI_2) = XI_2 = V_2$$

$$V_2 = XI_2 = X\frac{Q_{02}}{V_2}$$

而

$$V_2^2 = XQ_{02}$$

如果电压变化很小，则有

$$2V_2\Delta V_2 = X\Delta Q_{02}$$

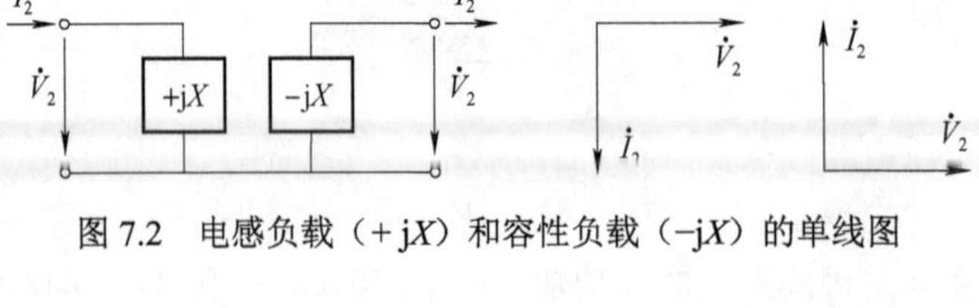

图 7.2　电感负载（$+jX$）和容性负载（$-jX$）的单线图

得到

$$\Delta V_2 = \frac{X\Delta Q_{02}}{2V_2}$$

或者

$$\frac{\Delta V_2}{V_2} = \frac{X \Delta Q_{02}}{2V_2^2} \qquad (7.7)$$

根据式（7.7），很明显，当向其中注入无功功率时，感性负载的电压增加。显然，对于由负载吸收的，给定量的无功功率，母线的短路功率越高，在电压升高方面的影响越小。

类似地，考虑容性负载（见图 7.2），但系统具有负载提供的无功功率

$$V_2 = (-\mathrm{j}X)(\mathrm{j}I_2) = XI_2$$

$$V_2 = XI_2 = \frac{XQ_{02}}{V_2}$$

而

$$V_2^2 = XQ_{02}$$

所以

$$2V_2\Delta V_2 = X\Delta Q_{02}$$

$$\Delta V_2 = \frac{\Delta Q_{02}}{2V_2} \qquad (7.8)$$

$$\frac{\Delta V_2}{V_2} = \frac{X \Delta Q_{02}}{2V_2^2}$$

根据式（7.8），很明显，当负载向电网提供无功功率时，容性负载的电压会增加。

总之，无功功率注入负载母线时，母线电压增加或降低是由注入的无功功率是感性还是容性决定的。

在感性负载为主的电网中，对无功功率注入对负载母线电压的正面或负面影响的理解，需要将线路压降效应与负载母线电压增加进行比较。

由于输电线的电抗与负载相比非常小，并且由于实际负载基本上都会消耗无功功率，因此结论很明显：通过从最近的电源将无功功率注入到输电网络控制电压是正确的。此外，输电网络中的电压越高，电压的控制越容易，这是由线路的电容效应决定的。

7.1.2　电力线参数分布

考虑到中/长线情况，并联导纳不能再被忽略，这与短线情况下一样。以 π 型线路为例，线路参数由集中电容 C 表示。再一次地，通过 $\dot{S} = 3\dot{S}_0$ 表示给定母线上电压 V 的复数电源，电流 I 等于 S_0/V。线路产生的电量与线路电抗吸收量之间的无功功率平衡为

$$Q_0 = \omega C V^2 - \omega L \frac{S_0^2}{V^2}$$

注意，存在有功功率 $P_{0,\mathrm{N}}$，使无功平衡为零：

$$P_{0,\mathrm{N}} = V^2 \sqrt{\frac{C}{L}} = \frac{V^2}{Z_{\mathrm{C}}}$$

在这些条件下，功率以恒定电压幅值和单一功率因数在线路上传输。如果输电功率 S_0 高于自然功率 $P_{0,\mathrm{N}}$，则与高负载架空线路一样，线路吸收无功功率。对于电缆，$\omega C V^2$ 是主要的，并且始终在注入无功。对于电缆线路，允许的最大热功率始终低于自然功率。

总之，除非特定的工作条件，并联电容电纳（B_{c}）通常对电压支撑有显著贡献，一定程

度上补偿了局部负载。在电力系统电压分析中无疑要考虑这部分无功功率，但仅限于无功电源决定了运行工作点的情况，而不是用于实时电压控制。换句话说，通常不通过连续地接通/断开电线来实现电压的控制。

7.1.3 灵敏度系数

在大型网络中，考虑到有功功率和无功功率注入系统母线，通常可以在电压和频率变化方面看到相应的效果。参考电压变化（矢量 $\mathrm{d}V$），它们通常根据偏导数矩阵 $\partial V/\partial P$ 和 $\partial V/\partial Q$ 来描述，又称为灵敏度矩阵，分别由 S_{VP} 和 S_{VQ} 表示。网络节点中的电压变化对应于该点处连接线上的无功功率变化。所以我们可以写

$$\mathrm{d}V = \frac{\partial V}{\partial P}\mathrm{d}P + \frac{\partial V}{\partial Q}\mathrm{d}Q = S_{VP}\mathrm{d}P + S_{VQ}\mathrm{d}Q \tag{7.9}$$

这些矩阵的系数显然取决于负载和线路特性，并且对于给定的注入，在每条母线上显示无功功率、线路损耗、负载的局部变化所带来的最终影响。从数值上讲，就电压控制而言，最重要的矩阵是 $\partial V/\partial Q$，其系数表示每个母线产生期望的电压变化所需的无功功率。

"区域控制系统动态模型"部分提供了有关线性系统模型及其在电压控制系统设计中的使用的信息。

7.2 电压和无功功率控制设备

从先前的考虑，在电力系统中电压管理的实际方式，基本上都需要控制在电力系统中的不同层面（输电和配电）产生和消耗的无功功率。

同步发电机是电力系统中能够输送或吸收大量无功功率的主要设备。自动电压调节器（AVR）控制发电机励磁，以便将定子端口处的电压维持在设定值。由于该本地优先级控制主要涉及低压级别的发电机电压，因此它不能使用所有可用作无功功率资源的发电机来满足高压负载母线的电压控制需求。

其他有助于支持系统电压的设备是补偿设备，通常安装在变电站中。这些设备可归类为

1）无功电源或负载：此类别包括并联电容器、并联电抗器、同步补偿器和静态补偿器。

2）供线路感性电抗补偿的设备——固定式或开关式串联电容器。

3）电压比可调变压器。

并联电抗器，并联电容器以及串联电容器是无源补偿装置，它们可以永久连接或切换。一种情况下，它们被设计为要控制的基本网络的一部分；另一种情况下，它们是支持电网基本电压的控制资源的一部分。在下文中，我们主要将它们称为可切换且因此可控的无功功率电源。它们的步进控制通常是手动，本地或远程类型。

同步和静态补偿器是连续和闭环补偿装置。由它们吸收或产生的无功功率可以自动调节，以保持它们所连接的母线的电压值恒定。与发电机类似，这些设备将受控母线电压维持在设定点值。在电压控制方面，它们与实际发电机没有区别。

7.2.1　无功功率补偿装置

并联电容器作用是使功率因数滞后，而在需要超前功率因数校正时则需要电抗器，例如在轻载电缆的情况下。在这两种情况下，无功功率补偿装置的作用是提供或吸收无功功率以恢复标称值附近的电压值。不幸的是，电压降低，并联电容器产生的无功或反应器吸收的无功也降低，因此在大部分需要的时候其有效性反而降低，除非在电压显著降低之前控制它们。相反，在轻负载的情况下，电压很高，电容器产生的或由电抗器吸收的无功功率大于标称值，除非正确控制，这样它们才有效。

7.2.1.1　并联电容器

电容器直接连接到母线或主变的第三绕组，并沿着以最小化损耗和压降的路径设置。它们分布在整个系统中，在各地补偿消费端的无功功率。并联电容器的主要优点是低成本和安装和操作的灵活性。它们的主要缺点是低电压下的无功功率输出降低与电压二次方成正比。而且，切换会缩短它们的寿命。

配电系统通常要求该补偿装置的最大应用是，尽可能地将无功功率提供到其消耗点，即负载母线。

补偿方案包括固定和开关电容器组。在输电网中，并联电容器用于补偿 XI^2 损耗并确保在重负载条件下有令人满意的电压水平。电容器组可手动或通过电压继电器自动切换。它们在现场的位置是在详细的潮流计算、意外事件分析和瞬态研究之后确定的。接通/断开电容器组提供了控制系统电压的常规方法，以恢复大的电压偏差，这通常是由于夜间和白天之间以及较大的意外事件之后的负载差异。由于切换控制量的限制，它们无法对连续的实时电压控制做出贡献。

7.2.1.2　并联电抗器

通常，并联电抗器通过限制开路或轻负载时的电压上升来补偿线电容。它们通常用于长度超过 150～200km 的超高压（EHV）架空线路，因为流过高值感抗的电容性充电电流，导致电压在线路末端具有最高值。并联电抗器可以直接连接到电线或通过安装在终端站中的变压器的三次绕组（见图 7.3）。

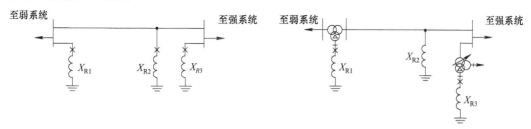

图 7.3　并联电抗器可能的连接配置

X_{R2}—永久线路连接的电抗

X_{R1}，X_{R3}—连接到变压器三级绕组的可切换电抗

在稳固系统中，并联电抗器永久连接到长线路，以限制高达 1.5pu 的暂时（持续时间小于 1s）或切换过电压。还可以在线路上使用附加的并联电抗器来限制雷电过电压。在重负载条件下，必须断开并联电抗器，为此，它们配备有开关装置。在仅由弱系统支持的短线上，

使用可切换的电抗器。由于开关操纵次数的限制，并联电抗器无助于实时连续电压控制。

7.2.2 电压和无功功率连续控制装置

7.2.2.1 同步发电机

同步发电机是主要的电压控制装置和旋转无功功率储备的主要来源。为了满足无功功率需求，可以在其运行的过励和欠励限制范围内控制发电机。由于存在与发电机转子和定子热动力学相关的时间常数值，允许短时过载能力，并且可以通过瞬态过电压和过励磁限制电路有效地利用。发电机将在其电压限制内（通常在+5%和-5%之间）连续运行，并且其操作过励磁和欠励磁限制定义了可用的无功功率场。发电机能力曲线与电压有关，因此过励磁极限（OEL）和欠励磁极限（UEL）动态变化。更准确地说，如果发电机电压增加，则过励磁极限会降低可输送无功功率，而欠励磁极限会增加可吸收无功功率。

图 7.4 表明在给定功率因数下，有源负载和端子电压下发电机可用无功功率的限制曲线。

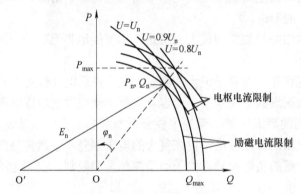

图 7.4　在给定功率因数下电枢电流和励磁电流限制的变化

电枢电流和励磁电流限制所对应的区域，表示过励磁时发电机的可用运行点。

通过降低发电机产生的有功功率，可以产生更大的无功功率储备，直到达到励磁电流限制。对角虚线表示发电机的电枢电流和励磁电流具有相同极限值的点。

从图 7.4 可以看出，如果端子电压降低，则发电机的可用无功功率储备增加（几乎是瞬间增加）。

发电机在允许的范围内提供电压调节。当系统中存在过剩的无功功率储备时，发电机应吸收在欠励磁域中工作的无功功率，直到达到欠励磁极限。

然而，由于涡轮机极限 $P_{\max}$ 比电枢极限更受限制，因此在缺乏无功功率储备时，发电机产生的有功功率可能降低，从而获得无功功率可用性的增加，这主要取决于励磁电流限制曲线。因此，确实存在通过减少有功功率产生来增大无功功率限制的可能性，但这是不相关的，并且只有在达到临界电压值时，即仅在系统操作员使用了区域内所有其他可用电压值之后，其使用才变得合理。

总之，发电机产生或吸收的无功功率主要取决于产生的有功功率和端电压[3]。

在恒定的发电机电压下，如果电网电压增加，则发电机无功功率减小，相反，当电网电压减小时，发电机无功功率增加。这对电网电压具有稳定作用。增加或减少的无功功率输出以部分抵消电网电压变化的方式起作用。

7.2.2.2　调相机

调相机是在没有机械负载的情况下运行的同步电机，并且根据励磁值，它可以与同步发电机相同的方式吸收或产生无功功率。即使与静态电容器相比其损耗相当大，其功率因数也接近于零，也就是说，根据工作极限，它可以在无功功率的最大输出或吸收下工作（见图 7.5）。

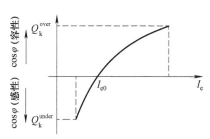

图 7.5　同步补偿器发出或吸收的无功功率随励磁电流变化关系图

当调相机在过励磁域中工作时，它将无功功率注入网络，但吸收励磁电流，此时电流超前电压 90°。当调相机在欠励磁域中工作时，它吸收来自网络的无功功率并吸收励磁电流，再次超前电压 90°。根据励磁机励磁，由此可以控制由调相机从网络注入/吸收的无功功率。

当与电压调节器一起使用时，调相机可以在高负载时自动过励运行，并且在轻负载时欠励运行，但其供应/吸收的无功功率将取决于工作电压设定值。补偿器在前 2.5min 内作为感性电动机运行，然后同步。最大吸收无功功率与 Q_k^{under} 最大供电无功功率 Q_k^{over} 之间的比值是调相机的重要特性。由于在欠励磁操作中补偿器在低励磁电流下变得不稳定，因此调相机通常设计成比率 $\dfrac{Q_k^{under}}{Q_k^{over}}$ =0.5～0.65。如果此比率相对于所需的 Q_k^{under} 值较低，则可采用以下解决方案之一：

1）通过扩大调相机气隙，将先前定义的比率增加到值 1，但缺点是成本增加。

2）将同步补偿器的运行与并联电抗器相结合。

调相机一个很大的优点是在所有负载条件下都可以灵活操作。即使这种装置的成本很高，在某些情况下也是合理的，例如在长高压线路的母线接收端，此处不允许低于单位功率因数输电。调相机的维护成本通常很高。

7.2.2.3　静止无功控制器（SVC）和 FACTS

静止无功控制器（SVC）是一个完全专用于电压支持的 FACTS。静止无功控制器（SVC）操作其自己的并联电抗器和/或电容器的电子软开关，实现连续的无功功率变化。它们非常适合控制大波动负载的变化的无功需求，以及由于负载抑制引起的过电压动态过程。它们还用于高压直流换流站，需要快速控制电压和无功功率。

沿着线路的补偿需要中点动态分流。通过中点处的动态补偿器，实现了对称的线性补偿。中点电压将随负载而变化，并且可调节的中点电纳是维持恒定电压幅度的一种方式，因此，静止无功控制器（SVC）使用的优点是显而易见的。通过快速变化的负载，可以通过静止无功控制器（SVC）快速校正无功功率需求，具有小的过冲和电压上升。电力系统振荡阻尼也可以通过将静止无功控制器（SVC）的输出从电容性快速改变为电感式来获得，以便抵消互连机器的加速或减速。

GTO 技术的进步，在高功率水平下具有受控的开/关功能，为电力电子设备开辟了新的可能性，允许通过快速、连续和灵活地控制无功和有功功率来更好地管理输电网。

IGBT 的高开关频率允许极快的控制，可用于减少电弧炉引起的电压闪变等领域。

静止无功补偿器（STATCOM）是另一种静态无功控制器，具有与同步补偿器类似的特性，但作为电子设备，它没有惯性，有许多优点：更好的动态性，更低的投资成本，以及更低的运行和维护成本。它可以看作是电抗器背后的电压源。它仅通过电压源转换器中的电压和电流波形的电子处理提供无功输出及吸收。这意味着不需要电容器组和并联电抗器来产生和吸收无功功率，从而有利于紧凑的设计和尺寸。随着静止无功补偿器（STATCOM）的出现，在输电和配电系统中的动态和稳态电压控制，有功和无功功率的同时控制等领域能够达到更好的性能。

一般而言，在两个 AC 母线之间以"背靠背配置"连接的电压源转换器能够实现两个 AC 电网（同步或异步或甚至具有不同频率）之间的有功功率传输，同时可以向 AC 网络提供无功支持。

最后，统一潮流控制器（UPFC），包括静态同步串联补偿器（SSSC）—串联元件和静止无功补偿器（STATCOM）—分流元件，也适用于同时执行以下功能：瞬态稳定性改善，功率摆动阻尼和电压稳定性的改善。

7.2.3 有载调压变压器

7.2.3.1 概述

变压器分接头是沿变压器绕组的连接点，允许选择匝数。通过这种方式，获得具有可变匝数比的变压器，从而实现二次侧的电压调节。通过分接开关机构选择使用中的分接头。

分接头变换变压器是有效的设备，用于调节由另一侧的电压值维持的一侧的电压。通过改变绕组的匝数，减小或增大匝数比，在电压增加或减小的方向上引入补充纵向电压。分接头通常在变压器的较高电压或较低电流侧进行，以便最小化切换期间的电流处理。通过改变匝数比，改变二次侧电路中的电压并获得电压控制。这构成了在所有电压水平下最流行和最普遍的电压控制形式。

图 7.6 是仅在二次侧或仅在一次侧中放置的分接头变换器的示意图：在两种情况下，待调节的电压和期望的电压值之间的差被输入到电动机，该电动机驱动变换器。与图 7.6 所示的相反，要断开或连接的端子没有位于绕组的端部，出于结构原因，它们应放置在绕组的中心位置或对称地分布在两端之间。

图 7.7 显示了如果分接头变换器位于二次侧时的双绕组变压器的等效电路（见图 7.6a）。

1）如果一次侧和二次侧接线相同（例如，星形-星形或三角形-三角形），我们可以写出等式：

$$\dot{V}'_s = N\dot{V}_s$$

$$\dot{I}'_s = \frac{1}{N}\dot{I}_s \qquad\qquad (7.10)$$

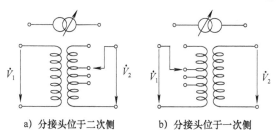

a) 分接头位于二次侧　　　b) 分接头位于一次侧

图 7.6　有载分接开关（OLTC）的单相示意图

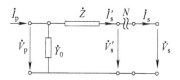

图 7.7　双绕组变压器中的 Γ 形等效电路

N 是实际匝数比，通常不同于标称值 N_{nom}^2

$$N_{nom} = \frac{V_{n1}}{V_{n2}} = \frac{I_{n2}}{I_{n1}} \qquad\qquad (7.11)$$

其中，V_{n1} 和 V_{n2} 是一次侧和二次侧的标称相对地电压，而 I_{n1} 和 I_{n2} 代表两个绕组的标称相电流。

从式（7.10），我们可以推断出[4]

$$\frac{\dot{V}'_s}{V_{n1}} = N\frac{V_{n2}}{V_{n1}}\frac{V'_s}{V_{n2}}$$

$$\frac{\dot{I}'_s}{I_{n1}} = \frac{1}{N}\frac{I_{n2}}{I_{n1}}\frac{\dot{I}_s}{I_{n2}}$$

标幺值表示为

$$\dot{v}'_s = m\dot{v}_s$$

$$\dot{i}'_s = \frac{1}{m}\dot{i}_s \qquad\qquad (7.12)$$

其中

$$m \triangleq \frac{N}{N_{nom}} \qquad\qquad (7.13)$$

是匝数比的标幺值。

另外，我们可以分别写出变压器两端的电压和电流之间的关系：

$$\dot{v}_p = \dot{z}'\dot{i}'_s + \dot{v}'_s$$

$$\dot{i}_p = \dot{y}'\dot{v}'_p + \dot{i}'_s \qquad\qquad (7.14)$$

其中：

$$\dot{z}' \triangleq \dot{Z}\frac{I_{n1}}{V_{n1}}$$

$$\dot{y}' = \dot{Y}_0\frac{V_{n1}}{I_{n1}} \qquad\qquad (7.15)$$

对于 m 的每个值，式（7.12）和式（7.14）完整地描述了有载分接开关（OLTC）的特性。

这些方程可以很容易地与图 7.8 的单相等效电路相关联。

2）一次侧和二次侧绕组以不同的方式连接（例如，星形或三角形配置）[4]。

如果我们考虑星形-三角形联结，可能会产生图 7.9 所示的两种情况（三角形绕组的极性不同）。

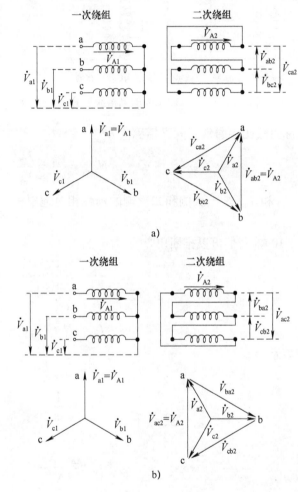

图 7.9 绕组三相变换的星三角联结和正序电压的相量图[4]

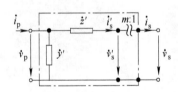

图 7.8 单相等效电路 OLTC

关于正序，我们将 $\dot{V}_{A1}$、$\dot{V}_{A2}$ 称为绕组电压，理想变压器的实际匝数比为

$$N = \frac{\dot{V}_{A1}}{\dot{V}_{A2}}$$

$\dot{V}_{A1}$ 和 $\dot{V}_{A2}$ 当然是同相的。一次侧的相电压和绕组电压一致，而二次侧的绕组电压（见图 7.9a）有序地等于相间电压 $\dot{V}_{ab,2}$、$\dot{V}_{bc,2}$、$\dot{V}_{ca,2}$。

因此，一次侧的 a 相的电压将二次侧的相同相的电压超前 30°，并且类似地对于 b 相和 c 相。更确切地：

$$\dot{V}_{a2} = \frac{\dot{V}_{A2}}{\sqrt{3}}e^{-j30°} \quad 或 \quad \dot{V}_{a2} = \sqrt{3}\dot{V}_{A2}e^{j30°} \tag{7.16a}$$

也就是：

$$\dot{V}_{a1} = \dot{V}_{A1} = N\dot{V}_{A2} = \sqrt{3}N\dot{V}_{a2}e^{j30°} \tag{7.16b}$$

在图 7.9b 的单相等效电路中，理想变压器的实际电压比 N 使得电压变得复杂。以电压为例，变为 $\sqrt{3}Ne^{j30°}$

对于电流，理想变压器仍然是这样，并且两个复功率应始终相等，即等式

$$\dot{V}_s' = \dot{I}_s^* = V_s\dot{I}_s^* \tag{7.17}$$

且：

$$\frac{I_s'}{I_s} = \left(\frac{\dot{V}_s}{\dot{V}_s'}\right) = \left(\frac{V_{a2}}{V_{a1}}\right)^* = \frac{1}{\sqrt{3}N}e^{j30°} \tag{7.18}$$

因此，一次侧的相电流也将比二次侧电流超前 30°。换句话说，电流的匝数比等于电压匝数比的共轭倒数。在图 7.9b 所示的情况下，主支路滞后的相位变量（不包含支路）二次侧的相位差为 30°。总之，在星-三角（或三角-星）联结中，一次侧和二次侧相位变量具有 30° 超前或滞后的正序相位差。

具有不同一次侧和二次侧连接配置的三相变压器，是具有复杂匝数比的变压器。

7.2.3.2　开关技术

无载设计。在低功率，低压变压器中，分接点可以采用连接端子的形式，需要手动断开电源线并连接到新的端子，或者通过旋转或滑动开关来辅助该过程。

由于不同的分接头点具有不同的电位，因此不应同时进行两个连接，因为这会使绕组中的一部分线圈短路并导致过大的循环电流。因此，这要求在切换期间物理地中断对负载的供电。高压变压器设计中也采用了无载分接头更换，但它仅适用于允许断电损失时安装。

有载设计。由于中断供电对于电力变压器来说通常是不可接受的，因此这些通常配备有更昂贵且复杂的有载分接头更换机构。有载分接开关（OLTC）可以是机械的，也可以是电子的。此外，本节还提出并比较了基本的开关技术。

机械式分接头变换器。更常见的机械式有载分接开关（OLTC）有两个部分：用于选择分接位置的分接选择器和用于将电流从一个分接位置传送到另一个分接位置的分流器。在分接头更换期间，既不必断开负载电流也不要使分接头短路。因此，在转换期间，在分接头之间连接阻抗或电阻器或电抗器，以使循环电流最小化。分接选择器和分流器通常是油浸式的。

机械分接开关在释放旧连接之前进行新连接，但是通过在断开原始连接之前暂时将大的分流电阻器（有时是电感器）与短路匝数串联连接来避免来自短路匝的高电流。该技术克服了开路或短路分接头的问题。尽管如此，必须快速进行转换以避免转向器过热。通常通过低功率电动机将大弹簧卷起，然后快速释放以加快分接头更换操作。为避免触点产生电弧，分接开关充满绝缘的变压器油。开关的切换通常在与变压器油箱分开的隔间内进行，以防止油污染。

一种可能的有载机械分接开关设计如图 7.10 所示[5]。

我们假设触头处于位置 2，通过右侧连接直接提供负载。分流电阻 A 处于短路；触头 B

未使用。为了从 2 号接头移动到 3 号接头，会出现以下步骤：

1）开关 3 关闭，卸载操作。

2）旋转开关转动，断开一个连接并通过分流电阻器 A 提供负载电流。

3）旋转开关继续转动，连接触点 A 和 B。现在通过转向电阻 A 和 B 提供负载，绕组通过 A 和 B 桥接。

4）旋转开关继续转动，与分流电阻 A 断开接触。现在仅通过转向器 B 提供负载，绕组转动不再桥接。

5）旋转开关继续转动，使分流器 B 短路。现在通过左侧连接直接加载。转向器 A 未使用。

6）开关 2 打开，卸载操作。

在机械分接开关的情况下，分接开关的优选位置是较高电压绕组的中性点。通过高压绕组上的较低电流可以最大限度地减少分流器负荷。在油中的机械接触的情况下，可以获得由于选择高压绕组而产生的较高电压应力所需的较高介电强度，而且没有显著的成本损失。其他开关技术应克服的机械有载分接开关（OLTC）的主要缺点如下：

1）断开分流器中的电流会导致触点产生电弧。这导致触点的磨损和腐蚀，需要适当的维护。

2）过渡电阻的功率损耗会在换向期间提高切换开关室内的油温。因此，通常不允许连续操作，将油温保持在允许的限度内。

3）接触电弧会污染油，因此在定期检查时需要更换油。

4）必须在有载分接开关（OLTC）安装特殊机构，以防止轴系故障时的灾难性后果。

5）适用于正常稳态电压调节的分接变换操作相对较慢：切换开关的速度在 50～100ms 范围内。分接选择器开关较慢，可能需要几分钟才能穿过整个分接范围。

图 7.11 分别给出了"转向器选择器"和"选择器开关"的典型剖视图[6]。

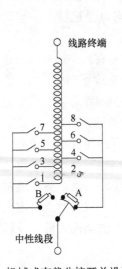

a）分流器选择器   b）选择开关

图 7.10　机械式有载分接开关设计，　图 7.11　分流器选择器和选择开关典型剖视图（由 Easum-MR 提供）[6]
"A" 和 "B" 是转向电阻器[5]

真空开关分接头变换器。通过使用真空开关来替换油中的机械触点可以克服上述一些缺点，无论是在转向器中还是在分流器和分接选择器中。与机械开关技术相比，真空开关技术具有以下特点，可提高调节性能：

1）对环境友好：无油碳化（绝缘油中没有电弧），没有滤油装置，绝缘油的使用寿命延长；

2）可以使用替代绝缘介质；

3）接触磨损对有载分接开关（OLTC）寿命没有实质影响；

4）几乎所有网络应用程序都可以免费维护多达 300 000 次操作甚至更多操作；

5）变压器可用性提高；

6）显著降低生命周期成本。

这些特征使得该技术目前在电力系统中越来越多地实施。此外，真空开关技术在以下几点方面具有明显的优势：最大步进电压；最大步进功率；替代绝缘介质的长期阻力；总体复杂性和低失败风险。尽管具有这些优点，但该技术在系统稳定性或次同步谐振方面并未改善电力系统性能。

为了揭示该技术的工作原理，选择了一个特殊情况：RMV-II 负载分接开关（见图 7.12）[7]。有载分接开关与油浸式电力变压器，调节器和移相变压器（PST）配合使用，可在有载情况下改变分接头，从而控制电压幅度或相位角。分接开关采用预防性自耦变压器（电抗器）开关原理，配有真空断路器，以实现分接变换。真空断路器用于在半个周期内中断电路。中断发生在大约 10^{-6} 托尔的真空中，而不是通常在油下的电弧放电。因此，消除了油污染。

在设计方面，RMV-II 有载分接开关包括一个油室（见图 7.12a），包含分接和转换选择器，真空断路器和旁路开关，一个单独安装的驱动机构开关组件，以及其他附件，具体取决于现场条件。每个阶段包括一个位于环氧树脂模制端子板上的分接和转换选择器，以及一个独立的垂直绝缘板上的真空断路器和旁路开关，该绝缘板刚好安装在分接开关油室的顶部。真空断路器驱动组件是凸轮作用弹簧驱动机构，其在打开和闭锁时撞击操作杆。操作杆连接到真空断路器动触头。真空断路器由固定式和动态触点组成，封闭在真空密封的陶瓷绝缘外壳中（见图 7.12b）。动触头通过柔性金属波纹管密封，金属波纹管通过护罩保护电弧。金属屏蔽围绕触点形成电弧室和冷凝表面，以收集在电弧放电期间产生的蒸发的触点材料。

 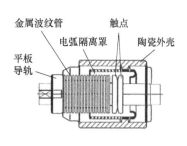

a）分接开关油室　　　　b）真空灭弧室

图 7.12　RMV-II 有载分接开关示意图（由 Maschinenfabrik Reinhausen 提供）[7]

分接开关操作（见图 7.13）分为三大功能：

1）通过真空断路器和相关旁路开关进行电弧中断和重合闸。

2）在真空断路器和旁路开关的操作下，通过抽头选择器总成按正确地顺序选择下一抽头位置。

3）反转或粗调/微调选择器，使分接位置的数量加倍。

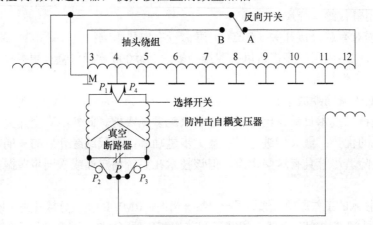

图 7.13   有载分接开关切换原理

当从一个分接位置移动到下一个分接位置时，一组旁路开关触点打开，而第二组保持闭合，在其操作之前引导电流通过真空断路器。在分接选择器动触头选择下一个分接头之前，真空断路器通过弹簧操作部件打开，然后在弹簧力作用下闭合并锁定到位，旁路开关重新闭合以分流真空断路器，从而完成分接变换操作。

静态切换分接开关。随着具有相对较大的电流和电压额定值的半导体器件，特别是晶闸管的发展，开发静态有载分接开关的前景是令人期待的。静态有载分接开关（OLTC）有不同的解决方案，但与机械或真空开关相比，并非所有这些解决方案都是可行的或具有主要优势。在晶闸管分接开关的情况下，电压应力将是决定晶闸管数量的主要因素。从这个角度来看，在大多数情况下，晶闸管型分接开关的首选是低压绕组。

其中一种情况是全静态晶闸管有载分接开关（OLTC），其中背靠背连接的晶闸管阀取代了传统有载分接开关（OLTC）的机械触点。这个解决方案有一个主要的缺点：晶闸管的数量，使得它不是一个可行的实践方案。为了说明这一点，图 7.14 显示了一个分接开关的布局，其步骤为 ±16 步，假设所有机械触点都被晶闸管取代[8]。

每个晶闸管阀上的电压应力取决于其抽头位置。末端的阀门 1 和 33 号将具有最大的稳态电压应力，而中间的 17 号阀门将具有最低的稳态电压应力。其他阀门的最大电压会随着抽头与中间阀门的距离而逐渐增加。如果阶跃电压的方均根值为 V_s，则在抽头变流器的一相中具有 32 个步长的所有背靠背连接的晶闸管阀上的稳态电压应力的总和将约为 $800V_s$。如果步长在 0.5～1.0kV 范围内，那么分接开关所需的晶闸管数量应该具有 2400～4800kV 的总耐压能力。在 2kA 额定值下，这么多的晶闸管就足够建立 1000～2000MW AC/DC 变流器的晶闸管阀门。

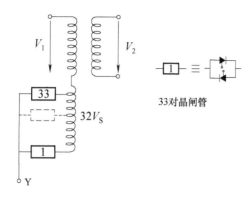

图 7.14　用 OLTC 型抽头选择开关代替机械触点的晶闸管

可替代的解决方案分为以下三种类型[8]：

1）带有晶闸管辅助切换开关的混合有载分接开关（OLTC）；

2）带有 GTO 辅助切换开关的混合有载分接开关（OLTC）；

3）带有晶闸管开关分接开关绕组的全静态有载分接开关（OLTC）。

1. 混合型晶闸管型有载分接开关（OLTC）

由晶闸管型切换开关和机械操作的分接选择器组成。晶闸管式转换开关通常配备有多个机械辅助开关，例如：

1）分流触点，以避免对晶闸管的电流进行测量，并减少操作位置的损耗；

2）串联晶闸管阀门之前连接的触点，以消除步进绕组中发生的暂态电压应力；

3）必要时，额外的转换开关可以最大限度地减少晶闸管的数量，并首先将负载电流传递到过渡电阻，然后通过一个背靠背连接的晶闸管阀门将通过过渡电阻的循环电流断开。

一般来说，有两种不同的方式：

1）无过渡电阻的混合晶闸管式分流器开关换相；

2）带过渡电阻的混合晶闸管式分流器开关。

无过渡电阻的换向开关的分流器在没有通过过渡阻抗的循环电流的情况下工作，这对于有载分接开关（OLTC）来说是典型的，通过在零电流下将来自载流切换开关侧（例如 n）的晶闸管路径的负载电流直接换向到预选换向器开关侧（例如，$n+1$）的晶闸管路径。换向切换开关部件不适合在绝热油中操作，尤其是：以防止同时触发两个晶闸管路径导致步长之间发生短路的互锁电子装置；测量设备（用于晶闸管组进入阻塞状态后的电压增加）；换向电容器。

另一方面，带过渡电阻的转换开关（见图 7.15）可以以更简单的方式设计，特别是省略互锁电子元件和换向电容器。

因此，这种类型的分流器可以在用于罐内安装的传统有载分接开关（OLTC）的设计尺寸中实现。我们使用了一个基本的连接图，其中只有一对反并联晶闸管执行转换开关操作，首先将负载电流换成转换电阻，然后在第二个切换过程中中断流过该电阻的循环电流。

到目前为止，混合晶闸管型有载调压变压器技术的应用还很有限，而且由于真空开关技术明显具有更好的性能，因此也可以预见将来它不会在更广泛的范围内得到普及。

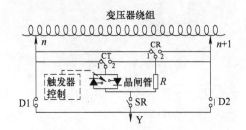

图 7.15　带过渡电阻的混合型晶闸管式切换开关[8]

D₁，D₂—分流触点；SR—备用触点；CT—备用触点；R—过渡电阻

2. 混合 GTO 型　有载分接开关（OLTC）

用 GTO 或 IGBT 代替晶闸管，可以克服晶闸管抽头变流器的换相问题。由于这些器件的最大电压额定值低于晶闸管的额定值，因此用它们代替分接开关中的机械触点的成本将比晶闸管更高。因此，也只在带有机械操作抽头选择器的分流器中使用它们。

3. 带晶闸管开关绕组的静态有载分接开关（OLTC）

从 1986 年开始，挪威国家铁路的 16.5kV、162/3Hz 系统也安装了一个全静态的单相OLTC[9]。多年来，其运行中没有任何问题。

虽然这是在配电系统中，但没有理由不能将其应用于电压更高的输电系统中。也可以将该概念扩展到更多的抽头位置。

7.2.3.3　电流操作接头的确定

为了确定变压器的工作抽头，仅考虑简单配置，即电源只通过传输线和降压变压器为负载供电（见图 7.16a）。忽略变压器的空载损耗，其串联阻抗可与线路阻抗一起包含在电路的等效阻抗 Z 中（见图 7.16b）[10]。

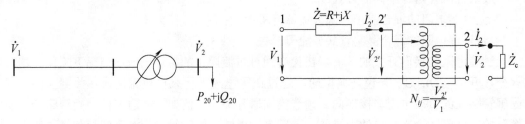

a) 单线图　　　　　　　　　　　　b) 等效电路

图 7.16　简单电流源线路变压器负载

对于给定的运行点 $\dot{V}_1$、P_{20} 和 O_{20}。电压等式为

$$\dot{V}_1 = \dot{V}_{2'} + \Delta\dot{V}_{12} \tag{7.19}$$

忽略电压降的横向分量，并将负载处的电压作为相位基准，关系式（7.19）变为[3]

$$\dot{V}_1 = V_{2'} + \Delta V = V_{2'} + \frac{RP_{20} + XQ_{20}}{V_{2'}} \tag{7.19a}$$

从方程（7.19a）得出一个二阶方程，其中变量 $V_{2'}$ 未知：

$$V_{2'}^2 - V_1 V_{2'} + RP_{20} + XQ_{20} = 0$$

$$V_{2'} = \frac{V_1 + \sqrt{V_1^2 - 4(RP_{20} + XQ_{20})}}{2} \qquad (7.20)$$

计算匝数比 $N_{ij} = V_{2'}/V_2$，并替换式（7.20）中的 $V_{2'}$：

$$N_{ij} = \frac{V_1 + \sqrt{V_1^2 - 4(RP_{20} + XQ_{20})}}{2V_2} \qquad (7.20a)$$

可以看出匝数比 N_{ij} 是变压器额定电压的函数，抽头电压百分比 ΔV_t 和电流抽头 n_p 如下：

$$N_{ij} = \frac{V^{\mathrm{HV}}}{V^{\mathrm{MV}}}\left(1 + n_p \frac{\Delta V_t}{100}\right) \qquad (7.21)$$

从以 $\dot{V}_1$、Q_{20} 和 P_{20} 为参数的运行状态开始，并且还在负载 $V_2 = V_{2\mathrm{sch}}$ 时指定某个特定电压值，则工作抽头的数量应该是：

$$n_p = \frac{100}{\Delta V_t}\left[\frac{V_n^{\mathrm{MV}}}{V_n^{\mathrm{HV}}} \cdot \frac{V_1 + \sqrt{V_1^2 - 4(RP_{20} + XQ_{20})}}{2V_{2\mathrm{sch}}} - 1\right] \qquad (7.22)$$

所得值必须四舍五入为最接近的整数值。

7.2.3.4　变压器的静态特性

有载分接变换是通过改变匝数比 N，使变压器二次绕组上的电压 V_2 接近参考值 $V_{2\mathrm{sch}}$。

为了分析有载分接头变化的影响，我们分析图 7.16b 中的示例，其中阻抗 $\dot{Z}$ 表示负载。电压和电流之间的关系可写为

$$\begin{aligned} \dot{V}_1 &= \dot{V}_{2'} + Z\dot{I}_{2'} \\ \dot{V}_2 &= Z_c \dot{I}_2 \end{aligned} \qquad (7.23)$$

为了简化计算，忽略了线路和变压器的电阻，即 $\dot{Z} \approx \mathrm{j}X$，负载被认为是纯电阻的，即 $Z_c = R_c$。因此，负载功率表示为 $P_2 = V_2^2 / R_c$。

选择负载端电压作为相位基准，即 $\dot{V}_2 = V_2$，并考虑匝数比的表达式：

$$N = \frac{V_{2'}}{V_2} = \frac{I_2}{I_{2'}} \qquad (7.24)$$

然后：

$$\begin{aligned} \dot{V}_1 &= \dot{V}_{2'} + \mathrm{j}X\dot{I}_{2'} \\ \dot{V}_2 &= R_c \dot{I}_2 \end{aligned} \qquad (7.23a)$$

考虑到式（7.24），式（7.23a）可以写成：

$$\dot{V}_1 = NV_2 + \mathrm{j}\frac{X}{N}\frac{V_2}{R_c} = NV_2\left(1 + \mathrm{j}\frac{X}{R_c}\frac{1}{N^2}\right) \qquad (7.25)$$

而绝对值是：

$$V_1 = NV_2\sqrt{1 + \left(\frac{X}{R_c}\right)^2 \frac{1}{N^4}} \qquad (7.25a)$$

所以得到：

$$V_2 = \frac{V_1}{N\sqrt{1+(X/R_c N^2)^2}} = \frac{V_1}{X/R_c N\sqrt{1+(R_c N^2/X)^2}}$$

或者:

$$V_2 = f(N) = \frac{NR_c V_1}{X} \frac{1}{\sqrt{1+(R_c/X)^2 N^4}} \tag{7.26}$$

式（7.26）定义了负载端子处的电压和匝数比的关系，其中源电压 V_1 和电阻 R_c 是方程参数，定义了有载分接变换变压器的静态特性（见图 7.17）[10]。

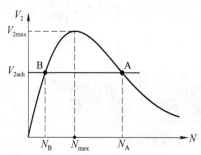

图 7.17　有载调压变压器的静态特性 $V_2 = f(N)$

可以看出函数 $V_2 = f(N)$ 有一个最大值，可以通过导数 $\dfrac{\mathrm{d}V_2}{\mathrm{d}N}=0$ 来确定，表示为

$$a = \frac{R_c V_1}{X}; b = \frac{R_c^2}{X^2} \tag{7.27}$$

在式（7.26）中，它表示为

$$V_2 = \frac{Na}{\sqrt{1+bN^4}} \tag{7.28}$$

所以

$$\frac{\mathrm{d}V_2}{\mathrm{d}N} = \frac{a\sqrt{1+bN^4} - aN(4bN^3/(2\sqrt{1+bN^4}))}{(\sqrt{1+bN^4})^2} = \frac{a(1+bN^4)-2abN^4}{(\sqrt{1+bN^4})^3}$$

我们令:

$$\frac{\mathrm{d}V_2}{\mathrm{d}N} = \frac{a(1-bN_{max}^4)}{(\sqrt{1+bN_{max}^4})^3} = 0 \tag{7.29}$$

结果为

$$1 - bN_{max}^4 = 0$$

即

$$N_{max} = \sqrt[4]{\frac{1}{b}} = \sqrt{\frac{X}{R_c}} \tag{7.30}$$

负载终端处的最大电压值可从式（7.26）中获得，在这里我们替换 $R_c/X = 1/N_{max}^2$ 得出:

$$V_{2max} = \frac{V_1}{\sqrt{2}N_{max}} = \frac{V_1}{\sqrt{2}\sqrt{(X/R_c)}} = V_1\sqrt{\frac{R_c}{2X}} \tag{7.31}$$

从图 7.17 可以看出，对于预定电压 $V_{2sch} < V_{2max}$，存在两个运行点 A 和 B，而对于 $V_{2sch} > V_{max}$，不存在运行点。这表明通过改变匝数比不能在负载下获得 V_{2sch} 值。

图 7.18 显示了有载分接开关转换部分和有载分接开关改变匝数比的简化方框图。分接开关在 $V_2 < V_{2sch} - \varepsilon$ 时降低匝数比，在 $V_2 > V_{2sch} + \varepsilon$ 时提高匝数比，或在电压值在允许范围 $[V_{2sch} - \varepsilon; V_{2sch} + \varepsilon]$ 内时不采取任何措施（见图 7.18a）。

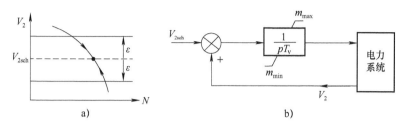

图 7.18　有载分接开关的换相原理和匝数比改变方框图

在图 7.18b 中，积分时间为 T_v（至少等于 10s）的积分器对应于作用于变换器的电机，而 V_2 是要调节的电压，V_{2sch} 是期望的电压，m 以标幺制表示匝数比，取值在以下范围内[4]：

$$m_{min} \leqslant m \leqslant m_{max}$$

分接开关的动作应该是连续的，即使它实际上是步进的（在接下来的两个步骤中，步数较多，m 的变化很小）。在稳态条件下，如果所需的 m 在规定范围（$m_{min} \leqslant m \leqslant m_{max}$）内变化，积分器确保电压零误差。与其他类型的电压调节相比，这种调节很慢，并且仅在稳态运行条件下才能确保所需的电压值。

分接开关可通过电压自动调节器或手动进行自动切换。变压器必须能够在正常条件下，比如根据日负荷曲线的负荷变化，提供调节。以及在如电压值超过允许的操作极限，可能导致电压不稳定这种紧急情况下提供调节。

因此，理想的情况是有载换流的次数尽可能少。为了避免分接开关在瞬态电压变化时工作，有载分接开关在第一次换相之前和两次连续换相之间的延迟时间内被阻断。通常，如果电压超过允许限值，第一次换相比下一次换相有更大的延迟。此外，对于级联定位变压器，电压电平越大，第一次换相的延迟越小。

7.2.3.5　有载分接开关（OLTC）变压器在电压和无功功率控制中的应用

在输电网络中结合使用有载分接开关（OLTC）和无功功率注入[11]。

第一种情况。 输电网络中无功功率控制的一种常见做法是使用三绕组三相变压器通过同步补偿器或电容器/电抗器组进行无功功率注入，如图 7.19a 所示。

对于给定的负载条件，有必要在第三条总线上找到特定无功产生/消耗的变压器匝数比。通过表示三绕组变压器的等效星形（或 Y）联结并忽略绕组电阻和变压器分流损耗，所考虑的系统的阻抗图如图 7.19b 所示。

对于给定的二次负载 P_{20}、Q_{20}，假设 $P_{30} \approx 0$，当忽略横向分量时，总线 1 和 2 之间的电压降为

$$\left| \Delta \dot{V} \right| \approx \Delta V = \frac{V_1}{N_{12}} - V_2 = \frac{X_P Q_{10} + X_S Q_{20}}{V_2} = \frac{X_P (Q_{20} - Q_{30}) + X_S Q_{20}}{V_2} \tag{7.33}$$

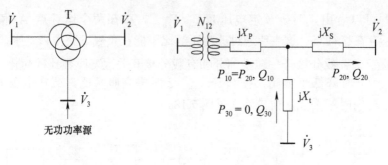

a) 单线图　　　　　　　　　　b) 等效阻抗图

图 7.19　带同步补偿装置的三绕组有载调压变压器

或者：

$$N_{12}V_2^2 - V_2V_1 + N_{12}[(X_P + X_S)Q_{20} - X_PQ_{30}] = 0 \tag{7.33a}$$

式（7.33a）给出了 V_1、V_2 和 Q_{30} 之间的关系。然后，对于已知的 V_1 和 V_2，对于特定的 Q_{30}，从（7.33a）得到所需的匝数比由下式给出：

$$N_{12} = \frac{V_1V_2}{V_2^2 + (X_P + X_S)Q_{20} - X_PQ_{30}} \tag{7.34}$$

或者，特定匝数比的无功功率注入值 Q_{30} 由以下关系式确定：

$$Q_{30} = \frac{N_{12}V_2 - V_1V_2 + N_{12}(X_P + X_S)Q_{20}}{X_P N_{12}} \tag{7.35}$$

通常的配置是采用有载调压变压器匝数比的手动控制和同步补偿励磁的自动控制。

第二种情况。通过抽头改变，负载终端的电压不能保持在预定值，需要额外的无功功率[12]。

为了将无功补偿装置的额定值降到最低，在极端限制条件下改变分接头。因此，匝数比具有最大负载时的最小值 N_{min} 和最小负载时的最大值 N_{max}。

如果没有使用无功功率补偿装置，考虑电压 V_1 恒定并忽略电压降的横向分量，得到：

最大负载：

$$V_1 = V_{2'max} + \frac{P_{20}^{max}R + Q_{20}^{max}X}{V_{2'max}} \tag{7.36}$$

最小负载：

$$V_1 = V_{2'min} + \frac{P_{20}^{min}R + Q_{20}^{min}X}{V_{2'min}} \tag{7.36a}$$

约束条件为

$$V_{2max} < V_{2sch} < V_{2min}$$

为了达到预定电压，同步补偿器必须在过励磁、最大负荷状态下提供无功功率 Q_{comp}^{gen}，在欠励磁、最小负荷状态下吸收无功功率 Q_{comp}^{abs}。通过引入同步补偿器，我们需要修改电压方程：

最大负载：

$$V_1 = V_{2'sch} + \frac{P_{20}^{max} R + (Q_{20}^{max} - Q_{comp}^{gen}) X}{V_{2'sch}}$$ （7.37）

最小负载：

$$V_1 = V_{2'sch} + \frac{P_{20}^{min} R + (Q_{20}^{min} - Q_{comp}^{abs}) X}{V_{2'sch}}$$ （7.37a）

将式（7.36）和式（7.37）等效，得到了补偿装置过励磁时的单相无功功率方程：

$$Q_{comp}^{gen} = \frac{V_{2'sch}}{X}(V_{2'sch} - V_{2'max} - \frac{P_{20}^{max} R + Q_{20}^{max} X}{V_{2'max}} + \frac{P_{20}^{max} + Q_{20}^{max} X}{V_{2'sch}})$$ （7.38）

同样，从式（7.36a）和式（7.37a）可以得出，当补偿装置欠励磁时，其吸收的单相无功功率为

$$Q_{comp}^{abs} = \frac{V_{2'sch}}{X}(V_{2'min} - V_{2'sch} - \frac{P_{20}^{min} R + Q_{20}^{min} X}{V_{2'min}} + \frac{P_{20}^{min} + Q_{20}^{min} X}{V_{2'sch}})$$ （7.38a）

忽略式（7.38）和（7.38a）中后一项的差异，得到了同步补偿器产生/吸收的无功功率的简化方程：

$$Q_{comp}^{gen} = \frac{V_{2'sch}(V_{2'sch} - V_{2'max})}{X} = \frac{N_{min}^2 V_{2sch}(V_{2sch} - V_{2max})}{X}$$ （7.39）

$$Q_{comp}^{abs} = \frac{V_{2'sch}(V_{2'min} - V_{2'sch})}{X} = \frac{N_{max}^2 V_{2sch}(V_{2min} - V_{2sch})}{X}$$ （7.39a）

如果满足不等式：

$$Q_{comp}^{abs} \leqslant (0.5...0.65)Q_{comp}^{gen}$$ （7.40）

补偿装置的额定功率 Q_n 由 $Q_n \geqslant Q_{comp}^{gen}$ 条件决定。否则，如果式（7.40）中的条件未得到验证，则通过比较以下两种或两种以上的可能性获得最佳解：

a）补偿器的额定功率由条件 $Q_n > Q_{comp}^{gen}$ 确定，与补偿电抗器相关。

b）具有较高额定无功功率的同步补偿器由条件 $Q_n \geqslant Q_{comp}^{abs}/(0.5...0.65)$ 确定。

通过经济技术的优化计算解决了在电网中确定和放置无功功率补偿源的一般问题。

如果目标是仅通过修改本地源产生/吸收的无功功率来维持电压，则匝数比恒定，在表达式（7.39）和（7.39a）中引入值 $N_{max} = N_{min} = N$，并且匝数比 N 由式（7.40）确定，对其施加 $N_{min} < N < N_{max}$ 的限制。根据上述算法获得同步补偿器的额定无功功率。

为了使用补偿装置的所有调节范围（例如，在最大负载下提供 Q_{comp}^{gen}，在最小负载下 $Q_{comp}^{abs} = 0.6Q_{comp}^{gen}$），我们得到了两种状态下预设电压的表达式。因此，我们可以写：

$$V_1 = V_{2'sch} + \frac{P_{20}^{min} R + (Q_{20}^{min} + 0.6Q_{comp}^{gen}) X}{V_{2'sch}} = V_{2'sch} + \frac{P_{20}^{max} R + (Q_{20}^{max} - Q_{comp}^{gen}) X}{V_{2'sch}}$$

得到：

$$Q_{comp}^{gen} = \frac{R(P_{2max} - P_{2min}) + X(Q_{2max} - Q_{2min})}{1.6X}$$ （7.41）

通过有载调压变压器连接的两个高压网络之间的无功功率控制。不同电压等级的输电网络通常通过有载调压变压器互连（见图 7.20a）[11]。如果这类网络是无限大的总线网络，则有载调压变压器可用于两个互联网络之间的无功功率控制。

通过使用图 7.20b 所示的此类系统的等效阻抗图，假设带状绕组放置在变压器一次侧，并且忽略变压器电阻和支路损耗，可以得出以下方程（所有数量均以标幺制表示）：

$$\left|\Delta\dot{V}\right| \approx V_1 - NV_2 = \frac{X_T Q_0}{NV_2} \tag{7.42}$$

或者

$$V_2^2 - \frac{V_2 V_1}{N} + \frac{X_T Q_0}{N^2} = 0 \tag{7.42a}$$

对于已知的 X_T，式（7.42a）给出 V_1、V_2、Q_0 和 N 之间的相互关系。例如，如果需要电压幅值确定为 V_1 和 V_2 的两个网络之间的零无功功率流通，则变压器匝数比为

$$N = \frac{V_1}{V_2}$$

也就是说，它必须与两个相连的高压电网的实际电压完全匹配。

a) 单线图　　　　　　　　　　　b) 等效阻抗图

图 7.20　两个高压网络通过有载分接开关 OLTC 互连

具有两个级联有载分接开关（OLTC）变压器的放射式输电/配电系统

通常，有载分接开关（OLTC）变压器在输电和配电网络中与馈线串联，如图 7.21[11] 所示。

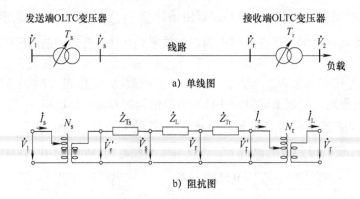

a) 单线图

b) 阻抗图

图 7.21　带有两个级联 OLTC 变压器的放射式输电/配电系统

设 N_s 和 N_r 分别是发送端和接收端的有载分接开关（OLTC）变压器的匝数比。匝数比 N_s 和 N_r 表示稳态电压 V_1 和 V_2 大小之间的某些特定关系。所以确定匝数比是有意义的。

所有数值均以标幺制表示，并考虑图 7.21b 中的阻抗图，可以写出以下关系：

$$\dot{V}'_s = \frac{\dot{V}_1}{N_s}; \dot{V}'_r = N_r\dot{V}_2$$

$$\dot{Z} = R + jX = \dot{Z}_{TS} + \dot{Z}_L + \dot{Z}_{Tr}$$

整个系统中的电压暂降为

$$\Delta\dot{V} = \frac{\dot{V}_1}{N_s} - N_r\dot{V}_2 = \dot{Z}\dot{I}_r = (R + jX)\dot{I}_r = (R + jX)\frac{P_0 - jQ_0}{N_r\dot{V}_2^*} \tag{7.43}$$

假设 $\dot{V}_2 = V_2\angle 0°$，忽略电压降的横向分量，表达式（7.43）变为

$$\left|\Delta\dot{V}\right| \approx \Delta V = \frac{V_1}{N_s} - N_rV_2 = \frac{RP_0 + XQ_0}{N_rV_2} \tag{7.43a}$$

重新排列方程式（7.43a）中的项，得出：

$$V_2^2 - \frac{V_1}{N_r N_s}V_2 + \frac{RP_0 + XQ_0}{N_r^2} = 0 \tag{7.44}$$

方程（7.44）的解为

$$V_2 = \frac{1}{2N_r N_s}(V_1 \pm \sqrt{V_1^2 - 4(RP_0 + XQ_0)N_s^2}) \tag{7.45}$$

式（7.45）具有已知负载 (P_0, Q_0) 的 4 个变量 (V_1, V_2, N_s, N_r) 和系统阻抗值 $R + jX$。它的应用需要考虑到所涉及的变量的附加规范。例如，如果规定了幅值相等的电压 $\dot{V}_1$ 和 $\dot{V}_2$ 的要求（即需要对系统中的电压降进行完全补偿），则得到 $(V_1 = V_2 = V)$

$$2VN_s N_r = V \pm \sqrt{V^2 - 4(RP_0 + XQ_0)N_S^2}$$

或者

$$\frac{RP_0 + XQ_0}{V^2} = \frac{N_r}{N_s}(1 - N_s N_r) \tag{7.46}$$

然后，对于已知的 R、X、P_0、Q_0 和 V，可以很容易地找到匝数比 N_s 和 N_r 之间的关系。

7.2.4　变压器调节

7.2.4.1　同相调节变压器（IPRT）

第一种类型的调节变压器由"同相调节变压器"或"升压器"表示，它们用于控制电压幅值（见图 7.22）。

每相具有一个绕组，该绕组串联连接到要控制电压的总线，而另一个绕组由同一总线通过具有可变匝数比的辅助变压器供电。改变辅助变压器的匝数比，ΔV 值变化；因此同相控制作用改变电压幅度，使相位保持不变，如同在有载分接开关（OLTC）的情况下。

7.2.4.2　移相变压器

移相器有两种类型，与图 7.23 和图 7.24 的方案相对应（为方便起见，仅显示 a 相）[13]。

1. 正交调节变压器

在第一种类型中，辅助变压器的匝数比变化引起 ΔV 变化并因此引起电压相位变化。这

种变化引起相位偏移 α （正或负）和变压器上下游之间的电压幅值的变化（变化越小，相位偏移越小）。

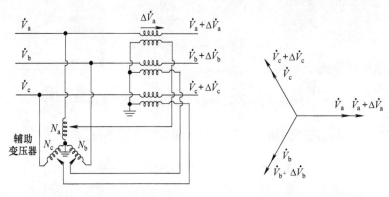

a）基本升压方案　　　　　　　b）电压相量图

图 7.22　基本升压方案和电压相量图

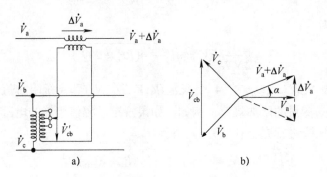

a）　　　　　　　　　　b）

图 7.23　移相器的基本方案（a 相）和相关电压相量图

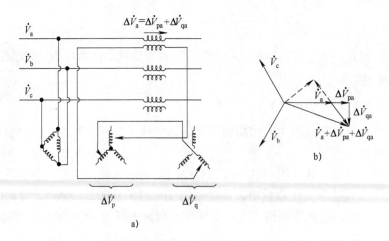

a）

图 7.24　控制电压幅值和相位的调压变压器的基本方案[4]

因此，这些是混合电压比变压器，类似于普通的三相变压器，但具有不同的一次和二次绕组的联结方式，其中 $\alpha = \pm 30^{\circ}$ （见第 7.2.3.1 节）。

从图 7.23b 的相量图中，我们还推断出变化的 α 与变压器引入的电压变化 ΔV 近似成比例。

2. 同相正交调节变压器（QBT）

最后一种调节变压器控制电压的幅值和相位。如图 7.24[13] 所示，它清楚地体现了前两种情况。

对于后一种类型，如果电压幅值保持不变（见图 7.25，仅 a 相），则可以通过适当的方法推导出纯相位角调节器（PAR）（见图 7.25，仅 a 相）。

带有机械开关的串联调节变压器（见图 7.22～图 7.24），在相同的额定电压下在两个相邻节点之间引入额外的电压，即产生电压幅值和相位的变化。

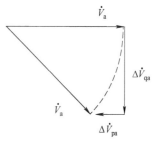

图 7.25 相位角调节器相量图

表 7.1 结果汇总（引自参考文献[13]）

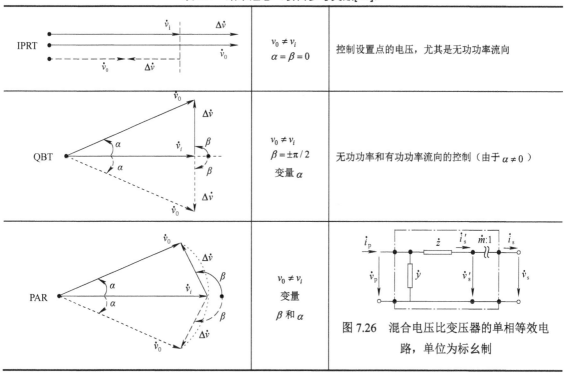

图 7.26 混合电压比变压器的单相等效电路，单位为标幺制

让我们用 i,o 表示调节变压器的输入和输出端；$\dot{v}_i$、$\dot{v}_0$ 是输入和输出电压，单位为标幺制；$\Delta \dot{v}$ 是附加电压，单位为标幺制；α 是 $\dot{v}_0$ 相对于 $\dot{v}_1$ 的相位位移；β 是 $\Delta \dot{v}$ 相对于 $\dot{v}_i$ 的相位位移。

因此，我们在表 7.1 中获得了三种调节变压器的相位图和特性。基于以上描述，调节变压器可以以标幺制用单相等效电路表示（见图 7.26），其中匝数比是混合电压比[13]：

$$\dot{m} = m\mathrm{e}^{\mathrm{j}\alpha} \tag{7.47}$$

以下的值是适用的：

1）IPRTs：$m \neq 1; \alpha = 0$，和有载分接开关（OLTC）一样

2）OBTs： $m \neq 1; \alpha \neq 0$

3）PARs： $m = 1; \alpha \neq 0$

对于具有不同一次和二次连接配置的三相变压器，我们有：

$$m = 1; \alpha = \pm 30^{\circ}$$

7.3 电网电压和无功功率控制方法

7.3.1 概述

近年来，电网电压和无功功率的控制变得越来越重要，这是由于系统运营商和电力公司在尽可能接近其最大容量的情况下运行输电网络的总趋势。因此，越来越需要合适的控制解决方案，这些解决方案能够在更紧密的网状电网中始终处理电力负荷和损耗、电网突发事件可能产生的风险以及电压崩溃的风险。然而，在电网电压控制的一般实践中，无功功率源缺乏实时、闭环的"自动"协调能力，存在着不合理性和持续性。

基本上，系统操作员控制电网电压的方式是"手动"、"自动"类型或两者的组合。此外，输电系统操作员控制超高压变电站的电压，而配电系统操作员控制中压及以下电网的电压。这两种操作员有不同但却互补的任务，就其涉及电压和无功功率的控制。

原则上，输电系统操作员的目标是在超高压（EHV）系统中施加最佳电压分布，以实现高输电能力，达到最小损耗和高电压稳定性。该目标可以通过控制该电压水平下的可用无功功率源来实现：通过同步发电机注入/吸收无功功率，接通/关闭补偿设备，打开/重启输电线路、卸载负载，直至其他系统组件的非常规使用，例如用于电压支持的移相器或统一潮流控制器（UPFC）。

原则上，配电系统操作员的目标是通过控制低压级的无功功率源，确保负荷侧的电压足够：打开/关闭低压补偿设备，并设置低压有载分接开关的动作点。极少通过打开/断开线路来实现这一目标。

为了提高大负荷功率因数，并联静态补偿和动态 FACTS 装置中的无功储备，主要用于减少偏远地区的无功潮流。然而，此解决方案成本很高，不能考虑全部网格节点，只能在非常必要的情况下考虑。因此，最便宜的解决方案应该是最大限度地减少无功功率注入距离，并最大限度地协调本地无功功率源。通过这种方法，在无功功率传输距离较大的情况下，最大限度地减小了由于传输功率在非单位功率因数下引起的电压降的影响，减少了损耗，提高了传输有功功率。理想的情况是，通过在负载本身人为地注入无功功率，以 100% 的本地无功功率进行补偿。即使在这种不现实的情况下，补偿设备 （非常大的数量） 也必须通过一种复杂的、关键的协调方式进行持续和广泛的控制。回到现实情况，补偿设备在输电网中只占少数，而在配电层应用的补偿设备则根据长期负荷预测进行调度，主要由人工开关。从超高压电网来看，这些补偿设备被视为负载的一部分而不是控制变量。除此之外，这些补偿设备在其应用的电压水平上代表无功功率注入/吸收，对于任何电网电压控制方案，其可能的控制方式都是非常重要的信息。

在与电压问题相关的减载问题上，这种广泛使用的做法经常被过度使用，应该与系统保护需求联系起来，即仅在系统安全风险很高的情况下使用。因此，这应该是在使用了提到的其他控制变量后，要启动的最后一个控制动作。

输电和配电控制中心，它们的组织方式，可用的控制系统，协调以及控制过程的真正能力，从一个电力系统到另一个电力系统都是不同的。然而，原则上，共识应遵循以下基本原则：输电系统应以整个系统电压控制为主要原则，因为它能够强烈影响其馈电分布的电压子网格，而每个低压网格都会对输电网络上的电压产生轻微的影响。因此，输电网应保证能够及时地对超高压（EHV）和高压（HV）母线进行高质量和稳定的电压控制并且在有需要的地方协调运行可用的无功功率资源。

在输电网格上具有稳定的电压，它将相对简单地通过最小低压无功功率源和有载分接开关（OLTC）的控制力度（切换），保证负载侧有高质量的电压控制。显然，每个配电调度员应保证在规划阶段与输电调度员商定的固定补偿。

据此，系统电压的最先进的协调和快速控制应该通过在输电级的操作来实现。这是为什么电压控制必须区分输电网络方案和配电网络方案的原因。

在没有传输网络电压控制的情况下，配电网络存在与电压频繁变化相关的严重问题：有载分接开关（OLTC）经常（在少数情况下不充分）控制自己调节低压侧的电压；在同一分配区域内运行的有载分接开关（OLTC）变压器之间无用的无功功率再循环；电压衰减速度方面，有载分接开关（OLTC）动态反应太慢；当接近电压不稳定条件时，有载分接开关（OLTC）对负载电压产生负面影响。

在下文中，由于传输系统电压控制至关重要，我们主要提及输电系统电压控制。

7.2 节中考虑的任何设备都允许在其安装的总线上进行电压控制。也就是说，所考虑的每个设备仅能够控制其本地电压，或者能够在与其连接的总线上注入/吸收无功功率。

考虑到输电网络电压控制，可行的方案不是单独维持一条总线的电压，而是在给定的电网区域内维持电压，以提高区域运行的安全性、效率和电压质量。据此，电网电压控制必然包括通过协调区域可用设备来进行可能的区域电压控制，目的是在负载变化和可能的突发事件之前维持和优化主区域负载电压。

一般的电网控制和区域电压调节是电网调度员的任务，他会根据他的组织、可用的现场资源、可用的系统监控和控制解决方案来制定他的控制策略。直到今天，虽然许多操作问题通常与电压值变化有关，但大多数系统操作员仍然手动控制电力系统电压（手动控制：书面指令、电话呼叫和远程遥控）。从这种最小的系统操作控制开始，世界各地有各种各样的混合手动和自动的方案，可达到全自动电压控制系统。

本节的主要目的是介绍其中一些区域的自动电压控制系统。

在提及自动电压控制时提供证据的另一个相关方面是两者之间的差异：连续电压和无功功率控制，也称为电压调节系统；不连续，关闭迅速的电压和无功功率控制，也称为电压保护系统。

连续电压控制可在任何时刻运行，通过控制系统无功功率源来保持系统电压，并保持连续电压达到所需值。根据其性质，这种控制是自动式的。允许连续控制的可用源通常是发电机、静止无功控制器（SVC）和 FACT。诸如补偿设备或有载分接开关（OLTC）之类的其他部件由于其开关动作而允许离散控制，但由于切换操作的数量有限而不能连续离散。这种离散控制可以与发电机、静止无功控制器（SVC）、静止无功补偿器（STATCOM）等的连续控制相结合[14]，以实现新型先进的广域电压调节系统（V-WAR）[15-23]。

在电网的某一特定区段，电压和无功功率的不连续步进控制通常是一种剧烈的控制，它导致了给定负荷的连续供电松动、发电机跳闸或给定事件序列前的线路断开。通常它是为电网的给定部分中的给定事件制定的保护控制，要求快速电压/无功功率测量，以及时识别即将到来的危险的衰减。这种保护自动控制始终准备就绪，但除非超过了阈值，否则永远不会工作。当与给定系统区域相关时，这些新的先进的保护控制也称为特殊保护方案（SPS）或补救控制方案（RCS）或广域保护（WAP）[24,25]。

调节和保护电压控制方案不是替代解决方案，但它们在同一电网区域上运行时相互补充：

调节控制持续工作，以保持系统远离电压不稳定，并根据当前工作条件优化电压方案。

保护控制只有在调节系统尽最大努力利用所有可用的无功功率源达到饱和状态时才能运行。它确定了部分系统/负载的松动，以实现维持运行的剩余过程的安全性。

注意：保护电压控制超出了本章的范围。

7.3.2 无功功率的人工控制

迄今为止电网电压控制的"人工"控制主要由全球系统运营商使用，通常包括输电系统运营商（TSO）或独立系统运营商（ISO）控制中心调度发电机组的预测无功功率，调度发电厂的高压侧电压，切换并联电容器或电抗器组，并设置有载分接开关（OLTC）和 FACTS 控制器的电压设定点（通常按书面规则）。这种用于解决电网电压控制问题的传统方法还包括基于系统监视和阈值警报的操作员实时决策，并通过电话或电信命令发送的命令进行操作，以一种可用无功功率资源和总线电压控制器（第 7.2 节中提到的那些）的"手动协调"方式进行。

现在这种电网电压控制被不受欢迎的原因是：单元无功调度和工厂高压电压调度基于离线预测研究；实际电网运行条件往往和他们的预测值不同，具有不可预测性；电压设定点协调通常通过书面要求进行操作或仅在强烈需要时由系统操作员请求；因此，在大多数系统动态现象中，可能会出现不合时宜或不充分的控制动作；操作员及时识别和正确面对电网问题的技能和能力必须非常高，并不断进行严峻的考验。

经常会发生这样的情况：操作员熟悉重复出现的测试中遇到过的状况，但在新状况面前他们经常会失败。此外，操作员通常更担心系统效率和优化方面的系统安全性，这些都被忽略了。

7.3.2.1 无功潮流的手动电压控制

系统操作员可以控制流过给定线路的无功功率的可能方式很少并且影响甚微。基本上手动控制必须改变所考虑线路末端的电压差，或等效地改变线路一端或两端附近的无功功率输送/吸收。这可以通过在线路末端操作来实现：

1）改变有载分接开关（OLTC）的转换率；

2）打开或关闭补偿设备；

3）改变本地发电机/同步补偿器的电压设定点或它们的无功功率输送/吸收；

4）改变本地 FACTS 的电压设定点。

由于不同的操作条件以及所考虑的线路与周围网格的相互作用，对应于给定控制的结果可能不同，通常需要迭代过程来近似期望的结果。

通常，手动跟踪对于系统需求而言太慢。一般来说，手动面对时，多个线路需要无功功率流控制并且多流控制问题非常复杂，成功概率低。

7.3.2.2　电网拓扑修改进行手动电压控制

是一种控制电压的极端方式，可能使用但通常不用，是在增加或减少电线提供的容量效应的基础上对网络拓扑进行修改。在这种情况下，控制策略基本上在于在使用所有其他本地无功功率资源之后，切断高压的区域中的一些低负荷线路，反之，在低压区接通线路。与以前一样，给定控制切换的结果可能会根据特定的电网运行条件发生变化，因此该控制会朝预期方向移动，但其效果不容易预测。

7.3.3　电压无功功率自动控制

在电力系统中运行的经典自动电压控制是由发电机的自动电压调节器（AVR）提供的，通过发电机励磁的快速闭环控制将定子电压维持在设定点值。因此，改变发电机所看到的负载或改变自动电压调节器（AVR）电压设定值，由发电机输出或吸收的无功功率在由励磁极限（OEL）和 VEL 限定的限制区域内变化。这种经典控制在世界范围内具有广泛的应用，主要有助于发电机安全稳定运行，但不足以支持超高压电网电压，即使发电机可以提供更多可用无功功率源。

为了改善输电网的电压控制，电力公司和系统运营商采取了许多方法，世界各地都开发了许多项目。

从根本上讲，由于采用这种方法的实际困难，它们大多既不考虑电压无功自动控制，也不考虑发电机自动电压调节器（AVR）的连续运行控制。在大多数情况下，采用的方法仅限于基于离线规划研究的功率因数校正，通过增加并联电容器或电抗器组的装机功率，并进行大量相关投资。如果允许，自动控制系统可能需要切换这些部件，但为保持部件寿命使操作量受到许多限制。

在某些情况下，配备有有载分接开关（OLTC）的单元升压变压器的可用性代表了电网电压控制的额外机会，前提是它们的调节系统支持工厂超高压（EHV）侧而不是发电机定子端子。然而，它们的控制通常是手动的，并且在自动化时是步进和缓慢的。

采用自动电压调节器（AVR）线路降补偿自动支持电厂高压侧电压的解决方案也较为普遍。这种做法增加了电网电压支持，但引入了一次电压调节器（PVR）之间的失稳相互作用。

在过去几年中，使用 FACTS 控制器进行自动电网电压支持，主要是静止无功控制器（SVC）和静止无功补偿器（STATCOM），即使相关成本并不总能证明其选择是合理的，如果广泛应用，它们需要一个类似于 7.4 节提到的协调控制系统。

最近，在正在进行的市场自由化的推动下，一些自动电压调节器（AVR）制造商提供自动电压调节器（AVR），包括单元无功功率控制或功率因数控制；在某些情况下，这是用于工厂的高压侧电压控制。

在下文中介绍的发电机自动电压调节器（AVR）控制及其演变直至高压侧电压控制，是最具代表性的，与 FACTS 一起，提供真正有效、快速且连续的总线电压无功功率自动控制。

从单总线转移到区域电压无功功率控制，第 7.4 节很大程度上发展了电网电压调节自动化这个新主题。

7.3.3.1 发电机定子端子的自动电压控制

同步发电机的电压调节包括以正确和安全运行为主要目标来控制部件电压。该控制（见图 7.27）由自动电压调节器（AVR）根据本地电压快速测量获得，目的是自动维持设定值的电压，动态性能特征是在几百毫秒至1s 内具有主导时间常数值，具体取决于励磁机特性。

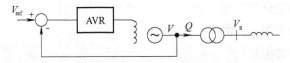

图 7.27　发电机电压控制回路原理图

显然，自动电压调节器（AVR）控制通过在正常和扰动的运行条件期间维持本地中级电压，特别是在短路期间，主要在发电机连接的总线上影响输电网络。

自动电压调节器（AVR）通过控制励磁电压 V_f 来调节发电机端子的电压（见图 7.27 和图 7.28）[4,13,19]。

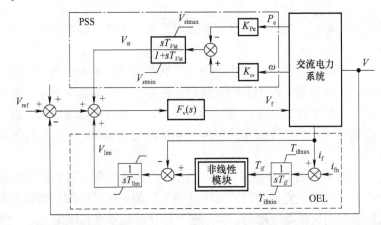

图 7.28　带有电压调节器控制块 $F_v(s)$ 的 AVR 的框图，过励磁极限与电力系统稳定反馈

自动电压调节器（AVR）实现了发电机的初级电压控制。自动电压调节器（AVR）设备通常还包括励磁极限（OEL）和欠励磁极限（UEL）限制，稳定反馈 PSS（电力系统稳定反馈）和线路补偿反馈（见第 7.3.3.2 节）。

在图 7.28 中，控制回路中出现的主要信号如下：V_{ref} 是主要控制回路的电压参考值；V 是发电机端子电压的测量值；V_{lim} 是过励磁限制环提供的控制信号；V_{st} 是电力系统稳定反馈（PSS）提供的附加信号。

在正常运行条件下，励磁极限（OEL）和电力系统稳定反馈（PSS）是开环反馈（它们不会重新关闭相应的 V_{lim} 和 V_{st} 信号反馈），因此自动电压调节器（AVR）的运行模型由 $F_v(s)$

传递函数单独给出。

为了简化分析，机器的励磁系统被认为是从独立电源供电。在这种情况下，自动电压调节器（AVR）的动态可以简单地通过具有高频零（$1/T_z$）和极点（$1/T_p$）的 $F_v(s)$ 控制定律来确定，其允许控制范围非常宽，而高值的放大系数 μ_0 在低频率下允许准零状态稳态状态误差。$F_v(s)$ 属于：

1）三阶：对于具有励磁发电机或具有交流发电机和旋转二极管的系统。初级电压控制参数的粗略值见表 7.2[19]。

2）二阶：用于具有励磁发电机和现代电子电压调节器的系统。表 7.2 给出了一次电压控制参数的粗略值。

3）一阶：在没有励磁电流反馈的情况下，静态励磁系统。表 7.2 给出了一次电压控制参数的粗略值。

表 7.2　一次电压控制方案的参数

参数	$F_v(s)$阶数：一阶	$F_v(s)$阶数：二阶	$F_v(s)$阶数：三阶	测量单位
μ_0	400	3000	500	pu/pu
Tz_1	0.8~1.5	2	2	S
Tp_2	—	0.05	0.05	s
Tp_3	5~20	200	200	s
Tp_4	—	—	0.02	s
T_{vst}			3	s
K_{pe}	0.15	0.15	0.15	pu/pu
K_w	15	15	15	pu/pu
V_{stmin}	−0.05	−0.05	−0.05	pu
V_{stmax}	0.05	0.05	0.05	pu

发电机电压控制回路的线性分析。$F_v(s)$ 控制参数值被定义为以实现给定的电压控制回路稳态精度以及在稳定性和响应速度方面的适当动态行为。良好的精度要求高静态增益，而环路截止频率代表控制速度。

发电机电压控制回路的标准分析是指发电机通过电抗 X_T 的升压变压器和电抗线 X_L 馈送无限总线或负载 Z_c 的情况。图 7.29 中的等效方案代表了描述的系统。

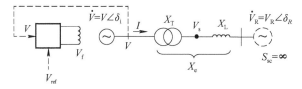

图 7.29　发电机连接到无限大电源总线

根据 Park 变换，考虑到 d 轴和 q 轴的发电机模型：

$$v_q = a(s)v_f - x_d(s)i_d$$
$$v_d = x_q(s)i_q$$

(7.48)

现在让我们参考 Z_c 负载情况并假设负载是线性的，纯粹的无功并且具有阻抗 $Z_c \approx jX_c$，这意味着机器作为补偿器运行（提供的实际功率等于零）。因此，定子电压完全在交轴上，

$$V_d = 0; \quad V_q = V$$
$$I_d = I; \quad I_q = 0$$

结果，运行电抗 $x_q(s)$ 来自

$$V_d = x_q(s)I_q$$

连接到无限电源总线的发生器是无影响的。相反，关于 $X_d(s)$，假设只有磁场电路沿电路轴作用。

因此，定子电流、电压和励磁电压之间的关系由（见参考文献[13]）下式定义：

$$V_q = \frac{1}{1 + sT'_{d0}}V_r - x_d\frac{1 + sT'_d}{1 + sT'_{d0}}I_d \tag{7.49}$$

从式（7.49），获得线性化模型：

$$\Delta V = \Delta V_g = \frac{1}{1 + sT'_{d0}}\Delta V_f - x_d\frac{1 + sT'_d}{1 + sT'_{d0}}\Delta I_d \tag{7.50}$$

从 $\dot{I} = (\dot{V} - \dot{V}_R)/jX_e$，结果

$$I_d = \frac{V_q - V_R\cos(\delta_R - \delta_i)}{X_e}$$

对于 $V_R = $ 常数和 $\delta_R - \delta_i \approx 0$，给出

$$\Delta I_d = \frac{\Delta V_q}{X_e} = \frac{\Delta V}{X_e} \tag{7.51}$$

此外，考虑到式（2.144）（见第 2.1.6.1 节）

$$x'_d \triangleq x_d\frac{T'_d}{T'_{d0}} \tag{2.144a}$$

从式（7.50）得出结果

$$\Delta V = \frac{x_e}{x_e + x_d} \cdot \frac{1}{((x_e + x'_d)/(x_e + x_d))sT_{d0}}\Delta V_f \tag{7.52}$$

或

$$\Delta V = \frac{h_e}{1 + sT_e}\Delta V_f \tag{7.53}$$

其中

$$h_e \triangleq \frac{x_e}{x_e + x_d}$$
$$T_e \triangleq T'_{d0}\frac{x_e + x'_d}{x_e + x_d} \tag{7.54}$$

图 7.30 的框图表示式（7.53）。

应该注意的是，当发电机输入同样具有电阻性的负载（因此输出的实际功率不等于零）并且当发电机连接到无限总线系统时，也可以获得与式（7.53）类似的表达式[13]。考虑到

式（7.53），发电机组电压控制回路的框图如图 7.31 所示，其正向传递函数为

$$G(s) = F_v(s) \cdot \frac{h_e}{1 + sT_e} \tag{7.55}$$

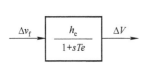

图 7.30　连接发电机和励磁场电压的线性框图

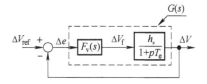

图 7.31　有载发电机组的一次电压控制回路框图

对于静态励磁器，$F(s) = \mu_T = \mu_0 Tz_1 / Tp_3$（电压调节器放大器的静态增益）是一个很好的近似值。该控制回路通常设计为具有截止值通过高 u_T 值实现大约 4/5rad/s 的频率，这也保证了非常低的稳态误差。

稳态运行。 在稳态运行条件下（$s = 0$），通过用上标 "°" 表示各种量的值，式（7.52）变为

$$\Delta V^\circ = x_e /(x_e + x_d) \cdot \Delta V_f^d$$

当

$$\Delta V_f^\circ = F_v(s)(\Delta V_{ref} - \Delta V^\circ) = \mu_0(\Delta V_{ref} - \Delta V^\circ)$$

因此，图 7.31 中的错误 e° 表示以下值：

$$e^\circ = (\Delta V_{ref}^\circ - \Delta V^\circ) = \Delta V^\circ (x_e + x_d)/ x_e \mu_0$$

$$e^\circ(pu) = (\Delta V_{ref}^\circ - \Delta V^\circ)/ \Delta V^\circ =(x_e + x_d)/ x_e \mu_0$$

为了在电压控制环路上获得高稳态准确度，e°(pu) 必须低于非常小的数量 ε：

$$(x_e + x_d)/ x_e \mu_0 < \varepsilon$$

当从空载运行到满载运行（$\varepsilon < 0.005$）并且假设 $x_e \approx 1.0$ 时，希望获得低于 0.5% 的稳态电压误差，静态增益 u_0 假设值约为

1）$U_0 > 200pu/pu$ 用于水电机组；

2）$U_0 > 400pu/pu$ 用于火电机组。

值得注意的是，电压调节器中的高静态增益在低频下提供类似于积分控制的效果。因此，在没有电力系统稳定反馈（PSS），线路压降补偿，励磁极限（OEL）或欠励磁极限（UEL）提供额外效果的情况下，发电机端子电压实际上等于其设定值。

动态行为。 利用开环传递函数的振幅和相位的经典波德图，可以很容易地实现电压控制回路的稳定性和作为一个示例，参考水电机组 $x_d = 1.0pu$　$x_d' = 0.3pu$　$T_{d0}' = 7.0s$ 响应速度。

因此，h_e=0.5pu 而 T_e=4.55s。

在使用现代电压调节器的旋转励磁器的情况下，二阶 $F_v(s)$

$$F_v(s) = \mu_0(1 + sT_{z1}) /(1 + sT_{p2})(1 + sT_{p3})$$

静态增益 μ_0=1000pu/pu，表 7.2 中的时间常数值确定约 90° 的控制余量和接近 2rad/s 的截止频率。

在现代涡轮定向器的静态励磁器的情况下，在所示之后没有人认识到任何稳定性问题。

作为不同的示例，现在参考涡轮发电机机组

$$x_{\mathrm{d}} = 2.0\mathrm{pu}; \quad x_{\mathrm{d}}' = 0.3\mathrm{pu}; \quad T_{\mathrm{d0}}' = 7.5\mathrm{s}$$

因此，$h_{\mathrm{e}} = 0.33\mathrm{pu}$ 而 $T_{\mathrm{e}} = 3.3\mathrm{s}$。因此，这些数量包括在以下范围内：

$$0.33 < h_{\mathrm{e}} < 1.0; \quad 3.2 < T_{\mathrm{e}} < 7.5$$

其中上限涉及空载条件，而下限涉及满载操作。

因此，时间常数 T_{e} 总是高于时间常数 T_{Z1} 并且低于第一阶 $Fv(s)$ 的时间常数 T_{P3}：

$$F_{\mathrm{v}}(s) = \mu_0(1 + sT_{\mathrm{Z1}})/(1 + sT_{\mathrm{p3}})$$

由于截止频率肯定大于 $1/T_{\mathrm{Z1}}$ 并因此远大于 $1/T_{\mathrm{e}}$，因此可以使用以下 $G(s)$ 的高频近似：

$$G(s) = \mu_0(T_{\mathrm{z1}}/T_{\mathrm{p3}})h_{\mathrm{e}}/sT_{\mathrm{e}}$$

这意味着循环控制余量大约为 90°。

环路截止频率 W_{v} 可以直接从中导出

$$|G(s)| = 1.0 \approx \mu_{\mathrm{T}}h_{\mathrm{e}}/\omega_{\mathrm{v}}T_{\mathrm{e}}$$

这给出 $|\omega_{\mathrm{v}} = 1.0 \cong \mu_{\mathrm{T}}h_{\mathrm{e}}/T_{\mathrm{e}}$。

瞬态增益 μ_{T}，也称为"动态增益"，因此负责 AVR 控制环路的响应速度。μ_{T} 越高，控制回路越快。考虑到 T_{d0}' 的通常值为 7.0s，瞬态增益 μ_{T} 应该接近 50.0pu/pu。据此，静态励磁器的参数应具有以下值：

$$\mu_0 \approx 400.0\mathrm{pu}/\mathrm{pu}; \quad T_{\mathrm{z1}} \cong 1.5(s); \quad T_{\mathrm{p3}} \approx \mu_0/4T_{\mathrm{d0}}'(s)$$

基于这些值，响应于电压设定点的阶跃变化，发电机电压达到新施加的值，具有接近零的稳态误差，大约 1~2s 后的非周期方式，如图 7.32 所示。

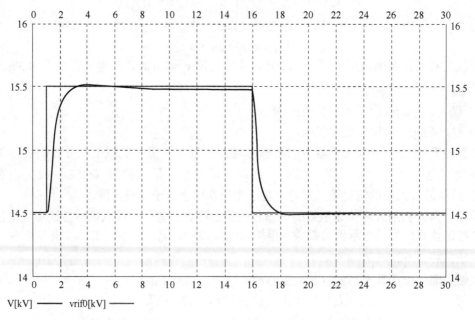

V[kV] ——— vrif0[kV] ———

图 7.32　AVR 设定点阶跃下的发电机电压定控制回路暂态

7.3.3.2　发电机线路补偿的自动电压控制

复合目标。这种在发电机水平上属于闭环自动控制，由发电机自动电压调节器（AVR）

输入端的无功功率反馈（α_c，称为复合因子）组成（见图 7.33）。目标是增加对本地高压（HV）母线电压（V_s）的支持。因此，更支持完全改变了的致力于发电机电压的自动电压调节器（AVR）的原理的电网的自动电压控制。在描述之前，对经典发电机电压控制回路重叠的这种附加反馈的分析需要自动电压调节器（AVR）控制下的发电机的传递函数模型。

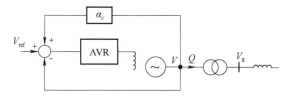

图 7.33　发电机线路压降补偿的控制简图

电压与无功之间的联系。 考虑连接到无限总线的发电机的中的等效方案如图 7.29 所示。给出了由发电机提供的无功功率，具有明显的符号含义

$$Q = \frac{V^2 - VV_R\cos(\delta_R - \delta_i)}{X_e}$$

现在假设 $P = 0$（机器作为无功功率补偿器运行）和 $\delta_R = \delta_i$：

$$Q = \frac{V^2 - VV_R}{X_e}$$

和 $V \approx V_R \approx 1\mathrm{pu}$ 在考虑的运行点达到（见图 7.34）：

$$\Delta Q \approx \frac{\Delta V}{X_e} \tag{7.56}$$

当 $P \neq 0$ 且 $V \approx V_R \approx 1\mathrm{pu}$ 时，这种关系也是良好的线性近似（见图 7.34）。

线下降补偿（复合）。 如图 7.33 所示，复合是发电机电压控制回路上的无功功率反馈，由图 7.30 和图 7.31 的框图表示。该简化模型及其所考虑的假设也可以正确地用于分析线路压降补偿控制回路。

因此，下面的框图给出了发电机电压设定点与发电机输出的无功功率之间的动态联系（见图 7.35）。

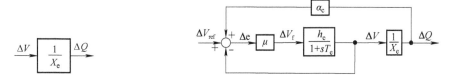

图 7.34　连接发电机电压和无功功率变化的线性框图　　图 7.35　发电机线路压降补偿的控制回路框图

术语 $\alpha_c\Delta Q$ 是复合信号，而系数 α_c 表示复合因子。此外，当 $\alpha_c > 0$ 时，复合是"正"，而在 $\alpha_c < 0$ 时，它是"负"。

当具有足够高的 μ 值，在稳定状态下，错误 $\Delta e \approx 0$，因此

$$\alpha_c\Delta Q + \Delta V_{ref} - \Delta V = 0$$

在恒定电压设定点 $\alpha_c\Delta Q - \Delta V = 0$ 的情况下，系数 α_c 为

$$\alpha_c = \Delta V / \Delta Q \tag{7.57}$$

显然，α_c 具有电抗的大小。因此，在稳态条件下，发电机定子电压由下式给出

$$V = V_{\text{ref}} + \alpha_c Q \tag{7.58}$$

图 7.36a 中的等效电路表示式（7.58），而图 7.36b 表示通过升压变压器连接到高压（HV）母线的发电机。因此，图 7.36c 从图 7.36a、b 得到，假设 α_c 低于电抗 x_T。在稳态条件下，在升压变压器内，电压幅度保持恒定在 V_{ref} 值的点。

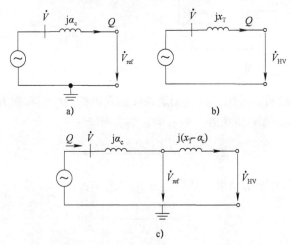

图 7.36 带复合的等效电路（a、b）和有升压变压器情况下带复合的等效电路

在该实际假设中以及无功功率 Q 的变化中，升压变压器一部分电压降完全被抵消，就像它的电抗从 x_T 减小到 $x_T - \alpha_c$。当然，如果 $\alpha_c = x_T$，则在变压器的整个下降将被抵消。换句话说，受控电压在变压器的高压（HV）端子处将是 V_{HV}，而不是在没有复合作用的情况下发电机端子处的电压。从现在开始指出，V_{HV} 复合控制在实践中是不可能实现的，因为，如后面所示，它通常对应于不稳定运行点。

根据 α_c 的正值或负值，式（7.58）提供了线性电压—无功功率稳态特性（图 7.37 中的实线），给出了线路压降补偿效果的清晰视图。

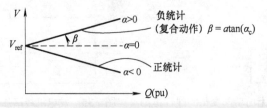

图 7.37 带线降补偿的电压无功稳态特性

对于线路压降补偿，发电机自动电压调节器（AVR）的参考电压仅是在空载条件下（零无功负载）的定子端子处的电压。通过类比涡轮机的稳态特性（调速器速度-实际功率），复合效应相当于在电压调节器中引入负下降或"静电"，因为存在负复合（正统计），意味着当负载增加时定子电压减少，即假设 α_c 为负值。反之亦然，α_c 的正值提供了积极的复合（负面统计）。

至于 α_c 的值，因为 V_{max}=1.05～1.1pu；同时分析 V_{ref}=1.0：

1）全部实际功率时（$Q_{max} \approx 0.5$pu）：$\alpha_c \approx 0.1 \sim 0.2$pu；

2）最低技术要求（$Q_{max} \approx 0.7$pu）：$\alpha_c \approx 0.07 \sim 0.14$pu

因此，即使 x_T 电抗值大于 0.13pu 也可能会被抵消。通过采用最保守的条件 $\alpha_c \approx 0.07 \sim$ 0.14pu，无论如何偏移将在 $x_T/2$ 和 x_T 之间，并且如下文所述，大偏移将损害发电机电压控制回路稳定性。

相反，x_T 偏移的结果使引入复合作用的发电厂高压（HV）总线的短路功率的增加。这种增加使得发电机节点更强。

线下降补偿和稳定性。如果升压变压器的电抗 x_T 将完全偏移（$\alpha_c = x_T$），则该动作将等效于高电压侧控制，其中发电机将调节发电厂高压（HV）总线电压。

但是，线路压降补偿不允许高压侧电压控制。为了更好地理解这一点，我们必须参考图 7.38 中给出的可能的电站配置。

第一种情况：在具有低容量机组的发电厂中，所有机组可以并联连接到单个中压（MV）总线（见图 7.38a）。在这种情况下，由于要控制的电压对于所有机组是相同的并且假设满足电压—无功功率稳态特性（零统计），此时，这个系统将无法运行，并且为了控制 MV 母线电压保持一致，将会有"n"个自动电压调节器（AVR）工作在并联状态下。这种工作条件对于"真正的极点"是不稳定的。此外，各种发电机之间的无功功率分布在稳态条件下是不确定的，但由于上述不稳定性，这种考虑在实践中并不相关。类似地，在同向组合的情况下，因为将有"n"个自动电压调节器（AVR）并联工作以调节中压（MV）/高压（HV）变压器的相同内部点的电压，所以不允许高压侧有电压控制。总之，在这种情况下的稳定性强制要求，在每个自动电压调节器（AVR）上使用异向组合。在这种方式中，每个发生器调节发电机定子绕组电抗内部电压。这确定了具有适当的偏移值的电抗，点之间有足够的电距离，在发电机内部，自动由 AVR 调节电压。

结论：定子边缘平行的发电机需要 $\alpha < 0$。

第二种情况：在具有高容量机组的发电厂中，发电机通常并联连接到单个高压（HV）总线（见图 7.38b）。

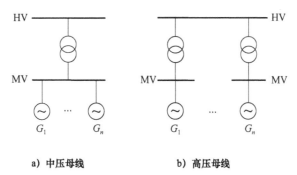

a）中压母线　　　　b）高压母线

图 7.38　发电机并联至中压母线和高压母线

在该方案中，克服了先前的稳定性缺点，因为每个电压调节器对其中压（MV）母线的相应电压敏感，并且升压变压器的电抗在中压（MV）母线之间提供足够的电距离。在这种情况下，现在可以使用正极化合物，但升压变压器电抗不应完全抵消（不允许高压侧电压控制）。因为，V_{HV} 将通过具有水平稳态特性（V_{HV}, Q）的"n"个自动电压调节器（AVR）保持恒定在 V_{ref} 的值，并且这确定了由并联电压控制环引起的电压不稳定性。显然，部分偏移，正复合越高，稳定裕度越低。这也是复合因子应在前面提到的范围内的原因：$\alpha_c \approx$ 0.07~0.14pu。

为了评估复合器对发电机初级电压控制回路稳定性的影响，当单独在电站运行时，考虑一个单元馈电无功负载的情况（见图 7.29），如图 7.35 所示，相应的动态模型线下降补偿控制回路。在这种情况下，发电机定子端子看到的等效外部电抗被认为是：$X_e = X_T + X_L + X_c$

图 7.35 中的框图如图 7.39a 或图 7.39b 中的等效表示所示。

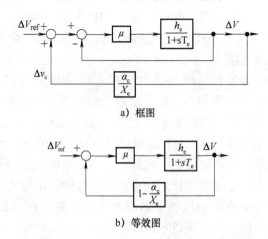

a) 框图

b) 等效图

图 7.39　带复合作用机组的发电机电压控制回路框图和等效图

因此，对于 $1 - \alpha_c / X_e < 0$，反馈变为正，随之而来的是电压控制环的不稳定性（由于实极）。相反，在反馈增益为正但低于 1.0 的情况下，由于环路静态增益较低，电压控制环路的速度降低。

在实践中，当 $\alpha > 0$ 时，所使用的补偿通常小于变压器电抗的 50%。因此，复合不允许高压（HV）总线侧的实际电压控制，同时它有助于实现其目标。

通常情况下，图 7.38b 中所示的情况显示，在实践中，存在大量负面复合。尽管支持局部高压（HV）侧总线电压，但这样做是为了改善自动电压调节器（AVR）稳定裕度，但是这样做的复合使其原始目标在维持 V_{HV} 时不如经典发电机电压控制回路有效。

线下补偿简化反馈。从式（7.58）来看，复合反馈来自无功功率。通常，在实践中，反馈来自 $\sin\varphi$，因此等式变成了

$$V = V_{ref} + \alpha_c \frac{Q}{V} \tag{7.59}$$

或

$$V^2 = V_{ref}V - \alpha_c Q = 0$$

然后

$$V = \frac{V_{\mathrm{ref}}}{2} + \sqrt{\left(\frac{V_{\mathrm{ref}}}{2}\right)^2 + \alpha_c Q} \tag{7.60}$$

与式（7.58）一致，该等式表明，如果参考电压 V_{ref} 和复合因子 α_c 对于所有工作条件都是恒定的，那么交流发电机端子随发出的无功功率而增加功率。

如果是复合信号

$$V_{\mathrm{C}} = \alpha_c \frac{Q}{V} \tag{7.61}$$

且

$$Q = \frac{V^2}{x_e}$$

然后

$$V_{\mathrm{C}} = \frac{\alpha_c}{x_e} \tag{7.62}$$

线性化，可以得到

$$\Delta V_{\mathrm{C}} = \frac{\alpha_c}{x_e} \Delta V \tag{7.63}$$

此连接与图 7.39a 中的相同。因此，当反馈来自 $I \sin\varphi$ 时，动态分析结果和 Q 反馈得到的稳定性结论仍然有效。

7.3.3.3　发电厂高压侧的电压自动控制

工作原理：通过对能够协调工厂中运行发电机的无功功率的非常规发电站控制，实现本地高压（HV）侧母线的创新发电厂自动电压控制（HSVC）（见图 7.40）。

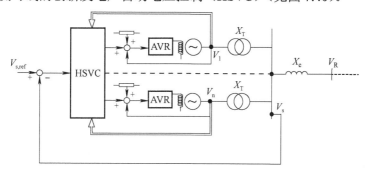

图 7.40　高速 HSVC 控制原理方案

该闭环控制能够通过对发电厂运行中的发电机的无功功率的连续协调控制将电压 V_s 维持在施加值 $V_{s,\mathrm{ref}}$。对控制方案的分析需要适当的过程模型。

电厂模型。考虑在同一超高压（EHV）总线上并联 "n" 个发电机的发电厂，通过等效电抗 X_e 连接到主流电源总线，如下所示。

在图 7.41 中，使用以下符号：

S_{ni} 是第 i 个机组的 MVA 视在功率；

S_n 是发电厂的 MVA 视在功率；

電力系統動態——建模、穩定與控制

V_n 是發電廠的 kV 標稱電壓；

V_i 是第 i 個發電機的電壓，取 V_{ni} 標幺值；

Q_i 是第 i 個機組的無功功率，取 S_{ni} 標幺值；

Q_t 是電站的總無功功率，取 S_n 標幺值；

V_s 是電站超高壓（EHV）母線電壓，取 V_n 標幺值；

V_r 是電網母線的電壓，取 V_n 標幺值；

X_T 是單元變壓器的電抗，取 $(V_n)^2/S_n$ 標幺值；

X_e 是外部電網的等效電抗，取 $(V_n)^2/S_n$ 標幺值；

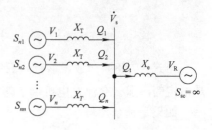

圖 7.41　發電廠連接到等效表示的電網

並且

$$\dot{V_i} = V_i e^{j\theta_i}, \quad i = 1, 2, ..., n$$

$$\dot{V_s} = V_s e^{j\theta_s}$$

$$V_i \text{ 和 } V_s \text{ 為標幺值}$$

$$\delta_i = \theta_i - \theta_s, \quad i = 1, 2, ..., n$$

則每個機組的無功功率如下：

$$Q_i(\text{pu}) = \frac{V_i^2 - V_i V_s \cos\delta_i}{X_T}, \quad i = 1, 2, ..., n$$

通過圍繞運行點的線性近似，在通常的假設下

$$V_i(0) = V_s(0) \text{ 且 } \delta_i(0) = 0$$

可以寫成

$$\Delta Q_i = \frac{V_{s(0)}}{X_T}(\Delta V_i - \Delta V_s), \quad i = 1, 2, ..., n$$

$$\Delta Q_t = \frac{V_{s(0)}}{X_T}(\Delta V_s - \Delta V_r)$$

（7.64）

此外，在 X_T 的無功功率損耗可忽略不計的假設下

$$\Delta Q_t = \frac{1}{S_n}\sum_{k=1}^{n}\Delta Q_k S_{nk} = \frac{V_{s(0)}}{X_e}(\Delta V_s - \Delta V_r)$$

（7.65）

根據方程（7.64）和（7.65）來看，它們分別實現了：

$$\Delta V_s = \Delta V_i - \frac{X_T}{V_{s(0)}}\Delta Q_i, \quad i = 1, 2, ..., n$$

$$\Delta V_s = \frac{X_e}{V_{s(0)}}\frac{1}{S_n}\sum_{k=1}^{n}\Delta Q_i S_{nk} + \Delta V_r$$

從最後兩個方程式中，可以推導出以下結果：

$$\Delta V_i - \Delta V_r = \frac{X_T}{V_{s(0)}}\Delta Q_i + \frac{X_e}{V_{s(0)}}\frac{1}{S_n}\sum_{k=1}^{n}\Delta Q_k S_{nk}, \quad i = 1, 2, ..., n$$

$$S_n(\Delta V_i - \Delta V_r) = \frac{X_T S_n + X_e S_{ni}}{V_{s(0)}}\Delta Q_i + \frac{X_e}{V_{s(0)}}\sum_{k=1, k\neq i}^{n}\Delta Q_k S_{nk}, \quad i = 1, 2, ..., n$$

矩陣形式如下：

$$\begin{bmatrix} \Delta V_1 - \Delta V_r \\ \cdots \\ \Delta V_n - \Delta V_r \end{bmatrix} = \begin{bmatrix} a_{11} & \cdots & a_{1n} \\ \cdots & A & \cdots \\ a_{n1} & \cdots & a_{nn} \end{bmatrix} \begin{bmatrix} \Delta Q_1 \\ \cdots \\ \Delta Q_n \end{bmatrix}$$

其中

$$[A] = [a_{ii}] = \begin{cases} a_{ii} = \dfrac{X_T S_n + X_e S_{ni}}{V_{s(0)} S_n} \\ a_{ij} = \dfrac{X_e S_{nj}}{V_{s(0)} S_n}, \text{with } i \neq j \end{cases}, \quad \text{其中 } i, j = 1, 2, \ldots, n$$

以一种简化的形式，可以将结果表示如下

$$[\Delta V - \Delta V_r] = [A][\Delta Q]$$

$$[\Delta Q] = [A]^{-1}[\Delta V - \Delta V_r I_{col}] \tag{7.67}$$

这里

$$[\Delta V] = \begin{bmatrix} \Delta V_1 \\ \Delta V_2 \\ \cdots \\ \Delta V_n \end{bmatrix}, \quad \text{当 } [I_{col}] = \begin{bmatrix} 1 \\ 2 \\ \cdots \\ 1 \end{bmatrix} = (I_{row})^T$$

因此，模型结果是一个矩阵，其系数取决于运行点、X_e 和 X_T。$[A]$ 和 $[A]^{-1}$ 都是完整的矩阵；因此，每个机组的无功功率取决于发电厂内的所有其他机组的电压。图 7.42 显示了建立的线性模型的框图。在该方案中，假设在一次电压控制环相对于所研究的对照具有可忽略的动态的情况下，$\Delta V_{ref} = \Delta V$。

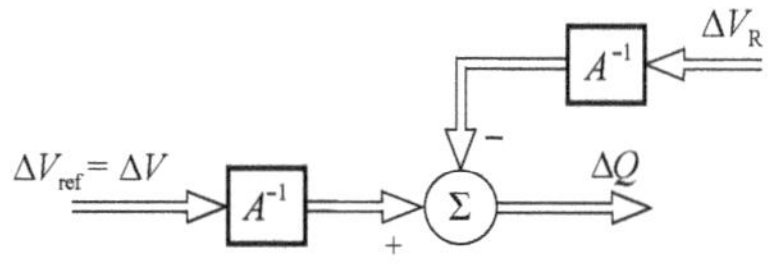

图 7.42　连接到等效网络的几个发电机的发电厂线性模型

在图 7.42 中，ΔQ 表示所有发电厂单元一起输送/吸收的总无功功率，根据式（7.68）可知，其任何变化都能决定母线电压的变化。

$$\Delta V_s = \frac{X_e}{V_{s(0)}} \frac{1}{S_n} \sum_{k=1}^{n} \Delta Q_k S_{nk} + \Delta V_r \tag{7.68}$$

图 7.43 中的方案显示了发电厂发电机电压与本地超高压（EHV）母线电压之间的联系，这个结论来自式（7.68）。

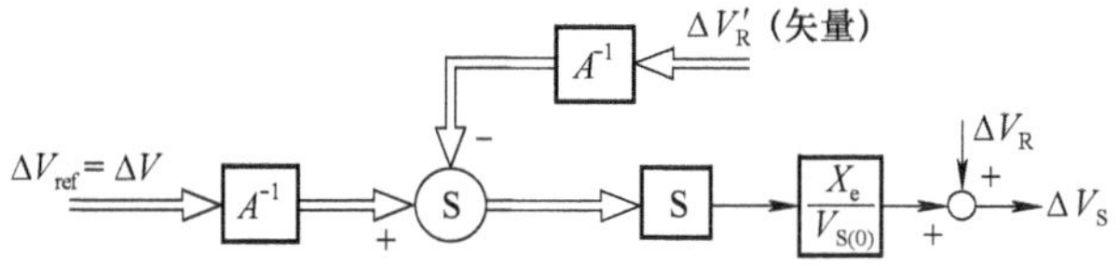

图 7.43　带有几台发电机的发电厂的线性等效模型，连接到一个等效电网：
发电机和超高压母线电压之间的连接

从图 7.43 所示的简化系统模型开始，通过假设电站无功功率和电压控制回路相对于自动电压调节器（AVR）电压控制回路的速度较慢（假设自动电压调节器（AVR）控制回路的主导时间常数为 0.5s，见"发电机线性分析"一节），引入了以下无功功率和电压控制回路"发电机电压控制回路"，见第 7.3.3 节）。

发电机无功功率控制回路在实际中并不常见，原则上应调节其发电机的无功功率，而不考虑在同一发电站运行的其余发电机的无功功率，从而与它们产生消极相互作用。即使电站中的所有发电机都设有自主无功功率控制回路，其动态相互作用通常也决定了电厂级的振荡阻尼性能较差。然而，通过避免无功功率与发电机之间的动态相互作用来控制电厂中所有发电机的无功功率的研究兴趣是很高的，在一些有大量发电机的电厂中，这已成为迫切需要的。

上述问题的可能解决方案是"电站集中控制"，对应于图 7.44 中的框图。

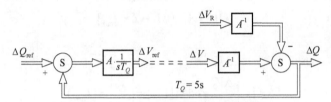

图 7.44　发电厂无功功率控制框图

集成型的集中式非交互式控制规则允许单元无功功率控制回路之间的动态解耦以及每个发电机的无功功率吸收/输出根据设定点值。以下 ΔV_{ref}、ΔQ_{ref}、ΔQ 是变量的矢量，而控制矩阵 A 由式（7.66）给出。

当 X_e 被正确识别时，得到的对角线控制允许在每个无功功率控制环路处进行一阶动态，每个无功功率控制环路的特征在于时间常数 T_Q 约为 5s（见图 7.45）。

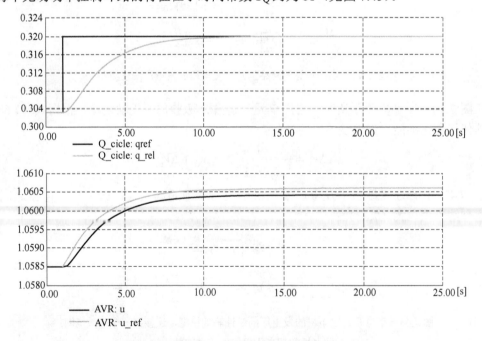

图 7.45　发电机无功控制回路的定值阶跃响应

该集中无功功率控制相应地通过控制设定点矢量 ΔQ_{ref} 来转移发电厂中的发电机的无功功率。这种有用的控制能够将工厂发电机的运行点从超过 Q_{lim}^{+} 一起移动到低于 Q_{lim}^{-} 励磁限制，可以在实践中有效地用于实现超高压（EHV）母线电压调节的目标。

自动超高压电压调节是电力系统运行的真正目标，电站高压侧稳压的可能控制方案如图 7.46 所示。

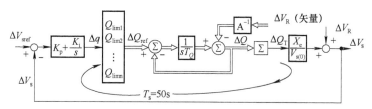

图 7.46　发电厂超高压（EHV）母线电压调节框图

外部电压控制环路（见图 7.46）与先前考虑的无功功率环路重叠。比例积分（PI）控制定律表征了所提出的控制方案。比例控制的作用是解决电网中的大扰动。对于由框图中链接 Δq 与 ΔQ_{ref} 的列矩阵给出的发生器的过励磁和欠励磁限制，控制块 Δq 的输出被称为"无功功率电平"，在标幺值中范围从 +1 到 -1。式（7.68）给出了 ΔV 与 ΔQ 之间的关系。

外部电压控制环路相对于动态去耦内部无功功率控制环必须具有大约 $T_{\mathrm{s}} = 50\mathrm{s}$ 的主导时间常数。为此，需要适当设计 PI 控制的 K_{p} 和 K_{i} 系数。

可以通过假设在 $t=0^{-}$ 处由网格扰动 ΔV_{r} 确定的 ΔQ 变化与在 $t=0^{+}$ 处提供的 ΔQ_{ref} 之间的瞬时补偿来计算 K_{p} 系数，该 ΔV_{s} 变化对应于 ΔV_{r}。

从这个假设得出以下值：

$$K_{\mathrm{p}} = \frac{V_{\mathrm{s(0)}}}{X_{\mathrm{T}}} \frac{1}{(1/S_{\mathrm{n}}) \sum_{k=1}^{n} Q_{\mathrm{lim}k} S_{\mathrm{n}k}} \qquad (7.69)$$

标幺值 X_{T} 为发电厂变压器的等效电抗值。

当考虑所有机组为相同型号（S_{ni}）时，那么

$$K_{\mathrm{p}} = \frac{V_{\mathrm{s(0)}}}{X_{\mathrm{T}}} \frac{1}{(1/n) \sum_{k=1}^{n} Q_{\mathrm{lim}k}} \qquad (7.70)$$

在下文中，给出了 K_{p} 系数的计算过程。

为简化分析，参考图 7.41 中发电厂的等效发电机。一个 S_{n} 大小发电机和定子电压 V 的发生器通过等效 X_{T} 连接到局部高压（HV）母线（V_{s}），通过连接到无限母线（V_{R}）的等效电抗 X_{e} 看到剩余网络。

式（7.64）和式（7.65）描述了该简化等效方案中的无功功率变化。从这些方程可得：

$$\Delta V_{\mathrm{s}} = \Delta V - \frac{X_{\mathrm{T}}}{V_{\mathrm{s(0)}}} \Delta Q$$

$$\Delta V_{\mathrm{s}} = \frac{X_{\mathrm{e}}}{V_{\mathrm{s(0)}}} \Delta Q + \Delta V_{\mathrm{r}}$$

根据上式，与 V、V_{r}、V_{s} 相关的系统模型如下：

$$(\Delta V - \Delta V_r) = \frac{X_T + X_e}{V_{s(0)}} \Delta Q$$

$$\Delta V_s = \frac{X_e}{V_{s(0)}} \Delta Q + \Delta V_r$$

现在，参考图 7.46 中的控制系统，其简化的等效表示与关于 V_s 上的外环的非常快的内部控制回路的假设一致，在此后示出（Q_{lim} 为 S_n 的标幺值）。

实际上，假设在 $t=0^-$ 时由网格扰动 ΔV_r 确定的 ΔQ 变化与在 $t=0^+$ 时由 ΔV_s 对应的 ΔV_r 确定的 ΔQ_{ref} 之间的瞬时补偿，即

$$\Delta V_i(0) = 0$$

$$\Delta Q_i(0) = \Delta Q_{ref}(0)$$

$$\Delta Q_i(0) = -\frac{V_{s(0)}}{X_T + X_e} \Delta V_r$$

$$\Delta Q_{refi}(0) = -Q_{lim} K_p \left[\Delta V_r + \frac{X_e}{V_{s(0)}} \left(-\frac{V_{s(0)}}{X_T + X_e} \Delta V_r \right) \right]$$

然后获得比例系数的值：

$$K_p = \frac{V_{s(0)}}{X_T} \frac{1}{Q_{lim}} \tag{7.71}$$

考虑（式 7.70）中的第 n 个生成器：

$$K_p = \frac{V_{s(0)}}{X_T} \frac{1}{(1/S_n)\sum_{k=1}^{n} Q_{lim k} S_{nk}}$$

现在考虑系数 K_i，当 K_p 假设上述强加值［式（7.71）］时，它必须能够将一阶动态性能加到图 7.47 的外部控制回路，其中时间常数 $T_s = 50\text{s}$。

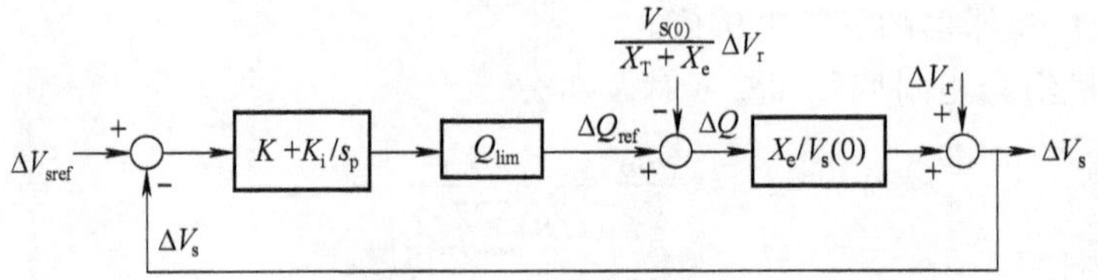

图 7.47 $t=0$ 时超高压（EHV）母线电压控制回路的简化框图，带一个由等效发电机表示的发电厂

因此

$$K_i = \frac{K_p + (V_{s(0)}/X_e)(1/(1/S_n))\sum_{k=1}^{n} Q_{lim k} S_{nk}}{T_s} = \frac{V_{s(0)}}{T_s} \frac{1}{(1/S_n)\sum_{k=1}^{n} Q_{lim k} S_{nk}} \frac{X_e + X_T}{X_e X_T} \tag{7.72}$$

实际上，参见图 7.47，闭环的 "极点" 由下式给出

$$s = -\frac{Q_{lim} K_i (X_c/V_{s(0)})}{1 + Q_{lim} K_p (X_e/X_{s(0)})} = -\frac{1}{T_s}$$

然后

$$K_{i} = \frac{K_{p} + (V_{s(0)}/X_{e}Q_{\text{lim}})}{T_{s}} = \frac{V_{s(0)}}{T_{s}Q_{\text{lim}}}\frac{X_{e}+X_{T}}{X_{e}X_{T}}$$

考虑第 n 个发电机而不是等效电路，实现了方程（7.72）。

综上所述，与线路电压降补偿控制不同，采用高压侧电压调节器，可以在设定值处，通过 PI 控制律调节局部高压母线的电压，以通过第一部分的高速响应和第二部分的慢速响应动态性能来表征高压瞬态，如图 7.48～图 7.50 所示。

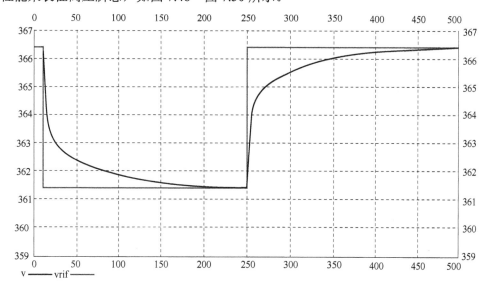

图 7.48　发电厂高压侧母线电压 V_s 随 HSVC 电压设定点阶跃变化的暂态过程

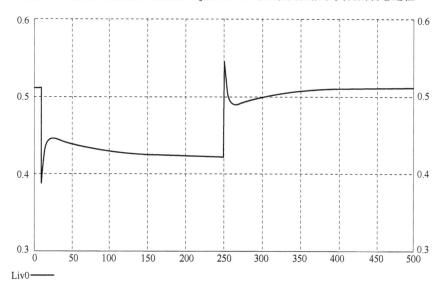

图 7.49　HSVC 输出（q 级）随 HSVC 电压设定点阶跃变化的暂态过程

最后，利用高压侧稳压器，还可以在黑启动操作期间提高电压稳定性，主要是在初始电压启动阶段[26]。

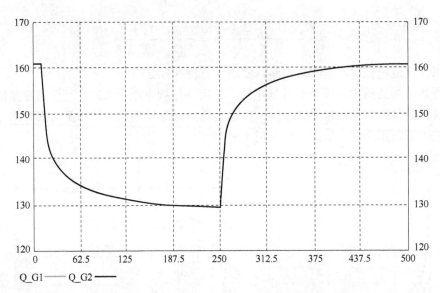

图 7.50　双发电机发电厂：发电机无功功率随 HSVC 电压设定点阶跃变化的暂态过程

7.4　电网电压的分层调整

7.4.1　层次结构

7.4.1.1　概论

从 1980 年开始，欧洲（主要是意大利和法国）首次研究了基于电网细分区域和自动协调每个区域无功功率资源以控制局部电压的分层系统，并将其命名为协调电压调节（CVR）以及二次电压调节（SVR）和三次电压调节（TVR）。参考研究和申请来自意大利[15-18,27,28]，法国[20,21,29]，其次是比利时[30,31]，西班牙[22,32]，最近是美国、巴西、韩国、罗马尼亚和南非[23,33-39]。国际 CIGRE 特别工作组最近调查了该主题，发表了一份有深度的报告[19]。

在欧洲如意大利和法国的应用，都是应用于实际系统中，并且这些应用正推广到世界范围围。欧洲公用事业组织的改变以及相关的能源市场自由化，等级电压控制系统（HVCS）正在得到更多的重视和加强[25,26,40-42]。实际上，系统运营商认识到，二次电压调节（SVR）和三次电压调节（TVR）同时允许通过提高系统效率和稳定性，简化整个输电网络电压的自动控制，并简单、正确地区分不同参与者对电压辅助服务的贡献。

在北美，对二次电压调节（SVR）和三次电压调节（TVR）或更简单的电厂解决方案（如高压侧控制）的研究兴趣正在增长[33]。在 BPA，基于发电机或负载跳闸、无功功率切换、TCSC/SVC 调制、电厂高压侧电压计划和有载分接开关变化的协调，正在现场测试广域电压控制/保护[34]。巴西[35]也在考虑二次电压调节（SVR）概念，在该概念中，临界配电区也提出了电压控制，其方法论为有载调压变压器的评估和协调提供了指导[36]。

输电网电压控制的进展和趋势要求在新千年伊始，通过使用简单、有效和闭环的调节系统，由调度中心直接管理和监督，实现从仍普遍运行的"手动控制"向创新的"自动控制"

的重要转变。成本/效益分析有力支持这一创新[43]。此外，由于电压控制是一个普遍存在的本地问题，因此可行的解决方案必须考虑本地无功功率资源的自动协调，不仅包括发电机和补偿器的资源，还包括并联电容器和电抗器，有载分接开关（OLTC）、静止无功控制器（SVC）和静止无功补偿器（STATCOM）的资源。因此，可以通过在各个电力系统区域/区域协调资源的分散式电压控制系统来实现电压辅助服务的目标（改善网络运行的质量和安全性）。这种协调需要在区域调度员和本地工厂/变电站之间进行数据和信号交换：根据电力系统动态，实时交换的数据越多，电压控制系统性能及有效性改善越好。

相反，电网效率方面的网络电压控制效益与区域间协调联系更为紧密，需要区域调度员和中央/国家系统操作员之间进行有效的数据和信号交换。此外，与相邻公用设施（如边缘总线电压和联络线无功功率流）交换测量值，以及协调相互控制动作，对于减少系统损耗也非常重要。

在能源部门自由化和辅助市场竞争的框架内，对实际超高压控制系统性能进行在线和实时监测，对于发电厂来说是一个具有挑战性的机会，它能够承认发电厂对于电压服务所做出的不容置疑的贡献[40]。

最终导致协调"自动"实时电压调节的主要原因如下：

1）电力系统运行的质量得到了提高，因为整个输电网络中规定电压分布的变化减小了。

2）电力系统运行的安全性得到了提高，因为发电机组在面临紧急情况时可以保持更大的无功储备[44]。

3）随着输电有功功率水平的提高，电力系统的传输能力得到了提高，电压不稳定和崩溃风险降低[45]。

4）从有功损耗最小化、无功流量减少、无功资源利用率提高等方面提高了电力系统运行效率。

5）根据功能需求定义和性能监测标准，简化了电压辅助服务的可控性和可测量性[40]。

电网的电压和无功控制需要许多现场元件的地理和时间协调，以及通过分级控制结构实现的控制功能。实际上，实时和自动电压控制系统基本上可以分为三个层次：一次（部件控制）、二次（区域控制）和三次（电力系统控制）。图 7.51 给出了电压无功控制系统三个重叠层次的初步空间视图。同时也证明了基于状态估计和过去的运行点（OPF）的第三层次与非实时和离线预测水平的相互作用。将具有自动闭环电压和无功功率控制的实时水平与前一天或短期最佳预测计算区别开来，这对于实时电力系统运行条件来说是必要的延迟，这是一种基本的清理，有助于识别相关差异。

经常发生的情况是，三次电压控制错误地与电压无功功率的静态优化问题相混淆，必须考虑与系统运行调度相关的开环控制或离线预测（由于其对系统运行条件的高延迟）。

功率损失的离线最小化是最常用的过去的运行点（OPF）目标函数，它预测发电机无功功率调度，以保持电力系统内的适当电压水平。

显然，与仅基于预测计算的系统运行相比，通过自动闭环电压控制（TVR）可获得不同的性能，该控制可将损失降至最低，并与过去的运行点（OPF）相连。事实上，目前的电网运行条件有时可能与预测的电网运行条件非常不同，主要是在面临临界运行条件时。

离线过去的运行点（OPF）电压无功功率问题可以作为初始化三次电压调节（TVR）计

算的输入，如图 7.51 所示。

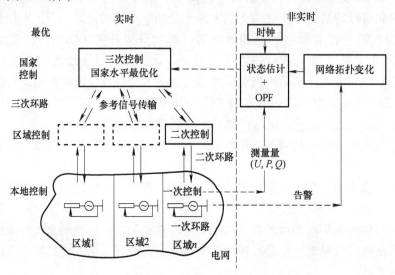

图 7.51　电压无功分层控制结构

7.4.1.2　二次电压调节（SVR）和三次电压调节（TVR）基本概念

本文总结了二次电压调节（SVR）在欧洲发展的基本概念，以便了解所提议的控制系统及其结构、性能和优势的原因：

1）实时自动控制数百条传输总线电压的想法太复杂，不可靠，因此不现实和不经济。

2）显然，发电机组无功功率是现场已有的主要资源，成本低，易于控制，为电网电压提供支持；

3）一个实际的简单电压控制系统应只考虑主母线（少量），从而允许一个次优但可行和可靠的控制解决方案。

4）主母线"主导节点"的概念变得更饱满，假设它们是"调节区"内具有高电耦合和电压的连接总线。

5）控制结构根据电网细分为"调节区"，自动且尽可能独立地调节每个主导节点的电压。

6）控制资源基本上基于该地区最大机组（"控制装置"）的无功功率，这主要影响本地节点电压。

TVR 的基本思想是通过对二次电压调节（SVR）分散结构的集中协调，提高系统运行的安全性和效率。

7）主导节点电压设定点必须充分更新，并与慢于二次电压调节（SVR）的动态协调，考虑到整个电网的实际情况，避免无用和冲突的区域间控制工作。

8）考虑到全局控制系统的结构及其实时测量，可以实时计算和更新主导节点的电压设定点。

9）必须优化主导节点电压设定点，以尽量减少电网损耗，始终保持控制裕度。根据实时系统的工作情况，通过更新最优预测方案，可以达到这一目的。

必须指出的是，尽管目标是将控制系统的复杂性降至最低，但在涉及大型传输网络的情况下，实现有效的分级控制系统的努力无论如何都是相关的，这一点已经得到了经验和现有应用的证实。一方面，为了控制发电机组的无功发电，以及同步补偿装置和 FACTS 装置的无功发电，需要一种新的电厂装置，根据本地总线或远程控制节点电压调节器，并考虑到电厂发电机或补偿装置的瞬时可用能力。另一方面，需要一个特定的区域调度员调节器[28]来自动将控制节点电压保持在预定值，通过快速电信控制新的电厂设备，打开/关闭反应器组和并联电容器，安排有载分接开关（OLTC）和 FACTS 设定点。

最后，在国家/公用事业控制级需要一个新的电压和无功功率优化调节器，以在线和实时协调和更新所有试点节点的电压设定点（见图 7.52）。所有这些特殊而非传统的控制装置都需要特定的设计。此外，一次、二次和三次之间的数据交换的电信速度很高，大约延迟 1s，应需要特定/专用的电信设备和媒体。

7.4.1.3　一次电压调节

一次调节包括控制同步发电机、同步/静态补偿装置的本地电压，主要目的是确保这些设备的正确和安全运行。显然，一次电压控制通过在正常和扰动运行条件下维持本地介质电压，对输电网络产生影响，主要是在其连接的中压母线上。控制动作基于局部措施，旨在自动将设定值的电压带出，其动态特征是在几百毫秒至 1s 内具有主导的时间常数值；在高速电压调节中必须考虑这种补偿控制。

自动电压调节器（AVR）实现了发电机的一次电压控制（见图 7.52 单元控制器）。AVR 通过控制励磁电压 V_f（见图 7.53）来调节发电机终端的电压。第 7.3.3.1 节已经对自动电压调节器（AVR）的基本功能进行了广泛的描述。

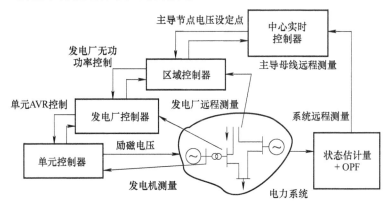

图 7.52　输电网电压分层控制续约

工作在其中一个极限［励磁极限（OEL）或欠励磁极限（UEL）］的同步电机关闭相应的 V_{lim}（V_{oex} 或 V_{uex}）信号反馈。信号从积分调节器获得：

在稳态情况下，将实际励磁电流 I_f 与其最大值 I_{flim} 进行比较作差作为 OEL 输入，I_f 低于 I_{flim} 且积分调节器不参与一次电压控制。当 I_f 大于 I_{flim} 时，积分调节器产生 V_{lim} 负值，以减少同步发电机的励磁电压。

基于热现象的缓慢瞬态，允许励磁绕组的一定的瞬态过载水平。据此，定子电流限制值

电力系统动态——建模、稳定与控制

瞬时增加。这样励磁电流 I_f 可达到短时间内非常高的值，该值受发电机热限制（转子和绕组加热等）的限制。

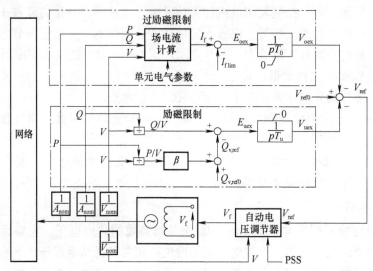

图 7.53　发电机自动电压调节器（AVR）结构，包括过励磁限制（OEL）和欠励磁限制（UEL）

在稳态情况下，将无功功率 Q 与参考值 $Q_\mathrm{v,ref}$ 进行比较作差作为 UEL 输入，Q 大于 $Q_\mathrm{v,ref}$，积分调节器不参与一次电压控制。当 Q 低于 $Q_\mathrm{v,ref}$ 时，积分调节器产生 V_lim 负值，以增加同步发电机的励磁电压。

为避免工作点超过限定值，采用基于本地测量的具有动态特性的控制，该动态特性具有数值上的优势，能够在在一秒到几秒或最多二十秒时间内重新稳定。

在分级自动电压控制系统中，OEL 和 UEL 限制所起的作用非常重要，它们的曲线形状和动态必须仔细重建，并由控制发电机无功功率的电站调节器考虑。事实上，在正常和扰动的运行条件下，发电机运行点必须保持在运行极限内，因此避免了由于实际和重建的 AVR 限制之间可能存在的差异而产生的任何发电机热应力和无用的控制工作。

OEL 和 UEL 限制曲线的一个例子如图 7.54 所示，它证明了 OEL 曲线的电压依赖性，在电压降低时向右移动。

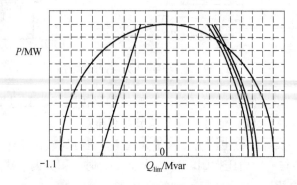

图 7.54　过励磁和欠励磁发电机极限曲线，分别在左侧和右侧

表 7.3 给出了 OEL 和 UEL 参数的粗略值。注：与 OEL 和 UEL 相关的其他方面将在第 2.1.8.4 节中讨论。

表 7.3　OEL 和 UEL 参数

参数	值	测量单位
$T_{lim}=T_o$; T_u	10	s
OEL-$V_{lim\ min}$	0	—
UEL-$V_{lim\ max}$	0	—
β	限制下降	

7.4.1.4　二次电压调节：架构和建模

二次电压调节的原则。作为第一个目标，SVR 通过控制现场的主要可用无功功率资源来控制系统主传输总线的电压控制，这是最重要的负载总线。因此，一次（见 7.3.3.1 节和 7.4.1.3 节）和一次电压控制有不同的目标，在某些情况下，它们的目的相反。

二次电压控制在正常运行条件下以及在紧急情况下发挥重要作用。

1）在正常电网运行中，它确保：

① 将网络电压维持在指定值并减少其变化；

② 提高调度控制效率；

③ 协调无功功率资源的实时控制；

④ 确保具有约 50s 的主导时间常数的一阶类型的动态到高压（HV）电压瞬变。

2）在受干扰的条件下，二次电压控制：

① 及时控制扰动区域内产生/吸收的无功功率；迅速恢复扰动区域电压水平；

② 根据 PI 控制律，对电压瞬变施加一阶动态响应，主导时间常数约为 50s（I 效应）以及大部分峰值变化的快速恢复（由于大扰动）在重度瞬变的第一秒（P 效应）。

"高压侧稳压器"部分是理解上述声明的有用参考，图 7.46 在将主导节点视为受控总线时有帮助。

二次电压调节（SVR）的基本原理是少量电网总线的电压控制，最重要的是每个电网总线能够确定周围总线的电压，因此每个电网都定义了其影响区域。因此，二次电压调节（SVR）需要将传输网络分成"理论上非交互区域"，其中电压在主总线中被控制，称为"主导节点"。区域调节器（控制主导节点并因此控制区域中的区域）通过自动调节区域发电机的无功功率来分别协调给定区域的发电机，以调节区域主导节点的电压。类似于高压侧电压调节，主导节点电压调节包括通过 PI 定律控制主导节点电压的闭环控制，因此通过区域无功功率水平"q"控制所有导通节点的无功功率，控制该地区的发电厂。二次电压调节器输入区域主导总线的瞬时电压测量值，将其与主导节点电压设定点进行比较，并立即确定要发送到该区域中的控制电厂的无功功率电平。因此，无功功率水平"q"确定每个区域产生单元的对准，其与其能力成比例地贡献于总区域无功功率。

传输网络的自动电压和无功功率控制考虑了图 7.55 所示的分层结构，其中控制设备现已被证明：

1）在此控制结构中，第一层级（主级）由传统的发电机电压调节器（AVR）组成。这些电压调节器使得可以在面对局部扰动（例如，发电机附近的短路）时采取快速控制动作，并共同确定网络的"一次"电压调节。

2）第二层级由电站调节器无功功率调节器（PQR）组成，它通过操作一次电压控制回路的参考来实现区域电压调节器（RVR）在更高层级（区域控制器）所需的无功功率。

3）第三层级由较慢的区域电压调节器（RVR）组成，如果网格被细分在多个区域（区域调度员）中，则由一个或几个组成，它通过对无功功率进行操作，以整体方式调节区域中主导节点的电压。在第二层级中考虑受控电站。

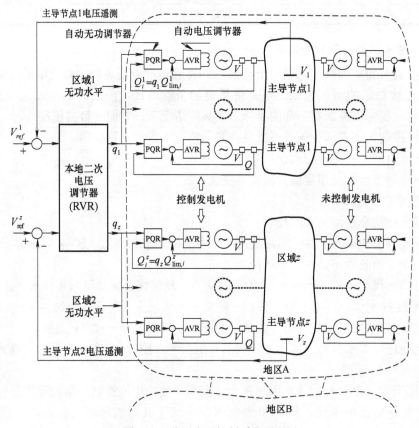

图 7.55　分层电压控制系统原理图

电容器组和并联电抗器等补偿设备的切换以及有载分接开关的关闭是二次电压调节（SVR）控制动作的一部分。二次电压调节（SVR）仅在需要时，根据区域无功功率水平"q"相对于其+1 或−1 限值的实时值差给出的区域控制裕度值，在每个区域对本地交换资源进行操作。"Q"值上的适当阈值可根据预先定义的序列使区域"开"和"关"切换。就区域有载分接开关（OLTC）自动关闭而言，如果使用的"电压不稳定指示器"是基于区域内的 SVR 趋势[24,46]，它也可以与 SVR 连接。

网络的总线集，其中正常扰动下的电压接近主导节点的电压，从而定义了一个区域。区域电压调节器（RVR）接收其引导节点的电压遥测，并分别向每个区域的控制电厂发送区域无功电平信号。无功功率级信号是该区域内被控制电站的无功功率调节器（PQR）的参考信号，根据该参考信号，电站按照其无功能力限值的比例输送/吸收无功功率；这样，一个区域内的所有控制发电机具有相同的相对于无功界限的有功功率裕度。RVR 和 PQR 的联合控制作用决定了区域电网电压的"二次"调节。

众所周知，上述控制方案的成功主要取决于选择主导节点和控制发生器的方式以及可能的中央控制器对区域电压调节器（RVR）设定点的协调。用于定位主导节点的标准基于直观的假设，即必须从最强的节点中选择这样的节点，即能够将负载节点的电压施加到它们附近的节点。

该标准包括对主导节点之间的电耦合的约束；这种耦合必须低于预定的限制。以这种方式，除了避免二次电压控制回路之间的动态相互作用的问题之外，还可以防止由于相邻主导节点中的调节系统施加的电压值之间的差异（甚至很小）导致的无功功率的过度交换。

从上述考虑，可以清楚地看出，所提出的控制方案的起点是相邻区域的两个主导节点之间的相对低的电耦合。

就控制发电机而言，它们是从每个区域内对本地主导节点电压有强烈影响的区域中选择的。通过这种方式，每个区域在资源方面都具有足够的自治性，以满足本地控制需求，这也是因为与其他周围区域的电气去耦。在选择投资的区域时，科学的决策应该基于某地的确需要建设无功功率补偿设备的证据之上。

区域控制系统的动态模型。 考虑到孤岛系统，该系统是与等效物表示的相邻网格连接的系统，其运行点周围的线性模型可以写成如下：

$$
\begin{bmatrix} \Delta P_1 \\ \Delta Q_1 \\ \cdots \\ \Delta P_g \\ \Delta Q_g \\ \Delta P_{g+1} \\ \Delta Q_{g+1} \\ \cdots \\ \Delta P_n \\ \Delta Q_n \end{bmatrix} =
\begin{bmatrix}
\dfrac{\partial P_1}{\partial V_1} & \dfrac{\partial P_1}{\partial \theta_1} & \cdots & \dfrac{\partial P_1}{\partial V_g} & \dfrac{\partial P_1}{\partial \theta_g} & \dfrac{\partial P_1}{\partial V_{g+1}} & \dfrac{\partial P_1}{\partial \theta_{g+1}} & \cdots & \dfrac{\partial P_1}{\partial V_n} & \dfrac{\partial P_1}{\partial \theta_n} \\[2ex]
\dfrac{\partial Q_1}{\partial V_1} & \dfrac{\partial Q_1}{\partial \theta_1} & \cdots & \dfrac{\partial Q_1}{\partial V_g} & \dfrac{\partial Q_1}{\partial \theta_g} & \dfrac{\partial Q_1}{\partial V_{g+1}} & \dfrac{\partial Q_1}{\partial \theta_{g+1}} & \cdots & \dfrac{\partial Q_1}{\partial V_n} & \dfrac{\partial Q_1}{\partial \theta_n} \\[2ex]
\cdots & \cdots & \cdots & \cdots & \cdots & \cdots & \cdots & & \cdots & \cdots \\[2ex]
\dfrac{\partial P_g}{\partial V_1} & \dfrac{\partial P_g}{\partial \theta_1} & \cdots & \dfrac{\partial P_g}{\partial V_g} & \dfrac{\partial P_g}{\partial \theta_g} & \dfrac{\partial P_g}{\partial V_{g+1}} & \dfrac{\partial P_g}{\partial \theta_{g+1}} & \cdots & \dfrac{\partial P_g}{\partial V_n} & \dfrac{\partial P_g}{\partial \theta_n} \\[2ex]
\dfrac{\partial Q_g}{\partial V_1} & \dfrac{\partial Q_g}{\partial \theta_1} & \cdots & \dfrac{\partial Q_g}{\partial V_g} & \dfrac{\partial Q_g}{\partial \theta_g} & \dfrac{\partial Q_g}{\partial V_{g+1}} & \dfrac{\partial Q_g}{\partial \theta_{g+1}} & \cdots & \dfrac{\partial Q_g}{\partial V_n} & \dfrac{\partial Q_g}{\partial \theta_n} \\[2ex]
\dfrac{\partial P_{g+1}}{\partial V_1} & \dfrac{\partial P_{g+1}}{\partial \theta_1} & \cdots & \dfrac{\partial P_{g+1}}{\partial V_g} & \dfrac{\partial P_{g+1}}{\partial \theta_g} & \dfrac{\partial P_{g+1}}{\partial V_{g+1}} & \dfrac{\partial P_{g+1}}{\partial \theta_{g+1}} & \cdots & \dfrac{\partial P_{g+1}}{\partial V_n} & \dfrac{\partial P_{g+1}}{\partial \theta_n} \\[2ex]
\dfrac{\partial Q_{g+1}}{\partial V_1} & \dfrac{\partial Q_{g+1}}{\partial \theta_1} & \cdots & \dfrac{\partial Q_{g+1}}{\partial V_g} & \dfrac{\partial Q_{g+1}}{\partial \theta_g} & \dfrac{\partial Q_{g+1}}{\partial V_{g+1}} & \dfrac{\partial Q_{g+1}}{\partial \theta_{g+1}} & \cdots & \dfrac{\partial Q_{g+1}}{\partial V_n} & \dfrac{\partial Q_{g+1}}{\partial \theta_n} \\[2ex]
\cdots & \cdots & \cdots & \cdots & \cdots & \cdots & \cdots & & \cdots & \cdots \\[2ex]
\dfrac{\partial P_n}{\partial V_1} & \dfrac{\partial P_n}{\partial \theta_1} & \cdots & \dfrac{\partial P_n}{\partial V_g} & \dfrac{\partial P_n}{\partial \theta_g} & \dfrac{\partial P_n}{\partial V_{g+1}} & \dfrac{\partial P_n}{\partial \theta_{g+1}} & \cdots & \dfrac{\partial P_n}{\partial V_n} & \dfrac{\partial P_n}{\partial \theta_n} \\[2ex]
\dfrac{\partial Q_n}{\partial V_1} & \dfrac{\partial Q_n}{\partial \theta_1} & \cdots & \dfrac{\partial Q_n}{\partial V_g} & \dfrac{\partial Q_n}{\partial \theta_g} & \dfrac{\partial Q_n}{\partial V_{g+1}} & \dfrac{\partial Q_n}{\partial \theta_{g+1}} & \cdots & \dfrac{\partial Q_n}{\partial V_n} & \dfrac{\partial Q_n}{\partial \theta_n}
\end{bmatrix}
\begin{bmatrix} \Delta V_1 \\ \Delta \theta_1 \\ \cdots \\ \Delta V_g \\ \Delta \theta_g \\ \Delta V_{g+1} \\ \Delta \theta_{g+1} \\ \cdots \\ \Delta V_n \\ \Delta \theta_n \end{bmatrix}
\tag{7.73}
$$

其中，Q_i 是节点 i 处的无功功率，V_i 是节点 i 处的电压幅度，n 是节点数，g 是发电机节点数，$m = n-g$ 是负载节点数。

线性化模型也可以写成：

$$[\Delta V]=[S_Q][\Delta Q]+[S_P][\Delta P]$$

式中，ΔV 是区域内电压模块变化的矢量；ΔQ 是无功功率注入变化的矢量；ΔP 是有功功率注入变化的矢量；n 是区域内高压总线的数量；S_Q，S_P 是灵敏度矩阵：$S_Q \in R^{n \times n}$，$S_P \in R^{n \times (n-1)}$。

考虑到有功功率和无功功率之间的去耦，并将描述电力系统中无功功率与电压的依赖关系的方程分离，从系统方程（7.73）中得出：

$$
\begin{bmatrix} \Delta Q_1 \\ \cdots \\ \Delta Q_g \\ \Delta Q_{g+1} \\ \cdots \\ \Delta Q_n \end{bmatrix} =
\begin{bmatrix}
\dfrac{\partial Q_1}{\partial V_1} & \cdots & \dfrac{\partial Q_1}{\partial V_g} & \dfrac{\partial Q_1}{\partial V_{g+1}} & \cdots & \dfrac{\partial Q_1}{\partial V_n} \\
\cdots & \cdots & \cdots & \cdots & \cdots & \cdots \\
\dfrac{\partial Q_g}{\partial V_1} & \cdots & \dfrac{\partial Q_g}{\partial V_g} & \dfrac{\partial Q_g}{\partial V_{g+1}} & \cdots & \dfrac{\partial Q_g}{\partial V_n} \\
\dfrac{\partial Q_{g+1}}{\partial V_1} & \cdots & \dfrac{\partial Q_{g+1}}{\partial V_g} & \dfrac{\partial Q_{g+1}}{\partial V_{g+1}} & \cdots & \dfrac{\partial Q_{g+1}}{\partial V_n} \\
\cdots & \cdots & \cdots & \cdots & \cdots & \cdots \\
\dfrac{\partial Q_n}{\partial V_1} & \cdots & \dfrac{\partial Q_n}{\partial V_g} & \dfrac{\partial Q_n}{\partial V_{g+1}} & \cdots & \dfrac{\partial Q_n}{\partial V_n}
\end{bmatrix}
\begin{bmatrix} \Delta V_1 \\ \cdots \\ \Delta V_g \\ \Delta V_{g+1} \\ \cdots \\ \Delta V_n \end{bmatrix}
\tag{7.74}
$$

或者，将称为生成总线的"g"和称为负载总线的"m"之间的超高压节点分离，可以写入

$$
\begin{aligned}
[\Delta Q] &= -\{[B_{GG}][\Delta V_G]+[B_{GL}][\Delta V_L]\} \\
[\Delta Q_L] &= -\{[B_{LG}][\Delta V_G]+[B_{LL}][\Delta V_L]\}
\end{aligned}
\tag{7.75}
$$

具有明显的符号含义

$$[\Delta Q]=-[B][\Delta V] \tag{7.76}$$

其中，Q 和 V 分别代表无功功率矢量和整个系统的电压矢量。该矩阵方程允许对总线上的电压变化与注入的无功功率之间的链路进行简化但足够精确的分析。

用 $\hat{n}$ 表示网格总线的总数，然后有 ΔQ：（$\hat{n} \times 1$）是注入无功功率的矢量；ΔV：（$\hat{n} \times 1$）是网格总线中电压的矢量；$[B]$：（$\hat{n} \times \hat{n}$）是网格节点电纳的对称矩阵，在标幺值下（包括线路和变压器）。

矩阵$[B]$表示注入的无功功率相对于电压的灵敏度。

代替$[\Delta V_L]$，有可能获得

$$
\begin{aligned}
[\Delta V_L] &= -[B_{LL}]^{-1}[\Delta Q_L]-[B_{LL}]^{-1}[B_{LG}][\Delta V_G] \\
[\Delta Q_G] &= -\{[B_{GG}]-[B_{GL}][B_{LL}]^{-1}\}[B_{LG}]\}[\Delta V_G]+[B_{GL}][B_{LL}]^{-1}[\Delta Q_L]
\end{aligned}
$$

因此，系统模型成为

$$
\begin{cases}
[\Delta V_L]=[H][\Delta V_G]+[X_{CC}][\Delta Q_L] \\
[\Delta Q_G]=-[B_{eq}][\Delta V_G]+[D][\Delta Q_L]
\end{cases}
\tag{7.77}
$$

其中，引入的矩阵定义如下：

$$[X_{CC}] = -[B_{LL}]^{-1}$$

$$[H] = -[B_{LL}]^{-1}[B_{LG}] = [X_{CC}][B_{LG}]$$

$$[D] = [B_{GL}][B_{LL}]^{-1} = -[B_{GL}][X_{CC}] = -[H]^T \tag{7.78}$$

$$[B_{eq}] = [B_{GG}] - [B_{GL}][B_{LL}]^{-1}[B_{LG}] = [B_{GG}] + [B_{GL}][H] \cdots \overset{def}{=} -[C]$$

从式（7.76）可以推断出来

$$[\Delta V] = [SQ][\Delta Q]$$

不失一般性，电力系统总线可以简单地分为发电总线（Q_G，V_G）和负载总线（Q_L，V_L）

$$\Delta V = [S_{QG} \,\vdots\, S_{QL}] \cdot \begin{bmatrix} \Delta Q_G \\ \Delta Q_L \end{bmatrix}$$

此外，有必要区分控制发电厂总线的发电机总线（Q_{oc}，V_{od}）和代表未受控的发电厂总线（Q_{ou}，V_{ou}）：

$$\Delta V = [S_{QC} \,\vdots\, S_{QU} \,\vdots\, S_{QL}] \cdot \begin{bmatrix} \Delta Q_{GC} \\ \Delta Q_{GU} \\ \Delta Q_L \end{bmatrix} \tag{7.79}$$

因此，不受控的节点仅受一次电压调节

$$\Delta Q_{GU} = [K_U] \cdot [\Delta V_{GU}] = [K] \cdot [\Delta V] = [0 \;\; K_U \;\; 0] \cdot \begin{bmatrix} \Delta V_{GC} \\ \Delta V_{GU} \\ \Delta V_L \end{bmatrix}$$

通过代换，式（7.79）可以改写如下：

$$\Delta V = [S_C \,\vdots\, S_L] \cdot \begin{bmatrix} \Delta Q_{GC} \\ \Delta Q_L \end{bmatrix} \tag{7.80}$$

具有明显的符号含义。

二次电压调节（SVR）控制结构。 我们用 z 表示区域中的主导节点的数量。从式（7.80）可以得到它

$$\begin{bmatrix} \Delta_p^1 \\ \Delta_p^2 \\ \Delta_p^z \end{bmatrix} = \begin{bmatrix} S_{Cp} \,\vdots\, S_{Lp} \end{bmatrix} \begin{bmatrix} \Delta Q_{GC}^1 \\ \Delta Q_{GC}^2 \\ \Delta Q_{GC}^z \\ \cdots \\ \Delta Q_L \end{bmatrix}$$

其中，ΔQ_{GC}^k 表示来自区域 k 的控制发电厂的无功功率变化的矢量。更确切地说，因为受控发电厂必须作为等效单元运行

$$\Delta Q_{GC}^k = Diag\{a_i\}\Delta V_{refC}^k - \Delta V_{GC}^k \tag{7.81}$$

其中，$a_i \triangleq (V_{GCi}^k)_0 / x_i$ 是一个取决于运行点和单元变压器电抗的常数。从式（7.80）

$$\Delta V_{GC}^k = S_C^k \Delta Q_{GC}^k + S_L^k \Delta Q_L \tag{7.82}$$

将式（7.81）代入式（7.82），可以获得对于第 k 个区域，控制发电厂无功功率与相应自动电压调节器（AVR）的设定点的相关性和负载变化。

$$\Delta Q_{GC}^k = \text{Diag}\{\alpha_i\} \cdot |\Delta V_{refC}^k - S_C^k \Delta Q_{GC}^k - S_L^k \Delta Q_L|$$

$$[\Delta Q_{GC}^k] = [H^k][\Delta V_{refC}^k] + [D^k][\Delta Q_L]$$

对于整个区域，等式是

$$[\Delta Q_{GC}] = [H] \cdot [\Delta V_{refC}] + [D][\Delta Q_L]$$

受控系统的示意图如图 7.56 所示，其中矩阵 S_{Cp} 和 H 通常是对角线主导块。

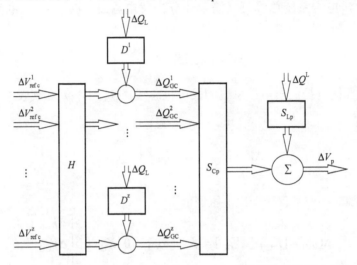

图 7.56 中枢点电压随负载变化和电厂定控制线性化关系的示意图

现在，考虑二次电压控制的控制方案确实包括以下内容：

1）发电厂无功功率调节器（PQR），提供内部控制回路，以在受控设备上实现所需的无功功率。

2）区域电压调节器（RVR），其为外部控制回路提供目标，以通过调节主导节点的电压来实现跨区域的期望电压分布。

在可接受的简化假设下，图 7.57 给出了二次电压调节控制结构的示意图，忽略了一次电压控制环路的动态特性。

在下文中，g_k 表示与第 k 个主导节点相关联的控制发生器的数量，并且 $g = \sum g_k$ 是受控发电机的总数。

在通用的第 k 区域中，第 i 个控制发生器的无功功率调节器纯粹是整数型的。其参考信号与无功功率成比例

比例系数由第 i 台发电机的无功能力极限 $Q_{lim,i}^k$ 给出。由主导节点电压调节器提供的无功功率 q_K 由适用于线性系统的比例积分规则定义。综合二次电压基准与相应主导节点电压的差异。

动态控制系统的设计包括选择发电厂无功功率控制回路积分器的时间常数 T_i^k 以及控制矩阵的系数 U。从实用的角度，控制系统的动态行为简化通过叠加控制回路动态解耦。这意

味着控制回路的响应时间常数必须相对于其内部回路的响应时间常数占主导地位（时间分解）。因此，必须选择足够高的一次电压控制回路响应时间常数 T_Q，足够低的二次电压调节所需的动态响应（时间常数）。

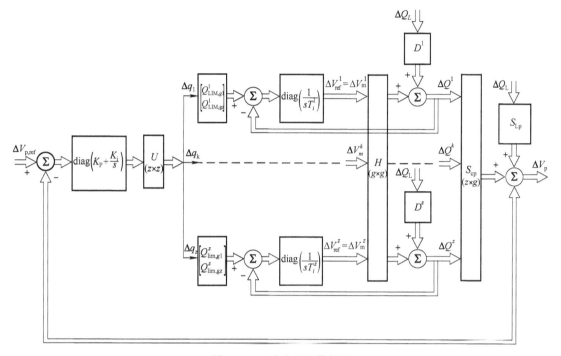

图 7.57　二次电压调整框图

考虑到所选择的时间解耦，可以根据图 7.58 的框图对二次电压控制系统主回路的慢模态进行分析。由图 7.57 可知，忽略电厂无功控制回路的响应时间常数，用 Q_{lim}（$g×z$）表示控制发电机无功能力极限的块对角矩阵。

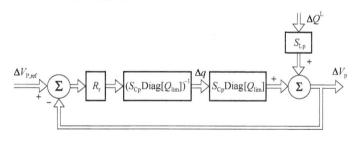

图 7.58

重要的是要意识到，假设 Δq（期望）＝Δq（获得），模型中不考虑额外的动力，是基于以下假设：无功功率循环无功功率调节器（PQR）水平比主导节点电压回路和动态解耦，也多亏了无功功率调节器（PQR）控制律；基本上，R_r 是一个对角矩阵。

因此，控制矩阵 U 的合成必须以保证各个主导节点的电压调节之间的动态交互作用减小为目标：每个主导节点的动力学特征应该只有一个主导时间常数。

参考瞬态。两个独立测试的瞬态为

1）对 q 级阶跃变化后的 PQR 无功控制回路进行测试；

2）电压 V_{Pref} 设定值步长变化后，在区 RVR 主导节点电压控制回路上进行测试。

这些重叠的控制循环如图 7.55 所示。

PQR 和 RVR 瞬态共同代表了完整的 SVR 动态特性，与发电厂自动电压控制（HSVC）相同，采用相同的标准设计。

1）测试 PQR 无功功率控制回路。对于 PQR 控制下的 4 台发电机的电站，图 7.59 的测试结果显示了在主导节点电压控制回路的假设下，无功功率 q 阶跃变化后的瞬态。

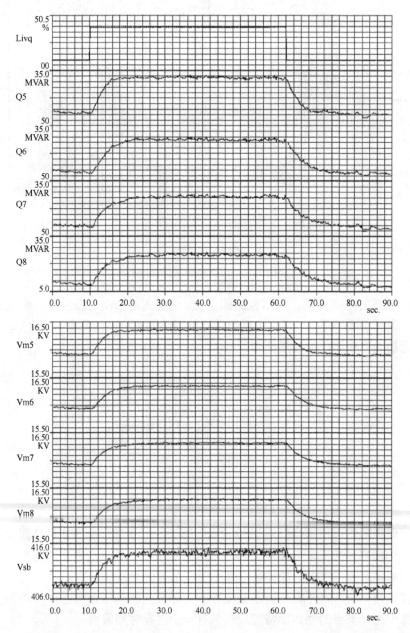

图 7.59 某发电厂无功控制回路的阶跃响应，其主导时间常数约为 5s。V_{Sb} 表示局部高压主导母线电压暂态

在 PQR 存在的情况下，所有在电站运行的发电机都以施加的动态方式跟踪 q 级请求：一阶 5s 主导时间常数。从图中可以看出，4 台发电机的无功功率和电压是一致对齐的，跟踪参考控制信号的阶跃变化。此外，在 PQR 下，被测控制回路之间不存在动态交互。图底部的最后一个瞬间显示了考虑到发电站无功出力开始增加后主导节点电压的变化。

2）在 RVR 主导节点电压控制回路上进行测试。对于区域电压调节器（RVR）控制下的 12 个主导节点的电力系统，图 7.60 中的测试结果显示了区域 2 主导节点电压设定值的阶跃变化后的瞬态。

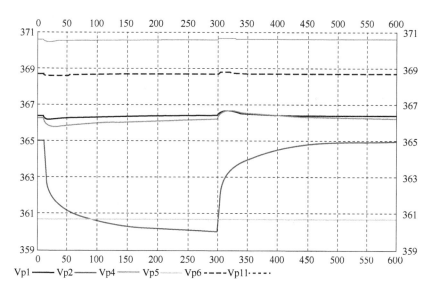

a）主导节点电压 V_p 的动态响应，i 仅在第 2 区域跟随设定值 V_{ref} 阶跃变化

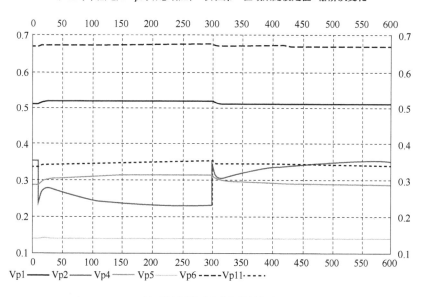

b）相应区域无功功率控制水平

图 7.60　主导节点电压 V_p 的动态响应，i 仅在第 2 区域跟随设定值 V_{ref} 阶跃变化和相应区域无功功率控制水平

该测试强调了在电压控制回路之间具有光动力相互作用的主导节点的正确选择。实际上，区域 2 电压设定值的阶跃变化决定了相应主导节点电压的显著变化，对其他节点的暂态影响较小（见图 7.60a）。区域 2 无功功率控制电平证实，相对于其他区域控制电平，这一结果发生了显著变化，而其他区域控制电平实际上保持不变。

同样地，PQR 对所有的电力系统控制发电机施加了 5s 主导时间常数的动态跟踪控制水平 q。其中，RVR 对所有 PQR 施加 50s 主导时间常数的动态跟踪对应的主导节点电压设定值。

试验结果表明，各区域二次电压控制的合理运行主要取决于主导节点和控制区域的选取方式。

若符合下列条件，则正确界定控制范围：

1）在主导节点电压保持恒定的情况下，即使局部负载发生显著变化，区域内其他节点的电压变化也较小。

2）控制区域内的电压控制不会显著影响其他区域的电压。

3）各控制区域的控制装置原则上应能在正常和干扰条件下保持主导节点的电压恒定。

这两种调节器的综合作用使得图 7.61 中的 4 台发电机无功功率在区域 2 中一致对齐，跟踪图 7.60b 中所示的参考控制信号 q_2 的变化。最后，在 RVR 下，被测主导节点电压控制回路之间不存在动态交互（见图 7.60a）。控制区域和先导节点的识别可以使用基于电气距离的方法来实现。所提出的算法，稍后将会描述，是基于以下步骤：

1）选择短路功率最大的网络主导节点。

2）对选定的每个主导节点，按电气距离法确定相应的面积。

3）利用无功功率平衡，验证区域无功电源是否能满足区域需求。

4）验证主导节点的电压变化是否代表其他区域母线的电压变化。

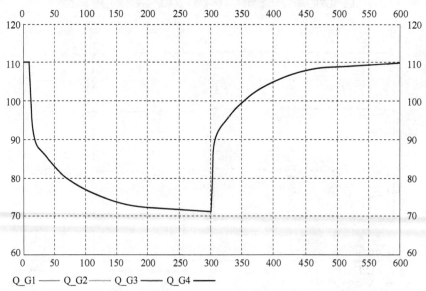

图 7.61　如果电压设置为跟踪区域 2 的电压设置，则可以使用电源设置，
在电源状态下控制电压，然后再对电源进行设置

5）验证：

① 在二次电压调节（SVR）存在的情况下，确定主导节点与区域内其他节点的距离；

② 研究区域主导节点与邻近区域主导节点之间的电气距离较大。

7.4.1.5 三次电压调节

三次电压调节（TVR）的基本思想来自于通过分散二次电压调节（SVR）结构的集中实时协调来提高系统运行的安全性和效率：

1）主导节点电压设定值必须在线、实时、充分更新和协调，且动态比二次电压调节（SVR）慢，考虑整个电网的真实情况，避免无用和冲突的 SVR 区域间控制工作。

2）考虑全局控制系统结构及其实时测量，可以实时计算和更新主导节点电压设定值。

3）必须实时优化主导节点电压设定值，在保持控制裕度的同时，有效降低电网损耗。

第三个控制层与第三次调压有关，目的是实时优化全国电压图。这包括一次又一次地确定主导节点的电压设定值，以实现安全经济的系统运行。

第三回路通过自动控制动作表示电压计划中的全局协调。其目标之一是对电力系统区域间的无功潮流进行低值管理，使进入系统的电力损失最小化，提高系统的可控性和稳定性。由于第三级控制目前是手动执行的，因此相对于实时而言，效果较差。如果自动化，变成在线和实时的（如图 7.51 和图 7.52 所示），它的主导时间常数将在 5~10min 左右。

主导节点电压设定值 $\left|V_{P,\text{ref}(t)}\right|$ 的矢量可由：远程区域电压调节器（RVR）自动系统（具有 TVR 控制功能，停止使用）根据当地日趋势提供；区域调度员操作员（RVR 手动设置，TVR 控制功能停用）；区域电压调节器（RVR）电压设定值实时优化工具（具有 TVR 控制功能）。

TVR 实时优化根据实时优化矢量的积分法则［见式（7.83）］，根据 TVR 目标函数［见式（7.84）］[46]的最小化，确定最适合安全高效运行的主导节点电压设定值更新量：

$$\left|V_{\text{P,ref}}(t)\right| = \frac{1}{T_{\text{T}}}\left[\left|\int_{0}^{t}\Delta V_{\text{P,ref}}(\tau)\mathrm{d}\tau\right|\right|_{V_{\text{P min}}}^{V_{\text{P max}}} + \left|V_{\text{P}}(0)\right|\right] \tag{7.83}$$

其中，T_{T} 为积分调节器增益，将 TVR 闭环主导时间常数固定在 5~10min；S 为区域无功电平之间的灵敏度矩阵

Δq_{LEV} 和电压主导节点 $\Delta V_{\text{P,ref}}$：

$$[\Delta V_{\text{P,ref}}] = [S][\Delta q_{\text{LEV}}]$$

式（7.83）综合 TVR 目标函数最小化结果：Min(OF)，根据实际网络状态估计和预测的最优电压无功功率计划，施加 TVR 控制回路的动力学：

$$\begin{aligned} OF = &[V_{\text{P}} + \Delta V_{\text{P,ref}} - V_{\text{P}}^{0}]^{\text{T}}Q^{2}[V_{\text{P}} + \Delta V_{\text{P,ref}} - V_{\text{P}}^{0}] \\ &+ [q_{\text{LEV}} + S^{-1}\Delta V_{\text{P,ref}} - q_{\text{LEV}}^{0}]^{\text{T}}R^{2}[q_{\text{LEV}} + S^{-1}\Delta V_{\text{P,ref}} - q_{\text{LEV}}^{0}] \end{aligned} \tag{7.84}$$

其中，$[V_{\text{P}}]$ 和 $[q_{\text{LEV}}]$ 为主导节点电压和区域无功电平实时测量的矢量；$[V_{\text{P}}^{0}]$ 和 $[q_{\text{LEV}}^{0}]$ 是最优预测主导节点电压的向量和区域无功功率水平（来自"状态估计和消息"块）；Q_2 和 R_2 是权重矩阵，其选择优先权允许赋予主导节点电压差，而不是控制区无功电压水平的作用。

总而言之，方程式（7.83）和（7.84）一起代表可以实时计算的三次电压调节（TVR）控制功能，因为它基本上依赖于实时测量。（原则上，如果状态估计和/或过去的运行点（OPF）不起作用，则$[V_P^0]$，$[q_{LEV}^0]$可以在给定的恒定值上保持不变。实际上，更新的预测不是强制性的，而仅仅是一种辅助。）

当可用的最佳预测计划不能很好地适应实际情况（显然或多或少经常发生）时，由TYR达成的妥协应包括实现符合实际运行条件的最高电压，从而最大限度地减少网络损耗。为了实现这一结果，有必要保持系统的可控性，即使接近极限，也要避免开环运行的灾难性后果。实际上，在这种情况下，不受控制的电压确定了非预期的无功大电流，这增加了系统损耗并降低了运行效率。OF实现保持可控性的目标；因此，对于分层自动实时电压控制系统来说，TVR是正确且必要的。

从TVR控制水平移动到计算OPF的更高电压水平，实时控制必然会丢失，因为OPF需要状态估计及其正确更新，即使每5min更新一次，也会因为太晚而无法通过OPF跟踪电力系统电压动态。

总之，超过三次电压调节（TVR）水平的话，电压控制只能是预测类型。

7.4.2 二次电压调节（SVR）控制区域

7.4.2.1 选择主导节点和确定控制区域的过程

所采用的选择主导节点的标准是基于直觉的概念，它们必须在最强的节点中进行选择。实际上，它们必须能够在正常扰动之前将电压加到它们周围的总线上。该准则包括对所选主导节点之间的电耦合的限制。

灵敏度矩阵$[X_{CC}]$的证明已给出［式（7.77）和式（7.78）］。

$[X_{CC}]$为发电机电压保持恒定$[\Delta V_G]=0$，特高压母线电压$[\Delta V_L]$相对于注入同一负载母线的无功功率$[\Delta Q_L]$的灵敏度矩阵。这是一个负系数对角占优矩阵。

1）对角系数的类型：

$$(X_{CC})_{hh}=\left(\frac{\Delta V_{L_h}}{\Delta Q_{L_h}}\right)_{\substack{\Delta Q_{L_s}=0\\s\neq h}},\quad (h,s=n+1,...,n+N)\tag{7.85}$$

2）主对角线外的是这种类型：

$$(X_{CC})_{hk}=\left(\frac{\Delta V_{L_h}}{\Delta Q_{L_k}}\right)_{\substack{\Delta Q_{L_s}=0\\s\neq k}},\quad (h,k,s=n+1,...,n+N)\tag{7.86}$$

需要注意的是，一般对角系数X是"h"总线看到的等效电抗：$\Delta V_{L_h}=(X_{CC})_{hh}\Delta Q_{L_h}$。

$[X_{CC}]$矩阵在先导节点及相关区域的选择中起着基础性的作用。

分析过程包括$[X_{CC}]$矩阵的后续重新排序，步骤如下：

1）矩阵的行和列重新排序，满足以下条件：

$$\begin{cases}(X_{CC})_{11}^{(1)}<(X_{CC})_{rr}^{(1)}\\(X_{CC})_{11}^{(1)}>(X_{CC})_{21}^{(1)}>(X_{CC})_{31}^{(1)}>\cdots>(X_{CC})_{N1}^{(1)}\end{cases}\quad 其中\quad r=2,...,N$$

2）计算（$N-1$）次

$$\beta_{ij} = \frac{(X_{CC})_{ij}^{(1)}}{(X_{CC})_{jj}^{(1)}} \quad \text{其中} \quad \begin{cases} i=1,2,...,N \\ j=1,2,...,N \end{cases}$$

这里 $0 \leqslant \beta_{ij} \leqslant 1$。

3）建立主导节点间"电气距离"的下限，将耦合系数 β_{i1} 与总线"1"大于 ε_P 的 $[X_{CC}]^{(1)}$ 重序矩阵的前 N_1 行相关的总线后续选择排除在外：

$$\varepsilon_P < \frac{(X_{CC})_{\eta,1}^{(1)}}{(X_{CC})_{11}^{(1)}} \leqslant 1; \quad \eta = 1,...,N_1$$

4）将 $[X_{CC}]^{(1)}$ 矩阵的其余 $(N-N_1) = n_1$ 行和列重新排序，使新矩阵 $[X_{CC}]^{(2)}$ 满足以下不等式：

$$(X_{CC})_{11}^{(2)} < (X_{CC})_{rr}^{(2)}$$
$$(X_{CC})_{11}^{(2)} > (X_{CC})_{21}^{(2)} > (X_{CC})_{31}^{(2)} > \cdots > (X_{CC})_{N1}^{(2)}$$

这里 $[X_{CC}]^{(2)} \in R^{n_1 \times n_1}$；$r=2,...n_1$。这对应于将 $(N-N_1)$ 剩余的总线按照与其中一个功率最高的总线之间的电气关系的顺序排列。

5）类似地到步骤 3），第一个 N_2 的节点（即重新排序矩阵 $[X_{CC}]^{(2)}$ 的第一个 N_2 行），与总线"1"耦合系数：$(X_{CC})_{\eta1}^{(2)}/(X_{CC})_{11}^{(2)}$ 大于 ε_P，不再考虑一下以下步骤：

$$\varepsilon_P < \frac{(X_{CC})_{\eta1}^{(1)}}{(X_{CC})_{11}^{(2)}} \leqslant 1; \quad \eta = 1,...,N_2$$

6）矩阵的重新排序过程始于剩余节点 $(n_1-N_2) = n_2$ 开始，按照指定的过程直到第 $(Z+1)$ 次重新排序，也就是说，当在 $n_{(Z-1)} - N_Z \overset{\text{def}}{=} n_Z$ 剩余的总线中，重新排序矩阵 $[X_{CC}]^{Z+1}$ 系数 $(X_{CC})_{11}^{Z+1}$ 大于预定义值 $1/\gamma$，代表一个主导节点短路功率最小容许值：

$$(X_{CC})_{11}^{Z+1} > \frac{1}{\gamma}$$

7）2 个主导节点对应于矩阵的第一行：

$$[X_{CC}]^{(1)}; [X_{CC}]^{(2)}; [X_{CC}]^{(3)}; \cdots; [X_{CC}]^{(Z)}$$

定义主导节点后，计算网格中各总线的耦合参数 β_{ij} 如下：

$$\beta_{ij} = \frac{(X_{CC})_{ij}}{(X_{CC})_{jj}}, \quad \text{其中} \quad \begin{cases} i=1,2,...,N \\ j=1,2,...,N \end{cases}$$

这里 $0 \leqslant \beta_{ij} \leqslant 1$。

这些是 (N,Z) 灵敏度矩阵 $[B_{RL}]$ 的系数，表示在网格被细分的 Z 个区域中 N 个网格总线的共享。

如果第 i 个总线与第 j 个主导节点的耦合系数最大，则将其连接到第 j 区域。也就是说，如果 $\beta_{ij} > \beta_{ij} \forall k \neq j$，第 i 总线与区域 j 相关联。

基于 $[X_{CC}]$ 矩阵的两个母线之间的电气距离的其他公式也是可能的。

7.4.2.2 控制发电机的选择过程

在选择主导节点及相应区域后，需要选择各个区域的控制发电机，即参与区域主导节点电压控制的发电机。这些控制发电机显然是那些能够最大程度地影响所考虑的主导节点的电压。所提出的分析可参考系统模型式（7.77），增加了互易网络的额外简化。

考虑一个互易网络，由于$[B]$，$[B_{LL}]$，因此$[X_{CC}]$和$[C]$是对称矩阵，它变成

$$[H]^T = [B_{GL}][X_{CC}] = -[D]$$

然后有

$$[B_{eq}] = [B_{GG}] - [D][B_{LG}] \tag{7.87}$$

简化方程组变成

$$\begin{cases} [\Delta V_L] = -[D]T[\Delta V_G] + [X_{CC}][\Delta Q_L] \\ [\Delta Q_G] = -[B_{eq}][\Delta V_G] + [D][\Delta Q_L] \end{cases} \tag{7.88}$$

$$\begin{cases} [X_{CC}] = -[B_{LL}]^{-1} \\ [D] = -[B_{GL}][X_{CC}] \\ [B_{eq}] = [B_{GG}] - [D][B_{LG}] \cdots \overset{def}{=} -[C] \end{cases} \tag{7.89}$$

从这些方程中还可以得到以下关系，它们表示了相对于注入无功功率的电压变化：

$$\begin{cases} [\Delta V_L] = -[S_{LG}][\Delta Q_G] + [S_{LL}][\Delta Q_L] \\ [\Delta V_G] = -[S_{GG}][\Delta Q_G] + [S_{LG}]^T[\Delta Q_L] \end{cases} \tag{7.90}$$

再定义

$$\begin{aligned} [S_{GG}] &= -[C]-1 \\ [S_{LG}] &= -[H][S_{GG}] \\ [S_{LL}] &= [X_{CC}] - [S_{LG}][D] \end{aligned} \tag{7.91}$$

控制发电机的选择基于矩阵$[S_{LG}]$，该矩阵表示特高压负载母线电压矢量$[\Delta V_d]$相对于发电机注入无功功率矢量$[\Delta Q_G]$的灵敏度。该过程基于子矩阵$[S_{LG}]$的重新排序，考虑到 z 行对应于主导节点，n 列对应于生成总线。这个名为$[S_{RG}]$的子矩阵表示主导节点电压相对于注入无功功率的灵敏度。该程序为$[S_{RG}]$列选择系数最高的列，并对 n 列进行重新排序，使前 n_1 为第一行系数最高的列，即满足下列不等式的列：

$$(S_{RG})_{1j} \geqslant (S_{RG})_{kj}, \quad k=1,3,\ldots,z; \quad j=1,\ldots,n_1$$

第二个 n_2 列是第二行系数最大的列，即满足下列不等式的列：

$$(S_{RG})_{2j} \geqslant (S_{RG})_{kj}, \quad k=1,3,\ldots,z; \quad j=1,\ldots,n_2$$

这个过程一直持续到 n_z 列$(n_1+n_2+\ldots+n_z = n)$。n_1, n_2, $\cdots$, n_z 列确定了与总线相连的主导节点 "1"、"2"、……，"z"。如果 A_{nj}^k 代表发电机标称功率位于第 j 总线第 k 区域，那么 $(S_{RG})_{kj} A_{nj}^k$ 代表能够影响到地区节点电压的发电机的实际容量。控制发电机第 k 区的导频节点电压选自满足以下不等式：

$$(S_{RG})_{kj} A_{nj}^k > \alpha_c^k$$

α_{c}^{k} 为考虑的第 k 个区域允许的最小控制能力。

7.4.3　二次调压下的潮流计算

为了得到二次电压控制下的广义潮流数学模型，需要对各区域各控制发电机的功率按比例加载。因此，需要在系统模型中加入大量描述二次电压控制约束的 n_{c} 方程：

$$\frac{Q_1^j}{Q_{1,\max}^j} = \cdots = \frac{Q_{n_{\mathrm{c}}^j}^j}{Q_{n_i^j,\max}^j}, \quad j=1,\ldots,n_{\mathrm{a}} \tag{7.92}$$

式中，n_{p} 为主导母线数；n_{c} 为控制发电机母线总数；n_{a} 为 SVR 区域数；n_{c}^j 为区域 j 控制发电机数。

在这些考虑下，新的数学模型将是

$$\begin{cases} f_{\mathrm{P}i} = P_i^{\mathrm{sp}} - P_i(V,\theta) = 0, & i=1,2,\ldots,(n_{\mathrm{u}}+n_{\mathrm{g}}+n_{\mathrm{c}}+n_{\mathrm{p}}) \\ f_{\mathrm{Q}i} = Q_i^{\mathrm{sp}} - Q_i(V,\theta) = 0, & i=1,2,\cdots(n_{\mathrm{u}}+n_{\mathrm{g}}+n_{\mathrm{p}}) \\ f_i = Q_{i+1,\max}^j \cdot Q_i^j - Q_{i,\max}^j \cdot Q_{i+1}^j, & j=1,\ldots,n_{\mathrm{a}}; \ i=1,2,\ldots,n_{\mathrm{c}}^j \end{cases} \tag{7.93}$$

式中，n_{u} 是负载总线的数量；n_{g} 是发电机总线的数量。

该数学模型仍然是一个非线性方程组，可采用高斯-塞德尔法和牛顿-拉夫逊迭代法相结合的方法求解。

对系统（7.93）进行线性化，得到

$$\begin{bmatrix} \Delta P_i \\ \Delta Q_i \\ f_i^j \end{bmatrix} = \begin{bmatrix} \dfrac{\partial P_i(V,\theta)}{\partial \theta} & \dfrac{\partial P_i(V,\theta)}{\partial V} & \dfrac{\partial P_i(V,\theta)}{\partial Q} \\ \dfrac{\partial Q_i(V,\theta)}{\partial \theta} & \dfrac{\partial Q_i(V,\theta)}{\partial V} & \dfrac{\partial Q_i(V,\theta)}{\partial Q} \\ \dfrac{\partial f_i^j}{\partial \theta} & \dfrac{\partial f_i^j}{\partial V} & \dfrac{\partial f_i^j}{\partial Q} \end{bmatrix} \cdot \begin{bmatrix} \Delta \theta_i \\ \Delta V_i \\ \Delta Q_j \end{bmatrix} \tag{7.94}$$

允许调整确定未知量 V 和 θ，以及通过控制发电机通过迭代计算，无功功率 ΔQ_{i}。

7.5　罗马尼亚二次电压调节实施情况研究

7.5.1　研究系统的特点

将所提出的二次电压调节（SVR）主导节点和控制区域选择方法应用于罗马尼亚电力系统，以评估二次电压控制的适用性。本案例研究以 220、400kV 输电系统为研究对象：254 条母线，包括 110kV 母线、280 条线路和 63 台发电机组，总装机功率约为 20 000MW。对 2008 年冬季峰值负荷 7900MW 进行了研究。

罗马尼亚电力系统由国家调度中心负责运行和协调，并由 5 个地域调度中心（TDC）提供支持，根据地理和行政标准进行选择（见图 7.62）。

图 7.62　罗马尼亚电网划分为 5 个调度区域

7.5.2　SVR 区域选择

对于 SVR 区域划分，分析了 3 种场景（5 个、6 个或 7 个区域），将主导节点总线之间的电距离阈值（必须保证足够电距离的值）的不同值与每个区域的可实现的控制裕度联系起来。

为了比较不同分区对每个区域无功功率平衡的影响，图 7.63a、b 和 c 显示了每个区域负载所需的无功功率 Q_c 值，每个区域产生的无功功率 Q_g，以及具有 5、6 和 7 个 SVR 区域的最大无功功率储备 Q_{max}。

从各区域无功功率所占的比例来看，考虑已有的现场无功功率资源，6 个区域的情况下各区域的控制备用最大。

图 7.64 以备用裕量比率表示 6 个地区的 Q_g/Q_{max} 比率，一般而言，6 个地区的备用裕量比率约为 60% 或以上，除去地区 6 的备用裕量比率为 25%。意外事件需要被分析，以检查这些裕度是否足以支持电压。

图 7.65 是罗马尼亚电力系统细分为 6 个包含 400kV 母线的 SVR 地区：Mintia（第 1 区）、Tantareni（第 2 区）、Domnesti（第 3 区）、Lacu Sarat（第 4 区）、Gutinas（第 5 区）和 Iemut（第 6 区）。

根据 LF 情况，试点节点的设置值如下：1 区 1pu，2 区 1pu，3 区 1pu，4 区 1.02pu，5 区 1.03pu，6 区 1.05pu。

1990 年以后，罗马尼亚系统的最高负荷不断减少，从 11 500MW 减至 7900MW。目前，罗马尼亚的电力系统并没有受到特别的重视，因为线路的负载低于自然功率值。正因为如此，这些线路通常会产生大量的无功功率，而发电机为支持电压所做的控制努力也很低。

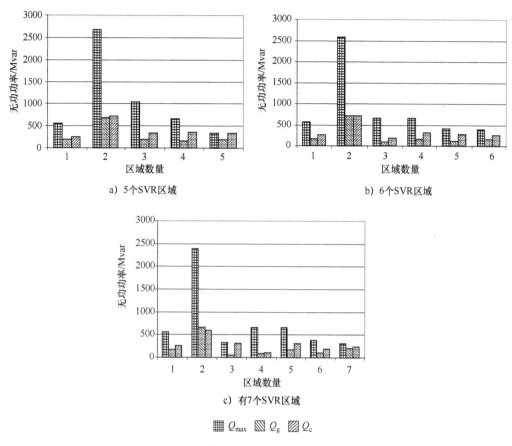

a) 5个SVR区域

b) 6个SVR区域

c) 有7个SVR区域

Q_{max}　Q_g　Q_c

图 7.63　不同情况下分区区域无功功率比较

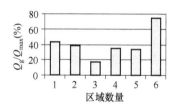

图 7.64　在有 6 个区域的情况下，面积比 Q_g/Q_{max}

为了检验所选二次电压控制方案（6 个区域）的有效性和鲁棒性，本文结合两种应急情况对罗马尼亚电力系统在线路和发电机跳闸前的行为进行了分析。

案例 1：线路中断。第一项研究中认为作为偶然性 220kV 线路的跳闸：Cluj Floresti-Tihau，区域 6（见图 7.66）[23]。

对该地区的关注是由于它是直接连接到 UCTE 电网和邻近地区，它收到 102.8Mvar。

图 7.67 为 6 区最具代表性的母线电压分布图（pu）。分析了 4 种方案：LF-潮流基本情形；选 220kV 线路跳闸时；n-1LF-潮流基本情形；含二次电压控制系统的 SVCS-潮流；二次电压控制系统发生故障时，n-1SVCS-潮流。二次电压控制系统（SVCS）情况下的电压低于 LF 情况，这仅仅是因为 Iernut 主导节点相对于原始 LF 情况值所选择的电压较低。通常情况

相反，因为二次电压控制系统（SVCS）可以提供比基本 LF 更高的电压值。无论如何，这个电压差与所考虑的测试的目标无关。

图 7.65　罗马尼亚电网分为 6 个控制区

图 7.66　测试区域 6 与相邻区域的互连线及跳闸线

　　可以看到，线路故障明显降低电压，Vells2 被又影响最严重的总线电压降低到 0.9pu，图 7.67 还显示二次电压控制也在应急存在时成功地保持一个很好的电压控制。

　　此外，在 SVR 的两个控制发电机区域 6（Marisel Iernut2）有相同的无功输出（pu）。对于它们的最大能力限制，无论有或没有应急（加载在 47% 没有应急存在与 85% 有应急存在）。因此，SVR 下的发电机组与能力极限保持相同的距离（见图 7.68）。

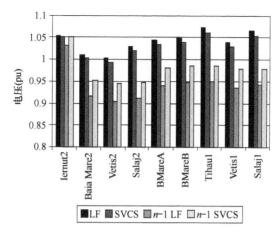

图 7.67 区域 6 有 SVR 和 SVR 的电压分布图，以及 220kV 线路中断时的电压分布图

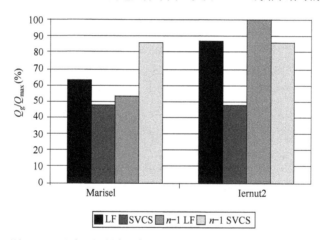

图 7.68 区域 6 控制发电机在线路事故前后的无功功率输出

此图还强调了在不同的领域 6 场景中一种非常不同的发电机表现：在基本情况下，没有二次电压控制系统（SVCS）和事故，两个发电机的无功输出已经是不平衡的，并且比二次电压调节（SVR）更高。当事故发生时，情况更糟：发电机 Iemut2 达到最大无功能力，减少了该区域的无功裕量。

在合成、二次电压调节（SVR）控制链接区域发电机无功负荷相同（标幺制下）。并在事故的情况下降低无功输出，发电机 Iemut2 会导致一个更大无功裕量（二次电压控制和事故情况下为 15%，相比 1% 时的没有二次电压调节（SVR）的情况），这是由于在该区域下更好的无功反应能力协调。

控制发电机的系统的其他方面并不会受到 220kV 线路 Floresti-Tihau 跳闸的显著影响（这些发电机的无功功率输出不明显变化）。

案例 2：发电机断电。在第二种情况下，模拟罗马尼亚电网最大发电机组（700MW）跳闸。图 7.69 显示了区域 4 最具代表性的母线（Lacu Sarat 为主导节点）的电压分布图（pu），发电机跳闸前和跳闸后的电压分布图，以及有无二次电压调节（SVR）控制的电压分布图。

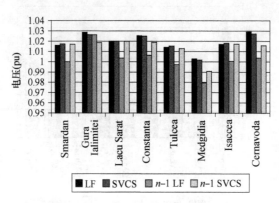

图 7.69　发电机断电时的电压分布

　　在这种情况下，二次电压调节（SVR）包含了所有总线的电压降低，相对于 *n*-1 LF 情况，因此实现了一个相对于微扰的更强大的系统。在没有二次电压控制系统（SVCS）的情况下，离有事故区域最近的总线（Medgidia，Cemavoda）比其他总线受到更大的影响，它们的电压（0.02pu）比有二次电压控制系统（SVCS）的情况更低。

　　图 7.70 显示了在事故发生之前和之后，区域 4 控制发电机的无功输出功率。被跳闸的控制发电机无功输出在 LF 情况下为 86.1Mvar，二次电压控制系统（SVCS）情况下为 97.7Mvar。没有二次电压控制系统（SVCS），我们可以看到，靠近受影响地区的发电机组（pala s，Braila）提供的无功功率比其他机组多。

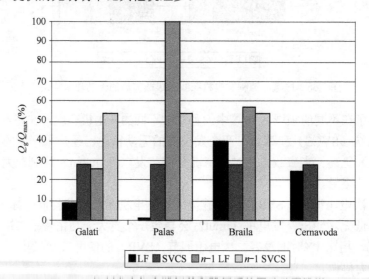

图 7.70　控制发电机在跳闸前和跳闸后的无功功率输出

　　试验结果表明，二次电压调节（SVR）在稳态条件下的重要性，但主要是在事故情况下。比较在有无二次电压调节（SVR）存在时的潮流模拟的结果，可以得出结论，二次电压调节（SVR）使受事故影响的区域以最佳电压恢复，同时在稳态条件下和暂态发生时，改善了有功功率的减少。

图 7.71 显示了在没有偶发事件的情况下二次电压调节（SVR）使损失减少 2.5%，在事故发生时使损失减少 3%。

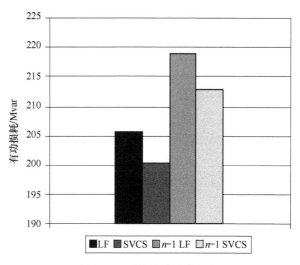

图 7.71　系统有功功率损耗

当二次电压调节（SVR）电压设定值维持在二次电压控制系统（SVCS）示例值时，可以获得更好的电压值和损耗效果。

综上所述，对罗马尼亚电力系统进行静态分析的结果表明，选择合适的试验母线和无功功率控制源对确定二次电压控制方案具有重要意义。在经过考虑的测试中，二次电压调节（SVR）（增加无功控制裕度、维持电压和减少损耗）所获得的改进是显著的，并且允许在关键的网络情况下推断出它们更明显的影响。在需要动态研究的系统稳定性和安全性增加方面，二次电压调节（SVR）的其他优势在这里没有展示。

7.6　国外电压分级控制案例

7.6.1　法国电力系统电压分级控制

7.6.1.1　概述

法国特高压电网的协调电压控制工作在三个不同的时间和空间独立的水平上。时间独立性意味着这三个控件没有显著的交互作用。如果他们这样做，振荡或不稳定的风险将会增加。

主要控制涉及保持发电机定子电压在其设定值（根据 7.3.3.1 节和 7.4.1.3 节）。这将在几秒钟内执行部分自动校正，以补偿特高压电压的快速随机变化。

二次电压调节基本上是 7.4.1.4 节中给出的电压调节，在参考原始的过时的二次电压调节（SVR）解决方案时有所不同，而在考虑较新的二次电压调节（SVR）控制系统时有所不同，称为协调二次电压调节（CSVR）。二次调节涉及到将网络分割成理论上不相互作用的区域，在这些区域内电压是单独控制的。原二次电压调节（SVR）控制系统自动调节某机组的无功功率，控制区域内某一特定点（即主导点）的电压，认为该电压对区域内所有点的电压具有代表性。最近的二次电压调节（CSVR）已经在法国西部使用，通过自动直接调整控制发电机的自动电压调节器（AVR）电压设定值来优化主导节点电压。

在最高一级，三次调节是应用于全国电压图的另一个优化函数。这包括为先导节点确定电压设定值，以实现安全经济的系统运行。三次调节仍然不是自动的，但如果是的话，它的主导时间常数大约是 20min。

当需要的无功功率较高时，需要对高压电容器进行自动控制。自动控制可以在本地根据电压标准进行——例如根据电压标准，或者集中控制。在发生事故时，局部方法可能导致对所有可用无功电源的使用不足，甚至由于功能不兼容。因此，目前研究的方向是将高压电容器控制集成到二次电压调节系统中。如 7.4.1.4 节所述，集成受以下原则支配：一旦出现需要增加无功功率的情况，便会优先切换电容器。这样，可以将大量无功功率维持在发电机水平，一旦发生事故，该储备立即可用。电容器从最低电压水平开始逐步接通。在法国，二次电压调节在 1979 年开始广泛实施[20]。

目前，法国的输电网络包括约 35 个控制区，其中包括约 100 台热力发电机（常规燃料和核能）和 150 台水力发电机。可用于执行电压控制的总无功功率容量估计超过 30 000Mvar。

7.6.1.2 二次电压初始调节

原有的二次调压系统通过分配各调压发电机的无功功率来调节各区域的电压分布。控制系统（另见第 7.4.1.4 节）在调节发电机的主回路（AVR）上叠加两个不同的调节回路（见图 7.72）。根据主导节点设定值与给定时刻有效测量电压的差值，用比例积分法计算控制信号 N，也称为区域电平。该电平表示区域无功功率要求：

$$N = \alpha \int_0^t \frac{V_{\mathrm{pp,sp}} - V_{\mathrm{pp}}}{V_{\mathrm{n}}} \mathrm{d}t + \beta \frac{V_{\mathrm{pp,sp}} - V_{\mathrm{pp}}}{V_{\mathrm{n}}} \tag{7.95}$$

式中，α 和 β 是积分和比例增益；V_{pp}，$V_{\mathrm{pp,sp}}$、V_{n} 为测量值，分别为设定值和标称电压；$V_{\mathrm{s,sp}} = V_{\mathrm{s,spo}} + \Delta V_{\mathrm{s,sp}}$ 是自动电压调节器（AVR）的设定值。

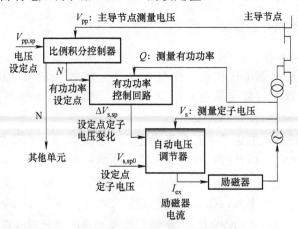

图 7.72　二次电压调节框图[19]

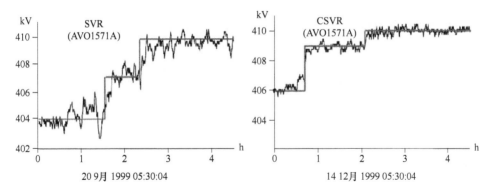

图 7.73　电压设定值和电压响应与二次电压调节（SVR）和二次电压调节（CSVR）在 EDF

这种自 1980 年代初开始使用的原始二次电压调节（SVR）控制方案证实了图 7.51 和 7.52 所示的控制方案，由于以下限制，其设计和性能无法与第 7.4.1.4 节所述的控制方案相比：

1）每个试点节点的电平由位于区域调度中心的专用微机计算。因此，每个主导节点都有一个专门的区域电压调节器（RVR）调节器设备来计算其 N 级，消除了边缘区域主导节点控件之间可能存在的动态交互。

2）动态变化非常缓慢：在图 7.73 中显示了大约 30min 的主导时间常数。就第 7.4.1.4 节所述的 3min 或 50s 而言，速度很慢。

3）由于无功功率调节器（PQR）初始化和 5min 的待机时间导致的异常瞬变，使得发电机组之间无功功率校准成为可能。

4）由于一次电压控制系统中产生的瞬变，操作人员需要在控制级采取纠正措施。

其他 SVR French 系统限制声明为结构化[19]，即使它们看起来与图 7.71 中使用控制结构时所做的选择完全相关。下文就声明的限制理由提出一些意见：

1）如果理论上独立的区域之间的耦合很容易改变，那么在已经实现的二次电压调节（SVR）之后，由于网格的开发，这证实了导频节点选择的存在的问题，并且这是一个必须解决的问题。从这个角度来看，法国系统中 35 个主导节点的选择显得非常大和关键的数量，在小的系统变化面前，区域选择的鲁棒性很容易受到影响。

2）如果二次电压调节（SVR）作为次优控制，同时需要对所涉及的机组进行无功调整，则不允许由于不同的原因对某些机组提出过多的要求。当二次电压调节（SVR）控制发生器的选择未正确完成时，该障碍主要是真实的和一致的；否则，相关机组将不会做出放弃。

3）在发生单元级的内部无功功率控制环路成为不稳定因素的情况下，在某些事件之后的前几个时刻放大初始扰动（例如，发电机退出），只有当二次电压调节（SVR）面积控制律的比例系数没有正确计算或区域电压调节器（RVR）和无功功率调节器（PQR）之间的电信延迟时，才可能发生这种情况。

其他限制为硬件和软件设计相关：

1）如果系统允许部分运行约束（例如，它不完全监控允许电压限值或发电机组运行限值），这与无功功率调节器（PQR）必须向发电厂操作员显示的综合指示以及向区域电压调节器（RVR）操作员发送的有关于发电机电压和无功功率允许限值的实时信息及其在二次电压调节（SVR）下的运行状态背道而驰。

2）如果使用固定的控制回路参数排除了运行条件的最佳容差，无功功率调节器（PQR）和区域电压调节器（RVR）自适应控制律的解一定会将其闭环动态维持在设计值。无论如何，自适应控制不是一个强制性的问题，只能是在特殊情况下的需要。

7.6.1.3 二次电压协调调节

这种新的控制系统自 1998 年以来一直在法国西部运行。由于相邻区域的控制信号不再像原二次电压调节（SVR）系统[21]那样独立计算，故称为协调二次电压调节系统。

CSVR 的设计基于类似于二次电压调节（SVR）中使用的布局，其额外目标是消除上面描述的一些实际限制。协调二次电压调节系统的基本原则仍然是在设定值上调节主导节点电压。然而，控制信号是计算一个包含多个主导节点的"区域"时，正确地考虑了单个发电机对所有主导节点的影响，类似于图 7.55 中的控制方案。第一个相关的区别是 CSVR 通过最小化一个多变量二次函数[21]直接计算发电机组一次电压控制的设定值更新。由于电子电路中的自动电压调节器（AVR）设定点存在偏移，并且相对于较大的无功功率范围，电压可控制性的范围较小（±5%），因此对自动电压调节器（AVR）设定点的这种直接控制显然在现场不如无功功率控制那么精确。在过励磁和欠励磁极限之间。因此，由于增加了发电机协调的复杂性和电厂发电机之间无功再循环的风险，电站发电机的配准就显得尤为重要。相反，通过这种方式，一方面跳过了 PI 控制律正确计算的设计问题，另一方面引入了二次控制函数中权重选择的批评意见。

通过 CSVR，通过最小化以下多变量二次函数得到发电机的设定值：

$$\min\{\lambda_v\left\|\alpha(V_{pp,sp}-V_{pp})-C_v\Delta V_{s,sp}\right\|2+\lambda_q\left\|\alpha(Q_{ref}-Q)-C_q\Delta V_{s,sp}\right\|^2$$
$$+\lambda_u\left\|\alpha(V_{s,sp}-V_s)-\Delta V_{s,sp}\right\|^2\}$$

式中，α 为控制增益；V_{pp}、$V_{pp,sp}$ 为主导节点的测量值和设定值；Q、Q_{ref} 为机组无功功率的测度值和设定值；V_s、$V_{s,sp}$ 为定子电压实测值和设定值；$\Delta V_{s,sp}$ 为定子电压变化矢量，$\Delta V_{s,sp}=V_{s,sp}-V_s$；$\lambda_v$、$\lambda_q$、$\lambda_u$ 为目标函数项的权重：主导节点电压、无功功率、发电机组定子电压；C_v 是将主导节点电压变化与定子电压变化联系起来的灵敏度矩阵（网络采用灵敏度矩阵建模，用于发电站点之间的协调）；C_q 是无功功率变化与定子电压变化相关的灵敏度矩阵。

每个计算步骤均考虑网络和单位约束，计算公式如下：

$$\left\|\Delta V_s\right\|\leqslant\Delta V_{max}$$
$$a(Q+C_q\Delta V_s)+b\Delta V_s\leqslant c$$
$$V_{pp_{min}}\leqslant V_{pp}+C_v\Delta V_s\leqslant V_{pp_{max}}$$
$$V_{ps_{min}}\leqslant V_{ps}+C_{vs}\Delta V_s\leqslant V_{ps_{max}}$$
$$V_{THT_{min}}\leqslant V_{THT}+C_v\Delta V_s\leqslant V_{THT_{max}}$$

式中，a，b 和 c 是代表发电机单元（P，Q，V）的工作图的直线的系数；这些图表取决于发电机单元输出的有功功率 V_{pp}、$V_{pp_{min}}$、V_{pp}^{max} 是试验节点的测量值、最小值和最大值；V_{ps}、$V_{ps_{min}}$、V_{ps}^{max} 是敏感点测量值、最小值和最大值；V_{THT} 为通过发电机单元超高压（EHV）输出计算出的电压。

控制系统在有限数量的网络节点（或"敏感节点"）上监控电压，这些节点上的电压必须保持在上限和下限之间，而不是像传统的主导节点那样由跟踪设定值的积分控制律控制。要最小化的控制函数显然是改善电压控制的主题：目标函数的权重可能被调整以适应不同的控制策略，优先保证主导节点在参考节点电压值（例如，高压值），或者保持无功发电接近下限，以获得无功功率的利润率。在实践中，这是一个小型设施，原因有很多：

1）通过固定的控制权重和矩阵，将积分控制替换为计算得到的最佳控制定律，以实现电压与无功功率之间的折衷，在正常和扰动的运行条件下，无法放弃全电压支持来最大程度地降低系统损耗。

2）在系统改变之前，可用的控制矩阵和权重（离线定义）无法满足新的未预测的运行条件，从而导致次优控制。为了正确地更改这些参数，必须等待状态估计更新，该更新与二次电压调节（SVR）所需的动态不兼容。

3）在无功电压控制问题中，母线电压是通过发电机无功功率控制的调节变量。主要是在意外情况后控制参数不足以适应新的运行条件时，电压和无功功率值之间没有任何形式的平衡逻辑，也有一定风险。

4）在实际运行中，法国电公司的特高压电压权重的选择高于其他两项。这证实了电压是主要的目标（见图 7.73），它们必须由无功功率控制，根据运行状态的不同，其控制量是可变的。这也证实了在 SVR 级同时控制电压和无功功率的低实用性，因为发电机的无功功率必须能够在过励磁和欠励磁极限之间自由地及时移动，主要是在控制矩阵和权重不是自适应类型的情况下。

综上所述，CSVR 的性能应该与（7.95）控制律非常相似，与 TVR（7.8.4）不同，尽管这两种优化功能的结构非常相似。这也是因为只有一个非常缓慢的动态联系允许正确计算的状态估计和完整的 CSVR 的控制参数数，这对于主导时间常数约为 10-20min 闭环 TVR 也不容易实现。因此，CSVR 应该有所不同，从只有一个权重（λ_v，合理的）到足够更快和更少批判地关联系统状态估计。

7.6.1.4　仿真性能及结果

经过 5 年在法国西部的全职运营，CSVR 获得了当地运营商的信任，并显示出许多优势，与 7.4.1.4 节给出的参考性能相当。

实验 CSVR 系统相对于法国非常慢的原始 SVR 有更好的动态响应（见图 7.73）。

故障和负载变化的电压控制。在发生故障（机组或线路跳闸）时，一次调压器有助于加强电压调节，但有时这是不够有效和充分的，因此网络仍然很弱。在 AVR 动作之后，CSVR 允许通过调动和协调无功来维护和恢复电压剖面。因此，可以帮助防止 CSVR 控制区域的电压崩溃。

图 7.74 中，机组跳闸引起的 5kV 电压下降后，CSVR 在不到 3min 内快速恢复主导节点电压。图 7.75 比较了在不改变发电机运行计划的情况下，在负荷增加非常严重的情况下

（30%/h，60 000MW 的初始负荷），仅采用主控制和 CSVR 的网络的电压性能。这个例子说明了采用 CSVR 控制的网络与仅依靠 AVR 的控制方式相比，可以多加载 3000MW。

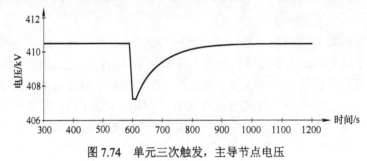

图 7.74　单元三次触发，主导节点电压

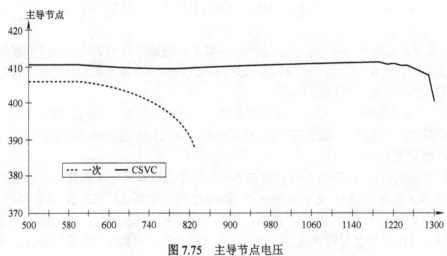

图 7.75　主导节点电压

7.6.1.5　法国电网电压分级控制的总结

即使 CSVR 二次调压系统作为克服 SVR 电平的解决方案出现（无无功控制回路，直接控制主设定值；由于没有主导节点积分控制规律，而优化了主导节点的电压和无功控制裕度），通过一个二次包括三次电压控制将第二级和第三级级数合并在一起的误导，在实践中是个正确的。控制动力学要求 CSVR 实现一个真正的二次电压控制回路施加到优化函数中正确仅参考主导节点电压（如图 7.74 所示）。若加入最优控制裕度目标，则需要根据电网实际运行情况不断更新控制权重和矩阵。如果不等待状态估计更新，就无法实现这一点。这主要是在主导节点数量较多、第三节点限制较窄的情况下得出的不可避免的结论。此外，由于电压和控制裕度的优化需要对整个网络进行计算，而不是对每个区域单独进行计算，因此可以确定该任务适合十 TVR 级。

7.6.2　意大利电网电压分级控制系统

7.6.2.1　概述

意大利协调电压控制系统的特点是采用分层控制结构（见图 7.55），每一电平产生内部控制电平的参考设定值[16,17]。

根据 7.4.1.4 节的参考说明：

1）一次包括已经在电厂运行的经典 AVR 机组。

2）二次包括电站电压和无功稳压器（REPORT，图中为 PQR），可作为"高级高压稳压器"自主运行，也可以 RVR 控制下协同运行，实现 SVR。

3）第三层控制包括了集中式三次电压调节（TVR），实时更新所有的主导节点电压值（二次电压调节（SVR）设定值），其值由一个代表安全与经济之间折衷的目标函数最优化解所确定（7.4.1.5 节）。

上述的三个分层是实时的，需要明确定义设计的重叠闭环控制以及动力学和稳定性的研究。

通过对试点节点和控制电厂的选择研究，将意大利电力系统（峰值 55 000MW）划分为 18 个控制区。这项计划涉及与 400kV 和 230kV 电网相连的最大的热电厂和水电站，其总无功容量约为 20 000Mvar。图 7.76 显示了意大利网络区域的划分，指出了根据二次电压调节（SVR）应用计划的主导节点和相应的控制电厂。

图 7.76　分层二次电压调节（SVR）在意大利网络中的应用

意大利分层电压控制系统（见图 7.77）通过实时控制主要影响主高压母线（主导母线）的无功来源，对主高压母线（主导母线）的电压进行闭环调节。通过对主发电机（控制装置）的快速控制，由同一控制区域内的无功电平进行协调，只有在需要时才自动强制达到其极限，从而使输电网络运行非常接近最高电压极限。区域电压调节器关闭主导节点电压的控制回路，为每个区域提供一个特定的无功功率等级，控制当地发电厂的电压和 REPORT。反过来，REPORT 会关闭发电厂机组的无功控制回路，直接作用于发电机自动电压调节器（AVR）的设定值。区域电压调节器（RVR）还控制电容器组、并联电抗器、有载分接开关（OLTC）和 SVC，以避免区域发电机饱和。自动电压调节器（AVR）快速控制简称 PVR。REPORT 和区域电压调节器（RVR）的结合实现了二次电压调节（SVR）。在最高的分层控制级别，第三层的电压调节器在实时闭环中协调 AVR。在实际现场测量的基础上，通过缓慢的区域电压调节器（RVR）设定值校正，建立起电流主导节点电压，使系统时刻处于控制状态，使电网的运行损耗最小。为了进一步实现这一目标，采用最优无功潮流（ORPF）进行损耗最小化控制（LMC），从预测/电流状态估计开始，以短时间（提前一天）或非常短的时间（提前几分钟）计算预测的最优电压和无功电平。因此，三次电压调节（TVR）最小化了实际现场测量值与最优预测参考值之间的差异。这个计算得到的"折衷"代表了任意时刻的最大可维持电压方案。三次电压调节（TVR）和 LMC 的结合构成了国家电压调节器（NVR），将 ORPF 预测与二次电压调节（SVR）设定点的实时优化联系起来。

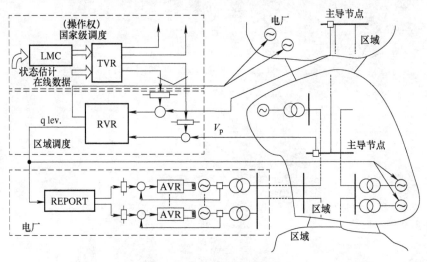

图 7.77　电压控制系统原理图

分层电压控制系统根据其实施进度、维护干预和暂态或持久故障情况，有不同的运行模式：

1）在没有工厂通信或区域电压调节器（RVR）不运行的情况下，根据规定的每日趋势或工厂运营商与区域调度员电话约定的电压设定值，报告自动调节当地特高压母线电压（高侧电压调节）。

2）无输电系统运营商（TSO）电信或三次电压调节（TVR）不运行时，区域电压调节器（RVR）根据存储的日趋势或区域调度员的选择，自主调节控制区主导节点电压。

3）当 LMC 不运行时，三次电压调节（TVR）自主协调 RVR，假设作为优化导频节点电压和无功裕度的参考，可用的长期预测优化方案或国家控制中心操作员手册参考。

意大利输电系统运营商（TSO）在电压控制业务的框架内，完成了所有主要发电厂的报告装置的应用，以及区域调度员控制室的区域电压调节器（RVR）的应用，可以定义与运行有关的适当的电压服务规则。

7.6.2.2 改善电力系统运行

1. 电压控制系统动态

下面给出了在调试过程中记录的二次电压调节（SVR）不同现场控制回路动态的一些例子。在"La Casella"电站，报告控制重接 3 号和 4 号机组的无功控制回路。这些控制回路在其无功设定值时变前进行测试。无功功率 q 级的阶跃变化如图 7.78 所示，单位无功功率和电压的瞬变，主导时间常数约为 5s。

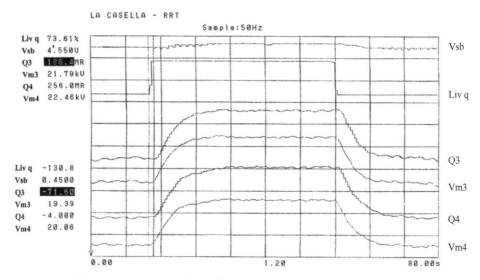

图 7.78 发电机无功功率控制回路随无功电平的升/降变化的瞬态

在"Baggio"主导节点上，下图为 Milan 调度员控制室区域电压调节器（RVR）远程控制确定的日记录电压分布图。现场试验（见图 7.79）为全天恒压设定值（水平段）：未优化电压趋势。这个设定值的选择需要一个"复合"的主导节点电压控制回路，当控制工作量很大时（围绕恒定设定值的顶部轨迹），允许与设定值有差异。区域电压调节器（RVR）控制输出 q（底部趋势）表示 Baggio 区域控制效果。

图 7.80 为控制 Baggio 电压的三个电站对应的无功功率产生。它们显示出与 q 的一致性。在一天的前 6 个小时内，欠励磁的控制作用更大。

二次电压调节（SVR）电压控制回路的动态主导时间常数为 50s，其动态响应太快，无法从这些日常轨迹中识别出来。

2. 增大电压稳定裕度

静态和动态分析表明，二次电压调节（SVR）和三次电压调节（TVR）提高了传动系统的整体承载能力。该研究案例的结果如图 7.81 所示，涉及罗马控制区的一些母线符合率增加。在此基础上，可以将仅使用二次电压调节（SVR）和使用三次电压调节（TVR）的系统动态模型的仿真结果进行比较。

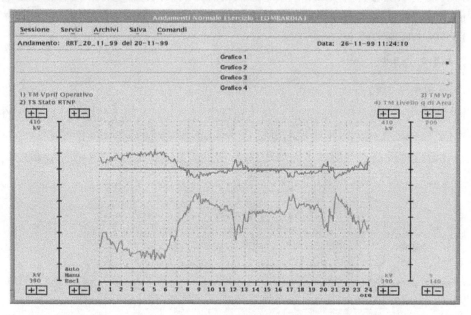

图 7.79　由 Piacenza、Turbigo、Tavazza 无功功率控制的电站运程控制 Milan RVR 的 Baggio
主导节点的日电压曲线

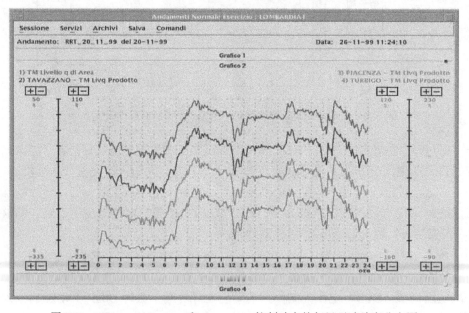

图 7.80　Piacenza、Turbigo 和 Tavazzano 控制功率的每日无功功率分布图

P-V 轨道从电压分布和负载裕度两方面都显示出预期的稳定性改善效果（"Roma Nord"
和"Roma Sud"总线分别增加了 200MW 和 300MW 的裕度）。

通过计算合适的离线和在线电压稳定指标[24,28,44]，也证明了这种增加的整体负荷能力。

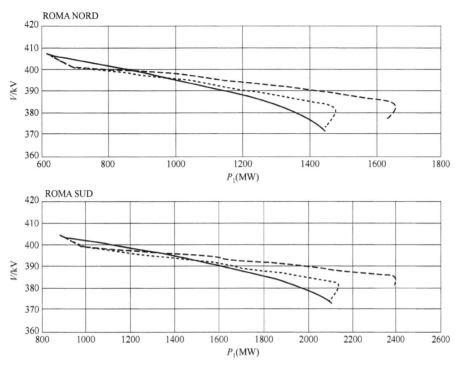

图 7.81 意大利电网负荷率稳定裕度（动态演变）：一次电压调节（连续线），二次电压调节（虚线），
二次+三次电压调节（虚线）

Milan RVR 远程控制下的站点对 Baggio 主导节点进行调节，如图 7.79 所示。

该研究案例的结果如图 7.82 所示，它涉及整个意大利网络，并涉及所有公共汽车负载坡道的增加。

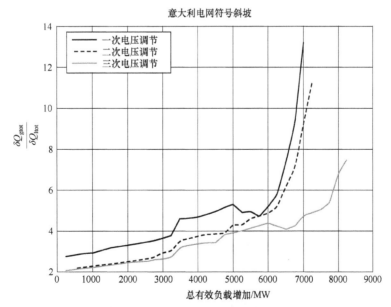

图 7.82 意大利电网负荷斜坡稳定裕度（静态评估）：aQ_{gtot}/aQ_{ctot} 电压稳定度
指标表示总无功生产相对总无功消耗的灵敏度

在这个特别的模拟中，LMC 的极短期无功重调度也被模拟了：三次电压调节（TVR）实际上使用了四种不同的最优主导节点电压和区域无功电平，在总负载每增加 2000MW 时进行计算。由于二次电压调节（SVR）和三次电压调节（TVR）的存在，意大利电网实现的最大负载裕度增量是 1500MW。

3. 减少电力网络损耗

LMC 和三次电压调节（TVR）的主要目标是在电网中实现最小损耗，通过对网络电压值（LMC）进行短期优化，以准实时更新三次电压调节（TVR）参考，不断降低系统整体运行成本。近年来对整个意大利电网进行的许多静态分析（见图 7.83）表明，采用多电平控制系统进行电网电压和无功调节（VRCS = SVR + TVR）可以减少约 4%~6% 的传输损耗。该控制系统在运行质量（1）、安全性（2）、可靠性（3）等方面也为最终用户提供了更好的服务。

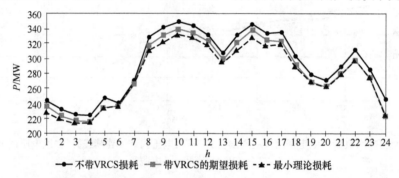

图 7.83　通过二次电压调节（SVR）和三次电压调节（TVR）意大利电网的预计损失减少

7.6.2.3　意大利电网电压分级控制总结

自 1985 年以来，分级电压控制系统已在意大利电力系统中成功运行，这有助于简化和改善网络电压运行。二次电压调节（SVR）和三次电压调节（TVR）允许电网运营商充分利用输电网络传输能力，这是重组和自由化的能源市场所要求的。

在辅助服务市场的框架下，所提出的控制系统所提供的数据还允许简单、正确地识别每台发电机对电压服务[43]的实际贡献。

意大利的经验开始于在佛罗伦萨地区和西西里岛的实验应用，这显示了巨大的好处。控制系统逐步成长，工厂先运行报告（高侧电压控制），然后区域电压调节器（RVR）参与二次电压调节（SVR），结果非常让人满意，促使 TERNA-GRTN 推广二次电压调节（SVR）的广泛应用，并开始开发 TVR-LMC[15]。

7.6.3　巴西电网电压分级控制

7.6.3.1　概述

在巴西电力系统中，目前正在研究 HVCS 的实施情况。到目前为止，对分级协调电压控制在巴西部分特高压网络的应用前景进行了初步研究。结果令人满意，并期待进一步的研究。

分析的系统为能源进口区域里约热内卢 de Janeiro（里约热内卢）电网。该地区是巴西东南部系统的一部分，夏季（1月至3月）的峰值负荷约为 5000MW。里约热内卢面积等效系统模型由 387 条交流母线、678 条交流输电线路及变压器、30 座发电厂、5 台同步补偿机组组成。图 7.84 显示通往该地区的主要交通走廊。进入里约热内卢区域的功率通过 4 条传输走廊，分别为 F1、F2、F3、F4，如图 7.84 所示。里约热内卢区域内无功支助的主要来源是 Grajau 站和 Santa Cruz 热站的 2×200Mvar 同步电容器（SC）。其他感兴趣的无功源位于里约热内卢区域周围的传输系统中：Marimbondo，Furnas，和 L.c. Barreto 发电厂，和 Ibiuna SC.里约热内卢被细分为四个子系统：Furnas（124 总线）、Light（127 总线），Cerj（57 总线）、Escela（79 总线）。

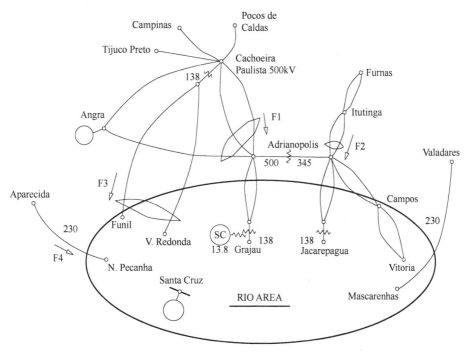

图 7.84　通往里约热内卢区域的主要输电走廊（数字表示电压水平，单位为 kV）

在二次电压控制系统（SVR）的设置中，将主导母线设定值误差发送给参与二次电压控制系统的发电机和同步电容器机组。在每个单元，误差由参与因子 K_i 加权并进行积分。集成输出信号对自动电压调节器（AVR）设定值进行调制，实现对自动电压调节器（AVR）设定值的远程调节主导母线电压。关于第 7.4.1.4 节参考资料，第一个有关的区别是跳过发电机的无功控制回路，直接计算机组一次电压控制的设定值。正如之前说的，这显然是自动电压调节器（AVR）设置点的直接控制，从工程的角度来看，比无功功率控制更不精确，因为自动电压调节器（AVR）的电压设置点偏移和小范围的可控性（±5%）相对过励磁和欠励磁之间的大的无功功率范围。因此，由于增加了发电机协调的复杂性和发电机之间无功再循环的风险，发电厂中发电机的配准在实践中更加关键。此外，发电机过励磁和欠励磁的限制也被参与因素数近似和间接地考虑，这些参与因数影响该地区控制发电机之间的动态相互作用。图 7.85 所示为内部（PVR）和外部（SVR）电压控制回路的设置；这个方案对研究有用，而在实际应用中有所欠缺。

7.6.3.2 研究仿真结果

里约地区和输电通道在模型中得到了充分的体现，电力通过该输电通道流入该地区。巴西东南部系统的其余部分采用静态等效模型。所有参与控制循环的因子被设置为 1，积分器时间常数被设置为 100s。在所有的发电机和 SC 中，自动电压调节器（AVR）的稳态增益设置为 50pu/pu。

1. 二次电压调节（SVR）阶跃响应

为了评估二次电压调节（SVR）闭环时间响应，在光子系统中增加了 5%的无功负载，其中大部分负载位于里约热内卢区域。试验总线是图 7.84 所示的 Jacarepagua 138kV 总线。参与二次电压调节（SVR）方案的电站为 Furnas，

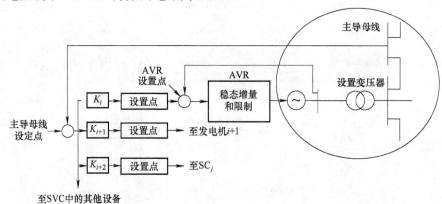

图 7.85 二次电压调节（SVR）设置在里约热内卢系统研究

Marimbondo 和 Santa Cruz，而 Grajau 和 Ibiuna 则为 SC 做出贡献。图 7.86 给出了阶跃扰动有二次电压调节（SVR）方案和无二次电压调节（SVR）方案时的电压。需要注意的是，在二次电压调节（SVR）存在的情况下，主导母线的电压恢复到初始值（应用阶跃增加之前的值），闭环时间响应过阻尼，时间常数约为 100s。

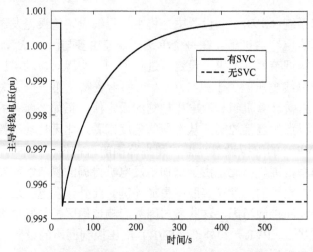

图 7.86 jarepagua 总线电压随着轻子系统的无功负载（有二次电压调节（SVR）和无二次电压调节（SVR））的增加而增加

2. 负载变化

从基准工况（重负荷工况）开始，进行负荷变化仿真，仿真结果如下：（a）0~300s：轻子系统有功和无功负荷增加 5%；（b）300~900s：在前一阶段的最后值，负载保持不变；（c）从 900~1200s：负载通过斜坡降至初始值。

负载变化如 7.87a 所示为带二次电压调节（SVR）方案和不带二次电压调节（SVR）方案的主导母线（Jacarepagua 138kV）电压，图 7.87b 仅为主导母线电压。正如预期的那样，当没有实现二次电压调节（SVR）方案时，系统电压呈上下梯形。采用所考虑的二次电压调节（SVR）控制方案，主导节点电压具有稳态误差的特点。

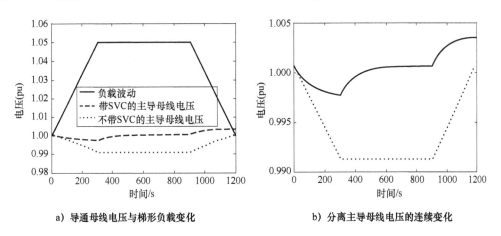

a) 导通母线电压与梯形负载变化　　　b) 分离主导母线电压的连续变化

图 7.87　梯形负载变化时导通母线电压响应

3. 单一偶然性事件

为了观察二次电压调节（SVR）在突发情况下的影响，研究了 500kV 安格拉-阿德里亚诺波利斯输电线（TL）的停电情况（见图 7.88）。先导母线上的电压在事故发生前为 1pu，事故发生后为 0.958pu。电压控制系统考虑的目标是保持主导母线电压在 0.98pu。在没有二次电压调节（SVR）系统的情况下，显然无法达到这一目标。

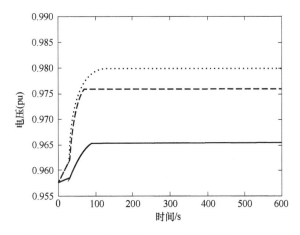

图 7.88　主导母线电压：实线（情况 a）；虚线（情况 b）；点线（情况 c）

进一步分析了三种不同数量的电压控制设备对主导母线电压进行调节的二次电压调节（SVR）方案，即参与二次电压调节（SVR）的方案：（a）只有 Jacarepagua OLTC；（b）Jacarepagua OLTC 和 Grajau SC；（c）Jacarepagua OLTC、Grajau SC 和 Santa Cruz 热电厂。

图 7.88 显示了在这三种情况下，主导总线上的电压。曲线表明，控制目标仅在第三种情况下实现。在第一和第二种情况下，控制系统的稳态误差，在前一种情况下有载分接开关（OLTC）达到其最大抽头极限，在后一种情况下 Grajau SC 达到其过励磁极限。在第三种情况下，较低的稳态误差允许实现等待的结果。使用控制方案和积分控制律可以达到更宏伟的目标（第 7.4.1.4 节）。

4. 负载轻子系统

该仿真的目的不仅是为了展示在里约热内卢区域使用二次电压调节（SVR）方案时对整个系统电压剖面的好处，而且是为了显示加载裕度的增益。负载斜坡应用于轻子系统，在恒功率因数下，负载增加 30%，增加 1000s。其余子系统的负载保持不变。只分析前面描述的第一个和第三个案例。二次电压调节（SVR）的目标是将主导母线电压调节到 1pu。

图 7.89 比较了两种情况下的主导母线电压。电压不稳定被认为发生在 800s 模拟之前。

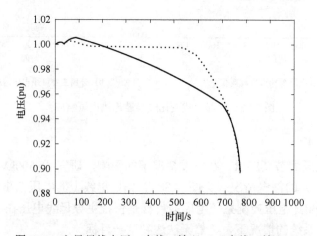

图 7.89　主导母线电压：实线（情况 a）；虚线（情况 c）

在第一种情况下（实线），电压恶化，因为系统负载。另一方面，在第三种情况下（虚线），只要存在无功发电储备，主导母线上的电压保持不变。可以注意到，当最后一种无功功率资源达到其极限时，可以观察到主导母线上的电压急剧下降。然而，在这两种情况下，二次电压调节（SVR）方案的使用并没有增加系统的最大负荷能力，因为由于二次电压调节（SVR）下的资源有限，两种电压曲线同时崩溃。

为了调查二次电压调节（SVR）的能力系统增加电力系统的最大载荷能力，另一个案例（forth-d）进行了研究：相同的设备被认为是第三例加上 Furnas Marimbondo 发电厂和 Ibiuna SC。图 7.90 和图 7.91 显示主导模拟总线电压的第一种情况（实线）和最后一个情况（虚线）。在第四种情况下，通过二次电压调节（SVR）系统，可以清楚地看到最大承载力极限的增加。

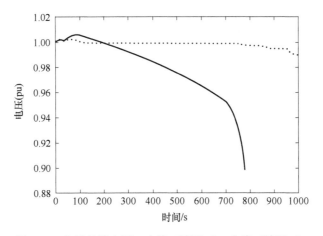

图 7.90　主导母线电压：实线（情况 a）；点线（情况 d）

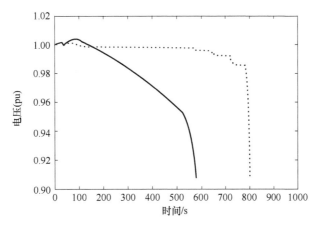

图 7.91　主导母线电压：实线（情况 a）；点线（情况 d）

7.6.3.3　巴西电网电压分级控制总结

在里约热内卢区域使用二次电压调节（SVR）的初步结果显示，在电压分布和安全性方面获得了好处。研究结果还表明，选择合适的主导母线和参与二次电压调节（SVR）方案的无功电源具有重要意义。仿真结果还表明，在较高的电压水平下进行调节可以获得更好的整体控制性能，并表明在二次电压调节（SVR）方案中加入一些远程无功电源可以控制电压分布，增加负载裕度。

参 考 文 献

[1] Concordia, C. Steady state stability of synchronous machines as affected by voltage-regulator characteristics, *Trans. Am. Inst. Electr. Eng.*, Vol. 63, No. 5, pp. 215–220, 1944.

[2] Concordia, C. *Synchronous machines: Theory and performance*, Wiley, 1951.

[3] Eremia, M., et al. (editors). *Electric power systems. Volume 1: Electric Networks*, Publishing House of the Romanian Academy, Bucharest, 2006.

[4] Marconato, R. *Electric power systems. Volume 1: Background and basic components*, 2nd edition, CEI—Italian Electrotechnical Committee, Jan. 2002.

[5] *Tap (transformer)*, Wikipedia, Online: http://en.wikipedia.org/wiki/Tap_(transformer).

[6] Easum-MR, *On-load tap changer type M – Product Manual*, Easum-MR Tap Changers (P) Ltd., India, 2006.

[7] MR, *On-load tap-changer RMV-II. Operating Instructions*, Product Manual, Maschinenfabrik Reinhausen, Germany, 2010.

[8] Vithayathil, J., et al. *Thyristor controlled voltage regulators*, Brochure CIGRE W.G. B4.35, Feb. 2004.

[9] Faester, A., Goransson, H. *Electronic tap-changers for railway power supplies*, ABB Review, April 1990.

[10] Bulac, C., Eremia, M. *Power system dynamics*, Printech Publishing House, Bucharest, 2006 (in Romanian).

[11] Calovic, M.S. *The use of under-load tap-changing transformer in voltage and VAr flow controls*, Publikacije Elektrotehnickog Fakulteta, Serija Elektroenergetika, No. 88-91, Belgrade, 1982.

[12] Taylor, C.W. *Power system voltage stability*, McGraw-Hill, 1994.

[13] Marconato, R. *Electric power systems. Volume 2: Steady-state behaviour, controls, short-circuits and protection systems*, 2nd edition, CEI—Italian Electrotechnical Committee, Jan. 2004.

[14] Miller, T.J.E. *Reactive power control in electric systems*, Wiley, 1982.

[15] Corsi, S. *The secondary voltage regulation in Italy*, Panel Session-2000 IEEE PES Summer Meeting, Seattle, Jul. 2000.

[16] Corsi, S., Pozzi, M., Sabelli, C., Serrani, A. The coordinated automatic voltage control of the Italian transmission grid, Part I: Reasons of the choice and overview of the consolidated hierarchical system, *IEEE Trans. Power Syst.*, Vol. 19, No. 4, Nov. 2004, ISSN 0885-8950.

[17] Corsi, S., Pozzi, M., Sforna, M., Dell'Olio, G. The coordinated automatic voltage control of the Italian transmission grid, Part II: Control apparatus and field performance of the consolidated hierarchical system, *IEEE Trans. Power Syst.*, Vol. 19, No. 4, Nov. 2004, ISSN 0885-8950.

[18] Corsi, S., Chinnici, R., Lena, R., Bazzi, U., et al. *General application to the main ENEL's power plants of an advanced voltage and reactive power regulator for EHV network support*, CIGRE Conference, 1998.

[19] Corsi, S., Martins, N. (Convenors). *Coordinated voltage control in transmission systems*, CIGRE Technical Brochure, Task Force 38.02.23, Jun. 2005.

[20] Paul, J.P., Leost, J.Y., Tesseron, J.M. Survey of secondary voltage control in France: Present realization and investigations, *IEEE Trans. Power Syst.*, Vol. 2, May pp. 505–511, 1987.

[21] Lefebvre, H., Fragnier, D., Boussion, J.Y., Mallet, P., Bulot, M. *Secondary coordinated voltage control system: Feedback of EdF*, Proceedings of the IEEE PES Summer Meeting, Jul. 2000.

[22] Sancha, J.L., Fernandez, J.L., Cortes, A., Abarca, J.T. Secondary voltage control: Analysis, solutions, simulation results for the Spanish transmission system, *IEEE Trans. Power Syst.*, Vol. 11, No. 2, pp. 630–638, 1996.

[23] Erbasu, A., Berizzi, A., Eremia, M., Bulac, C. *Implementation studies of secondary voltage control on the Romanian power grid*, IEEE PowerTech Conference, St. Petersburg, Russia, Jun. 27–30, 2005.

[24] Corsi, S., Cappai, G., Valadè, I. *Wide Area Voltage Protection*, CIGRE, Paper B5-208, Paris, 2006.

[25] Corsi, S. *Wide area voltage regulation & protection*, IEEE PowerTech Conference, Bucharest, Romania, Jun. 28–Jul. 2, 2009.

[26] Corsi, S., Pozzi, M. A multivariable new control solution for increased long lines voltage restoration stability during black startup, *IEEE Trans. Power Syst.*, Vol. 18, Aug. 2003.

[27] Arcidiacono, V. *Automatic voltage reactive power control in transmission system*, CIGRE-IFAC Survey Paper E, Florence, Sep. 1983.

[28] Corsi, S., Arcidiacono, V., Bazzi, U., Chinnici, R., Mocenigo, M., Moreschini, G. *The regional voltage regulator for ENEL's dispatchers*, CIGRE Conference, Paris, 1996.

[29] Lagonotte, P., Sabonnadiere, J.C., Leost, J.Y., Paul, J.P. Structural analysis of the electrical system: Application to the secondary voltage control in France, *IEEE Trans. Power Syst.*, Vol. 4, No. 2, pp. 479–486, May 1989.

[30] Piret, J.P., Antoine, J.P., Stubbe, M., et al. *The study of a centralized voltage control method applicable to the Belgian system*, CIGRE, 1992.

[31] Van Hecke, J., Janssens, N., Deude, J., Promel, F. *Coordinated voltage control experience in Belgium*, CIGRE Conference, Paris, 2000.

[32] Layo, L., Martin, L., Álvarez, M. *Final implementation of a multilevel strategy for voltage and reactive control in the Spanish electrical power system*, PCI Conference, Glasgow, 2000.

[33] Ilic, D.M., Liu, X., Leung, G., Athans, M., Vialas, C., Pruvot, P. *Improved secondary-new tertiary voltage control*, IEEE WM '95, NY, 1995.

[34] Taylor, C.W., Venkatasubramanian, V., Chen, Y. *Wide area stability and voltage control*, VII SEPOPE, Curitiba, Brazil, May 21–26, 2000.

[35] Taranto, G., Martins, N., Martins, A.C.B., Falcao, D.M., Dos Santos, M.G. *Benefits of applying secondary voltage control schemes to the Brazilian system*, Proceedings IEEE/PES SM, Seattle, Jul. 2000.

[36] Lemons, F.A.B., Feijo, Jr, W.L., Werberich, L.C., da Rosa, M.A. *Assessment of a transmission and distribution system under coordinated secondary voltage control*, PSCC 2002, Sevilla, Spain, 2002.

[37] Eremia, M., Petricica, D., Simon, P., Gheorghiu, D. *Some aspects of hierarchical voltage-reactive power control*, 2001 IEEE PES Summer Meeting, Vancouver, Canada, Jul. 15–19, 2001.

[38] Corsi, S., De Villiers, F., Vajeth, R. *Secondary voltage regulation applied to South Africa transmission grid*, 2010 IEEE PES General Meeting, Minneapolis, Jul. 2010.

[39] Ilea, V., Bovo, C., Merlo, M., Berizzi, A., Eremia, M. Reactive power flow optimisation in the presence of secondary voltage control, IEEE PowerTech Conference, Bucharest, Romania, Jun. 28–Jul. 2, 2009.

[40] Corsi, S., Pozzi, M., Biscaglia, V., Dell'Olio, G. *Fiscal measure of the generators support to the network voltage and frequency control in the ancillary service market environment*, CIGRE Meeting, Paris, 2002.

[41] Corsi, S., Marannino, P., Losignore, N., Moreschini, G., Piccini, G. Coordination between the reactive power scheduling and the hierarchical voltage control of the EHV ENEL system, *IEEE Trans. Power Syst.*, Vol. 10, pp. 686–694, 1995.

[42] Berizzi, A., Sardella, S., Tortello, F., Marannino, P., Pozzi, M., Dell'Olio, G. *The hierarchical voltage control to face market uncertainties*, Bulk Power Systems Dynamics and Control, IREP V Conference, Onomichi, 2001.

[43] Corsi, S., Arcidiacono, V., Cambi, M., Salvaderi, L. *Impact of the restructuring process at Enel on the network voltage control service*, IREP, Santorini, Greece, Aug. 1998.

[44] Corsi, S., Pozzi, M., Marannino, P., Zanellini, F., Merlo, M., Dell'Olio, G. *Evaluation of load margins with respect to voltage collapse in presence of secondary and tertiary voltage regulation*, Bulk Power Systems Dynamics and Control, IREP V Conference, Onomichi, 2001.

[45] Marannino, P., Zanellini, F., Berizzi, A., Medina, D., Merlo, M., Pozzi, M. *Steady state and dynamic approaches for the evaluation of the loadability margins in the presence of the secondary voltage regulation*, MedPower Conference, Athens, Nov. 4–6, 2002.

[46] Corsi, S., Pozzi, M., Bazzi, U., Mocenigo, M., Marannino, P. *A simple real-time and on-line voltage stability index under test in Italian secondary voltage regulation*, CIGRE, Paper 38-115, 2000.

[47] Eremia, M., Trecat, J., Germond, A. *Réseaux électriques. Aspects actuels*, Technical Publisher, Bucharest, 2000 (in French).

第8章

电力系统稳定性概述

SS.(Mani) Venkata, Mircea Eremia 和 Lucian Toma

8.1 简介

电力系统是人造的最大最复杂的动态系统。和其他动态系统一样,它不断受到干扰,并以振荡的形式从一个运行状态过渡到另一个。要使系统过渡到稳定状态,就必须阻尼振荡。

从 20 世纪 20 年代起,电力系统稳定性就是电力工程界关注的重点[1,2]。尽管保护与控制技术都取得了重大的进步,失稳引起的停电事故却仍有发生。为了改善控制条件和稳定性,人们将区域电网不断互联,但这也带来了新问题。电压稳定、频率稳定和区间振荡都比过去更受关注。这需要透彻理解不同类型稳定问题的机理及关联,才能设计出满意的控制器并使电力系统良好运行[3]。

8.2 电力系统稳定性分类

IEEE/CIGRE 稳定性术语和定义联合工作小组将电力系统稳定性定义为"电力系统在给定初始运行条件下,受到物理扰动后重新获得运行平衡状态,且在新状态下大部分系统变量未越限,从而保持系统完整性的能力"[3]。该定义将互联电力系统看成一个整体,本质上是把系统中各种各样的稳定问题看成一个问题,但这样无助于对稳定问题的正确理解和有效处理。此外,由于电力系统含有众多变量,呈现出高维度和复杂性,常需要对某类问题简化假设以获得满意的准确度。所以有必要对稳定问题进行合适的分类。

根据主要关注的变量(如电压、频率、功角)对电力系统稳定性进行分类是一种有效的方式。这样得到的结果文献中称为部分变元稳定[4-6]。图 8.1 基于现象动态特征,给出了电力系统稳定性问题的分类,本节后面将详述每类及其子类[3,7]。该分类法有如下考虑[3]:

1)失稳模态的物理特性,由可观测到失稳的主要系统变量表示;

2)扰动的大小,因为这会影响稳定计算和预测的方法;

3)评估稳定性所必须考虑的装置、过程和时间尺度。

另一种对稳定问题的分类是根据现象的持续时间(时域)和现象的影响因素,如表 8.1 所示。

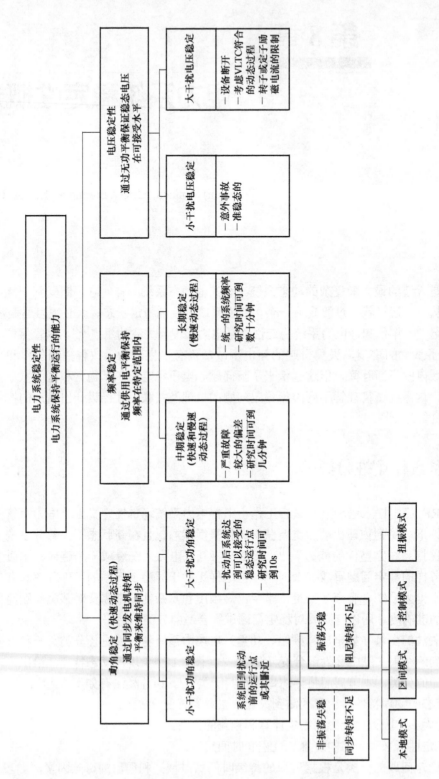

图 8.1　基于动态现象的电力系统稳定性分类（改编自参考文献[7]）

表 8.1　基于时域和影响因素的电力系统稳定性分类

时域	受发电机影响的		受负荷影响的
短期	功角稳定		小干扰电压稳定
	小干扰稳定	暂态稳定	
长期	频率稳定		大干扰电压稳定

8.2.1　功角稳定性

功角稳定性是指电力系统中的同步发电机在扰动后保持同步的能力。尽管如此还需要区分扰动的方式和大小，因为发电机只能在某些扰动下保持同步。

同步发电机转子旋转是主电机（汽轮机）施加了机械转矩。同时如第 2 章所述，转子绕组中有直流电通过会产生一个静止磁场。该磁场随转子被主电机（原动机）拖动旋转，在定子绕组上感应出交变电压。发电机并网后，定子回路中就会产生与系统频率相同的三相对称电流，该电流又会产生一个旋转磁场。此定子旋转磁场与转子磁场相互作用，会产生一个与转子旋转方向相反的电磁转矩。这样机械转矩能支持转子以期望转速旋转。稳态时，这两个方向相反的转矩相等，转速恒定，发电机达到平衡运行点。额定频率下，转速等于同步速，即最优化电机设计时的转速。因而，汽轮机施加的机械转矩大小直接与定子电流相关。定子电流的任何变化都需要机械转矩的改变。

空载时，没有功率从转子传送到定子，没有定子磁场只有转子磁场。随着负载上升，汽轮机需要施加更大的机械转矩，两个磁场间也会存在夹角。夹角有一个最大值，超过此值时发电机就会失去同步。为了确定这个最大值，假设有一台发电机内电动势（electromotive force，emf）为 $\dot{E}_g$，出口电压为 $\dot{V}_1$，并通过一条等效网络电抗为 X_{ech} 的线路连接到无穷大系统，系统侧母线电压为 $\dot{V}_2$（见图 8.2a）。

同步发电机的转子角 δ_g 又称为功角，是转子产生的电动势 $\dot{E}_g$ 和发电机出口电压 $\dot{V}_1$ 之间的夹角，能反映发电机的负荷大小。定子绕组电流越大，转子角越大，发电机负载也就越大。而开路时，转子角为零，发电机出口电压等于电动势 $\dot{E}_g$。

发电机送到无穷大系统的有功功率可简写为

$$P_e = \frac{E_g V_2}{X_g + X_{ech}} \sin\delta \tag{8.1}$$

可以看出，有功功率是电动势 $\dot{E}_g$ 和系统母线电压 $\dot{V}_2$ 之间夹角 δ 的非线性函数。如果网络拓扑变化，网络电抗 X_{ech} 就会改变。而根据所研究问题的性质，发电机内电抗 X_g 取值不同，稳态取值要比暂态时大得多（见表 2.2）。

传输功率 P_e 和相角 δ 的关系如图 8.2b 所示，开始时传输功率随相角的增加而增加。当相角达到最大值 $\pi/2$ 后，功率随相角增加而减小，这是不希望看到的。同时由式（8.1）可看出，为了保持发电机同步，网络电抗越大传输功率越小，而长距离输电或弱互联会使网络电抗很大。网络的存在使转子角 δ_g 的最大值比 $\pi/2$ 小，因为发电机出口电压和系统节点电压间还有相角差。为了保持稳定，通常限制一条线路上的相角差在 30° 内。所以，稳态时转子角的最大值是小于 $\pi/2$ 的。

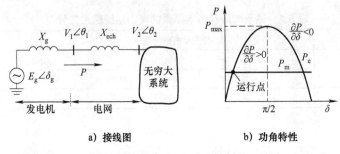

a) 接线图   b) 功角特性

图 8.2　功率传输图

图 8.2b 所示的功角特性通常用来估计静态（稳态）稳定性。静态稳定极限是曲线中的一点，在该点如果受端负荷增加 ΔP，发电机不调节励磁而增加输出就会失稳，也就是 $\partial P/\partial \delta=0$ 的点。所以，在偏导数 $\partial P/\partial \delta$ 为正时，系统是静态稳定的。

为了理解转子角 δ_g 和发电机负载的关系，我们可以将图 8.2a 所示系统的电压类比成一个机械系统（见图 8.3）[8,9]。

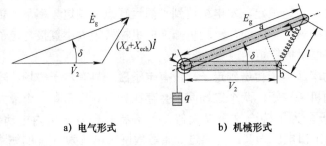

a) 电气形式   b) 机械形式

图 8.3　系统电压

该机械系统有一条固定臂代表电压 $\dot{V}_2$，另外一条移动臂代表发电机电势 $\dot{E}_g$，连接两臂末端的弹簧代表相量$(X_d+X_{ech})\dot{I}$。两条臂长代表相应电压的幅值为定值，弹簧长度为施加的张力，即电流。在臂 $\dot{E}_g$ 的固定端施加旋转转矩 $C_0=qr$，其中，重量 q 代表负荷。稳态时，力矩 C_0 与弹簧施加在臂 $\dot{E}_g$ 上的力矩 C 平衡。力矩 C 与臂长 $\dot{E}_g$、弹簧张力 f 以及移动臂和弹簧之间夹角 α 的正弦有关。而张力涉及弹簧延伸率 l 和弹性系数 $k=1/(X_d+X_{ech})$[8]。

从 b 点画垂线 ab 到移动臂 $\dot{E}_g$ 上，可得 $l\sin\alpha=V_2\sin\delta$。可见，转矩 C 与式（8.1）一致，C 和弹簧的应力都会在 δ 为 90° 达到最大值。

在平衡点，系统中每台发电机的机械转矩都等于电磁转矩。系统中的任何变化都会引起电网角频率和转子角速度的不平衡、定转子磁场的不重合以及两种转矩的不平衡。为使定转子磁场重合，发电机转速会自动变化，一些发电机更快于另一些，这样发电机的功角也会改变，而转速慢的电机会转移部分负荷给转速快的电机。据式（8.1）可知，如果相角增大到超过 90°，发电机传输功率就会减小，也就是 $\partial P/\partial \delta<0$，会引起系统不稳定。每台发电机的转速变化程度高度依赖于转子惯性和功率偏差量。发电机间功率的重新分配会引起支路潮流的改变。系统中的变化包括负荷改变、发电改变、断线引发的一台或多台发电机输送给负荷的功率越限、短路导致的较大电压变化等等。

控制系统会努力使系统恢复稳定，也就是平衡每台发电机的机械转矩和电磁转矩，以使转速和功角稳定。其中，汽轮机调速器会调整机械转矩，而电压调节器会恢复电压。这样转速、电压、潮流会按自身特性以振荡的形式，也就是机电振荡到达新的运行点。其中，转子角的第一摆，会揭示发电机是否能保持同步。

　　图 8.4 将机电振荡类比为一个机械系统现象。不同重量（类似不同的惯性常数和输出功率）的球代表发电机，弹簧代表线路把球串起来，弹簧中的连接点代表变电站。

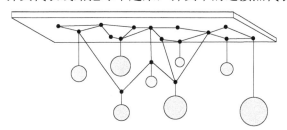

图 8.4　机电振荡的机械形式类比

　　稳态时弹簧的延伸率是恒定的。如果一个球的重量变化，弹簧的张力就会发生变化，引起振荡并扩散到其他弹簧，并影响到其他的球。这样整个互联机械系统都会振荡。一旦支撑某个球的弹簧振荡过大，就可能导致该球脱离系统而发生失稳。如此时采用阻尼措施，就可能使振荡消失和恢复系统稳定。

　　以一台发电机为例，可用图 8.5 来解释其受到扰动后恢复稳定的能力[10]。

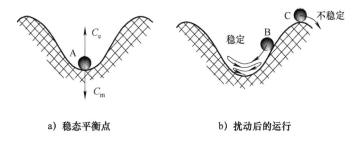

a）稳态平衡点　　　　　　　b）扰动后的运行

图 8.5　发电机状态

　　代表系统运行点的球在一个洞里，洞深表示发电机的控制能力。该球在 A 点达到平衡，原动机提供的机械转矩 C_m 等于电磁转矩 C_e。扰动可看成欲推球出洞的过程。如果扰动使球到达 B 点，发电机有能力经过振荡恢复稳定，振荡过程越快消失越好。但如果扰动使球滚到 C 点，只要再多点扰动就会推球快速出洞，发电机失稳。

　　发电机之间或发电机和负荷间由于长距离（大电抗）输电造成的弱电气联系，快速电压调节和其他控制间的不协调，都可能引发转子角振荡。在这种大型互联电力系统中，本地发电机可能会以一个整体对另一组发电机振荡。振荡如果不能很快被抑制，将会损坏发电厂和系统中的其他元件。

　　扰动后同步发电机电磁转矩的变化量由两部分组成[7]：

$$\Delta C_\mathrm{e} = C_\mathrm{S}\Delta\delta + C_\mathrm{D}\Delta\omega \tag{8-2}$$

式中，$C_\mathrm{S}\Delta\delta$ 为同步转矩分量，和转子角增量 $\Delta\delta$ 同相位；C_S 为同步转矩系数；$C_\mathrm{D}\Delta\omega$ 为阻尼

转矩分量，和转速增量 $\Delta\omega(=\mathrm{d}\delta/\mathrm{d}t)$ 同相位；C_D 为阻尼转矩系数。

系统稳定与发电机电磁转矩的这两种分量密切相关。同步转矩不足会导致非周期性或非振荡失稳，阻尼转矩不足则会引发振荡失稳。

根据参考文献[11]，当转子旋转速度偏离同步速时，作用在转轴上的同步转矩会保证发电机同步，也就是说同步转矩会使转速回到同步速。这可能是调速器、励磁或者发电机的其他内部控制的贡献。FACTS 装置等外部设备也可以改善同步转矩。

阻尼转矩相对较小是电力系统的一个特征，它主要由发电机阻尼绕组和某些种类负荷提供。阻尼能力可用 2.1 节摇摆方程的阻尼项近似。快速励磁系统虽然可以改善同步转矩，却会减小阻尼转矩甚至引起振荡失稳。这种作用被称为人工负阻尼，可通过在励磁系统附加电力系统稳定器来解决。

尽管同步发电机及其控制能在某些扰动后恢复同步速，但一些情况下还需要快速消除扰动的影响。为了分析稳定问题的本质，有必要将功角稳定性分为两类：小干扰功角稳定性和大干扰功角稳定性[7]。

8.2.1.1　小干扰（小信号）功角稳定

小干扰功角稳定是指在小干扰（如负荷和发电）的微小变化下，电力系统保持同步的能力。小干扰情况下可认为功角变化是线性的，将系统方程在平衡点线性化不会引起误差。系统扰动后的过程取决于多种因素，包括初始运行条件、传输系统强度和励磁系统特性。

当系统中出现小干扰时，可能会有两种形式的不稳定[7]（见图 8.6）：

1）同步转矩不足使得转子角持续增大；当发电机自动电压调节器维持励磁电压恒定时可能会导致非振荡失稳。

2）阻尼转矩不足使得转子角增幅振荡；当自动电压调节器连续调节励磁电压时可能会导致增幅振荡失稳。

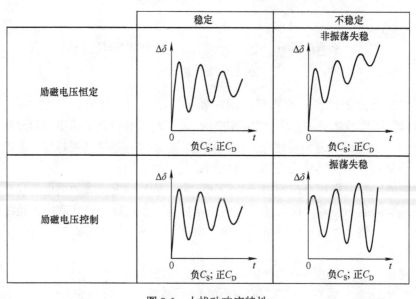

图 8.6　小扰动响应特性

根据发电机和不稳定振荡中的主要状态量，所关心有以下 4 种振荡[7]：

1）本地模式振荡是指一台发电机或一座电厂相对于系统其他部分的摇摆。振荡频率一般为 1~2Hz，与发电机特性和系统运行点有关。

2）区间模式振荡是指地理位置相近的一组发电机相对于其他发电机的摇摆。如果区间模式失稳，一组发电机均会失去同步，继电保护动作断开连接线后部分电网可能孤岛运行。该模式的振荡频率一般在 0.1~1Hz。

3）控制模式振荡是由于励磁、调速器、HVDC 和 SVC 等控制器未调整好。

4）扭振模式是指由于汽轮机或电网的变化，激发汽轮发电机组转子不同段间的扭振。转轴上相反方向的转矩会造成轴的扭曲，可能引起轴的损坏或汽轮机叶片断裂，这尤其会发生在火电厂低压缸上。扭振和扰动特征如周期、频率和幅值有关，电网侧可能的扰动包括网络连接方式的变化、负荷的较大突变，如电弧炉和电动机的起动等。有种特殊的扭振称为次同步谐振，是指串补与邻近电厂轴系间的相互作用[12]。扭振模式的不稳定也可由与励磁控制、调速器相互作用而产生。

8.2.1.2 大干扰功角稳定性

大干扰功角稳定又称暂态稳定，是指严重扰动下电力系统或发电机维持同步的能力。所产生的系统响应包括发电机转子角的大偏移并受非线性功角关系的影响。此时系统方程不能像小扰动时线性化，而要用数学积分法来分析转子角变化。大干扰可以是输电线路短路、失去大容量发电厂或大负荷。暂态稳定不仅取决于系统初始运行状态，还和扰动严重程度有关。最严重的扰动包括网络拓扑的变化，例如，为消除短路而断开系统受影响的部分。

如果短路发生在离发电机较近的线路上，发电机端电压会显著下降，输电能力也会下降。这可通过在扰动发生后的较短时间内，快速响应和高顶值电压的励磁系统强励来提升，以维持发电机的稳定。同时，需要首先快速切除线路来消除短路。如果故障清除后发电机"存活"并进入振荡，该振荡也需要被快速阻尼。此时的阻尼和系统小干扰特性有关。因为自动控制和保护装置会重联故障线路并恢复初始运行状态，如果振荡未被阻尼，快速重合闸会引起更大的振荡并带给发电机轴更大的应力。

图 8.7 绘出了同步发电机转子角在稳定和不稳定时的行为（更多细节见第 10 章）。情况 1 中功角的振荡被阻尼（幅值不断减小）并稳定于一个常数值。情况 2 和情况 3 下转子角幅值都不断增大，发电机失去同步。情况 2 中是第一摆就失去了同步，这是由于同步转矩不足引起的第一摆失稳。情况 3 中发电机在第一摆仍然是同步的，但振荡幅值不断增大并在多摆后失步。这种形式的不稳定一般是因为发电机不满足"小干扰稳定"，即由于阻尼和/或同步转矩的不足以及控制的冲突，即使及时采取了合适的动作清除，故障也可能发生。

大干扰稳定中感兴趣的研究时段是 3~5s，对含有发电机组间距离远联系弱的大系统可延长到 10s。

8.2.2 电压稳定性

电压稳定是指电力系统在正常运行和遭受扰动后维持所有母线电压均在可接受范围内的能力。当负荷供需不平衡，主要是无功不平衡时，会导致电压失稳[7,13-18]。这可能有两种原因：一种是因为负荷需求的突然变化，例如某地失去负荷；另一种是受到负荷供应能力的约束，例如一条线路跳开。电压失稳首先是种局部现象。如果没有适时采取合适的措施，系统电压就会持续恶化并扩大影响范围。切负荷、调整变压器分接头、发电机强励等都能帮助电压恢复。但如果电压恢复时发生故障，将会导致危险的低电压乃至电压崩溃和系统大停电。

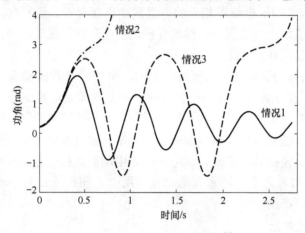

图 8.7　功角对大干扰的响应[7]

最有效的控制电压方式是给予无功支撑。电压稳定的条件是增加某节点无功注入，该节点电压上升。换句话说，如果所有节点的 $V\text{-}Q$ 灵敏度为正，就认为系统电压稳定。只要有一个节点的 $V\text{-}Q$ 灵敏度小于零，电压就会失稳[19]（亦可见 11.3.2 节）。

为了解释电压失稳现象，假设有一简单电力系统，等效阻抗 $\dot{Z}_c$ 表示负荷中心，通过等效阻抗 $\dot{Z}$ 代表的线路和变压器，与 $\dot{E}$ 来表示的电压源相连，如图 8.8b 所示。

分别用 β 和 φ 来表示传输阻抗 $\dot{Z}$ 和负荷阻抗 $\dot{Z}_c$ 的相角，那么线路电流 $\dot{I}$ 的幅值就可以写成：

$$I = \frac{I_{sc}}{\sqrt{1 + 2(Z_c / Z)\cos(\beta - \varphi) + (Z_c / Z)^2}} \tag{8.3}$$

式中，$I_{sc} = E/V = V_1/Z$ 为负荷节点短路时的电流幅值。

负荷节点电压幅值和输入有功功率可表示为

$$V_2 = \left| \dot{Z}_c \dot{I} \right| = \frac{I_{sc} Z_c}{\sqrt{1 + 2(Z_c / Z)\cos(\beta - \varphi) + (Z_c / Z)^2}} \tag{8.4}$$

$$P_2 = V_2 I \cos\varphi = \frac{I_{sc}^2 Z_c}{1 + 2(Z_c / Z)\cos(\beta - \varphi) + (Z_c / Z)^2} \cos\varphi \tag{8.5}$$

图 8.8c 分别画出了标幺化后的 P_2、V_2、I 随 Z/Z_c 变化的情况。

没有负荷（$Z_c = \infty$）时线路电流为零，负荷节点电压就是电源电压 E。当负荷阻抗降低时，负荷电流渐渐向 I_{SC} 上升，等效阻抗 Z 的压降使得负荷节点电压 V_2 下降。

分析图 8.8c 所示的曲线可知：

① 当 $Z_c > Z$ 时，主要是负荷电流的增加，这样负荷节点的输入有功功率 P_2 增加；

② 当 $Z_c < Z$ 时，电压下降加快占主导，传输损耗增加，输送到负荷节点的有功功率 P_2 减少；

③ 当负荷阻抗等于线路阻抗（$Z_c=Z$）时，输入功率达到最大值（C 点）。

为求出最大传输功率，将 $Z_c=Z$ 和 $I_{SC}=V_1/Z$ 代入式（8.5）

$$P_{2\max} = \frac{V_1^2 \cos\varphi}{2Z[1+\cos(\beta-\varphi)]} = \frac{V_1^2 \cos\varphi}{4Z\cos^2(\beta-\varphi)/2} \tag{8.6}$$

并可得到负荷节点的临界电压为

$$V_{2cr} = \frac{I_{SC}Z}{\sqrt{2[1+\cos(\beta-\varphi)]}} = \frac{V_1}{2\cos(\beta-\varphi)/2} \tag{8.7}$$

运行点 C 时有 V_{2cr} 和 $P_{2\max}$ 称为临界点（见图 8.8c）。该点达到理论上的最大传输功率，即"当恒压源阻抗等于负荷阻抗时，负荷通过偶极从电源获得功率"。

最大传输功率意味着正常运行极限，正常运行范围在该点的左边，如图 8.8c 所示。

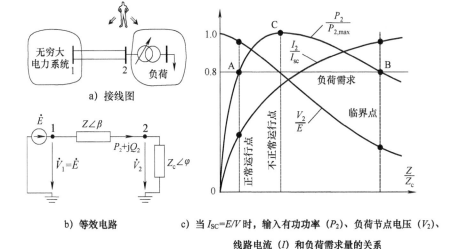

a）接线图

b）等效电路　　　c）当 $I_{SC}=E/V$ 时，输入有功功率（P_2）、负荷节点电压（V_2）、

线路电流（I）和负荷需求量的关系

图 8.8　简单放射状电力系统特性

当传输功率小于此最大值时（例如，$P_2=0.8\text{pu}<P_{2\max}$），那么有两个可能的运行点 A 和 B，分别对应两个不同的负荷阻抗：

① A 点位于临界点的左边，有着小电流和高电压，是系统的正常运行点；

② B 点位于临界点右边，是一个异常运行点，有着大电流和低电压，传输损耗大。在这种情况下，当 OLTC 想提供更多功率给负荷恢复正常电压水平时，从网络看进去的阻抗会减小，要求进一步增加电流，导致电压水平再次降低。所以 B 点是一个不稳定运行点。

从式（8.4）和式（8.5）可看出，负荷功率因数对系统功率–电压特性有着重要的影响。这是因为线路压降是输送有功功率和无功功率的函数。电压稳定实际上就取决于 P、Q 和 V 的关系。其中特别感兴趣的是 P_2 和 V_2 的关系（见图 11.4）。正常运行对应特性曲线的上部，异常运行对应曲线的下部。不同负荷功率因数和不同电压源电压 E 下的 $V\text{-}I$ 特性见第 11 章。

以上对简单电力系统的分析提供了电压稳定问题的基本概述。但在实际大系统中，电压稳定取决于能影响电压的所有因素，包括网络拓扑及参数、负荷种类、线路负荷水平和无功补偿装置特性。

通过扰动严重性来对电压稳定问题进行分类，有助于正确理解和分析电力系统的电压变化[41]。所以，可以简单地将电压稳定分为大干扰电压稳定和小干扰电压稳定。

大干扰电压稳定是指电力系统在诸如系统故障或断开线路、发电机、同步发电机等大干扰下，能够维持电压在可接受范围内的能力。大干扰后的电压恢复过程取决于负荷和电网特性，以及各种保护和控制动作，一般需要通过几秒到几十分钟的仿真来进行数学分析[21]。

小干扰电压稳定是指出现主要是负荷需求递增变化的小干扰时，电力系统控制电压的能力。小干扰下的过程一般比较缓慢，可认为和稳态运行条件相关。所以使用静态分析方法（如稳态潮流等），就能获得较高精度的稳定裕度和系统电压强度指标。扰动后的运行点取决于负荷特性和所分析时刻的控制动作[22]。

从扰动的严重性和电力系统运行点来看，需要从不同时间尺度上对电压稳定进行评估。所以，电压稳定问题也可以如下分类：

① 短期电压稳定分析干扰发生后的短时期内，系统中主要是一些能够快速恢复的负荷元件（例如，感应电动机特别是居民空调和热泵）的动态特性。此时系统可能会因为扰动比较严重或离散控制太慢而失稳。研究短期电压稳定感兴趣的时间段是数秒，一般用系统微分方程组分析。

② 长期电压稳定涉及慢速动作装置，如负荷附近变压器的分接头（几十秒）、发电机过励限制器（几分钟）[23-25]。长期电压失稳可能由受控负荷（例如，自动调温控制的热负荷等恒能量负荷）引起，形式包括失去长期运行平衡点、扰动后稳态运行点小干扰不稳定或者无法收敛到稳定平衡点[17,18]。在很多情况下，静态方法[19,24,26,27]可以用于估计稳定裕度、分析影响因素和筛选系统参数范围和运行场景。当控制动作时刻对其有重要影响时，还必须补充准稳态时域仿真[17,23]。

在线路过载等扰动发生后，线路向负荷输送无功功率的能力就会降低，可能发生电压稳定问题。假设有一简单电力系统，电源通过放射状网络向负荷中心供电，并且供电网络的电压动态快于负荷中心的整体动态。这样可以用三条不同的准稳态 V-Q 特性曲线来表征电网扰动的三个状态：扰动前、扰动后以及有无功功率支撑扰动后（见图8.9）。

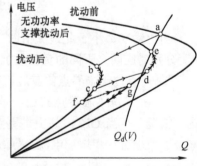

图 8.9　V-Q 平面上的电压动态[20]

正常运行时，"负荷-电网"系统运行在 a 点，该点是扰动前 V-Q 特性曲线和稳态负荷特性 $Q_d(V)$ 的交点。假设网络有扰动（比如线路过载）降低了无功功率供给能力，系统将形成新的扰动后 V-Q 特性曲线，运行点也移动到曲线上的 h 点。此时负荷中心会立刻产生响应，以自身的暂态特性努力满足无功功率需求，即降低电压。负荷动态用通用模型表示[20]：

$$T_q \frac{dy}{dt} = Q_s(V) - Q_d(V) \qquad (8.8)$$

式中，T_q 为负荷时间常数；y 为状态变量。负荷需求可以表示为

$$Q_d(V) = yQ_t(V) = yV^\beta$$

式中，$Q_t(V)=V^\beta$，为负荷暂态特性。

无功功率需求的增长可用状态变量 y 的增长来表示。负荷用阻抗来建模时 $\beta=2$，用电流来建模时 $\beta=1$。

因为 b 点电压低于额定值，任何无功功率需求的增长均可通过增加电流来实现，但随之会在网络阻抗上引起更大的压降。只要网络无功功率供应 $Q_s(V)$ 比无功功率需求 $Q_d(V)$ 小，电压就会持续下降，运行点也会从 b 点移到 c 点甚至是 f 点。

当负荷点有本地无功功率源或者远方无功功率支撑来提升电压，系统就会形成新的有无功功率支撑扰动后特性。如果无功功率支撑及时，运行点就会从 c 点移动到无功功率支撑扰动后曲线的 d 点。d 点的无功功率供应 $Q_s(V)$ 要大于负荷需求 $Q_d(V)$，电压会上升到平衡点 e，此时新系统特性曲线与无功功率需求曲线相交。尽管如此，如果无功功率支撑有较大延时（响应缓慢），系统已运行到扰动后曲线的 f 点。即使无功功率支撑动作，系统也会移动到 g 点并最终电压崩溃。

8.2.3　频率稳定性

频率稳定是指电力系统受到严重扰动以致发电和负荷出现不平衡时，维持稳态频率的能力[3]。

发电和负荷的任何不平衡都会使频率偏离额定值，由于 $\omega=2\pi f$ 也会改变电网角频率。因为系统频率和角频率是全局量，所以任何供受不平衡都会影响系统中所有的同步发电机运行。角频率的改变会引起电磁转矩的变化，并导致同步发电机电磁转矩和机械转矩不平衡。角频率变化量可表示为 $\Delta\omega=\Delta P/2H_{sys}$，其中，$\Delta P$ 是有功不平衡量，H_{sys} 是系统惯性时间常数，等于所有汽轮发电机的惯性常数之和，而发电机的惯性常数是指发电机阻碍转速变化的能力。对于很多同步发电机互联的大型电力系统（比如 UCTE）来说，系统的旋转惯性非常大。所以大幅度的角频率变化需要严重的有功不平衡。不过角频率不仅与电力系统规模相关，还受到扰动严重程度的影响。故独立电力系统在失去大容量发电机组时，更容易发生频率稳定问题[28]。

电力系统中已设计好对频率的自动和手动控制。如第 6 章所述，欧洲对频率控制分三次调节。一次和二次调频是自动进行的，对于频率变化的响应非常迅速。三次调频是由调度中心对系统有功备用的手动分配。一次调频在扰动发生后的第一秒就开始动作，而二次调频会自动平衡发电和负荷以使系统频率回到预定的范围。三次调频是重新分配二次备用，以维持足够的自动调节有功备用来预防随时可能发生的功率不平衡和频率偏差。

全国性的电网标准一般要求电力系统要有合适的有功备用，以满足系统失去最大电厂或最大负荷中心时的向上和向下调节需要。通常相邻电力系统也能够帮助恢复发电和负荷的平衡。尽管如此，系统故障仍会影响电网完整性并带来危险。一条线路或一台发电机断开可能会造成其他支路过载，减弱一些电力走廊的传输能力，长时间下去就可能引发严重的电力供需不平衡。2003 年的意大利大停电[29]和 2006 年的 UCTE 电网解列[30]，最初就是因为一条线路的断线而引发了频率问题。

严重的系统扰动会造成频率的较大偏移，也会引起系统潮流变化、电压剧烈波动以及其他变量的显著变化。电压变化的百分比一般要比频率的大，且会影响负荷和发电的平衡。高电压时，可能会由于励磁保护和电压/频率保护的不合理设计或缺乏协调而引发切机事故。而在过载系统中，低电压会引起阻抗保护的不正确动作。所以说频率失稳不是一个孤立的现象。

传统的暂态稳定或电压稳定研究中，并没有对调频的过程、控制和保护建模。这些过程可能非常缓慢，如锅炉动态特性，或仅在极端情况下才被触发，如电压/频率保护切除发电机[3]。

如果同步发电机组不能维持或恢复系统供需之间的平衡，就会产生较大的频率偏移，从而诱发持续频率摇摆形式的不稳定，并导致发电机和负荷的切除。因而，有必要及时采取措施来最小化可中断负荷量。

水轮发电机组几乎不受频率下降的影响，即使下降幅度超过 10%。但火力发电厂对频率下降非常敏感，即使只下降 5%。这是因为辅助设备，如锅炉给水泵、制粉机、给粉机以及引风机等都是由电机驱动的，都与频率高度相关。系统频率的小幅下降均会引起辅助设备输入功率的大幅降低；这样输入汽轮机的能量就会降低，进而影响发电机的输出。而发电机输出下降又会进一步拉低系统的频率，陷入恶性循环。除此之外，低频率运行还会损害汽轮机。

在大型互联系统中，功率的大幅不平衡会弱化发电机间的耦合，不同的发电机群会运行在不同的频率从而导致电网解列成孤岛。在这种情况下，需要研究孤岛的频率是否都能最终达到稳定，而这取决于控制和保护装置的共同作用。为了防止孤岛频率崩溃，一般采用低频减载保护来维持发电和负荷平衡。

系统频率偏移的演化过程可短至数秒，对应发电机控制和保护装置的响应以及低频减载保护，长至数分钟，如原动机的反应时间或负荷调压器[3]。尽管如此，电力系统规模仍是频率何时失稳的决定因素。所以图 8.1 中认为电力系统频率稳定是个中长期现象或长期现象。电网解列后形成的孤岛中缺乏电源和不合理控制会引起中长期频率失稳和崩溃[31]。而当汽轮机超速控制或者锅炉/反应堆的保护和控制受到破坏时[32,33]，会诱发长期频率失稳乃至系统崩溃[32,33]。

8.3 电压稳定性和功角稳定性的关系

电压失稳往往不是单独发生的，而是和功角失稳"手牵手"出现。两者互相影响很难区分，可能还伴随着频率失稳。尽管如此，明晰功角稳定和电压稳定的差异有助于理解失稳的根本原因，以制定合适的设计和调度规程。

对比负荷中心的电压稳定极限图和发电厂功角稳定图，能够获得更多的信息。图 8.10给出了电压稳定的最低电压标准（见图 8.10a）和大扰动功角稳定等面积法（见图 8.10b）的关系。

等面积法可以解释发电过度和故障临界切除时间（第 10 章），而最低电压标准处理过量电力需求和临界无功支撑（第 11 章）[20]。发电过度会使发电机转子加速，导致功角失稳最终失去同步；而电力需求过多会造成严重的电压下降和负荷降低，最终导致电压崩溃。

图 8.10b 阴影所示的是减速面积（A_{dec}），代表了发电机在大扰动后可用于恢复稳定的能量，并能用等面积法计算出来。图 8.10a 中的阴影，理论上代表了电力系统电压不失稳需要的立即可用的最小能量。但此时很难精确估计能量的大小。

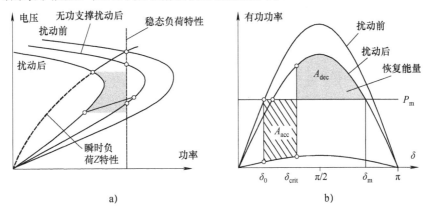

a)　　　　　　　　　　b)

图 8.10　电压稳定和功角稳定的关系

8.4　安全对电力系统稳定的重要性

电力系统调度人员需要估计系统的运行状态，以采取合适的措施保证各项电气量在可接受范围内。此外，还需要分析系统在各种工况下的行为来帮助设计控制。

电力系统可以被看成一个和消费者接口有着明确功能的"黑箱"。该功能就是确保系统在任何运行条件下都能持续地向消费者提供电能。为了实现这一功能，必须把电力系统设计成能承受任何扰动，例如，线路跳闸引起的短路、任意未故障的元件跳开等。

由于理论上的可能事件是无穷的，所以把电力系统设计成能承受所有可能的事件或其集合是不可能的。实际中，是先用一个或多个指标来估计所有可能事件下的电力系统状态，然后根据事件的各项指标值来降序排列。指标会对违反线路传输容量限制、电压限制、稳定限制等情况做出惩罚。对电力系统无法承受的扰动，需要设计相应的预防方案或抑制措施。一般是从列表中最危险的扰动开始对所有扰动做预防方案。

电力系统的可靠性是指在正常或者扰动情况下，系统均能以可接受的电能质量标准持续向任何消费者输送其所需电能的能力。可靠性可用频率、持续时间和对用户服务产生负面影响的程度来衡量[34]。

安全性是用来衡量电力系统能否承受扰动。电力系统安全性可定义为系统承受任何扰动而不中断电力供应的能力。如果电力系统始终是安全的，那么系统肯定是可靠的。安全性也和鲁棒性相关，因为鲁棒性反映了电力系统在扰动下的性质。

电力系统安全性包括物理安全性和网络安全性。物理安全性涉及系统完整性，以及无论电网一次和二次回路还是发电机和负荷均运行在正常参数范围内。网络系统性由安装在控制中心、电厂、变电站等的计算机、通信设备和数字控制装置构成，是电力系统的中枢。网络系统的正常运行保障着电力系统的网络安全性[35]。

基于网络基础设备的 TCR/IP（传输控制协议/因特网互联协议）在近十年得到了显著的发展和广泛的应用。目前，电力系统中进行数据采集和传输、监视和控制的主要设备 SCADA（数据采集与监视控制系统），就是运用 TCR/IP 来实现远程访问、远程维护等的。电力市场也是基于 TCP/IP 来通信。但是，远程访问会使电力系统易受到恶意攻击，有时这种攻击会造成灾难性的后果。

8.4.1 电力系统状态

国家/地区电网标准中一般要求在断开任一元件（线路、变压器、发电机等）时，系统中各状态量仍能维持在可接受范围内。这就是众所周知的 N-1 准则。由于系统中可能发生连续中断，所以更推荐设计系统能承受双重故障，即 N-2 准则。不幸的是这样需要更大的投资，因此很多电力系统不完全满足 N-2 准则。

电力系统运行条件一直变化，系统也不断地从一个状态转移到另一个状态，图 8.11 用 S 的变化绘出了状态转移框架。从一个状态转移到另一个状态取决于可能发生的随机事件和系统调度人员的操作。**正常**状态时，所有参数都在可接受范围内，电力系统是稳定和安全的。这种状态下断开任一元件，均可能对电力系统没有任何伤害。但如果发生较大变化，如负荷大幅增加或出现极端气候条件等，就使系统可能失去另一元件而进入**警戒**状态。图 8.11 也绘出了使电力系统进入不同状态的不同事件。

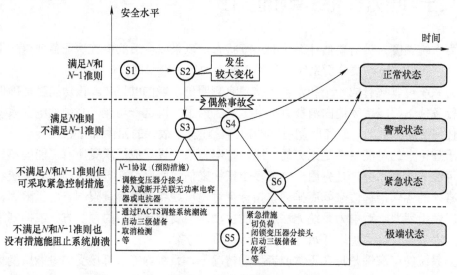

图 8.11　电力系统状态

当电力系统进入警戒状态时，应该立即采取预防措施来使其恢复正常运行。预防措施的动态特性将决定恢复过程的长短。如果在警戒状态下又发生了偶然事故，系统就可能进入**紧急**状态。此时很多母线电压越界或者支路过载，如果采取紧急控制措施，系统仍有可能回到正常状态。但如果事故非常严重，电力系统就可能失稳而进入**极端**状态。

违背运行约束并不意味着电力系统失稳，比如负荷重会使系统节点电压较低。但同时负荷需要更多的电流，这样可能造成线路过载，并最终危害电网完整性，限制输电能力并导致不稳定。

欧洲互联电网发生大型事故后[29,30]，UCTE 在 2009 年发布了新的安全运行规程[36]。该规程明确给出了任一运行条件下的电力系统调度人员职责。

8.4.2　潮流安全界限

保证电力系统的安全运行需要满足电气量容许范围的约束。其中，输电网功率传输最重要的约束有：

① 发热约束，线路中流过的电流不能超过允许值，以免线路过载而使导线升温。超过允许值会使导体扩张而向地面下垂。如果下垂过多就可能发生短路，而保护系统监测到短路后就会跳开线路。这种不在计划内的断开线路（或变压器），易引发系统中严重的潮流转移和其他支路过载等后果，进而发生连锁的大停电。

② 电压约束，电气设备是按工作在可接受电压范围内设计的。过高电压会使得绝缘闪络，而过低电压可能引起"电压崩溃"现象。除此之外，电压越限会直接影响消费者的电能质量。

③ 稳定约束，互联电力系统中由于用户或者发电厂的随机行为，会产生各种各样的电磁互作用，而引发功率、电压或频率的振荡。为了避免电力系统失稳，需要采取措施来保证足够的稳定备用。因为发电机失稳会中断电力传输，伤害其他设备和用户。

以上三种约束中的任何一个变化都会改变电网的传输容量（见图 8.12）。总输电能力（Total Transfer Capacity，TTC）表征了面对所有可能的网架、发电和负荷变化，能保证系统运行安全的两个区域或两个节点间的最大交换功率[37]。换句话说，TTC 需要满足最严重事故下的最严格约束：

TTC=最小化{发热约束，电压约束，稳定约束}

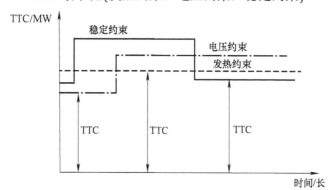

图 8.12　TTC 的限制[37,38]

系统中的变量不可尽知，三种约束也就不可能精确测定。所以系统调度人员对互联线路或输电走廊定义了安全裕度（表征未使用的能力），把尚未使用的传输能力定义为电网传输容量（Net Transfer Capacity，NTC）。

影响安全约束的因素很多，例如天气情况会决定发热约束，稳定约束会受到功率备用、调节和控制措施（PSS、AVR、"快关汽门"，调速器等）及其特性、新型设备（FACTS、HVDC 等）的作用，自动电压调节器的性能则会影响电压约束。

超出以上任一安全约束说明出现了网络阻塞并可能危害电力系统运行。但管理网络阻塞涉及的问题包括技术和经济方面。长远来看阻塞管理是一个经济问题，因为功率交换是双边合同中的内容，涉及系统中很大一部分的负荷。但从短时间或实时角度，阻塞问题是纯技术性的。

实时层面，负荷预测误差造成的计划外潮流，或者断开发电机、线路或变压器等技术原因，都可能导致网络阻塞。所以系统调度需要预测任一时刻可能出现的风险，并采取适当的措施来适应网络的变化。安全服务可以帮助调度解决这种实时问题。

8.4.3 满足电力系统安全约束的服务

电力系统中的服务可根据目的、商业形式和提供服务的实体来分类。从商业角度，电力系统服务可被分为两类：

① 系统服务是由系统调度和线路调度提供的，通过设计相应的功能和方式来监视和控制电力系统的连续运行，在满足安全约束的条件下以最低成本将电力供应给消费者。

② 辅助服务是系统调度从电网使用者、生产者和消费者获得的服务，通过执行服务功能来协调生产者向消费者传送电能。获得这种服务一般要通过特殊的竞价市场，并且要向供应商提供报酬。

换句话说，电力系统服务是控制电网参数的功能或服务。以下我们将集中讨论商业合同形式的服务，即辅助服务。

从控制电气参数的角度，定义如下商业服务：

① 频率控制；

② 电压控制；

③ 有功损耗补偿；

④ 如果发生大停电时的黑启动能力。

系统调度基于仿真进行短期、中期和长期研究，来实现特定的功能执行这些服务，并保证电力系统稳定性。尽管这些研究被分类为系统服务，但必须要注意其对系统安全的重要性。

欧洲的 UCTE、北美互联系统或者世界其他地方的互联系统均是大型同步系统，系统中不同的控制区域间，执行这 4 种辅助服务的方式多少会有差异。有必要执行何种具体的辅助服务，很大程度上取决于电力系统的地理接线、平均消费水平、传输容量以及是否装有新型设备等。

8.4.4 动态安全评估

由于计算机和通信技术的发展，电力系统控制中心可用更可靠和有效的工具来帮助系统调度人员进行实时监控、在线/离线分析、状态估计和建立报表等。其中一个工具就是动态安全评估（Dynamic Security Assessment，DSA），调度使用该工具来估计系统在稳态和暂态下是否都满足安全条件[21,26,40,41]。

离线 DSA 工具对所有可能的意外事故和运行条件进行稳定分析，包括不同的网络拓扑、发电负荷模式和控制器设置等，通过时域仿真来确定系统是否能在不同工况下保持稳定。除此之外，DSA 还计算确定运行范围，例如为保护设置的故障临界切除时间，满足节点电压安全约束的功率传输极限，估计系统变化产生风险得到的负荷水平等。一般离线

DSA 计算中会采用比较耗时的方法。

实时运行中，在线 DSA 工具一般基于实时测量数据和状态估计，完成快速稳定评估。实时的分析评估仅能仿真有限的意外事故，一般是从离线 DSA 生成的意外事故列表中挑取最危险的一些。仿真中用直接法估计暂态稳定，或计算本地/全网指标来评估电压失稳风险。

DSA 是能量管理系统（Energy Management System，EMS）的一部分。EMS 包括了控制中心监督、控制、优化和管理的全部工具和功能，能从 SCADA 或相量测量单元（Phasor Measurement Units，PMU）接受测量数据，还可以完成建模、建档以及图像化。DSA 和其他计算工具的结果会被传送给 EMS 中实现实时控制或补救的其他工具。

传统的 DSA 仿真是从 SCADA 获取不同时刻的数据，并延迟 2~4s 后将结果发往调度中心，可能会有误差。PMU 技术能使同步测量数据以毫秒级更快速地发送到调度中心，并显著地改善了暂态稳定分析的结果，因为 PMU 直接测量摇摆方程中的相角，而 SCADA 是估计的。

参 考 文 献

[1] Steinmetz, C.P. Power control and stability of electric generating stations, *AIEE Trans.*, Vol. XXXIX, Part II, pp. 1215–1287, Jul. 1920.

[2] AIEE Subcommittee on interconnections and stability factors. First report of power system stability, *AIEE Trans.*, pp. 51–80, 1926.

[3] Kundur, P., Paserba, J., Ajjarapu, V., Andersson, G., Bose, A., Canizares, C., Hatziargyriou, N., Hill, D., Stankovic, A., Taylor, C., Van Cutsem, T., Vittal, V. Definition and classification of power system stability, IEEE/CIGRE Joint Task Force on Stability Terms and Definitions, *IEEE Trans. Power Syst.*, Vol. 19, No. 2, pp. 1387–1401, May 2004.

[4] Vorotnikov, V.I. *Partial stability and control*, Birkhauser, Cambridge, MA, 1998.

[5] Rumyantsev, V.V. and Osiraner, A.S. *Stability and stabilization of motion with respect to a part of the variable*, Nauka, Moscow, Russia, 1987.

[6] Rouche, N., Habets, P., Laloy, M. *Stability theory by Liapunov's direct method*, Springer, New York, 1977.

[7] Kundur, P. *Power system stability and control*, McGraw-Hill, New York, 1994.

[8] Kimbark. E.W. *Power System Stability. Volume I. Elements of stability calculations*, Wiley-IEEE, 1995.

[9] Zhdanov, P.S. *Power system stability* (in Russian), 1948.

[10] *Etude simplifie de quelque régimes anormaux de fonctionnement des alternateurs: faux-couplage des alternateurs*, Journée d'Information sur la stabilité, Electricité de France, 1972.

[11] *The Great Soviet Encyclopedia*, Russian Academy of Sciences, Moscow, 2004.

[12] Anderson, P.M., Agrawal, B.L., Van Ness, V.E. *Subsynchronous resonance in power systems*, IEEE Press, New York, 1990.

[13] Eremia, M., Trecat, J., Germond, A. *Réseau électriques—Aspects actuels*, Technical Publishing House, Bucharest, 2000.

[14] Barbier, C. Barret, J.P. An analysis of phenomena of voltage collapse on transmission systems, *Revue Generale d'Electricite*, pp. 672–690, Oct. 1980.

[15] CIGRE TF 38-01-03. Planning against voltage collapse, *Electra*, No. 111, pp. 55–75, Mar. 1987.

[16] IEEE Special Publication 90TH0358-2-PWR. *Voltage stability of power systems: concepts, analytical tools, and industry experience*, New Jersey, 1990.

[17] Van Cutsem, T. Vournas, C. *Voltage stability of electric power systems*, Kluwer Academic Publisher, Norwell, MA, 2001.

[18] Taylor, C.W. *Power system voltage stability*, McGraw-Hill, New York, 1994.

[19] Gao, B., Morison, G.K., Kundur, P. Toward the development of a systematic approach for voltage stability assessment of large-scale power systems, *IEEE Trans. Power Syst.*, Vol. 11, pp. 1314–1324, Aug. 1996.

[20] Xu, W., Mansour, Y. Voltage stability analysis using generic dynamic load models, *IEEE Trans. Power Syst.*, Vol. 9, No. 1, 1994.

[21] Grigsby, L. *Power system stability and control*, CRC Press, 2007.

[22] Gao, B., Morison, G.K. Kundur, P. Voltage stability evaluation using modal analysis, *IEEE Trans. Power Syst.*, Vol. 7, No. 4, pp. 1529–1542, Nov. 1992.

[23] Van Cutsem, T. Voltage instability: Phenomenon, countermeasures and analysis methods, Proc. IEEE, Vol. 88, pp. 208–227, 2000.

[24] Morison, G.K., Gao, B., Kundur, P. Voltage stability analysis using static and dynamic approaches, *IEEE Trans. Power Syst.*, Vol. 8, pp. 1159–1171, Aug. 1993.

[25] Barbier, C., Carpentier, L., Saccomanno, F. CIGRE SC32 Report *"Tentative classification and terminologies relating to stability problem of power systems"*, *Electra*, No. 56, 1978.

[26] Săvulescu, S. (editor). *Real time stability assessment in modern power system control*, IEEE Press Series on Power Engineering and John Wiley & Sons, USA, 2009.

[27] Lof, P.A., Smed, T., Andersson, G., Hill, D. J. Fast calculation of a voltage stability index, *IEEE Trans. Power Syst.*, Vol. 7, pp. 54–64, Feb. 1992.

[28] Hatziargyriou, N., Karapidakis, E., Hatzifotis, D. Frequency stability of power system in large islands with high wind power penetration, *Bulk Power Syst. Dynamics Control Symp.—IV Restructuring*, Vol. PAS-102, Santorini, Greece, Aug. 24–28, 1998.

[29] Berizzi, A. *The Italian 2003 blackout*, IEEE-PES General Meeting, Denver, USA, Jun. 6–10, 2004.

[30] UCTE, *System Disturbance on 4 November 2006. Final Report*, Union for the Co-ordination of Transmission of Electricity (currently ENTSO-E), Nov. 2007.

[31] CIGRE Task Force 38.02.14 Report. *Analysis and modeling needs of power systems under major frequency disturbances*, Jan. 1999.

[32] Chow, Q.B., Kundur, P., Acchione, P.N., Lautsch, B. Improving nuclear generating station response for electrical grid islanding, *IEEE Trans. Energy Conv.*, Vol. EC-4, pp. 406–413, Sep. 1989.

[33] Dy Liacco, T.E. *Control of power systems via the multi-level concept*, PhD Thesis Case Western Reserve University, 1968.

[34] *NERC Planning Standards*, Sep. 1997. [Online]. Available: http://www.nerc.com/.

[35] Ericsson, G.N. Cyber Security and Power System Communication—essential parts of a smart grid infrastructure, *IEEE Trans. Power Deliv.*, Vol. 25, No. 3, pp. 1501–1507, Jul. 2010.

[36] *UCTE Policy 3: Operational security*, Mar. 2009.

[37] ETSO. *Definitions of transfer capacities in liberalised electricity markets*, European Transmission System Operators, 2001.

[38] NERC *Available transfer capability definitions and determination: A framework for determining available transfer capabilities of the interconnected transmission networks for a commercially viable electricity market*, NERC, June 1996.

[39] Eurelectric, *Connection rules for generation and management of ancillary services*, Ref: 2000-130-0003, 2000.

[40] Machowski, J., Bialek, J., Bunchy, J. *Power system dynamics and stability*, John Wiley & Sons, 1997.

[41] Concordia, C. Voltage instability, *Electrical Power Energy Syst.*, Vol. 13, No. 1, Feb. 1991.

第9章

小干扰功角稳定性和机电阻尼振荡

Roberto Marconato 和 Alber to Berizzi

9.1　简介

机电振荡是指电网（线路、变压器等）相连的同步发电机转子间的振荡。目前，多认为小扰动或小变化后的功角稳定性（也被称作稳态功角稳定性，有时被不恰当地称作小信号功角稳定性）和机电阻尼振荡有关。

直到大约 1960 年，典型的一级电压控制时间常数都还在几秒间，远慢于机电振荡，尤其慢于周期约为 0.4～0.7s 的本地模式。同样如果电压调节器是手动运行模式（比如励磁控制器），机电环的运行条件也是如此，基本可以和一级电压控制环解耦。当时唯一对小扰动功角稳定具有潜在威胁的就是由于同步转矩不足产生的非周期失稳。

而今，由于输电系统的更新换代（以更多的线路、更紧密的耦合、更高的额定电压水平为特征，这些因素都增加了系统短路容量），同步转矩系数不再那么能诱发非周期失稳了。

相比之下，应用时间常数要比之前小很多（大约为 0.2s）的现代快速电压调节器，使得机电环和电压环相互耦合，有可能引发周期性失稳，即阻尼转矩不足（有时甚至是负的）导致的机电振荡。

如果目前的电力系统地理上扩展较广却连接得不够紧密，或者输电电压水平较低（例如选择 150～220kV 而不是 400kV，或者有 400kV 却运行于 220kV），即系统短路容量相对较小，则仍可能出现非周期失稳（即使有现代电压调节器）。相反，这种系统里可能不存在阻尼问题。本节稍后会对此进行解释，并在 9.6 节给出这种系统的一个例子。

一般结合模态分析法使用综合控制措施［例如，在励磁系统中加装电力系统稳定器（PSS）］阻尼振荡，需要：

1）确定系统模型的特征矩阵[A]：对潮流计算得到的一个或多个运行点线性化得到系统模型；

2）计算[A]的特征值，即系统的极点：系统稳定要求所有极点有负实部；

3）计算[A]的特征向量，全面了解电力系统的模态特性。

所以，为了确定系统特征，需要线性化描述系统动态行为的方程组，并找出特征矩阵[A]。

评估影响机电振荡的因素，定性来看就是理解该现象的内在机理，可以用单机（实际电厂或者一个区域的等效）无穷大系统。单机无穷大系统既可用于分析本地或电厂模式振荡，如果振荡会影响整个系统，也可用于研究区间模式。

机电振荡的阻尼与很多元件的动态特性都有紧密的关系。所以需要详细地描述这些元件和整个系统，需要考虑的有：

1）同步发电机的结构（励磁、阻尼绕组及额外的转子回路）；

2）一次电压控制；

3）一次调频；

4）过励/欠励限制电路。

9.2 特征矩阵

9.2.1 线性化方程

众所周知，电力系统模型是一组非线性微分代数方程组，形式如下：

$$[\dot{x}] = f([x],[w],[u])$$
$$0 = g([x],[w],[z]) \tag{9.1}$$

式中，$[x]$为状态向量，其大小 n 代表了系统阶数；$[w]$为 n_g 个发电机节点的电压幅值和相角向量，大小为 $2n_g$；$[z]$为 n_L 个负荷节点（HV 节点）的电压幅值变化和相角变化向量，大小为 $2n_L$；$[u]$为输入向量，即控制设定值向量（至少包括一级电压控制和频率控制）。

$$[w] = \left[\frac{[v_G]}{[\theta_G]}\right] \tag{9.2}$$

$$[z] = \left[\frac{[v_L]}{[\theta_L]}\right] \tag{9.3}$$

如果发电机采用四阶模型（见 2.1.6.1 节），函数 f 就包括微分方程式（2.10）、式（2.155a）和式（2.140a）。相应地，函数 g 就包括式（2.135a）、式（2.149a），以及潮流方程组和必要的代数方程组。

状态向量$[x]$至少要包括以下变量（电力系统中的核心变量）：

1）转子角绝对值 δ；

2）转子角速度绝对值 Ω，对应上一章的 ω_r；

3）转子的电磁状态变量（v_d'，v_q'，v_d''，v_q''）；

4）励磁和一级电压控制系统的状态变量（x_v）；

5）调速器和一次调频的状态变量（x_Ω）。

式（9.1）中的代数方程组中可以先排和状态变量$[x]$相关的方程组。

在某个运行点 O 附近（由潮流计算确定）对系统方程组线性化，可得

$$\begin{cases} [\Delta\dot{x}] = [F_{xx}][\Delta x] + [F_{xw}][\Delta w] + [B][\Delta u] \\ \quad 0 \;\; = [G_{wx}][\Delta x] + [G_{xw}][\Delta w] + [G_{wz}][\Delta z] \\ \quad 0 \;\; = [G_{zw}][\Delta w] + [G_{zz}][\Delta z] \end{cases} \quad (9.1a)$$

式中，$[F_{xx}]$，…，$[G_{zz}]$为相应的偏导数矩阵。例如，$[F_{xx}]$如下所示：

$$[F_{xx}] = \begin{bmatrix} \dfrac{\partial f_1}{\partial x_1} & \dfrac{\partial f_1}{\partial x_2} & \cdots & \dfrac{\partial f_1}{\partial x_n} \\ \dfrac{\partial f_2}{\partial x_1} & \dfrac{\partial f_2}{\partial x_2} & & \dfrac{\partial f_2}{\partial x_n} \\ \vdots & & \ddots & \vdots \\ \dfrac{\partial f_n}{\partial x_1} & \dfrac{\partial f_n}{\partial x_2} & \cdots & \dfrac{\partial f_n}{\partial x_n} \end{bmatrix}^0$$

其他矩阵与此类似。

基于式（9.1a），可相应写出全系统特征矩阵：

$$[A_c] \triangleq \begin{bmatrix} [F_{xx}] & [F_{xw}] & 0 \\ [G_{wx}] & [G_{ww}] & [G_{wz}] \\ 0 & [G_{zw}] & [G_{zz}] \end{bmatrix} \quad (9.4)$$

矩阵结构如图 9.1 所示。

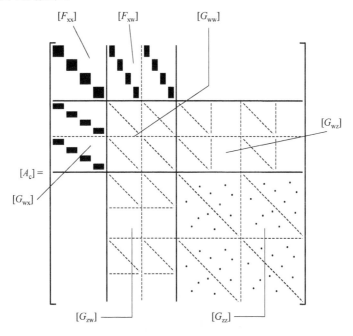

图 9.1　全系统特征矩阵结构

9.2.2　特征矩阵的建立

式（9.4）中，子矩阵

$$[J] \triangleq \begin{bmatrix} [G_{ww}] & [G_{wz}] \\ [G_{zw}] & [G_{zz}] \end{bmatrix} \tag{9.5}$$

是极坐标形式的雅可比矩阵。该矩阵是对潮流方程中所有代数量求偏导，是线性化系统所有代数方程，可有效分析系统除电磁现象的稳态和动态行为。

但式（9.1a）不是如下的标准形式：

$$\begin{cases} [\Delta \dot{x}] = [A][\Delta x] + [B][\Delta u] \\ [\Delta \dot{y}] = [C][\Delta x] + [D][\Delta u] \end{cases} \tag{9.6}$$

式中，$[y]$ 为输出变量，即 $[y]^{T} = [[w]^{T}[z]^{T}]$

消去式（9.1a）中的向量 $[\Delta w]$ 和 $[\Delta z]$ 即可得到式（9.6）。为此，由式（9.1a）的第三个方程得到

$$[\Delta z] = -[G_{zz}]^{-1}[G_{zw}][\Delta w] \tag{9.7}$$

并将其代入式（9.1a）的第二个方程

$$[0] = [G_{wx}][\Delta x] + \left\{ [G_{ww}] - [G_{wz}][G_{zz}]^{-1}[G_{zw}] \right\}[\Delta w] \tag{9.8}$$

如果设

$$[H] \triangleq -\left\{ [G_{ww}] - [G_{wz}][G_{zz}]^{-1}[G_{zw}] \right\}^{-1} \tag{9.9}$$

可得

$$[\Delta w] = [H][G_{wx}][\Delta x] \tag{9.10}$$

再带入式（9.1a）的第一个方程，得到

$$[\Delta \dot{x}] = \left\{ [F_{xx}] + [F_{xw}][H][G_{wx}] \right\}[\Delta x] + [B][\Delta u] \tag{9.11}$$

最终，线性化模型的特征矩阵可如下计算：

$$[A] \triangleq [F_{xx}] + [F_{xw}][H][G_{wx}] \tag{9.12}$$

那么标准形式（9.6）的输出变量方程有 $[D] = 0$ 且

$$[C] \triangleq \begin{bmatrix} [H][G_{wx}] \\ \hline -[G_{zz}]^{-1}[G_{zw}][H][G_{wx}] \end{bmatrix} \tag{9.13}$$

如果状态变量如下排列：

$$[x] \triangleq \left[[\delta]^{T} \vdots [\Omega]^{T} \vdots [e]^{T} \vdots [x_v]^{T} \vdots [x_\Omega]^{T} \right]^{T} \tag{9.14}$$

电力系统关键变量线性化模型的特征矩阵就是

$$[A] = \begin{bmatrix} [0] & [I] & [0] & [0] & [0] \\ [A_{\Omega\delta}^{(*)}] & [A_{\Omega\Omega}] & [A_{\Omega e}^{(*)}] & [0] & [A_{\Omega x_\Omega}] \\ [A_{e\delta}] & [A_{e\Omega}] & [A_{ee}] & [A_{ex_v}] & [0] \\ [A_{x_v\delta}^{(*)}] & [A_{x_v\Omega}] & [A_{x_v e}^{(*)}] & A_{x_v x_v} & [0] \\ [0] & A_{x_\Omega\Omega} & [0] & [0] & A_{x_\Omega x_\Omega} \end{bmatrix} \tag{9.15}$$

进一步假设 $[u]^{T} = [[\Omega_{ref}]^{T}[v_{ref}]^{T}]$，其中，$[\Omega_{ref}]$ 是一次调频的转速设定值，$[v_{ref}]$ 是一级电压

控制的设定值。那么矩阵[B]结构如下：

$$[B]=\begin{bmatrix}[0] & [0]\\ [B_{\Omega\Omega}] & [0]\\ [0] & [B_{\mathrm{ev}}]\\ [0] & B_{\mathrm{x_vv}}\\ B_{\mathrm{x_\Omega\Omega}} & [0]\end{bmatrix}\qquad(9.16)$$

对于特征矩阵[A]，需要注意的是：

1）如果不对调速器建模，可删去相应的行和列（其中，$[A_{\Omega\Omega}]$会对机电振荡阻尼有影响），其他子阵不受影响；

2）以转速为输入的 PSS 只会影响矩阵$[A_{e\Omega}]$和$[A_{x_v\Omega}]$（否则这些矩阵不会存在）；

3）以有功为输入的 PPS 会影响矩阵$[A_{\Omega\delta}]$、$[A_{\Omega e}]$、$[A_{x_v\delta}]$和$[A_{x_v,e}]$，这些矩阵在式（9.15）均用星号做了标记。

因为矩阵[A]的特征值就是系统极点，所以可得到电力系统的小干扰稳定的所有信息，特别是机电振荡的周期和阻尼。特征值个数与特征矩阵维数一致。

需要特别强调的是，和线性系统不同，矩阵[A]的特征值取决于运行点，因为是对该运行点的线性化。

9.3　常用简化方法

为了简化而不失准确的分析，我们可以假设发电机中$x_q=x_d'=x_d''=x_i$而采用三阶模型，也可以采用二阶模型。假设内电动势 e（e' 或 e''）：

$$\dot{e}=e(\cos\delta+\mathrm{j}\sin\delta)\qquad(9.17)$$

有变化的幅值而看作输入或控制变量。

关于机电振荡，需要注意的是：

1）机电振荡阻尼与系统中质块（发电机）和弹簧（电网）特性有关，但两者的损耗阻尼（最多为 0.1～0.2）比控制环（例如，电压和频率控制）所能提供的要小。控制环一般能达到 0.7 或更高。

2）阻尼问题一般出现在其为微小正值（例如 0.03）或负值（例如-0.04）时。

所以，采用同步发电机二阶模型（零阻尼）能获得良好的近似效果，能在不需要计及阻尼的场合提供非常有用的信息。当然，采用更精确的发电机模型（至少四阶模型）才能确定阻尼。

9.3.1　惯性系数和同步功率系数

假设 $D=0$ 采用式（2.12）的二阶模型，绝对值形式的微分方程为

$$\begin{cases}\dot{\delta}_k=\Omega_k-\Omega_n\\ \dot{\Omega}_k=\dfrac{\Omega_n}{T_{ak}S_{nk}}(P_{mk}-P_{ek})\end{cases}\quad \text{其中 } k=1,...,N\qquad(9.18)$$

式中，N 是系统中的发电机台数；T_{ak}（$T_a = 2H$，H 为惯性常数）是第 k 台发电机的机械起动时间；S_{nk} 是第 k 台发电机的额定视在功率；Ω_n 是额定转子角速度（当然和之前章节的 ω_0 相关）。

为了简化而不失通用性，可以假设负荷均为静态线性（例如，恒定导纳和恒定电抗），从而将负荷阻抗和发电机内阻抗 jx_i 均并入含线路和变压器的两端口网络中。

这样，节点导纳矩阵中可以只保留发电机内电动势节点，而消去其他网络节点，得到一个降阶矩阵$[\dot{Y}]$：

$$[\dot{I}] = [\dot{Y}][\dot{E}] \tag{9.19}$$

式中，$[\dot{E}]$ 为式（9.17）所示内电动势的向量；$[\dot{I}]$ 为发电机注入网络电流的向量。

对于第 k 台发电机，有

$$\dot{I}_k = \sum_{i=1}^{N} \dot{Y}_{ki} \dot{E}_{ki} \tag{9.20}$$

且发出的复功率为

$$\dot{S}_k = P_{ek} + jQ_k = \dot{E}_k \sum_{i=1}^{N} \dot{Y}_{ki}^* \dot{E}_i^* \tag{9.21}$$

其中

$$\dot{Y}_{ki} = G_{ki} + jB_{ki} \tag{9.22}$$

那么，发出的有功和无功功率分别为

$$\begin{cases} P_{ek} = E_k \sum_{i=1}^{N} E_i [B_{ki} \sin(\delta_k - \delta_i) + G_{ki} \cos(\delta_k - \delta_i)] \\ Q_k = E_k \sum_{i=1}^{N} E_i [G_{ki} \sin(\delta_k - \delta_i) - B_{ki} \cos(\delta_k - \delta_i)] \end{cases} \tag{9.23}$$

我们可以看出

$$P_{ek} = f_k \{\delta_1, ..., \delta_N, E_1, ..., E_N\} \tag{9.24}$$

是功角$[\delta]$和内电动势幅值$[E]$的非线性函数。

将式（9.18）在运行点附近线性化后，可得到如图 9.2a 所示的传递函数

$$\begin{cases} [\Delta \dot{\delta}] = [\Delta \Omega] \\ [\Delta \dot{\Omega}] = [M]^{-1} \{[\Delta P_m] - [\Delta P_e]\} \end{cases} \tag{9.25}$$

其中

$$[\Delta P_e] \triangleq [K][\Delta \delta] + [F][\Delta E] \tag{9.26}$$

矩阵$[M]$称为惯性系数或惯量矩阵。而

$$[M] \triangleq \text{diag}\{M_k\} = \text{diag}\left\{\frac{T_{ak} S_{nk}}{\Omega_n}\right\} \tag{9.27}$$

$$[K] = \begin{bmatrix} K_{11} & \cdots & K_{1N} \\ \vdots & \ddots & \vdots \\ K_{N1} & \cdots & K_{NN} \end{bmatrix} \tag{9.28}$$

是同步功率系数矩阵，代表了 P_{ek} 对 δ_i 的灵敏度

$$K_{ki} \triangleq \left(\frac{\partial P_e}{\partial \delta_i}\right)^0 \tag{9.29}$$

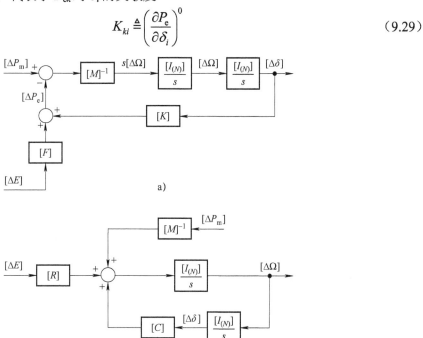

a)

b)

图 9.2　发电机二阶模型系统框图

还有

$$[F] = \begin{bmatrix} F_{11} & \cdots & F_{1N} \\ \vdots & \ddots & \vdots \\ F_{N1} & \cdots & F_{NN} \end{bmatrix} \tag{9.30}$$

其中

$$F_{ki} \triangleq \left(\frac{\partial P_{ek}}{\partial E_i}\right)^o \tag{9.31}$$

式（9.25）还可以写成

$$\begin{bmatrix} [\Delta\dot{\delta}] \\ [\Delta\dot{\Omega}] \end{bmatrix} = \begin{bmatrix} [0] & [I] \\ [C] & [0] \end{bmatrix} \begin{bmatrix} [\Delta\delta] \\ [\Delta\Omega] \end{bmatrix} + \begin{bmatrix} [0] & [0] \\ [R] & [M]^{-1} \end{bmatrix} \begin{bmatrix} [\Delta E] \\ [\Delta P_m] \end{bmatrix} \tag{9.32}$$

如图 9.2b 所示，其中

$$\begin{cases} [C] \triangleq -[M]^{-1}[K] \\ [R] \triangleq -[M]^{-1}[F] \end{cases} \tag{9.33}$$

所以现在得到了标准形式的表达式

$$[\Delta\dot{x}] = [A][\Delta x] + [B][\Delta u] \tag{9.34}$$

其中

$$\begin{cases} [A] \triangleq \begin{bmatrix} [0] & [I] \\ [C] & [0] \end{bmatrix} \\ [B] \triangleq \begin{bmatrix} [0] & [0] \\ [R] & [M]^{-1} \end{bmatrix} \end{cases} \tag{9.35}$$

9.3.2 机电振荡

9.3.2.1 振荡模式

不考虑控制，即假设$[\Delta E]=[\Delta P_m]=0$，系统特征值就是如下特征方程的解

$$\det|\lambda I - A| = 0 \tag{9.36}$$

考虑到$[A]$矩阵的结构，即有

$$\det|\lambda I - A| = \det|\lambda^2 I - C| = 0 \tag{9.37}$$

上式表示$[A]$矩阵的特征值是$[C]$阵特征值的二次方根。

需要注意到$[C]$矩阵的行列式为零。因为实际上，P_{ek}一般取决于第 k 台发电机转子角 δ_k 和其他发电机转子角的差

$$P_{ek} = f_k \{\delta_1 - \delta_k, ..., \delta_N - \delta_k, ..., E_1, ..., E_N\} \tag{9.38}$$

$$\begin{aligned} \Delta P_{ek} = & \left(\frac{\partial f_k}{\partial \delta_{1k}}\right)^o \Delta \delta_1 + ... + \left(\frac{\partial f_k}{\partial \delta_{Nk}}\right)^o \Delta \delta_N \\ & - \left[\left(\frac{\partial f_k}{\partial \delta_{1k}}\right)^o + ... + \left(\frac{\partial f_k}{\partial \delta_{Nk}}\right)^o\right] \Delta \delta_k + \sum_{i=1}^{N} \left(\frac{\partial f_k}{\partial E_i}\right)^o \Delta E_i \end{aligned} \tag{9.39}$$

式中，$\delta_{ik}=\delta_i-\delta_k$。

那么矩阵$[K]$每一行元素的和为零（$k=1,\cdots,N$）：

$$\sum_{i=1}^{N} K_{ki} = 0 \tag{9.40}$$

又由于$[M]$为对角阵，所以

$$\det[K] = \det[C] = 0 \tag{9.41}$$

设L_h是$[C]$矩阵的特征值（$h=1,\cdots,N$），有

$$\det[C] = \prod_{h=1}^{N} L_h \tag{9.42}$$

结合式（9.41）可知，$[C]$矩阵至少有一个特征值位于原点，惯例是设此特征值为最后一个（$L_N=0$）。

因为我们感兴趣的是周期稳定性问题，可以假设$[A]$矩阵的所有极点都在虚轴上。那么$[C]$矩阵的前 $N-1$ 个特征值 L_h（$h=1,\cdots,N-1$）均为负实数，并对应$[A]$矩阵的一对特征值：

$$\lambda_h^{(1,2)} = \pm\sqrt{L_h} \tag{9.43}$$

即

$$\begin{cases} \dot{\lambda}_h = j\omega_{oh} \\ \dot{\lambda}_h^* = -j\omega_{oh} \end{cases} \tag{9.44}$$

其中

$$\omega_{oh} = \sqrt{-L_h} \quad h = 1,\ldots,N-1 \tag{9.45}$$

那么式（9.44）中 $N-1$ 对共轭虚数极点对应 $N-1$ 个机电振荡模式。

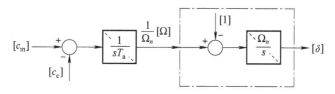

a）相角绝对值

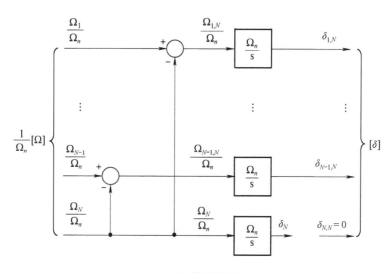

b）相对转子角

图 9.3　发电机机械部分

之前分析了相角绝对值（见图 9.3a）。但有功功率主要和转角差相关，可如图 9.3b 所示对机械部分建模。那么可看出 [A] 矩阵在原点的两个极点，其中一个与积分相关不与系统相互作用，而另一个与发电机间的共同或平均运动有关，对应电网的平均频率（假设没有转速控制），如图 9.4 和图 9.5 所示。9.3.2.2 节将对此做出进一步的解释。

在如上的假设下，如图 9.5 所示，机械功率改变 $1/s$ 会引起 $1/s^2$ 的频率变化，即频率的倾斜直线变化。图中给出的是系统的平均转速 Ω_m，也就是所谓*惯性中心*的转速。

可将机电振荡模式与扭振模式类比。后者是将汽轮机和发电机分成好几个质块，用弹性系数来表征质块之间的扭转。而机电振荡是将每台发电机看成一个质块，弹性系数则是同步功率系数（与同步发电机间的电气联系相关）。

所以，包含 N 台发电机的系统有 $N-1$ 个机电振荡模式。同时由于本节采用的是发电机二阶模型阻尼为零，所以只能得到机电振荡的频率 ω_{oh} 或振荡周期。目前为止，观测到且研究的机电振荡周期（包括本地模式和区间模式）一般是 0.4～20s。

因为该方法无法获得每种模式的阻尼，后面将考虑 9.2.1 节列出的状态变量，建立足够

电力系统动态——建模、稳定与控制

详细的模型（包括发电机、调压器和调速器）。

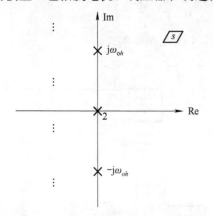

图9.4 采用简单模型时的矩阵[A]的特征值

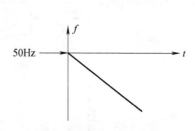

图9.5 未考虑转速控制时逐步减少机械
功率时发电机的平均运动

9.3.2.2 振荡幅值和参与因子

由式（9.32）和图9.2，可得到零初始条件下的拉普拉斯变换为

$$\begin{cases} s[\Delta\delta(s)] = [\Delta\Omega(s)] \\ s[\Delta\Omega(s)] = [C][\Delta\delta(s)] + [R][\Delta E(s)] + [M]^{-1}[\Delta P_{\mathrm{m}}(s)] \end{cases} \tag{9.46}$$

联立在一起为

$$s^2[\Delta\delta(s)] = [C][\Delta\delta(s)] + [R][\Delta E(s)] + [M]^{-1}[\Delta P_{\mathrm{m}}(s)] \tag{9.47}$$

亦可写成

$$[\Delta\delta(s)] = \left[s^2 I - C\right]^{-1}\{[R][\Delta E(s)] + [M]^{-1}[\Delta P_{\mathrm{m}}(s)]\} \tag{9.48}$$

定义[L]和[G]分别是[C]阵的特征值和特征向量

$$[L] = \mathrm{diag}\{L_h\} = \mathrm{diag}\{-\omega_{oh}^2\} \tag{9.49}$$

（其中 $L_N=0$），根据特征值和特征向量的性质可得

$$[\Delta\delta(s)] = [G]\left[s^2 I - L\right]^{-1}[G]^{-1}\{[R][\Delta E(s)] + [M]^{-1}[\Delta P_{\mathrm{m}}(s)]\} \tag{9.50}$$

并且

$$[\Delta\Omega(s)] = [G]s\left[s^2 I - L\right]^{-1}[G]^{-1}\{[R][\Delta E(s)] + [M]^{-1}[\Delta P_{\mathrm{m}}(s)]\} \tag{9.51}$$

线性化模型中的其他输出变量[$Y(s)$]的形式与此类似。简单来看，小扰动下的系统动态响应特征就由[L]和[G]决定。

假设[G_N]为零特征值对应的特征向量

$$[G_N] \triangleq [G_{1N} G_{2N} \cdots G_{NN}]^{\mathrm{T}} \tag{9.52}$$

将有

$$G_{1N} = G_{2N} = \cdots = G_{NN} \tag{9.53}$$

如果我们定义

$$\begin{cases} [W] \triangleq [G]^{-1}[R] = -[G]^{-1}[M]^{-1}[F] \\ [D] \triangleq [G]^{-1}[M]^{-1} \end{cases} \tag{9.54}$$

那么特征值 $L_N = 0$ 对式（9.51）中 $\Delta\Omega_k(s)$ 的贡献可以写成

$$\frac{1}{s} G_{1N} \sum_{j=1}^{N} \left[W_{Nj}\Delta E_j(s) + D_{Nj}\Delta P_{mj}(s) \right] \tag{9.55}$$

是独立于第 k（$k=1,\cdots,N$）台包机的，即对每台包机的贡献是一样的。将这种转速的变化定义为 $\Delta\Omega_m$

$$\Delta\Omega_m = \Omega_m - \Omega_n \tag{9.56}$$

可得

$$\Delta\Omega_m(s) = \frac{1}{s} G_{1N} \sum_{j=1}^{N} \left[W_{Nj}\Delta E_j(s) + D_{Nj}\Delta P_{mj}(s) \right] \tag{9.57}$$

如果某台发电机无穷大，特征值 L_N 就会消失。此时

$$\Delta\Omega_m = 0 \tag{9.58}$$

即和直觉一样，平均转速和额定转速或同步速是一致的。

一般情况下（$k=1,\cdots,N$），由式（9.51）得

$$\Delta\Omega_k(s) = \sum_{h=1}^{N-1} \frac{s}{s^2 + \omega_{oh}^2} G_{kh} \left[\sum_{j=1}^{N} W_{hj}\Delta E_j(s) + \sum_{j=1}^{N} D_{hj}\Delta P_{mj}(s) \right] + \Delta\Omega_m(s) \tag{9.59}$$

由式（9.54），W_{hj} 和 D_{hj} 可如下计算

$$\begin{cases} W_{hj} = -\sum_{i=1}^{N} \frac{(G^{-1})_{hi}}{M_i} F_{ij} \\ D_{hj} = \frac{(G^{-1})_{hj}}{M_j} \end{cases} \tag{9.60}$$

电网结构上的扰动（断线、发电机组解列）无论大小，都可等效为一台或多台发电机上不同幅度的机械功率阶跃。所以在不考虑电压和频率控制的小扰动分析中，假设 P_{wk} 是等效到第 k 台发电机的阶跃幅值，有

$$[\Delta P_m] = \frac{1}{s} [P_w] = \frac{1}{s} [P_{w1} \cdots P_{wN}]^T \tag{9.61}$$

除原点极点的贡献外，式（9.59）可写成

$$[\Delta\Omega_k](s) = \sum_{h=1}^{N-1} \frac{G}{s^2 + \omega_{oh}^2} \sum_{j=1}^{N} D_{hj} P_{wj} \tag{9.62}$$

在时域中为

$$\Delta\Omega_k(s) = \sum_{h=1}^{N-1} A_{kh} \sin(\omega_{oh} t) \tag{9.63}$$

式中，A_{kh} 为第 k 台发电机对模式 h 的参与因子。

上式表示每台发电机转速（其他变量如相角、功率和电压等也一样）是不同振荡模式的线性组合。幅值 A_{kh} 为

$$A_{kh} = G_{kh} \sum_{j=1}^{N} \frac{(G^{-1})_{hj}}{\omega_{oh} M_j} P_{wj} \tag{9.64}$$

其中，对每个振荡模式，求和部分都是独立于所考虑的发电机 k 的。

所以，我们可以定义实系数

$$\alpha_h \triangleq \sum_{j=1}^{N} \frac{(G^{-1})_{hj}}{\omega_{oh} M_j} P_{wj} \tag{9.65}$$

表征第 h 个振荡模式和等效阶跃，那么

$$A_{kh} = G_{kh} \alpha_h \tag{9.66}$$

换句话说，第 k 台电机中，与模式 h 相关的正弦波幅值与$[C]$矩阵特征向量$[G_h]$的相应元素成比例。

对于每个模式 h，α_h 取决于该模式的振荡周期和发电机上功率的阶跃幅值。相对地，任何一个模式的振荡幅值间，即频率为 ω_{oh}［如式（9.63）所示的发电机 k，i 的转速，其中 k，$i=1,\cdots,N$］正弦波的幅值间有如下关系

$$\frac{A_{kh}}{A_{ih}} = \frac{G_{kh}}{G_{ih}} \tag{9.67}$$

等于特征向量$[G_h]$中与第 k 台和第 i 台发电机相关元素的比值，与发电机类型、位置以及扰动大小无关。

对于模式 h 来说，系数 α_h 考虑了所设扰动对该模式特别是振荡幅值 A_{kh} 的影响。如果扰动下 $\alpha_h=0$，模式 h 就不能被此扰动激发。

对相角变化亦可如上分析。如果已知状态变量和输出变量的代数关系，同样可类似分析线性化模型的输出变量（如支路电流、支路功率和节点电压）的变化等。

矩阵$[C]$是实数阵，其特征值矩阵$[L]$也是实数阵。那么特征矩阵$[G]$及其逆矩阵$[G]^{-1}$也是实数阵。因此，每个振荡模式中的发电机可分为三类［见式（9.67）］：

1）发电机同相振荡，只是幅值不同；这些发电机的 G_{kh} 符号相同（例如，均为正）。

2）发电机同相振荡，幅值不同，但与第一类发电机反相；这些发电机的 G_{kh} 符号与第一类相反（例如，均为负）。

3）既不和第一类也不和第二类一起振荡的发电机；这些发电机的 $G_{kh}=0$，对于该振荡模式相当于无穷大系统。

需要强调的是，即使在一个含有 500 或更多个振荡模式的大型互联电力系统中，主导模式（幅值较大的模式）通常也很少（最多 2～4 个）。这点已被世界范围内众多的实际扰动所证明。同时主导振荡模式也是最慢的模式，由于零点与最快的极点重合（见图 9.6），所以可以忽略它们。

如果知道矩阵$[C]$的特征向量，就可以知道机电振荡本地模式和区间模式的特性区别。本地模式中只有一些发电机的 G_{kh}（绝对值）较大；而在区间模式中，一组发电机的转速会在给定符号下有着较大的振幅，并与另外一组发电机之间振荡，另外这组发电机有着相反符号的振幅，或者不振荡。图 9.7 给出了以上情况的一个示例：发电机 1、2、3 和发电机 5、6 这两组发电机间的振荡就是区间模式。

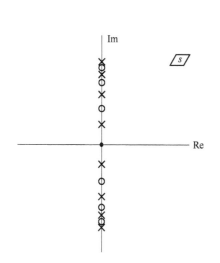

图 9.6　机电振荡的极点和零点

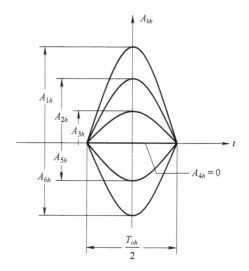

图 9.7　六机系统某振荡模式的幅值

以上结论虽然在采用发电机二阶模型时严格有效，但对实际电网很多情况下的动态行为也非常有用。很多实际案例已经证明，相比于采用更精确的模型（例如，发电机四阶、五阶和六阶模型）来形成[A]矩阵计算特征值，以上简化分析的结论是足够近似有效的。

总之，基于同步发电机二阶模型简化分析系统的动态行为，可以获得 N 台发电机的 N-1 个机电振荡模式的周期（通过特征值）

$$T_{oh} = \frac{2\pi}{w_{oh}} \qquad (9.68)$$

并且可根据特征向量，得到不同模式下不同发电机的振幅比，以及电网不同扰动下不同节点实际振幅比［借助式（9.64）中特征向量矩阵的逆阵］。

当然，如果知道状态变量的模式信息，立即就可以确定任何一个输出变量（电压、有功等）的特性。但简化分析中的发电机动态模型忽略了阻尼，所以不能提供机电振荡的阻尼信息。

9.3.3　算例

本节将提供两个算例来证明用简化方法研究机电振荡现象的优势。

其中第一个算例是简化分析一个两区测试系统，而在第二个算例中将欧洲电力系统简化成一个三区系统。

9.3.3.1　算例 1：两区测试系统

本节算例（见图 9.8）是两片大区通过一条传输线连接。每片区域中的负荷和电源都比较平衡且耦合紧密，仅与另一片区域交换较少的有功和无功功率。所以每片区域都可等效成一台发电机（以恒定电动势源及其后的电抗 X_{g} 表示）通过一台变压器向一个本地负荷供电的系统，其中本地负荷用连接在变压器高压母线上的电阻表示。该系统可用于研究影响机电振荡的重要参数，其具体数据见表 9.1。

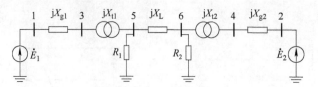

图 9.8 两区测试系统

表 9.1 两区测试系统数据

发电机	V_n/kV	S_n/MVA	x_g(pu)	T_a/s
1	20	50 000	0.27	10
2	20	50 000	0.27	10
线路	长度/km		x_L/(Ω/km)	
	100		0.3616	
变压器	n(kV/kV)		x_t(pu)	
1	20/400		0.13	
2	20/400		0.13	

电阻 R_1 和 R_2 代表额定电压 400kV 下的 40 000MW 负荷，故均为 4Ω。

测试系统的初始运行条件通过潮流计算确定。计算时，假定负荷母线电压为 400kV，两区自治即联络线上的有功和无功功率均近似为零，计算结果见表 9.2。

表 9.2 潮流计算结果

节点	V/kV	相角（rad）
1	420.00	0.2061
2	420.00	0.2061
3	402.18	0
4	402.18	0
5	400.00	−1.1037
6	400.00	−1.1037

将此两区系统简化，得到从节点 1 和节点 2 看进去的等效电路图（见图 9.9），其中 $\dot{E}_1$ 和 $\dot{E}_2$ 是发电机暂态电抗后的电动势。

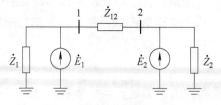

图 9.9 两区系统等效电路

相应的，图 9.8 系统的 6×6 节点导纳矩阵可以被降阶为图 9.9 系统的 2×2 矩阵 $[\dot{Y}_{eq}]$。

$$\left[\dot{Y}_{eq}\right] = \left[G_{eq}\right] + j\left[B_{eq}\right] = \begin{bmatrix} \dot{Y}_{11} & \dot{Y}_{12} \\ \dot{Y}_{21} & \dot{Y}_{22} \end{bmatrix} = \begin{bmatrix} (0.2133 - j0.0924) & (0.0135 + j0.0198) \\ (0.0135 + j0.0198) & (0.2133 - j0.0924) \end{bmatrix} \quad (9.69)$$

那么同步功率系数矩阵[K]为

$$[K] = \begin{bmatrix} K_{11} & K_{12} \\ K_{21} & K_{22} \end{bmatrix} = \begin{bmatrix} 3490 & -3490 \\ -3490 & 3490 \end{bmatrix} \quad (\text{MW/rad}) \tag{9.70}$$

其中

$$\begin{aligned} K_{11} &= E_1 E_2 \left[B_{\text{eq}12} \cos(\delta_{12}) - G_{\text{eq}12} \sin(\delta_{12}) \right] \\ K_{12} &= -E_1 E_2 \left[-B_{\text{eq}12} \cos(\delta_{12}) + G_{\text{eq}12} \sin(\delta_{12}) \right] \\ K_{22} &= E_2 E_1 \left[B_{\text{eq}21} \cos(\delta_{12}) - G_{\text{eq}21} \sin(\delta_{12}) \right] \\ K_{21} &= -E_2 E_1 \left[-B_{\text{eq}21} \cos(\delta_{12}) + G_{\text{eq}21} \sin(\delta_{12}) \right] \end{aligned} \quad (\text{MW/rad}) \tag{9.71}$$

根据式（9.27），惯性系数矩阵为

$$[M] = \begin{bmatrix} M_1 & 0 \\ 0 & M_2 \end{bmatrix} = \begin{bmatrix} 1591 & 0 \\ 0 & 1591 \end{bmatrix} \quad (\text{MVA s}^2/\text{rad}) \tag{9.72}$$

式（9.33）中的矩阵[C]就等于

$$[C] = -[M]^{-1}[K] = \begin{bmatrix} -\dfrac{K_{11}}{M_1} & +\dfrac{K_{11}}{M_1} \\ +\dfrac{K_{22}}{M_2} & -\dfrac{K_{22}}{M_2} \end{bmatrix} = \begin{bmatrix} -2.193 & 2.193 \\ 2.193 & -2.193 \end{bmatrix} \quad (\text{s}^{-2}) \tag{9.73}$$

[C]阵的特征值和特征向量可求解

$$\det \begin{bmatrix} L + \dfrac{K_{11}}{M_1} & -\dfrac{K_{11}}{M_1} \\ -\dfrac{K_{22}}{M_2} & L + \dfrac{K_{22}}{M_2} \end{bmatrix} = L \left[L + \left(\dfrac{K_{11}}{M_1} + \dfrac{K_{22}}{M_2} \right) \right] = 0 \tag{9.74}$$

得到

$$\begin{cases} L_1 = -\dfrac{K_{11}}{M_1} - \dfrac{K_{22}}{M_2} = -4.3855 \\ L_2 = 0 \end{cases} \tag{9.75}$$

那么唯一的机电振荡模式

$$T_o = \frac{2\pi}{\sqrt{-L_1}} = 3 \text{ s} \tag{9.76}$$

是区间振荡模式。估计振幅比需要计算 L_1 对应的特征向量，即为特征向量矩阵[G]的第一列

$$[G] = \begin{bmatrix} -0.7071 & 0.7071 \\ 0.7071 & 0.7071 \end{bmatrix} \tag{9.77}$$

两台发电机的振幅比为

$$\frac{G_{11}}{G_{21}} = -1 \tag{9.78}$$

需要注意的是该比值为负（两机系统中经常为负）：说明两台发电机的振荡反相。同时比值为-1说明振幅是相同的，这是合理的，因为两台发电机是对等的。

为了评估简化方法的准确性，对系统进行时域仿真，在节点 3 接入一持续 50ms 三相

短路扰动。该扰动时间较短，可视为小干扰。仿真中将所有控制回路开环以便只观察机电振荡。

图 9.10 给出了转速的振荡曲线，显示机电振荡的周期约为 3s。如预想一样两台发电机振荡的幅值相等，但相位相反。由于采用的是二阶模型，振荡无法被阻尼。由于负荷与电压有关，系统的平均转速也在变化。

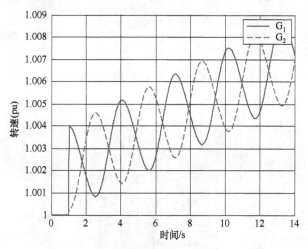

图 9.10　小干扰下的两台发电机转速（二阶模型）

图 9.11 则绘出了采用发电机四阶模型时，相同扰动下的系统响应：机电振荡的周期与二阶模型是一致的。但由于发电机能提供正阻尼，机电振荡被抑制（解释见 9.4.3.2 节）。

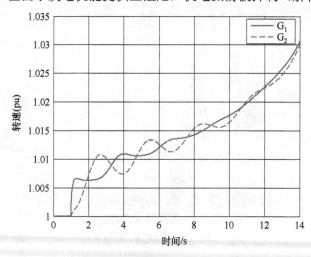

图 9.11　小干扰下的两台发电机转速（四阶模型）

图 9.12 是在相同扰动下采用发电机二阶模型，但发电机 G_1 惯性常数放大到两倍时的仿真结果。此时简化分析可得出机电振荡周期为 3.46s，而发电机 G_2 的振幅变化是 G_1 的两倍，与仿真结果一致。

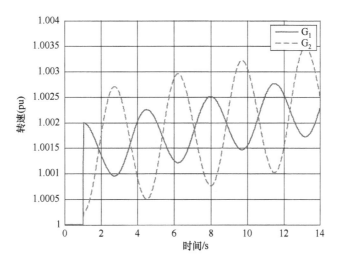

图 9.12　G_1 惯性系数放大两倍下的两台发电机转速（二阶模型）

9.3.3.2　算例 2：三区测试系统

第二个算例（见图 9.13）是一个简化的欧洲电力系统（见 9.6 节），由三片区域（数据见表 9.3）组成。负荷假设为纯电阻，且由于每片区域自治均是本地负荷，区间交换功率为零。

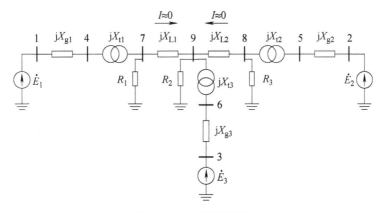

图 9.13　三区测试系统

表 9.3　三区测试系统数据

发电机	V_n/kV	S_n/MVA	x_g(pu)	T_a/s
1	20	50 000	0.27	10
2	20	50 000	0.27	10
3	20	250 000	0.27	10
线路	长度/km		X_L/(Ω/km)	
7-9	120		0.36	
8-9	80		0.28	
变压器	S_n/MVA	n(kV/kV)	x_t(pu)	
1	50 000	20/400	0.13	
2	50 000	20/400	0.13	
3	250 000	20/400	0.13	

每区负荷设为每区发电的 80%，因此区域 1 和区域 2 的负荷均是 40 000MW，而区域 3 的负荷是 200 000MW。额定电压均为 400kV，故可用 $R_1 = R_2 = 4\Omega$ 和 $R_3 = 0.8\Omega$ 的三个电阻来表示各区负荷。

初始运行条件由潮流计算得到，计算时设定区间交换功率为零，且负荷节点电压为 400kV（结果见表 9.4）。

表 9.4　三区测试系统潮流计算结果

节点	V/kV	相角/rad
1	419.98	0.2060
2	419.98	0.2060
3	429.02	0.2079
4	402.16	0
5	402.16	0
6	402.16	0
7	400.00	−0.1047
8	400.00	−0.1047
9	400.00	−0.1047

将算例系统简化，以得到从三台发电机内电动势节点 1、2、3 看进去的等效电路。相应的，图 9.13 对应的 9×9 节点导纳矩阵可降阶为图 9.14 对应的 3×3 矩阵 $[\dot{Y}_{\mathrm{eq}}]$。

$$\left[\dot{Y}_{\mathrm{eq}}\right] = \left[G_{\mathrm{eq}}\right] + \mathrm{j}\left[B_{\mathrm{eq}}\right]$$
$$= \begin{bmatrix} (0.2129 - \mathrm{j}0.0924) & (0.0002 + \mathrm{j}0.0001) & (0.0136 + \mathrm{j}0.0197) \\ (0.0002 + \mathrm{j}0.0001) & (0.2049 - \mathrm{j}0.1044) & (0.0216 + \mathrm{j}0.0317) \\ (0.0136 + \mathrm{j}0.0197) & (0.0216 + \mathrm{j}0.0317) & (1.0987 - \mathrm{j}0.4142) \end{bmatrix} \tag{9.79}$$

同步功率系数矩阵 $[K]$ 可由此导纳矩阵和转子角得到

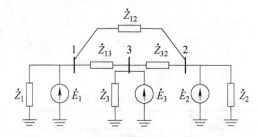

图 9-14　三区测试系统等效图

$$[K] = \begin{bmatrix} 3503 & -27 & -3475 \\ -27 & 5631 & -5603 \\ -3466 & -5589 & 9055 \end{bmatrix} \ (\mathrm{MW/rad}) \tag{9.80}$$

根据式（9.27），惯性系数矩阵为

$$[M] = \begin{bmatrix} 1592 & 0 & 0 \\ 0 & 1592 & 0 \\ 0 & 0 & 7961 \end{bmatrix} \ (\mathrm{MVAs^2/rad}) \tag{9.81}$$

式（9.33）中的矩阵$[C]$为

$$[C] = -[M]^{-1}[K] = \begin{bmatrix} -2.1998 & 0.0173 & 2.1825 \\ 0.0173 & -3.5363 & 3.5189 \\ 0.4353 & 0.7020 & -1.1373 \end{bmatrix} (\text{s}^{-2}) \tag{9.82}$$

$[C]$阵的特征值和特征向量为

$$[L] = \begin{bmatrix} -2.4730 & 0 & 0 \\ 0 & -4.4004 & 0 \\ 0 & 0 & 0 \end{bmatrix} \tag{9.83}$$

$$[G] = \begin{bmatrix} -0.9263 & -0.2241 & -0.5773 \\ 0.3593 & -0.9461 & -0.5773 \\ 0.1131 & 0.2334 & -0.5773 \end{bmatrix} \tag{9.84}$$

特征值显示有两个机电振荡模式，其振荡周期分别为

$$T_{o1} = \frac{2\pi}{\sqrt{-L_1}} = 4\,\text{s} \tag{9.85}$$

$$T_{o2} = \frac{2\pi}{\sqrt{-L_2}} = 3\,\text{s} \tag{9.86}$$

模式#1 对应特征向量$[G]$的第一列，显示 G_1 的振幅比同相的 G_2 和 G_3 要高；G_3 由于惯性常数较大振幅最小，均与图 9.15 相符。

模式#2 对应特征向量（$[G]$的第二列）的分析如图 9.16 所示。G_1 和 G_2 振荡同相，但 G_2 的振幅较大，G_3 相位相反且振幅较小。

图 9.15　振荡模式#1 的转速振幅　　　　图 9.16　振荡模式#2 的转速振幅

增大 G_3 的惯性常数可得到一些有趣的结果。这意味着区域 3 可看成无穷大系统，假设 $T_{a3}=30\text{s}$，根据特征值可知振荡周期分别为

$$T_{o1} = \frac{2\pi}{\sqrt{-L_1}} = 4.12\,\text{s} \tag{9.87}$$

$$T_{o2} = \frac{2\pi}{\sqrt{-L_2}} = 3.23\,\text{s} \tag{9.88}$$

且特征向量矩阵为

$$[G] = \begin{bmatrix} 0.9873 & -0.0879 & -0.5773 \\ -0.1481 & -0.9935 & -0.5773 \\ -0.0558 & 0.0719 & -0.5773 \end{bmatrix} \tag{9.89}$$

可见如上假设有（见图 9.17）：

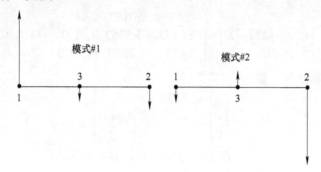

图 9.17　假设区域 3 无穷大时的转速振幅

1）模式#1 和模式#2 中区域 3 的振幅大大降低；

2）由于区域 1 和区域 2 通过无穷大母线连接，将完全解耦。因此，模式#1 可看成 G_1 对于区域 2 和区域 3 的振荡，而模式#2 仅描述 G_2 的振荡。

9.4　影响机电振荡阻尼的主要因素

9.4.1　简介

现在的稳定问题主要是由阻尼 ζ 不足引发的发电机转子间的机电振荡，振荡的频率和周期大致如下：

$$\begin{cases} \omega_o = 0.3\sim15\,\text{rad}/\text{s} \\ f_o = 0.05\sim2.5\,\text{Hz} \\ T_o = 0.4\sim20\,\text{s} \end{cases} \tag{9.90}$$

这是因为在一些特殊结构（如长线路、纵结构等）的电力系统中，现代快速调节的励磁系统会使阻尼 ζ 为微小正值或负值（见图 9.18）。

机电振荡可分为

1）本地模式。单台发电机、单座发电厂或一些距离较近发电厂的变量（p_e，Ω，δ，f）中的振荡幅值较大，振荡的频率和周期一般在

$$\begin{cases} \omega_o = 6\sim15\,\text{rad}/\text{s} \\ T_o = 0.4\sim1\,\text{s} \end{cases} \tag{9.91}$$

2）区间模式（或超低频振荡）。地理距离较远的一个或多个区域中很多发电厂的变量振荡幅值较大，振荡频率和周期多为

$$\begin{cases} \omega_o = 0.3\sim6\,\text{rad}/\text{s} \\ T_o = 1\sim20\,\text{s} \end{cases} \tag{9.92}$$

总之，两种情况下系统中的所有变量都会出现振荡，区别只在于幅值。

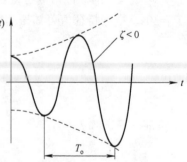

图 9.18　未阻尼的低频振荡

由于主要是定性分析来理解振荡现象，所以会采用一个简单的算例（见图 9.19）。算例中一台发电机（或一片区域）连接到一个无穷大系统。该算例可以分析本地模式和区间模式：

对于本地振荡（实际电厂、实际负荷等）

$$\begin{cases} p_{e} \lessgtr 0 \\ p_{L} \geqslant 0 \\ p_{T} \lessgtr 0，极限情况 p_{T} = p_{e} \end{cases} \tag{9.93}$$

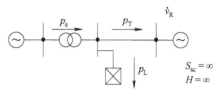

图 9.19　参考算例：单机无穷大系统

对于区间振荡（等效发电机、等效负荷等）

$$\begin{cases} p_{e} > 0 \\ p_{L} < 0 \\ p_{T} \lessgtr 0，p_{e} 的小部分 \end{cases} \tag{9.94}$$

需要注意的是，该案例亦可用于定性分析大干扰功角稳定。

9.4.2　单机无穷大系统：简化分析

众所周知，在单机无穷大系统中，发电机有功增量是转子角增量和励磁电压增量的函数：

$$\Delta p_{e} = h(s)\Delta v_{f} + k(s)\Delta \delta \tag{9.95}$$

将图 9.20 和图 2.30 所示的发电机通用模型，进行拉普拉斯变换

$$h(s) \triangleq \left[\frac{\Delta p_{e}}{\Delta v_{f}}(s)\right]_{\delta=常数} = v_{R}^{o}\sin\delta^{o}\frac{a(s)}{x_{e} + x_{d}(s)} \tag{9.96}$$

$$k(s) \triangleq \left[\frac{\Delta p_{e}}{\Delta \delta}(s)\right]_{v_{f}=常数} = $$
$$-v_{R}^{o}\sin\delta^{o}\left[i_{q}^{o} - \frac{v_{R}^{o}\sin\delta^{o}}{x_{e} + x_{d}(s)}\right] + v_{R}^{o}\cos\delta^{o}\left[i_{d}^{o} + \frac{v_{R}^{o}\cos\delta^{o}}{x_{e} + x_{q}(s)}\right] \tag{9.97}$$

a)　　　　　　　　　　　　　　　b)

图 9.20　发电机电磁部分通用模型

无论转子绕组数（励磁绕组和阻尼绕组）是多少，传递函数 $k(s)$ 都可以写成如下格式：

$$k(s) = q_R^o + (v_R^o)^2 \left[\frac{\sin^2 \delta^o}{x_e + x_d(s)} + \frac{\cos^2 \delta^o}{x_e + x_q(s)} \right] \tag{9.98}$$

式中，q_R 为无穷大节点电压为 v_R 时吸收的无功功率。

这个传递函数取决于发电机电抗 $x_d(s)$ 和 $x_q(s)$，发电机和无穷大系统间的电抗（变压器和线路）x_e，无穷大母线电压 v_R^o，以及包括所发的有功功率和无功功率（p_e^o 和 q^o）、出口电压（v^o），即 q_R^o 和转子角（δ^o）在内的发电机运行点。

图 9.21 画出了线性化后的系统传递函数框图，其中，$\Delta\delta$ 和 Δp_e 之间的关系用 $k(s)$ 表示，输入为 Δp_m（原动机和调速系统）和 Δv_f（励磁和电压控制系统）。

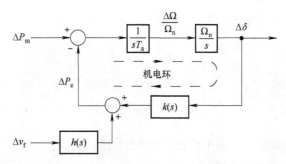

图 9.21 单机无穷大系统线性化后的传递函数框图

分析机电振荡阻尼，首先让我们考虑发电机的二阶模型，其中

$$x_q'' = x_d'' = x_q' = x_i \tag{9.99}$$

根据图 9.22a 所示的简化电路，发电机出力为

$$p_e = f\{e, v_R, \delta\} = \frac{e v_R \sin\delta}{x_e + x_i} \tag{9.100}$$

当 v_R 恒定且不考虑电压控制（例如假设励磁电压和内电动势恒定）时，可认为在运行点附近有

$$\Delta p_e = \left[\frac{\partial p_e}{\partial \delta} \right]^o \Delta\delta \triangleq k\Delta\delta \tag{9.101}$$

其中

$$k = \frac{(e v_R \cos\delta)^o}{x_e + x_i} = q_R^o + \frac{(v_R^o)^2}{x_e + x_i} \tag{9.102}$$

如上假设后可得如图 9.22b 所示修正的机电环传递函数，相应特征方程为

$$s^2 + \frac{k\Omega_n}{T_a} = 0 \tag{9.103}$$

如果发生机电振荡，方程的根为

$$\dot{\lambda}_{1,2} = \pm\mathrm{j}\sqrt{\frac{k\Omega_n}{T_a}} \triangleq \pm\mathrm{j}\omega_o = \pm\mathrm{j}\sqrt{\frac{\Omega_n}{T_a} \frac{(e v_R \cos\delta)^o}{x_e + x_i}} \tag{9.104}$$

所以，机电振荡频率与总电抗（$x_i + x_e$）二次方根成反比。当发电机与无穷大母线间电气联系（用 x_e 来表示）变弱时，振荡频率下降，发生区间振荡。由此可知，x_e 小会激发本地

模式，而 x_e 大时可能发生区间或超低频振荡。

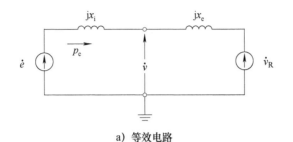

a) 等效电路

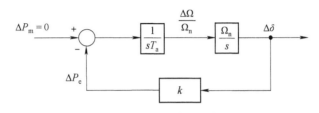

b) 线性化后的传递函数

图 9.22　单机无穷大系统发电机二阶模型

这里和 9.3 节一样，讨论的是发电机二阶模型，假设阻尼为零。发生振荡意味着

$$k > 0 \qquad\qquad (9.105)$$

或者

$$\delta^o < 90° \qquad\qquad (9.106)$$

否则，会因为有符号相反绝对值相同的两个实根，发生非周期性失稳。所以，非周期失稳边界即非实极点的条件是

$$\begin{cases} k = 0 \\ \delta^o = \delta^o_{\text{lim}} = 90° \end{cases} \qquad\qquad (9.107)$$

此时（见图 9.23）

$$p_e = p_{\text{emax}} = \frac{ev_R}{x_e + x_i} \qquad\qquad (9.108)$$

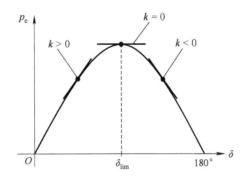

图 9.23　功角稳态特性曲线和非周期失稳边界

换句话说，非周期或实极点失稳是因为同步功率系数 k 小。

算例：以图9.24所示的系统来进行分析。

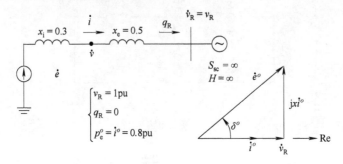

图9.24　本地机电振荡周期算例

根据图9.24，可写出

$$\begin{cases} v_{\mathrm{R}} = 1\mathrm{pu} & q_{\mathrm{R}} = 0 \\ x = x_{\mathrm{e}} + x_{\mathrm{i}} = 0.8\mathrm{pu} & e^o \cos\delta^o = v_{\mathrm{R}} = 1\mathrm{pu} \end{cases} \tag{9.109}$$

如果设定发电机起动时间 T_{a}=7.5s 并且额定频率为 50Hz，有

$$\begin{cases} k = \dfrac{e^o v_{\mathrm{R}}}{x}\cos\delta^o = 1.25 \\[2mm] \omega_{\mathrm{o}} = \sqrt{\dfrac{1.25 \times 314}{7.5}} \approx 7.3\mathrm{rad/s} \\[2mm] f_{\mathrm{o}} = \dfrac{\omega_{\mathrm{o}}}{2\pi} \approx 1.15\mathrm{Hz} \\[2mm] T_{\mathrm{o}} = 0.86\mathrm{s} \end{cases} \tag{9.110}$$

定性分析中采用简化模型考虑因素较少。对发电机采用更精确的模型（阻尼绕组、励磁绕组）并考虑调速器和电压调节器时，阻尼就不再是零；但相比于控制器，所提供的阻尼只是微小的正值。机电振荡阻尼为 0.1 时已经较好，0.20～0.25 可认为极好。

9.4.3　单机无穷大系统：更精确的分析

9.4.3.1　简介

图9.25a 所示框图适用于发电机（或区域）连接到无穷大系统的任何情况（有无中间负荷、发电机模型、励磁和电压控制形式、原动机和调速器形式）。该框图的核心是转子角增量 $\Delta\delta$ 到减速功率增量的传递函数 $k(s)$，其中减速功率增量定义为

$$\Delta p_{\mathrm{d}} = -\Delta p_{\mathrm{a}} = \Delta p_{\mathrm{e}} - \Delta p_{\mathrm{m}} \tag{9.111}$$

式中，p_{a} 为加速功率。

$k(s)$ 一般对应发电机的电磁部分，包括励磁系统及电压控制、汽轮机及频率控制。所以，不能再如式（9.98）一样，只考虑发电机本体。如图9.25a 所示系统的特征方程为

$$1 + \frac{\Omega_{\mathrm{n}}}{s^2 T_{\mathrm{a}}}k(s) = 0 \tag{9.112}$$

即

$$s^2 + \frac{\Omega_n}{T_a} k(s) = 0 \tag{9.113}$$

可见，$k（s）$决定式（9.113）解的个数；不过，肯定有两个根和机电振荡相关。假设这两个（共轭）极点为

$$\begin{cases} \dot{\lambda}_1 = \sigma_o + j\omega_o \\ \dot{\lambda}_2 = \sigma_o - j\omega_o \end{cases} \tag{9.114}$$

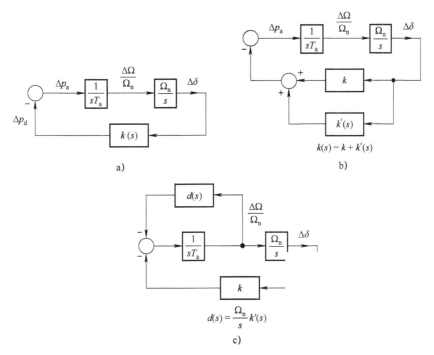

a)

b)

$$k(s) = k + k'(s)$$

c)

$$d(s) = \frac{\Omega_n}{s} k'(s)$$

图 9.25　考虑不同元件影响时的机电环框图（发电机本体结构，负荷、励磁和电压控制，汽轮机和频率控制）

根据式（9.113）可得

$$-\dot{\lambda}_1^2 = \frac{\Omega_n}{T_a} k(\dot{\lambda}_1) \tag{9.115}$$

即

$$\omega_o^2 - \sigma_o^2 - 2j\sigma_o\omega_o = \frac{\Omega_n}{T_a}\Big[\mathrm{Re}\big\{k(\dot{\lambda}_1)\big\} + j\mathrm{Im}\big\{k(\dot{\lambda}_1)\big\} \Big] \tag{9.116}$$

$$\begin{cases} \omega_o^2 - \sigma_o^2 = \dfrac{\Omega_n}{T_a}\mathrm{Re}\big\{k(\dot{\lambda}_1)\big\} \\ -\dfrac{\sigma_o}{\omega_o} = \dfrac{1}{2\omega_o^2}\dfrac{\Omega_n}{T_a}\mathrm{Im}\big\{k(\dot{\lambda}_1)\big\} \end{cases} \tag{9.117}$$

考虑到 ζ 总是很小（即使是本地振荡），有

$$\sigma_o^2 \ll \omega_o^2 \tag{9.118}$$

$$k(\dot{\lambda}_1) \simeq k(j\omega_o) = \mathrm{Re}\big\{k(j\omega_o)\big\} + j\mathrm{Im}\big\{k(j\omega_o)\big\} \tag{9.119}$$

由式（9.117），可得

$$\omega_o = \sqrt{\frac{\Omega_n}{T_a} \operatorname{Re}\{k(j\omega_o)\}} \qquad (9.120)$$

$$\varsigma \simeq -\frac{\sigma_o}{\omega_o} \simeq \frac{1}{2\omega_o^2}\frac{\Omega_n}{T_a}\operatorname{Im}\{k(j\omega_o)\} = \frac{1}{2}\frac{\operatorname{Im}\{k(j\omega_o)\}}{\operatorname{Re}\{k(j\omega_o)\}} = \frac{1}{2}\tan\angle k(j\omega_o) \qquad (9.121)$$

为了确定 $k(s)$ 对阻尼的影响是正是负，可以如图 9.25b 所示，将 $k(s)$ 拆成两部分：

$$\Delta p_d = k(s)\Delta\delta \qquad (9.122)$$

并且

$$k(s) = k + k'(s) \qquad (9.123)$$

式中，k 为采用发电机二阶模型时，式（9.101）和式（9.102）定义的同步功率系数，如前所述该部分未计及阻尼；$k'(s)$ 考虑的是实际的发电机及其控制，相当于计及了阻尼。

现在机械部分有两个积分环节，机电环的相位范围 γ_c 为

$$\gamma_c = \angle[k + k'(j\omega_c)] \qquad (9.124)$$

式中，ω_c 为机电环的截止频率。

在阻尼较小时，有以下等式：

$$\omega_c \simeq \omega_o = \sqrt{\frac{k\Omega_n}{T_a}} \qquad (9.125)$$

我们可以认为（见图 9.26）

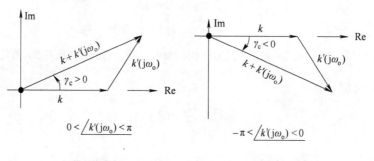

a）使系统稳定　　　　　　　b）使系统失稳

图 9.26　传递函数 $k'(s)$ 的影响

1）如果 $k'(j\omega)$ 在振荡频率 ω_o 的相位为正，即

$$0 < \angle k'(j\omega_o) < \pi \qquad (9.126)$$

$k'(s)$ 会使系统稳定；

2）反之，$k'(s)$ 的效果就是使系统不稳定，这时

$$-\pi < \angle k'(j\omega_o) < 0 \qquad (9.127)$$

由式（9.119）、式（9.122）和式（9.123）推出

$$\Delta p_{\rm d} = \left[k + {\rm Re}\{k'({\rm j}\omega_{\rm o})\} + {\rm j}{\rm Im}\{k'({\rm j}\omega_{\rm o})\} \right] \Delta\delta$$

$$= \left[k + {\rm Re}\{k'({\rm j}\omega_{\rm o})\} \right]\Delta\delta + \frac{\Omega_{\rm n}}{\omega_{\rm o}}{\rm Im}\{k'({\rm j}\omega_{\rm o})\}\frac{\Delta\Omega}{\Omega_{\rm n}} \tag{9.128}$$

如果我们定义

$$\begin{cases} \Delta p_{\rm S} \triangleq \left[k + {\rm Re}\{k'({\rm j}\omega_{\rm o})\} \right]\Delta\delta \\ \Delta p_{\rm D} \triangleq \dfrac{\Omega_{\rm n}}{\omega_{\rm o}}{\rm Im}\{k'({\rm j}\omega_{\rm o})\}\dfrac{\Delta\Omega}{\Omega_{\rm n}} \end{cases} \tag{9.129}$$

将得到图 9.27 所示的框图，其中，$\Delta p_{\rm S}$ 和 $\Delta p_{\rm D}$ 分别称为同步功率（转矩）和阻尼或制动功率（转矩），并有

$$\begin{cases} \hat{k} = k + {\rm Re}\{k'({\rm j}\omega_{\rm o})\} = {\rm Re}\{k({\rm j}\omega_{\rm o})\} \\ \hat{d} = \dfrac{\Omega_{\rm n}}{\omega_{\rm o}}{\rm Im}\{k'({\rm j}\omega_{\rm o})\} = \dfrac{\Omega_{\rm n}}{\omega_{\rm o}}{\rm Im}\{k({\rm j}\omega_{\rm o})\} \end{cases} \tag{9.130}$$

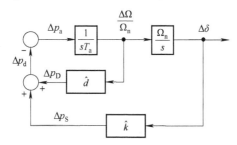

图 9.27 机电环的阻尼或制动功率（或转矩）和同步功率（或转矩）

从静态角度看，同步转矩与转子角增量成正比，而阻尼转矩与转速增量成正比。机电环特征方程变成

$$1 + \frac{\Omega_{\rm n}\hat{k}}{s(sT_{\rm a} + \hat{d})} = 0 \tag{9.131}$$

或者

$$s^2 + s\frac{\hat{d}}{T_{\rm a}} + \frac{\Omega_{\rm n}\hat{k}}{T_{\rm a}} = 0 \tag{9.132}$$

写成一般形式为

$$s^2 + 2\varsigma\omega_{\rm n}s + \omega_{\rm n}^2 = 0 \tag{9.133}$$

式中，ς 为阻尼；$\omega_{\rm n}$ 为固有转子角频率，其等于 $\omega_{\rm o}$ 下两个极点的振幅。

该方程有对与机电振荡相关的共轭复极点，其特性为

$$\omega_{\rm n} = \sqrt{\frac{\Omega_{\rm n}\hat{k}}{T_{\rm a}}}; \quad \varsigma = \frac{1}{2\omega_{\rm n}}\frac{\hat{d}}{T_{\rm a}}; \quad \omega_{\rm o} = \omega_{\rm n}\sqrt{1 - \varsigma^2} \tag{9.134}$$

由于阻尼很小

$$\begin{cases} \omega_o \approx \sqrt{\dfrac{\Omega_n \hat{k}}{T_a}} \\[4mm] \varsigma \simeq \dfrac{\hat{d}}{2\omega_o T_a} \end{cases} \tag{9.135}$$

可以看出，$\hat{k}$ 决定了振荡周期而 $\hat{d}$ 决定阻尼。

为了解释 $k'(s)$ 对阻尼的影响，图 9.25c 给出了第三种即最后一种机电环传递函数框图（等效于之前两种传递框图），其中

$$d(s) \triangleq \frac{\Omega_n}{s} k'(s) \tag{9.136}$$

由于阻尼很小，以下方程成立［类似于式（9.119）］

$$d(\dot{\lambda}_1) \simeq d(j\omega_o) = \mathrm{Re}\{d(j\omega_o)\} + j\mathrm{Im}\{d(j\omega_o)\} \tag{9.137}$$

同时有

$$d(j\omega_o) = \frac{\Omega_n}{j\omega_o} k'(j\omega_o) = \frac{\Omega_n}{j\omega_o}\left[\mathrm{Re}\{k'(j\omega_o)\} + j\mathrm{Im}\{k'(j\omega_o)\}\right] \tag{9.138}$$

由式（9.138）

$$\begin{cases} \mathrm{Re}\{d(j\omega_o)\} = \dfrac{\Omega_n}{\omega_o}\mathrm{Im}\{k'(j\omega_o)\} \\[4mm] \mathrm{Im}\{d(j\omega_o)\} = -\dfrac{\Omega_n}{\omega_o}\mathrm{Re}\{k'(j\omega_o)\} \end{cases} \tag{9.139}$$

所以三种机电环传递框图是等效的，分别显示了对阻尼的不同影响，并将在后面的章节被再次提及。

此外，需要指出的有

1）式（9.121）意味着

$$\varsigma = \frac{1}{2}\frac{\mathrm{Im}\{k(j\omega_o)\}}{\mathrm{Re}\{k(j\omega_o)\}} = \frac{1}{2}\frac{\mathrm{Im}\{k'(j\omega_o)\}}{k + \mathrm{Re}\{k'(j\omega_o)\}} \tag{9.140}$$

2）由于 $\omega_o > 0$，由式（9.135）和式（9.130）可得

$$\hat{k} = k + \mathrm{Re}\{k'(j\omega_o)\} = \mathrm{Re}\{k(j\omega_o)\} > 0 \tag{9.141}$$

但是值很小；

3）式（9.135）同时指出 ζ 的符号取决于 $\hat{d}$ 的符号；

4）可大致假设阻尼受到不同因素的影响

$$\zeta = \zeta_S + \zeta_V + \zeta_{PF} + \cdots \tag{9.142}$$

式中，ζ_S 为发电机结构 $[x_d(s)$ 和 $x_q(s)]$ 产生的阻尼；ζ_V 表示一级电压控制的影响，而 ζ_{PF} 为一次调频的贡献。

9.4.3.2　发电机结构对阻尼的影响

之前的分析已指出，仅采用发电机二阶模型无法提供机电振荡的阻尼，有必要进一步考虑发电机结构即电抗 $x_d(s)$ 和 $x_q(s)$ 的影响，可采用发电机（见图 9.20）四阶模型［见 2.1.6.2 节的式（2.88）、式（2.89）和式（2.92）］。

$$\text{"}d\text{轴"} \begin{cases} x_{\mathrm{d}}(s) = x_{\mathrm{d}} \dfrac{1+sT_{\mathrm{d}}'}{1+sT_{\mathrm{do}}'} \\[3mm] a(s) = \dfrac{1}{1+sT_{\mathrm{do}}'} \end{cases} \tag{9.143}$$

$$\text{"}q\text{轴"} \quad x_{\mathrm{q}}(s) = x_{\mathrm{q}} \dfrac{1+sT_{\mathrm{q}}''}{1+sT_{\mathrm{qo}}''} \tag{9.144}$$

以上发电机模型可用于研究所有类型的机电振荡（本地模式和区间模式）。

发电机结构［如 $x_{\mathrm{d}}(s)$ 和 $x_{\mathrm{q}}(s)$］对阻尼的影响如图 9.28 所示。

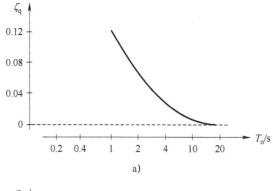

a)

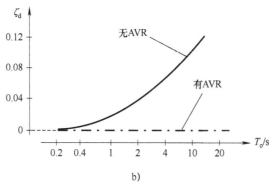

b)

图 9.28　发电机 q 轴和 d 轴结构对阻尼的影响

观察 q 轴对阻尼的影响，可得到如下结论：

1）直观上 ζ_{q} 总为正值，这是因为 $x_{\mathrm{q}}(s)$ 的零点极点特性；

2）当振荡周期 T_{o} 增大时，影响越接近于零，这是因为 $x_{\mathrm{q}}(s)$ 越接近为常数 x_{q}，以致动态特性消失；

3）ζ_{q} 在本地振荡中足够大（$0.10 \sim 0.15$），而在区间和低频振荡中会显著下降。

观察图 9.28b，发电机 d 轴结构对阻尼的影响如下：

1）直观上 ζ_{d} 总是正值，这是因为 $x_{\mathrm{d}}(s)$ 的零点极点特性；

2）ζ_{d} 的变化与 ζ_{q} 相反，因为 d 轴与 q 轴在相位上相差 $90°$；

3）ζ_{d} 在区间振荡模式中足够大（$0.08 \sim 0.12$），而在本地振荡中会显著下降。

9.4.3.3　一级电压控制对阻尼的影响

1. 振荡阻尼

一级电压控制会影响机电振荡的阻尼，其影响 ζ_V 可分为两个部分：

$$\zeta_V = \zeta_F + \zeta_{PV} \tag{9.145}$$

第一部分 ζ_F 是由于电压控制和发电机本体的相互作用产生的，会使系统失稳。图 9.28b 绘出了自动电压调节器（AVR）对阻尼的影响。当 AVR 起作用时，一级电压控制环的截止频率只和暂态电抗 x_d' 有关，即完全独立于同步电抗 x_d。这意味着没有电压控制时，是励磁绕组单独作用产生的正阻尼，而电压调节器会使 $x_d(s)$ 的这种正阻尼影响（ζ_d）无效。换句话说，电压调节器将 $x_d(s)$ 和 $a(s)$（仅与 d 轴相关）的有效近似范围，从严格有效的高频段（例如，只在本地模式的频率段）拓宽到整个机电振荡频率段，如图 9.29 所示。

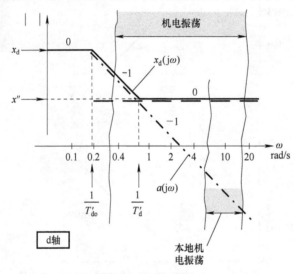

图 9.29　d 轴传递函数（本地振荡和机电振荡的频率段）

一级电压控制环影响阻尼的另一部分为 ζ_{PV}。首先，在假设

$$x_d' = x_d'' = x_q'' = x'' = x_i \tag{9.146}$$

下，单机（区域）无穷大系统的等效电路如图 9.30a 所示。图 9.30b 则绘出了对应的相位关系，其中，内电动势 $\dot e$ 的幅值为 e 相角为 δ。那么，发电机发出的有功功率 p_e 和出口侧电压 v 为输出变量，有

$$\begin{cases} p_e = f\{e, v_R, \delta\} \\ v = g\{e, v_R, \delta\} \end{cases} \tag{9.147}$$

由于 v_R 是常数，有

$$\begin{cases} \Delta p_e = k\Delta\delta + h\Delta e \\ \Delta v = h_1\Delta\delta + h_2\Delta e \end{cases} \tag{9.148}$$

且

$$\begin{cases} k \triangleq \left(\dfrac{\partial p_e}{\partial \delta} \right)^o \\[4mm] h \triangleq \left(\dfrac{\partial p_e}{\partial e} \right)^o \end{cases} \tag{9.149}$$

和

$$\begin{cases} h_1 \triangleq \left(\dfrac{\partial v}{\partial \delta} \right)^o \\[4mm] h_2 \triangleq \left(\dfrac{\partial v}{\partial e} \right)^o \end{cases} \tag{9.150}$$

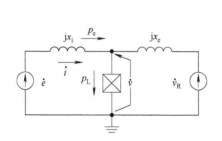 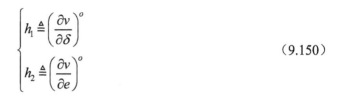

a）单机无穷大系统等效电路   b）相位关系

图 9.30

所以，机电环和电压控制环可以用图 9.31 所示的框图来表示。

得到

$$k^{'}(s) = -\frac{hh_1}{h_2} g_v(s) \tag{9.151}$$

式中，$g_v(s)$ 为恒定相角 δ 下一级电压控制的闭环传递函数：

$$g_v(s) \triangleq \left[\frac{\Delta v}{\Delta v_{ref}}(s) \right]_{\Delta \delta = 0} = \frac{h_2 \left[F_v(s) / s T_{do}^{'} \right]}{1 + h_2 \left[F_v(s) / s T_{do}^{'} \right]} \tag{9.152}$$

或

$$g_v(s) = \frac{1}{1 + s \left[T_{do}^{'} / \left[h_2 F_v(s) \right] \right]} \tag{9.153}$$

在机电振荡中，通常用 AVR 的暂态或动态放大倍数 μ_t 来近似其传递函数（这个假设对静止励磁系统严格有效，对旋转励磁系统也是足够近似的）：

$$F_v(s) \simeq \mu_t \tag{9.154}$$

对于式（9.153）就有

$$g_v(s) = \frac{1}{1 + s T_v} \tag{9.155}$$

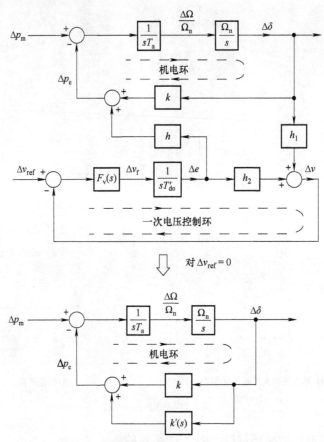

图 9.31   分析一次电压控制中 ζ_{PV} 影响的传递框图

且

$$T_v = \frac{1}{\omega_v} = \frac{T'_{do}}{\mu_t h_2} \tag{9.156}$$

式中，ω_v 为一次电压控制环的截止频率。

此时根据式（9.121），就可以估计 ζ_{PV}。由于

$$\mathrm{Im}\left\{k'\left(\mathrm{j}\omega_o\right)\right\} = -\frac{hh_1}{h_2}\,\mathrm{Im}\left\{g_v\left(\mathrm{j}\omega_o\right)\right\} \tag{9.157}$$

可得到（亦可见式（9.155））

$$\zeta_{PV} = -\frac{\Omega_n}{2T_a\omega_o^2}\frac{hh_1}{h_2}\,\mathrm{Im}\left\{g_v\left(\mathrm{j}\omega_o\right)\right\} = \frac{\Omega_n}{2T_a\omega_o^2}\frac{hh_1}{h_2}\frac{\omega_o/\omega_v}{1+\left(\omega_o/\omega_v\right)^2} \tag{9.158}$$

基于式（9.158）可看出 ζ_{PV} 取决于 hh_1/h_2 的符号：

$$\begin{cases} \dfrac{hh_1}{h_2} < 0\ \text{失稳效应}\ \zeta_{PV} < 0 \\[2mm] \dfrac{hh_1}{h_2} > 0\ \text{稳定效应}\ \zeta_{PV} > 0 \end{cases} \tag{9.159}$$

可以证明 h_2 恒为正，h 和 h_1 的符号则取决于连接发电机和无穷大系统的两端口网络以及系统运行点（潮流）。

因为发电机或区域是直接连入无穷大系统（见图 9.24）还是有中间负荷会产生不同的影响，所以需要进一步分析。

如果发电机和无穷大系统间没有中间负荷，我们可直接写出

$$\begin{cases} \dot{e} - \dot{v} = jx_i i \\ \dot{v} - \dot{v}_R = jx_e i \end{cases} \tag{9.160}$$

由此可推出发电机出口侧电压 v，由

$$\frac{\dot{e} - \dot{v}}{jx_i} = \frac{\dot{v} - \dot{v}_R}{jx_e} \tag{9.161}$$

和

$$\begin{cases} \dot{e} = e(\cos\delta + j\sin\delta) \\ \dot{v}_R = v_R \end{cases} \tag{9.162}$$

可以导出

$$\dot{v} = \frac{x_i x_e}{x_i + x_e}\left[\frac{\dot{e}}{x_i} + \frac{\dot{v}_R}{x_e}\right] = \frac{x_i x_e}{x_i + x_e}\left[\left(\frac{e\cos\delta}{x_i} + \frac{\dot{v}_R}{x_e}\right) + j\frac{e\sin\delta}{x_i}\right] \tag{9.163}$$

$$v = \frac{x_i x_e}{x_i + x_e}\sqrt{\left(\frac{e}{x_i}\right)^2 + \left(\frac{v_R}{x_e}\right)^2 + \frac{2ev_R\cos\delta}{x_i x_e}} \tag{9.164}$$

微分后，可以得到 h_1 和 h_2 的表达式：

$$\begin{cases} \left(\dfrac{\partial v}{\partial \delta}\right)^o = -\dfrac{x_i x_e}{(x_i + x_e)^2}\cdot\dfrac{e^o v_R \sin\delta^o}{v^o} = -\dfrac{x_i x_e}{x_i + x_e}\left(\dfrac{p_e}{v}\right)^o \\ \left(\dfrac{\partial v}{\partial e}\right)^o = \left(\dfrac{x_i x_e}{x_i + x_e}\right)^2\dfrac{1}{x_i v^o}\left(\dfrac{e^o}{x_i} + \dfrac{v_R}{x_e}\cos\delta^o\right) \end{cases} \tag{9.165}$$

要得到用 e 和 δ 的函数表示的 v 有另一种方法，考虑如图 9.32 所示的相位关系，有 h_1 和 h_2 的等效表达式：

$$\begin{cases} e\cos(\delta - \theta) = v + x_i i\sin\varphi = v + x_i\dfrac{q}{v} \\ e\sin(\delta - \theta) = x_i i\cos\varphi = x_i\dfrac{p_e}{v} \end{cases} \tag{9.166}$$

其中

$$\begin{cases} q = \dfrac{v}{x_e}(v - v_R\cos\theta) \\ p_e = \dfrac{v}{x_e}v_R\sin\theta \end{cases} \tag{9.167}$$

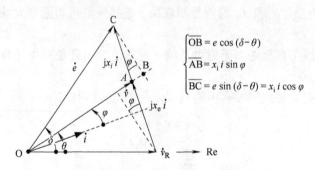

$$\begin{cases} \overline{OB} = e\cos(\delta-\theta) \\ \overline{AB} = x_i\, i\sin\varphi \\ \overline{BC} = e\sin(\delta-\theta) = x_i\, i\cos\varphi \end{cases}$$

图 9.32　发电机直接接入无穷大系统时的相位关系图

将 p_e 和 q 代入式（9.166）后，可以看到其中第二个方程和 v 无关，只要根据第一个方程中 v 和 e 的关系就可以计算出 h_1 和 h_2。

这样由式（9.166）的第一个方程和式（9.167）有

$$e\cos(\delta-\theta) = v + \frac{x_i}{x_e}v - \frac{x_i}{x_e}v_R\cos\theta = v\frac{x_i+x_e}{x_e} - \frac{x_i}{x_e}v_R\cos\theta \tag{9.168}$$

$$v = \frac{x_e}{x_i+x_e}e\cos(\delta-\theta) + \frac{x_i}{x_i+x_e}v_R\cos\theta \tag{9.169}$$

$$\begin{cases} h_1 = \left(\dfrac{\partial v}{\partial\delta}\right)^o = -\dfrac{x_e}{x_i+x_e}e^o\sin(\delta-\theta)^o \\[3mm] h_2 = \left(\dfrac{\partial v}{\partial e}\right)^o = \dfrac{x_e}{x_i+x_e}\cos(\delta-\theta)^o \end{cases} \tag{9.170}$$

其中，h_2 总是大于零，并且有

$$\frac{h_1}{h_2} = -e^o\tan(\delta-\theta)^o \tag{9.171}$$

对于 h_2，在无负荷（$\delta-\theta=0$）时达到最大值并等于 $x_e/(x_i+x_e)$，之后随着输送有功功率的增加而下降（见图 9.24）。

与此相同的是，单机直接连入无穷大系统时的截止频率 ω_v 也在无负荷时有最大值，并伴随负荷的上升而缓慢下降。

从式（9.100）可得出

$$\begin{cases} \left(\dfrac{\partial p_e}{\partial\theta}\right)^o = k = \dfrac{e^o v_R}{x_i+x_e}\cos\delta^o \\[3mm] \left(\dfrac{\partial p_e}{\partial e}\right)^o = h = \dfrac{v_R\sin\delta^o}{x_i+x_e} = \left(\dfrac{p_e}{e}\right)^o \end{cases} \tag{9.172}$$

考虑式（9.165）和式（9.170），最终可得到（$-\pi/2 < \delta^o < \pi/2$）

$$\begin{cases} k = \dfrac{e^o v_R \cos \delta^o}{x_i + x_e} = q_R^o + \dfrac{v_R^2}{x_i + x_e} > 0 \\[3mm] h = \dfrac{v_R \sin \delta^o}{x_i + x_e} = \left(\dfrac{p_e}{e}\right)^o \\[3mm] h_1 = -\dfrac{x_i x_e}{x_i + x_e}\left(\dfrac{p_e}{v}\right)^o = -\dfrac{x_e}{x_i + x_e} e^o \sin(\delta - \theta)^o \\[3mm] h_2 = \left(\dfrac{x_i x_e}{x_i + x_e}\right)^2 \dfrac{1}{x_i v^o}\left(\dfrac{e^o}{x_i} + \dfrac{v_R}{x_e}\cos\delta^o\right) \\[3mm] \quad = \dfrac{x_e}{x_i + x_e}\cos(\delta - \theta)^o > 0 \end{cases} \tag{9.173}$$

和

$$\frac{hh_1}{h_2} = -p_e^o \tan(\delta - \theta)^o \tag{9.174}$$

所以可得如下第一个主要结论：

h 和 h_1 的符号取决于 δ^o 的符号，即取决于 p_e^o 的符号；所以当发电机发电时（$p_e^o > 0$）：

$$\begin{cases} h > 0 \\ h_1 < 0 \end{cases} \tag{9.175}$$

相反如果发电机吸收有功功率（$p_e^o < 0$），有（见图9.33）：

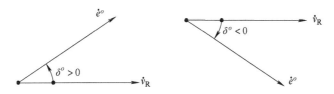

图 9.33 发电机发出功率和吸收功率时的相位

$$\begin{cases} h < 0 \\ h_1 > 0 \end{cases} \tag{9.176}$$

又由于总有 $h_2 > 0$：

$$\frac{hh_1}{h_2} < 0 \tag{9.177}$$

这样可知当发电机直接连入无穷大系统时，电压控制总是使系统失稳（对机电振荡阻尼有负贡献）。换句话说，电压控制对阻尼的负影响来自于两方面，一方面使励磁绕组的正贡献 ζ_F 无效，另一方面提供了负阻尼 ζ_{PV}。

如果发电机无负载（$p_e^o = 0$），以同步调相机运行

$$h = h_1 = 0 \tag{9.178}$$

电压环会和机电环完全解耦（见图 9.31），也就是电压控制对机电振荡无影响。所以，降低发电机负荷可以使系统稳定：如果没有 PSS，唯一可以增加阻尼的手段就是降低发电机出力。

同时，电压调节会使非周期失稳极限超过 90°，即扩大非周期稳定的范围。

根据式（9.158）和式（9.174），我们可得到 ζ_{PV} 的一般表达式

$$\zeta_{PV} = \frac{1}{2\omega_o^2} \cdot \frac{\Omega_n}{T_a} p_e^o \tan(\delta - \theta)^o \, \mathrm{Im}\{g_v(j\omega_o)\}$$

$$= -\frac{\Omega_n}{2T_a\omega_o^2} p_e^o \tan(\delta - \theta)^o \frac{\omega_o / \omega_v}{1 + (\omega_o / \omega_v)^2}$$

(9.179)

这样可得到第二个主要结论：

1）当 $\omega_o \to \infty$ 或 $\omega_o / \omega_v \to \infty$ 或 $\omega_o \gg \omega_v$ 时，$\zeta_{PV} \to 0$。在过去（20 世纪 60 年代），AVR 对机电振荡阻尼毫无影响，是因为调节速度很慢（T_v 很大，ω_v 很小，$\omega_v \ll \omega_o$），微小负值的 ζ_{PV} 主要被 ζ_q 补偿掉了。

2）现代静止励磁器使得一级电压控制的响应速度提高，即 ω_v 接近 ω_o，以及 ζ_{PV} 变成较大负值，这是因为

① x_e 增加（ω_o 很小），即发电机（区域）与无穷大系统间的联系变弱；

② p_e^o 增加，无论是发出还是吸收功率使当 p_e^o 反向时，$\tan(\delta - \theta)^o$ 也会反向；

③ 内部相角 $(\delta - \theta)^o$ 增加，即在给定有功功率下，发出的无功功率 q^o 很小（特别当 q 接近欠励极限时，内相角接近 90°）

④ T_a 减小，即（实际或等效的）发电机惯性常数变得很小。

2. 振荡频率

根据前面章节的分析，振荡频率一般可如下表达

$$\omega_o^2 = \frac{\Omega_n}{T_a} \mathrm{Re}\{k(j\omega_o)\}$$

(9.180)

且

$$\mathrm{Re}\{k(j\omega_o)\} = k - \frac{hh_1}{h_2} \mathrm{Re}\{g_v(j\omega_o)\}$$

(9.181)

如果

$$k \gg \frac{hh_1}{h_2} \mathrm{Re}\{g_v(j\omega_o)\}$$

(9.182)

振荡频率就近似为

$$\omega_o \simeq \sqrt{\frac{\Omega_n k}{T_a}}$$

(9.183)

可见以上假设是否成立取决于 k、h、h_1 和 h_2，即取决于两端口网络的结构和系统运行点。又由于

$$\mathrm{Re}\{g_v(j\omega_o)\} = \frac{1}{1 + (\omega_o / \omega_v)^2}$$

(9.184)

$$0 \leqslant \mathrm{Re}\{g_v(j\omega_o)\} \leqslant 1$$

(9.185)

我们可以推论，对于给定的 p_e^o，如果 x_e 减小（模拟本地振荡），δ^o 减小，k 和 ω_o 变大，h_2 和 ω_v 减小，ω_o / ω_v 增大，$\mathrm{Re}\{g_v(j\omega_o)\}$ 减小。显然这样式（9.182）更易成立，也就是说式（9.183）相比于区间振荡更符合本地振荡。

算例：以图 9.34 为例，参数如下：

$$\begin{cases} T_a = 10\text{s}; \quad T'_{do} = 7.5\text{s} \\ \mu_t = 50\text{pu}/\text{pu}; \quad x_i = 0.2\text{pu} \\ \qquad\qquad x_e = 1\text{pu} \end{cases} \quad (9.186)$$

系统运行点为

$$\begin{cases} v^o = 1\text{pu} \\ p^o_e = i^o = 0.8\text{pu} \end{cases} \quad (9.187)$$

有计算结果

$$\begin{cases} \dot{v}^o_R = 1 - \text{j}0.8; \dot{e}^o = 1 + \text{j}0.16 \\ v^o_R = 1.28; \quad e^o = 1.0127 \\ (\delta - \theta)^o \approx 9°; \delta^o \approx 48° \end{cases} \quad (9.188)$$

并且

$$\begin{cases} k = 0.723; \quad \dfrac{hh_1}{h_2} = -0.128; \quad h_2 = 0.833 \\ \omega_o \approx \sqrt{\dfrac{k\Omega_n}{T_a}} = 4.76; \quad \omega_v = 5.55 \\ \dfrac{\omega_o}{\omega_v} = 0.86; \quad \text{Re}\left\{g_v(\text{j}\omega_o)\right\} = 0.576 \\ \dfrac{hh_1}{h_2}\text{Re}\left\{g_v(\text{j}\omega_o)\right\} = -0.074 \ll k \end{cases} \quad (9.189)$$

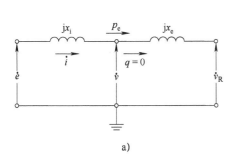
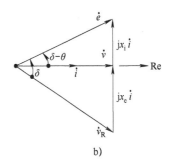

图 9.34　近似计算振荡频率算例

可见对于此算例，假设式（9.182）完全成立。

当假设不成立时，可用式（9.180）、式（9.181）和式（9.184）来计算 ω_o：

$$\omega_o^2 = \frac{\Omega_n}{T_a}\left(k - \frac{hh_1}{h_2}\frac{1}{1 + (\omega_o/\omega_v)^2}\right) \quad (9.190)$$

即求解四次方程

$$\omega_o^4 + \left(\omega_v^2 - \frac{k\Omega_n}{T_a}\right)\omega_o^2 - \frac{\Omega_n\omega_v^2}{T_a}\left(k - \frac{hh_1}{h_2}\right) = 0 \quad (9.191)$$

得到实正数单解

$$\omega_{\mathrm{o}} = \sqrt{\frac{\left[\left(k\Omega_{\mathrm{n}}/T_{\mathrm{a}}\right)-\omega_{\mathrm{v}}^{2}\right]+\sqrt{\left[\left(k\Omega_{\mathrm{n}}/T_{\mathrm{a}}\right)-\omega_{\mathrm{v}}^{2}\right]^{2}+4\left(\Omega_{\mathrm{n}}/T_{\mathrm{a}}\right)\omega_{\mathrm{v}}^{2}\left[k-\left(hh_{1}/h_{2}\right)\right]}}{2}} \tag{9.192}$$

为机电振荡频率。

3. 本地和区间模式的振荡频率以及一次电压控制对阻尼的影响

由表达式可知，ω_{o} 取决于与 k 和 h、h_{1}、h_{2} 的关系以及 k 的值，该结论对发电机和无穷大系统间是否有中间负荷都是适用的。

现在我们进一步研究 $\omega_{\mathrm{o}}/\omega_{\mathrm{v}}$ 划定的机电振荡子集（这是有意义的，因为 ω_{v} 在实际中一般是 4～6rad/s）。这样可得到一些特殊情况下的推论：

（1）

$$\frac{\omega_{\mathrm{o}}}{\omega_{\mathrm{v}}} \simeq 1 \tag{9.193}$$

或者 $\omega_{\mathrm{o}} \approx 4\sim6\mathrm{rad/s}$，$T_{\mathrm{o}} \approx 1\sim1.5\mathrm{s}$，即在本地和区间振荡的分界上：

$$\begin{cases} \mathrm{Re}\left\{g_{\mathrm{v}}\left(\mathrm{j}\omega_{\mathrm{o}}\right)\right\} \simeq \dfrac{1}{2} \\[2mm] \mathrm{Im}\left\{g_{\mathrm{v}}\left(\mathrm{j}\omega_{\mathrm{o}}\right)\right\} \simeq -\dfrac{1}{2} \end{cases} \tag{9.194}$$

$$\omega_{\mathrm{o}}^{2} \simeq \frac{\Omega_{\mathrm{n}}}{T_{\mathrm{a}}}\left(k - \frac{hh_{1}}{2h_{2}}\right) \tag{9.195}$$

此时满足式（9.182）的假设

$$\omega_{\mathrm{o}} \approx \sqrt{\frac{k\Omega_{\mathrm{n}}}{T_{\mathrm{a}}}} \tag{9.196}$$

由式（9.179）可得

$$\begin{aligned} \zeta_{\mathrm{PV}} &= \frac{1}{2\omega_{\mathrm{o}}^{2}}\frac{\Omega_{\mathrm{n}}}{T_{\mathrm{a}}} p_{\mathrm{e}}^{o} \tan(\delta-\theta)^{o} \, \mathrm{Im}\left\{g_{\mathrm{v}}\left(\mathrm{j}\omega_{\mathrm{o}}\right)\right\} \\[2mm] &= -\frac{1}{4k} p_{\mathrm{e}}^{o} \tan(\delta-\theta)^{o} \end{aligned} \tag{9.197}$$

与 AVR 的动态放大倍数 μ_{t} 无关。

（2）

$$\frac{\omega_{\mathrm{o}}}{\omega_{\mathrm{v}}} \geqslant 2 \tag{9.198}$$

或者 $\omega_{\mathrm{o}} \geqslant 8\sim12\mathrm{rad/s}$，$T_{\mathrm{o}} \leqslant 0.5\sim0.8\mathrm{s}$，即肯定为本地振荡：

$$\begin{cases} \mathrm{Im}\left\{g_{\mathrm{v}}\left(\mathrm{j}\omega_{\mathrm{o}}\right)\right\} \simeq -\dfrac{\omega_{\mathrm{v}}}{\omega_{\mathrm{o}}} \\[3mm] \mathrm{Re}\left\{g_{\mathrm{v}}\left(\mathrm{j}\omega_{\mathrm{o}}\right)\right\} \simeq \left(\dfrac{\omega_{\mathrm{v}}}{\omega_{\mathrm{o}}}\right)^{2} \end{cases} \tag{9.199}$$

此时实部比虚部更接近零。

所以同样满足式（9.182），有

$$\omega_{\mathrm{o}} \simeq \sqrt{\frac{k\Omega_{\mathrm{n}}}{T_{\mathrm{a}}}} \tag{9.200}$$

$$\begin{aligned} \zeta_{\mathrm{PV}} &= -\frac{1}{2\omega_{\mathrm{o}}^2}\frac{\Omega_{\mathrm{n}}}{T_{\mathrm{a}}}\frac{\omega_{\mathrm{v}}}{\omega_{\mathrm{o}}}p_{\mathrm{e}}^{o}\tan(\delta-\theta)^{o} \\ &= -\frac{1}{2k\omega_{\mathrm{o}}}\omega_{\mathrm{v}}p_{\mathrm{e}}^{o}\tan(\delta-\theta)^{o} \end{aligned} \tag{9.201}$$

在这种情况下，其他参数不变，ω_{v} 或动态放大倍数 μ_{t} 增加时，负阻尼 ζ_{PV} 变大。

（3）

$$\frac{\omega_{\mathrm{o}}}{\omega_{\mathrm{v}}} \leqslant \frac{1}{4} \tag{9.202}$$

或者 $\omega_{\mathrm{o}} \leqslant 1 \sim 1.5\mathrm{rad/s}$，$T_{\mathrm{o}} \geqslant 4 \sim 6\mathrm{s}$，即肯定为区间振荡：

$$\begin{cases} \mathrm{Im}\left\{g_{\mathrm{v}}\left(\mathrm{j}\omega_{\mathrm{o}}\right)\right\} \simeq -\dfrac{\omega_{\mathrm{o}}}{\omega_{\mathrm{v}}} \\ \mathrm{Re}\left\{g_{\mathrm{v}}\left(\mathrm{j}\omega_{\mathrm{o}}\right)\right\} \simeq 1 \end{cases} \tag{9.203}$$

$$k \text{ 和 } hh_1/h_2 \text{ 相当} \tag{9.204}$$

$$\omega_{\mathrm{o}} \simeq \sqrt{\frac{\Omega_{\mathrm{n}}}{T_{\mathrm{a}}}\left(k - \frac{hh_1}{h_2}\right)} \tag{9.205}$$

$$\begin{aligned} \zeta_{\mathrm{PV}} &= -\frac{1}{2\omega_{\mathrm{o}}^2}\frac{\Omega_{\mathrm{n}}}{T_{\mathrm{a}}}\frac{\omega_{\mathrm{o}}}{\omega_{\mathrm{v}}}p_{\mathrm{e}}^{o}\tan(\delta-\theta)^{o} \\ &= -\frac{1}{2\omega_{\mathrm{o}}}\cdot\frac{\Omega_{\mathrm{n}}}{T_{\mathrm{a}}}\cdot\frac{1}{\omega_{\mathrm{v}}}p_{\mathrm{e}}^{o}\tan(\delta-\theta)^{o} \end{aligned} \tag{9.206}$$

那么此时，其他参数不变，ω_{v} 或暂态放大倍数 μ_{t} 减小时，负阻尼 ζ_{PV} 变大。

图 9.35 定性地给出了以上结论。

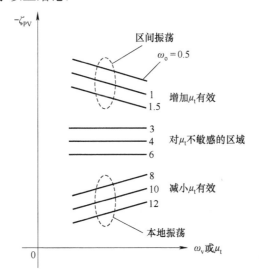

图 9.35　AVR 对阻尼的影响与其动态放大倍数的关系

4. 无 PSS 时增加阻尼的措施

以上三个部分的分析说明，当没有 PSS 时，可采取以下措施来阻尼任何一种机电振荡：

1）减少发出的有功功率或欠励时限制无功功率，即在锅炉和汽轮机允许的范围内减少发电机出力（见图 9.36）。

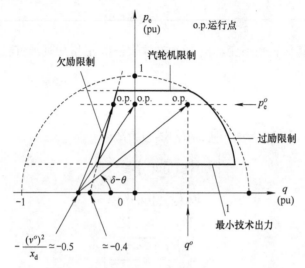

图 9.36 发电机功率曲线

除此之外，没有 PSS，可针对给定运行点改变控制参数（取决于机电振荡的形式）。

2）如果是本地振荡，减小动态 AVR 的放大倍数 μ_t；但这样会降低一级电压控制的响应速度。

3）如果是频率相对较低的区间振荡（$T_o \geqslant 4s$，$\omega_o \leqslant 1.5 rad/s$），会增大 μ_t。

当振荡发生在 4～6rad/s（T_o=1～1.5s），即区间振荡模式的周期较短时，ζ_{PV} 实际不会受到 μ_t 的影响。

截止到目前的分析，包括 h 和 h_1 符号的讨论，在 $g_v(s)$ 的通用模型下均是有效的，即使 $g_v(j\omega)$ 可能在 0°～180° 时相位为负。

如果单机和无穷大系统间没有中间负荷，人工控制（$\Delta v_f \approx 0$）时，转子角的非周期稳定边界必然是 90°。这个结论说明 ζ_{PV} 的负影响可能会导致更严格的约束：为了保证合理的振荡稳定裕度，在没有 PSS 时需要限制 δ^o 在 90° 以下。相应的，需要约束发出的有功功率小于

$$\left(p_e^o \right)_{\delta^o = 90} = \frac{e^o v_R}{x_i + x_e} \tag{9.207}$$

图 9.37 定性画出了有无 AVR 时的非周期和振荡稳定极限。该图证明了如今稳定控制装置的优势。

5. 负荷和潮流对阻尼的影响

现实中，发电机和无穷大系统间存在中间负荷更常见。某些情况下，中间负荷可以代表系统的一片区域，该区域中有发电机组（等效成一台发电机来表示）和负荷（等效成一个负

荷来表示），并与系统其他部分连接。

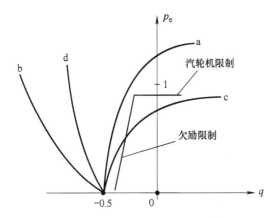

图 9.37　定性的小干扰稳定极限：（曲线 a）没有 AVR 非周期；（曲线 b）有 AVR 非周期；
（曲线 c）有 AVR 无 PSS 振荡；（曲线 d）有 AVR 和 PSS 振荡

简单起见，假设负荷是静态线性的，并直接连在发电机出口侧（见图 9.38a）。

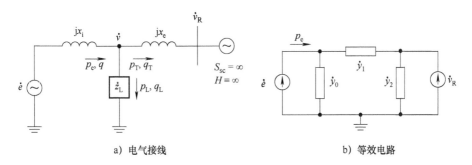

图 9.38　有中间负荷的单机无穷大系统

那么有以下等式

$$\frac{\dot{e} - \dot{v}}{jx_i} = \frac{\dot{v} - \dot{v}_R}{jx_e} + \frac{\dot{v}}{\dot{z}_L} \tag{9.208}$$

即

$$-j\left[\frac{\dot{e}}{x_i} + \frac{\dot{v}_R}{x_e}\right] = \dot{v}\left[\frac{1}{jx_e} + \frac{1}{jx_i} + \frac{1}{\dot{z}_L}\right] \tag{9.209}$$

如果

$$\frac{1}{\dot{z}} \triangleq \frac{1}{\dot{z}_L} + \frac{1}{jx_e} + \frac{1}{jx_i} \tag{9.210}$$

$$\begin{cases} \dot{v}_R = v_R \\ \dot{e} = e(\cos\delta + j\sin\delta) \end{cases} \tag{9.211}$$

可得

$$\dot{v} = -\mathrm{j}\dot{z}\left[\left(\frac{e\cos\delta}{x_{\mathrm{i}}} + \frac{v_{\mathrm{R}}}{x_{\mathrm{e}}}\right) + \mathrm{j}\frac{e\sin\delta}{x_{\mathrm{i}}}\right] \tag{9.212}$$

并且

$$v = g\{e, v_{\mathrm{R}}, \delta\} = z\sqrt{\left(\frac{e}{x_{\mathrm{i}}}\right)^2 + \left(\frac{v_{\mathrm{R}}}{x_{\mathrm{e}}}\right)^2 + \frac{2ev_{\mathrm{R}}\cos\delta}{x_{\mathrm{i}}x_{\mathrm{e}}}} \tag{9.213}$$

上式和式（9.164）类似。那么［用 z 代替 $x_{\mathrm{i}}x_{\mathrm{e}}/(x_{\mathrm{i}}+x_{\mathrm{e}})$］可得

$$\begin{cases} \left(\dfrac{\partial v}{\partial \delta}\right)^o = -\dfrac{z^2}{x_{\mathrm{i}}x_{\mathrm{e}}}\dfrac{e^o v_{\mathrm{R}}}{v^o}\sin\delta^o \\[3mm] \left(\dfrac{\partial v}{\partial e}\right)^o = \dfrac{z^2}{x_{\mathrm{i}}v^o}\left[\dfrac{e^o}{x_{\mathrm{i}}} + \dfrac{v_{\mathrm{R}}}{x_{\mathrm{e}}}\cos\delta^o\right] \end{cases} \tag{9.214}$$

为了得到 p_{e} 和 e、δ 和 v_{R} 的函数关系，如图9.38b 所示进行星三角变换，得到

$$\begin{cases} \dot{y}_1 = -\dot{z}\dfrac{1}{x_{\mathrm{i}}x_{\mathrm{e}}} \triangleq g_1 + \mathrm{j}b_1 \\[3mm] \dot{y}_0 = -\mathrm{j}\dot{z}\dfrac{1}{x_{\mathrm{i}}\dot{z}_{\mathrm{L}}} \triangleq g_0 + \mathrm{j}b_0 \end{cases} \tag{9.215}$$

由于

$$p_{\mathrm{e}} = \mathrm{Re}\left\{\dot{e}\left(\dot{y}_0\dot{e}\right)^* + \dot{e}\left[y_1\left(\dot{e} - \dot{v}_{\mathrm{R}}\right)\right]^*\right\} \tag{9.216}$$

推出

$$\begin{aligned} p_{\mathrm{e}} &= g_0 e^2 + g_1\left(e^2 - ev_{\mathrm{R}}\cos\delta\right) - b_1 ev_{\mathrm{R}}\sin\delta \\ &= (g_0 + g_1)e^2 - ev_{\mathrm{R}}\left(g_1\cos\delta + b_1\sin\delta\right) \end{aligned} \tag{9.217}$$

微分后有

$$\left(\frac{\partial p_{\mathrm{e}}}{\partial \delta}\right)^o = \left[ev_{\mathrm{R}}\left(g_1\sin\delta - b_1\cos\delta\right)\right]^o \tag{9.218a}$$

$$\left(\frac{\partial p_{\mathrm{e}}}{\partial e}\right)^o = \left[2e(g_0 + g_1) - v_{\mathrm{R}}\left(g_1\cos\delta + b_1\sin\delta\right)\right]^o \tag{9.218b}$$

所以代替式（9.173），得到

$$k = \left[ev_{\mathrm{R}}\left(g_1\sin\delta - b_1\cos\delta\right)\right]^o$$

$$h = \left[2e(g_0 + g_1) - v_{\mathrm{R}}\left(g_1\cos\delta + b_1\sin\delta\right)\right]^o$$

$$= \left[\frac{p_{\mathrm{e}}}{e} + e(g_0 + g_1)\right]^o$$

$$h_1 = -\frac{z^2}{x_{\mathrm{i}}x_{\mathrm{e}}}\left(\frac{ev_{\mathrm{R}}}{v}\sin\delta\right)^o$$

$$h_2 = \frac{z^2}{x_{\mathrm{i}}}\left[\frac{1}{v}\left(\frac{e}{x_{\mathrm{i}}} + \frac{v_{\mathrm{R}}}{x_{\mathrm{e}}}\cos\delta\right)\right]^o > 0 \tag{9.219}$$

其中，z、g_1、b_1 和 $(g_0 + g_1)$ 只取决于系统 (x_e)、发电机 (x_i) 和负荷 (r_L, x_L) 的电气参数，与传输功率 p_T^o 及运行点无关。

基于式（9.219），有如下结论：

1）由于一级电压控制对阻尼的贡献总是

$$\zeta_{PV} \simeq -\frac{1}{2\omega_o}\frac{\Omega_n}{T_a}\frac{hh_1}{h_2}\mathrm{Im}\{g_v(j\omega_o)\} \tag{9.220}$$

近似式

$$\omega_o \simeq \sqrt{\frac{k\Omega_n}{T_a}} \tag{9.221}$$

和没有中间负荷时的成立条件一样。

2）为了使 $k>0$，要求

$$\tan\delta^o > b_1/g_1 \tag{9.222}$$

这样 $k=0$ 的条件就不再是没有中间负荷（$g_1=0$）时的（$\delta_{lim}^o = \pm 90°$），而是更严格

$$\tan\delta_{lim}^o = b_1/g_1 \tag{9.223}$$

3）h 的符号不仅仅和无中间负荷时一样取决于 p_e 的符号，还取决于 (g_0+g_1) 的值。在这点上，假设负荷阻抗 z_L 是纯阻性的

$$z_L = r_L \tag{9.224}$$

为了使这个假设具有通用性，可以用戴维南定律来等效阻感性负荷，如图 9.39 所示。

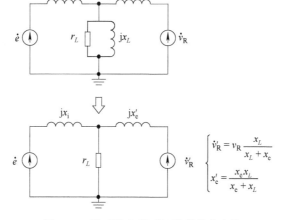

图 9.39 阻感性负荷时运用戴维南定律

通过星三角变换得到 b_0、b_1、g_0、g_1 的值如下：

$$\begin{cases} b_0 = -\dfrac{1}{x_i}\alpha \quad b_1 = -\dfrac{1}{x_i + x_e}\alpha \\ g_0 = \dfrac{1}{r_L}\dfrac{x_e}{x_i + x_e}\alpha \quad g_1 = -\dfrac{1}{r_L}\dfrac{x_p}{x_i + x_e}\alpha \end{cases} \tag{9.225}$$

且

$$\begin{cases} x_p = \dfrac{x_i x_e}{x_i + x_e} \\[3mm] \alpha = \dfrac{1}{1 + \left(x_p / r_L\right)^2} \end{cases} \tag{9.226}$$

注意到无论 x_p 或 x_e 的值是多少

$$g_0 + g_1 = \frac{1}{r_L} \frac{x_e - x_p}{x_i + x_e} \alpha = \frac{1}{r_L} \left(\frac{x_e}{x_i + x_e}\right)^2 \frac{1}{1 + \left(x_p / r_L\right)^2} > 0 \tag{9.227}$$

总是满足。那么有：

① 如果发电机发出有功功率（$p_e^o > 0$），有：

$$h > 0 \tag{9.228}$$

② 如果发电机空载（$p_e^o = 0$），有：

$$h > 0 \tag{9.229}$$

③ 如果发电机吸收有功功率（$p_e^o < 0$）

$$h \gtrless 0 \tag{9.230}$$

这取决于

$$p_e^o \gtrless -\left(e^o\right)^2 \left(g_0 + g_1\right) \tag{9.231}$$

归纳起来，h 为负需要

$$p_e^o < -\left(e^o\right)^2 \left(g_0 + g_1\right) \tag{9.232}$$

4）h_1 的符号和无中间负荷时一样，只取决于 δ^o 的符号。但是，即使发电机或区域向外送电，δ^o 仍有可能为负，这将由负荷和传输功率 p_T^o 共同决定。图 9.40 定性地给出了几种不同的情况，但所有情况下的发电机运行点一样。

由于

$$\begin{cases} p_e^o = \dfrac{e^o v^o}{x_i} \sin(\delta - \theta)^o \\[3mm] p_T^o = \dfrac{v^o v_R}{x_e} \sin \theta^o \end{cases} \tag{9.233}$$

可得（见情况 5）

$$\begin{cases} \overline{AB} = v_R \sin \theta^o = \dfrac{x_e p_T^o}{v^o} \\[3mm] \overline{CD} = e^o \sin(\delta - \theta)^o = \dfrac{x_i p_e^o}{v^o} \end{cases} \tag{9.234}$$

并且即使在中间负荷由网络供电即 $p_T^o < 0$ 时，仍可能 $\delta^o = 0$。

如果假设

$$e^o \simeq v_R \tag{9.235}$$

得到（A 点和 C 点重合，如图 9.40 中情况 4）

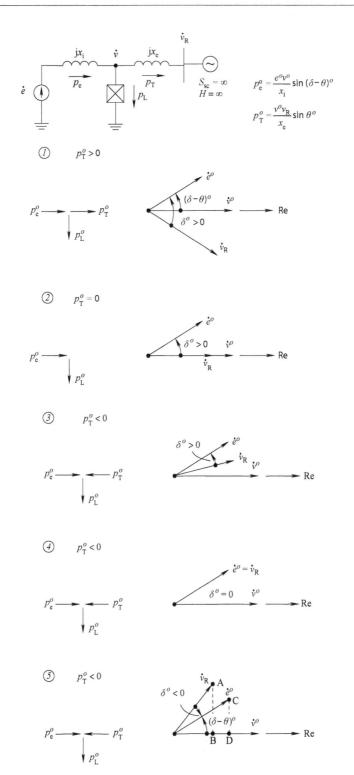

图 9.40 发电机运行点相同 [$e^o, v^o, (\delta-\theta)$, p_e^o 为常数] 且发出有功功率：
减少传输有功功率 p_T^o 增大中间负荷 p_L^o

$$x_e \left| p_T^o \right| = x_i p_e^o \tag{9.236}$$

而在情况 3 下

$$\left| p_T^o \right| < \frac{x_i}{x_e} p_e^o \tag{9.237}$$

情况 5 则是

$$\left| p_T^o \right| > \frac{x_i}{x_e} p_e^o \tag{9.238}$$

所以，当近似条件式（9.238）满足时，δ^o 为负。另外由于在网络向中间负荷供电时有

$$p_L^o = p_e^o + \left| p_T^o \right| \tag{9.239}$$

式（9.238）也可写成

$$p_L^o > \left(1 + \frac{x_i}{x_e} \right) p_e^o \tag{9.240}$$

5）根据式（9.219）可得

$$-hh_1 = \frac{z^2}{x_i x_e} \left[\frac{e v_R}{v} \sin\delta \right]^o \left[\frac{p_e}{e} + e(g_0 + g_1) \right]^o \tag{9.241}$$

忽略 $p_e^o < 0$ 的情况（发电机吸收有功功率），$-hh_1$ 的符号就取决于角 δ^o。所以，在式（9.235）的假设下并考虑到 $h_2 > 0$，可以认为有中间负荷时电压控制对阻尼的影响是［根据式（9.159）］：

① 使系统失稳，要求

$$\left| p_T^o \right| < \frac{x_i}{x_e} p_e^o \tag{9.242}$$

② 使系统稳定，要求

$$\left| p_T^o \right| > \frac{x_i}{x_e} p_e^o \tag{9.243}$$

发电机空载（$p_e^o = 0$，比如同步调相机运行）情况下，由于 $\delta^o < 0$ 时 $h > 0$，$h_2 > 0$ 和 $h_1 < 0$，AVR 对阻尼有正影响（如果中间负荷远离发电机就无影响）。

6）综上，中间负荷是使系统稳定的。图 9.41 示出了（情况标号与图 9.40 一致）机电振荡模式随无穷大系统输送给负荷有功的定性变化。

式（9.243）的结论实际使用时可以进一步简化。这是由于本地和区间振荡中一般有

$$\begin{cases} \left| b_0 \right| \gg g_0 \\ \left| b_1 \right| \gg g_1 \end{cases} \tag{9.244}$$

和

$$\alpha \simeq 1 \tag{9.245}$$

例如，如果 $x_i \approx 0.3\text{pu}$，$r_L \approx 1.25\text{pu}$（$p_T^o \approx 0.8\text{pu}$），得到（所有参数均为标幺值）

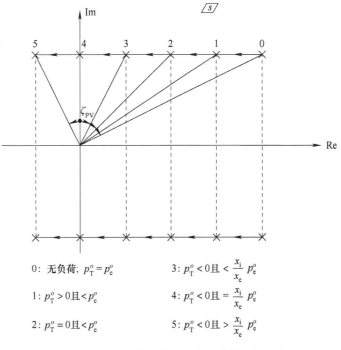

0: 无负荷；$p_T^o = p_e^o$　　　　　　3: $p_T^o < 0$ 且 $< \dfrac{x_i}{x_e} p_e^o$

1: $p_T^o > 0$ 且 $< p_e^o$　　　　　　4: $p_T^o < 0$ 且 $= \dfrac{x_i}{x_e} p_e^o$

2: $p_T^o = 0$ 且 $< p_e^o$　　　　　　5: $p_T^o < 0$ 且 $> \dfrac{x_i}{x_e} p_e^o$

图 9.41　机电振荡随传送功率减少的定性变化

① 本地振荡发生在 $x_e \approx 0.7\text{pu}$，$T_o \approx 1\text{s}$

$$\begin{cases} x_p = 0.21 \quad \alpha = 0.97 \\ b_0 = -3.24 \; b_1 = -0.97 \approx -1/(x_i + x_e) \\ g_0 = 0.543 \quad g_1 = -0.163 \end{cases} \tag{9.246}$$

② 区间振荡发生在 $x_e = 9.7\text{pu}$，$T_o \approx 3.5\text{s}$

$$\begin{cases} x_p = 0.29 \quad \alpha = 0.95 \\ b_0 = -3.16 \; b_1 = -0.098 \approx -\dfrac{1}{x_i + x_e} \\ g_0 = 0.74 \quad g_1 = -0.022 \end{cases} \tag{9.247}$$

相应的由式（9.225）知

$$\begin{cases} \dot{y}_0 \simeq g_0 = \dfrac{1}{r_L} \dfrac{x_e}{x_i + x_e} \\ \dot{y}_1 \simeq \mathrm{j}b_1 = -\mathrm{j} \dfrac{1}{x_i + x_e} \end{cases} \tag{9.248}$$

可看出，x_e 相对于 x_i 越大（相当于超低频振荡），g_0 越接近 g_L（$=1/r_L$）。图 9.38b 中的等效电路可变成图 9.42 所示，即负荷直接由发电机内电动势供电。

所以，k、h_1 和 h_2 的表达式就和无中间负荷时一致，只是 p_e^o 由 p_T^o 代替，即

$$\frac{e^o v_R \sin \delta^o}{x_i + x_e} = p_T^o \tag{9.249}$$

那么根据式（9.219）有

$$h_1 = -\frac{x_i x_e}{x_i + x_e}\left(\frac{p_T}{v}\right)^o \tag{9.250}$$

$$h = \left(\frac{p_e}{e} + g_0 e\right)^o \tag{9.251}$$

由于 g_0 为正，排除发电机吸收功率模式，如果用

$$-hh_1 < 0 \tag{9.252}$$

代替式（9.243），有

$$p_T^o < 0 \tag{9.253}$$

所以近似来看，如果无穷大系统向负荷送电（p_T^o 为负）将令电压控制对阻尼有正影响。

基于以上中间负荷和电压控制的关系，有如下结论：

① 无负载（$p_e^o=0$）时，电压控制对阻尼的影响为正；而没有中间负荷或负荷远离发电机时，这种影响可忽略。

② 中间负荷总是能促进系统稳定；对于给定的 p_e^o，负荷会减小转子角 δ_0；即使式（9.243）不成立，ζ_{PV} 为负，也要比无负荷时的绝对值要小。

③ 将可等效为线性有功负荷的*制动电阻*并联在发电机出口侧（见图 9.43），是改善机电振荡阻尼的一种措施，不过代价较大。

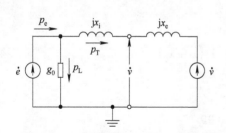

图 9.42　图 9.38b 的近似等效电路

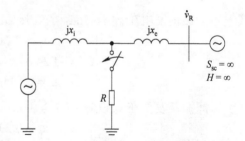

图 9.43　在发电机出口侧安装制动电阻

④ 如果式（9.243）成立，一级电压控制就对阻尼的影响为正，即负荷对阻尼的正作用可完全抵消电压控制的负作用。但这要区分 x_e 的大小。系统特性不同，实际中出现的是快速的本地振荡还是缓慢的区间振荡，会造成不同的情况。考虑到式（9.243）成立要求 p_T^o 为负，即网络向负荷送电，有：

a．对于快速机电振荡（x_e 相对较小），当 p_T^o 等于 p_e^o 的较大百分数或和 p_e^o 相当时；

b．对于慢速机电振荡（x_e 相对较大），当 p_T^o 等于 p_e^o 的很小百分数，例如 5%～10%时可以获得正阻尼。

⑤ 以上以及之前内容的结论，均明确指出机电振荡的阻尼问题包括 ζ_{PV} 是一个有功传输问题。

6. 一次电压控制影响的主要结论

为了获得 ζ_{PV} 在有无中间负荷时的值，需要全面考虑可能的发电和负荷情况，包括负荷

可以吸收功率（$p_T^o > 0$），发出功率（$p_T^o < 0$）或者不交换功率（$p_T^o = 0$）。简化计算起见，再假设 $q_L^o = 0$（为纯有功负荷）以及（见图 9.44a）

$$q_T^o = q = 0 \tag{9.254}$$

在不同的运行点下设定不同的 q_R 和 v_R。当 $v^o = 1$，有：

① 对于 p_e^o 的值

$$\begin{cases} \underline{i}^o = p_e^o = p_L^o + p_T^o \\ e^o \simeq 1 \\ \delta - \theta = 常数 \end{cases} \tag{9.255}$$

② 对于 p_T^o 的值

$$\begin{cases} v_R = \sqrt{1 + \left(x_e p_T^o\right)^2} \\ \tan\theta = x_e p_T^o \end{cases} \tag{9.256}$$

③ 对于负荷和 x_e 的值，z、g_1、b_1 和（$g_0 + g_1$）都是常数。

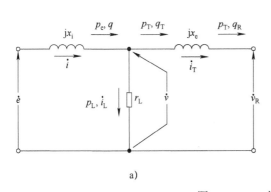

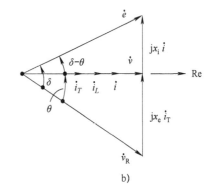

图 9.44　ζ_{PV} 的计算

图 9.45 和图 9.46 绘出了 ζ_{PV} 和 x_e 的函数关系，即和振荡周期 T_o 或潮流的关系。其中无负荷时基于式（9.173），有中间负荷（$p_L^o = 0.8\mathrm{pu}$，$r_L = 1.25\mathrm{pu}$，$q_L^o = 0$）时基于式（9.219）。此外曲线中还假设

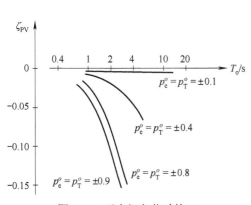

图 9.45　无中间负荷时的 ζ_{PV}

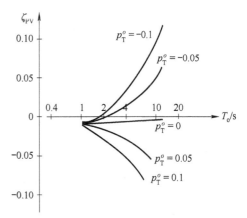

图 9.46　有中间负荷时的 ζ_{PV}

$$\begin{cases} x_i = 0.2\text{pu} \quad T_a = 10\text{s} \\ T_{do}^{'} = 7.5\text{s} \quad \mu_t = 50\text{pu/pu} \end{cases} \tag{9.257}$$

结果可总结如下（见图 9.46）：

① 如果中间负荷往无穷大系统输送功率，$\zeta_{PV} < 0$；

② 如果无穷大电源往中间负荷输送功率，很可能 $\zeta_{PV} > 0$。

9.4.3.4 一次调频的影响

1. 基本条件

定义 $-d(s)$ 为发电机调速器、能量供给系统和原动机的传递函数：

$$-d(s) \triangleq \left[\frac{\Delta p_m}{\Delta \Omega / \Omega_n}(s) \right] \tag{9.258}$$

图 9.47a 给出了用于估计一次调频对阻尼影响的传递框图，也可画成图 9.47b 的形式，定义

$$k^{'}(s) \triangleq \frac{s}{\Omega_n} d(s) \tag{9.259}$$

这样有

$$k^{'}(j\omega_o) = j\frac{\omega_o}{\Omega_n} d(j\omega_o) = j\frac{\omega_o}{\Omega_n}\Big[\operatorname{Re}\{d(j\omega_o)\} + j\operatorname{Im}\{d(j\omega_o)\}\Big] \tag{9.260}$$

即

$$\operatorname{Im}\{k^{'}(j\omega_o)\} = \frac{\omega_o}{\Omega_n}\operatorname{Re}\{d(j\omega_o)\} \tag{9.261}$$

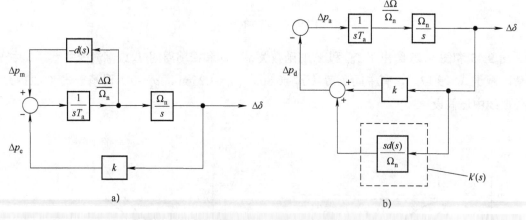

图 9.47 用于评估一次调频对机电振荡阻尼影响的传递框图

那么由式（9.121）得到

$$\zeta_{PF} \simeq \frac{1}{2\omega_o T_a}\operatorname{Re}\{d(j\omega_o)\} \tag{9.262}$$

可见一次调频能促进系统稳定必须满足

$$-\frac{\pi}{2} < \angle d(j\omega_o) < \frac{\pi}{2} \tag{9.263}$$

如图 9.48 所示，即

$$\begin{cases} \mathrm{Re}\{d(j\omega_o)\} > 0 \Rightarrow \zeta_{\mathrm{PF}} > 0 \\ \mathrm{Re}\{d(j\omega_o)\} < 0 \Rightarrow \zeta_{\mathrm{PF}} < 0 \end{cases} \tag{9.264}$$

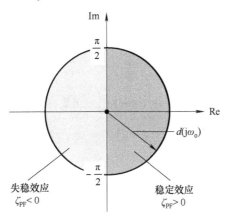

图 9.48　一次调频对稳定的不同影响

由于实际机组中调速器、能量供给系统和原动机各不相同，分析一次调频的作用，有必要研究 $d(s)$ 的不同动态特性。这里将讨论如下类型机组的一次调频

① 传统火电机组；
② 燃气轮机联合循环机组；
③ 水电机组。

2. 传统火电机组

由于最慢的控制回路不会和机电振荡相互作用，可忽略其影响，所以可采用如下传递函数分析调频：

$$d(s) = \frac{1}{b_p} \frac{1}{(1+sT_{sc})^2} \frac{1+s\alpha T_R}{1+sT_R} \tag{9.265}$$

式中，b_p 为永态转差系数；T_{sc} 为蒸汽室的时间常数；T_R 为再热器的时间常数；α 为高压级产生功率在总功率中所占的比例。

以上参数的典型值为

$$\begin{cases} b_p = 0.05\mathrm{pu/pu} \quad \alpha = 0.3\mathrm{pu/pu} \\ T_{sc} = 0.3\mathrm{s} \quad T_R = 10\mathrm{s} \end{cases} \tag{9.266}$$

所以

$$d(s) = 20\frac{1}{(1+s0.3)^2}\frac{1+s3}{1+s10} \tag{9.267}$$

相应的伯德图如图 9.49 所示。

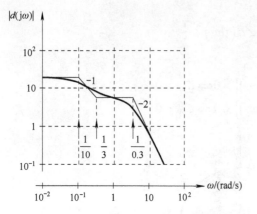

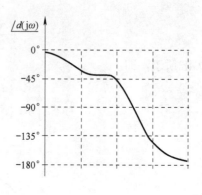

图 9.49　火电机组一次调频传递函数 $d(s)$ 典型伯德图

基于式（9.262），图 9.50 绘出了当启动时间 T_a=8s 时，阻尼随振荡周期 T_o 的近似变化。

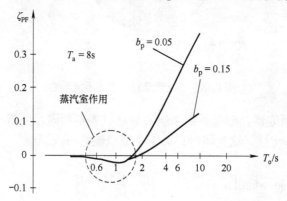

图 9.50　传统火电机组一次调频对机电振荡阻尼的影响

需要注意的是：

① 对于本地模式（T_o=0.4～1s），ζ_{PF} 为微小负值，这是因为 $\mathrm{Re}\{d(j\omega)\}$ 小到可以忽略。同时 $d(j\omega_o)$ 的幅值非常小，$\Delta p_m \approx 0$；

② 对于区间模式（$T_o \geq 2s$），ζ_{PF} 为较大正值（$\Delta p_m \neq 0$），在 $T_o \geq 4s$ 时 ζ_{PF} 大到可以补偿 $\zeta_{PF} < 0$；

③ 如果 T_a 保持不变但增大 b_p（等效区域中的发电机有的参与调频有的不参与），例如 b_p=0.15pu/pu（如图 9.50 所示），那么阻尼会成比例下降；

④ 如果 b_p 不变但启动时间大于 8s（例如等效区域中有大量的旋转负荷，T_a=12s），阻尼也会下降；

⑤ 好的频率控制（控制环阻尼较大且较多机组参与调频）能极大的增加慢速低频振荡（振荡频率就在一次调频的控制范围内）的阻尼。所以在可能出现区间振荡的互联大系统中需要设计好一次调频。

3. 燃气轮机联合循环机组

燃气轮机条件下的 $d(s)$ 如下：

$$d(s) = \frac{1}{b_\mathrm{p}} \frac{1}{(1+sT_\mathrm{t})} \frac{1}{(1+sT_\mathrm{f})^2} \frac{1+s\alpha T_\mathrm{m}}{1+sT_\mathrm{m}} \qquad (9.268)$$

式中，b_p 为永态转差系数；T_t 为节流阀的时间常数；T_f 为燃料的等效时间常数；T_m 为发动机时间常数；α 为发动机的暂态放大倍数。

对于工业发动机，有如下的典型参数值

$$\begin{cases} b_\mathrm{p} = 0.05\mathrm{pu}/\mathrm{pu} & T_\mathrm{t} = T_\mathrm{f} = 0.1\mathrm{s} \\ T_\mathrm{m} = 1\mathrm{s} & \alpha = 0 \end{cases} \qquad (9.269)$$

那么

$$d(s) = \frac{20}{(1+s0.1)^3(1+s)} \qquad (9.270)$$

因为

$$T_\mathrm{a} \simeq 20\mathrm{s} \qquad (9.271)$$

可得图 9.51。

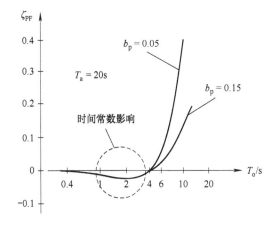

图 9.51　燃气轮机一次调频对机电振荡阻尼的影响

结论与之前分析传统火电机组类似。此外还有：

相比于传统火电机组，没有再热器时间常数（约等于 10s），相应的在区间振荡频率范围内 ζ_PF 较大。

联合循环机组的结果在图 9.50 和图 9.51 的曲线中间。

4. 水轮发电机机组

为了突出引水管以及运行点的影响，分开考虑调速器 [用 $g_\mathrm{r}(s)$ 表示] 和引水系统 [用 $g_\mathrm{a}(s)$ 来表示]

$$d(s) = g_\mathrm{r}(s)g_\mathrm{a}(s) \qquad (9.272)$$

$$\begin{cases} |d(\mathrm{j}\omega)| = |g_\mathrm{r}(\mathrm{j}\omega)| \cdot |g_\mathrm{a}(\mathrm{j}\omega)| \\ \angle d(\mathrm{j}\omega) = \angle g_\mathrm{r}(\mathrm{j}\omega) + \angle g_\mathrm{a}(\mathrm{j}\omega) \end{cases} \qquad (9.273)$$

假设：①调速器配有加速计，没有暂态反馈；②压力管道和涡轮机低频可做近似，得到：

$$\begin{cases} g_r(s) = \dfrac{1}{b_p}\dfrac{1+sT_{ac}}{1+sT_b}\dfrac{1}{1+s(T_s/b_p)} \\ g_a(s) = \dfrac{1-s(T_{wn}q^o)}{1+s(T_{wn}q^o/2)} \end{cases} \tag{9.274}$$

式中，b_p 为永态转差系数；T_{ac} 为加速计时间常数；T_b 为流速计时间常数（$\approx 0.3s$，不可忽略，如火电机组）；$1/T_s$ 为伺服电动机增益；T_{wn} 为额定水启动时间；q^o 是运行点下的水流量。

如果调速器（假设是冲击型水轮机）典型参数值如下：

$$\begin{cases} b_p = 0.05pu/pu \quad T_{ac} = 3s \\ T_b = 0.3s \quad T_s = 0.5s \end{cases} \tag{9.275}$$

引水管的 T_{wn}=1.25s，且发电机满载

$$q^o = 0.8pu \tag{9.276}$$

那么 $d(s)$ 如下：

$$\begin{cases} g_r(s) = 20\dfrac{1+s3}{(1+s0.3)(1+s10)} \\ g_a(s) = \dfrac{1-s}{1+s0.5} \end{cases} \tag{9.277}$$

其波特图如图 9.52 所示。

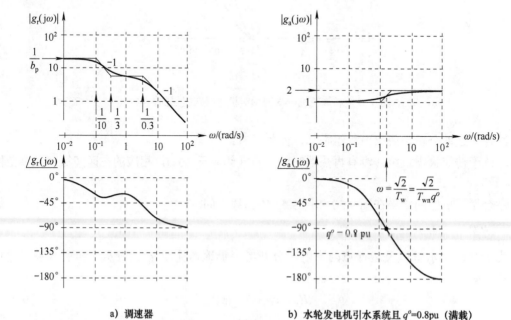

a）调速器　　　　b）水轮发电机引水系统且 q^o=0.8pu（满载）

图 9.52　传递函数典型波特图

为了与火电机组比较，假定 T_a=8s（代替水轮机的典型值 $\approx$ 6s）。图 9.53 给出了调速器对阻尼的影响，其中发电机空载 [q^o=0 且 $g_a(s)$=1]，调速器-引水系统为满载或半载（q^o=0.4pu）。

可见：

① 空载时，只有调速器对阻尼有正影响；

② 引水管会导致失稳：负荷越大，在给定 T_o 下的失稳影响越大；

③ 高负荷时和火电机组类似，会使系统失稳，在区间振荡频率范围的负影响很大（$\Delta p_m \neq 0$），而在本地振荡频率范围内影响较小（$\Delta p_m \approx 0$）；

④ 负荷低时，引水管的影响几乎消失[$g_a(s)\to 1$]，整体效果是使系统稳定，但在本地振荡频率范围内的值很小，相反在区间振荡频率范围内会较大促进系统稳定。

⑤ 当 T_o<0.6s，整体影响 $\approx$ 0；

⑥ 当 T_o>10s，会促进系统稳定；

⑦ b_p 和 T_a 的影响与火电机组相同；

⑧ 对于反冲型水轮机（如混流型和螺旋桨型）（图 9.53 中是冲击型水轮机），即水电机组的水头较低时，引水管在所有机电振荡频率下几乎都没有影响（$T_w\to 0$）。

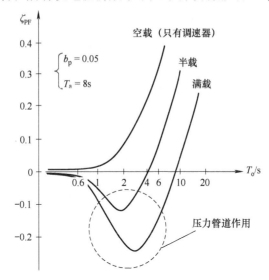

图 9.53　冲击型水轮发电机对机电振荡阻尼的影响

5. 一次调频对阻尼影响的主要结论

根据以上分析，对互联电力系统中的 ζ_{PF} 有以下结论：

① 很大程度上取决于运行的发电机组类型、实际调节能力和水轮发电机组的负荷；

② 火电机组和低水头水电机组对本地振荡的影响可以忽略（$\Delta p_m \approx 0$）；

③ 由于对区间振荡的影响有正或负（$\Delta p_m \neq 0$），必须详细分析。

9.4.3.5　其他影响因素

其他因素也会对机电振荡的阻尼产生影响。为了节约篇幅，以下总结了各项因素的影响：

① 有功负荷与电压的非线性关系，和线性关系一样能起稳定作用。电压和负荷**的相关**

指数 k_{pv} 越高，负荷就越能起增强稳定的作用。

② 由于负荷的调节能量相比于发电机来说很小，负荷促进频率稳定的作用很小。

③ 无功负荷、并联电抗器和并联电容器有间接影响：电容器组和容性负荷会提供正阻尼，而感性负荷和并联电抗器会有负影响。但这种影响和无功功率相关，可以忽略。

④ 复合动作和过励/低励限制回路会恶化 ζ_{PV}，但由于相关环节的调节速度很慢，可以忽略。

⑤ 二次电压控制（无功功率控制回路）只能对区间振荡起正作用，但作用很小。

⑥ 二次调频（或者 LFC），比如锅炉控制，对阻尼无影响。

⑦ FACTS 控制器（例如 SVC 和 TCPAR），提供负阻尼的值可以忽略，因为其控制速度很快。SVC 的电压支撑作用能间接使系统稳定，这实际上是通过减小机电振荡周期，来增加发电机 q 轴的 ζ_q。

⑧ HVDC 可以改善 ζ_{PV}，实际上如果 HVDC 是功率控制，可以减小交流输电线路上的有功潮流。如果在频率控制模式，HVDC 可以发挥很强的稳定作用，这是因为永态转差系数的值非常小（从 0.05pu 变到了 0.01pu）。

9.4.4 影响机电振荡阻尼的主要因素总结

稳定性尤其是机电振荡的阻尼和很多因素相关：发电机的动态特性、控制以及能量转换的物理过程等。本节的主要结论如下：

1）发电机本体结构提供了较大的正阻尼 ζ_S；其中，q 轴对本地振荡有较大的正贡献 ζ_q，而 d 轴（不考虑 AVR）对区间振荡有较大的正贡献 ζ_d；

2）一级电压控制会使 ζ_d 的正作用无效，同时电压控制会产生负影响 ζ_{PV}；振荡越慢，后一种负影响越大。

3）有功负荷及其与电压的关系对稳定有正作用，该作用取决于系统中有功潮流的方向，甚至有可能使得 ζ_{PV} 变成较大的正值。

4）一次调频（传统火电机组、燃气轮机联合循环机组）对本地振荡的贡献 ζ_{PV} 为微小负值，但对区间振荡提供较大正阻尼甚至可以补偿掉 ζ_{PV}。

5）水电机组如果有较高水头（冲击型水轮机），ζ_{PF} 随输送功率的变化较大：低负荷时总会使系统稳定；中高负荷时，则为较大负值，尤其是对区间振荡。但对于很慢的振荡，可以起较大的阻尼作用。

6）水头低的反冲型水电机组（混流型水轮机和螺旋桨型水轮机），ζ_{PF} 总为正。

7）ζ_{PF} 和运行的发电机组类型，实际调节能力和水轮发电机组的负荷有较大关系。对于本地振荡可忽略火电机组和水头低的水电机组的影响，而对于区间振荡必须加以考虑。

9.5 阻尼改善

9.5.1 简介

之前章节的分析强调现代电压调节器是机电振荡负阻尼的主要来源。假设图 9.31 所示的框图的运行点为常数，可得（有无中间负荷均可）

$$\Delta e = -\frac{F_{\mathrm{v}}(s)}{sT_{\mathrm{do}}'}\Delta v = -\frac{F_{\mathrm{v}}(s)}{sT_{\mathrm{do}}'}\left(h_2\Delta e + h_1\Delta\delta\right) \tag{9.278}$$

即

$$\Delta e = -h_1\frac{F_{\mathrm{v}}(s)/sT_{\mathrm{do}}'}{1+h_2\left[F_{\mathrm{v}}(s)/sT_{\mathrm{do}}'\right]}\Delta\delta \tag{9.279}$$

考虑到

$$\begin{cases} \Delta\delta = \dfrac{\Omega_{\mathrm{n}}}{s}\dfrac{\Delta\Omega}{\Omega_{\mathrm{n}}} \\[3mm] g_{\mathrm{v}}(s) = \dfrac{h_2\left[F_{\mathrm{v}}(s)/sT_{\mathrm{do}}'\right]}{1+h_2\left[F_{\mathrm{v}}(s)/sT_{\mathrm{do}}'\right]} \end{cases} \tag{9.280}$$

也可得到

$$\Delta e = -\frac{h_1\Omega_{\mathrm{n}}}{h_2 s}g_{\mathrm{v}}(s)\frac{\Delta\Omega}{\Omega_{\mathrm{n}}} \tag{9.281}$$

由于在机电振荡频率 ω_{o} 附近

$$g_{\mathrm{v}}(\mathrm{j}\omega) = \frac{1}{1+\mathrm{j}(\omega/\omega_{\mathrm{v}})} = \frac{1-\mathrm{j}(\omega/\omega_{\mathrm{v}})}{1+(\omega/\omega_{\mathrm{v}})^2} \tag{9.282}$$

得到

$$h\Delta e = \frac{hh_1}{h_2}\frac{\Omega_{\mathrm{n}}}{\omega\left[1+(\omega/\omega_{\mathrm{v}})^2\right]}\left(\frac{\omega}{\omega_{\mathrm{v}}}+\mathrm{j}\right)\frac{\Delta\Omega}{\Omega_{\mathrm{n}}} \tag{9.283}$$

由于电压控制引起的内电动势变化而改变的有功功率

$$h\Delta e = \left(\frac{\partial p_{\mathrm{e}}}{\partial e}\right)^o\Delta e \tag{9.284}$$

总的功率变化

$$\Delta p_{\mathrm{e}} = k\Delta\delta + h\Delta e = k\frac{\Omega_{\mathrm{n}}}{s}\frac{\Delta\Omega}{\Omega_{\mathrm{n}}} + h\Delta e = \Delta p_{\mathrm{e}}' + \Delta p_{\mathrm{e}}'' \tag{9.285}$$

在 ω_{o} 附近可写成

$$\Delta p_{\mathrm{e}} = \left[-\mathrm{j}\frac{k\Omega_{\mathrm{n}}}{\omega} + \frac{hh_1}{h_2}\frac{\Omega_{\mathrm{n}}}{\omega\left[1+(\omega/\omega_{\mathrm{v}})^2\right]}(\omega/\omega_{\mathrm{v}}+\mathrm{j})\right]\frac{\Delta\Omega}{\Omega_{\mathrm{n}}} \tag{9.286}$$

所以 Δp_{e} 的虚部取决于 $\Delta p_{\mathrm{e}}'$ 以及 $\Delta p_{\mathrm{e}}''$ 的虚部,而 Δp_{e} 的实部取决于 $\Delta p_{\mathrm{e}}''$ 的实部。

另一方面,稳定的条件如式(9.159)所示

$$\begin{cases} \dfrac{hh_1}{h_2}<0 \quad \Rightarrow \quad \zeta_{\mathrm{PV}}<0 \\[3mm] \dfrac{hh_1}{h_2}>0 \Rightarrow \zeta_{\mathrm{PV}}>0 \end{cases} \tag{9.287}$$

这意味着,当 $\zeta_{\mathrm{PV}}<0$,功率增量中有部分分量是因为内电动势变化产生的,并且和转速增量的相位相反。换句话说,当转速增加时发电功率减少,反之亦反,但都会使系统失稳;

所以，这部分分量就是电压控制引起的负阻尼。

从物理意义上看，如图 9.54 所示，这种情况类似于调速器有负的放大倍数（$1/b_p<0$），即负的制动转矩（功率）。

可以通过调整励磁控制的结构来补偿这种失稳影响，即在转速变化和 AVR 设定值间建立合适的传递函数

$$\frac{\Delta v_{\mathrm{ref}}}{\Delta \Omega / \Omega_{\mathrm{n}}}(s) \triangleq k_{\mathrm{PSS}}(s) \qquad (9.288)$$

这种结构称为附加反馈（Additional Feedback，AF）或附加信号（Additional Signal，AS）或 PSS。相应的图 9.31 所示的框图需要变成图 9.55。

AF 的目标是在振荡频率 ω_{o} 附近，传递函数 k_{PSS}（$j\omega$）能使内电动势的变化 Δe 与转速变化 $\Delta \Omega / \Omega_{\mathrm{n}}$ 同相位

$$\frac{\Delta e}{\Delta \Omega / \Omega_{\mathrm{n}}}(\mathrm{j}\omega) = \hat{k}_{\Omega} \qquad (9.289)$$

这样，图 9.55 所示框图就可以变成图 9.56，其特征方程为

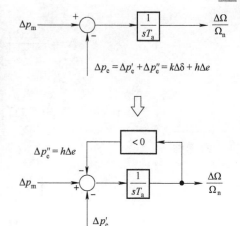

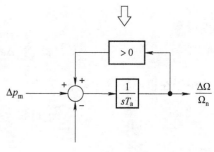

图 9.54　一次电压控制负阻尼的物理解释

$$\frac{k\Omega_{\mathrm{n}}}{s} \frac{1}{sT_{\mathrm{a}} + h\hat{k}_{\Omega}} + 1 = 0 \qquad (9.290)$$

图 9.55　含稳定反馈的单机无穷大系统传递函数框图（有无中间负荷）

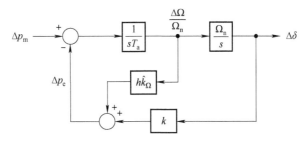

图 9.56　和图 9.55 等效的传递函数框图，但内电动势增量与转速增量同相

即

$$s^2 T_a + s h \hat{k}_\Omega + k\Omega_n = 0 \tag{9.291}$$

可得系统极点

$$\dot\lambda_{1,2} = -\zeta\omega_n \pm \mathrm{j}\omega_n\sqrt{1-\zeta^2} = -\zeta\omega_n \pm \mathrm{j}\omega_o \tag{9.292}$$

且

$$\begin{cases} \omega_n = \sqrt{\dfrac{k\Omega_n}{T_a}} \\[2mm] \zeta = \dfrac{1}{2\omega_n}\dfrac{h\hat{k}_\Omega}{T_a} \\[2mm] \omega_o \triangleq \omega_n\sqrt{1-\zeta^2} \end{cases} \tag{9.293}$$

当 $h\Delta e=0$（例如无 AVR）时，ω_n 和 ω_o 一致。

实际中，由于阻尼值非常小（最多 $\zeta_{PF} \approx 0.1 \sim 0.2$），可以假设

$$\omega_n = \sqrt{\dfrac{k\Omega_n}{T_a}} \simeq \omega_o \tag{9.294}$$

那么

$$\zeta \simeq \dfrac{1}{2\omega_o}\dfrac{h\hat{k}_\Omega}{T_a} \tag{9.295}$$

对于阻尼，观察上式可知：

① 如果 $k_{PSS}(s)$ 满足

$$h\hat{k}_\Omega > 0 \tag{9.296}$$

那么附加反馈可以提供正阻尼；

② 在无中间负荷的单机无穷大系统中，由于 [见式（9.175）和式（9.176）]：

$$\begin{cases} h>0 & \text{如果} \quad p_e^o > 0 \\ h=0 & \text{如果} \quad p_e^o = 0 \\ h<0 & \text{如果} \quad p_e^o < 0 \end{cases} \tag{9.297}$$

那么有：

① 如果是同步调相机运行方式，如果传输有功为零，附加信号的作用为零；

② 如果发电机既能发出功率也能吸收功率（如现代水电机组），那么为了提供正阻尼，要使附加反馈的符号和发出有功的符号相同。

9.5.2 基于极点配置的模态综合分析

通常只需增加相当小的振荡阻尼 $\Delta\zeta$（当 $\Delta\zeta$ 达到 0.2 时已经很大），就能改变极点。故可通过基于特征值灵敏度的极点配置来配置附加反馈。

为此，考虑一典型的单输入 $U(s)$ 单输出 $Y(s)$ 系统（见图 9.57）。图 9.57 中，$G(s)$ 是前向传递函数而 $H(s)$ 是反馈传递函数（闭环），有

$$H(s) = \varepsilon h(s) \tag{9.298}$$

式中，ε 为静态放大倍数，并给定 $h(s)$ 的形式。

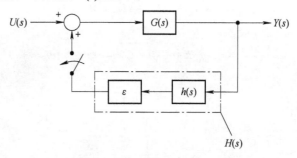

图 9.57 单输入单输出闭环反馈

进一步假设 $G(s)$ 和 $H(s)$ 的极点均不同，$\underline{\lambda}_1,\cdots,\underline{\lambda}_n$ 是 $G(s)$ 的极点，且 $\underline{C}_1,\cdots,\underline{C}_n$ 是对应的留数，那么

$$G(s) = G(\infty) + \sum_i \frac{\underline{C}_i}{s - \underline{\lambda}_i} = G(\infty) + \frac{\underline{C}_h}{s - \underline{\lambda}_h} + \sum_{i \neq h} \frac{\underline{C}_i}{s - \underline{\lambda}_i} \tag{9.299}$$

定义 $\underline{\lambda}_h$ 是 $G(s)$ 中需要重新配置的极点。那么在闭环正反馈后，该极点的变化 $\Delta\underline{\lambda}_h$ 需要满足特征方程

$$1 - G(s)H(s) = 0 \tag{9.300}$$

代入 $s = \underline{\lambda}_h + \Delta\underline{\lambda}_h$ 有

$$1 - \varepsilon h(\underline{\lambda}_h + \Delta\underline{\lambda}_h) C(\underline{\lambda}_h + \Delta\underline{\lambda}_h) = 0 \tag{9.301}$$

$$1 - \varepsilon h(\underline{\lambda}_h + \Delta\underline{\lambda}_h)\left[\frac{\underline{C}_h}{\Delta\underline{\lambda}_h} + \sum_{i \neq h} \frac{\underline{C}_i}{\underline{\lambda}_h - \underline{\lambda}_i + \Delta\underline{\lambda}_h}\right] = 0 \tag{9.302}$$

那么

$$1 - \varepsilon h(\underline{\lambda}_h + \Delta\underline{\lambda}_h) \sum_{i \neq h} \frac{\underline{C}_i}{\underline{\lambda}_h - \underline{\lambda}_i + \Delta\underline{\lambda}_h} = \varepsilon h(\underline{\lambda}_h + \Delta\underline{\lambda}_h)\frac{\underline{C}_h}{\Delta\underline{\lambda}_h} \tag{9.303}$$

即

$$\frac{\Delta\underline{\lambda}_h}{\varepsilon} = \frac{\underline{C}_h h(\underline{\lambda}_h + \Delta\underline{\lambda}_h)}{1 - \varepsilon h(\underline{\lambda}_h + \Delta\underline{\lambda}_h)\sum_{i \neq h}(\underline{C}_i/(\underline{\lambda}_h - \underline{\lambda}_i + \Delta\underline{\lambda}_h))} \tag{9.304}$$

观察图 9.57，发现 $\varepsilon \to 0$，有 $\Delta\underline{\lambda}_h \to 0$，所以

$$\lim_{\varepsilon \to 0} \frac{\Delta \underline{\lambda}_h}{\varepsilon} = \underline{C}_h h(\underline{\lambda}_h) \tag{9.305}$$

换句话说，当反馈的静态放大倍数很小时，闭环反馈后极点 h 的（小）变化为

$$\Delta \underline{\lambda}_h = \underline{C}_h \varepsilon h(\underline{\lambda}_h) = \underline{C}_h H(\underline{\lambda}_h) \tag{9.306}$$

现在定义机电振荡中模式 h 的共轭复极点（被改善阻尼的极点）为

$$\begin{cases} \underline{\lambda}_h = \sigma_h + \mathrm{j}\omega_{oh} \\ \underline{\lambda}_h^* = \sigma_h - \mathrm{j}\omega_{oh} \end{cases} \tag{9.307}$$

观察得到［见式（9.306）］

$$\left| H(\underline{\lambda}_h) \right| = \frac{\left| \Delta \underline{\lambda}_h \right|}{\left| \underline{C}_h \right|} \tag{9.308}$$

由于第 h 个留数和极点变化量无关，相同 $|H(\underline{\lambda}_h)|$ 下以 $\underline{\lambda}_h$ 为圆心 $|\Delta\underline{\lambda}_h|$ 为半径的圆如图 9.58 所示。又因为对于已阻尼的模式，下面的不等式成立

$$\sigma_h \ll \omega_{oh} \tag{9.309}$$

可得

$$H(\underline{\lambda}_h) \simeq H(\mathrm{j}\omega_{oh}) \tag{9.310}$$

$$\frac{\left| \Delta \underline{\lambda}_h \right|}{\left| \underline{C}_h \right|} \simeq \left| H(\mathrm{j}\omega_{oh}) \right| \tag{9.311}$$

也就是说，图 9.58 中圆周上的所有点对应附加反馈传递函数的一个放大倍数。对于给定的 $|H(\mathrm{j}\omega_{oh})|$，阻尼的最大增加值（所有可能变化的 $\Delta\underline{\lambda}_h$ 中）是在 $\mathrm{j}\underline{\lambda}_h$ 方向，即与 $\underline{\lambda}_h$ 正交。

由于

$$\underline{\lambda}_h = \sigma_h + \mathrm{j}\omega_{oh} \triangleq -\zeta_h \omega_{nh} + \mathrm{j}\omega_{nh}\sqrt{1-\zeta_h^2} \tag{9.312}$$

极点 $\underline{\lambda}_h$ 的正交变化意味着该极点幅值是常数，即

$$\omega_{nh} = 常数 \tag{9.313}$$

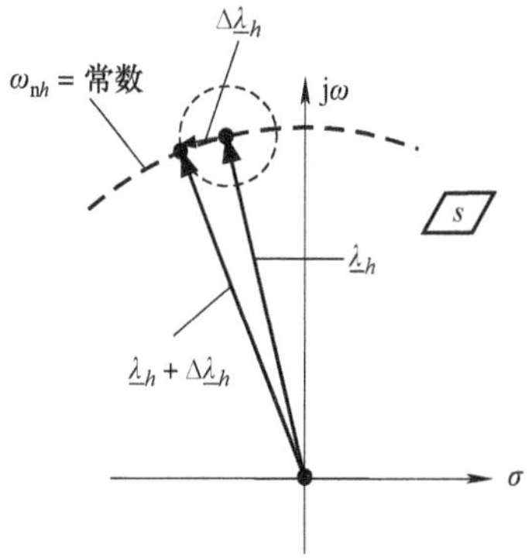

图 9.58　极点 $\underline{\lambda}_h$ 的微小变化

所以

$$\left[\Delta \underline{\lambda}_h \right]_{\omega_{nh}=常数} = \left[-\omega_{nh} - \mathrm{j}\frac{2\zeta_h \omega_{nh}}{2\sqrt{1-\zeta_h^2}} \right] \Delta \zeta_h = \mathrm{j}\frac{\underline{\lambda}_h}{\sqrt{1-\zeta_h^2}} \Delta \zeta_h \tag{9.314}$$

综上，可以得到附加反馈传递函数恒定放大倍数下达到最大阻尼的条件，即选择

$$H(\underline{\lambda}_h) = \frac{\Delta \underline{\lambda}_h}{\underline{C}_h} = j\frac{1}{\sqrt{1-\zeta_h^2}}\frac{\underline{\lambda}_h}{\underline{C}_h}\Delta\zeta_h \tag{9.315}$$

同时，根据式（9.309）

$$H(\mathrm{j}\omega_{oh}) = -\frac{\omega_{oh}}{\underline{C}_h}\Delta\zeta_h \tag{9.316}$$

$$\begin{cases} \left| H(\mathrm{j}\omega_{oh}) \right| = \frac{\omega_{oh}}{\left| \underline{C}_h \right|}\Delta\zeta_h \\ \angle H(\mathrm{j}\omega_{oh}) = \pi - \angle \underline{C}_h \end{cases} \tag{9.317}$$

有

$$\Delta \zeta_h = \frac{\left| \underline{C}_h H \left(\mathrm{j} \omega_{oh} \right) \right|}{\omega_{oh}} \tag{9.318}$$

上式清晰地指出，第 h 个振荡模式的稳定性只取决于相应振荡频率 ω_{oh} 下附加反馈传递函数的幅值和相位。一旦确定了极点 $\underline{\lambda}_h$ 及其留数 $\underline{C}_h$，即可计算增加的阻尼 $\Delta \zeta_h$。

9.5.3 PSS 对励磁控制的影响

9.5.3.1 基本概念和理论

根据式（9.288），定义 $\underline{C}$ 为输入 Δv_{ref} 和输出 $\Delta \Omega / \Omega_{\mathrm{n}}$ 间传递函数（无 PSS 时）的留数。由图 9.55，为了

$$k_{\mathrm{PSS}}(s) = 0 \tag{9.319}$$

首先得到

$$\Delta e = -\frac{h_1}{h_2} g_{\mathrm{v}}(s) \Delta \delta + \frac{1}{h_2} g_{\mathrm{v}}(s) \Delta v_{\mathrm{ref}} \tag{9.320}$$

另一方面为了 $\Delta p_{\mathrm{m}} = 0$，需要下式成立

$$\frac{\Delta \Omega}{\Omega_{\mathrm{n}}} = -\frac{1}{s T_{\mathrm{a}}} \Delta p_{\mathrm{e}} = -\frac{1}{s T_{\mathrm{a}}} (k \Delta \delta + h \Delta e) \tag{9.321}$$

最终

$$\frac{\Delta \Omega / \Omega_{\mathrm{n}}}{\Delta v_{\mathrm{ref}}}(s) = \frac{-s \left(1 / T_{\mathrm{a}} \right) \left(h / h_2 \right) g_{\mathrm{v}}(s)}{s^2 + \left(\Omega_{\mathrm{n}} / T_{\mathrm{a}} \right) \left[k - \left(h h_1 / h_2 \right) g_{\mathrm{v}}(s) \right]} \tag{9.322}$$

上式中的分母与机电环的特征方程有关。不考虑机电振荡模式外的其他极点，并假设振荡极点的实部可忽略，即

$$\begin{cases} \underline{\lambda}_1 \simeq \mathrm{j} \omega_{\mathrm{o}} \\ \underline{\lambda}_2 \simeq -\mathrm{j} \omega_{\mathrm{o}} \end{cases} \tag{9.323}$$

$$s^2 + \frac{\Omega_{\mathrm{n}}}{T_{\mathrm{a}}} \left[k - \frac{h h_1}{h_2} g_{\mathrm{v}}(s) \right] \simeq s^2 + \omega_{\mathrm{o}}^2 \tag{9.324}$$

相应就有

$$\frac{\Delta \Omega / \Omega_{\mathrm{n}}}{\Delta v_{\mathrm{ref}}}(s) \simeq -\frac{s \left(1 / T_{\mathrm{a}} \right) \left(h / h_2 \right) g_{\mathrm{v}}(s)}{s^2 + \omega_{\mathrm{o}}^2} \tag{9.325}$$

和 $\underline{\lambda}_1$ 相关的留数 $\underline{C}$ 为

$$\underline{C} = \left[(s - \underline{\lambda}_1) \frac{\Delta \Omega / \Omega_{\mathrm{n}}}{\Delta v_{\mathrm{ref}}}(s) \right]_{s = \underline{\lambda}_1} = -\frac{1}{2 T_{\mathrm{a}}} \frac{h}{h_2} g_{\mathrm{v}}(\mathrm{j} \omega_{\mathrm{o}}) \tag{9.326}$$

根据式（9.316）在 ω_{o} 附近

$$k_{\mathrm{PSS}}(\mathrm{j} \omega_{\mathrm{o}}) = 2 \omega_{\mathrm{o}} T_{\mathrm{a}} \frac{h_2}{h} \frac{1}{g_{\mathrm{v}}(\mathrm{j} \omega_{\mathrm{o}})} \Delta \zeta \tag{9.327}$$

或

$$k_{\text{PSS}}(j\omega_o) = 2\omega_o T_a \frac{h_2}{h}\Delta\zeta\left(1 + j\frac{\omega_o}{\omega_v}\right) \tag{9.328}$$

也就是说，电力系统稳定器需要补偿的传递函数为 $k_{\text{PSS}}(s)$，其动态特性与 $g_v(s)$ 成反比（见图 9.59）。

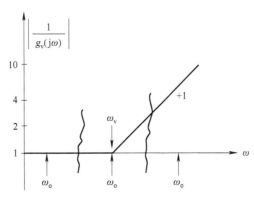

图 9.59　传递函数 $1/g_v(s)$ 的幅值渐近线

同时可看出［见式（9.328）和图 9.59］：

①　如果 ω_o 远小于 ω_v，$1/|g_v(j\omega_o)|$ 为常数，稳定信号只要与转速成正比即可；

②　如果 ω_o 远大于 ω_v，$1/|g_v(j\omega_o)|$ 增加的斜率为+1，稳定信号需要与转速增量即加速度成正比；

③　如果 ω_o 在 ω_v 附近，两种信号都需要。

可以观察到并不需要转速增量的高阶量，这是因为实际中的现代励磁和电压调节系统足够快速，使得 $1/g_v(j\omega)$ 在 ω_o 附近的相位不会超过 90°。

根据以上结论，在任何频率下均能有效阻尼振荡的附加信号 Δv_{PSS} 如下（见图 9.60a）

$$\Delta v_{\text{PSS}} = k_\Omega \frac{\Delta\Omega}{\Omega_n} + k_c\left(\Delta p_m - \Delta p_e\right) \tag{9.329}$$

相应传递函数为

$$\frac{\Delta v_{\text{PSS}}}{\Delta\Omega/\Omega_n}(s) \triangleq k_{\text{PSS}}(s) = k_\Omega\left[1 + \frac{k_c T_a}{k_\Omega}s\right] \tag{9.330}$$

式中，k_Ω 和 k_c 分别为附加转速和加速度（加速功率或转矩）的放大倍数。

同时可知：

①　k_c 适合阻尼本地振荡；

②　k_Ω 适合阻尼区间振荡。

基于式（9.327），当在频率 ω_o 附近提供阻尼时有

$$k_\Omega + jk_c T_a\omega = 2\frac{h_2}{h}\omega_o T_a\Delta\zeta\frac{1}{g_v(j\omega)} \tag{9.331}$$

所以，为了 $\omega=\omega_o$，附加反馈放大倍数为

$$\begin{cases} k_\Omega = \dfrac{2h_2}{h}\,\omega_o T_a\,\mathrm{Re}\left\{\dfrac{1}{g_v(j\omega_o)}\right\}\Delta\zeta \\[3mm] k_c = \dfrac{2h_2}{h}\,\mathrm{Im}\left\{\dfrac{1}{g_v(j\omega_o)}\right\}\Delta\zeta \end{cases} \tag{9.332}$$

即

$$\begin{cases} k_\Omega = \dfrac{2h_2}{h}\,\omega_o T_a\,\Delta\zeta \\[3mm] k_c = \dfrac{2h_2}{h}\,\dfrac{\omega_o}{\omega_v}\,\Delta\zeta = \dfrac{k_\Omega}{T_a\omega_v} \end{cases} \tag{9.333}$$

这就是所需传递函数的条件。

需要指出的是，对于主要由火力发电机组成的系统（见 9.4.3.4 节传统火电机组）

① 本地模式下，k_c 比较重要，且

$$\zeta_{PF} \simeq 0 \Rightarrow \Delta p_m = 0 \tag{9.334}$$

相应的图 9.60a 所示框图变成图 9.60b；

② 区间模式下，k_c 越来越不重要（对于很慢的振荡，ζ_{PF} 大到完全补偿负的 ζ_{PV}，没有安装 PSS 的必要）。

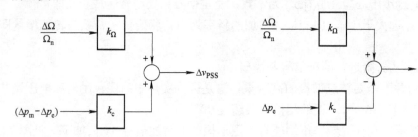

a）PSS 通用传递函数框图 　　　b）主要是火电机组系统中的 PSS 简化传递框图

图 9.60

无论如何，都需要选择合适相位补偿的滤波器，以便转速信号是唯一输入时，输出信号能与转速和加速度成正比，从而来面对各种情况。

为了了解 k_Ω 和 k_c 的数值，基于式（9.188）和式（9.189）的例子并假设 $\Delta\zeta=0.1$，可得如下典型值：

$$k_\Omega \simeq 10\,\mathrm{pu/pu};\ k_c \simeq 0.35\,\mathrm{pu/pu} \tag{9.335}$$

总之，在励磁控制器中附加反馈能够改善机电振荡阻尼，保证足够的振荡稳定裕度，充分发挥发电机的全部运行能力（见图 9.36）。

9.5.3.2　PSS 对励磁控制的影响：一般情况

1. 选择安装 PSS 的发电机

改善机电振荡阻尼最常见的方法就是在发电机励磁控制上安装 PSS。某些情况下励磁会使 PSS 受限，这时可以在 FACTS（典型的有 SVC 和 TCPAR）或 HVDC 的控制器附加类似

的功能，但都可以采用式（9.316）。

本节将讨论如何选择合适阻尼振荡的发电机，以及如何确定发电机传递函数中 k_Ω 和 k_c 的最优值，即附加反馈的最优放大倍数。

如果是为本地模式附加反馈（见图 9.61），如式（9.330）一样将本机转速作为附加信号加入电压调节器的参考值，那么根据式（9.316），对第 k 台发电机（$k=1,...,N$）有

$$H_k\left(\mathrm{j}\omega_{oh}\right)=-\frac{\omega_{oh}}{C_{kh}}\Delta\zeta_h \tag{9.336}$$

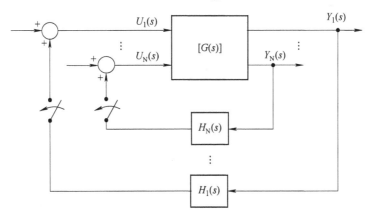

图 9.61　本地模式的附加反馈

现在可以计算阻尼相对于本地附加反馈放大倍数$|H_k(\mathrm{j}\omega_{oh})|$的灵敏度：

$$\mu_{kh}\triangleq\frac{\zeta_h}{\left|H_k\left(j\omega_{oh}\right)\right|}=\frac{\left|\underline{C}_{kh}\right|}{\omega_{oh}} \tag{9.337}$$

最有效的发电机 μ_{kh} 值最大，即留数$|\underline{C}_{kh}|$最大。

为了确定这些留数，需要采用足够详细的电力系统模型来形成特征矩阵。假设$[\underline{\Lambda}]$和$[\underline{\Gamma}]$分别是特征矩阵$[A]$的特征值和特征向量，运用式（9.6）有

$$[\Delta x(s)]=[\underline{\Gamma}][sI-\underline{\Lambda}]^{-1}[\underline{\Gamma}]^{-1}[B][\Delta v_{\mathrm{ref}}(s)] \tag{9.338}$$

由于感兴趣的输入只有电压调节器的参考值，那么矩阵$[B]$［见式（9.16）］为

$$[B]=\left\{[0]^{\mathrm{T}}[0]^{\mathrm{T}}\left[B_{\mathrm{ev}}\right]^{\mathrm{T}}\left[B_{\mathrm{xv}}\right]^{\mathrm{T}}[0]^{\mathrm{T}}\right\}^{\mathrm{T}} \tag{9.339}$$

式中，$[B_{\mathrm{ev}}]$、$[B_{\mathrm{x_v v}}]$为方阵，阶数为发电机数 N。

得到输入 $\Delta v_{\mathrm{ref},k}$ 和输出 $\Delta\Omega_k/\Omega_n$ 之间的传递函数为

$$\frac{\Delta\Omega_k/\Omega_n}{\Delta v_{\mathrm{ref},k}}(s)=\sum_h\frac{\underline{\Gamma}_{kh}^{(\Omega)}\underline{Q}_{hk}}{s-\underline{\lambda}_h}$$
$$+\sum_{\substack{\text{Heaviside部分分式}\\\text{与非机电复杂极点相关}}} \tag{9.340}$$
$$+\sum_{\substack{\text{Heaviside部分分式}\\\text{与实数极点相关}}}$$

其中，求和第一项是机电模式的 Heaviside 部分分式展开；$[\underline{\Gamma}_{kh}^{(\Omega)}]$是特征向量$[\underline{\Gamma}_h]$的第 k 个元素（通常是复数），对应的特征值为$\underline{\lambda}_h$，状态变量为 $\Delta\Omega_k/\Omega_n$；$\underline{Q}_{hk}$是矩阵$[Q]$元素（通常

是复数）

$$[Q] = [\underline{\Gamma}]^{-1}[B] \tag{9.341}$$

对应特征值 $\underline{\lambda}_h$ 和输入 $\Delta v_{\text{ref},k}$。所以留数为

$$\underline{C}_{kh} = \Gamma_{kh}^{(\Omega)} Q_{hk} \tag{9.342}$$

需要注意的是留数 $\underline{C}_{kh}$ 也可用实验方法获得。

一旦确定了所有发电机的留数，就可以选择最适合安装附加反馈的发电厂。

此时，假设给定阻尼增量 $\Delta\zeta_h$，可用式（9.316）和式（9.330）来确定第 i 台发电机的反馈放大倍数 $k_{\Omega i}$ 和 k_{ci}

$$H_i(j\omega_{oh}) = \frac{\omega_{oh}}{|\underline{C}_{ih}|}\Delta\zeta_h\left[\cos(\pi - L\underline{C}_{ih}) + j\sin(\pi - L\underline{C}_{ih})\right] \tag{9.343}$$
$$= k_{\Omega i} + j\omega_{oh}k_{ci}T_{ai}$$

即

$$\begin{cases} k_{\Omega i} = \dfrac{\omega_{oh}}{|\underline{C}_{ih}|}\Delta\zeta_h\cos(\pi - \angle\underline{C}_{ih}) \\ k_{ci} = \dfrac{1}{T_{ai}|\underline{C}_{ih}|}\Delta\zeta_h\sin(\pi - \angle\underline{C}_{ih}) \end{cases} \tag{9.344}$$

并有

$$\frac{k_{ci}}{k_{\Omega i}} = \frac{1}{\omega_{oh}T_{ai}}\tan(\pi - \angle\underline{C}_{ih}) \tag{9.345}$$

与阻尼无关，只和系统特性有关。

所以，确定机电振荡阻尼最有影响的发电厂和附加反馈传递函数的条件，需要知道相应的极点和传递函数的留数。这对于互联大系统是沉重的计算负担。但注意到最有影响的发电厂实际是和网络结构以及系统运行点有关，而与电压和频率控制无关，故可以简化分析。又由于之前提到的实际阻尼值都很小，所有均可采用发电机二阶模型和线性负荷。

2. 简化后的条件

与一般情况下（特别考虑到图 9.55 和图 9.56）的讨论类似，定义 $k_{\Omega k}$ 是输出 $\Delta\Omega_k/\Omega_n$ 和输入 Δe_k 间传递函数的放大倍数，即是图 9.2 所示的[$\Delta\Omega$]和[ΔE]间的闭环反馈放大倍数。和上一节一样的分析过程，可以得到 $\Delta\Omega_k/\Omega_n$ 和 ΔE_k 传递函数并估计阻尼灵敏度。根据式（9.59）并忽略原点极点的影响，得到

$$\frac{\Delta\Omega_k/\Omega_n}{\Delta E_k}(s) = \frac{1}{\Omega_n}\sum_h G_{kh}W_{hk}\frac{s}{s^2+\omega_{oh}^2} = \frac{1}{2\Omega_n}\sum_h G_{kh}W_{hk}\left(\frac{1}{s-j\omega_{oh}} + \frac{1}{s+j\omega_{oh}}\right) \tag{9.346}$$

这意味着

$$\underline{C}_{kh} = \underline{C}_{kh}^* = \frac{1}{2\Omega_n}G_{kh}W_{hk} \tag{9.347}$$

那么基于式（9.336）有

$$\hat{k}_{\Omega k} = -\frac{2\omega_{oh}\Omega_n}{G_{kh}W_{hk}}\Delta\zeta_h \tag{9.348}$$

同时根据式（9.337），可得简化形式的阻尼灵敏度

$$\gamma_{kh} = \frac{\left| G_{kh} W_{hk} \right|}{2\Omega_n \omega_{oh}} \qquad (9.349)$$

上式可用于确定最能有效阻尼第 h 个模式机电振荡的发电厂。式中并没考虑电压调节器的模型，只考虑了网络结构（尤其是发电厂的位置和运行点）。所以，可以仅对简化分析后灵敏度较大即能给机电振荡提供较大阻尼的发电厂，采用更实际的系统模型 [见式（9.337）]，比如考虑发电机实际结构（例如五阶模型）以及电压和转速调节器来确定阻尼灵敏度。

3. 实际中的 PSS 结构

图 9.60 所示的 PSS 结构是理想化的，实际中需要考虑到：

① 可用发电机出口侧的频率变化 Δf 来代替转子角速度变化 $\Delta\Omega$；

② 需要安装 washout 滤波器，以过滤输入信号中的直流分量。

还观察到：

① 在许多系统中，Δv_{PSS} 是如图 9.60b 所示由转速（或频率）和输送功率的合成信号；

② 在其他情况下，AF 的信号可能只有功率或只有转速（频率）：此时如前所述，需要选择合适的相位补偿，才能得到完整的等效 k_Ω 和 k_c（即转速和加速度）的效果。

所以不考虑必要的传感器，励磁控制上一般的 PSS 框图如图 9.62 所示。图中

$$F_w(s) = \frac{sT_w}{1+sT_w} \qquad (9.350)$$

是 washout 滤波器的传递函数，而

$$F_s(s) = k_s \frac{1+sT_2}{1+sT_1} \qquad (9.351)$$

是相位补偿。此外，附加电压 v_{PSS} 必须被限制，以免大扰动（Ω、f 和加速度的较大变化）引起电压环的较大变化，避免大扰动带来功角稳定问题。因此有

$$v_{s\min} \leqslant v_{PSS} \leqslant v_{s\max} \qquad (9.352)$$

其中

$$v_{s\max} = -v_s \min \simeq 0.06 \sim 0.08\text{pu} \qquad (9.353)$$

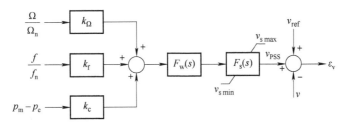

图 9.62 励磁控制上 PSS 的一般框图

对于相位补偿：

① 如果附加信号为加速度，可在合适的频率范围使用滞后传递函数（极点-零点），以

得到加速度的积分（即转速）；

② 如果附加信号为转速，可在合适的频率范围使用超前传递函数（零点-极点），得到转速的微分；

4. 在线更新

通过以上分析，可确定给定电力系统结构和运行点下，达到最小可接受阻尼（例如，$\zeta_{\min}=0.10$ 时）的 k_Ω 和 k_c 的值。

但系统运行时阻尼 ζ 可能达不到 $\zeta_{\min}$，此时就必须更新放大倍数。

该更新可在线完成。利用测量到的 p_e、q、v 和发电机出口侧 i，可以确定状态变量的初始值（如 δ^o 和 e^o），并估计从各台发电机看出去连接到无穷大母线的外部电抗 x_e。

一旦获得了所有必需的数据，通过对发电厂（及其控制）连入无穷大系统的实时仿真，就可以在线计算留数 C_{kh} 并更新 PSS 的放大倍数。

9.5.4　PSS 增益限制

PSS 会使 Δe 和 Δv_{ref} 形成闭环而改变电压环，如图 9.63 中虚线所示。

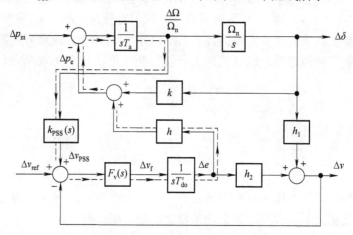

图 9.63　PSS 对电压环的影响

在一般假设

$$F_v(s) = \mu_t \tag{9.354}$$

下，可立刻看到电压环变成图 9.64 所示的形式。虚线所示部分的传递函数为

$$\frac{1}{sT'_{do}/\mu_t + (h/sT_a)k_{\text{PSS}}(s)} \tag{9.355}$$

其中

$$\frac{h}{sT_a}k_{\text{PSS}}(s) = \frac{h}{sT_a}\left(k_\Omega + sT_a k_c\right) = \frac{hk_\Omega}{sT_a} + hk_c \tag{9.356}$$

该式使得可以分开分析 k_Ω 和 k_c 的影响。

当只有 k_c（见图 9.65a）时，前馈传递函数为

$$h_2 \frac{1}{hk_c + \left(sT'_{do}/\mu_t\right)} = \frac{\mu_t h_2}{sT'_{do} + \mu_t hk_c} \tag{9.357}$$

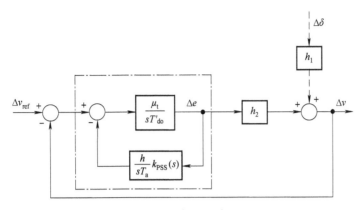

图 9.64　从电压环看 PSS

那么电压环的特征方程是

$$sT_{do}' + \mu_t\left(h_2 + hk_c\right) = 0 \tag{9.358}$$

（实数）极点就等于

$$\underline{\lambda} = -\frac{\mu_t\left(h_2 + hk_c\right)}{T_{do}'} = -\omega_v' \tag{9.359}$$

由于

$$hk_c > 0 \tag{9.360}$$

（稳定信号受到 h 符号的影响）以及 h_2 总为正，k_c 会向左移动极点，改善电压环的稳定性（见图 9.66a）。

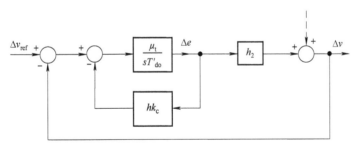

a）k_c 的影响

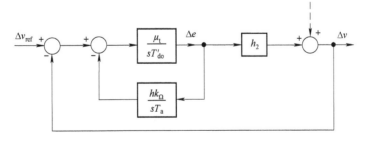

b）k_Ω 的影响

图 9.65　PSS 对电压环的影响

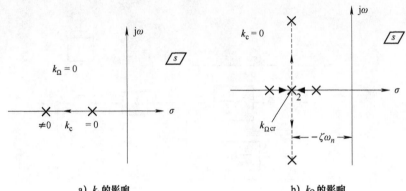

a) k_c 的影响   b) k_Ω 的影响

图 9.66　电压环的极点变化

当只有 k_Ω（图 9.65b）时，前馈传递函数为

$$h_2\frac{1}{sT_{do}'/\mu_t+(hk_\Omega/sT_a)}=\frac{sh_2T_a\mu_t}{s^2T_aT_{do}'+\mu_thk_\Omega} \tag{9.361}$$

所以特征方程为

$$s^2+s\frac{h_2\mu_t}{T_{do}'}+\frac{\mu_thk_\Omega}{T_aT_{do}'}=0 \tag{9.362}$$

或写成一般形式

$$s^2+2\zeta\omega_ns+\omega_n^2=0 \tag{9.363}$$

那么，k_Ω 会使系统增加一个极点。由于

$$\begin{cases}\omega_n=\sqrt{\dfrac{\mu_thk_\Omega}{T_aT_{do}'}}\\[2mm]\zeta=\dfrac{1}{2}h_2\sqrt{\dfrac{T_a\mu_t}{hk_\Omega T_{do}'}}\end{cases} \tag{9.364}$$

且

$$hk_\Omega>0 \tag{9.365}$$

（稳定信号受到 h 符号的影响）以及 h_2 总为正，阻尼将随 k_Ω 的增加而下降（但仍为正）。如果再简化

$$h_2=\frac{x_e}{x_i+x_e}\cos(\delta-\theta)^o=常数 \tag{9.366}$$

数值

$$\zeta\omega_n=\frac{1}{2}\times\frac{h_2\mu_t}{T_{do}'} \tag{9.367}$$

（独立于 k_Ω）将为常数。根轨迹随 k_Ω 的变化如图 9.66b 所示：一开始是两个不同的实数极点，随 k_Ω 的增大不断接近，当 $\zeta=1$ 时两个极点重合，此时

$$k_{\Omega cr}\triangleq(k_\Omega)_{\zeta=1}=\frac{1}{4}h_2^2\frac{T_a\mu_t}{hT_{do}'}=\frac{1}{4}\times\frac{h_2}{h}T_a\omega_v \tag{9.368}$$

446

如果系统参数的数值如下

$$\begin{cases} \omega_v \approx 5\text{rad}/\text{s} \\ T_a \approx 7.5\text{s} \end{cases}$$ （9.369）

$$h = \left(\frac{p_e}{e}\right)^o \approx 0.8$$ （9.370）

$$h_2 = 0.75 \sim 1$$ （9.371）

（本地振荡时值小，区间振荡时值大），那么有

$$k_{\Omega cr} \approx 10 \sim 12\text{pu}/\text{pu}$$ （9.372）

如果

$$k_\Omega > k_{\Omega cr}$$ （9.373）

极点就变成一对共轭复数，阻尼会随着 k_Ω 的继续增大而下降。

总之，与 k_c 不同，太高的 k_Ω 可能会使电压环发生振荡，因为提供的是很小的正阻尼；也就是说，此时虽然会稳定机电振荡却让电压环失稳。

这是我们不愿意看到的，因为这样发电机出口侧、甚至网络节点中的电压都会发生振荡。

所以，k_Ω 必须在合适的范围内取值，以满足一级电压控制环的稳定要求。

9.6　典型的区域间或低频机电暂态振荡情况

第一种典型结构（见图 9.67）是一个有很多发电机和负荷、高度网状的区域，连接到额定功率远大于其的无穷大系统。两者的连接可等效为一条长输电线路（当 x_e 较大，T_0 也较大时为弱联系）。直觉上这样的系统会发生慢速的机电振荡——相对于无穷大系统区域中的发电机一起以相同的幅值振荡。

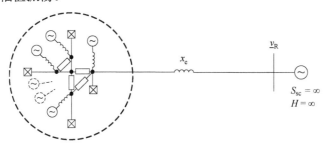

图 9.67　高度网状的区域经过长输电线路接入无穷大系统

第二种典型结构是一个纵向结构的系统（连接到无穷大系统），或者说电网主要向一个给定的地理方向延伸。发电机和负荷以大致统一的方式分散接入延伸的路径中（见图 9.68）。

这种算例中会有慢速振荡模式（最慢的模式），振荡幅值将随无穷大母线的距离变化：自由端最大，越接近无穷大系统越小，无穷大母线侧为零。这种结构至少有以下三个实例：

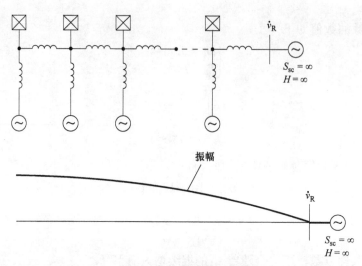

图 9.68　纵向结构系统

（1）第一个实例是过去（1960 年代末，在发展 400kV 输电系统之前）的意大利中南部电网，意大利北部和欧洲互联电网可看成其的无穷大系统。该系统中最慢的低频振荡模式的周期 $T_0 \approx 4\text{s}$，$\zeta_{PF} \approx 0$（大部分为火电机组），ζ_{PV} 为很大负值。抑制振荡需要增大西西里岛（振荡幅度大）的 k_Ω，并降低意大利半岛上和临近北部的 k_Ω。

目前，等效无穷大系统可认为靠近意大利南部（$T_0 \approx 2 \sim 2.5\text{s}$）从而变成了第一种典型结构。

（2）第二个实例是前南斯拉夫电力系统（见图 9.69），当时与欧洲电网互联（1972～1973）运行：情形与上一个实例类似但 $T_0 \approx 6\text{s}$，最大的振荡幅值出现在罗马尼亚边境上。

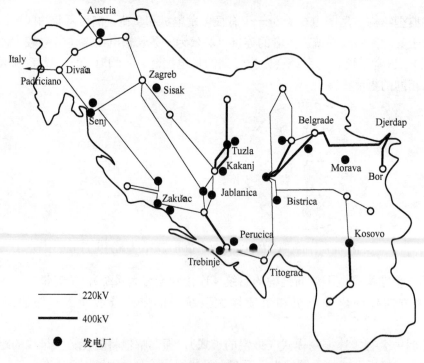

图 9.69　1972～1973 年前南斯拉夫电力系统结构

在这个实例中，有必要提高 Djerdap 水电厂（罗马尼亚边境）的 k_Ω，而该值原来是被设定成阻尼孤立运行时的慢速振荡（≈2.9s）。

（3）第三个实例是希腊电力系统经南斯拉夫电网与欧洲电网互联（1974～1975）。在这个例子中，最慢的模式周期 T_o≈8～10s，最大振荡幅值出现在自由端，即希腊。由于希腊电网中主要为火电机组，ζ_{PF} 是足够大的正值可以抵消负 ζ_{PV} 的影响，所以不需要加装 PSS。

第三种典型结构是一个小型系统（见图 9.70），有慢速振荡模式但幅值多变：一些发电机的振荡幅值为正，但其他机组的相位相反（幅值为负）。一个实例就是秘鲁中部电力系统（1978～1979），其中最慢的振荡模式 T_o≈1s 且阻尼为负。最后是在 Mantaro 水电厂（Andes 区域最大的电厂）安装了包括 k_Ω 和 k_c 回路的 PSS 来阻尼振荡。

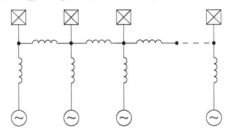

图 9.70 有慢速振荡模式的系统，一些发电机振荡幅值为正，其他机组的相位相反

第四种典型结构的系统在地理上延伸很广，可看成是从两端纵向延伸的级联结构（见图 9.71）。

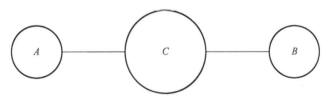

图 9.71 级联型系统

一个实例就是 1997 年的 CENTREL 和欧洲电网（UCTE）互联系统：

① 区域 A 是欧洲电力系统的最西端（葡萄牙和西班牙）。

② 区域 B 是 CENTREL 电力系统（波兰、匈牙利、捷克、斯洛文尼亚）。

③ 中间区域 C 即 UCTE 的其他部分（高度网状结构，高额定功率，包括法国、德国、瑞士、意大利等）。

该系统可以简化成 9.3.3.2 节的算例形式。它有两个慢速振荡模式（周期大约是 4s 和 3s），分别是 A 区对 C 区的振荡和 B 区对 C 区的振荡（C 区类似于无穷大系统）。这些模式的阻尼均为微小正值，可通过调节 B 区自由端（波兰）的 k_Ω 和在 A 区安装制动电阻来增强。

第五种典型结构是大型互联系统，在地理上的延伸非常广阔，但主干的电气联系是丝状的（弱联系）。一个实例是规划的环地中海 MEDRING（见图 9.72）电力系统（环形，东南沿海是弱主干网）。在北非和和中东，大部分发电厂是火电（传统燃气轮机和联合循环机组）：那么，由于这些发电机组一次调频提供了较大的稳定作用，即使有现代电压调节器最慢的机电振荡（闭环运行时周期约为 10s，在土耳其开环运行时为 20s）也能被很好的阻尼。这样就不再需要安装 PSS。

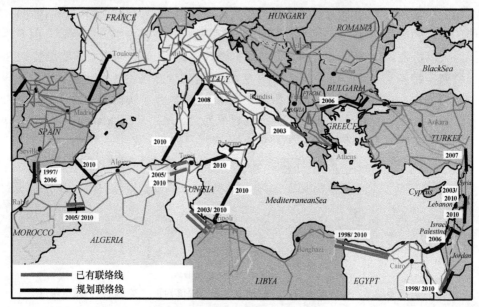

图 9.72　MEDRING 电力系统

但是，由于是弱联系的系统且电压等级不高，这样短路功率较低（见 9.1 节），最终会出现非周期性的稳态功角失稳。

总而言之，基于实例，需要注意的是阻尼两个原来分开现在互联系统间的机电振荡，最好是调节已经安装的 PSS，尽管其本来是用作阻尼独立运行时振荡的。互联改变了系统结构，也会改变模态特性。所以，要根据新的特性来确定最灵敏的发电厂以及 PSS 的放大倍数。

<h1 align="center">参 考 文 献</h1>

[1] Crary S.B. *Power system stability*, Vol. 2, Wiley, 1947.

[2] Concordia C. *Synchronous machines*, Wiley, 1951.

[3] Kimbark E.W. *Power system stability*, Vol. 3, Wiley, 1956.

[4] Adkins B. *The general theory of electrical machines*, Chapman-Hall, 1962.

[5] Venikov V.A. *Transient phenomena in electrical power systems*, Pergamon Press, 1965.

[6] Weedy B.M. *Electric power systems*, 1st edition, Wiley, 1967.

[7] Marin R., Valtorta M. *Trasmissione ed Interconnessione*, CEDAM, 1971.

[8] Porter B., Crossley R. *Modal control: Theory and applications*, Taylor-Francis, 1972.

[9] Arcidiacono V., Marconato R. *Power system dynamics*, Enel-Consulting Services, 1978.

[10] Weedy B.M. *Electric power systems*, 3rd edition, Wiley, 1979.

[11] Marconato R. *Sistemi Elettrici di Potenza*, Vol. 2, CLUP, 1984–1985.

[12] Ferrari E. *Regolazione della Frequenza e Controllo dell'Eccitazione dei Gruppi Generatori*, CLUP, 1986.

[13] Marconato R. *Training course on power system dynamics and control*, 1st edition, Enel-Consulting Services, 1988.

[14] Marconato R. *Electric power systems*, Vol. 3, 2nd edition, CEI—Italian Electrotechnical Committee, 2002–2008.

[15] Arnoldi W.E. The principle of minimised iterations in the solution of the matrix eigenvalue problem, *Quart. Appl. Math.*, Vol. 9, pp. 17–29, 1951.

[16] Heffron W.G., Phillips R.A. Effects of modern amplidyne voltage regulator in underexcited operation of large turbine generators, *AIEE Trans.*, Vol. PAS-71, pp. 692–697, Aug. 1952.

[17] Francis J.G.F. The QR transformation—A unitary analogue to the LR transformation, Parts 1 and 2, *Comput. J.*, Vol. 4, pp. 265–271, 1961–1962.

[18] Hanson O.W., Goodwin C.J., Dandeno P.L. Identification of excitation and speed control parameters in stabilising inter-system oscillation, *IEEE Trans.*, Vol. PAS-87, pp. 1306–1316, May 1968.

[19] De Mello F.P., Concordia C. Concepts of synchronous machine stability as affected by excitation control, *IEEE Trans.*, Vol. PAS-88, pp. 316–329, Apr. 1969.

[20] Ferrari E., Floris R., Saccomanno F. *Limiti di Stabilità di Turboalternatori con Eccitazione Statica e Diverse Strutture del Controllo dell'Eccitazione. Parte I: Analisi della Stabilità per Piccole Variazioni*, Riunione Annuale AEI 1969, Paper No. 4.1.19.

[21] Saccomanno F. *Sensitivity analysis of the characteristic roots of a linear time-invariant dynamic system: Application to the synthesis of damping action in electric power systems*, IFAC, 1975.

[22] Arcidiacono V., Ferrari E., Marconato R., Brkic T., Niksic M., Kajari M. *Studies and experimental results on electromechanical oscillation damping in Yugoslav Power System*, IEEE PES Summer Meeting, San Francisco (USA), Jul. 1975, Paper No. A75 420-0.

[23] Kundur P., Dandeno P.L. *Practical application of eigenvalue techniques in the analysis of power system dynamic stability problems*, 5th edition PSCC, Cambridge, 1975.

[24] Arcidiacono V., Ferrari E., Marconato R., Saccomanno F. *Analysis of factors affecting the damping of low-frequency oscillation in multimachine systems*, CIGRE, 1976, Paper No. 32-19.

[25] Arcidiacono V., Brkic T., Epitropakis E., Ferrari E., Marconato R., Saccomanno F. *Results of some recent measurements of low-frequency oscillations in a European power system with longitudinal structure*, CIGRE, Session 1976. Paris, Paper No. 32-19A.

第10章

暂态稳定性

Nikolai Voropai 和 Constantin Bulac

10.1　概述

暂态稳定可定义为，电力系统遭受大扰动，如短路、失去大型发电机组、重要线路跳闸或负荷较大变化时，维持发电机同步并达到一个可接受的稳定运行状态的能力。

众所周知，电力系统可用微分—代数方程来建模，其中，代数方程（A）表示电网，而非线性微分方程（D）表示发电机和负荷：

$$\begin{cases} \dot{x} = f(x,y,\mu) = D(x,y,\mu) \\ 0 = g(x,y,\mu) = A(x,y,\mu) \end{cases} \tag{10.1}$$

其中，x、y 是状态变量；μ 是参数向量。

非线性微分方程可用逐步积分法来求解。该方法将暂态分解成一系列足够小时间间隔的瞬时状态，以使每个积分步长的变量变化可用其微分来估计。随之系统 DAE 方程中的电气量可分为两种：

1）惯性或慢速变化变量——x 为惯性变量向量，是和转子磁链相关并影响暂态过程的变量，在扰动瞬间不会突变（磁链不能突变）。计算惯性变量的值时，每个积分步长的初值等于前一个积分步长的终值，而在每个积分步长内的变化用系统微分方程组来估计。暂态稳定分析中感兴趣的惯性变量有感应磁链、与磁链成正比的内电势、转子角、转矩等。

2）非惯性或快速变化变量——y 为非惯性变量向量，和电网相关并会在扰动发生瞬间突变。例如，当一条母线发生三相短路时，直到 $t=0$ 节点电压 $U=U_0$，而在 $t>0$ 时变成 $U=0$。计算时，这些变量在每个积分步长内不变，而是在前一步到后一步时变化。非惯性变量包括电流、电压和发电功率等。

对于非惯性变量，要研究稳态解的存在条件；而对于惯性变量，要分析稳态解的稳定条件。代数方程（A）的解（x_0, y_0）对应一个对称平衡的正弦稳态，并满足非线性微分方程。由于该解的稳定性由惯性变量稳定性决定（D），所以如果电力系统的动态因素均在稳定平衡点，该稳态就是稳定的。电力系统规划和运行中关注的暂态是指这些动态因素在两个平衡状态间的过渡过程。如果暂态最终能到达稳态，就可以说"过渡过程是稳定的"。

因此，在暂态稳定分析中考虑三个阶段：扰动前或初始稳态、扰动中、扰动后或最终稳态。

在扰动中，电力系统将从一个平衡状态过渡到另一个平衡状态。这个过程可能是正常的运行操作，也可能是外部因素造成的随机事件（例如，输电线两端未能同时断开导致的短路，最终造成了自动或手动重合闸）。

故障极限切除时间是暂态稳定评估中最有用的工具之一。它定义为能保证电力系统在扰动（故障切除）后达到稳定状态，从故障发生到切除故障和隔离故障区域的最长时间。注意故障切除时间包括继电保护动作时间和断路器分闸时间。

实际中运用最多的暂态稳定分析方法是对大扰动发生后的惯性和非惯性变量进行时域仿真。

观察仿真中转子角随时间变化的振荡曲线可得到暂态稳定/不稳定的相关信息。这可分为三种情况：

1）稳定，转子角经过阻尼振荡达到故障后的稳态值；

2）在第一摆就不稳定，又称第一摆失稳，转子角随时间不断增大；

3）发电机在第一摆稳定，但是幅值随振荡增大并失去稳定；这种形式的失稳一般是因为扰动后不满足小信号稳定条件。

保证系统暂态稳定的一个重要因素是快速、选择和安全的保护系统。保护系统要能够区别故障运行、振荡稳定和失稳等情况，以避免因误动和错误切除系统元件而恶化电力系统稳定条件。

众多的暂态稳定评估简化研究方法中，等面积法则是最有名的。

10.2 暂态稳定评估的直接方法

10.2.1 等面积法则

10.2.1.1 等面积法则的基本原理

等面积法则是一种快速评估第一摆暂态稳定的图解法，适用于下列情况：

① 同步发电机通过一个无源网络连接到无穷大母线。

② 通过无源网络互联的两台同步发电机。

③ 多机系统，但必须将所有发电机等效成两台同步机，此时可称为扩展等面积法则。

为了说明等面积法则的原理，让我们以一台同步机经无源网络连接到无穷大系统为例。其中，发电机采用经典模型（暂态电抗后的恒内电势 E'）。那么转子运动方程中的转子角 δ 可用内电势角 δ' 代替（$\dot{E}' = E'\mathrm{e}^{\mathrm{j}\delta'}$）。此外，如果忽略阻尼绕组 $D=0$，则运动方程（2.10）变成

$$\frac{M}{\omega_0} \times \frac{\mathrm{d}^2\delta'}{\mathrm{d}t^2} = P_\mathrm{m} - P_\mathrm{e} = P_\mathrm{a} \tag{10.2}$$

式中，P_a 是加速功率。

式（10.2）等号两边同乘 $2\dfrac{\omega_0}{M} \times \dfrac{\mathrm{d}\delta'}{\mathrm{d}t}$，并且令 $H = \dfrac{M}{2}$，则

$$2 \times \frac{\mathrm{d}\delta'}{\mathrm{d}t} \times \frac{\mathrm{d}^2\delta'}{\mathrm{d}t^2} = \frac{\omega_0}{H} P_{\mathrm{a}} \frac{\mathrm{d}\delta'}{\mathrm{d}t} \tag{10.3}$$

考虑到

$$\frac{\mathrm{d}^2\delta'}{\mathrm{d}t^2} = \frac{\mathrm{d}}{\mathrm{d}t}\left(\frac{\mathrm{d}\delta'}{\mathrm{d}t}\right) = \left[\frac{\mathrm{d}}{\mathrm{d}\delta'}\left(\frac{\mathrm{d}\delta'}{\mathrm{d}t}\right)\right]\frac{\mathrm{d}\delta'}{\mathrm{d}t} = \frac{\mathrm{d}}{\mathrm{d}\delta'}\left[\frac{1}{2}\left(\frac{\mathrm{d}\delta'}{\mathrm{d}t}\right)^2\right]$$

式（10.3）左边变为

$$2 \times \frac{\mathrm{d}\delta'}{\mathrm{d}t} \times \frac{\mathrm{d}}{\mathrm{d}\delta'}\left[\frac{1}{2} \times \left(\frac{\mathrm{d}\delta'}{\mathrm{d}t}\right)^2\right] = \frac{\mathrm{d}\delta'}{\mathrm{d}t} \times \frac{\mathrm{d}}{\mathrm{d}\delta'}\left(\frac{\mathrm{d}\delta'}{\mathrm{d}t}\right)^2 = \frac{\mathrm{d}}{\mathrm{d}t}\left(\frac{\mathrm{d}\delta'}{\mathrm{d}t}\right)^2$$

且式（10.3）变为

$$\frac{\mathrm{d}}{\mathrm{d}t}\left(\frac{\mathrm{d}\delta'}{\mathrm{d}t}\right)^2 = \frac{\omega_0}{H} P_{\mathrm{a}}\left(\frac{\mathrm{d}\delta'}{\mathrm{d}t}\right)$$

对时间积分

$$\left(\frac{\mathrm{d}\delta'}{\mathrm{d}t}\right)^2 = \int \frac{\omega_0}{H} P_{\mathrm{a}} \mathrm{d}\delta'$$

$\left(\dfrac{\mathrm{d}\delta'}{\mathrm{d}t}\right)$ 表示同步发电机转子相对以同步速旋转的通用参考坐标系的角速度。稳态时此角速度为零，但系统中发生扰动时会变化（如果扰动是短路，则是增加）。

δ' 代表了转子在同步旋转坐标系中的位置，如果其不随时间连续增加，即在达到最大值 δ'_{m} 后减小（见图 10.1），则可认为发电机满足第一摆稳定性。也就是说扰动发生后经过一段时间达到 $\delta' = \delta'_{\mathrm{m}}$ 时，角速度 $\dfrac{\mathrm{d}\delta'}{\mathrm{d}t}$ 可以恢复为零。所以，稳定标准如下：

$$\int_{\delta'_0}^{\delta'_{\mathrm{m}}} \frac{\omega_0}{H} P_{\mathrm{a}} \mathrm{d}\delta' = \int_{\delta'_0}^{\delta'_{\mathrm{m}}} \frac{\omega_0}{H}(P_{\mathrm{m}} - P_{\mathrm{e}})\mathrm{d}\delta' = 0 \tag{10.4}$$

式中，δ'_0 是 δ' 的初值。

$\int_{\delta'_0}^{\delta'_{\mathrm{m}}}(\omega_0/H)P_{\mathrm{a}}\mathrm{d}\delta'$ 就是图 10.1 中阴影 A_1 和 A_2 的代数和。此时，A_1 代表 $P_{\mathrm{m}} > P_{\mathrm{e}}$ 时的加速区，A_2 则是 $P_{\mathrm{m}} < P_{\mathrm{e}}$ 时的减速区。

如果 A_1 小于或等于 A_2（$A_1 \leqslant A_2$），则满足第一摆稳定判据。

为了评估实际中同步发电机的第一摆稳定性，通常假定机械功率为常数（$P_{\mathrm{m}} = \mathrm{ct}$），并把电磁功率用单机无穷大系统的参数表示。

考虑如图 10.2 所示的系统，一台同步发电机（母线 1）通过电抗 X_{e} 连接到无穷大系统（母线 2）。电压 $\dot{V}_2$ 恒定并作为相位基准，电磁功率就等于：

$$P_{\mathrm{e}1} = \frac{E'_1 V_2}{X'_{\mathrm{d}1} + X_{\mathrm{e}}} \sin\delta'_{12} \tag{10.5}$$

式中，δ'_{12} 是发电机暂态电抗后电动势相量 $\dot{E}'_1 = E'_1 \mathrm{e}^{\mathrm{j}\delta_{12}}$ 和无穷大母线电压相量 $\dot{V}_2 = V_2 \mathrm{e}^{\mathrm{j}0} = V$ 之间的夹角。

如果网络中的某个节点上有负荷，可将负荷建模成并联的恒定导纳。然后修正节点导纳矩阵 $[Y'_{\mathrm{nn}}]$ 的对角元，并采用高斯方法消除网络中的所有无源节点。由此得到只包含发电机母线的节点导纳矩阵：

$$[\dot{Y}_{nn}^{red}] = \begin{bmatrix} \dot{Y}_{11} & \dot{Y}_{12} \\ \dot{Y}_{21} & \dot{Y}_{22} \end{bmatrix}$$

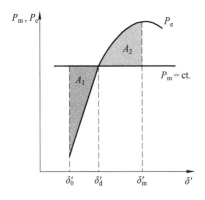

图 10.1　等面积法则的基本原理

图 10.2　单机无穷大系统

对于所研究的系统，$[\dot{Y}_{nn}^{red}]$ 矩阵仅有两条母线，即

1）母线 1，与电抗 X'_{d1} 连接，其电压等于内电势 $\dot{E}'_1 = E'_1 e^{j\delta'_{12}}$；

2）母线 2，无穷大母线，电压 $\dot{V}_2 = V_2 e^{j0} = V$。

如果 $\dot{Y}_{11} = G_{11} + jB_{11}$ 和 $\dot{Y}_{12} = G_{12} + jB_{12}$ 是 $[Y'_{nn}]$ 矩阵第一行的元素，则与母线 1 相连的同步发电机所发出的电磁功率为

$$P_{e1} = \text{Re}(\dot{E}'_1 \dot{I}^*_1) = G_{11}E'^2_1 + E'_1 V_2(G_{12}\cos\delta'_{12} + B_{12}\sin\delta'_{12}) \equiv Y_{11}E'^2_1\sin\alpha_{11} + Y_{12}E'_1 V_2\sin(\delta'_{12} + \alpha_{12})$$

$$(10.6)$$

式中

$$Y_{11} = \sqrt{G^2_{11} + jB^2_{11}}; \tan\alpha_{11} = \frac{G_{11}}{B_{11}}$$

$$Y_{12} = \sqrt{G^2_{12} + jB^2_{12}}; \tan\alpha_{12} = \frac{G_{12}}{B_{12}}$$

10.2.1.2　故障切除时间计算

为了说明等面积法则的使用，让我们考虑如图 10.3 所示的电力系统，一台同步发电机通过一台变压器和双回线连接到无穷大母线 2。假设其中一条线路发生对称的三相接地短路（见图 10.3a）。

图 10.3　应用等面积法则的 SMIB 系统及其等效电路

在暂态分析的三个阶段，发电机节点的电磁功率可用式（10.5）表示：

① 故障前稳态（两条线路均连接）。

$$P_{el}^n = P_{m1} = \frac{E_1' V_2}{X_{12}''} \sin \delta_{12}'$$

式中，$X_{12}'' = X_d' + X_t + \frac{X_1}{2}$。

② 故障期间，其中一条线路在距离母线 3 的 kL 处发生三相短路（见图 10.3b）。

$$P_{el}^f = \frac{E_1' V_2}{X_{12}^f} \sin \delta_{12}'^f$$

对由电抗 $X_{Y1} = X_d' + X_t$、$X_{Y2} = X_1$、$X_{Y3} = kX_1$ 组成的三角形回路进行星三角变换，得到式中的 X_{12}^f

$$X_{12}^f = X_d' + X_t + X_1 + \frac{(X_d' + X_t)X_1}{kX_1}$$

如果故障发生在母线 3 附近 $k = 0$，$X_{12}^f \to \infty$，$P_{12}^f = 0$。这是最恶劣的情况，因为加速功率 $P_a = P_{m1} - P_{el}^f = P_{m1}$ 达到最大值。

③ 故障后稳态（同时断开故障线路两端的断路器而切除故障）。

$$P_{el}^{pf} = \frac{E_1' V_2}{X_{12}^{pf}} \sin \delta_{12}'^{pf}$$

式中，$P_{el}^{pf} = X_d' + X_t + X_1$。

图 10.4 给出了扰动三个阶段对应的功角暂态特性曲线。

图中点 a 是曲线 $P_{el}^n(\delta')$ 与机械功率 $P_{m1} = ct$ 的交点，对应角度为 δ_{120}'，代表了所研究系统的一个稳定的初始状态。故障发生瞬间，由于 $P_{el}^f = 0$，运行点突然移动到 b 点（因为 δ' 是惯性变量不能突变）。那么由于 $P_{m1} > P_{el}$，发电机转子加速并且 δ_{12}' 增加到 δ_{12d}'（P_{el}^f 曲线上的点 c），直到故障线路被断开。

t_d 时刻即对应 δ_{12d}'，故障被清除，运行点从 c 突然跳到 d。并且由于 $P_{m1} < P_{el}^{pf}$，会继续以负加速度在曲线 P_{el}^{pf} 上移动，直到减速区域 A_{dec} 和加速区域 A_{aac} 相等且转子的相对速度变为零（图 10.4 中的 e 点）。δ_{12}' 会在 e 点达到最大值后减小，表明系统满足暂态稳定条件。在没有阻尼的情况下，转子会在 $\delta_{12}'^{pf}$ 附近继续摆动（g 点是故障后新的稳态运行点）。

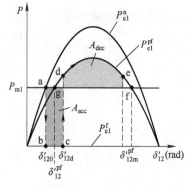

图 10.4 等面积法则在 SMIB 系统中的应用

如果这两个区域到点 f 时仍不相等，则运行点会继续在 P_{el}^{pf} 上移动，δ_{12}' 进一步增大。此时由于 $P_{m1} > P_{el}^{pf}$，加速度再次变为正，将失去同步性。

可见等面积法是一种确定最大转角摆动的方法，可用于暂态稳定评估，这样就不需要求解转子摇摆方程并绘制 $\delta'(t)$ 曲线来，而该曲线可以通过求解摆动方程来绘制。

如果 $\delta_{12m}'^{pf}$ 是转子角能达到且不损失同步的最大值（曲线 P_{el}^{pf} 上的 f 点对应的转子角度），则两个区域 A_{aac} 和 A_{dec} 的计算如下：

$$A_{acc} = \int_{\delta'_{120}}^{\delta_{12d}} P_a d\delta'_{12} = \int_{\delta'_{120}}^{\delta_{12d}} (P_{m1} - P_{e1}^f) d\delta'_{12} \int_{\delta'_{120}}^{\delta_{12d}} P_{m1} d\delta'_{12} = P_{m1}(\delta'_{12d} - \delta'_{120}) \tag{10.7a}$$

$$A_{dcc} = \int_{\delta'_{12d}}^{\delta_{12m}} (P_{e1}^{pf} - P_{m1}) d\delta'_{12} = \int_{\delta'_{12d}}^{\delta_{12m}} \left(\frac{E'_1 V_2}{X^{pf}_{12}} \sin\delta'_{12} - P_{m1} \right) d\delta'_{12} = \frac{E'_1 V_2}{X^{pf}_{12}}(\cos\delta'_{12d} - \cos\delta'_{12m}) - P_{m1}(\delta'_{12m} - \delta'_{12d})$$

$$\tag{10.7b}$$

对于给定的扰动，暂态稳定极限对应这两个区域面积相等。那么根据两个区域相等（ $A_{aac} = A_{dec}$ ），求解以下方程：

$$A_{dcc} = \int_{\delta'_{120}}^{\delta'_{crit}} P_{m1} d\delta'_{12} = \int_{\delta'_{12d}}^{\delta_{12m}} (P_{e1}^{pf} - P_{m1}) d\delta'_{12} \tag{10.8}$$

可确定 δ' 的极限值即临界角（ δ'_{crit} ）。假定 $P_{m1} = P_{max} \sin\delta'_{120}$ ，其中 $P_{max} = \dfrac{E'_1 V_2}{X^{pf}_{12}}$ ，根据式（10.7a）和式（10.7b）可以得到：

$$P_{max}(\cos\delta'_{crit} - \cos\delta'_{12m}) = P_{max} \sin\delta'_{120}(\delta'_{12m} - \delta'_{120}) \tag{10.9}$$

$$\delta'_{crit} = a\cos[(\delta'_{12m} - \delta'_{120})\sin\delta'_{120} + \cos\delta'_{12m}] \tag{10.10}$$

故障极限切除时间

给定临界角 δ'_{crit} 的值，就可以通过求解方程 $\delta'(t) = \delta_{crit}$ 来确定此角度对应的故障清除时间，称为故障极限切除时间。 $\delta'(t)$ 可通过对摆动方程积分或泰勒级数展开来求取。

1）摆动方程的数值积分

由于在故障期间有 $P_{e1}^f = 0$ ，摆动方程变成

$$\frac{d^2\delta'_{12}}{dt^2} = \frac{\omega_0}{M} P_{m1}$$

解为

$$\delta'_{12}(t) = \frac{\omega_0}{M} P_{m1} \frac{t^2}{2} + C_1 t + C_2 \tag{10.11}$$

积分常数 C_1 和 C_2 由初始条件确定： $\left.\dfrac{d\delta'_{12}}{dt}\right|_{t=0} = \omega_0 \omega|_{t=0} = 0$ 和 $\delta'_{12}|_{t=0} = \delta'_{120}$ ，得到 $C_1 = 0$ ， $C_2 = \delta'_{120}$ 。

因此， $\delta'_{12}(t) = \dfrac{\omega_0}{M} P_{m1} \dfrac{t^2}{2} + \delta'_{120}$ ，由于 $\delta'_{12}(t) = \delta'_{crit}$ ，故障极限切除时间为

$$t_{crit} = \sqrt{\frac{2M}{\omega_0 P_{m1}}(\delta'_{crit} - \delta'_{120})} \tag{10.12}$$

2）Taylor 级数展开

对 $\delta'(t)$ 进行泰勒级数展开，保留前两项得到

$$\delta'(t) \approx \delta'(t_0) + (t - t_0)\left.\frac{d\delta'}{dt}\right|_{t=t_0} + \frac{(t - t_0)^2}{2}\left.\frac{d^2\delta'}{dt^2}\right|_{t=t_0} \tag{10.13}$$

在扰动发生的瞬间， $t_0 = 0$ ，根据摆动方程有

$$\frac{\mathrm{d}\delta_{12}'}{\mathrm{d}t}\bigg|_{t=0} = \omega_0\omega = 0$$

$$\frac{\mathrm{d}^2\delta_{12}'}{\mathrm{d}t^2}\bigg|_{t=0} = \omega_0\frac{\mathrm{d}\omega}{\mathrm{d}t}\bigg|_{t=0} = \frac{\omega_0}{M}(P_{\mathrm{m1}} - P_{\mathrm{e1}}^{\mathrm{f}}\big|_{t=0})$$

（10.14）

使式（10.13）的右边和临界角 δ_{crit}' 相等，其中，转子角导数用式（10.14）计算，得到一个二阶方程，求解可得到极限时间。

注意到如果 $P_{\mathrm{m1}} = \mathrm{ct}$ 且故障发生在母线 3 附近，$P_{\mathrm{e1}}^{\mathrm{f}} = 0$，则方程（10.13）与方程（10.11）相同。

图 10.5 给出了单机无穷大（SMIB）系统的三种可能情况。分析其中的稳定情况，可定义暂态稳定裕度 η：

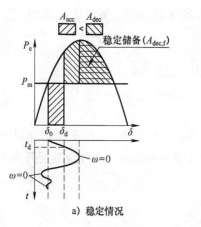

a）稳定情况

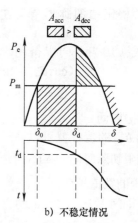

b）不稳定情况

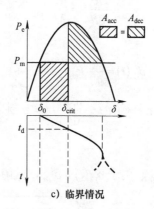

c）临界情况

图 10.5　适用于 SMIB 系统的等面积法则

① 以故障清除时间表示：

$$\eta_{\mathrm{t}} = \frac{t_{\mathrm{crit}} - t_{\mathrm{d}}}{t_{\mathrm{crit}}}$$

（10.15a）

② 以可获得的减速区域表示：

$$\eta_{\mathrm{a}}^{(1)} = \frac{A_{\mathrm{dec}}}{A_{\mathrm{dec,f}}}$$

（10.15b）

③ 以减速区和加速区之间的差异表示:

$$\eta_a^{(2)} = \frac{A_{dec} - A_{acc}}{A_{acc}} \qquad (10.15c)$$

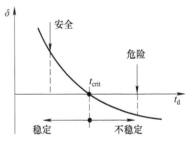

从图 10.15c 中我们可以得出结论:对于稳定系统 η 为正,对于不稳定系统 η 为负。

图 10.6 绘出了故障清除时间 t_d 和 η 的定性关系。

图 10.6　η 与故障清除时间 t_d 的关系图

10.2.1.3　双极同步发电机系统

两台发电机通过一个无源网络连接的系统,可被简化为 SMIB 系统。两台发电机的转子摆动方程为

$$\frac{2H_1}{\omega_0} \times \frac{d^2\delta_1'}{dt^2} = P_{a1} = P_{m1} - P_{e1}$$

$$\frac{2H_2}{\omega_0} \times \frac{d^2\delta_2'}{dt^2} = P_{a2} = P_{m2} - P_{e2}$$

两式相减,就可以得到等效同步电机的摆动方程:

$$\frac{2H}{\omega} \times \frac{d^2\delta_{12}'}{dt^2} = P_a = P_m - P_e \qquad (10.16)$$

式中, $\delta_{12}' = \delta_1' - \delta_2'$; $H = \frac{H_1 H_2}{H_1 + H_2}$; $P_a = \frac{H_2 P_{a1} - H_1 P_{a2}}{H_1 + H_2}$ 。

这两台发电机发出的功率为

$$P_{e1} = Y_{11} E_2'^2 \sin\alpha_{11} + Y_{12} E_1' E_2' \sin(\delta_{12}' + \alpha_{12})$$
$$P_{e2} = Y_{22} E_2'^2 \sin\alpha_{22} + Y_{21} E_2' E_1' \sin(\delta_{21}' + \alpha_{21}) \qquad (10.17)$$

其中, $\delta_{21}' = -\delta_{12}'$, $\dot{Y}_{12} = \dot{Y}_{21}$ 。

微分方程(10.16)与单机无穷大系统摆动方程的形式相同。因此,等面积法则可写成

$$\int_{\delta_{120}'}^{\delta_{12m}'} (H_2 P_{a1} - H_1 P_{a2}) d\delta_{12}' = 0 \qquad (10.18)$$

10.2.2　扩展等面积法则

扩展等面积法则——EEAC[1]使用等效的单机无穷大系统(SMIB)来评估电力系统的暂态稳定性。因为该方法采用代数公式来计算稳定性指标,所以可快速地得到稳定评估结果。

EEAC 方法的原理如图 10.7 所示。A_{aac} 和 A_{dec} 是等效发电机的加速区和减速区,$\delta_e = \delta(t_e)$ 和 $\delta_u = \delta(t_u)$ 分别是故障切除时间 t_e 和失稳时间 t_u 对应的转子角度。

极限故障切除时间 t_{crit} 表示两个区域相等的最大值(对于给定扰动)所对应的故障持续

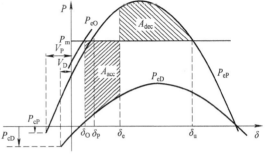

下标O代表正常运行状态
下标D代表故障期间
下标P代表故障后运行状态

图 10.7　EEAC 方法的基本原理

时间。

EEAC 方法包含两个主要步骤：

步骤 1：确定等效 SMIB 系统的参数。

步骤 2：对 SMIB 系统应用等面积法则来确定极限故障切除时间。

如果第二步没有问题，等面积法则用起来将非常简单和快捷。此时第一步就是关键，它包括如下操作：

① 对于给定的故障，将电网中的发电机组划分为两组：一组为 N 表示的扰动弱相关发电机组或非关键发电机组，另一组由 C 表示的扰动相关发电机组或关键发电机组。

② 分别将非关键组和关键组等效成一台发电机，每台发电机均代表各自组的惯性中心。

③ 将整个系统简化成由这两台等效发电机组成的 SMIB 系统。

关键和非关键电机组可用关键发电机排序法（CMR）[1]确定。CMR 是基于转子角度定义的发电机关键（参与）程度（DCM）。这里可用泰勒级数展开来简化时域仿真以确定转子角的时间曲线。泰勒级数展开的积分步长可以较大，以降低计算量。

CMR 方法的步骤如下：

① 确定初始条件：确定一组初始的关键发电机组，并计算相应的临界角 δ_{crit} 和不稳定平衡角 δ_{u}；计算中可使用修正的 CMR 方法，即 EEAC 方法。

② 用全部状态变量的泰勒级数展开计算与 δ_{crit} 和 δ_{u} 相对应的 t_{crit} 和 t_{u}。

③ 仅用个别状态变量的泰勒级数展开计算转子角随时间的变化曲线（直到 t_{u}）。根据所需要的准确度将时间间隔$[0, t_{\text{crit}}]$和$[t_{\text{crit}}, t_{\text{u}}]$划分为一个或多个子时间间隔。

④ 将发电机组按$[t_{\text{crit}}, t_{\text{u}}]$区间内的转子角幅值降序排列。

⑤ 排序后，从列表顶部开始，可将关键发电机组分成不同的组，如 k=1 组、k=2 组等。对于每个关键组，用 EEAC 法则计算极限故障切除时间 t_{crit}^k。具有最小极限故障切除时间的关键组就是真正的关键组。

CMR 方法的步骤 1 可通过如下算法来确定初始条件：

1.1 对于给定的扰动，用个别变量的泰勒级数展开法确定转子角 3s 内的曲线。为了尽快获得不稳定轨迹并减少计算时间，故障持续时间（$t_{\text{e}} \approx 1\text{s}$）和步长（$\Delta t \approx 0.1\text{s}$）可取较大的值。

1.2 如果对较大的故障持续时间（$t_{\text{e}} \approx 1\text{s}$），发电机不失去同步就可以认为电力系统是非常稳定的。否则，在系统变得不稳定的瞬间，对发电机按转子角大小降序排列。

1.3 从 1.2 所建列表的顶部开始选择发电机，确定关键组和 CMR 方法的初始条件。

EEAC 方法的优点是可靠、准确，且稳定性指标计算速度快。但该方法是只适用于发电机经典模型。此外，还需要修正系数来弥补 Taylor 级数展开的截断误差[1]。

10.2.3 SIME（单机等效）法

列日大学的 Mania Pavellav 提出了一种称为 SIME 的混合方法[3,44]，一方面保留了时域法和等面积法则的主要优点，另一方面则消除了 EEAC 需要详细同步发电机建模的缺点。该方法将多机系统的逐步时域积分和等效发电机的等面积法则结合，从而实现多机系统运动轨迹到等效系统单一轨迹——OMIB 的转换。结合时有两个基本步骤：确定关键发电机组（例如，和失去同步性相关的发电机组）和评估稳定裕度。

对于由扰动前系统运行点和意外事故（事故类型、事故位置、事故中事件顺序）给定的不稳定场景，SIME 方法先是进行"扰动期间"的时域仿真，然后是"扰动后"的仿真。在后一步仿真的开始，SIME 均使用多机系统每一步的仿真数据结合等面积法则提炼出称为 OMIB 的候选。当某个候选对象失稳时，该过程就会中止。此时 SIME 就认为这个 OMIB 候选是真正的关键发电机，并计算相应的稳定裕度。

SIME 在时域仿真的每一步都更新 OMIB 参数，以保证该方法处理模型和稳定性场景的能力和准确性。此外，使用 OMIB 和等面积法可以有效拓展时域仿真的使用，增加了以下可能性：

① 快速稳定性评估。

② 意外事故筛选（剔除无风险的意外事故）和对危险事故进行分类和评估。

③ 灵敏度分析。

④ 预防控制，即确定系统应对危险意外事故的必要措施。

⑤ 信息——OMIB 转子角随时间变化的曲线，OMIB 的 P–δ 曲线——以及 OMIB 和等面积法则给出的多样物理意义信息。

10.2.3.1　方法基本原理

SIME 方法基于以下两点：

① 无论系统多复杂，当分成两组的发电机组不可逆的失去同步时，就发生了暂态不稳定现象。

② SIME 用 OMIB 来代替多机系统进行动力学研究，使得等面积准则的运用更简单、更快，这是因为等效发电机组的轨迹替换了每台发电机组的轨迹，并且是用单机系统的轨迹——OMIB 来取代的。

这样可从两台等效发电机组系统开始计算 OMIB 系统的参数。转子角（δ）、角速度（ω）、惯性系数（M）、机械功率（P_{m}）、电磁功率（P_{e}）和加速度功率（P_{a}）如下确定：

① OMIB 转子角根据两台发电机之间的角度差计算：

$$\delta(t) = \delta_{\mathrm{C}}(t) - \delta_{\mathrm{N}}(t) \tag{10.19}$$

式中

$$\delta_{\mathrm{C}}(t) = M_{\mathrm{C}}^{-1} \sum_{k \in C} \delta_k(t) M_k \ ; \ \ \delta_{\mathrm{N}}(t) = M_{\mathrm{N}}^{-1} \sum_{j \in N} \delta_j(t) M_j \tag{10.20}$$

$$M_{\mathrm{C}} = \sum_{k \in C} M_k \quad\quad M_{\mathrm{N}} \sum_{j \in N} M_j \quad\quad M = \frac{M_{\mathrm{C}} M_{\mathrm{N}}}{M_{\mathrm{C}} + M_{\mathrm{N}}} \tag{10.21}$$

② 机械功率和电磁功率如下表达：

$$P_{\mathrm{m}}(t) = M \left[M_{\mathrm{C}}^{-1} \sum_{k \in C} P_{\mathrm{mk}}(t) - M_{\mathrm{C}}^{-1} \sum_{j \in N} P_{\mathrm{mj}}(t) \right]$$

$$P_{\mathrm{e}}(t) = M[M_{\mathrm{C}}^{-1} \sum_{k \in C} P_{\mathrm{ek}}(t) - M_{\mathrm{C}}^{-1} \sum_{j \in N} P_{\mathrm{ej}}(t)] \tag{10.22}$$

③ 加速功率是

$$P_a(t) = P_m(t) - P_e(t) \tag{10.23}$$

④ OMIB 角速度是

$$\omega(t) = \omega_C(t) - \omega_N(t) \tag{10.24}$$

在以上公式中，C 表示关键发电机组集合，N 表示非关键发电机组集合，M 为 OMIB 的惯性系数。

因此，描述 OMIB 动态特性的微分方程是：

$$M \frac{\mathrm{d}^2\delta}{\mathrm{d}t^2} = P_m(t) - P_e(t) = P_a(t) \tag{10.25}$$

需要强调的是 P_m、P_e、P_a 的值由考虑整个系统及发电机各种控制的时域仿真程序提供，且在每个仿真时间步长都需计算。仿真程序一般使用 Park 方程，也是 SIME 的基础。除了仿真程序使用的假设，OMIB 的轨迹应该不受其他任何简化假设的影响。

以 SIME 方法应用于三机电力系统（m_1、m_2 和 m_3）[4]为例，结果如图 10.8 所示。在图 10.8a 给出了故障清除时间 $t_e = 0.117s$ 时，三台发电机和 OMIB 等效系统的转子角变化曲线。注意到最超前的电机是 m_2，最大角度差在 m_1 和 m_3 之间（126.6°）。因此，发电机 m_2 和 m_3 构成一个关键组，而发电机 m_1 形成一个非关键组。

另一方面，图 10.8b 绘出了 OMIB 的 P-δ 特性曲线并阐明了等面积法则。当故障切除角 $\delta_e = 71.1°$ 时，使用等面积法则得到：$\delta_u = 158°$，$t_u = 0.458s$。

由 10.2.1 节的等面积法则分析可知，由微分方程式（10.25）描述的动态系统稳定性取决于稳定裕度 η 的符号，其定义如下：

$$\eta = A_{\mathrm{dec}} - A_{\mathrm{acc}} \tag{10.26}$$

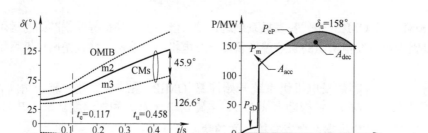

a) 三台发电机和OMIB随时间的变化   b) OMIB的P-δ曲线和等面积法则

图 10.8 三机系统的 SIME 方法结果[2]

η 为正时系统稳定，η 为负时系统不稳定，$\eta = 0$ 时系统极限稳定。

式（10.26）使用等面积法则来评估 OMIB，有一个易于计算的形式，将在后面说明。

10.2.3.2 不稳定程度和边界

当

$$P_a(t_u) = 0 \quad \text{以及} \quad \frac{\mathrm{d}P_a}{\mathrm{d}t}\bigg|_{t=t_u} > 0 \tag{10.27}$$

且 $t > t_u$ 时 $\omega > 0$ （见图 10.8b），则不稳定 OMIB 轨迹在 t_u 时刻达到不稳定角 δ_u。

式（10.27）是 SIME 方法中时域仿真程序的"中止条件"，标志着系统开始失去同步，除非有特定的研究需要，否则任何进一步的计算都是多余的。

$t = t_u$ 时，得到稳定裕度 η 另一个易于计算的公式：

$$\eta_u = -\frac{1}{2}M\omega_u^2 \tag{10.28}$$

10.2.3.3　边界和相应的稳定裕度

当 OMIB 角度达到最大值准备减小的瞬间 t_r，即

$$\omega(t_r) = 0 \quad \text{以及} \quad P_a(t_r) < 0 \tag{10.29}$$

一条稳定的 OMIB 轨迹达到它的"恢复角" $\delta_r < \delta_u$。

式（10.29）是基于时域仿真给出的 SIME 方法的"停止条件"。它表明系统是否稳定——至少对于第一次振荡而言——除非对下一次振荡感兴趣，否则任何进一步的计算都是无用的。

在 $t = t_r$ 时，稳定裕度 η 由下式（见图 10.9b）给出：

$$\eta_{st} = \int_{\delta_r}^{\delta_u} |P_a| \mathrm{d}\delta \tag{10.30}$$

应当指出，与式（10.28）所定义的不稳定程度不同，式（10.30）的稳定裕度只能近似确定。这是因为 OMIB 轨迹开始"恢复"即等效系统的转子角在达到最大值 $\delta = \delta_r < \delta_u$ 之后开始减小，无法得知 δ_u 和轨迹 $P_a(\delta)$（$\delta \in [\delta_r, \delta_u]$）。

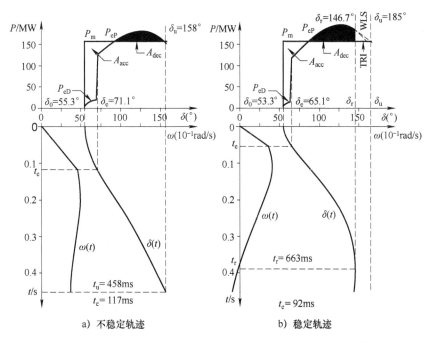

图 10.9　三机系统等效 OMIB 轨迹的时域和 $P\text{-}\delta$ 平面表示[2]

对此参考文献[2]中提出以下两种近似：

a. 三角形近似，如图 10.9b 中的 TRI：

$$\eta_{st} \cong \frac{1}{2}P_a(\delta_u - \delta_r) \tag{10.31}$$

b. 最小二乘近似（加权或不加权），用图 10.9b 中的 WLS 表示，把 $P_a(\delta)$ 曲线外推到区间 $\delta \in [\delta_r, \delta_u]$ 上。

10.2.3.4　等效 OMIB 确定

确定 OMIB 是基于以下认识："无论系统多复杂，当分成两组的发电机组不可逆的失去同步时，就发生了暂态不稳定现象"。

确定 OMIB 的步骤如下：

① 对于从 t_e（清除多机系统故障且网络结构不再变化的时刻）开始的每个计算步长，SIME 均将发电机按各自转子角降序排列，并考虑已排序发电机间的第一个"电气距离"（例如在前 10 台发电机后）。

② 每一个"距离"均将其两侧的发电机分成两组；SIME 计算相应的"OMIB 候选"并代入式（10.27）。

③ 如果"OMIB 候选"满足式（10.27），则被认为是"真正的 OMIB"。关键发电机组就是真正 OMIB 的距离之上的机组，而非关键发电机是距离以下的。一旦确定了真正的 OMIB，SIME 就会停止时域仿真，并用式（10.28）计算稳定裕度。

④ 如果式（10.27）不满足，则 SIME 继续进行时域仿真的下一个步长，并重复步骤①和②，直到满足式（10.27）满足并执行步骤③。

注意：确定 OMIB 只在不稳定的轨迹上进行。可以认为一条稳定轨迹和不稳定轨迹足够接近时，由不稳定轨迹确定的 OMIB 对稳定轨迹仍然有效（例如，两条轨迹的故障清除时间很接近时）。

10.2.4　基于 Lyapunov 理论的直接法

10.2.4.1　Lyapunov 方法

基于 Lyapunov 稳定理论的暂态稳定评估直接法可用于自治非线性动态系统：

$$\Delta\dot{x} = f(\Delta x) \tag{10.32}$$

式中，Δx 是变量相对于平衡点（坐标原点）的偏差，即 $\Delta x = x - x_0$。微分方程式（10.32）所示系统是式（10.1）所示系统的一个特例，可代表式（10.2）所描述的电力系统经典模型。

假定所有函数 f 及其一阶偏导数均定义在坐标原点附近的任意 Δ 邻域内并且连续。这意味着在初始条件 $\Delta x_0 = \{\Delta x, \Delta x_{10} \cdots, \Delta x_{u0}\}$ 下，式（10.32）所示的系统在坐标原点附近的任意 Δ 邻域内有明确（唯一）定义的解（唯一的轨迹）。

李雅普诺夫稳定性定义如下：

① 式（10.32）所示系统的平衡点 $\{0, 0, 0, \cdots, 0\}$ 是稳定的，需要对任何无论多小的正数 ε，都存在另一个正数 $\eta(\varepsilon)$，当所有初始扰动满足

$$\sum_{i=1}^{n} \Delta x_{i0}^2 \leq \eta \tag{10.33}$$

在系统的进一步变化中，以下不等式成立：

$$\sum_{i=1}^{n} \Delta x_i^2(t) \leqslant \varepsilon \tag{10.34}$$

缺乏以上表述稳定性质的系统平衡点则认为是不稳定的。

② 如果平衡点是稳定的，而且满足条件

$$\lim_{t \to \infty} \Delta x_i^2(t) = 0 \tag{10.35}$$

那么称此平衡点是渐进稳定的。

对于所描述的动态系统，最适合建立电力系统暂态稳定判据的第二（直接）李雅普诺夫方法，可表述如下：

如果式（10.32）所示自治系统的平衡点"在大范围内"是稳定的，则在相空间 $(\Delta x_1, \Delta x_2, \Delta x_3, \cdots, \Delta x_n)$ 中，存在一个连续的李雅普诺夫函数 $U(\Delta x_1, \Delta x_2, \Delta x_3, \cdots, \Delta x_n)$，具有连续的偏导数以使：

① $U(\Delta x_1, \Delta x_2, \Delta x_3, \cdots, \Delta x_n)$ 是包括坐标原点的封闭区域 Ω 中是正定函数；

② $U = $ ct. 的曲面之一将是区域 Ω 的边界；

③ 李雅普诺夫函数梯度——U 的梯度——在不包括坐标原点和边界的 Ω 中均不等于零；

④ 根据式（10.32），李雅普诺夫函数的导数 dU/dt 是 Ω 中的负符号函数或恒等于零。

对以上定理中的用到的一些关键概念解释如下：

① 多元函数是常数符号函数，即函数除取零值外，所有变量只取一个符号的值。如果常数符号函数仅在坐标原点消失，则称为符号确定函数。

② 坐标为 $(\Delta x_1, \Delta x_2, \Delta x_3, \cdots, \Delta x_n)$ 的系统称为式（10.32）所示动态系统的相空间。

③ 根据以上定理如果 dU/dt 是 Ω 中的负定函数，则式（10.32）所示动态系统的平衡点是"大范围"渐近稳定的。

李雅普诺夫方法的稳定函数的经典定理[5,6]与以上所述修正定理[7-9]不同，只要求在坐标原点的附近满足条件①和条件④。修正定理实际上是根据 LaSalle 不变性原理保证了边界为 $U = C = $ ct 的吸引（稳定）区域 Ω 的存在性，这样区域 Ω 将成为受扰系统所有运动轨迹的一个特别的"陷阱"。但如何估计常数 C 是李亚普诺夫方法的一个主要问题，实际中一般是用李亚普诺夫函数 $U = C$ 描述的区域去近似动态系统的真实吸引区域[10]。

图 10.10 展示了用李雅普诺夫函数来估计一个二阶系统的"大范围"稳定性。

图的上部描绘了一段沿 Δx_1 轴的李雅普诺夫函数，并给出了函数 U 的几条等高线。其中 0 表示稳定平衡点，从函数 U 等高线的拓扑（见图 10.10 的下半部

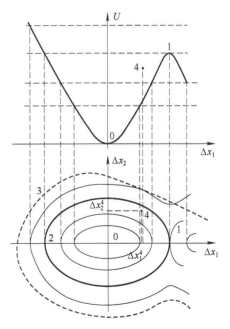

图 10.10　李雅普诺夫方法图解

分）中可以看出 1 表示的是"鞍点"形式的不稳定平衡点。线条 2 勾勒出的区域是利用函数 U 估计的吸引区域，而线条 3 则是动力系统实际的吸引区域。可见用李雅普诺夫函数 U 估计的吸引域会小于动力系统平衡点的实际吸引域，这意味着李雅普诺夫第二法给出的条件不是充分必要条件但足够保证稳定。

控制以使系统"大范围"稳定需要确定点 0 和点 1 的坐标，即计算一些扰动（例如，在图 10.10 中位于 Δx_1 轴以上的点 4）和不稳定平衡点 1 处的李雅普诺夫函数 U 值，然后对 U 值进行比较。如果 $U_4 < U_1$ 则系统稳定，如果 $U_4 > U_1$ 则系统不稳定，$U_4 = U_1$ 时临界稳定。

经典的李雅普诺夫直接法是从动力系统处于扰动状态开始，并假设系统从扰动状态自由运动来估计系统的"大范围"稳定性，并没有考虑扰动状态之前的过程。

电力系统中由扰动导致的暂态过程中，在特定时刻会伴随着系统参数的变化（例如，输电线短路会引起断开线路、自动重合闸和紧急控制装置动作）。系统从其参数最后一次变化时坐标代表的扰动状态开始向平衡点自由运动。如果系统保持稳定，则平衡点是稳定的，反之平衡点是不稳定的。

基于上述性质，将李雅普诺夫第二法应用于电力系统暂态稳定评估，需要解决以下三个问题：

① 计算系统随时间的运动轨迹直至其参数的最后变化，例如，对反映系统动力特征的数学微分方程式进行数值积分。
② 构造适当的李雅普诺夫函数。
③ 确定系统稳定和不稳定平衡点的坐标。

第一个问题并不关键，李雅普诺夫方法得到的稳定条件是否和充要条件足够接近，取决于是否能有效解决第二个和第三个问题。在接下来的两小节中，将重点讨论李雅普诺夫函数的构造和确定系统平衡点坐标的方法。

10.2.4.2 构造 Lyapunov 函数

构造李雅普诺夫函数 $U(x)$ 的是该方法的关键问题之一。衡量所构造李雅普诺夫函数的标准是：该函数在非线性下得到的充分条件应该是线性化后的必要条件[11]。为此，必须满足线性（线性化）系统的 Rous-Hurvitz 稳定条件。

值得注意的是，迄今为止还没有构造非线性系统李雅普诺夫函数的通用方法。建立一个准确的李雅普诺夫函数需要运气。

李雅普诺夫在参考文献[5]中提出常系数线性（线性化）系统的函数 U 的二次型形式

$$U = \Delta x^T P \Delta x \tag{10.36}$$

式中，P 是待求矩阵。李雅普诺夫函数的导数定义为

$$U = \Delta x^T Q \Delta x \tag{10.37}$$

式中，Q 是给定的矩阵。

待求矩阵 P 由李雅普诺夫矩阵方程确定：

$$A^T P + PA = Q \tag{10.38}$$

式中，A 为式（10.32）所示线性化系统的系数矩阵

$$\Delta \dot{x} = A \Delta x \tag{10.39}$$

该方法的主要问题是矩阵 $\boldsymbol{Q}$ 的设定（因为没有有效的技术），以及求解李雅普诺夫矩阵方程（10.38）。式（10.36）所示李雅普诺夫函数的正定性是通过满足 Sylvester 准则来确定的，准则要求矩阵 $\boldsymbol{P}$ 的所有行列式都是正的。

该方法的发展伴随着如何更好地根据式（10.32）所示的非线性系统搜索李雅普诺夫函数 $\dot{U}$ 的导数[10-12]。

实验表明最优的李雅普诺夫函数总是具有物理意义的，由此构造李雅普诺夫函数多采用能量法。分析力学自"诞生"以来，一直在讨论能量法的显式形式。对于保守系统，总能量 H 等于系统广义坐标下的动能和势能之和。再把表征机械能吸收和耗散的元素添加进来，即能得到系统所寻求的 Lyapunov 函数 H[9]。

为了说明这一方法，考虑如下微分方程[9]：

$$\ddot{x} + \varphi(\dot{x}) + f(x) = 0 \tag{10.40}$$

式中，$\varphi(0) = f(0) = 0$。

这个方程明显可代表以下系统：

$$\dot{x} = y,\ \dot{y} = -f(\dot{x}) - \varphi(y) \tag{10.41}$$

方程（10.40）可以从力学角度简单的解释，它描述了粒子在阻抗（阻尼）由速度 y 非线性确定的环境中，受到非线性恢复力 $f(x)$ 影响下的振荡。

根据式（10.40）粒子的质量是统一的，总能量可以写成以下形式：

$$U = \frac{y^2}{2} + \int_0^x f(x)\mathrm{d}x \tag{10.42}$$

其中，右边的第一项对应动能，第二项对应势能。

如果环境中没有阻抗（$\varphi(y) = 0$），式（10.41）所示系统可以对 U 进行首次积分，即对应能量守恒定律。然而，由于机械能在振荡过程中由于阻抗而转化为热能，函数 U 会随着式（10.41）所示系统的轨迹减小。很容易看出根据式（10.41），有 $\dot{U} = -\varphi(y)y$。

如果 U 是正定的，则当 $y \neq 0$ 时，不等式 $\varphi(y)y > 0$ 成立，$\dot{U} \leq 0$。同时不等式 $f(x)x > 0$ 成立。

此外为了能应用稳定定理，有必要保证 $\lim\limits_{x \to \infty} \int_0^x f(x)\mathrm{d}x = \infty$ 或施加一些条件以使式（10.41）所示系统的轨迹有界。

最后，还必须确保在曲线 $y=0$ 上，函数 $\dot{U}$ 消失时，除了零平衡点外没有积分轨迹。如果 $y = 0$ 时 $\dot{y} = 0$ 成立亦可。这样由式（10.41）的第二个方程得出 $f(x)=0$，但由于 $f(x)x > 0$，$x=0$ 是 $f(x)$ 的唯一零点，所以 $x=0$。

以上关于函数 U 的推论是基于微分方程所描述的物理模型的，亦可用于电力系统中。

对于式（10.2）和式（10.6）描述的多机电力系统动力学经典模型，以下将介绍一些构造李雅普诺夫函数的技术：

$$J_i \frac{\mathrm{d}s_i}{\mathrm{d}t} = P_{\mathrm{mi}} - E_i'^2 Y_{ii}\sin\beta_{ii} - \sum_{\substack{j=1 \\ j \neq 1}}^{n} E_i' E_j' Y_{ij}\sin(\delta_i - \delta_j - \beta_{ij}) \tag{10.43}$$

式中，δ_i 是同步电机在同步旋转坐标系下的转子角；s_i 是同步旋转坐标系下的转差率，

$s_i = \omega_i - \omega_0$；$J_i$ 是同步电机的惯性常数，$J_i = M_i / \omega_0$；$\beta_{ii} = \pi/2 - \alpha_{ii}$，$\beta_{ij} = \pi/2 - \alpha_{ij}$；$n$ 为同步电机台数。

考虑到 $\beta_{ii} = 0$，由式（10.43）得到了电力系统的保守模型，并满足条件：

$$\frac{\partial f_k}{\partial x_m} = \frac{\partial f_m}{\partial x_k}; k, m = \overline{1, n} \tag{10.44}$$

式中，f 代表方程（10.43）的右边；x 代表变量（转子角、转差率）。以动能和势能之和的形式表示的系统初始方程（当 $\beta_{ij} = 0$ 时），第一积分存在的充分必要条件是式（10.44）。它在原点的某个邻域是正值常数符号函数，可用作 Lyapunov 函数。

Gorev 在参考文献[13]中提出了一种电力系统保守模型第一积分的构造方法。该方法是对初始方程的一种变换，以得到可分离变量的全微分方程。李雅普诺夫函数的形式如下：

$$U = \frac{1}{2}\sum_{i=1}^{n} J_i s_i^2 - \sum_{i=1}^{n}(P_{mi} - E_i'^2 Y_{ii} \sin\beta_{ii})(\delta_i - \delta_{oi}) - \sum_{\substack{i=1, j=2 \\ i<j}}^{n} E_i' E_j' Y_{ij}(\cos(\delta_i - \delta_j) - \cos(\delta_{oi} - \delta_{oj})) \tag{10.45}$$

式中，$\delta_{oi}, i = \overline{1, n}$ 是要进行稳定性分析的系统平衡点的坐标。

对式（10.45）所示函数的分析表明，它是坐标原点附近的一个正常数符号函数，是系统扰动运动中的动能（第一项）和势能（第二项和第三项）之和，其总的时间导数恒等于零。

Magnusson[14]在 1947 年发表的论文中提出了一种暂态能量法，并用一个三机电力系统证明了有效性，并可以推广到 n 台发电机的系统。Ribbens-Pavella 在参考文献[15]中指出，电力系统经典保守模型的暂态能量函数就是 Lyapunov 函数。在与参考文献[13]中假设基本相同的前提下，证明了暂态能量函数是以系统保守模型的动能和势能之和构造的，同时势能与所对应的稳态（稳定性研究中的平衡点）有关。

Kinnen 和 Chen[16]用类似 Gorev[13]的全微分方程构造了一个辅助系统，来获得形如式（10.45）的 Lyapunov 函数。该方法考虑初始系统方程的右边，选择满足式（10.44）的新函数，以写出全微分方程并求取积分。

参考文献[17]中提出在式（10.43）第二个方程右侧增加一项的方法。该附加项取决于 $\delta_i - \delta_j$，并能最小化假设 $\beta_{ij} = 0$ 的影响。

对于电力系统的保守模型，Andreyuk[18]、Aylett[19]、Glet[20]等人采用相对运动方程组，并以初始系统方程组的第一（能量）积分来构造 Lyapunov 函数。基于更通用的扰动下的（变量表示成 $\Delta\delta_i = \delta_i - \delta_{oi}$）电力系统运动模型，Putilova[21]将第 i 台机的方程乘以 $J_j / \sum_{i=1}^{n} J_i$，第 j 台机的方程乘以 $J_i / \sum_{i=1}^{n} J_i$，两者相减得到同步机转子的相互运动方程。

当 $\beta_{ij} = 0$ 时，先如之前一样获得电力系统的保守模型，然后将方程左右两边与 $d\wedge\delta_{ij}$ 相乘后求和[21]，和的第一积分是 Lyapunov 函数。由保守模型方程可知，其全导数恒等于零。

如果 Lyapunov 函数的构造方式与保守模型相同，则可通过初始系统方程组求其导数。此时，Lyapunov 函数全导数的符号改变且值接近于零。因此，我们得到一个广义 Lyapunov 函数。它不严格满足修正李雅普诺夫定理的条件，但研究表明这种估计是实际可接受的[22]。

同步电机振荡的暂态过程中，由于自动电压调节器、PSS 以及电网中有源阻抗中的能量耗散，会存在自然阻尼，常以在方程（10.43）中附加与同步电机转差成正比的项来考虑。一般情况中转差是用常数 D_i 设定的，附加项 $D_i s_i$ 可以加到系统方程式（10.43）第二个方程的左侧。

对于所得到的扩展模型，可以基于保守理想化构造 Lyapunov 函数。例如，由扩展模型方程得到形如式（10.45）的 Lyapunov 函数及其全导数 $\dot{U} = -\sum_{i=1}^{n} D_i s_i^2$ [9]。很明显，函数 $\dot{U}$ 是负值，即满足与动力系统稳定性相关修正定理的条件。

在参考文献[23]中，Podshivalov 基于参考文献[6,9]的建议，修正电力系统扩展模型通过 Lienard 向量方程建立了 Lyapunov 函数。修正模型对式（10.43）中的第二个方程附加了第 i 台同步电机的 $\sum_{k=1}^{n} D_{ik} s_k^2$。那么，构造的 Lyapunov 函数及其全导数满足修正 Lyapunov 函数的条件（LaSalle 的不变性原理）。

在参考文献[24]中，Tavora 和 Smith 基于经典力学中的质心概念，对系统方程式（10.43）中以系统转子角（惯性中心）为中心进行坐标变换。Gorev 在参考文献[13]中采用了相同的转换。Asay、Rodmore 和 Virmani 在参考文献[25]中通过如参考文献[24]一样的基于惯性中心的变换，构造了电力系统经典模型的能量 Lyapunov 函数。这种方法亦被用于改进基于 Lyapunov 函数的暂态稳定分析，具体步骤见 10.2.4.4 节，将更详细地介绍经典模型关于系统惯性中心的变换以及相应的 Lyapunov 函数构造。

考虑到电力系统的动力学经典模型并不通用，本书将更为详细的介绍用于构造 Lyapunov 函数的数学模型。

其中一种模型包含系统网络结构。Tsolas、Arapostahe 和 Varaiya[26]提出了一个李雅普诺夫函数，同步电机用经典模型（摇摆方程）来表示，而负载是恒功率的。Alberto 和 Bretas[27]提出了更符合实际的负荷模型，它包括常数项、与频率是线性关系的有功负荷项和与电压是非线性关系的无功负荷项。

另一种构造 Lyapunov 函数的模型是采用同步电机的详细模型和简化的电网模型。这样构造 Lyapunov 函数是定义在线性化系统微分方程组所有坐标上的二次型形式[8,9]。其他方式会影响到 Lyapunov 函数的近似值，由同步电机详细模型相对于经典模型的附加变量产生[28-30]。最有前途的方式是将 Lyapunov 函数构造为系统保守模型二次型坐标上的能量积分之和，这些坐标在保守模型中没有考虑，或者被认为是常数[22,31,32]。

10.2.4.3　确定平衡点

利用 Lyapunov 函数解决多机电力系统的暂态稳定问题，可以回答所考虑的动态过程是否稳定。Lyapunov 函数还有助于找出为使动态过程稳定，初始扰动和摇摆方程参数所需满足的条件，即构造稳定性的"大范围"判据。

在变量空间中，该判据分离出一个稳定（吸引）区域，该区域（对于上述的 Lyapunov 函数）的边界是穿过 Lyapunov 函数一个鞍点的分界面。由 Morse 的理论[33]可知，这样的分界面是穿过 Lyapunov 函数鞍点的曲面，并在这个鞍点函数取最小值。

因此，利用 Lyapunov 函数研究电力系统的暂态稳定问题，目标是确定分界面所穿过鞍点的坐标，并求出该鞍点的 Lyapunov 函数值。然后，暂态稳定的判据可以用参考文献[8]的形式表示：

$$\Delta\delta < \Delta\delta_{\mathrm{cr}}$$
$$U < U_{\mathrm{cr}}$$
(10.46)

式中，U 是初始扰动状态下的 Lyapunov 函数值；U_{cr} 是鞍点处的 Lyapunov 函数值；$\Delta\delta_{\mathrm{cr}}$ 是鞍点的坐标；$\Delta\delta$ 是初始扰动状态下的值。

需要估计稳定性的系统平衡点的坐标，和在假想的稳定平衡点（故障后状态）附近的鞍点（不稳定平衡点）坐标都是由非线性代数方程组确定的，将（10.43）的右侧或将形如式（10.45）的 Lyapunov 函数导数置零就可得到。一般情况下，故障后状态附近的不稳定平衡点个数不少于（$2^{n-1}-1$），其中 n 是发电机台数。

用于估计稳定性的故障后状态，可由不同的求解非线性代数方程组通用方法确定。参考文献[34]中应用了牛顿-拉夫逊法，而参考文献[35]中采用了最速下降法。Podshivalov[23]提出了改进的受控微分下降法，基于 Lyapunov 函数对所有变量的导数构造辅助微分方程组，并在微分方程中附加人工阻尼。通过选取阻尼系数，渐近逼近系统趋于平衡点的轨迹，计算过程具有较快的收敛速度。上述方法中将故障前系统状态变量的值视为初始近似。

如何确定鞍点的坐标是一个相当复杂的问题，可以采用两种方法。第一种方法是找到 Lyapunov 函数所有临界点的坐标，并比较这些临界点的 Lyapunov 函数值[34,36]。第二种方法不是确定所有临界点的坐标，而是直接搜索 Lyapunov 函数的鞍点[22,35,37]。

在参考文献[34,38]中，确定 Lyapunov 函数鞍点的近似方法是将多机系统等效成（$n-1$）个两机系统，研究系统中一台基本电机和其余电机的平衡。建议选用惯性常数最高的电机作为基本电机。在构造的双机系统中，忽略参考电机和待研究电机外所有其他电机的转角差。参考文献[36,39]也采用了相似的两机系统，但是两机是考虑每台电机相对于系统的其余部分。文中得到的估计值作为最速下降法中变量的初值，并用于确定 Lyapunov 函数鞍点坐标的精确值。

参考文献[35]注意到，即使正确采用最速下降法的步骤，并能收敛到不稳定平衡点；但仍不能确定该点是否就是变量相空间中稳定域分界面的鞍点。参考文献[36,39]中的步骤也有缺点，因为不仅一台电机和系统的其他部分之间，一组电机之间的平衡也可能被破坏。

参考文献[8，37]的作者提出了一种解析方法，通过在多维立方体的表面上寻找形如式（10.45）函数的严格下界来确定鞍点的坐标。其实质如下：

由于 Lyapunov 函数 U 只取决于发电机功角与所研究平衡点的差，可从坐标原点（稳定平衡点）出发沿确定的方向研究函数分量变化的规律。可以通过选择方向将多维问题简化为一维问题，并根据简单的解析表达式确定 Lyapunov 函数的最大分量及其位置。

比较这种方法得到的 Lyapunov 函数分量的所有极值，将其中的最小值作为阈值 U_{cr}（作为第一近似），同时可确定 Lyapunov 函数鞍点的坐标。

如果研究 Lyapunov 函数分量时选择的方向与多维立方体表面的中心有关，则估计判据中的常数时可采用下列解析关系式[8,37]：

$$U_{\mathrm{cr}} = \min \omega_i$$
(10.47)

$$\omega_i = 2A_i - |B_i|\varepsilon_i$$
(10.48)

$$\varepsilon_i = 2A a \tan(A_i / |B_i|)$$
(10.49)

$$A_i = \sum_{\substack{j=1 \\ j \neq i}}^{n} E_i' E_j' Y_{ij} \cos \beta_{ij} \cos \delta_{oij} \qquad (10.50)$$

$$B_i = \sum_{\substack{j=1 \\ j \neq i}}^{n} E_i' E_j' Y_{ij} \cos \alpha_{ij} \sin \delta_{oij} \qquad (10.51)$$

然后可利用最速下降法、牛顿-拉夫逊法或任意其他方法来计算鞍点坐标及其 lyapunov 函数值。

Vaiman 在参考文献[40]中建议将电力系统保守模型 Lyapunov 函数的鞍点作为区域边界的公共点。该边界是多机系统相变量的容许偏差区域的边界，满足广义 Rous-Hurwitz 条件，并且是与 U 函数等水平的封闭曲面。

Zubov 在参考文献[41]中根据 Lyapunov 函数 $U=C$ 时的超曲面会和超曲面 $\mathrm{d}U/\mathrm{d}t = 0$ 接触，给出了寻找 Lyapunov 函数稳定区域的通用算法。

但参考文献[40，41]中提出的算法均存在一定的计算困难。

10.2.4.4　扩展直接 Lyapunov 法

考虑参考文献[25]中系统方程组（10.43）的另一种形式，简化电网的自导纳和互导纳不在极坐标而是在直角坐标系中表示。由式（10.43）可得

$$\dot{\delta}_i = s_i \qquad (10.52)$$

$$J_i \dot{s}_i = P_i - P_{ei}^*, i = \overline{1,n} \qquad (10.53)$$

其中

$$P_{ei}^* = \sum_{\substack{j=1 \\ j \neq i}}^{n} (C_{ij} \sin(\delta_i - \delta_j) + D_{ij} \cos(\delta_i - \delta_j)) \qquad (10.54)$$

$$P_i = P_{mi} - E_i'^2 G_{ii} \qquad (10.55)$$

$$C_{ij} = E_i' E_j' B_{ij} \qquad (10.56)$$

$$D_{ij} = E_i' E_j' G_{ij} \qquad (10.57)$$

G_{ij} 和 B_{ij} 是简化网络互导纳的有功和无功分量。

和参考文献[24]一样，将式（10.52）和式（10.53）所给模型的坐标变换到系统惯性中心的坐标上：

$$\delta_c = \sum_{i=1}^{n} J_i \delta_i / J_c; J_c = \sum_{i=1}^{n} J_i \qquad (10.58)$$

$$s_c = \sum_{i=1}^{n} J_i s_i / J_c \qquad (10.59)$$

系统惯性中心的运动方程形式如下：

$$\dot{\delta}_c = s_c \qquad (10.60)$$

$$J_c \dot{s}_c = P_c - P_{ei}^* \qquad (10.61)$$

式中，

$$P_c = \sum_{i=1}^{n} P_i; \quad P_{ec}^* = \sum_{i=1}^{n} P_{ei}^* \qquad (10.62)$$

同步电机 i 相对于惯性中心的运动方程如下：

$$\dot{\delta}_{ic} = s_{ic} \tag{10.63}$$

$$J_i \dot{s}_{ic} = P_i - P_{ei}^* - J_i \dot{s}_c - (P_e - P_{ec}^*) J_i / J_e \tag{10.64}$$

式中，$\delta_{ic} = \delta_i - \delta_c$；$s_{ic} = s_i - s_c$。

在参考文献[25]中，Athay、Podmore 和 Virmani 类比 Aylett 在参考文献[19]中对电力系统相对运动保守模型的处理，构造了 Lyapunov 函数。他们在势能表达式中增加了反映耗散能量的一项，即对式（10.54）中的 $D_{ij} \cos(\delta_i - \delta_y)$ 从稳定平衡点到当前坐标值的轨迹积分。

那么根据参考文献[25]，系统方程组（10.63）和（10.64）的 Lyapunov 函数可以表示为

$$U = \frac{1}{2} \sum_{i=1}^{n} J_i s_{ic}^2 - \sum_{i=1}^{n} P_i(\delta_{ic} - \delta_{oic}) - \sum_{i=1}^{n-1} \sum_{j=i+1}^{n} [C_{ij}(\cos\delta_{ic} - \delta_{jc}) -$$

$$\cos(\delta_{oic} - \delta_{ojc})) - \int_{\delta_{oic}+\delta_{ojc}}^{\delta_{ic}+\delta_{jc}} D_{ij} \cos(\delta_{ic} - \delta_{jc}) \mathrm{d}(\delta_{ic} + \delta_{jc})] \tag{10.65}$$

物理意义上，式（10.65）的 Lyapunov 函数的分量（暂态能量函数）可如下解释[25]：

① 第一部分是同步电机相对于系统惯性中心运动的动能。

$$\frac{1}{2} \sum_{i=1}^{n} J_i s_{ic}^2 = \frac{1}{2} \sum_{i=1}^{n} J_i s_i^2 - \frac{1}{2} J_c s_c^2 \tag{10.66}$$

② 第二部分是系统势能的一部分，基本取决于汽轮机相对于系统惯性中心的机械转矩 [见方程（10.42）]。

$$\sum_{i=1}^{n} P_i(\delta_{ic} - \delta_{oic}) = \sum_{i=1}^{n} P_i(\delta_i - \delta_{oi}) - \sum_{i=1}^{n} P_i(\delta_c - \delta_{oc}) \tag{10.67}$$

③ 第三部分是通过线路 ij 传输的势能。

$$\sum_{i=1}^{n-1} \sum_{j=i+1}^{n} [C_{ij}(\cos\delta_{ic} - \delta_{jc}) - \cos(\delta_{oic} - \delta_{ojc})) \tag{10.68}$$

④ 第四部分是线路 ij 有功电导中的耗散能量。

$$\sum_{i=1}^{n-1} \sum_{j=i+1}^{n} \int_{\delta_{oic}+\delta_{ojc}}^{\delta_{ic}+\delta_{jc}} D_{ij} \cos(\delta_{ic} - \delta_{jc}) \mathrm{d}(\delta_{ic} + \delta_{jc}) \tag{10.69}$$

参考文献[25]对系统从 δ_o 到 δ_{cr} 线性轨迹积分后给出了式（10.69）的一个近似表达。

如参考文献[25]所述，所得到的 Lyapunov 函数式（10.65）能够在同步电机相对于惯性中心的坐标下估计平衡点稳定性。然而在惯性中心坐标下，即对于系统频率动态方程，它并不能估计平衡点的稳定性。

参考文献[25]并没有解决 Lyapunov 函数式（10.65）的总时间导数问题。由于式（10.52）和式（10.53）所表示的系统和式（10.43）所示的系统完全等价，且可以得出式（10.63）和式（10.64）。那么类比于参考文献[22]可知，式（10.65）是一个广义 Lyapunov 函数，并不完全满足总时间导数的负定性。

10.2.4.3 节指出，用 Lyapunov 函数法研究电力系统暂态稳定性的基础是确定分界面经过的鞍点坐标，并计算鞍点处的 Lyapunov 函数值。在这种情况下，分界面上鞍点的 Lyapunov

函数要与其他鞍点处的值更小。基于此的暂态稳定判据式（10.46）对系统所有可能的扰动状态是唯一和普遍的，这就是为什么在许多扰动下，它估计的稳定区域过于保守而不是必要和足够的。

　　上述情况如图 10.11 和表 10.1[25]所示。图 10.11 给出了三机系统在两个节点上分别发生两种扰动，总能量 U_1 和 U_2 随时间变化的曲线。势能 U_{p1} 和 U_{p2} 在鞍点处的临界值以 y 轴表示。

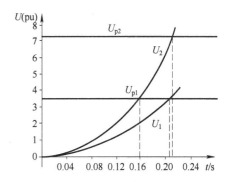

　　在所考虑的两种故障情况下，系统沿轨迹接近这些鞍点。如图 10.11 所示，若以 Lyapunov 函数最小值的鞍点作为判据，则故障极限切除时间为 0.16s 且两种情况下的系统轨迹均达到其鞍点，明显估计极限切除时间偏高。

图 10.11　应用 Lyapunov 函数法估计极限切除时间

　　对于由 39 条母线和 10 台同步电机组成的 IEEE 测试系统，表 10.1 给出了不同母线的极限切除时间值，包括暂态仿真和基于两种 Lyapunov 函数的值。如表 10.1 中所示，考虑系统轨迹的 Lyapunov 函数法与仿真得到的值基本一致，而经典 Lyapunov 函数法给出的估计值精度较低。

表 10.1　极限切除时间

扰动节点	仿真法		Lyapunov 函数法	
	稳定	失稳	考虑系统轨迹	经典
节点 31	0.28	0.30	0.28	0.23
节点 32	0.30	0.32	0.29	0.22
节点 35	0.34	0.36	0.33	0.29
节点 38	0.18	0.20	0.18	0.18

　　在大型电力系统中，同步发电机的轨迹更加复杂，不一定在第一摆失稳，而可能发生在随后的周期中。在参考文献[42]中，Gupta 和 EI-Abiad 考虑 225kV 的 CIGRE 测试系统中的初始扰动和随后的控制动作，给出了复杂系统的轨迹（见图 10.12）。

　　在这个例子中，图 10.13 展示了运动轨迹中系统总能量的时间变化。除了势能水平线数等于系统中可能失稳的关键发电机数外，图 10.13 与图 10.1 类似。

　　在参考文献[42]中，作者提出了一种确定复杂系统中不稳定平衡状态的算法。首先，对每台发电机构建相对于系统其余部分的等效两机系统，并用牛顿—拉夫逊法确定事故后整个网络的临界鞍点的坐标。由于该方法迭代到收敛所需的次数较少，如果给定迭代次数下不收敛即可认为不存在平衡点。那么现阶段得到所有的鞍点。

　　下一阶段处理的是一组电机可能对系统其余部分失去稳定的情况。在每一种情况下将系统中的发电机分为两组。对系统其余部分失去稳定性的组中电机台数不能超过 $n/2$，其中 n 是系统的电机总台数。

　　考虑到在大多数实际情况中，是小型发电机组相对于系统的其余部分会失去稳定的。所以从这种情况开始分析。与初始阶段相似，给出代表两组电机的两机系统的临界鞍点坐标，并用牛顿—拉夫逊法详细分析故障后系统结构下的坐标特征。

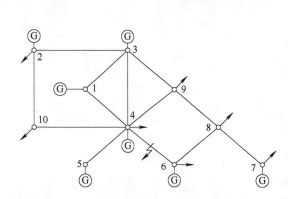

图 10.12 225kV 的 CIGRE 测试系统

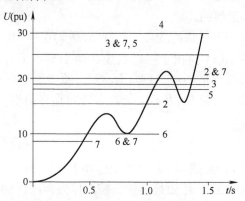

图 10.13 沿系统轨迹的总能量变化

在实际故障情况下，所得结果以系统运动轨迹方向上的鞍点作为估计电力系统稳定性的判据。

因此，根据同步电机相对于系统惯性中心的动力学方程来构造 Lyapunov 函数，并以系统运动轨迹方向的鞍点作为判据，得到了可接受的基于第二 Lyapunov 法的电力系统暂态稳定评估。评估结果与暂态仿真得到的一致。

参考文献[28，29，42，43]系统地描述了 Lyapunov 函数法在电力系统暂态稳定研究中的应用。

10.2.4.5 新方法

1. PEBS 方法

势能边界面（Potential Energy Boundary Surface，PEBS）方法是 Kakimoto、Oshawa 和 Hayashi 在参考文献[45]中提出的。Vaiman 将边界命名为分界线[40]。这种方法的主要优点是不需要确定不稳定平衡点的坐标，所以计算速度快并易于使用。

将电力系统用如下矩阵形式的微分方程表示[46]：

$$\dot{\delta} = s \tag{10.70}$$
$$Js = P_m - P_e - Ds \tag{10.71}$$

Lyapunov 函数表示为动能 $U_k(s)$ 和势能 $U_p(\delta)$ 的和：

$$U = U_k(s) + U_p(\delta) \tag{10.72}$$

势能可以表示为功角空间中的一个碗，碗底就是具有最小势能的系统稳定平衡点。局部最大值点和鞍点位于碗边，势能函数梯度等于零。连接这些不稳定平衡点的构成势能边界面或分界线，并与势能函数等水平线垂直。

用系统的持续故障轨迹 $\{\delta(t), s(t)\}$ 确定故障极限切除时间。轨迹会指向 PEBS，其穿过边界的点 δ^* 称为出口点。由该点得到 Lyapunov 函数的临界值，即 $U_{cr} = U(\delta^*)$。

Chiang、Wu 和 Varaiya 在参考文献[47]中指出，某些情况下 PEBS 方法给出的故障极限切除时间会过于乐观。参考文献[46]中给出的图 10.14 证实了这种情况。图中绘出了一条通

往出口点 δ^* 的持续故障轨迹，还有一条到达临界点的故障后轨迹（情况 2），明显临界点的势能值低于 $U_{\mathrm{er}}(\delta^*)$。

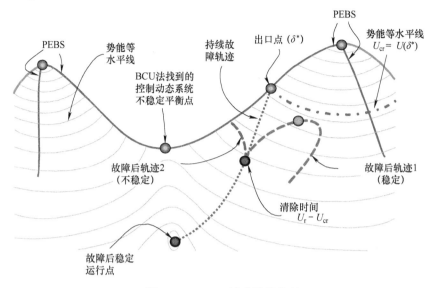

图 10.14 PEBS 法失败的情况

2. BCU 方法

边界控制不稳定（Boundary Controlling Unstable，BCU）方法是由 Chiang、Wu 和 Varaiya 在参考文献[48]中提出的。该方法基于控制动态系统不稳定平衡点（CUEP）的概念，是目前电力系统暂态稳定分析最有效的直接法。

将电力系统用如下矩阵形式的微分方程表示[46]：

$$\dot{\delta} = s \tag{10.73}$$

$$J\dot{s} = -\frac{\partial U_{\mathrm{P}}(\delta)}{\partial \delta} - Ds \tag{10.74}$$

联立式（10.73）和式（10.74），考虑如下梯度系统：

$$\dot{\delta} = -\frac{\partial U_{\mathrm{P}}(\delta)}{\partial \delta} \tag{10.75}$$

可见 PEBS 方法限制了式（10.75）所示的相关梯度系统的吸引面积。

BCU 方法主要利用式（10.73）、式（10.74）和式（10.75）之间的关系。注意到当且仅当 δ 是式（10.75）所示系统的平衡点时，$\{\delta,0\}$ 是式（10.73）和式（10.74）所示系统的平衡点。系统间其他有趣的关系见参考文献[47]。

合理的向量场假设下，可以证明吸引区域的边界是由吸引区域边界上不稳定平衡点的稳定流形构成的。因此，出口点非常接近于相关梯度系统吸引区域边界上不稳定平衡点的稳定流形。BCU 方法中，该点被定义成控制不稳定平衡点，实质上就是鞍点（见图 10.14）。

上述解释是 Tagirov 在参考文献[49]中针对单机系统作出的通用性理论论证。参考文献[25]、参考文献[42]等研究了多机系统中系统运动轨迹离开鞍点附近吸引区域的性质。

BCU 方法一般将 PEBS 方法所估计的持续故障轨迹出口点坐标 δ^* 作为初始的近似坐

标。再利用梯度法确定控制不稳定平衡点的坐标。与 PEBS 方法相比，BCU 方法不会不合理地乐观估计故障极限切除时间。

3. 遮蔽法

参考文献[50]的研究表明，某些情况下 BCU 方法不能收敛到所需的 CUEP。这是因为，首先 PEBS 方法会得到其他出口点 δ^*，其次即使 PEBS 方法的估计正确，BCU 方法第二步采用的梯度算法也可能收敛到最近 CUEP 以外的点。在此基础上，Scryuggs 和 Mili[50]提出了一种确定 PEBS 的动态方法。

为了改进方法的收敛性，Treenen、Vittal 和 Klienman 提出了遮蔽法[51]，如图 10.15 所示。

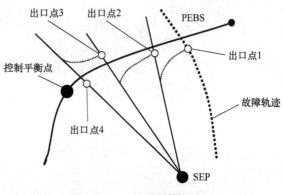

图 10.15　遮蔽法[51]图解

在该方法中，出口点 δ^* 的坐标是对固定间隔的共轭梯度系统轨迹使用 PEBS 方法得到的。相应的，每一个新的出口点 δ^* 都是梯度算法的一个新的初始近似，直到收敛到所寻求的 CUEP 为止。

4. 综合法

为了有效利用以上方法的优点，Xue、Mei 和 Xie[52]提出了一种确定 CUEP 的综合方法。图 10.16 给出了如何使用该方法的流程图。

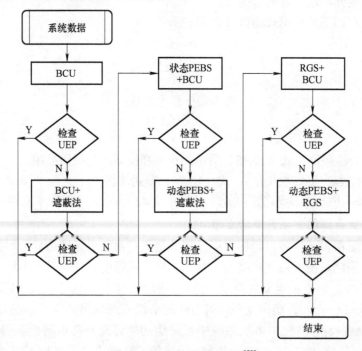

图 10.16　综合方法流程图[52]

为了提高梯度法的收敛性，参考文献[52]中在式（10.75）基础上引入了反射梯度系统（RGS）：

$$\dot{\delta} = (I - 2v(\delta)v(\delta)^{\mathrm{T}}f(\delta) \tag{10.76}$$

其中，$f(\delta)$ 是式（10.75）的右边；I 是单位矩阵；$v(\delta)$ 是雅可比矩阵 $Y(\delta)=\partial f/\partial \delta$ 中最大（实）特征值对应的特征向量。

参考文献[52]证明了式（10.75）所示系统的不稳定平衡点与式（10.76）所示反射系统的稳定平衡点的一致性定理。

10.3　暂态稳定评估的积分法

10.3.1　概述

使用分步积分法进行暂态稳定评估时需要注意以下几点：

① 有两种方法可以求解系统方程组（10.1）：

a. 交替求解法，按顺序交替求解微分（D）和代数（A）方程组。

b. 联立求解法，将微分方程组（D）转化为代数方程组，然后同时求解。

② 积分法可分为两大类：显式方法和隐式方法。

③ 积分法具体有：欧拉法、龙格–库塔法、预测–校正法等。

④ 考虑积分步长（Δt）时可分为

a. 定步长法，适用于短期稳定问题。

b. 变步长法，一般为计算软件（例如，EUROSTAG、NEPLAN、NETOMAC 和 EDSA）所采用，以分析（短期）暂态过程和中长期过程。

显式方法在第 n 个积分步长结束时，根据状态变量在该积分步长开始时的值 x_n 计算 x_{n+1}。但这种方法的误差会在设定的步长内放大并不断积累，引起解的发散并导致数值不稳定。因此，显式方法中需要将积分步长 Δt 设置成小于最小的微分方程组中的时间常数。在此基础上，将显式方法（如龙格–库塔法）应用于短期暂态稳定（时间间隔为几秒）分析计算软件中，会有较高的精度。

隐式方法中，第 n 个积分步长结束时的状态变量 x_n，由该积分步长开始时的值 x_{n-1} 和实际值 x_n 共同确定。此时系统的微分方程组会转化为非线性代数方程组，然后在每个积分步长使用迭代法（例如牛顿–拉夫逊法）来求解。由于积分步长不像显式方法那么重要，隐式方法数值上是稳定的。计算软件中最常用的隐式法一般基于梯形法则，允许将仿真步长延长到数分钟。

一般来说，计算软件对动态系统的暂态过程进行时域仿真的性能，既取决于建模对象（快速和/或慢速动态对象）的性质，也取决于采用的积分方法。

系统线性微分方程组的解是指数函数的线性组合，每个指数函数各描述了与系统特征值 λ_k 相对应的模态变化：

$$x_i(t) = \sum_{k=1}^{n} C_k e^{\lambda_k t} \quad i=1,2,\cdots,n \tag{10.77}$$

如果特征值分布在复平面的较大范围上，则微分方程组（10.77）的解中包括远离虚轴特征值（特征值的实部较大）对应的快速变化模式和靠近虚轴特征值（特征值的实部较小）所对应的慢速变化模式。从积分方法角度来看，这样的动态系统是"刚性"的。如果非线性系统的线性近似是"刚性"系统时，该系统也是"刚性"的。

电力系统分析中，如果 DAE 系统中的微分方程组不仅包括机电方程（摇摆方程），还对转子磁链（快速动态过程）、AVR、调速器、汽轮机等建模，就是个刚性方程组，需要鲁棒的积分法来模拟其动态行为。

如果发电机采用经典模型，那么系统微分方程组就不再是刚性的，可以使用简单的显式方法如 Runge—Kutta 方法来进行数值积分。以下将介绍几种电力系统仿真中最常用的积分方法。考虑一个形式如下的简单非线性微分方程：

$$\dot{x} = \frac{\mathrm{d}x}{\mathrm{d}t} = f(x(t)) \tag{10.78}$$

其初始条件为 $x(t_0) = x_0$。

用积分法求解微分方程如式（10.78），就是计算不同时刻 $(t_1, t_2, \cdots, t_n, \cdots)$ 下 $(x_1, x_2, \cdots, x_n, \cdots)$ 一系列可接受精度的值来估计系统的动态行为。下一步长的值 x_{n+1} 由之前步长 $(\cdots, x_{n-2}, x_{n-1}, x_n)$ 的值确定。根据计算每步 x 值的公式，积分法可分为两种：单步显式方法（如龙格—库塔方法）和多步隐式方法或预测-校正法。

变量 x 在每步的值相对于实际值通常均有误差，一方面是由于解的舍入，另一方面则是由于所使用的积分方法。误差会从一个计算步长传播到下一个计算步长，如果误差不被放大，则积分方法是数值稳定的，否则就是数值不稳定的[44]。

积分过程中，状态变量 x 的新值 x_{n+1} 既可以在时间间隔 $[t_n, t_{n+1}]$ 上对函数 $f(x(t))$ 相对于实际值积分来确定，也可以在 $[x_n, x_{n+1}]$ 上对变量 $x(t)$ 积分来确定。这两种方式中可以采用外插值和内插值多项式确定积分表达式。插值多项式的系数分别基于之前在时刻 $(t_{n-r+1}, \cdots, t_{n-1}, t_n)$ 上的连续的 r 个值 $(f_{n-r+1}, \cdots, f_{n-1}, f_n)$ 和 $(x_{n-r+1}, \cdots, x_{n-1}, x_n)$。$r$ 称为积分法的阶数[44]。根据用之前 r 个值确定新值 x_{n+1} 的方式，积分法可分成 Adams 型方法和 Gear 型方法[44,53]。

在 **Adams 型方法**中，状态变量下个步长的值用如下积分公式[44,115]确定：

$$x_{n+1} = x_n + \Delta t \left(\sum_{k=1}^{r} b_k f_{n+1-k} + b_0 f_{n+1} \right) \tag{10.79}$$

式中，$\Delta t = t_{n+1} - t_n$ 是积分步长。

当 $b_0 = 0$ 时，式（10.79）是显式积分公式，称为 Adam-Bashforth 公式。对于 $b_0 \neq 0$，式（10.79）为隐式积分公式，称为 Adam-Moulton 公式。

表 10.2 提供了三阶 Adam-Bashforth-Moulton 积分公式[44,115]。$r = 1$ 时，一阶积分公式就是欧拉公式。而 $r = 2$ 时，两阶积分公式是梯形公式。

在 Adams 型公式中，$(n+1)$ 步的误差为[44]

$$\varepsilon_{n+1} = \varepsilon_0 x_n^{(r+1)}(\tau) \Delta t^{(r+1)} \tag{10.80}$$

其中，$x_n^{(r+1)}(\tau)$ 是 x 在 $\tau \in [t_{n-r}, t_{n+1}]$ 点的（$r+1$）阶导数，而 ε_0 是由方法步数决定的常数（见表 10.2）。

表 10.2　Adam–Bashforth–Moulton 积分公式

方法	阶数	积分公式	误差 ε_0
Adams–Bashforth	1	$x_{n+1} = x_n + \Delta t f_n$	1/2
	2	$x_{n+1} = x_n + \dfrac{\Delta t}{2}(3f_n - f_{n-1})$	5/12
	3	$x_{n+1} = x_n + \dfrac{\Delta t}{12}(23f_n - 16f_{n-1} + 5f_{n-2})$	9/24
Adams–Moulton	1	$x_{n+1} = x_n + \Delta t f_{n+1}$	−1/2
	2	$x_{n+1} = x_n + \dfrac{\Delta t}{2}(f_{n+1} + f_n)$	−1/12
	3	$x_{n+1} = x_n + \dfrac{\Delta t}{12}(5f_{n+1} + 8f_n - f_{n-1})$	−1/24

需要注意的是高阶公式在相同积分步长下，隐式法比显式法的误差小。隐式法的另一个优点是具有更好的数值稳定性。但它的缺点在于不能直接计算 x_{n+1}。考虑到 $f_{n+1} = f(x_{n+1})$，并假设式（10.79）中 $\beta_n = x_n + \Delta t \sum_{k=1}^{r} b_k f_{n+1-r}$，可得以下非线性方程：

$$x_{n+1} = \beta_n + \Delta t b_0 f(x_{n+1}) \tag{10.81}$$

式中，x_{n+1} 是未知变量。

求解方程（10.81）需要采用预测–校正方法。预测时使用显式公式来确定初始值 $x_{n+1}^{(0)}$。校正时则使用隐式积分公式对初值进行迭代，可使用如下公式：

$$x_{n+1}^{(m+1)} = \beta_n + \Delta t b_0 f(x_{n+1}^{(m)}) \tag{10.82}$$

其中，m 是迭代次数。

如果[44]

$$\Delta t b_0 L < 1 \tag{10.83}$$

迭代计算过程收敛。式中 $L = \sqrt{\lambda_{\max}}$ 是 lipschitz 常数，$\lambda_{\max}$ 是矩阵乘积 $A^T A$ 的最大特征值，A 是在 x_{n+1} 点的状态矩阵。

乘积 $\Delta t b_0 L$ 越小，收敛速度越快。因此，要使具有较大特征值的刚性微分方程组收敛，需要采用非常小的积分步长。但这样会导致计算量大的缺点，可以使用牛顿法求解非线性方程式（10.81）来代替递推公式（10.82）以降低计算量。

Gear 型方法在积分区间内采用外插值和内插值去逼近变量 $x(t)$，与 Adams 方法采用函数 $f(x(t))$ 的方式不同。Gear 型方法中的积分公式[44,115]如下：

显式积分公式

$$x_{n+1} = \sum_{k=0}^{r} \alpha_k x_{n-k} + b_0 \Delta t f_n \tag{10.84}$$

隐式积分公式

$$x_{n+1} = \sum_{k=0}^{r} \alpha_k x_{n-k} + b_0 \Delta t f_{n+1} \tag{10.85}$$

Gear 积分法与 Adams 法相比的主要优点是具有更好的数值稳定性[44,115]。

隐式 gear 法求解非线性方程（10.85）时，与求解式（10.81）相似采用预测校正法。但对于刚性微分方程组，积分步长较大时，类似式（10.84）去估计初值并不能得到良好的近似解。可以直接利用拉格朗日逼近确定初值

$$x_{n+1}^{(0)} = \sum_{k=0}^{r} \alpha_k x_{n-k} \qquad (10.86)$$

表 10.3[44]给出了隐式和显式 Gear 公式及 lagrange 外插多项式。

表 10.3　Gear 型积分公式

方法	阶数	积分公式	误差
Explicit	1	$x_{n+1} = x_n + \Delta t f_n$	
	2	$x_{n+1} = x_{n-1} + 2\Delta t f_n$	
	3	$x_{n+1} = -\dfrac{3}{2}x_n + 3x_{n-1} - \dfrac{1}{2}x_{n-2} + 3\Delta t f_n$	
Implicit	1	$x_{n+1} = x_n + \Delta t f_{n+1}$	$-1/2$
	2	$x_{n+1} = \dfrac{4}{3}x_n - \dfrac{1}{3}x_{n-1} + \dfrac{2}{3}\Delta t f_{n+1}$	$-2/9$
	3	$x_{n+1} = \dfrac{18}{11}x_n - \dfrac{9}{11}x_{n-1} + \dfrac{2}{11}x_{n-2} + \dfrac{6}{12}\Delta t f_{n+1}$	$-3/22$
Lagrange	1	$x_{n+1} = 2x_n - x_{n-1}$	
	2	$x_{n+1} = 3x_n - 3x_{n-1} + x_{n-2}$	
	3	$x_{n+1} = 4x_n - 6x_{n-1} + 4x_{n-2} - x_{n-3}$	

当用数值积分法模拟电力系统的动态行为时，由于数学模型是非线性的，状态矩阵及其特征值均不恒定，每次迭代时积分步长的约束都会变化。因此选择最优步长，一方面可以保证数值稳定性、收敛性和结果的准确性，另一方面则不会耗费大量的计算时间，是开发仿真软件程序时需要考虑的基本因素之一。

对不同的目标可以采取以下两种不同的措施：

① 如果只仿真短时间的暂态过程，宜采用具有良好数值稳定性的低阶（1 或 2）隐式公式，和定积分步长，步长设为能保证快速收敛且最小化误差的值。

② 需要设计仿真软件能同时仿真暂态过程和中长期动态行为时，需要采用自动修正阶数和补偿的数值方法以减少计算时间。

10.3.2　Runge-Kutta 法

在 Runge-Kutta 方法中，解 x_{n+1} 是由实际第 $n+1$ 个步长结束时的泰勒级数展开逼近的，不需要显式地求高阶导数。通过对一阶导数多次连续估计，x_{n+1} 的泰勒级数展开项中包含了高阶导数。根据泰勒级数展开中保留项的数量，有不同阶数的 Runge-Kutta 方法。

二阶 Runge-Kutta 方法包含连续使用如下关系：

$$x_{n+1} = x_n + \Delta x_{n+1} = x_n + \frac{K_{1,n} + K_{2,n}}{2} \qquad (10.87)$$

式中，n 是积分步数，$n = 0,1,2,\ldots$；Δt 是积分步长；$K_{1,n} = f(x_n)\Delta t; K_{2,n} = f(x_n + K_{1,n})\Delta t$。

注意到调整量 $\Delta x_{n+1} = (K_{1,n} + K_{2,n})/2$ 是积分步长开始和结束时变化曲线切线的算术平均值。

二阶 Runge–Kutta 方法等价于只考虑泰勒级数展开的一阶和二阶导数。此时每步的计算误差与 Δt^3 成正比。

四阶 Runge–Kutta 方法使用如下表达式更精确地逼近计算步长中的解 x_{n+1}：

$$x_{n+1} = x_n + \frac{1}{6}(K_{1,n} + 2K_{2,n} + 2K_{3,n} + K_{4,n}) \tag{10.88}$$

其中

$$K_{1,n} = f(x_n)\Delta t \qquad K_{2,n} = f(x_n + 0.5K_{1,n})\Delta t$$
$$K_{3,n} = f(x_n + 0.5K_{2,n})\Delta t \qquad K_{4,n} = f(x_n + K_{3,n})\Delta t \tag{10.89}$$

第 $n+1$ 步中变量 x 的调整量为

$$\Delta x_{n+1} = \frac{1}{6}(K_{1,n} + 2K_{2,n} + 2K_{3,n} + K_{4,n}) \tag{10.88}$$

代表了在积分步长的开始、中点和结束时斜率估计值的加权平均。

四阶 Runge–Kutta 方法等价考虑了泰勒级数展开的四阶导数。此时每步的计算误差与 Δt^5 成正比。

10.3.3 隐式梯形积分法

隐式梯形积分法实际上就是隐式二阶 Adams 法。该方法假设在实际计算步长中变量 x 的调整量

$$\Delta x_{n+1} = x_{n+1} - x_n$$

就等于函数 f 在步长开始和结尾处精确值的算术平均值乘以积分步长 Δt：

$$\Delta x_{n+1} = x_{n+1} - x_n = \frac{\Delta t}{2}[f(x_n) + f(x_{n+1})] \tag{10.90}$$

梯形法意味着将微分方程式（10.78）转化为关于未知量 x_{n+1} 的非线性代数方程，可以用牛顿法等方法求解。

如果使用梯形法来研究电力系统暂态，就要将式（10.1）中的微分方程转化为非线性代数方程，并和式（10.1）中的代数方程同时用牛顿-拉夫逊法求解。

用微分方程组描述经典模型同步发电机连接到无穷大母线时的动态行为，以下将介绍如何使用梯形法求解该方程组。

如果忽略阻尼，机电方程是

$$\frac{d\omega}{dt} = \frac{1}{M}(P_m - P_e^{max}\sin\delta)$$
$$\frac{d\delta}{dt} = \omega_0\omega$$

式中，$P_e^{max} = \dfrac{E'U}{x'_{d,e}}$ 是电磁功率最大值；E' 是暂态电抗 x'_d 后面的内电势；$x'_{d,e}$ 是发电机内电势 $E'\angle\delta$ 和无穷大母线电压 $U\angle 0$ 之间的等效电抗。

隐式梯形法在第 n 个积分步长给出：

$$\omega_{n+1} - \omega_n = \frac{\Delta t}{2M}(P_m - P_e^{max}\sin\delta_n) + \frac{\Delta t}{2M}(P_m - P_e^{max}\sin\delta_{n+1})$$

$$\delta_{n+1} - \delta_n = \omega_0\frac{\Delta t}{2}(\omega_n + \omega_{n+1}) \tag{10.91}$$

给定积分步长开始时 ω_n 和 δ_n 的值，再求解非线性代数方程组（10.91）得到积分步长结束时的 ω_{n+1} 和 δ_{n+1}。对系统方程式（10.91）简单变换后：

$$a_{11}\omega_{n+1} + a_{12}\sin\delta_{n+1} = b_1$$
$$a_{21}\omega_{n+1} + a_{22}\sin\delta_{n+1} = b_2$$

（10.92）

式中

$$a_{11} = 1; a_{12} = \frac{\Delta t}{2M}P_e^{\max}; a_{21} = -\omega_0\frac{\Delta t}{2}; a_{22} = 1$$

$$b_1 = \omega_n + \frac{\Delta t}{M}P_m - \frac{\Delta t}{2M}P_e^{\max}\sin\delta_n; b_2 = \delta_n + \omega_0\frac{\Delta t}{2}\omega_n$$

用牛顿-拉夫逊法对系统代数方程式（10.92）求解，得到当前 $p-1$ 代的后一代 p 时，线性化的系统方程（10.92）为

$$a_{11}\Delta\omega_{n+1}^{(p)} + a_{12}\cos\delta_{n+1}^{(p-1)}\Delta\delta_{n+1}^{(p)} = b_1 - a_{11}\omega_{n+1}^{(p-1)} - a_{12}\sin\delta_{n+1}^{(p-1)}$$
$$a_{21}\Delta\omega_{n+1}^{(p)} + a_{22}\Delta\delta_{n+1}^{(p)} = b_2 - a_{21}\omega_{n+1}^{(p-1)} - a_{22}\delta_{n+1}^{(p-1)}$$

（10.93）

从而得到调整量 $\Delta\omega_{n+1}^{(p)}$ 和 $\Delta\delta_{n+1}^{(p)}$，变量的新值为

$$\omega_{n+1}^{(p)} = \omega_{n+1}^{(p-1)} + \Delta\omega_{n+1}^{(p)} \text{ 以及 } \delta_{n+1}^{(p)} = \delta_{n+1}^{(p-1)} + \Delta\delta_{n+1}^{(p)}$$

（10.94）

迭代初值可等于积分步长的初始值，即 $\omega_{n+1}^{(0)} = \omega_n$ 和 $\delta_{n+1}^{(0)} = \delta_n$。迭代过程一直持续到收敛条件 $\max\left\{\left|\Delta\omega_{n+1}^{(p)}\right|, \left|\Delta\delta_{n+1}^{(p)}\right|\right\} \leqslant \varepsilon_{adm}$ 满足为止。收敛时设定 $\omega_{n+1} = \omega_{n+1}^{(p)}$ 和 $\delta_{n+1} = \delta_{n+1}^{(p)}$ 然后继续积分。

10.3.4 混合 Adams-BDF 方法

研究表明数值积分计算软件可以对电力系统的暂态、中期和长期过程进行仿真。软件中使用的数值积分方法需要是鲁棒的，并能改变阶数和积分步长。EUROSTAG 软件中使用[56]的是基于求解混合 DAE 系统 Gear-Hindmarsh 方法的 ADAMS-BDF（向后微分公式）法。

一般 Gear-Hindmarsh 方法

设 $\boldsymbol{z} = \left[\boldsymbol{x}^T, \boldsymbol{y}^T\right]^T$ 是惯性变量向量 $\boldsymbol{x}$ 和非惯性变量向量 $\boldsymbol{y}$ 的集合。那么式（10.1）所示的 DAE 系统可以写成

$$\begin{cases} \dot{\boldsymbol{z}} = \boldsymbol{f}(\boldsymbol{z}(t)) \\ 0 = \boldsymbol{g}(\boldsymbol{z}(t)) \end{cases}$$

（10.95）

假设在给定时刻 t_n 状态变量向量 $\boldsymbol{z}_n = \boldsymbol{z}(t_n)$，其导数有 r 阶（r 是该方法的阶数），确定向量 $\boldsymbol{z}_{n+1} = \boldsymbol{z}(t_{n+1})$ 就是求系统方程组（10.95）在时刻 t_{n+1} 的解。为此，将向量 $\boldsymbol{z}(t)$ 和导数向量 $\boldsymbol{z}^{(m)}(t)$，$m = 1, 2, \cdots, r$，均放在向量 $\dot{\boldsymbol{z}}$ 中，称为 Nordsieck 向量：

$$\dot{\boldsymbol{z}}(t) = \left[\boldsymbol{z}(t), h\cdot\boldsymbol{z}^{(1)}(t), \frac{h^2}{2}\boldsymbol{z}^{(2)}(t), \cdots, \frac{h^r}{r!}\boldsymbol{z}^{(r)}(t)\right]$$

（10.96）

式中，$h = \Delta t$ 是积分步长。

使用 Nordsieck 向量的优点是，当积分步长从 h 变成 αh 时，新向量可以如下获得：

$$\dot{z}(t + \alpha h) = D\dot{z}(t + h) \tag{10.97}$$

式中，$D = \mathrm{diag}\{1, \alpha, \cdots, \alpha^r\}$ 是对角阵，α 是新旧步长的比。使用 Nordsieck 向量的另一个优点是，简单改变 D 矩阵的维数（添加或删除一行和一列）就可以改变方法的阶数。

Gear-Hindmarsh 法中确定新向量 z_{n+1} 需要经过预测–校正步骤。

在预测步骤中，状态变量 $\tilde{z}_{n+1}, \tilde{z}_{n+1}^{(1)}, \cdots, \tilde{z}_{n+1}^{(r)}$ 和 Nordsieck 向量在时刻 t_{n+1} 的初始值，是通过 r 阶泰勒级数展开并使用已知 t_n 时刻的状态变量 $z_n, z_n^{(1)}, \ldots, z_n^{(r)}$ 及其导数来估计的：

$$\overline{z}_{n+1}^{(0)} = A\overline{z}_n \tag{10.98}$$

式中，$\overline{z}_n$ 是前一步长计算出的 Nordsieck 向量，A 是 Pascal 三角阵，其中元素为

$$a_{ik} = \begin{cases} \dfrac{k!}{(k-i)!i!} & \text{如果} \quad i \leqslant k \\ 0 & \text{如果} \quad i > k \end{cases} \tag{10.99}$$

在校正步骤中，Nordsieck 向量的估计值 $\overline{z}_{n+1}^{(0)}$ 用下式调整[56]：

$$\overline{z}_{n+1} = \overline{z}_{n+1}^{(0)} + I_{n+1}(z_{n+1} - \tilde{z}_{n+1}) \tag{10.100}$$

式中，$L_{n+1} = \left[l_{0,n+1}, \cdots, l_{r,n+1}\right]^{\mathrm{T}}$ 是一个由积分方法及其阶数确定的向量。状态变量 $z_{n+1} = z(t_{n+1})$ 的向量是 DAE 系统在时刻 t_{n+1} 时的解，并满足关系式（10.95），可用牛顿法求解如下非线性代数方程组确定

$$h_n \overline{z}_{n+1}^{(1)} + I_{1,n+1}(z_{n+1} - \tilde{z}_{n+1}) - h_n f(z_{n+1}) = 0 \tag{10.101}$$
$$g(z_{n+1}) = 0$$

即求解满足如下方程的调整值向量 $\Delta z_{n+1} = z_{n+1} - \tilde{z}_{n+1}$

$$h_n \tilde{z}_{n+1}^{(1)} + I_{1,n+1}\Delta z_{n+1} - h_n f(\tilde{z}_{n+1} + \Delta z_{n+1}) = 0 \tag{10.102}$$
$$g(\tilde{z}_{n+1} + \Delta z_{n+1}) = 0$$

为了减少计算时间，在求解方程组（10.102）的迭代过程中，雅可比矩阵可以只计算一次（在第一次迭代中）。此外，可在几个连续的积分步长中保持雅可比矩阵不变；只在步长和方法阶数改变时重新计算雅可比矩阵。

1. 更改步长和方法阶数

可用 Norsieck 向量估计式（10.81）产生的误差[56]。由式（10.100）得到

$$\frac{h^r z_{n+1}^{(r)}}{r!} - \frac{h^r z_n^{(r)}}{r!} = l_{r,n+1}\Delta z_{n+1} \tag{10.103}$$

考虑到式（10.103）和

$$\frac{h^{r+1}(z(t_{n+1}))^{r+1}}{r!} = \frac{h^r z_{n+1}^{(r)}}{r!} - \frac{h^r z_n^{(r)}}{r!} \tag{10.104}$$

得到误差的近似表达式

$$\varepsilon_{n+1} \approx \varepsilon_0 l_{r,n+1} r! \left\|\Delta z_{n+1}\right\| \tag{10.105}$$

式中，$\left\|\Delta z_{n+1}\right\|$ 是求解方程组（10.102）得到的调整值 Δz_{n+1} 的范数。

比较式（10.105）计算的误差和用户根据期望准确度指定的允许值 $\varepsilon_{\mathrm{adm}}$，可以用以下表

达式确定当前步长的新值：

$$h^{\text{new}} = h^{\text{old}} \left[\frac{\varepsilon_{\text{adm}}}{\varepsilon_0} l_r \|\Delta z\| \right]^{\frac{1}{r}} \tag{10.106}$$

式（10.106）亦可用于估计方法阶数降到（$r-1$）或增加到（$r+1$）时的误差，从而确定方法阶数和/或积分步长应该改变的时刻。

2. 混合 ADAMS–BDF 方法。

虽然 Gear–Hindmarsh 方法足以仿真刚性代数–微分方程代表的动态系统（状态矩阵最大特征值和最小特征值的比达到 10^4 或更高的系统），但结果准确度和计算量（由 CPU 时间来量化）仍取决于所用的积分方法。对扰动下的电力系统需要更好地模拟稳定情况和识别不稳定情况，这要求积分方法的数值稳定域必须包括复平面的左半部分，即状态矩阵的特征值要在左半平面[44]。隐式一阶和二阶 Adams 法就满足这一条件，故 EUROSTAG 等具有鲁棒性的软件采用二阶 Adams 法即梯形法来模拟暂态、中期和长期动态过程。

用 Nordsieck 向量表示梯形法的积分公式

$$z_{n+1} = z_n + \frac{h}{2}(\dot{z}_n + \dot{z}_{n+1}) = z_n + \frac{h}{2}(f(z_n) + f(z_{n+1})) \tag{10.107}$$

并设定 Gear–Hindmarsh 法中的向量为

$$I_{\text{ADAMS}} = [l_0 = 0.5, l_1 = 1, l_2 = 0.5]^{\text{T}} \tag{10.108}$$

虽然梯形法具有良好的数值稳定性，但试验表明仍存在无法识别不稳定的情况。

此外，由于估计结果的误差和准确度时需要考虑代数变量，积分步长（由方法自动选择）就要取较小的值，这样会导致很长的计算时间。为了克服这一缺点，EUROSTAG 软件中对代数变量采用了 BDF 方法。也就是说混合 ADAMS–BDF 方法用 ADAMS 法处理惯性状态变量，而用 BDF 方法处理代数变量。

隐式 BDF 法的公式是

$$z_{n+1} = -\frac{1}{3}z_{n-1} + \frac{4}{3}z_{n+1} + \frac{2}{3}h_n\dot{z}_{n+1} = -\frac{1}{3}z_{n-1} + \frac{4}{3}z_{n+1} + \frac{2}{3}h_n f(z_{n+1}) \tag{10.109}$$

其中以 Nordsieck 表示的向量为

$$I_{\text{BDF}} = [l_0 = \frac{2}{3}, l_1 = 1, l_2 = \frac{1}{3}]^{\text{T}} \tag{10.110}$$

这样将 Adams–BDF 混合算法用于 Gear–Hindmarsh 方法非常简单，只要在处理惯性状态变量时用矢量 $I_{\text{ADAMS},n+1}$ 代替矢量 I_{n+1}，而在处理代数状态变量时用矢量 $I_{\text{BDF},n+1}$ 代替。

10.4 动态等值

10.4.1 概论

实际电力系统是最复杂的技术系统，因为系统中存在着大量相互依赖的元件，各种各样的运行状态（工况）以及扰动后会发生复杂的过程。因此，需要在系统理论的经典假设下，使用简化方法进行研究。事实上动态等值就是降低系统数学模型维数的科学[57]。

电力系统暂态稳定研究方法中将数学模型简化分为以下几个阶段[58,59]：先验理想化；简化电力系统的数学描述；建立合适的电力系统数学模型。

先验理想化基于对现代大型电力系统中不同持续时间暂态过程的实际计算和理论研究，且在计算中考虑了计算机和仿真软件的能力。理想化假设的例子有：用单相正序图代表系统，忽略定子电阻，忽略变压器电动势和同步发电机旋转电势等。这种在电力系统暂态过程的数学描述中忽略一些因素是合理的，其得到的数学模型可用于描述元件和进行设计。

简化电力系统动态的数学描述意味着忽略元件数学模型中不太相关的特征。这方面可以混合使用专家法[60,61]、小参数法（奇异情况）[60,62,63]和模态分析法[60,64]。

简化过程的下一个问题是确定扰动对电力系统元件的影响[59,65]。解决这个问题可以基于大型电力系统的一个大家熟知的特性，即由于能量耗散、发电机调速器中的不敏感区域等原因，距离扰动源越远受到扰动的影响越小。根据对"电气距离"（传输导纳）或"相对于感知的距离"（同步功率）的评估[65,67]提出了各种衡量干扰影响的指标。此外，指标中还计及了扰动特征和发电机的动态参数[58,60,68,69]。10.4.2 节将给出确定这些复杂指标的进一步研究。

通过评估某一元件对暂态过程的重要性，并结合扰动的影响程度，可以给出给定扰动下电力系统元件建模所需的详细程度。总括而言重要的元件（发电机和负荷）容量大并与系统的联系强。定量评估电力系统元件的重要性可以使用模态法[71]分析系统结构（见 10.4.3 节）[65,70]。需要注意的是，元件重要性评估中不考虑扰动的特性，故在各种扰动下都是一样的。

评估了扰动的影响和元件的重要性，就可以确定数学模型所需的详细程度。在这一阶段中评估了所有元件后，就可以在给定的网络结构、运行条件和扰动下，用数学公式简化描述电力系统的动态行为，也有助于将电力系统划分成多个可以化简网络的子系统。

最后一个阶段是建立反映电力系统动态的等效数学模型，需要解决两个问题：确定子系统的等效形式和计算电力系统等效模型的参数[58,65]。

可根据发电机的运动一致性得到单个等效项表示的子系统。具体操作最初是基于近似的经验特性：认为等效子系统中是完全对称的，发电机转子的初始加速度均相同，电机的同步功率均相同，满足组内的稳定性条件[58,60,72-75,109]。为了获得更精确的一致性估计，参考文献[76-78]采用非线性模型或基于线性化模型的模态分析对暂态过程的初始阶段进行了数值计算。10.4.4 节将根据不同的指标给出发电机运动一致性估计的解析方法。

为了研究电力系统的长期暂态过程，Gorev[79]根据第二形式的稳定判据，提出了非零初始条件下的发电机运动一致性估计方法。10.4.4 节将讨论该估计方法的获得和应用。

接下来将介绍局部和全局一致性概念[80]。局部一致性由子系统的结构特性和扰动决定，而全局一致性仅和结构特性相关，即在扰动下是不变的。因此揭示全局一致性可采用结构分析方法，比如电气指标和动态连通性指标（10.5.4 节）[65,70,74,75,77,80]、模态分析[60,63,66,77,81,82,109,110]、变换线性化系统的传递函数[83]和 Lyapunov 函数的势能成分分析[84-86]。

局部和全局一致性研究中的基本要素是将电力系统坐标转换为惯性中心坐标上：

$$\{\delta_i\} \rightarrow \{\delta_c, \delta_{ic}\}, i = \overline{1, n}$$

式中，$\delta_{ic} = \delta_i - \delta_c$ 是发电机 i 相对于系统（子系统）惯性中心的功角。

该变换是 Gorev[79]提出的，并在参考文献[76，87]中有所使用。变换后观察到一致性子系统的惯性中心动作较慢，而坐标 δ_{ic} 的变化很快[63,72,88]。这促进了奇异扰动理论的发展，使其揭示了一致性并提出了子系统（子系统惯性中心）间的"慢一致性"对扰动是不变的[63,89]。

简化电力系统的数学描述和确定等效的子系统，将所分析系统拆分成两部分——需研究暂态过程的子系统和可以等效简化的外部子系统。各部分（子系统）间通过相邻节点（边界节点）连接。

计算等效电力系统参数必须满足将初始系统转化为等效系统的准则。对于非变换子系统，等效准则要求其行为不变性，这往往归结为边界节点上状态变量的不变性。对于等价子系统，等效准则给出用于计算等效参数的关系。这两组等效准则需要互相协调[90-92]。10.4.5节中将对此进一步讨论。

电力系统经典模型中等效参数的确定方法，除了等效准则（10.4.6节）外，还有参数平均技术[58,60,86,91]、Dimo-REI 方法[54]、模态分析法[60,63,66,80,92]和小参数法。小参数法也可用来相对惯性中心的坐标变换[73,88,89]。确定可能的等效参数时，需要考虑子系统[58,65,82]中的电压调节器和发电机的调速装置，以及电网的结构[94]。

由于实际中发电机运动的一致性不是理想化而是近似的，因此需要在等效参数中考虑运动的非一致性。解决这一问题的基本方法，是在等效两个或两个以上的发电机的初始加速度或初始有功功率等参数中引入权重[95-97]。这种在等效发电机参数中考虑运动非一致性大多基于平均技术（10.4.6节）[59,65]。

确定等效参数的其他方法包括线性化模型聚合[98]、简化网络表示子系统并对发电机惯性常数离散化[99]、连续理想化法[72]、辨识法[100-102]和功能等效化法[103,104]。尽管如此，这些方法并没有得到广泛应用。

10.4.2 系统的数学简化描述

10.4.2.1 扰动影响指标

在暂态稳定研究中，扰动对电力系统元件（发电机、负荷）暂态过程中行为的影响，是由扰动特征（幅值、持续时间等）和该元件与扰动点间的距离决定的。很明显扰动的大小和持续时间会产生影响，而第二个因素正体现出之前提到的大型电力系统的特性——扰动影响随扰动源与元件间距离的增大而衰减。

因此，表征系统节点 i 处扰动影响的指标由两部分组成：衡量节点 i 与扰动点间电气距离的系数 k_{ia}，以及节点 i 处扰动的效果 Δx_i，即

$$\gamma_i = f(k_{ia}, \Delta x_i) \tag{10.111}$$

这里 k_{ia} 是由系统结构和初始状态确定的，而 Δx_i 由扰动特征确定。

设置边界值 $\overline{\gamma}_1 > \overline{\gamma}_2 > ... > \overline{\gamma}_\ell$：如果 $\gamma_i > \overline{\gamma}_1$，节点 i 处的元件应用最详细的数学模型来表示（模型 M_1）；如果 $\overline{\gamma}_1 > \gamma_i > \overline{\gamma}_2$，节点 i 处的元件可用稍简单的模型 M_2；当 $\overline{\gamma}_2 > \gamma_i > \overline{\gamma}_3$，可用更简化的模型 M_3，以此类推。

如参考文献[58]所述，扰动影响指标可以采用 F 系数[68]：

$$\gamma_i = Y_{ia}\Delta P_i t_a^2 / 2J_i \tag{10.112}$$

式中，t_a 是事故的持续时间；Δp_i 是事故下节点 i 处的功率不平衡量；J_i 是节点 i 处发电机或同步（异步）电机的惯性常数；Y_{ia} 是节点 i 与扰动点间的传输导纳。

为扰动影响指标式（10.112）选择边界容许值 $\bar\gamma_\ell$ 是一个非常麻烦的问题，没有严格的方法予以解决。因此，一般是利用研究经验和计算，比较电力系统原始和简化数学模型的结果。

10.4.2.1　扰动影响指标的研究

考虑如图 10.17 所示的电力系统算例[58]，只对简化发电机数学描述进行说明。图中括号里给出了以欧姆为单位的各条线路电抗显示，系统其他参数见表 10.4，其中 P_g 表示发电，P_ℓ 表示负载。包括电压调节器和调速器的经典模型是电力系统的初始近似。

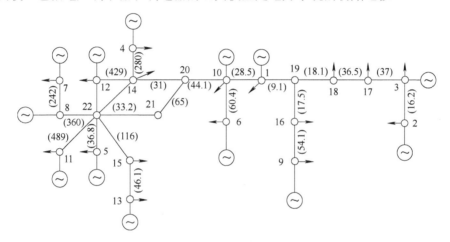

图 10.17　待研系统结构

表 10.4　待研系统参数[58]

节点	P_g/MW	J / s	P_ℓ / MW	节点	P_g/MW	J / s	P_ℓ / MW
1	1120	25.2	470	12	255	112.0	435
2	1515	53.5	1060	13	1145	216.0	700
3	1275	10.5	1300	14	—	—	602
4	155	19.5	313	15	—	—	880
5	798	28.8	140	16	—	—	800
6	310	37.2	255	17	—	—	190
7	755	106.0	677	18	—	—	124
8	175	49.5	—	19	—	—	—
9	780	16.8	76	20	—	—	—
10	130	47.6	155	21	—	—	—
11	380	64.0	480	22	—	—	420

在节点 1 处施加持续 0.2s 的三相对称短路作为扰动，以分析系统的响应。所设定系统初始数学模型在该扰动下的暂态过程如图 10.18 所示。

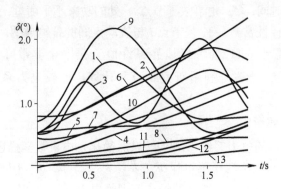

图 10.18　给定扰动下的转子角变化

图 10.19 和图 10.20 给出了发电机与扰动点的电气距离。

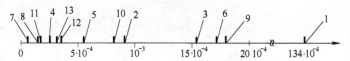

图 10.19　发电机与扰动点间导纳幅值在数轴上的位置

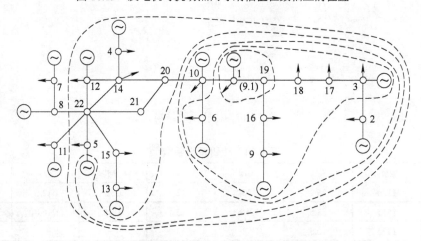

图 10.20　根据发电机与扰动点的电气距离对系统进行分解

发电机的等电气距离区域（见图 10.20）是根据发电机和扰动节点之间的导纳值确定的。这些区域也显示在数轴上（见图 10.19）。

将由电气距离得到的区域与按扰动影响指标划分的区域进行比较，后者见图 10.21 和表 10.5。

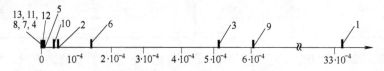

图 10.21　发电机扰动影响指标在数轴上的位置

表 10.5　扰动影响指标

发电机	1	2	3	4	5	6	7
$\gamma/10^{-4}$	33.4	0.42	5.2	0.011	0.075	1.45	0.005
发电机	8	9	10	11	12	13	—
$\gamma/10^{-4}$	0.01	6.1	0.33	0.001	0.037	0.0004	—

考虑节点 1 即发生短路处最关键发电机的响应。图 10.22 绘出了其他发电机采用不同准确度模型时该台发电机的转角变化：1——系统初始模型，2——发电机 7，11，13 用摆动方程（SE）即运动方程建模，假设 $E' = \mathrm{ct}$ 和 $P_\mathrm{m} = \mathrm{ct}$；3——与 2 相同，且发电机 4 和 8 仅用 SE 建模；4——与 3 相同且发电机 12 仅用 SE 建模；5——与 4 相同且发电机 5 和 10 仅用 SE 建模；6——与 5 相同且发电机 2 和 6 仅用 SE 建模；7——除第一台发电机外，所有发电机均仅用 SE 建模。

对比系统中其他发电机采用初始模型和设定的简化模型时 1 号发电机的转子角变化，如图 10.22 所示，可以得出结论：仅使用摇摆方程来表征发电机 7、11、13 是可行的，而对发电机 4、8 用摇摆方程建模是不可取的，或许对发电机 12 也是。

为了更准确地确定发电机简化模型的使用条件和 $\bar{\gamma}$ 的合适阈值，以下将从暂态稳定角度比较故障极限切除时间。根据图 10.22，表 10.6 列出了故障极限切除时间的绝对值和相对值（相对于初始模型的极限切除时间）。

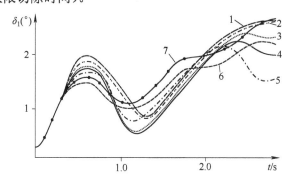

图 10.22　系统元件数学模型不同时的发电机 1 转子角变化

表 10.6　极限切除时间

序号	模型种类	故障切除时间	
		s	%
1	系统完整模型	0.360	0
采用简化模型的发电机			
2	7, 11, 13	0.370	2.70
3	4, 7, 8, 11, 13	0.375	4.10
4	4, 7, 8, 11, 12, 13	0.378	4.90
5	4, 5, 7, 8, 10, 11, 12, 13	0.395	9.80
6	2, 4, 5, 6, 7, 8, 10, 11, 12, 13	0.425	18.05
7	除发电机外	0.450	25.00

由表 10.6 可知，如果 5%是可接受的简化误差，则摇摆方程可用来表示发电机 4、7、8、11、12、13，且 $\bar{\gamma}=0.37\times10^{-5}$。如果设定简化误差为小于 10%，则摇摆方程可用于表示发电机 4、5、7、8、10、11、12、13，且 $\bar{\gamma}=0.33\times10^{-4}$。

考虑到第一种和第二种情况（从 5%到 10%）的差异较大，且 10%的误差一般是难以接受的，可以认为阈值 $\bar{\gamma}$ 大于 0.37×10^{-5} 但小于 0.33×10^{-4}（例如 10^{-5}）。该设定下需要采用发电机初始模型和可以采用发电机简化模型的边界如图 10.23 中虚线所示。

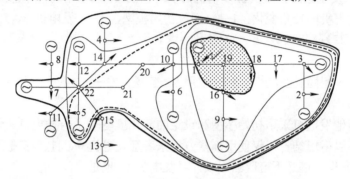

图 10.23   基于扰动影响指标的系统分解

假设待研电力系统的负荷也采用比较详细的模型（例如，考虑电压和频率的静态特性和/或异步电机的动态方程），参考文献[105]的作者给出了根据负荷节点扰动下的负荷下降水平和持续时间来选择复杂负荷模型的图解。据此，可以为所考虑的问题确定负荷从详细模型过渡到简化模型的阈值条件。参考文献[58]对扰动的研究表明[58]，这些扰动下系统中的所有负荷均可用简化模型即 $\dot{Y}_\ell=ct$ 表示。所以，一般来说发电机和负荷从一种模型过渡到另一种模型的阈值条件是不一样的。

至此，获得了合适的电力系统简化数学模型，并可用于下一阶段的模型简化中。

10.4.3   评估系统元件的重要性

10.4.3.1   系统结构连通性指标

在研究电力系统等复杂系统时，系统结构是至关重要的，因为它反映了单个元件和元件组间的基本相互关系。当系统中发生扰动时，这些相互关系完全不变并确保了系统的运行及典型动作。系统的完整性、不可加性和内在行为取决于系统的结构，即系统的配置、联络线的强度以及元件间和子系统间的相互作用。这些联系和相互作用可以很明确地定量估计，重要的是具体如何计算。

根据电力系统结构的连通性，可以确定子系统内元件间的紧密联系以及所确定子系统间的弱联系和割集。连通性可以表示为系统中发电机间的"距离"，以及稳态和暂态条件下发电机间的相互作用程度。可见发电机的电气连通性非常重要。通常用电力系统经典模型中简化网络的传输导纳大小来评估连通性。

一种更合适的电气连通性定量计算如下：

$$\omega_{ij}=E_i'E_j'Y_{ij} \tag{10.113}$$

除了电气距离 Y_{ij} 外，还考虑了 i 和 j 两台发电机所在节点的电压水平，用内电势表示[65,70]。

根据式（10.113）计算的电力系统电气连通性指标 ω_{ij}，差别可能会非常大，达到 5 个以上的数量级。这些差别将系统分成了弱联络线连接的紧密联系子系统。

需要指出的是，虽然发电机内电势取决于运行状态，但变化范围相对狭窄，所以基于此的连通性评估是鲁棒的。

10.4.3.2　系统元件重要性

系统元件（发电机）的重要性可以通过分析最大发电功率各组成部分间的关系来估计：

$$P_{ei} = P_{\ell i} + \omega_{il} + \omega_{jJ}, \quad i \in I, j \in J \tag{10.114}$$

式中，$P_{\ell i}$ 是发电机节点 i 处的负载（发电机负载）；ω_{il} 和 ω_{jJ} 是可用于子系统内部和外部的功率部分。

总共可分为三种情况[65]：

情况 a：

$$P_{ei} \approx P_{\ell i}; \quad \omega_{il} \approx \omega_{jJ} \approx 0 \tag{10.115}$$

这意味着发电实际上完全用于供给靠近发电机的负荷，发电机与系统之间的联系相当薄弱。该发电机只有局部影响，不会影响系统的正常运行。

情况 b：

$$P_{ei} \approx P_{\ell i} + \omega_{il}; \quad \omega_{jJ} \approx 0 \tag{10.116}$$

在这种情况下，发电功率不仅用于供给本地负载，而且还提供给子系统 I 中的远端负载。该发电机本质上只影响子系统 I 中的过程，并不影响系统的其他部分。

情况 c：

$$P_{ei} = P_{\ell i} + \omega_{il} + \omega_{jJ} \tag{10.117}$$

在这种情况下，该发电机与系统中所有其他发电机的联系都很重要。这台发电机对整个系统中的过程都有较大影响，被称为系统发电机。

系统元件（发电机）的重要性估计一定程度上补充了 10.4.2 节中讨论的扰动影响评估。基于以上两者，可以给出使用系统元件详细模型的建议，并确定不同系统结构下聚合的合理方案，为后续简化阶段提供帮助。

10.4.4　一致性估计

10.4.4.1　一对电机的相对运动方程

电力系统经典模型中发电机运动的微分方程为（亦可见 10.2.4.4 节）：

$$\frac{\mathrm{d}^2 \delta_i}{\mathrm{d}t^2} = \frac{1}{J_i}\left(P_{mi} - E_i'^2 G_{ii} - \sum_{\substack{j=1 \\ j \neq i}}^{n}(C_{ij}\sin(\delta_i - \delta_j) + D_{ij}\cos(\delta_i - \delta_j))\right) \tag{10.118}$$

式中

$$C_{ij} = E_i' E_j' B_{ij} \tag{10.119}$$

$$D_{ij} = E_i' E_j' G_{ij} \tag{10.120}$$

其中，G_{ij} 和 B_{ij} 是简化网络传输导纳的有功和无功分量；G_{ii} 是简化网络的自导纳。

引入下列符号：

$$P_i^* = (P_{mi} - E_i'^2 G_{ii})/J_i \tag{10.121}$$

$$C_{ij}^* = C_{ij}/J_i \tag{10.122}$$

$$D_{ij}^* = D_{ij}/J_i \tag{10.123}$$

由于电机 j 的方程与式（10.118）类似，为了推导发电机 i 和 j 的相互运动方程，得到：

$$\frac{\mathrm{d}^2\delta_{ij}}{\mathrm{d}t^2} = P_{ij}^* - (F_{ij}\sin\delta_{ij} + Q_{ij}\cos\delta_{ij}) - A_{ij}; \ i,j = \overline{1,n} \tag{10.124}$$

式中

$$P_{ij}^* = P_i^* - P_j^* \tag{10.125}$$

$$F_{ij} = C_{ij}^* + C_{ji}^* \tag{10.126}$$

$$Q_{ij} = D_{ij}^* + D_{ji}^* \tag{10.127}$$

$$A_{ij} = \sum_{\substack{k=1 \\ k\neq i,j}}^{n} (C_{ik}\sin\delta_{ik} + D_{ik}\cos\delta_{ik}) + \sum_{\substack{k=1 \\ k\neq i,j}}^{n} (C_{jk}\sin\delta_{jk} + D_{jk}\cos\delta_{jk}) \tag{10.128}$$

$$\delta_{ij} = \delta_i - \delta_j \tag{10.129}$$

假设直角坐标中复数量 F_{ij} 和 Q_{ij} 的幅值为 R_{ij} 相位为 φ_{ij}，方程（10.124）可改写为

$$\frac{\mathrm{d}^2\delta_{ij}}{\mathrm{d}t^2} = P_{ij}^* - R_{ij}\sin(\delta_{ij} - \varphi_{ij}) - A_{ij}; \ i,j = \overline{1,n} \tag{10.130}$$

式中

$$R_{ij} = \sqrt{F_{ij}^2 + Q_{ij}^2} \tag{10.131}$$

$$\varphi_{ij} = a\tan(F_{ij}/Q_{ij}) \tag{10.132}$$

式（10.130）中的第三项 A_{ij} 表示系统中其余发电机（发电机 i 和 j 除外）相对所考虑发电机 i 和 j 的运动。当 A_{ij} 较大，与式（10.130）前两项的幅值差不多时，其影响较大。A_{ij} 较小说明系统其余部分发电机的运动对发电机 i 和 j 相互运动的影响可忽略。此时可假设 $A_{ij} = ct$，表明发电机 i 和 j 间联系紧密，但每台发电机与其余发电机的联系较弱，即 $Y_{ij} \gg Y_{ik}(Y_{jk})$ 或 $\omega_{ij} \gg \omega_{ik}(\omega_{jk})$。发电机 i 和 j 间的强连通性是其一致性的必要条件（必要但不充分，因为发电机运动的一致性是由发电机的动态参数和扰动特征决定的）。

因此 A_{ij} 较小时可假设 $A_{ij} = ct$，发电机 i 和 j 的相对运动方程（10.130）可写成如下形式：

$$\frac{\mathrm{d}^2\delta_{ij}}{\mathrm{d}t^2} = P_{ij} - R_{ij}\sin(\delta_{ij} - \varphi_{ij}) \tag{10.133}$$

式中

$$P_{ij} = P_{ij}^* - A_{oij}$$

式中，A_{oij} 是 A_{ij} 在事故前稳态的值。

由于当发电机 i 和 j 相对于系统其他发电机是强连通时式（10.133）成立，并且强连通

是发电机 i 和 j 一致的必要条件，所以用式（10.133）评估一致性是可接受的。当发电机 i 和 j 间不一致时，A_{ij} 的影响较大，即假设 $A_{ij} = \mathrm{ct}$ 不成立，用式（10.133）的值估计一致性是不准确的。其实此时估计一致性是没有意义的，因为感兴趣的只是评估发电机 i 和 j 的一致运动，而且已经确定了评估的准确度范围。

10.4.4.2　一致性指标

根据以上 10.4.4.1 节的说明，可基于电力系统的结构特性，忽略或者考虑扰动特征，来估计发电机运动的一致性。在忽略情况下，可将式（10.113）计算得到的结构（电气）连通性指标 ω_{ij} 作为一致性指标。考虑扰动特征时可将 Lyapunov 函数法（见 10.2.4 节）用于发电机 i 和 j 的相对运动方程（10.133）[65]。

令

$$x_{ij} = \delta_{ij} - \varphi_{ij} \tag{10.134}$$

方程（10.133）可被转换为

$$\frac{\mathrm{d}x_{ij}^2}{\mathrm{d}t^2} = P_{ij} - R_{ij}\sin x_{ij} \tag{10.135}$$

对于方程（10.135），Lyapunov 函数的形式就是能量的积分（见 10.2.4 节）。基于正定的要求，式（10.135）所示 Lyapunov 函数根据变量的反变换将具有以下形式：

$$U_{ij} = \frac{1}{2}\left(\frac{\mathrm{d}\delta_{ij}}{\mathrm{d}t}\right)^2 + \left[P_{ij}(\delta_{oij} - \delta_{ij}) - R_{ij}(\cos(\delta_{oij} - \varphi_{ij}) - \cos(\delta_{oij} - \varphi_{ij}))\right] \tag{10.136}$$

如果式（10.135）所示系统运行在稳定平衡点上 $U_{oij} = 0$。考虑到变量的反变换，式（10.135）的不稳定平衡点坐标将满足 $\mathrm{d}\delta_{ij}/\mathrm{d}t = 0$ 和 $\delta_{ij}^{\mathrm{cr}} = \pi - \delta_{oij} + 2\varphi_{ij}$，其中上标"cr"代表不稳定平衡点。不稳定平衡点的 Lyapunov 函数为

$$U_{crij} = P_{ij}(2\delta_{oij} - 2\varphi_{ij} - \pi) - 2R_{ij}\cos(\delta_{oij} - \varphi_{ij}) \tag{10.137}$$

U_{crij} 的值确定式（10.133）所示系统的吸引区域。区域越大，发电机 i 和 j 间的动态连通性就越强。因此，发电机 i 和 j 间的动态连通性指标可以当作一致性指标

$$v_{ij} = U_{crij} \tag{10.138}$$

由于一致性指标可能不仅基于电力系统的结构特性，还要考虑系统的扰动特征，以下将进行分析。根据发电机 i 和 j 的相对运动方程（10.133），并基于参考文献[65]中给出的 Gorev 稳定准则的第二形式即式（10.135），有：

$$\int_{x_{oij}}^{x_{crij}}(P_{ij} - R_{ij}\sin x_{ij})\mathrm{d}x_{ij} + \frac{1}{2}\left(\frac{\mathrm{d}x_{ij}}{\mathrm{d}t}\right)^2 \leqslant 0 \tag{10.139}$$

其中，第一项表示势能，第二项表示系统的动能（见图 10.24 中的 U_{kij}）。

在如图 10.24 所示划分积分区间后，根据式（10.134）反变换初始变量 δ_{ij} 并按区间积分，对应等面积法则可将

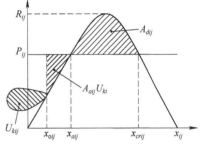

图 10.24　Gorev 稳定标准的第二形式

条件式（10.139）改写为

$$A_{\text{a}ij} \leqslant A_{\text{d}ij} \tag{10.140}$$

式中，$A_{\text{a}ij}$ 是加速区域，由下式决定：

$$A_{\text{a}ij} = \left| P_{\text{a}ij}(\delta_{\text{a}ij} - \delta_{\text{cr}ij}) - R_{\text{a}ij}(\cos(\delta_{\text{a}ij} - \varphi_{ij}) - \cos(\delta_{\text{cr}ij} - \varphi_{ij})) \right| \tag{10.141}$$

$A_{\text{d}ij}$ 是可能的减速区域，由下式决定：

$$A_{\text{d}ij} = \left| P_{ij}(\delta_{\text{a}ij} - \delta_{\text{cr}ij}) - R_{ij}(\cos(\delta_{\text{a}ij} - \varphi_{ij}) - \cos(\delta_{\text{cr}ij} - \varphi_{ij})) \right| \tag{10.142}$$

其中，$\mathrm{d}\delta_{ij}^{o}/\mathrm{d}t$ 是初始时刻发电机 i 和 j 间的相对转角的导数，一般是非零的；$P_{\text{a}ij}$ 和 $R_{\text{a}ij}$ 是事故下的系统参数；P_{ij} 和 R_{ij} 是事故后的参数。

由于事故一般时间较短以及发电机转子的惯性不允许其大幅度地改变位置，可以假设事故中的发电机加速功率不变，以得到相应的 $\delta_{\text{a}ij}$。据此

$$\delta_{\text{a}i} = \delta_{\text{o}i} + \frac{1}{2J_i}\Delta P_i t_{\text{a}}^2 \tag{10.143}$$

其中，t_{a} 是事故的持续时间；ΔP_i 是在扰动开始时发电机 i 的加速（减速）功率。那么

$$\delta_{\text{a}ij} = \delta_{\text{a}i} - \delta_{\text{a}j}$$

根据以上讨论，可以用如下表达式计算发电机 i 和 j 的运动一致性指标：

$$v_{ij} = A_{\text{a}ij} / A_{\text{d}ij} \tag{10.144}$$

在参考文献[58]中，类似于式（10.144）的一致性指标是在 $\mathrm{d}\delta_{ij}^{o}/\mathrm{d}t = 0$ 的条件下确定的。表 10.7 给出了图 10.17 所示电力系统的一致性指标，其中假设在节点 1 处发生和 10.4.2.2 节一样短路。根据表 10.7 中的一致性指标与图 10.18 中相应的发电机响应，可以得出结论，发电机 13、5、11、8、7、12、4（第一组）和 8、10（第二组）应被视为充分一致的，此时一致性指标未超过 0.038。该值可被认为是发电机运动一致性的阈值。

表 10.7　发电机一致性指标

13	5	11	8	7	12	4	6	10	1	9	2	3	Gen.
	0.0076	0.0008	0.0044	0.0001	0.0022	0.011	0.18	0.048	10^8	10^8	10^7	10^9	13
		0.042	0.0002	0.015	0.0031	0.0013	0.0031	0.0006	10^7	10^8	10^6	10^8	5
			0.0069	0.0038	0.0034	0.016	0.22	0.086	10^8	10^8	10^7	10^9	11
				0.0007	0.012	0.014	0.11	0.035	10^8	10^8	10^6	10^9	8
					0.0068	0.038	1.6	0.34	10^9	10^9	10^8	10^{10}	7
						0.0039	0.091	0.057	10^7	10^8	10^6	10^8	12
							0.0052	0.0045	10^7	10^7	10^6	10^8	4
								0.001	10^7	10^7	10^0	10^8	6
									10^6	10^7	10^5	10^8	10
										10^6	10^7	10^7	1
											1.9	1.6	9
												0.052	2
													3

参考文献[106]讨论了很多已知的一致性指标。结果表明，基于等面积法则的不同解释而确定的一致性指标，包括本节所提出的，可以有效地评估暂态稳定研究中较短时间间隔内的发电机运动一致性。

在大型电力系统的长期暂态过程中，由于系统的紧急控制，各部分间的功率平衡被打破，以致系统结构可能发生根本改变。结构的改变会使发电机和子系统相对于其他发电机和子系统的运动产生重大变化。此外，长期暂态过程的研究要求在电力系统模型中考虑电压调节器、发电机原动机及相关控制系统的动态特性，以及负荷的频率和电压特性。

以下将分析包含一致性运动发电机的紧密联系子系统中的节点电压和频率变化。显然发电机内电势对子系统节点电压 $\dot{V}_i(t)$ 有重要影响。但由于 $|\dot{E}_i| = \mathrm{ct.}, i = \overline{1,n}$，不同节点 $\dot{V}_i(t)$ 变化的幅值和相位的差异很小。子系统中的频率对应惯性中心的运动，中心相对发电机的摇摆很小。可见在电力系统长期暂态过程的研究中，以上分析说明对负荷简单等效是足够的。

总之只要假设成立（$P_{\mathrm{m}} = \mathrm{ct}, E' = \mathrm{ct}, \dot{Y}_\ell = \mathrm{ct}$），采用电力系统经典模型评估长期暂态过程中的发电机运动一致性就是合理的。但需要定期测试在暂态过程初始阶段获得的发电机一致性，即在过程中每隔一段固定时间根据经典模型再次评估。当继电保护和紧急控制装置断开系统元件或状态变量发生较大变化时，此时由于一致性条件可能发生变化，还需要重新验证假设。暂态过程中如果被控量变化，如相对转子角、子系统中的发电机转差、转角差的导数、相对于子系统惯性中心的转差以及子系统节点电压偏差等改变，要考虑非零初始条件用指标式（10.144）来测试发电机运动的一致性。

10.4.4.3　一致性指标的聚类

需要对发电机运动一致性指标进行聚类，以确定可等效表示的发电机组。以下将根据式（10.144）中确定的指标 v_{ij} 提出两种聚类算法，但亦可使用其他一致性指标。

第一种算法如图 10.25 所示。假设一致性指标的阈值为 $\overline{v}_{ij}$，也就是说如果 $v_{ij} \leq \overline{v}_{ij}$，发电机 i 和 j 被认为是一致的，如果 $v_{ij} \geq \overline{v}_{ij}$，则它们是不一致的[58,65]。

在此假设下，矩阵 $\{v_{ij}\}$，$i,j = \overline{1,n}$ 的所有分量，满足条件 $v_{ij} \leq \overline{v}_{ij}$ 时被设置为 0，即如果 $v_{ij} \leq \overline{v}_{ij}$，则 $v_{ij} = 0$。操作后指标矩阵 $\{v_{ij}\}$ 将如图 10.25a 所示，其中阴影单元格对应 $v_{ij} = 0$。可将图 10.25a 所示矩阵的行和列重新排列为图 10.25b，其中阴影子矩阵就代表包含一致性发电机的子系统。

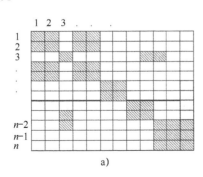
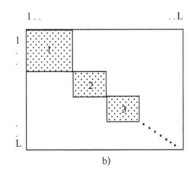

图 10.25　第一种算法图解

在聚类分析算法基础上，将一致性指标分组的第二种方法更为通用[65,102,106]。

考虑发电机分组的最简单情况，在一个系统结构下只有一个运行场景和一个扰动。此时一致性指标矩阵 $\{v_{ij}\}$ 就是相似矩阵[107]。由于相似矩阵中每对对象都具有某种程度的贴近度 v_{ij}，越贴近的对象该值越小，那么可将发电机看成待聚合的对象。

算法是将初始发电机集合 G，$(i=\overline{1,n})\in G$ 划分为 k 个非空的聚类子集（分类单元），其中 $k<n$。类的最终数目可以预先确定也可以在聚类过程中确定。注意到贴近度矩阵 $\{v_{ij}\}$ 是 $n*n$ 的对称阵，对角元素为零，其他元素为正，即 $i\neq j$，$v_{ij}>0$，且 $v_{ii}=0,v_{ij}=v_{ji}$ $i,j=\overline{1,n}$。如果对象 i 和 j 属于同一类，则指标 v_{ij} 被称为内部贴近度；如果对象 i 和 j 属于不同类则称为外部贴近度。

任意两个聚类子集 G_I 和 G_J 间的外部贴近度被定义为类中对象间外部贴近度的平均值

$$v(G_I,G_J)=\frac{1}{n_I n_J}\sum_{i\in G_I}\sum_{j\in G_J}v_{ij} \tag{10.145}$$

式中，n_I 和 n_J 分别是子集 G_I 和 G_J 中的对象数。

子集 G_I 的内部贴近度被定义为该类中内部贴近度的平均值。

$$v(G_I,G_J)=\frac{2}{n_I(n_I-1)}\sum_{i\in G_I}\sum_{\substack{j\in G_I\\j>i}}v_{ij} \tag{10.146}$$

聚类算法采用迭代搜索。算法开始时初始子集数等于对象数，然后每次迭代减少一个子集。通过在每次迭代中搜索外部贴近度平均值最小的一对子集 G_μ 和 G_η，并将这两个子集合并，使子集数减一。

如果聚类数大于预定数，算法继续。当得到预先设定的聚类子集数时，算法终止。

如果聚类数未知，则可用以下条件作为聚类标准：

$$I_{\text{in}}^k/I_{\text{out}}^k\geqslant\varepsilon \tag{10.147}$$

其中

$$I_{\text{in}}^k=\frac{1}{k}\sum_{i=1}^k v(G_i,G_i) \tag{10.148}$$

$$I_{\text{out}}^k=\frac{2}{k(k-1)}\sum_{i=1}^{k-1}\sum_{j=i+1}^k v(G_i,G_i) \tag{10.149}$$

式中，I_{in}^k 是内部贴近度的平均值；I_{out}^k 是外部贴近度的平均值；k 是聚类数。

利用表 10.7 中列出的一致性指标矩阵来说明第二种聚类算法。图 10.26 绘出了聚类的树状图。在每一步中，两个外部贴近度最小的类被标示出来，并合并成一个新类。所示结果与根据表 10.7 的指标矩阵用专家分析法识别一致发电机的结果是一致的。

接下来，由下式给出不同初始状态 k 和 ℓ 的广义距离：

$$d(k,\ell)=\left\{\frac{2}{m(m-1)}\sum_{k=1}^{m-1}\sum_{\ell=k+1}^m (d_{ij}^k,d_{ij}^\ell)^r\right\}^{\frac{1}{r}} \tag{10.150}$$

其中，m 是初始状态数；$d_{ij}^k=1/v_{ij}^k$ 是第 k 种初始状态下发电机间的广义距离；r 是正整数。

然后与发电机聚类算法中类似变换相似矩阵。

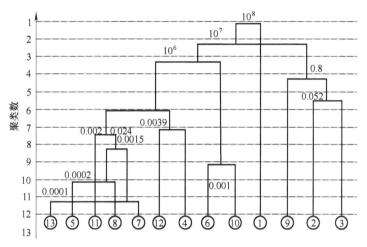

图 10.26　基于一致性指标的聚类树状图

一种类似的算法可以对一组系统结果、运行条件和扰动下的一致性发电机进行聚类[65]。此时要聚类的对象被表征在 m 维特征分类空间中，m 代表初始状态数。该算法中对象间外部和内部贴近度的表达式是一种距离的合适度量（分类度量、欧几里得度量等），这是其与以上第二种算法的根本区别。

此外，最后一种方法可对初始条件而不是发电机聚类。这使得只需对每类中具有代表性的运行条件详细计算暂态过程，而不需计算每种运行条件的暂态过程[65]。10.5 节将详细讨论这一情况。此时指标矩阵就是要聚类的对象。相似矩阵反映了初始条件的贴近度，其维度对应初始条件数。可使用多维空间中的距离等参数来获得合适的贴近度值[43]。

10.4.5　等值标准

基于初始系统和等效系统需要几乎相同的暂态响应，等值标准需要确定等效前后系统参数的关系。此时仅对外部子系统等效，待研子系统则保持原来的形式。

电力系统动态等值要求利用经典模型运动方程分析待研子系统中发电机的暂态过程，且保证相同初始条件下的相同响应。获得等效响应的必要条件需比较外部子系统等效前后待研子系统的发电机运动方程，即[55,90]

$$J_i \frac{\mathrm{d}^2 \delta_i}{\mathrm{d}t^2} = P_{\mathrm{m}i} - P_{ei}, \quad i = \overline{1,n} \tag{10.151}$$

$$J_i^e \frac{\mathrm{d}^2 \delta_i^e}{\mathrm{d}t^2} = P_{\mathrm{m}i}^e - P_{ei}^e, \quad i = \overline{1,n} \tag{10.152}$$

其中，式（10.152）的上标"e"表示该式对应简化外部子系统后待研子系统中的发电机 i；式（10.151）中没有上标表示该方程对应外部子系统简化等效前的发电机；n 是待研子系统中的发电机台数。

等效前后待研子系统中的过程需要一致，即

$$\delta_i(t) = \delta_i^e(t) \tag{10.153}$$

因此

$$J_i \frac{\mathrm{d}^2 \delta_i}{\mathrm{d}t^2} = J_i^e \frac{\mathrm{d}^2 \delta_i^e}{\mathrm{d}t^2} \tag{10.154}$$

由于 $J_i = J_i^e$，$P_{mi} = P_{mi}^e$，要求

$$P_{ei} = P_{ei}^e \tag{10.155}$$

根据待研子系统的电压要在外部子系统等效前后相同，将方程（10.155）扩展到发电机总功率，即：

$$\dot{S}_{ei} = \dot{S}_{ei}^e \tag{10.156}$$

在随后的计算中，仅考虑如图 10.27 所示的简单系统，其中只有一个相邻节点（边界节点）b，并将外部子系统的发电机 $j = \overline{1, m}$ 合并成一台等效发电机。

条件式（10.156）说明边界节点 b 需满足类似条件，即：

$$\dot{S}_b = \dot{S}_b^e \tag{10.157}$$

由于 $\dot{S} = \dot{V}\dot{I}^* = \dot{V}\dot{Y}^*\dot{V}^*$，对于图 10.27 所示系统，条件式（10.157）亦可详细写成：

$$\dot{V}_b \sum_{i=1}^{n} \dot{E}_i^* \dot{Y}_{ib}^* + \dot{V}_b \sum_{j=1}^{m} \dot{E}_j^* \dot{Y}_{jb}^* = \dot{V}_b \sum_{i=1}^{n} \dot{E}_i^* \dot{Y}_{ib}^* + \dot{V}_b \dot{E}_e^* \dot{Y}_{eb}^* \tag{10.158}$$

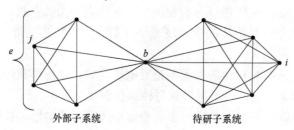

图 10.27　系统图解

消去相同的项，得到：

$$\sum_{j=1}^{m} \dot{E}_j^* \dot{Y}_{jb}^* = \dot{E}_e^* \dot{Y}_{eb}^* \tag{10.159}$$

这里的下标 "e" 对应外部子系统的等效发电机。

对于外部子系统的等效发电机，从物理意义角度以下假设是合理的：

$$P_m^e = \sum_{j=1}^{m} P_{mj}; \quad P_e^e = \sum_{j=1}^{m} P_{ej} \tag{10.160}$$

或更一般来看有

$$\dot{S}_e^e = \sum_{j=1}^{m} \dot{S}_{ej} \tag{10.161}$$

因为要求边界节点上电压相同。

类似于从式（10.157）到式（10.158），展开式（10.161）得到：

$$\dot{E}_e \dot{V}_b^* \dot{Y}_{eb}^* = \sum_{j=1}^{m} \dot{E}_j \dot{V}_b^* \dot{Y}_{jb}^* \tag{10.162}$$

两边消去 $\dot{V}_b^*$ 有

$$\dot{E}_e \dot{Y}_{eb}^* = \sum_{j=1}^{m} \dot{E}_j \dot{Y}_{jb}^* \tag{10.163}$$

比较式（10.159）和式（10.163）可以发现两者是不同的，因为由这两种关系得到的 $\dot{Y}_{eb}^*$ 不同。当有多个边界节点要用多个等效发电机表征外部子系统时，也会出现类似的情况。这种不一致性将在本节中进一步讨论，为此先分析外部子系统中发电机与其等效发电机运动方程之间的相互关系。

由式（10.160）可以写出以下表达式：

$$\sum_{j=1}^{m} J_j \frac{\mathrm{d}^2 \delta_j}{\mathrm{d}t^2} = \sum_{j=1}^{m} P_{mj} - \sum_{j=1}^{m} P_{ej} \tag{10.164}$$

另一方面，外部子系统等效发电机的运动方程为

$$J_e \frac{\mathrm{d}^2 \delta^e}{\mathrm{d}t^2} = P_m^e - P_e^e \tag{10.165}$$

因此

$$J_e \frac{\mathrm{d}^2 \delta^e}{\mathrm{d}t^2} = \sum_{j=1}^{m} J_j \frac{\mathrm{d}^2 \delta_j}{\mathrm{d}t^2} \tag{10.166}$$

其中

$$J_e = \left(\sum_{j=1}^{m} J_j \frac{\mathrm{d}^2 \delta_j}{\mathrm{d}t^2} \right) / \frac{\mathrm{d}^2 \delta^e}{\mathrm{d}t^2} \tag{10.167}$$

由于一般 $\dfrac{\mathrm{d}^2 \delta^e}{\mathrm{d}t^2} \neq \dfrac{\mathrm{d}^2 \delta_j}{\mathrm{d}t^2}, j = \overline{1, m}$，那么

$$J_e \neq ct \tag{10.168}$$

这与物理角度下等效发电机的正常预期相矛盾。

假设一种简化情况 $\dfrac{\mathrm{d}^2 \delta^e}{\mathrm{d}t^2} = \dfrac{\mathrm{d}^2 \delta_j}{\mathrm{d}t^2}$，这显然是外部子系统中的发电机一致运动的典型情况，可由式（10.167）推出：

$$J_e = \sum_{j=1}^{m} J_j \tag{10.169}$$

从物理角度看，这与等效发电机的正常预期是一致的。

可见对于外部子系统中发电机的一致性运动，由式（10.159）和式（10.163）计算的 $\dot{Y}_{eb}^*$ 值实际上是一致的，这是因为外部子系统中的元件是紧密联系的，而外部子系统与待研子系统间是弱联系[44]。以上为确定等效参数提供了基础，10.4.6 节将详细分析这一下个阶段。

10.4.6　惯性中心和等效参数

在外部子系统中一致摇摆的等效发电机参数可由等效标准来确定（见 10.4.5 节）。尽管定性来看标准都是要求待研子系统中的过程具有同一性，但具体计算等效参数的公式形式可能有所不同。本节将从条件式（10.157）和式（10.161）开始。

用如下方程描述初始外部子系统[65]：

$$J_j \frac{d^2 \delta_j}{dt^2} = P_{\mathrm{m}j} - E_j^2 G_{jj} - \sum_{\substack{\ell=1 \\ \ell \neq j}}^{m} E_j E_\ell Y_{j\ell} \sin(\delta_j - \beta_{j\ell}) -$$

$$\sum_{\substack{i=1 \\ i \neq j}}^{m} E_j E_i Y_{ji} \sin(\delta_{ji} - \beta_{ji}); \quad j = \overline{1, m} \tag{10.170}$$

根据方程（10.170）并如 10.2.4.4 节类推，相对于外部子系统惯性中心进行坐标变换，将有：

$$J_j \left(\frac{d^2 \delta_{jc}}{dt^2} + \frac{d^2 \delta_c}{dt^2} \right) = P_{\mathrm{m}j} - E_j^2 G_{jj} - \sum_{\substack{\ell=1 \\ \ell \neq j}}^{m} E_j E_\ell Y_{j\ell} \sin(\delta_{jc} - \delta_{\ell c} - \beta_{j\ell}) -$$

$$\sum_{\substack{i=1 \\ i \neq j}}^{n} E_j E_i Y_{ji} \sin(\delta_{jc} + \delta_c - \delta_i - \beta_{ji}); \quad j = \overline{1, m} \tag{10.171}$$

其中

$$\delta_c = \sum_{j=1}^{m} J_j \delta_j / J_c \tag{10.172}$$

在上述变换后，由外部子系统惯性中心描述的摆动方程如下：

$$J_c \frac{d^2 \delta_c}{dt^2} = P_{\mathrm{m}c} - \sum_{j=1}^{m} \left[E_j^2 G_{jj} + \sum_{\substack{\ell=1 \\ \ell \neq j}}^{m} E_j E_\ell Y_{j\ell} \sin(\delta_{jc} - \delta_{\ell c} - \beta_{j\ell}) \right] -$$

$$\sum_{j=1}^{m} \sum_{\substack{i=1 \\ i \neq j}}^{n} E_j E_i Y_{ij} \sin(\delta_{jc} + \delta_c - \delta_i - \beta_{ji}) \tag{10.173}$$

其中，J_c 由式（10.169）确定，$P_{\mathrm{m}c}$ 由式（10.160）决定；下标 "c" 和 "l" 代表等效子系统中的量，这几个公式中均可以互换。

与式（10.165）类似，外部子系统的等效发电机方程为

$$J_c \frac{d^2 \delta_c}{dt^2} = P_{\mathrm{m}c} - E_c^2 G_{cc} - \sum_{\substack{i=1 \\ i \neq c}}^{n} E_c E_i Y_{ci} \sin(\delta_c - \delta_i - \beta_{ci}) \tag{10.174}$$

由式（10.173）和式（10.174）得到：

$$E_c^2 G_{cc} + \sum_{\substack{i=1 \\ i \neq c}}^{n} E_c E_i Y_{ci} \sin(\delta_c - \delta_i - \beta_{ci}) =$$

$$\sum_{j=1}^{m} \left[E_j^2 G_{jj} + \sum_{\substack{\ell=1 \\ \ell \neq j}}^{m} E_j E_\ell Y_{j\ell} \sin(\delta_{jc} - \delta_{\ell c} - \beta_{j\ell}) \right] +$$

$$\sum_{j=1}^{m} \sum_{\substack{i=1 \\ i \neq j}}^{n} E_j E_i Y_{ij} \sin(\delta_{jc} + \delta_c - \delta_i - \beta_{ji}) \tag{10.175}$$

等式（10.175）成立，要求 E_c、G_{cc}、Y_{ci} 和 β_{ci} 满足如下关系[58,65]：

$$\dot{S}_i^c = \dot{S}_i,\ \text{因此}\ \dot{E}_c\dot{Y}_{ic} = \sum_{\substack{j=1 \\ j\neq i}}^{m} \dot{E}_j\dot{Y}_{ij} \tag{10.176}$$

因为式（10.159）又有

$$\sum_{i=1}^{n} \dot{Y}_{ic} = \sum_{i=1}^{n}\sum_{\substack{j=1 \\ j\neq i}}^{m} \dot{E}_j\dot{Y}_{ij} \tag{10.177}$$

$$E_c = \left| \sum_{i=1}^{n}\sum_{\substack{j=1 \\ j\neq i}}^{m} \dot{E}_j\dot{Y}_{ij} \right| \Big/ \left| \sum_{i=1}^{n}\sum_{\substack{j=1 \\ j\neq i}}^{m} \dot{Y}_{ij} \right| \tag{10.178}$$

$$\dot{Y}_{ic} = \sum_{\substack{j=1 \\ j\neq i}}^{m} \dot{E}_i\dot{Y}_{ij}\big/\dot{E}_c; \quad i = \overline{1,n} \tag{10.179}$$

由于 δ_c 是相对惯性中心的坐标变换确定的，式（10.175）唯一需要确定的就是 G_{cc}。

以图 10.17 所示的初始系统结构为例，运用以上方法获得如图 10.28 所示的等效系统结构的参数。

根据发电机运动一致性的评估（见 10.4.4 节），将外部子系统等效成两台发电机 e_1 和 e_2，这两台发电机分别代表初始系统中的发电机组 13、5、11、8、7、12、4 和发电机组 6、10。

基于 10.4.4 节设定的场景，图 10.29 给出了等效发电机在暂态过程中的转子角变化。为了显示等效发电机公式的正确性，图 10.29 中保留了图 10.19 中等效前发电机的转子角曲线，而将等效发电机的摇摆则用虚线表示。

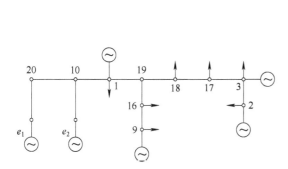

图 10.28　等效系统的结构

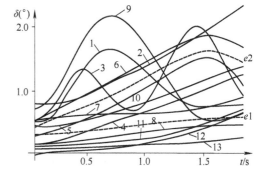

图 10.29　等效系统的暂态过程图解

由式（10.171）和式（10.173）组成的一致性系统中，发电机一致性运动方程式（10.171）表示相对于子系统惯性中心的快速运动（见 10.4.6 节）。因此可设定 $\delta_c = ct$ 和 $\mathrm{d}^2\delta_c/\mathrm{d}t^2 = 0$，来粗略地考虑相对子系统惯性中心的慢速运动。

$$J_j\frac{\mathrm{d}^2\delta_{jc}}{\mathrm{d}t^2} = P_{mj} - E_j^2 G_{jj} - \sum_{\substack{\ell=1 \\ \ell\neq j}}^{m} E_j E_\ell Y_{j\ell}\sin(\delta_{jc} - \delta_{\ell c} - \beta_{j\ell}) -$$

$$\sum_{\substack{i=1 \\ i\neq j}}^{n} E_j E_i Y_{ji}\sin(\delta_{jc} - \delta_i - \beta'_{ji}),\quad j = \overline{1,m} \tag{10.180}$$

式中，$\beta'_{ji} = \beta_{ij} - \delta_c$。

由于 $Y_{j\ell} \gg Y_{ji}$ 是外部子系统中发电机一致性运动的必要条件（见 10.4.4 节），根据小参数微分方程理论[107]可以推断式（10.180）中第二项的和是小参数 ε 趋近于零。此外由于一致性运动中 $\Delta\delta_{jk} = \delta_{jc} - \delta_{ojc}$ 很小，系统方程式（10.180）可用其线性近似取代：

$$J_j \frac{\mathrm{d}^2\Delta\delta_{jc}}{\mathrm{d}t^2} = -\psi_j\Delta\delta_{jc} + \sum_{\substack{\ell=1 \\ \ell\neq j}}^{m} \psi_{j\ell}\Delta\delta_{\ell c}; \quad j = \overline{1,m} \tag{10.181}$$

由式（10.173）和式（10.181）构成的系统方程组可用小参数微分方程理论中的渐近方法求解。当基于慢运动子系统可以得到快运动子系统的通解时，可以考虑适用于系统 $\dot{x} = f(x,z), \varepsilon\dot{z} = cx + dz$ 的 Volosov 的算法[107]。然后，如下确定快速变量 z_i 的平均值：

$$\bar{z}_i = \lim_{T\to\infty} \frac{1}{T} \int_{t_0}^{t_0+T} z_i(t)\mathrm{d}t \tag{10.182}$$

其中 $t_0 = ct$ 是任意变量，慢运动子系统的形式为 $\dot{x} = f(x,\bar{z})$。

为了使用 Volosov 算法，首先考虑式（10.181）的一个特例，假定 $\psi_{j\ell} = 0; \ell = \overline{1,m}$ ——这是合理的，因为 m 较大时 $\psi_j \gg \psi_{j\ell}$。那么式（10.181）中的每个独立方程都有如下形式的解[65]：

$$\Delta\delta_{jc}(t) = \Lambda_j \sin(\Omega_j t + \chi_j) \tag{10.183}$$

其中，$\Omega_j = \sqrt{\psi_j/J_j}$，$\Lambda_j$ 和 χ_j 由初始条件 $\Delta\delta_{jc} = \Delta\delta_{jc}^o$ 和 $\mathrm{d}\Delta\delta_{jc}/\mathrm{d}t = s_{jc}^o$ 确定。假设在这一特例中 $t_0 = 0$，对于式（10.182）求平均的最后几个区间 T 上的解 $\Delta\delta_{jc}(t)$，根据如下近似关系得到平均值 $\Delta\bar{\delta}_{jc}$：

$$\Delta\bar{\delta}_{jc} \approx (\cos\chi_j^o - \cos(\Omega_j T + \chi_j^o))\Lambda_j^o / T\Omega_j \tag{10.184}$$

如果考虑等效子系统中的运动不一致性，用式（10.175）中确定等效系统参数时必须考虑 $\delta_{jc} = \delta_{jc}^o + \Delta\bar{\delta}_{jc}$。

对于 $\psi_{j\ell} \neq 0$ 更一般的情况，应运用线性微分方程理论中的线性坐标变换将式（10.181）中的方程组简化为标准形式。一旦进行了简化，可类似采用 Volosov 算法。

在之前所述的电力系统长期暂态过程的计算中，需要修正等效参数。如果在时间间隔内，发电机相对于外部子系统等效发电机的慢动作发生了快速运动，则在时间间隔内求平均以修正参数。时间间隔通过评估发电机运动一致性来确定（见 10.4.4 节）。

10.5　大型电力系统的暂态稳定性评估

10.5.1　大型电力系统的特点

电力系统的发展涉及到元件数的增多，地理范围的扩大，与同一个国家的或大陆/全球的其他电力系统互联等。需要更大的发电能力来保证供电可靠性，需要新的输电线路以满足负荷的增长和发电设施的重新安置，需要更有效的工具来匹配尖峰负荷多变情况下的发电和负荷，需要改进的电压和频率控制等。在这种趋势下，电力系统变得越来越复杂。为了确保处于任何地点的任何消费者，能以要求的质量和可接受的价格获得电能服务，这些必须预先满足。

另一方面，随着分布式发电占比的增加，过去仅限于输电系统的稳定性问题，现在成为配电网中的一个新课题。

因此，需要鲁棒的方法对由成千上万条母线和支路、成百上千台发电机等组成的大型电力系统进行暂态稳定评估。也就是说，目前的暂态稳定研究针对的是多维电力系统。

电力系统的多维性使其具有了其他的特点，包括结构的多样性（正常、维修和事故后）和运行状态的多样性。这些多样性是由不同节点上不同的负荷水平和曲线形态，以及发电机的不同负载率确定的。必须分析重叠在多种网络拓扑上的多种运行状态。对于每一组拓扑和运行状态，都有必要对一组相关扰动进行暂态稳定评估，以获得电力系统的最合适对策。

因此，电力系统暂态稳定评估需要进行大量的计算，而在可接受往往非常有限的时间内，实际上是不可能进行研究得到很多结果的。这个问题对于电力系统的考虑暂态稳定的设计研究特别重要，尤其设计中需要考虑多种系统扩展方案时。

动态等效可以有效帮助解决电力系统多维问题。本节将与电力系统动态等效相结合，从计算负担方面简化所考虑的问题。实际上，目前暂态稳定评估研究的兴趣在于提出多阶段分层的方法。从一个阶段到另一个阶段，系统被更详细地描述，但同时要研究的条件（结构、运行状态、扰动）集合数减少了[65,106]。

10.5.2　初始状态

研究大型电力系统暂态稳定的多阶段方法第一步就是设定初始状态。该阶段的基础是系统中状态、事件和过程的先验知识，也就是通过研究总结出的物理原理，据此可得：

① 限定待研系统结构的初始大小。

② 根据维护计划和运行状态更新待研系统的结构（例如，设备维护是在年最小负荷而不是在年度最大负荷期间进行的）。

③ 从系统的具体结构出发预先减少所考虑的运行状态数（例如，在水电厂占比很小的系统中，洪水期的运行状态就不是必须考虑的）。

④ 将可能发生的扰动减少到最严重的扰动（例如，400～500kV 线路上的三相短路）；与其他扰动相比，不考虑严重但不太重要的扰动（例如，发生在线路中间的短路比发生在线路末端的短路更严重）等。

大型电力系统暂态稳定研究中设定的初始状态数取决于研究者的经验和个人喜好。该阶段中过于乐观的假设会导致设计和运行中的重大失误。因此，研究者在设定初始状态时，必须保留一定的安全裕度以保证系统在突发事件中的稳定性。

10.5.3　暂态稳定性研究的标准条件

10.5.3.1　研究条件和扰动

除了为电力系统分析设定初始条件，研究人员对实际大规模电力系统的经验也非常重要。根据这些经验，可以制定电力系统稳定性分析的标准条件[112]。此时可将电力系统结构分为两类：正常和检修。正常结构下，电力系统所有元件都在运行，从稳定角度看此时电力系统能够是敏感的。检修结构下，断开了电网中的一个或几个关键元件，降低了某些联络线（割集）上的传输容量。

考虑到电力系统割集的负荷水平，系统操作可如下分类：

① 正常（最大容许潮流是最大容许的）；

② 强制（最大容许潮流是紧急允许的）。

为了节约个别能源时防止或尽量减少用户电力短缺和能源损失，允许强制送电。比如在最小负荷时，电厂和电网中基础设施的计划维修和紧急维修重叠，由于核电厂调整容量不够（与核电厂邻近的联络线除外），就无法减小潮流。

设计割集上的稳态负荷水平时，可分为正常和重载。当发电厂的最大负荷和最小负荷运行时间在一年内不超过 10%，主设备检修出现重叠时，负荷水平可被认为是重载。

电力系统稳定研究要求考虑的最严重扰动，即所谓的标准扰动，被分为三组：I、II 和 III[114]，包括以下扰动：

a. 短路（Short Circuit，SC）后断开电网元件。各组扰动分布见表 10.8，故障清除时间列于表 10.9。

表 10.8　标准扰动表[114]

扰动	不同额定电压下的标准扰动分类/kV			
	110～220	330～500	750	1150
单相短路后主保护（或慢速后备保护）切除故障并成功自动重合闸；330kV 及以上单相自动重合闸，110～220kV 三相自动重合闸	I	I	I	I
同上但自动重合闸失败②	I	I	I①，II	II
三相短路后主保护切除故障并成功或失败自动重合闸②	II	—③	—	—
单相短路后后备保护切除故障并成功或失败自动重合闸②	II	—	—	—
两相接地短路后主保护切除故障并失败自动重合闸②	—	II	III	III
单相短路后由于断路器故障使用其他开关清除短路，即用相邻断路器切除包括母线在内的相邻电网设备	II	III	III	III
两相接地短路后扰动如上	—	III	III	—
三相短路后扰动如上	III	—	—	—
单相短路后由于不能断开联络线而断开母线	I	I	II	II
同上但断开联络线	III	III	—	—

① 发生在核电厂与电力系统的联络线上。

② 自动重合闸闭锁，如果自动重合闸不会闭锁则不考虑其失败。

② 破折号表示不考虑该类扰动。

表 10.9　标准 SC 持续时间

额定电压/kV	110	220	330	500	750	1150
短路清除时间/s	0.18	0.16	0.14	0.12	0.10	0.08

b. 紧急的有功功率不平衡，原因有：一台发电机跳闸或连接一组发电机的断路器跳闸，一座大型变电站断开，一个大用户断开等。功率不平衡对应的扰动组见表 10.10。

表 10.10　紧急功率不平衡标准[114]

紧急功率不平衡	扰动类别
一台或一组发电机的功率通过公共断路器汇聚到电网。两台核电机组的功率来源于同一反应堆	II
同一电厂多台机组的功率汇聚到母线断面或相同电压等级的开关设备	III

紧急功率不平衡对应的第 III 组扰动涉及到考虑互联系统联络线的电力系统稳定分析。

此外，第 III 组包括如下扰动：

c. 由于表 10.8 中第 I 组的扰动，在同走廊两条架空线路中较短线路的超过二分之一处同时断开。

d. 由于断路器检修，发生了第 I 组和第 II 组的扰动和电网元件或发电机的跳闸，导致同一开关下的元件或发电机断开。

如果大用户电动机的自启动引发变电站母线的显著电压下降（超过 15%），可被认为是第 I 组中的一种扰动。

10.5.3.2　稳定裕度

根据下列公式计算割集（联络线）上的有功功率静态（非周期）稳定裕度：

$$k_{\mathrm{p}} = \frac{P_{\lim} - (P + \Delta P_{\mathrm{irr}})}{P_{\lim}} \tag{10.185}$$

式中，$P_{\lim}$ 是所考虑割集相对于非周期稳定性的最大有功功率；P 是考虑条件下割集的实际传输有功功率；ΔP_{irr} 是割集上有功功率不规则波动的范围；假定在不规则波动下潮流范围为 $P \pm \Delta P_{\mathrm{irr}}$。

可基于观测为系统的每个割集（联络线）设定有功功率不规则波动的范围。在没有观测数据时，可由下式计算割集的有功功率不规则波动范围：

$$\Delta P_{\mathrm{irr}} = K \sqrt{\frac{P_{\ell 1} P_{\ell 2}}{P_{\ell 1} P_{\ell 2}}} \tag{10.186}$$

其中，$P_{\ell 1}$ 和 $P_{\ell 2}$ 代表所考虑割集（联络线）两侧的子系统总负荷；手动调整割集上潮流时，系数 K 等于 1.5，自动调整（限制）时，K 等于 0.75。

参考文献[112]通过连续潮流给出了割集最大有功功率的计算准则。

电压稳定裕度与负荷节点相关，由以下公式计算：

$$k_{\mathrm{v}} = \frac{V - V_{\mathrm{cr}}}{V} \tag{10.187}$$

其中，V 是所考虑条件下节点实际电压；V_{cr} 是考虑电机稳定性时同一节点的临界电压。

如果没有更精确的数据，额定电压等级为 110kV 及以上的负荷节点临界电压应假定为两者中的最大值：$0.7V_{\mathrm{nom}}$ 或 $0.75V_{\mathrm{norm}}$，其中 V_{nom} 是额定电压，而 V_{norm} 是系统正常运行状态下所考虑负荷节点的实际电压。

10.5.3.3　系统稳定性要求

电力系统稳定性不应低于表 10.11 中给出的要求。表中的破折号表示在给定条件下，无法保证系统稳定性。参考文献[112]给出了应用电力系统稳定性标准的具体细节。

表 10.11　稳定性要求标准

割集负荷水平	有功最小稳定裕度	电压最小稳定裕度	保证系统稳定的扰动种类	
			正常情况	检修情况
正常	0.20	0.15	I，II，III	I，II
重载	0.20	0.15	I，II	I
强制	0.08	0.10	—	—

分析大型电力系统稳定性时，使用本小节给出的标准有助于减少要研究的条件集合数。

10.5.4　通过结构分析减少待研条件数

大型电力系统的基本性质之一是结构不均匀，对此的定量估计以及基于估计的动态等效已在 10.4 节有所阐述。基于 10.4 节中的结构分析方法，这些估计可用于大型电力系统暂态稳定分析的待研条件数[65]。

显然根据所用方法，失去（暂态）稳定性首先是因为复杂电力系统中的弱联络线。因此，该方法的基础是定量估计电力系统连通性并确定紧密联系子系统及其之间的弱联络线（割集）。以下将根据弱联络线上传输容量对正常、检修和事故后系统结构进行分组，来说明本方法。

考虑如图 10.30 所示的小型电网。根据结构分析和式（10.113）计算的电气连通性指标，可识别出两个紧密联系的子系统 I 和 J 及其之间的弱割集（见图 10.30）。该割集的传输容量由下式确定：

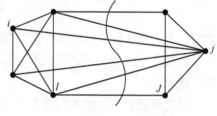

图 10.30　简化电网

$$\omega_{IJ} = \sum_{i=1}^{n} \sum_{j=1}^{m} \omega_{ij} \qquad (10.188)$$

其中，n 和 m 分别是子系统 I 和 J 中发电机内电势节点数。

所考虑结构的集合中确定一个基本结构（例如正常运行），然后与所有剩余结构下弱割集（一般情况下有 L 条）的传输容量比较，所用公式如下：

$$\Delta\omega_{\ell}^{k} = (\omega_{\ell}^{b} - \omega_{\ell}^{k}) / \omega_{\ell}^{b} \qquad (10.189)$$

其中，$k = \overline{1,K}$ 为结构数；$\ell = \overline{1,L}$ 为弱割集数；上标"b"对应于基本结构。

式（10.189）可以表明所考虑的第 k 个结构中第 ℓ 个割集的传输容量与基本结构中的该割集的传输容量有多大的不同。如果 $\Delta\omega_{\ell}^{k}$ 值很小意味着，例如在初始系统中断开某条确定的联络线检修并不影响第 ℓ 割集的传输容量。对于具有 L 条弱割集的一般情况，应研究所有弱割集。当结构 k 与基本结构的弱割集传输容量相同时，可允许不分析结构 k，直接把基本结构的结果赋给它。

以上可见所提出方法的实质。在具有 K 个结构和 L 条弱割集的一般情况下，应基于式（10.150）的多维空间广义距离对结构分组。此时式（10.150）中的初始条件由 K 个结构和 L 条弱割集的集合构成。

需要确定每个结构类中的代表性结构以进一步研究。代表性结构需能反映该类中最严重的情况。

利用类似的指标还可以对运行状态和扰动进行分组，分别形成代表性运动状态和扰动的集合[65]，最终减少要研究的条件集合数。

10.5.5　使用简化模型和直接法

前面重点完成了减少研究条件集合数（结构、运行状态、扰动），以评估暂态稳定和选择应对措施。此时就可以采用电力系统简化模型（如经典模型）和直接分析方法（如 Lyapunov 函数法和 EEAC），找出能够保证稳定性的结构、运行状态和扰动的组合。而对其他组合，需采用更详细的电力系统模型，并考虑电压调节器和调速器、负荷特性等，应用数值方法对暂态过程进行时域仿真。

某些结构、运行状态和扰动的组合下，系统会开始失去稳定。此时为了保证系统的稳定，必须选择控制动作（如紧急控制装置的控制动作）。选择过程通常采用迭代。在迭代初期，为了加快计算速度可以采用简化的系统模型和直接法来评估稳定性。但在迭代过程的最后阶段，必须采用更详细的模型来指定控制动作的值，以确保系统的稳定性。

本节所提出的技术方案简化和规范了大型电力系统稳定性的研究及其控制措施的选择，保障了系统稳定性。

10.6　算例

以下算例是分析一个火电厂的暂态稳定性，该火电厂包括 3 台 388MVA、24kV、50Hz 的机组（$G_1 \cdots G_3$），通过两条线路（TC_1, TC_2）向无穷大母线（IB）供电，如图 10.31 所示。

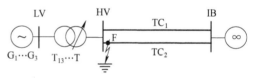

图 10.31　算例系统单线图

输 电 网 的 额 定 电 压 $U_n = 400 \text{kV}$ 。 $S_b = 100 \text{MVA}$ ， $U_b = U_n = 400 \text{kV}$ 时，每条线路的电抗标幺值 $X_L = 0.0309 \text{pu}$ 。

发电机被建模成单台等效发电机的经典模型，在 $S_{ng} = 3 \times 388 \text{MVA} = 1164 \text{MVA}$ 和 $U_b = 400 \text{kV}$ 时，标幺值参数如下

$$x'_d = 0.364 \text{pu}，\quad H = 3.1 \text{MW} \times \text{s/MVA}$$

考虑 $S_{nt} = 3 \times 400 \text{MVA} = 1200 \text{MVA}$ 、 $U_b = 400 \text{kV}$ 时，变压器可建模为阻抗 $X = 0.156 \text{pu}$ 的单台等效变压器，非额定比为 1.0。

在 S_b 和 U_b 下以标幺值表示的系统初始运行状态如下：

① 发电机有功功率 $P_g = 8.5$ ；

② 发电机机端电压 $U_{LV} = U_1 = 1.0$ ；

③ 无穷大母线电压 $U_{IB} = U_2 = E = 1.0$ 。

假设在 $t_0 = 0$ 时，线路 TC_2 在 F 点发生三相接地短路，在 $t = t_d$ 时该条线路两端同时断开以消除短路。

A. 用等面积准则确定极限切除角 δ_{crit} 和故障极限切除时间 t_{crit} 。

B. 使用数值积分检验上述值。

求解：

A. 用等面积准则确定极限切除角和故障极限切除时间

由于发电机和网络电抗均以升压变高压侧为基准，得到系统等效电路如图 10.32 所示。

根据所考虑的场景，该系统将经历以下三种运行状态：

① 正常运行状态或发生故障前（Before Fault，bf）状态，对应故障发生前的时间 $t < t_0$。

② 故障状态或故障期间（During Fault，df），对应故障发生与故障清除之间的时间 $t_0 < t < t_d$。

③ 故障后（Post Fault，pf）状态，对应故障清除后的时间 $t \geqslant t_d$。

如果用 X_{12} 表示电网（节点 1 和 2 之间）的等效电抗，并用 $X'_{de} = X'_d + X_{12}$ 表示两个电动势之间的等效电抗，给出三种运行状态下的电磁功率表达式，并据此绘出图 10.33 中的暂态特性曲线 $P-\delta$。

$$P_e = \begin{cases} \dfrac{E'E}{X'^{(bf)}_{de}} \sin\delta & t < t_0 \\ 0 & t_0 < t < t_d \\ \dfrac{E'E}{X'^{(pf)}_{de}} \sin\delta & t > t_d \end{cases} \tag{10.190}$$

式中，δ 是电动势 $\dot{E}'$ 的相角，用于确定转子相对于同步电网的位置，$\delta = \delta'$；X'^{bf}_{de} 是正常运行状态下的等效电抗；X'^{pf}_{de} 是故障清除后的等效电抗。

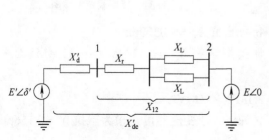

图 10.32 等效电路

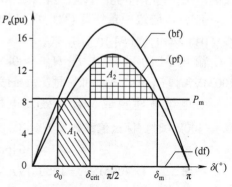

图 10.33 暂态特性

由于发电机和变压器参数与其额定值相关，需要将其转换到公共基准 S_b 下：

$$X'_d = X'_d \frac{S_b}{S_{ng}} = 0.364 \frac{100}{1164} = 0.0313 \text{pu}$$

$$H = H \frac{S_{ng}}{S_b} = 3.1 \frac{1164}{100} = 36.084 \text{MW} \times \text{s} / \text{MVA}, M = 2H = 72.168$$

$$X_T = X_T \frac{S_b}{S_{nt}} = 0.156 \frac{100}{1200} = 0.013 \text{pu}$$

分别有

$$X_{12}^{(bf)} = X_T + \frac{X_L}{2} = 0.0285 \text{pu}$$

$$X_{12}^{(pf)} = X_T + X_L = 0.0439 \text{pu}$$

$$X_{de}^{\prime(bf)} = X_d' + X_T + \frac{X_L}{2} = 0.0598 \text{pu}$$

$$X_{de}^{\prime(pf)} = X_d' + X_T + X_L = 0.0752 \text{pu}$$

为了计算暂态电势 $\dot{E}' = E' \angle \delta'$，需要知道发电机机端电压。因此给定发出有功 $P_g = 8.5 \text{pu}$ 和机端电压幅值 $U_g = U_1 = 1.0 \text{pu}$，利用以下关系式计算电压相角 θ 和无功功率 Q_g：

$$P_g = \frac{U_g E}{X_{12}^{(bf)}} \sin\theta$$

（10.191）

$$Q_g = \frac{U_g^2}{X_e^{(bf)}} - \frac{U_g E}{X_{12}^{(bf)}} \cos\theta$$

由第一个式子算出 $\theta = a\sin \frac{P_g X_{12}^{(bf)}}{U_g E} = 14.0914°$，并由第二个式子得到 $Q_g = 1.0451 \text{pu}$。因此 $\dot{S}_g = P_g + jQ_g = (8.5 + j1.045)\text{pu}$，$\dot{U}_1 = U_g e^{j\theta} = 0.9702 + j0.2423 = 1 \cdot e^{j14.0194°} \text{pu}$。

接下来，计算 $\dot{E}' = \dot{U}_g + jX_d'(\dot{S}_g / \dot{U}_g)^* = (0.9175 + j0.5081)\text{pu}$。因此，暂态电势幅值为 $E' = 1.0663 \text{pu}$，转子角初值为 $\delta_0 = \delta' = 0.4966 \text{rad} = 28.4531°$。

故障清除后，转子角的最大值对应于直线 $P_m = \text{ct}$ 和故障后特征曲线 $P-\delta$ 之间的交点。因此，由 $P_m = \frac{E'E}{X_{de}^{\prime(pf)}} \sin\delta$ 给出：

$$\delta_m = \pi - a\sin \frac{P_m X_{de}^{\prime(pf)}}{E'E} = 2.4987 \text{rad} = 143.165°$$

根据等面积准则，临界值由加速面积 A_1 和减速面积 A_2 相等得到（见图 10.33）。因此：

$$\delta_{crit} = a\cos\left\{ P_m(\delta_m - \delta_0) \frac{X_{de}^{\prime(pf)}}{E'E} + \cos\delta_m \right\} = 1.1594 \text{rad} = 66.4284°$$

根据极限切除角可计算故障极限切除时间：

$$t_{crit} = \sqrt{\frac{2(\delta_{crit} - \delta_0)M}{\omega_0 P_m}} = 0.1893 \text{s}$$

B. 摇摆方程积分

仿真电力系统动态响应需要对描述其行为的系统微分方程进行数值积分。当使用同步发电机经典模型时，唯一要求解的是机电状态方程：

$$\frac{d\omega}{dt} = \frac{1}{M}(P_m - P_{max}\sin\delta - D\omega) = f_\omega(\omega, \delta)$$

（10.192）

$$\frac{d\delta}{dt} = \omega_0\omega = f_\delta(\omega, \delta)$$

其中

$$P_{\max} = \begin{cases} \dfrac{E'E}{X_{de}^{\prime bf}}\sin\delta & t < t_0 \\[2mm] 0 & t_0 < t < t_d \\[2mm] \dfrac{E'E}{X_{de}^{\prime pf}}\sin\delta & t > t_d \end{cases} \tag{10.193}$$

数值积分方法采用四阶龙格-库塔法和梯形法，并假定 ω 和 δ 为惯性量，机械功率 P_m 为常数。

B1. 龙格-库塔法：$\omega(t)$ 和 $\delta(t)$ 的计算：

$$\begin{cases} \omega(t+\Delta t) = \omega(t) + \dfrac{1}{6}(K_{\omega,1} + 2K_{\omega,2} + 2K_{\omega,3} + K_{\omega,4}) \\[3mm] \delta(t+\Delta t) = \delta(t) + \dfrac{1}{6}(K_{\delta,1} + 2K_{\delta,2} + 2K_{\delta,3} + K_{\delta,4}) \end{cases} \tag{10.194}$$

其中

$$\begin{cases} K_{\omega,1} = f_\omega(\omega(t), \delta(t))\Delta t \\[2mm] K_{\delta,1} = f_\delta(\omega(t), \delta(t))\Delta t \\[2mm] K_{\omega,2} = f_\omega(\omega(t) + 0.5K_{\omega,1}, \delta(t) + 0.5K_{\delta,1})\Delta t \\[2mm] K_{\delta,2} = f_\delta(\omega(t) + 0.5K_{\omega,1}, \delta(t) + 0.5K_{\delta,1})\Delta t \\[2mm] K_{\omega,3} = f_\omega(\omega(t) + 0.5K_{\omega,2}, \delta(t) + 0.5K_{\delta,2})\Delta t \\[2mm] K_{\delta,3} = f_\delta(\omega(t) + 0.5K_{\omega,2}, \delta(t) + 0.5K_{\delta,2})\Delta t \\[2mm] K_{\omega,4} = f_\omega(\omega(t) + K_{\omega,3}, \delta(t) + K_{\delta,3})\Delta t \\[2mm] K_{\delta,4} = f_\delta(\omega(t) + K_{\omega,3}, \delta(t) + K_{\delta,3})\Delta t \end{cases} \tag{10.195}$$

考虑步长 $\Delta t = 0.001\text{s}$ 和阻尼系数 $D = 10$，为了确定 $\omega(0.001)$ 和 $\delta(0.001)$ 的值，已知：

$$\begin{cases} \omega(0) = \omega(0_+) = \omega(0_-) = 0 \\[2mm] \delta(0) = \delta(0_+) = \delta(0_-) = \delta_0 = 0.4966\text{rad} \\[2mm] P_{\max} = 0 \end{cases}$$

然后用式（10.194）和式（10.195）计算龙格-库塔系数：

1）第一类龙格-库塔系数

$$K_{\omega,1} = \frac{1}{72.168}(8.5 - 0 \times \sin 0.4966 - 50 \times 0) \times 0.001 = 1.1778 \times 10^{-4}$$

$$K_{\delta,1} = 314.15 \times 0 = 0$$

2）第二类龙格-库塔系数

$$K_{\omega,2} = \frac{1}{72.168}(8.5 - 0 \times \sin(0.4966 + 0.5 \times 0) - 50 \times 0) \times 0.001 = 1.1778 \times 10^{-4}$$

$$K_{\delta,2} = 314.15 \times (0 + 0.5 \times 1.1778 \times 10^{-4}) = 1.8501 \times 10^{-5}$$

3）第三类龙格-库塔系数

$$K_{\omega,3} = \frac{1}{72.168}(8.5 - 0 \times \sin(0.4966 + 0.5 \times 1.8501 \times 10^{-5}) - 50 \times 0) \times 0.001 = 1.1778 \times 10^{-4}$$

$$K_{\delta,3} = 314.15 \times (0 + 0.5 \times 1.1778 \times 10^{-4}) = 1.8501 \times 10^{-5}$$

4）第四类龙格-库塔系数

$$K_{\omega,4} = \frac{1}{72.168}(8.5 - 0 \times \sin(0.4966 + 0.5 \times 1.8501 \times 10^{-5}) - 50 \times 0) \times 0.001 = 1.1778 \times 10^{-4}$$

$$K_{\delta,4} = 314.15 \times (0 + 1.1778 \times 10^{-4}) = 3.7002 \times 10^{-5}$$

最终得到：

$$\omega(0.001) = 0 + \frac{1}{6}(1.1778 + 2 \times 1.1778 + 2 \times 1.1778 + 1 \times 1778) \times 10^{-4} = 1.1778 \times 10^{-4}$$

$$\delta(0.001) = 0.4966 + \frac{1}{6}(0 + 2 \times 1.8501 + 2 \times 1.8501 + 3.7002) \times 10^{-5} \cong 0.4966\text{rad}$$

在 MATLAB 中使用龙格-库塔法得到的各种故障清除时间 t_d 下的转子角变化，如图 10.34 所示。

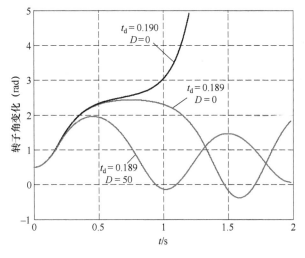

图 10.34　用龙格-库塔法仿真转子角变化

B2. 梯形法则

假设电磁功率是非惯性量，即 $P_e(t + \Delta t) = P_e(t)$。那么用梯形法求解机电状态方程（10.192），得到：

$$\begin{cases} \omega(t + \Delta t) = \dfrac{1}{1 + \dfrac{D}{M}\dfrac{\Delta t}{2}}\left\{[P_m - P_e(t)]\dfrac{\Delta t}{M} + \left[1 - \dfrac{D}{M}\dfrac{\Delta t}{2}\right]\omega(t)\right\} \\[4mm] \delta(t + \Delta t) = \delta(t) + \omega_0\left[\omega(t + \Delta t) + \omega(t)\right]\dfrac{\Delta t}{2} \end{cases} \quad (10.196)$$

上式可以根据时刻 t 的量确定时刻 $t + \Delta t$ 的角速度和转子角，需要采取以下步骤：

① 初始化仿真：

a) 设置：$t = 0_+$（故障发生后的时刻）；

$$\omega(0_+) = \omega(0_-) = 0$$

$$\delta(0_+) = \delta(0_-) = \delta_0 = 0.4966\text{rad}$$

b) 选择积分步长 $\Delta t = 0.001\text{s}$，故障清除时间为 t_d，仿真时间 $t_s = 2\text{s}$。

② 用式（10.193）中合适的表达计算 t 时刻的电磁功率。

对于 $t = 0_+ < t_d$ 有 $P_e(t) = P_e(t + \Delta t) = 0$。

③ 用方程（10.195）计算 $\omega(t + \Delta t)$ 和 $\delta(t + \Delta t)$。

$$\omega(0.001) = \frac{1}{1 + \dfrac{0}{72.168}\dfrac{0.001}{2}}\left\{[8.5 - 0]\frac{0.001}{72.168} + \left[1 - \frac{0}{72.168}\frac{0.001}{2}\right]0\right\} = 0.1178 \times 10^{-3}$$

$$\delta(0.001) = 0.4966 + 314.15\left[0.1178 \cdot 10^{-3} + 0\right]\frac{0.001}{2} \approx 0.4966\text{rad}$$

④ 设置 $t = t + \Delta t$ 并转到步骤②。

图 10.35 给出了各种故障清除时间 t_d 下，用梯形法得到的转子角变化曲线。

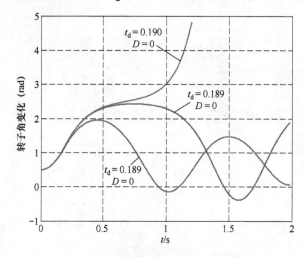

图 10.35　用梯形法仿真转子角变化

注意到，动态仿真的结果证实了之前使用等面积法则获得的故障极限切除时间。因此忽略阻尼绕组的情况下，$t_d = 0.190\text{s}$ 时系统失稳（转子角不断增大，发电机与无穷大系统间失去同步），而 $t_d = 0.189\text{s}$ 时系统无阻尼振荡，即发电机能保持同步。那么如果考虑阻尼绕组的影响，当故障清除时间小于 t_{crit} 时振荡就会被阻尼。

参 考 文 献

[1] Pavella, M., Murthy, P.G. *Transient Stability of Power Systems. Theory and practice*, John Wiley & Sons, New York, 1994.

[2] Pavella, M., Ernst, D., Ruiz-Vega, D. *Transient Stability of Power Systems. A Unified Approach to Assessment and Control*, Kluver Academic Publisher, Boston, 2000.

[3] Zhang, Y., Wehenkel, L., Pavella, M. SIME: A comprehensive approach to fast transient stability analysis, *IEE of Japan Proceedings*, Vol. 118-B, No. 2, pp. 127–132, 1998.

[4] Crappe, M. *Stabilité de sauvegarde des réseaux électriques*, Hermes Science Publications, Paris, 2003.

[5] Lyapunov, A.M. *General problem of moving stability*, Acad. of Sci. of the USSR, Moscow, 1956. (in Russian)

[6] LaSalle, J.P., Lefscetz, S. *Stability by Lyapunov's direct method, with applications*, Acad. Press, New York, 1961.

[7] Leondes, C.T. *Advances in control systems*, New York – London, 1965.

[8] Putilova, A.T., Tagirov, M.A. *Stability criteria of electric power systems*, VINITI, Moscow, 1971. (in Russian)

[9] Barbashin, E.A. *Lyapunov functions*, Nauka, Moscow, 1970. (in Russian)

[10] Rao, N.D. Routh-Hurwitz conditions and Lyapunov methods for transient stability problem, *Proc. Inst. Electr. Eng.*, Vol. 116 (C), No. 4, pp. 539–547, 1969.

[11] Korotkov, V.A. *On the study of power system stability with application of the quadratic Lyapunov functions*, Proc. of Siberian Electric Power Research Inst., Moscow, Energiya, Vol. 20, pp. 26–32, 1971 (in Russian).

[12] Natesan, T.R. Quadratic Lyapunov function and transient stability study, *Journ. Inst. Eng. (India), Electric Eng. Div.*, Vol. 52, No. 12, pp. 341–344, 1972.

[13] Gorev, A.A. *On the stability of parallel work of synchronous machines*, Proceedings of Leningrad Electromechanical Institute, Leningrad, Kubuch, pp. 75–136, 1934 (in Russian).

[14] Magnusson, P.C. The transient-energy method of calculating stability, *AIEE Trans.*, Vol. 66, pp. 747–755, 1947.

[15] Ribbens-Pavella, M. *Critical survey of transient stability studies of multimachine power systems by Lyapunov's direct method*, Proc. of the 9th Annual Allerton Conference on Circuits and Systems Theory, pp. 751–767, October 1971.

[16] Kinnen, E., Chen, C.S. *Lyapunov function from auxiliary exact differential equations*, NASA Contractor Report-799, Washington, NASA, 1967.

[17] Ambarnikov, G.A., Rudnitsky, M.P. *An approximate mathematical model of electric power system and study of its stability*, Proc. of the 2nd Seminar-Symposium on Application of the Method of Lyapunov Functions in Energy, Novosibirsk, Nauka, pp. 172–180, 1979. (in Russian)

[18] Andreyuk, V.A. *Derivation of sufficient stability conditions "in the large" for a system of synchronous machines*, Proc. of Direct Current Research Inst., Vol. 2, Leningrad, Gosenergoizdat, pp. 239–257, 1957. (in Russian)

[19] Aylett, P.D. *The energy-integral criterion of transient stability limits of power systems*, *Proc. Inst. Electr. Eng.*, Vol. 105 (C), No. 3, pp. 527–536, 1958.

[20] Gless, G.E. Direct method of Lyapunov applied to transient power system stability, *IEEE Trans. Power Appar. Syst.*, Vol. 85, No. 2, pp. 156–168, 1966.

[21] Putilova, A.T. *Lyapunov function for mutual motion equations for synchronous machines and its modification*, Proc. of the 2nd Seminar-Symposium on Application of the Method of Lyapunov Functions in Energy, Novosibirsk, Nauka, pp. 104–114, 1970. (in Russian)

[22] Putilova, A.T. *Analysis of stability of bulk electric power systems by Lyapunov criteria*, Proc. of the 2nd Seminar-Symposium on Application of the Method of Lyapunov Functions in Energy, Novosibirsk, Nauka, pp. 151–171, 1970. (in Russian)

[23] Podshivalov, V.I. *Construction of Lyapunov function for the Lienard vector equation*, Proc. of the 2nd Seminar-Symposium on Application of the Method of Lyapunov Functions in Energy, Novosibirsk, Nauka, pp. 68–78, 1970 (in Russian)

[24] Tavora, C.J., Smith, O.J.M. Characterization of equilibrium and stability in power systems, *IEEE Trans. Power Appar. Syst.*, Vol. 91, No. 3, pp. 1127–1130, 1972.

[25] Athay, T., Podmore, R., Virmani, S. A practical method for the direct analysis of transient stability, *IEEE Trans. Power Appar. Syst.*, Vol. 98, No. 2, pp. 573–584, 1979.

[26] Tsolas, N.A., Arapostathis, A., Varaiya, P.P. A structure preserving energy function for power system transient stability analysis, *IEEE Trans. Circuits Syst.*, Vol. 32, No. 10, pp. 981–989, 1985.

[27] Alberto, L.F.C., Bretas, N.G. *Energy function for power systems with frequency dependent loads*, Proceedings of the XII Brazilian Automatic Control Conference, San Paolo, Brazil, pp. 703–707, September 8–12, 1998. (in Portuguese)

[28] Kakimoto, N., Ohsawa, Y., Hayashi, M. Transient stability analysis of multimachine power systems with field flux decays via Lyapunov's direct method, *IEEE Trans. Power Appar. Syst.*, Vol. 99, No. 5, pp. 1819–1827, 1980.

[29] Pai, M.A. *Energy function analysis for power system stability*, Kluwer, Norwell, MA, 1989.

[30] Fouad, A.A., Vittal, V. *Power system transient stability analysis using the transient energy function method*, Prentice Hall, Englewood Cliffs, 1991.

[31] Kartvelishvili, N.A. *Energy system stability problems as the problems of general stability theory*, The Second Lyapunov's Method and Its Application in Energy. Proceedings of the Workshop-Symposium. Part II, Novosibirsk, Nauka, pp. 122–150, 1966. (in Russian)

[32] Venikov, V.A., Bampi, Yu.S. Opportunities, methodology and prospects for the electric system stability studies by the direct method of A.M. Lyapunov, *Electrichestvo*, No. 12, pp. 15–23, 1972. (in Russian)

[33] Morse, M. Relations between the critical points of a real function of independent variables, *Trans. Amer. Mathem. Soc.*, Vol. 27, No. 3, pp. 345–396, 1925.

[34] Ambarnikov, G.F., Rudnitsky, M.P. *Determination of equilibriums of a bulk power system*, Proc. of the 2nd Seminar-Symposium on Application of the Method of Lyapunov Functions in Energy, Novosibirsk, Nauka, pp. 96–103, 1970. (in Russian)

[35] El-Abiad, A.H., Nagapan, K. Transient stability regions of multimachine power systems, *IEEE Trans. Power Appar. Syst.*, Vol. 85, No. 1, pp. 169–179, 1966.

[36] Ribbens-Pavella, M. *Theorie generale de la stabilite transitoire de machines synchrones*, Univ Liege, Collect. des Publicat., No. 17, pp. 3–134, 1970.

[37] Zaslavskaya, T.B., Putilova, A.T., Tagirov, M.A. Lyapunov function as a criterion of synchronous transient stability, *Elektrichestvo*, No. 6, pp. 19–24, 1967. (in Russian)

[38] Teichgraeber, R.D., Harris, F.W., Johnson, L. New stability measure for multimachine power systems, *IEEE Trans. Power Appar. Syst.*, Vol. 89, No. 2, pp. 233–239, 1970.

[39] Prabhakara, F.S., El-Abiad, A.H. A simplified determination of stability regions for Lyapunov methods, *IEEE Trans. Power Appar. Syst.*, Vol. 94, No. 2, pp. 672–689, 1975.

[40] Vaiman, M.Ya. *Study of systems stable "in the large,"* Nauka, Moscow, 1981. (in Russian)

[41] Zubov, V.I. *Mathematical methods for the study of automatic control systems*, Sudpromgiz, Leningrad, 1959. (in Russian)

[42] Gupta, C.L., El-Abiad, A.H. Determination of the closest unstable equilibrium state for Lyapunov methods in transient stability studies, *IEEE Trans. Power Apar. Syst.*, Vol. 95, No. 5, pp. 1699–1712, 1976.

[43] Van Rysin, J. *Classification and clustering*, Academic Press Inc., New York, 1977.

[44] Machowski, J., Bialek, J.W., Bumby, J.R. *Power system dynamics and stability*, Wiley, New York, 1997.

[45] Kakimoto, N., Ohsawa, Y., Hayashi, M. Transient stability analysis of electrical power system via Lure type Lyapunov function, *IEE Jpn. Proc.*, Vol. 98, No. 5, pp. 31–36; No. 6, pp. 77–83, 1978.

[46] Alberto, L.F.C., Silva, F.H.J.R., Bretas, N.G. *Direct methods for transient stability analysis in power systems: state of the art and future perspectives*, 2001 IEEE Porto Power Tech Conference, Porto, Portugal, September 10–13, 2001.

[47] Chiang, H.D., Wu, F.F., Varaiya, P.P. Foundations of PEBS method for power system transient stability analysis, *IEEE Trans. Circuits Syst.*, Vol. 35, No. 6, pp. 675–682, 1988.

[48] Chiang, H.D., Wu, F.F., Varaiya, P.P. A BCU method for direct analysis of power system transient stability, *IEEE Trans. Power Syst.*, Vol. 9, No. 6, pp. 1194–1208, 1994.

[49] Tagirov, M.A. *On development of transient stability criteria for mathematic models of electric power systems (in Russian)*, Proceedings of the 2nd Workshop-Symposium on Application of the Lyapunov Function Method in Energy, Novosibirsk, Nauka, pp. 140–150, 1970.

[50] Scruggs, J.T., Mili, L. Dynamic gradient method for PEBS detection in power system transient stability assessment, *Electrical Power Energy Syst.*, Vol. 23, No. 2, pp. 155–165, 2001.

[51] Treinen, R.T., Vittal, V., Klienman, W. An improvement technique to determine the controlling unstable equilibrium point in a power system, *IEE Trans. Circuits Syst.*, Vol. 43, No. 4, pp. 313–323, 1996.

[52] Xue, A., Mei, S., Xie, B. *A comprehensive method to compute the controlling unstable equilibrium point*, The 3rd Int. Conf. on Electric Utility Deregulation and Restructuring and Power Technologies, Nanjing, China, April 6–9, 2008.

[53] Maria, G., Tang, C., Kim J. Hybrid stability analysis, *IEEE Trans. Power Syst.*, Vol. 5, No. 2, pp. 384–391, 1990.

[54] Dimo, P. *Nodal analysis of power systems*, Abacus Press, Kent, England, 1975.

[55] Zhukov, L.A., Stratan, I.P. Steady states of complex electric networks and systems: calculation techniques, Energiya, Moscow, 1979. (in Russian)

[56] EUROSTAG. *Release 4.2 Tractebel and Electricité de France*, Oct. 2002.

[57] Ashby, W.R. *An introduction to cybernetics*, Wiley, New York, 1956.

[58] Voropai, N.I. *Simplification of the mathematical models of power system dynamics*, Nauka, Novosibirsk, 1981. (in Russian)

[59] Voropai, N.I. *Simplification of the mathematical models of power systems in the dynamic processes of different length*, 8th PSCC, Helsinki, Finland, Aug. 19–24, 1984.

[60] Guseinov, F.G. *Simplifcation of calculated schemes of electric systems*, Energiya, Moscow, 1978. (in Russian)

[61] Venikov, V.A., Sukhanov, O.A. *Cybernetic models of electric systems*, Energoizdat, Moscow, 1982. (in Russian)

[62] Castro-Leon, E.G., El-Abiad, A.H. *Bibliography on power system dynamic equivalents and related topics*, IEEE PES 1980 Winter Meeting, New York, pp. 34.9/1–34.9/9, 1980.

[63] Chow, J.H., Winkelman, J.R., Pai, M.A., Sauer, P.W. *Application of singular perturbations theory to power system modeling and stability analysis*, Proc. Amer. Contr. Conf., Boston, Vol. 3, pp. 1401–1407, 1985.

[64] Perez-Arriaga, I.J., Verghese, G.C., Schweppe, F.C. Selective modal analysis with applications to electric power systems, *IEEE Trans. Power Appar. Syst.*, Vol. 101, No. 9, pp. 3117–3125, 1982.

[65] Abramenkova, N.A., Voropai, N.I., Zaslavskaya, T.B. *Structural analysis of electric power systems*, Nauka, Novosibirsk, 1990. (in Russian)

[66] Lee, S.T.Y., Schweppe, F.C. Distance measures and coherency recognition for transient stability equivalents, *IEEE Trans. Power Appar. Syst.*, Vol. 92, No. 5, pp. 1550–1558, 1973.

[67] Wu, F.F., Narasimhamurthi, N. Coherency identification for power system dynamic equivalents, *IEEE Trans. Circuits Syst.*, Vol. 30, No. 3, pp. 140–147, 1983.

[68] Chafurian, A., Cory, B.J. *Improvements in the calculation of transient stability in large interconnected power systems*, Proc. 5th Iran Conf. Elec. Eng., Shiraz, Vol. 1, pp. 360–370, 1975.

[69] McCauley, T.M. *Disturbance dependent electromechanical equivalent for transient stability studies,* IEEE Winter Power Meeting, New York, Jan. 1975.

[70] Abramenkova, N.A. Determination of electric power system structure for static stability analysis, *Izv. AS USSR. Energetika i Transport*, No. 3, pp. 33–40, 1985 (in Russian).

[71] Octojic, D. Identifikacija elektromehanickih oscilacija i analiza osetljivosti u slozenium elektroenergetskim sistemima, *Elektroprivreda (SFRY)*, T. 39, No. 7/8, pp. 277–284, 1986. (in Serbian)

[72] Kartvelishvili, N.A., Galaktionov, Yu.I. *Idealization of complex dynamic systems*, Nauka, Moscow, 1976. (in Russian)

[73] Grujic, L., Darwish, M., Fantin, J. Coherency, vector Lyapunov functions and large-scale power systems, *Int. J. Syst. Sci.*, Vol. 10, No. 3, pp. 351–362, 1979.

[74] Eremia, M., Palasanu, T. Criteria for electrical networks partitioning in building transient equivalents, *Bull. Inst. Polytech., Series Energ., Bucharest*, No. 5, pp. 65–74, 1983. (in Romanian)

[75] Machowski, J. Dynamic equivalents for transient stability studies of electrical power systems, *Elec. Power Energy Syst.*, Vol. 7, No. 4, pp. 215–224, 1985.

[76] Zhukov, L.A., Krug, N.K., Yarnykh, L.V. Quantitative estimation of equivalenting admissibility for transient stability calculations, *Izv. AS USSR. Energetika i Transport*, No. 4, pp. 21–28, 1971. (in Russian)

[77] Di Caprio, U., Barbier, C., Humphreys, P. The techniques and applications of power system dynamic equivalents at CEGB, EdF and ENEL, *Energ. Elect.*, Vol. 59, No. 5, pp. 498–506, 1982.

[78] Giri, G. Coherency reduction in the EPRI stability program, *IEEE Trans. Power Appar. Syst.*, Vol. 102, No. 5, pp. 1285–1293, 1983.

[79] Gorev, A.A. *Transient processes of a synchronous machine*, Gosenergoizdat, Leningrad, 1950. (in Russian)

[80] Dorsey, J., Schlueter, R.A. Global and local dynamic equivalents based on structural archetypes for coherency, *IEEE Trans. Power Appar. Syst.*, Vol. 102, No. 6, pp. 1793–1801, 1983.

[81] Pai, M.A., Angaonkar, R.P. Electromechanical distance measure for decomposition of power system, *Elec. Power Energy Syst.*, Vol. 6, No. 4, pp. 249–254, 1984.

[82] Guseinov, F.G., Guseinov, A.M. Mathematical modeling and equivalenting for control of power system operating conditions, *Izv. AS USSR. Energetika i Transport*, No. 3, pp. 158–161, 1986. (in Russian)

[83] Semlyen, A., Ruiz, G.A.I. *A building dynamic system equivalents for stability studies*, IEEE Electr. and Electron. Conf. and Exp., Toronto, Canada, pp. 42–43, 1979.

[84] Ohsawa, Y., Hayashi, M. Transient stability equivalents based on Lyapunov function, *Mem. Fac. Eng. Kyoto Univ.*, Vol. 48, No. 2, pp. 137–152, 1980.

[85] Jovanovic, S.M., Calovic, M.S. Contribution to the analysis of power system transient security, *Elec. Power Syst. Research*, Vol. 6, No. 4, pp. 259–267, 1983.

[86] Guseinov, F.G., Abdullaev, N.Sh., Efendiev, S.E. Identification of groups of coherent generators in electric power system, *Elektrichestvo*, No. 6, pp. 6–10, 1986. (in Russian)

[87] Stanton, K.M. Dynamic energy balance studies for simulation of power-frequency transient, *IEEE Trans. Power Appar. Syst.*, Vol. 91, No. 1, pp. 110–117, 1972.

[88] Pai, M.A., Sauer, P.W., Khorasani, K. Singular perturbations and large scale system stability, Proc. 23rd IEEE Conf. Decis. and Contr., Las Vegas, Vol. 1 pp. 173–178, December 12–14, 1984.

[89] Peponides, G., Kokotovic, P.V., Chow, J.H. Singular perturbations and time scales in nonlinear models of power systems, *Int. Symp. Circuits Syst., Rome*, Vol. 1, pp. 535–540, May 10–12, 1982.

[90] Venikov, V.A., Zhukov, L.A., Pospelov, G.E. *Electric systems. Operating conditions of electric systems and networks*, Vyschaya Shkola, Moscow, 1975. (in Russian)

[91] Di Caprio, U. Theoretical and practical dynamic equivalents in multimachine power systems, *Elec. Power Energy Syst.*, Vol. 4, No. 4, pp. 224–232; Vol. 5, No. 1, pp. 40–54, 1982.

[92] Nishida, S., Takeda, S. Derivation of equivalents for dynamic security assessment, *Elec. Power Energy Syst.*, Vol. 6, No. 1, pp. 15–23, 1984.

[93] Pires de Souza, E.J.S., Cardaso, E.N. *Dynamic equivalent utilizing by the REI approach to aggregate coherent generators*, IEEE Int. Symp. Circuits and Syst., Montreal, May 7–10, Vol. 2 pp. 622–625, 1984.

[94] Nath, R., Lamba, S.S. Development of coherency based time-domain equivalent model using structure constraints, *IEEE Proc.*, Vol. 133, Pt. C, No. 4, pp. 165–175, 1986.

[95] Zhukov, L.A. On transformations of complex electric systems for stability calculations, *Izv. AS USSR, Energetika i Transport*, No. 2, pp. 202–209, 1964 (in Russian)

[96] Kovalenko, V.P. Equivalent transformation of complex power systems, *Izv. AS USSR, Energetika i Transport*, No. 2, pp. 182–190, 1964. (in Russian)

[97] Stephen, D.D. Simulating multiple machines for stability studies, *Elec. Times*, Vol. 160, No. 10, pp. 36–38, 1971.

[98] Darwish, M., Fantin, J., Grateloup, C. On the decomposition-aggregation of large scale power systems, *Automat. Contr. Theory Appl.*, Vol. 5, No. 1, pp. 18–25, 1977.

[99] Brown, H.E., Shipley, R.B., Coleman, B., Nied, R.E. A study of stability equivalents, *IEEE Trans. Power Appar. Syst.*, Vol. 88, No. 3, pp. 200–206, 1969.

[100] Giri, Y., Bose, A. *Identification of dynamic equivalents for on line transient security assessment*, IEEE PES 1977 Summer Meeting, Mexico City, pp. 514.3/1–514.3/9, 1977.

[101] Rudnick, H., Hudhes, F.M., Brameller, A. *Identification of dynamic equivalents for power system transient studies*, 7th PSCC, Guildford, pp. 997–1001, 1981.

[102] Almutairi, A.M., Yee, S.K., Milanovic, J.V. *Identification of coherent generators using PCA and cluster analysis*, 16th PSCC, Glasgow, UK, Jul. 14–18, 2008.

[103] Orurk, I.A. *New methods for synthesis of linear and some nonlinear systems*, Nauka, Moscow, 1965. (in Russian)

[104] Shchedrin, N.N. *Simplification of electric systems for modeling*, Energiya, Moscow, 1966. (in Russian)

[105] Gurevich, Yu.E., Libova, L.E. *Studied load models for analysis of electric system stability*, Proc. of All-Union Research Institute of Electric Power Industry, issue 51, pp. 204–215, 1976. (in Russian)

[106] Voitov, O.N., Voropai, N.I., Gamm. A.Z., Golub, I.I., Efimov, D.N. *Analysis of inhomogenities of electric power systems*, Nauka, Novosibirsk, 1999. (in Russian)

[107] Volosov, V.M., Mogrugov, V.I. *An averaging method in the theory of nonlinear oscillatory systems*, Publ. House of Moscow State University, Moscow, 1971. (in Russian)

[108] Eremia, M. (Editor) *Electric power systems. Vol. 1. Electric networks*, Publishing House of the Romanian Academy, Bucharest, 2006.

[109] Bulac,. C., Eremia, M. *Power system dynamics*, Printech Publisher, Bucharest, 2006. (in Romanian)

[110] Eremia, M., Trecat, J., Germond, A. *Réseaux électriques. Aspects actuels*, Technical Publisher, Bucharest, 2000. (in French)

[111] Surdu, C. *Transient stability assessment of power systems using hybrid methods,* PhD thesis, University "Politehnica" of Bucharest, 2005. (in Romanian)

[112] *Russian National Standardization Authority Methodological guidelines on stability of energy systems*, Approved by the order of Ministry of Energy of the RF of Jun. 30, 2003, No.277, Moscow, Publ. House of RC ENAS, 2004. (in Russian)

[113] Eremia, M., Crişciu, H., Ungureanu, B., Bulac, C. *Computer aided analysis of the electric power systems regimes*, Technical Publisher, Bucharest, 1985. (in Romanian)

[114] Gurevich, Y, Okin, A *Analysis of power system stability and emergency control implementation (in Russian)*, Energoatomizdat, Moscow, 1990.

[115] Chua, L.O., Lin, P.-M. *Computer-aided analysis of electronic circuits*, Prentice Hall, 1975.

第11章

电压稳定性

Mircea Eremia 和 Constantin Bulac

11.1 概述

电压稳定性是指电力系统在正常工作条件下以及在受到扰动之后将电压水平维持在所有母线可接受限度内的能力。

当扰动（负荷增加或改变）导致在节点、区域或整个系统中引起不可控的电压逐步下降时，电力系统进入电压不稳定状态。在最初的时刻，下降过程很慢，一般来说，如果系统运行在接近其传输能力，这个过程会变得越来越快。在一个发电机组或输电网络的某个部件不可用的情况下，该限制要低得多。

电压不稳定现象的主要原因是由于流过输电网络的电感元件的潮流变化引起的电压降，其特征如下：

1）负载增加与当地或区域无功功率不足相关；

2）某些事件"削弱"本地电压控制（某些发电机组跳闸，超过某些发电机无功功率限制）或传输网络（某些传输线、变压器或自耦变压器跳闸，在变电站母线上发生的故障），或导致传输网络的严重超载（网络分离）等；

3）有载分接变换器的故障。

虽然从本质上讲，电压不稳定性是局部现象，但其后果对系统运行有重大影响，有时会引发电压崩溃过程。

电压"雪崩"或"崩溃"现象的特征是与不稳定现象相关的一系列级联事件，这些事件决定了一个区域或整个系统中电压水平的严重降低，最终导致系统功角稳定性的损失。

电压崩溃通常与无功功率源不足或无功传输限制从而导致无法满足负载的无功功率需求有关：

1）对无功功率产生的限制包括发电机和 SVC 无功功率限制以及电容器在低压下减少的无功功率；

2）电力传输的主要限制是重载负载线路的高无功损耗，以及可能的线路中断，从而降低传输能力；

3）负载的无功功率需求随着负载的增加、电机的停转或负载组成的变化（如压缩机负载比例的增加）而增加。

电压稳定性可分为：

1）小扰动电压稳定性；

2）大扰动电压稳定性。

11.2　系统特性和负载建模

11.2.1　系统特性

让我们考虑一个简单的径向网络，它由一个源、一条传输线和一个负载组成。图 7.1 显示了其等效电路和相量图。从负载母线"看到"的系统或传输网络的特性是该母线上的电压与输出有功功率和无功功率之间的关系，与静态负载特性无关。

传输线两端电压之间的关系，$V_1 = V_1 \angle 0$ 和 $V_2 = V_2 \angle 0$，两者间关系如下：

$$\dot{V}_1 = V_2 + \frac{RP_2 + XQ_2}{V_2} + j\frac{XP_2 - RQ_2}{V_2} \tag{11.1}$$

其中，$R = Z\cos\beta$ 和 $X = Z\sin\beta$ 分别是电阻和电抗，对应于传输线的等效阻抗 $\dot{Z}^{\ominus}$。

$$\dot{S}_2 = P_2 + jQ_2 = S_2(\cos\varphi + j\sin\varphi) = V_2\dot{I}^*$$

考虑到图 7.1 中的相量图，通过分离式（11.1）的实部和虚部，得出：

$$V_1 V_2 \cos\theta = V_2^2 + RP_2 + XQ_2 \tag{11.2a}$$

$$V_1 V_2 \sin\theta = XP_2 - RQ_2 \tag{11.2b}$$

为了消除 θ，计算方程式（11.2a）和式（11.2b）的二次方和，得出：

$$V_1^2 V_2^2(\cos^2\theta + \sin^2\theta) = V_2^4 + 2V_2^2(RP_2 + XQ_2) + (RP_2 + XQ_2)^2 + (XP_2 - RQ_2)^2$$

或

$$f(V_2, P_2, Q_2) = V_2^4 + [2(RP_2 + XQ_2) - V_1^2]V_2^2 + Z^2 S_2^2 = 0 \tag{11.3}$$

当

$$(RP_2 + XQ_2)^2 + (XP_2 - RQ_2)^2 = Z^2(P_2^2 + Q_2^2) = Z^2 S_2^2$$

方程式（11.3）可写为

$$f(V_2, P_2, \varphi) = V_2^4 + [2S_2(R\cos\varphi + X\sin\varphi) - V_1^2]V_2^2 + Z^2 S_2^2 = 0 \tag{11.4}$$

该式定义了传输线的接收端电压 V_2 与传输功率 P_2 和 Q_2 之间的隐式关系。从这个方程开始，电压 V_2 可以表示为一个显函数：

$$V_2 = g(P_2, Q_2) = g(S_2, \varphi) \tag{11.5}$$

它定义了由图 11.1 表面表示的系统或传输网络特征。

表达式（11.5）定义的显函数只有在四次方程（11.4）服从隐函数定理条件（即具有实根）时才可能存在。如果判别式 Δ 为正，则满足此条件：

$$[2S_2(R\cos\varphi + X\sin\varphi) - V_1^2]^2 - 4Z^2 S_2^2 \geqslant 0 \tag{11.6}$$

在极限处，当判别式 Δ 等于零时，给出：

$\ominus$ 欧洲标准使用字母"U"表示相间电压（也称为线间电压）；为了兼容北美标准，在本章中我们将使用字母"V"和表达式 $\dot{S} = P + jQ = \dot{V}\dot{I}^*$ 代表三相复合功率。

$$2S_2(R\cos\varphi + X\sin\varphi) - V_1^2 = \pm 2ZS_2$$

或

$$2S_2(R\cos\varphi + X\sin\varphi \pm Z) = V_1^2$$

因此

$$S_2 = \frac{V_1^2}{2(R\cos\varphi + X\sin\varphi \pm Z)} = \frac{V_1^2}{2Z[\cos(\beta - \varphi) \pm 1]} \tag{11.7}$$

因为 $S_2 > 0$，方程式（11.7）分母的正号"+"表示该线路的最大承载能力：

$$S_{2\max} = \frac{V_1^2}{2Z[\cos(\beta - \varphi) + 1]} = \frac{V_1^2}{4Z\cos^2[(\beta - \varphi)/2]} \tag{11.7a}$$

从而得出相同的表达式（8.6），之前分别按照不同的路径（见第 8.2.2 节）计算：

$$P_{2\max} = \frac{V_1^2\cos\varphi}{4Z\cos^2[(\beta - \varphi)/2]} \tag{11.8}$$

11.2.2 负载建模

11.2.2.1 负载特性

电压稳定性，也称为"负载稳定性"，受负载的静态特性和动态响应的强烈影响[1]

在电力系统术语中，"负载"一词可以有不同的含义，例如：

1）与电力系统相连的消耗有功功率或无功功率的装置；

2）连接至电力系统的所有装置消耗的总有功功率或无功功率；

3）电力系统的一部分，未明确定义，但被指定为与电力系统相连的装置。

造成电压不稳定的因素通常是受负载影响。受到干扰后，通过电机滑动调整、分接开关和调节器尝试恢复负载功率。

通常，负载建模是一个重要的问题，因为在电力系统中，负载是聚合的，也就是说，它们由不同的接收器组成。主要问题是给定时刻载荷分量的识别及其数学表示。为了理解电压稳定与负载动力学之间依赖关系的本质，有必要对负载进行个性化的分析。为此，本节重点讨论电压和负载之间的依赖关系，特别是指数和多项式负载模型的性质。

在一般的电力系统稳定性研究中，尤其是电压稳定性研究中，负载的含义被定义为3），表示配电网通过变电站从输电网接收电力。因此，连接到母线上的负载，也称为复杂负载，除单个用户（同步和异步电机、电阻负载等）外，还包括馈线、分配器、变压器等（见图 11.1）。

负载特性是一组参数，如功率因数或有功功率和无功功率随电压和频率的变化，这些参数表征静态或动态负载的特定行为。负载数学模型可以用一般形式表示为如参考文献：

$$P = K_P P_0 f_P(V, f)$$
$$Q = K_Q Q_0 f_Q(V, f) \tag{11.9}$$

式中，P_0、Q_0 为有功和无功负载功率，为正常工作状态对应的电压和频率值（V_0, f_0）；K_P、K_Q 为独立量，称为负载需求系数；f_P，f_Q 是表示给定时间有功和无功负载功率对电压和频率的依赖关系的函数。

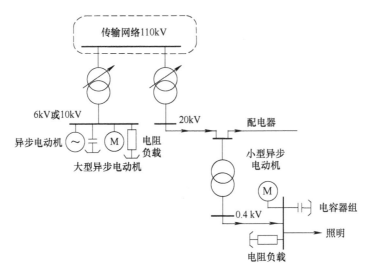

图 11.1　传输网络母线的负载结构

在稳态下，负载特性称为静态负载特性，表示在给定时间有功功率和无功功率对连接母线电压和准静态系统频率的依赖关系。这种状态的特点是操作条件的改变非常缓慢，从一种状态到另一种状态的转变可以被认为是一系列稳态（一系列平衡点）。这些特征的建模只涉及代数方程。

在动态状态下，负载特性称为动态负载特性，也表示有功功率和无功功率对连接母线电压和系统频率的依赖关系，但在暂态状态下，则为当运行条件从一个时刻到另一个时刻发生重大变化时。

电压稳定性研究一般简化为忽略有功功率和无功功率的频率依赖性，一般负载数学模型为

$$P = K_P P_0 f_P(V)$$
$$Q = K_Q P_0 f_Q(V)$$

（11.10）

与系统特性不同，在系统特性中，有功功率和无功功率可以输送到负载区，而负载特性定义了有功功率和无功功率在传输线接收端电压方面的变化。出于构造的考虑，这种依赖关系可以写成：

$$P_2 = f_P(V_2, P_{0,2})$$
$$Q_2 = f_Q(V_2, Q_{0,2})$$

（11.11）

其中，P_2 和 Q_2 表示在一定运行条件下所需的功率。

最后一个表达式在 (V_2, P_2, Q_2) 空间中定义了一条曲线，该曲线在不超过"传输网络的能力"的特定电力需求的情况下，与方程（11.5）定义的平面相交于一个或多个点，表示可能的工作点。当需求变化时，这些点在平面上移动，在 (V_2, P_2) 平面上的投影表示系统（传输网）的 (V_2, P_2) 特性。请注意，如果不指定传输到负载的功率如何变化，就无法定义系统特性。因此，恒功率因数对应的 (V_2, P_2) 特性代表了系统特性的一种特殊情况。

11.2.2.2　静态模型

指数模型。这是最常用的模型之一，具有一般形式：

$$P = K_P P_0 \left(\frac{V}{V_0} \right)^{\alpha_P} \qquad (11.12a)$$

$$Q = K_Q Q_0 \left(\frac{V}{V_0} \right)^{\alpha_Q} \qquad (11.12b)$$

其中，K_P 和 K_Q 为无量纲载荷系数，在基本情况下为 1；V_0 为参考电压；α_P 和 α_Q 系数根据负载的类型而定。

$K_P P_0$ 和 $K_Q Q_0$ 分别表示电压 V 等于参考电压 V_0 时吸收的有功功率和无功功率，对应标称负载功率。

有必要区分实际消耗的功率和负载需求。这种区别对于理解基本的不稳定机制很重要，因为随着负载需求的增加，由于电压的降低，消耗的功率可能会减少。

三种特殊情况下 α_P 和 α_Q 通常被认为如下：

1）恒阻抗负载：$\alpha_P = \alpha_Q = 2$

2）恒流负载：$\alpha_P = \alpha_Q = 1$

3）恒功率负载：$\alpha_P = \alpha_Q = 0$

对于较低的电压值，指数模型不够精确，因为当电压降至某一值以下时（$V \leqslant 0.6\mathrm{pu}$），许多用户是断开连接的，或者他们的特征完全改变了。

如下给出了指数模型的两个最重要的性质：

（i）初始化指数模型时，可以参考任意电压水平。为了证明这一性质，我们考虑了 $K_P = 1$，而参考电压 V_0 和功率 P_0、Q_0 可以任意指定而不改变特性。因此，对于电压等级 V_1，我们有

$$P_1 = P_0 \left(\frac{V_1}{V_0} \right)^{\alpha_P}$$

如果 P_0 由上式表示，则代入式（11.12a）的结果为

$$P = P_1 \left(\frac{V}{V_1} \right)^{\alpha_P}$$

因此，将 V_0 替换为 V_1，P_0 替换为 P_1，得到新的参考电压成为 V_1。

（ii）负载指数模型中使用的 α_P 和 α_Q 指数决定了电源对电压变化的灵敏度。以 V_0 为参考电压，P_0 为该电压值对应的有功功率负载，则功率对电压变化的灵敏度计算为

$$\frac{\mathrm{d}P}{\mathrm{d}V} = \alpha_P P_0 \left(\frac{V}{V_0} \right)^{\alpha_P - 1} \frac{1}{V_0}$$

对 $V = V_0$ 的敏感度评价分别为

$$\frac{\mathrm{d}P / P_0}{\mathrm{d}V / V_0} = \alpha_P \qquad (11.13a)$$

$$\frac{\mathrm{d}Q / Q_0}{\mathrm{d}V / V_0} = \alpha_Q \qquad (11.13b)$$

因此，无论电压参考值是多少，灵敏度都是相同的。式（11.13a、b）可表示为

$$\Delta P = \alpha_P \frac{\Delta V}{V_0} P_0$$

$$\Delta Q = \alpha_Q \frac{\Delta V}{V_0} Q_0$$

若将之前的方程逐项分解，得到：

$$\frac{\Delta P}{\Delta Q} = \frac{\alpha_P}{\alpha_Q} \frac{P_0}{Q_0}$$

给定关系 $Q = P \tan \varphi$，如果 $\tan \varphi = \tan \varphi_0 = ct.(\tan \varphi_0 = (Q_0 / P_0))$ 得到：

$$\Delta Q = \frac{Q_0}{P_0} \Delta P$$

也就是说，对于恒功率因数，$\alpha_P = \alpha_Q$。

多项式模型。由于一个复杂负载的不同分量具有不同的电压特性，因此需要考虑将具有相同（或几乎相同）指数的负载分量相加得到的另一个负载模型。当所有的指数都是整数时，负载特性就变成了 V 的多项式函数。

一种特殊情况是负载模型由三部分组成：恒阻抗、恒流和恒功率。此时，负载模型的有功功率和无功功率特性分别由下式[2]给出：

$$P = K_P P_0 \left[a_P \left(\frac{V}{V_0} \right)^2 + b_P \frac{V}{V_0} + c_P \right]$$
$$Q = K_Q Q_0 \left[a_Q \left(\frac{V}{V_0} \right)^2 + b_Q \frac{V}{V_0} + c_Q \right]$$

（11.14）

式中，a_P、b_P、c_P、a_Q、b_Q、c_Q 表示各分量的权重，满足 $a_P + b_P + c_P = 1$ 与 $a_Q + b_Q + c_Q = 1$ 的关系；$K_P P_0, K_Q Q_0$ 为有功和无功消耗功率，对应参考电压 V_0。

与指数模型相似，对于降低的电压值，多项式模型不能用于适当的负载建模。

表 11.1 给出了一些多项式模型[3]。

表 11.1　多项式荷载模型[3]

负载类型	$f_P \left(\dfrac{V}{V_0} \right)$	$f_Q \left(\dfrac{V}{V_0} \right)$
空调设备	$2.97 - 4 \left(\dfrac{V}{V_0} \right) + 2.03 \left(\dfrac{V}{V_0} \right)^2$	$12.9 - 26.8 \left(\dfrac{V}{V_0} \right) + 14.9 \left(\dfrac{V}{V_0} \right)^2$
异步电动机	$0.72 + 0.11 \left(\dfrac{V}{V_0} \right) + 0.17 \left(\dfrac{V}{V_0} \right)^{-1}$	$2.08 + 1.63 \dfrac{V}{V_0} - 7.6 \left(\dfrac{V}{V_0} \right)^2 + 4.89 \left(\dfrac{V}{V_0} \right)^3$
综合设施	$0.83 - 0.3 \left(\dfrac{V}{V_0} \right) + 0.74 \left(\dfrac{V}{V_0} \right)^2$	$6.7 - 15.3 \left(\dfrac{V}{V_0} \right) + 9.6 \left(\dfrac{V}{V_0} \right)^2$

11.2.2.3　动态模型

这些模型通过代数微分方程描述了负载的动态行为，这些动态行为既可以由负载的固有特性给出，也可以由一些控制设备的动作给出，如自动有载分接开关或恒温负载控制系统。

由于使用特定于某些负载的物理动态模型，如单独表示的大型同步和异步电机，不足以进行复杂的负载建模，因此开发了所谓的通用动态模型。它们描述了复杂负载在传输网络中由于各种干扰而受到连接节点电压突变时的具体行为。

对配电网部分变电站高压母线的测量表明，对于实际功率为 $P^{[4]}$ 的变电站，复杂负载对电压突变的响应如图 1.2 所示。这种响应反映了从有载分接开关到单个家庭负载的所有复杂负载组件的共同作用（见图 11.1）。负载恢复稳定状态的时间跨度一般在几秒到几分钟之间，根据负载组成的不同，真实功率和无功功率的响应在性质上是相似的。

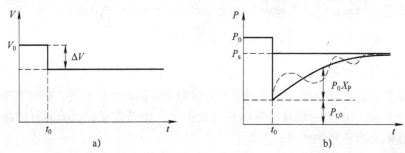

图 11.2　复杂负载在连接节点[4]电压突变时的动态有功功率响应

很明显，电压的突然变化决定了消耗功率的暂态变化。这定义了负载的暂态特性和变化可以建模为恒定阻抗 $\dot{Z}_c$ 作为暂态稳定分析中使用的工具，或者更一般地作为一个指数的特点。动态负载恢复过程的特征是直到达到一个新的稳态电压值所对应的功率需求的增加。

在较长的时间尺度上，电压较低分接开关和其他控制设备的作用是恢复电压和负载。事实上，分布式恢复的总体效果可能会导致负载超调。恢复时间（T_p）的时间尺度为几秒，此行为捕捉感应电机的行为。在分钟的时间范围内，还包括轻微的更改和其他控制设备的作用。在数小时内，负载恢复和可能的超调可能源于加热负载[4]。

动态恢复过程可以是渐近的，甚至是振荡的（见图 11.2b），可以通过一组微分方程[2]进行建模：

$$T_P \frac{\mathrm{d}X_P}{\mathrm{d}t} = \frac{1}{P_0}(P_s - P_t)$$

$$T_Q \frac{\mathrm{d}X_Q}{\mathrm{d}t} = \frac{1}{Q_0}(Q_s - Q_t) \tag{11.15}$$

式中，P_0、Q_0 为电压 V_0 所表征的正常运行状态下的有功和无功消耗功率；P_s、P_t 为有功功率的稳态和暂态负载特性；Q_s、Q_t 为无功功率的稳态和暂态负载特性；X_P、X_Q 是与负载恢复动态过程相关的一般无量纲状态变量；T_P、T_Q 为负载恢复的动态过程。

一般模型通常与指数负载模型相关联。因此，稳态特性由式（11.12）给出，其中 $K_P = K_Q = 1$：

$$P_s = P_0 \left(\frac{V}{V_0}\right)^{\alpha_P}; \qquad Q_s = Q_0 \left(\frac{V}{V_0}\right)^{\alpha_Q} \tag{11.12aa}$$

根据通用变量 X_P 和 X_Q 引入暂态负载特征方程的方式，有两种类型的通用动态模型：加法模型中通用的状态变量是通过加法附加到暂态特性方程中，而乘法模型中的状态变量则是对暂态特征方程相乘。

（i）加法模型

暂态负载特性由参考文献[2]给出：

$$P_t = P_0 \left[\left(\frac{V}{V_0} \right)^{\alpha_{P,t}} + X_P \right]$$

$$Q_t = Q_0 \left[\left(\frac{V}{V_0} \right)^{\alpha_{Q,t}} + X_Q \right] \tag{11.16}$$

其中，$\alpha_{P,t}$ 和 $\alpha_{Q,t}$ 是暂态负载特性的指数。

因此，微分方程组（11.15）描述负载恢复动态过程为

$$T_P \frac{dX_P}{dt} = \frac{1}{P_0}(P_s - P_t) = \left(\frac{V}{V_0} \right)^{\alpha_P} - \left(\frac{V}{V_0} \right)^{\alpha_{P,t}} - X_P$$

$$T_Q \frac{dX_Q}{dt} = \frac{1}{Q_0}(Q_s - Q_t) = \left(\frac{V}{V_0} \right)^{\alpha_Q} - \left(\frac{V}{V_0} \right)^{\alpha_{Q,t}} - X_Q \tag{11.17}$$

（ii）乘法模型

暂态负载特性由：

$$P_t = X_P P_0 (V/V_0)^{\alpha_{P,t}}$$

$$Q_t = X_Q Q_0 (V/V_0)^{\alpha_{Q,t}} \tag{11.16a}$$

微分方程组（11.15）描述负载恢复动态过程为

$$T_P \frac{dX_P}{dt} = \frac{1}{P_0}(P_s - P_t) = (V/V_0)^{\alpha_P} - (V/V_0)^{\alpha_{P,t}}$$

$$T_Q \frac{dX_Q}{dt} = \frac{1}{Q_0}(Q_s - Q_t) = (V/V_0)^{\alpha_Q} - (V/V_0)^{\alpha_{Q,t}} \tag{11.17a}$$

以下是关于两个通用动态模型的评论[2]：

（i）$\alpha_{P,t}$ 和 $\alpha_{Q,t}$ 的指数通常较大，因此暂态时负载功率对电压的依赖性大于稳态时；

（ii）X_P 和 X_Q 的一般状态变量必须在可接受的范围内，即：

$$X_P^{\min} \leqslant X_P \leqslant X_P^{\max}$$

$$X_Q^{\min} \leqslant X_Q \leqslant X_Q^{\max} \tag{11.18}$$

（iii）在加法模型中引入的恒功率型分量可能会导致暂态特性的非物理奇点，而乘法模型则不会；

（iv）如果我们在加法模型中采用 $X_P = X_Q = 0$，并且在乘法模型中采用 $X_P = X_Q = 1$，则可以得到式（11.12a）中给出的简单模型；

（v）指数 α_P 和 α_Q 以及时间常数 T_P 和 T_Q 可以使用提供给配电网的功率的测量值来确定，考虑变压器的断开或 HV/MV 分布中的有载分接头变化导致变电站电压等级的逐步修改[2]。

11.3 电压稳定性的静态方面

11.3.1 稳态解的存在性

在（P_2, Q_2）图中，对应于最大传输功率 S_{2max} 的点的投影决定了一条曲线，该曲线将该平面分为两个区域（见图 11.3）[5]：

阴影区域表示解的存在域，对应于图 11.4 中可能的运行点 A 和 B，其中四次方程（11.3）有两个不同的实正解。

$$V_2^4 + [2(RP_2 + XQ_2) - V_1^2]V_2^2 + Z^2(P_2^2 + Q_2^2) = 0 \tag{11.3}$$

使用符号：

$$y = V_2^2; \alpha = V_1^2 - 2(RP_2 + XQ_2)$$
$$\Delta = [2(RP_2 + XQ_2) - V_1^2]^2 - 4Z^2(P_2^2 + Q_2^2) \tag{11.19}$$

由式（11.3）得到 y 的二次方程：

$$y^2 - \alpha y + Z^2 S_2^2 = 0$$

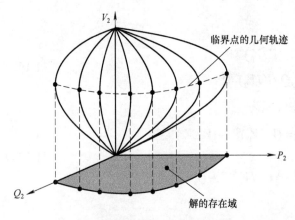

图 11.3 对于单发电机线路负载配置电压 V_2 与
功率 P_2 和 Q_2 之间的相关性

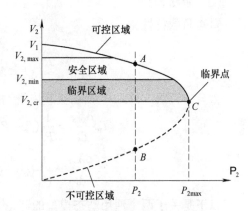

图 11.4 V_2-P_2 系统特点：运行点

根据解 $y_{1,2}$ 给出了对应于两个可能的运行点 A 和 B 的电压：

$$V_{2A} = \sqrt{\frac{\alpha + \sqrt{\Delta}}{2}}; V_{2B} = \sqrt{\frac{\alpha - \sqrt{\Delta}}{2}} \tag{11.20a,b}$$

1）**外部区域**表示解决方案不存在的区域，因此在该区域没有发现运行点。

2）**位于边界上的临界点**表示系统演化的静态分叉点，其特征是由四次方程（11.3）的方程的判别值式（11.19）$\Delta = 0$，得到：

$$[2(RP_2 + XQ_2) - V_1^2]^2 = 4Z^2 S_2^2$$

如果式（11.20a、b）中考虑 $\Delta = 0$，则在临界点上得到相同的解 V_{2A} 和 V_{2B}，对应于可能的运行点：

$$V_{2\mathrm{A}} = V_{2\mathrm{B}} = V_{\mathrm{cr}} = \sqrt{\frac{\alpha}{2}} = \sqrt{\frac{V_1^2 - 2(RP_{2\max} + XQ_{2\max})}{2}} \qquad (11.21)$$

注意，在 P_2-Q_2 方案解存在于分离边界上的临界点上，基于牛顿-拉普森方法的潮流数学模型的雅可比矩阵变得奇异。

我们知道：

$$P_i = G_{ii}V_i^2 + \sum_{\substack{k=1 \\ k \neq i}}^{n} V_i V_k GG_{ik}$$

$$\frac{\partial P_i}{\partial V_i} V_i = 2G_{ii}V_i^2 + \sum_{\substack{k=1 \\ k \neq i}}^{n} V_i V_k GG_{ik} = G_{ii}V_i^2 + G_{ii}V_i^2 + \sum_{\substack{k=1 \\ k \neq i}}^{n} V_i V_k GG_{ik} = G_{ii}V_i^2 + P_i$$

$$\frac{\partial P_i}{\partial V_i} = \frac{P_i + G_{ii}V_i^2}{V_i}$$

$$Q_i = -B_{ii}V_i^2 - \sum_{\substack{k=1 \\ k \neq i}}^{n} V_i V_k BB_{ik}$$

$$\frac{\partial Q_i}{\partial V_i} V_i = -2B_{ii}V_i^2 - \sum_{\substack{k=1 \\ k \neq i}}^{n} V_i V_k BB_{ik} = -B_{ii}V_i^2 + Q_i$$

$$\frac{\partial Q_i}{\partial V_i} = \frac{Q_i - B_{ii}V_i^2}{V_i}$$

当

$$GG_{ik} = G_{ik}\cos(\theta_i - \theta_k) + B_{ik}\sin(\theta_i - \theta_k)$$

$$BB_{ik} = G_{ik}\sin(\theta_i - \theta_k) + B_{ik}\cos(\theta_i - \theta_k)$$

图 7.1 所示电力系统的雅可比矩阵，考虑到以母线 1（松弛母线）的电压 $\dot{V}_1 = V_1 \angle \theta_1 = 0$ 为相位参量，母线 2 电压为 $\dot{V}_2 = V_2 \angle \theta_2$，其形式如下：

$$[J] = \begin{bmatrix} J_{\mathrm{P}\theta} & J_{\mathrm{PV}} \\ J_{\mathrm{Q}\theta} & J_{\mathrm{QV}} \end{bmatrix} = \begin{bmatrix} \dfrac{\partial P_2}{\partial \theta_2} & \dfrac{\partial P_2}{\partial V_2} \\[3mm] \dfrac{\partial Q_2}{\partial \theta_2} & \dfrac{\partial Q_2}{\partial V_2} \end{bmatrix}$$

当

$$\frac{\partial P_2}{\partial \theta_2} = -Q_2 - B_{22}V_2^2; \quad \frac{\partial Q_2}{\partial V_2} = \frac{Q_2 - B_{22}V_2^2}{V_2};$$

$$\frac{\partial Q_2}{\partial \theta_2} = P_2 - G_{22}V_2^2; \quad \frac{\partial P_2}{\partial V_2} = \frac{P_2 + G_{22}V_2^2}{V_2};$$

因此，雅可比矩阵的行列式是：

$$\det[J] = \frac{\partial P_2}{\partial \theta_2} \cdot \frac{\partial Q_2}{\partial V_2} - \frac{\partial P_2}{\partial V_2} \cdot \frac{\partial Q_2}{\partial \theta_2}$$

$$= \frac{(-Q_2 - B_{22}V_2^2)(Q_2 - B_{22}V_2^2)}{V_2} - \frac{(P_2 + G_{22}V_2^2)(P_2 - G_{22}V_2^2)}{V_2}$$

$$= \frac{1}{V_2}[V_2^4(G_{22}^2 + B_{22}^2) - (P_2^2 + Q_2^2)] = \frac{1}{V_2}(V_2^4 Y_{22}^2 - S_2^2) = \frac{1}{V_2 Z^2}(V_2^4 - Z^2 S_2^2)$$

因为在临界点 $V_2^4 = V_{2cr}^4 = Z^2 S_2^2$ 时，其结果为

$$\det[J] = 0$$

这种性质对于简单的发电机线负载配置以及任何复杂的电网都有效，是电压不稳定和崩溃风险评估的核心，因为不存在由负载增加引起的平衡点（稳态解），或由于在意外事故导致存在域收缩。

11.3.2 运行点和区域

为了分析阴影区内的点（见图 11.3），考虑了功率因数 $\cos\varphi$ 对 P_2 和 Q_2 的依赖性。因此，方程式（11.4）可写为

$$V_2^4 + [2P_2(R + X\tan\varphi) - V_1^2]V_2^2 + Z^2\left(\frac{P_2}{\cos\varphi}\right)^2 = 0 \tag{11.22}$$

如果认为 V_1 和 $\cos\varphi$ 为常数，则有功功率 $P_2 \in [0, P_{2max}]$ 的值可以得到形如 $V_2 = f(P_2)$ 的表达式，称为 $V_2 - P_2$ "系统特性"（见图 11.4）[5]。

图 11.4 为传输功率 $P_2 \leqslant P_{2max}$，发现两个可能的运行点为：以高压值为特征的 A 点对应的正常运行点为稳定运行点，以低压值为特征的 B 点对应异常运行点。

为了说明 A 稳定而 B 不稳定的原因，我们对通过控制输电线受电端以及送电端的功率因数来实现的电压调节控制效果进行分析。

（i）考虑不同 $\cos\varphi$ 的值对传输无功功率的补偿效果，并保持传输线发送端的电压不变（$V_1 = \text{ct.}$），得到图 11.5 中 $V_2 - P_2$ 特征簇曲线。

对于给定值 $P_2 < P_{2max}$，随着功率因数由感性变为容性，运行点 A 对应的 V_{2A} 电压增大。

同时，在 B 点，无功功率的补偿具有相反的效果，因为随着 $\cos\varphi$ 从感性变为容性，电压降低。因此，点 A 为可控运行点，因此稳定；而点 B 是不可控的，因此不稳定。

关键工作点的轨迹如图 11.5 中虚线所示。正常情况下，只有临界点以上的运行点才能代表满意的运行条件。因此，功率因数的突然降低（Q_2 的增加）会导致系统从稳定的运行状态变为不满意的、可能不稳定运行状态，这些运行状态由 $V_2 - P_2$ 曲线的较低部分表示。

在图 11.6[6]中，接收端设备（负载和补偿装置）的无功特性的影响更为明显，图 11.6[6] 显示了一系列适用于电力系统的曲线，如图 11.4 所示，其中每一条曲线代表 V_2 和 Q_2 之间关于 P_2 的固定值的关系。

对于一个复杂的系统，这些曲线可以通过反复的潮流计算得到。在这方面，考虑虚拟无功电源（无功率限制）连接到母线。因此，该母线成为一个光伏母线，其中施加电压并计算无功功率。

图 11.6 给出了以 pu 表示的 $q = QX/V_1^2$ 这类特性的一个例子，用于具有有源源作为参数

（$p = PX / V_1^2$）的传输线（$X \gg R$）和开关电容器组。

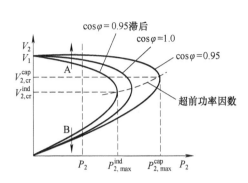

图 11.5 无功补偿对 $V_2 - P_2$ 电路性能的影响

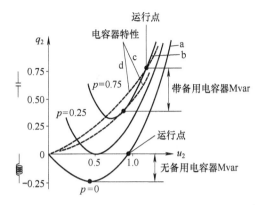

图 11.6 适用于多种实际功率负载的 $q_2 - u_2$ 曲线[6,51]

系统在导数 $\mathrm{d}Q_2 / \mathrm{d}V_2$ 为正的区域内是稳定的。当导数为零时，达到电压稳定极限（临界运行点）。因此，最小值右侧的 $q_2 - u_2$ 曲线上的区域表示稳定运行，左侧区域表示不稳定运行。在 $\mathrm{d}Q_2 / \mathrm{d}V_2$ 为负的区域中的可行操作只能通过连续调节来使电源设备具有足够的控制范围和高 Q/V 增益，极性与正常极性相反。

如果没有连接电容器组，则运行点位于 V-Q 特性与水平轴的交点（见图 11.6，a 曲线）。如果提供无功功率补偿，则可以在母线特性和电容器组特性之间的交叉处找到新的运行点（见图 11.6，曲线 b 和 d）。请注意，对于传输的有功功率的较大值，如果补偿不足，则无法定义运行点。

无功功率储备是用来维持正常运行的距离，单位是 Mvar，是从运行点到母线特性的最小值（见图 11.6、情况 1），没有电容器，或到最低阶跃上的电容器组特性与母线特性相切的点（见图 11.6.情况 2）的距离。

工作点特征斜率为 $\partial Q_2 / \partial V_2$ 灵敏度，反映了所分析母线的鲁棒性或脆弱性，以及无功补偿的有效性。

（ii）控制输电线路发送端电压的效果

考虑到传输线发送端电压的不同值，$V_1^{(1)}$ 和 $V_1^{(2)}$，通过修改发电机的励磁电流和恒定功率因数（$\cos \varphi = $ct.），得到图 11.7 中的 V_2-P_2 特性曲线。

在这种情况下，对于传输有功功率的常数 $P_2 < P_{2\max}$，A 点是正常运行点，因为相应的电压（V_A）随着传输线发送端电压的升高而升高。换言之，B 点是一个异常运行点，因为发送端电压随着与此点对应的电压的降低而升高。

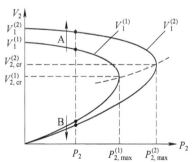

图 11.7 控制电压 V_1 对 V_2-P_2 特性的影响

因此，传输线电压 V_1 的控制通过改变发电机的磁场，励磁电流对运行点 A 具有理想的影响效果，而对运行点 B 的影响是相反的。

此外，分析图 11.5 和图 11.7 中的特征，我们可以注意到，临界电压和最大传输功率随着通过无功功率装置进行补偿的无功功率，或传输线送电端的电压升高而增加。当接近极限时，与可能的运行点相对应的两个电压将具有较高且接近的值。因此，一个运行点的电压不能作为接近电压不稳定边界的指标。需要附加信息，如对有功和无功功率变化的电压灵敏度。

（iii）电压对有功和无功功率变化的灵敏度

电压灵敏度可通过微分方程（11.4）得到。为了简化计算，假设传输线端电压相量之间的小相位差为 $\theta = (\theta_1 - \theta_2) \approx 0$。因此，使用方程式（11.2a）和式（11.2b），因为 $\cos\theta \approx 1$ 和 $\sin\theta \approx 0$，方程式（11.3）变成：

$$V_2^2 - V_1 V_2 + RP_2 + XQ_2 = 0$$

对应于可能的运行点 A 和 B 的电压如下：

$$V_{2A} \approx \frac{V_1 + \sqrt{V_1^2 - 4(RP_2 + XQ_2)}}{2} \tag{11.23a}$$

$$V_{2B} \approx \frac{V_1 - \sqrt{V_1^2 - 4(RP_2 + XQ_2)}}{2} \tag{11.23b}$$

从母线 i 看到的电力系统从母线电压的角度来看是稳定的，如果分别增加电导 ΔG_i 或电纳 ΔB_i，最终无穷小，则确定消耗的有功和无功功率增加，以及同时降低所考虑母线的电压。因此，电力系统可控的充分必要条件是[7]

$$
\begin{aligned}
&\frac{\mathrm{d}V_i}{\mathrm{d}G_i}\bigg|_{B_i=ct} < 0; \quad \frac{\mathrm{d}P_i}{\mathrm{d}G_i}\bigg|_{B_i=ct} > 0 \\
&\frac{\mathrm{d}V_i}{\mathrm{d}B_i}\bigg|_{G_i=ct} < 0; \quad \frac{\mathrm{d}Q_i}{\mathrm{d}B_i}\bigg|_{G_i=ct} > 0
\end{aligned}
\tag{11.24}
$$

电压对 A 点和 B 点有功和无功功率的敏感度⊖可从式（11.23a、b）开始计算：

$$\frac{\partial V_{2A}}{\partial P_2}\bigg|_{Q_2=ct} = \frac{-4R}{2 \times 2\sqrt{V_1^2 - 4(RP_2 + XQ_2)}} = \frac{-R}{\sqrt{V_1^2 - 4(RP_2 + XQ_2)}} < 0 \tag{11.25a}$$

$$\frac{\partial V_{2A}}{\partial Q_2}\bigg|_{P_2=ct} = \frac{-X}{\sqrt{V_1^2 - 4(RP_2 + XQ_2)}} < 0 \tag{11.25b}$$

$$\frac{\partial V_{2B}}{\partial P_2}\bigg|_{Q_2=ct} = \frac{R}{\sqrt{V_1^2 - 4(RP_2 + XQ_2)}} > 0 \tag{11.25c}$$

$$\frac{\partial V_{2B}}{\partial Q_2}\bigg|_{P_2=ct} = \frac{X}{\sqrt{V_1^2 - 4(RP_2 + XQ_2)}} > 0 \tag{11.25d}$$

根据式（11.24）和式（11.25）的定义，点 A 是一个可控的运行点，因此是稳定的，点 B 是一个不可控的运行点，因此是不稳定的。

考虑到这些方面，可以在 $V_2 - P_2$ 特性上定义以下运行区（见图 11.4）：

⊖ 如果，$y = \sqrt{u(x)}$，$y' = \frac{u'(x)}{2\sqrt{u(x)}}$ 或 $\frac{\mathrm{d}y}{\mathrm{d}u} = \frac{u'(x)}{2\sqrt{u(x)}}$。

1）可控区。对应于特征的上侧，包括 $Z_c>Z$ 的运行点和灵敏度为负的运行点。在技术文献中，该区域被称为稳定运行区。如果临界电压低于最小允许工作电压（V_{min}），该区域可分为两个子区域：

① 安全区。是指最大和最小允许电压（V_{min} 和 V_{max}）之间的区域，以负灵敏度和接近零灵敏度为特征；

② 紧急区域。是指在 V_{min} 和 V_{cr} 电压之间的区域，也具有负灵敏度，但幅度很高的特点。根据负载特性，运行在该区域的可触发电压不稳定现象或电压雪崩，其特征是电压向 V_{cr} 下降。其原因是因为电力需求增加，或是因为有载调压变压器的动作。

2）不可控制区域。对应于特征的下侧，包括 $Z_c<Z$ 和正灵敏度的运行点，该区域在相关技术文献中称为不稳定运行区。

注意，假设小相位差（小 θ）不再可能确定临界电压，因为如果在方程（11.23a、b）中会施加判别式的零状态，则会得到临界电压 $V_{crit}=V_1/2$，该值取决于发送端电压，但与功率因数无关，这与之前所做的注释相矛盾。

11.4 电压不稳定机制：电网、负载和控制装置之间的相互作用

在电力系统运行中，最大输电功率和临界电压仅具有理论重要性，由于十分复杂而无法精确确定，这取决于一系列相互影响的因素（负载行为、维持发电机节点的电压、无功功率补偿装置动作等）。

11.4.1 电网和负载的相互作用

在电力系统中，有两种基本机制可以导致电压不稳定和崩溃现象。其中一个机制是负载需求的缓慢增长，另一个机制是传输网络中发生的干扰（电线、变压器、发电机等的断开），导致 V_2-P_2 特性的改变。

1）考虑到不同的静态负载特性，负载增加引起的电压不稳定现象机制如图 11.8 所示。

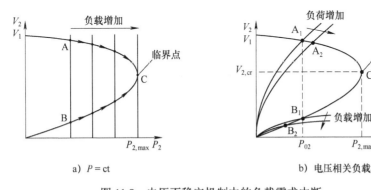

a) $P = ct$ 　　　　b) 电压相关负载

图 11.8 电压不稳定机制中的负载需求中断

① 因此，对于 $P = ct$。负载特性随着需求功率的增加，由于负载特性的变化，两个平衡点相互接近，在临界点 C（表示一个奇点重合，在这种情况下，具有最大可传输功率）重

叠，然后消失（见图 11.8a）；

② 如果负载由指数模型表示，并且运行点位于上侧，随着负载需求的增加，此点从 A_1 移动到 A_2（见图 11.8b），导致电压降低，同时发送功率增加，这对应于"传输网络负载"配置的正常运行区间。相反，如果运行点位于下侧，当负载需求增加时，该点从 B_1 移动到 B_2，导致电压水平和发射功率都降低，这对应于传输网络配置的异常运行区间。

2）由于传输线的一个电路断开引起主要干扰的电压不稳定机制如图 11.9 所示。干扰的发生在最初时刻导致电压降低，因此负载需求突然下降，按照暂态负载特性，运行点从位于正常运行特性的 A_1 移动到 A_2，位于后扰动特性上。随着暂态过程的进展，点 A_2 向新的平衡点移动，由两者之间的交点给出静态负载特性以及传输网络的后扰动特性。我们看到，如果负载是 $P = ct$ 类型且在两个特性之间没有交叉点，这决定了负载端子处的塌陷电压（见图 11.9a）。

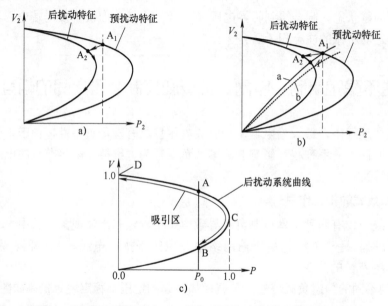

图 11.9 对主要干扰（a 和 b）和吸引区域（c）的电压不稳定机制

相反，如果负载由指数模型表示，则两个特征在点 A'相交，这是以降低电压电平为特征的新工作点（见图 11.9b 曲线 a）（另见第 8.2.2 节）。然而，在这种情况下，电压崩溃可以通过有载分接开关动作触发，试图将电压恢复到参考值。这种作用的后果是变压器初级负载特性的变化以及系统消耗功率的增加，这增加了电压不稳定和电压崩溃的风险（见图 11.9b 曲线 b）。

这些由负载行为引起的机制受到有载分接开关动作的强烈影响，由于发电机磁场和电枢电流的限制而产生的无功功率不足，以及跟随二次电压控制系统的动作。

允许将系统运行点恢复到稳定平衡点的 V-P 特性称为吸引区域（见图 11.9c）。考虑一下简化的径向电源系统，其具有恒定的发送端母线电压和单位功率因数负载。如前所示，有两个可能的平衡点对应于 $P_0 = ct$：位于 V-P 曲线上部的点 A，它是一个稳定的平衡点，而点 B 位于 V-P 曲线的下部，这是一个不稳定的平衡点（见图 11.9c）。可以证明，在干扰之后，如果是电力系统到达位于 V-P 特性的 DACB 部分任何位置的运行点，适当的措施可以帮助增加电压，从而将系统运行点移动到与所需功率相对应的稳定平衡点[8,9]。

11.4.2 有载分接开关的影响

在某些电力系统运行条件下，在自动电压调节器（AVR）下执行的有载分接开关动作可能会增加风险甚至触发电压不稳定过程[10]。为了分析这种现象，让我们考虑图（见图 11.10a）中通过短电线和负载供电的系统的单线图配备 AVR 的分接变换（OLTC）变压器。

11.4.2.1　对有载分接变换动态进行建模

忽略变压器空载损耗，包括等效阻抗中的串联阻抗 $\dot{Z}$，并通过阻抗 $\dot{Z}$ 对负载建模，得到图 11.10b 中的等效电路。

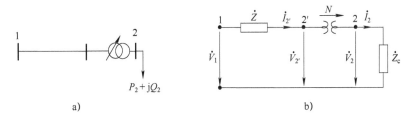

图 11.10　单线图和等效电路，用于分析有载分接变换的影响

匝数比 N 是由下式给出的实数：

$$N = \frac{V_{2'}}{V_2} = \frac{I_2}{I_2} = \frac{V_{np}\left(1 \pm n_p \dfrac{\Delta V_p}{100}\right)}{V_{ns}} \tag{11.26}$$

式中，V_{np} 是一次侧绕组标称电压（高压绕组的标称电压，配有分接开关）；V_{ns} 是二次侧绕组标称电压；n_p 是实际的分接位置（实际操作分接头）；ΔV_p 是每个抽头电压变化的百分比（以百分比表示）。

匝数比 N 在变压器的控制能力（抽头数）给出的允许间隔$[N_{lo}, N_{up}]$内变化。

AVR 的作用是改变负载比 N，使负载侧电压 V_2 保持在$[V_{2,sch}-\varepsilon, V_{2,sch}+\varepsilon]$的区间内，该区域称为调节器的不敏感区域，参考电压 $V_{2,sch}$ 在稳定运行下确定条件。 因此，如果负载侧电压低于$V_{2,sch}-\varepsilon$，则在称为延迟时段的一段时间之后，根据表达式（11.26），写为 $V_2 = V_{2'}/N$，调节器将命令在匝数比减小的意义上指示一个位置的抽头动作，导致 V_2 的增加。相反，如果 $V_2 > V_{2,sch} + \varepsilon$，调节器将在匝数比增加的意义上指示一个位置的抽头动作，导致 V_2 的减小，该过程将继续，直到电压恢复到允许的间隔或到达其中一个极限 N_{lo} 或 N_{up}（分接开关到达其极限位置之一）。

配备 AVR 的有载分接变换变压器的动态特性可以使用离散模型或连续模型来描述。

1）离散模型假设每当负载侧电压不满足条件$|V_2 - V_{2,sch}| \leqslant \varepsilon$时，激活的调节器将以离散时间间隔 t_k（$k = 0, 1, \cdots, n$）命令分接变换，满足递归公式：$t_{k+1} = t_k + \Delta T_k$ 和 $t_0 = 0$。在该表达式中，ΔT_k 表示时间延迟并且取决于调节器特性和电压误差。通常，ΔT_k 不一定是常数并且可以确定，使用表达式[2]：

$$\Delta T_k = T_d \frac{\varepsilon}{|V_2 - V_{2,\text{sch}}|} + T_f + T_m \tag{11.27}$$

式中，T_d 是反时限特性的最大时间延迟；T_f 是时间延迟的固定值；T_m 是执行抽头变换所需的机械时间；ε 是 OLTC 死区的一半。

抽头变换逻辑（称为直接或正常逻辑）可定义为

$$N_{k+1} = \begin{cases} N_k - \Delta N & \text{如果} \quad V_2 < V_{2\text{sch}} - \varepsilon \quad \text{且} \quad N_k > N_{\text{lo}} \\ N_k & \text{如果} \quad |V_2 - V_{2\text{sch}}| \leqslant \varepsilon \\ N_k + \Delta N & \text{如果} \quad V_2 > V_{2\text{sch}} + \varepsilon \quad \text{且} \quad N_k < N_{\text{up}} \end{cases} \tag{11.28}$$

式中，ΔN 是抽头步长；N_{up}、N_{lo} 是上限和下限的大小。

2）连续模型假设在 $[N_{\text{lo}}, N_{\text{up}}]$ 区间内匝数比 $N(t)$ 连续变化，并忽略调节器的不敏感域。则分接开关动态可通过以下微分方程建模：

$$\frac{\text{d}N}{\text{d}t} = \frac{1}{T_{\text{AVR}}}(V_2 - V_{2\text{sch}}) \; ; \quad N_{\text{lo}} \leqslant N \leqslant N_{\text{up}} \tag{11.29}$$

式中，T_{AVR} 是调节器的时间常数。

尽管连续模型不如离散模型精确，但它更常用于技术文献中，因为它允许对抽头变化行为进行分析研究并突出显示对电压稳定性的影响[2]。

11.4.2.2　自动分接开关对运行点的可能影响

在 7.2.3.4 节中证明了有载分接变换变压器的静态特性 $V_2 = f(N)$ 可以通过使用表达式（7.26）获得，如图 7.17 所示：

$$V_2 = f(N) = \frac{NV_1 R_c}{X}\left(1 / \sqrt{1 + \left(\frac{R_c}{X}\right)^2 N^4}\right)$$

最大负载侧电压 $V_{2\text{max}}$［式（7.31）］可以通过匝数比 N_{max}［式（7.30）］获取：

$$N_{\text{max}} = \sqrt{\frac{X}{R_c}} \tag{7.30}$$

$$V_{2\text{max}} = V_1 \sqrt{\frac{R_c}{2X}} \tag{7.31}$$

由条件 $\text{d}N / \text{d}t = 0$ 定义的平衡点是通过将由表达式（7.26）定义的特征 $V_2 = f(N)$ 与 $V_2 = V_{2,\text{sch}}$ 的水平线（见图 7.17）相交而获得的。

对图 7.17 或图 11.11 的分析表明，对于预定值 $V_{2,\text{sch}} < V_2$，找到最多两个运行点 A 和 B，而对于 $V_{2,\text{sch}} > V_{2,\text{max}}$ 不可能有运行点。这表明通过有载分接头改变和匝数比控制不能达到负载侧电压 $V_{2,\text{sch}}$ 的值。

为了确定平衡点 A 和 B 的性质，假设虚拟干扰，例如负载侧调度电压 $\Delta V_{2,\text{sch}}$ 的增量变化 $V_{2,\text{sch}}$（见图 11.11），然后分析所得到的暂态。根据正常控制逻辑，调节器将

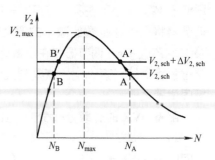

图 11.11　有载分接转换调节对可能的
运行点 A 和 B 的影响

命令匝数比减小，使 V_2 增加到新的参考值 $\Delta V_{2,\mathrm{sch}} + V_{2,\mathrm{sch}}$。

显然，如果运行点是 A，则匝数比减小将导致该点朝向新的平衡点 A′ 移动，证明点 A 是稳定的运行点。相反，点 B 是不稳定点，因为匝数比减小将导致新平衡点 B′ 的移动。因此，变压器 AVR 的稳定运行对应于位于 $N_{\max}$ 右侧的静态特性点，其特征是导数 $V_2/\mathrm{d}N$ 是负值。相反，对于位于 $N_{\max}$ 值左侧的点，以 $V_2/\mathrm{d}N > 0$ 为特征，AVR 运行是不稳定的。

11.4.2.3　有载分接变换对电压稳定性的影响[18]

为了建立有载分接开关动作可能导致电压不稳定的条件，一方面，在受各种因素影响的两种情况下分析 $V_2 = f(N)$ 曲线，其中包括发送端电压 V_1 和负载功率，另一方面 V_2-P_2 系统特性上可能的运行点中的分接开关行为。在这方面，假设来自式（7.26）的静态特性以 pu 表示，因此标称匝数比为 $N_{\mathrm{nom}} = 1$。

1）恒定负载情况（$R_{\mathrm{c}} = \mathrm{ct.}$）。对于不同的电压 V_1，$V_2 = f(N)$ 特性的最大点不变（$N_{\max} = \sqrt{X/R_{\mathrm{c}}}$ 保持不变），而接收端电压的最大值 $V_{2\max} = V_1\sqrt{R_{\mathrm{c}}/2X}$，与 V_1 同时减小（见图 11.12）。因此，当 V_1 电压减小时，平衡点 A 和 B 彼此靠近，在最大点重叠，构成静态分岔点，然后消失。当平衡点消失时，抽头变换器的动态行为变得不稳定，并且在试图达到新的运行点时，AVR 引起电压崩溃现象。

2）恒定源电压情况（$V_1 = \mathrm{ct.}$）。如果负载从 $P_2^{(1)}$ 增加到 $P_2^{(2)}$，并进一步增加到 $P_2^{(3)}$，也就是说，负载电阻减小（$R_{\mathrm{c}}^{(3)} < R_{\mathrm{c}}^{(2)} < R_{\mathrm{c}}^{(1)}$），那么静态特性的最大点 $N_{\max} = \sqrt{X/R_{\mathrm{c}}}$ 向右移动（见图 11.13），因为：

$$N_{\max}^{(3)} = \sqrt{\frac{X}{R_{\mathrm{c}}^{(3)}}} > N_{\max}^{(2)} = \sqrt{\frac{X}{R_{\mathrm{c}}^{(2)}}} > N_{\max}^{(1)} = \sqrt{\frac{X}{R_{\mathrm{c}}^{(1)}}}$$

而根据式（7.31），最大接收端电压降低：

$$V_{2\max}^{(1)} = \frac{V_1}{\sqrt{2}}\sqrt{\frac{R_{\mathrm{c}}^{(1)}}{X}} > V_{2\max}^{(2)} = \frac{V_1}{\sqrt{2}}\sqrt{\frac{R_{\mathrm{c}}^{(2)}}{X}} > V_{2\max}^{(3)} = \frac{V_1}{\sqrt{2}}\sqrt{\frac{R_{\mathrm{c}}^{(3)}}{X}}$$

在这种情况下，负载也会增加（$R_{\mathrm{c}}^{(3)} < R_{\mathrm{c}}^{(2)} < R_{\mathrm{c}}^{(1)}$ 或 $P_2^{(1)} < P_2^{(2)} < P_2^{(3)}$），确定两个运行点 A 和 B 彼此靠近然后在静态分岔点消失，触发电压崩溃现象。

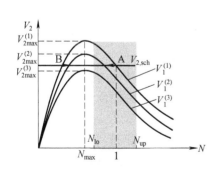

图 11.12　$V_2 = f(N)$ 静态特性与
发送端电压 V_1 的演变

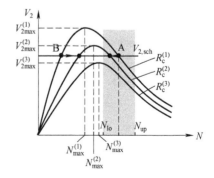

图 11.13　$V_2 = f(N)$ 静态特性随载荷的演变

在运行期间，当负载同时增加时，发送端电压降低，则出现最严重的情况。因此，矛盾的是，AVR 控制的变压器在保持电压恒定的作用下，可能会引起电压崩溃现象。

3）有载分接开关在 V_2-P_2 系统两个可能运行点的特性。为了分析系统特性上两个可能运行点的抽头变换器行为，假设由于某些原因（发送功率 P_2 增加，发送端电压 V_1 减小等），负载侧电压降低，低于 $V_{2,sch}$-ε。在这种假设下，根据正常控制逻辑，一个时间延迟后，AVR 将启动匝数比减小，以便恢复负载侧电压。

对于运行点 A，位于 $R_c > X$ 特定的 V_2-P_2 特性的上侧（见图 11.14a），自动分接变换系统具有稳定的特性。实际上，从图 11.14b 可以看出，当负载增加（R_c 减小）时，运行点位于 $V_2 = f(N)$ 特性之间的交点处，这对应于 $R_c^{(1)}$，并且水平线 $V_2 = V_{2,sch}$，在位于 $V_2 = f(N)$ 特征的点上移动，其对应于 $R_c^{(2)}$。因此，当匝数比减小时，该点在新特征上朝向最终运行点移动，这对应于 $V_2 = V_{2,sch}$。

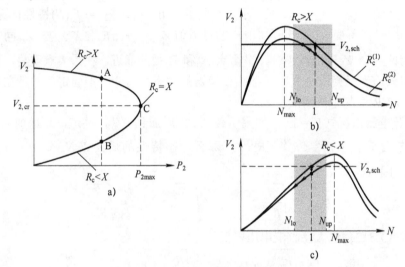

图 11.14 有载分接开关在两个可能运行点的行为

对于运行点 B，位于 V_2-P_2 特性（见图 11.14a）$R_c < X$ 的特定范围的下侧，AVR 动作是不稳定的。实际上，从图 11.14c 中可以看出，随着匝数比 N 减小，运行点远离新的平衡点并且负载侧电压降低。该过程将持续直到电压比达到其下限 N_{lo} 或直到电压崩溃。

从物理角度来看，当负载侧电压降低时，抽头变换器用于将电压恢复到其参考值。为此，无论 R_c 是高于还是低于 X，AVR 都会启动，使匝数比减小。在此动作之后，从变压器一次侧看到的负载阻抗值减小，并且一次侧电流增加，同时发生额外的电压降。因此，二次侧电压的演变一方面由变压器电压比的控制引起的增加给出，另一方面由一次侧电压的减小而引起的减小。因此，

1）对于 $R_c > X$，第一个效应占主导地位，负载侧电压恢复到指定值；

2）对于 $R_c < X$，第二个效应占主导地位，并且抽头转换动作不能再补偿二次侧电压的降低，相反，它会加剧电压降低的现象。

从上面的分析可以看出，运行点必须位于 V_2-P_2 系统特性的上侧。在这一方面，分接开关可以补偿由潮流变化或可能改变 Z 或 V_1 的干扰所引起的电压波动。因此，位于 V_2-P_2 特性

上侧的点被认为是稳定的运行点，位于下侧的点被认为是不稳定的运行点。

而且，匝数比改变动作间接地恢复了负载功率。

再次考虑图 11.10a 和 b 的简单径向网络，可以对通过自动抽头转换动作的负载恢复过程及其对电压稳定性的影响进行分析。然而在这种情况下，变压器以其中间电压为参考对其参数折算后建模，并被划分到负载区域。因此，为了分析传输网络和负载之间的相互作用，有必要追踪从变压器一次侧看到的负载特性。

为简单起见，忽略了电阻和分流参数，得到了图 11.15 中的等效图。此外，考虑连接到母线 2 的负载具有电压依赖特性，即

$$P_2 = K_P P_{0,2}(V_2/V_{0,2})^{\alpha P} \text{ 和 } Q_2 = K_P Q_{0,2}(V_2/V_{0,2})^{\alpha Q}$$

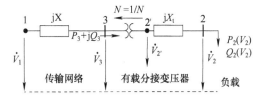

图 11.15 通过自动有载分接转换动作分析负载恢复的等效电路

如果以电压 $\dot{V}_2$ 作为参考相量，从等效电路可以得到：

$$\dot{V}_{2'} = N'\dot{V}_3 = V_3/N = V_2 + jX_t(P_2 - jQ_2)/V_2$$

和

$$\left(\frac{V_3}{N}\right)^2 = \left(V_2 + \frac{X_t Q_2}{V_2}\right)^2 + \left(\frac{X_t Q_2}{V_2}\right)^2 \tag{11.30}$$

但是，从传输网络进入变压器的有功和无功功率取决于二次电压 V_2：

$$P_3 = P_2 = f_P(V_2)$$

$$Q_3 = Q_2 + X_t \frac{P_2^2 + Q_2^2}{V_2^2} = f_Q(V_2) \tag{11.31}$$

使用式（11.30），P_3 和 Q_3 可以用 V_3/N 的比值来表示：

$$P_3 = P_2 = f_P(V_3/N)$$

$$Q_3 = Q_2 + X_t \frac{P_2^2 + Q_2^2}{V_2^2} = f_Q(V_3/N) \tag{11.31a}$$

可以用给定的匝数比 N 表示从变压器一次侧看到的暂态负载特性。

当变压器设置为将母线 2 的电压维持在预定值 $V_{2,\text{sch}}$ AVR 策略时，负载有功功率和无功功率是恒定的，并由式（11.31）通过用 V_2 代替 $V_{2,\text{sch}}$ 给出，这些功率不取决于传输线接收端电压 V_3，因此从变压器一次侧"看到"的负载的静态特性是恒定功率类型。

在正常运行条件下，运行点 A_0 位于系统特性（见图 11.16a，曲线 a）和负载特性之间的交叉点。当在传输网络中发生干扰时（例如，一个传输线电路的断开），以电压 $V_{2,\text{sch}}$ 为特征的运行点向在位于系统的后扰动特性（见图 11.16a，曲线 b）与对应于实际匝数比 N_0 的瞬态负载特性之间的交点 A 处移动。

需要注意，在作为短期平衡点的新运行点中，消耗功率 $P_2(V_2)$ 小于在点 A_0 处并且 $V_2 < V_{2,\text{sch}}$，因为匝数比没有改变。如果电压超出允许的限制范围，即 $V_2 < V_{2,\text{sch}} - \varepsilon$，则 OLTC 将在电压 V_2 增加情况下开始改变抽头。根据新的瞬态负载特性（对应于新的匝数比值），运行点在后扰动特性上移动，直到 V_2 返回到允许的范围 $V_{2,\text{sch}} - \varepsilon \leq V_2 \leq V_{2,\text{sch}} + \varepsilon$ 内。因此，在静态负载特性和后扰动系统特性之间的交叉处获得新的运行点 D。然而，尽管负载电压（变压器二次电压）恢复，但与变压器配备 AVR 的情况相比，传输线接收端电压较低（见图 11.16a，点 A）。

根据负载程度和输电网络内发生的干扰的严重程度，可能不再有平衡点（后扰动特性不与静态负载特性相交），以及有载分接转换动作触发电压不稳定现象（见图 11.16b）。

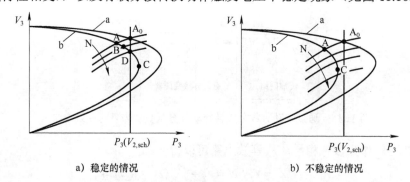

a）稳定的情况 b）不稳定的情况

图 11.16　负载分接转换动作后的负载恢复过程：稳定的情况和不稳定的情况

11.4.3　产生的无功功率限制的影响

电压不稳定机制的另一个重要方面是发电机节点处的电压控制的损耗。为了说明由于电枢和励磁电流的限制而产生的发电机无功功率限制的影响，让我们考虑从同步发电机通过短距离线路（3-2）提供的负载的简单情况。　发电机还通过长距离线路线（1-3）与无穷大电力系统互联（见图 11.17）。

发电机设有励磁系统，并且能够将母线 3 处的电压保持在恒定值。但是，励磁电压受最小和最大限制的约束。因为母线 3 的电压由发电机保持恒定，所以忽略了无穷大电力系统的电压调节能力。另一方面，因为母线 1 和 3 之间的线路很长，所以来自电力系统侧的电压控制十分困难。

1）对于正常运行时，当发电机具有足够的无功功率储备以保持电压 V_3 恒定时，电压特性如图 11.17c 所示（情况 1）。某个负载电压 $V_2^{(0)}$ 对应于某个消耗功率 $P_2^{(0)}$。还可以识别最大可传输功率 $P_{2,\text{max}}^{(1)}$ 和临界电压 $V_{2,\text{cr}}^{(1)}$。请注意，发电机通过简单的模型表示。

2）当负载功率增加时，运行点将移动到新位置。如果负载功率增加太多，则发电机可能无法提供所需的无功功率，并且它不再能够将母线 3 处的电压保持在预定值。因此，电压特性改变并且运行点是新特性的一部分（情况 2）。　在这种情况下，固定电压是发电机电抗 X_d 产生的电动势 E_q。最大可传输功率 $P_{2,\text{max}}^{(2)}$ 现在更小，临界电压更高，因为受控电压母线和负载母线之间的等效阻抗现在更高，因此变化情况变得至关重要。因此，由于发电机无功功率限制器的存在，非常小的负载的增加可能引发电压不稳定，导致危险的产生。

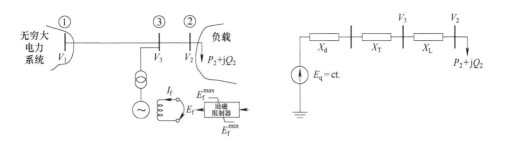

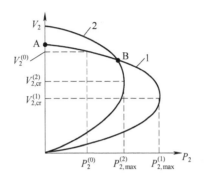

图 11.17　电压控制的影响在中间发电机母线上失效

如果有功功率降低，发电机可以在极端条件下提供更大的无功功率。但是，这个动作可能有两个含义。一方面，降低有功功率是一个电力市场问题，因为非计划的变化涉及平衡储备部署问题。另一方面，推动发电机运行超过一定限度可能导致超过预期的功率损耗和更快的老化。如果动作频繁，可以通过安装新的无功功率设备来避免这种情况。

考虑到这些因素，需要精确表示同步发电机的负载能力曲线，尤其是长期和短期运行的无功功率限制。为此目的，一种选择是将连接发电机或补偿器的电力系统节点建模为受控电压节点，其中无功功率限制 Q_{min} 和 Q_{max} 取决于端电压。

这种方法与经典的方法不同，因为 Q_{min} 和 Q_{min} 是固定的，并且具有以下优点：

1）允许考虑总无功功率储备，随着产生的有功功率减小而增加；

2）允许考虑稳态电压稳定性分析方法中励磁和电枢电流限制的影响。

为了确定对应于同步电机的某个运行状态的最大无功功率的表达式，在发电机端子具有一定电压 V_{at} 的情况下，系数 $K_S = I_S^{max} / I_{S,n}$ 和 $K_R = i_f^{max} / i_{f,n} - E_f^{max} / E_{f,n}$ 被定义。 这些系数用于根据其标称值 $I_{S,n}$ 和 $i_{f,n}$ 来确定电枢电流限制 I_S^{max} 和励磁电流限制 i_f^{max}。在定义系数 K_R 时，考虑了诱导感应电动势 E_f 到励磁电流的比例。

因此，通过指定条件 S 来确定对应于最大电枢电流的最大无功功率：$S \leqslant S_{max} = VI_S^{max}$，在极限情况下，它产生：

$$Q_{S,max} = \sqrt{(VI_S^{max})^2 - P^2} \tag{11.32}$$

为了建立对应于最大励磁电流的最大无功功率，我们利用所产生的有功功率和无功功率的表达式来表示感应电动势 E_f 和内部角角度 δ_{int}，假设 $X_d = X_q$，即：

$$P = \frac{VE_f}{X_d}\sin\delta_{int} \tag{11.33a}$$

$$Q = \frac{VE_f}{X_d}\sin\delta_{int} - \frac{V_2}{X_d} \qquad (11.33b)$$

从式（11.33a、b）中消去 δ_{int}，得到 $P^2 + (Q + V^2/X_d)^2 = V^2 E_f^2 / X_d^2$。然后，得到无功功率的表达为

$$Q = -V^2/X_d + \sqrt{(VE_f/X_d)^2 - P^2} \qquad (11.34)$$

由式（11.34），假设 $E_f = E_f^{max}$，得到对应于最大励磁电流的无功功率极限如下：

$$Q_{R,max} = -V^2/X_d + \sqrt{(VE_f^{max}/X_d)^2 - P^2} \qquad (11.35)$$

最后，通过定义 $Q_{S,max}$ 和 $Q_{R,max}$，可以确定最大无功功率限制如下：

$$Q_{max} = \min\{Q_{S,max}, Q_{R,max}\} \qquad (11.36)$$

最小无功功率限制 Q_{min} 可以通过基于静态稳定性计算的系统算子来确定，或者可以根据端子电压 V、有功功率 P 和欠励磁状态下的最大转子角度 δ_{max} 来计算，通过表达式[11]：

$$Q_{min} = P/\tan\delta_{max} - V^2/X_d \qquad (11.37a)$$

或

$$Q_{min} = P/\tan\delta_{max} - E_{ext}^2/(X_d + X_{ext}) \qquad (11.37b)$$

当目的是限制发电机转子角度和外部节点的相位角之间的差值时，考虑无限功率的情况下，通过感应电动势 E_f 和电抗 X_{ext} 建模。

11.4.4 最低电压标准

关于电压不稳定发生机制的定性方面已在第 8.2.2 节中介绍。本节[12,13]给出了最小电压标准概念。

发生大扰动后的电力系统动态受很多因素影响，包括负载类型、功率传输容量或无功功率补偿设备的性能。在采取适当纠正措施之前允许的避免电压崩溃的最大时间延迟决定了推荐使用的设备类型，例如，静态无功补偿器、机械开关电容器等。当无功功率支持功能被激活后，瞬时工作电压等于由稳态负载特性和 VQ 无功支撑特性（见图 11.18）确定的最小电压（V_{min}）时，该最大时间延迟由此确定。

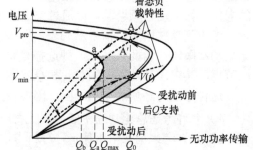

图 11.18 确定最小电压标准的面积
（资料来源：改编自参考文献[13]）

假设在稳定状态下，负载由恒定功率特性建模，即 $Q_S(V) = Q_0$，并且在瞬态状态下，负载由恒定阻抗特性建模，即 $Q_t(V) = V^\beta$。负荷需求变化由 $Q_{demand} = y(t)Q_t(V)$ 描述。在平衡点，即在稳态特性和漂移瞬态负载特性的交点处，有[12]

$$Q_0 = y(t)Q_t(V) = y(t)V^\beta \qquad (11.38)$$

或

$$V(t) = [Q_0/y(t)]^{1/\beta} \qquad (11.38a)$$

假设在 $t = 0$ 时发生意外事故并且在 $t = \tau$ 时激活无功功率支持，则最小电压标准要求：

$$V(\tau) = [Q_0/y(\tau)]^{1/\beta} > V_{min} \qquad (11.39)$$

状态变量 $y(t)$ 可以由式（8.8）确定

$$T_q \int_{y(0)}^{y(t)} \mathrm{d}y = \int_0^t (Q_0 - Q^{post})\mathrm{d}t \Rightarrow y(t) = y_0 + \frac{1}{T_q} \int_0^{\tau} (Q_0 - Q^{post})\mathrm{d}t \tag{11.40}$$

其中， Q^{post} 是由扰动后曲线定义的幂，而 y_0 是预扰动条件下的状态变量，而

$$Q_0 = y_0 Q_t(V_{pre}) \quad 或 \quad y_0 = Q_0 V_{pre}^{-\beta}$$

且 V_{pre} 是预扰动工作电压。

满足最小电压标准的临界条件由式（11.39）和式（11.40）共同定义如下：

$$\frac{Q_0}{y_0 + \frac{1}{T_q}\int_0^{\tau}(Q_0 - Q^{post})\mathrm{d}t} = V_{min}^{\beta}$$

或

$$\frac{1}{T_q}\int_0^{\tau}(Q_0 - Q^{post})\mathrm{d}t = Q_0(V_{min}^{-\beta} - V_{pre}^{-\beta}) \tag{11.41}$$

左侧的积分的含义是供需能源不匹配。

然而，由于它是稳态负载曲线和后扰动 V-Q 曲线之间区域的积分，所以可以使用该区域的上限和下限来估计积分的上限和下限。条件 $Q = Q_{max}$ 给出下限，而条件 $Q = \min(Q_a, Q_b)$ 给出上限。图 11.18 中的阴影区域显示了该区域的下限。

因此，式（11.41）被简化为

$$\frac{\tau}{T_q} = \frac{Q_0}{\Delta Q}(V_{min}^{-\beta} - V_{pre}^{-\beta}) \tag{11.42}$$

其中， $\Delta Q = Q_0 - Q_{max}$ 或 $Q_0 - \min imum(Q_a, Q_b)$ 取决于是使用下限还是上限：如果使用下限，则供需不平衡较少，并且获得无功功率支持的积极（慢响应）要求；如果使用上限，则获得保守结果。

式（11.42）的重要特征如下。电压稳定控制的最大时间延迟很大程度上取决于瞬态负载特性参数 β ，此外还有负载时间常数 T_q 。延迟与裕度百分比 $\Delta Q/Q_0$ 成反比。因此，对于较小的故障裕量不足，较慢的电压控制响应也许是可接受的。

实际的一个问题是从后连续曲线切换到后 Q 支持曲线非常快，以避免电压崩溃。式（11.42）所述的最小电压标准可以作为选择最佳设备的实用指标。因此，SVC 或 STATCOM 是首选（参见第 11.6.4 节）。

11.5 电压稳定性评估方法

11.5.1 电压崩溃标准概述

如前所述的简单"发电机–线路–负载"配置，也可总结为如图 11.19 所示，对于较大的电力系统，导致电压不稳定和坍塌现象的机制非常复杂。

电压稳定性评估方法被用来识别系统的易受攻击部分以及采取适当措施增强系统安全

性。在这种要求下，评估方法应该准确和快速，以帮助系统操作员在适当的时间做出适当的决定。

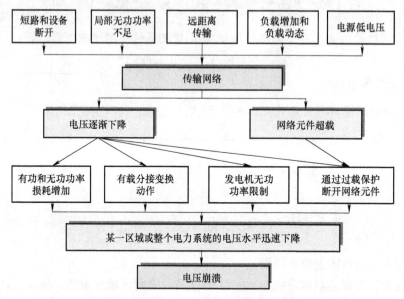

图 11.19　电力系统中的电压不稳定性和崩溃机制的概述

在模拟类型和为确定可能的电压稳定性问题而进行的测试方面，评估方法分为稳态和动态方法（见图 11.20）[5,53]。

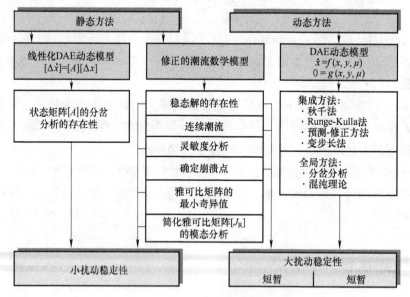

图 11.20　电压稳定性评估方法[5]

稳态方法。稳态方法基于以下事实：对电力系统中的电压稳定性的主要支持是其在正常和受干扰的运行条件下向负载区域传输功率的能力。这种能力可以使用基于潮流方程的稳态方法进行评估，调整为包括可能触发电压不稳定机制的基本因素，以及中期和长期动态过程

542

中的准静态近似[⊖]系统演化。考虑到这一方面以及动态方法的缺点，开发了静态电压稳定性评估方法。

这些方法提供了比动态方法快得多的良好结果，并且允许定义局部或全局电压稳定性指数。这些指数可用于运行活动，以评估在小扰动下和在大扰动的动态演变的不同时刻期间电压不稳定的风险，以及识别最有效的预防或纠正措施。

从稳定性的角度来看，用于评估网络上的电压分布是否在可接受的限度范围内的一类方法是负载潮流可行性（LFF）[15,16]。这些方法还通过在稳定极限处评估负载潮流解决方案的存在来确定网络的最大功率传输能力或无功能力。通常，系统状态通过标量性能指数（PI）评估，也称为电压不稳定接近指示器、负载流可行性指标等，与阈值（TH）进行比较，即[16]：

$$PI(z, z^c) \leqslant TH \Rightarrow \{可接受的电压分布存在\}$$
$$PI(z, z^c) > TH \Rightarrow \{无可接受的电压分布存在\}$$

(11.43)

其中，$PI(z, z^c)$ 被评估后形成工作点 z 的一组变量，其中包括负载母线电压、V_L、负载母线有功和无功功率、P_L 和 Q_L、发电机无功功率、Q_G 等，z^c 是 z 的参考值。通常，标量性能指标 $PI(z, z^c)$ 可以写为

$$PI(z, z^c) = \sum_i w_i f_i(z, z^c)$$

式中，$f_i(z, z^c)$ 是 z 和 z^c 的第 i 个实值函数；$\{w_i\}$ 是正加权系数。

关于用于电压稳定性评估的一些指标的一篇文献概述很有价值[17]。

Barbier 和 Barret[18]提出了一种近似的方法通过计算母线电压的临界值作为阈值。使用最大传输条件并且减少的母线导纳矩阵，以静态方式检查母线电压稳定性。

Carpentier 等[19]定义了一个母线、一个区域或整个系统的电压崩溃接近指示器，作为 dQ_G/dQ_L 比率的矢量，其中 dQ_G 是当给定的无功负载需求增加 dQ_L 时发电机的增量产生的无功功率，当这个比率矢量的任何元素变为无穷大时，会发生电压崩溃。提出最优潮流来评估这些指标。

Jarjis 和 Galiana[20]提出了一种分析电压稳定性的方法，该方法不依赖于功率潮流或最佳功率潮流仿真。它基于系统潮流映射的可行性区域的概念和可行边际，是一种精确的方法。然而，由于其巨大的计算要求，该过程不适合在较大系统中的应用。

Kessel 和 Glavitsch[21]提出了一种不同类型的指标来表示电压崩溃的风险。该指标使用来自正常潮流的信息，并且可以通过合理的计算量来获得。它们使用混合模型，其中负载母线的母线导纳矩阵的部分转置是生成混合矩阵所必需的。

Tiranuchit 和 Thomas[22]提出描述符网络方程的雅可比行列式的最小奇异值作为电压安全指数。他们建立了参数（$dP's$ 和 $dQ's$）与最小奇异值增量之间的增量线性关系，而不是对系统运行条件的每次变化进行奇异值分解。

表 11.2 总结了上述提出的预测电压崩溃接近度的负载潮流可行性方法。

⊖ 准静态近似将参数视为系统的可变输入，其动态被忽略。因此，尽管参数可以变化并通过某个值，但是通过计算系统动态，假设参数被固定在该值。当参数变化慢于系统其余部分的动态特性时，准静态近似成立，因为这时参数可以近似为系统其余部分的动态特性时间尺度的常数[14]。

表 11.2 预测电压崩溃的潮流可行性方法（来自参考文献[15]）

PI(z, z*) 的负荷可行性标准	负荷可行性标准		表现指数的形式	[u]
最大功率传输 Barbier 和 Barrett[18]	根据最大功率转移极限计算的临界负载母线电压	$PI_1 \leq TH_1 = 1.0$	$PI_1(u) = \max\limits_{i \in L} \left\| \dfrac{V_{Li}^{critical}}{V_{Li}(u)} \right\|$ 式中，$\|V_{Li}\|$ 是负载总线 i 的电压幅度；$\|V_{Li}^{critical}\|$ 是总线 i 的临界电压幅度	V_G θ_G P_L Q_L
Carpentier[19]	基于最大功率传输标准并且从最优潮流计算的电压崩溃灵敏度指标	$PI_3 \leq TH_3$ （由调度员选择）	$PI_3(u) \leq \max\limits_{i \in L} \left\{ \dfrac{\partial Q_G^{tot}}{\partial Q_{Li}}(u) \right\}_*$ 注：Q_{Li} 增量变化的总无功发电量变化来自最优潮流解 (*)	V_G θ_G P_L Q_L
负载流可行性 Galiana[20]	在负载流可行性区域边界 TH = ∞	$PI_4 \leq TH_4$ （由调度员选择）	$PI_4(u) = \dfrac{1}{\{\sin([u_\alpha], [u_1])\}^k}$ 式中，$u_\alpha = \alpha u_1 + (1-\alpha)u_0$ 其中，u_1 为基准输入向量；u_0 为基准潮流解，k 是一个正整数；$\sin([u_\alpha], [u_1])$ 是矢量 $[u_\alpha]$ 和 $[u_1]$ 夹角的正弦值；α 范围是 $0 \leq \alpha \leq 1$	P_G V_G^2 P_L Q_L
Glavitsch 和 Kessel[21]	在负载流可行性区域边界 TH = 1.0	$PI_5 \leq TH_5 = 1.0$	$PI_5(u) = \max\limits_{i \in L} \left\| 1 - \dfrac{\sum_{i \in L} F_{ij}\|V_{Gi}\|}{\|V_{Li}\|} \right\| < 1$ 式中，V_{Li} 是负载总线 i 的电压幅度；F_{ij} 是矩阵的元素，$[F] = -Y_{LL}^{-1}Y_{LG}$	V_G θ_G P_L Q_L
多负载流解 Tamura[23]	多潮流解电压稳定灵敏度矩阵的必要条件，x^a 和 x^b	如果 $PI_2\{x^a(u^0 + \Delta u^0)\}$ $< PI_2\{x^b(u^0 + \Delta u^0)\}$ $\Rightarrow x^a$可行 或 如果 $PI_2\{x^b(u^0 + \Delta u^0)\}$ $< PI_2\{x^a(u^0 + \Delta u^0)\}$ $\Rightarrow x^b$可行	$FI_2(u) = \dfrac{1}{2} \sum \hat{r}_{ij}$ 式中，$\hat{r}_{ij} = \text{sign}\{[J(x^a)]\} \cdot \text{sign}\{[J(x^{BC})]\}_{ij}$ $[J(x^a)]_{ij}$ 是矩阵 J 的第 i 行，第 j 列元素	V_G V_G P_L Q_L
雅可比矩阵 $\sigma(J)$ 的奇异值 Galiana[22]	用于表征系统接近不稳定性的安全性指数	$PI_6 \leq TH_6$ （由调度员选择）	$PI_6(u) = \dfrac{1}{\sigma(J)}$ 式中，σ 为雅可比矩阵的奇异值	V_G θ_G P_L Q_L

来源：改编自参考文献[15]。

另一类用于评估电力系统状态的方法是所谓的稳态稳定方法。这种方法涉及确定稳态动变化方程在平衡点附近是否稳定。

作为直接计算线性化动力学方程特征值并检查其是否在复平面的左半部分的替代方法，人们提出了各种间接的方法来确定线性化动力学方程是否稳定。这些都是基于线性化动态方程[19]或潮流方程[24-26]的雅可比矩阵 $[J]$ 计算灵敏度矩阵 $[S]$，并检查是否满足一定的矩阵性质，即[27]：

$$[S] \in \boldsymbol{M}^P \Rightarrow (系统电压稳定)$$
$$[S] \notin \boldsymbol{M}^P \Rightarrow (系统电压不稳定)$$

（11.44）

其中，$\boldsymbol{M}^P$ 是一组具有 P 性质的矩阵，如正定矩阵、正矩阵、$\boldsymbol{M}$-矩阵性质[28]、$[S]$ 行列式的正（或负）值、大于某个给定值的奇异值、复平面左半开的特征值等。

表 11.3 总结了一些计算机程序中用于预测电压崩溃的稳态方法。

表 11.3　预测电压崩溃的稳态稳定性方法

引自	$[S] \in \boldsymbol{M}^P$ 的稳定性判据	说明
线性化动态的特征值 Brucoli[29]	$\mathrm{Re}\left\{\lambda_i[A_{\mathrm{Syst}}]\right\} < 0$	
雅可比矩阵$[J]$Venikov[30]	有两个解 x^{a} 和 x^{b} $\mathrm{sign}\left\{\det\left[J(x^{\mathrm{a}})\right]\right\} = \mathrm{sign}\left\{\det[J]\right\}_{x}\big\rvert_{\mathrm{base\,case}}$ 和 $\mathrm{sign}\left\{\det\left[J(x^{\mathrm{b}})\right]\right\} = \mathrm{sign}\left\{\det[J]\right\}_{x}\big\rvert_{\mathrm{base\,case}}$	• 周期不稳定性的充分条件； • 预测多负载流解静态分岔的判据
Araposthatis[31]	S_2 是正定的	电力系统模型稳定性的充要条件
Liu and Wu[32]	S_3 是正定的	电力系统模型稳定性的充要条件
Abe[25]	S_4 是 $\boldsymbol{M}$-矩阵	动态稳定性的充分条件
Kwatny[33]	S_3 是正定的	系统模型假设在解决方案中是"严格随机的"
Schlueter（IEEE）[34]	PQ 稳定性：$[S_5]$ 是 $\boldsymbol{M}$-矩阵且 $[S_6] > 0$，$\forall i, j$； PV 稳定性：$[S_7] > 0$，$\forall i, j$，且 $\sum_i[S_8]_{ij} \geqslant 0$，$\forall j$	PQ 和 PV 母线电压稳定灵敏度矩阵的充分条件

表 11.4 提供了灵敏度矩阵表达式的详细信息。

表 11.3 中给出的所有方法中，除了 Brucoli[29]的方法外，都是通过检查某个特定的灵敏度矩阵 $[S_i]$，对 $\forall_i$ 是否满足某些性质来评估稳态稳定性，而不是通过测试 $\mathrm{Re}\{\lambda_i[L]\} \leqslant 0$。因此，这些方法的有效性取决于：①灵敏度矩阵 $[S]$ 与系统矩阵 $[A_{\mathrm{sys}}]$ 的关系；②$[S]$ 必须满足矩阵性质。因此，用 $\boldsymbol{M}$-矩阵定理来判断系统的稳定性：矩阵 $[S]$ 必须是正定的[31-33]。非负矩阵条件（由 $S \geqslant 0$ 定义）[34]要求某些矩阵（$[S_6]$、$[S_7]$ 和 $\sum[S_8]_{ij}$）必须为正，即每个元素必须满足条件 $S_{ij} > 0$。

最后，用标量指标（PI）或矩阵指标（$[S]$矩阵）来评价电力系统的稳态（静态）性能。局部或全局指标是根据灵敏度分析、分岔理论、荷载裕度、最小奇异值法或模态分析等不同的分析方法确定的，下文将对这些方法进行详细分析。

$\boldsymbol{M}$ 矩阵是一种非对角线元素全部为负或零的矩阵，是非奇异的，它的逆矩阵有全部为正或零的元素。

表 11.4　灵敏度矩阵形式

矩阵	说明
$[J] = \begin{bmatrix} \left[H\left(=\dfrac{\partial P}{\partial \theta}\right) \right] & \left[L\left(=\dfrac{\partial P}{\partial V}\right) \right] \\ \left[M\left(=\dfrac{\partial Q}{\partial \theta}\right) \right] & \left[N\left(=\dfrac{\partial P}{\partial V}\right) \right] \end{bmatrix}$	交流负载流功率方程极坐标形式的雅可比矩阵
$[S_2] = [H_{GG}]$	仅适用于发电机端子母线
$[S_3] = [H] - [L][N]^{-1}[M]$	用于发电机内部和松弛的母线
$[S_4] = \{ [N'_{LL}] - [A_\theta][L'_{LL}] \}^{-1} \cdot \{ [L'_{LL}] - [B_V][A_\theta][C_V] \}$ $[N'_{LL}] = [N_{LL}]\dfrac{1}{V_L^2};\ [L'_{LL}] = [L_{LL}]\dfrac{1}{V_L^2}$	用于负载母线
$[A_\theta] = -[M_{LL}]\dfrac{1}{V_L^2} \begin{bmatrix} [H_{LL}]\dfrac{1}{V_L^2} \\ \dfrac{\partial R}{\partial \theta_L} \end{bmatrix};\ [B_V] = \dfrac{\partial \hat{f}_{BL}}{\partial V_L}$	$\hat{f}_{BL}$ 和 $\hat{f}_{GL}$ 分别是是 B_L 和 G_L 表征的负载母线电压
$[C_V] = \begin{bmatrix} [H_{LL}]\dfrac{1}{V_L^2} - \dfrac{\partial \hat{f}_{GL}}{\partial V_L} \\ \dfrac{\partial R}{\partial \theta_L} - \dfrac{\partial R}{\partial G_L}\dfrac{\partial \hat{f}_{GL}}{\partial V_L} \end{bmatrix}$	
$[S_5] = [N_{LL}] - [M_{LL}][M_{LL}]^{-1}[L_{LL}]$	子矩阵是雅可比矩阵的划分
$[S_6] = [S_5]^{-1}[N_{LG}] - [M_{LL}][H_{LL}]^{-1}[L_{LG}]$	—
$[S_7] = [N_{GG}] - [M_{GL}][H_{LL}]^{-1}[L_{LG}][S_5]^{-1}$	—
$[S_8] = [S_7] - \{ [N_{GG}] - [M_{GL}][H_{LL}]^{-1}[L_{LG}][S_5]^{-1}[S_6] \}$	—

资料来源：来自参考文献[15]。

动态方法。动态方法意味着该方法基于 ADE 动态系统模型，其特征在于一组非线性微分和代数方程。动态方法，一般来说，通常是基于 ADE 动态模型的数值积分的方法，并且使用类似于用于暂态稳定性评估的算法，但是使用更复杂的电压调节器模型、负载或特殊设备的动态行为来完成。例如，有载分接开关和 FACTS 设备（SVC、STATCOM、UPFC 等）。

在分析电压不稳定或电压崩溃的触发机制时，这种方法很难，甚至不能充分的分析，因为除了需要大量的计算工作外，还存在一些缺点，如：

1）不提供有关稳定性或不稳定性程度的信息；

2）不提供有关稳定储备的定量信息；

3）结果需要由专家进行适当的分析和解释。

由于这些原因，动态方法不适用于电力系统的运行。它们被用于电力系统的规划和设计阶段，或用于电压稳定稳态评估方法的检验—验证研究。

预测接近电压崩溃问题的性能指标是电力系统运行中研究人员和技术人员非常感兴趣的问题，因为这些指标可以在线或离线使用，以帮助运行人员确定系统崩溃的距离有多近[3,35]。这些指标的目标是定义一个标量量级，当系统参数发生变化时可以对其进行监视。

因此，参考文献[14]可以作为电压稳定指标（VSI）的参考。

11.5.2　灵敏度分析方法：局部指标

在灵敏度分析方法中，电压稳定是一种稳态现象。灵敏度因子是用于检测电压稳定问题和设备纠正措施的众所周知的指标[35,36]。这些指标首先用于预测发电机 Q-V 曲线的电压控制问题，可定义为

$$\mathrm{VSF}_i = \max_i \left\{ \frac{\mathrm{d}V_i}{\mathrm{d}Q_i} \right\}$$

式中，VSF 为电压敏感系数。当发电机 i 接近其 V-Q 曲线的底部时，VSF_i 的值变大，最终改变符号，表明电压控制处于"不稳定"状态。

根据第 11.3.2 节中制定的定义并通过表达式（11.25）简要介绍，有功和无功负载功率变化的电压灵敏度是电压稳定性局部指数。

在具有 n 个节点的电力系统中，节点 1 作为松弛节点，节点 2, 3, $\cdots$, n_g 作为发电机节点（PV 类型）和节点 n_g+1, $\cdots$, n 作为负载节点（PQ 类型），从功率平衡方程[5]计算灵敏度：

$$\sum_{k=1}^{n} V_i V_k \left[G_{ik} \cos\left(\theta_i - \theta_k\right) + B_{ik} \sin\left(\theta_i - \theta_k\right) \right] - P_i = 0; i = 2, 3, \cdots, n$$

$$\sum_{k=1}^{n} V_i V_k \left[G_{ik} \sin\left(\theta_i - \theta_k\right) + B_{ik} \cos\left(\theta_i - \theta_k\right) \right] - Q_i = 0; i = n_g + 1, \cdots, n \tag{11.45}$$

或以紧凑形式书写：

$$\boldsymbol{F} = \left([\theta], [V], [P], [Q] \right) = 0$$

$\boldsymbol{F}$ 的参数按照节点类型分组为[37]：

1）状态变量向量　$[x] = [\theta_2, \theta_3, \cdots, \theta_n, V_{n_g+1}, \cdots, V_n]^\mathrm{T}$；

2）输入变量向量　$[s] = [P_{n_g+1}, \cdots, P_n, Q_{n_g+1}, \cdots, Q_n]^\mathrm{T}$；

3）控制变量向量　$[c] = [V_1, V_2, \cdots, V_{n_g}, P_2, \cdots P_{n_g}]^\mathrm{T}$；

4）输出变量向量　$[q] = [Q_1, \cdots, Q_{n_g}]^\mathrm{T}$；

考虑将表示电力系统瞬时状态的状态变进行重新组合，最后的等式变为

$$\boldsymbol{F} = ([x], [c], [s]) = 0 \tag{11.46}$$

输出变量向量可以写成：

$$[q] = f([x], [c]) \tag{11.47}$$

展开泰勒级数式（11.46）和式（11.47），得到：

$$[\Delta F] = \left[\frac{\partial F}{\partial x} \right] [\Delta x] + \left[\frac{\partial F}{\partial c} \right] [\Delta c] + \left[\frac{\partial F}{\partial s} \right] [\Delta s] = 0 \tag{11.46a}$$

$$[\Delta q] = \left[\frac{\partial f}{\partial x} \right] [\Delta x] + \left[\frac{\partial f}{\partial c} \right] [\Delta c] \tag{11.47a}$$

式中，$[\partial F / \partial x]$ 为基于牛顿-拉夫逊潮流计算方法的雅可比矩阵。

假设 $[\partial F / \partial x]$ 是一个可逆矩阵，由式（11.46a）可得：

$$[\Delta x] = -\left[\frac{\partial F}{\partial x} \right]^{-1} \left(\left[\frac{\partial F}{\partial c} \right] [\Delta c] + \left[\frac{\partial F}{\partial s} \right] [\Delta s] \right) = [S_{xc}][\Delta c] + [S_{xs}][\Delta s] \tag{11.48}$$

其中

$$[S_{xc}] = \left[\frac{\partial F}{\partial x}\right]^{-1}\left[\frac{\partial F}{\partial c}\right] \tag{11.49a}$$

为状态变量对控制变量的灵敏度矩阵；

$$[S_{xs}] = \left[\frac{\partial F}{\partial x}\right]^{-1}\left[\frac{\partial F}{\partial s}\right] \tag{11.49b}$$

为状态变量对输入变量的灵敏度矩阵。

此外，由于 $-[\partial F/\partial s]$ 是单位矩阵，显然 $[S_{xs}]$ 是雅可比矩阵的逆矩阵。

由式（11.47a）和式（11.48）得

$$[\Delta q] = [S_{qc}][\Delta c] + [S_{qs}][\Delta s] \tag{11.49c}$$

其中，$[S_{qc}]$ 和 $[S_{qs}]$ 分别为输出变量对控制变量和输入变量的灵敏度矩阵。

虽然电压稳定同时受到有功功率和无功功率流的影响，但考虑到 $V\text{-}Q$ 的强耦合，本节只研究无功功率变化对电力系统电压稳定的影响。

（i）负载电压对无功负荷的灵敏度（$S_{V_cQ_c}$）

分析 $V_2 - P_2$ 系统特性（见图 11.4），其中恒定功率因数表示 $V_2\text{-}Q_2$ 的相关性，在不同的尺度下，显示正常运行点 A 的斜率为负且接近零。当该点接近临界点时，斜率增大，趋于无穷，当该点在特征值的较低一侧移动时，其符号发生变化。

对于消费节点 $c = n_g + 1 \cdots n$，$[S_{xs}]$ 矩阵的主要对角线元素（对应于电压幅度和无功功率负载）代表 $V_2\text{-}Q_2$ 曲线的斜率，因此它们可以用作电压稳定性指标。

根据第 11.3.2 节的定义，从负载节点 c "看到" 的电力系统是可控的，因此，如果：

$$(S_{V_cQ_c}) = \frac{\partial V_c}{\partial Q_c} < 0 \tag{11.50a}$$

$S_{V_cQ_c}$ 的大小代表电压不稳定风险的指标：灵敏度 $S_{V_cQ_c}$ 越大，电压不稳定风险越大。

（ii）无功发电对无功负荷的灵敏度 $S_{Q_gQ_c}$

当运行点位于 $V_2 - P_2$ 特性的临界区域时，无功损耗增加很大，产生的无功功率与负载不匹配。如果负荷节点 c 的无功功率增加 $\Delta Q' = 1\text{Mvar}$，控制变量 $[c]$ 不变化，也就是说，$\Delta c = 0$，则从式（11.49c）我们看到由发电机提供的额外的无功功率的总和等于 $[S_{qs}]$ 矩阵中的节点 c 的列元素之和。因此：

1）如果和接近 1，则运行点位于稳定区域；

2）如果运行点位于临界区，从数值上讲，发电机提供的额外无功功率之和非常高，在临界点趋于无穷大。

因此

$$S_{Q_gQ_c} = \sum_{k=1}^{n_g} S_{qs}(k,c) \tag{11.50b}$$

表示电压稳定性局部指标。

因此，如果 $S_{Q_gQ_c} < 0$ 且 $S_{Q_gQ_c} \approx 1$，则从电压角度看，从节点 "看到" 的电力系统是稳

定的。

11.5.3 负载裕度作为全局指标

$S_{V_cQ_c}$ 和 $S_{V_cQ_c}$ 指标提供了局部信息，它们的有效性仅在于进行线性化的运行点。当系统中出现类似发电机无功功率限制的强非线性扰动时，其值会发生显著变化。因此，需要考虑各种扰动下的负荷变化和非线性系统的指标。这个指标是负荷裕度，其表示可以传递到位于节点 c 或负载区中的负载的附加功率，使得最初在稳定状态下的电力系统移动到对应于电压稳定性极限的最终状态。

在研究区域之间的传输能力时，负载裕度测量在两个区域之间传输的功率量。

负载裕度因为有一些优点所以可以作为电压崩溃指标使用，如[14]：

1）计算简单、快速，不需要特定的系统模型；

2）只能使用静态模型计算；也可以采用动态模型，但其细节不影响计算[38]；

3）由于考虑了电力系统的非线性和无功容量等限制，因此具有较高的准确性。

负载裕度指标[14]也有不足：

1）最大的缺点是假设考虑远离当前运行点的点时，计算时间较大；

2）它需要初始化负载增加的方向，这并不总是很容易确定。

负载裕度通常从当前运行点开始计算，并假设负荷增量较小，对负载增量进行新的潮流计算，直到达到临界点 V-P 曲线的前端。负载裕度是从当前操作点到临界点的总负荷增量。在实际应用中，采用延拓法或直接法计算负荷裕度[14]。

（a）直接法，在电力系统应用中也称为崩溃点法[27]，其最初的发展是为了计算非线性系统[39]的奇异分叉点。

该方法包括求解一组方程，直接得到崩溃点。大型电力系统的计算涉及大量的方程，因此需要大量的计算量。该方法也有其他缺点，如不能检测无功控制极限何时达到，只能确定与系统奇异性（分岔）[14]相关的崩溃点。

（b）延续法（电压剖面），也被称为 V-Q、V-P 或突出曲线，用于确定崩溃[14]的接近性。

该方法包括计算连续潮流解和跟踪电压分布，通过逐渐增加负载，直至崩溃点（最大负载点），然后确定负载裕度。这种技术是直接法的一种替代方法；负载裕度提供关于系统母线中的电压动作的信息。

这种方法因为可靠且信息丰富，目前有一些系统调度员在使用。可以帮助调度人员及时采取预防措施，避免系统电压崩溃。但是，它需要大量的计算时间，特别是在有多个限制的大型系统中。

可以定义三个负载裕度：

1）无功负载裕度：$DQ_c = (P_c = \text{ct.})$;

2）有功负载裕度：$DP_c = (Q_c = \text{ct.})$;

3）视在负载裕度：$DS_c = (\cos\varphi = \text{ct.})$;

这些裕度的早期评估是基于连续潮流技术。然而，该方法在临界点附近存在收敛问题。为了克服这一缺点，可以采用基于最优乘子的牛顿-拉夫逊方法或局部参数化技术来检测位于临界面上的点。

众所周知，对于潮流计算，非线性方程组（11.45）必须要有数值解。为此，采用了牛顿-拉夫逊迭代法。因此，对于当前（p）迭代之后的$(p+1)$迭代，我们需要通过以下步骤[40]：

（a）线性化系统方程（11.45），以得到线性方程组：

$$\left[J^{(p)}\right]\begin{bmatrix}\Delta\theta^{(p)}\\\Delta V^{(p)}\end{bmatrix}=\begin{bmatrix}\Delta P^{(p)}\\\Delta Q^{(p)}\end{bmatrix}\tag{11.51}$$

其中

$$\left[J^{(p)}\right]=\begin{bmatrix}J_{P\theta}&J_{PV}\\J_{Q\theta}&J_{QV}\end{bmatrix}$$

是第（p）代的雅可比矩阵计算。

（b）求解线性方程组（11.51）并使用以下表达式调整未知变量的向量：

$$\begin{bmatrix}\theta^{(p+1)}\\V^{(p+1)}\end{bmatrix}=\begin{bmatrix}\theta^{(p)}\\V^{(p)}\end{bmatrix}+\begin{bmatrix}\Delta\theta^{(p)}\\\Delta V^{(p)}\end{bmatrix}\tag{11.52}$$

为了避免由于临界点附近的雅可比矩阵的奇异性引起的收敛问题并且检测解的不存在，使用优化技术执行潮流计算。在这方面，为了调整未知变量向量，使用以下表达式

$$\begin{bmatrix}\theta^{(p+1)}\\V^{(p+1)}\end{bmatrix}=\begin{bmatrix}\theta^{(p)}\\V^{(p)}\end{bmatrix}+\beta\begin{bmatrix}\Delta\theta^{(p)}\\\Delta V^{(p)}\end{bmatrix}\tag{11.52a}$$

其中，β 是最优乘数，并且通过目标函 $F(\beta)=\sqrt{\left(\sum\Delta P^2+\sum\Delta Q^2\right)}$ 的最小化条件确定（有功和无功功率调整矢量的欧几里德范数）。在收敛的情况下，目标函数倾向于 0 并且 β 系数倾向于 1。相反，如果没有可能的解，则 β 系数趋于 0 并且目标函数趋于正值。

局部参数化技术是基于动态系统的静态分叉图的展开，该系统的行为依赖于一个参数，派生自所谓的路径跟踪方法[39]的一般类型。

该方法除了计算当前工作点与临界点（鞍节分叉点）之间的负载裕度外，还需要对潮流方程进行参数化。因此，为了模拟负载的增加，需要的节点功率为

$$P_{C_i}=P_{C0_i}+\alpha k_{CP_i}\cos\varphi_i$$
$$Q_{C_i}=Q_{C0_i}+\alpha k_{CQ_i}\cos\varphi_i\tag{11.53}$$

式中，P_{C0_i}，Q_{C0_i} 是 X_0 初始状态下的所需功率；k_{CP_i}，k_{CQ_i} 是用于选择模拟负载增加的节点的系数；a 是具有视在功率维度的参数并模拟负载演变。

如果同时模拟有功功率需求的增加，则负载剩余 $\Delta P=\sum\alpha k_{CP_i}\cos\varphi_i$ 必须在系统各电厂之间进行分配。采用系数 k_{gP_i} 进行负荷分配，产生的有功功率由 $P_{gi}=P_{g0_i}+k_{gP_i}\Delta P$ 进行调节，其中 P_{g0_i} 为初始状态 X_0 下 i 节点发电机提供的有功功率。

因此，静态模型中表示功率平衡的方程组的紧凑形式为

$$F(\boldsymbol{\theta},V,\alpha)=0\tag{11.54}$$

这是负荷流计算的参数化数学模型。

显然，方程组（11.54）不接受参数 α 的任何值的解。有一个临界值为 α_{cr} 的位于临界面

上的临界点，此时电力系统的两个平衡点在所谓的鞍节点分叉点上重合（见 11.5.4.3 节）。在这一点上，电力系统动态演化的一个重要变化是通过新的轨迹，导致电压不稳定。为了确定 α_{cr}，使用了预测-校正技术。

在预测步骤中，从已知的解出发，考虑沿切向量的移动，预测一个新的解。微分方程（11.54）得到：

$$\begin{bmatrix} \dfrac{\partial F}{\partial \theta} & \dfrac{\partial F}{\partial U} & \dfrac{\partial F}{\partial \alpha} \end{bmatrix}\begin{bmatrix} \mathrm{d}\theta \\ \mathrm{d}V \\ \mathrm{d}\alpha \end{bmatrix} = 0 \tag{11.55}$$

利用式（11.55）计算切向量 $[TAN]=[\mathrm{d}\theta \ \mathrm{d}V \ \mathrm{d}\alpha]^{t}$，还需要一个方程。这可以通过指定向量 $[TAN]$ 的一个分量的值来实现。因此，最初（在迭代 $p = 0$ 时）施加条件 $\mathrm{d}\alpha = 1$，那么对于 $p = 1, 2, \cdots, n$ 分量 $TAN_k^{(p)}$ 由下式决定：

$$TAN_k^{(p)} = \max(\mathrm{d}\theta^{(p-1)} \quad \mathrm{d}V^{(p-1)} \quad \mathrm{d}\alpha^{(p-1)}) \tag{11.56}$$

这种从切向量中选取分量的方法称为局部参数化，可以将式（11.55）写成：

$$\begin{bmatrix} \dfrac{\partial F}{\partial \theta} & \dfrac{\partial F}{\partial \theta} & \dfrac{\partial F}{\partial \theta} \\ & e_k & \end{bmatrix}\begin{bmatrix} \mathrm{d}\theta \\ \mathrm{d}V \\ \mathrm{d}\alpha \end{bmatrix} = \begin{bmatrix} 0 \\ 0 \\ \pm 1 \end{bmatrix} \tag{11.55a}$$

在式（11.55a）中，e_k 是一个行单位向量，除第 k 个元素外，其余所有元素都为 0，对应于当前延续参数，即 $e_k = [0, \cdots, 1 \cdots, 0]$，选择值为 +1 或 −1，以反映指定分量的增大或减小趋势。

接下来，已知 $\lfloor TAN^{(p)} \rfloor$，通过以下方法预测一个新的解决方案：

$$\lfloor x^{(p)} \rfloor = \lfloor x^{p-1} \rfloor + h\lfloor TAN^{(p)} \rfloor \tag{11.57}$$

式中，$[x]$ 是未知变量的向量，h 是可以在极限处确定的步长，例如，通过指定发电机达到其无功功率限制。

在校正步骤中，通过求解方程组对预测解进行校正：

$$\begin{cases} \boldsymbol{F}(\theta, V, \alpha) = 0 \\ x_k = x_k^{(p)} \end{cases} \tag{11.58}$$

式中，x_k 为选取为参数的向量 $[x]$ 的分量，取其值等于预测值。

如图 11.21 所示，这种计算技术可以完整地绘制复杂电力系统的 V-P 特性图，并准确地评估负载裕度。

通过模拟不同的负载增加情景时，预测-校正技术可用于负载裕度计算，用于某个"应力"路径或最接近的临界点。在实践中，考虑到某种"应力"路径来计算负载裕量时，以互补的方式使用这两种方法是有利的[35]。

首先设置负载的阶跃增加，然后使用基于最优乘数的 Newton-Raphson 算法计算一系列稳态（平衡点），直到达到临

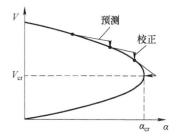

图 11.21　预测-校正计算技术

界点附近（直到没有可能的解决方案）。然后，为了准确地确定临界点，从最后确定的平衡点开始采用局部参数化技术。

11.5.4 分岔理论的一些方面

11.5.4.1 概述

电力系统具有非线性动态特性。因此，电压崩溃是一种动态现象，需要适当的分析技术，如分岔理论[2,14,41]。

在分岔理论中，先假设系统参数缓慢变化，然后确定导致不稳定的轨迹。该分析是基于在每个系统参数 μ 上的特征值分析的稳态计算和/或 p 在以下一组微分代数方程（DAEs）[42] 中的变化：

$$\dot{x} = f(x, y, \mu, p) \tag{11.59a}$$
$$0 = g(x, y, \mu, p) \tag{11.59b}$$

式中，x 为与动力系统部件（发电机、负载、控制器、FACTS 设备等）相关的状态变量向量；y 为电力系统各部件（负荷、输电线路等）稳态模型相关代数变量向量；μ 为控制器设定值等一组可控参数；p 是一组不可控的参数，如负载功率的变化；$f(\cdot)$ 是一组与状态变量 x 相关的微分方程；$g(\cdot)$ 是与代数变量 y 相关的代数方程组。

将 DAEs 从式（11.59）沿平衡点 x^* 进行线性化得到

$$\begin{bmatrix} \Delta\dot{x} \\ 0 \end{bmatrix} = [J] \begin{bmatrix} \Delta x \\ \Delta y \end{bmatrix} \tag{11.60}$$

式中，$[J]$ 为由下式决定的未化简雅可比矩阵的系统：

$$[J] = \begin{bmatrix} f_x = \left(\dfrac{\partial f}{\partial x}\right)\bigg|_{x=x*} & f_y = \left(\dfrac{\partial f}{\partial y}\right)\bigg|_{x=x*} \\ g_x = \left(\dfrac{\partial g}{\partial x}\right)\bigg|_{x=x*} & g_y = \left(\dfrac{\partial g}{\partial y}\right)\bigg|_{x=x*} \end{bmatrix} \tag{11.60a}$$

如果子矩阵 $\left[g_y\right]$ 是非奇异的，则从式（11.60）的第二个等式中提取代数变量 $[y]$ 的向量并代入第一个等式中

$$[\Delta\dot{x}] = \left([f_x] - [f_y][g_y]^{-1}[g_x]\right)[\Delta x] = [A][\Delta x] \tag{11.61}$$

DAEs 的集合可以归结为常微分方程（ODEs）的集合。

线性化方程组的状态矩阵 $[A]$，又称化简雅可比矩阵：

$$[A] = \left[[f_x] - [f_y][g_y]^{-1}[g_x]\right] \tag{11.62}$$

$[A]$ 为未化简雅可比矩阵 J[2] 的子矩阵 $\left[g_y\right]$ 的舒尔补。

当参数 p 变化时，DAE 系统经受类似于简单 ODE 系统的分叉。可以通过监测状态矩阵 $[A]$ 的特征值来检测分岔。图 11.22 展示了通过观察特征值识别的一些类型的分岔。

实际上，$[A]$ 的特征值直接由系统雅可比矩阵 $[J]$ 得到，因为它是一个稀疏矩阵，而 $[A]$ 是一个完整的矩阵[44]。

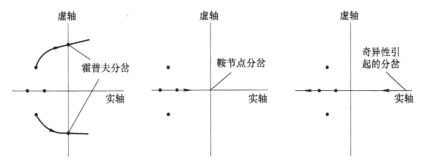

图 11.22　加载参数时特征值的轨迹接近三种分岔的变化[43]

特征值的解释：

1）如果状态矩阵[A]的所有特征值的实部为负，即 $\mathrm{Re}(\lambda_i)<0, \forall i$，则平衡点 x^* 渐近稳定；

2）如果至少一个特征值的实部为正，则平衡点 x^* 不稳定；

3）如果某些特征值有正实部，而其他特征值都有负实部，则称不稳定平衡为"鞍"。

在分岔理论中，两个不同的特征对应于两个平衡点的连接点，从而产生一个分岔。在分岔点上，雅可比矩阵变得奇异，因此不能应用隐函数定理[2]。在参数空间的任意一点都可能发生分岔，此时系统（11.59）的定性结构会因参数向量的微小变化而发生变化。

定义：

1）平衡点 x^* 是微分方程（暂态稳定）模型的稳态解。平衡点是一个潮流解。

2）分岔是系统中的一种质变，如平衡消失（鞍节点分岔）或稳态从平衡变为振荡（霍普夫分岔）[14]。

3）静态分岔是暂态稳定模型的一种运行条件，在暂态模型或初始条件中存在小扰动时，暂态稳定模型有多个平衡点。如果线性暂态稳定模型的雅可比矩阵是奇异的，则可能存在静态分岔。在静态分支上可以出现多个潮流解决方案[23]。

4）周期轨道是一种稳态振荡。它在状态空间中被可视化为一个闭合循环，状态在每个周期[14]中遍历一次。

一般来说，分岔分为局部分岔和全局分岔。

1）当在小邻域内设定的关键参数的变化引起平衡稳定性的性质的定性变化时，就会发生局部分岔。常通过分析响应参数变化的特征值的变化来研究小的局部变化[9]。

可以根据定义关键参数条件的具体方式和系统运行点的情况对局部分岔进行分类。电力系统模型中最重要的分岔如下：

① 鞍节点分岔。当加载参数超过某一极限时，两个平衡点合并消失，则不存在平衡，即发生崩溃；

② 霍普夫分岔。当一个临界参数逐渐变化，共轭复特征值对越过稳定性边界时，稳定性以振荡的形式丧失；

③ 奇异性引起的分岔。当网络奇异性发生微分代数时，系统稳定性以本身不确定的行为特征而丧失。

2）全局分岔的特征是电力系统模型在大范围的状态空间中动态特性的变化。动态系统可以有在时间上不断重复的解，从而表现出一个周期轨道。这种系统被称为振荡器。当周期轨道在参数变化下消失时，系统会失去稳定性。当运行周期轨道消失时，电压稳定性问题就会出现，类似于鞍节点分岔处的运行平衡消失时的情况。

表 11.5 说明了分岔的主要类型。

表 11.5　分岔的主要类型

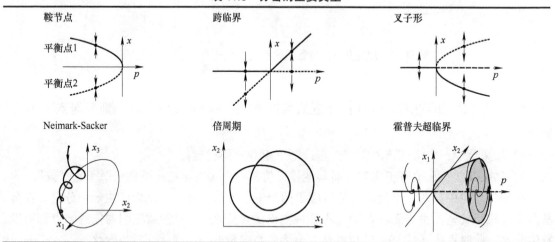

11.5.4.2　霍普夫分岔

考虑电力系统动力学模型的自治微分方程：

$$\dot{x} = f(x, p) \tag{11.63}$$

并且在某条轨迹上改变参数 p，那么状态向量 x 和雅可比矩阵在这条轨迹上的特征值就会相应改变。在固定平衡点 $x = x^*$ 附近，左侧项变为 0，即

$$0 = f(x^*, p) \tag{11.63a}$$

定义平衡点 x^* 在平面上的位置的方程由 p 的变化给出。如果雅可比矩阵的特征值在该平面上的实部为负，则该平面上的电力系统运行点是渐近稳定的。

如果至少一个特征值的实部变为零或一对复共轭特征值穿过虚轴，则电力系统的状态可能变得至关重要。当特征值对移动到右半平面（见图 11.22a）时，系统可能开始振荡，要么是稳定的振荡，要么是不断增长的振荡瞬态。这种振荡现象的发生是由霍普夫分岔理论描述的[39,45]。霍普夫分岔以周期轨道的形式出现，周期轨道是围绕平衡点出现的稳态振荡[14]。

在霍普夫分岔点，状态矩阵 $[A]$ 的一对特征值［见式（11.61）］是纯虚数。等式系统（11.59）中的 p 参数的特定值集合，达到霍普夫分岔点。周期解稳定的霍普夫分岔称为超临界（见表 11.5），而周期解不稳定并引起电压崩溃现象的霍普夫分岔称为亚临界。

霍普夫分岔可以通过以下几个指标检测到：

1）先前在稳定平衡状态下发现的电力系统开始在周期轨道中单调振荡或随着一个参数缓慢变化而具有不断增长的振荡暂态；

2）随着参数缓慢变化，系统平衡持续存在，但它从稳定变为振荡不稳定；

3）系统雅可比矩阵有一对纯虚数特征值，这意味着在霍普夫分岔处，线性化的系统在经过虚数轴的一对特征值时变得不稳定。

11.5.4.3　鞍节点分岔

电力系统运行状态的鞍节点分岔被定义为两个潮流解合并然后随着负载参数（即负载有功功率）缓慢增加而消失的点。潮流解数学计算中的消失表明电力系统稳态动态变化，可能陷入电压崩溃[14,41]。动态首先是缓慢的，然后是快速的。

鞍节点分岔是图 11.4 中 C 点所示的最大载荷点，对应于状态雅可比矩阵 f_x 的奇异性。在最大载荷下，两个平衡点 A（稳定）和 B（不稳定）合并到 C 点。鞍点分岔的必要条件由平衡方程（11.63a）和以下奇点条件给出：

$$\det f_x(x^*, p) = 0 \qquad (11.64)$$

然而，这些不是运行点满足成为鞍节点分岔的充分条件。满足这些条件的点可以是超临界或叉型分岔[46]（见表 11.5）。

对于多变量系统，当两个平衡点，一个稳定的（具有真实的负特征值）和另一个不稳定的（至少具有一个真实的正特征值）在两个特征值为零时合并，然后同时消失且不可能存在平衡点时，鞍节点分岔就出现了。

对于非奇异矩阵 g_y，舒尔行列式公式为[2]

$$\det J = \det g_y \cdot \det\left(f_x - f_y g_y^{-1} g_x\right) = \det g_y \cdot \det A \qquad (11.65)$$

并且状态矩阵 A 和未化简状态雅可比矩阵变成奇异的。因此，当未化简状态雅可比矩阵 $[J]$ 为奇异时，电力系统运行出现鞍节点分岔。

因此，当发生以下情况时，可以检测到鞍节点分岔[14]：

1）两个平衡点，一个稳定点和一个不稳定点合并；

2）状态变量对加载参数的敏感性为无穷大，同时解曲线的斜率为无穷大。在图 11.4 所示的特殊情况下，与 C 点的切线是无穷大的；

3）系统雅可比矩阵有一个零特征值和/或一个零奇异值；

4）电压崩溃时，系统的动态变化先慢后快。

11.5.4.4　奇异性引起的分岔

当状态参数变化缓慢且代数方程变为奇异时，就会发生奇异性引起的分岔[14]。DAE 模型可以描述电力系统的中期动态：

$$\dot{x} = f(x, y) \qquad (11.66a)$$

$$0 = g(x, y) \qquad (11.66b)$$

利用来自式（11.66）的模型研究电力系统动态的过程很缓慢（<5Hz），因此可以采用准静态或准稳态假设。这允许使用具有准静态相量表示的概念的集总参数来表示网络[14]。对于上述条件不充分的情况，必须定义称为奇点的附加条件，以求解相量网络方程（见 11.66b）。

电力系统在平衡点附近的小扰动下通常是稳定的。因为负载和因此产生的变化是不断地，所以可能有无穷多个运行点。验证某一操作点 (x_0, y_0) 是否为小扰动稳定的一种方法是在研究的平衡点 (x_0, y_0) 处利用线性化方程（11.66）计算系统矩阵 $[A]$ 的特征值，其中

$$A = \left[\frac{\partial f}{\partial x} - \frac{\partial f}{\partial y}\left(\frac{\partial g}{\partial y}\right)^{-1}\frac{\partial g}{\partial x}\right]\Big|_{(x_0, y_0)} \qquad (11.67)$$

只有当矩阵 $\left[g_y\right]\left(=\frac{\partial g}{\partial y}\Big|_{(x_0,y_0)}\right)$ 具有逆矩阵时，才能定义。当一个矩阵是奇异的，也就是说，它的行列式是零，它没有逆矩阵。如果 $[g_y]$ 在研究的运行点 (x_0,y_0) 处是奇异的，则无法定义系统矩阵 $[A]$。矩阵 $[g_y]$ 在运行点的奇异性条件被定义为奇点引起的分岔[14]。矩阵奇异性 $[g_y]$ 是位于方程代数奇异性（11.66b）附近的运行点的结果。在这种情况下，网络不能像前面假设的那样用准平稳相量来表示。

当系统矩阵 $[A]$ 的某些特征值为无穷大（无界特征值）时，检测奇异诱导的分岔（见图11.22c）。当接近这样的分岔时，DAE 的一些变量开始非常快。当一个特征值向右半平面移动时，系统在小扰动下变得不稳定。

综上所述，奇点诱导的分岔具有以下数学属性[14]：

1）对于参数 y 的某一组值，与代数方程相关的雅可比矩阵变得奇异；

2）矩阵 $[A]$ 的一个特征值从左向右半平面移动，或从左向右通过无穷发散。

11.5.4.5 全局分岔

平衡点的稳定性是通过计算该点的特征值来评估的，而在全局分岔中，稳定性是通过一个周期轨道[47]的 Floquet 乘数$^{\ominus}$来评估的。Floquet 乘数类似于特征值，与离散映射（Poincare 映射）相关联，用于量化周期轨道上某一点的局部稳定性[14,39,45]。

给定式（11.63a）中 p 的一组值，单目矩阵 $M(P)$ 有 n 个 Floquet 乘数：$\eta_1(p)$，$\eta_2(p),\cdots,\eta_n(p)$，其中 n 为涉及的变量个数。在 Floquet 理论中，一个乘数总是等于1，其余的 $n-1$ 乘数决定稳定性。如果所有的 $n-1$ 乘数是在单位圆内，在一定周期解 $x(t, p_0)$ 系统是渐近稳定的，也就是说，$|\eta(p_0)|<1$。如果至少有一个乘数在单位圆外，也就是说，$|\eta(p_0)|>1$，则系统是不稳定的。因此，稳定域的边界由单位圆上矩阵 $M(P)$ 具有乘数的临界点 p_{cr} 表示，即 $|\eta(p_{cr})|=1$。当周期轨道的乘数在参数 p 变化下穿过单位圆时，就会产生全局分岔。

参数 p 的任何变化都会导致乘数 $\eta(p)$ 的变化，其中一些可能会穿过单位圆。系统稳定性丧失的方式有两种：

1）一个实数乘子沿正实轴与单位圆外交叉，$|\eta(p_{cr})|=1$（见图11.23a）或一个乘子沿负实轴与单位圆外交叉，$|\eta(p_{cr})|=-1$（见图11.23b）；这就叫做参数共振；

2）一个简单乘数的复数共轭对穿过单位圆的点 $\exp(\pm j\omega)$，其中 $0<\omega<\pi$，$\mathrm{Im}(\eta(p_{cr}))\neq 0$（见图11.23c）；这叫做组合共振。

通过反转箭头，强制 Floquet 倍增器进入单位圆内，可以稳定并达到稳定的平衡。

有三种类型的全球分岔，其中周期性轨道的稳定性损失发生[14]：

1）当周期轨道的 Floquet 乘法器在参数变化下达到"+1"稳定边界时，发生循环折叠分岔。在这种情况下，全局分岔被称为周期轨道的鞍节点分岔。如果观察到以下属性，则可确

$\ominus$ 如果微分方程的轨迹可以定义为 $x=\varphi(t,z)$，即 $\dot{x}=f(x,p)$ 的周期解，矩阵 $\left[\partial\varphi(T,z^*)/\partial z\right]$ 为单值矩阵。单值矩阵的特征值称为 Floquet 乘数或特征乘数[47]。

定循环褶皱分岔：

① 系统初始运行在稳定周期轨道上，振荡衰减；

② 在参数变化可能出现分岔的情况下，周期轨道变得不稳定，在周期轨道消失的情况下，运行点开始偏离轨迹上的稳定点。其偏离过程先慢后快，当轨迹发散时仍然可以观察到振荡。这种发散要么导致电压崩溃，要么导致同步损耗。

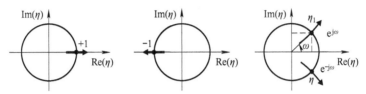

图 11.23　三种失去稳定性的方法[45]

2）当周期轨道的 Floquet 乘法器在参数变化下达到稳定边界"−1"时，周期倍增分岔发生（见表 11.5）。这种分岔的特点是周期轨道的双周期振荡。当一个稳定的分支被创建时，就会发生超临界分岔，而当一个不稳定的周期加倍解的分支在分岔点消失时，就会发生亚临界分岔（见表 11.5）。

3）二次霍普夫（Neimark-Sacker）分支发生在一对复合 Floquet 乘数的模组到达单位圆时。与周期加倍分岔类似，二次霍普夫分岔可分为亚临界和超临界两种。

11.5.5　最小奇异值法：VSI 全球指数

如第 11.3 节所示，在位于稳态解存在域和不存在域边界上的临界点上，方程组（11.45）的雅可比矩阵为奇异矩阵。由于从数学角度看，当奇异值 σ_n 为零时，可观察到 n 阶矩阵的奇异性，因此，雅可比矩阵的最小奇异值是计算从当前运行点到临界点的载荷能力的另一种方法[⊖]

利用被分析平衡点附近方程组（11.45）线性化得到的线性模型（11.51）的雅可比矩阵（$n \times n$）的奇异值分解，得到[11]：

$$[J] = [U][\Sigma][V]^{\mathrm{T}} = \sum_{i=1}^{n} \sigma_i [u_i][v_i]^{\mathrm{T}} \tag{11.68}$$

式中，$[U]$ 和 $[V]$ 是 $n \times n$ 个正交矩阵，其列分别是左奇异向量 $[u_i]$ 和 $[v_i]$，它们分别是酉矩阵 $[U]$ 和 $[V]$ 的第 i 列，$[\Sigma]$ 是一个对角矩阵，具有

$$\Sigma(J) = \mathrm{diag}\{\sigma_i(J)\}, i = 1, 2, \cdots, n$$

式中，$[J]$ 的奇异值对于所有 i 都有 $\sigma_i > 0$，矩阵中的对角元素通常是有序的，所以 $\sigma_1 \geqslant \sigma_2 \geqslant \cdots \geqslant \sigma_n \geqslant 0$。

如果 $[J]$ 矩阵不是奇异的，则其逆矩阵为

$$[J]^{-1} = [V][\Sigma]^{-1}[V]^{\mathrm{T}} = \sum_{i=1}^{n} \sigma_i^{-1}[u_i][v_i]^{T} \tag{11.68a}$$

⊖ 对于实对称矩阵 $[A](\equiv[J])$，特征值分解后特征值的绝对值等于同一矩阵的奇异值。由奇异分解得到的奇异值与同一矩阵特征值之间的这种关系来自于输入 σ_i；对角矩阵 Σ 是 $[A]$ 的奇异值，通过构造它们的二次方是 $[A]^{\mathrm{T}}[A]$（或 $[A][A]^{\mathrm{T}}$）的特征值。如果最小奇异值为零，则研究矩阵为奇异矩阵，得不到潮流解[11]。

因此，由式（11.51）和式（11.68）可知，有功功率和无功功率的改变对电压幅值和角度的影响可以通过以下关系进行评估：

$$\begin{bmatrix} \Delta\theta \\ \Delta V \end{bmatrix} = [J]^{-1}\begin{bmatrix} \Delta P \\ \Delta Q \end{bmatrix} = \sum_{i=1}^{n}\sigma_i^{-1}[v_i][u_i]^{\mathrm{T}}\begin{bmatrix} \Delta P \\ \Delta Q \end{bmatrix} \tag{11.69}$$

最小奇异值是一个相对的衡量系统有多接近。电压崩溃或奇点。此外，在这个坍缩点附近，由于 on 接近于 0，方程（11.69）可以改写为[2]

$$\begin{bmatrix} \Delta\theta \\ \Delta V \end{bmatrix} \approx \sigma_n^{-1}[v_n][u_n]^{\mathrm{T}}\begin{bmatrix} \Delta P \\ \Delta Q \end{bmatrix} \tag{11.69a}$$

因为 σ_n^{-1} 很大，任何有限的 ΔP，ΔQ 将在 ΔV 和 $\Delta\theta$ 产生很大变化，其中 u_n 给出节点功率变化最敏感的方向，V_n 给出最敏感的电压大小和角度。

考虑 $\begin{bmatrix} \Delta P \\ \Delta Q \end{bmatrix} = [u_n]$ 的表达式（11.69a），考虑到 $[u]$ 是正交的，所以得到，$[u_i]^{\mathrm{T}}[u_i]=1$，$[u_i]^{\mathrm{T}}[u_j]=0$（$i\neq j$）则：

$$\begin{bmatrix} \Delta\theta \\ \Delta V \end{bmatrix} \approx \sigma_n^{-1}[v_n] \tag{11.70}$$

根据式（11.70），对雅可比矩阵的最小奇异值 $\sigma_{\min}(J)$ 及其相关奇异向量[35]赋予如下含义：

1）$\sigma_{\min}(J)$ 是电力系统电压稳定的全局指标，表示电流工作点与临界工作点的距离，其特征是雅可比矩阵的奇异性[J]；

2）右奇异向量 $[v_n]$ 的分量表示电压大小和角度对有功功率和无功功率变化的敏感性；

3）左奇异向量 $[u_n]$ 的分量表示幂函数最敏感的变化方向。

虽然在电力系统中，电压稳定性一般受有功功率和无功功率的影响，但是考虑到 V-Q 的紧密耦合，不使用雅可比矩阵，而使用反映这一性质的矩阵，也可以用于奇异值分解和分析，是非常重要的。为此，可以使用线性模型中的[J_{ov1} 矩阵]：

$$\begin{bmatrix} \Delta P \\ \Delta Q \end{bmatrix} = \begin{bmatrix} J_{P\theta} & J_{PV} \\ J_{Q\theta} & J_{QV} \end{bmatrix}\begin{bmatrix} \Delta\theta \\ \Delta V \end{bmatrix}$$

然而，考虑到在受力条件下 V-Q 耦合至关重要，建议使用简化的雅可比矩阵[351]。由上式可得：

$$[\Delta P] = [J_{P\theta}][\Delta\theta] + [J_{PV}][\Delta V] \tag{11.71a}$$

$$[\Delta Q] = [J_{Q\theta}][\Delta\theta] + [J_{QV}][\Delta V] \tag{11.71b}$$

由式（11.71a）考虑 $\Delta n = 0$（弱 V-P 耦合），得到：

$$[\Delta\theta] = -[J_{P\theta}]^{-1}[J_{PV}][\Delta V] \tag{11.72}$$

代入式（11.71b）得

$$[\Delta Q] = \left([J_{QV}] - [J_{Q\theta}][J_{P\theta}]^{-1}[J_{PV}]\right)[\Delta V] \tag{11.73}$$

或

$$[\Delta Q] = [J_R][\Delta V] \tag{11.73a}$$

如果矩阵 $[J_R]$ 不是奇异的，由式（11.66）可得：

$$[\Delta V] = [J_R]^{-1}[\Delta Q] \tag{11.74}$$

$$[J_R] = [J_{QV}] - [J_{Q\theta}][J_{P\theta}]^{-1}[J_{PV}] \tag{11.75}$$

为考虑 $[J_{P\theta}]$ 非奇异性得到的约简雅可比矩阵，即所分析的电力系统不存在小信号稳定问题。

因此，根据舒尔公式（11.65）：

$$\det([J]) = \det([J_{P\theta}])\det([J_R]) \tag{11.65a}$$

我们可以得出雅可比矩阵的奇异性由矩阵奇异性给出的结论，这是电压稳定性问题的证明。

因此，约简雅可比矩阵的最小奇异值是一个全局电压稳定指数。

虽然最小奇异值 $\sigma_{\min}(J_R)$ 是一个全局指数，表示接近电压不稳定，但它不能提供关于系统离临界点有多近的精确信息。为了得到平衡点相对于临界面位置的全局信息，还计算了空载工况下最稳定状态下的最小奇异值 $\sigma_{\min}(J_R)$。因此，全局电压稳定指数（VSI）定义为

$$VSI = \frac{\sigma_{\min}(J_R)}{\sigma_{0\min}(J_R)} \tag{11.76}$$

接近 0 的值表示系统位于临界点附近，接近 1 的值表示系统远离临界点。

11.5.6　简化雅可比矩阵的模态分析

模态分析是一种基于平衡点线性化和状态雅可比矩阵特征值和特征向量计算的动态系统稳定性评估方法。

在鞍节点分岔处，实特征值变为零，平衡点消失。对应的特征向量包含关于分岔性质、系统响应和控制措施有效性的有价值信息[2,49,50]：

1）右边的特征向量表示状态空间中由于鞍节点分岔状态演化的方向；

2）左特征向量显示了哪些状态对零特征值有显著影响，即哪些状态对控制分岔更有效。

由于电压的稳定强烈取决于负载的动态行为和 V-Q 响应系统，它可以表明，在适宜的条件下，电压不稳定，状态矩阵的奇异性是由牛顿迭代方法的雅可比矩阵的奇异性，同时考虑静载荷的影响特点，电枢和领域限制、抽头变化、FACTS 设备等等。

另一方面，由于状态矩阵及其特征值需要大量的计算量，因此将式（11.75）[441]定义的简化雅可比矩阵用于小信号电压稳定评估，而不是模态分析。

该方法基于 $[J_R]$ 矩阵的准对称，利用矩阵的特征值和特征向量分解。事实上，如果忽略线路和变压器的电阻以及移相变压器的影响，即节点导纳矩阵是对称的，那么 $[J_R]$ 矩阵也是对称的。因此，这个矩阵的所有特征值都是实数，对应于相同特征值的左右特征向量是相同的。

11.5.6.1　电力系统 V-Q 变化方式

雅可比矩阵的特征值分解 $[J_R]$ 给出：

$$[J_R] = [R][\varLambda][L] = \sum_{i=1}^{n} \lambda_i [r_i][l_i] \qquad (11.77)$$

式中，$[R]$ 为 $[J_R]$ 的右特征向量矩阵；$[L]$ 为 $[J_R]$ 的左特征向量矩阵；$[\varLambda]$ 是 $[J_R]$ 的对角特征值矩阵。

由式（11.77）可知

$$[J_R]^{-1} = [R][\varLambda]^{-1}[L] = \sum_{i=1}^{n} \lambda_i^{-1} [r_i][l_i] \qquad (11.77a)$$

将式（11.77a）代入式（11.74）得到无功功率需求变化的电压变化 $[\Delta Q]$：

$$[\Delta V] = [R][\varLambda]^{-1}[L][\Delta Q] = \sum_{i=1}^{n} \lambda_i^{-1} [r_i][l_i][\Delta Q] \qquad (11.78)$$

每一个特征值 λ_i 和相关的特征向量 $[r_i]$ 和 $[l_i]$ 形成电力系统的 V-Q 变化模式。

假设特征向量归一化使得 $[l_i]^T[v_i] = 1$，并且它们彼此正交（对于不同的特征值），$[l_i]^T[v_j] = 0$，结果 $[L] = [R]^{-1}$。

则式（11.78）可表示为

$$[L][\Delta V] = [\varLambda]^{-1}[L][\Delta Q]$$

或

$$[v] = [\varLambda]^{-1}[q] \qquad (11.79)$$

式中，$[v] = [L][\Delta V]$ 为电压模态变化矢量；$[q] = [L][\Delta Q]$ 为无功模态变化向量。

式（11.79）中的矩阵 $[\varLambda]^{-1}$ 是对角的，而式（11.74）中的矩阵 $[J_R]^{-1}$ 是非对角的，因此式（11.79）形成了一个非耦合的一阶方程组。

第 i 种模式的电压变化为

$$v_i = \frac{1}{\lambda_i} q_i \qquad i = 1, 2, \cdots, n_c \qquad (11.80)$$

我们可以看到，每个电压变化模态等于无功功率变化模态 q_i 的比值；到特征值 λ_i。因此，特征值 λ_i；表示电压稳定程度的指标，实际上是模态电压变化对无功功率变化的灵敏度。

因此：

1）如果 $\varLambda > 0$，由于模态电压 v，系统在第 i 个 v-q 变化模态下是稳定的；模态无功功率 q；

具有相同的变化方向，即无功注入引起电压级增加；

2）当 $\varLambda < 0$ 时，由于模态电压 v，系统在第 i 个 v-q 变化模态下不稳定；模态无功 q_i 变化方向相反，即无功注入引起电压电平降低；

3）如果 $\varLambda_i = 0$，模态电压 v_i 因模态无功修正 q 而崩溃；导致模态电压 v 的无限变化。

因此，当简化雅可比矩阵的第 1 个特征值为正时，满足电力系统电压稳定的条件。

第一次检查时，我们可能会说上述备注与灵敏度分析方法得出的结论不一致，即如果全部为 Sv.o，系统是稳定的。敏感性是负的。为了消除这种明显的歧义，Sv.o 的连接。进一步分析了基体 Jgl 特征值的灵敏度。为此，我们考虑 PQ 型节点 k 中负载无功功率的 1Mvar 变化，由于节点功率定义为需求功率与生成功率之差，我们可以写成：

$$\Delta Q_k = \Delta Q_{gk} - \Delta Q_{ck} = -1\text{Mvar}$$

因此

$$[\Delta Q] = [0, \cdots, -1, \cdots, 0]^t = -e_k$$

替换 $[\Delta Q] = -e_k$ 在方程（11.78）$[\Delta V] = -\sum_{i=11}^{n} \dfrac{l_{ik}}{\lambda_i}[r_i]$，也就是说，$\Delta V_k = -\sum_{i=1}^{n} \dfrac{r_{ki} l_{ik}}{\lambda_i}$。

因此，k 节点电压对同一节点无功功率需求变化的灵敏度为

$$S_{V_k Q_{ck}} \approx \frac{\Delta V_k}{\Delta Q_{ck} = 1} = -\sum_i \frac{r_{ki} l_{ik}}{\lambda_i} \tag{11.81}$$

式中，r_{ki} 是右特征向量 $[r_i]$ 的第 k 个元素；l_{ik} 是左特征向量 $[l_i]$ 的第 k 个元素。

由于 $[J_R]$ 矩阵是准对称的，特征向量 $[r_i]$ 和 $[l_i]$ 是相同的，因此，$r_{ki} l_{ik}$ 乘积是正的。因此，如果特征值为正，灵敏度为负，反之亦然。

由于存在非线性问题，本征值幅值提供了接近电压不稳定的相对度量，而不是绝对的。利用阻尼系数进行小振动角稳定性研究可以进行类比，虽然阻尼系数提供了阻尼的程度，但它并不是稳定性储备的绝对测度。

雅可比矩阵的模态分析是一种单独用于某一运行点分析或与载荷裕度计算方法相结合的方法。因此，在计算某应力路径上的加载裕度时，对计算轨迹上的每个运行点进行模态分析。

应用模态分析允许评估系统稳定性的程度，或者多少负载或发射功率可以增加在稳定的条件下，在关键的情况下，当系统达到电压稳定临界点，它可能有助于识别关键领域和元素连接到其节点造成电压不稳定。

11.5.6.2　电压稳定性分析中参与因数的定义

为了从电压的角度识别电力系统的薄弱环节，建立必要的预防措施，计算了母线、支路（线路、变压器）和发电机对 $V\text{-}Q$ 变化模式的参与因数。

1）总线参与因子 k。总线/节点对第 i 个 $V\text{-}Q$ 变化模式的相对参与由参与因子[44]给出：

$$A_{ki} = r_{ki} l_{ik} \tag{11.82}$$

由式（11.81）可知，A_{ki} 决定 λ_i 特征值对 k 节点 $V\text{-}Q$ 灵敏度的贡献。

总线参与因数决定了与每个变化模式相关的区域。由于对左右特征向量进行了归一化，每个变分模式的所有总线参与因子之和等于 1。节点的参与因子值表明该节点在阻尼 $V\text{-}Q$ 变化模式下所采取的纠正措施的效果。

一般定义两种变化模式[44]：

① 局部变化模式，其特征是高参与因子的节点较少，而其他节点的参与因子都接近于零。

如果提供负荷区的一个节点通过长传输线连接到一个强大的电网，就会出现这种局域模式。

② 分散模式，其特征是存在大量节点，参与因数小而密切，而其他节点的参与接近

于零。

这意味着变化模式不是局部的。当大型电力系统某一区域的负荷增加，且该区域没有额外的无功支持时，就会识别出非定域模式。

为了识别电力系统的薄弱环节，制定必要的预防措施，除了确定 V-Q 变化模式的节点参与因数外，还需要确定支路和发电机参与因数。

由此可知，对于第 i 个 V-Q 变化模式，模态无功功率变化矢量除第 i 个分量为 1 外，其余分量均为 0，即 $[q]=[0,\cdots,1,\cdots0]^T=e_i$（正则基的第 i 个向量）。在这种情况下，由关系 $[q]=[L][\Delta Q]$ 可知，由于 $[L]^{-1}=R$，则得到：

$$\left[\Delta Q^{(i)}\right]=[L]^{-1}[q]=[R][q]=[r_i] \tag{11.83}$$

其中，$[r_i]$ 是 $[J_R]$ 矩阵的第 i 个右特征向量。假设对于所有的特征向量，我们有 $\sum_j r_{ji}^2=1$。

由式（11.78）得电压幅值变化矢量：

$$\left[\Delta V^{(i)}\right]=\frac{1}{\lambda i}\left[\Delta Q^{(i)}\right] \tag{11.84}$$

由式（11.72）可得电压角变化矢量：

$$\left[\Delta \theta^{(i)}\right]=-\left[J_{P\theta}\right]^{-1}\left[J_{PV}\right]\left[\Delta V^{(i)}\right] \tag{11.85}$$

考虑到变量 $\left[\Delta \theta^{(i)}\right]$ 和 $\left[\Delta V^{(i)}\right]$ 与第 i 个 V-Q 变化模式相关，由此可以确定，在每个输电网络分支的无功功率损失的变化，以及由发电机提供的无功功率（如果没有达到它们的无功功率极限）。

2）分支机构参与因数。

k-j 分支参与第 i 个 V-Q 变化模式的参与因子被定义为 k-j 分支无功功率损失的变化，$\Delta Q_{kj}^{(i)}$ 与系统中无功功率负荷变化所引起的电网所有分支的无功功率损失最大变化的比，即：

$$A_{kj}^{(i)}=\frac{\Delta Q_{kj}^{(i)}}{\max\limits_{(i,j)\in l}\left\{\Delta Q_{kj}^{(i)}\right\}} \tag{11.86}$$

$A_{kj}^{(i)}$ 参与因数允许针对每个第 i 个 V-Q 变化模式识别具有最高无功功率损耗的分支作为对无功负载的增量变化的响应。从电气角度来看，高参与因数的支路要么是弱支路，要么是高负荷支路。支路参与因数可用于建立防止电压不稳定问题的纠正措施和应急筛选。

- 发电机参与因数

第 m 个发电机相对于第 i 个 V-Q 变化模式的相对参与由以下参与因数给出：

$$A_{mi}=\frac{\Delta Q_m^{(i)}}{\max\limits_{g\in n_g}\left\{\Delta Q_g^{(i)}\right\}} \tag{11.87}$$

即第 m 台发电机的无功功率变化 $\Delta Q_m^{(i)}$ 与"系统中所有发电机产生的无功功率变化与无功负荷变化的最大变化之比。

A_{mi} 参与因数允许对每个第 i 个 V-Q 变化模式识别每个发电机参与提供额外无功负荷的方式。这些因数可用于无功功率储备规划，以保持足够的电压稳定水平。

为了实现简化雅可比矩阵 $[J_R]$ 的模态分析方法，需要考虑[44]：

1）由式（11.80）可知，最危险的 V-Q 变化模式是通过约简雅可比矩阵 $[J_R]$ 得到的最小的特征值 λ_i^{min}。然而，仅仅计算最小特征值还不足以正确地反映电力系统的稳定性。当运行条件恶化时，与电力系统其他部分相关的几种模式可能导致不稳定。

2）由于简化雅可比矩阵是拟对称的，其特征值与奇异值有关，是相同的，因此最好直接计算奇异值 σ_{min} 及其相关的左和右奇异向量，而不是计算最小的特征值 λ_i^{min} 及其左和右特征向量。

11.6　电压不稳定对策

从设计阶段到实时运行阶段，对电力系统失稳，特别是电压失稳和崩溃采取了相应的对策。其目的是确保足够的电压稳定裕量。在规划活动或实时运行中，可以通过对电压控制设备的适当协调，包括无功资源的调度来实现。通过中期和长期的设计和规划活动，电力系统应能够满足实际经济电力市场条件下的负荷供应和输电要求。但是，如果现有资源不能保证所需的稳定裕度，必须采取技术措施，例如限制电力传输或启动额外的发电机组[44]。在电力系统规划阶段，输电网络的加固是首选方案，但在实际的环境约束和控制性能要求下，FACTS 装置成为更有效的解决方案。

电压不稳定和崩溃的应对措施可以包括实时运行的大量选项，例如，分接开关的阻塞、变压器的反向控制、电容器组的开关、发电重调度、改变发电机和试验母线的参考电压、减轻负荷或发电机的临时无功过载。

11.6.1　一些问题

电压失稳是一种分阶段演化的非线性现象，与不同的物理和数学行为有关。在电压不稳定的不同阶段，早期提出的实时运行对策的有效性是不同的。当运行点达到图 11.4 所示特征的不可控区域，且电压值低于临界点，有利于电压崩溃时，电容切换和负载脱落的有效性值得关注。

从物理的角度来看，在任何工作条件下，当电容器接通电源，或在该母线上卸下一些负载时，人们会期望母线电压的大小会增加。如第 11.3.2 节所述，当运行点位于可控区域时，通常导致电压升高的补偿动作对工作点位于不可控区域时的电压会产生不利影响（见图 11.4）。

电压稳定性分析的一个方法是从潮流雅可比矩阵中计算电压灵敏度 dV/dP 和 dV/dQ。当运行点从安全区移动到不可控区域时，这些敏感性会改变标志。因此，当电力系统遇到不稳定情况时，通过潮流计算得到的正常运行的灵敏度是无效的。这是因为稳态雅可比矩阵计算假设静态和恒定的 MVA 负载模型，当电压开始下降时就不是这样了。如参考文献[8]所示，在电压不稳定分析中，用静态模型表示恒定的 MVA 负载可能会导致错误的结果，而且往往会产生误导，因为恒定的 MVA 负载不是静态负载。

电压不稳定在很大程度上受负载特性的影响。在静态负荷较大的区域，如电阻负荷，可以根据图 11.4 的特性，在低压区域运行，如果电压水平可以接受[9]，则不需要采取任何纠正措施。对于具有恒定 MVA（自存储）特性的负荷，先进的并联补偿装置，如 SVC（静态无功补偿器）或 STATCOM，可以帮助电力系统在稳定条件下在该区域运行。此外，在具有大量此类负载不稳定的系统中，其特征是缓慢的动力学，并且有大量的时间可以采取纠正措施，以避免电压崩溃。

11.6.2 甩负荷：应急措施

甩/断开负荷是解决电力系统运行中电压稳定问题的有效措施。然而，只有当负载脱落是避免电压崩溃的最后一种应急纠正措施时，才应将其视为一种极端行为。最好是在预先设定的保护方案下，"牺牲"一定的负荷，"保障"系统不停电，这样会产生显著的社会和经济影响。

以下情况假设部分负载为电阻型（静态），没有特殊的控制设备（如 SVC 或 STATCOM）可用。

1）情形 a：假设在电力系统发生重大变化后，运行点在系统 V-P 特性的低压侧移动（见图 11.24a）。

静力荷载特性（实线）与 V-P 特性相交为 2 个点，分别为 A 和 B。通过分析甩负荷的影响，可以看出 A 点是稳定的，B 点是不稳定的。通过减少一些负荷，形成了一个新的负荷特征曲线（虚线），A 点在吸引区域沿 V-P 特征线向上移动，帮助电压升高，B 点向下移动，导致电压崩溃。

2）情形 b：假设负载可以用恒功率特性建模，且系统运行在 V-P 特性的较低电压侧（见图 11.24b）。对于某一功率转移 P_0，有一个可能的运行点，用 "A" 表示。在没有特殊控制的情况下，运行点会在干扰后的 V-P 特性上滑动，除非在电阻负载的情况下是暂时的，电压可能会崩溃。但是，如果及时切除一定量的负荷 ΔP，运行点将移动到位于引力区域的 A′ 点（见第 11.4.1 节；图 11.9），在具有新的恒阻抗特性的交点处。系统运行最终稳定在稳定平衡点 A，对应于新的负载 P_1。

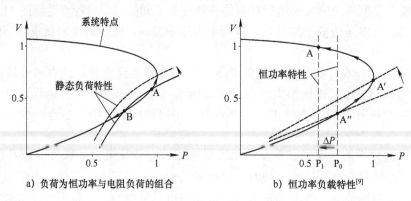

a) 负荷为恒功率与电阻负荷的组合   b) 恒功率负载特性[9]

图 11.24 甩负荷效果

3）情形 c：考虑电力系统最初在点 A 运行，点 A 为对应于恒功率负载 P_0。在大扰动之

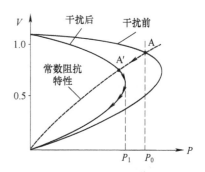

后，电力系统减小到扰动后特性，运行点立即向点 A′ 移动（见图 11.25）。由于 A′ 点电压较低，用户可以尝试保持恒功率；这是通过获取更多的电流，从而产生更多的电压降来实现的，并且运行点在干扰后的 V-P 特性上向下移动。如果不及时采取措施，电压将继续下降，最终崩溃[9]。

图 11.25 在恒 MVA 负载[9]的情况下，干扰后需要切除的最小负载

如果运行点保持在吸引区域内，电力系统就可以免于崩溃。扰动后的最大系统负荷能力为 $P_1 < P_0$。恢复恒功率负荷，在使电力系统达到稳定平衡点的同时，需要甩出的最小负荷为 $(P_0 - P_1)$。

为了将切负荷量降到最低限度，必须及时降低相应负载。任何延迟触发的负载脱落将导致更大的负载需要脱落，以使系统在吸引区域，然后在一个稳定的平衡点。电压下降的速率取决于负载的类型（参见第 11.2.2.3 节）。在静态负载较大的系统中，电压降速率较慢；而在负载具有快速响应特性的系统中，例如电机负载，电压下降的速度要快得多。因此，电压的下降速率可作为立即需要减轻负载的指标。

对于静态荷载类型，其特征类似于图 11.24b 所示，在扰动后运行点可以处于新的平衡点，不需要甩负荷。在这种情况下，可以采取其他措施，以使电压在可接受的限度内，如果必要的话。

11.6.3 并联电容器切换

在负载面积大、同步发电机不足的电力系统中，并联电容器是解决电压稳定问题的有效方法。为了避免输电线路的额外负荷，同时也为了有效地利用同步发电机进行有功发电，无功功率应就地配置专用的补偿设备。在电力系统发生重大变化后，可以成功地使用开关并联电容器来恢复系统电压（见图 11.26a）。

考虑电力系统初始运行在 A 点，即 V-P 系统特性与恒功率负载特性 P_0 的交点处（见图 12.26b）。在一次大扰动后，形成扰动后系统特性，运行点沿恒定阻抗特性（虚线）瞬间移动到 M 点。负载试图恢复到恒功率，电压开始下降。由于扰动后特性与初始负荷需求特性 P_0 之间不存在交点，如果不及时采取措施，将导致系统崩溃。

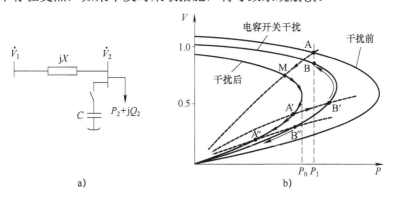

图 11.26 干扰后分流电容器恢复系统电压

为了使系统处于稳定的平衡点，必须在负载母线处或附近通过开关并联电容器进行适当的无功补偿。如果大部分负载是静态的，则此操作不严格。但是，如果动作太迟，再多的无功功率也无法恢复系统的稳定性。

如果并联电容器及时贡献适当的无功功率，例如在点 A′，系统运行将暂时移动到点 B′ 的吸引区域，在干扰后特性与电容器和新的恒阻抗特性的交点处。从这里开始，因为负载功率大于负载需求 P_0 系统达到新的稳定平衡点。然而，如果无功功率支持延迟太多，电压过低，例如在 A″ 点，再多的无功功率也无法防止系统电压崩溃[9]。

11.6.4 通过 FACTS 器件延长电压稳定极限

在适当的无功功率支持下，可以实现更大的功率传输，如图 11.5 所示。但是，当系统运行在 V-P 曲线临界点以下时，只有支持 SVC 或 STATCOM 设备[9]等快速连续作用的设备才能稳定运行。

一般来说，输电线路上的电压和稳定极限（见 8.4.2 节）比热极限（MVA 额定值）更具限制性。

串联补偿比并联补偿更有效地提高了电压稳定极限。

并联补偿 SVC（静态无功补偿器）。为了分析 SVC 设备对电压稳定极限的影响，让我们再次考虑一个提供单位功率因数负载的径向传输系统，其电压由 SVC 控制（见图 11.27a）。当电压从设定值下降时，SVC 通过增加电容电纳起作用，反之亦然[9]。

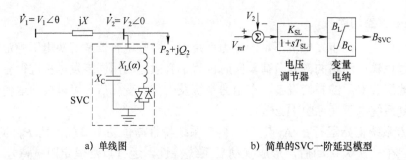

a) 单线图   b) 简单的SVC一阶延迟模型

图 11.27　单线图和简单的 SVC 一阶延迟模型

电压控制 SVC 的控制逻辑可以用一个简单的一阶延迟模型来描述（见图 11.27b）。

$$T_Q \frac{\mathrm{d} B_{\mathrm{SVC}}}{\mathrm{d} t} = V_{\mathrm{ref}} - V_2 \tag{11.88}$$

式中，$B_{\mathrm{SVC}} = B_{L(\alpha)} + B_C$ 为 SVC 电纳；$B_{L(\alpha)}$ 为 SVC 装置的感应元件，通过发射角 α 进行控制；B_C 为 SVC 装置的电容元件；$T_Q (= T_{\mathrm{SL}})$ 为时间常数。

对于单位功率因数负荷，即 $B_2 = 0$，负荷模型为

$$T_L \frac{\mathrm{d} G_2}{\mathrm{d} t} = P_0 - V_2^2 G_2 \tag{11.89}$$

式中，$G_2 = P_0 / V_2^2$ 为负载电导；P_0 为功率设定值；T_L 是负载的时间常数。

转移到负载母线的功率如下：

$$P_2 = V_2^2 G_2 = \frac{V_1 V_2}{X} \sin\theta \qquad (11.90a)$$

$$Q_2 = 0 = \frac{V_1 V_2}{X} \cos\theta - \frac{V_2^2}{X} + V_2^2 B_{\text{SVC}} \qquad (11.90b)$$

对方程（11.88）～方程（11.90）进行线性化，消去非状态变量，得到状态空间模型为[9]

$$\begin{bmatrix} \Delta \dot{B}_{\text{SVC}} \\ \Delta \dot{G}_2 \end{bmatrix} = \begin{bmatrix} A_{\text{SVC}} \end{bmatrix} \begin{bmatrix} \Delta B_{\text{SVC}} \\ \Delta G_2 \end{bmatrix}$$

在

$$\begin{bmatrix} A_{\text{SVC}} \end{bmatrix} = \begin{bmatrix} a_{11} = -\dfrac{V_2}{2T_Q G_2}\sin 2\theta & a_{12} = \dfrac{V_2}{T_Q G_2}\sin 2\theta \\[3mm] a_{21} = -\dfrac{V_2^2}{T_L}\sin 2\theta & a_{22} = -\dfrac{V_2^2}{T_L}\cos 2\theta \end{bmatrix}$$

如果满足下列条件，系统是稳定的。

$$-(a_{11} + a_{22}) > 0 \qquad (11.91a)$$

并且

$$\det(A_{\text{SVC}}) > 0 \qquad (11.91b)$$

如果满足第二个条件（11.91b），则自动满足第一个条件（11.91a）。

从式（11.91a）开始，稳定性条件重写如下：

$$\frac{V_2}{2T_Q G_2}\sin 2\theta + \frac{V_2^2}{T_L}\cos 2\theta > 0 \Rightarrow \frac{V_2}{2T_Q G_2}\tan 2\theta + \frac{V_2^2}{T_L} > 0 \Rightarrow$$

$$V_2 T_L \tan 2\theta + 2T_Q G_2 V_2^2 > 0 \Rightarrow \tan 2\theta > \frac{2T_Q G_2 V_2}{T_L} \qquad (11.92)$$

考虑方程（11.90a）和（11.90b），得到

$$\left. \begin{array}{l} \sin\theta = \dfrac{V_2}{V_1} X G_2 \\[3mm] \cos\theta = \dfrac{V_2}{V_1}(1 - B V_{\text{SVC}} X) \end{array} \right\} \Rightarrow \tan\theta = \frac{X G_2}{1 - B_{\text{SVC}} X} \qquad (11.93)$$

利用公式计算两倍角的正切，式（11.92）为

$$\frac{2\tan\theta}{1 - \tan^2\theta} > -\frac{2T_Q G_2 V_2}{T_L}$$

用式（11.93）代替 $\tan\theta$ 得到最终稳定条件，得到

$$1 - \tan^2\theta > -\frac{T_L}{T_Q V_2}\frac{X}{1 - B_{\text{SVC}} X} \qquad (11.94)$$

由于 SVC 装置的时间反应一般比负载恢复时间小得多，即到 $T_Q \ll T_L$ 时，理论上可以将电压稳定极限扩展到 $\theta = 90°$，这可能对应于 $V\text{-}P$ 特性较低部分的工作。

在没有补偿的情况下，在给定功率因数 $\cos\varphi$ 下，输电线的接收端所能传输的最大有功功率（见图 7.1）如下：

$$P_{\max} = \frac{V_1^2}{2X} \frac{1-\sin\varphi}{\cos\varphi} \qquad (11.95)$$

其对应的临界电压为

$$V_{2,\text{cr}} = \frac{V_1}{\sqrt{2}} \sqrt{\frac{1-\sin\varphi}{\cos^2\varphi}} \qquad (11.96)$$

对于单位功率因数，$\cos\varphi = 1$，且 $\varphi = 0$，上述表达式为

$$P_{\max} = \frac{V_1^2}{2X} \qquad (11.95a)$$

$$V_{2,\text{cr}} = \frac{V_1}{\sqrt{2}} \qquad (11.96a)$$

传输线上的有功功率传输也可以写成：

$$P_e = \frac{V_1 V_2}{X} \sin\theta \qquad (11.97)$$

在极限时，接收端电压为 $V_2 = V_{2,\text{cr}}$。从电压稳定的角度看，将式（11.95a）和式（11.97）的功率相等即可得到最大电压相移

$$\frac{V_1^2}{2X} = \frac{V_1}{X} \frac{V_1}{\sqrt{2}} \sin\theta \Rightarrow \sin\theta = \frac{\sqrt{2}}{2} \Rightarrow \theta = 45°$$

因此，我们可以得出结论，对于单位功率因数负荷，V-P 特性上的最大负荷能力点，即静态分岔点，对应于 $\theta = 45°$。而对于 $\theta > 45°$ 的点，运行点要移动到 V-P 特性曲线更低的部分，快速无功功率支持是必需的。然而，如果负荷快速恢复到恒功率负载，也就是说，$T_L \to 0$，则无法提高稳定极限，不稳定运行点发生在 $\theta = 45°$。

对于其他功率因数，$\cos\varphi \neq 1$，将式（11.95）和式（11.97）的表达式相等，并考虑式（11.96），得到

$$\frac{V_1^2}{2X} \frac{1-\sin\varphi}{\cos\varphi} = \frac{V_1}{X} \left(\frac{V_1}{\sqrt{2}} \sqrt{\frac{1-\sin\varphi}{\cos^2\varphi}} \right) \sin\theta \Rightarrow \sin\theta = \sqrt{\frac{1-\sin\varphi}{2}}$$

在这种情况下，滞后功率因数，最大载荷能力达到 $\theta < 45°$[9]。

在线路的接收端有适当的无功支持，例如通过 SVC 设备，最大的传输功率可以扩展到 $\theta = 45°$。在缺乏连续的电压控制时，运行值 $\theta > 45°$（统一功率因数）是不可取的。

图 11.28 说明了 SVC 设备对 V-P 特性的影响。在无功补偿（见图 11.28，曲线 a）的情况下，可以转移到负载上的最大功率限制为 $P_{1,\max}$。超过此值的任何负载需求都与电压崩溃有关。在负载总线上提供一个 SVC 设备将有助于平滑 V-P 特性的上部（见图 11.28，曲线 b），从而轻松地将电压维持在正常范围内。在这种情况下，最大传输功率可以扩展到 $P_{2,\max}$，理论上，如果 SVC 有无限制的额定值（见图 11.28，曲线 c），则可以在满足任何负载需求的条件下保持电压不变。

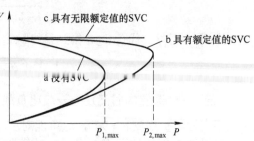

图 11.28　SVC 并联补偿对 V-P 特性的影响

采用 TCSC（晶闸管可控串联电容器）串联补偿。电压稳定极限也可以通过使用各种电容基器件的串联补偿来扩大。机械开关电容器已用于长线路上，以便在满足稳定条件的情况下传输更多的有功功率。其主要缺点是响应时间长、在离散域补偿以及会产生开关瞬态。随着电力电子技术的出现，采用了新的设备，例如 TCSC，能够连续控制传输线上的有功潮流到所需的值。TCSC 的电容电抗补偿了传输线的电感电抗，从而允许更大的潮流。

为了说明串联补偿是如何有助于扩大电压稳定极限的，考虑一条带电抗为 X_L 传输线向阻抗为 $\dot{Z}$ 的负载供电的经典例子，如图 11.29a 所示。电容器组是串联在线路上的，其电容电抗 X_C 的大小由线路电抗 X_L 的一定百分比决定。

图 11.29c 为恒功率因数负载下的 V-P 特性，其中一个为无串联补偿，$X_C = 0$，两个级别的串联补偿分别为 50% 和 75%。当补偿水平增加时，对应于电压稳定极限的"前端点"向右移动。机械开关电容提供分阶段补偿，而 TCSC（见图 11.29b）可以提供电容电抗的连续控制。此外，如图 11.29c 所示，TCSC 的补偿有助于保持接收端电压在可接受范围内，防止电压崩溃[5]。图 11.29c 类似于图 11.28，其中典型径向系统的补偿由并联补偿提供。两种方案都能有效地提高电压稳定极限，但在并联补偿中采用无功补偿，在串联补偿中串联装置的电容抵消了部分传输线的电感电抗。

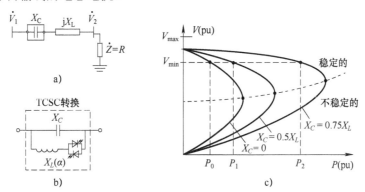

图 11.29　采用串联电容补偿的方法，提高了电压稳定极限

11.6.5　防止负载分接开关失稳的措施

考虑到 11.4.2.3 节中所讨论的负载分接开关变化对电压稳定的影响，在接下来的几条线路中，针对有载分接开关变化对电力系统运行的不稳定影响，最常用的方法如下：

1）在实际抽头位置上阻塞抽头开关。这是在紧急情况下最简单、最常用的动作之一，主要是在实际抽头位置对变压器进行阻塞，以防传输网中的电压水平下降到一定的参考值以下。但是，这种方法的缺点是不能克服正在进行的其他负载恢复动作，而且在输电和配电系统中电压水平都可能继续下降。

2）打开预先设置的工作抽头。该动作包括在开关预先设定抽头的变压器，该抽头是基于发生概率最高的偶发事件的模拟。在这种情况下，必须在选择操作抽头方面作出妥协，因为只有一个位置，不足以承受电力系统运行中可能发生的各种意外情况。

3）降低参考电压值。为了防止电压问题，系统操作员可以修改电压 $V_{2\text{sch}}$ 的参考值。该方法与前一种方法相同，只是定义了一个电压值，而不是一个操作抽头。

4）转换为逆逻辑。这种方法假定监测变压器一次侧和二次侧的电压。其目的是在输电网络中保持适当的电压水平，使系统运行人员能够采取必要的措施防止电压不稳定现象的发生[2]。

11.7　应用⊖

对图 11.30 所示的简单电力系统进行电压稳定分析，该简单电力系统由无穷大电力系统通过一条双回路传输线和一个降压变电站向负载区 $(P_\mathrm{C}+\mathrm{j}Q_\mathrm{C})$ 供电。

电力系统各组成部分的参数如下：

1）输电线路参数：额定电压 $V_\mathrm{n}=400\mathrm{kV}$；电阻 $R=5.6\Omega$，电抗 $X=52.6\Omega$，电导 $G_0\approx0\mu\mathrm{s}$；电纳 $B_0\approx526\mu\mathrm{s}$。所有这些参数都是对单一电路而言。

2）变电站变压器参数：

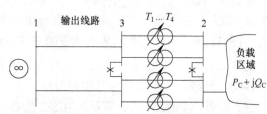

图 11.30　电力系统单线图

额定功率	$S_\mathrm{n}=250\mathrm{MVA}$
额定低（固定）电压	$V_\mathrm{nf}=121\mathrm{kV}$
额定高（调节）电压	$V_\mathrm{nf}=400\mathrm{kV}$
空载（开路）试验损耗	$\Delta P_0=180\mathrm{kW}$
空载测试电流	$i_0=0.45\%$
满载（短路）试验损耗	$\Delta P_\mathrm{sc}^\mathrm{nom}=780\mathrm{kW}$
短路测试电压	$u_\mathrm{SC}=16\%$
调节能力	±8抽头数$\times\Delta V_\mathrm{t}(=1.56\%)$
实际工作抽头	$Tap=-2$

4）负载需求：有功 $P_\mathrm{C}=700\mathrm{MW}$；无功功率 $Q_\mathrm{C}=300\mathrm{Mvar}$。

解决方案

为了简单起见，计算以标幺制进行，基准功率为 $S_\mathrm{b}=100\mathrm{MVA}$。

1）等效电路。将输电线路用 Π 四极表示，变压器用 Γ 四极表示，将调节绕组电压（一次电压）参数与变换算子 N 串联，得到如图 11.31 所示的等效电路。

由于变电站的参数是在传输线侧表示的，所以所有的参数都参考基准阻抗

$$Z_\mathrm{b1}=\frac{1}{Y_\mathrm{h1}}=\frac{V_\mathrm{b1}^2}{S_\mathrm{h}}=\frac{400^2}{100}=1600\Omega$$

其中，基准电压取输电线路电压 $V_\mathrm{b1}=V_\mathrm{n1}=400\mathrm{kV}$。

输电线路等效电路参数

$$\dot{y}_{13}=\frac{1}{\dot{Z}_\mathrm{L}/n_\mathrm{C}}Z_\mathrm{b1}=\frac{Z_\mathrm{b1}}{(1/n_\mathrm{C})(R+\mathrm{j}X)}=\frac{1600}{(1/2)(5.6+\mathrm{j}52.8)}=6.3564-\mathrm{j}59.9319\mathrm{pu}$$

⊖ 注意，V 表示相间电压。在一些表示方式中，V 可以表示为相对地电压，但标幺表达式对相对相电压没有影响。

$$\dot{y}_{130} = \dot{y}_{310} = n_{\mathrm{C}} \frac{1}{2} \frac{\dot{Y}_{\mathrm{L}0}}{Y_{\mathrm{b}1}} = n_{\mathrm{C}} \frac{1}{2}(G_0 + jB_0)Z_{\mathrm{b}1} =$$

$$= 2\frac{1}{2}(0 + j526)10^{-6} \times 1600 = 0 + j0.8416\,\mathrm{pu}$$

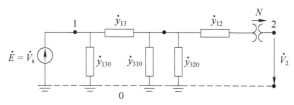

图 11.31　研究网络的等效电路

其中，$n_{\mathrm{c}} = 2$ 为传输线并联电路数。

电力变压器和变电站等效电路参数。

降压变压器的实际抽头为 $\mathrm{tap} = -2$，各参数以一次电压参考，即调节电压：

$$V_{\mathrm{r}} = V_{\mathrm{nr}}\left(1 + 抽头数 \times \frac{\Delta V_{\mathrm{t}}}{100}\right) = 400 \times \left(1 - 2\frac{1.56}{100}\right) = 387.52\,\mathrm{kV}$$

① 串补参数

$$R_{\mathrm{T}} = \Delta P_{\mathrm{sc}}^{\mathrm{nom}} \frac{V_{\mathrm{r}}^2}{S_{\mathrm{nT}}^2} 10^{-3} = 780 \frac{387.52^2}{250^2} 10^{-3} = 1.8741\,\Omega$$

$$Z_{\mathrm{T}} = \frac{u_{\mathrm{SC}}}{100} \frac{V_{\mathrm{r}}^2}{S_{\mathrm{nT}}} = \frac{16}{100} \frac{387.52^2}{250} = 96.1099\,\Omega$$

$$X_{\mathrm{T}} = \sqrt{Z_{\mathrm{T}}^2 - R_{\mathrm{T}}^2} = 96.0916\,\Omega$$

$$\dot{Z}_{\mathrm{T}} = R_{\mathrm{T}} + jX_{\mathrm{T}} = 1.8741 + j96.0916\,\Omega$$

② 电抗器参数

$$G_{\mathrm{T}0} = \frac{\Delta P_0}{V_{\mathrm{r}}^2} 10^{-3} = \frac{180}{387.52^2} 10^{-3} = 1.1986 \times 10^{-6}\,\mathrm{S}$$

$$Y_{\mathrm{T}0} = \frac{i_0}{100} \frac{S_{\mathrm{nT}}}{V_{\mathrm{r}}^2} = \frac{0.45}{100} \frac{250}{387.52^2} = 7.4914 \times 10^{-6}\,\mathrm{S}$$

$$B_{\mathrm{T}0} = \sqrt{Y_{\mathrm{T}0}^2 - G_{\mathrm{T}0}^2} = 7.3949 \times 10^{-6}\,\mathrm{S}$$

$$\dot{Y}_{\mathrm{T}0} = G_{\mathrm{T}0} - jB_{\mathrm{T}0} = (1.1986 - j7.3949) \times 10^{-6}\,\mathrm{S}$$

③ 变压器电压比

$$N = \frac{(V_{\mathrm{nr}}/V_{\mathrm{b}1})(1 + 抽头数 \times \Delta V_{\mathrm{t}}/100)}{V_{\mathrm{nf}}/V_{\mathrm{b}2}} = \frac{400(1 - 2 \times 1.56/100)}{121} \frac{110}{400} = 0.8807$$

注意，二次（固定）电压是指基准电压 $U_{\mathrm{b}2} = U_{\mathrm{n}2} = 110\,\mathrm{kV}$。

在标幺制下，变电站等效电路的单位导纳，考虑并联变压器的数量为 $n_{\mathrm{T}} = 4$，即为

$$\dot{y}_{32} = \frac{Z_{\mathrm{b}1}}{(\dot{Z}_{\mathrm{T}}/n_{\mathrm{T}})} = \frac{1600}{(1/4)(1.874 + j96.1099)} = 1.2985 - j66.5778\,\mathrm{pu}$$

$$\dot{y}_{320} = n_T \frac{\dot{Y}_{T0}}{Y_{b1}} = n_T \dot{Y}_{T0} Z_{b1} =$$

$$= 4(1.1986 - j7.3949) \times 10^{-6} \times 1600 = 0.0077 - j0.0473\,\mathrm{pu}$$

2）戴维南等效电路。为了简化计算，将变电站的 Γ 四极等效电路转换为∏（原电池）四极，如图 11.32 所示。因此，图 11.31 所研究的电力系统等效电路如图 11.33a 所示。

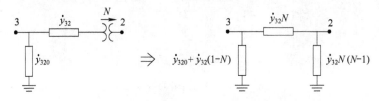

图 11.32　将 Γ 型变换为∏型，形成变压器等效电路

最后利用戴维南定理将图 11.33a 中的等效电路简化为图 11.33b 中的等效电路。

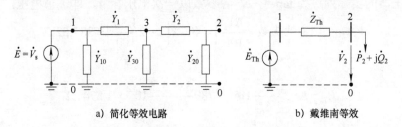

a）简化等效电路　　　　　　　　　　b）戴维南等效

图 11.33　所研究的电力系统的简化电路

因此，图 11.33a 的导纳如下：

$$\dot{Y}_1 = \dot{Y}_{13} = 6.3564 - j59.9319\,\mathrm{pu}$$

$$\dot{Y}_2 = N\dot{Y}_{32} = 0.8807 \times (1.2985 - j66.5778) = 1.1436 - j58.6368\,\mathrm{pu}$$

且

$$\dot{Y}_{10} = \dot{Y}_{130} = j0.8416\,\mathrm{pu}$$

$$\dot{Y}_{20} = N(N-1)\dot{y}_{32} = -0.1364 + j6.9938\,\mathrm{pu}$$

$$\dot{Y}_{30} = \dot{y}_{310} + \dot{y}_{320} + (1-N)\dot{y}_{32} = 0.1625 - j7.1466\,\mathrm{pu}$$

① 戴维南电动势电压的计算。戴维南电动势电压 $\dot{E}_{Th}$ 是在开路条件下从母线 2 上"看"施加到等效电路上的电压，即 $\dot{I}_2 = 0$ 时。

假设施加了无穷大的功率母线电压，即 $\dot{V}_1 = 1 + j0\,\mathrm{pu}$，图 11.33b 所示的戴维南等效节点电压矩阵方程如下：

$$
\begin{bmatrix}
\dot{Y}_{11} = \dot{Y}_1 + \dot{Y}_{10} & 0 & \dot{Y}_{13} = -\dot{Y}_1 \\
0 & \dot{Y}_{22} = \dot{Y}_2 + \dot{Y}_{20} & \dot{Y}_{23} = -\dot{Y}_2 \\
\dot{Y}_{31} = -\dot{Y}_1 & \dot{Y}_{32} = -\dot{Y}_2 & \dot{Y}_{33} = \dot{Y}_1 + \dot{Y}_2 + \dot{Y}_{30}
\end{bmatrix}
\begin{bmatrix}
\dot{V}_1 = 1 + j0 \\
\dot{V}_2 = \dot{E}_{Th} \\
\dot{V}_3
\end{bmatrix}
\begin{bmatrix}
\dot{I}_1 \\
\dot{I}_2 = 0 \\
0
\end{bmatrix}
$$

从而得到如下方程组：

$$\begin{cases} \dot{Y}_{22}\dot{V}_2 + \dot{Y}_{23}\dot{V}_3 = 0 \\ \dot{Y}_{31}\dot{V}_1 + \dot{Y}_{32}\dot{V}_2 + \dot{Y}_{33}\dot{V}_3 = 0 \end{cases}$$

由戴维南电压的结果可知：

$$\dot{E}_{\mathrm{Th}} = \dot{V}_2 = \frac{\dot{Y}_{23}\dot{Y}_{31}}{\dot{Y}_{22}\dot{Y}_{31} - \dot{Y}_{23}\dot{Y}_{32}}\dot{V}_1 = 1.1505 - \mathrm{j}0.0018\,\mathrm{pu}$$

② 戴维南阻抗的计算

所述的戴维南导纳是无源电路的等效导纳（电压源短路），可由等效串并联和电路计算。结果：

$$\dot{Y}_{Th} = \dot{Y}_{20} = \frac{\dot{Y}_{23}\dot{Y}_{31}}{\dot{Y}_{22}\dot{Y}_{31} - \dot{Y}_{23}\dot{Y}_{32}}\dot{V}_1 = 1.1505 - \mathrm{j}0.0018\,\mathrm{pu}$$

而戴维南阻抗如下：

$$\dot{Z}_{\mathrm{Th}} = \frac{1}{\dot{Y}_{\mathrm{Th}}} = R_{\mathrm{Th}} + \mathrm{j}X_{\mathrm{Th}} = Z_{\mathrm{Th}}\angle\beta = 0.0027 + \mathrm{j}0.0409 = 0.0410\angle 86.2284°$$

在电压稳定性研究中使用了等效的戴维南。

3）A、B 两个可能运行点的分析。负载是模型为恒功率，$P =$ 常数。标幺制下，复功率需求为 $\dot{S}_2 = (P_2 + \mathrm{j}Q_2)/S_b = 7 + \mathrm{j}3\,\mathrm{pu}$

因此，$S_2 = \sqrt{P_2^2 + Q_2^2} = 7.6158\,\mathrm{pu}$ 并且 $\cos\varphi = \dfrac{P_2}{S_2} = \dfrac{7}{7.6158} = 0.9191$

① 可能运行点的电压，$V_{2\mathrm{A}}$ 和 $V_{2\mathrm{B}}$

考虑到 $V_1 = E_{\mathrm{Th}} = 1.1505\,\mathrm{pu}$，$R_{\mathrm{Th}} = 0.0027\,\mathrm{pu}$ 和 $X_{\mathrm{Th}} = 0.0409\,\mathrm{pu}$ 由方程（11.19）实现：

$$\alpha = V_1^2 - 2(R_{\mathrm{Th}}P_2 + X_{\mathrm{Th}}Q_2) = 1.1505^2 - 2(0.0027\times 7 + 0.0409\times 3) = 1.0404$$

$$\Delta = \alpha^2 - 4Z_{\mathrm{Th}}^2 S_2^2 = 1.0404^2 - 4\times 0.0410^2\times 7.1658^2 = 0.6926$$

根据式（11.20）确定可能运行点的电压（见图 1.4），即：

$$V_{2\mathrm{A}} = \sqrt{\frac{\alpha + \sqrt{\Delta}}{2}} = \sqrt{\frac{1.0404 + \sqrt{0.6926}}{2}} = 0.9676\,\mathrm{pu}$$

$$V_{2\mathrm{B}} = \sqrt{\frac{\alpha - \sqrt{\Delta}}{2}} = \sqrt{\frac{1.0404 + \sqrt{0.6926}}{2}} = 0.3227\,\mathrm{pu}$$

② 电压灵敏度方程（11.25）给山：

$$\frac{\partial V_{2\mathrm{A}}}{\partial P_2} = \frac{-R_{\mathrm{Th}}}{\sqrt{V_1^2 - 4(R_{\mathrm{Th}}P_2 + X_{\mathrm{Th}}Q_2)}} = \frac{-0.0027}{\sqrt{1.1505^2 - 4(0.0027\times 7 + 0.0409\times 3)}} = -0.0036$$

$$\frac{\partial V_{2\mathrm{A}}}{\partial Q_2} = \frac{-X_{\mathrm{Th}}}{\sqrt{V_1^2 - 4(R_{\mathrm{Th}}P_2 + X_{\mathrm{Th}}Q_2)}} = \frac{-0.0409}{\sqrt{1.1505^2 - 4(0.0027\times 7 + 0.0409\times 3)}} = -0.0540$$

和

$$\frac{\partial V_{2\mathrm{B}}}{\partial P_2} = \frac{R_{\mathrm{Th}}}{\sqrt{V_1^2 - 4(R_{\mathrm{Th}}P_2 + X_{\mathrm{Th}}Q_2)}} = 0.0036$$

$$\frac{\partial V_{2\mathrm{B}}}{\partial Q_2} = \frac{X_{\mathrm{Th}}}{\sqrt{V_1^2 - 4(R_{\mathrm{Th}}P_2 + X_{\mathrm{Th}}Q_2)}} = 0.0540$$

A 点电压敏度为负值为稳定，B 点电压敏度为正值为不稳定。

4）传输网络特性。假设功率因数是常数，临界点是确定的。

① 最大可传输功率。可传输到负载区域的最大功率可根据关系式（11.7）确定。因此，

$\cos\varphi = 0.9191(\sin\varphi = 0.3940, \tan\varphi = 0.4286)$，可得：

$$S_{2\max} = \frac{1.1505^2}{2(0.0027 \times 0.9191 + 0.0409 \times 0.3940 + 0.0410)} = 11.1064\,\text{pu}$$

$$DS_c = S_{2\max} - S_2 = 11.1064 - 7.6158 = 3.4906\,\text{pu}$$

从实际运行点到临界点的视在功率的距离（以恒功率因数计算），为

$$DS_c = S_{2\max} - S_2 = 11.1064 - 7.6158 = 3.4906\,\text{pu}$$

② 临界点电压。考虑到临界点 $\Delta = 0$ 时，该点的电压值为

$$V_{2cr} = \sqrt{\frac{V_1^2 - 2(R_{Th}P_{2\max} - X_{Th}Q_{2\max})}{2}} =$$

$$= \sqrt{\frac{1.1505^2 - 2(0.0027 \times 10.2084 - 0.0409 \times 4.3750)}{2}} = 0.6748\,\text{pu}$$

③ 无功补偿的影响。功率因数的三种不同的值被认为是（$\cos\varphi = 0.9191$ 感性，$\cos\varphi = 1$，$\cos\varphi = 0.98$ 容性），V_2-P_2 特性是绘制的，考虑到电压源作为常数（$V_s = 1\,\text{pu}$，因此 $V_1 = 1.1505\,\text{pu}$）。最大传输功率和临界电压的计算方法与上述方法相同。结果如表 11.6 所示。

表 11.6　不同功率因数和 $V_s = 1\text{p}$ 值下的最大传输功率和临界电压

$\cos\varphi$	$\tan\varphi$	最大的传输功率			V_{2cr} (pu)
		$S_{2\max}$ (pu)	$P_{2\max}$ (pu)	$Q_{2\max}$ (pu)	
0.9191	0.4286	11.1064	10.2084	4.3750	0.6748
1	0	15.1471	15.1471	0	0.7880
0.98	−0.2031	18.6437	18.2708	−3.7100	0.8742

绘制了从 0 到 $P_{2\max}$ 的传输有功功率值 P_2 对应于三个不同功率因数的 V_2-P_2 特性图。这些特性是通过连续计算可能运行点的电压 V_{2A} 和 V_{2B} 来实现的。由此得到的三个特征如图 11.34a 所示。

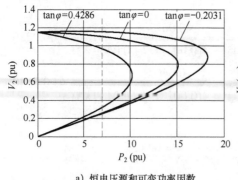

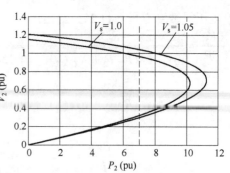

a）恒电压源和可变功率因数　　　　　　b）可变电压源和恒功率因数

图 11.34　V_2-P_2 特征

④ 假设功率因数为常数（$\cos\varphi = 0.9191$ 感性），则在绘制 $V_2\text{-}P_2$ 特性曲线时，考虑了改变电压源的两个不同值（$V_s = 1\text{pu}$ 和 $V_s = 1.05\text{pu}$）的影响。对于电压值 $V_s = 1.05\text{pu}$，电动势 E_{Th} 必须重新计算，因为运行条件发生了变化（阻抗 $\dot{Z}_{Th}$ 的值没有变化，因为网络拓扑结构没有变化）。

在假设的情况下，最大传输功率和临界电压如表 11.7 所示。

表 11.7　不同电源电压和恒功率因数 $\cos\varphi=0.9191$ 的最大传输功率和临界电压

V_s (pu)	$V_1=E_{Th}$ (pu)	最大的传输功率			V_{2cr} (pu)
		$S_{2\max}$ (pu)	$P_{2\max}$ (pu)	$Q_{2\max}$ (pu)	
1	1.1505	11.1064	10.2084	4.3750	0.6748
1.05	1.2080	12.2449	11.2548	4.8235	0.7085

在电源处的两个电压值（无穷大功率母线）的 $V_2\text{-}P_2$ 特性，假设一个常数因子，如图 11.34b 所示。

5）简化雅可比矩阵的模态分析。考虑简化电路（见图 11.33b），其中总线 1 是松弛的，母线 2 是 PQ 总线。母线 2 上的平衡方程为

$$\begin{cases} P_{2g} - P_{2c} = P_{2t} \\ Q_{2g} - Q_{2c} = Q_{2t} \end{cases}$$

因为 $P_{2g} = Q_{2g} = 0$，$P_{2c} = P_2$，和 $Q_{2c} = Q_2$，并且

$$\begin{cases} P_{2t} = V_1 V_2 (G_{21}\cos\theta_2 + B_{21}\sin\theta_2) + G_{22}V_2^2 \\ Q_{2t} = V_1 V_2 (G_{21}\sin\theta_2 - B_{21}\cos\theta_2) - B_{22}V_2^2 \end{cases}$$

得到 $P_{2t} = -P_2$，和 $Q_{2t} = -Q_2$，非线性方程组为

$$\begin{cases} P_2 + V_1 V_2 (G_{21}\cos\theta_2 + B_{21}\sin\theta_2) + G_{22}V_2^2 = 0 \\ Q_2 + V_1 V_2 (G_{21}\sin\theta_2 - B_{21}\cos\theta_2) - B_{22}V_2^2 = 0 \end{cases}$$

其中，P_2 和 Q_2 是负载区域所需的有功功率和无功功率。在这些条件下，系统雅可比矩阵如下：

$$[\boldsymbol{J}] = \begin{bmatrix} J_{P\theta} = \dfrac{\partial P_{2t}}{\partial \theta_2} & J_{PV} = \dfrac{\partial P_{2t}}{\partial V_2} \\ J_{Q\theta} = \dfrac{\partial Q_{2t}}{\partial \theta_2} & J_{PV} = \dfrac{\partial Q_{2t}}{\partial V_2} \end{bmatrix} = \begin{bmatrix} -Q_{2t} - B_{22}V_2^2 & \dfrac{P_{2t} + G_{22}V_2^2}{V_2} \\ P_{2t} - G_{22}V_2^2 & \dfrac{Q_{2t} - B_{22}V_2^2}{V_2} \end{bmatrix}$$

简化后的雅可比矩阵是 $J_R = J_{QV} - J_{Q\theta} \times J_{P\theta}^{-1} \times J_{PV}$。

为了计算矩阵 $\boldsymbol{J}_R$ 并利用模态分析评估电压稳定性，假设 $V_1 = 1.1505\text{pu}$，后续步骤如下：

（i）母线导纳矩阵的计算

$$\left[\dot{Y}_{nn}\right] = \begin{bmatrix} \dot{Y}_{Th} & -\dot{Y}_{Th} \\ -\dot{Y}_{Th} & \dot{Y}_{Th} \end{bmatrix} = \begin{bmatrix} \dot{Y}_{11} & \dot{Y}_{12} \\ \dot{Y}_{21} & \dot{Y}_{22} \end{bmatrix}$$

$$= \begin{bmatrix} 1.6046 - j24.3402 & -1.6046 + j24.3402 \\ -1.6046 + j24.3402 & 1.6046 - j24.3402 \end{bmatrix}$$

因此 $G_{22}=1.6046\text{pu}$ 和 $B_{22}=-24.3402\text{pu}$

（ii）电压 V_2 的计算

由于运行条件与 3 点相同，两个运行点的电压 V_2 分别为 $V_{2A}=0.9676\text{pu}$ 和 $V_{2B}=0.3227\text{pu}$。

（iii）用于电压稳定性评估的简化雅可比矩阵的计算

如前所述，在两个运行点上，我们有 $P_{2t}=-P_2$ 和 $Q_{2t}=-Q_2$，因此

① 对于运行点 A，其中 $V_2=V_{2A}=0.9676\text{pu}$，雅可比矩阵项如下：

$$J_{P\theta}=Q_2-B_{22}V_2^2=3-(-24.3402)\times0.9676^2=25.7902$$

$$J_{PV}=\frac{-P_2+G_{22}V_2^2}{V_2}=\frac{-7+1.6046\times0.9676^2}{0.9676}=-5.6815$$

$$J_{Q\theta}=-P_2-G_{22}V_2^2=-7-1.6046\times0.9676^2=-8.5024$$

$$J_{QV}=\frac{-Q_2-B_{22}V_2^2}{V_2}=\frac{-3-(-24.3402)\times0.9676^2}{0.9676}=20.4521$$

简化雅可比矩阵如下：

$$J_{R,A}=J_{QV}-J_{Q\theta}\times J_{P\theta}^{-1}\times J_{PV}=20.4521-\frac{-8.5024\times(-5.6815)}{25.7902}=18.5791$$

因此，在这个特殊的情况下，雅可比矩阵的简化形式是 1×1 矩阵。$J_{R,A}$ 矩阵的特征值为 $\lambda=18.5791>0$，从电压角度看运行状态是稳定的。此外，最小奇异值等于特征值，因此全局指标 VSI 是计算运行点 A 的特征值与空载的计算特征值之比。

② 对于运行点 B，$V_2=V_{2B}=0.3227$，雅可比矩阵的元素如下：

$$J_{P\theta}=Q_2-B_{22}V_2^2=3-(-24.3402)\times0.3227^2=5.5339$$

$$J_{PV}=\frac{-P_2+G_{22}V_2^2}{V_2}=\frac{-7+1.6046\times0.3227^2}{0.3227}-21.1774$$

$$J_{Q\theta}=-P_2+G_{22}V_2^2=-7-1.6046\times0.3227^2=-7.1670$$

$$J_{QV}=\frac{-Q_2-B_{22}V_2^2}{V_2}=\frac{-3-(-24.3402)\times0.3227^2}{0.3227}-1.4445$$

化简后的雅可比矩阵如下：

$$J_{R,B}=J_{QV}-J_{Q\theta}\times J_{P\theta}^{-1}\times J_{PV}=-1.4445-\frac{-7.1670\times(-21.1774)}{5.5339}=-28.8714$$

因此，简化雅可比矩阵 $J_{R,B}$ 的特征值为 $\lambda=-28.8714<0$，从电压角度看，运行状态不稳定。

表 11.8 给出了对负荷区域不同功率需求值进行简化雅可比矩阵模态分析的电压稳定性评估结果。

由表 11.8 可知，随着传输功率的增大，两个运行点 A 和 B 对应的矩阵 J_R 的特征值越来越接近，在临界点处为零。此外，全局值 VSI 在空载情况下从 1 下降到临界点时的 0。

表 11.8　各点的 *P-V* 特征值的矩阵 J_R 模态分析结果（J_R）和全局指标 VSI

P_2(pu)	Q_2(pu)	运行点 A		运行点 B		VSI
		V_{2A}(pu)	$\lambda = J_R$	V_{2B}(pu)	$\lambda = J_R$	
0	0	1.1505	28.1247	0	—	1
1	0.4286	1.1321	27.2667	0.0394	−64.3456	0.9695
2	0.8571	1.1119	26.2905	0.0802	−57.9089	0.9348
3	1.2857	1.0896	25.1770	0.1228	−51.8190	0.8952
4	1.7143	1.0648	23.8998	0.1676	−45.9750	0.8498
5	2.1429	1.0369	22.4204	0.2151	−40.2790	0.7972
6	2.5714	1.0050	20.6796	0.2663	−34.6238	0.7353
7	3.0000	0.9676	18.5791	0.3227	−28.8714	0.6606
8	3.4286	0.9221	15.9316	0.3870	−22.8022	0.5665
9	3.8571	0.8617	12.2858	0.4658	−15.9375	0.4368
10	4.2857	0.7551	5.4725	0.5907	−6.0851	0.1946
$P_{2\,max}$ 10.2084	$Q_{2\,max}$ 4.3750	0.6748	0	0.6748	0	0

参 考 文 献

[1] Concordia, C. Voltage instability, *Int. J. Elect. Power Energy Syst.*, Vol. 13, No. 1, pp. 14–20, 1991.

[2] Van Cutsem, T., Vournas, C.D. *Voltage stability of electric power systems*, Kluwer Academic Publishers, Boston, 1998.

[3] CIGRE Task Force 38-02-11. *Indices predicting voltage collapse including dynamic phenomena*, 1994.

[4] Hill, D.J. Nonlinear dynamic load models with recovery for voltage stability studies, *IEEE Trans. Power Syst.*, Vol. 8, No. 1, pp. 166–175, February 1993.

[5] Eremia, M., Trecat, J., Germond, A. *Réseaux electriques. Aspects actuels*, Technical Publishers, Bucharest, 2000.

[6] CIGRE Task Force 38-02-10. *Modeling of voltage collapse including dynamic phenomena*, CIGRE Brochure No. 75, 1993.

[7] Borremans, P. et al. Voltage stability: fundamental concepts and comparison of practical criteria, *CIGRE Proceeding paper 38-11*, August 1984.

[8] Pal, M.K. Voltage stability conditions considering load characteristics, *IEEE Trans. Power Syst.*, Vol. 7, No. 1, pp. 243–249, February 1992.

[9] Pal, M.K. *Lecture notes on power system stability*, Edison, New Jersey, June 2007.

[10] Weedy, B.M. *Electric power systems*, John Wiley & Sons, 3rd edition, 1979.

[11] Löf, P.A., Andersson, G., Hill, D.J. Voltage stability indices for stressed power systems, *IEEE Trans. Power Syst.*, Vol. 8, pp. 326–335, 1993.

[12] Xu, W., Mansour, Y., Harrington, P.G. Planning methodologies for voltage stability limited power systems, *Int. J. Elect. Power Energy Syst., Special issues "Voltage Stability and Collapse"*, Vol. 15, No. 4, pp. 221–228, 1993.

[13] Xu, W., Mansour, Y. Voltage stability analysis using generic dynamic load models, *IEEE Trans. Power Syst.*, Vol. 9, No. 1, pp. 479–493, 1994.

[14] Canizares, C. (Editor) *Voltage stability assessment: concepts, practices and tools*. IEEE-PES Power System Stability, Special publication, SP101PSS, 2003.

[15] Fischl, R. (Drexel University). *Performance indexes for predicting voltage collapse*, Final Report EPRI EL-6461, July 1989.

[16] Chow, I.C., Fischl, R., Yan, H. On the evaluation of voltage collapse criteria, *IEEE Trans. Power Syst.*, Vol. 5, No. 2, May 1990.

[17] EPRI EL-6183. *Proceedings: Bulk power system voltage phenomena – Voltage stability and security*, Project 2473-21, January 1989.

[18] Barbier, C., Barret, J.P. Analyse des phénomènes d'écroulement de tension sur un réseau de transport, *Rev. Générale d'Elect.*, Tome 89, No. 10, pp. 672–690, October 1980.

[19] Carpentier J. et al. *Voltage collapse proximity indicators computed from an optimal power flow*, *Proceedings of Systems Computation Conference*, Helsinki, Finland, pp. 671–678, September 1984.

[20] Jarjis, J. Galiana, F.D. Quantitative analysis of steady state stability in power networks, *IEEE Trans. Power Apparatus Syst.*, Vol. PAS-100, No. 1, pp. 318–326, January 1981.

[21] Kessel, P., Glavitsch, H. Estimating the voltage stability of a power system, *IEEE Trans. Power Deliv.*, Vol. PWRD-1, No. 3, pp. 346–354, July 1986.

[22] Tiranuchit, A. Thomas, R.J., A posturing strategy against voltage instability in electric powers systems, *IEEE Trans. Power Syst.*, Vol. 3, No. 1, pp. 87–93, February 1988.

[23] Tamura, Y., Mori, H., Iwamoto, S. Relationship between voltage instability and multiple load flow solutions in electric power systems, *IEEE Trans. Power Apparatus Syst.*, Vol. PAS-102, No. 5, pp. 1115–1125, 1983.

[24] Lachs, W.R. *Voltage collapse in EHV power systems*, Paper No. A78 057-2, 1978 IEEE/PES Winter Power Meeting, January, 1978.

[25] Abe, S. et al. Power system voltage stability, *IEEE Trans. Power Apparatus Syst.*, Vol. PAS-101, No. 10, pp. 3820–3839, October 1982.

[26] Costi, A., Shu, L., Schlueter, R.A. *Power system voltage stability and controllability*, *Proceedings of the 1986 IEEE ISCAS*, Vol. 3, San Jose, California, pp. 1023–1027, May 1986.

[27] Alvarado, F.L., Jung, T.H. *Direct detection of voltage collapse conditions*, *Proceedings of Bulk Power Systems Voltage Phenomena – Voltage stability and security*, EL-6183, EPRI, January 1989.

[28] Bergen, A.R., Vittal, V. *Power systems analysis*, Prentice Hall Inc., New Jersey, 2000.

[29] Brucoli, M. et al. A generalized approach to the analysis of voltage stability in electric power systems, *Elect. Power Syst. Res.*, Vol. 9, pp. 49–62, 1985.

[30] Venikov, V.A., Stroev, V.A., Idelchick, V.I., Tarasov, V.I. Estimation of electrical power system steady-state stability in load flow calculations, *IEEE Trans. Power Apparatus Syst.*, Vol. PAS-94, No. 3, pp. 1034–1041, May–June 1975.

[31] Arapostathis, A. et al. Analysis of power flow equation, *Elect. Power Energy Syst.*, Vol. 3, pp. 115–126, July 1981.

[32] Liu, C.C., Wu, F.F. *Steady-state voltage stability regions of power systems*, *Proceedings of the 3rd IEEE CDC*, Las Vegas, Nevada, pp. 488–493, December 1984.

[33] Kwatny, H.G., et al. Static bifurcations in electric power networks: loss of steady-state stability and voltage collapse, *IEEE Trans. CAS*, Vol. CAS-33, No. 10, pp. 981–991, October 1986.

[34] EPRI EL-5967 *Voltage stability and security assessment*, Final report on Advanced concepts for power systems engineering project RP – 1999-8, August. 1988.

[35] IEEE Special publication 93TH0620_SPWR. *Suggested techniques for voltage stability analysis*, 1993.

[36] CIGRE Task Force 38-02-12. *Criteria and countermeasures for voltage collapse*, Report, Electra, Vol. 162, October 1995.

[37] Flatabo, N., Ognedal, R., Carlsen, T. Voltage stability condition in a power transmission system calculated by sensitivity methods. IEEE Trans. Power Syst., Vol. PWRS-5, No. 4, pp. 1286–1293, 1990.

[38] Dobson, I. The irrelevance of load dynamics for the loading margin to voltage collapse and its sensitivities, *Proceedings on Power System Voltage Phenomena III – Voltage stability and security*, ECC Inc., Davos, Switzerland, pp. 509–518, August 1994.

[39] Seydel, R. *From equilibrium to chaos. Practical bifurcation and stability analysis*, Elsevier, New York, 1988.

[40] Ajjarapu, V. *Computational techniques for voltage stability assessment and control*, Springer, Power Electronics and Power Systems Series, 2006.

[41] Gomez-Exposito, A., Conejo, A.J., Canizares, C. *Electric energy systems. Analysis and operation*, CRC Press, 2008.

[42] Gonzales, J.M., Canizares, C.A., Ramirez, J.M. Stability modeling and comparative study of series vectorial compensators, *IEEE Trans. Power Deliv.*, Vol. 25, No. 2, April 2010.

[43] Ilić, M., Zabosszky, J. *Dynamics and control of large electric power systems*, John Wiley & Sons Inc., New York, 2000.

[44] Kundur, P. *Power systems stability and control*, McGraw Hill Inc., New York, 1994.

[45] Ajjarapu, V., Lee, B. Bifurcation theory and its application to nonlinear dynamical phenomena in electric power system, IEEE Trans. Power Syst., Vol. 7, No. 1, pp. 424–431, February 1992.

[46] Jing, Z., Xu, D., Chang, Y., Chen, L. Bifurcations, chaos, and system collapse in a three node power system, *Elect. Power Energy Syst.*, Elsevier, No. 25, pp. 443–461, 2003.

[47] Arnold, V. *Geometrical methods in the theory of ordinary differential equations*, Springer-Verlag, New York, 1983.

[48] Seyranian, A.P., Mailybaev, A.A. *Multiparameter stability theory with mechanical applications*, World Scientific Publishing Co. Pvt. Ltd., Singapore, 2003.

[49] Gao, B., Morison, G.K., Kundur, P. Voltage stability evaluation using modal analysis, *IEEE Trans. Power Syst.*, Vol. PWRS-7, No. 4, pp. 1529–1542, 1992.

[50] Dobson, I. Observations on the geometry of saddle-node bifurcation and voltage collapse in electric power systems, *IEEE Trans. Circuits Syst. I*, Vol. 39, No. 3, pp. 240–243, 1992.

[51] Taylor, C.W. *Power system voltage stability*, McGraw Hill Inc., New York, 1994.

[52] IEEE Task Force Report Standard load models for power flow and dynamic performance simulation, *IEEE Trans. Power Syst.*, Vol. 10: pp. 1302–1313, 1995.

[53] Kundur, P., Paserba, J., Ajjarapu, V., Andersson, G., Bose, A., Canizares, C., Hatziargyriou, N., Hill, D., Stankovic, A., Taylor, C., Van Cutsem, T., Vittal, V. Definition and classification of power system stability, IEEE-CIGRE Joint Task Force on Stability terms and definitions, *IEEE Trans. Power Syst.*, Vol. 19, No. 2, pp. 1387–1401, May 2004.

第 12 章

电力系统继电保护

Klaus-Peter Brand 和 Ivan De Mesmaeker

12.1 简介

12.1.1 引言

已出版的继电保护相关书籍[1-3]已经明确表明了保护的重要性并且较为详尽地讨论了继电保护的概念和措施。由 CIGRE[4]发布的 CIGRE SC B5（"保护和自动化"）工作组的报告（小册子）提供了大量关于实际保护中存在问题的信息。众多专业期刊上也发表了保护的众多技术细节，本书将不在此处列出。

本书主要侧重于电力系统的稳定与控制，除基本概念外，所描述的保护功能按照电力系统结构和待保护电力系统的对象进行分组。有助于电力系统安全和稳定的重要功能将被重点介绍。而有关各种复杂工况和复杂的保护参数详细信息请参阅上述保护书籍。

另外，本书不讨论保护的历史。但是会介绍 IED（智能电子设备）中串行通信等最先进的保护功能实现方法，它将来可能会取代几乎所有的并联铜线。对于这个主题，还可以参阅 IEC 61850 标准，其中不仅规定了保护的通信规约，还给出了综合数据模型。

这里应该指出，保护是应用在电力系统中响应速度最快的自动化功能。由于保护主要在变电站中实施，因此它也是变电站自动化（SA）的重要组成部分。

12.1.2 继电保护的任务

继电保护在电力系统中的任务主要是：

1）保护人们免于危险的情况；

2）保护电力系统避免失稳；

3）保护电力系统的资产（架空线路、发电机、电力变压器等）免受故障和破坏。

从这个意义上来说，保护可以被认为是一种安全保障，受保护对象越重要，它就需要更多的安全保障。

图 12.1 显示了电力系统中的不同状态以及保护作用的阶段。在正常状态下，电网管理系统在网络层面调度潮流。如果整个电力系统或其部分偏离正常状态而导致预警或紧急状态，则变电站中的保护必须发挥作用，其目标是使系统尽快恢复正常。举例来说，在预警状态，可以通过重新分配潮流来减轻过载变压器的负载来实现。而对于暂态故障，从紧急状态

恢复的方式是通过跳闸后迅速响应来实现，例如，断路器断开后的自动重合闸。在中断状态下，持续性故障必须首先可靠地隔离，直到电源再次恢复。当应用系统（广域）保护时，状态划分保持不变，但是这种保护是本地保护的补充，并配置在变电站外的系统保护 IED 中。

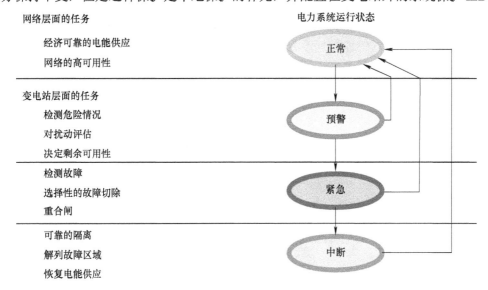

图 12.1　电力系统和保护动作中的状态

不应忽视的是，由保护动作而导致的断路器开路也可能对电力系统造成如下几方面的负面影响：

1）中断网络潮流，从而影响电力输送；

2）产生可能影响系统稳定性的瞬变；

3）导致电流、电压和频率偏离标称值，降低电能质量。

然而，这些负面影响与其所担负的隔离故障设备或电力系统的一部分的功能来说不值一提。电力系统设计的重要原则是电力系统稳定性（N-1）规则，这也同样适用于保护动作的情况，也就是说，电力系统必须容忍由保护操作引起的单一设备退出运行不会使系统失去稳定性。在保护和电力系统设计中要考虑的另一点是必须最大限度地降低由后续故障导致电力设备连续退出运行并最终导致大停电的风险。这对保护的相关要求是必须具备高选择性，这将在下面讨论。

12.1.3　继电保护的性质和要求

为了理解保护，必须了解其基本性质，并且必须理解其测量和保护原理。不仅如此，理解在通常称为 IED 的现代数字继电器中如何实现保护也很重要。这就需要我们对继电保护的发展趋势进行讨论，尤其是从就地保护（如过电流保护）到区域或对象保护（如差动保护），最后到电力系统广域保护方案的发展过程。

保护的一个基本性质是它将永久监视电力系统的受保护部分，但只是在其生命周期中一个非常短的时间内工作，即释放跳闸命令。这需要保护装置具备非常高的可靠性，一方面，这需要保护 IED 装置的高 MTTF（平均无故障时间）来保障，另一方面，也要求保护装置具有完善的自我监测和运维策略。

12.1.4　从系统监控到断路器跳闸

从传感器收集电力系统数据（如电压和电流）到保护 IED 中的监控和决定功能，再到执行器（如断路器作用于过程）的路径如图 12.2 所示。所有的链接可以通过常规硬连线或串行链路实现。如果没有特别提及，在串行链路的情况下，我们总是参考标准 IEC 61850 标准[5]，它是为变电站内的通信而开发的，但现在已被定义并用于变电站以外的某些应用或其他电力系统自动化应用领域。

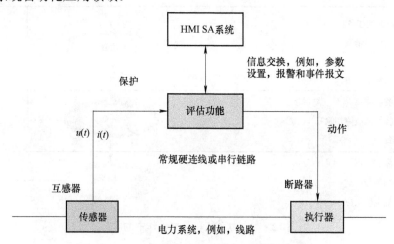

图 12.2　从传感器通过监视到执行器（断路器）

保护 IED 装置现在往往向上连接到更高级别的控制系统，如变电站自动化或网络控制系统（HMI，SA 系统），这些系统具备获取和修改参数的功能，并能够提供有关故障的信息（例如，通过时间标记事件，干扰/故障记录）和保护动作的相关信息。这些信息将最终显示在 HMI 报警和事件列表当中并最终进行归档。

12.1.5　主要运行要求

对保护运行的要求主要有：

1）选择性；

2）可靠性；

3）速动性；

4）对系统变化工况的适应性；

5）后备保护。

12.1.5.1　选择性

选择性是保护的重要内容之一。若系统当中发生了故障，保护应能够准确地只切除系统当中的故障部分，它有两层含义：

1）保证故障部分被保护切除；

2）保证正常部分不被保护切除。

应用在电力系统当中的所有保护装置都必须校验其选择性，也就是说所有保护装置都必须进行选择性的协调配合。

12.1.5.2　可靠性

根据 IEV 448-12-05[6]，可靠性是保护可以在给定时间内、给定条件下执行所需功能的概率。这意味着高安全性和可靠性：

1）根据 IEV 448-12-06[6]，安全性是在给定时间间隔、给定条件下不该动作时，保护不动作的概率。

2）根据 IEV 448-12-06[6]，可靠性是在给定时间间隔、给定条件下应该动作时，保护不出现不动作的概率。

应用在电力系统当中的所有保护装置都必须校验其选择性，也就是说所有保护装置都必须进行选择性的协调配合。

12.1.5.3　速动性

保护必须快速消除电力系统的故障部分，以免危及稳定性并最小化由于短路电流引起的破坏。通常，在该过程中必须考虑总故障清除时间，即消除故障的总时间，包括图 12.2 中描绘的链路中的断路器的动作时间。典型的清除时间约为 80ms，其中 40ms 为进行故障检测，跳闸指令生成和通信的时间，另外 40ms 为断路器的机械动作和故障断开动作时间。此时，从电力系统的角度来看，故障已被清除。为了避免在打开断路器后出现不受控制的保护反应，必须考虑保护的复位时间（约 20ms）。

12.1.5.4　适应性

如果由于电力系统工况变化导致保护误动作，则对于（N-1）情况来说，将导致电力系统存在失稳的高风险。因此，保护动作能够适应电力系统工况的变化是非常重要的。适应性意味着保护特性和行为的设置应使保护即使在网络工况变化时也能正确反应，例如，平行线上单相重合闸时的非对称过载。

12.1.5.5　自适应保护

对自适应保护的需求与上述适应性相同。不同之处在于自适应保护意味着并非所有工况都是预先确定的，而是通过对电力系统全局工况具有监测的系统对保护参数进行远程更改而实现的。在特殊情况下，这种全局系统也可以在保护设备本身中实现。

12.1.5.6　后备保护

由于保护的高可靠性要求，在主保护失效的情况下，备用保护功能是必不可少的。这个要求可以通过如下方案来实现：

1）保护装置安装在距离故障位置较远的地方，配置较小的选择性且设置一定的触发延迟（$\Delta t > 0$），如图 12.3 所示；

2）在相同位置使用第二个保护，没有延迟跳闸（$\Delta t = 0$），如图 12.4 所示。在这种情况下，选择性通常不受影响

为了最大限度地减少系统性的保护失效，投资第二套保护时要么配置另一种保护原理，要么购买相同原理的保护，但是装置来自另一个制造商，从而能够使用不同的算法来实现该原理。出于维护方便的原因，一些用户决定采用两套原理相同的保护措施。这两套保护被称为主保护 1 和主保护 2。在一些实际工程中，主保护 1 和主保护 2 之外还配置一套额外的备

用保护，通过单 IED 装置来实现或者集成在控制 IED 中。应该注意的是，在本地配置冗余保护的情况中，每套保护都有自己独立的传感器组，通常包含变压器（IT）中独立的二级绕组，通过断路器驱动器中的独立的专用跳闸线圈以及独立的铜电路或串联链路等。图 12.4 所示跳闸的逻辑由断路器本身实现。在参考文献[7]中非常仔细地分析了后备保护的一些重要问题。

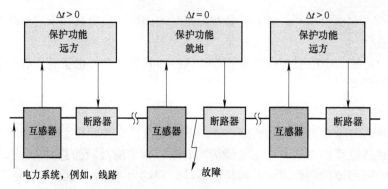

图 12.3 带时延远方后备保护的概念

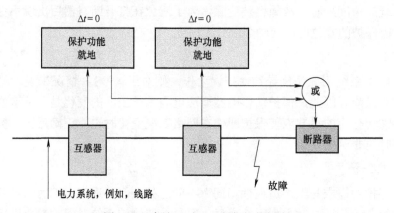

图 12.4 本地无时延后备保护的概念

12.1.5.7 关于保护性能、可靠性和可用性等功能的一般说明

在可行性分析和据此设计的保护系统中，不仅要设计保护功能本身，还要设计图 12.2 的整个链条，包括通过 CT/PT 或传感器、断路器和跳闸电路以及用来给主保护 IED 供电的直流电源等。

12.1.6 现代保护的优势

技术的发展已经大大改变了保护 LED 的架构和功能。过去，保护继电器一直是机械电磁式保护继电器。后来，它们被具有逻辑门的固态继电器所取代或补充。今天，所有保护继电器都基于使用微处理器的数字化技术。这些数字设备通常称为 IED。如果没有特别提及，本章将始终围绕数字（基于微处理器）IED 进行讨论。应该注意的是，IED 还可以实现除经典保护功能外的其他功能。

数字化技术的影响可归纳如下：

1）电流和电压的模拟输入将被进行 A/D 转换。

2）使用支持复杂计算和决策的微处理器。

3）能够直观地应用类似从教科书中获取的公式。

4）提供串行通信设施作为微处理器的附加装置。

5）通过微处理器时钟能够提供事件和警报的时间标记。

6）支持标准化数据模型和通信协议，如 IEC 61850。

7）支持在一个设备（多功能继电器）中集成多个功能。

8）使用硬件平台和功能软件库。

9）支持对包含变电站内部的保护、控制和监控等装置等二次设备的变电站自动化系统进行优化。

这些优势涵盖了包含规范、项目执行、调试、测试、运行和维护等过程的整个保护生命周期。应该指出的是，这些先进的保护系统也提高了对设备的提供者和用户的能力要求。

在图 12.5 中，显示了保护 IED 的主要架构。它包含电流和电压的模拟输入（适用于所有相位）。应用输入变换器将来自互感器的数值转变到 IED 内部的电子器件中，实现电气分离。得到的输出量通过所谓的采样和保持（SIR）功能进行采样，并通过多路复用传递到模拟数字（AD）转换器，以提供微处理器所需的数字信号。二进制信号由光耦合器收集，实现高度的电气解耦。所产生的无噪声二进制信号由二进制数字（BID）转换器转换成数字信号，即微处理器所需的数字。二进制信号再由具有电隔离功能的信号继电器发出。

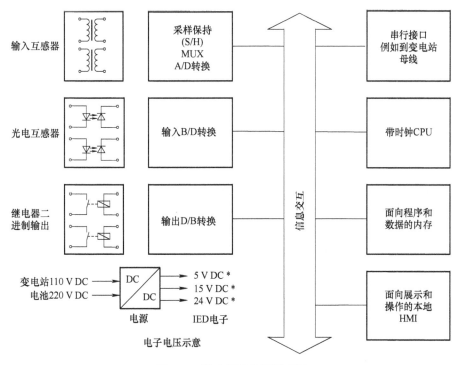

图 12.5　数字保护装置原理图

数字信号由微控制器根据函数和保护算法进行处理，并由集成在微处理器中的时钟打上时标。任何 LED 中的微处理器时钟也可以用于其他目的，例如事件和警报的时间标记。为了实现变电站内所有 IED 之间的时间同步性，所有这些时钟必须通过此处未示出的 SA 主时钟进行同步。如果所有主时钟都参考 GPS 的时间信号（Global Positioning System），则全局的时间同步就实现了。对于事件进行 1ms 级的时间标记，往往通过标准方式同步。IED 内的存储器对于程序和操作数据是强制性的，但也用于记录历史故障数据，如扰动记录和事件记录。

根据微处理器的需要，IED 内的所有数据都以数字信号存在，因此可以通过站总线与变电站自动化系统的所有其他 IED 进行串行交换。几乎所有保护 IED 都有某种本地 HMI，通过 LED 或小显示屏进行数据展示，并允许操作或更改设置，例如通过按钮。

最后，IED 的电源通常由变电站蓄电池（110V DC 或 220V DC）供电并转换为公共电子 DC 电压。如果使用称为过程总线的串行链路来收集电流和电压作为样本，则相关的串行接口将替换输入变压器和完整的模数转换单元。对于精确度为 1μs 的同步时间相干采样，同步需要如下所述的特殊装置。

12.2 IEC 61850 简介

为了实现变电站中的可互操作通信，创建了 IEC 61850 "变电站通信网络和系统" 标准[5]。它由具有数据域和服务域的特定数据模型组成。由对象衍生出的数据被分组为所谓的逻辑节点（LN）。LN 表示相关的功能。这些服务定义了数据访问的标准化方式。这些服务包含从简单的读写服务到更复杂的服务，例如，开关设备操作的控制服务和 SBO 服务（操作前选择命令）。这样，操作员可以通过在预设定条件下启动的报文的帮助下获取有效信息。在 IED 之间，时间数据（数据块、跳闸信号、恢复信号、新的开关位置等）由所谓的 GOOSE 消息（Generic Object Oriented System Event，GOOSE 服务）交换，具有最高要求的 4ms 执行等级。模拟样本由采样值（SV）服务传输。

域特定模型映射在 ISO/OSI 7 层堆栈上，该堆栈定义了数据和服务的编码和解码，这些数据和服务通过物理链路（如线路和网络）在消息（电报）中传输。堆栈的组件尚未新定义，而是取自主流通信技术。对于第 1 层和第 2 层，选择具有 100Mbit/s 传输速率和优先级支持的以太网。以太网是最广泛使用的协议，大量的资金投入其中，使其支持从办公应用到工业系统中的任何类型的应用程序。对于第 3 层，选择 TCP（传输控制协议）和第 4 层选择 IP（因特网协议）已经成为了包括 Interet 在内的所有通信网络的事实标准。通过一些简化，我们可以说第 3~7 层由 MMS 制造消息规范覆盖。其结果是一个简易但在编码和解码上耗费时间的协议，用于 HMI 作为客户端和保护 IED 作为服务器之间的通信。在 IED 之间有两个时间关键服务，即 GOOSE 和 SV。这些服务直接映射到以太网的链路层，即 ISO/OSI 模型中的第 2 层，达到 4ms 的最高性能等级，用于 IED 之间的传输时间，这对于保护链来说是最重要的。堆栈和与数据模型的关系如图 12.6 所示。

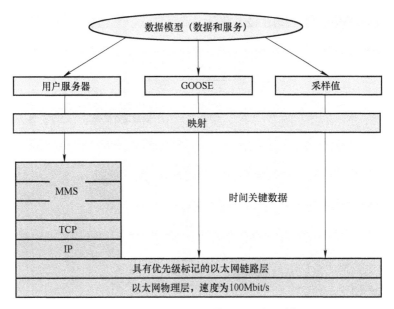

图 12.6　IEC 61850 中使用的堆栈以及与数据模型的关系

事件的时间同步请求约 1ms 的准确度，其通过以太网上的 SNTP（简单网络时间协议）在系统中的所有 IED 之间提供。准确度为 1μs 的同步采样时间同步则通过专用链路（IEC 61850 的第 1 版）以 1pps（每秒脉冲数）提供或通过以太网的 IEEE 1588[8]来提供（IEC 61850 的第 2 版或其修正版）。

IEC 61850 的目标是互操作性，但通过串行链路将所有通信功能的全面标准化，将最终导致串行链路替换所有铜缆用于信号传输，也就是说至少在各间隔间需采用光纤通信。

根据 IEC 61850，一个测量点的电压和电流采样值来自于合并单元（MU），其在一个数据包（电报）中将电流和电压进行合并（例如，$3 \times I$，I_0，$3 \times U$，U_0）。根据输入，MU 还执行采样（并在必要时重新采样）和随后的 A/D 转换，如图 12.5 所示的 IED 结构中的 S/H 和 A/D 单元。如果根据 IEEE 1588[8]要实现 1μs 的同步准确度，将来有可能将 MU 限制为每个测量点的专用单元，即如果对用户来说是必要的，极端情况下每个电流或电压传感器配置一个。

更多细节可在标准 IEC 61850[5]的文件和大量山版物中找到。在参考文献[9]中可以找到保护的早期应用示例。

12.3　详细的保护链

12.3.1　铜线与串行链路

应该注意的是，在考虑这个问题时，必须考虑整个保护链，即不仅是保护继电器，还有直流电源（电池）、互感器（CT 和 VT）、绕组、辅助继电器、跳闸线圈（继电器和断路器）、断路器本身。因此，保护继电器周围的设备也将简略地进行分析。如上所述，考虑到后备需求，必须考虑所有这些设备。为了讨论所有这些问题，我们将补充更多细节到图 12.2

所示的简单方案中，如图 12.7 和图 12.8 所示。

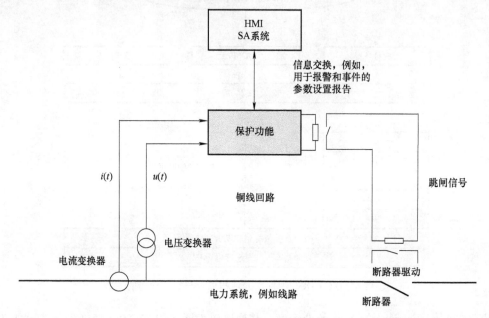

图 12.7　由硬接线构成的保护链

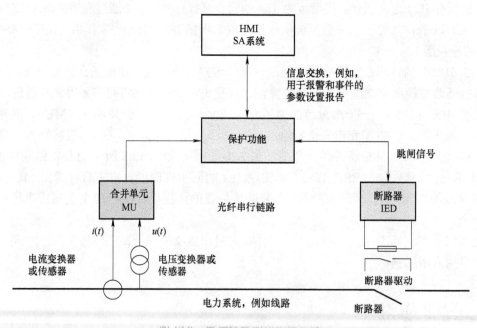

图 12.8　串行链路构成的保护链

　　本章既涉及传统的铜线硬连接，也涉及组件之间的光纤串联连接，包含传感器、保护和执行器之间连接。在两种方式下，保护链的实现方案可能完全不同。独立于通信解决方案，二者关于功能、速度和监督等的保护功能的要求都必须得到满足。本小节将讨论二者共同特征和差异，并分析发展趋势。如果合适，还将提到串行连接的好处。

12.3.2　监督

由于保护链路对电力系统可靠性的重要性，需要对链路上所有可能的步骤节点进行监督。

1）CT 和 VT（互感器）：电流和电压检查：

① 三相平衡性检查；

② $U_0 \times$ 非 I_0 或 $U_2 \times$ 非 I_2 和/或其他检查；

③ 电压和电流数据采集系统。

2）电压和电流数据采集系统：

① 硬连线连接允许对硬连线进行合理性检查（另请参见 CT 和 VT）；

② 串行连接允许检查电报的接收和错误。

3）保护 IED

① 输入变换器：见上面的 CT 和 VT（电流和电压检查）；

② A/D 转换：连续监控 2 个参考信号；

③ CPU 中的程序处理：看门狗功能；

④ 内存检查：读/写比较和校验和功能；

⑤ 串行通信：检查串行报文的接收和错误；

⑥ 电源：检查外部和内部电压的容差。

2）用于出口保护跳闸信号的数据发送系统：

① 硬连线允许通过小的测试电流检查跳闸电路

② 串行连接允许检查电报的接收和错误

3）断路器：

① 监控隔离气体（SF_6）密度；

② 触电断开时间。

4）站用蓄电池：电池监控包括接地。

12.3.3　保护测量值

12.3.3.1　非电量

需测量的非电量的一个示例是电力变压器内的温度（热点）或 GIS 内的压力，它们在发生内部故障的情况下会剧烈升高。其他例子是发电机（转子）内部的振动或电力变压器中的油气泄露（瓦斯保护）。

通常，这些类型的保护具有至少两个阈值，一个是警报阈值，用来通知维护人员设备已达到警报状态，另一个是跳闸阈值，以便及时切除不能够正常工作的受保护对象。一个例子是不完全隔离。该限制交叉可以从连续测量值计算或通过专用传感器的触点进行采样。通过诸如温度或压力的专用传感器连续测量的模拟值可以作为 mA 值（例如，4～20mA）或通过串行通信链路提供。

此外，在保护环境中需要几个二进制信号，例如，"为断路器跳闸做好准备"或"断路器和隔离器等开关的位置"。它们通常通过使用辅助继电器的触点来收集，但也可以通过电子设备在内部获取，例如，集成在开关设备中并由串行通信链路提供。

12.3.3.2 电量

大多数保护基于电气量，即基于测量的电流和/或电压。相对简单的保护仅基于这些值中的一个，即仅基于电流或仅基于电压。

更复杂的保护基于计算值，电流和/或电压测量，例如，受保护对象或区域两端或多端的电流之间的差异（差动保护），计算阻抗（距离保护方案），相量（例如，用于系统保护方案），频率（例如，切负荷）或功率（例如，用于过载或欠载保护）由电流和电压计算得出。计算可以在保护设备中完成。

12.3.4 传感器获取的数据

12.3.4.1 传感器

电测量值往往通过电流和电压传感器进行收集。这些互感器可以是常规（CIT）或非常规（NCIT）变压器。一些例子如图 12.9 所示。

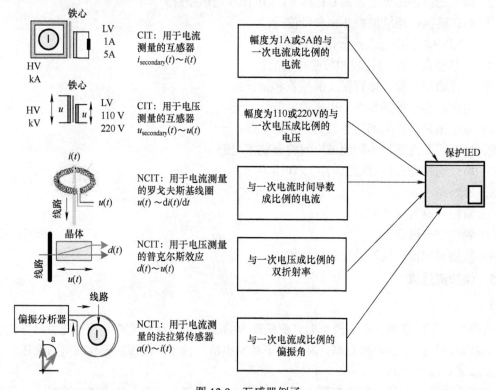

图 12.9 互感器例子

它们必须确保一次（高压）和二级部件（LV、保护、控制、监控等设备）之间的电气隔离。它们还提供一次过程信号（U/kV，I/kA）到与保护设备兼容的水平（例如，用传统电流互感器变到 1A，传统电压互感器变到 $110/\sqrt{3}\,\text{V}$）的变换。第一级电隔离由互感器的磁场实现，第二级由 IED 的输入变换器完成。IED 输入端的光耦合器由于其光耦合过程改善了电隔离能力。应该注意的是，光耦合器可以表示为输入和输出之间的电容，因此不会完全阻挡高频噪声。如果传感器和保护 LED 之间的铜线被光纤链路取代，则可以达到最佳的电气隔离，但这意味着始终在电报中传输模拟值。

必须仔细考虑互感器（CIT 或 NCIT）的动态特性，即阶跃响应和频率响应曲线，因为它可以显著影响保护本身的行为。

常规互感器（CIT）是带铁心的磁性模拟变压器，像变压器一样工作；在没有饱和的稳态情况下，二次值与一次值成比例。在高输入电流或瞬态现象的情况下，二次值可能会因变压器饱和而偏离一次值。输出值使用铜线馈入保护设备。

非常规互感器（NCIT）可以通过电和非电测量原理来实现。所有这些原则的详细讨论超出了本章的范围，但有些在图 12.9 中有说明，下面将简要介绍。

1）一个使用电气原理的例子是通过使用不具有铁心的 Rogowksi 线圈进行电流测量，由此，通过必要的尖峰限制和合理化集成，在二次侧上能够提供与 di/dt 成比例的信号。电压互感器的一个例子是电容分压器，其中一次高电压被电容分压到保护输入电压电平。

2）非电气原理基于光电效应。一个例子是法拉第效应，其中待测量电流的磁场改变了通过封闭电流的光纤发送的偏振光的角度。电压测量的一个例子是 Pockel 效应，其中入射光被分成两条路径，这两条路径根据施加的电压而不同。二次值分别与电流和电压成比例。

NCIT 的二次值具有不同的物理意义，因此在过去没有被接受。现今，所有这些模拟值都转换为数字，并通过串行链路发送到保护设备的标准化电报中。这些电报是所有仪表变压器或传感器的共同标准，如果它们的值相应转换，也可用于 CIT。使用标准 IEC 61850 中的采样值传输定义（所谓的过程总线，如 IEC 61850-9-2[6,10,11]部分所定义）增强了串行电报的应用。

12.3.4.2　A/D 转换和合并单元

如果没有 NCIT 和过程总线，电流和电压的值将通过导线传输到保护 IED 的输入端（1A 或 5A，$110/\sqrt{3}\,\mathrm{V}$）。A/D 转换为数字处理器提供采样值。电流和电压的模拟值可以在多个位置进行监控，但决定性的环节是 A/D 转换器的输出。对于该环节的监控可以基于变压器电压比验证、三相系统的特性以及电流和电压读数之间的可信度等方式来进行。A/D 转换本身通常通过参考信号的转换来测试。

在非常规互感器和/或过程总线的使用情况下，这些值作为串行电报传输到保护 IED 的输入端，并由微处理器直接处理。

而 A/D 转换则从 IED 中移到了测量点（传感器）中。对于这种情况，IEC TC38 已经定义了一个所谓的 MU，它由 IEC TC57 引入 IEC 61850 中作为标准化报文的来源。MU 从任意物理原理的互感器中收集电流和电压（仅受 MU 中可用的输入通道限制），并且在 A/D 转换后提供这些作为根据 IEC 61 850 的报文。术语 merging unit 表示将不同的值合并为一个报文。在普通的三相电力系统中，将来自一个测量点和同一时刻的所有三个或四个电流和电压合并成一个电报会非常方便。这不仅降低了报文传输量，而且还为每个合并单元提供了时间同步的相间和相对地值。这种时间一致性也是保护功能的先决条件，如用来计算距离保护中 Z（阻抗）等样本的值。请注意，保护功能本身在参考文献[6]中记载。

12.3.4.4　时间同步

电流和电压保持时间上的同步一致性不仅对于阻抗（距离）计算非常重要，而且对于需根据基尔霍夫定律（电流差动保护）计算节点中的和，或者需将三相值转换为正、负和零序列的其他保护原理也至关重要。注意，在带采样和保持（S/H）过程和 A/D 转换时间的传统有线保护 IED 中，时间同步差异约为 5μs，而在 MU 中仅为 1μs。

如果时间同步相关的样本来自多个 IED 或 MU，必须特别考虑差动保护（例如，分布式母线保护）的要求，这些单元必须彼此同步以实现同步采样，其同步性差异的最高准确度在 IEC 61850-5[12]中被定义为 1μs。目前在诸如两个或更多个 MU 之类的不同 IED 之间使用的时间同步方法是 1PPS 方法。在不久的将来，根据 IEEE 1588[8]，可以通过基于 Ethernet 的串行总线实现这种同步。

比较来自不同变电站的事件或样本，需要全球时间参考，可以使用来自基于卫星的 GPS 的时间信号通过每个变电站的一个主时钟方便地提供。

12.3.5 保护数据处理

12.3.5.1 概述

基于机电或固态技术的保护设备只能以有限的方式处理采集的数据并仅提供有限的信息，即一些基本的二进制信号，如故障情况下的启动和跳闸，哪一相发生故障，等等。这些信号通过二进制触点给出。数字继电器，即基于微处理器的 IED 可以方便地对输入数据进行任何类型的评估，并提供分析后的更多信息，尤其是在故障的情况下。最重要的跳闸信号只是众多信息中的一个。

12.3.5.2 跳闸信号和相关信息

与故障本身相关的信息如下：

1）发送到断路器的跳闸信号（命令）。

2）用于保护功能的计算值（电流、阻抗等）。

3）表明故障的保护阈值（保护参数或特性）越限信号。

4）监视值的故障峰值记录。

5）要发送到更高级别 HMI 的有关故障和跳闸的信息（警报列表和事件列表的时间标记为 1ms，用于简短报告和任何其他类型的显示或存储）。

6）记录有用以量化断路器在故障清除时的断路器磨损的跳闸电流或更准确的量化指标的跳闸次数。

7）具有模拟和二进制值的扰动记录。

应该注意的是，在一个 IED 中可能有许多保护功能处于活动状态（硬件平台的功能库）。

12.3.5.3 其他数据处理特征

此外，更多不直接与故障相关的一般信息或功能也能提供：

1）读取实际电流和电压值；

2）参数和参数列表的管理，包括从本地或远程初始化的参数的更改；

3）自校验功能；

4）包括从本地或远程初始化的操作模式（例如，测试模式）的更改。

12.3.6　发送给执行器的数据

必须将保护装置处理的决定传递给执行器，即断路器。这可以传统地通过导线和继电器触点完成，形成跳闸回路，该跳闸回路将保护的跳闸触点与断路器中的相关跳闸线圈连接。

该跳闸电路应尽可能短且直接。应尽可能减少中间环节的数量。通常通过在线圈的跳闸电平（断路器处的触点）下方注入小电流来进行监控。此外，可以对保护 IED 本身内部的跳闸触点进行一些定期测试。

如果保护 IED 和断路器之间使用串联连接，则需要在断路器中或断路器附近集成一个通常称为断路器 IED（BIED）的 IED，以便操作断路器并获得断路器响应。对这种通信链路的监督是对两端 IED 装置自我监督的补充。所有这些监督程序都在不间断工作，从而提供了高可靠性的"跳闸回路"。

在某些应用中，必须保持跳闸，直到运维人员在本地进行重置（锁定继电器功能）。这样做是为了避免任何重合闸命令，这将在不保证该对象恢复正常的情况下重新激活故障对象，例如电力变压器和母线。BIED 也必须提供同样的功能。

12.3.7　过程接口

在传感器和保护之间以及保护和动作器（断路器）之间的硬连线连接的情况下，过程接口包括所有这些铜电路。为了避免所有相互作用和干扰，一次（开关设备）和二次（保护、控制）设备之间的隔离必须保障。为了便于设计和维护，此过程接口应位于开关设备附近。输入互感器为 U 和 I 等模拟值提供隔离，而辅助触点、输入继电器和光耦合器为二进制指示和信号提供隔离。过程接口包含双向数据交换。

如果应用串行链路，则保护 IED 和传感器之间以及动作器之间能够通过光纤链路实现最大的电气解耦。这样的过程接口具有电子部件，即传感器（MU）和致动器（BIED）上的 IED。根据在开关设备中集成电子器件的最新技术，在这些 IED 和开关设备之间仍然可以有一些短导线、专用的纤维或其他装置。

12.3.8　断路器

断路器必须能够尽可能快地断开任何被保护检测到的短路故障。因此，必须仔细校验断路器的断路能力。

断路器快速的断开动作需要通过适当的能量存储来实现所需的高机械加速度。能量存储器一般为弹簧或加压氮气罐。断路器驱动器的这种能量存储装置受到监控以保证断路器的正常工作，特别是由操作人员或自动重合闸关闭后再断开（O）的情况。这种切换能力通常称为 CO。如果将保护跳闸（O）和自动重合闸视为一个动作序列，则该请求信号也可以表示为 OCO。

接触部件也必须具有良好的形状，以提供通过气流来消除电弧所需的压力。但是接触喷嘴（断路器）磨损的监督并不容易。

因此，第一种方法是计算开关操作的次数。该信息仅由断路器电路提供。另一种方法是对开断电流（故障电流）的量进行加和。这可以通过现有装置来完成，但除了断路器信息之外还需要来自保护的峰值故障电流。更精确的计量则需要用到电弧功率，它由电弧电压、电流、接触开启时间（故障电弧的开始）和电弧熄灭的时间的积分计算得到。被积函数是指功率，因此，如果已知电弧电阻，它应与 I^2 成比例。由于电弧大小和电弧长度不稳定且在断开过程中不断扩大，因此电阻也不恒定。因此，电流的指数小于 2，最佳猜测为 1.8，该结论应用了 30 多年，并在参考文献[13]中被证实。

由于断开短路是保护的关键任务，如果在故障跳闸的情况下断路器未能打开，则所谓的断路器故障保护将起作用。该功能将首先重复发送此故障断路器的跳闸信号（到断路器的备用跳闸线圈），然后，向所有相邻断路器发送跳闸信号，以消除电力系统中的故障。这会增加故障清除时间并降低选择性，但在任何情况下都能切除故障。包含保护原则等内容的更多细节将在第 12.6.5.1 节中讨论。

12.3.9　电源

电源通常使用站内电池提供的 DC 电源（110V DC 或 220V DC），其构成还包括在 IED 内部的 DC-DC 转换器，能够根据需要提供一些电子电路级的 DC 电压。该 DC 电源不仅用于为 IED 供电，还用于输入和输出电路，例如用于位置指示、控制命令和保护跳闸。站内电池有自己的监控系统，其负载状态也受其监控。IED 中的电源监控通过测量来自电池的输入电压和提供给 IED 的电子器件的电压来实现。独立于 IED，电池本身的电压和剩余电量（负载状态）也受到监控，以便连续地或至少及时地补充电量。

在某些特定应用中，电源可以直接从受保护对象（例如，来自架空线）获得，但是这些系统必须遵守隔离原则并且需要在断电时具有足够的缓冲电源容量。此外，还必须考虑同时为保护线路和保护 IED 的电源供电的情况。此时，IED 以及保护功能就会滞后。

12.4　输电和配电系统结构

传统上，输电和配电电力系统根据电压等级进行分类，如表 12.1 所示。可以看出电压范围是重叠的。在实际电力系统中，我们将在农村地区找到具有传输系统功能的电压在 60kV 及以下电力系统。另一方面，电压高达 220kV 的电力系统将电力分配到重型负荷中心，如大城市中心。如果我们仅考虑电压，我们会得到这样的印象：没有明显的理由在不同的电压水平下使用不同的保护功能。

表 12.1　根据电力系统类型的电压等级划分

功能性名称	主要用途	电压等级	电压划分
电能传输电力系统	远距离大容量电力传输	EHV（特高压）	400～750kV
输电电力系统	中短距离大容量电力传输	HV（高压）	50～500kV
配电电力系统	电力分配	MV（中压）	3～170kV

受保护对象的价值存在差异，例如，HV 变压器比 MV 变压器贵得多。另一个问题是元件的破坏对电力系统和供电的影响。这两方面的因素可能导致被保护设备要求具备更高的跳闸速度（更快地断开故障功率）和更多的保护功能。所以，不同设备在要求的跳闸速度和 EMC 上可能存在差异。

如果我们想更详细地讨论保护在输电和配电网络的差异，我们必须考虑这些电力系统结构的不同之处：

1）配电系统必须将电力从一个馈电点分配给许多消费者。因此，它们一般呈径向或带有一条馈电线路的环形分布（见图 12.10）。针对该结构，可以通过过电流保护衍生出的简单保护方案来完成保护（见图 12.18）。

2）输电系统必须保证为所有配电系统馈电点提供电力并控制整个电力流。因此，它们具有多个馈点和高度啮合的结构（见图 12.11）。保护因此必须适用这种更复杂的结构，例如使用距离保护（见图 12.24）和高速专用母线保护。

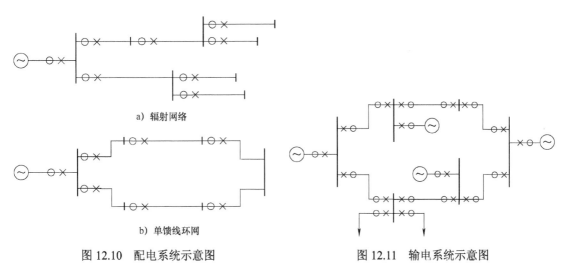

图 12.10　配电系统示意图　　　　　图 12.11　输电系统示意图

从图 12.10 和图 12.11 中可以很容易地看出，其中可能的故障电流会流动到系统的任意位置，保护的功能是阻断这些电流并清除故障。在配电系统中，通过断开一个断路器（树）或两个断路器（环），所有下游短路电流都被清除但选择性相对较低，即许多电力用户可能受到影响。而从输电网中清除故障，则必须打开两个或更多个断路器以阻断从不同的电源往故障点输送故障电流。故障部分被选择性地切除，则潮流可能在网状电力系统结构中从其他路径流过，从而最小化受影响的电力用户的数量。

12.5　与保护有关的三相系统的特性

12.5.1　对称性

电力系统的三相是对称产生的，即具有相同的幅值（此处为 I_0 和 U_0）和频率 $f = \omega/2\pi$ 但相位分别相差 $120°$（$2\pi/3$）（见图 12.13）。在电流和电压之间存在取决于电网参数的相位差 φ，这将在后面讨论。

$$u_a(t) = U_0 \sin(\omega t - \varphi) \qquad i_a(t) = I_0 \sin(\omega t)$$

$$i_b(t) = I_0\sin(\omega t - 2\pi/3) \quad u_b(t) = U_0 \sin(\omega t - 2\pi/3 - \varphi)$$

$$i_c(t) = I_0\sin(\omega t - 4\pi/3) \quad u_c(t) = U_0 \sin(\omega t - 4\pi/3 - \varphi)$$

注意：I_0 可能在不同的电力系统方程中具有不同的含义。这里 I_0 表示正弦曲线的幅值。

由于对称性，更易采用星形来连接三相。这与发电机或其他采用此类星形连接方式的三相变压器一致。对称性可导出如下等式：

$$i_a(t) + i_b(t) + i_c(t) = 0$$

这意味着不需要回流导线。因此，对称的三相系统仅由三个导体组成，它们完成所有的功率传递。应该注意，这仅对于对称的三相系统有效（见图 12.12）。

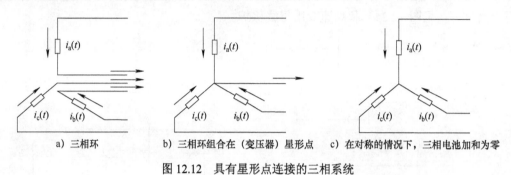

图 12.12　具有星形点连接的三相系统

应用欧拉关系：

$$e^{jx} = \cos x + j\sin x$$

电流和电压的正弦值可以转换为相量，即在复平面中具有幅值和角度的矢量：

$$\underline{A}_a(t) = A_0 e^{\omega t}$$
$$\underline{A}_b(t) = A_0 e^{\omega t - 2\pi/3}$$
$$\underline{A}_c(t) = A_0 e^{\omega t - 4\pi/3}$$

指数项 ωt 表征相量的旋转（见图 12.13）。如果我们只对这三个向量之间的关系感兴趣，那么可以忽略该项，或者从数学上将向量转换到与 ωt 一起旋转的坐标系统中。

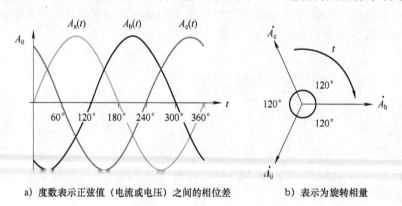

图 12.13　从正弦表示到旋转相量

12.5.2　三相不平衡

在电力系统的正常运行状态中，三相通常是对称的，但是如果不同相负载不等或者由于传输线中的不平衡，则可能存在三相不平衡现象。此外，在任何非对称故障的情况下，对称性会被强烈破坏，例如，单相接地或相间故障（紧急状态）。这种不平衡故障是最常见的故障。不平衡对电流的影响如图 12.14 所示。

如果系统是对称的（无故障）且未接地，则相电流之和为零：

$$i_a(t) + i_b(t) + i_c(t) = 0$$

输电网中的星形连接点通常是强接地的，即"星形连接点（N）"的电位

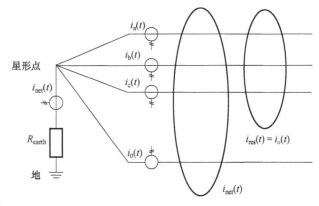

图 12.14　由三相系统中的故障不平衡引起的电流

等于"接地电位"。不需要额外的第四根导线用于在 0 电位不等于接地电位时闭合电流。尽管如此，在架空线的顶部依然存在所谓的"保护性接地"（0 电位=接地电位），以保护各相导线免受雷击。它还有助于均衡和降低接地阻抗，这可能因不同的塔架而异，并将浪涌限制在正常相。如今，它通常也用作光纤通信电缆的载体。

由于存在线路对地电容，非常小的容性电流可能从导线流到地面并返回。由于三相对这种影响的贡献大致相同，因此不会产生三相不平衡，从而不需被保护系统考虑。如果由于负载不均匀，三相阻抗不相等或故障导致不对称，则超过的返回电流会通过大地和地线返回。

在配电系统中，星形连接点可以通过其他替代方式接地：

1）接地电阻 R_{earth} 带或不带旁路开关；

2）动态电抗（限流或 Petersen 线圈），通过补偿电力系统（电网）的电容进行调整，以使短路电流保持在最小；

3）动态电抗和（可开断）接地电阻的组合；

4）部分情况下可以不接地。

在所有这些情况下，星形连接点（N）和大地之间存在潜在电位差异。因此，由故障引起的相间不平衡可能产生对/来自地的净电流。根据基尔霍夫电流定律，其和如下所示：

$$i_a(t) + i_b(t) + i_c(t) + i_{net}(t) = 0$$

净电流 i_{net} 可以计算得到或方便地测量得到。如果该电流超过某个阈值，则认定发生（检测到）故障并且相关的断路器跳闸。在较低电压等级的配电网中，星形连接点可以不接地，其潜在的 0 电位产生的剩余电流 I_{res} 或 I_0 可以通过第四条导线传输，在架空线中其为地线而在电缆中其为专门的导线。由基尔霍夫定律可得：

$$i_a(t) + i_b(t) + i_c(t) + i_{res}(t) = 0$$

或者

$$i_a(t) + i_b(t) + i_c(t) + i_0(t) = 0$$

如果在这种情况下星形连接点接地，则所有相关电流的总和为零：

$$i_a(t) + i_b(t) + i_c(t) + i_{net}(t) + i_{res}(t) = 0$$

如果这些电流中的一个，特别是 I_{net} 和/或 I_{res} 超过某个阈值，则该事件可用于相故障检测和短路跳闸。

12.5.3 对称元件

除了如第 12.5.2 节所述测量额外元件的 I_{net} 和/或 I_{res} 外，还可将更简单且更易测量的三相电气量转换到其他能够保留三相系统属性但有利于不对称和故障检测以及衍生保护功能的其他坐标系统中。

以相量 $(\dot{A}_a, \dot{A}_b, \dot{A}_c)$，表示的非对称三相系统（即每相中的幅值不同且相位差不等于 $120°$ $(2\pi/3)$）可以被转换为所谓的对称分量 $(\dot{A}^+, \dot{A}^-, \dot{A}_0)$，如图 12.15 所示。对称分量由三个对称的三相系统组成，每个系统由一个不同长度的相量表示，即：

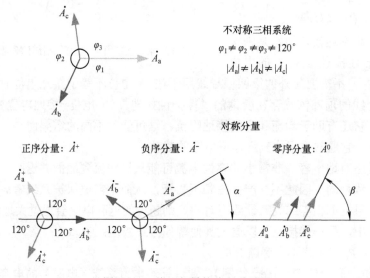

图 12.15 将三相转换为对称分量

正序分量 $(\dot{A}_a^+, \dot{A}_b^+, \dot{A}_c^+)$ 由三个对称相量组成，即三相幅值相同、相位相差 $120°$（$(2\pi/3)$），且与原始系统在相同方向上以角速度 ω 旋转，与原始相序 a→b→c 也保持一致。

负序分量 $(\dot{A}_a^-, \dot{A}_b^-, \dot{A}_c^-)$ 同样由三个对称相量组成，即三相幅值相同、相位相差 $120°$（$(2\pi/3)$），且与原始系统在相同方向上以角速度 ω 旋转，但与原始相序相反，为：a→c→b。

零序分量 $(\dot{A}_a^0, \dot{A}_b^0, \dot{A}_c^0)$ 同样由三个对称相量组成，即具有相同的幅值和相位差 $0°$（0π），在与原始系统相同的方向上以角速度 ω 旋转，但其中相序没有任何意义。

正序分量（例如 $\dot{A}_a^+$）与负序分量（例如 $\dot{A}_a^-$）之间存在固定的角度差 α，如图 12.15 所示。

正序分量（例如 $\dot{A}_a^+$）与零序分量（例如 $\dot{A}_a^0$）之间存在固定的角度差 β，如图 12.15 所示。

转换方程如下式所示[14]：

$$\begin{bmatrix} \dot{A}_a^+ \\ \dot{A}_a^- \\ \dot{A}_a^0 \end{bmatrix} = \frac{1}{3} \begin{bmatrix} 1 & a & a^2 \\ 1 & a^2 & a \\ 1 & 1 & 1 \end{bmatrix} \begin{bmatrix} \dot{A}_a \\ \dot{A}_b \\ \dot{A}_c \end{bmatrix}$$

每个对称序列对三个相量的亦可扩展表示为

$$\begin{bmatrix} \dot{A}_a^+ \\ \dot{A}_b^+ \\ \dot{A}_c^+ \end{bmatrix} = \begin{bmatrix} 1 \\ -a \\ -a^2 \end{bmatrix} \begin{bmatrix} \dot{A}_a^+ \\ \dot{A}_a^+ \\ \dot{A}_a^+ \end{bmatrix} \quad 且 \quad \begin{bmatrix} \dot{A}_a^- \\ \dot{A}_b^- \\ \dot{A}_c^- \end{bmatrix} = \begin{bmatrix} 1 \\ -a^2 \\ -a \end{bmatrix} \begin{bmatrix} \dot{A}_a^- \\ \dot{A}_a^- \\ \dot{A}_a^- \end{bmatrix} \quad 且 \quad \begin{bmatrix} \dot{A}_a^0 \\ \dot{A}_b^0 \\ \dot{A}_c^0 \end{bmatrix} = \begin{bmatrix} 1 \\ 1 \\ 1 \end{bmatrix} \begin{bmatrix} \dot{A}_a^0 \\ \dot{A}_a^0 \\ \dot{A}_a^0 \end{bmatrix}$$

而变换回原始坐标体系则需用到 $\dot{A}_X = \dot{A}_X^+ + \dot{A}_X^+ + \dot{A}_X^0$

$$\begin{bmatrix} \dot{A}_a \\ \dot{A}_b \\ \dot{A}_c \end{bmatrix} = \begin{bmatrix} 1 & 1 & 1 \\ -a & a^2 & 1 \\ -a^2 & a & 1 \end{bmatrix} \begin{bmatrix} \dot{A}_a^+ \\ \dot{A}_a^- \\ \dot{A}_a^0 \end{bmatrix}$$

电压和电流均可进行该变换。它最常用于电流，以检测对故障电流非常敏感的对称序分量中偏离零的 $\dot{A}^-$ 和 $\dot{A}^0$（$\dot{I}^-$ 和 $\dot{I}^0$）。

12.6　根据受保护的设备分类的保护功能

12.6.1　基于本地测量量定值的保护

如果一个或多个参数（电流、电压）的本地测量结果超过了保护定值，则触发本地断路器跳闸，若不存在对故障的二次馈电，则故障被清除。该定值从图形（例如，复阻抗平面）上看可以由简单的边界线构成，亦可具有复杂的结构，它们被称为保护的特性。在本章中，提到了一些特性，但是对于众多的细节，读者需参考保护专业书籍或专用的保护IED 数据表。

这种就地保护非常适用于如图 12.10 所示仅有一条馈线的配电网络。此应用的典型保护是过电流保护。

12.6.1.1　过电流保护和带时限过电流保护

如果需保护在超过预设定值后立即跳闸，我们可以用到带瞬时过电流功能的保护。如果需要延迟跳闸，则可以用带时限的过电流保护。一旦故障电流达到一定阈值后，延迟是固定的。这种保护称为定时限（DTL）保护（$I>$）。通常，这种类型的保护具有第二组设置，在非常高的电流（$I \gg$）的情况下具有短时限跳闸。如果过电流保护对较大电流的响应速度更快，则称为反时限（IDMT）保护。这同样可以应用在其他曲线上。这些保护功能可用作配电网络，即具有单条馈线的径向网络的主保护，或作为输电网络中的后备保护。为避免在高电流情况下，反时限后备保护比主保护跳闸更快，必须正确设置最小时延（IDMT）（见图 12.16）。

12.6.1.2　过载保护

负载，即受保护对象内的温度，可能无法通过合理的方法来测量，但必须基于过载保护的电流量测通过适当参数模型来模拟。根据加热和冷却曲线，该热模型考虑了任何负载偏差。如果超出此热模型设定的温度阈值，则发出报警信号或跳闸命令。这种过载保护常用于像变压器和电动机那样可能过热的设备，但不常用于热模型更复杂的电缆或架空线。这种保护的可靠性很大程度上取决于热模型的准确性和使用的参数。IEC 60255-8[15]的示例在下式中给出：

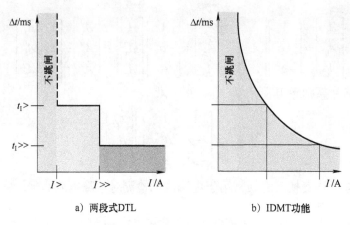

a) 两段式DTL　　　　　　b) IDMT功能

图 12.16　过电流保护特性

$$\frac{\mathrm{d}\Theta}{\mathrm{d}t} + \frac{1}{\tau_{\mathrm{oil}}} \times \Theta = \frac{1}{\tau_{\mathrm{oil}}} \times \left(\frac{1}{I_{\max}}\right)^2 \quad (12.1)$$

式中，Θ 是顶油或热点的油温（℃）；I 是实际的变压器负载（A）；$I_{\max}$ 是最大允许负载电流（A）；τ_{oil} 是适当的油时间常数，无论是顶油还是热点。

12.6.1.3　频率保护

频率通过一个局部电压量测来评估。从电力系统 $P\text{-}f$ 关系可以看出，频率与额定频率的偏差是产生和消耗有功功率（P）之间不平衡的良好指示。因此，如果频率（f）高于（$f > f_{\mathrm{hl}}$）或低于设定阈值（$f < f_{\mathrm{Lim1}}$，f_{Lim2}）或以不可接受的速率衰减（$\mathrm{d}f/\mathrm{d}t$），则需要进行快速调控。

在低频减载或过频切机场景中，更复杂的情况是孤岛，即电力系统内部的分裂。通常，切负荷必须不能过量以避免对电力用户造成不期望的供电中断。最佳响应的情况是不仅是根据某些预定义的优先级来跳开断路器，而且是根据断路器后面的实际负载测量来决定跳哪些断路器。这改善了经典的频率保护和切负荷策略，以优化或自适应减载（见图 12.17）。

这种保护不能被视为本地保护，因为本地测量（可能通过分散负载测量补充）

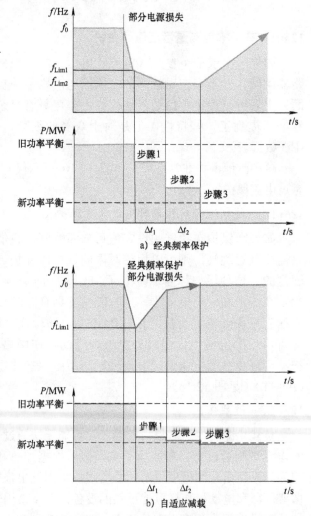

a) 经典频率保护

b) 自适应减载

图 12.17　经典频率保护和自适应减载

可能对本地和许多远程断路器起作用。

12.6.1.4　电压保护

欠电压和过电压保护功能同时存在，因为过电压和欠电压都可能导致用户设备出现故障（电能质量），并可能损坏受保护对象。例如，电力变压器的过电压和发电机的欠电压。

用于保护决策的电压可以是每相分别直接测量的相间或相对地电压，或者是代表三相系统的一些计算电压。这种变换由三相特性实现，结果是所谓的对称分量，即正序、负序和零序电压（见图 12.15）。应该注意的是，相电流也是同样的。

12.6.1.5　定值监控和保护

用于变电站中的专用设备的其他保护装置包括例如对于匝间故障的保护，用于不期望的负序值出现的保护，以及针对发电机的反向潮流保护。Buchholz 保护、温度监控器、油位指示器、油和空气流量指示器用于电力变压器。绝缘监测对于 SF_6、油和干绝缘材料等绝缘介质封闭的所有元件都是常见的。对于气体（密度）和液体（水平）绝缘，至少存在两个层次：

层次 1

绝缘仍然有效（>100%）但介质低于启动水平

监控报警并要求更换绝缘介质！

层次 2

绝缘达到阈值（≤100%）或已经低于阈值

保护跳闸断开电压，以避免能够预见的危险！

12.6.1.6　通过时间延迟改善选择性的保护

在如图 12.18 所示的具有一条馈线的径向配电系统中，应尽可能在下游清除任意故障，以避免非故障支路断开。

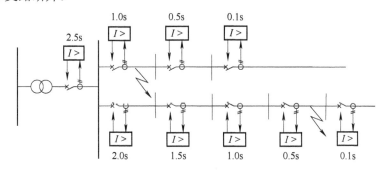

图 12.18　径向网络中过电流延迟时间的分级（加速）

通常在这种配网中使用的简单过电流保护既没有故障方向检测也没有继电器之间的通信。因此，启动（故障检测）和跳闸之间的时间延迟是提高选择性的唯一办法。这种情况下需沿着支路对各级线路之间进行分级的延迟，下游的继电器的延迟更短（跳闸更快）。在支路末端附近的保护 IED 首先跳闸以最小化对整条支路的影响。如果不成功，那么在较长的延时后，下一个上游继电器跳闸，并以此类推，直到故障附近的保护跳闸并隔离故障。典型的故障位置在图 12.18 中用虚线表示。唯一的问题是对于上游故障，清除时间可能会很长。因此，对延时进行适当的分级是关键。

12.6.1.7 通过通信改进选择的保护

图 12.19 表示径向电力系统，通常位于配电网中。过电流保护对延时进行了分级。这意味着安装在母线的变压器低压侧的保护（上游过电流保护功能）与安装在馈线中的保护相比有所延迟（见图 12.18）。因此，母线上的故障只能在不必要的延迟后才能被清除。

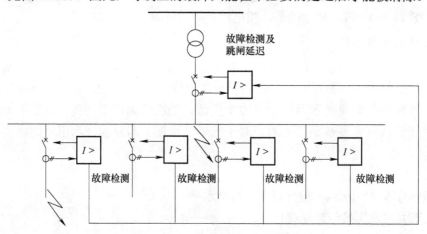

图 12.19　径向网络中过电流继电器的反向闭锁

但是可以通过使用保护 IED 之间的通信来加速跳闸和故障清除。如果从母线（馈线）输出的其中一条配电线路出现故障，将通过相关的馈线过电流保护和上游过电流保护来检测，并产生启动信号。如果故障在母线上，则只有上游过电流保护能够检测到故障。

如果馈线过电流保护检测到故障，它会将其启动信号发送到上游过电流保护。这种保护将根据其延时等级延迟等待跳闸，从而使馈线过电流有机会清除故障。如果上游过电流保护已检测到故障但在合理的短时间内没有来自馈线保护的启动信号，则假定母线故障并且上游过电流功能将跳闸而没有进一步的延迟（保护或跳闸加速）。 该方案通常被称为反向闭锁，即馈线中的故障检测通过闭锁一段时间上游继电器的延迟功能，加速保护跳闸。

同样在通信中断或馈线保护失效的情况下，不会发生加速，选择性仍然基于分级延时，如图 12.18 所示。

12.6.2　故障方向检测保护

12.6.2.1 方向保护

这种类型的保护测量本地电流和电压，并能够检测故障的方向。如图 12.20 所示，故障会改变电流和电压旋转相量之间的角度。如果将故障电压相量 $\dot{U}_F$ 作为相量平面的纵轴（虚轴），那么如果故障在正向发生，故障电流相量 $\dot{I}_F$ 将在第一象限中。如果故障在反向，则故障电流会在第三象限中。这种现象的原因是相间或相对地之间故障电弧的阻性分量会改变线路阻抗，从而产生所提到的相位角差异。因此，我们能够从象限中看出故障方向，其中故障阻抗 $\dot{Z}_F$ 由 $\dot{U}_F$ 和 $\dot{I}_F$ 决定。

$$\dot{Z}_{\mathrm{F}} = \frac{\dot{U}_{\mathrm{F}}}{\dot{I}_{\mathrm{F}}} \tag{12.2}$$

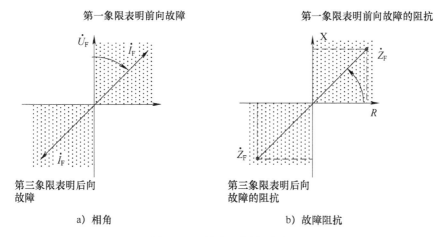

a）相角　　　　　　　　　　b）故障阻抗

图 12.20　故障方向检测原理

对于所有方向保护，用于计算的电流和电压都必须同步测量，即意味着大约以 1μs 的抖动几乎完全同时测量。如果在不同的 IED 中测量电压和电流并在串行报文中作为采样值传输，则必须考虑这一点。还必须考虑到电压可能受到短路的影响。特别是在量测点接近故障的情况下，电压显著下降并且方向测量变得困难。此时，需使用一些所谓的"健康电压"，即，没有因为故障而下降或者在故障发生之前已经记忆的电压。请注意，必须始终定义好正向和反向。

方向测量也可以添加到过电流保护当中，以便建立所谓的方向过电流保护。具有这种功能的 IED 通常用于具有单馈电的环网（见图 12.10）或并联工作变压器的低压侧。

还有一个特殊的形式是方向接地故障保护，它基于中性点电压 U_0 和中性点电流 I_0。

12.6.2.2　通过通信改进方向保护

方向保护（PDIR）给出故障的方向，但不给出故障所在的线路。因此，这样的方向保护通常用于配电网中具有单馈线的环网，因为单独的纯延时分级不适合于环网。虽然一个环的两侧具有相同的延时等级，但从靠近馈线处获得的方向信息就可以区分故障位于环的哪一侧。

如果方向保护之间存在通信，仅传输所有相关保护所测得的故障方向，则可将故障定位到故障线路段，如图 12.21 所示。

在情况 a）中，由线路两侧的方向保护评估的故障方向显示为相反的方向，但都指向线路 12。因此，它们判断故障在变电站 1 和变电站 2 之间的线路上（线路 12）并且可使各自线路末端的断路器跳闸。在情况 b）中，两侧测得的方向都为正向并且指向线路 23。因此，两种保护判断故障并非在它们之间的线路上，而是在变电站 2 的后面。

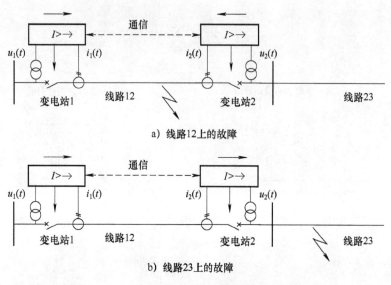

a）线路12上的故障

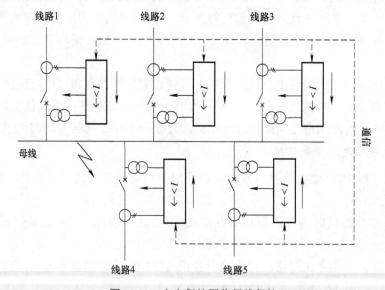

b）线路23上的故障

图 12.21　方向线路保护

在图 12.22 中，显示了一条带有 5 条连接线的母线，均配有方向保护。如果母线出现故障，方向保护测得的方向均指向母线，则判断故障在母线上并且所有线路断路器都跳闸（打开）。如果有一个故障方向与所有其他故障方向不一致，则故障不在母线上，而是在判断不一致的线路上。

图 12.22　方向保护用作母线保护

具有通信的方向保护（仅需要较低的传输容量）具有高选择性并且被视为一种单一元件保护方案，因其保护且仅保护该单一元件（例如，线路）。

注意：仅基于方向判据的母线保护仅在某些特定的配电应用中使用，并且由于可靠性方面的原因，不能应用在多母线布置中或更高的电压水平中。

12.6.3　阻抗保护

12.6.3.1　距离保护

如果连续监测在电压和电流测量点处计算得到的线路阻抗 $\dot{Z}_L$，则该值的突然变化可以表示故障的发生。变化后的量测值就是之前提到的线路故障阻抗 $\dot{Z}_F$（见图 12.23）。通过比较 $\dot{Z}_L$ 和 $\dot{Z}_F$，就可以计算距离故障处的距离。因此，这种保护称为距离保护。

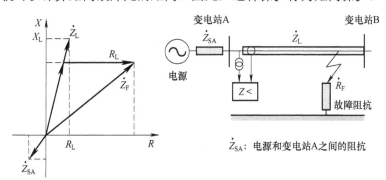

图 12.23　距离保护示意图

距离保护是最常见的保护类型之一，因为它通过测量电压和电流已经提供了关于故障的非常有选择性的信息。如第 12.6.2.1 节中的方向保护所述，要获取正确的结果，需要电流和电压之间保持 1μs 左右的的高同步性。

要保护某发生故障的对象，例如，给定 L（km）的线路，其阻抗为（0.2～0.4Ω/相每 km 架空线路）。在该受保护线路内，可以依据计算出的故障阻抗定位故障位置。然而，测量到故障距离也可能超出下一个变电站，而下一个变电站可能有很多线路，或者更一般地说，需将电力系统的复杂性与受保护的线路联系起来。因此，在任何情况下都不可能将故障距离与故障阻抗一一对应。而考虑本地保护可能将远端故障清除，这将干扰远端保护。此外，完整的保护方案必须解决涉及延迟时间和通信这些问题。

整个可测得的故障阻抗范围被分组为所谓的不同保护区域，其中第一区域指的是要保护的线路，而更高的区域指的是越来越远的故障。由于反向的故障同样是可感知的，因此也可以确定反向区域。用于距离保护的 IED 包括 1～4 个正向区域和一个反向区域。跳闸特性在阻抗半面中表示为复杂的多边形或圆形。如果故障在线路上，则第一区域仅覆盖线路的大约 80%～85% 以获得选择性。这种故障通过距离保护很快地跳闸。在其他区域中看到的故障指的是远端线路末端（最后 10%～15%）及更远。为了保持选择性并为其他距离保护提供在其第一区域快速跳闸的机会，较高区域中的跳闸通常会延迟。两个方向的重叠区域和时间延迟如图 12.24 所示。为了获得图片更清晰，断路器和反向区域不再标出。

具有最佳选择性的最佳保护方案即仅对故障部分跳闸，需要协调本地距离保护与线路另一侧的距离保护的启动信息。过去，最常见的通信方法是带宽非常低的模拟电力线载波。与对电力线的监视信号一起，只传递了很少的用于闭锁和启动另一端保护的信号。今天的保护方案仍然基于这种方式。具有高带宽的现代数字通信方法允许在未来传输保护 IED 的完整信息和更有效的保护方案。距离保护 IED 顶部的符号（Z<）表示了规定的正向方向。

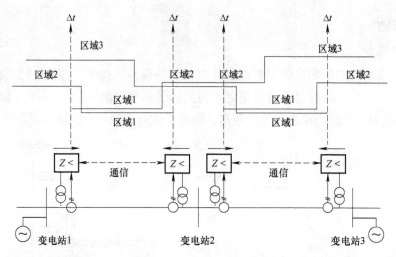

图 12.24　考虑跳闸时间延迟 Δt 的距离保护区域示例

作为进一步的要求，距离保护必须提供清晰的指示，电力系统故障可以发生在哪几相（相选择性）。在应用单相跳闸和单相自动重合闸的情况下，这非常重要。

这里不讨论平行线的情况，但是两条线的相互耦合会影响阻抗，因此必须在方程中以及保护设置中考虑。

12.6.3.2　特殊的基于阻抗的保护功能

电力系统振荡闭锁功能。该功能也基于阻抗，通常与距离保护功能一起使用。在电力系统振荡的情况下，距离保护不应该给出错误的跳闸信号。此时，需要监测所测量的阻抗的演变或缓慢变化并将其作为判据以阻止距离保护跳闸。可以基于计算量 $\Delta U \cos\varphi$ 的变化（φ 是电压和电流之间的角度）来检测这种缓慢变化。也有一些应用仅通过测量跨越两个阻抗特性所需的时间来检测该缓慢变化。

失步保护或电力系统孤岛。该功能也基于阻抗。如果由于发电机内部的电极滑动导致失步，或者由于两个电力系统之间的同步转矩不够强，则必须跳闸。失步功能基于测量阻抗的变化，其中必须满足至少两个主要条件。首先，阻抗矢量必须在复阻抗平面中从一个象限跨越到另一个象限。其次，转差必须靠近器件位置，即阻抗矢量必须在某个阻抗区域内。有时作为第三个条件，阻抗矢量必须再次离开该阻抗区也作为考虑。

12.6.4　电流差动保护

12.6.4.1　差动保护

这些保护用于保护单一元件（线路、变压器、母线）。元件输入和输出的电流需遵守基尔霍夫电流定律，也就是说，所有这些电流的总和必须为零，$\sum i_i(t) = 0$（见图 12.25）。由于测量是在元件边界进行的，任何非零的偏差都只会是由在物体内部短路引起的电流损失造成的，这种保护功能定义为单一元件保护功能。由于加和电流的计算速度与方向或阻抗的计算相比更快，因此差动保护比方向或距离保护更快。

由于基尔霍夫定律在每个时刻都有效，因此必须测量并加和瞬时电流。这意味着该保护还要求所有相关电流具有 1μs 量级的高时间同步性。此外，电流测量点之间的距离取决于对元件范围的延伸，至少对于线路保护，需要传输与之串联的同步电流值。但现今它也同样方便地适用于母线保护。瞬时电流的收集可以以分散的方式（BU BBP）完成，并且可以集中或分布地决定跳闸（CU BBP），但通常 IED 测量或收集该分布式测量点上的电流后也发送到相应断路器。

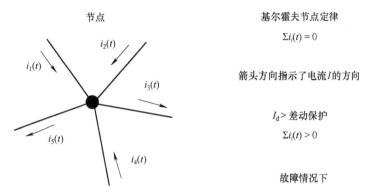

图 12.25　作为任何电流差动保护基础的基尔霍夫节点定律

对于变压器差动保护（见图 12.26a），必须考虑变压器电压比对电流的影响：正常运行变压器，$i_2(t)=(u_1(t)/u_2(t))i_1(t)$。

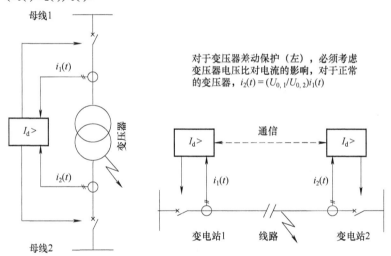

图 12.26　变压器和线路差动保护示例

由于其高选择性和灵敏度，在检测到故障之后，差动保护方案在跳闸前不会有任何等待时间，也就是说，这些保护启动后直接跳闸。为了在电流互感器饱和的情况下获得稳定的电流总和，根据基尔霍夫定律的跳闸判据会通过所涉及电流量的绝对值之和来缩放比例：

$$\frac{\sum i_i(t)}{\sum |i_i(t)|} = \frac{\Delta i(t)}{\sum |i_i(t)|} < \frac{\Delta I_{\text{Limit}}}{\sum |i_i(t)|} \text{无故障}$$

$$\frac{\sum i_i(t)}{\sum |i_i(t)|} = \frac{\Delta i(t)}{\sum |i_i(t)|} > \frac{\Delta I_{\text{Limit}}}{\sum |i_i(t)|} \text{有故障}$$

电力系统动态——建模、稳定与控制

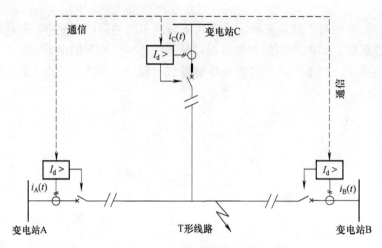

图 12.27　T 形线路差动保护

12.6.4.2　母线保护的应用问题

　　变电站中的母线是电力系统中的节点。根据基尔霍夫定律，所有输入和输出电流的总和必须为零。母线保护获取所有这些电流并将其加总形成差动电流（$\Delta i(t)$）。如果 $\Delta I(t)$ 超过预设值 ΔI_{Limit}，则所有连接的馈线都跳闸（见图 12.28）。

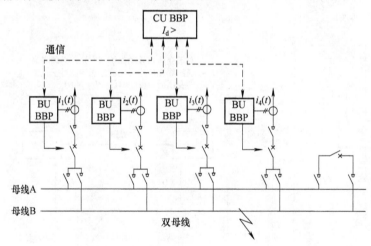

图 12.28　母线差动保护示例（双母线）

　　必须注意的是，母线不仅仅是一个简单的节点，而是可以由多个母线段和保护区组成。常见的是 $1^{1/2}$ 断路器和双母线方案。对于双母线方案，每个馈线可以通过母线隔离器交替连接到其中一个母线。为了识别实际的节点配置，必须创建基于所有隔离器状态位置得到的动态母线图像（拓扑）。这就使得在两条母线相关电流加总后能够在母线故障时仅切除故障部分。

　　如今，安装了基于 IED 的（数字）母线保护系统后，由于其提供的计算能力，可以集成其他功能，如端部故障保护（断开断路器和电流互感器之间的故障）、断路器故障保护、带时限过电流保护、欠电压保护和相位差异监测。

　　母线保护包括一个集中单元（CU BBP）用来计算差动电流并做出跳闸决定，以及每个

608

托架一个分布式单元（BU BBP）用于数据采集和跳闸执行。在 BU 中，线路保护功能也可以集成，作为主保护或至少用于备用保护。

12.6.4.3　线路保护的应用问题

变压器和母线电流差动保护的通信在变电站内部，线路电流差动保护的通信则在变电站之间。因此，线路差动保护需要一些特殊考虑（见图 12.26b、图 12.27）。

在线路两侧的数据需保持 1μs 的同步性，这在过去是通过适当的"握手"方法来实现的，该"握手"方法通过测量传播时间并且通过调整 IED 中的同步采样的本地时钟来调整时间。今天，越来越多的同步是在基于 GPS 的时钟的帮助下进行的，使得同步性独立于传播时间和补偿算法的变化。尽管越来越多的线路差动保护能够处理通信网络的变化并进行相应的重新配置，但是线路两端建立可靠的通信链路非常重要，该链路因为不由既有公共网络提供，也不由后备保护提供，因此对任何其他通信链路都是独立的，这一点非常重要。

请注意 IEC 61850Ed.1[5]作为变电站内部通信的标准，提供了变压器和母线差动保护的变压器串行通信的所有方法。IEC 61850Ed.2[16]（最后一部分于 2013 年初完成）还将涵盖变电站之间的通信，因此，提供了线路保护的通信手段。

差动保护是一种非常有选择性的元件保护。受保护区域由电流互感器的位置决定。为了正确保护动作，必须监督通信链路保持正常。为了应对通信链路的损坏，线路差动保护通常由另一种保护功能进行补充，如距离或方向过电流保护。

12.6.4.4　比较保护作为简化的差动保护

对于这种保护，并不对在受保护对象的前后两端测量的变量在每个采样值（矢量表示中的幅度和相位角比较）进行比较，而是取其在某个时间窗口中的平均值（例如，对于正弦值的半波）进行比较。然后检查重合（相位比较保护）或相等信号的方向（信号比较）建立判据。与固有的差动保护相比，这种保护方案对两端的 IED 之间的通信带宽要求要低得多（见图 12.29）。

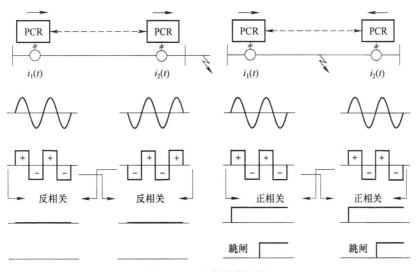

图 12.29　比较保护示例

12.6.5 保护相关功能

12.6.5.1 断路器失灵保护

由于断开短路是保护的关键任务，因此如果断路器未能响应保护跳闸信号而断开，则需所谓的断路器失灵保护介入。这种与保护相关的功能将首先重复发送断路器跳闸信号到断路器的同一或备用跳闸线圈（如果具备）。如果不成功，断路器失灵保护将跳闸信号发送到所有与之相邻的断路器，以便消除电力系统中的故障部分。这能够清除故障但会具有延迟，该延迟应该保持可接受的范围。对于这第二步，断路器失灵保护需要知道实际的拓扑结构，因此，断路器失灵保护可以通过在母线保护所在的 IED 中使用母线保护的母线拓扑图像成功实现。

12.6.5.2 重合闸

在架空线路出现故障的情况下，线路保护（例如，时限过电流、方向或距离保护）断开一相或所有三相线路以切断进入故障的功率。假设发生瞬时故障，应尽快再次接通线路提供电源容量。为此，需使用与保护相关的自动重合闸功能。该功能通常会提供一个重合序列，该序列常具有一个快速的重合步骤，有时还提供两个或更多个额外的慢速重合步骤。如果重合步骤成功，则重置自动重合闸功能。如果故障仍然存在，则保护将再次跳闸，并且启动下一个自动重合闸步骤，直到达到预设的自动重合闸步骤的数量。

在第一次步骤不成功时，即单相跳闸后的单相重合失败或三相跳闸后的三相重合失败之后，在所有三相的下一步骤中将正常完成独立于第一步骤的跳闸和自动重合闸。此外，必须考虑到所谓的故障演变，即在第一次重合闸操作开始之前从单相故障发展到三相故障。存在各种各样的自动重合闸方案，根据用户的理念存在判据差异。自动重合闸应确保保护 IED 和自动重合闸之间的通信正常。

12.6.5.3 同步检查

同步检查功能作为自动重合闸功能的慢速步骤（> 1）的附加（保护相关）功能，在重新合闸之前检查同步性。同步意味着断路器两侧的电压、相角和频率的差异在预设范围内。同步检查功能也用于操作员下达人工合闸指令的情况。

12.7 从单一保护功能到系统保护

12.7.1 单功能和多功能继电器

受成本问题驱动，以及技术手段的进步，通过在一个 IED 中集成越来越多的功能来减少保护 IED 的数量越来越普遍。其支撑技术是微处理器越来越强大，内存也越来越大。参考文献中有更详细的讨论[16]。

作为集成的结果，与过去的每个功能配一台装置相比，硬件已经大幅减少（见图 12.30）。在表示 IED 的框中，实现的功能由符合 IEC 61850[5]的逻辑节点名称表示。

1）CSWI：断路器和其他开关的控制功能对象；每个开关需要一个实例。

2）PDIF_L：线路差动保护对象；其中用于线路指示的_L 不是依据 IEC 61850 的。

3）PDIS：距离保护对象；每个区域需要一个实例。

4）PDIF_B：母线差动保护对象；其中用于母线指示的_B 不是依据 IEC 6 1850 的；不符合 IEC 61850 标准的框图表示间隔单元部分的分布式母线保护。

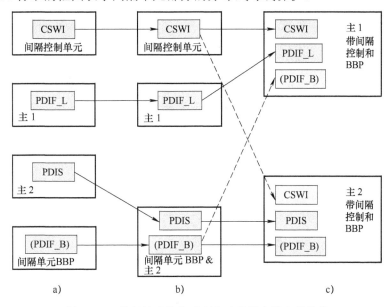

图 12.30　将保护功能集成到多功能继电器中的趋势

绝大多数公用事业公司已经接受了功能集成的优势。在传输方面，目前最高可接受的集成度是典型的双母线槽 3 或 4 个 IED，即一个用于控制的单元和两个用于馈线保护的单元，即主 1 和主 2 各一个，并且可以安排第四个单元用于分布式母线保护或其他所需功能的机架单元，如图 12.30a 所示。

今天已经部分接受的下一步是在母线保护的机架单元中结合保护功能，如图 12.30b 所示的主 2。

已经提到的（N-1）条件表明了以下要求：即使其中一个二次设备停止运行（在测试中，部件故障，闭锁），也应该在适当的时间跳闸并且具有可接受的选择性。这也适用于 CT、VT 和 CB。由于电流/电压变压器和断路器很昂贵，因此不会重复配置。因此，可冗余配置磁心和跳闸线圈。这就必须考虑使用 NCIT 和过程总线。

用于间隔控制和保护的（N-1）条件的结果是，还必须存在至少两个独立的 IED 和两个独立的通信链路。如果在剩余的两个 IED 中的每一个中也可以实现控制功能，那么不仅保护将是冗余的，而且如图 12.30c 所示也可以进行控制。如果控制功能具有其专用的 IED，则通常不要求这样做。控制功能在保护 IED 中的集成在今天的配电网中已经很普遍，导致每个间隔有一个 IED。如果在输电网中每个托架有两个 IED，则主 1 和主 2 可能会采用相同的集成，从而导致冗余控制。其在专用控制 IED 的情况下尚未要求，但对未来是一个挑战。

12.7.2　自适应保护

保护装置通常将具有一些固定的参数组合，以便在电力系统工况发生变化时进行切换。这种切换几乎完全由操作员或保护专家完成。一些解决方案也会基于时间来进行切换。为了在任何工况下采用最优化的保护，应根据实际电力系统工况来自动切换或采用参数组合。

12.7.3 分布式保护

12.7.3.1 差动对象保护功能

母线保护等功能可以通过使用多个 IED 实现，即每个间隔/馈线的间隔单元（BU BBP）和一个用于跳闸决策的中央单元（CU BBP），如图 12.28 所示。该 CU 的跳闸决策功能可以在将来由所有间隔单元分布式地实现，例如可以通过互锁的方式实现。分布式保护功能的部分功能实现过程在开关设备附近可能是一个好处，但它们只有在所有涉及的 IED 都健康并且能够彼此通信时才起作用。然而，可以考虑合理降级。如果将来根据 IEC 61850 精心设计的过程总线是商品，则可以实现分散化的额外步骤。除 BBP 之外的另一个分布式功能是其他差动电流功能，例如此线路的差动保护。仅当两侧的 IED 一起工作时，才可以执行保护功能。

12.7.3.2 方向对象保护功能

最开始方向功能（方向过电流、距离）仅在一个 IED 中独立工作。但如果它们通过通信互联以进行选择性地保护，则它们可以一起执行该任务，即形成分布式对象功能，如图 12.21 和图 12.22 所示。其关键仍是可靠的通信。

如下所述的广域保护可被视为非常特殊的分布式功能。受保护对象是电力系统的一部分或完整的系统。

12.7.4 广域保护

如前所述，基于电流和电压测量，在电力系统中发生故障时，保护只会通过定值作出反应。对于这些本地保护，没有关于系统稳定性的全局信息，无法及时抑制不稳定性的发展。

如果存在全局信息，即来自电力系统广泛区域的信息，则可以实现系统范围的监视和保护功能。通过所谓的相量测量功能从电力系统中的所有或至少许多节点收集这样的广域信息，所述相量测量功能在专用单元（PMU）或保护 IED 中实现，其使用基于 GPS 的时间同步方案对电流和电压相量的采集时间同步为 1μs（参见第 12.3.4.3 节）。该相量信息被发送到称为广域保护系统（WAPS）或系统保护系统（SPS）的集中系统中，该系统在独立的 IED 中实现，或者在网络控制中心的一个 IED（计算机）中实现（见图 12.31）。

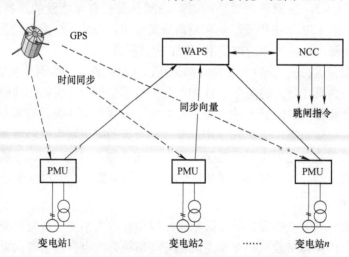

图 12.31 广域保护系统的物理设置示例

它监控所有收集的相量，并可由此获得电力系统某一时刻的瞬时状态，即状态估计。传统状态估计要想通过多次迭代来克服传感器特定响应行为和不良时间一致性是非常耗时的。来自同步 PMU 的数据的时间一致性至少要好得多，并且所需的迭代大大减少。电力系统方程的求解（全球应用的基尔霍夫定律）是在 WAPS/SPS 中实现的功能。用 PMU 数据求解这个方程可以判断电力系统是否运行稳定或者是否存在不稳定性因素，这可能会在一段时间后导致系统失稳（通常从 100ms 到几分钟，主要取决于发电机的惯性），例如，电压崩溃，甚至停电。其输出结果可能是给操作员的一些警报，类似于本地保护的启动，并且（如果执行并接受后）在一些延迟之后根据电力系统断路器（开关断路器）跳闸情况来启动减载或孤岛系统。目标是通过操作员或自动装置的动作恢复电力系统的稳定性。因此，对于许多数据的时间同步要求很高，因为所需要的响应时间与本地保护相比较低。

　　FACTS（灵活交流传输系统）设备允许连续控制潮流，例如，通过改变相位角，也可以通过广域保护来控制[17]。如果这些电力电子设备可用，则广域保护可以非常自适应。应该注意的是，没有和有 FACTS 的广域保护，必须分别与在电力系统中应用的所有更多本地保护方案非常仔细地协调。

　　某些项目已经采用了监测和报警功能；非常复杂的保护功能仍处于开发阶段或示范应用阶段。应该指出，必须认真协调全局和本地保护功能。

　　电力系统中存在一些不稳定模式。在图 12.32 中，给出了由于超过从源到负载的功率输送能力而导致的线路电压崩溃。

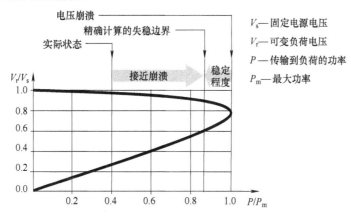

图 12.32　电力系统稳定性的示例：线路和电压的电力传输

　　抛物线型曲线由非线性电力系统方程的求解方程给出。为了处于稳定极限的安全区域内，在极限之间存在一些安全裕度。而如果接近稳定极限或者超过稳定极限，电压崩溃将非常快地发生。

12.7.5　通用指南

保护应用的一般建议

　　保护就像电力系统和受保护对象的保障。这意味着整个保护系统将覆盖并消除与电力系统中的故障或事故相关的更多风险。通常，更复杂的网络也会要求更复杂的保护系统。

例如，在低压径向电力系统中，简单的过电流继电器可能是足够的； 后备功能由具有时间延迟的远端设备实现（见图 12.3 和图 12.18）。

在较高电压等级（输电网络）中，故障清除时间（在故障情况下没有失去稳定性的危险）将是考虑的主要方面，除电力系统中的故障外，还需考虑到可能的保护失败（条件 N-1）。这导致了"主 1-主 2"的概念，即配置两种高性能保护方案（见图 12.4）。

在这方面，保护工程师必须考虑电力系统中任何位置的故障发生率。帮助理解的典型示例如下：

1）要清除最后 10%～15% 的线路出现故障需要考虑切除时间。

2）根据时限消除母线故障（远程保护的第二区域给予的稍慢的保护）。

3）检测母线和变压器中的电流互感器套管之间的故障，检测母线中的断路器和电流互感器之间的故障等。

4）检测架空线路中的高阻抗故障：需要特定功能才能满足此要求。使用距离保护的较高区域可能导致错误的跳闸（并且可能具有导致停电的显著影响）。

最后一个示例显示了任何保护应用都有特定的保护功能（故障的位置和类型）。通常，尝试使用一个保护功能来解决另一个应用而不是其特定的应用会导致较高的局限性甚至危险的错误操作。在这方面，应考虑某些特定故障的概率。典型的例子是高压电力系统中的并联线路之间的故障。如果预见到单相自动重合闸，则应该避免所有六个相（两个三相线）在发生 "线路 1 上的一个相位-线路 2 上的另一个相位"故障的情况下跳闸。

保护的（N-1）条件：

1）在主保护链发生故障时存在备用保护； 与主保护相比，备用保护通常会延迟，并且跳闸速度更慢（选择性较低，见图 12.3）；

2）为避免上述缺点，必须安装第二个主保护装置（见图 12.4）。

作为典型示例，可以讨论由单个距离保护来保护架空线的情况。通常，通过较高区域实现后备保护。这些保护更慢，选择性更低。由于远端母线上的并联馈电，有时较高的区域也不会覆盖相邻的线路。正确的主 1-主 2 概念包括采用两个完整的保护链（单独的 DC 电源，独立的跳闸电路和线圈）。两种保护方案的保护原理可以相同（优点：维护方便；缺点：存在发生相同模式故障的不利风险），也可以基于两个不同的原理（优点：不会发生相同模式故障，缺点：维护复杂，且需要两个不同设备的知识）。在今天的架空线路上，这意味着，例如，一个距离保护和一个差动保护。

另一个重要方面是保护协调。应仔细分析所有保护功能的跳闸时间以及每个保护功能的保护区域，以避免非选择性跳闸。一个典型的例子是安装在电力变压器星点的零电位接地连接中的保护（见图 12.12）：这种保护不应比安装在电力变压器低压侧的所有保护装置更快地跳闸。任何后备保护都应该首先让主保护先动作。这个案例表明，保持协调对于保持选择性和避免切除正常部分很重要。推演到完整的电力系统，本地和全局保护的协调（如果适用，还包括 WAPS/SPS）是防止停电的主要预防措施之一。

此外，还应分析保护对不断变化的电力系统工况的适应性。一个典型的例子是两条平行线之一（见图 12.33）的故障，每条线两侧都有距离保护（$Z<$）。如果线路出现故障并且必须跳闸，这些保护均会认为是一致的故障方向。消除一条线路上的故障可能会显著改变另一条线路上的电流和电压。如果在 B 点附近出现故障，如图 12.33a 所示，两侧的保护将视为线路内的故障，并同意断路器断开以切除故障线路。这个断开应该几乎同时发生。正常的线路不受影响。更详细的视图显示了更复杂的情况。B 点的保护将在区域 1 中看到故障并直接跳闸。A 点的保护可能会在延迟区 2 中看到故障，而不是立即跳闸。如果保护方案（带通信的逻辑）无法补偿此延迟或者 A 点的断路器由于某种其他原因而延迟，则只有 A 处的断路器断开（OFF）但故障尚未消除。C 和 D 处的距离保护已经在正常线路外的相同方向上看到了故障，可能在区域 2 中的 C 处和后向区域中的 D 处，因此没有动作。在 B 点处断开断路器（OFF）时，故障电流将改变其方向（电流反向），现在可以通过两种保护方式看到故障，即在与前面相反的方向上的 C 和 D 点。如果在 D 点的保护中方向的变化发生得更快，则在故障方向改变完成之前 C 和 D 的保护通信假定的故障方向将视作内部故障并且也使正常线路跳闸。双线末端之间的功率传输被完全中断。

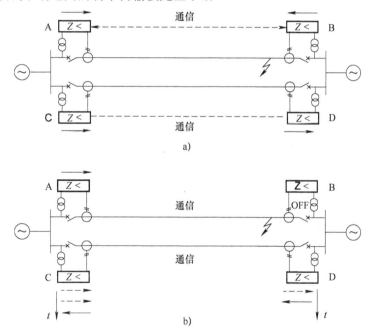

图 12.33　连续跳闸对两条平行线之一故障的影响

12.7.6　安全性和可靠性

　　保护设置必须仔细进行：大多数错误的保护动作都是由于错误的设置造成的。今天，数字保护已集成故障记录器。这可以比过去更好地进行故障后分析，有助于减少错误动作的重复。故障记录可以轻松地重新在实验室的保护设备中模拟，并允许使用给定的设置检查设备的反应。

　　由于保护每年动作的次数非常少，因此必须使用以前的技术进行定期测试。数字技术具有内置自我监督的优点，允许将定期测试减少到按需维护。

设备使用寿命期间的现场测试只能在设备正常康状态下进行。今天，电流和电压值的读数以及它们与其他设备或控制单元中指示的值的比较将指示设备是否正常运行。周期性地检查从保护的跳闸触点到断路器线圈的跳闸电路是很重要的。从这个意义上讲，可以减少或消除模拟值在保护中的定期注入，同时避免测试所带来的风险：保护不会像测试之前那样恢复到相同的状态（见表 12.2）。

表 12.2 总结保护方法及其对选择性的影响

方法	结果	模式	选择性	速度
单一测量点	阈值穿越	直接动作	0	快
		分级延迟	+	慢
		通信	++	中
单一测量点	阈值穿越和故障方向	直接动作	+	快
		分级延迟	+++	慢
		通信	++++	中
多测量点（采样值）	0 值偏离	本地硬连接	+++++	快
		分布式串行通信	+++++	快
多测量点（采样值）	基于基尔霍夫定律的系统方程求解	分布式串行通信	+++++ 目标：电力系统稳定性	快慢取决于工况和算法

12.7.7 总结

1）保护就像一种保障。

2）必须满足保护和电力系统的（N-1）条件。

3）保护功能应考虑任何位置和任何类型的故障。

4）考虑安全性和可靠性方面对维护的影响。

5）保护之间需要协调。

相对选择性由+的数量标识，保护动作速度和故障清除速度的分为高、中和低三类。基于相量的 WAMP/SPS 的值很大程度上取决于实际情况和实施的决策算法。

12.8 结论

1）数字技术的引入带来了新的机遇，并使得的保护、监控和控制功能作为整体系统的一部分得以优化，未来仍有较大发展空间。

2）基于全球标准 IEC 61850 的通信设施不断增加，可以获得比过去更好的信息，以实现更好的保护功能，包括测试和更好的故障分析。串行通信将在包括过程总线在内的所有级别上占主导地位。

3）保护的基本要求不会改变，一般准则仍然存在，但保护可以与控制集成，从而可以构建系统，这些系统可以更好地优化和更好地自动化。这些将影响保护范围内的所有级别的任务，从规范到维护。

4）广域保护不会取代现有的本地保护功能，而是对其进行补充。

附录 A　保护功能的识别

A.1　一般说明

在该表的一些领域中，由于在所有三个识别系统中的定义不相同而导致不止一个条目。

A.1.1　IEEE 设备号

IEEE 为 ANSI 制定的器件编号的保护识别始于 1928 年，作为 AIEE No.26 号文来描述转换流站。该标准在 1937 年、1945 年、1956 年、1962 年、1979 年、1996 年和 2008 年[18]进行了修订。对于每个设备编号，分配了简短的描述性文本。 2008 年的版本还包含对 IEC 61850Ed 1 的逻辑节点名称的引用。

它悠久历史的积极方面是它包含许多国家使用的大量标识。它有着悠久的传统，并一直试图将这一标准提升到新技术。不幸的是，这种对不同技术的连续性导致了一种非常模糊的含义，或者在不同的地方重新解释了意义。有时设备编号意味着设备，有时相同的设备编号代表功能。

A.1.2　IEC 定名

IEC 标准 IEC 60617[19]可作为互联网访问的数据库，取代 IEC 60617-2 至 IEC 60617-13（2001-11）部分的纸质版本，为许多电工项目分配图形符号，包括保护功能。它还允许根据一些基本规则组成缺失符号。容易访问这个大型数据库是 IEC 61 850 的优势，但缺失符号的自由组合可能会产生一些单独的符号。为了在文本文档中也使用这些符号，还创建了具有一些个性的字母数字衍生物。

A.1.3　逻辑节点命名

IEC 61850 的面向对象数据模型在最高标准化级别上具有称为逻辑节点（LN）的对象，其由 4 个字母的首字母缩略词命名，其指的是在具有域变电站的版本 1 中开始的电力系统中的自动化功能。例如，参考保护功能的逻辑节点的名称始终以字母 P 开头，以字母 R 开头的保护相关功能，以及字母 C 的控制功能。有关更多功能组和功能，请参阅参考资料[20]。字母 2-4 包含分配的功能的助记符，例如，在 LN PDIS（距离保护）中。逻辑节点包含所有标准化数据对象、数据对象本身包含功能与其他功能的数据交换所需的所有数据属性，分别由变电站中的 LN 表示的主要对象（例如，LN XCBR 的断路器）或更远。

请注意，逻辑节点描述功能而不描述 IED。可以看出，LN 识别仅涉及功能的核心功能，但它提供了最高灵活性，以实现当前和未来的 IED 中的任何功能分配，但始终使用标准化数据。因此，LN 识别出现在任何基于 IEC 61850 的变电站或电力自动化系统中。

A.2　识别清单

IEEE Std C37.2		IEC 60617		IEC 61850-7-4	备注
内容	设备号	图形符号	字母数字	逻辑节点	
暂态接地故障				PTEF	
定向接地故障功率保护				PSDE	灵敏的接地故障保护

（续）

IEEE Std C37.2		IEC 60617		IEC 61850-7-4	备注
内容	设备号	图形符号	字母数字	逻辑节点	
检查或联锁继电器	3			CILO	
过速	12	$\omega>$			
0 速或低速	14	$\omega<$		PZSU	
距离	21	$Z<$	$Z<$	PDIS PSCH	每个区域有一个实例 线路保护逻辑（方案）
每 Hz 电压	24			PVPH	
同步检查	25			RSYN	
过温	26	$\theta>$	$\vartheta>$		
（时限）低压	27	$U<$		PTUV	
方向过功率/反功率	32	$P>$		PDOP	方向过功率 反功率由 PDOP 加上附加"反"模式建模
低电流	37	$I<$		PTUC	
低功率	37	$P<$		PDUP	
失磁/欠励	40			PDUP	
负序继电器	46	$I_2>$	$I_2>$	PTOC	针对序电流的带时限过电流
负序电压继电器	47	$U_2>$		PTOV	针对序电流的时限过电压
电机起动	49，66，48，51LR			PMRI PMSS	电机起动抑制 电机起动时间监视
热过载	49		$\Theta>$	PTTR	
转子热过载	49R			PTTR	
定子热过载	49S			PTTR	
瞬时过电流过提升率	50	$I\gg$	$I\gg$	PIOC	
瞬时接地故障过电流继电器	50N		$I_E\gg$		
AC 时间过电流	51（反时限），50TD（定时限）	$I>$	$I>,t$	PTOC	
反时限接地故障过电流继电器	51G	$I\doteqdot>$		PTOC	
电压控制时限过电流	51V	$U\uparrow\ I>$		PVOC	
断路器	52			XCBR	

（续）

内容	设备号	图形符号	字母数字	逻辑节点	备注
功率因数	55	$\cos\varphi >$		POPF PUPF	过功率因数 欠功率因数
（时限）过电压	59	$U >$	$U >$	PTOV	同时适用于 DC 和 AC
中性点位移继电器	59N	$U_{rsd} >$	$U_0 >$		
电压或电流平衡	60			PTOV PTUV	过电压 欠电压
断路器失灵保护	50BF 或 62BF			RBRF	
接地故障/接地探测	64	$I \doteq >$		PHIZ	
转子接地故障	64R			PTOC PHIZ	时限过电流 高阻接地探测
定子接地故障	64S			PTOC PHIZ	时限过电流 高阻接地探测
匝间故障	64W			PTOC PHIZ	时限过电流 高阻接地探测
交流方向过电流	67	$I >$	$I >$	PTOC	时限过电流
	67N	$I \doteq >$	$I_E >$		时限过电流
方向接地故障	67G[a]			PTOC RDIR	时限过电流 方向比较
功率振荡检测/闭锁	68			RPSB	
直流过电流	76			PTOC	
相角或失步	78	$\varphi >$		PPAM	
AC 自动重合闸	79	$O \rightarrow I$		RREC	
低频继电器	81U	$f <$	$f <$	PUFP	低频
过频继电器	81O	$f >$	$f >$	POFP	过频
电流差动继电器	87	$I_d >$	$I_d >, \Delta I >$	PDIF	
相比较	87P	$I_d >$	$I_d >, \Delta I >$	PDIF	
线路差动	87L	$I_d >$	$I_d >, \Delta I >$	PDIF	
变压器差动	87T	$I_d >$	$I_d >, \Delta I >$	PDIF PHAR	变压器差动 谐波限制

（续）

IEEE Std C37.2		IEC 60617		IEC 61850-7-4	备注
内容	设备号	图形符号	字母数字	逻辑节点	
母线差动	87B	$I_d>$	$I_d>,\Delta I>$	PDIF	母线差动
母线保护	87B			PDIR	方向比较
电机差动	87M	$I_d>$	$I_d>,\Delta I>$	PDIF	
发电机差动	87G	$I_d>$	$I_d>,\Delta I>$	PDIF	

参 考 文 献

[1] Phadke, A.G., Horrowitz, S.H. *Power system relaying*, 3rd edition, Wiley & Sons, Inc., 2008.

[2] Blackburn. J.L., Domn, T.J. *Protective relaying—principles and applications*, 3rd edition, CRC Press, Taylor & Francis Group, 2008.

[3] Ungrad, H., Winkler, W., Wiszniewski, A. *Protection techniques in electrical energy systems*, 1st edition, Marcel Dekker Inc., 1995.

[4] www.cigre.org

[5] IEC 61850 – *Communication networks and systems in substations*, 1st edition, 2002–2005 (www.iec.ch)

[6] IEV International Electrotechnical Vocabulary—Part 448: *Power system protection/Reliability of protection* (www.iec.ch)

[7] CIGRE Brochure 140—*Reliable fault clearance and back-up protection*, 1998.

[8] IEEE 1588—*Precision clock synchronization protocol for networked measurement and control systems*.

[9] Brand, K.P., Brunner, C., de Mesmaeker, I. *How to use IEC 61850 in protection and automation*, Electra 222, pp. 11–21, Oct. 2005.

[10] IEC 61850-9-2—*Communication networks and systems in substations—Part 9-2: Specific communication service mapping (SCSM)*—Sampled values over ISO/IEC 8802-3.

[11] IEC 61850-9-2LE (Light edition)—*Implementation guideline for digital interface to instrument transformers using IEC 61850-9-2*, UCA International Users Group, www.ucainternational.org

[12] IEC 61850-5—*Communication networks and systems in substations—Part 5: Communication requirements for functions and device models*.

[13] Dalke, G., Horak J. Application of numeric protective relay circuit breaker duty monitoring, *IEEE Trans. Ind. Appl.*, Vol. 4, No. 41, pp. 1118–1124, 2005.

[14] Elmore, W.A. *Protection relaying*, Marcel Dekker, Inc., New York, 1994.

[15] Baass, W., Brand, K.P., Menon, A. *Acceptable function integration of protection and control at bay level*, CIGRE SC B5 Colloquium, Paper B5-217, Madrid, 2007.

[16] IEC 61850—*Communication networks for power utility automation*, 2nd edition, 2009–2013 (www.iec.ch)

[17] Zhang, X.P., Rehtanz, C., Pal, B. *Flexible AC transmission systems—modelling and control*, Birkhäuser (Springer), 2006.

[18] IEEE Std C37.2™-2008—IEEE Standard for Electrical Power System Device Function Numbers, Acronyms, and Contact.

[19] IEC 60617—*Graphical symbols for diagrams*.

[20] IEC 61850-7-4 Ed.1—*Communication networks and systems in substations—Part 7–4: Basic communication structure for substation and feeder equipment—Compatible logical node classes and data classes.*

[21] Rehtanz, C., Bertsch J. *Wide Area Measurement and Protection system for emergency voltage stability control*, Proceedings of IEEE Power Engineering Society Winter Meeting, Vol. 2, pp. 842–847, New York, Jan. 27–31, 2002.

[22] IEC 60255-8—*Thermal electrical relays.*

第 13 章

电网主要停电事故的分析、分类及预防

Yvon Besanger，Mircea Eremia 和 Nikolai Voropai

13.1 引言

电力系统运营商必须确保电网的安全，并向用户输送稳定的电力。然而，每年世界上的电力系统都会出现成千上万的扰动，其中一些可能导致停电事故。当然，媒体或书本上均报道过一些著名的停电事件，使公众了解到了什么是停电事故，甚至一些人已经亲身经历过几次。现在，本书尝试给出一个定义或一些特征来加深读者的理解。

首先，停电是电力系统中的主要事故。本书基于"停电"这个词对停电事故进行广义的讨论。

其次，停电事故的特点可能包括地域规模、深度与持续时间。深度与停电的用户数量有关，或者说与用户的地理密度有关，即事故中丢失的负载有关。地域规模和深度决定了停电事故的严重性，即所谓的大规模停电和小规模停电。持续时间将事故的严重程度及后果进行了直接量化，特别是在成本方面，停电事故的代价可能很高（大规模停电事故的损失可达数十亿美元），同时也反映了运营商恢复电力系统正常运行的难度大小。

接下来很重要的一点，停电事故通常是由一连串联合事件导致的。如果分开考虑，这些电力系统中的事件相对稳定，但是在特定的运行环境中，这些事件可能与初始事件相关联，导致电力系统设备（线路、发电厂、发电站等）的级联中断事故。级联过程结束的时候，一些地区或者国家已经停电几分钟甚至几十分钟。确切地说，停电事故由一个或多个初始事件及一些恶化因素导致的。由于现代电力系统通常使用 N-1 运行标准（系统可能在失去一个主要设备时不失去其本身稳定性），所以这种连续中断的机制得到了充分证明。也就是说，通常情况下，单一事件不会导致灾难性事故的发生。下文中将给出不完整的初始事件及恶化因素列表。

1）自然因素。风暴、地磁风暴、地震、闪电、电线与树及动物的接触等等。其中，电线和树之间的接触也可以被视为技术或人为原因（缺少修剪）。

2）技术因素。短路、元件故障、重负荷、关键设备维修不善、故障击穿等。

3）人为因素。切换错误，操作人员之间的通信错误或不当，人为破坏，缺乏培训（特别是在紧急情况下）等。

这些因素的结合会导致雪球效应（多米诺骨牌效应），进而导致灾难性的局面。为避免这种情况，输电运营商（TSO）根据不同状态切换系统运行方式，如图 13.1 所示。

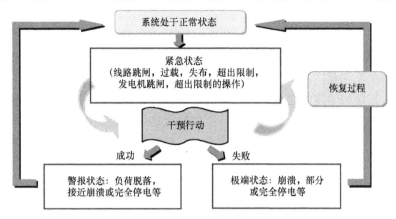

图 13.1　电力系统的运行状态

电力系统主要在两种约束条件下工作：向用户提供电力及运行电力系统。第一种要求所有用户必须全覆盖，第二种要求所有系统变量（频率、电压、线路电流等）必须保持在其规定范围内。

如果同时满足用户供电约束及系统运行约束，系统处于正常状态。

如果违反某些运行限制，系统将处于紧急状态。这可能是由一些扰动导致的，而这些扰动会导致一些系统变量超出极限。如果操作人员的干预行为能够将变量恢复到限制范围内，系统将会保持原状并进入报警状态。

当用户供电全覆盖不能完全满足（部分用户无法提供电能）时，系统会处于报警状态。

如果两种约束均不满足，系统会处于极限状态。

电力系统的规模大小通常要考虑承受扰动，即"可能"扰动的能力，比如主要元件（线路、发电机、变压器等）的损失一样。即 N-1 运行标准。在正常的系统运行中，只考虑可能的扰动。相反，面对非概率性的扰动，一些应急机制（保护、卸载、大规模防御计划的动作等）需要启动，以保证系统的安全。这就是为什么停电通常不是由一个重要的事件造成的，而是由最初的扰动和一系列事件的组合造成的。

初始事件引起了操作人员无法消除的干扰（时间不足，对事件严重程度的错误评估等）。接着，其他事件的发生和延续（或多或少是危险的）就会导致系统状态的恶化。

当然，如果遇到严重问题，系统运营商有可能（时间足够的话）与其他运营商联系，以便协调行动（一个相互关联的输电网络运营者的利益共同体）。

尽管如此，小规模的停电还是经常发生，而大规模的停电很少发生。大面积停电会造成巨大的经济和社会损失，其中包括弱势人群（老人、医院的患者等）的安全。例如，2003 年 8 月 14 日在美国东北部和加拿大以及 2003 年 9 月 28 日在意大利发生了大规模的停电事故。第一次事故影响了美国 8 个州和加拿大两个省的约 5000 万人口，经济损失约为 7 亿～10 亿美元[1,2]。第二次事故影响了意大利 5700 万人口，180GW 负荷被中断[3-5]，意大利的停电事故是欧洲发生过规模最大的一次停电事故。而结果是用户越来越不能容忍供电中断，所以有必要尽可能地避免这种大型事故的出现和影响。分析研究大型停电事件的原因和机制，是预防大型停电事故的第一步，所以，需要重新回顾以往大规模停电事故的特点。这是本章的目的。

本研究调查了 1965 年以来发生在世界各地的 39 次停电事故。表 13.1 是相应事故的列表。

当然，这个列表并不完整。最近在世界各地发生了其他的停电事故，例如：2003 年的伊朗、芬兰和阿尔及利亚；2004 年的澳大利亚、约旦、巴林和利比亚，2008 年的佛罗里达州（美国），2012 年的印度（有记录以来世界上最大的停电事故）等。由此看来，停电事故趋势越来越成为一种普遍现象。然后在这些新闻报道的影响下，人们越来越明白要关注这些重大事件。因此，对于现代社会保障，电力系统、通信网络和计算机网络而言，是关键的基础设施。在过去的几年里，这三类网络已经紧密相连，所以有必要在未来的综合建设框架中考虑这些基础设施。

本章第 13.2 节将对一些大型停电事故进行简要说明。在第 13.3 节中，将介绍整个停电过程的划分，并将停电进展分成几个连续的阶段。根据这些阶段，通过对所列举的大规模停电事故进行的比较，找出它们之间的共同点。然后，通过分析事故进展，着重分析停电的常见机制。第 13.4 节中给出了一些具体经济效应和社会效应。第 13.5 节中提出了一些建议来预防大型事故。第 13.6 中讨论了一些关于事故防御措施和故障恢复计划分析。

表 13-1　停电分析

编号	时间	国家或地区	参考文献
1	09/11/1965	美国东北部 10 州	[6]
2	1967	美国宾夕法尼亚州、新泽西州、马里兰、迈阿密州	[7]
3	05/1977	美国纽约	[7]
4	07/1977	法国	[7]
5	19/12/1978	美国爱达荷州、犹他州和怀俄明州	[8,9]
6	01/1981	美国俄勒冈州	[7]
7	03/1982	瑞典	[7]
8	27/12/1983	日本	[8]
9	23/07/1987	法国西部	[8]
10	12/01/1987	加拿大魁北克	[9]
11	12/03/1989	意大利	[8,10]
12	24/08/1994	美国亚利桑那州和华盛顿	[9]
13	14/121994	日本	[7]
14	17/01/1995	以色列	[11]
15	08/06/1995	美国佛罗里达州	[12]
16	12/03/1996	美国西南部	[13]
17	16/04/1996	美国 14 州	[13]
18	02/07/1996	太平洋西北地区	[13]
19	07/08/1996	美国纽约	[13]
20	10/08/1996	美国 Allegheny 电力系统，	[13]
21	26/08/1996	美国纽约	[13]

（续）

编号	时间	国家或地区	参考文献
22	21/09/1996	加拿大，纽约和新英格兰	[13]
23	30/10/1996	旧金山和美国加利福尼亚州湾区	[13]
24	01/1998	美国纽约	[7]
25	12/1998	Brazilian 电力系统	[7]
26	17/1999	印度	[7]
27	11/03/1999	克罗地亚南部部分和波斯尼亚和黑塞哥维那一小部分，美国东北部和加拿大	[14]
28	02/01/2001	伦敦南部	[15]
29	12/01/2003	英国中西部	[16]
30	14/08/2003	丹麦东部和瑞典南部	[1,2]
31	28/08/2003	意大利电力系统	[17,18]
32	05/09/2003	智利大部分	[17,18]
33	23/09/2003	雅典和希腊南部	[19]
34	28/09/2003	昆士兰州，新南威尔士州，维多利亚和澳大利亚南部，俄罗斯莫斯科	[2-5]
35	07/11/2003	欧洲电力系统	[20]
36	12/07/2004	美国纽约	[21]
37	14/03/2005	Brazilian 电力系统	[22]
38	25/05/2005	印度	[23,24]
39	04/11/2006	克罗地亚南部部分和波斯尼亚和黑塞哥维那一小部分，美国东北部和加拿大	[25,26]

13.2　之前一些停电事故的描述

根据现有的数据，本节简要总结了一些大型事故。每次停电均以相同的方式进行描述，即以下几个连续的阶段：前提条件、初始事件、级联事件和最终状态。这个简单的流程显示了大多数情况下停电事故的机制。

13.2.1　2003 年 8 月 14 日美国东北部及加拿大停电事故

13.2.1.1　前提条件

1. 天气炎热，电力需求高，电力系统潮流大

8 月 14 日，美国中西部和东北部天气温暖，气温不是特别高，但是比正常温度高，风力较小。这样的天气属于典型的夏天温暖的天气。温暖的天气导致俄亥俄州东北部的电力需求很高，尤其是对空调的高需求。这导致电力系统在第一能源公司（First Energy，FE：一类系统运营商）控制区域的无功功率的消耗值很高，但电力需求并没有接近历史记录水平。因此，南部（田纳西州、肯塔基州、密苏里州等）和西部（威斯康星州、明尼苏达州、伊利诺斯州等）需要向北部（密歇根州）和东部（纽约）输送电力，从而导致 ECAR（东部中心地区电力可靠性协调协议）区域内的潮流大。大部分电力输送的目的地是俄亥俄州北部、密歇根州和加拿大安大略省[1]。这会导致系统运行接近安全限制，线路存在过载的风险。

2. 设备停止运行

8 月 14 日，几个关键发电机暂停运行（计划暂停发电），但这些发电机组的停用并没有导致停电。8 月 14 日早些时候，一些计划外的变速箱和发电机组的意外停运影响了系统的安全：

1）12:08，Bloomington-Denois Creek 的 230kV 机组的停电信息没有自动传递给 MISO（中西部独立系统运营商）的状态估计器，这条线路的丢失状态引起了一个较大的失配误差，从而直到大约 12:15，一直影响着 MISO 的状态估计器的正常运行。

2）13:31，伊利湖沿岸的 Eastlake 5 号机组解列。这是 Cleveland 地区无功功率的主要来源。而这个机组的解列使得俄亥俄州北部地区的电压管理更具挑战性，并且降低了 FE 运营商操作系统的灵活性。随着 Eastlake 5 号机组的强制解列，输电线路负荷显著提高，但仍低于限定值。

3）14:02，俄亥俄州南部 Stuart-Atlanta 345kV 输电线路信号丢失。由于该线路不在 MISO 的控制区域内，MISO 运营商没有监视该线路的状态，也不知道它已经停止运行。这导致 MISO 的状态估计器继续错误运行，即使在前面提到的失配误差被校正之后仍是如此[1]。

关键发电机组的解列，以及对输电线路信号丢失情况无所察觉，表明系统处于不稳定状态，因此，系统运营商无法在紧急情况下做出正确的决策。

3. 停电前的电压及无功功率条件

FE 运营商在 8 月 14 日下午开始解决电压问题。该运营商指出，大部分系统电压都在下降。FE 是有功功率的主要接收方，俄亥俄州北部是无功功率的净接收方。

从图 13.2 可以看出，Cleveland 地区的无功储备很少。由于无功功率不能远距离输送，即使邻近地区有很多无功储备，Cleveland-Akron 地区的电压仍在持续下降。

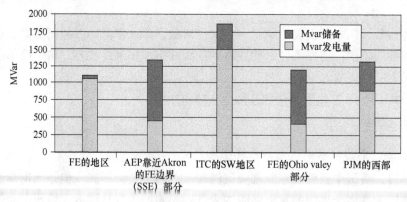

图 13.2　2003.8.14 下午 4 时，典型发电机组的无功储备（AEP，美国电力系统运营商）

分析表明，Cleveland-Akron 地区的电压下降在很大程度上受到该地区温度和负荷增加的影响，几乎不受 FE 向其他系统输送电力的影响。同时，8 月 14 日，FE 在 Cleveland-Akron 地区没有产生足够的无功功率，以满足该地区的无功功率需求，以及维持防止电压崩溃的安全限度[1]。

调查人员经过 *P-Q* 和 *V-Q* 分析确定，8 月 14 日，Cleveland-Akron 地区在停电之前的低电压和低无功功率裕度可能导致电压崩溃。电压崩溃影响了系统的其他部分，从而造成大面积停电。因此，监测无功裕度对于防止电压崩溃具有重要意义。

4. 系统频率

停电前的现有调度方法资源不足，无法控制系统频率。

5. 总结

在 2003 年美国停电事故的前提条件中，该系统接近稳态极限。输电线路中的潮流很大，线路过载的风险很大。由于空调使用量大，无功功率需求较高。在缺乏无功功率支撑的系统中，电压下降。同时，电压下降导致系统需要更多的无功功率来维持电压。这是典型的电压崩溃过程。在停电之前，有功功率也不足以维持系统频率。另一方面，由于管制放松，每个 ISO（独立系统运营商）都不能直接通过测量系统了解其他 ISO 的情况。两个 ISO 之间仅通过电话交换信息，在紧急情况下是不够的，效率很低。因此，这导致每个 ISO 缺少电力系统其他部分的信息。当系统不稳定时，他们不能采取有效措施使系统恢复安全。一般来说，负荷大、无功功率和有功功率不足，以及每个 ISO 不了解整个系统的运行状况是使系统处于危险状态的三大因素，这样一来，发生停电难以避免。

13.2.1.2　初始事件

根据前一节介绍的前提条件，该系统已经接近稳态稳定极限，当电力系统发生不可预见的较大扰动时，系统将变为不稳定状态。

从 15:05:41 到 15:41:35，三条 345kV 线路发生故障，并且潮流等于或低于每条输电线路的紧急等级。每次跳闸或锁定都是由于电线和一棵树之间的接触而产生的，而这棵树已经长得很高，小于线路的最小安全距离。当一条线路发生故障时，相应的潮流被转移到其余线路上，也就是其他的传输路径上。结果导致 FE 系统其余部分的电压进一步下降。

在此期间，发生了以下几个关键事件：

1. 15:05:41：Chamberlin-Harding 345kV 线路跳闸，重合，再次跳闸，并锁定（线路与树木接触，C 相发生接地故障）；

2. 15:31-33：MISO 联系了 PJM（PJM 互联，LCC：AEP 的可靠性调度员）来确定 PJM 是否监测到 Stuart-Atlanta 345kV 线路中断。PJM 确认 Stuart-Atlanta 线路中断。

3. 15:32:03：Hanna-Juniper 345kV 线路跳闸，重合，再次跳闸，并锁定。

13.2.1.3　级联事件

由于高无功功率输出，FE 控制的 Eastlake 5 号机组调节器于下午 01:31，由于过励磁而跳闸为手动调节。

由于潮流的变化，Hanna-Juniper 345kV 和 Star-Canton 345kV 线路分别在下午 03:32 和 03:41 因与树木接触而承受巨大负荷，进而跳闸。其他线路一次跳闸。

在 Sammis-Star 345kV 线路跳闸后，由于 3 区继电器过载运行，俄亥俄州发生了大范围级联事件。

下午 04:10，由于俄亥俄州和密歇根州主要联网线路的相继断开，潮流开始逆时针方向流动，从宾夕法尼亚州开始流经纽约和安大略省，最后流入俄亥俄州和密歇根州。此时，由于传输负荷极重，电压崩溃，几百条线路和发电机的级联停运引起了大面积停电。

图 13.3 中，给出了此次美国停电机制的简单流程图。

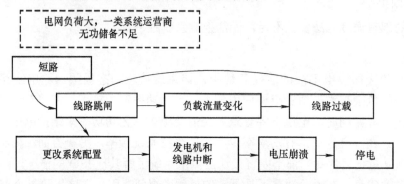

图 13.3　美国停电事故的机制

图 13.4 显示了此次停电事故的时间线。它包括网络事件、计算机事件和人为事件。从这张图中可以看到，在停电之前，FE 的电脑系统出现了问题。系统运营商无法知道线路跳闸并且无法接收警报信息。另一方面，系统操作员缺乏对紧急情况的培训，他们没有意识到计算机故障，也没有采取有效措施来阻止级联事件的发生。

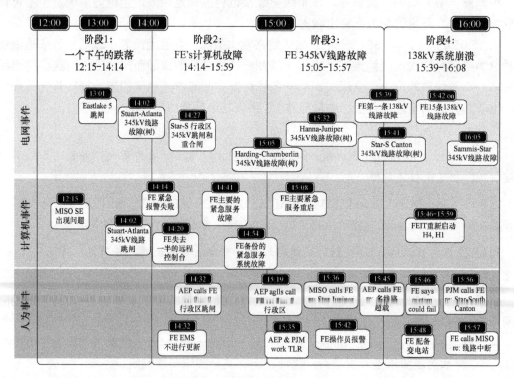

图 13.4　时间线：起源于俄亥俄州停电事故[2]

为了分析级联事件，找出关键线路和发电机，并理解级联传播的原因，表 13.2 列出了停电事故时间线。

表 13.2　2003.08.14 美国东部及加拿大地区停电事故时间表

时期	编号	时间	事件	设备	观察	评定
前提	1	12:05:44	Conesville 5 号机组（额定功率 375MW）	G	O	
	2	01:14:04	Greenwood1 号机组（额定功率 785MW）	G	O	
	3	01:31:34	Eastlake5 号机组（额定功率 597MW）	G	O	临界单位
	4	02:02	Stuan-Atlanta 345kV	L	NO	O:03:31-33
稳态进展	5	03:05:41	Harding-Chamberlain 345kV	L	NO	O:03:41
约 1h	6	03:32:03	Hanna-Juniper 345kV	L	NO	O:03:41
5min	7	03:39:17	Pleasant Valley West Akron 138kV 线路跳闸和重合闸	L	O	
	8	03:41:33	Star-South Canton 345kV	L	O	临界单位
	9	03:42:05	Pleasant Valley West Akron 138kV 线路跳闸和重合闸	L	O	
	10	03:42:49	Canton Central Cloverdale 138kV 线路因故障跳闸并重新闭合	L	O	
	11	03:42:53	Cloverdale-Torrey 138kV 线路跳闸	L	O	
	12	03:44:12	Lima-New Liberty 138kV 线路因下陷至底层配电线路而跳闸	L	O	
	13	03:44:32	Babb- West Akron 138Kv 线路因接地故障跳闸并锁定	L	O	
	14	03:44:40	Pleasant Valley West Akron 138kV 西线跳闸并锁定	L	O	
	15	03:45:33	Canton Centml-Tidd 345kV	L	O	
	16	03:45:39	Canton Centrml-Cloverdale 138kV 线路因故障跳闸并锁定	L	O	
	17	03:45:40	Canton Central 345/138kV 变压器因 138kV 而跳闸并锁定，从而打开了线路 FE 的 Cloverdale 站	T	O	
	18	03;51:41	East Lima-N 138kV 线路跳闸，可能是由于线路下垂，仅在 East Lima 端重合闸	L	O	
	19	03:58:47	Chamberlin-West Akron 138kV 线路跳闸	L	O	
	20	03:59:00	West Akron 138kV 总线跳闸，并在 West Akron 138kV	L	O	
	21	03:59:00	West Akron-Aetna 138kV 线路开通	L	O	
	22	03:59:00	Barberton 138kV 线路仅在 West Akron 端开通。West Akron B18 138kV 联络断路器断开，影响 West Akron 138/12kV 变压器 3 号、4 号和 5 号	L	O	

（续）

时期	编号	时间	事件	设备	观察	评定
	23	03:59:00	West Akron-Granger-Stoney-Brunswick-West Medina 断线	L	O	
	24	03:59:00	West Akron-Pleasant Valley 138kV 东线（Q-22）开通	L	O	
	25	03:59:00	West Akron-Rosemont-Pine-Wadsworth 138kV 线路开通	L	O	
	26	04:05:55	Dale-West Canton 138kV 线由于下垂而绊倒在树上，仅在 West Canton 重合闸	L	O	
	27	04:05:57	Sammis-Star 345kV 由 3 区继电器跳闸	L	O	临界线
	28	04:06:02	Slar-Urban 138-kV 线路跳闸	L	O	
	29	04:06:09	Richland-Ridgeville-Napoleon-Stryker 138kV 线路在超载时跳闸并锁定在所有终端上	L	O	
稳态进展	30	04:08:58	Galion-Ohio Central-Muskingum 345kV，3 区接力进展	L	O	
约 1h5min	31	04:08:58	Ohio Central-Wooster 138kV 线路跳闸	L	O	
	32	04:09:06	East Lima-Fostoria Central 345kV 线路在 3 区继电器上跳闸，导致主要功率波动穿过纽约和安大略省进入密歇根州	L	O	功率波动
	33	04:09:08	Michigan Cogcnemlion Venture 工厂减少 300MW（从 1263～963MW）	L	O	
	34	04:09:17	Avon Lake 7 机组跳闸(82MW)	L	O	
	35	04:09:17	Burger 3,4 和 5 机组跳闸（总共 355MW）	G	O	
	36	04:09:30	Kinder Morgan 3, 6 和 7 机组跳闸(总计 209MW)	G	O	
	37	04:10	Harding-Fox 345kV	L	O	
高速级联约 3min	38	4:10:04-4:10:45	俄亥俄州北部伊利湖上的 20 台发电机（总计 2174MW）跳闸	G	O	
	39	04:10:36	Argenta-Battle Creek 345kV 线路跳闸	L	O	
	40	04:10:36	Argenta-Tompkins 345Kv 线路跳闸	L	O	
	41	04:10:36	Battle Creek-Oneida 345kV 线路跳闸	L	O	
	42	04:10:37	West-East Michigan 345kV	L	O	
	43	04:10:37	Sumpter 1、2、3 和 4 号机组因欠功率（Detroit 附近 300MW）而跳闸	G	O	
	44	04:10:37	过电流保护使 MCV 电厂的输出功率从 963MW 降至 109MW	G	O	

（续）

时期	编号	时间	事件	设备	观察	评定
	45	04:10:38	Midland 热电公司（负荷 1265MW）	G	O	
	46	04:10:38	传输系统将 Detroit 西北部分隔开来		O	
	47	04:10:38	Hampton-Pontiac 345kV 线路跳闸	L	O	
	48	04:10:38	Thetford-Jewell 345kV 线路跳闸	L	O	
	49	04:10:38	Perry-Ashtabula-Eric West 345kV	L	O	
	50	04:10:38	克利夫兰与宾夕法尼亚州分开，潮流逆转，强大的潮流 沿着伊利湖逆时针方向涌动		O	
	51	04:10:38	伊利西阿什塔布拉-佩里 345kV 线路跳闸	L	O	
	52	04:10:38	在密歇根州东部和俄亥俄州北部为负荷供电的大功率浪涌穿宾夕法尼亚州、新泽西州和纽约，穿过 Qnlario 进入密歇根		O	
	53	04:10:39	Bay Shore-Monroe 345kV 线路	L	O	
	54	04:10:39	Allen Junction-Majestic-Monroe 345kV 线路	L	O	
	55	04:10:40	Majestic Lemoyne 345kV 线路 Majestic 345kV 变电站：1 个田纳西州在所有 345kV 线路上依次打开	L	O	
	56	04:10:40	Homer City-Watercurc Road 345kV	L	O	
	57	04:10:40	Homer City-Stolle Road 345kV	L	O	
	58	04:10:40	湖滨 18 号机组（156MW，靠近克利夫兰）因欠频跳闸	G	O	
	59	04:10:41	South Ripley-Dunkirk 230kV	L	O	
	60	04:10:41	Fostoria Central-Galion 345kV	L	O	
	61	04:10:41	佩里一号核电站（额定 1252MW）	G	O	
	62	04:10:41	雅芳湖 9 号机组（额定 616MW）	G	O	
	63	04:10:41	Beaver-Davis Besse 345kV 线路	L	O	
高速级联约 3min	64	04:10:41	俄亥俄州欠频率甩负荷：第一能源公司电负荷 1754MVA 美国电力公司（AEP）减负荷 133MVA		O	
	65	04:10:41	Easllake 1、2 和 3 机组（总计 304MW，靠近克利夫兰）因欠电流跳闸	G	O	
	66	04:10:41	雅芳湖 9 号机组（580MW，克利夫兰附近）因低频跳闸	G	O	

（续）

时期	编	时间	事件	设备	观察	评定
	67	04:10:41	佩里一号核电站（1223MW，克利夫兰附近）因欠频跳闸	G	O	
	68	04:10:41	Belle River 1 号机组因失步跳闸（637MW）	G	O	
	69	04:10:41	圣克莱尔在高电压下跳闸（221kW，DTE 机组）	G	O	
	70	04:10:42	湾岸机组 1-4（托莱多附近 551MW）因过励磁跳闸	G	O	
	71	04:10:42	Ashtabula 5 号机组（184MW，克利夫兰附近）因欠频跳闸	G	O	
	72	04:10:42	格林伍德一号机组低压大电流跳闸（253MW）	G	O	
	73	04:10:42	Trenton 通道装置7A、8 和 9 跳闸（648MW）	G	O	
	74	04:10:42	坎贝尔机组 3（额定 820MW）	G	O	
	75	04:10:43	Keith-Waterman 230kV	L	O	
	76	04:10:43	West Lorain 装置（296MW）因跳闸欠电压而跳闸	G	O	
	77	04:10:44	南里普利伊利东 230kV，南里普利敦刻尔克 230kV	L	O	
	78	04:10:44	East Towanda-Hillside 230kV	L	O	
	79	04:10:45	Wawa-Marathon 230kV	L	O	
	80	04:10:45	Branchburg-Ramapo 500kV	L	O	
	81	04:10:46	New York-New England 输电线路断开		O	
	82	04:10:48	纽约传输线从东向西分开		O	
	83	04:10:50	尼亚加拉大瀑布以西和圣劳伦斯以西的安大略省系统 从纽约分离		O	
	84	04:11:22	Long Mountain-Plum Tree 345kV	L	O	
	85	04:11:22	Southwest Connecticut 从纽约分离		O	
	86	04:11:57	安大略省和密歇根州东部之间的剩余输电线分开		O	
	87	04:13	级联序列基本完成		O	

　　注：在这张表上，第五列显示了组件的类型：L 代表一行，G 代表发电机，对于变压器，第六列显示系统操作员是否可以观察到事件：O 是可观测的，NO 是不可见。

　　在表 13.2 中，有 87 个级联事件。这些事件可以分为三个阶段：先决条件阶段、稳态过程和高速级联阶段。在稳态过程，级联事件已经开始，但系统仍然保持稳态稳定，即电压和频率不在临界值。高速级联意味着许多线路和发电机在短时间内跳闸。此时，停电事故已经无法停止。

有些重要事件值得注意：

1）第三项事件：下午 01:31:34，Eastlake 5 号机组（等级：597MW）跳闸。该发电机是 Cleveland 地区无功功率支撑的主要来源，该机组的损耗使得俄亥俄州北部的电压管理更具挑战性，并使 FE 运营商在操作系统时缺乏灵活性。因此，它是 Cleveland 地区的一个关键机组。

2）第四、五、六项事件：Stuart-Atlanta、Harding-Chamberlain、Hanna-Juniper 三台 345kV 线路跳闸。下午 3:31-3:41，由于计算机故障，系统运营商不知道线路已跳闸，直到计算机系统恢复。Stuart-Atlanta 345kV 线路在下午 02:02 由于和树木接触跳闸。由于该线路不在中西部独立系统运营商（MISO）控制区，MISO 没有监控该线路的状态，也不知道它已经停止服务。这导致数据不匹配，进而导致在当日晚些时候 FE 控制区域的系统状况恶化时，MISO 的状态估计器（一种关键的监测工具）无法产生可用结果。系统运营商在下午 04:04，级联开始前约 2min 的时间解决了这个问题。由于这个问题，系统运营商损失了很多可以防止停电事故的时间。

由于这些计算机故障，FE 的系统操作员没有意识到他们的电气系统状况开始恶化！

3）可能防止停电的减载动作。有三个时间点，如果系统操作员进行了减载，则能够停止级联事件：

① 在第八项事件，下午 03:41:33 Star-South Canton 345kV 线路跳闸之前，如果在 Cleveland-Akron 地区内减载 500MW 的负荷，Star 总线的电压将从 91.7%提高到 95.6%，将线路负荷从 91%降低到其紧急电流额定值时的 87%；额外的 500MW 的负荷将不得不下降，以提高 Star 电压至 96.6%，降低线路负荷为其紧急电流额定值时的 81%。本来通过在 Cleveland-Akron 地区减轻负荷可以防止停电事故的发生。

② 在下午 04:05:57 Sammis-Star 线路跳闸（第 27 项事件）之前，在 3 区减载 1500MW 的负荷可能阻止级联和停电事故的发生。

③ 在下午 04:09:06 East Lima-Fostoria Central 345kV 线路跳闸之后，如果俄亥俄州东北部的自动欠压减载措施已经到位，该措施可能在此时或之前触发，并且减载足够多的负载以减少或消除传播级联的后续线路过载。East Lima-Fostoria Central 345kV 线路的跳闸也导致大部分功率波动从纽约和安大略省传播到密歇根[2]。

从分析中可以看出，在这些时间点上，系统运营商可以采取一些措施来避免级联事件，并限制小面积停电。但由于计算机故障，系统缺乏有效的防御计划（例如特殊保护方案，紧急卸载）以及缺乏有效的操作人员培训，致使停电事故无法避免。

13.2.1.4　最终状态

在停电结束时（16:13），美国东北大部分地区全部停电。一些孤立的发电和负荷区域保持在线几分钟。这些区域是那些可以保持闭环发电需求平衡运行的地区。在这次停电事故中共有 261 台发电厂的 531 台发电机跳闸，62 000MW 的减载。

13.2.1.5　什么停止了级联事件的扩散?

1）沿着电线传播的扰动的影响，从初始点开始进一步衰减（例如由扔入水中的石头产生的波）。因此，远离初始扰动的线路上的继电器面临的电压和电流波动并不严重，并且在某些时刻它们不足以导致线路跳闸。

2）更高的电压线路和更密集的联网线路（例如 PJM 的 500kV 系统和 AEP 的 765kV 系统）能够更好地吸收电压和电流波动，从而成为级联传播的障碍。级联进入俄亥俄州西部，然后通过密歇根州北部传输线最少的地区。由于线路较少，因此每条线路都吸收了更多的功率和电压波动，因此更容易发生跳闸。在东部，纽约和宾夕法尼亚州之间的线路也有类似的影响，最终导致新泽西州北部线路跳闸。在美国东北部、安大略州与东部的其他地区完全隔离后，输电线路中断的线路被遏制了，东北部没有更多的电力流入（除了与魁北克的直流连接，将继续为纽约西部和新英格兰地区供电）。

阻止级联扩散的方法可以在网络中的一些关键线路上实现 FACTS（柔性交流输电系统）。这些电力电子设备可以通过阻尼电压和功率波动来防止级联扩散。

3）线路跳闸隔离了部分处于不稳定状态的电网。这些地区的许多地方保留了足够的在线发电量或从电网其他部分输入电力的能力来满足需求，不受扰动或不稳定因素的影响。随着级联的扩散，越来越多的发电机和线路被切断以保护本身免受严重损坏，一些地区完全脱离了东部互联的不稳定部分。在这些领域，有足够的发电系统来匹配负载并稳定系统。在东北部形成较大的独立区域之后，出现了频率和电压衰减的现象。在东北部的一些地区，电力系统变得非常稳定，并且自行闭锁。在其他地区，通过与快速自动减载装置配合，能够有足够的发电量来稳定频率和电压。通过这种方式，大多数新英格兰和沿海省份仍然有足够的电量。在纽约西部，约一半的发电量和负荷依然存在，在安大略省南部供电的帮助下，分出一部分电量供给纽约西部。还有其他较小的孤岛负载和发电量能够达到地区供电平衡。

从这一点来说，解决方案之一是设计一个紧急隔离计划。当停电出现在某一地区，当系统运营商不能阻止停电扩散到邻近地区时，紧急隔离计划可以将系统分成若干部分。这样可以防止停电的扩散，保持其他地区的安全。

13.2.1.6　停电事故起因

这次停电有三个主要原因:

1）俄亥俄州 Sammis-Star 线路的损耗，以及俄亥俄州内其他输电线路和微弱电压的损耗，通过电力传输引发了许多后续线路跳闸。

2）保护系统可以挽救电力系统的设备，也可以参与级联事故，保护系统已经参与了约70%的停电事故。在 16:05:57 到 16:10:38 之间的关键线路跳闸发生在 3 区阻抗继电器上（或发生在像 3 区一样运行的 2 区继电器上），这些线路响应了对受保护设施的过载而不是故障。它们跳闸的速度加快了级联在 Cleveland-Akron 地区之外的扩散。

3）没有有效的补救计划来防止停电。有证据表明，东北地区输电线路、发电机和低频减载的继电保护设置可能不足以降低发生级联的可能性和后果。

NERC[1]总结了一些造成停电事故的原因:

1）NERC 和 ECAR 合作计划在这些违规行为导致级联停电之前未确定并解决具体的违

规行为。

2）没有一个通用标准专门处理通电导体与植被的安全间隙。

3）8 月 14 日的停电事故重复了之前大规模停电研究中发现的问题，包括植被管理，操作员培训和帮助操作员更好地可视化系统条件的工具。

4）可靠性调度员和控制领域对电力系统的功能、可靠运行电力系统的责任、权限和能力解释不同。

5）在 ECAR 中，由于缺乏通过与实际系统数据和现场测试进行基准验证的验证过程，因此用于模拟负载和发电机的数据不准确。

6）在 ECAR 中，规划研究、设计和实施评级未一致共享，也没有在服务对象和地区之间进行适当的同行评审。

7）现有的系统保护技术并没有被一致地应用于优化减缓或停止电力系统失控级联故障的能力。

8）FE 的运行系统电压低于临界电压，其反应储备电量不足。

9）FE 在控制室内和控制室外没有共享运营商信息的有效协议。

10）FE 没有有效的发电再调度计划，且没有足够的重新调度资源来缓解向俄亥俄州东北部供电传输线路的过载。

11）FE 没有有效的减载计划，也没有足够的减载能力，无论是自动的还是手动的，以缓解俄亥俄东北部输电线路的过载。

12）FE 没有充分训练系统操作员识别和应对系统紧急情况，如多个突发事件发生的情况。

13）在系统紧急情况下，FE 没有能力将电力系统的控制权转交给备用中心或权威机构。

14）FE 业务规划和系统规划研究不够全面以确保电力系统可靠性，因为它们没有包括基于 2003 夏季基础案例的全面敏感性研究。

15）在 Eastlake 5 号机组在 13:31 脱机跳闸后，FE 没有执行足够的小时运营计划，以确保 FE 能够为下一次应变保持 30min 的响应能力。

16）解列 FE 没有执行足够的日运营计划，以确保有足够的资源在其最大机组 Perry1 号机组后将系统保持在应急限制内。

17）FE 没有或没有使用特定的标准来明确系统紧急情况。

18）ECAR 和 MISO 并未精确定义"关键设施"，例如造成主要级联故障的 FE 线路中的 345kV 线路必须被确定为 MISO 的关键设施。

19）MISO 没有提供高级系统可视化的附加监视工具。

20）ECAR 及其成员公司没有充分遵循 ECAR 文件 1 进行区域和区域间系统规划研究和评估。

21）ECAR 没有制定和定期审查无功功率裕度的协调程序。

22）服务对象和可靠性协调员表明，在需要紧急重新分派其他任务时，过度依赖 TLR 程序的管理层去排除意外事故、实际过载的情况。

23）包括 FE 在内的东部互联的众多控制区域没有正确标记动态时间表，导致 8 月 14 日实际、预定和标记交换数据之间的大量不匹配。

13.2.1.7 预防停电事故的建议

在管制放松的背景下，美国电力系统分为几个独立系统运营商（ISO），如纽约 ISO、中西部 ISO。每一个 ISO 都要保持实时电量供需，以保证电力系统可靠运行，保证电力系统安全。另一方面，ISO 通过互连线彼此相连，在 ISO 之间应该有电力交换时间表。因此，在故障情况下，每个 ISO 无法知道电力系统的全部条件，并且无权控制其他 ISO 的发电机以确保本身系统安全。这意味着如果出现大面积停电，个别 ISO 不具备阻止能力。此后，本节就这个问题给出一些建议。

1）建立广域测量系统（WAMS）。这种系统可以得到整个系统的有效信息并可以帮助每个 ISO 直接了解系统状态。该系统也可以作为整个系统模型的数据库。基于这些模型，系统运营商可以进行广域应急控制和广域系统优化，从而保持系统运行在最佳和安全的状态。

2）建立广域控制系统（正常和应急控制）。例如，广域稳定和电压控制系统（WACS）、广域容错控制系统（WAFTCS）等。这些系统可以确保整个系统在安全状态下运行。

3）使用一些新技术来提高系统的稳定性，例如 FACTS。FACTS 可以在一些关键线路上应用。FACTS 的第一个功能是增加线路容量并改变潮流。当线路过载时，FACTS 可以修改自己的视在阻抗，然后可以允许过载线路上传递更多功率或将功率转移到非过载线路上。这可以给系统运营商更多的时间来控制发电机和负载恢复到正常状态。FACTS 的第二个功能是抑制功率振荡，例如在其控制回路以及某些发电机的励磁控制回路中使用 PSS（电力系统稳定器）或更复杂的分散或协调控制器。FACTS 的第三个功能是为电压控制提供无功功率。这种系统是一种无功功率资源，可用于电压控制。

4）提高保护系统的性能，并利用现有的系统保护技术来减缓和阻止断电时失控的级联故障。

5）强化操作人员培训，特别是应对紧急情况时。

6）使用一些有效的工具进行小时运营计划研究和日运营计划研究。

13.2.2 2003 年 9 月 28 日意大利停电事故

13.2.2.1 前提条件

1. 历史

由于历史原因，意大利的能源价格远高于欧洲市场。因此，意大利消费者（尤其是大型工业用户）进口国外最大可能数量廉价电力的压力正在不断增加。

意大利电力系统通过 6 条 380kV 线路和 9 条 220kV 线路与其他 UCTE 电网之间相互连接（见图 13.5）。意大利和希腊之间的另一条 500WM 直流海底电缆于 2002 年投入使用。最重要的互联线是与法国电力系统（三台 380kV 和一台 220kV 的线路）以及和瑞士电力系统（两台 380kV 和六台 220kV 的线路）之间的线路，而与奥地利和斯洛文尼亚的互联能力较低，因此不那么重要[4]。

2. 电力输入

意大利 ISO，也称为 GRTN（Gestore della Rete di Transmissione Nazionale），定义了不同输电网段上的电力输入的最大安全水平。在 2003 年 9 月，根据（N-1）安全规则计算出了净转移能力（NTC）约为 5400MW，传输可靠性边际（TRM）为 500MW。9 月 28 日星期日上午 03:00，意大利负荷为 27.7GW（其中含约 3500MW 的抽水蓄能电站供电），进口电量为 6650MW（不包括希腊）。因此，几乎 26% 的负荷是进口供应的，而且一些最重要的意大利发电站出于经济原因停止发电。与撒丁岛的直流互联由于维修无法接通，而与希腊互联的 500MW 直流电缆正在通电，进口电量约 300MW[4]。

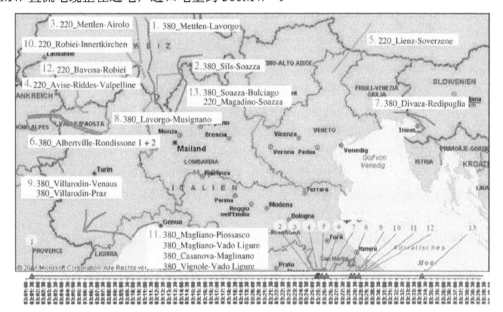

图 13.5　事件序列的概述

在停电之前的时间段内，瑞士电网也处于高度紧张的状态，运行非常接近 N-1 安全极限。意大利电力系统大量的有效功率储备，大于进口电量。此外，在 1～2min 的延迟时间内，能够获得 1200MW 的"无通知"可中断负荷。

3. 结论

意大利电力系统的条件非常特别：大约 26% 的负载供电由进口供应。这个数量超过约 5400MW（NTC 根据 N-1 安全等级计算的数值）。这种情况相当于意大利电力系统无法控制 26% 的发电机。换句话说，意大利电力系统应该为紧急情况储备 6500MW 的减载或电量储备。事实上，意大利电力系统的有效功率储备超过 5000MW，并设计了一些减载计划，但由于其电力系统动作缓慢，发电储备无法防止相角不稳定的情况。在这种情况下，减载计划是无效的。相角不稳定常常与快速电压崩溃相结合，并在电力系统中广泛传播。因此，当相角不稳定的情况发生时，系统无法停止停电。

13.2.2.2 *初始事件*

意大利停电事件的原因与瑞士发生的情况相似。瑞士 Mettlen-Lavorgo 380kV 线路承受了高达最大容量 86% 的负载（环境温度为 10℃ 时，100% 极限值时的电流是 2100A）。导体的加热过程导致与树木距离逐渐减小。闪络的发生是由于导线的垂度增加，随之减少了与树木的距离，由于环境湿度高，导线随风移动。单相接地故障发生在 03:01:21，单相自动合闸尝试不成功，线路被其保护装置断开。由于仍然通过电网向意大利输送大电流，导致相位角过高（42°），手动尝试（03:08:23 时）合闸失败[3]。由于两国信息交流不足且缺乏有效沟通，意大利 TSO 无法得知该事件的发生。

13.2.2.3 级联事件

在 Mettlen-Lavorgo 线路跳闸后，相邻线路上的负载增加。这导致瑞士和意大利互联的线路因过载而跳闸。意大利电力系统与瑞士电力系统分离，从法国进口的电量增加。这又导致与法国的互联过载，电压迅速大幅下降，变得不稳定。之后，在 03:25:32，由于低电压和高电流条件，Albertville-La Coche 400kV 线路（法国）跳闸。这条线路跳闸导致通过 Villarodin（法国）Venaus（意大利）380kV 互联线进口的电量显著减少。这引发意大利电力系统失去了同步性，和法国电力系统之间立即分离。在 03:26:24，意大利电力系统与 UCTE 网络完全分离。与 UCTE 分离相当于失去了重要的发电量。意大利电力系统启动了防止停电自动计划，并且切断了 10 000MW 的负荷。不幸的是，这并不奏效。衰减过程仍在继续，停电于意大利电力系统变为独立系统后约 2min30s 后发生。

图 13.5 代表了事件序列的位置和时间。可以看到第一次和第二次事件发生在瑞士。

级联事件的详细时间线如表 13.3 所示。

图 13.6 说明了意大利停电事故机制的简单流程图。

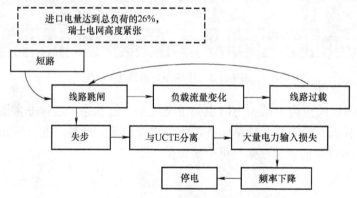

图 13.6　意大利停电事故的机制

这里有几点应该注意：

1）在意大利电力系统之外发生了许多事件。意大利电力系统缺乏对互联线的认识。这种情况使得意大利电力系统无法采取有效和快速的应急措施。如果意大利电力系统已经对互联线路进行了相量测量和在线潮流监测，GRTN 运营商可以发现潮流变化中的一些问题，进而可以为紧急情况做好准备。

2）意大利电力系统缺乏用于不可预知事件的实时仿真工具。例如，在前提条件中，03:10:47，ETRANS 可以要求 GRTN 减少负载以解决线路过载问题。如果意大利电力系统有实时仿真工具，GRTN 操作员就可以知道系统即将进入危险状态，在第二条线路跳闸之前可以进行有效的减载。

3）即使 GRTN 监测了一些关键路段，也没有针对紧急情况的有效防御计划。例如，如果互联线中存在过载，则在保护装置动作之前就会发生减载计划。事实上，这种减载计划没

有启动，因为互联线上没有发生过载。

自动减载方案不足以阻止频率衰减。在 03:25:30，如果减载量约占总负载的 60%（约 13 800MW），系统会恢复到正常状态。

这次停电事故的主要不稳定因素如下：

1）级联线路由于过载而跳闸；

2）由于相角不稳定而失去同步性；

3）振荡不稳定引起了自励振荡；

4）频率超过了允许的频率范围（超频和低频）；

5）电压崩溃。

表 13.3　2003.09.28 意大利停电事故时间线

周期	编号	时间	事件	设备	观测
稳态进展约 20min	1	03:01:21	Mettlen-Lavorgo（CH）380kV 线路单相接地故障	L	NO
	2		380kV 线路 Lavorgo：启动零序保护（CH）	L	NO
	3	03:01: 42	380kV 线路 Mettlen Lavorgo 肯定在 Lavorgo 关闭；两次自动尝试重新连接线路失败后。Mettlen 处的线路仍处于连接状态且处于张力状态（CH）	L	NO
	4	03:05	Lavorgo 220kV 变压器 1（CH）负载警报		NO
	5	03:06:12	220 千伏输电线 Meulen Airolo 承受重负荷（CH）		NO
	6	03:08:23	尝试让拉沃戈 380kV 线路梅特伦·拉沃戈再次投入运行（CH）		NO
	7	03:10:47	ETRANS 和 GRTN（CH）之间的通信（电话）		O
	8	03:18:00	在与 ETRANS（CHTSO）和 ATEL（CH 独立生产商）协调后，EGL（Electricite de Laufenbourg）决定关闭 Soazza 的一台 380/220kV 变压器		NO
	9	03:22:02	Lavorgo（Ch）220kV 变压器 1 抽头变化	T	NO
高速级联约 2.5min	10	03:25:21	220kV 线路保护，Airolo（ch）触发 Mcttlen Airolo	L	NO
	11		单相接地故障（CH）后 380kV 线路 Sils Soazza 线路（1783MW）跳闸	L	NO
	12	03:25:25	在 Airolo（740MW）切断 220kV 线路 Menlen Airolo；在 Menlen，线路保持连接并处于张力状态（CH）	L	NO
	13	03:25:26	在 Lienz（A）启动自动断开装置		NO
	14	03:25:28	Lienz（A）母联跳闸		NO
	15		220kV 线路 Cislago Sondrio 跳闸（1）	L	O
	16		220kV 线路跳闸 Avise（281MW）（CH-I）	L	O
	17		220kV 线路跳闸，Vallpelline（299MW）（CH-I）	L	O
	18	03:25 :32	400kV 线路 Albertville la Coche（F）跳闸	L	NO

（续）

周期	编号	时间	事件	设备	观测
	19		马耳他（145mW）储水泵电压降跳闸，110kV 电网（35mW）储水泵电压降跳闸。多台小型发电机跳闸（20kW 电网中）（A）	S	NO
	20	03:25:33	Lienz 220kW 线路 Lienz Soverzene 跳闸（209MW，即 >548A）（A-I）	L	O
	21		220kW 线路 Le Broc Carros Menton Camboroso（248MW）跳闸（F-I）	L	O
	22	03:25:34	两个变电站（841MW）400kV 线路 Albertville Rondisone 1 跳闸（F-I）	L	O
	23		400kV 线路 Albertville Rondisone 2 跳闸；仅在 Rondisone（682MW）断开	L	O
	24	03:25:35	Lienz 220kW 线路 Lienz Soverzene 跳闸（209MW，即 >548A）（A-I）	L	O
	25		Redipuglia 至 Planais（I）380kW 线路跳闸	L	O
	26		Redipugliu 至 Safau（I）220kW 线路跳闸	L	O
	27	03:25:42	220kV 线路 Divaca-Klee 跳闸，包括 Divaca 中的 220kV 同步补偿装置，无张力（Si）	L	NO
	28	03:26	220kW 电压下的所有电路断开（CH）		NO
	29	03:28:08	380kV Lavorgo 的所有连接，无张力，包括 Lavorgo Musignano（503MW）（CH-I）		O
	30		220kW 线路 Gorduno MCSC（125MW），无张力（CH-I）	L	O
	31		220kV 线路 Airolo Ponte（191MW），无张力（CH-I）	L	O
	32		220kV 线路 Robbia Sondrio（253MW）跳闸（CH-I）	L	O
	33		220kV 线路 Pallanzeno Serra（110MW）跳闸（CH-I）	L	O
	34		220kV 线路 Padriciano Divacia 跳闸；在 Padriciano（199MW）断开（Si--I）	L	O
	35	03:08:10	400kV 线路 Villarodin Praz（F）和 Villarodin Venaus（712MW）（F-I）跳闸	L	O
	36	03:28:14	220kV 线路内罗毕（Ch）跳闸	L	NO
	37	03:28:28	380kV 线路 Casanova-Magliano,Magliano-Vado Ligure. Vignole-Vado Ligure and Magliano-Piossasco（I）	L	O
	38	03:28:29	220kV 线路 Robiei Bavona（CH）跳闸	L	NO
	39	03:34:11	380kV 线路 Soazza-Bulciago 跳闸；在 Soazza（1205MW）断开（CH-I）	L	O

注：表中，（CH）指瑞士。（I）是意大利。（F）是法国。（SI）是斯洛文尼亚，（A）是奥地利。

13.2.2.4　最终状态

这一停电事故影响了整个国家（不包括撒丁岛，当晚已断线），无供电时间从 1.5 至 9～19 小时不等。总的负荷减载估计为约 8000MW，约占总负荷的 35%[21]。

13.2.2.5　恢复过程

表 13.4 显示了意大利电力系统恢复过程中发生的一系列事件。

表 13.4　意大利电力系统恢复过程的一系列事件

时间	事件
03:42	开始重新连接到意大利
	重新连接 380kV 线路 Soazza-Sils (CH)
03:47	重新连接 220kV 线路 Airolo-Ponte (CH-I)
03:48	重新连接 220kV 线路 Pallanzeno-Serra (CH-I)
03:47	重新连接 220kV 线路 Airolo-Ponte (CH-I)
04:05	重新连接 220kV 线路 Le Broc-Carros-Menton-Camporosso (F-I)
04:21	重新连接 220kV 线路 Divaca-Padrciano-Divacia (SI-I)
04:37	重新连接 380kV 线路 Soazza-Bulciago (CH-I)
04:52	重新连接 380kV 线路 Divaca-Redipuglia (SI-I)
05:17	重新连接 400kV 线路 Altbertville-Rondissone 1 (F-I)
05:30	重新连接 380kV 线路 Lavorgo-Musignano (CH-I)
06:00	从 UCTE 系统进口到意大利:2100MW
06:18	重新连接 400kV 线路 Villarodin-Venaus (F-I)
06:27	重新连接 220kV 线路 Gorduno-Mese (CH-I)
06:48	重新连接 220kV 线路 Robbia-Sondrino (CH-I)
07:00	从 UCTE 系统进口到意大利: 3490MW
08:00	从 UCTE 系统进口到意大利: 3800MW
08:05	重新连接 220kV 线路 Riddes-Vallpelline (CH-I)
08:23	重新连接 220kV 线路 Lienz-Soverzenc (A-I)
08:48	重新连接 220kV 线路 Riddes-Avise (CH-I)
08:00	从 UCTE 系统进口到意大利: 5620MW
	通过米兰、都灵和威尼斯地区控制中心的远程控制，在事先通知或不通知的情况下，对可中断用户进行减负荷
11:00	从 11:00 到 17:00 50MWh/h 储备功率传输从 ELES (Elektro Slovenija TSO)到 CRTN
12:45	重新连接 400kV 线路 Albertville-Rondissone 2 (F-I)
16:00	从 UCTE 系统进口到意大利: 6545MW
16:40÷ 23:52	通过在意大利中南部的远程控制对可中断用户减载，无论是否提前通知以满足负载线图和应对佛罗伦萨北部网络上的潮流。总计 60MW

（续）

时间	事件
16:48	在 Brindisi Cerano 380kV 变电站的母线被激发
16:50	2003 年 9 月 29 日 7:00 之前与 HTSO（希腊 TSO）签订的 500MW 进口协议。之后，计划项目将有可能通过远程方式进口 500MW 额外的可中断客户减负荷，无论是否提前通知
17:10÷23:52	通过在 Tuscany 的控制，来满足负载线图和应对佛罗伦萨北部网络上的潮流、总计 47MW
17:30	重新连接西西里岛，原因是 Sorgente-Corriolo 线路接通（以前不可操作）
21:40	要求向西西里岛的客户供电
23:00	向所有用户供电

13.2.2.6 停电事故的根源

首先，根据表 13.5，这次停电事故的根源应该从以下几方面来看待：互联网络的开发是为了确保各个国家子系统之间的相互协助，并且在某种程度上通过允许这些系统之间交流来优化能源资源的使用，而不是为了目前的高层次的跨境交流。市场的发展导致运营商在安全标准允许的情况下，不断地使用网络的某些部分甚至达到其极限。这种情况下必然会发生停电[4]。

表 13.5 停电事故的根源及解决措施

确定的根本原因	对事件的影响	根本原因	动作
1. Mettlen-Lavorgo 线路因相位差过大而未能重新接通	决定性的	潮流和网络拓扑结构导致的大相位角	研究相关保护装置的设置重新评估 Mc 对意大利的可能后果应急程序的协调
2. 对圣贝南迪诺线超载缺乏紧迫感，呼吁意大利采取不充分的应对措施	决定性的	人类因素	应急程序操作员培训重新评估可接受的过载裕度研究输电线路容量的实时监测
3. 在意大利功角稳定与电压崩溃	不是事件起因，而是意大利断线后成功的孤岛行动没有成功的原因	电网使用接近极限的总趋势	进一步研究在 UCTE 安全和可靠性政策中如何整合稳定性问题
4. 通行权维护实践	可能性的	操作实践	必要时进行技术审计，改进树木砍伐方法

13.2.2.7 预防停电事故的建议

随着欧洲能源市场的开放，用户可以从其他国家购买更便宜的能源，生产商可以向其他国家出售能源，负载在不同 TSO 控制区域之间的传递和交换变得更加复杂。这对系统运营商来说是一个挑战。从意大利停电事故中可以得到一些防止停电事故的经验：

1）电力系统的关键要素应该得到有效的监控。意大利电力系统应该安装高效的测量系统；

2）意大利电力系统运营商应该使用实时潮流计算和安全评估工具；

3）建立高效的自动应急预案，防止停电；

4）建立广域容错控制系统（WAFTCS）。

13.2.3　2003 年 9 月 23 日丹麦东部及瑞典南部停电事故

13.2.3.1　前提条件

9 月 29 日，丹麦东部和瑞典南部的负荷水平较低。电力系统具有很高的安全裕度。除非有些发电机和线路运行不正常，否则出于计划维护的原因，对此次停电事故没有影响。事实上，此次停电事故没有原因。

丹麦东部的总发电量约为 2250MW，其中包括一个 1800MW 的火电厂发电量和一个 450MW 的风力发电机组发电量。总负荷约为 1850MW，其中 400MW 出口到瑞典南部。还有 775MW 的储量，基本上足以应付一个跳闸问题。

从瑞典的角度来看，系统运行也正常。

13.2.3.2　初始事件

12 点 30 分，奥斯卡港核电站 3 号机组由于供水回路中的一个阀门问题而跳闸，系统损失了 1200MW 的发电量（占总发电量的 53%）。因此，系统频率下降，但通过激活储备电量，频率稳定在 49.9Hz，不仅在丹麦东部，在瑞典、挪威、芬兰和丹麦其他地区没有出现电压问题。该系统正在恢复安全状态[19]。

13.2.3.3　级联事件

发生初始事件时，系统损失了 1200MW 的发电量，但使用了大量功率储备来稳定系统。这构成了持续时间为 5min 的稳态发展过程，在 12:35，发生了第二个事件，这是引发高速级联的关键事件。该事件是位于瑞典南部传输电网的 Horred 400kV 变电站的双母线发生故障。结果导致 Ringals 电站的两条关键线路和两个机组断开连接。因此，该系统的发电量损失超过 1800MW。此时，总发电损失约为 4000MW，系统在这种情况下储备电量出现不足。

瑞典的一些线路过载，电压开始下降，导致其他线路因严重过载而跳闸。

由于电网的弱化和储备电量的不足，在 12:37，电压难以避免地降为零。

高速级联的持续时间约为 2min（见图 13.7）。

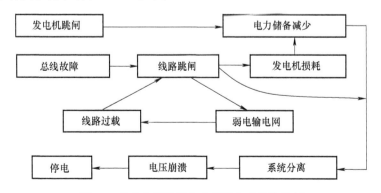

图 13.7 丹麦东部及瑞典南部停电事故的机制

13.2.3.4　最终状态

这次停电使整个地区电源都被切断了，新西兰两个最大的电厂因电压崩溃而受损。

13.2.4　2003 年 1 月 12 日克罗地亚停电事故

13.2.4.1　前提条件

克罗地亚的电力系统由于过去十年的战争而受到了严重破坏，其运行能力严重下降。克罗地亚电力系统规模小，供电能力弱，由于极端恶劣的天气条件（低温、冰雨、雪和强风），达尔马提亚的 7 条输电线在停电之前已经停止运行。恶劣天气也导致整个电力系统的负荷水平较高，这种恶劣的条件加剧了停电事故的发生。

13.2.4.2　初始事件

停电的初始事件是在 16:43:58 一条 Konjsko-Velebit 400kV 线路发生三相短路。不幸的是，断路器的一极没有起作用，这导致系统在非对称条件下运行[16]。

13.2.4.3　级联事件

与其他传输系统相比，由于该系统的保护系统并不完整，加上保护系统失效，由于断路器故障造成的大功率失衡增加了一些线路因过载而跳闸的潮流。同时，由于晶闸管阀不对称引起的励磁损失，发电机也被断开。在这样不平衡的条件下，没有稳态过程，初始事件直接触发高速级联，导致系统在 33s 后停电。

在图 13.8 中，介绍了克罗地亚停电事故机制的简单流程图。

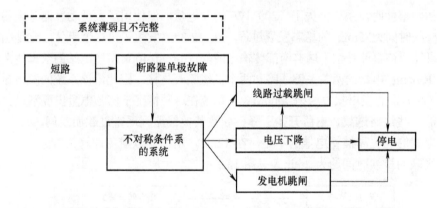

图 13.8　克罗地亚停电事故的机制

13.2.4.4　最终状态

达尔马提亚的所有发电机从最初干扰开始的 30s 内都没有发电。

13.2.5　2005 年 5 月 25 日莫斯科停电事故

13.2.5.1　前提条件

图 13.9 显示了莫斯科电力系统的示意图。

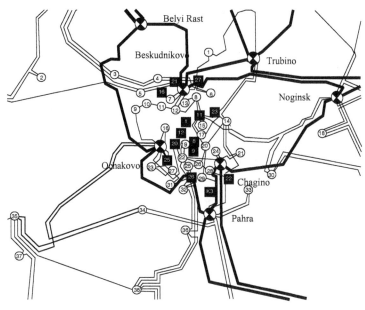

图 13.9　莫斯科电力系统示意图[27]

1）莫斯科周围的电力系统处于高度衰减状态。长期以来，莫斯科 70%以上的 220kV 变电站超过其计划寿命运行。此外，还有三个 500kW 的变电站的过载程度也是这样，以至于很难修复它们。除此之外，一些变压器在 5 月 25 日发生爆炸，导致 110kV 线路严重过载，随后该线路上的变压器发生故障。

2）在停电发生时，天气异常炎热，空调用电的需求旺盛。

在这些条件下，电力系统有很多风险要解决。

表 13.6[28]显示了 5 月 23 日、24 日和 25 日凌晨的主要前提条件。

13.2.5.2　初始事件

2005 年 5 月 25 日 10 时 12 分，五台 220kV 线路因短路而跳闸，另一台由于过载而跳闸（见表 13.6）。

表 13.6　2005.05.23-25 莫斯科停电事故时间线

周期	编号	时间	事件
前提	1	5 月 23 日 19:57	安装在恰吉诺变电站自耦变压器 110kV 断路器处的电流传感器发生故障和火灾
	2		断开自耦变压器、第二个 500kV 母线和第一个 110kV 母线
	3	20:56	火被扑灭了
	4	03:05	Lavorgo 220kV 变压器 1（CH）负载警报
	5	5 月 24 日 0:30	恰吉诺变电站通过 110kV 电缆线重新连接了第一个 110kV 母线
	6	20:57	断路器上的另一个电流传感器在 110kV 区段之间爆炸，导致损坏和短路
	7		在恰吉诺变电站断开第二个 110kV 母线

（续）

周期	编号	时间	事件
	8		将另一台自耦变压器与第二台 110kV 母线、第一台 500kV 母线和自耦变压器相连的 110kV 断路器隔离
	9	21:17	110kV 变压器因过热爆炸，几乎损坏了设备。恰吉诺变电站四台变压器起火
	10		5 个毗邻莫斯科地区的炼油厂和 3 个工厂的 220kV 供电中断
	11	21:30	对炼油厂的服务（通常以 220kV 的电压为其主要负荷或电力负荷供电）仅使用从恰吉诺（Chagino）引出的 110kV 线路恢复（也由热电厂供电）
	12		与炼油厂相邻的其他负荷也由这条线路提供，因此这条线路负荷很重
	13	5 月 25 日 05:31	110kV 线路上的第三台 Chagino 变压器故障
	14		从另一台 500/110kV 变压器接至 110kV 线路
	15	05:33	变压器断开
	16	09:00-10:00	运行空调需要更多电力，恰吉诺变电站的容量正在减少，系统中的传输线负载过重
始发事件	17	5 月 25 日 10:12	奥恰科沃高压变电站 220kV 线路短路
级联事件	18	5 月 25 日 10:12	220kV 线路短路跳闸
	19		另有五条线路因超载而跳闸
	20		来自图拉和卡鲁加的 220kV 线路过载
	21	10:47	热电厂 220kV 线路接不成功#23
	22		220kV 线路 B askakovo-Golianovo 成功接入
	23	10:48	莫斯科 CGPP#20 卸载
	24	10:53	两条 220kV 线路因过载跳闸
	25	10:54	莫斯科 CGPP#23 卸载
	26	10:55	莫斯科 CGPP#2 断路器连接失败
	27	10:56-11:04	四条 110kV 和 220kV 线路过载和断开
	28	11:04	奥恰科沃变电站 220kV 线路连接失败
	29	11:06-11:12	过载和断开 110-220kV 线路。110-220kV 电网电压下降，莫斯科 CGPP#8、#26 上的机组断开
	30	11:12-11:16	过载和断开 110-220kV 线路。110-220kV 电网电压下降。CGPP#1、#4、#8、#17、#20、#22、#26 上的机组断开
	31	11:16-11:32	110-220kV 线路 7 的过载和断开连接。110-220kV 网络中的电压崩溃。CGPP#2、#9、#11、#20、#22、#26 上的机组断开

13.2.5.3　级联事件

级联过程持续了 2h13min，但不幸的是，当时电力系统运营商因为没有找到足够的信息而无法确定是否存在高速级联，还好级联故障仅限于莫斯科和周边地区[23]。

图 13.10 是莫斯科断电事故机制的流程图。

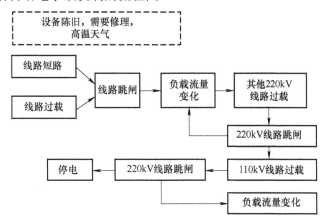

图 13.10　莫斯科停电事故的机制

13.2.5.4　最终状态

正如前面提到的，莫斯科周围的停电事故有限。在事故最严重的时刻，莫斯科全部负载的 1/4 被切断，其中卡卢加地区为 22%，图拉地区为 90%，莫斯科地区约有 2500MW 的负荷中断。

13.2.6　2004 年 7 月 12 日希腊停电事故

13.2.6.1　前提条件

1）希腊电力系统计划在 2003～2004 年安装许多新设备，但这些升级设备中的很大一部分都是在 2004 年 7 月 12 日发生的年度用电高峰之后才安装的。

2）事故发生前一天，伯罗奔尼撒半岛的一个 125MW 发电机组和希腊北部的另一发电机组跳闸。

在停电之前，辅助设备的故障导致雅典地区 Lavrio 电站 2 号机组的跳闸。因此，电力系统损失了 300MW 的发电量。2 号机组于 12:01 维修完毕并网。

3）此时，负荷峰值达到 9160MW，雅典地区的电压显著下降。一旦 Lavrio 电站 2 号机组并网并开始发电，电压降就会停止。

13.2.6.2　初始事件

由于锅筒水位过高，Lavrio 电站 2 号机组在 12:12 再次跳闸。

13.2.6.3　级联事件

在 Lavrio 电站 2 号机组设备跳闸后，系统需要更多的无功功率来维持电压水平。在 12:30 采取 80MW 的减载来停止电压下降。在 12:37，希腊中部发电能力较弱地区 Aliveri 发电站的 3 号机组自动跳闸。1min 后，Aliveri 的其余机组在 12:39 手动跳闸，电压崩溃开始。

同时，该系统被南北 400kV 线路的欠电压保护装置隔离开[21]。图 13.11 显示了 2004.7.12 希腊停电事故机制的流程图。

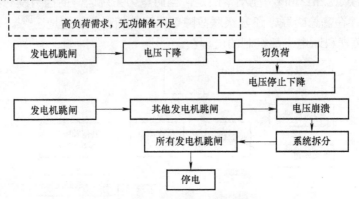

图 13.11　2004.7.12 希腊停电事故机制

13.2.6.4　最终状态

在该系统断开之后，雅典和伯罗奔尼撒半岛地区的所有剩余的发电站都被断开，导致停电事故发生。

13.2.7　1996 年 7 月 2 日美国西北部停电事故

13.2.7.1　前提条件

7 月 2 日，西部电力系统协调委员会（WSCC）系统的负荷达到了爱达荷州和犹他州夏季用电高峰期的水平。一些重要的电力传输通过该电网进行，因此该系统很重要：

1）在加利福尼亚州—俄勒冈州的交流和直流互联上实现北部至南部的高效电力转移；

2）太平洋西北地区最大的潮流条件；

3）从加拿大到美国西北部的大量电力转移；

4）从美国西北部到爱达荷州和犹他州的电力转移。

美国西北部和爱达荷州的电压支撑能力也不足。

13.2.7.2　初始事件

第一个重要事件是在 14:37:18，Jim Bridger-Kinport 345kV 线路上发生单相接地故障。导体下垂到树上，导致闪络。系统保护清除了该故障，并将该线路从网络中切断[13]。

13.2.7.3　级联事件

这次停电事故仅由一个高速级联导致，该高速级联导致系统仅在 60s 内将系统分为 5 个独立系统。第一次重要事件发生后，另一条 345kV 线路由于保护继电器失灵而跳闸，并引发了将两个机组断开的补救措施（RAS）。因此，该系统损失了 1040MW 的发电量。另一个保护继电器失灵导致 230kV 线路跳闸，在此期间，BPA（Bonneville Power Administration）系统电压下降。潮流引起的变化使得一些 230kV 的线路负荷加重，Creek-Antelope 230kV 线路在 14:25:01 跳闸。在此期间，又有两个发电机组由于励磁过电流而跳闸。然后，电压开始迅速下降，越来越多的线路过载并跳闸。系统频率也开始下降，部分地区开始低频减载。图 13.12 显示了 1996.7.2 美国停电事故机制的流程图。

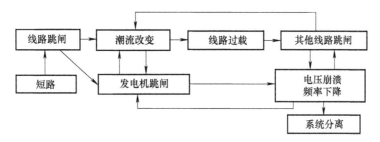

图 13.12　1996.7.2 美国停电事故机制的流程图

13.2.7.4　最终状态

最后，WSCC 系统被分成 5 个独立系统。

13.2.8　1996 年 8 月 10 日美国西北部停电事故

13.2.8.1　前提条件

在这种情况下，该地区的大部分区域夏季气温也很高。从太平洋西北地区到加利福尼亚，从加拿大到太平洋西北地区均有大量电力出口。此外，俄勒冈大约 500kV 线路的损耗已经削弱了该系统性能。

13.2.8.2　初始事件

由于和树木之间发生闪络，Big Eddy-Ostrander 500kV 线路在 14:06:39 跳闸。

13.2.8.3　级联事件

在发生初始事件 50min 后，另一条 500kV 线路在与树木发生闪络之后跳闸并从网络中切断，46min 后同一过程在另一条线路再次开始。在级联的这一时刻，几百 Mvar 的有效无功功率切除出网络，一些线路因为获得了跳闸线路的潮流而负载加重。一些发电机开始以最大无功功率发电。在稳态过程持续 1h38min 之后，高速级联从 15:47:36 开始，且由于和树木发生闪络而切断 230kV 的线路。该系统失去了几台发电机、几条线路，并出现不断增长的功率振荡。当系统功率振荡增加到大约 1000MW 和 60kV 时，电压崩溃，导致越来越多的线路跳闸。高速级联的持续时间为 7min[13]。美国西北部停电事故的机制如图 13.13 所示。

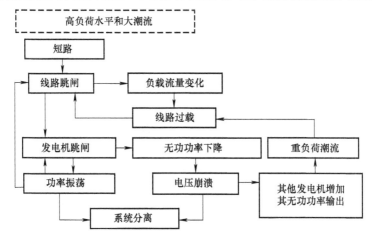

图 13.13　1996.8.10 美国西北部停电事故机制

13.2.8.4 最终状态

在 15:54，电力系统被分成 4 个独立的电气系统。

13.2.9 1978 年 12 月 19 日法国全国停电事故

这件事故是自从战后短缺时期结束以来法国电力公司经历过的最严重的事故（除了 1999 年的风暴将大部分基础设施吹倒造成的停电事故），无论是从持续时间上还是地理范围上来看。

13.2.9.1 前提条件

12 月 19 日天气寒冷多云，负荷增加速度远远高于预期（38 500MW）。所有可用的发电设施都被最大限度地利用起来了（主动或被动），超过 3500MW 的电力从邻国（主要是德国）进口。

13.2.9.2 初始事件

负荷的增加使得从法国东部到巴黎地区已经很大的电流再次增加，导致很大一部分电网（法国西部及巴黎地区）的电压极低。早上 8 点开始，电网监测到过载，早上 08:06，法国东部 Bezaumont-Creney 400kV 线路上出现"过载 20min"的警报。尽管在网络拓扑结构上进行了各种切换操作，但负荷无法降低，最终在上午 08:26 该线路由于自身的保护动作而跳闸[9]。

13.2.9.3 级联事件

其余传输线上的负荷转移导致三条 225kV 线路因过载而跳闸。随后，由于电流保护，Revin 的 4 个发电机组与电网断开连接。接着，与比利时互联的 400kV 电网跳闸，电压进一步下降。有一条线路的跳闸很难解释，与比利时互联的一条新的 400kV 线路随着电压的进一步下降和大部分电网稳定性丧失而跳闸。接着多条线路断开，发电机组跳闸（主要是由于它们的电压最小保护装置和频率最小保护装置）。因此，形成了许多独立的系统，发电量与负荷的平衡无法恢复（减载不足，发电机组停运）。

13.2.9.4 最终状态

最后，尽管法国东南部、北部和东部边界附近的地区仍然保持电力互联（见图 13.14），但仍有 75%的电力用户无法连接，许多发电机组没有成功地跳闸以保证厂自用电。

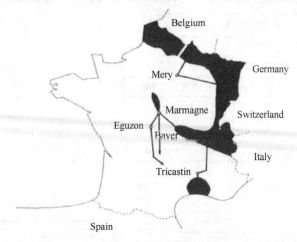

图 13.14 1978 年 12 月 19 日上午 8 时 26 分，法国电网的部分电网在第一次电压崩溃后仍然可用的范围[9]。

13.2.9.5　恢复过程

初始功率的恢复速度太快，导致电网在上午 09:08 进一步瘫痪。在大约中午的时候，通过谨慎地依靠水力发电机组和进口电力恢复，系统几乎完成全部网络恢复。用户停电时间持续了 30min 至 10h。

13.2.9.6　停电事故起因

这起事故是由于严格的电网管理（某些地区的高转换和低电压）以及一系列过载导致的，清楚地表明了当时的防御计划无法应对事故发生：自动减载操作不足，发电机组在电压最低标准时跳闸速度过快，网络划分不成功。电力恢复过程也令人不尽满意。事故发生后，法国为改善这些电力供给不足的地区采取了许多重大举措。

13.2.10　1987 年 1 月 12 日法国西部停电事故

13.2.10.1　前提条件

1 月 12 日这一天特别寒冷（上一个周五发出了"极端寒冷"的警报），所有可用的发电机组均启动并设法确保充足的发电量（5900MW），保证法国西部的正常电压（在 Cordemais 地区为 405kV）。

13.2.10.2　初始事件

在 1h 的时间里，从上午 10:55 到 11:42，由于各自原因，Cordemais1、2、3 号发电机组发生故障（传感器故障，电偶极子爆炸，火灾引起关机）。由于最大转子电流保护的不当调整以及 3 号机组停机造成的干扰，最后，足以保持区域内电压稳定的可用机组跳闸。

13.2.10.3　级联事件

Cordemais 发电机组的损失导致该地区电压骤降至 380kV。它稳定了大约 30s，但 225kV/HV 和 HV/MV 变压器的自动有载分接开关在试图恢复正常电压时，触发了负载的增加，电压再次开始迅速下降。在几分钟内，该地区附近的 9 个火力发电机组相继跳闸，造成 9000MW 的功率损失，电压持续下降。

13.2.10.4　应急措施

法国西部在上午 11:50 进行减载后，电压稳定，但电压值非常低，低于 300kV。鉴于这种岌岌可危的情况，国家电网调度中心决定在 Brittany 和 Angers 地区减载 1500MW 的负荷，使电网电压恢复到正常水平（见图 13.15）。

中午的时候，情况已经得到很好的控制，网络电压恢复。由于将 Brittany 和 Normandy 附近足够数量的发电机组重新连接起来很困难，因此恢复时间很长，事故期间这些发电机组并未出现厂自用电跳闸事故。直到夜间这些地区的电力供应才完全恢复，Cordemais 两台机组以及随后的三台机组再次开始运营。最严重的时候，停电功率达到了 8000MW。

13.2.10.5　停电事故起因

这一事故的主要原因是某些系统组件的调整质量较差，特别是发电机组的电压调节器和相关保护设备。目前，相应的功能现在正在保证质量的前提下提升。此次事故发生后，某些动作的自动化（阻断有载分接开关），减载执行时间（通过远程减载）均被证明是不可或缺的。

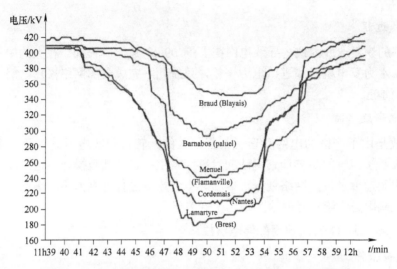

图 13.15　1987.1.12 事故中法国西部 400kV 电网的电压趋势

13.2.11　1989 年 3 月 13 日加拿大魁北克电力系统由于地磁干扰造成的停电事故

加拿大魁北克省 735kV 输电网主要由两套输电线路组成，这些输电线路将主要发电中心的电力输送到 1000 多 km 外的主要负荷中心。这些输电线路共有 10 条，每条线路长约 1000km：其中 5 条从 James 湾地区的 La Grande 综合发电厂出发，5 条从 Labrador 地区的 Churchill 瀑布或从 St. Lawrence 河北岸的 Manicouagan 综合发电厂出发（见图 13.16）。考虑到线路的长度，La Grande 系统的稳定性是通过静态补偿实现的，但是 Churchill 瀑布系统没有这种补偿。事实上，这样一个庞大网络的成功运行取决于静态补偿器和并联电抗器的可靠运行，以保证系统稳定和电压可控。

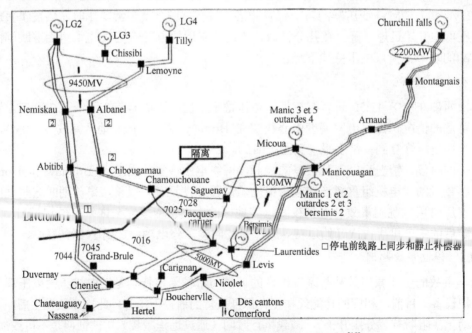

图 13.16　系统停电之前 Hydro-Quebec 系统图[10]

13.2.11.1 前提条件

当第一次低强度磁干扰 ⊖ 在 1998 年 3 月 12 日晚上开始时，La Grande 网络承载了其负载极限 90% 的负载。系统总发电量为 21 500MW，其中 9500MW 来自 La Grande 综合发电厂，并且向邻近系统输出总量为 1949MW 的电量，其中 1352MW 以直流形式互联（见图 13.16）[10]。

当第一次干扰发生时，操作人员确实难以控制 La Grande 网络的电压，但他们可以及时执行必要的并联电抗器切换。

13.2.11.2 初始事件及级联事件

尽管加拿大魁北克省的电力系统操作人员在第一次低强度干扰情况下，成功控制了电压水平，但在 1989 年 3 月 13 日早晨的 02:45，一场极强烈的磁暴产生了谐波电流，使其他在线的所有 7 个静态无功补偿器（SVC）在不到 1min 的时间内全部跳闸，而任何预防措施都来不及采取。事件的顺序如下：

02:44:17a.m.	在 Chibougamau 的 SVC 12 跳闸
02:44:19a.m.	在 Chibougamau 的 SVC 11 跳闸
02:44:33a.m. to 02:44:46a.m.	在 Albanel Nemiscau 变电站的 4 个 SVC 关闭
02:45:16a.m.	在 La Verendrye 的 SVC 11 跳闸

在 La Verendrye 的最后一个 SVC 断线 9s 之后，La Grande 网络的 5 条 735kV 输电线路因非同步而全部跳闸，将 La Grande 线路与 Manicouagan-Churchill 瀑布网络完全分开。电网频率迅速下降，因此引发了自动减载系统来弥补 La Grande 综合发电厂产生的电力损失。然而，尽管本地和远程自动减载系统在这种情况下表现良好，没有任何减载量能够抵消 9500MW 的发电损失。在事件发生的几秒钟内，Hydro-Quebec 系统的其余部分已经崩溃。

13.2.11.3 SVC 跳闸起因

1）La Verendrye 和 Chibougamau 变电站的 SVC 安装情况。图 13.17a 显示了典型的 SVC 安装接线图。这些 SVC 承受了由地磁感应电流（GIC，地电流）引起的严重畸变电压。

波形的频谱分析表明，变压器铁心直流饱和导致了 2 次和 4 次谐波占优势。表 13.7 显示了 La Verendrye 在系统关闭之前的电压和电流的谐波失真含量。

表 13.7 La Verendrye 在系统关闭之前的电压和电流的谐波失真含量

谐波级次	735kV 时的交流电压	二次 16kV 母线电压	电流（TSC）
1	100%	100%	100%（2371A）
2	7.2%	16.7%	32%
3	2.1%	4.6%	1.8%
4	5.9%	0.9%	3.4%
5	1.8%	0.6%	3.4%

⊖ 磁性石英通常会产生地表电位（ESP），这会导致相距很远的电力系统点之间几百安培的准直流电流的循环上升。准直流电流流过变压器地线，导致变压器铁心饱和不对称，并大幅增加了电流——主要是 2 次、3 次和 4 次谐波电流。结果导致系统的电压畸变，畸变程度随着时间和传输线的长度而变化。

畸变的谐波电压波形可能会产生各种有害影响。主要的可能性如下：设备过载，如电容器和滤波器；保护系统失效；变压器损坏；基于半导体的设备的控制系统受到干扰，例如，ACIDC 转换器的静态无功补偿器等。

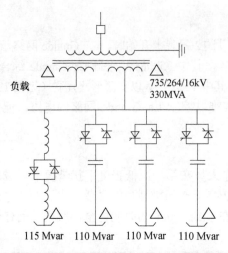

负载

735/264/16kV
330MVA

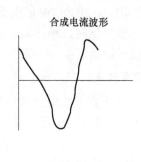

合成电流波形

115 Mvar   110 Mvar   110 Mvar   110 Mvar

a) La verendryeI/Chibougamau SVC的简化接线图   b) 16kV侧的电流谐波

图 13.17   La VerendryeI/Chibougamau SVC 的简化接线图和 16kV 侧的电流谐波[10]

设备保护方案最初是为正常情况设计的，没有考虑到强磁暴的可能性。由于 1989 年 3 月 1 日的一场干扰，电容支路的过载保护系统启动，导致 Chibougamau 发电站 SVC 跳闸。图 13.17b 显示了在保护系统动作之前，晶闸管开关电容支路中测得的合成电流波形。

在 La Verendrye 区域，16kV 母线侧的过电压保护功能负责保护唯一在用的 SVC。对地感应电流最敏感的元件是电容器、晶闸管开关电容器（TSC）电抗器和电源变压器。由于高次谐波电容器的阻抗较低，谐波电流的暴露对 TSC 分支的影响要大于 TCR 分支。鉴于异常情况，继电器必须进行重新调整，因为保护系统设置的值只允许使用一小部分固有过载能力。峰值过载和过电压保护实际上是为这些装置提供的，但是当存在谐波时，保护系统不当动作的风险裕度会增加。

2）Nemiscau 和 Albanel 变电站的 SVC 安装情况。图 13.18 显示了典型的 SVC 安装线路图。这些 SVC 由于 3 次谐波滤波器分支的电容不平衡和电阻过载保护装置而跳闸。

如表 13.8 所示，在 Albanel 变电站的 735kV 侧记录到大量的 2 次和 4 次谐波失真。

不幸的是，在崩溃发生时，静态补偿器 22kV 二次侧的读数不准确，无法精确评估 SVC 组件上的应力。因此，电压和电流畸变对 22kV 侧的影响只是从理论上能够确定。由此获得的结果表明事故超出了保护装置的设定值。

表 13.8   Albanel 变电站记录的谐波失真

谐波级次	735kV 侧的交流电压	735kV 侧的交流电流
1	100%	100%
2	3.1%	145%
3	3.4%	39%
4	0.5%	90%
5	0.9%	28%
6	0.4%	8%
7	0.2%	3%

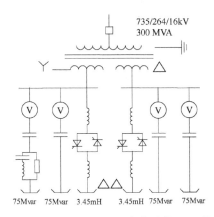

735/264/16kV
300 MVA

75Mvar　75Mvar　3.45mH　3.45mH　75Mvar　75Mvar

图 13.18　Nemiscau 和 Albanel 变电站的 SVC 接线图[10]

13.2.11.4　设备损坏

系统停电导致了 La Grande 网络上所有静态补偿器损坏，一些战略设备的损坏使其他主要设备也无法使用。最后，耗费 9h 恢复了 17 500MW 的电力，即全部电力的 83%。

在受损设备的主要部件中，有两台 La Grande 4 号发电站升压变压器在网络分离时因过电压受损，Nemiscau 的并联电抗器需要返厂重修。Albanel 和 Nemiscau 变电站的 SVC 仅遭受轻微损坏：Nemiscau 的晶闸管烧毁，Albanel 的电容器组件故障。网络系统分离后，Chibougamau 变电站的 SVC C 相变压器也因过电压而受损。

在整个磁暴期间，魁北克的电信网络运行良好，所有受到特殊保护的系统也是如此。

13.2.11.5　经验教训

1989 年 3 月 13 日魁北克电力系统的停电事故是由强烈的磁暴引起的。磁暴引发了直流接地电流使变压器饱和，并产生偶数次谐波电流，导致 735kV 电网上的 7 个静态补偿器跳闸或关闭。静态补偿器的损失导致系统不稳定，最终导致 La Grande 网络分离。自动减载无法抵消 La Grande 发电站 9500MW 发电量的损失，系统的其他部分在几秒钟内全部崩溃。

La Grande 庞大的传输网络完全依靠静态无功补偿器来维持系统稳定性和电压控制。由于这类设备对磁暴特别敏感，魁北克电力系统之后在磁暴条件下大力改进 SVC 的性能，立即采取补救措施以提高静态补偿器的可靠性，并成立了两个专责小组，为短期和长期计划提出建议。其中一些建议已经实施，应对太阳磁干扰的操作程序的指导方针已经制定并且设计出了相应的自动报警系统[10]。

13.2.12　1995 年 1 月 17 日阪神地震后的日本停电事故

13.2.12.1　前提条件

在阪神地震之前 ⊖，关西电力公司的总电力需求量约为 13 000MW。地震影响了约 20% 的电力系统，但它并没有损坏任何核电厂或水力发电站。

通信系统由于火灾遭受了一些典型的地震后损坏。但是，该系统仍然可以运行。其他设施因地震而受损，需要修理或更换。

⊖ 阪神—淡路大地震于 1999 年 1 月 17 日 5 时 46 发生在 Southern Hyogo Prefecture。震中位于淡路岛北端，距离地表 20km 左右。这次地震的里氏震级为 7.2 级。震中距神户市中心仅 20km，该市中心人口约 150 万人。在日本战后的历史中，这次地震的损失是最大的。

13.2.12.2　供需关系

1. 地震后即刻保证电力供需平衡

关西电力公司在地震后立即失去了 1760MW 的发电量。然而，由于电力系统损坏造成的负荷损失大于发电量损失。结果，系统频率增加了 0.45Hz（见图 13.19），向神户地区供电的 500kV 的 Hokusetu 和 Inagawa 变电站的电压上升了 20kV。

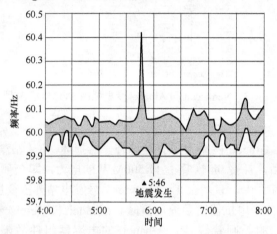

图 13.19　1995 年 1 月 17 日电网频率[11]

2. 电力供给中断

六座变电站：Yodogawa、Kita-Osaka、Itami、Shin-Kobe、Kobe 和 Nishi-Kobe 变电站以及两座 154kV 变电站 Torishima 和 Minami-Ohama 变电站因地震振动而损坏，中断服务。结果，从 Hyogo 州的 Akashi 市到 KVoto 州西南地区的大范围地区电力供应被切断。受电力中断影响的地区约有 260 万用户，其总需求量为 2836MW（见图 13.20）。

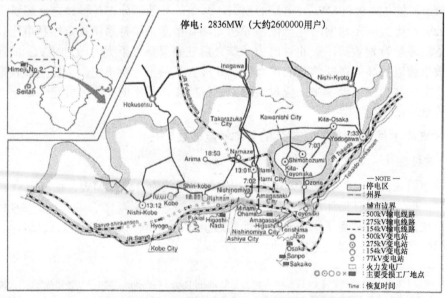

图 13.20　地震刚发生后的停电区域[11]

13.2.12.3　电力设施损坏

1. 化石燃料发电厂

关西电力系统包括 21 个化石燃料火力发电厂，共 64 个机组，位于 10 个不同电站的 20 个机组遭受损坏，典型受损设备是锅炉管。

位于震中附近的两台 60WM 发电机组的 Higashi-Nada 燃气轮机发电站遭受了地震的严重损坏。穿过发电站，发生了地面沉降，导致支撑主要设备的地基下的土壤发生不均匀沉降。

2. 输电线路和变电站

地震对构成电力系统骨干的 500kV 设施没有造成任何损坏。然而，275kV 和较低电压设施发生了轻微损坏，如 50 个变电站和沿途 112 条输电线路：

1）沿途 23 条线路架空输电线受损，主要在神户地区。包括对输电线路铁塔结构部件的损坏和用于固定跳线的长杆绝缘子的损坏：

① 地震并没有直接导致铁塔的损坏。相反，这种损坏是由邻近地区的裂缝、滑移和其他地面错位造成的，这些错位造成了塔基的位移，从而对结构构件造成了损坏。

② 地震造成了长杆绝缘子的损坏。在 275kV Hokushin 线路上的长杆绝缘子受损。

③ 沿着 95 条线路发现了地下输电线路的损坏，相关损坏调查仍在进行中。最大的损坏显然位于受地震影响最剧烈的地区，主要发生在大阪湾沿岸的神户和尼崎地区的平坦地区。大量的电缆变形或异常，但仍然能够传输电力。只有三根电缆完全损坏，无法通电。

2）变电站的损坏也很普遍，在包括伊丹、新神户和西神户 275kV 变电站在内的 50 个变电站共报告了 181 起事故。其中包括 17 台变压器的损坏，当将这些变压器固定在基座上的螺栓断开时，这些变压器出现故障；由于套管滑脱，8 个断路器的套管漏油；22 个断开开关的支撑绝缘子破损。

3. 配电线路

据报道，由于地震造成的损坏，649 条配电线路出现故障：

1）当建筑物倒塌时，配电杆倒塌或断裂。由于包括液化和沉降在内的底层土壤结构的问题，配电杆倾斜，配电线断开。大约有 8000 个配电极点因为地震损坏，事实上最严重的损坏发生在遭受"7"级地震的地区。

2）地下配电线及其辅助设备也遭受了各种损坏：

① 这些线路的变压器和其他地面安装设备由于下层土壤结构的变化而发生倾斜和变形；

② 配电电缆穿过的地下管道受到各种损坏，包括管道侧壁的塌陷。

13.2.12.4　供电恢复过程

地震发生后，电力系统的恢复工作就开始了，将受损变电站正常运行的设备切换到仍在运行的系统中：

1）在地震发生后 2h 的上午 07:30，无电用户的数量减少到大约 100 万，主要集中在神户和西宫市。

2）1 月 18 日上午 8 时，地震发生后一天，所有变电站恢复临时运行状态，无电用户数进一步减少至约 0.4 万人。

3）地震发生后的第三天，即 1 月 20 日上午 6 点，配电线路暂时恢复到三宫、兵库县和西宫地区的所有用户，大约有 110 万用户。

4）临时修复工程于 1 月 23 日下午 3 时完成，需求恢复到震前水平的 70%。

地震后电力供应的快速恢复可以从以下几个关键方面来解释：

1. 强大灵活的电力系统

能够将损坏的 275kV 系统切换到功能正常的 77kV 系统。

275kV 系统遭受了大面积损坏，导致大面积停电，但 275kV 变电站通过与 77kV 系统连接（见图 13.21）。通过切换到 77kV 系统，可以在相对较短的时间内减少停电区域。

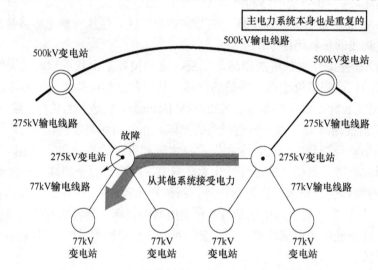

图 13.21　275kV 系统损坏后，切换到 77kV 系统[11]

2. 通过架空配电线恢复

架空配电线用于临时恢复，这是能够迅速恢复供电的主要原因之一。利用高压发电车辆进行临时修复，并尽可能使所有未损坏的设备和材料留在损坏地点。

特别是，因为识别地下电缆的地下部分的损坏部分需要很长时间，因此利用架空线绕过受损电缆，以便在几个地点进行临时恢复操作。

3. 具有强抗震设计的私人通信系统

促成电力供应迅速恢复的一个重要因素是地震并未损害通信系统。

关西电力公司拥有连接中央负荷调度中心和所有主电站和变电站的微波通信系统。此外，它还有一个使用微波和光缆的独立电话系统。由于这些系统没有受到地震的损坏，因此可以进行修复工程所需的所有通信。

在地震之后，公共电话系统因为大量的电话阻塞而失灵。如果调度中心被迫依靠公用电话系统，可能无法及时进行恢复工作。

4. 全国其他电力公司支援制度

从北部的北海道到南部的冲绳，全国其他电力公司均提供了宝贵的帮助。除了派出 319 名人员外，电力行业的不同企业还提供了不同类型的物资援助，其中包括 52 台高压发电车；77 辆作业车辆；用于修复工程的材料、食物和水；以及配备卫星通信设施的车辆。

5. 抗震设计和其他防震措施

根据以往的地震经验，不同设施采用不同的抗震设计有效地减少了地震损害。

自 1978 年 Off-Miyagi 地震以来，关西电力公司一直系统地考虑所有主要设施的抗震设计。尽管阪神—淡路大地震损坏了它们的设施，但是这种抗震设计的应用使得电力设施在这次大规模地震免遭致命损害。

13.2.13　2006 年 11 月 4 日欧洲停电事故

13.2.13.1　前提条件

在 11 月 4 日晚上，欧洲电力系统（见图 13.22）作为一个整体在安全条件下运行，系统频率接近参考值 50Hz。像往常一样，在周末消耗量较低的情况下，由于维护或其他工作，一些输电线路未运行。德国的一些变电站有两个母线，既可供工程使用，也可用于限制短路电流。估计发电量为 274 000MW，风力发电量约为 15 000MW，主要的风力发电站位于德国北部和西班牙[25]（见图 13.23）。

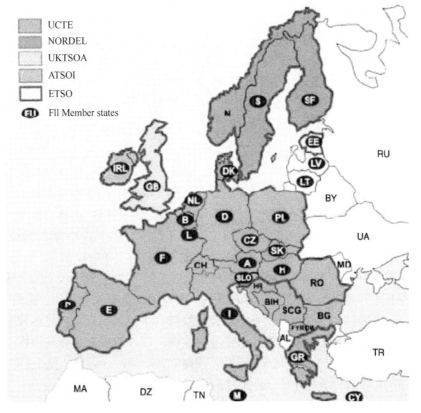

UCTE
NORDEL
UKTSOA
ATSOI
ETSO
FII　FII Member states

图 13.22　欧洲电力系统

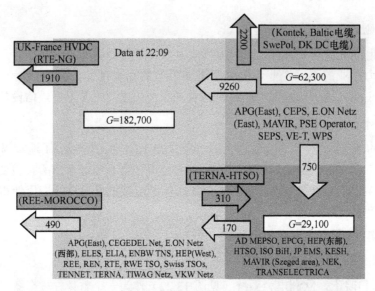

图 13.23 11 月 4 日 22:09 停电之前三个区域间的电量和潮流

各国之间的电力交换计划和实际电力流动的模式并不罕见，在一些国家的边界上交换电力的价值和潮流大小有显著差异。唯一值得强调的一点是，由于风力发电水平高，德国输送到荷兰和波兰的电力潮流很大。

13.2.13.2 初始事件

9 月，当地一家船厂要求 TSO 在 11 月 5 日 01:00 在德国北部断开一条 380kV 的 Conneforde-Diele 双回路线路，这家船厂计划将 Ems 河上的船舶转移到北海，这一操作过去已经进行过多次了。TSO 通知其邻近的 TSO 这一临时协议，因此，他们可以对其网络进行 N-1 安全分析。结果证明在夜晚这个时间电网的负荷虽然高，但是能在安全条件下运行，但德国向荷兰的跨境输送电力能力仍然下降了。

13.2.13.3 级联事件

11 月 3 日，船厂要求 TSO 在 11 月 4 日 22:00 提前安排断线。TSO 发出临时协议，但是邻近的 TSO 在 11 月 4 日 19 时才得知这一变化，因此邻近的 TSO 没有在适时的时间内进行特殊的安全分析，以在新的时间重新考虑运行条件。荷兰—德国的边界移相变压器分接开关的位置进行了修改。在双回路线路实际打开前 10min（发生在 21:39），邻近的德国 TSO 进行了潮流计算和 N-1 分析，并得出结论：其电网负载很高但是属于安全范围。

据报道，在 22:05 和 22:07 之间，德国两个地区之间 380kV 输电线上的负载增加引发了次警报，并且德国邻国的 TSO 立即作出反应，要求紧急恢复安全条件。德国 TSO 对校正开关措施进行了经验性评估，没有用潮流计算来检查 N-1 标准，期望在线路末端的变电站母线耦合会减少它上面的电流。即使有一些必要的冲击，TSO 也没有进行任何协调，这一处理不当的策略在 22 点 10 分完成。线路耦合后，线路立即跳闸，这导致了整个 UCTE 系统的其他直接级联跳闸，UCTE 系统分成三个独立的系统（见图 13.24）。

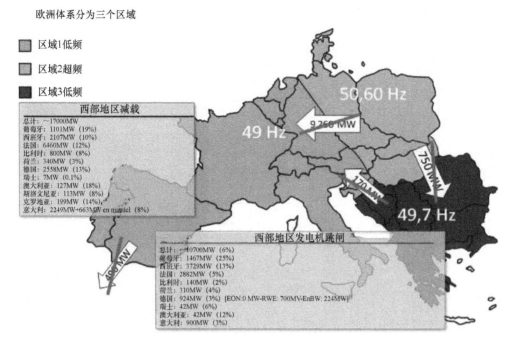

图 13.24　UCTE 区域分为三个独立区域及西部区域减载的示意图

在调查过程中所进行的事后仿真证实，这种耦合母线的动作导致的结果与调度员预期的相反，线路上的电流增加，线路由于过载保护而在距离保护继电器的作用下，自动跳闸。

13.2.13.4　最终状态

德国两个地区之间联络线的跳闸和随后的级联效应导致欧洲电力系统沿北至东南线分裂，东南部的国家又被进一步分离出来。在 22:10:28，欧洲电力系统分为三个独立的系统：西部、东北部、东南部。

一些国家电网内部电力系统也遭受了分裂，比如奥地利、匈牙利和克罗地亚。频率骤降的幅度导致了摩洛哥和西班牙之间联络网络的中断。

西部独立系统分裂后的发电量配额为 182 700MW（风力发电量为 6500MW），东北部独立系统为 62 300MW（风力发电量为 8600MW），东南部独立系统为约 29 100MW（无风力发电量）。

西部地区由西班牙、葡萄牙、法国、意大利、比利时、卢森堡、荷兰、瑞士以及德国、奥地利、斯洛文尼亚和克罗地亚的一部分组成。由于不再有东部地区的电力输入，西部地区面临着 8940MW 的重大供需失衡。

这种严重的供需失衡导致系统频率从正常值 50Hz 降至 49Hz（见图 13.25），导致系统自动减载（拒绝负载）。最终，系统总减载量约为 17 000MW，其中抽水蓄能电站减载 1600MW。

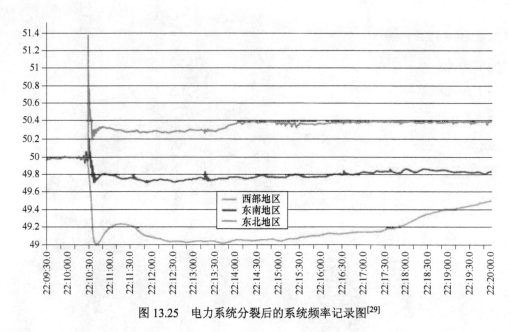

图 13.25　电力系统分裂后的系统频率记录图[29]

　　根据 UCTE 安全规则，这些自动操作旨在防止由于显著的功率不平衡而导致系统崩溃。它们有助于限制系统频率下降，负载频率控制（LFC）的动作开始恢复其标称值。

　　然而，在频率下降之后，一些发电机组跳闸，从而加剧了该地区的供需失衡。在事故中跳闸的机组中约有 40% 是风力发电机组。在频率下降期间，事故发生前，大约 30% 的热电联产（CHP，Combined Heat and Power）机组正在运行。连接到配电网的风力发电机组和热电联产机组不由 TSO 直接控制，但是当电压和频率恢复到可接受范围时，这些小型设备会自动重新连接到电网。

　　根据 TSO 的恢复计划，TSO 启动发电机组（主要是水力机组），以便将频率快速恢复到 50Hz。当时 TSO 之间没有特别寻求协调，每个 TSO 都有各自的规则。西部地区总共启动发电量约 16 800MW。

　　事故发生几分钟后，一些 TSO 停止了负载频率控制（LFC），然后进行情况评估。22:30 左右，一些 TSO 被要求将 LFC 切换到纯频率模式。

　　大多数国家为用户恢复电力供应是在没有协调的情况下实现的，且没有准确了解分裂网络的状况。

　　东北部地区也面临严重的供需失衡状况，在这种情况下，机组发电量超过 10 000MW。超额发电的原因是，在系统分裂之前，这个地区有大量电力输送到西欧和南欧，这是该地区典型的潮流情况，但由于德国北部的风力条件，发电量比平常更高。

　　它导致系统频率快速增加至约 51.4Hz，然后又因为主要控制标准和应急范围内的自动动作，这些动作包括某些发电机组的速度控制的激活等，以及风电机组中风车对系统高频率的敏感性引起的自动跳闸，使得系统频率迅速降低至约 50.3Hz。大约 6200MW 风力发电机组的这种自动跳闸操作有助于在扰动第一秒内限制系统频率的增加。

　　系统崩溃时跳闸的风车自动重新连接到电力系统（德国和奥地利），从而使这些控制区域的发电量逐渐增加，这与该区域所需的发电量减少相悖。减少发电量的动作包括一些 TSO

的指令，要求发电公司减少产量，甚至停止其中一些，并启动抽水蓄能电站。因此，频率从22：13 的 50.3Hz 再次缓慢增加到 22:28 的 50.45Hz，然后缓慢恢复到 50.3Hz 左右。

随着德国北部发电量的逐渐增加以及火力发电量的减少（主要是波兰和捷克共和国），风电的重新并网导致电力潮流发生重大变化。德国、波兰和捷克共和国之间的电力潮流超过了这些边界的转运能力，达到"即使在紧急情况下也不可接受的水平"，某些内部线路过载。当时 N-1 规则在该地区尚未实现，任何元件的跳闸都会造成进一步过载和可能的级联跳闸，这是进一步崩溃的真正危险所在。

东南部地区包括匈牙利南部的一小部分地区，支持了约 770MW 的轻微负平衡。由于整个扰动期间的频率值明显高于减载（49Hz）的第一阈值，因此在事故期间既没有发生自动动作也没有减载，并且防护计划未被激活。系统频率先是降至 49.79Hz，然后迅速恢复到可接受的正常值 49.98Hz。

13.2.13.5　再同步过程

在德国、奥地利、克罗地亚、罗马尼亚和乌克兰西部进行了再同步操作。TSO 开始迅速以最少的协调重新连接跳闸线路。一些再同步尝试失败，一些再同步尝试成功地实现了互联，但在几秒钟后失败了，最后成功地再同步。

成功的再同步首先发生在德国西部和东北部地区之间的 380kV 线路上，时间为 22:47，记录的频率差异约为 180mHz。与东南地区的再同步过程发生在 2min 后，乌克兰和罗马尼亚之间的 400kV 线路闭合。

在触发事件（母线错误耦合）发生约 40min 后，三个区域在不到 2h 内完全重新同步。同步过程以完全分散的方式进行，很少在直接受影响的国家之间进行协调。

13.2.14　一些经验教训

回顾三次大规模停电事故：2003 年 8 月 14 日美国和加拿大停电事故，2003 年 9 月 28日意大利停电事故以及这起欧洲停电事故，共同点可以列举如下：

1）电力运营商对情况的估计不当，因此没有尊重安全规则；

2）内部 TSO 协调能力较弱；

3）分离系统的 ISO 和 TSO 之间利益存在冲突（维护、成本、投资）；

4）在危急情况下电力运营商做出的决定不当，缺乏跨境协调能力；

5）缺乏履行电力系统发电标准和分散发电的义务（实时监测频率控制和电压性能）；

6）缺乏基础输电设施（授权程序的延误）。

13.3　停电事故分析

停电事故似乎有一定的规律性。先前的研究表明，初始事件发生后的事件发展可分为稳态发展和暂态发展[30]。在本章的研究中，调查了 8 次停电事故的进展情况（见表 13.1、表 13.18、表 13.20、表 13.28、表 13.29、表 13.32、表 13.33、表 13.36、表 13.37），详细信息可从中获得。结果表明，停电过程可以分为几个阶段。图 13.26 清楚地描述了这些阶段，这些阶段包括前提条件、初始事件、级联事件、最终状态和恢复过程。在这 5 个阶段中，级联事件可以在一些停电过程中进一步分为三个阶段：稳态发展、触发事件和高速级联。

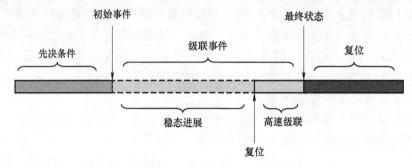

图 13.26　停电事故的各个阶段[31]

高速级联通常在临界点后发生，即触发事件的发生。但是，并非所有的停电过程都具有上面列出的所有阶段。例如，在之前的一些停电事件中跳过了稳态发展。在这些情况下，初始事件也是触发高速级联的事件。例如，在克罗地亚 2003 年 1 月 12 日停电事故中，16:43:58 发生的初始事件触发了高速级联，30s 内发生了停电事故。

在下面的章节中，从这些连续阶段的角度讨论停电事故。

13.3.1　停电事故分类

13.3.1.1　前提条件

如前所述，本章收集了 39 次信息比较详细的停电事故。在这些停电事故中，前提条件不同，但是可以根据它们的共同特征对其分类。分类如下：

1. 在夏季和冬季用电高峰期，系统在高压条件下运行

表 13.9 显示了 13 次发生在夏季用电高峰期和 11 次发生在冬季用电高峰期的停电事故。此外，有 61.5% 的停电事故（24/39）发生在用电需求较大的夏季和冬季用电高峰期，有 38.5% 的停电事故发生在系统正常运行时。

2. 设备老化

俄罗斯电力系统是一个安全级别很高的系统。从 1975 年到 2005 年都没有发生过停电事故。然而，2005 年 5 月 25 日在莫斯科发生了停电事故，因为莫斯科 70% 以上的 220kV 变电站都在超负荷工作，因此在紧急情况下，这样的电力系统很不稳定。

3. 无功功率储备不足

无功功率储备不足是造成 2003 年 8 月 14 日美国东北部和加拿大停电事故以及 1978 年 12 月 1 日在法国停电事故的原因。无功功率与电压有关。无功功率的不足降低了电压控制的灵活性，从而增加了电压崩溃的风险。

4. 一些重要设备停用

在 2004 年 7 月 12 日雅典和希腊南部停电之前，伯罗奔尼撒半岛的一个 125MW 发电机组和希腊背部的一个发电机组停用。这导致系统处于紧张状态之下。

5. 自然原因，如风、雷暴、地震、雾、地磁干扰和火灾等

在 1996 年 4 月 16 日美国停电事故之前，由于干旱，该地区因草原火灾而产生了大面积灰尘和烟尘，从而增加了线路闪络的可能性。

1989 年 3 月在魁北克发生的电压崩溃是由于太阳活动加剧期间地磁暴的副作用造成的。1995 年 1 月在日本的停电事故是由地震引起的。

13.3.1.2 初始事件

在不同的停电事故中，初始事件多种多样。这些事件可能会直接导致停电或系统状况恶化，从而间接导致停电。短路、过载和隐患保护是常见的初始事件，其他事件如发电机跳闸有时也可能是初始事件。表 13.10 描述了一些停电初始事件，从中可能获得一些相关信息。

表 13.10 停电事故的初始事件

停电事故	初始事件			
	1	2	3	4
09/11/1965 美国		√	√	
07/1977 纽约			√	
27/12/1983 瑞典		√		
19/12/1978 法国		√		
12/01/1987 法国西部				√
08/06/1995 以色列	√			
12/03/1996 佛罗里达州		√		
16/04/1996 美国	√	√		
02/07/1996 美国	√			
10/08/1996 加利福尼亚太平洋西北部地区		√		
26/08/1996 纽约			√	
21/09/1996 阿勒格尼			√	
11/03/1999 巴西	√			
12/01/2003 克罗地亚	√		√	
14/08/2003 美国东北部和加拿大	√			
28/08/2003 伦敦			√	
23/09/2003 丹麦东北部和瑞典南部				√
28/09/2003 意大利	√	√		
12/07/2004 雅典和南部希腊				√
14/03/2005 澳大利亚南部	√			
总计 1:18	8	6	6	22

注：1—短路，2—过载，3—保护隐藏故障，4—发电厂损失。

13.3.1.3 级联事件

级联现象是一种动态现象。它可以由初始事件触发。这些初始事件可能会导致功率振荡或电压波动，从而导致电流过高或电压过低。电流过高和电压过低可以被其他线路检测到并被视为故障发生。线路和发电机可以跳闸以保护自己免受损坏，从而导致越来越多的线路和发电机失灵。除了功率振荡和电压波动外，线路过载也可能导致级联事件的发生。当线路跳闸时，由于过载，相邻线路可能会过载并跳闸。

通过分析第 13.3 节介绍的 8 次停电事故，可以将级联事件的周期分为稳态发展和高速级联（见图 13.26）。在稳态发展期间，级联事件发展缓慢，系统可以维持电力供需平衡。在此期间，主要事件是级联过载。由于稳态发展时期形势恶化的速度缓慢，因此系统运营商可能会采取措施来阻止级联过载的蔓延并防止发生停电事故。当触发事件触发高速级联时，电力供需之间的平衡可能被打破，一系列系统设备可能会迅速跳闸，并且在很短的时间内会发生系统崩溃。在高速级联期间，系统运营商采取措施阻止停电的快速发展通常已经太晚了。

通过分析此期间跳闸线路、变压器和发电机的累计数量来研究级联事件的周期。2003 年 8 月 14 日发生的美国停电事故数据，2003 年 9 月 28 日意大利停电事故数据和 2003 年 1 月 12 日发生的克罗地亚停电事故数据可以用来描述级联过程中的停电发展情况。

在 2003 年 8 月 14 日的美国停电事故中，触发事件是 16:09:06 时 East Lima-Fostoria Central 345kV 线路跳闸，这一事件也引起纽约和安大略地区到密歇根地区的大幅功率振荡。高速级联被触发并导致停电（见图 13.27）。

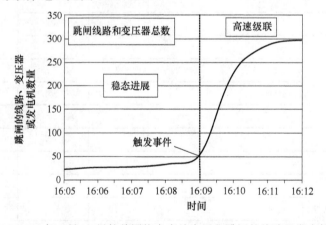

图 13.27 2003 年 8 月 14 日的美国停电事故中累积跳闸的线路及发电机数量[1]

在 2003 年 9 月 28 日的意大利停电事故期间，可以清楚看到稳态发展时期和高速级联时期（见图 13.28）。触发事件导致在 03:25:21 时瑞士 Mettlen-Airolo 220kV 线路和 Sils Soazza 线路跳闸。这些触发事件直接导致 17 条线路在 21s 内跳闸。在 2003 年 1 月 12 日的克罗地亚停电事故期间，跳过了稳态发展过程（见图 13.29）。初始事件也是触发事件，触发了高速级联，30s 内停电事故发生。

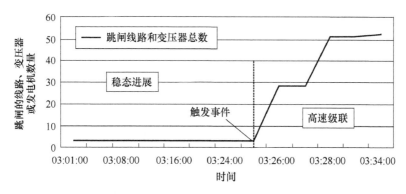

图 13.28　2003 年 9 月 28 日的意大利停电事故中累积跳闸的线路及发电机数量[3]

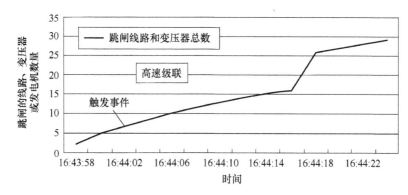

图 13.29　2003 年 1 月 12 日的克罗地亚停电事故中累积跳闸的线路及发电机数量[16]

表 13.11 列出了 8 次停电事故的稳态发展、高速级联和恢复过程的持续时间。

表 13.11　停电事故的事件时长

停电事故	稳态发展	高速级联	持续时间
14/08/2003 美国和加拿大	1h5min	3min	_24h
28/09/2003 意大利	24min	9min	20h
12/01/2003 克罗地亚	无	30s	>3h15min
14/03/2005 澳大利亚南部	无	6min	1.5h
12/07/2004 希腊	13min	2min	3h
02/07/1996 美国	无	60s	>6h
10/08/1996 美国	1h38min	7min	_9h
19/12/1978 法国	47min	6min	10h

从表 13.11 中可以得出：

1）高速级联发展非常迅速。许多线路和发电机可以在几秒钟或几分钟内跳闸。所以，对于系统运营商而言，采取有效措施阻止级联的时间太短了。如果想阻止停电，需要在高速级联发生之前之前采取适当的行动。

2）在一些停电事故中，跳过了稳态发展。触发事件发生后，系统迅速进入高速级联阶段。由于其快速发展，这种停电事故更难阻止。

13.3.2 停电事故：事件类型

根据现有数据，本节分析了 1965 年至 2005 年 12 次停电事故中的一些严重事故（见表 13.12）。

表 13.12 停电事故：事故类型

停电事故	初始事件				
	1	2	3	4	5
09/11/1965 美国			√		
19/12/1978 法国	√		√		
12/01/1987 法国西部	√				
02/07/1996 美国	√		√		
07/08/1996 美国	√		√		
12/01/2003 克罗地亚				√	
14/08/2003 美国东北部和加拿大			√		
23/09/2003 丹麦东北部和瑞典南部	√		√		
28/09/2003 意大利		√	√		√
12/07/2004 雅典和南部希腊			√		
14/03/2005 澳大利亚南部					√
04/11/2006 欧洲电力系统			√		
总计 1:12	7	1	8	1	2

注：1—电压崩溃；2—频率崩溃；3—级联过载；4—系统不对称；5—失去同步。

参照表 13.12，在这些停电事故时，电压崩溃（7/12）和级联过载（7/12）发生频率较高。这表明电压崩溃和级联过载是停电过程中的主要事件。找到有效的方法来避免紧急情况下这类事件的发生可能是避免绝大多数停电事故的好方法。

系统分离也是停电事故中的一个事件，但这是事故的后果，如表 13.12 所示。

本文已经确定了停电事故的阶段，分析了这些阶段发生的现象，并发现了停电事故的一些共同特征。但是，每个阶段的进展如何？接下来的部分将分析停电事故的机制。

13.3.3 停电机制

由于系统中可能发生一些关键事件导致电力系统可能会进入紧急状态。通常，电力系统的保护和控制系统可以将系统恢复到正常状态，但是，有时系统不能很快恢复到正常状态，一些新事件可能会触发级联事件，这些事件相互作用并迅速恶化系统状态。最后，可能发生停电事故。

在这项研究中，本节分析了第 13.3 节介绍的 8 次停电事故的机制，从中可以获得详细信息。结合先前的一项研究，其中提出了一种常见的停电事故中级联事件的一般过程[23]，由此来描述图 13.30 中的停电机制。

有 5 种类型的故障导致断电：电压崩溃、频率崩溃、级联过载、系统分离和失步。主要原因是电压崩溃和级联过载。以下部分介绍了这些故障的机制。

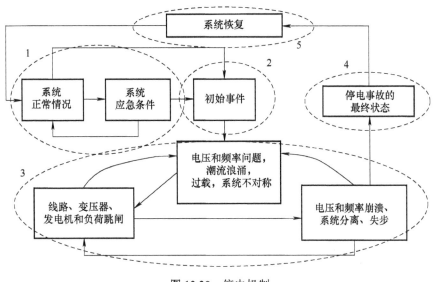

图 13.30　停电机制

13.3.3.1　电压崩溃

电压崩溃是由线路、变压器或发电机跳闸以及损耗干扰引起的。如果系统中没有足够的无功功率储备，则电压下降时会导致线路和变压器的级联过载，并加剧电压下降。事实上，传输系统中的电压下降会导致配电系统中的电压降低。因此，ULTC（欠载抽头变换器）尝试通过修改其匝数比来增加较低电压等级时的电压分布。

然后，低电压等级的视在阻抗（包括 ULTC）下降，且输电需要更大的电流，最后导致线路过载。

当电压低于发电机欠电压保护的阈值时，发电机跳闸，无功储备进一步减少。同时，线路的过电流保护也可能跳闸，并且随着电压下降越来越多而发生停电。电压崩溃的持续时间大约是几分钟。FACTS、无功资源储备和欠电压减载均有助于电压恢复到正常状态（见图 13.31）。

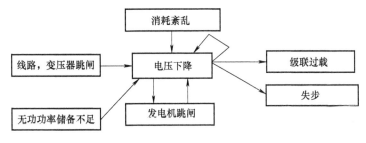

图 13.31　电压崩溃机制

13.3.3.2 频率崩溃

电力供需失衡、系统有功功率储备不足、发电机跳闸这些原因导致频率崩溃。面对这些事件，电力系统使用主要现有储备将频率保持在有限的工作范围内。如果没有足够的主要储备，频率可能会超出限制。发电机的低频保护会激发其级联跳闸，结果导致频率加速崩溃。频率崩溃发生在几秒钟内，可以通过低频减载阻止频率崩溃（见图 13.32）。

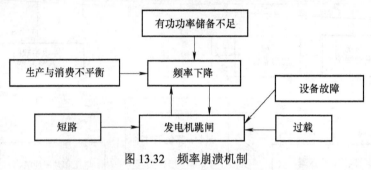

图 13.32　频率崩溃机制

13.3.3.3　级联过载

当电力系统条件紧张时，电力潮流接近线路传输容量的极限。由于过热，负载较重的线路可能会靠近树木，长期来看随时会引发闪络。那时，线路的保护继电器断开，其潮流被转移到附近的其他线路上。

线路也可以通过其过载保护跳闸。其他线路上的功率传输可能会导致它们也过载，且也会因其保护设备而跳闸，并开始级联发展。系统发生电压崩溃、频率崩溃、然后失步或者系统分离，最后发生停电。级联过载的持续时间从几分钟到几个小时不等。避免级联过载的一种方法是使用 FACTS，它可以改变负载流量并减轻某些关键线路中的潮流。减载也有助于缓解系统压力并停止级联发展（见图 13.33）。

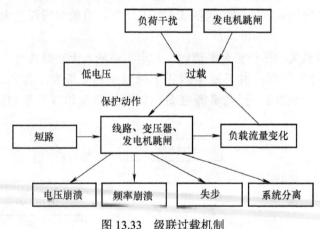

图 13.33　级联过载机制

13.3.3.4　系统分离

当电网失去一些关键线路或变压器时，系统分离。在每个孤立的子系统中，电力供需之间可能会失衡。如果系统运营商无法在这些子系统中保持系统平衡，则电压或频率崩溃会导致停电。减载可以保证孤岛子系统中电力供需平衡（见图 13.34）。

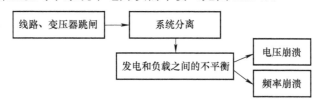

图 13.34　系统分离机制

13.3.3.5　失步

考虑通过互联线连接的两个电力系统：如果其中一条线路出现故障，其他线路可能会过载，电力系统之间的供需失衡且频率不同。互联线上出现功率振荡以保护系统。最后，系统分离。失步也可能是由于短路引起发电机角度超过 90°而造成的。为了避免失步，减载可以保持发电供需平衡，此外，FACTS 可以安装在一些关键的互联线中，以阻止功率振荡的扩展（见图 13.35）。

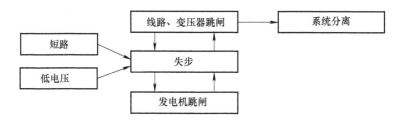

图 13.35　失步机制

13.3.3.6　概括总结

在运行过程中，电力系统（EPS）受到各种事件的影响。这些事件的起源以及其定性和定量的特征不同。

对电力系统突发事件进行回顾性分析的常用方式是在一组发生的事件中分离出一定的时间序列（链），这些事件以特有的方式导致了突发事件的触发和发展。

本节介绍一些定义，根据这些定义以及定性描述，将所有可能的事件细分为三组，概括地给出了这些组的描述及其相互关系，并给出了一个事件序列分组的例子[28,32]。

定义：本文将"电力系统状态的变化"定义为有功和无功潮流再分配的过程，它随着网络节点电压的变化以及随着系统频率的变化而给出前馈和反馈。

接下来，介绍三种电力系统状态的变化，这些变化考虑其未来运行的可靠性（即考虑停电发生的风险）：

1）消极状态变化（即恶化），表现为主网传输能力储备和发电储备的减少；

2）积极状态变化（即改善），表现为主网传输能力储备和发电储备的增加；

3）不可察觉的变化，即那些变化不大（可忽略）的储备。

将"事件"定义为系统状态变化的原因或状态变化中的障碍。

此外，一个事件有三个特征：

1）事件发生的可能性；

2）事件发生的方向是恶化还是改善系统状态（系统状态发生负面或正面变化）；

3）事件的系统效应（事件对系统状态的影响），也就是事件影响下系统状态变化的定量度量。

从以上定义可以看出，电力系统发生的所有事件可以细分为以下三组。

1. 组 I：意外事件

意外事件可以分为

1）干扰——主要是输电线短路，也有导线断开、网络元件意外断开连接以及负载/发电量增减操作。这些干扰代表了系统状态的意外变化。

2）误动作——即继电保护或自动控制设备的误操作，或操作人员沟通错误。

3）故障——即继电保护或紧急控制设备故障或缺少必要的人员动作以适应当地改变系统状态。电力系统状态变化的故障预防是由组 II 或组 I 其他事件来解决的。

意外事件与特定的系统元件（发电机组、负载或传输线）直接相关，并导致元件能力/可靠性的变化，这些变化是意外事件的局部效应。意外事件间接地（通过组 III 事件）与整个系统的变化相关联——其特征是事件的系统范围效应的表现。

2. 组 II：目的事件（控制动作）

目的事件是正确、成功的事件，这些控制动作是为了改变系统状态或作为对组 I 和组 III 事件的响应。根据建议分类，不正确或不成功的控制动作属于组 I，因为它们具有偶然性。

目的事件改善了系统状态。这些事件包括继电保护、应急控制装置和人员操作完成，通过整流系统的某些发电、负载或传输元件（事件的局部效应（即元件能力/可靠性的变化））来实现。与意外事件一样，控制动作间接地（通过组 III 事件）与整个电力系统的变化产生关联——这是事件的系统范围效应的显现。

3. 组 III：常规（自然）事件

将常规（自然）事件看作是自然系统对电力系统的作用，它表现为系统对所有先前事件的集合的自然反应。常规事件既可能导致系统状态的恶化或改善，也可能导致相同状态微不足道的（可忽略的）改变。常规事件表现在本地范围（例如传输线过载）或系统范围（例如系统节点的电压改变）中。

E. 机制的概括

注意到，当组 I 和组 II 的事件影响系统的某些元件时，组 III 的事件是整个系统对这些影响的响应。

组 I 和组 II 的事件总是导致分到组 III 中的事件发生，而这又是系统状态改变的直接原因。因此，由任何事件引起的系统效应直接来自于组 III 中的事件。

图 13.36 描述了上述三组事件之间的因果关系。

事件的概率和系统效应取决于先前事件的值，首先是第三组事件会导致系统状态恶化。更详细地说，这些事件导致了：

1）首先，发生组 I 事件的概率（例如，过载线路的短路概率远高于正常负载或低负载线）。

2）其次，组 I 事件对系统的负面影响（例如，"重"运行条件下，潮流意外重新分配导致线路过载量比"更简单"条件下类似的再分配量更多）。

从图 13.36 可以看出，最危险的（可能是大部分系统状态恶化导致停电事故的风险）情况是组 I 事件和组 III 事件导致的系统状态恶化的组合事件。在这种组合下，如果以时间尺度来考虑，可能形成因果循环，这个因果循环也是一个级联恶化的电力系统状态，也就是紧急情况的级联发展过程。

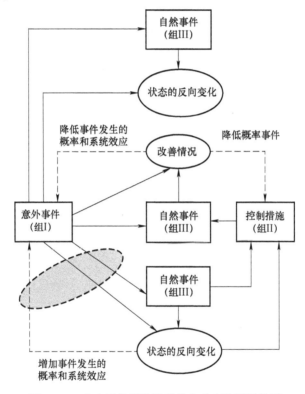

图 13.36　电力系统事件及其状态改变的因果关系

这种恶性循环的山现意味着在运行某些事件序列的瞬间，可能把电力系统置于边缘状态，从而导致下一个事件成为触发事件，也就是说，导致了下一个事件开启了无法控制的级联过程，进而导致为之后的事件（首先是元件跳闸）带来灾难性的后果（系统停电）。

触发事件分离了一个阶段，在这个阶段中，从"停电定向"事件序列中累积的多个"非定向"因素最终导致但不直接与停电事故相关，该事件序列在后续阶段之间具有明显的因果关系[23]。

通过分析最近停电事故的事件序列，可以提出以下常见的级联过程情况，包括系统状态的循环重复变化（见图 13.37）。

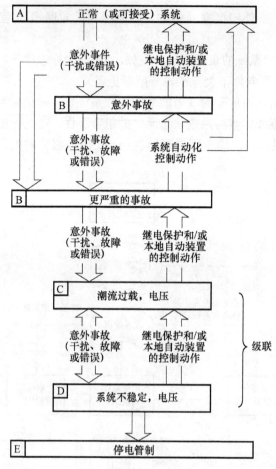

图 13.37　级联过程的常见情况

13.4　经济效应和社会效应

表 13.13 显示了一些重要停电事故的经济和社会影响。

这个表格强调了停电事故对许多受影响的消费者和经济损失方面的重要后果。

表 13.13　停电事故的经济和社会影响

编号	事故名称	经济	社会
1	09/11/1965 美国东北部 10 州	20,000MW 负载损失	3000 万人口
2	05/1977 美国迈阿密	不详	100 万人口
			15,000 平方英里
3	13/07/1977 纽约	损失 6,000MW 需求	1000 万人口
4	19/12/1978 法国		不详

（续）

编号	事故名称	经济	社会
		损失 39,000MW 需求中的 29 000MW	
5	03/1982 美国俄勒冈州	不详	900,000 人口
6	27/12/1983 瑞典		450 万人口
		损失 18,000MW 需求中的 11,400MW	
7	12/01/1987 法国	8 000MW 负荷	不详
8	13/03/1989 魁北克、加拿大	损失 21,500MW 发电量	6 百万人口
9	24/08/1994 意大利	损失 4500MW 负荷	不详
10	14/12/1994 美国亚利桑那州和华盛顿	损失 9336MW 负荷	200 万人口
11	17/01/1995 日本	损失 2836MW 负荷	260 万人口
12	08/06/1995 以色列电力系统	不详	70% of the
			用户：500 万人口
13	02/07/1996 美国 14 州	损失 of 11,743MW 负荷	200 万人口
14	10/08/1996 美国加利福尼亚州湾区	10 亿美元	750 万人口
		30 500MW 负荷	
15	01/1998 加拿大、纽约和新英格兰	不详	300 万人口
16	07/1999 纽约	不详	300,000 人口
17	21/01/2002 Brazilian 电力系统	61.3GWh 负荷	不详
		（50 美元/MWh）	
18	12/01/2003 克罗地亚南部和波斯尼亚一部分	2,375,000 美元	500 万人口
	黑塞哥维那	(1,270MWh)	
19	14/08/2003 美国东北部和加拿大	7 亿～10 亿美元	5000 万人口
20	28/08/2003 伦敦南部	724MW 负荷	476 000 用户
21	02/09/2003 墨西哥坎昆	不详	300 万人口
22	23/09/2003 丹麦东部和瑞典南部	8GWh 负荷	240 万人口
23	23/09/2003 智利大部分		500 万人口
24	28/09/2003 意大利电力系统	损失 180GWh 负荷	5700 万人口
25	01/12/2003 美国马萨诸塞州南部，从新贝德福德到普罗温斯敦	不详	300 000 人口

（续）

编号	事故名称	经济	社会
26	21/12/2003 美国旧金山	不详	120 000 用户
27	12/07/2004 雅典和希腊南部	9,000MW	250 000 户
			700 万人口
28	23/08/2004 Bahrain	不详	650 000 人口
			700 平方公里
29	25/05/2005 俄罗斯莫斯科	1 亿美元	400 万人口

13.5　预防停电事故的建议

在对停电阶段和停电机制进行描述之后，表 13.14 列出了停电事故各阶段的主要事件，并列出了可能的解决方法。由于传统的停电预防手段在文献中被广泛讨论，本文的目的是讨论使用相对较新的技术。

表 13.14　停电事故各阶段的主要事件及可能的解决方法

阶段	先决条件	初始事件	稳态进展	触发事件	高速级联	最终状态和恢复
时间	小时到分钟	毫秒	小时到分钟	毫秒	分钟到秒	分钟到天
故障类型	重载流动	振荡	级联超载，系统分离	振荡	电压崩溃，频率崩溃，失步	恢复
解决方法	FACTS, 电力储备	FACTS, PSS	FACTS, PSS，甩负荷，发电机重新调度	FACTS，甩负荷	甩负荷，系统孤岛	恢复计划

事实上，近年来，一些用于系统监测和系统控制的新技术已经越来越成熟。为了实现电力系统的实时控制，测量系统的时间延迟通常需要限制在 100～200ms 的时间内[33]。电力系统中传统使用的 SCADA/EMS 可以提供 1～5s 的测量间隔，但这不足以实现实时控制[33]，因为电力系统中的一些事件在数百毫秒内就能导致严重的问题。基于相量测量单元（PMU）和全球定位系统（GPS）的广域测量系统（WAMS）可以为系统运营商提供更有效和快速的实时系统信息，并实现实时控制[33-36]。越来越多的基于 WAMS 的控制系统和控制方法已被开发出来，如广域稳定和电压控制系统（WACS），以及广域监控系统（WAMC）[34,35]。

除了实时控制系统外，柔性交流输电系统（FACTS）可用于电压控制和潮流控制，使电力系统更加稳定及灵活[36]。这些基于电力电子元件的设备可以对干扰做出快速应对。

这些技术在电力系统中的应用将减少停电事故的发生几率。

与传统技术相结合的新技术可应用于停电事故的不同阶段。

1. 前提条件

在前提条件下，电力系统的安全裕度往往是有限的。WAMS 可用于检测系统状况。当系统接近安全极限时，系统运营商可以通过 WAMS 快速了解这些信息，并迅速采取有效措施使系统保持在安全状态。系统运营商应调整发电机的无功功率输出，使用静态无功补偿器来防止电压下降，重新调度发电方案，改变负载流量，减载，并在一些关键线路中使用 FACTS 以防止过载。

2. 初始事件

停电的初始事件通常是短路、线路或发电机跳闸等，并且可能导致电力系统中的功率振荡。可以利用电力系统稳定器（PSS）和 FACTS 来抑制这些振荡并防止保护系统的不当行为。

3. 稳态发展

稳态发展期约为 10min 至 1.5h。级联过载是在此期间发生的主要事件。系统运营商可以改变电网的拓扑结构，利用发电机重新调度、减载和 FACTS 来避免此期间的级联过载。

4. 触发事件

停电事故的触发事件通常是短路、重要线路和发电机跳闸等。这些触发事件可能导致大的振荡，从而导致保护系统的动作，以及越来越多的线路和发电机跳闸并失灵。电力系统稳定器（PSS）和 FACTS 可用于以协调的方式抑制振荡，保护系统可以分离并隔离瞬态振荡以保证网络的其他部分安全。

触发事件之前的时间是系统运营商采取措施将系统恢复到安全状态的关键时期。当触发事件发生时，系统运营商将难以停止系统状况的快速恶化，并发生不可避免的停电事故。

5. 高速级联

在高速级联期间，许多线路和发电机在几秒钟或几分钟内跳闸。当系统进入这个时期时，采取有效措施来阻止停电已为时过晚。在此期间，大规模减载可能是减少停电影响的一种方法。

6. 最终状态和恢复

停电事故发生时，系统运营商必须尽快重新启动系统。

13.6　防御及恢复措施

这部分的目的不是描述所有可能的计划，因为每个电力系统运营商都有自己的应对策略。本节的目标是提供一下解决问题的思路。此外，读者也可以在其他文献或电力系统运营商的操作手册中找到其他各种方法和手段。

电力系统的目标是确保负载供电的连续性，保证一定的电压质量水平。限制四方面的标准可能导致电压质量水平的下降：操作限制、设备安全保护、网络安全和系统恢复。这些不同标准的功能，需要满足如图 13.38 所示的系统任务。

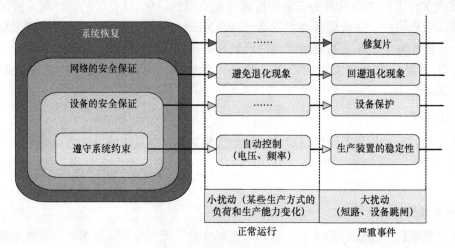

图 13.38　电力系统安全性目标

电击穿的后果非常严重，每个电力系统都需要根据其自身特点制定策略，包括决策和具体行动、自动或不采取措施来防止系统发生事故。如果所有保护措施均未能成功恢复故障，则这些策略必须尽可能快地恢复系统的正常运行。目标如下：

1）监测性。该系统必须有检测系统恶化的必要手段。

2）安全性。当事故发生时，需要采取适当的措施来阻止事故在整个网络中的传播，必要时可以牺牲一些用户或在几个子网络中分离电力系统以保护安全区域。这是防御计划的一部分。

3）快速性。对于处于极限状态的区域，需要采取自动或手动程序使系统恢复正常状态。这是恢复计划。

13.6.1　防御措施

在第一种方法中，防御措施的目标是检测网络的衰退状态，采取闪避措施以避免事故的传播（牺牲非优先级用户或在需要时分离子电力系统），以使系统允许迅速恢复到安全状态，并计划恢复措施。

防御措施包括在事件发生之前和发生期间由控制中心的操作员执行的预防和挽救行动，当系统接受这些动态行动时，接下来，可以按照以下步骤逐步减少挽救措施：

1）时间尺度上的手动措施：

① 重新调度有功或无功功率；

② 修正网络拓扑；

③ 启动发电机组；

④ 有载分接开关动作（如果需要的话，减少电压基准或手动锁定）；

⑤ 手动减载；

2）自动措施：

① 发电机组跳闸（解决线路过载问题）；

② 有载分接开关动作（如果需要的话，减少电压基准或锁定）；

③ 频率或电压减载；

④ 分离核电站和热电站。

针对先前描述的故障类型提出了可能的防御措施，即电压崩溃、级联过载、频率崩溃和失步，以一个简化的防御结构为例，这个结构属于 RTE（Reseau de Transport d'Electricite），法国传输系统运营商[9]：

1）预防/计划：

① 可靠性，可用性和设备性能：这是预防性保护的目的；

② 关键设备冗余；

③ N-k 标准；

④ 无功补偿储备。

2）监测/动作：

① 偏差检测及纠正；

② 自动控制；

③ 系统操作员的正常动作。

3）闪避措施：

① 避免系统崩溃；

② 促进恢复过程。

防止电压崩溃的措施：

1）预防/计划：

① 充足的无功补偿手段；

② 处理备用补偿机组，电容器组、电抗器组等。

③ 处理无功储备。

2）监测/动作：

① 控制电压分布：这是一次和二次自动电压控制和三次手动电压控制的目的。

3）闪避措施：

① 修改 HV/MV ULTC 变压器的参考电压；

② 在 VHV/HV 以及 HV/MV 级别时锁定 ULTC；

③ 发电机组无功过载；

④ 启动快速发电机组，如燃气轮机；

⑤ 减载。

防止级联过载：

1）预防/计划：

① 完美的协调和选择性保护计划。保护计划必须只包括排除故障所需的设备。

② 稳健操作方案：N-k 准则

2）检测/动作

① 检测重负荷线路的潮流，确保在 N-k 潮流转移的情况下没有未经授权的约束；

② 通过切换操作或操作生产装置，消除线路和/或变压器上的过载。

3）闪避措施：切负荷或减产。

防止频率崩溃的措施：

1）预防/计划：

① 准确可靠地预测互联线上的负载和潮流交换；

② 发电计划代表负荷预测，电力交换预测以及边际电量的总和，有功储备必须很多；

③ 确保储备在规定的时间内能够有效供应。

2）监测/动作：

① 控制频率：这是一次和二次自动频率控制和三次手动频率控制的目的；

② 实时验证储备功率的可用性。

3）闪避措施：

① 令发电机组以最大有功功率发电；

② 迅速减载（手动）；

③ 频率减载（自动）。

防止失步的措施：

1）预防/计划：

① 发电机组有足够的速度及电压控制循环；

② 有效的保护计划：关键清除时间必须尽可能小；

③ 避免易折叠的拓扑结构（长天线）。

2）监测/动作：

① 用阈值加速计控制发电机组的发电速度。

3）闪避措施：

① SPS（特殊保护计划）：用于分割电力网络并减载以恢复系统平衡；

② 将作为辅助的核电站和热电站分离。

13.6.2　恢复措施

　　当所有与防御措施有关的手段都未能阻止系统崩溃时，恢复措施就会启动。恢复措施的范畴包括电力系统的所有动作，以便每当发生重大事故时尽快使系统恢复到平衡正常状态。优先措施是确保并巩固大型发电厂重新参与重建网络，然后逐步恢复到所有供电对象正常用电。现在使用的两种众所周知的主要恢复策略是：积累策略和减少策略[37-39]。第一种是在同步大多数发电机之前对大功率电网重新供电，而第二种是通过分离的电力系统各自恢复，然后互相连接。在特定情况下使用混合解决方案，它们都适用于大容量传输系统。

　　电压水平较低时，系统恢复动作可以看作是网络重构。系统发生故障时，配电系统操作员通过关闭常开开关（联络开关）来将最大负荷从故障馈线传送到）正常馈线。在发生较大事故的情况下，配电系统必须保持停电状态，直到传输容量恢复可用。

　　典型的恢复措施包括以下重要操作：

　　1）系统操作员识别系统状态，包括断路器、连接可能性、停电启动机组容量、临界负载位置等；

2）在启动至少一个停电启动机组之后，来自停电启动机组的应急能量必须在临界最小间隔内发送到大型核电厂或热电厂，然后再发送到非临界最小间隔机组。临界负载被定义为用于稳定系统；

3）逐步提供传输网络的设备，需要避免由于线路太长而导致的过电压或欠电压问题。其他问题如铁磁共振也必须避免，以防止系统再次崩溃；

4）运行中的机组数量越多，子系统及其负载通电就越快，然后各级电压下的负载被重新连接。

大部分过程持续时间涉及了热电厂及其发电量增长的整合，因此，在这个过程中，系统操作员必须解决一些问题：

1）临界负载的选择；

2）开始阶段的稳定性问题；

3）发电机的无功功率限制，特别是吸收的无功功率极限；

4）高低电压。

恢复措施取决于系统结构和可用技术。网络演化需要适当地修复恢复措施，这些演变可以是新技术在系统发电、能量传输、系统保护或操作手段方面的整合，相反，它们也会产生新的关键事件或其他尚未经历的使电力系统恶化的因素。

每次事故都必须对相应的现象进行严格的分析，从中获得的操作经验，可以为运营商提供必要的手段来更新系统防御计划。这些分析过程形成了图 13.39 所示的循环，被称为系统恢复研究的循环过程。

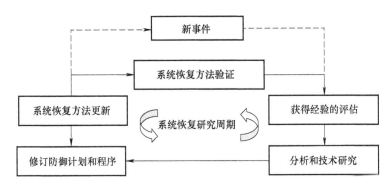

图 13.39 系统恢复研究的循环过程

近期，有研究提出一种新的恢复概念[40-43]，该恢复概念利用了分布式发电（DG）。这个概念是为了实现配电网络中分布式发电渗透率的实际增长和预计增长。在分布式发电的辅助下，恢复过程同时在传输（下行）和配电（上行）网络中工作，被称为深层构建策略。这种方法将分布式网络视为正常情况下的附加源，而且在发生重大故障的情况下，例如停电事故时，可以作为一直主动、灵活的支持，因此，分布式发电可以用于帮助电力系统减少停电后的后果，例如服务的用户量、停电持续时间和系统恢复时间。主要目标如下：

1）在临界情况下有效地获得分布式发电机组的可用电能；

2）加速网络重建过程；

3）尽可能快地恢复用户供电。

该策略是通过传输网络中的孤岛系统重新供电，同时基于分布式停电启动和发电机组容量的可用性形成、扩展的配电网络单元，而不需要主电力系统的支持。传输级别中的优先任务是至少成功从停电状态启动一个机组，重新启动非停电启动容量机组以便运行更多的机组，然后尽可能快地减少由分布式发电支持恢复的负载需求，适当加载负载。在配电方面，分布式网络可以利用分布式发电停电启动容量促进许多自治区域或小型区域的供电，尽可能维持电网连续性和通电，而不是直到传输系统恢复可用（通常在几个小时内）阶段内使系统停留在停电阶段。这个概念被称为多层级计划性孤岛系统操作。因此，恢复过程中恢复的负载量比任何时候都更为重要，许多用户的系统崩溃时间能够有效缩短。

另一方面，这种恢复策略需要增强配电网基础设施建设。根据分布式发电容量及其本地化，需要设置更多分段交换机设备，它们在重新配置服务和恢复服务中都是有用的。由于主要信息和通信控制系统现在主要应用于输配电层（SCADA，EMSIDMS），未来还需要在配电网的特定点引入新的信息和通信技术（NICT）组件。

13.7 电力系统的生存性/易损性

13.7.1 引言

对于包括电力系统在内的任何复杂的系统来说，生存性问题都是典型问题。电力系统的生存性是其抵御干扰、防止大规模供应中断时级联发展、快速恢复正常状态或接近正常状态的特性。生存性问题对于大型扩展电力系统而言是特别重要的，并且与大型系统突发事件（级联性质）的兴起有关，这可能会对用户造成严重的不利后果，甚至违反经济运行规律[44]。

大型电网具有一个特征是容易发生大量级联系统紧急事件。例如，在 19 世纪 70 年代至 80 年代，在苏联的统一电力系统、美国和加拿大的大型互联系统中，统计数据显示，每年记录在册的有数十次严重的系统突发事件[45]。但是大范围、长时间的供电中断的严重级联系统突发事件几乎很少发生（每几年一次），一旦发生，就是全国范围内的灾难（见上文）。

第一次尝试将电力系统生存性问题形式化是由 Kitushin[46]提出的。生存性分析的方法是由 Avramenko[47]设计的，Koshcheev[48]考虑了选择不同应急控制手段来提高系统生存能力的问题。Voropai[49]从生存性的角度介绍了系统限制状态的概念。事实证明，设计研究独立于干扰特征的生存性改进的方法是很有意义的。Fouad、Zhou 和 Vittal[50]分析了电力系统对大型级联紧急事件的易损性，将其作为系统安全的一个重要组成部分[47]。

本小节描述了研究和改善大型电力系统生存性的方法。

13.7.2 概念

假设 $S_i, i=1,...,m$ 是扰动发生后电力系统的不同状态。将系统在应急过程中可以达到的一些关键的限制状态 $S_{\lim}$ 区分出来，在此状态之后，可能发生对电力系统不可逆转的后果以及执行设定功能的能力，也就是说，向用户提供指定质量及容量的电能的能力很强。因此，对用户供电的大规模干扰的紧急情况是不可接受的。在图 13.40 中，S_o 和 S_j 是紧急状态前及紧急状态后，S_{limb} 和 S_{lims} 是限制状态的大裕度及小裕度，S_i 是中间状态。

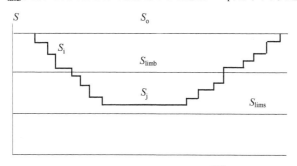

图 13.40　EPS 生存性解读[48]

电力系统的限制状态取决于系统频率和电压的临界下降值、发电热储备和互联线传输能力的裕度值。用户对电力系统的限制状态取决于系统提供的最小电源允许值（技术条件）和供电中断时间。

在生存性方面，电力系统的极限状态也可以通过紧急减载水平来确定，该紧急减载超过了由自动频率减载装置断开的负载值或当发电厂的辅助电源不符合紧急断开的条件。因此，通过紧急断开连接，可以完全快速地恢复供电[45,47]。总体而言，限制状态的量化特征在很大程度上由生存性观点对电力系统的特定要求决定，根据具体的条件而不同。

从更具体的生存性观点出发，有必要对电力系统的功能进行认识。这些功能必须仅包括向最重要的用户供电。不太重要的用户可能会使用紧急控制（包括自动频率减载）断开连接，这为电力系统控制提供了更大的可能性，从而提高生存能力，防止紧急级联，促进系统恢复。

采用这种方法，电力系统的生存性水平的特征取决于系统紧急状态后 S_j 的滞后程度，该值由限制状态 S_{lim} 的操作参数、热储备、传输能力裕度等条件确定。紧急事件特征的重要性与其对电力系统的影响一样重要，对电力系统的影响取决于紧急状态前的特征。因此：对于条件恶劣的电力系统，与正常条件（足够的潮流转移边际、热储备值等）相比，较少的强度干扰也可能对系统造成很大危险。

电力系统生存性问题的研究表明，在复杂系统的研究提供了丰富经验的基础上，当复杂系统出现大范围波动时，通过对系统的结构布置及控制，采用新的手段和方法，可以提高系统的可靠性和生存性。它反映了复杂系统发展过程中的客观矛盾。对于电力系统来说，它们包括系统在其复杂性和发展过程中不断变化的结构特性之间的差异，差异决定了系统运行条件和动态特性的变化，以及电力系统组的保持原则和其运行条件的控制。

这些矛盾的积累导致了系统中"薄弱部位"的出现、EPS 可控性的恶化、生存能力的下降等负面后果。解决产生的矛盾是电力系统发展管理的关键目标，应综合考虑系统主体结构形式、运行条件、调度原理和自动控制等概念方面的问题。

因此，电力系统可生存性的特征在于其持久性、生命力及其对干扰的易损性。尽管生存性是电力系统的内部属性，但易损性表示系统对外部干扰的响应。考虑生存性作为电力系统的内在属性，有必要为其提供建设性的改进建议和途径。

13.7.3 技术研究

电力系统生存性研究的意义和内容是揭示电力系统在生存性方面的薄弱环节，并找出其消除措施。由于难以确定影响系统生存性的大量概率性干扰数据（由于罕见性和唯一性），所以在大多数情况下，电力系统生存性估计和生存性低引起的后果只能是相对而言。同时，对所受的影响（对用户的特定损害）以及缺乏生存性评估标准的错误经济估计导致将经济评价作为独立的标准来确定电力系统的开发和运行，并以此确定影响生存性改善措施的实证研究。

从电力系统生存性的定量估计和具体改进手段来看，生存性指标的选择很重要。这些指标应该在某种程度上表征电力系统接近限制状态的程度。不同作者提出的大多数电力系统生存性指标都和特定紧急情况下跳闸负载的数量相关，但是其他指标值得关注的是，系统中紧急事故"传播"的程度，例如，由紧急事故导致分离的子系统的数量，紧急级联中可能的突发事件的数量以及在电力系统生存性方面的临界干扰值。

风险概念可以作为研究电力系统生存性的有效的方法论基础。定量风险评估取决于系统达到极限状态 S_{lim} 的可能性，也就是说，必须估计最重要用户的供电中断风险。

风险分析模型通常用于解决以下问题：紧急情景的构建及不同意外事件间相关概率的确定；通过模拟系统中可能的意外事件链来定量确定风险；估计确定风险等级的可行性及降低风险的措施。

在构建可能导致 EPS 限制状态的突发事件情景时，应该考虑到不同情况下的起因：级联突发事件、大量独立干扰、相对较轻的紧急情况与严重事故前的情况的重合情形等等。

如前所述，通过对系统状态和过程进行建模来构建情景，风险的量化估计与确定重要用户供电中断的可能性有关。为了估计确定风险等级的可行性，应制定相应的标准。

13.7.4 结束语

互联线的增加和复杂性增加了电力系统生存性问题的紧迫性。

引入 EPS 限制状态的概念确定了对生存性属性的理解，规定了生存性问题的组成。生存性研究的主要目标是找出电力系统的薄弱环节，并选择其消除手段。研究技术基于风险概念（与重要用户供电中断有关）。

生存性改善问题的许多方面的性质可以由该属性的复杂性来解释。适当的改进手段应该作用于系统发展规划和运行阶段。这些手段一方面应保证电力系统在生存性方面所需的"安全裕度"，提高系统的可控性，即其响应于扰动的"强度"，以防止紧急过程发生不必要的发展，另一方面应该加快电力系统恢复。

13.8 结论

大规模停电事故会造成巨大的经济和社会损失。所以为了防止停电事故的发生，必须了解以前的停电事故并找出它们的特点。

在本章中，通过分析 39 次以前的停电事故，我们将停电进度分为 5 个阶段：前提条件、初始事件、级联事件、最终状态和恢复过程。在级联事件期间，触发事件遵循稳态发展规律，触发事件（临界点）导致高速级联的启动。在一些停电事故期间，没有稳态发展时期，初始事件成为触发事件。

研究发现 35.1%的停电事故发生在系统正常情况下，稳态发展持续时间长（t> 10min），而高速级联时间很短（几秒<t <10min），高速级联后停电通常很快被触发。因此，最好在发生触发事件之前采取有效行动，因为高速级联触发后，情况会变得无法控制，停电可能会在很短的时间内发生。

根据 1965 年至 2005 年的 10 次停电事故（详细信息可以获得）的分析，电压崩溃和级联过载发生频率较高，可以被视为事故的主要类型。

一些新技术可以用来预防停电。柔性交流输电系统（FACTS）不仅可以降低电压崩溃的可能性，还可以降低级联过载的可能性，这是一种强化电力系统并降低停电风险的好方法。广域测量系统（WAMS）可用于系统监测和控制，广域稳定和电压控制系统（WACS）以及广域监控系统（WAMC）可以提高电力系统的可靠性和鲁棒性。基于这些技术，采取良好的系统安全策略将大大降低停电的频率。

如何在现代电力系统中完美组织、利用新方法及传统方法将成为该领域的一个有意义的研究目标。

致　谢

感谢 wei Lu，他所做的工作为本章的详尽阐述做出了贡献。

参 考 文 献

[1] NERC Steering Group *Technical analysis of the August 14, 2003, blackout: what happened, why, and what did we learn?* Report to the NERC Board of Trustees, July 13, 2004.

[2] U.S. – Canada Power System Outage Task Force, *Final report on the August 14, 2003 blackout in the United States and Canada: causes and recommendations*, U.S. – Canada Power System Outage Task Force, April, 2004.

[3] Corsi, S., Sabelli, C. General blackout in Italy September 28, 2003, *IEEE PES General Meeting*, June 6–10, 2004.

[4] Berizzi, A. The Italian 2003 blackout, *IEEE PES General Meeting*, June 6–10, 2004.

[5] UCTE, *Interim report of the investigation committee on the 28 September 2003 blackout in Italy*, UCTE, October 27, 2003.

[6] Vassell, G.S. Northeast Blackout of 1965, *IEEE Power Eng. Rev.*, Vol. 11, No. 1, pp. 4, January 1991.

[7] Amin, M. North America's electricity infrastructure, *IEEE Secur. Privacy Mag.*, Vol. 1, No. 5, pp. 19–25, September–October 2003.

[8] Novosel, D., Begovic, M.M., Madani, V. Shedding light on blackouts, IEEE, *Power Energy Mag.*, Vol. 2, No. 1, pp. 32–43, January–February 2004.

[9] RTE *Mémento de la sureté du système électrique*, Edition 2004, http://www.rte-France.com.

[10] Czech, P., Chano, S., Huynh, H., Dutil, A. The Hydro-Quèbec system blackout of 13 March 1989: system response to geomagnetic disturbance, *Proceedings of the Geomagnetically Induced Currents Conference*, November 8–10, 1989.

[11] Morii, K. Electric power systems and natural disasters, *CIGRE Tokyo Symposium*, May 22–24, 1995.

[12] Hain, Y., Schweitzer, I. Analysis of the power blackout of June 8, 1995 in the Israel Electric Corporation, *IEEE Trans. Power Syst.*, Vol. 12, No. 4, pp. 1752–1758, November 1997.

[13] NERC, *System disturbances review of selected 1996 electric system disturbances in North America*, NERC, August 2004.

[14] Filho, V.X., Pilotto, L.A.S., Martins, N., Carvalho, A.R.C., Bianco, A. Brazilian defense plan against extreme contingencies, *IEEE PES Summer Meeting*, July 15–19, 2001.

[15] Dass, R. Grid disturbance in India on 2nd January 2001 *Electra*, No. 196. pp. 6–15, 2001.

[16] Dizdarevic, N., Majstrovic, M. Causes, analysis and countermeasures with respect to blackout in Croatia on January 12, 2003, *The CRIS International Workshop on Power System Blackout*, Lund, Sweden, May 3–5, 2004.

[17] OFGEM *Report on support investigations into recent blackouts in London and west midlands*, Vol. 1, Main Report, OFGEM, February, 2004.

[18] OFGEM *Report on support investigations into recent blackouts in London and west midlands*, Vol. 2, Supplement Report, protection commissioning & performance, OFGEM, February, 2004.

[19] Ekrft System *Power failure in Eastern Denmark and Southern Sweden on 23 September 2003*. Final report on the course of events, November 4, 2003.

[20] IREC, *Chile – Power blackout hits most of country*, Interstate Renewable Energy Council, http://www.solarstorms.org/Chile2002.html, November 7, 2003.

[21] Vournas, C. *Technical summary on the Athens and Southern Greece blackout of July 12, 2004* http://www.pserc.org/Greece_Outage_Summary.pdf.

[22] NEMMCO, *Power system incident 14 March 2005 final report*, National Electricity Market Management Company Limited ABN 94 072 010 327.

[23] Makarov, Y.V., Reshetov, V.I., Strojev, V.A., Voropai, N.I. Blackout prevention in the United States, Europe, and Russia, *Proc. IEEE*, Vol. 93, No. 11, November 2005.

[24] PSERC, *Resources for understanding Moscow blackout of 2005*, Power Systems Engineering Research Center, http://www.pserc.org/Mowcow Blackout.htm.

[25] Merlin, A., Desbrosses, J.P. European incident of 4th November 2006. The events and the first lessons drawn, *Electra*, No. 230, February 2007.

[26] ERGEG, *ERGEG Interim Report on the lessons to be learned from the large disturbance in European power supply on 4 November 2006*, European Regulators Group for Electricity and Gas, E06-BAG-01-05, 20 December 2006.

[27] Voropai, N.I., Efimov, D.N, Reshetov, V.I *The analysis of system emergencies development mechanisms in electric power systems, /Elektrichestvo/*, No 10, pp.12–14, 2008 (in Russian).

[28] Efimov, D.N., Voropai, N.I. Blackouts analysis and generalization, *The International Workshop on Liberalization and Modernization for Asset Management*, Irkutsk, Russia, August 14–18, 2006.

[29] UCTE, final report on system disturbance on 4 november 2006, UCTE, 2007.

[30] McCalley, J.D. Operational defence of power system cascading sequences: probability, prediction, and mitigation, *PSerc Seminar*, October 7, 2003.

[31] Lu, W. *Le délestage optimal pour la prévention des grandes pannes d'électricité - Optimal load shedding for blackouts prevention*, Ph.D. Dissertation, Grenoble Institute of Technology, 2009 (in French) http://tel.archives-ouvertes.fr/tel-00405654/en/.

[32] Voropai, N.I., Efimov, D.N. *Analysis of blackout development mechanisms in electric power systems*, IEEE PES General Meeting, Pittsburgh, USA, July 21–24, 2008.

[33] Cai, J.Y., Huang, Z., Hauer, J., Martin, K. Current status and experience of WAMS implementation in North America, *2005 IEEE PES Transmission and Distribution Conference & Exhibition: Asia and Pacific Dalian,* China, August 15–18, 2005.

[34] Taylor, C.W., Erickson, D.C., Martin, K.E., Wilson, R.E., Wenkatasubramanian, V. WACS – Wide-area stability and voltage control system: R&D and on-line demonstration, *Proc. IEEE,* Vol. 93, No. 5, May 2005.

[35] Zima, M., Larsson, M., Korba, P., Rehtanz, C., Anderson, G. Design aspects for wide-area monitoring and control systems, *Proc. IEEE,* Vol. 93, No. 5, May 2005.

[36] Hingorani, N.G. *Flexible AC transmission,* IEEE Spectrum, April 1993.

[37] Fink, L.H., Liou, K.L., Liu, C.C. From generic restoration actions to specific restoration strategies, *IEEE Trans. Power Syst.,* Vol. 11, No. 2, pp. 745–751, May 1995.

[38] Adibi, M.M., Fink, L.H. Power system restoration planning, *IEEE Trans. Power Syst.,* Vol. 9, No. 1, pp. 22–28, February 1994.

[39] Andrews, C.J., Arsanjani, F., Lanier, M.W., Miller, J.M., Volkmannn, T.A., Wrubel, J. Special consideration in power system restoration, *IEEE Trans. Power Syst.,* Vol. 7, No. 4, November 1992.

[40] Pham, T.T.H., Bésanger, Y., Hadjsaid, N., Ha, D.L. Optimizing the re-energizing of distribution systems using the full potential of dispersed generation, *IEEE-PES General Meeting,* Montreal, Canada, July 18–22, 2006.

[41] Pham, T.T.H., Bésanger, Y., Hadjsaid, N. Intelligent distribution grid solution to facilitate expanded use of dispersed generation potential in critical situations, *Power System Infrastructure: CRIS Conference on Interdependencies and Applications,* Springer Science/Business Media, October, 2008.

[42] Pham, T.T.H., Bésanger, Y., Andrieu, C., Hadjsaid, N., Fontela, M., Enacheanu, B. *A new restoration process in power systems with large scale of dispersed generation,* IEEE-PES Transmission and Distribution Conference, Dallas, USA, May 21–24, 2006.

[43] Pham, T.T.H., Bésanger, Y., Hadjsaid, N. New challenges in power system restoration with large scale of dispersed generation insertion, *IEEE Trans. Power Syst.,* Vol. 24, No. 1, pp. 398–406, February 2009.

[44] Voropai, N.I. Survivability and emergency control of electric power systems in a market environment, *World Engineers Convention,* Shanghai, China, November 2–6, 2004.

[45] Voropai, N.I., Ershevich, V.V., Luginsky, Ya.N., et al. *Control of powerful power grids.* Energoatomizdat, Moscow, 1984 (in Russian).

[46] Kitushin, V.G. Survivability of power systems, *Proceedings of the 3rd All-Union Scientific-Technical Conference on Stability and Reliability of Power Systems in the USSR,* Leningrad, Energiya, pp. 405–412, 1973 (in Russian).

[47] Avramenko, V.N. Analysis of electric power system survivability. *Collection: Reliability Problems in Electric Power System Operation and Development Management,* Energoatomizdat, Leningrad pp. 59–67, 1986 (in Russian).

[48] Koshcheev, L.A. Efficiency estimation and choice of emergency control measures with regard for the reliability and survivability indexes of an electric power system. *Collection: reliability Problems in Electric Power System Operation and Development Management,* Energoatomizdat, Leningrad, pp. 24–33, 1986 (in Russian).

[49] Voropai, N.I. The problem of large electric power system survivability, *IEEE Stockholm PowerTech Conference,* Stockholm, Sweden, June 18–22,1995.

[50] Fouad, A.A., Zhou Q., Vittal, V. System vulnerability as a concept to assess power system dynamic security, *IEEE Trans. Power Syst.,* Vol. 9, No. 2, pp. 1009–1015, 1994.

[51] Lu, W., Bésanger, Y., Zamaï, E., Radu, D. Analysis of large scale blackouts and recommendations for prevention, *WSEAS Trans. Power Syst.,* Vol. 1, No. 7, pp. 1189–1195, July 2006.

第14章

停电后的恢复过程

Alberto Borghetti，Cario Alberto Nucci 和 Mario Paolone

14.1 引言

本章旨在阐述输电网络恢复场景下的电力系统动态行为，特别是对火电厂黑启动能力的分析。本章分为三部分。第 14.2 节简要回顾了电力系统恢复过程的要求和架构。打破电力工业的自然垄断模式和电力系统市场化运行为电力系统恢复策略的重新评估提供了依据，系统恢复时将增加黑启动资源的数量，传统上一般采用水电站和燃气轮机（GT Gas Turbines）。第 14.3 节分析了装有蒸汽涡轮机（ST Steam Turbines）和燃气轮机（GT）的热电站黑启动能力。为了支持黑启动作用的可行性和可靠性，通过使用现代计算机仿真工具，对发电厂和恢复电力系统之间的动态相互作用进行精确建模，将有助于研究恢复计划的早期阶段，并设计特定的控制系统。因此，第 14.3 节分析了两种典型电厂（即燃气轮机和联合循环机组供电的直流锅炉蒸汽机组）在负荷恢复操作和孤岛形成过程中发生的典型瞬态。第 14.4 节描述了通过实验数据进行识别的两个相关模拟器的模型。

14.2 恢复过程概述

按照典型的分类[1]，恢复状态是电力系统运行状态之一（其他状态包括正常、警报和紧急情况等）。停电后的恢复过程是电力系统运行和控制的典型问题。

在所有的系统中，都有一定程度的大停电风险。因此有必要制定一个快速安全恢复正常运行状况的计划，以协调所有参与的操作。

总体目标是利用最大恢复能量和最短时间实现系统恢复。在这种情况下，恢复问题可以被看作是一个复杂的优化问题[2,3]。

整个过程分为几个连续的阶段，总体目标是尽量减少恢复所有客户服务所需的时间，将每个阶段划分为多目标函数，包括最小化关键网络组件或设备的恢复时间，以及在每个阶段最大化客户负载恢复。

约束条件包括：

1) 潮流约束（例如发电和负载间的功率平衡，以及线路潮流和电压值在限制条件内）；

2）频率限制主要与功率平衡和电厂运行动态有关；

3）与系统的电磁、机电和控制瞬态响应有关的动态约束（为了切换扰动等）；

4）发电重启的时限与蒸汽发电厂（SPP）典型的冷重启和热重启之间的时间差异有关；

5）发电机负荷提取能力约束；

6）传输和联络线切换顺序约束和优先级排序。

主要控制和优化变量是可用发电计划，特别是能够自主恢复的部分系统（即具有黑启动能力）和切换顺序的电厂。

能源管理系统（EMS）的计算机/通信系统可提供有关系统当前状态的知识、备选方案的可用性以及允许执行所选的恢复策略，其主要决策者是系统运营者。

上述问题求解的难度在于问题的组合性，需要来自不同来源、不同类型的大量数据，以及需要满足多样化的约束条件。

依据电力系统恢复问题的这些特点，CIGRE 手册论述了协助操作人员研究优化算法和专家系统的相关方法[4]。这些方法特别适用于恢复配电系统，其特点是根据重要性（例如医院、机场、警察局）以及比传输网络更为明确的网络结构，进行优先级排序。这是本章的主要目标（例如参见参考文献[5]，其中也包含了全面的文献综述）。

恢复过程在很大程度上取决于电力系统的特性，包括受停电影响的网络范围和电力系统在特定条件下实际暂态行为。特别是针对导致系统崩溃的动态现象，一般基于发电厂和网络组件的组合实现系统恢复。

以下段落简要回顾了恢复过程的典型阶段、持续时间和主要任务。

14.2.1　系统恢复阶段、持续时间、任务和典型问题

电力系统大多具有一定的共同特点，因此可以定义一些通用的程序和方案。但为了满足个别电力系统的特定要求，必须专门制定详细的计划。综上所述，在线修复指导工具可以提供进一步改进建议[4-10]。

图 14.1 展示了一个典型的两阶段恢复计划。准备过程非常重要，因为它们可以确定恢复过程的起点，即受到停电影响的地区、可用资源以及需要遵循的最适当的恢复策略类型。第一阶段，首要目标是恢复主要的电网功能，同时利用负载模块通电作为控制手段来维持系统稳定。动作的真正目标是在第二阶段过程中，可以完整快速地恢复负载。

恢复过程的两个基本策略是[11]:

1）"分区"策略：首先要依靠大容量电网的再通电，然后逐步平衡、恢复负荷和发电；

2）"组合"策略：系统首先分为若干子系统，每个子系统具有黑启动能力。都是稳定且相互关联的。

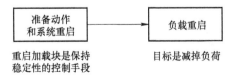

图 14.1　典型的两阶段重启计划

关于各种恢复策略的更详细描述可在参考文献[12]中找到，它也定义了作为过程组成要素的概念："有针对性的系统"，即在过程结束时要实现的系统状态，或者是某个重要的早期

阶段；"恢复构建模块"，即自主稳定电源的最小配置以及足以作为恢复过程元件的任何相关传输线；"通用恢复动作"，即操作员在系统恢复期间可以采取的一组有限的预定义操作。

实际的广域恢复过程是多种策略的复杂组合，其中包括基于可用资源和系统运行状态在线估计等，系统操作员做出的逐步决策。预定义的意大利修复电厂是基于以下步骤进行恢复系统构建（参见参考文献[13,14]）：

1）停电识别；

2）通过路径组织恢复服务，依靠黑启动机组（通常为水电厂和开放式循环燃气轮机）与大型火力发电厂之间的电气连接；

3）同步提取子系统和负荷以稳定所有机组；

4）关闭 420kV 网络的互连和后续重新网格；

5）重新连接剩余的发电机组并逐步向 245kV、165kV、145kV 的低压电网供电，直至所有连接到配电网的用户逐步供电。

在 2003 年 9 月 28 日全系统停电之后，输电网的大部分通过使用相邻系统（即先后来自法国、瑞士、斯洛文尼亚和希腊等）实现了供电链路的恢复[15,16]。

恢复计划总体上提供了以下几点的信息：

1）停电识别标准，在每个操作级别中，通过恢复路径的恢复服务，连接黑启动机组和大型火力发电厂；

2）选择能够在没有外部供应的情况下执行黑启动程序的发电机组。这样的机组在降低功率的同时也要表现出稳定的孤岛运行，精确的电压和频率控制以及快速的功率输出能力；

3）通过恢复路径上配电站的负载分配路径，提供一些最终用户电源的优先次序；

4）依靠冗余通信系统在各种控制级别之间建立通信线路；

5）在变电站安装自动同步并联装置。

系统恢复期间的动作可以细分为以下几个方面：

1）负载平衡和频率调整（例如参考文献[17]）。主要是可快速参与系统频率调节的有效储备量。这种储备由两部分组成：①发电机可用的发电机储备；②已经恢复的系统负荷储备，该负荷可能会被低频继电器跳闸；

2）输电线路通电和电压调整（例如参考文献[18]）。主要是发电机的欠励磁能力限制、并联补偿，以及选定负载的预激励（预载）提供的无功储备。

3）开关策略（参见参考文献[19]）。需考虑严重瞬态过电压的发生，特别是需考虑由于通电变压器的非线性磁化特性引起的谐波共振情况[20]。

4）保护系统问题和恢复岛屿之间的重合闸操作。一般是同步示波器和检查同步继电器动作时会发生（例如参考文献[21]）。

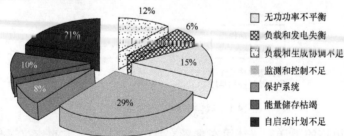

图 14.2 北美电力可靠性委员会（NERC）-10 年的数据（来自于参考文献[24]中提供的结果）

以前的每个活动的详细描述也可以在 IEEE 工作组的两个报告中找到，即参考文献[22,23]。典型的恢复问题和过程中的问题如图 14.2 所示。

14.2.2   新的要求

电力市场的自由化也影响了恢复计划的设计和组织，这主要是由于采用新的市场框架：

1）系统的运行条件通常与系统及其组件设计的运行条件不同；

2）电力系统组件比过去更频繁地运行在能力极限附近；

3）由于各方之间的利益冲突，所有权的多样性可能会增加发生紧急情况的风险。

在这个框架下，似乎需要更有效的防止停电和恢复计划的措施，以尽量减少恢复时间和减轻负载[25]。例如，参考文献[26]中由市场自由化引起的新问题是独立系统运营商为满足一系列系统选择标准（包括系统可靠性和可靠性）而选择黑启动资源的年度竞争过程的关键方面。

正如前面提到的，黑启动一般是从选定的水电站或配有特殊调速器的开式循环燃气轮机开始，通过修复线路投入到启动热机组。具有黑启动功能的附加发电厂的使用成为一个重要问题，这证明评估和提高装备有蒸汽机组和燃气轮机的火力发电厂的黑启动能力是合理的。这些发电站的规模通常是很重要的，因此适合作为本地负荷，从而建立所谓的恢复核。相关的恢复程序可以避免长线路的通电困难，提高速度和可靠性。

以下分析了火力发电厂的黑启动能力，并介绍了燃气轮机和蒸汽机组生产之间的协调程序，以提高该能力。

14.3   热电厂黑启动能力：建模与计算机模拟

参考文献[28,29]对系统恢复期间的蒸汽发电厂的启动以及蒸汽机组的黑启动能力进行了一些研究，以评估配备直流锅炉的常规火电机组可能对恢复计划作出的贡献。结论是，一般情况下，即使热电机组成功完成甩负载动作，并安装在自己的辅机上，但仍然需要先调整水电站对其负荷的贡献。

现代火力发电厂通常配备 GT 和蒸汽机组，在恢复计划的初始阶段，其补充特性可用于改善整个发电厂的黑启动能力。我们在此介绍与两个不同的发电厂有关的说明性案例研究。第一个是由一个较小的 GT（120MW）改造的大型直流式锅炉蒸汽机组（320MW），其废气用于蒸汽机组的高压（HP）给水加热。第二个发电厂的结构是基于一个典型的联合循环和两个 30MW 航改式燃气轮机，废气用于向一台 33MW 汽轮机供热的两台热回收蒸汽发生器中。

这两项研究都是通过开发电厂的计算机模拟器以及附近的网络和负载进行的。第 14.4 节还报告了两个模拟器和实施模型的简要说明。正如参考文献[30-32]提到的，在整个现代计算机模拟工具的使用过程中，发电厂和恢复电力系统之间的动态相互作用的精确建模确实对早期恢复计划有很大帮助，并可用于设计具体的控制系统以支持黑启动功能的可行性和可靠性。

14.3.1   燃气轮机驱动的蒸汽组的黑启动

在 20 世纪 90 年代，一些意大利火电站，大部分是由 320MW 的汽轮机组和直流锅炉组成，以联合循环的方式重新供电。ENEL 所使用的改造技术包括在现有的蒸汽段 SPP 上安装一台 120MW 的燃气轮机 GT，并通过换热器从燃气轮机排气流中回收热量，该换热器取代了部分高压给水加热器[33]。

电子柴油发电机能够供电给 GT 的辅助设备以执行启动操作，并且燃气轮机可以启动 SPP 的辅助设备。旁通阀的存在使得燃气轮机排气流从换热器中分流变得容易，使得两个部分（GT 和 SPP）在该阶段完全独立。

以下两段介绍了单个 SPP 的黑启动能力，无需其他资源的帮助，然后介绍了由 SPP 和 GT 供电的两个机组的黑启动功能。第三段提供了一个专门设计的控制系统的说明，以帮助其恢复机动并提高其可靠性。

14.3.1.1　单个蒸汽组的黑启动能力

对于配备直流锅炉的蒸汽机组，已经开发、测试并使用了特定的甩负荷程序。这个过程包括将所有的燃油全部送入锅炉而不会使汽轮机跳闸。将锅炉切换到启动和旁路回路，然后在一段时间内（最多 30min）后将其重新充满，在此期间，锅炉内储存的能量和质量维持在厂用负荷上[34]。只允许有限次数尝试进行新的点火，在故障情况下，由于不允许的热力学条件迫使装置进行冷重启。

若成功完成甩负荷过程，则热单元可以继续运行，并参与恢复电网。但是其自主收集负载的机会仍然值得怀疑，因为它强烈依赖于原动机特定的特性。

如图 14.3～图 14.5 所示。这些数字显示了通过装备有直流全压（UP）锅炉的 320MWSPP 的工程模拟器获得的一些结果。模拟器的简要描述在 14.4.1 节中给出，更多的细节可以在参考[35,36]中找到。

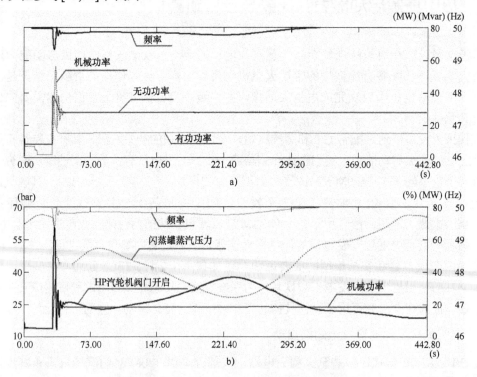

图 14.3　用 320MW 的 SPP 模拟 18MW 的负载

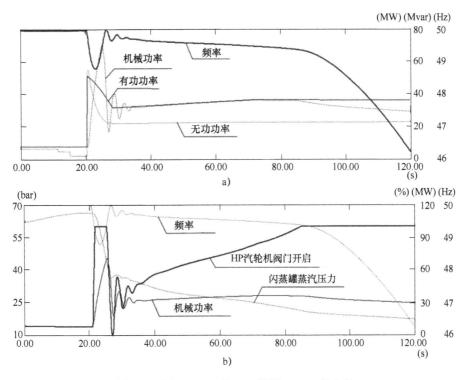

图 14.4　用 320MW 的 SPP 模拟 30MW 的负载

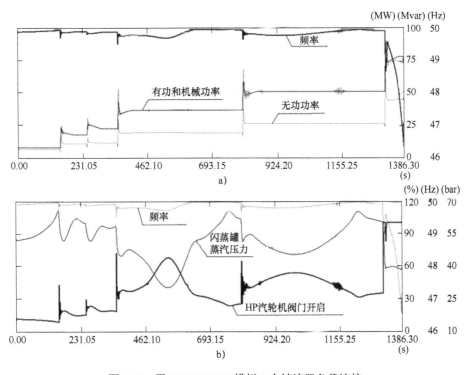

图 14.5　用 320MW SPP 模拟 4 个镇流器负载连接

图 14.3 的结果表明，蒸汽段在供给其辅助系统时，可以克服由于压载负载连接引起的频率瞬变，前提是负载功率低于 18MW。机动故障的主要原因是由于打开进气阀速度调节引起的节气门压力下降。

图 14.4 显示了 30MW 负载启动失败的模拟结果。如图 14.4 所示，当进气阀全开且蒸汽压力降低时，SPP 会出现临界状态，机械功率降低。机械转矩平衡为负值，频率迅速下降，导致涡轮机跳闸。

图 14.5 的仿真表明，在整个启动过程中，从 0 到 110MW，SPP 处于临界控制速度状态。第一个镇流器负载小于 15MW，发电机能够克服频率瞬变。通过这种方式，发电厂达到约 50MW 的功率。最后一个压载负载接口为 30MW，相应的 HP 阀门开度迅速达到全开，压降接近 20bar，机械功率不能平衡负荷需求，因此频率降低，导致涡轮机跳闸。

14.3.1.2　由燃气轮机驱动的蒸汽组的黑启动能力

该动力装置的模拟器还包括燃气轮机（GT）部分的模型。

图 14.6 和图 14.7 说明了 GT 部分在动力装置中的存在。GT 和 SPP 都是同步执行黑启动。

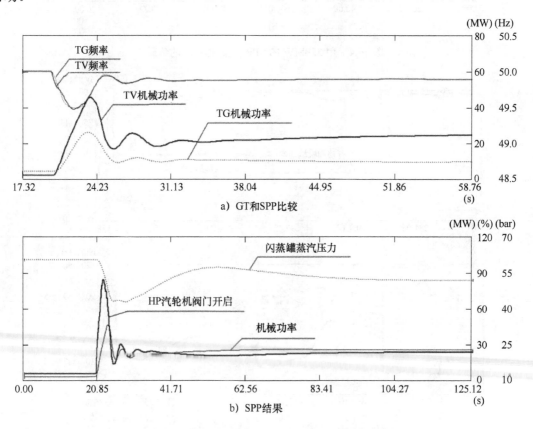

图 14.6　GT 和 SPP 同步和 30MW 镇流器负载连接

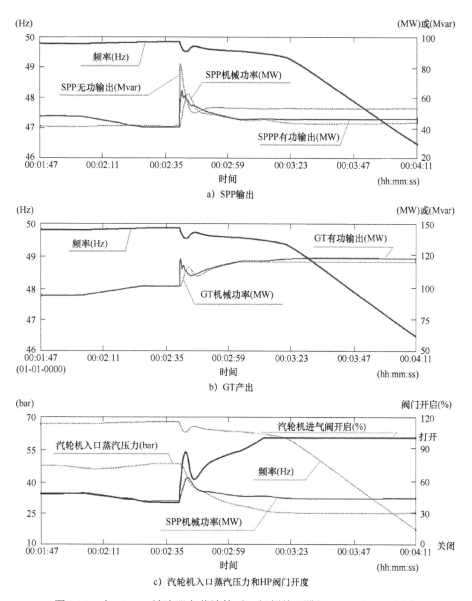

图 14.7　在 30MW 镇流器负载连接后，低频单元跳闸，GT 和 SPP 同步

图 14.6 所示的第一个瞬态是 30MW 的压载荷载，图 14.4 中单独的蒸汽段也是这样。图 14.6a 显示最大速度变化为 0.55Hz，GT 负载 5MW，SPP 负载 25MW，2min 后达到 27MW。

通过 GT 与 SPP 机械功率的比较表明，SPP 调速器比 GT 更快。如图 14.6b 所示，蒸汽涡轮阀没有达到全开，蒸汽压降约为 17bar。结果表明，GT 调速器干预有助于 SPP 在第一秒内克服压载载荷需求，从而节省锅炉蒸汽产量。

然而，GT 并不总是能保证 SPP 的黑启动能力。例如，图 14.7 显示了当 GT 功率输出超过额定值的 80%并且 SPP 蒸汽压力值低于 70%时，由 30MW 负载连接而导致的黑启动操作失败。图 14.7b 显示了 HP 蒸汽涡轮机阀门位置的一个重要的 SPP 压力下降和饱和。这种情况表明，在没有特殊设计的自动控制系统的帮助下，黑启动机动是多么重要。

如图 14.7 所示，电力系统恢复过程中最关键的问题之一是频率控制。必须避免负载激励瞬态引起如此严重的频率退化，包括发电机保护干预。如果燃气轮机和蒸汽热机组同时进行恢复操作，则必须对两个相关的频率调节器进行适当的协调。事实上，GT 能够控制频率误差而无明显延迟，而 SPP 的性能取决于锅炉的热惯量，在低负载情况下非常高，这会影响黑启动机动。因此，如下面一段所示，负载调度器无疑可以提供帮助。

14.3.1.3 改进控制系统以改善黑启动能力

负荷调度器的基本功能是保持燃气轮机的负荷尽可能低，使其能够承受由于压载负荷的激励而引起的整体频率瞬变。只有在频率瞬变结束后，如果锅炉压力足够高，负载调度器才逐渐增加对 SPP 部分的负载请求，同时卸载 GT。负载调度器的另一个重要作用是考虑到燃气轮机功率输出水平和蒸汽机组条件，提供适当力矩连接其他负载。

图 14.8 的方案突出了负载调度器和 GT 和 SPP 部分的功能与控制模块之间的交互。320MW 的蒸汽机组（SPP）和 120MW 的燃气轮机（GT）负荷编程器详细说明了操作员的请求，并以给定的梯度（SPM 为 3MW/min，GT 为 9MW/min）对其进行斜坡转换。作为主要的频率调节下垂速度（比例）控制，需要二次频率调节来补偿稳态频率误差，该规定由频率本地积分器（FLI）组成。FLI 装置与 GT 部分相关，因为在非常低的负载下，其动态响应比 SPP 提供的更快且更可靠。当本地频率误差超过给定阈值时，FLI 取代 GT 负载编程器并保持激活状态，直到频率误差足够接近零。

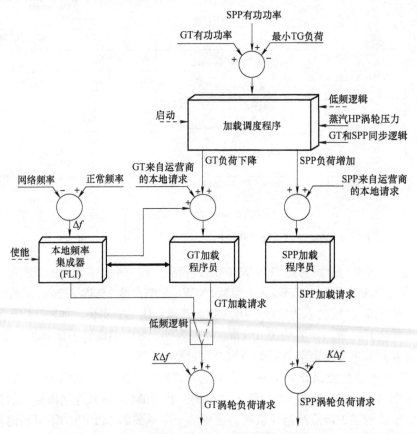

图 14.8. 黑启动机动的负载调度器方案

此外，如前所述，为了在整个恢复操作期间在部分负载范围内操作 GT，以便允许主频率调节器和 FLI 的有效操作，建议逐步将来自 GT 的负载请求转移到 SPP 部分。模拟负载调度器的作用是通过增加 SPP 输出来修改两台机器产生的功率量，同时减少 GT 输出，从而保持总的所需功率不变。这表明两台机组（GT 和 SPP）现在作为一台机组运行。负载调度程序与第三频率调节器具有相同作用：在每个时刻决定 SPP 和 GT 机组生成的功率，并将其转换为每个机组的负荷请求。

此外，负载调度器在低频逻辑信号有效（即 FLI 正在运行）时或当蒸汽 HP 涡轮机压力不够高时停止加载—卸载过程。因此，负载调度器的另一个重要作用就是在工厂达到额外负载连接的良好条件，即 GT 功率输出足够低时（小于额定值的 70%）时向操作员提供建议。SPP 的 HP 蒸汽压力足够高（超过额定值的 80%）时 FLI 装置不工作。

该负载调度程序的行为如图 14.9 所示，其中模拟了由 120MW 燃气轮机重新供电的 320MW 热电机组对多个负载的提取。

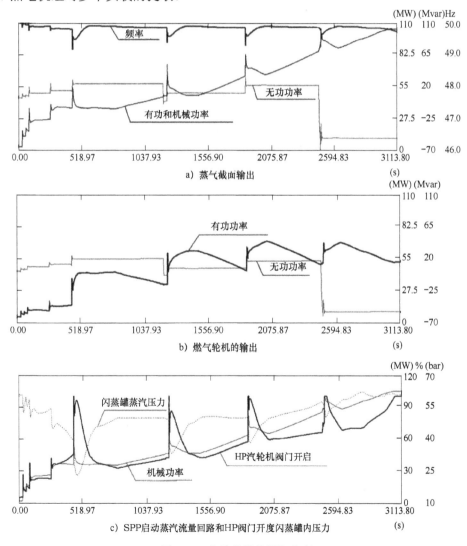

a）蒸气截面输出

b）燃气轮机的输出

c）SPP启动蒸汽流量回路和HP阀门开度闪蒸罐内压力

图 14.9　几种负载的提取仿真

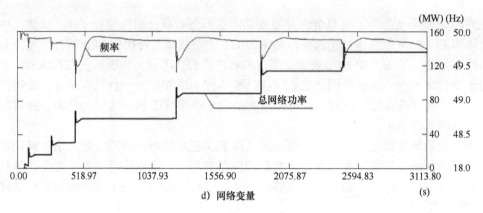

d）网络变量

图 14.9　几种负载的提取仿真（续）

在每次负载提取期间，蒸汽段仅在第一秒钟内与 GT 参与频率调节。在随后的几分钟内，FLI 控制器增加燃气轮机的燃料需求，从而满足总负载需求。为此，汽轮机不增加功率，节省了锅炉的蒸汽产量。当压力达到标称值的 80%、频率误差小于 0.1Hz 时，负荷调节器逐渐使燃气轮机发电并增加汽轮机的负荷要求。该操作是以 2MW/min 的响应速度执行。仿真结果表明，该蒸汽段在 15min 内达到最小运行负荷 110MW。

14.3.2　联合循环发电厂的黑启动

对于第二个例子，我们参考一个由两台燃气轮机（GTI 和 GT2）和一个汽轮机组（ST）组成的 80MW 发电厂的情况，如图 14.10 所示。

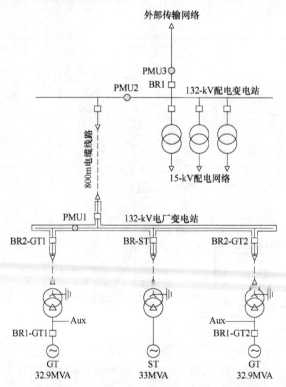

图 14.10　模拟发电厂和本地网络的方案

这三台机组的同步发电机通过 15/132kV 升压变压器连接到 132kV 变电站。该变电站为本地中压（15kV）配电网络的 15 个馈线供电，并在断路器 BRI 中提供与外部传输网络的连接。

这两个 GT 是航空衍生工业 RB211 封装，并配备了一个速度调节器（其特点是下垂率 5%）、一个加速度限制器和一个本地频率积分器（LFI）。每台涡轮机向 50Hz、32.9MVA（40℃ 冷却）同步发电机提供 32MW 机械功率（额定转速为 4850r/min，参考温度为 15℃），向热回收蒸汽发生器（HRSG）提供 93kg/s 的排气质量流量，在 52bar 和 487℃ 下产生 10.5kg/s 的高压（HP）蒸汽流量，在 6.5bar 和 231℃ 时产生 2.5kg/s 低压（LP）蒸汽流量，22MW 的 ST 主要控制阀可在三种不同的运行模式下进行调节，即：①空载转速控制；②HP 压力控制为恒定值；以及③功率和速度调节。在启动和同步阶段使用空载转速控制模式，在正常运行条件下使用的另外两种模式是压力或功率转速调节。

每个 GT 和 ST 与其他发电机的链接是通过齿轮箱来实现的，每台发电机都配有一个无刷励磁机。

如参考文献[37,38]中所述，通过计算机模拟器分析，该模拟器旨在再现组合工厂和带有相关负载的本地配电网的孤岛和黑启动激励瞬变。实施模式的主要特点总结在 14.4.2 节。

以下各节将介绍黑启动功能的分析以及不同孤岛策略之间的比较。第 14.3.2.1 节重点评估具有自主黑启动能力的 GT 到本地配电网负载的通电路径的可行性。第 14.3.2.2 节表明 ST 提供的频率调节和负载平衡对于孤岛操作有效（除了由外部传输网络提供的频率调节 GT）。第 14.3.2.3 节描述了通过使用专门开发的相量测量单元，在实验孤岛测试和重新连接测试中获得的一些实验结果[39]。

14.3.2.1　通电演习分析

图 14.11 的仿真结果显示了在断电后沿 GT1 机组(假定具有自主黑启动能力)到配电网负载的路径上的元件后续通电过程中的暂态情况。特别是，图 14.11a 显示了升压变压器 TR-GTI 通电期间的发电机电枢电流。

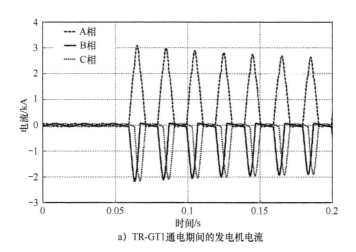

a) TR-GT1通电期间的发电机电流

图 14.11　网络部件通电期间的瞬态

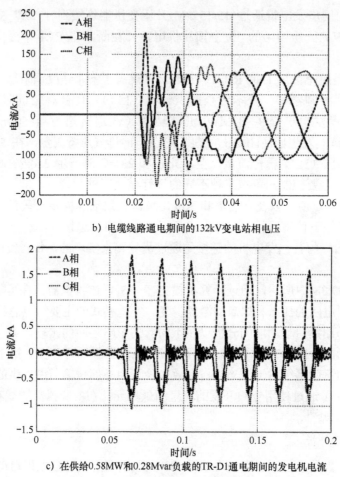

b) 电缆线路通电期间的132kV变电站相电压

c) 在供给0.58MW和0.28Mvar负载的TR-D1通电期间的发电机电流

图 14.11 网络部件通电期间的瞬态

图 14.11b 显示了在 800m 电缆线路通电期间 132kV 配电站的线对地瞬态电压。图 14.11c 所示为配电变压器 TR-Dl 通电期间 GT 发电机的电枢电流，为其中一个配电馈线的总负荷供电。

图 14.12 将 TR-GTI 通电期间的 GTI 发电机有功和无功（P-Q）功率轨迹与制造商提供的容量限制进行比较。由于电力变压器的剩余磁通衰减非常缓慢，变压器可以长期保持高水平的剩余磁通[35]，所以对两个剩余磁通量值（0 和 0.8pu）进行比较。

为了验证 TR-GTI 通电期间 BR-GTI 断路器继电器的最小干预电流，可以进行统计研究。可通过参照发电机断路器极磁极闭合时间的随机性来执行。假设每个极点的闭合时间 T_c 为一个随机变量，其特征在于具有典型的平均值 μ_{Tc}=36ms 和标准偏差 σ_{Tc}=0.75ms[40-42]的高斯分布。沿着 20ms 时间窗口（50Hz）均匀分布的附加时间延迟 T_d 被添加到 T_c，以考虑在断路器闭合的稳态电压波形周期内的随机瞬间。

图 14.13 显示了 GTI 发电机电流最大均方根（RMS）值的累积分布函数，该函数是通过 200 个 TR-GT1 通电模拟（相对于 0 和 0.8pu 剩余通量）获得的[43]。

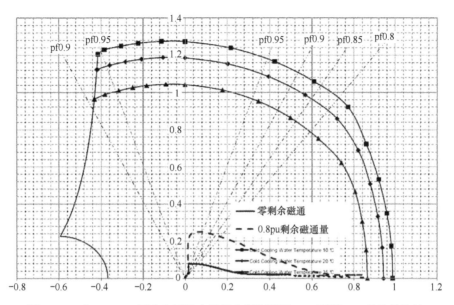

图 14.12 在 TR-GT1 通电和同步电机能力限制期间 GT1 不同 P-Q 轨迹的比较

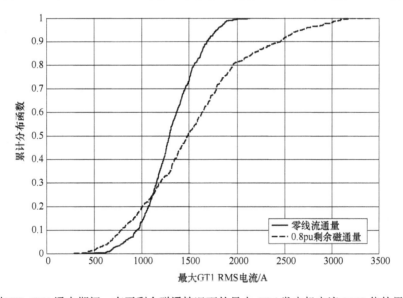

图 14.13 在 TR-GT1 通电期间，有无剩余磁通情况下的最大 GT1 发电机电流 RMS 值的累积分布函数

14.3.2.2 孤岛运行分析

电力系统孤岛能力分析是电力系统恢复研究中常用的方法[44]。孤岛运行的成功与否直接关系到发电量与电网负荷的平衡。由于所考虑系统的结构和特点，应考虑输电网的输入和输出功率的初始情况。

对于初始导入场景，孤岛操作需要快速减少本地网络负载。对于初始导入场景，孤岛操作需要快速降低本地网络负载。 另一方面，初始输出场景，即本文所分析的情况，需要三个生产机组的适当控制策略，以保持系统的稳定和安全的运行条件。

对于系统向输电网输出电力的情况，最关键的约束条件是：

1）GT 和 ST 机组的超速限制（例如 110%）；

2）GT 燃烧限制；

3）HRSG 超压限制。

频率调节主要由 GT 执行。在额定功率输出下，GT 的干式低排放（DLE）燃烧系统受到控制，以最大程度减少 NO_x（氮氧化物）排放。当 GT 负载低于 55%~60%（15℃ 参考温度）时，燃烧室控制切换到常规燃烧模式[45]。为了保持燃烧稳定性，这种转换可以仅在较低的 GT 输出变化率下进行，因此当孤岛操作引起显著的功率过剩时，其代表系统频率控制的关键约束。如果 ST 机组也有助于负载平衡和频率调节，则 HRSG 超压和 HP（高压）集热器压力 PHP 必须通过旁通阀开启进行限制。

在输出功率相当大的情况下，为了成功地进行孤岛运行，在这里比较两种基本技术：关闭两个 GT 中的一个或快速减少 ST 控制阀开度，特别是在电力输出相当于发电量一半的情况下，即 40MW 的情况下，我们比较了三种不同运行模式下 GTs 和 ST 机组的结果：

1）ST 压力控制，GT1 频率采用 LFI 频率控制，GT2 频率采用无 LFI 控制；

2）ST 压力控制，GT1 频率控制，LFI 和 GT2 停机；

3）通过 LFI 控制 GT1 频率，不适用 LFI 控制 GT2 频率，并将 ST 输出功率快速降低到下限。

GT2 的关闭是通过快速移除负载基准以及反向有功功率继电器的后续动作（延迟时间为 0s）实现的。通过将功率控制 ST 的参考值设置为最小值（3.4MW），可以实现 ST 输出的快速降低。假设 ST 控制阀伺服电机的闭合速率极限等于-1pu/s。通过负载下降预期（LDA）继电器的干预，可以实现更快的 ST 动作。

运行模式 1.系统输出 40MW 时的孤岛运行瞬态是通过假设初始 GT 输出等于 30.5MW、ST 输出等于 22.7MW 来计算的，瞬态仿真通过在距参考时间 1s 处打开 BR1 来启动（自动电源管理系统可在违反传输网络频率衰减限制后的 0.2s 内命令孤岛操作）。

图 14.14 显示了 GT 和 ST 机械功率 P_m 的瞬态以及相应的有功功率输出 P_e。

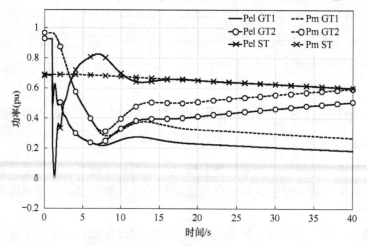

图 14.14　在孤岛运行期间 40MW 功率输出和模式 1 运行下的 GT 和 ST 机械功率和
有功功率输出（在相应同步发电机额定功率的单位为 pu）

ST 被控制维持 PHP 在额定值。相反，GT1 和 GT2 参与频率调节时有 5% 的下垂。假定孤岛操作激活了 GT1 FLI 设备，该设备会对频率误差进行积分，使其恢复到 50Hz 额定值。

如图 14.14 所示，违反了 GT 燃烧约束。这是由于三台机组在运行时都进行了孤岛操作，压力控制的机械输出没有明显变化是因为它遵循图 14.15 所示的低压动力学。

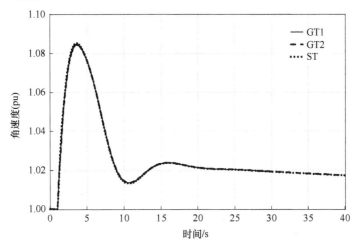

图 14.15　在孤岛运行期间 40MW 功率输出和模式 1 运行下的 GT 和 ST 转子角速度（额定值为 pu）

当 HP 集热器压力低于额定值时，HRSG 输出旁路控制阀保持关闭状态。因此，仅通过 GT 输出的快速降低来控制频率，以补偿显著的初始正功率失衡。两个 GT 的不同动作是由于只有 GT1 的 LFI 处于激活状态，而 GT2 仅受其下垂速度控制器（下垂调速器）控制。

由于 GT1 ILF 的作用以及与 HRSG 和蒸汽收集器动力学有关的时间常数导致蒸汽收集器的压力缓慢下降，在孤岛操作之后的 40s 时间间隔内，瞬变没有达到新的稳定状态压力（见图 14.16）和相应的 ST 输出（见图 14.14）。

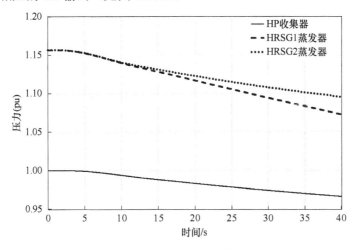

图 14.16　在孤岛运行期间 40MW 功率输出和模式 1 运行下的 HP 收集器和
HRSG 蒸发器的压力（HP 主蒸汽收集器额定压力单位为 pu，即 48bar）

运行模式 2 和 3 在假设模拟的初始稳定状态为 1 的情况下计算孤岛操纵作瞬态。GT2 关断和 ST 输出快速降低的命令都与 BRI 开启同时发生。

图 14.17 和图 14.18 分别示出了通过应用运行模式 2 和 3 获得的 GT 和 ST 机械功率 P_m 和有功功率输出 P_e 的瞬变。

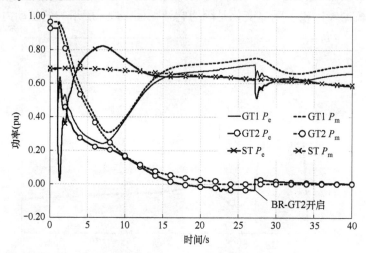

图 14.17　在孤岛运行期间 40MW 功率输出和模式 2 运行下的 GT 和 ST 机械功率和有功功率输出数据

如图 14.17 可知，在 GT2 停机运行模式 2 下，GT1 机械功率瞬态违反燃烧约束。GT2 的关闭是通过快速关闭燃油阀，并与 BR1 的开启对应来实现的，之后相关的机械功率下降，在 17s 时，机组开始从网络中吸收有功功率。反向功率继电器用于保护涡轮机免受电动机起动的影响，在 27s 时打开发电机断路器 BR-GT2。在 BR1 打开后的前 7～8s 内，GT2 主动降低输出，即通过调速器强制降低输出（见图 14.14），因此，限制了 GT1 燃烧的附加效益。

图 14.18 表明，通过 ST 输出快速降低到最小极限运行模式 3，GT1 和 GT2 的机械功率瞬变都不会违反燃烧约束条件。GT1 机械动力仅在 LFI 装置的作用下以低变化率越过燃烧约束。这种行为将导致孤岛运行成功。

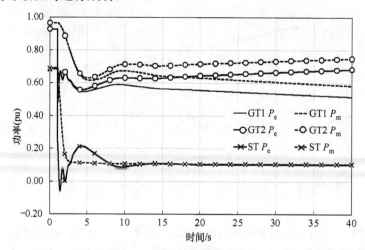

图 14.18　输出数据在 40MW 电力出口和运行模式 3 情况下的孤岛运行期间
取得 GT 和 ST 机械功率和有功功率

图 14.19 表明，通过运行模式 3，频率调节也会得到改善。然而，ST 功率的快速降低，要求蒸汽收集器的压力由位于 HRSG 输出端的旁路控制阀的动作来调节。如图 14.20 所示，假设旁路阀门开放率极限等于 0.5pu/s。通过使用运行模式 1 和 2，旁路阀保持关闭状态。

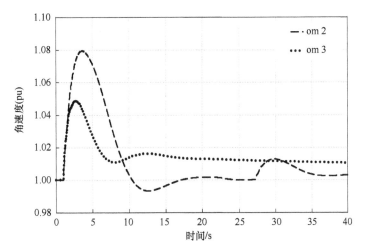

图 14.19　通过使用运行模式 2 和 3 获得 GT1 轴角速度瞬态数据

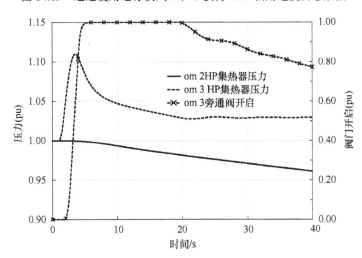

图 14.20　通过使用运行模式 2 和 3 获得的蒸汽收集器压力瞬态数据，
以及模式 3 的情况下旁通阀门开启获得的数据

14.3.2.3　一些孤岛测试的描述和获得的实验结果

本小节显示了在电力系统孤岛测试中获得的实验结果，其特性如前几节所述，其他结果见参考文献[39]。

如图 14.10 所示，系统中安装了三个 PMU：发电厂变电站有 1 个（PMU1），断路器 BR1 两侧有两个（PMU2 和 PMU3）。参考文献[39,46]中描述了具体开发的 PMU 特性。正如 PMU 的实验室测试结果表明，根据它们在配电网络中的应用要求，获得了非常低的总向量误差（TVE）、方均根误差（RMS）和相位误差。此外，PMU 的性能与输入信号的失真程度有很大的独立性。

经其他试验后，孤岛试验于上午 6 时 9 分开始，当时机组 TG2 的输出水平约为 28.46MW，而 TG1 输出水平为 29.81MW，输出到外部电网功率为 30.42MW。

发电厂配备了一个基于计算机的电力管理系统（PMS），该系统：①操作断路器 BRI 以断开网络与外部电网的连接；②在输出功率相当大的情况下完成孤岛操作时，向 ST 控制系统发送对输电网络的负载下降预期命令；③按照预定义的优先级列表操作断路器以保证负载平衡；④选择两台燃气轮机（主站和从站）的运行控制模式，在孤岛条件下对网络进行频率调节；⑤控制发电厂机组，使网络能够重新连接到外部电网。

在试验期间，电厂 PMS 被设定为考虑 TG2 作为主机组。因此，在 6:09 的孤岛操作之后，PMS 和两个轻载配电馈线自动断开 TGI。TG2 机组保持稳定运行，初期出力约为 28.46MW，在 6 时 11 分降至 25.78MW。

图 14.21 显示了在孤岛运行期间的 PMU 测试结果。

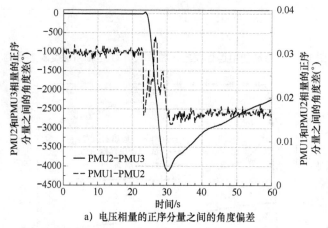

a) 电压相量的正序分量之间的角度偏差

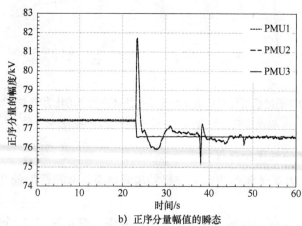

b) 正序分量幅值的瞬态

图 14.21 在孤岛操作期间收集的 PMU 数据

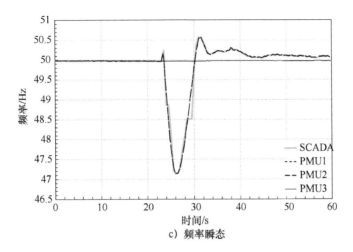

c）频率瞬态

图 14.21 在孤岛操作期间收集的 PMU 数据（续）

为了更简洁的表示结果，该图仅参考了总线电压的正序分量。我们已经验证了负序和零序分量可以忽略不计。

图 14.21a 显示了 PMU1 和 PMU2 测量的正序分量与 PMU2 和 PMU3 测量的正序分量之间的角度偏差。图 14.21b 显示了 PMU1、PMU2 和 PMU3 测量的正序分量的幅度趋势，图 14.21c 显示了相应的频率瞬态。

首先，孤岛运行网络的频率相对于外部电网的频率低（见图 14.21c）。TG2 调速器通过增加 PMU1 和 PMU2 相量之间的角度偏差来增加功率输出（见图 14.21a）。然后，LFI 动作，并将孤岛网络的频率稳定在预定值 50.1Hz 左右。

图 14.21a 所示的 PMU2 与 PMU3 之间的相位角差与图 14.21c 所示的频率瞬态有关。实际上，由于孤岛和外部网络之间的频率差为负值（图 14.21c 中 22~30s 之间），相关的相位角差会减小。当这个频率差异变为正值时（图 14.21c，30-60 秒之间），相关的相位角差将增加。

从图 14.21c 可知，PMU 测量的频率瞬态与电厂 SCADA 记录的频率瞬态非常一致，证明了 PMU 具有监测瞬态特性的能力。在这个框架下，由 PMU 提供的信息对于改进控制和管理系统有很大帮助，也将使这些模拟测试更有效。

值得注意的是，图 14.21 所示的孤岛操作参考了发电厂的恶劣运行条件，其中 TG1 与两个配电馈线的同时断开，导致频率瞬变，其最小频率为 47.138Hz，非常接近机组最小频率继电器的跳闸阈值。

在 6:17，在 PMS 控制下，通过断路器 BRI 的闭合实现孤岛网络和外部电网的重新连接，如图 14.22 的 PMU 结果可知。

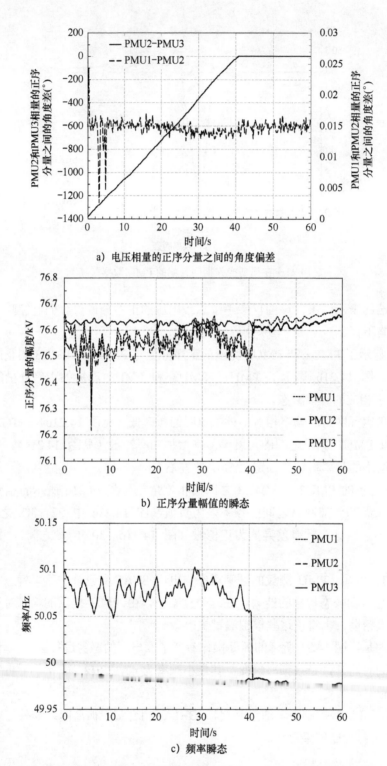

a) 电压相量的正序分量之间的角度偏差

b) 正序分量幅值的瞬态

c) 频率瞬态

图 14.22　8 月 14 号早上 6:17 分的重新连接操作期间采集的 PMU 数据

14.4　计算机模拟器说明

第 14.3 节所示的计算机结果是由两个模拟器获得的，其模拟器模型将在本节中进行描述：第一个模拟器是指与第 14.3.1 节所述燃气轮机（GT）一起供电的蒸汽发电厂（SPP）机组；第二个模拟器是指联合循环火力发电厂配有的两台燃气轮机（GT1 和 GT2），每台燃气轮机配有一台热回收蒸汽发生器（HRSG1 和 HRSG2），为第 14.3.2 节所述的蒸汽轮机（ST）供电。其他细节已分别在参考文献[35-38]中报告。

14.4.1　装有燃气轮机的蒸汽机组模拟器

模拟器使用 ENEL 的 Centro Ricerca Automatica 开发的模块化代码 Lego[47]构建。基于一组意大利发电站构建了模拟器，它有 4 台 320MW 机组，配有燃烧燃油的直流通用压力锅炉，每台机组上配有一台 120MW 燃气轮机（GT）机组。下面各段落说明了为模拟器开发的动态数学模型的主要特点，即燃气轮机模型、锅炉模型、汽轮机模型、发电机、电站辅机以及部分模型电站相关的传输网络。

14.4.1.1　燃气轮机模型及其验证

120MW 燃气轮机的模型再现了转速和负荷调节，燃料供给燃烧室和空气压缩动力特性等[48,49]。图 14.23 展示了单轴燃气轮机及其控制和燃料系统的简化框图。该图还显示了通过计算机仿真和现场测量结果之间的比较而获得的参数。

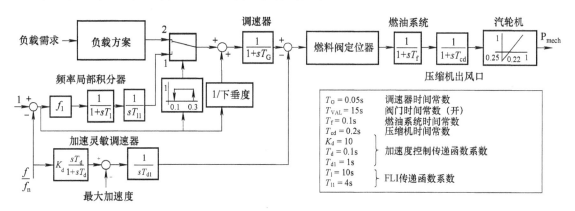

图 14.23　简化的单轴燃气轮机框图

14.4.1.2　蒸汽段建模及其验证

在黑启动运行过程中，涉及锅炉动力学的最重要特征是与频率变化有关。在启动阶段，频率调节主要涉及高压汽轮机进汽阀（以下简称 HP 阀），截流阀保持完全开启。

通过与由 ENEL 开发的详细模拟器模型和一些实验测量对比分析，可推断出 SPP 的简化模型及其参数值。简化模型考虑了质量和动量守恒方程以及压力调节动力学。而温度调节效应已被忽略，因为它们涉及的时间常数远大于与压力动态相关的时间常数。基于详细模拟器模型获得的结果，表明了这一点。

SPP 的正常启动蒸汽流回路的方案如图 14.24 所示，模拟器中引入的锅炉和汽轮机模型的简化框图如图14.25 和图14.26 所示。启动模式控制系统框图如图14.27 所示。

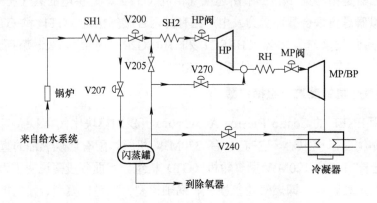

图 14.24　直流锅炉启动蒸汽流路的方案

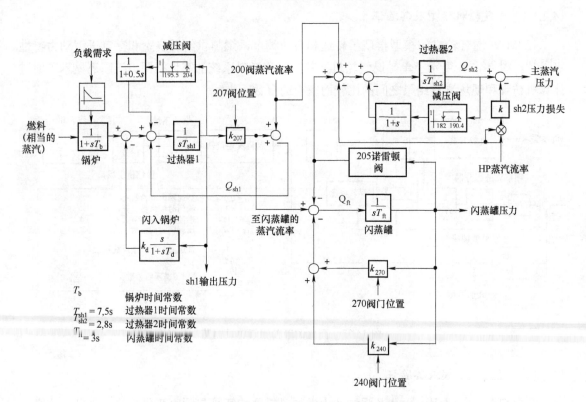

图 14.25　简化的带有启动电路的直流锅炉框图

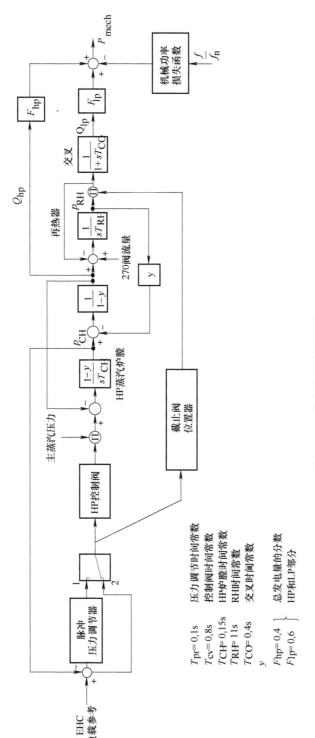

图 14.26 简化的汽轮机框图

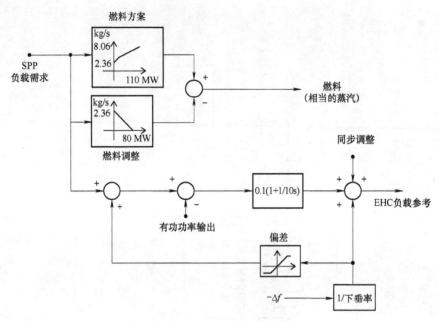

图 14.27　启动控制模式的框图.

14.4.2　联合循环发电厂仿真模型

第 14.3.2 节第二个案例研究的模拟器是指连接到城镇本地网络的热电联产（CHP）站。仿真模型是使用参考文献[50-52]中描述的 EMTP-RV 仿真环境开发的。

图 14.28 表示两个燃气轮机动态行为的模型方案，分别对应高压（HP）主蒸汽收集器 STS 的 HRSG 及其控制系统。该仿真模型还包括同步发电机模型及其励磁机和自动电压调节器（AVR）。电网模型还包括升压单元变压器、发电站变电站与配电变电站之间的电缆链路、与外部传输网络的连接以及本地配电网负载。图 14.29 显示了连接电厂模型各个部分的主要变量。

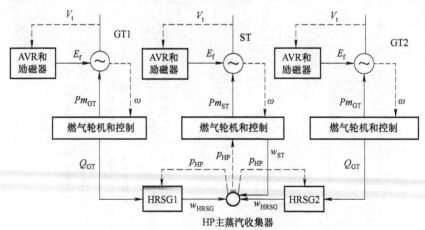

图 14.28　模拟电厂的框图和连接各个模块的主要变量

V_t—同步发电机的端电压；E_f—场电压；ω—发电机转子的角速度；Pm_{GT}—GT 的机械输出功率；Pm_{ST}—ST 的机械输出功率；Q_{GT}—燃气轮机废气提供的热力；W_{HRSG}—输出蒸汽质量流量 HRSG；W_{ST}—入口流到 ST 蒸汽质量；P_{HP}—HP 主蒸汽收集器的压力

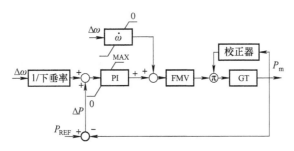

图 14.29　GT 及其调速器的模型

在参考文献[53]中描述了 EMTP-RV 同步机建模方法。三个同步发电机中每个都具有两个输入：励磁电压 E_r 和机械功率 P_m。机械功率值由 GT（PmGT）和其中一个 ST（PmST）的模型提供。

基于传递函数建立了两个 GT 燃气轮机的模型。该传递函数表示燃料流量与输出机械功率之间的动态关系，且包括动态燃料计量阀（FMV）和调速器。GT 模型如图 14.29 所示。GT 动力学由 4 极点-4 零点传递函数，表示燃料流量与输出机械动力之间的动态关系。

$$GT(s) = K_{GT} \frac{(\tau_{z1}s+1)}{(\tau_{p1}s+1)} \cdot \frac{(\tau_{z2}s+1)}{(\tau_{p2}s+1)} \cdot \frac{(\tau_{z31}s^2+\tau_{z32}s+1)}{(\tau_{p31}s^2+\tau_{p32}s+1)} \quad (14.1)$$

反馈代数查找表确定部分负载时所需修正值。FMV 动力学由时间常数 T_{FMV} 等于 0.1s 的一阶传递函数表示。GT 调速器是一个（5%下垂率的）加速度限制器。调速器的下垂等于5%。该模型还包括一个加速度限制器和一个本地频率积分器（LFI），图中未显示。

GT 通过传动比等于 1500/4850 的机械齿轮箱连接到同步电机的转子上。GT 机械传动系以两个质量模型表示：第一个表示低速 GT 轴和齿轮箱的惯性，第二个表示发电机转子。两个模块通过弹性连接相连，并使用绝对速度自阻尼系数来考虑与变速箱相关的功率损失（在1500r/min 的同步速度下为 1.2MW）。

假定每个 GT 提供给 HRSG 的热功率 Q_{GT} 是 GT 机械功率 GT 的线性函数（在参考文献[54]中也提出了第一个近似值）。如图 14.30 所示，HP 主蒸汽收集器中的 Q_{GT} 和压力 P_{HP} 是 HRSG 模型的输入。

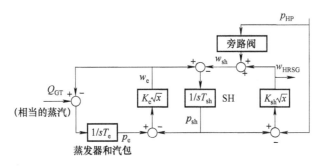

图 14.30　HRSG 的模型

这种模型代表了在 HRSG 输出端配备旁路控制阀的 HP 段。它参考了参考文献[55]中提出的模型，与 HRSG 输出端带有旁路控制阀的 HP 段相关。该模型主要基于以下假设：快速给水调节、温度控制和水量流向调温器的影响可忽略，以及 ST 进口处蒸汽的恒定焓值。

图 14.30 显示了所实施的高压段 HRSG 模型结构。该模型考虑蒸发器时间常数 T_e，依据能量平衡方程（与过热器（SH）储存容量相关的时间常数 T_{SH}）计算汽包内压力 P_e，汽包与 SH 之间，以及 SH 与集热器之间的蒸汽流量由压降关系确定，流量与压降的次方根成正比。

p_{HP} 是根据余热锅炉输出端的蒸汽质量流量（W_{HRSG}）和汽轮机入口质量流量（W_{ST}）之间的差通过一个传递函数计算的。该传递函数考虑了与集热器容积中的蒸汽储存容量相关联的时间常数。

压力 p_{HP} 也是 ST 模型的输入，它代表入口蒸汽箱充气时间延迟和主控制阀操作模式，即①空载转速控制；②p_{HP} 压力控制为恒定值；③功率和速度调节。空载调速控制模式用于启动和同步阶段，正常工况下采用压力控制或功率调速两种方式。

如图 14.31 所示，蒸汽轮机的模型代表了与进气箱内蒸汽存储相关的时间延迟。主阀动态执行三种控制运行模式：①空载速度控制；②保持上游压力 p_{HP} 恒定值的控制；以及③功率和速度调节。空载调速控制模式用于启动和同步阶段，正常情况下采用压力控制或功率调速两种方式。

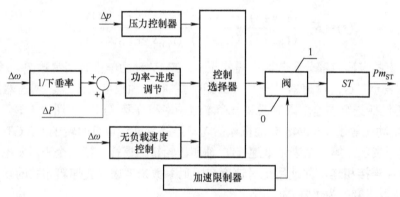

图 14.31　ST 及其控制的模型

GT 的励磁机是无刷型的。这种励磁机通过由交流发电机和非受控二极管整流器共同作用产生的直流电压为同步发电机的励磁电路供电。用于励磁器的模型对应 Type AC8B of IEEE Std. 421[56]，如图 14.32 所示。AVR 为 PID 控制，具有比例（Kp）、积分（K_I）和微分（K_{DIEF}）增益和微分时间常数 T_d。无刷励磁机的动作取决于发电机的负载条件，也需要场电流作为输入。这种励磁器不允许励磁电压和电流为负值。如图 14.32 所示，激励电压 V_E 通过考虑三个贡献总和的反馈环进行校正：①V_E 与饱和函数 $S_E（V_E）$ 之间的乘积；②V_E 与励磁常数 K_E 之间的乘积；③消磁系数 K_D 和励磁电流 I_f 之间的乘积。

考虑整流器整流电抗的降低，基于整流器调节模块计算输出励磁电压 E_f。供给整流器的交流侧电源的阻抗主要是电感性阻抗。该阻抗导致整流器电压输出具有强非线性下降特性。这个效应取决于整流器提供的电流值，并且可通过与整流电抗成比例的整流器负载因子 K_c（假设等于 0.29）和整流器调节特性来表示。

ST-AVR 是一个简单的 PI 调节器，它具有超前—滞后补偿器。

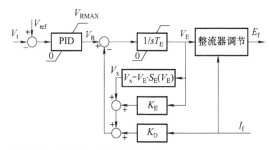

图 14.32　GT AVR 和励磁系统的模型（参数值 $V_{RMAX} = 11.9$，$K_D = 1.03$，$K_E = 1.0$，$T_E = 0.31$，$S_E(E_1) = 0.58$，$S_E(E_2) = 0.61$ 其中 $E_1 = 5.2pu$，$E_2 = 7pu$）

升压单元变压器模型还包括非线性磁化分支，其参数由实验数据推出。配电站的负载由 EMTP-RV 库的常数 RLC 设备表示。

对于电缆线，两种不同的模型分别用于电磁暂态和机电暂态的仿真：频率相关模型[57]和精确的 II 模型，两者都是通过参考 132kV 三相电缆的制造商数据而获得。

GT 模型、励磁系统和 AVR 模型的初始状态由初始网络潮流计算的结果确定。假定压力 PHP 等于额定值并且旁通阀关闭，则分别基于 Q_{GT1}、Q_{GT2} 和 W_{HRG1}、W_{HRSG2} 的初始值，初始化 HRSG 和 ST 的模型状态。

模型的主要参数是基于最小二乘优化的数值方法获得，并基于实验进行参数识别。

14.5　结束语

在竞争性电力市场中需要重新评估电力系统恢复策略。因此，有必要对各种类型工厂的潜在黑启动能力进行调研与分析。本章主要讨论了两个研究案例：一是旨在评估燃气轮机作为恢复电站的动力机组的能力。目前在一些国家，仅由水电站发挥作用；二是评估联合循环电站的燃气轮机机组成功进行通电操作的能力，并证明除了燃气轮机提供的频率调节外，蒸汽轮机对频率调节和负载平衡的贡献，以及在大输出功率水平下成功执行孤岛运行的有效性。

附加的控制系统是一种强有力的辅助手段。它们可以协调负载需求，以提高并网和孤岛运行的可靠性。计算机模拟器是设计这些自动系统主要特性的有用工具。

参 考 文 献

[1] Dy Liacco, T.E. Real-time computer control of power systems, *Proc. IEEE*, Vol. 62, pp. 884–891, July 1974.

[2] Wu, F.F., Monticelli, A. Analytical tools for power system restoration-conceptual design, *IEEE Trans. Power Sys.*, Vol. 3, No. 1, pp. 10–26, February 1988.

[3] Nadira, R., Dy Liacco, T.E., Loparo, K.A. A hierarchical interactive approach to electric power system restoration, *IEEE Trans. Power Syst.*, Vol. 7, No. 3, pp. 1123–1131, August 1992.

[4] Task Force 38.06.04 The use of expert systems for power system restoration, Cigré Brochure, No. 90, 1994.

[5] Pérez-Guerrero, R., Heydt, G.T., Jack, N.J., Keel, B.K., Castelhano, A.R. Optimal restoration of distribution systems using dynamic programming, *IEEE Trans. Power Syst.*, Vol. 23, No. 3, pp. 1589–1596, July 2008.

[6] Kostic, T., Cherkaoui, R., Pruvot, P., Germond, A.J. Decision aid function for restoration of transmission power systems: conceptual design and real time considerations, *IEEE Trans. Power Syst.*, Vol. 13, No. 3, pp. 923–929, August 1998.

[7] Matsumoto, K., Sakaguchi, T., Kafka, R.J., Adibi, M.M. Knowledge-based systems as operational aids in power system restoration, *Proc. IEEE*, Vol. 80, No. 5, pp. 689–697, May 1992.

[8] Kirschen, D.S., Volkmann, T.L. Guiding a power system restoration with an expert system, *IEEE Trans. Power Syst.*, Vol. 6, No. 2, pp. 558–566, May 1991.

[9] Liu, C.-C., Liou, K.-L., Chu, R.F., Holen, A.T. Generation capability dispatch for bulk power system restoration: a knowledge-based approach, *IEEE Trans. Power Syst.*, Vol. 8, No. 1, pp. 316–325, February 1993.

[10] Nagata, T., Sasaki, H., Yokoyama, R. Power system restoration by joint usage of expert system and mathematical programming approach, *IEEE Trans. Power Syst.*, Vol. 10, No. 3, pp. 1473–1479, August 1995.

[11] Adibi, M.M., Fink, L.H. Power system restoration planning, *IEEE Trans. Power Syst.*, Vol. 9, No. 1, February 1994.

[12] Fink, L.H., Liou, K.L., Liu, C.C. From generic restoration actions to specific restoration strategies, *IEEE Trans. Power Syst.*, Vol. 11, No. 2, pp. 745–752, May 1995.

[13] Salvati, R., Sforna, M., Pozzi, M. Restoration project. Italian power restoration plan, *IEEE Power Energy Mag.*, Vol. 2, No. 1, pp. 44–51, January–February 2004.

[14] Delfino, B., Denegri, G.B., Invernizzi, M., Morini, A., Cima Bonini, E., Marconato, R., Scarpellini, P. Black-start and restoration of a part of the Italian HV network: modelling and simulation of a field test, *IEEE Trans. Power Syst.*, Vol. 11, No. 3, pp. 1371–1379, August 1996.

[15] UCTE *Final Report of the Investigation Committee on the 28 September 2003 Blackout in Italy*, April 2004.

[16] CRE—AEEG *Report on the Events of September 28th, 2003 Culminating in the Separation of the Italian Power System from the Other UCTE Networks*, April 22, 2004.

[17] Adibi, M.M., Borkoski, J.N., Kafka, R.J., Volkmann, T.L. Frequency response of prime movers during restoration, *IEEE Trans. Power Syst.*, Vol. 14, No. 2, pp. 751–756, May 1999.

[18] Corsi, S., Pozzi, M. A multivariable new control solution for increased long lines voltage restoration stability during black startup, *IEEE Trans. Power Syst.*, Vol. 18, No. 3, pp. 1133–1141, August 2003.

[19] Liu, Y., Gu, X. Skeleton-network reconfiguration based on topological characteristics of scale-free networks and discrete particle swarm optimization, *IEEE Trans. Power Syst.*, Vol. 22, No. 3, pp. 1267–1274, August 2007.

[20] Morin, G. Service restoration following a major failure on the Hydro-Quebec power system, *IEEE Trans. Power Deliv.*, Vol. PWRD-2, No. 2, pp. 454–463, April 1987.

[21] Sidhu, T.S., Tziouvaras, D.A., Apostolov, A.P., Castro, C.H., Chano, S.R., Horowitz, S.H., Kennedy, W.O., Sungsoo, K., Martilla, R.J., McLaren, P.G., Michel, G.L., Mustaphi, K.K., Mysore, P., Nagpal, M., Nelson, B., Plumptre, F.P., Sachdev, M.S., Thorp, J.S., Uchiyama, J.T. Protection issues during system restoration, *IEEE Trans. Power Deliv.*, Vol. 20, No. 1, pp. 47–56, January 2005.

[22] IEEE, WG Special considerations in power system restoration, *IEEE Trans. Power Syst.*, Vol. 7, No. 4, pp. 1419–1427, November 1992.

[23] IEEE, WG Special consideration in power system restoration. The second working group report, *IEEE Trans. Power Syst.*, Vol. 9, No. 1, pp. 15–21, February 1994.

[24] Adibi, M.M., Fink, L.H. Overcoming restoration challenges associated with major power system disturbances—Restoration from cascading failures, *IEEE Power Energy Mag.*, Vol. 4, No. 5, pp. 68–77, September–October 2006.

[25] Barsali, S., Borghetti, A., Delfino, B., Denegri, G.B., Giglioli, R., Invernizzi, M., Nucci, C.A., Paolone, M. Guidelines for ISO operator aid and training for power system restoration in open electricity markets, *Proceedings of of the IREP 2001 Bulk Power System Dynamics and Control V*, August 26–31, Onomichi, Japan, 2001.

[26] Saraf, N., McIntyre, K., Dumas, J., Santoso, S. The annual black start service selection analysis of ERCOT grid, *IEEE Trans. Power Syst.*, Vol. 24, No. 4, pp. 1867–1874, November 2006.

[27] De Mello, F.P., Westcott, J.C. Steam plant startup and control in system restoration, *IEEE Trans. Power Syst.*, Vol. 9, No. 1, pp. 93–101, February 1994.

[28] Fusco, G., Venturini, D., Mazzoldi, F., Possenti, A. Thermal units contribution to the electric power system restoration after a blackout, *Proceedings of CIGRE*, Paris, France, Paper 32-21, 1982.

[29] Mariani, E., Mastroianni, F., Romano, V. Field experiences in reenergization of electrical networks from thermal and hydro units, *IEEE Trans. Power ApparatusSyst.*, Vol. PAS-103, No. 7, pp. 1707–1713, 1984.

[30] Fountas, N.A., Hatziargyriou, N.D., Orfanogiannis, C., Tasoulis, A. Interactive long-term simulation for power system restoration planning, *IEEE Trans. Power Syst.*, Vol. 12, No. 1, pp. 61–68, February 1997.

[31] Sancha, J. L., Llorens, M.L., Moreno, J.M., Meyer, B., Vernotte, J.F., Price, W.W., Sanchez-Gasca, J.J. Application of long term simulation programs for analysis of system islanding, *IEEE Trans. Power Syst.*, Vol. 12, No. 1, pp. 189–197, February 1997.

[32] CIGRE TF38.02.14 Analysis and modeling needs of power systems under major frequency disturbances, *CIGRE Brochure* No. 148, 1999.

[33] Anzano, L., Guagliardi, A., Pastorino, M., Pretolani, F., Ruscio, M. Repowering of Italian power plants: control systems design and overall dynamic verification by means of a mathematical model, *Proceedings of the International Symposium on Performance Improvement, Retrofitting, and Repowering of Fossil Fuel Power Plants*, Washington, USA, 1990.

[34] Gadda, E., Radice, A. Load rejection operation in conventional power plants, *IEEE Trans. Energy Conv.*, Vol. 4, No. 3, pp. 382–391, September 1989.

[35] Borghetti, A., Migliavacca, G., Nucci, C.A., Spelta, S. The black-startup simulation of a repowered thermoelectric unit, *Control Eng. Pract.*, Vol. 9/7, pp. 791–803, 2001.

[36] Borghetti, A., Migliavacca, G., Nucci, C.A., Spelta, S., Tarsia, F. Simulation of the load following capability of a repowered plant during the first phase of the system restoration, *Proceedings of 14th IFAC World Congress*, Beijing, P.R. China, pp. 115–124, 1999.

[37] Borghetti, A., Bosetti, M., Nucci, C.A., Paolone, M. Parameters identification of a power plant model, *Proceedings of Electrimacs*, Québec City, Canada, June 8–11, 2008.

[38] Borghetti, A., Bosetti, M., Nucci, C.A., Paolone, M., Ciappi, G., Solari, A. Analysis of black-startup and islanding capabilities of a combined cycle power plant, *Proceedings of 43rd International Universities Power Engineering Conference (UPEC)*, Padua, September 1–4, 2008.

[39] Borghetti, A., Nucci, C.A., Paolone, M., Ciappi, G., Solari, A. Synchronized phasors monitoring during the islanding maneuver of an active distribution network, *Proceedings of IEEE PES Conference on Innovative Smart Grid Technologies*, Washington, DC, USA, January 19–21, 2010.

[40] Nunes, P., Morched, A., Correia de Barros, M.T. Analysis of generator tripping incidents on energizing nearby transformers, *Proceedings of the 6th International Conference on Power Systems Transients, IPST 2003*, New Orleans, USA, September 28–October 2, 2003.

[41] CIGRE, Working Group, 13.05, The calculation of switching surges (i). a comparison of transient network analyzer results, *Electra*, No. 19, pp. 67–78, 1971.

[42] CIGRE Working Group 13-02 Switching Surges Phenomena in EHV SystemsSwitching Overvoltages in EHV and UHV Systems with Special Reference to Closing and Re-closing Transmission Lines, *Electra*, No. 30, pp. 70–122, 1973.

[43] CIGRE Working Group 33.02 *Guidelines for representation of network elements when calculating transients, brochure*, Paris, 1990.

[44] Archer, B.A., Davies, J.B. System islanding considerations for improving power system restoration at Manitoba Hydro, *IEEE CCECE*, Vol. 1, pp. 60–65, 12–15 May 2002.

[45] James, D., A solution for noise associated with a series staged DLE combustion system, *Proceedings of 4th International Pipeline Conference IPC'02*, Calgary, Alberta, Canada, September 29–October 3, 2002.

[46] Paolone, M., Borghetti, A., Nucci, C.A. Development of an RTU for synchrophasors estimation in active distribution networks, *Proceedings of the 2009 IEEE Bucharest PowerTech*, Bucharest, Romania, June 28–July 2, 2009.

[47] Marcocci, L., Spelta, S. Computer aided modelling of complex processes: a program package, *Proceedings of IMACS International Symposium on Simulation in Engineering Sciences*, Nantes, France, pp. 61–66, 1983.

[48] Rowen, W.I., Simplified mathematical representation of heavy-duty gas turbines, *Trans. ASME—J. of Eng. Power*, Vol. 105, pp. 865–869, 1983.

[49] Kiat Yee, S., Milanovic, J.V., Hughes, F.M. Overview and comparative analysis of gas turbine models for system stability studies, *IEEE Trans. Power Syst.*, Vol. 23, No. 1, pp. 108–118, February 2008.

[50] Mahseredjian, J., Dubé, L., Gérin-Lajoie, L. New advances in the simulation of transients with EMTP: computation and visualization techniques, *Proceedings of 7th International Conference on Modeling and Simulation of Electric Machines, Converters and Systems*, Montreal, August 2002.

[51] Mahseredjian, J., Dennetière, S., Dubé, L., Khodabakhchian, B. On a new approach for the simulation of transients in power systems, *Proceedings of the International Conference on Power Systems Transients IPST'2005*, Montreal, June 2005.

[52] Mahseredjian, J., Dube, L., Zou, M., Dennetiere, S., Joos, G. Simultaneous solution of control system equations in EMTP, *IEEE Trans. Power Syst.*, Vol. 21, No. 1, pp. 117–124, February 2006.

[53] Dommel, H., Brandwain *Three-phase Synchronous Machine, in the EMTP Theory Book*, Microtran Power System Analysis Corporation, April 1996.

[54] Cigre Task Force C4.02.25 *Modelling of Gas Turbines and Steam Turbines in Combined Cycle Power Plants*, Brochure, 2003.

[55] Kunitomi, K., Kurita, A., Tada, Y., Ihara, S., Price, W.W., Richardson, L.M., Smith, G. Modeling combined-cycle power plant for simulation of frequency excursions, *IEEE Trans. Power Syst.*, Vol. 18, No. 2, pp. 724–729, May 2003.

[56] IEEE Std 421.5[TM]*IEEE Recommended Practice for Excitation System Models for Power System Stability Studies*, 2005.

[57] Marti, J. Accurate modelling of frequency dependent transmission lines in electromagnetic transient simulations, *IEEE Trans. Power Apparatus Syst.*, Vol. PAS-101, pp. 147–157, January 1982.

第15章

电力系统暂态计算机仿真

Kai Strunz 和 Feng Gao

电磁暂态是由存储在集总电容与电力网络的分布式电容电感中电能和磁能的变化所引起，这些瞬变引起电压和电流波形的暂时干扰。电磁暂态频率范围通常从几赫兹到数百赫兹。机电暂态也涉及由于发电机组转轴的机械能而引起的振荡相互作用，这些瞬变导致电力网络线路上的电力振荡频率通常在几分之一赫兹到几赫兹之间。

电力系统停电时，两种暂态都会出现。在 2003 年北美停电期间，由 First Energy（FE）运营的三条 345kV 输电线路，由于树木接触而导致电磁暂态。当传输线路出现故障时，"功率流向其他传输路径转移，FE 系统其余部分的电压进一步降低"[1]，这涉及机电暂态。

在下面的章节中，将展示从电磁暂态到机电暂态的各种规模桥接现象是如何有效地建模的。在 15.1 节中，将解释在这种情况下桥接瞬时和相量信号的关键作用。在 15.2 节中，将讨论网络模型的构建。在第 15.3 节中，将详细阐述变压器、线路和同步电机的建模。在第 15.4 节中，利用四机两区电力系统，对包含不同暂态过程的电力系统停电情况进行有效仿真研究。

15.1 暂态分流和相分量

在研究雷击、开关或其他触发电磁暂态的现象时，模拟畸变电压和电流的瞬时值最为重要。由于机器转子不会在稳态角频率下工作，因此机电瞬变较慢并且有效地导致发电机端电压的角度调制。在这里，最典型的例子是模拟交流电压和电流的包络以及平均功率传输。在图 15.1 中，易知跟踪交流电压的自然波形的瞬时值和其包络的跟踪之间的差异。左图，交流电压被放大为一个周期的持续时间（电压的载波频率在欧洲为 50Hz，在北美为 60Hz）。右图所示为 5 个周期与其包络线。因此，可明显看出，精确跟踪自然波形的瞬时值要比跟踪包络的时间步长小得多。在 EMTP（电磁暂态程序）类型的模拟器[2-4]中，表示自然波形。在机电暂态仿真器中，使用相量法来表示包络波形[5,6]。

在电力系统停电的过程中，电磁和机电暂态都会出现。对于能够跟踪电磁和机电暂态的比例桥接仿真，分析信号的应用是适当的，因为它们能够表示自然波形和包络波形。通过将正交分量作为虚部添加到原始实信号来获得解析信号[7,8]。这个正交分量是通过原始实信号 $s(t)$ 的希尔伯特变换得到的，表示为

$$\mathcal{H}[s(t)] = \frac{1}{\pi}\int_{-\infty}^{\infty}\frac{s(\tau)}{t-\tau}\mathrm{d}\tau \tag{15.1}$$

用一个下划线标记的解析信号（表明它是复数），得到如下：

$$\dot{s}(t) = s(t) + \mathrm{j}\mathcal{H}[s(t)] \tag{15.2}$$

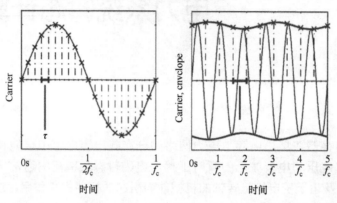

图 15.1　跟踪交流电压；实心细线：自然波形；实心粗线：包络波形；x：采样点

当 $s(t)$ 的傅里叶谱显示带通特性时，即狭义地集中于载波频率 f_c 时，分析信号的产生效果尤其明显。这是典型的电压和电流服从于机电瞬变。虽真实信号 $s(t)$ 的傅里叶谱扩展到负频率，但从图 15.2 可以看出，这并不是对应的解析信号 $s[t]$ 的傅里叶谱 $F\{[t]\}$。

解析信号可以通过频率 f_s 移动，以下称为移位频率，如下所示：

$$\mathcal{S}[\dot{s}(t)] = \dot{s}(t)\mathrm{e}^{-\mathrm{j}2\pi f_s t} \tag{15.3}$$

插入角频率 $\omega_s = 2\pi f_s$，式（15.3）变成：

$$\mathcal{S}[\dot{s}(t)] = \dot{s}(t)\mathrm{e}^{-\mathrm{j}\omega_s t} \tag{15.4}$$

对于移频等于载波频率 $f_s = f_c$ 或 $\omega_s = \omega_c$ 的特殊情况，可以得到复包络[7]：

$$\mathcal{E}[\dot{s}(t)] = \dot{s}(t)\mathrm{e}^{-\mathrm{j}2\pi f_c t} \tag{15.5}$$

由于 $\left|\mathrm{e}^{-\mathrm{j}2\pi f_s t}\right| = 1$，所以其幅度不会通过移位操作而改变。从式（15.5）可以看出，幅度可以很容易地从复包络中得出：

$$\left|\mathcal{E}[\dot{s}(t)]\right| = \left|\dot{s}(t)\right| \tag{15.6}$$

在图 15.2 中给出了移位对傅里叶谱的影响。可以看出，复包络是一个低通信号，其最大频率低于原来的真实带通信号。根据香农采样定理，跟踪复数包络而不是原始带通信号时，可以选择较低的采样率。

频率自适应模拟暂态（FAST）处理分析信号以实现尺度桥接模拟[9,10]。与处理瞬时信号的 EMTP 类型的仿真器或处理相量信号的机电暂态的仿真器相比，FAST 包括移位频率作为除时间步长之外的模拟参数。如果移位频率被设置为等于载波频率，则获得包络，并且机电瞬变被有效地仿真为相量信号。如果移位频率被设置为零，则获得自然波形的瞬时值，就像在模拟器中一样可移位的分析信号可以桥接瞬时信号和相量信号。

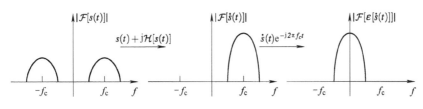

图 15.2 解析信号的产生与频移

15.2 网络建模

　　一个电网络由各支路组成，它们在节点上相互连接。通过节点分析技术的应用，可推导出基于简单规则的网络模型。首先，在 15.2.1 节介绍了建模网络分支的原理部分。在 15.2.2 节中介绍了节点导纳矩阵的构造。最后，在 15.2.3 节中，总结了该仿真程序的关键步骤。

15.2.1　网络支路的伴随模型

　　电阻网络支路电压和电流方程受欧姆定律的约束，而电感和电容特性的建模则涉及微分方程。对于图 15.3a 中的电感，使用解析信号的微分方程为

$$\frac{\mathrm{d}\dot{i}_{\mathrm{L}}(t)}{\mathrm{d}t}=\frac{\dot{v}_{\mathrm{L}}(t)}{L} \tag{15.7}$$

将电流的表达式（15.4），$\mathcal{E}[\dot{i}_{\mathrm{L}}(t)]=\dot{i}_{\mathrm{L}}(t)\mathrm{e}^{-\mathrm{j}\omega_{s}t}$，代入式（15.7）得：

$$\frac{\mathrm{d}(\mathcal{E}[\dot{i}_{\mathrm{L}}(t)]\mathrm{e}^{-\mathrm{j}\omega_{s}t}}{\mathrm{d}t}=\frac{\dot{v}_{L}(t)}{L} \tag{15.8}$$

可以用微分链式法则来展开：

$$\frac{\mathrm{d}\mathcal{E}[\dot{i}_{\mathrm{L}}(t)]}{\mathrm{d}t}=\mathrm{e}^{-\mathrm{j}\omega_{s}t}\left(-\mathrm{j}\omega_{s}\dot{i}_{\mathrm{L}}(t)+\frac{\dot{v}_{\mathrm{L}}(t)}{L}\right) \tag{15.9}$$

　　由于在数字计算机上进行的模拟需将所有微分方程转化为差分方程，因此需要应用数值积分方法。在电网仿真中非常流行的是第 10.3.3 节描述的梯形方法。在式（15.9）的左边，时间微分 $\mathrm{d}t$ 由时间步长 τ 代替，这个时间步长分开 $t=k\tau$ 和 $(k-1)\tau$，在这两个时刻建立一个网络解。微分 $\mathrm{d}(\mathcal{S}[\dot{i}_{\mathrm{L}}(t)])$ 由 $\mathcal{S}[\dot{i}_{\mathrm{L}k}]-\mathcal{S}[\dot{i}_{\mathrm{L}(k-1)}]$ 代替，其中 k 表示为时间步长计数器。在式（15.9）的右边，在时刻 $\mathcal{S}[\dot{i}_{\mathrm{L}k}]-\mathcal{S}[\dot{i}_{\mathrm{L}(k-1)}]$ 得到的平均值为

$$\frac{\mathcal{S}[\dot{i}_{\mathrm{L}k}]-\mathcal{S}[\dot{i}_{\mathrm{L}(k-1)}]}{\tau}=\frac{1}{2}\mathrm{e}^{-\mathrm{j}\omega_{s}kt}\left(-\mathrm{j}\omega_{s}\dot{i}_{\mathrm{L}k}+\frac{\dot{v}_{\mathrm{L}k}}{L}\right)+ \\ +\frac{1}{2}\mathrm{e}^{-\mathrm{j}\omega_{s}(k-1)\tau}\left(-\mathrm{j}\omega_{s}\dot{i}_{\mathrm{L}(k-1)}+\frac{\dot{v}_{\mathrm{L}(k-1)}}{L}\right) \tag{15.10}$$

将 $\mathcal{S}[\dot{i}_{\mathrm{L}k}]$ 与 $\mathcal{S}[\dot{i}_{\mathrm{L}(k-1)}]$ 代入上式可得：

$$\frac{\dot{i}_{\mathrm{L}k}\mathrm{e}^{-\mathrm{j}\omega_{s}k\tau}-\dot{i}_{\mathrm{L}(k-1)}\mathrm{e}^{-\mathrm{j}\omega_{s}(k-1)\tau}}{\tau}=\frac{1}{2}\mathrm{e}^{-\mathrm{j}\omega_{s}k\tau}\left(-\mathrm{j}\omega_{s}\dot{i}_{\mathrm{L}k}+\frac{\dot{v}_{\mathrm{L}k}}{L}\right)+ \\ +\frac{1}{2}\mathrm{e}^{-\mathrm{j}\omega_{s}(k-1)\tau}\left(-\mathrm{j}\omega_{s}\dot{i}_{\mathrm{L}(k-1)}+\frac{\dot{v}_{\mathrm{L}}(k-1)}{L}\right) \tag{15.11}$$

将式（15.11）的两边乘以 $\mathrm{e}^{j\omega_s k\tau}$，得：

$$\dot{v}_{Lk}\frac{\tau}{L(2+j\omega_s\tau)}=\dot{v}_{Lk}+\mathrm{e}^{j\omega_s\tau}\left(\frac{2-j\omega_s\tau}{2+j\omega_s\tau}\dot{i}_{L(k-1)}+\frac{\tau}{L(2+j\omega_s\tau)}\dot{v}_L(k-1)\right) \tag{15.12}$$

这可以更清楚简洁地概括为[9]：

$$\dot{i}_{Lk}=\dot{Y}_L\dot{v}_{Lk}+\dot{\eta}_{Lk} \tag{15.13}$$

与

$$\dot{Y}_L=\frac{\tau}{L(2+j\omega_s\tau)} \tag{15.14}$$

$$\dot{\eta}_{Lk}=\mathrm{e}^{j\omega_s\tau}\left(\frac{2-j\omega_s\tau}{2+j\omega_s\tau}\dot{i}_{L(k-1)}+\frac{\tau}{L(2+j\omega_s\tau)}\dot{v}_L(k-1)\right) \tag{15.15}$$

式（15.13）、式（15.14）和式（15.15）通过伴随模型对单相电感进行建模，该配套模型包括与历史电流源 $\dot{\eta}_L$ 并联的导纳 $\dot{Y}_L$，如图 15.3b 所示。"历史电流源"这一术语源于这样一个事实，即它仅包含在前一时间步骤 *k-1* 处计算的信息。

对于 $f_s=0Hz$ 的频率位移不变的情况，导纳和历史电流源均为实数：$\dot{Y}_L=\tau/(2L)$，$\dot{\eta}_{Lk}=\dot{i}_{L(k-1)}+\tau/(2L)\dot{v}_{L(k-1)}$。伴随模型与 EMTP 的对应模型完全相同[3]，适用于模拟电磁暂态。对于 $f_s=f_c$，频率自适应伴随模型适用于模拟机电瞬变。这可以通过对式（15.12）应用 Z 变换来理解：

$$\dot{I}_L(Z)=\frac{\tau}{L(2+j\omega_s\tau)}\dot{V}_L(Z)+\mathrm{e}^{j\omega_s\tau}\left(\frac{2-j\omega_s\tau}{2+j\omega_s\tau}z^{-1}\dot{I}_L(Z)+\frac{\tau}{L(2+j\omega_s\tau)}z^{-1}\dot{V}_L(Z)\right) \tag{15.16}$$

其中，$\dot{I}_L(Z)$ 是 $\dot{i}_{Lk}$ 的 Z 变换，$z^{-1}\dot{I}_L(Z)$ 是 $\dot{i}_{L(k-1)}$ 的 Z 变换，$\dot{V}_L(Z)$ 是 $\dot{v}_{Lk}$ 的 Z 变换，$z^{-1}\dot{V}_L(Z)$ 是 $\dot{v}_{L(k-1)}$ 的变换。则式（15.16）可以重新排列为

$$\dot{I}_L(Z)=\frac{1}{j\omega_s L+\frac{2L}{\tau}\frac{z-\mathrm{e}^{j\omega_s\tau}}{z+\mathrm{e}^{j\omega_s\tau}}}\dot{V}_L(Z) \tag{15.17}$$

用 $z=e^{\omega_c\tau}$ 的指数形式替换式（15.17），且令 $\omega_s=\omega_c$ 得：

$$\dot{I}_L(Z)\frac{1}{j\omega_c L}\dot{V}_L(Z) \tag{15.18}$$

因此，对于 $f_s=f_c$，导纳是 $\dot{V}_L=1/(j\omega_c L)$，并且适合于在模拟机电瞬变中处理相量。频率自适应伴随模型非常适合作为移位频率设置函数的瞬态的瞬态仿真。

利用解析信号，描述电容动态的微分方程如下：

$$i_C(t)=C\frac{\mathrm{d}\dot{v}_C(t)}{\mathrm{d}t} \tag{15.19}$$

将电压表达式（15.14），$\mathscr{E}[\dot{v}_C(t)]=\dot{v}_C(t)\mathrm{e}^{-j\omega_s t}$，代入式（15.17）：

$$i_C(t) = C \frac{\mathrm{d} \mathcal{S}[\dot{v}_C(t)] \mathrm{e}^{-j\omega_s t}}{\mathrm{d}t} \tag{15.20}$$

展开可得：

$$\frac{\mathrm{d}(\mathcal{S}[\dot{v}_C(t)])}{\mathrm{d}t} = \mathrm{e}^{-j\omega_s t}\left(-j\omega_s \dot{v}_C(t) + \frac{i_C(t)}{C}\right) \tag{15.21}$$

类似于电感模型，式（15.21）左边的微分 $\mathrm{d}(\mathcal{S}[\dot{v}_C(t)])$ 被 $\mathcal{S}[\dot{v}_{Ck}] - \mathcal{S}[\dot{v}_{C(k-1)}]$ 代替，在式（15.21）的右边，在时刻 $k\tau$ 和 $(k-1)\tau$ 获得的平均值被取为如下：

$$\frac{\mathcal{S}[\dot{v}_{Ck}] - \mathcal{S}[\dot{v}_{C(k-1)}]}{\tau} = \frac{1}{2}\mathrm{e}^{-j\omega_s k\tau}\left(-j\omega_s \dot{v}_{Ck} + \frac{i_{Ck}}{C}\right) + \frac{1}{2}\mathrm{e}^{-j\omega_s(k-1)\tau}\left(-j\omega_s \dot{v}_{C(k-1)} + \frac{i_{C(k-1)}}{C}\right) \tag{15.22}$$

将 $\mathcal{S}[\dot{v}_{Ck}]$ 和 $\mathcal{S}[\dot{v}_{C(k-1)}]$ 的解析信号反向替换，并重新化简后得：

$$i_{Ck} = \frac{C(2 + j\omega_s\tau)}{\tau}\dot{v}_{Ck} + e^{j\omega_s\tau}\left(-i_{C(k-1)} - \frac{(2 + j\omega_s\tau)C}{\tau}\dot{v}_{C(k-1)}\right) \tag{15.23}$$

这可以写成：

$$i_{Ck} = \dot{Y}_C \dot{v}_{Ck} + \dot{\eta}_{Ck} \tag{15.24}$$

$$\dot{Y}_C = \frac{C(2 + j\omega_s\tau)}{\tau} \tag{15.25}$$

$$\dot{\eta}_{Ck} = e^{j\omega_s\tau}\left(-i_{C(k-1)} - \frac{(2 + j\omega_s\tau)C}{\tau}\dot{v}_{C(k-1)}\right) \tag{15.26}$$

式（15.24）、式（15.25）和式（15.26）通过伴随模型对单相电容进行建模，该伴随模型包括与历史电流源 $\dot{\eta}_C$ 并联的导纳 $\dot{Y}_C$。

15.2.2　直接构造节点导纳矩阵

网络模型的节点方程组有如下形式：

$$Y_k v_k = j_k \tag{15.27}$$

Y 是节点导纳矩阵，v 是节点电压矢量，j 是包括历史电流源的节点电流注入矢量。如果除了地面节点，研究中的网络中还有 N 个节点，则 Y 的大小为 $N \times N$，v 和 j 的大小为 $N \times 1$。使用解析信号，Y，v 和 j 变得复杂，如下划线所示：

$$\dot{Y}_k \dot{v}_k = \dot{j}_k \tag{15.28}$$

下面介绍如何通过冲压方法直接构造网络节点导纳矩阵 Y 和节点电流注入矢量 j [11]。为了解释清楚起见，删除时间步计数器 k。

对于电导 G 连接到节点 m 和 n 的电阻分支，由该分支贡献的导纳矩阵标记如下：

$$\Delta Y = \begin{array}{c} \\ \\ m \\ \\ n \\ \\ \end{array} \begin{pmatrix} 0 & \cdots & \overset{m}{0} & \cdots & \overset{n}{0} \\ \vdots & G & \vdots & -G & \vdots \\ 0 & \cdots & 0 & \cdots & 0 \\ \vdots & -G & \vdots & G & \vdots \\ 0 & \cdots & 0 & \cdots & 0 \end{pmatrix} \tag{15.29}$$

式（15.29）的导纳矩阵是一个 $N \times N$ 矩阵，在位置 (M, M)、(M, N)、(N, M) 和 N (N) 中只包含四个非零项。如果一个分支从节点 M 连接到地面，那么导纳标记只在 (M, M) 上有一个非零项。

$$\Delta Y = m \begin{pmatrix} 0 & \cdots & \overset{m}{0} & \cdots \\ \vdots & G & \vdots & \vdots \\ 0 & \cdots & 0 & \cdots \\ \vdots & \cdots & \vdots & \ddots \end{pmatrix} \tag{15.30}$$

首先从网络上从网络中移除所有分支，然后依次将伴生模型的贡献按网络拓扑结构引入节点导纳矩阵，得到节点导纳矩阵 Y。

$$Y = \sum_b \Delta Y_b \tag{15.31}$$

其中，b 是指网络中的所有分支。网络电流注入矢量 j 的构建基于相同的概念。如果电流源将电流 i 注入节点 n，则相应的当前注入矢量如下：

$$\Delta j = n \begin{pmatrix} \vdots \\ 0 \\ i \\ 0 \\ \vdots \end{pmatrix} \tag{15.32}$$

图 15.4 给出了构建网络导纳矩阵和电流注入矢量的叠加过程。由于电路中有三个节点，即 $N = 3$，所有的导纳矩阵都是 3×3 矩阵的贡献。

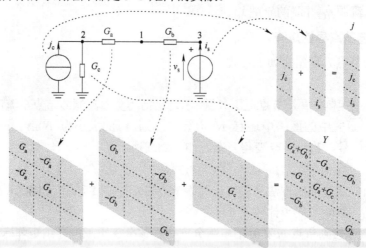

图 15.4　叠加方法实例

电导 G_a 连接节点 1 和 2，因此根据式（15.29），得到相应的叠加之后的导纳：

$$\Delta Y_{G_a} = \begin{pmatrix} G_a & -G_a & 0 \\ -G_a & G_a & 0 \\ 0 & 0 & 0 \end{pmatrix} \tag{15.33}$$

同样，叠加的导纳矩阵 G_b 如下：

$$\Delta Y_{G_b} = \begin{pmatrix} G_b & 0 & -G_b \\ 0 & 0 & 0 \\ -G_b & 0 & G_b \end{pmatrix} \tag{15.34}$$

电导 G_c 连接到节点 2 和地面，所以应用式（15.30）其导纳矩阵标记变成：

$$\Delta Y_{G_c} = \begin{pmatrix} 0 & 0 & 0 \\ 0 & G_c & 0 \\ 0 & 0 & 0 \end{pmatrix} \tag{15.35}$$

在建立了所有的导纳矩阵的情况下，网络导纳矩阵可以通过根据式（15.31）的相加来获得：

$$Y = \Delta Y_{G_a} + \Delta Y_{G_b} + \Delta Y_{G_c} = \begin{pmatrix} G_a + G_b & -G_a & -G_b \\ -G_a & G_a + G_c & 0 \\ -G_b & 0 & G_b \end{pmatrix} \tag{15.36}$$

连接到图 15.4 中的节点 2 的电流源提供激励，因为它将电流 j_c 注入到节点 2 中。因此，其相应的电流注入矢量是 $\Delta j_c = (0 \quad j_c \quad 0)^T$。通过理想电压源 v_s 的电流 i_s 不能单独作为源电压元件 v_s 的函数来计算，而是还取决于其他节点电压它提供了一个 $\Delta i_s = (0 \quad 0 \quad i_s)^T$。电流注入矢量为：

$$j = \Delta j_c + \Delta i_s = (0 \quad j_c \quad i_s)^T \tag{15.37}$$

在此基础上，将节点电压矢量划分为一组依赖的、未知的、需要计算的电压向量，并通过源项给出一组提供激励的电压向量。得到如下修改后的式（15.27）：

$$\begin{pmatrix} Y_{dd} & Y_{de} \\ Y_{ed} & Y_{ee} \end{pmatrix} \begin{pmatrix} v_d \\ v_e \end{pmatrix} = \begin{pmatrix} j_d \\ j_e + i_e \end{pmatrix} \tag{15.38}$$

计算未知节点电压矢量 v_d 只需式（15.38）的第一行。因此：

$$Y_{dd} v_d + Y_{de} v_e = j_d \tag{15.39}$$

$$Y_{dd} v_d = j_a - Y_{de} v_e \tag{15.40}$$

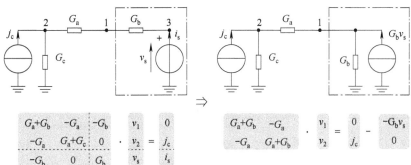

图 15.5　网络方程的重新表述

方程（15.40）求解 $\boldsymbol{v}_\text{d}$。式（15.40）右边的 $-\boldsymbol{Y}_\text{de}\boldsymbol{v}_\text{e}$ 是一个多端诺顿等效源，它使得激励电压源显示为当前的注入。

在式（15.38）的第二行中的矢量 $\boldsymbol{j}_\text{e}$ 包含激励电流注入到理想电压源入射的节点，而 $\boldsymbol{i}_\text{e}$ 包含通过理想电压源的未知电流。

通过图 15.5 所示的示例，可以说明式（15.27）的重新构造导致了分区对应项式（15.40）。

节点 1 和 2 的电压是相关的，而节点 3 的电压是已知的。诺顿等价源由 $-G_\text{b}v_\text{s}$ 给出。

15.3 电力系统部件建模

下面讨论多相电感、变压器、输电线路和同步电机的比例桥接建模[10]。

15.3.1 多相集总元件

在连续时域内，图 15.6 所示的磁耦合电感可以用矢量矩阵表示如下：

$$\frac{\text{d}\boldsymbol{i}_L(t)}{\text{d}t} = \boldsymbol{L}^{-1}\boldsymbol{v}_L(t) \qquad (15.41)$$

$$\frac{\text{d}\boldsymbol{i}_L(t)}{\text{d}t} = \begin{pmatrix} \dfrac{\text{d}i_{L1}}{\text{d}t} \\ \dfrac{\text{d}i_{L2}}{\text{d}t} \\ \vdots \\ \dfrac{\text{d}i_{LM}}{\text{d}t} \end{pmatrix}; \ \boldsymbol{L}^{-1} = \begin{pmatrix} L_{11} & L_{12} & \cdots & L_{1M} \\ L_{21} & L_{22} & \cdots & L_{2M} \\ \vdots & \vdots & \ddots & \vdots \\ L_{M1} & \cdots & \cdots & L_{MM} \end{pmatrix}^{-1}; \ \boldsymbol{v}_L(t)\begin{pmatrix} v_{L1}(t) \\ v_{L2}(t) \\ \vdots \\ v_{LM}(t) \end{pmatrix}$$

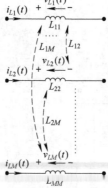

图 15.6 磁耦合电感的电流和电压约定

式中，M 为电感数，L_mm 为 $m=1,2,...,M$ 为第 M 个电感的自导纳，L_mm 为 $m=1,2,...,M$ 和 $m,n=1,2,...,M$ 且 $m \neq n$ 是第 m 个电感和第 n 个电感之间的互感。

磁耦合电感的频率自适应同伴模型可以用类似于 15.1.2 节中描述的单电感的方法来建

立。利用分析信号，式（15.41）得到：

$$\frac{\mathrm{d}\boldsymbol{i}_L(t)}{\mathrm{d}t} = \boldsymbol{L}^{-1}\dot{\boldsymbol{v}}_L(t) \tag{15.42}$$

将移位的解析信号类比为式（15.9），得到向量矩阵格式：

$$\frac{\mathrm{d}(\boldsymbol{S}[\boldsymbol{i}_L(t)])}{\mathrm{d}t} = \mathrm{e}^{-\mathrm{j}\omega_s t}(-\mathrm{j}\omega_s \boldsymbol{i}_L(t) + \boldsymbol{L}^{-1}\dot{\boldsymbol{v}}_L(t)) \tag{15.43}$$

应用梯形规则微分式（15.43）得到磁耦合电感的伴随模型[9]：

$$\boldsymbol{i}_L(t) = \dot{\boldsymbol{Y}}_L \dot{\boldsymbol{v}}_{Lk} + \dot{\boldsymbol{\eta}}_{Lk} \tag{15.44}$$

$$\dot{\boldsymbol{Y}}_L = \boldsymbol{L}^{-1}\frac{\tau}{2+\mathrm{j}\omega_s \tau} \tag{15.45}$$

$$\dot{\boldsymbol{\eta}}_{Lk} = \mathrm{e}^{\mathrm{j}\omega_s \tau}\left(\frac{2-\mathrm{j}\omega_s \tau}{2+\mathrm{j}\omega_s \tau}\boldsymbol{i}_{L(k-1)} + \boldsymbol{L}^{-1}\frac{\tau}{2+\mathrm{j}\omega_s \tau}\dot{\boldsymbol{v}}_{L(k-1)}\right) \tag{15.46}$$

在（15.14）中导纳 Y_L 是标量，在式（15.45）中是多相情况下的矩阵。类似的。而在式（15.15）中的历史电流源 η_L，是一个标量，它在式（15.46）是一个向量。

15.3.2　变压器

由具有无限渗透性和有限漏感的理想铁心制成的换能器、具有一次侧与二次侧电压比 a 的理想变压器和如图 15.7 所示的串联电感组成的等效电路来建模。由于支持高电压的绕组通常离变压器铁心较远，所以代表泄漏效应的串联电感显示在电压较高的一次侧。或者，可以将泄漏电感拆分，以建模两侧各自的泄漏贡献。

在离散时域内，漏感可以用 15.1.2 节建立的同伴模型来表示。这就引出了图 15.8 所示的电路模型。

对于图 15.9 所示的电流，应用下列方程

$$\dot{i}_{T1k} = \dot{Y}_L(\dot{v}_{Pk} - a\dot{v}_{Sk}) + \dot{\eta}_{Lk} = \dot{Y}_L(\dot{v}_{T1k} - \dot{v}_{T3k} - a(\dot{v}_{T2k} - \dot{v}_{T4k})) + \dot{\eta}_{Lk} \tag{15.47}$$

一次侧　　漏电感　　理想变压器　二次侧

图 15.7　有泄漏电感的单相变压器的约定

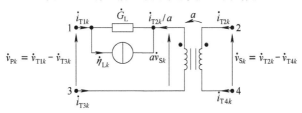

图 15.8　漏感单相变压器的电路模型

励磁电感

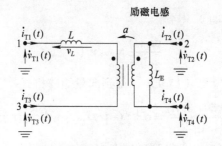

图 15.9　单相变压器有漏磁和励磁电感的约定

$$i_{T2k} = -a i_{T1k} \tag{15.48}$$

$$i_{T3k} = i_{T1k} \tag{15.49}$$

$$i_{T4k} = a i_{T1k} \tag{15.50}$$

导纳 $\dot{Y}_L$ 和历史源项 $\dot{\eta}_L$ 由式（15.14）和式（15.15）提供。方程（15.47）～方程（15.50）可以用向量矩阵格式重新组织：

$$\boldsymbol{i}_{Tk} = \dot{Y}_L \dot{\boldsymbol{v}}_{Tk} + \dot{\boldsymbol{\eta}}_{Tk} \tag{15.51}$$

式 $\boldsymbol{i}_{Tk} = \left(i_{T1k}, i_{T2k}, i_{T3k}, i_{T4k} \right)^{\mathrm{T}}$ 为变压器端子电流矢量 $\dot{\boldsymbol{v}}_{Tk} = \left(\dot{v}_{T1k}, \dot{v}_{T2k}, \dot{v}_{T3k}, \dot{v}_{T4k} \right)^{\mathrm{T}}$ 为变压器端子电压矢量。因此，变压器模型的导纳矩阵为

$$\dot{Y}_T = \begin{pmatrix} \dot{G}_L & -a\dot{G}_L & -\dot{G}_L & a\dot{G}_L \\ -a\dot{G}_L & a^2\dot{G}_L & a\dot{G}_L & -a^2\dot{G}_L \\ -\dot{G}_L & a\dot{G}_L & \dot{G}_L & -a\dot{G}_L \\ a\dot{G}_L & -a^2\dot{G}_L & -a\dot{G}_L & a^2\dot{G}_L \end{pmatrix} \tag{15.52}$$

历史源矢量为 $\dot{\boldsymbol{\eta}}_{Tk} = \left(\dot{\eta}_{Lk}, -a\dot{\eta}_{Lk}, -\dot{\eta}_{Lk}, a\dot{\eta}_{Lk} \right)^{\mathrm{T}}$。

根据仿真需要，可以开发出更详细的变压器模型。例如，励磁效应可以通过将电感与上述变压器模型并联来模拟，以考虑变压器铁心的磁化。电路模型如图 15.9 所示。多相变压器可以通过连接多个单相变压器模型的一次侧和二次侧来建模，这取决于所研究变压器是星形或三角形联结的情况。

15.3.3　传输线

为了能够对输电线路上的电磁和机电暂态进行大规模桥接模拟，线路模型将在时间步长上以微秒级表示行波效应，并在更大的时间步长上表示机电暂态引起的缓慢变化的电压和电流，如图 15.1 所示。在下文中，详细阐述了大规模桥接线模型。

15.3.3.1　单项线模型

如图 15.10 所示，电压和电流在长度为 p、分布电感 L' 和电容 C' 的单相无损线路上的传播由 d'lembert 的通解给出[12]。

$$i_{l1}(t) = v_{l1}(t)/Z_0 - i_{l2}(t - T_{wp}) - v_{l2}(t - T_{wp})/Z_0 \tag{15.53}$$

$$i_{l2}(t) = v_{l2}(t)/Z_0 - i_{l1}(t - T_{wp}) - v_{l1}(t - T_{wp})/Z_0 \tag{15.54}$$

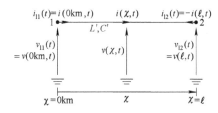

图 15.10　无损耗单相线路的电流和电压守恒

其中，$Z_0 = \sqrt{L'/C'}$ 为特征阻抗 $T_{\text{WP}} = \ell\sqrt{L'/C'}$ 为波从线的一端传播到线的另一端所需的传播时间。从式（15.53）、式（15.54）可以看出，在模型中线的两端之间没有通过集总元件的拓扑耦合，因为相反端的电压和电流可以从瞬时 $t-T_{\text{wp}}$ 而不是 t 开始。在数字仿真中，只有在波传播时间超过时间步长即 $\tau < T_{\text{WP}}$ 时才能建模。如果 $\tau \geqslant T_{\text{WP}}$，那么可用 π 电路建模的线给出两端之间的拓扑耦合。

尺度桥接传输模型需要对任意 τ 有效，即 $\tau < T_{\text{WP}}$ 和 $\tau \geqslant T_{\text{WP}}$。开关是模型的关键，如图 15.11[13] 所示，对于电磁瞬变和 $\tau < T_{\text{WP}}$，开关是打开的。对于机电暂态和 $\tau \geqslant T_{\text{WP}}$，开关关闭，通过 π 路单元提供拓扑集总耦合，其参数如下所示。

与所有其他模型一样，直线模型是通过一个具有所有时变量的分析信号表示的伴随模型来表示的：

$$\dot{\boldsymbol{i}}_{lk} = \dot{\boldsymbol{Y}}_l \dot{\boldsymbol{v}}_{lk} + \dot{\boldsymbol{\eta}}_{lk} \tag{15.55}$$

其中，$\dot{\boldsymbol{i}}_{lk} = \left(\dot{i}_{l1k}, \dot{i}_{l2k}\right)^{\mathrm{T}}$ 与 $\dot{\boldsymbol{v}}_{lk} = \left(\dot{v}_{l1k}, \dot{v}_{l2k}\right)^{\mathrm{T}}$ 为图 15.11 中标识的终端数量。式（15.53）和式（15.54）的达朗贝尔解是求 $\dot{\boldsymbol{Y}}_1$ 和 $\dot{\boldsymbol{\eta}}_{lk}$ 的起点。为了计算瞬时值（$t-T_{\text{wp}}$）的时变数量 i_{l1}，$\dot{i}_{l2}$，$\dot{v}_{l1}$，$\dot{v}_{l2}$，使用线性插值是合适当 T_{wp} 不是 τ 的整数倍数。非官方随时插补步长，也就是说，对于 $\tau < T_{\text{WP}}$，图 15.11 所示的开关打开，$\tau \geqslant T_{\text{WP}}$，这些开关关闭，一个变量 κ 定义如下

$$k = \operatorname{ceil}\left(\frac{T_{\text{wp}}}{\tau}\right), \quad k \geqslant 1 \tag{15.56}$$

ceil 是一个函数，它将一个变量四舍五入到最近的大于或等于它自身的整数。那么 $(\kappa-1)\tau < T_{\text{WP}} \leqslant \kappa\tau$ 其中 $\kappa > 1$ 对应于 $\tau < T_{\text{WP}}$ 的情况，

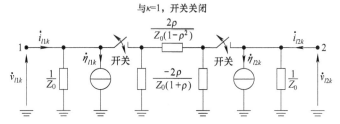

图 15.11　单相线路的频率模型

并且 $\kappa = 1$ 对应于 $\tau \geqslant T_{\text{WP}}$ 的情况。线性插值应用于 $\varsigma\left[\boldsymbol{i}_l\left(t-T_{\text{WP}}\right)\right]$ 的移位分析信号得到：

$$\boldsymbol{S}[\dot{\boldsymbol{i}}_1(t-T_{\text{wp}})] = \left(k-\frac{T_{\text{wp}}}{\tau}\right)\boldsymbol{S}[\dot{\boldsymbol{i}}_1(t-(k-1)\tau)] + \left(1-k+\frac{T_{\text{wp}}}{\tau}\right)\boldsymbol{S}[\dot{\boldsymbol{i}}_1(t-k\tau)] \tag{15.57}$$

在式（15.4）中反向替换移位分析信号的定义并求解 $\dot{\boldsymbol{i}}_l(t-T_{\text{WP}})$ 得出：

$$\dot{\boldsymbol{i}}_1(t-T_{\mathrm{wp}}) = \rho\dot{\boldsymbol{i}}_1(t-(k-1)\tau) + \sigma\dot{\boldsymbol{i}}_1(t-k\tau) \tag{15.58}$$

$$\rho = \left(k - \frac{T_{\mathrm{wp}}}{\tau}\right)\mathrm{e}^{\mathrm{j}\omega_{\mathrm{s}}((k-1)\tau-T_{\mathrm{wp}})} \tag{15.59}$$

$$\sigma = \left(1 - k + \frac{T_{\mathrm{wp}}}{\tau}\right)\mathrm{e}^{\mathrm{j}\omega_{\mathrm{s}}(k\tau-T_{\mathrm{wp}})} \tag{15.60}$$

$\varsigma\left[\dot{\boldsymbol{v}}_l(t-T_{\mathrm{WP}})\right]$ 的插值以完全相同的方式执行。在式（15.53）和式（15.54）的分析信号型式中插入这些插值的结果会产生：

$$\dot{\boldsymbol{i}}_{lk} = \frac{1}{Z_0}\begin{pmatrix}1 & 0\\ 0 & 1\end{pmatrix}\dot{\boldsymbol{v}}_{lk} + \begin{pmatrix}0 & -1\\ -1 & 0\end{pmatrix}\left(\frac{\rho}{Z_0}\dot{\boldsymbol{v}}_{lk(k-k+1)} + \frac{\sigma}{Z_0}\dot{\boldsymbol{v}}_{l(k-k)} + \rho\dot{\boldsymbol{i}}_{lk(k-k+1)} + \sigma\dot{\boldsymbol{i}}_{l(k-k)}\right) \tag{15.61}$$

对于 $\kappa>1$，式（15.61）右侧的 $\dot{\boldsymbol{v}}_1\left(k-\kappa+1\right)$，$\dot{\boldsymbol{v}}_1\left(k-\kappa\right)$，$\dot{\boldsymbol{i}}_1\left(k-\kappa+1\right)$，$\dot{\boldsymbol{i}}_1\left(k-\kappa\right)$ 项是指在过去的时间步长中计算的值，因此在直线两端之间不存在通过集总元的拓扑耦合。因此，$\kappa>1$ 时式（15.55）的历史项 $\dot{\boldsymbol{\eta}}_{lk}$ 和导纳戳记 $\dot{\boldsymbol{Y}}_{lk}$ 可表示为

$$\dot{\boldsymbol{\eta}}_{lk} = \begin{pmatrix}0 & -1\\ -1 & 0\end{pmatrix}\left(\frac{\rho}{Z_0}\dot{\boldsymbol{v}}_{l(k-\kappa+1)} + \frac{\sigma}{Z_0}\dot{\boldsymbol{v}}_{l(k-\kappa)} + \rho\dot{\boldsymbol{i}}_{l(k-\kappa+1)} + \sigma\dot{\boldsymbol{i}}_{l(k-\kappa)}\right) \quad \text{如果 } k>1 \tag{15.62}$$

$$\dot{\boldsymbol{Y}}_1 = \dot{\boldsymbol{Y}}_{\mathrm{ID}} = \frac{1}{Z_0}\begin{pmatrix}1 & 0\\ 0 & 1\end{pmatrix} \quad \text{如果 } k>1 \tag{15.63}$$

当 $\kappa=1$ 时，$\dot{\boldsymbol{v}}_{lk}$ 和 $\dot{\boldsymbol{i}}_{lk}$ 都出现在式（15.61）的右侧，这意味着直线两端之间存在拓扑耦合。也就是说当 $\kappa=1$，式（15.61）

$$\dot{\boldsymbol{i}}_{lk} = \frac{1}{Z_0}\begin{pmatrix}1 & 0\\ 0 & 1\end{pmatrix}\dot{\boldsymbol{v}}_{lk} + \begin{pmatrix}0 & -1\\ -1 & 0\end{pmatrix}\left(\frac{\rho}{Z_0}\dot{\boldsymbol{v}}_{lk} + \frac{\sigma}{Z_0}\dot{\boldsymbol{v}}_{l(k-1)} + \rho\dot{\boldsymbol{i}}_{lk} + \sigma\dot{\boldsymbol{i}}_{l(k-1)}\right) \tag{15.64}$$

可以改写为

$$\begin{pmatrix}1 & \rho\\ \rho & 1\end{pmatrix}\dot{\boldsymbol{i}}_{lk} = \frac{1}{Z_0}\begin{pmatrix}1 & -\rho\\ -\rho & 1\end{pmatrix}\dot{\boldsymbol{i}}_{lk} + \begin{pmatrix}0 & -1\\ -1 & 0\end{pmatrix}\left(\frac{\sigma}{Z_0}\dot{\boldsymbol{v}}_{l(k-1)} + \sigma\dot{\boldsymbol{i}}_{l(k-1)}\right) \tag{15.65}$$

$$\begin{pmatrix}0 & \rho\\ \rho & 0\end{pmatrix}^{-1} = \frac{1}{1-\rho^2}\begin{pmatrix}0 & -\rho\\ -\rho & 0\end{pmatrix} \tag{15.66}$$

用式（15.66）左乘式（15.65）得到：

$$\begin{aligned}
\dot{\boldsymbol{i}}_{lk} &= \frac{1}{Z_0}\frac{1}{1-\rho^2}\begin{pmatrix}1 & -\rho\\ -\rho & 1\end{pmatrix}\begin{pmatrix}1 & -\rho\\ -\rho & 1\end{pmatrix}\dot{\boldsymbol{v}}_{lk}\\
&\quad + \frac{1}{1-\rho^2}\begin{pmatrix}1 & -\rho\\ -\rho & 1\end{pmatrix}\begin{pmatrix}0 & -1\\ -1 & 0\end{pmatrix}\left(\frac{\sigma}{Z_0}\dot{\boldsymbol{v}}_{l(k-1)} + \sigma\dot{\boldsymbol{i}}_{l(k-1)}\right)\\
&= \frac{1}{Z_0}\begin{pmatrix}\dfrac{1+\rho^2}{1-\rho^2} & \dfrac{-2\rho}{1-\rho^2}\\[2mm] \dfrac{-2\rho}{1-\rho^2} & \dfrac{1+\rho^2}{1-\rho^2}\end{pmatrix}\dot{\boldsymbol{v}}_{lk} + \frac{1}{1-\rho^2}\begin{pmatrix}\rho & -1\\ -1 & \rho\end{pmatrix}\left(\frac{1}{Z_0}\dot{\boldsymbol{v}}_{l(k-1)} + \dot{\boldsymbol{i}}_{l(k-1)}\right)
\end{aligned} \tag{15.67}$$

因此，当 $\kappa=1$ 时，历史术语 $\dot{\boldsymbol{\eta}}_{lk}$ 以及（15.55）中的导纳标记 $\dot{\boldsymbol{Y}}_{lk}$ 可以描述为

$$\dot{\boldsymbol{\eta}}_{lk}=\frac{1}{1-\rho^2}\begin{pmatrix} \rho & -1 \\ -1 & \rho \end{pmatrix}\left(\frac{1}{Z_0}\dot{\boldsymbol{v}}_{l(k-1)}+\dot{\boldsymbol{i}}_{l(k-1)}\right) \qquad \text{如果}k=1 \tag{15.68}$$

$$\dot{\boldsymbol{Y}}_1=\frac{1}{Z_0}\begin{pmatrix} \dfrac{1+\rho^2}{1-\rho^2} & \dfrac{-2\rho}{1-\rho^2} \\[2mm] \dfrac{-2\rho}{1-\rho^2} & \dfrac{1+\rho^2}{1-\rho^2} \end{pmatrix}=\frac{1}{Z_0}\begin{pmatrix} 1 & 0 \\ 0 & 1 \end{pmatrix}+\frac{1}{Z_0}\begin{pmatrix} \dfrac{1+\rho^2}{1-\rho^2} & \dfrac{-2\rho}{1-\rho^2} \\[2mm] \dfrac{-2\rho}{1-\rho^2} & \dfrac{1+\rho^2}{1-\rho^2} \end{pmatrix}-\frac{1}{Z_0}\begin{pmatrix} 1 & 0 \\ 0 & 1 \end{pmatrix}$$

$$=\frac{1}{Z_0}\begin{pmatrix} 1 & 0 \\ 0 & 1 \end{pmatrix}+\frac{1}{Z_0}\begin{pmatrix} \dfrac{1+\rho^2}{1-\rho^2} & \dfrac{-2\rho}{1-\rho^2} \\[2mm] \dfrac{-2\rho}{1-\rho^2} & \dfrac{1+\rho^2}{1-\rho^2} \end{pmatrix}=\dot{\boldsymbol{Y}}_{ID}+\dot{\boldsymbol{Y}}_{IC} \qquad \text{如果}k=1 \tag{15.69}$$

式（15.69）中的矩阵 $\dot{\boldsymbol{Y}}_{IC}$ 提供了 $\kappa=1$ 时的拓扑耦合，即 $\tau<T_{WP}$，正如机电瞬变研究中使用的那样。也可以通过 π 路单元进行描述，如图 15.11 所示。

综上所述，$\kappa>1$ 和 $\kappa=1$ 两种情况可以组合在一起：

$$\dot{\boldsymbol{\eta}}_{lk}=\begin{cases} \begin{pmatrix} 0 & -1 \\ -1 & 0 \end{pmatrix}\left(\dfrac{\sigma}{Z_0}\dot{\boldsymbol{v}}_{l(k-k-1)}+\dfrac{\sigma}{Z_0}\dot{\boldsymbol{v}}_{l(k-k)}+\rho\dot{\boldsymbol{i}}_{l(k-k+1)}+\sigma\dot{\boldsymbol{i}}_{l(k-k)}\right) & \text{如果}k>1 \\[4mm] \dfrac{\sigma}{1-\rho^2}\begin{pmatrix} \rho & -1 \\ -1 & \rho \end{pmatrix}\left(\dfrac{1}{Z_0}\dot{\boldsymbol{v}}_{l(k-k)}+\dot{\boldsymbol{i}}_{l(k-k)}\right) & \text{如果 }k=1 \end{cases} \tag{15.70}$$

$$\dot{\boldsymbol{Y}}_1=\begin{cases} \dot{\boldsymbol{Y}}_{ID} & \text{如果 }k>1 \\[2mm] \dot{\boldsymbol{Y}}_{ID}+\dot{\boldsymbol{Y}}_{IC} & \text{如果 }k=1 \end{cases} \tag{15.71}$$

15.3.3.2　多相线模型

为了对完全转置的 m 相线建模，利用特征值分析将 m 个耦合相量转化为 m 个解耦模态量，见参考文献[2,12,14]。在平衡三相线的特殊情况下，如图 15.12 所示，电压和电流均可通过 $0\alpha\beta$ 分量[2,12,14]实现解耦：$\dot{\boldsymbol{v}}_{l1abc}=\boldsymbol{T}_L\dot{\boldsymbol{v}}_{l10\alpha\beta}$，$\dot{\boldsymbol{v}}_{l2abc}=\boldsymbol{T}_L\dot{\boldsymbol{v}}_{l20\alpha\beta}$，$\dot{\boldsymbol{i}}_{l1abc}=\boldsymbol{T}_L\dot{\boldsymbol{i}}_{l10\alpha\beta}$，和 $\dot{\boldsymbol{i}}_{l2abc}=\boldsymbol{T}_L\dot{\boldsymbol{i}}_{l20\alpha\beta}$
利用变换矩阵[12]：

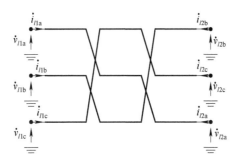

图 15.12　平衡三相线路的电流和电压约定

$$T_{\text{L}} = \frac{1}{\sqrt{3}} \begin{pmatrix} 1 & \sqrt{2} & 0 \\ 1 & -\dfrac{1}{\sqrt{2}} & \sqrt{\dfrac{3}{2}} \\ 1 & -\dfrac{1}{\sqrt{2}} & -\sqrt{\dfrac{3}{2}} \end{pmatrix} \tag{15.72}$$

和 $\dot{\boldsymbol{v}}_{l1\text{abc}} = (\dot{v}_{l1\text{a}}, \dot{v}_{l1\text{b}}, \dot{v}_{l1\text{c}})^{\text{T}}$，$\dot{\boldsymbol{v}}_{l10\alpha\beta} = (\dot{v}_{l10}, \dot{v}_{l1\alpha}, \dot{v}_{l1\beta})^{\text{T}}$，$\dot{\boldsymbol{v}}_{l20\alpha\beta} = (\dot{v}_{l20}, \dot{v}_{l2\alpha},$ $\dot{\boldsymbol{v}}_{l2\text{abc}} = (\dot{v}_{l2\text{a}}, \dot{v}_{l2\text{b}}, \dot{v}_{l2\text{c}})^{\text{T}}$，$\dot{v}_{l2\beta})^{\text{T}}, \boldsymbol{i}_{l1\text{abc}} = (i_{l1\text{a}}, i_{l1\text{b}}, i_{l1\text{c}})^{\text{T}}, \boldsymbol{i}_{l10\alpha\beta} = (i_{l10}, i_{l1\alpha}, i_{l1\beta})^{\text{T}}, \boldsymbol{i}_{l2\text{abc}} = (i_{l2\text{a}}, i_{l2\text{b}}, i_{l2\text{c}})^{\text{T}}$ 和 $\boldsymbol{i}_{l20\alpha\beta} = (i_{l20}, i_{l2\alpha}, i_{l2\beta})^{\text{T}}$。解耦方案如图 15.13 所示。

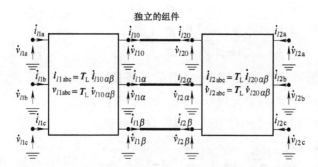

图 15.13　基于 $0\alpha\beta$ 组件的平衡三相线解耦

在单相模型（15.55）中，$0\alpha\beta$ 三种解耦模态的处理方法与单相处理相同。与式（15.55）类似，得到的向量矩阵形式如下：

$$\begin{pmatrix} \boldsymbol{i}_{l10\alpha\beta k} \\ \boldsymbol{i}_{l20\alpha\beta k} \end{pmatrix} = \dot{\boldsymbol{Y}}_{10\alpha\beta} \begin{pmatrix} \dot{\boldsymbol{v}}_{l10\alpha\beta k} \\ \dot{\boldsymbol{v}}_{l20\alpha\beta k} \end{pmatrix} + \begin{pmatrix} \dot{\boldsymbol{\eta}}_{l10\alpha\beta k} \\ \dot{\boldsymbol{\eta}}_{l20\alpha\beta k} \end{pmatrix} \tag{15.73}$$

其中，$\dot{\boldsymbol{Y}}_{l\alpha\beta 0}$ 是通过将 3 个 2×2 矩阵 $\dot{\boldsymbol{Y}}_{l0}$、$\dot{\boldsymbol{Y}}_{l\alpha}$ 和 $\dot{\boldsymbol{Y}}_{l\beta}$ 的元素标记到相应位置而形成的：

$$\dot{\boldsymbol{Y}}_{l\alpha\beta 0} = \begin{pmatrix} \dot{Y}_{l0}(1,1) & & & \dot{Y}_{l0}(1,2) & \\ & \dot{Y}_{l\alpha}(1,1) & & & \dot{Y}_{l\alpha}(1,2) & \\ & & \dot{Y}_{l\beta}(1,1) & & & \dot{Y}_{l\beta}(1,2) \\ \dot{Y}_{l0}(2,1) & & & \dot{Y}_{l0}(2,2) & \\ & \dot{Y}_{l\alpha}(2,1) & & & \dot{Y}_{l\alpha}(2,2) & \\ & & \dot{Y}_{l\beta}(2,1) & & & \dot{Y}_{l\beta}(2,2) \end{pmatrix} \tag{15.74}$$

例如，α 分量的两端对应电流和电压矢量中的第二行和第五行；因此，$\dot{\boldsymbol{Y}}_{l\alpha}$ 在第二行和第五行和列的四个交叉点处被标记为 $\dot{\boldsymbol{Y}}_{l\alpha\beta 0}$。

用 $\boldsymbol{T}_{\text{L}}^{-1}$ 把它转换回原来的 abc 值

$$\begin{pmatrix} \boldsymbol{T}_{\text{L}}^{-1} \boldsymbol{i}_{l1\text{abc}k} \\ \boldsymbol{T}_{\text{L}}^{-1} \boldsymbol{i}_{l2\text{abc}k} \end{pmatrix} = \dot{\boldsymbol{Y}}_{l0\alpha\beta} \begin{pmatrix} \boldsymbol{T}_{\text{L}}^{-1} \dot{\boldsymbol{v}}_{l1\text{abc}k} \\ \boldsymbol{T}_{\text{L}}^{-1} \dot{\boldsymbol{v}}_{l2\text{abc}k} \end{pmatrix} + \begin{pmatrix} \boldsymbol{T}_{\text{L}}^{-1} \dot{\boldsymbol{\eta}}_{l1\text{abc}k} \\ \boldsymbol{T}_{\text{L}}^{-1} \dot{\boldsymbol{\eta}}_{l2\text{abc}k} \end{pmatrix} \tag{15.75}$$

可以改写为

$$\begin{pmatrix} \dot{i}_{l1\mathrm{abc}k} \\ \dot{i}_{l2\mathrm{abc}k} \end{pmatrix} = \dot{Y}_{l\mathrm{abc}} \begin{pmatrix} \dot{v}_{l1\mathrm{abc}k} \\ \dot{v}_{l2\mathrm{abc}k} \end{pmatrix} + \begin{pmatrix} \dot{\eta}_{l1\mathrm{abc}k} \\ \dot{\eta}_{l2\mathrm{abc}k} \end{pmatrix} \tag{15.76}$$

表示相域中三相平衡线的 6×6 矩阵 $\dot{Y}_{l\mathrm{abc}}$ 的位置

$$\dot{Y}_{l\mathrm{abc}} = \begin{pmatrix} T_{\mathrm{L}} & 0 \\ 0 & T_{\mathrm{L}} \end{pmatrix} \dot{Y}_{l0\alpha\beta} \begin{pmatrix} T_{\mathrm{L}}^{-1} & 0 \\ 0 & T_{\mathrm{L}}^{-1} \end{pmatrix} \tag{15.77}$$

类似的程序也适用于三相以上的输电线路。当损耗由线的两端和中间的集总多相电阻表示时，也对多相电阻进行模态变换。

15.3.4　同步电机发电机的 dq0 模型

同步机械的建模对于电力机械瞬态的研究至关重要。从 abc 到 dq0 变量的 Park 变换在同步机建模中很流行，因为它允许表示与当前转子角度无关的电感项。参考文献[15]采用 Park 变换，可以组织同步机建模，如图 15.14[16]所示。通过 Park 变换将 abc 域的三相机器端子电压 $\dot{v}_{\mathrm{Mabc}}$ 映射到 dq0 域的电压 $\dot{v}_{\mathrm{Mdq0}}$。机器模型在从 dq0 域的 $\dot{i}_{\mathrm{Mdq0}}$ 到 dq0 域的反向变换之后以三相终端电流 $\dot{i}_{\mathrm{Mabc}}$ 作为输出，以确保与网络模型的兼容性，网络模型也在 abc 域中表示。

励磁器模型使用参考电压 U_{ref} 和端电压 $\dot{v}_{\mathrm{Mabc}}$ 的实部来提供场电压 U_{f}，作为机械方程的输入。涡轮调速器阶段的模型比较转子电角速度 ω_{r} 或速度参考 ω_{ref} 并提供机械转矩 C_{m} 作为机器方程的输入。这些的建模在第 2 章和第 3 章中描述。

$\dot{i}_{\mathrm{Mdq0}}$ 的实部由电磁与机械的机器方程得到，输入为 $\dot{v}_{\mathrm{Mdq0}}$、U_{f}、C_{m} 的实部，$\dot{i}_{\mathrm{Mdq0}}$ 的虚部可以构造，本节后面会解释。

15.3.4.1　电磁暂态与机电暂态方程。

在 2.1.3.4 节中，描述了利用标幺系统的电磁和机电暂态方程。电磁暂态方程（2.39a）方程（2.40a）、方程（2.32a）和方程（2.34a）可以写成矩阵形式，这里时间 t 不是标幺值：

$$\frac{1}{\omega_0} \frac{\mathrm{d}\psi_{\mathrm{M*}}}{\mathrm{d}t} = Z_{\mathrm{M*}} i_{\mathrm{M*}} + v_{\mathrm{M*}} \tag{15.78}$$

$$\frac{1}{\omega_0} \frac{\mathrm{dRe}[\dot{\psi}_{0*}]}{\mathrm{d}t} = R * \mathrm{Re}[\dot{i}_{0*}] + \mathrm{Re}[\dot{v}_{0*}] \tag{15.79}$$

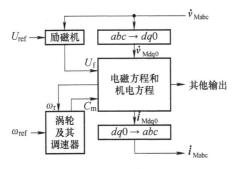

图 15.14　域同步发电机 dq0 模型框图

$$\boldsymbol{\Psi}_{M*} = \left(\mathrm{Re}[\dot{\psi}_{d*}] \quad \dot{\psi}_{f*} \quad \dot{\psi}_{D*} \quad \mathrm{Re}[\dot{\psi}_{q*}] \quad \psi_{Q*}\right)^{T} \tag{15.80}$$

$$\boldsymbol{i}_{M*} = \left(\mathrm{Re}[\dot{i}_{Md*}] \quad i_{f*} \quad i_{D*} \quad \mathrm{Re}[\dot{i}_{q*}] \quad i_{Q*}\right)^{T} \tag{15.81}$$

$$\boldsymbol{v}_{M*} = \left(\mathrm{Re}[\dot{v}_{Md*}] \quad U_{f*} \quad 0 \quad \mathrm{Re}[\dot{v}_{Mq*}] \quad 0\right)^{T} \tag{15.82}$$

$$\boldsymbol{Z}_{M*} = \begin{pmatrix} R_* & 0 & 0 & -\omega_{r*}L_{q*} & \omega_{r*}L_{mQ*} \\ 0 & -R_{f*} & 0 & 0 & 0 \\ 0 & 0 & -R_{D*} & 0 & 0 \\ \omega_{r*}L_{d*} & -\omega_{r*}L_{md*} & -\omega_{r*}L_{mD*} & R_* & 0 \\ 0 & 0 & 0 & 0 & -R_{Q*} \end{pmatrix} \tag{15.83}$$

磁链方程（2.32a）和方程（2.34a）（见 2.1.2 节）也可以写成矩阵形式：

$$\boldsymbol{\psi}_{M*} = \boldsymbol{L}_{M*}\boldsymbol{i}_{M*} \tag{15.84}$$

$$\boldsymbol{L}_{M*} = \begin{pmatrix} -L_{d*} & L_{md*} & L_{mD*} & 0 & 0 \\ -L_{md*} & L_{f*} & L_{fD*} & 0 & 0 \\ -L_{mD*} & L_{fD*} & L_{D*} & 0 & 0 \\ 0 & 0 & 0 & -L_{q*} & L_{mQ*} \\ 0 & 0 & 0 & -L_{mQ*} & L_{Q*} \end{pmatrix} \tag{15.85}$$

$$\mathrm{Re}[\dot{\psi}_{0*}] = -L_{0*}[\mathrm{Re}\dot{i}_{0*}] \tag{15.86}$$

角 δ（以弧度表示）是在任意时刻 t 相对于同步旋转的坐标系的转子位置（见图 2.4）。气隙转矩计算公式为

$$C_{e*} = \mathrm{Re}[\dot{\psi}_{d*}]\mathrm{Re}[\dot{i}_{Mq*}] - \mathrm{Re}[\dot{\psi}_{q*}]\mathrm{Re}[\dot{i}_{Md*}] \tag{15.87}$$

15.3.4.2 定子电流实部计算

将式（15.84）和式（15.86）分别代入式（15.78）和式（15.79），并将微分方程转化为差分方程的实部，可以得到时间步长 k 处的 $\boldsymbol{i}_{Mdq0}$。为了得到一个非迭代的解决方案，$\boldsymbol{v}_{M*}$ 和 $\mathrm{Re}[\dot{v}_{0*}]$ 的值在时间步长 $k-1$ 处取。由于 $\boldsymbol{Z}_{M*}$ 是转子电角速度 ω_{r*} 的函数，ω_{r*} 是时间的函数，所以也在时间步长 $k-1$ 时取值。对 $\boldsymbol{i}_{M*}$ 和 $\mathrm{Re}[\dot{i}_{0*}]$ 可以把它们在时间步长 k 处取值，因为它们可以移动到左边的方程，在时间步长 k 结合相应的值。因此，差分方程求解定子电流的实部如下：

$$\frac{\boldsymbol{L}_{M*}}{\omega_0}\frac{\boldsymbol{i}_{M*k} - \boldsymbol{i}_{M*(k-1)}}{\tau} = \boldsymbol{Z}_{M*(k-1)}\boldsymbol{i}_{M*k} + \boldsymbol{v}_{M*(k-1)} \tag{15.88}$$

$$\frac{-L_{0*}}{\omega_0}\frac{\mathrm{Re}[\dot{i}_{0*k}] - \mathrm{Re}[\dot{i}_{0*(k-1)}]}{\tau} = R_*\mathrm{Re}[\dot{i}_{0*k}] + \mathrm{Re}[\dot{v}_{0*(k-1)}] \tag{15.89}$$

它们可以重组为

$$(\boldsymbol{L}_{M*} - \tau\omega_0\boldsymbol{Z}_{M*(k-1)})\boldsymbol{i}_{M*k} = \boldsymbol{L}_{M*}\boldsymbol{i}_{M*(k-1)} + \tau\omega_0\boldsymbol{v}_{M*(k-1)} \tag{15.90}$$

$$(-\boldsymbol{L}_{0*} - \tau\omega_0 \boldsymbol{R}_*)\mathrm{Re}[\boldsymbol{\dot{i}}_{0*k}] = -\boldsymbol{L}_{0*}\mathrm{Re}[\boldsymbol{\dot{i}}_{0*(k-1)}] + \tau\omega_0\mathrm{Re}[\boldsymbol{\dot{i}}_{0*(k-1)}] \tag{15.91}$$

因此

$$\boldsymbol{\dot{i}}_{M*k} = (\boldsymbol{L}_{M*} - \tau\omega_0 \boldsymbol{Z}_{M*(k-1)})^{-1}(\boldsymbol{L}_{M*}\boldsymbol{\dot{i}}_{M*(k-1)} + \tau\omega_0\boldsymbol{v}_{M*(k-1)}) \tag{15.92}$$

$$\mathrm{Re}[\boldsymbol{\dot{i}}_{0*k}] = \frac{L_{0*}\mathrm{Re}[\boldsymbol{\dot{i}}_{0*(k-1)}] - \tau\omega_0\,\mathrm{Re}[\boldsymbol{\dot{v}}_{0*(k-1)}]}{L_{0*} + \tau\omega_0 R_*} \tag{15.93}$$

15.3.4.3　定子电流虚部计算

利用上述模型，得到了 $\boldsymbol{i}_{Mdq0}$ 的实部。为了生成图 15.14 所示的 $\boldsymbol{i}_{Mdq0}$，还需要构造 $\boldsymbol{i}_{Mdq0}$ 的虚部。对于解析信号，虚部由实部的希尔伯特变换得到。为了求得虚部的方程，考虑 Park 变换是有帮助的：

$$\boldsymbol{i}_{Mabc} = \boldsymbol{P}_M \boldsymbol{i}_{Mdq0} \tag{15.94}$$

$$\boldsymbol{P}_M = \begin{pmatrix} \cos\theta & -\sin\theta & 1 \\ \cos\left(\theta - \dfrac{2\pi}{3}\right) & -\sin\left(\theta - \dfrac{2\pi}{3}\right) & 1 \\ \cos\left(\theta + \dfrac{2\pi}{3}\right) & -\sin\left(\theta + \dfrac{2\pi}{3}\right) & 1 \end{pmatrix} \tag{15.95}$$

角 θ 是 d 轴与 a 相轴的夹角，如图 2.6 所示。

a 相变换后的信号为

$$i_{Ma} = i_{Md}\cos\theta - i_{Mq}\sin\theta + i_{M0} \tag{15.96}$$

或

$$\mathrm{Re}[i_{Ma}] = \mathrm{Re}[i_{Md}]\cos\theta - \mathrm{Re}[i_{Ma}]\sin\theta + \mathrm{Re}[i_{M0}] \tag{15.97}$$

和

$$\mathrm{Im}[i_{Ma}] = \mathrm{Im}[i_{Md}]\cos\theta - \mathrm{Im}[i_{Mq}]\sin\theta + \mathrm{Im}[i_{M0}] \tag{15.98}$$

由定义（15.2）可知，$\boldsymbol{i}_{Mdq0}$ 为分析信号时

$$\mathrm{Im}[i_{Ma}] = \mathscr{H}[\mathrm{Re}[i_{Ma}] \tag{15.99}$$

用（15.100）代替（15.98）可得：

$$\mathrm{Im}[i_{Ma}] = \mathscr{H}[\mathrm{Re}[i_{Md}]\cos\theta] - \mathscr{H}[\mathrm{Re}[i_{Mq}]\sin\theta] + \mathscr{H}[\mathrm{Re}[i_{M0}]] \tag{15.100}$$

在稳态下，$\mathrm{Re}[i_{Md}]$、$\mathrm{Re}[i_{Mq}]$ 和 $\mathrm{Re}[i_{M0}]$ 是恒定的。稳态式（15.101）可变为

$$\mathrm{Im}[i_{Ma}] = \mathrm{Re}[i_{Md}]\mathscr{H}[\cos\theta] - \mathrm{Re}[i_{Mq}]\mathscr{H}[\sin\theta] = \mathrm{Re}[i_{Mq}]\cos\theta + \mathrm{Re}[i_{Md}]\sin\theta \tag{15.101}$$

由式（15.99）减去式（15.102）得：

$$(\mathrm{Im}[i_{Md}] = \mathrm{Re}[i_{Mq}])\cos\theta - (\mathrm{Im}[i_{Mq}] + \mathrm{Re}[i_{Md}])\sin\theta + \mathrm{Im}[i_{M0}] = 0 \tag{15.102}$$

式（15.103）适用于任意 θ，因此：

$$\mathrm{Im}[i_{\mathrm{Md}}] = \mathrm{Re}[i_{\mathrm{Mq}}] \tag{15.103}$$

$$\mathrm{Im}[i_{\mathrm{Mq}}] = -\mathrm{Re}[i_{\mathrm{Md}}] \tag{15.104}$$

$$\mathrm{Im}[i_{\mathrm{M0}}] = 0 \tag{15.105}$$

在考虑 b 和 c 相时，也需要同样的条件。

式（I5.104）、式（I5.105）和式（I5.106）完全适用于从 i_{Mdq0} 的实部构造 i_{Mdq0} 的虚部。在实际应用中，当系统受到慢速瞬变或快速瞬变时，这些方程也适用。对于慢速瞬态，$\mathrm{Re}[i_{\mathrm{Md}}]$、$\mathrm{Re}[i_{\mathrm{Mq}}]$ 和 $\mathrm{Re}[i_{\mathrm{M0}}]$ 缓慢变化，式（I5.102）提供式（15.101）的可接受的近似值；对于快速瞬变，跟踪自然波形，分析信号的虚部不太重要。

15.3.4.4　转子转速和角度计算

根据得到的定子电流，时间步长 k 时，磁链 $\psi_{\mathrm{M}*k}$ 可由式（15.84）计算，时间步长 k 时，气隙转矩 $C_{\mathrm{e}*k}$ 可由式（15.89）计算。将微分方程式（15.87）和式（15.88）转换为差分方程，可得到转子在时间步长 k 时的电机角速度 ω_{r} 和转子角 δ。利用梯形规则，式（15.87）和式（15.88）为

$$\frac{\omega_{\mathrm{r}*k} - \omega_{\mathrm{r}*(k-1)}}{\tau} = \frac{(C_{\mathrm{m}*k} - C_{\mathrm{e}*k} - D(\omega_{\mathrm{r}*k}-1)) + (C_{\mathrm{m}*(k-1)} - C_{\mathrm{e}*(k-1)} - D(\omega_{\mathrm{r}*(k-1)}-1))}{4H} \tag{15.106}$$

$$\frac{\delta_k - \delta_{k-1}}{\tau} = \omega_0 \frac{\omega_{\mathrm{r}*k} + \omega_{\mathrm{r}*(k-1)}}{2} \tag{15.107}$$

式（15.108）和式（15.109）可以重组为

$$\omega_{\mathrm{r}*k} = \frac{4H-\tau D}{4H+\tau D}\omega_{\mathrm{r}*(k-1)} + \frac{\tau}{4H+\tau D}(C_{\mathrm{m}*k} + C_{\mathrm{m}*(k-1)} - C_{\mathrm{e}*k} - C_{\mathrm{m}*(k-1)} + 2D) \tag{15.108}$$

$$\delta_k = \delta_{k-1} + \frac{\tau\omega_0}{2}(\omega_{\mathrm{r}*k} + \omega_{\mathrm{r}*(k-1)}) \tag{15.109}$$

在式（15.110）的右侧，$C_{\mathrm{m}*k}$ 由调速器和涡轮的输出得到。$\omega_{\mathrm{r}*k}$ 由式（15.110）得到，δ_k 由式（15.111）计算。

15.3.4.5　交流网络集成

从图 15.14 可以看出，模型接受与网络共享的三相端子电压作为输入，将三相端子电流作为输出注入网络。因此，从网络的角度来看，上述同步电机模型实际上是一个电压控制电流源。如果采用非迭代模拟过程，则在时间步长 k 处注入三相端子电流，根据时间步长 k-1 处的端子电压信息得到 $i_{\mathrm{Mabc}k}$。为了获得快速、稳定、准确的仿真过程，在机器端引入了调节电流源 $i_{\mathrm{Aabc}k}$ 和调节三相电阻 G_{Aabe}。这就产生了如图 15.15 所示的电路模型界面。

选择 G_{Aabe} 的单相电阻 G_{A} 来反映机器在接近开路条件下的特性阻抗[17]：

$$G_{\mathrm{A}} = \frac{\tau}{L_{\mathrm{d}}'' + L_{\mathrm{q}}''} \qquad (15.110)$$

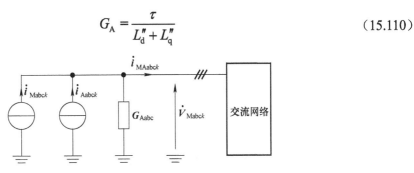

图 15.15　dq0 域同步机模型的网络接口

在 L_{d}'' 和 L_{q}'' 是定子的起始瞬态电感电路。调整电流源如下：

$$\boldsymbol{i}_{\mathrm{A}abck} = G_{\mathrm{A}} \dot{\boldsymbol{v}}_{\mathrm{M}abck-1} \mathrm{e}^{\mathrm{j}\omega_{rk}\tau} \qquad (15.111)$$

其中，ω_{rk} 与 $\boldsymbol{i}_{\mathrm{A}abck}$ 同时获得。考虑 $\boldsymbol{i}_{\mathrm{M}abck}$、$\boldsymbol{i}_{\mathrm{A}abck}$ 以及通过 $G_{\mathrm{A}abc}$ 的电流而流入网络的净电流 $\boldsymbol{i}_{\mathrm{MA}abck}$ 为 $\boldsymbol{i}_{\mathrm{M}abck}$ 和一个调整项的和：

$$\boldsymbol{i}_{\mathrm{MA}bck} = \dot{\boldsymbol{v}}_{\mathrm{M}abck} + G_{\mathrm{A}}(\dot{\boldsymbol{v}}_{\mathrm{M}abck-1}\mathrm{e}^{\mathrm{j}\omega_{rk}\tau} - \dot{\boldsymbol{v}}_{\mathrm{M}abck}) \qquad (15.112)$$

该接口允许从网络中看到电压突变时的特征阻抗 G_{A}。

由式（15.112）可知，G_{A} 随着时间步长减小而增大。因此，在非常小的时间步长下研究电磁瞬变时，式（15.114）右边的调整项非常小。在研究机电瞬态时，即使时间步长很大，调整项也很小。这是因为三相端电压在这种低频瞬态下保持正弦形状，因此 $\dot{\boldsymbol{v}}_{\mathrm{M}abck-1}\mathrm{e}^{\mathrm{j}\omega_{rk}\tau} \approx \dot{\boldsymbol{v}}_{\mathrm{M}abck}$。在稳态时，调整项为零，因为 $\dot{\boldsymbol{v}}_{\mathrm{M}abck-1}\mathrm{e}^{\mathrm{j}\omega_{rk}\tau} = \dot{\boldsymbol{v}}_{\mathrm{M}abck}$ 适用于任意时间步长。

15.3.4.6　初始化

仿真可以从零初始条件出发，快速达到稳态。但是，当仿真网络包含同步机时，需要使用以下初始化方法，使仿真网络能够足够快地达到稳态。第一步是根据潮流结果进行稳态计算，得到 2.1.3.6 节中描述的机器数量。然后机器作为正弦电流源，直到整个网络达到稳定状态。在此基础上，考虑了机器模型中的电磁方程，而不考虑机电方程。这意味着机器的转速是固定的。当瞬态消失时，也可以加入机电方程，现在用上述完整模型进行仿真。

15.4　应用停电仿真

图 15.16 中描述的网络在结构上与参考文献[15]中描述的双区域系统相同。有两个区域，每个区域有两台同步机和负载，通过弱连接线连接。在稳态时，每台发电机提供的实际功率约为 700MW，而恒阻抗负载 LD7 和 LD9 分别消耗约 1000MW 和 1800MW。在联络线上大约有 400MW 的流量。无功功率也从区域 1 流向区域 2。下面考虑的场景显示了停电[1]中常见的一系列不同现象。它从一个短路开始，这个短路可能是由一条线碰到一棵树引起的。这样的短路触发电磁瞬变。缺失的线导致两个区域之间阻抗的增加，进一步削弱了连

接。这就产生了机电瞬变，涉及到剩余联络线上的区域间功率振荡。如果没有及时采取其他行动来停止剩余联络线的过载状态，那么可能需要跳闸将系统分解成两个孤岛。如果进口区域缺乏发电能力，那么减载可以防止进一步的问题并阻止级联事件。

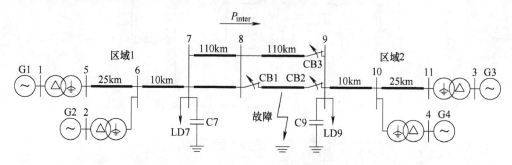

图 15.16　四机二区测试系统

区域间连接线通过 15.3.3 节中介绍的比例桥接线模型表示。其他直线用集总参数的 π 模型表示。无源电阻和无功负载也被建模为集总 *RLC* 分量。每个变压器都是通过连接三个单相变压器模型建模的，如 15.3.2 节所述。同步电机由 15.3.4 节中给出的模型表示。网络参数如表 15.1、表 15.2 和表 15.3[15]所示，其中 R'_* 为分布电阻。

表 15.1　发电机参数

$R* = 0.0025$pu	$X_{d*} = 1.8$pu	$X'_{d*} = 0.3$pu	$X''_{d*} = 0.25$pu	$T'_{d0*} = 8.0$s	$T''_{d0*} = 0.03$s
$X_{l*} = 0.02$pu	$X_{q*} = 1.7$pu	$X'_{q*} = 0.55$pu	$X''_{q*} = 0.25$pu	$T'_{q0*} = 0.4$s	$T''_{q0*} = 0.05$s
$D = 0$	$V_b = 20$kV	$S_b = 900$MVA	$H = 6.5$(G1,G2),	$H = 6.175$(G3,G4)	

表 15.2　输电线路参数

$L'_* = 2.653$e-6pukm	$C'_* = 4.642$e-6pukm	$R'_* = 0.0001$pukm	$V_b = 230$kV	$S_b = 100$MVA

表 15.3　变压器参数（每相）

$L_* = 0.15$pu	$a = (230/\sqrt{3})/20=6.64$
$V_{b\ primary} = 230/\sqrt{3} = 132.8$kV, $V_{b\ secondary}=20$kV	$S_b = 900$MVA

得到的结果如图 15.17、图 15.18 和图 15.19 所示。从图 15.17 负载 LD9 的电压可以看出，仿真是交替跟踪包络线或自然波形。

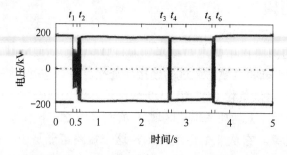

图 15.17　负载 LDg 的 a 相电压（浅实线：自然波形；粗实线：包络线）

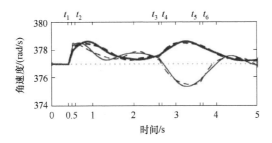

图 15.18 机械角速度（粗实线：G1；粗虚线：G2；浅实线：G3；虚线：G4）

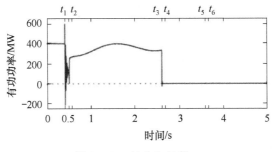

图 15.19 有功功率 P_{inter}

图 15.20 中给出了测试用例在不同时间的快速算法二维参数控制，其中每个交叉点都是一个运行点，表示给定时间段的仿真设置，带有时间点的箭头表示运行点的转换。x 轴表示时间步长 τ，y 轴表示位移频率 f_s。

模拟从 $t = 0\text{s}$ 时的稳态开始。因此，快速算法在仿真开始时跟踪包络波形。如图 15.20 所示，初始位移频率为等于 60Hz 的载频，时间步长 τ 为 2ms。其中一条线路互连总线 8 和总线 9 的中心在 $t_1 = 0.4\text{s}$ 时发生永久性三相故障，仿真参数复位为 $f_s = 0\,\text{Hz}$ 和 $\tau = 50\,\mu\text{s}$。由于预期会有电磁瞬变，自然波形现在正在被跟踪。仿真结果如图 15.17 所示，负载 LD9 的电压下降，因此消耗更少的功率。因此，更多的能量被发电机组的转轴吸收，如图 15.18 所示。在 $t = 0.5\text{s}$ 时，断路器 CBl 和 CB2 打开，切除故障线。

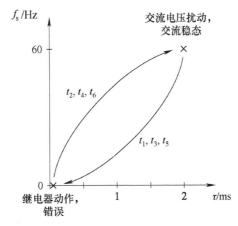

图 15.20 在两区系统瞬态研究中得到了位移频率 f_s 和时间步长 τ 的二维集合

断路器 CB1 和 CB2 打开，取出故障线路。对瞬时自然波形的跟踪仍在继续。当 t_2=0.57s 时，由于断路器作用产生的电磁瞬变已经足够阻尼，可以在 f_s=60Hz 和 τ =2ms 时恢复对包络线跟踪。然而，由于失去了一条联络线，这两个地区之间的相互联系现在被削弱了。这触发了功率 P 的区域间振荡，如图 15.19 所示。从图 15.18 也可以看出振荡。区域 1 内的发电机 G1 和 G2 的角速度是同相的，区域 2 内的发电机 G3 和 G4 的角速度也是同相的。在区域间振荡中，区域 1 中的发电机与区域 2 中的发电机反相摆动。在 FAST 中，这些机电瞬变用时间步长 τ =2ms 的包络跟踪进行仿真。

在调查美国和加拿大 2003 年 8 月 1 日停电的官方报告中[1]，据说"常用的测量低电压和高电流的保护继电器无法区分系统级联中的电流和电压。那些由故障引起的。这导致越来越多的线路和发电机跳闸"。如果出于同样的原因，总线 8 和总线 9 之间的剩余线路由于其过载而被切除，然后在 t_3=2.6s 时 CB3 打开，将区域 1 和区域 2 解耦成两个孤岛。零潮流 P_inter 证实了这一点。在 CB3 打开之后短暂的电磁瞬态和跟踪自然波形之后，包络跟踪在 t_4=2.67s 处以更大的时间步长重新开始，如图 15.20 所示。图 15.17 中 LD9 上的电压包络稳定下降。说明着陆后 LD9 负载无功功率不足。在 t_5=3.60s 时，四分之一的 LD9 脱落以避免进一步的电压降。这导致区域 2 中的部分停电。为了准确地模拟脱落过程，捕获自然波形直到 t_6=3.67s。然后，继续跟踪信号。

在整个仿真场景中，快速处理分析信号的仿真算法能够适应不同类型的波形，有效地模拟电磁和机电瞬变过程。

参 考 文 献

[1] Final report on the August 14, 2003 blackout in the United States and Canada: causes and recommendations, U.S.-Canada Power System Outage Task Force, Technical report, U.S. Secretary of Energy and Minister of Natural Resources, Canada, 2004.

[2] Watson, N., Arrillaga. J. *Power systems electromagnetic transients simulation*, Institution of Electrical Engineers, London, 2003.

[3] Dommel, H.W. Digital computer solution of electromagnetic transients in single- and multi-phase networks, *IEEE Transactions on Power Apparatus and Systems*, Vol. 102, No. 6, pp. 388–399, April 1969.

[4] Woodford, D.A., Gole, A.M., Menzies, R.W. Digital simulation of DC links and AC machines, *IEEE Transactions on Power Apparatus and Systems*, Vol. 102, No. 6, pp. 1616–1623, June 1983.

[5] Ilic, M., Zaborszky, J. *Dynamics and control of large electric power systems*, John Wiley & Sons, New York, 2000.

[6] Stanković, A.M., Lesieutre, B.C., Aydin, T. Modeling and analysis of singlephase induction machines with dynamic phasors, *IEEE Transactions on Power Systems*, Vol. 14, No. 1, pp. 9–14, February 1999.

[7] Lüke, H.D. *Signalübertragung*, 4th edition, Springer-Verlag, Berlin, 1990.

[8] Mitra, S.K. *Digital signal processing: a computer-based approach*, 2nd edition, McGraw-Hill, New York, 2001.

[9] Strunz, K., Shintaku, R., Gao, F. Frequency-adaptive network modeling for integrative simulation of natural and envelope waveforms in power systems and circuits, *IEEE Trans. Circuits Syst. I Fundam. Theory Appl.*, Vol. 53, No. 12, pp. 2788–2803, December 2006.

[10] Gao, F., Strunz, K. Frequency-adaptive power system modeling for multi-scale simulation of transients, *IEEE Trans. Power Syst.*, Vol. 24, No. 2, pp. 561–571, 2009.

[11] Chua, L.O., Lin, P.M. *Computer aided analysis of electronic circuits: algorithms and computational techniques*, Prentice-Hall, Englewood Cliffs, NJ, 1975.

[12] Dommel, H.W. *EMTP Theory book. Microtran power system analysis corporation*, 2nd edition, Vancouver, British Columbia, 1992.

[13] Gao, F., Strunz, K. Modeling of constant distributed parameter transmission line for simulation of natural and envelope waveforms in power electric networks, *37th North American Power Symposium (NAPS)*, Ames, USA, October, 2005.

[14] Clarke, E. *Circuit analysis of AC power systems*, Vol. 1, John Wiley & Sons, New York, USA, 1943.

[15] Kundur, P. *Power system stability and control*. McGraw-Hill, New York, 1993.

[16] Gao, F., Strunz, K. Multi-scale simulation of multi-machine power systems. *Int. J. Elect. Power Energy Syst.*, Vol. 31, No. 9, pp. 538–545, 2009.

[17] Gole, A.M., Menzies, R.W., Turanli, H.M., Woodford, D.A. Improved interfacing of electrical machine models to electromagnetic transactions programs, *IEEE Trans. Power Apparatus Syst.*, Vol. 103, No. 9, pp. 2446–2451, 1984.